一代宗师

祝贺

朱伯芳院士文集出版

钱正英
二〇一九年五月

作者近影

1944 年，在余江中学。

1950 年，在上海交通大学。

1954 年，在佛子岭水库工地。

1956 年结婚周年纪念时，在蚌埠淮委设计院。

1978 年两个小孩上大学时，在三门峡水电部十一工程局。

1985 年 6 月，与张泽祯院长在瑞士洛桑出席 15 届国际大坝会议。

1987 年 4 月，出席在葡萄牙召开的国际拱坝学术讨论会。

1988 年，拱坝优化荣获国家科技二等奖，出席全国科学技术大会。

1989 年 9 月，在苏联全苏水电科学研究院讲学。

1991 年 7 月 31 日，在第 4 届国际土木建筑工程计算机应用会议闭幕大会上致词（日本东京，时任中国代表团团长）。

1996 年，参加全国政协八届四次大会。

1997 年 11 月 8 日，在江泽民、李鹏主持的三峡大江截流仪式主席台上。

1999 年 10 月 1 日 50 周年国庆，应邀在天安门城楼观礼台上观看国庆游行。

2000 年 7 月，全家合影（女儿、儿子、儿媳）。

1993 ~ 2002 年，作为全国政协委员每年应邀参加党中央、国务院举办的春节团拜会。

2001 年，混凝土仿真与温度应力研究荣获国家科技进步奖，参加全国奖励大会。

2006 年 5 月，与三峡总工程师张超然院士在三峡大坝坝顶。

中国工程院院士文集

# 朱伯芳院士文集

## 上 册

朱伯芳◎著

中国电力出版社
CHINA ELECTRIC POWER PRESS

**图书在版编目（CIP）数据**

朱伯芳院士文集：全 2 册/朱伯芳著. —北京：中国电力出版社，2016.2

（中国工程院院士文集）

ISBN 978-7-5123-5956-7

Ⅰ. ①朱… Ⅱ. ①朱… Ⅲ. ①水利工程－文集 Ⅳ. ①TV-53

中国版本图书馆 CIP 数据核字（2014）第 108577 号

中国电力出版社出版、发行

（北京市东城区北京站西街 19 号 100005 http://www.cepp.sgcc.com.cn）

北京盛通印刷股份有限公司印刷

各地新华书店经售

\*

2016 年 2 月第一版 2016 年 2 月北京第一次印刷

787 毫米×1092 毫米 16 开本 114.75 印张 2788 千字 4 插页

定价 **480.00** 元（上、下册）

# 自　序

在 1949 年以前，我国未自行设计和建造过一座混凝土坝。新中国成立后，我国水利水电事业蓬勃发展，从无到有、白手起家，自行建造了大量混凝土坝。截至 2013 年年底，我国已建和在建混凝土坝的数量居世界首位，已建和在建混凝土坝的高度也居世界首位，如锦屏一级拱坝（高 305m）、小湾拱坝（高 292m）、溪洛渡拱坝（高 278m）的高度均超过了之前世界最高的英古里拱坝（高 272m），龙滩碾压混凝土重力坝的高度（216m）在 RCC 坝中也居世界第一。一个国家同时兴建世界上最高的 4 座混凝土坝是史无前例的，而且除了这 4 座世界最高的坝以外，我国同时还已建和在建了一大批高度不等的混凝土坝，如拉西瓦拱坝（高250m）等。我国混凝土坝的设计、施工、科研工作都是依靠本国科技人员自行完成的，在完成混凝土坝建设的同时，也造就了一支高水平的科技队伍，积累了丰富的设计、施工和科研经验。笔者有幸参加了这一伟大建坝事业的全过程。1951～1957 年，笔者参加了淮河佛子岭连拱坝、梅山连拱坝和响洪甸拱坝的设计，1957 年调至中国水利水电科学研究院以后，一直从事混凝土坝的研究和咨询工作，屈指算来，至今已 64 年。本书共收集笔者亲自撰写并公开发表的论文 205 篇。笔者在坝工技术方面做了以下一些工作：

**1. 参与设计了我国第一批三座混凝土坝，掌握了现代高坝设计技术**

从 1952 年开始，在汪胡桢先生领导下，我国自行设计建造了第一批三座混凝土坝：佛子岭连拱坝是我国第一座混凝土坝；梅山连拱坝是当时世界最高连拱坝；响洪甸拱坝是我国第一座拱坝。当时除了汪胡桢先生留学美国时见过混凝土坝外，曹楚生、盛正方、薛兆炜和我们这些具体承担设计工作的人，没有一个人见过真实的水坝。我们都是土木系的，没有学过水工结构，但对于能亲自参加新中国的伟大水利建设感到万分荣幸，工作热情非常高，日以继夜地边学习边工作，在短短数年内顺利完成了佛子岭、梅山、响洪甸等大坝的设计和建造工作，不但掌握了现代高坝设计技术，而且提出了许多计算方法，并有重要创新。

**2. 首次提出大坝混凝土标号分区，节省大量水泥**

在 1952 年以前，全世界的混凝土坝都是全坝采用同一种混凝土标号，其数值取决于坝体的最大应力，但坝体应力是不均匀的，坝体的大部分混凝土标号实际是偏高的。1952 年笔者首次提出大坝混凝土标号分区的新理念，并应用于佛子岭连拱坝，全坝分区采用高、中、低三种不同标号的混凝土，节省了大量水泥。这一新理念迅速在全国推广，沿用至今，目前已为全世界混凝土坝所采用。由于这一重要创新，1954 年笔者被评为"治淮功臣"并被授予"安徽省治淮优秀青年团员"称号。

**3. 首次建立了混凝土坝温度应力理论体系，解决了混凝土坝裂缝问题**

混凝土坝裂缝是长期困扰人们的一个老问题，虽然过去提出了改善混凝土抗裂性能、分缝分块、水管冷却、预冷骨料等温度控制措施，但实际上国内外仍然是"无坝不裂"，主要是由于缺乏温度应力理论的指导。过去国内外关于混凝土坝温度应力的研究成果极少，缺少精细计算方法，经过多年努力，笔者已建成了比较完整的混凝土温度应力理论体系，首次提出了混凝土坝温度应力的精细计算方法，编制了计算软件。计算中可以考虑当地气候条件、施工过程、材料性能和各种温度控制措施的影响，只要在设计阶段进行详细的温度应力计算，并采取相应的温度控制措施，使施工期和运行期混凝土的最大拉应力都小于允许拉应力，同时在施工中严格执行，就可以防止混凝土裂缝。经验表明，这一理论体系是比较合理、切实可行并实际有效的，纠正了过去只重视早期表面保护而忽视了后期表面保护的错误，提出了"全面温控、长期保温"以结束"无坝不裂"的关键理念。目前我国已有多座混凝土坝竣工后未出现裂缝，在世界上最先结束了混凝土坝"无坝不裂"的历史。基础混凝土允许温差是混凝土坝最重要的温度控制指标，笔者提出了关于基础混凝土温差控制的两个原理并据此提出了一套新的基础混凝土允许温差。此外，还提出了船坞、船闸、水闸、弹性地基梁、隧洞、管道和孔口等各种水工结构温度应力的计算方法。

1956 年我国部分专家提出了混凝土坝高块浇筑的方法，笔者当即在《水力发电》杂志上表示了不同意见，一座大坝通常分为几十个坝段，各坝段轮流浇筑，分层施工，可利用间歇时间从层面散热，高块浇筑对全坝进度没有实际意义，而且立模困难，施工不便，又不利于散热。但 1958 年被"拔白旗"之后又受水电总局的邀请被安排参与有关工作，在当时的形势下，处于弱势地位的笔者，未能再坚持自己的见解。但我们只为有关工程进行温度应力计算，提出温控措施，从未主动建议任何工程进行高块浇筑。当时全国兴起"大跃进"运动，各水电工程局要真正把工程施工进度大幅度提高是不容易的，但单独在一两个坝段浇筑高块是比较容易的，于是各水电工程局你追我赶纷纷进行高块浇筑的竞赛，直到 1964 年中央提出"巩固、充实、提高"的方针后，才冷静下来。

**4. 建立了拱坝体形优化理论、方法与软件，节省坝体混凝土 10%～30%**

传统的拱坝体形设计是采用方案比较的方法，从几个方案中选择一个满足设计要求而坝的体积又较小的方案。显然，这样得到的是一个可行方案，而不是最优方案。重力坝由于体形简单、设计变量少（通常只有两三个变量），通过方案比较而求得的方案与最优方案比较接近。拱坝体形复杂、设计变量多达四五十个，通过方案比较而求得的方案与最优方案相差较远。笔者及其团队建立了拱坝优化的数学模型，用最优化方法分别求出单心圆、多心圆、抛物线、椭圆、统一二次曲线、对数螺线等拱型的最优体形，然后从中选出最好的线型和体形。与传统设计方法相比，一般可节省 10%～15%，最多曾节省 30.6%坝体混凝土。

在用优化方法求解时，一般要进行上千次应力分析，因而需耗费大量机时，笔者提出内力展开法，使计算效率大幅度提高。拱坝优化已应用于小湾拱坝等 100 多个实际工程，既节省了投资，又大大提高了工效。

**5. 提出混凝土坝数值监控新理念，建立混凝土坝安全监控新平台**

仪器观测只能给出测点的应力，不可能给出全坝的应力状态和安全系数，目前混凝土坝安全评估还是采用传统的拱梁分载法（拱坝）和材料力学方法（重力坝），不能考虑从施工期到运行期所积累的宝贵的大量观测成果。笔者提出混凝土坝数值监控新理念，把仪器观测与数值分析结合起来，利用仪器观测成果校正计算参数，从基础开挖、浇筑第一方混凝土开始，与大坝施工同步进行混凝土坝仿真计算，得到从施工到运行不同时间段坝体温度状态、应力状态和安全系数。坝体施工过程和各种实际因素在计算中都得到了考虑，计算结果充分反映了实际影响，如发现问题，可采取对策加以解决。在设计阶段，按照施工计划进行预先仿真计算，有利于发现问题并预先处理。

**6. 提出有限元等效应力方法及控制标准，使有限元方法可实际应用于拱坝设计**

有限元法具有强大的计算功能，但由于应力集中，计算得到的坝踵拉应力太大，远远超过混凝土抗拉强度，限制了其应用。实际上由于基岩存在着裂隙等原因，坝踵拉应力不像计算得到的那么大。笔者提出有限元等效应力法及相应的应力控制标准，为 SL 282—2003《混凝土拱坝设计规范》所采用，为有限元法在拱坝中的应用扫清了障碍。

**7. 提出拱坝温度荷载与库水温度计算方法**

库水温度过去无法计算，笔者提出一个计算公式，已获广泛应用。拱坝温度荷载以前采用美国垦务局经验公式 $T_m = 57.57/(L+2.44)$ 计算，$T_m$ 是坝体平均温度，$L$ 是坝体厚度，计算中只考虑了坝体厚度影响，忽略了当地气候条件，也没有考虑上下游温差。笔者与黎展眉合作，提出了一套新的合理计算方法，已为我国拱坝设计规范采用，此外笔者提出了水位变化时拱坝温度荷载的计算方法。笔者对拱坝灌浆时间等问题进行了探讨，并提出了拱坝应力水平系数与安全水平系数，比柔度系数更为合理。

**8. 提出渗流场分析夹层代孔列法**

如何考虑排水孔作用是坝基渗流场分析的一个难点，过去提过一些计算方法，都不太理想，笔者提出了夹层代孔列法，分析了排水孔直径、间距及深度对排水效果的影响，计算很方便，效果也较好。笔者还提出了非均匀各向异性体温度场的有限元解法。由于混凝土的渗透系数很小，正常情况下渗流对混凝土温度的影响很小，可忽略不计，但坝内有裂缝时，缝内漏水对温度场的影响就比较大，笔者提出了考虑裂缝漏水对混凝土温度场影响的计算方法。

**9. 提出了混凝土坝仿真分析方法**

由于体积庞大，混凝土坝是分层施工的，每个浇筑层的厚度为 1.5～3.0m，间歇 5～10d。一个 150m 高的坝段，可分为 50～100 层，施工时间长达数年，各层的龄期、弹性模量、水化热、徐变、初始温度、外部温度都不同，而冷却水管的半径只有 0.01～0.02m，用有限元方法考虑各种因素进行仿真计算是十分困难的。笔者提出了一系列新的计算方法，包括并层算法、分区异步长算法、水管冷却等效热传导方程、温度场接缝单元、有限厚度带键槽接缝单元等，使计算效率大大提高，三维有限元混凝土坝仿真计算切实可行。

1972 年，笔者与宋敬廷合作在国内外首次进行了混凝土坝的仿真计算，在全国广泛应用至今。

**10. 提出了混凝土坝反分析与反馈设计概念与方法**

室内混凝土试件要筛除大骨料，改变了混凝土成分，增加了单位体积内水泥含量。室内试件是在 20℃ 左右恒温条件下养护的，与坝体实际条件也有差别。大坝有接缝，岩基条件较复杂，事先的勘测有一定局限，因此设计阶段对坝体的计算结果与坝体实际情况存在一定差距，笔者提出坝体建设中和建成后应根据实测成果对坝体的性能进行反分析。如在施工过程中通过反分析发现坝体和坝基性能有较大变化，必要时可对坝体和坝基设计与运行方案进行一定修改，以保证坝体安全。

**11. 提出了混凝土坝水管冷却的新方法与算法**

笔者提出了水管冷却的新方式——小温差早冷却缓慢冷却，在不影响施工进度的前提下，可大幅度削减温度应力；提出了水管冷却自生应力计算方法；系统研究了冷却高度、水管间距及水温调控对温度应力的影响；提出了利用塑料水管易于加密的特点，克服钢管不易加密的缺点，从而大大强化水管冷却的效果；提出了水管冷却仿真计算的复合算法，首次研究了高温季节进行坝体后期冷却存在的问题；提出了在高温季节进行后期冷却必须采用强力表面保温，否则靠近表面 3～5m 内的混凝土很难冷却到预定的灌缝温度；首次提出对于软基上的水闸、涵洞、船坞等建筑物，利用水管或表面加温也可达到防止裂缝目的，而加温比冷却在施工上要简单得多。

### 12．提出了黏弹性与混凝土徐变与山岩压力计算方法

混凝土与岩基都是黏弹性材料，材料性质与混凝土龄期和加荷时间有关，笔者提出了两个定理，阐明徐变对结构变位和应力的影响，提出了黏滞介质内山岩压力形成的机制和算法，给出了徐变应力分析的隐式解法及钢筋混凝土徐变应力计算方法。

### 13．提出了支墩坝计算方法与重力坝加高新方法与新算法

笔者首次提出了双向变厚度支墩应力的理论解和大头坝纵向弯曲稳定性计算方法。

重力坝加高时存在着两个问题：一是新混凝土的温度控制；二是新老混凝土结合面在竣工后大部分将被拉开，削弱了大坝的整体性。笔者提出了一整套解决上述问题的新思路和新技术，并已被丹江口大坝加高工程所采纳。

### 14．混凝土坝抗地震

国内外每次大地震之后，大量房屋桥梁等结构被毁，但混凝土坝损害轻微，笔者首次从理论上阐明了混凝土坝耐强烈地震而不垮的机理。1999 年 9 月 21 日，在日月潭附近发生了一次百年来台湾省最大的地震，震中实测水平加速度达到 $1.01g$，附近有许多水利水电工程，笔者对此次地震引起的水利水电工程的灾害进行了详细介绍，对水工结构特别是混凝土坝的抗震有一定参考价值。在国内外拱坝抗震计算中，以前都未考虑接缝灌浆前坝体冷却对跨缝钢筋的影响，笔者提出了这个问题及计算方法，计算结果表明，其影响比较大。

### 15．微膨胀混凝土筑坝技术

利用氧化镁混凝土的微膨胀变形简化温控措施，是我国首创的筑坝技术。目前国内关于氧化镁混凝土筑坝存在着两种指导思想：第一种指导思想是，氧化镁可以取代一切温控措施；第二种指导思想是，氧化镁可以适当地简化温控措施，但不能取代一切温控措施。笔者指出了第一种指导思想的错误所在，按第一种指导思想建设的沙老河拱坝竣工后产生 6 条严重的贯穿裂缝，缝宽达到罕见的 8mm。按第二种指导思想建设的三江河拱坝，竣工后未产生裂缝。笔者对氧化镁混凝土筑坝的基本规律进行了分析，指出存在着 6 大差别：室内外差别（室外实际膨胀变形只有室内试验值的一半左右），地区差别（南方应用难度小，北方应用难度大），时间差别（氧化镁膨胀与混凝土冷缩不同步），坝型差别（重力坝难度小，拱坝难度大），温差差别（只能补偿基础温差、不能补偿内外温差）及内含氧化镁与外掺氧化镁的差别。认识并掌握这些差别，才能做好氧化镁混凝土坝的设计和施工。笔者还提出了氧化镁混凝土膨胀变形的三参数计算模型。

### 16．混凝土的半熟龄期

笔者提出了一个新理念：混凝土的半熟龄期，即混凝土强度、绝热温升等达到其最终值一半时的龄期，它代表绝热温升和强度增长的速度。研究表明，适当改变半熟龄期，可以显著提高混凝土的抗裂能力，为提高混凝土抗裂能力找到了一个新的途径。

### 17．综合研究

2008 年是中国水利水电科学研究院结构材料研究所建所 50 周年，笔者对研究所在水

工混凝土温度应力和混凝土坝体形优化、数字监控等领域的研究成果进行了综述，仅笔者本人多年共发表论文 200 余篇，提出了大量研究成果，在实际工程中获广泛应用，先后获国家自然科学奖 1 项、国家科技进步奖 2 项、部级奖 8 项和国际大坝会议终身荣誉会员称号。

**18．用英文发表的论文**

笔者多次应邀参加国际学术会议进行学术交流，也曾经在国外期刊上发表不少论文。本书收集了笔者在国际会议和国外期刊上用英文发表的 28 篇论文。

**19．回忆与自述**

笔者曾应邀做过一些报告，介绍自己的学习、工作经历和经验，也介绍过访苏印象，还写了一篇怀念潘家铮院士的文章。

**20．同行人士的评述**

潘家铮院士和水利界的一些人士和记者曾经写过一些文章对笔者进行鼓励和关怀，笔者十分感谢，这些文章也都收入本文集。

除了论文以外，笔者还撰写并出版了 9 本书籍，分别为《大体积混凝土温控应力与温控控制》（1999 年 1 版，2012 年 2 版）、《有限单元法原理与应用》（1979 年 1 版、1998 年 2 版、2009 年 3 版第 5 次印刷）、《Thermal Stresses and Temperature Control of Mass Concrete》（2014 年在美国纽约出版）、《水工混凝土结构的温度应力与温度控制》（1976 年）、《结构优化设计原理与应用》（1984 年）、《混凝土坝理论与技术新进展》（2009 年）、《拱坝设计与研究》（2002 年）、《水工结构与固体力学论文集》（1988 年）、《朱伯芳院士文选（1997 年）》，据中国科学院信息中心发布的统计资料，其中第 1、第 2 本书被列入我国建筑专业和水利专业被引用最多的 10 本书。

上海交通大学土木系培养目标是土木工程师，测量课程很重，有平面测量、大地测量、应用天文、测量平差、路线测量等 5 门课程，专业课程也很重，但数学力学课程很浅，数学只有微积分和常微分方程，力学只有结构力学、材料力学和水力学。笔者参加工作以后，从事水工结构的设计和研究，大学里学到的那点数学力学知识当然是远远不够的，只好利用业余时间不断学习现代数学力学，可以说，笔者在研究工作中所用到的数学力学工具，95%以上都是参加工作以后利用业余时间自学得到的。例如，笔者在 1956 年发表的第一、二篇论文中用到的积分变换、特殊函数、积分方程、差分方程等数学工具都是业余时间突击自学掌握的，1961 年左右曾托人找来了一份北京大学数学力学系课程表，想看看他们学些什么，结果发现，除了微分几何外，其他课程笔者都学习过了，笔者学得似乎更多一些。当然笔者学习是为了研究水工结构服务的，面宽而不精，工作中需要用到什么就学习什么，用完就丢了，但可以看出北大数学力学系的课程安排是符合现代工程技术研发需要的。笔者只读过三年大学，根基是很浅的，但参加工作以来一直坚持"白天好好工作，晚上好好学习"，因而一直能不断提出一些科研成果，不断提高自己的科研能力。根据中国科学院信息中心发布的统计资料，笔者在年过八旬之后，仍然是我国水利水电行业中每年提出新成果最多的一人。笔者毕生的信念就是勤于工作、勤于学习、勤于思考；做一个平凡的人，一个勤劳的人，一个有益于社会的人。

时间过得真快，从 1951 年参加工作，不知不觉之间，已经 60 多年了。本书收集的这些论文，完全是 60 多年来工作和学习的一些心得体会，内容浅薄，但是本书能够出版，笔者首先要感谢祖国伟大的水利水电建设事业！

混凝土坝建设中许多问题十分复杂，限于本人的精力和水平，书中难免有许多不妥之处，欢迎读者批评指正。

朱伯芳

2015 年 8 月

于中国水利水电科学研究院

# 作 者 简 介

朱伯芳（1928.10—），江西余江人，中国工程院院士，水工结构和固体力学专家。1951年毕业于上海交通大学土木系，1951～1957年参加我国第一批混凝土坝（佛子岭、梅山、响洪甸）的设计，1957年年底调至中国水利水电科学研究院从事混凝土高坝研究，1969年下放到黄河三门峡水电部第十一工程局工作，1978年调回重建的水科院工作至今。1995年当选为中国工程院院士，曾任国家南水北调专家委员会委员，水利部科技委员会委员，水科院科技委副主任，小湾、龙滩、白鹤滩等世界最高混凝土坝顾问组成员。曾任第八、九届全国政协委员、中国土木工程学会及中国水力发电学会常务理事、中国土木工程计算机应用学会理事长、国际土木工程计算机应用学会理事，以及清华大学、天津大学、大连理工大学、南昌工程学院兼职教授。

参加了我国第一批三座混凝土坝，即佛子岭坝、梅山坝和响洪甸坝的设计和施工，为我国掌握现代高坝设计技术做出了贡献，并有重要创新。

建立了混凝土坝标号分区、混凝土温度应力、拱坝优化、混凝土坝数值监控、混凝土坝仿真、混凝土坝徐变应力、混凝土坝半熟龄期等一系列新理论和新技术，并获广泛应用。

建立了混凝土温度应力与温度控制完整的理论体系，包括拱坝、重力坝、船坞、水闸、浇筑块、氧化镁混凝土坝等各种水工混凝土结构温度应力的变化规律和主要特点，拱坝温度荷载、库水温度、水管冷却、浇筑块、基础梁、寒潮、重力坝加高等一整套计算方法以及温度控制方法和准则。提出了全面温控、长期保温、结束"无坝不裂"历史的新理念，并在我国首先实现了这一理念，在世界上首先建成了数座无裂缝的混凝土坝。

提出了高拱坝优化数学模型和内力开展等高效解法，已在小湾、拉西瓦、江口、瑞洋等100多个实际工程中成功应用，可节约混凝土量10%～30%，并大幅度提高拱坝体形设计的效率。

开辟了混凝土坝仿真分析，提出了复合单元、分区异步长、水管冷却等效热传导方程等一整套高效解法。提出了有限元等效应力算法及其控制标准，为拱坝设计规范所采纳，为有限元法取代多拱坝梁法创造了条件。提出了混凝土徐变的两个基本定理，阐明了徐变对非均质结构应力与变形的影响，提出了混凝土徐变的隐式解法、弹性模量和徐变度的新表达式。

提出了混凝土坝数字监控的新理念，弥补了仪器监控只能给出大坝变位场而不能给出应力场和安全系数的缺点，为改进混凝土坝的安全监控找到了新途径。

提出了混凝土半熟龄期的新理念，为改善混凝土抗裂性能找到了一条新途径。

为三峡、小湾、龙滩、溪洛渡、三门峡、刘家峡、新安江等一系列重大水利水电工程进行了大量研究。研究成果在实际工程中获得广泛应用，有十几项成果已纳入重力坝、拱坝、船坞、水工荷载等设计规范。

出版著作《有限单元法原理与应用》（第一版1979年，第二版1998年，第三版2009年）、《大体积混凝土温度应力与温度控制》（第一版1999年，第二版2012年）、《水工混凝土结构的温度应力与温度控制》（1976年）、《结构优化设计原理与应用》（1984年）、《拱坝设计与研究》（2002 年）、《混凝土坝理论与技术新进展》（2009 年）及《Thermal Stresses and Temperature Control of Mass Concrete》（2014 年在美国出版），出版本人论文集《水工结构与固体力学论文集》（1988 年）与《朱伯芳院士文选》（1997 年）；以第一作者发表论文 200 余篇。

1982 年"水工混凝土温度应力研究"成果获国家自然科学三等奖；1984 年获首批国家级有突出贡献科技专家称号；1988 年"拱坝优化方法、程序与应用"研究成果获国家科技进步二等奖；2001 年"混凝土高坝仿真分析及温度应力研究"成果获国家科技进步二等奖；2004 年"拱坝应力控制标准研究"成果获中国电力科技进步一等奖，均为第一完成人；2007 年在圣彼得堡获国际大坝会议荣誉会员称号。

# About the Author

Zhu Bofang, the academician of the Chinese Academy of Engineering and a famous scientist of hydraulic structures and solid mechanics in China, was born in October 17,1928 in Yujiang country, Jiangxi Province. In 1951, he graduated in civil engineering from Shanghai Jiaotong University, and then participated in the design of the first three concrete dams in China (Foziling dam, Meishan dam and Xianghongdian dam). In 1957, he was transferred to the China Institute of Water Resources and Hydropower Research where he was engaged in the research work of high concrete dams. He was awarded China National Outstanding Scientist in 1984 and was elected the academician of the Chinese Academy of Engineering in 1995. He is now the consultant of the technical committee of the Ministry of Water Resources of China, the member of the consultant group of the three very high dams in the world: the Xiaowang dam, the Longtan dam and the Baihetan dam. He was the member of the 8th and the 9th Chinese People's Consultative Conference, the board chairman of the Computer Application Institute of China Civil Engineering Society, the member of the standing committee of the China Civil Engineering Society and the standing committee of the China Hydropower Engineering Society.

Before 1952, all the concrete dams in the world adopt one kind of concrete in one dam, in 1952, he first proposed to use different kinds of concrete in different parts of the same dam, as a result, a large amount of cement may be saved.

He had participated in the design and construction of the first three concrete dams in China, Fuzhiling dam is the first concrete dam in China, Meishan dam was the highest multiple arch dam in the world at that time, Xianghongdian dam is the first concrete arch dam in China. All the dams have been working well until present.

He is the founder of the theory of thermal stresses and temperature control of mass concrete, the shape optimization of arch dams, the numerical monitoring and the simulating computation of concrete dam. He has developed the theory and applications of creep of concrete.

He has established a perfect system of the theory of thermal stress and temperature control of mass concrete, including two basic theorems of creep of nonhomogeneous concrete structures, the law of variation and the methods of computation of the thermal stresses of arch dams、gravity dams、docks、sluices、tunnels and various massive concrete structures, the method of computation of temperature in reservoirs and pipe cooling、thermal stress in beams on foundation、cold wave、heightening of gravity dam and the methods and criteria for control of temperatures. He proposed the idea of "long time thermal insulation as well as comprehensive temperature control" which ended the history of "no concrete dam without crack" and some concrete dams without crack had been first constructed in China in recent years, including the Sanjianghe concrete arch dam and the third stage of the famous Three Gorge concrete gravity dam.

He proposed the mathematical model and methods of solution for shape optimization of arch dams, which was realized for the first time in the world and up to now had been applied to more than 100 practical dams, resulting in 10%-30% saving of dam concrete and the efficiency of design was raised a great deal.

He had a series of contributions to the theory and applications of the finite element method.

He proposed a lot of new methods for finite element analysis, including the compound element、different time increments in different regions、the equivalent equation of heat conduction for pipe cooling and the implicit method for computing elastocreeping stresses by FEM.

He had developed the method of simulating computation of high concrete dams by FEM. All the factors, including the course of construction、the variation of ambient temperatures、the heat hydration of cement、the change of mechanical and thermal properties with age of concrete、the pipe cooling、precooling and surface insulation etc can be considered in the analysis of the stress state. If the tensile stress is larger than the allowable value, the methods of temperature control must be changed, until the maximum tensile stress is not bigger than the allowable valne. Thus cracks will not appear in the dam. Experience show that this is an important contribution in dam technology.

He proposed the equivalent stress for FEM and its allowable values which had been adopted in the design specifications of arch dams in China, thus the condition for substituting the trial load method by FEM is provided.

The instrumental monitoring can give only the displacement field but can not give the stress field and the coefficient of safety of concrete dams. In order to overcome this defect, he proposed the new method of numerical monitoring by FEM which can give the stress field and the coefficient of safety and raise the level of safety control of concrete dams. and had been applied in practical projects in China.

The new idea for semimature age of concrete has been proposed. The crack resistance of concrete may be promoted by changing its semimature age.

A vast amount of scientific research works had been conducted under his direction for a series of important concrete dams in China, such as Three Gorges、 Xiaowan、 Longtan, Xiluodu、Sanmenxia、Liujiaxia、Xing'anjiang,etc. More than ten results of his scientific research were adopted in the design specifications of gravity dams、arch dams、docks and hydraulic concrete structures.

He has published 9 books: Theory and Applications of the Finite Element Method (lst ed. in 1979, 2nd ed. in 1998,3rd ed.in 2009)、Thermal Stresses and Temperature Control of Mass Concrete (lst ed.1999, 2nd ed.2012)、Thermal Stresses and Temperature Control of Hydraulic

Concrete Structures (1976)、Theory and Applications of Structural Optimization (1984)、Design and Research of Arch Dams (2002)、Collected Works on Hydraulic Structures and Solid Mechanics (1988)、Selected Papers of Academician Zhu Bofang (1997) and New Developments in Theory and Technology of Concrete Dams (2009) and Thermal Stresses and Temperature Control of Mass Concrete (written in English, 2014 published in USA). He has published more than 200 scientific papers.

He was awarded the China National Prize of Natural Science in 1982 for his research work in thermal stresses in mass concrete, Academician Zhu was awarded the title of China National Outstanding Scientist in 1984; the China National Prize of Scientific Progress in 1988 for his research work in the optimum design of arch dams and the China National Prize of Scientific Progress in 2001 for his research works in simulating computation and thermal stresses. He was awarded the ICOLD (International Congress On Large Dams) Honorary Member at Saint Petersburg in 2007.

# 目　录

## 第3篇　拱坝体形优化

## 第4篇　混凝土坝温度应力与“无坝不裂”历史的结束

## 第5篇　混凝土坝数字监控

## 第 6 篇　混凝土坝仿真分析

## 第 7 篇　混凝土坝反分析与反馈设计

## 下　　册

## 第 8 篇　混凝土结构的水管冷却

## 第 9 篇　混凝土坝抗地震

## 第 10 篇　微膨胀混凝土筑坝技术

## 第 11 篇　渗流场分析

## 第 12 篇　黏弹性与混凝土徐变

## 第13篇 支墩坝应力分析与重力坝加高

## 第14篇 混凝土的力学与热学性能

## 第15篇 综合研究

## 第16篇 用英文发表的论文

## 第 17 篇  自述与回忆

## 第18篇　同行人士评述

# CONTENTS

Preface

About the Author

## Volume 1

## Part 1　Modernization of Design Methods of Concrete Dams

## Part 2　Design and Study on High Concrete Arch Dams

## Part 3　Optimum Design of Shape of Arch Dam

## Part 4　Thermal Stresses in Concrete Dams and the Termination of the History of "No Concrete Dam without Cracking"

## Part 5   Numerical Monitoring of Concrete Dams

## Part 6   Simulating Analysis of Concrete Dams

## Part 7　Back Analysis and Feedback Design of Concrete Dam

## Volume 2

## Part 8　Pipe Cooling of Concrete Structures

## Part 9　Earthquake Resistance of High Concrete Dams

## Part 10　Construction of Dam by Concrete with Gentle Volume Expansion

## Part 11　Analysis of Seepage Field

## Part 12　Visco-elasticity and Creep of Concrete

## Part 13　Stress Analysis of Buttress Dam and Heightening of Gravity Dam

## Part 14   Mechanical and Thermal Properties of Concrete

## Part 15   Comprehensive Studies

## Part 16   Papers Published in English

## Part 17　Memory and Account of the Own Words of the Writer

## Part 18　Comments of Colleagues

# 第 1 篇

# 混凝土坝设计方法现代化与安全系数设置
# Part 1　Modernization of Design Methods of Concrete Dams

# 我国混凝土坝坝型的回顾与展望❶

**摘 要**：坝型选择是否合理，影响到工程造价、建设速度甚至工程质量，影响坝型选择的因素包括：工程特点、坝型特性、国家技术经济水平、筑坝技术的发展及筑坝经验的积累。我国早期曾建造较多的支墩坝、宽缝重力坝和少量空腹重力坝，自20世纪90年代以后，这些坝型均已停建。目前建造的都是拱坝和重力坝。近年碾压混凝土重力坝和拱坝得到快速发展。笔者认为，在气候温和地区，碾压混凝土大跨度连拱坝和大头坝也是可以探索的坝型。

**关键词**：回顾；展望；混凝土坝；坝型

## Review and Prospect for the Types of Concrete Dams in China

**Abstract:** The choice of type of concrete dam is influenced by the condition of dam site、the technical and economical level of the country and the experiences of the engineers. Many buttress dams and hollow gravity dams had been constructed in China in the early stage but now only arch dams and gravity dams are constructed by conventional concrete and roller compacted concrete.

**Key words:** review, prospect, concrete dam, type

## 1 前言

1949 年以前，我国从未自行建造过混凝土坝，1949 年以后，由于水利水电事业的蓬勃发展，我国建造了大量混凝土坝。目前在建的锦屏、小湾、溪洛渡三拱坝高度均超过了世界已建最高的英古里拱坝，龙滩是全世界最高的碾压混凝土重力坝。我国建坝规模之大，在全世界是史无前例的。

在水利水电建设中，坝型选择至为重要。坝型选择合适，则造价低、速度快、质量好；坝型选择不当，造价高、速度慢、质量次，甚至被迫停工修补，损失巨大。新中国成立以来，我国混凝土坝建设完全是白手起家，但我国水利水电界广大科技人员，在设计、施工、科研、管理各个领域，都兢兢业业、锐意进取，克服了无数困难，虽然多次受到左的干扰，正常工作秩序被打乱，但总的说来，我国混凝土坝建设是成功的，没有出现过大的事故，建成了多种多样的混凝土坝。本文对 50 年来我国混凝土坝坝型选择进行回顾和展望，对坝型选择中的经验教训进行分析，对今后的发展提出一些建议。

---

❶ 原载《水利水电技术》2008 年第 9 期。

## 2 影响坝型选择的因素

坝型选择受到以下因素的影响：

（1）工程特点。地形状态、地质条件、泄洪量大小、筑坝材料、覆盖层深度、对外交通都对坝型选择有影响。如河谷狭窄、地质条件好的坝址适于建造拱坝，而河谷宽阔的坝址只宜修建重力坝或支墩坝。

（2）坝型特性。重力坝、拱坝、支墩坝各有自身特性，适用于不同的坝址，坝型本身特性是选用坝型的决定因素，但对某些坝型特性的认识却有一个过程。

（3）国家技术经济水平。在新中国成立初期，经济水平不高，施工机械化水平低，因此，花费人力较多，但能够节省材料的坝型，如支墩坝、宽缝重力坝等，选用较多。随着我国技术经济水平的提高，支墩坝、宽缝重力坝等施工较复杂的坝型逐渐衰落。

（4）对坝型特性的认识过程。人们对各种坝型特性的认识有一个过程，例如，50年前，国外虽然修建过不少支墩坝，但支墩坝对温度变化敏感和容易裂缝的特点国外文献从未阐述。国内当时缺乏经验，只看到支墩坝单薄、节省、易于散热的一面，而没有看到它们对气温变化十分敏感，实际比实体重力坝更容易裂缝的一面。因此，新中国成立初期修建了较多支墩坝，后期逐渐减少，目前已停建。

（5）筑坝技术的发展。从1990年后，碾压混凝土坝由于造价低、施工方便，得到迅速发展，除了拱坝以外，其他轻型坝难以与之竞争，纷纷退出历史舞台。

## 3 重力坝

重力坝是国内外建造数量最多的一种混凝土坝，至2000年为止，我国已建混凝土重力坝150座，其中实体重力坝125座，宽缝重力坝17座，空腹重力坝8座。

### 3.1 实体重力坝

实体重力坝是建造最多的一种混凝土坝，代表性的工程有三峡坝（高175m）、刘家峡坝（高147m）、三门峡坝（高106m）、漫湾坝（高132m）、乌江渡拱形重力坝（高165m）等。

实体重力坝的优点：①对地形、地质条件的适应性较好，一般岩基都可采用；②便于坝体溢洪、泄水、引水，如三峡大坝在同一坝段上布置了表孔、深孔及导流底孔；③容易解决施工导流问题，不但坝身可布置导流孔，必要时未完工坝体上面也可宣泄洪水；④结构简单，便于施工。

实体重力坝的缺点是坝体混凝土体积较大，在各种混凝土坝中，其体积最大。

### 3.2 宽缝重力坝

瑞士早期建造了小狄克逊宽缝重力坝（大狄克逊实体重力坝建成后被淹没），我国在1958～1990年曾修建了17座宽缝重力坝，典型工程有新安江坝（高105m）、丹江口坝（高97m）、云峰坝（高113m）等。

宽缝重力坝与实体重力坝的主要差别是坝内有宽缝，当初认为：①通过宽缝容易散热，有利于坝体温控；②宽缝减少了扬压力，可节省 10%～20% 坝体混凝土。

实践经验表明，宽缝重力坝的上述两个优点实际是不存在的[6]。

首先分析温控防裂问题。混凝土浇筑以后，水化热温升发展很快，在距离表面 2m 以外处水化热实际上很难向外散发，宽缝重力坝的厚度为 12～15m，坝内广大范围内的水化热温升并不会由于宽缝的存在而降低，如图 1 所示。因此，宽缝重力坝与实体重力坝的基础温差实际是相同的。单纯依靠宽缝的散热也不能使坝体内部温度降低到稳定温度，仍需依靠冷却水管降温，但由于有了宽缝，混凝土暴露面积大量增加。到了冬季，在寒潮和低温作用下，裂缝机会大为增加。特别是基础强约束区混凝土也长期暴露，容易由表及里产生贯穿性裂缝。相反，实体重力坝由于两旁已浇筑了混凝土，内部温度比较稳定，裂缝机会少得多。[5,6]

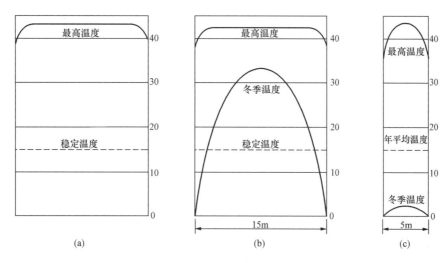

图 1　几种坝型的温度状态

（a）实体重力坝；（b）宽缝重力坝；（c）支墩坝

我国 20 世纪 50 年代末建造的三门峡实体重力坝裂缝很少，同时建造的丹江口等宽缝重力坝，裂缝很多。原苏联在西伯利亚建造的布拉茨克、马麻康等宽缝重力坝，裂缝严重，稍后建造的克拉斯诺雅尔斯克实体重力坝裂缝不多。这些实际工程事例，充分说明了宽缝重力坝不但没有"容易散热"的优点，反而具有容易裂缝的缺点。

下面再分析坝体造价问题。重力坝的体积主要决定于抗滑稳定，宽缝重力坝之所以较实体重力坝节省，主要原因是当时认为宽缝使扬压力显著减少，其次是坝体上游面有一定坡度，可利用一些水重，帮助坝体稳定；但把岩石设想为均匀的透水体，从而认为宽缝会使扬压力有显著的降低，这样的估计可能是偏高的。因为岩体实际上并不是均匀的透水体，地下水主要是通过岩石的裂隙流动的，当坝下岩石的主要裂隙没有与宽缝相交时，宽缝的排水作用是值得怀疑的。我们可以从下面的两种最不利的情况来考虑：一是岩石的主要裂隙平行于水流方向，并在坝体下面露出地面，不与宽缝相交；另是岩石的主要裂隙是水平的。在这两种情况下，宽缝的排水作用都是不显著的。如果在实体重力坝内布置纵横排水廊道，并向基岩内打排水孔，其排水效果当不亚于宽缝，如再在下游设置灌浆帷幕，形成抽排，则排水效果更好。考虑这些因素，宽缝重力坝与实体重力坝体积相差不多，再考虑到模板等费用，宽缝重力坝并不比实体重力坝更经济。

20 世纪 50 年代末和 60 年代初是我国宽缝重力坝的全盛时期，其后，由于人们对它的认识逐渐加深，宽缝重力坝即逐渐衰落，到 20 世纪 90 年代后即已停建。

## 3.3　空腹重力坝

20 世纪 30 年代，奥地利修建了葛罗塞尔空腹重力坝，高 80m。我国 20 世纪 50～80 年代兴建了 8 座空腹重力坝（亦称腹拱坝），代表性工程有石泉坝（高 62m）、枫树坝（高 93m）等。

空腹坝的优点：①由于坝内挖空，可节省混凝土约 20%；②坝内孔口可设置中小型水电机组。

空腹坝的缺点：①坝体应力较复杂，孔口边缘存在拉应力，一般要配置钢筋；②施工期温度控制较复杂；③施工较复杂。

与宽缝重力坝一样，空腹重力坝节省混凝土也是由于坝体挖空后扬压力减小，如果实体重力坝内设置纵横排水廊道、打排水孔、进行抽排，则实体重力坝扬压力也可大幅度减小，使空腹重力坝在造价上不再具有优势，而实体重力坝施工简单，优势明显。因此，20 世纪 90 年代以后空腹重力坝也已停建。

# 4　支墩坝

国内外都建造了一定数量的支墩坝。按挡水盖板的型式，可分为平板坝、连拱坝和大头坝三类。支墩本身有单支墩、双支墩及空腹支墩等型式。1949 年新中国成立以来的 50 多年中，我国共建造混凝土支墩坝 26 座，其中连拱坝 2 座，平板坝 10 座，大头坝 14 座。代表性的工程有：佛子岭连拱坝（高 74.4m）、梅山连拱坝（高 88.2m）、磨子潭双支墩大头坝（高 82.4m）、双牌双支墩大头坝（高 58.8m），桓仁单支墩大头坝（高 78.5m）、拓溪单支墩大头坝（高 104.0m）、新丰江单支墩大头坝（高 105.0m）、金江平板坝（高 54.0m）、龙亭平板坝（高 46.0m）等。

支墩坝优点如下：①由于支墩间空腔较大，扬压力小，上游坝坡平缓，可利用水重帮助坝体稳定，可节省混凝土量。与同等高度实体重力坝相比，节省混凝土量和投资：龙亭平板坝分别节省 55% 及 15%，梅山连拱坝分别节省 60% 及 15%，磨子潭大头坝分别节省 40% 及 12%；②坝面可溢流；③支墩内或支墩间空腔可布置引水发电系统。

支墩坝的缺点：①结构单薄，对温度变化敏感，容易裂缝；②连拱坝和平板坝抗横向地震能力较差；③施工较复杂。

现在看来，容易裂缝是支墩坝最主要的缺点，但人们对这个问题的认识是有一个过程的。20 世纪 50 年代初，国外虽然发展了分缝分块、水管冷却、预冷骨料等温控方法，但对混凝土坝温度应力的研究却是一片空白，因为缺乏温度应力的指导，国外建造的各种混凝土坝实际上是无坝不裂。笔者从 1951 年开始，亲自参加了佛子岭和梅山两坝的设计。这是我国自行设计的首批混凝土坝，我们这些搞坝工设计的同志，不但没有见过连拱坝，实际上任何坝都没见过。我们都出自土木系，也没有学过水工结构，更没有学过热传导理论，只好边干边学。当时正值抗美援朝战争，西方对中国进行封锁，我们尽最大努力收集资料；国外出版的《坝工学》[8] 等专著，对各种混凝土坝的温度应力完全未提及，美国垦务局内部出版的"技术备忘录"有一些外荷载作用下支墩坝应力分析的文章，但没有温度应力的论文，最后找到一本美国连拱坝施工招标文件，对于温控有两条措施：①支墩分宽缝，在两旁支墩浇筑 15d 后填缝，以解决施工期支墩温度应力问题；②连拱坝拱筒在垂直于支墩上游面方向设诱导缝，1/3 剖面涂沥青，2/3 为完好混凝土，钢筋通过接缝。这两条措施，在佛子岭坝上都采用了。但除此以外，没有其他温控措施。关于基础温差、内外温差、上下层温差、年变化、寒潮、温度梯度、保温等名词，在当时能找到的所有文献中都没有出现过，初出茅庐的我们头脑中当然也没有这些概念。

连拱坝很薄，拱筒厚度 0.50～2.0m，支墩厚度 0.50～1.75m，散热容易，但对外界温度的变化非常敏感，佛子岭连拱坝建成蓄水后，裂缝较多。一部分是拱筒裂缝，支墩先浇筑，拱筒后浇筑，由于水化热温升，拱筒在支墩的约束下产生拉应力。蓄水后，夏季气温很高，支墩温度也很高，水库下部水温低于气温，因此，拱筒温度低于支墩，产生拉应力，与早期温度应力和水压力自重等引起的拉应力叠加，拱筒出现不少裂缝；反过来，冬季气温低达 1.4℃，而水温 14.7℃，支墩温度低于拱筒，有的支墩也产生裂缝。另外，拱台直接浇筑在基岩上，且断面较大，水化热温升较高，受到基岩的强约束，不少产生了裂缝。

吸取佛子岭坝经验，梅山连拱坝，拱筒诱导缝全部断开做成正式的收缩缝，大部分靠近地基的混凝土是在冬季浇筑的，因此，裂缝比佛子岭坝少多了，但还有一些裂缝。

大头坝断面比连拱坝厚得多，如拓溪大头坝，头部水平尺寸达到 16m×14m，施工期内部水化热无法向侧面散发，混凝土最高温度与实体重力坝相近；遇到寒潮，难免产生表面裂缝；蓄水后，库水温度低，大头内部温度高，在表面产生拉应力，使原有表面裂缝扩展为大的劈头裂缝，危害性极大。桓仁大头坝地处东北，冬季气温很低，施工期即产生大量裂缝，其中有劈头裂缝 50 条，被迫停工缓建修补。

如以当前温度应力和温度控制的水平，对支墩坝重新进行评价，由于结构单薄，对气温变化十分敏感，总体来说，在寒冷地区不适宜建造支墩坝；但在一般地区采取一定措施后，支墩坝还是可以做到不裂缝的。

单支墩大头坝，下游封闭以隔断运行期气温变化，施工中坝内埋设密集的冷却水管，严格控制混凝土温升，支墩可不设纵缝，免去接缝灌浆，暴露表面长期保温，可以做到不裂缝。

佛子岭、梅山那种连拱坝，厚度只有 0.5～2.0m，对温度过于敏感，也不便于机械化施工，今后不宜采用；但以今天的温度应力水平，要做到不裂缝是可能的，沿坝轴线建一铅直隔墙，完全封闭，隔断外界气温，拱筒在垂直上游面方向设置收缩缝，支墩设宽缝，低温季节回填，夏季浇筑基岩上混凝土时，埋设水管进行冷却，完全可以防止裂缝。

平板坝的平板一般是简支的，平板与支墩之间约束作用很小，平板一般很少裂缝，过去支墩一般未严格控制温度，还有一些裂缝，如果夏季浇筑支墩时，埋设水管控制温升，可以防止裂缝。但平板是受弯结构，难以承受高水头，一般只宜修建中低坝。

# 5  拱坝

我国自 1958 年建成第一座混凝土拱坝——响洪甸拱坝后，拱坝得到迅速发展，代表性拱坝有响洪甸坝（高 80m）、流溪河坝（高 78m）、白山坝（高 150m）、龙羊峡坝（高 178m）、李家峡坝（高 155m）、东风坝（高 165m）、二滩坝（高 240m）。在建的锦屏坝（高 305m）、小湾坝（高 292m）和溪洛渡坝（高 278m），高度都超过了世界已建最高的英古里坝（高 272m）。

拱坝的优点是充分利用了混凝土的抗压强度，把水荷载传递到两旁岩基，因而断面较薄，能节省投资，但对地形地质条件要求较高，只适用于河谷狭窄、地质条件较好的坝址。与重力坝相比，节省投资的多少实际上取决于河谷的宽高比和地质条件。

在枢纽布置、泄洪消能、施工、导流等方面，拱坝与重力坝相比，都有一定的特点，虽然没有不可克服的困难，但对工程总造价有一定影响。当然，河谷很窄时，坝体方量节省较多，拱坝一般总投资是较少的。但当河谷宽高比较大时，情况可能有所不同，应通过详细的方案比较才能确定拱坝与重力坝的相对优势。

拱坝与重力坝的最大差别还是应力状态不同：①拱坝应力状态比较复杂，而且对地形、地质、施工过程等更加敏感，坝体实际应力状态与设计计算值相比，拱坝应力的不确定性更大一些，因而风险更高一些；②到了运行期，重力坝只有表层感受到气温变化的影响，坝体内部温度是稳定的；薄拱坝则对水温和气温的变化都比较敏感，对坝体应力有较大影响。

过去有人认为拱坝超载能力大，安全系数可达 8～12，这一估计是偏高的。由于试件形状、尺寸、湿筛、持荷时间效应等因素的影响，拱坝实际材料强度比室内试验强度要低得多，考虑上述因素后，拱坝的安全系数大致只有 2.4～3.3[10]。高 200m 的柯英布兰拱坝，初次蓄水到正常高水位以下 10m 时，即出现大裂缝，被迫放空水库在下游建造一座拱坝予以支撑，这一事实也说明拱坝实际安全系数并不太高。当然，只要精心设计、精心施工，拱坝是有足够安全度的，但不能盲目乐观，掉以轻心。

重力坝体形比较简单，基本剖面是一个三角形；拱坝不同，拱坝体形变化多端，而且体形对坝的应力状态和安全度有较大影响，因此，在拱坝设计中，如何选择合适的体形是一个重要问题。我国早期建造的拱坝多是单心圆等厚拱坝，后来拱型逐渐多样化，三心圆、抛物线、对数螺线、椭圆、统一二次曲线拱坝相继建成。体形选择，早期是首先据经验选定一种线型，然后用人工方法逐步修改，得到一个可用的体形。20 世纪 80 年代后，拱坝体形优化方法在我国得到很大发展，可同时对单心圆、三心圆、抛物线、椭圆、双曲线、统一二次曲线、对数螺旋线等各种体形进行优化，求出各自最优体形。然后优中选优，从中选用一个最佳体形，选择范围比手工设计大多了，效果也更好。瑞洋拱坝是世界上建成的第一座用优化方法设计的拱坝，节约 30.4%，建成 20 余年，运行良好。江口拱坝（高 140m），原设计为抛物线拱坝，经优化后改用椭圆拱坝，节省 1.5 亿元，建成后运行良好[3]。

# 6 碾压混凝土坝

碾压混凝土坝是一种新的筑坝技术，20 世纪 60 年代开始研究试用。1980 年日本建成了岛地川重力坝（高 89m），1982 年美国建成了柳溪重力坝（高 52m），我国 1983 年开始研究试用，1986 年建成了坑口重力坝（高 56.8m），以后得到迅速发展。

## 6.1 碾压混凝土重力坝

碾压混凝土因系干硬性混凝土，用水量低（80～90kg/m³）、水泥用量低（60～90kg/m³）、粉煤灰掺量高（90～100kg/m³），不设纵缝，横缝一般用切割法形成，省却了接缝模板和灌浆，施工简单、建坝速度快。据坑口、铜街子、岩滩等坝经验，与常态混凝土坝相比，单价可节省 15%~20%，工期可提前半年到一年，因而得到迅速发展。我国已建成的典型碾压混凝土重力坝有坑口坝（高 56.8m）、铜街子坝（高 88m）、岩滩坝（高 111m）、观音阁坝（高 82m）、江垭坝（高 131m）、大朝山坝（高 111m）等，在建的龙滩坝（一期高 192m，最终高 216m）是世界最高的碾压混凝土重力坝。

碾压混凝土重力坝，由于造价低、施工简单、速度快，在宽河谷建造混凝土坝时，无疑具有一定优势，但在坝体孔口附近及溢流面，由于强度和耐磨的要求，一般仍采用常态混凝土。

## 6.2 碾压混凝土拱坝

碾压混凝土拱坝与碾压混凝土重力坝相比，施工工艺基本相同，主要差别是横缝的作用不同；重力坝可单独承受荷载，横缝可不灌浆；拱坝必须通过横缝把水荷载传递到两岸，横缝必须灌浆。世界上最先建成的三座碾压混凝土拱坝，即我国普定拱坝、南非的克纳普特拱坝和沃威登拱坝都只设置了诱导缝，而未设置正式的收缩缝，这种结构型式是否普遍适用呢？笔者在文献［9］中研究了这个问题，研究结果表明：在比较温暖的地区，如果在一个低温季节可以浇筑完整个坝体，可不设收缩缝，而只设诱导缝以作为保险措施。如不具备上述条件，则应设置正式的收缩缝，笔者并建议用预制混凝土块形成碾压混凝土拱坝的收缩缝；上述意见在沙牌碾压混凝土拱坝设计中得到应用和发展。

## 6.3 碾压混凝土支墩坝探讨

笔者认为，在气候温和地区，用碾压混凝土建造大头坝和大跨度连拱坝也是可能的，有可能进一步降低投资、拓宽混凝土坝型，值得探讨。

### 6.3.1 碾压混凝土大跨度连拱坝

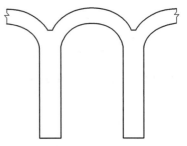

在宽河谷，可考虑用碾压混凝土建造大跨度连拱坝，拱的跨度 60~100m，厚度 5m 以上，基本不配筋，施工中埋设密集冷却水管，严格控制混凝土温升，以便拱与支墩均可不设收缩缝，免去接缝灌浆，上游面坡度 1:0.7~1:0.9，以利用水重帮助抗滑稳定，水平剖面如图 2 所示。拱与支墩同步上升，浇筑混凝土时，岸坡用真空溜管下料，水平运输用自卸汽车。坝体表面永久保温。这种坝型横向抗震能力较弱，不宜建于强地震区。

图 2 碾压混凝土大跨度连拱坝水平剖面示意

### 6.3.2 碾压混凝土单支墩大头坝

如图 3 所示，下游面封闭，以隔断运行期气温的变化，并增强抵抗横向地震的能力；上游面采用平头，以便浇筑混凝土时可跨坝段送料；坝段宽度 20m 左右，支墩厚度 10m 左右，上游坝面坡度 1:0.50 左右，以便利用水重增强抗滑稳定性，施工中埋设密集冷却水管，严格控制混凝土温升，以便支墩内不必设纵缝，免去接缝灌浆，暴露表面用聚苯乙烯泡沫板长期保温。

图 3 碾压混凝土单支墩大头坝水平剖面示意

上述两种碾压混凝土支墩坝，在技术上都是可行的，混凝土减少了，但模板增加了，在经济上是否合算，则需结合具体工程进行详细论证。

# 7 结束语

（1）在水利水电工程建设中，坝型选择十分重要。坝型选择是否合理，影响到工程造价、建设速度及工程质量。

（2）影响坝型选择的因素包括：工程特点、坝型特性、国家技术经济水平、筑坝技术的发展及筑坝经验的积累。

（3）早期我国曾建造较多的支墩坝、宽缝重力坝和一些空腹坝，自 20 世纪 90 年代以后，这些坝型已停建，目前在建的都是拱坝和重力坝。

（4）近 20 年，碾压混凝土坝得到较快发展，这一趋势今后将继续下去。

（5）笔者认为，在气候温和地区，碾压混凝土大跨度连拱坝和单支墩大头坝，也是可以探索的坝型。

## 参 考 文 献

[1] 朱经祥，石瑞芳. 中国水力发电工程水工卷 [M]. 北京：中国电力出版社，2000.

[2] 潘家铮. 重力坝设计 [M]. 北京：水利电力出版社，1987.

[3] 朱伯芳，高季章，陈祖煜，厉易生. 拱坝设计与研究 [M]. 北京：中国水利水电出版社，2002.

[4] 李瓒，陈兴华，郑建波，王光纶. 混凝土拱坝设计 [M]. 北京：中国电力出版社，2000.

[5] 朱伯芳. 大体积混凝土温度应力与温度控制 [M]. 北京：中国电力出版社，1999.

[6] 朱伯芳. 对宽缝重力坝的重新评价 [J]. 水利水电技术，1963（10）.

[7] 朱伯芳，吴龙坤，杨萍，张国新. 利用塑料水管易于加密强化混凝土冷却 [J]. 水利水电技术，2008（5）.

[8] WP Creager，JD Justin，J Hinds.Engineering for Dams [M]. 1944.

[9] 朱伯芳. 碾压混凝土拱坝的温度控制与接缝设计 [J]. 水力发电，1992（9）.

[10] 朱伯芳. 论特高拱坝的抗压安全系数 [J]. 水力发电，2005（2）.

# 对宽缝重力坝的重新评价[❶]

**摘　要：** 过去认为宽缝重力坝具有散热容易、渗透压力很小和投资节省等优点，因而宽缝重力坝在我国一度甚为流行。本文根据实践经验，对宽缝重力坝重新进行评价。指出宽缝重力坝散热并不容易，由于暴露面积大，很容易产生裂缝。从温度控制看，宽缝重力坝不如实体重力坝好。在采取一定技术措施后，实体重力坝与宽缝重力坝在扬压力和工程投资方面实际上是很接近的。

新中国成立以来，我国兴建了许多重力坝，其中除黄坛口和三门峡为实体重力坝外，其余都是宽缝重力坝。宽缝重力坝在我国之所以被大量采用，是由于当时认为这种坝型具有散热容易、渗透压力很小和投资节省等优点。经过多年的实践，现在看来，宽缝重力坝未必具备这么多的优点，相反，却存在一些严重的缺点。因此有必要对宽缝重力坝的优缺点重新进行评价。本文拟就几个主要问题，谈谈作者个人的一些看法，供有关同志研究讨论。

**关键词：** 宽缝重力坝；评估

# Appraisal of Hollow Gravity Dam

**Abstract:** In the light of engineering practice this paper gives a new and objective appraisal of hollow gravity dam.The maximum temperature of concrete in the central part of hollow gravity dam is the same as that in the solid one. Due to long time exposure of the lateral surface, the hollow gravity dam is more liable to cracking. So it is inferior to solid gravity dam with resect to protection against crack. On the other hand, after adopting some measures to reduce the uplift pressure in the foundation, the cost of the solid gravity dam is nearly equal to that of the hollow gravity dam. Thus, the hollow gravity dam is inferior to the solid one on the whole, especially in the frigid zones.

**Key words:** hollow gravity dam, appraisal

## 一、关于宽缝散热作用的问题

过去一般认为宽缝重力坝具备的一个重要优点是散热容易。这一点对过去之所以大量选择这种坝型，起了很大的作用。但实践经验证明，宽缝重力坝不仅散热并不容易，而且在温度控制方面存在着严重缺点。众所周知，混凝土坝温度控制的主要内容是基础温差、内外温差及接缝灌浆前的坝体冷却。为要说明宽缝重力坝究竟有无散热容易的优点，必须从这几方

---

[❶]　原载《水利水电技术》1963 年第 10 期。

面加以分析。

（1）混凝土浇筑以后，水化热温升发展很快，大部分热量是在龄期 7d 以前产生的。这种水化热在距离暴露表面 2m 以外的地方很难散去；而宽缝重力坝的厚度一般为 12～15m。因此，除去表面一层外，坝内广大范围内的水化热温升和最高温度并不会由于宽缝的存在而有所降低。这点从图 1 可以看得很清楚。图 1 表示一个厚度为 15m 的宽缝重力坝在浇筑混凝土以后的水化热温升的两向分布状态，浇筑层厚度 6m，间歇 6d。由此图可见中央广大范围内等温线是水平的，表明坝体内部的水化热温升并未受到宽缝的影响，而主要是决定于浇筑层的厚度和间歇的时间。因此，宽缝重力坝内部的基础温差与实体重力坝的基础温差实际上是相同的。

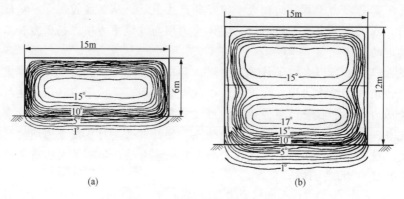

图1 宽缝重力坝内部水化热温升的两向分布

（a）浇筑后 6d；（b）浇筑后 12d

（2）实践经验和理论分析都说明，单纯依靠宽缝的散热并不能使坝体在规定时间内冷却到坝体稳定温度，而仍然必须埋设冷却水管。例如，丹江口宽缝重力坝，由于当时管材缺乏，在某些坝块内没有埋设冷却水管，结果发现坝体温度未能降低至稳定温度，只得事后在坝内钻孔进行通水冷却。又如布拉茨克宽缝重力坝，混凝土温度迟迟不能降低至规定的灌浆温度 2℃，只得将灌浆温度提高，实际上是在温度 10℃时进行接缝灌浆的。结果，对坝内应力产生不利影响。

（3）由于有了宽缝，混凝土暴露表面大量增加，在寒潮和低温的袭击下，裂缝的机会也就大大增加。根据对国内几个宽缝重力坝的调查结果表明，寒潮引起的表面裂缝占裂缝总数的 95% 以上。尤其不利的是，宽缝重力坝在基础约束范围以内的混凝土也长期暴露在大气中，一旦这些部位发生了表面裂缝，在以后内部混凝土冷却过程中，表面裂缝可能继续发展成贯穿裂缝。这在国内外都有具体实例可以证明。

图 2 表示几种坝型的温度状态。混凝土是在夏季浇筑的，就其内部最高温度而言，宽缝重力坝和实体重力坝是差不多的。但到了冬季，宽缝重力坝内形成了很大的内外温差，如再遇到寒潮低温的冲击，就很容易出现裂缝；相反，实体重力坝由于两旁已浇筑了混凝土，内部温度是比较均匀的，因而裂缝的机会也比较少。

前苏联布拉茨克宽缝重力坝的浇筑层厚度为 3.0m，水泥用量为 200～270kg/m³。实测混凝土内部最高温度：在冬季浇筑的为 31.5～38.0℃，在夏季浇筑的为 40～45℃，当地年平均气温为–2.7℃，基础温差达到 40℃以上。混凝土内部温度与外界最低日平均气温之差达到 46.2～76.5℃，因而产生了大量裂缝。据调查，裂缝大多是在冬天内外温差很大时产生的。

为了防止表面裂缝，必须在混凝土表面采取保温措施。由于宽缝重力坝暴露的面积大，时间长，要全面保护是不易做到的，何况保温层的隔热作用只对寒潮等短暂的降温有一定的保温效果，而对一年四季长期温度变化的保温作用是不大的。此外，在雨、雪水作用下，保温层的保温作用也会降低。为要求得比较有效的保温措施，只有把宽缝完全封闭起来；但在施工过程中，混凝土不断上升，宽缝逐步形成，要随着混凝土的上升而经常封闭宽缝事实上是不易做到的。至于实体重力坝，由于老混凝土会被两旁新混凝土所掩蔽，只要在混凝土浇筑以后的短期内进行保护即可。因此实体重力坝的温度控制实际上比宽缝重力坝更容易、更可靠。

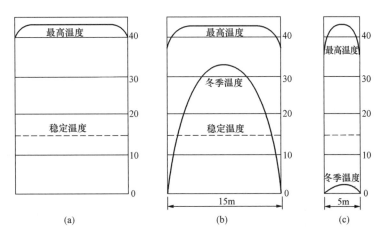

图 2　几种坝型的温度状态

（a）实体重力坝；（b）宽缝重力坝；（c）支墩坝

总之，在相同的气候条件下，宽缝重力坝的基础温差与实体重力坝相同，而内外温差则远较实体重力坝为大，且不易防护，增加了产生裂缝的机会。特别是基础约束范围以内的混凝土长期暴露在空气中，易于产生贯穿裂缝。这个问题在严寒地区尤为严重。

## 二、关于基础扬压力问题

扬压力是坝体的主要荷载之一。根据以往的经验，只要混凝土质量良好，比较密实，并在坝内设置排水管，坝体本身的渗透压力问题是不大的，问题主要在于基础的扬压力。目前一般认为，由于宽缝内岩石表面是敞开的，便于排水，因此，宽缝重力坝的基础扬压力较实体重力坝为小。但是如果在实体重力坝的基础面上设置互相连通的纵横排水廊道，在基础内设置排水孔（见图3），并设立抽水站（为安全计可以多设几套抽水设备，并在布置上使之便于检修），实体重方坝的基础扬压力也可以大大减小。

必须指出，以往把岩石设想为均匀的透水体，从而认为宽缝会使扬压力有显著的降低，这样的估计可能是偏高的。因为岩体实际上并不是均匀的透水体，地下水主要是通过岩石的裂隙流动的，因此，当坝下岩石的主要裂隙没有与宽缝相交时，宽缝的排水作用是值得怀疑的。我们可以从下面的两种最不利的情况来考虑：一是岩石的主要裂隙平行于水流方向，并在坝体下面露出地面，不与宽缝相交，如图4（a）所示；一是岩石的主要裂隙是水平的，如

图 4（b）所示。在这两种情况下，宽缝的排水作用都是不显著的。当然，除了主要裂隙外，还可能有一些微细裂隙与宽缝相通，但由于裂缝越细，水流所受阻力越大，因而基岩中的渗透水主要是沿着一些大的主要的裂隙流动的。假若如图 5 所示，钻一系列的排水孔与主要裂缝相交，在这种情况下，其排水作用当比宽缝更为显著。

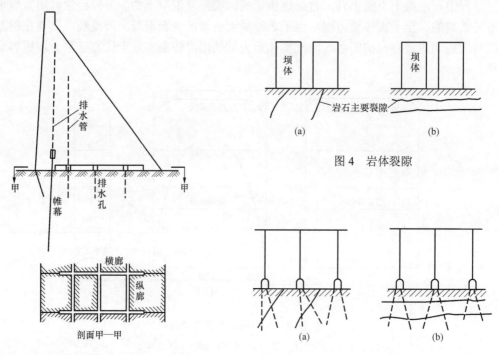

图 4　岩体裂隙

图 3　实体重力坝的改良防渗排水系统

图 5　基础排水孔布置

下面这个工程事例是富有启发性的。某连拱坝建筑在花岗岩基础上，坝的跨度为 20m，支墩厚度约 2m。基础表面绝大部分是敞开的，岩石表面排水条件比一般的宽缝重力坝要好得多；但经过几年蓄水以后，由于灌浆帷幕被破坏，压力水沿着坝下主要裂隙大量流动，以致整个岩盘和上面的支墩被抬起来，产生了显著的位移，并大量漏水。在钻排水孔以后，扬压力才逐渐减小。这个事实表明单纯依靠敞开的岩石表面并不能有效地减低岩石内部节理裂缝中的扬压力，即使在连拱坝的基础中也必须设置系统的排水孔，何况宽缝重力坝中敞开的岩石表面远比连拱坝为少，因此，单纯依靠宽缝中敞开的岩石表面更不能有效地降低岩石内部节理裂缝中的扬压力。

总之，如果在实体重力坝坝内布置系统的基础排水孔，又在岩石表面设置纵横排水廊道，其排水作用比之单纯依靠宽缝中敞开的岩石表面可能更为有效。

# 三、关于是否节省投资的问题

重力坝的混凝土体积主要决定于坝体的抗滑稳定性。以往由于假定宽缝重力坝的基础扬压力较小，一般可比实体重力坝节省混凝土约 7%～10%。

如前所述，如果在岩石表面设置纵横排水廊道和排水孔，实体重力坝的基础扬压力也可以降低，两种坝型在扬压力方面的差别还可以减小，因而在混凝土体积上的差别也会减小。

宽缝重力坝侧面积大，需要的模板比实体重力坝要多 1/2～2/3，模板的支撑结构也比较复杂，且需要消耗较多的劳力。因此，虽然节省了一些混凝土，但在总的造价方面，与实体重力坝是相差不多的。

从材料供应上看，宽缝重力坝可节省一些水泥，但要多消耗大量木材。我国因森林资源不足，木材的供应实际上比水泥的供应更为紧张，节约木材是有重要意义的。当然如果今后能大量采用预制混凝土模板，两种坝型在这方面的差别就不存在了。但从近年几个工地试用的情况看来，要正式使用预制混凝土模板，还要解决不少技术问题。而实体重力坝的模板比较简单，全面使用预制混凝土模板的可能性要大一些。

前苏联克拉斯诺雅尔斯克坝的坝型选择过程是有意义的。该坝高 125m，长 1065m，电站装机 600 万 kW，在初步设计中曾决定采用宽缝重力坝方案，中途又一度决定采用大体积支墩坝方案（支墩厚度 9m，中心距 15m，坝体上游面坡度为 0.20，下游面坡度为 0.70，实际上是比较单薄的宽缝重力坝）。但是在吸取布拉茨克、马马康、布赫塔明等坝的实际施工经验以后，最后终于决定采用实体重力坝方案。因为细致的研究表明，虽然实体重力坝的混凝土体积多 30 万 m$^3$（混凝土总体积 460 万 m$^3$），但实体重力坝所需模板较少且较简单，每立方米混凝土中的水泥用量也较少，三种坝型的工程总造价实际上是相等的。同时，还由于实体重力坝更能适应严寒的气候条件，施工更简单，运转时期坝的管理也更方便，因而最终选用了实体重力坝方案。

## 四、其他方面的几个问题

在坝的整体性方面，宽缝重力坝与实体重力坝是有差别的。虽然重力坝是按各坝段独立作用设计的，各坝段在计算上的安全系数可能大致相同，但由于基础条件及施工质量等种种因素的差别，各坝段的实际安全系数是不一致的。坝的破坏总是从最薄弱的坝段开始的，对于实体重力坝来说，由于在横缝上做有键槽并进行了接缝灌浆，各坝段连结成为一个整体，最薄弱的坝段可以得到相邻坝段的帮助，其实际的安全系数将有所提高。对于在两岸陡坡上的坝段，实体重力坝在顺坝轴方向的侧向稳定性也比宽缝重力坝为好。

在施工方面，实体重力坝较宽缝重力坝更为方便。首先，实体重力坝表面积小，模板较少、支撑结构也较简单；其次，在实体重力坝施工中，门式起重机及卡车可以直接在混凝土顶面上行驶，而宽缝重力坝则必须在宽缝上架桥。

在人防方面，实体重力坝由于没有空腔，也较宽缝重力坝更为安全。

在混凝土数量相等的条件下，宽缝重力坝的水平断面的转动惯性矩较大，因而坝体刚度较大，这对于坝体应力是有利的。

## 五、结束语

根据以上分析，我们可将宽缝重力坝与实体重力坝的优缺点进行综合比较。兹将比较结果列表 1。

总的看来，宽缝重力坝在温度控制方面并不比实体重力坝有利，宽缝重力坝内部最高温度与实体重力坝基本相同，而内外温差远较实体坝为大，而且不易保护，易于裂缝。虽然宽缝重力坝的基础扬压力要小一些，但当岩石的主要裂隙不与宽缝相交时，宽缝的排水作用是值得怀疑的。如果在实体重力坝内设置基础纵横排水廊道及排水孔，其扬压力也是可以降低的。而且即使宽缝重力坝的扬压力小一点，其结果也不过是混凝土节省一些，但由于需要较多的模板和劳力，根据前苏联克拉斯诺雅尔斯克坝的经验，两种坝型在总造价上实际上是相等的。近年来，国内实际工程经验证明，大面积的、长时间的内外温差控制是十分困难的，而且从开始浇筑混凝土到工程结束的整个施工过程都受到影响，因此即使投资略微增加一些，采用实体重力坝也还是值得的。此外，实体重力坝结构简单，在施工上比宽缝重力坝更为方便，这一点也是值得重视的。当然，在具体工程中选择坝型时，随着具体条件的不同，各个因素所起的作用也就有所不同。例如在寒冷地区以及气温变化较大的地区，现在看来采用实体重力坝是比较合适的。如果采用宽缝重力坝，裂缝的危险性就将大为增加。但是在南方沿海气候比较温和的地区，气温变化幅度很小，宽缝重力坝在温度控制方面的缺点就比较不显著。

表 1　　　　　　　　　　　　宽缝重力坝与实体重力坝优缺点比较

| 项目 | 宽 缝 重 力 坝 | 实 体 重 力 坝 |
|------|----------------|----------------|
| 1. 内部温度控制 | 散热不易，需要人工冷却 | 散热不易，需要人工冷却 |
| 2. 内外温差控制 | 暴露面积大，暴露时间长，内外温差不易控制，容易裂缝。特别是基础约束范围内的混凝土长期暴露，易于裂断 | 暴露面积小，暴露时间短，易于保护，后期内部温度近于均匀，裂缝机会较少 |
| 3. 工程造价 | 可节省混凝土 7%～10%，但要多消耗大量模板，总造价节省不多 | 混凝土多 7%～10%，但可节省大量模板，总造价相差不大 |
| 4. 坝体整体性 | 各坝段独立作用，不能互相帮助，整体性差，横缝易于漏水。人防较差 | 在横缝处可设键槽并灌浆，各坝段可互相帮助，整体性较好，横缝不易漏水 |
| 5. 渗透压力 | 较小，但当岩石的主要裂隙不与宽缝相交时，宽缝的排水作用值得怀疑 | 较大，但可设置基础纵横排水廊道及排水孔，予以减小 |
| 6. 施工 | 施工方便，但需较多模板 | 施工更方便，且模板较少 |
| 7. 水平截面刚度 | 较大 | 较小 |

选择坝型的某些因素，还会随着时间而有所变化，例如随着国家工业化水平及施工机械化水平的提高，实体重力坝结构简单、施工方便的优点，在坝型选择中就将显得更为重要。

宽缝重力坝并不是一种新坝型，而是几十年以前就已经出现的旧坝型，如果具有显著优点，理应取代实体重力坝的位置，但几十年来世界各国在宽广河谷所建造的混凝土坝中，实体重力坝过去和现在一直占压倒优势，远比宽缝重力坝为多。

瑞士早年建造的狄克逊坝是宽缝重力坝，而近年在旧坝下游新建的大狄克逊坝却采用了实体重力坝。美国 1940 年以后在宽广河谷建造的混凝土坝，基本上都是实体重力坝。事实表明实体重力坝有一定的优点，因而多年来一直被大量采用。

认识来源于实践，笔者认为，根据近年的实际经验，对宽缝重力坝的优缺点应重新进行探讨，这对于今后的坝型选择工作会有一些帮助的。

# 当前混凝土坝建设中的几个问题[❶]

摘　要：我国在建混凝土坝的数量和高度均居世界首位，这既是一个难得的机遇，又是一次重大的挑战。本文就与此有关的几个问题进行讨论，指出大坝安全是混凝土高坝的关键问题，分析了混凝土坝的破坏条件和安全系数的取值，指出由于样本太少，可靠度理论应用于混凝土坝设计无实际意义；指出了拱梁分载法的固有缺点，包括计算基础变形的 Vogt 系数过于粗糙，不能计算库水影响及施工过程的影响等；提出了改进混凝土坝安全评估的方法，对于一般的拱坝和重力坝，可采用有限元等效应力法，对于重要工程应进行全坝全过程有限元仿真分析；建议研究混凝土长期持荷强度和混凝土振捣密实度无损检测方法；指出通过全面温控、长期保温，可结束"无坝不裂"的历史。

关键词：破坏条件；安全系数；混凝土坝

# On Some Problems in the Construction of Concrete Dams

**Absract:** Some problems in the construction of concrete dams are discussed. It is pointed out that dam safety is an important problem for concrete dams. The failure condition and safety factors of the dam are analysed. The drawbacks of the trial load method are pointed out such as, the roughness of Vogt's coefficients for determining the foundation displacements, the neglection of the action of water load in the foundation and the influence of construction process on the stresses in the dam. Methods for improving the safety appraisal of dam are suggested: for ordinary concrete arch and gravity dams, the equivalent stress FEM may be used and for important dams, the whole course simulation FEM are more suitable. The history of "No concrete dam without cracking" may be terminated by permanent superficial thermal insulation as well as the reasonable temperature control of dam concrete. It is suggested to research the strength of concrete under long time loading.

**Key words:** failure condition, safety factor, concrete dam

　　我国在建混凝土坝的数量和高度均居世界首位，经过认真努力，有可能成为世界混凝土坝第一强国，但稍有不慎，也可能酿成大害，目前摆在我们面前的，既是一个千载难逢的历史机遇，又是一次重大挑战。

　　要建造一座良好的混凝土高坝，需要做好规划、勘探、设计、施工、运行管理等多方面的工作。本文不拟全面讨论这些问题，只就设计、施工、科研方面的部分问题进行探讨，提

---

❶　原载《水利学报》2009 年第 1 期。

出一些看法：①指出大坝安全是混凝土高坝的关键问题；②建议研究一些重要而未受重视的问题；如混凝土长期持荷强度和混凝土振捣密实度的无损检测方法；③提出大坝安全评估方法的改进；④进一步讨论目前争论较大的可靠度理论应用于混凝土坝设计问题；⑤指出依靠全面温控、长期保温可以结束"无坝不裂"的历史。

# 1 大坝安全是混凝土高坝的关键问题

1975 年板桥、石漫滩两水库的溃决，在生命、财产和生态方面所造成的巨大损失，说明了大坝安全问题是多么重要。混凝土坝的失事率，比土石坝要低一些，但混凝土坝也是会失事的。对混凝土坝来说，安全问题也是大坝建设中的一个核心问题。以混凝土拱坝为例，1954 年建成的高 66m 的法国马尔帕塞（Malpasset）拱坝，由于地质勘探和基础处理欠妥，初次蓄水时即完全溃决。1953 年建成的法国加日（Gage）拱坝（高 41m），蓄水后坝体出现严重的裂缝，并且裂缝不断发展，最后被迫放弃此坝并在此坝上游另建一座拱坝。1960 年建成的法国托拉（Toua）拱坝（高 99m），初次蓄水到距正常蓄水位还有 20m 时即出现很多裂缝，被迫在坝下游面设置拱肋和弧形重力结构进行加固。1978 年建成的奥地利柯茵布兰（Kolnbrein）拱坝（高 200m），水库蓄水至距坝顶 10m 时，坝踵产生大裂缝，排水孔漏水量达到 200L/s，坝踵扬压力达到坝前水头的 100%，被迫用 16 年时间进行修复，在老坝下游另外修建一座拱坝支撑老坝。我国一座特高拱坝，设计和施工质量都不错，竣工时裂缝不多，但蓄水多年后在坝体下游面陆续发现不少设计中未曾预料到的裂缝。瑞士车伊齐尔（Zeuzier）拱坝（高 156m），正常运行 21 年之后，因在距坝址 1.4km、坝下 400m 深处开挖公路隧洞，引起坝基脱水，导致大坝严重裂缝，被迫放空水库用 6 年时间进行大规模修补。

坝的应力水平与坝的高度大体成正比，坝体越高，应力越大，特高混凝土坝的安全问题是当前坝工技术的焦点[1~4]。我国特高混凝土坝不但水头高，而且库容大，其安全问题实际上还关系到下游数座水库的安全，因此，特高混凝土坝的安全问题是当前坝工技术中的一个重要课题。

# 2 混凝土坝破坏条件

混凝土坝的破坏是从局部破坏开始的，局部破坏之后，坝体应力重新分布，破坏范围是否进一步发展，也取决于应力状态。混凝土破坏条件可表示为

$$\sigma = f \tag{1}$$

式中：$\sigma$ 为实际拉、剪或压应力，$f$ 为实际抗拉、抗剪或抗压强度。

只要实际应力小于实际强度 $f$，结构就是安全的；但实际应力 $\sigma$ 和实际强度 $f$ 都是未知的，设计阶段已知的是在设计荷载作用下的计算应力 $\sigma_d$ 及混凝土设计强度 $f_u$。实际应力 $\sigma$ 可能大于计算应力 $\sigma_d$，实际强度 $f$ 可能小于设计强度 $f_u$；为了保证结构安全，需要引入安全系数 $K$，使 $K\sigma_d = f_u$。下面我们根据应力和强度的变化规律来探讨如何合理地决定安全系数 $K$。

以拱坝为例，实际应力可表示如下

$$\sigma = \sigma_1 + \sigma_2 + \sigma_3 + \sigma_4 + \sigma_5 + \sigma_6 + \sigma_7 + \sigma_8 \tag{2}$$

式中：$\sigma_1$ 为坝体自重引起的应力；$\sigma_2$ 为作用于坝体表面的水荷载引进的应力；$\sigma_3$ 为运行期坝

体平均温度和等效线性温差引起的应力；$\sigma_4$ 为施工期温度变化引起的应力；$\sigma_5$ 为非线性温差引起的应力；$\sigma_6$ 为运行期温度场边界条件的变化（主要为上游水位变化）所引起的应力；$\sigma_7$ 为库区水荷载变化引起的应力；$\sigma_8$ 为其他因素如地应力、基础开挖与处理等引起的应力。

在目前的拱坝设计规范中，只考虑了式（2）中的前 3 项，即 $\sigma_1+\sigma_2+\sigma_3$，而没有考虑后面 5 项，即 $\sigma_4+\sigma_5+\sigma_6+\sigma_7+\sigma_8$。

混凝土坝的实际强度可表示如下

$$f=f_p b_1 b_2 b_3 b_4 b_5 b_6 \tag{3}$$

式中：$f$ 为实际强度；$f_p$ 为设计龄期试验强度；$b_1$ 为试件形状、试件尺寸及湿筛影响系数；$b_2=f_p(\tau_m)/f_p(\tau_0)$ 为龄期系数，其中 $\tau_m$ 为坝体产生最大应力时的龄期，$\tau_0$ 为设计龄期；$b_3$ 为长期持荷强度系数，即长期持荷强度与室内标准试验持荷 $1\sim2\min$ 即破坏的强度比值；$b_4$ 为混凝土拌合及运输阶段的质量系数；$b_5$ 为混凝土平仓振捣质量系数；$b_6$ 为复杂应力状态系数。

以抗压强度为例，根据国内外试验结果，试件形状、尺寸及湿筛影响系数 $b_1$ 约为 0.60，龄期影响系数 $b_2$ 受龄期、水泥、混合材、外加剂、配合比、坝体温度等多种因素的影响，变化范围较大，大致在 1.2～1.4 范围之间；国内没有做过长期持荷强度试验，据国外试验资料，长期持荷强度系数 $b_3$ 约为 0.5～0.7；由于施工期间有大量机口取样和少量仓面取样的试验资料，在式（3）的 6 个系数中，混凝土拌合运输阶段质量系数 $b_4$ 是唯一可以用统计理论进行计算的系数，只要给出失效概率，根据试验资料可以计算相应的 $b_4$ 值；但正是由于现场有大量抽查试样，因此，一般情况下系数 $b_4$ 不至于太小；混凝土平仓振捣质量在施工中很难检验，系数 $b_5$ 的数值可能在较大范围内变化，如果平仓振捣质量优良，其值应接近或略小于 1.0，如果平仓振捣质量很差，从国内过去实际工程经验来看，可能出现大范围不密实、甚至蜂窝狗洞等架空现象，$b_5$ 就可能降至很低甚至接近于零。

坝工设计规范中采用的是简单应力状态下的强度，实际工程破坏时是复杂应力状态下的强度，后者与前者的比值即为 $b_6$。在用三维非线性有限元方法计算时，程序会自动考虑这种差别。在用结构力学方法计算时，$b_6$ 可以计算，计算方法见文献 [5]。例如，小湾拱坝，最大压应力发生在下游面，三个主应力为 $\sigma_1=-0.71\text{MPa}$，$\sigma_2=0$，$\sigma_3=-10.0\text{MPa}$（压应力为负），$b_6=1.077$。最大拉应力发生在上游面，三个主应力为 $\sigma_1=1.22\text{MPa}$，$\sigma_2=-1.90\text{MPa}$，$\sigma_3=-4.55\text{MPa}$，$b_6=0.935$。

# 3 大坝安全系数

## 3.1 安全系数的定义及决定安全系数的方法

### 3.1.1 按受力范围分类的设计安全系数

点安全系数 $K_P$ 决定于下式

$$K_P \sigma_d = f_u, \quad f_u = e f_p \tag{4}$$

式中：$f_u$ 为混凝土设计强度；$\sigma_d$ 为设计荷载作用下计算点应力；$e$ 为与保证率有关的系数。

线安全系数 $K_L$

$$K_L = \frac{\int f_u \mathrm{d}s}{\int \sigma_d \mathrm{d}s} \tag{5}$$

式中：分子分母均为沿着坝内一条线，如半径的积分。

面安全系数 $K_A$

$$K_A = \frac{\iint f_u \mathrm{d}x\mathrm{d}y}{\iint \sigma_d \mathrm{d}x\mathrm{d}y}$$ (6)

式中：分子分母为某一特定范围的面积分。

### 3.1.2 按应力分析方法分类的安全系数

破坏的临界状态为 $\sigma = f$，即

$$\sigma_1 + \sigma_2 + \sigma_3 + \sigma_4 + \sigma_5 + \sigma_6 + \sigma_7 + \sigma_8 = f_p b_1 b_2 b_3 b_4 b_5 b_6$$ (7)

考虑设计荷载、用拱梁分载法计算得到的设计应力为

$$\sigma_d = \sigma_1' + \sigma_2' + \sigma_3' = \frac{\sigma_1 + \sigma_2 + \cdots + \sigma_8}{a_1}$$ (8)

对于重力坝，有 $\sigma_3' = 0$，以式（8）代入式（4），得到

$$K_1 \sigma_d = f_u$$ (9)

$$K_1 = \frac{a_1 e}{b_1 b_2 b_3 b_4 b_5 b_6}$$ (10)

式中：$K_1$ 为拱梁分载法计算拱坝和材料力学计算重力坝的安全系数。

设按照设计规范的荷载，由有限元等效应力法求得的应力为

$$\sigma_e = \sigma_1'' + \sigma_2'' + \sigma_3'' = \frac{\sigma_1 + \sigma_2 + \cdots + \sigma_8}{a_2}$$ (11)

由式（4）得到

$$K_2 \sigma_e = f_u$$ (12)

$$K_2 = \frac{a_2 e}{b_1 b_3 b_4 b_5 b_6}$$ (13)

式中：$K_2$ 为按规范荷载用有限元等效应力计算的点安全系数。

设进行有限元全坝全过程仿真计算，得到的应力为

$$\sigma_s = \sigma_1''' + \sigma_2''' + \cdots + \sigma_8''' = \frac{\sigma_1 + \sigma_2 + \cdots + \sigma_8}{a_3}$$ (14)

由式（4）得到

$$K_3 \sigma_s = f_u$$ (15)

$$K_2 = \frac{a_3 e}{b_1 b_3 b_4 b_5 b_6}$$ (16)

式中：$K_3$ 为有限元全坝全过程仿真计算的安全系数。

设有限元全坝全过程仿真计算的等效应力为

$$\sigma_{se} = \sigma_1'''' + \sigma_2'''' + \cdots + \sigma_8'''' = \frac{\sigma_1 + \sigma_2 + \cdots + \sigma_8}{a_4}$$ (17)

由式（4）得到

$$K_4 \sigma_{se} = f_u$$ (18)

$$K_4 = \frac{a_4 e}{b_1 b_2 b_3 b_4 b_5 b_6}$$ (19)

式中：$K_4$ 为全坝全过程有限元仿真计算的等效应力安全系数。

### 3.1.3 按破坏荷载分类的安全系数

用非线性有限元计算拱坝直至破坏，根据加荷方式的不同，有以下几种安全系数。

单独水容重超载，安全系数为 $K_5$

$$K_5 = \frac{\gamma_u}{\gamma} \qquad (20)$$

式中：$\gamma_u$ 为坝体和基础破坏时的水容重；$\gamma$ 为正常水容重。

单独水位超载，安全系数为 $K_6$

$$K_6 = \frac{p_u}{p} \qquad (21)$$

式中：$p_u$ 为破坏时坝踵水压力；$p$ 为坝踵正常水压力。

水压、自重、温度等各种荷载按相同比例 $\beta$ 超载，安全系数为 $K_7$

$$K_7 = \beta_u \qquad (22)$$

式中：$\beta_u$ 为破坏时的荷载比例。

各种强度参数同比递减至 $1/\lambda$ 倍，直至破坏，安全系数为 $K_8$

$$K_8 = \lambda_u \qquad (23)$$

式中：$\lambda_u$ 为破坏时的 $\lambda$ 值。

### 3.1.4 确定安全系数的方法

由上节（3.1.1～3.1.3）定义可见安全系数应与计算方法相匹配。

混凝土坝安全系数，本质上是经验系数，由国内外长期的工程实践经验而决定，但它并不是一成不变的，而是随着计算方法、筑坝技术及坝工经验的积累而不断修改，例如：把美国目前采用的安全系数与 20 世纪 30 年代相比，可以看出其变化是不小的。

当我们准备采用一个新的计算方法时，需要确定相应的安全系数，正确的办法就是用这个方法对国内外一批已建工程，包括成功的、不太成功的和失败的工程进行计算，从大量计算成果中，总结出相应的安全系数。

## 3.2 因样本太少，可靠度理论应用于混凝土坝意义不大

可靠度理论用于坝工设计是目前争论较大的问题。概率论是一种数学工具，用概率论对坝体设计或试验中的某些参数进行分析，是完全可以的，但用可靠度理论进行混凝土坝的设计，由于样本太少，实际意义不大。设计的精度取决于对应力 $\sigma$ 和强度 $f$ 进行估计的精度，这实际上涉及两个问题：①应力计算方法是否有足够的精度，使计算的应力比较符合实际。②是否有足够的样本来决定应力和强度的概率分布、平均值和变异系数。在文献 [6] 已进行了初步讨论，本文拟进一步深入讨论这个问题。

首先分析设计应力 $\sigma_d$ 与实际应力 $\sigma$ 的差别。根据坝工设计规范，考虑三种荷载：自重、水压力和温度荷载；自重可视为定值，上游库水位是人工可控制变量，也不是随机变量，温度荷载有一定随机性，气温年变幅是有统计资料可利用的，但据分析，它对温度荷载的变异性影响不大，影响较大的是库底水温的估值及上游水位的变化，但这取决于水库运行方式及来水来沙条件，不是可靠度理论所能解决的。拱梁分载法假定自重全部由梁承担，算出的拉应力偏小，与实际应力有差别，这也不是可靠度理论所能解决的。坝体实际应力如式（2）所

示，目前坝工设计中只考虑了前 3 项，忽略了后面 5 项：$\sigma_4+\sigma_5+\sigma_6+\sigma_7+\sigma_8$，这是实际应力与设计计算应力差别的主要来源，但它们并不是统计理论所能解决的。

混凝土实际强度 $f$ 与设计强度 $f_u$ 的差别。如式（3）所示，由于施工中有大量机口取样和少量仓面取样试件资料，式（3）右边所包含的 6 个系数 $b_1\sim b_6$ 中，混凝土拌合及运输阶段质量系数 $b_4$ 是唯一可以用统计理论计算的系数，而且由于现场有大量抽样检查，系数 $b_4$ 一般不会太小；相反，系数 $b_5$ 可能很小，$b_1\sim b_3$ 及 $b_6$ 也可能有较大变异性；因此，在可靠度理论中，把变异性不大的系数 $b_4$ 的变异性代替 $b_1b_2b_3b_4b_5b_6$ 乘积的变异性，是不符合实际的。

至于岩基，目前拱梁分载法根本不能计算岩基的应力，岩基中强度试验资料很少，样本太少，很难给出强度的统计分布。

总之，混凝土坝的主要荷载自重和水压力都不是随机变量，实际应力与计算应力的差异主要来自计算条件和计算方法，不是用随机函数可表达的，影响混凝土强度的 6 个系数中，只有一个系数 $b_4$ 可用概率论计算，其他 5 个系数都是概率论无法计算的，怎么能用一个系数的变异性去代表 6 个系数的乘积的变异性呢？至于岩基，则样本太少，而且目前应用的拱梁分载法无法计算岩基中的应力场和渗流场，因此，可靠度理论应用于混凝土坝设计是以偏概全，没有实际意义。

# 4　混凝土坝设计和分析方法的改进

## 4.1　计算分析、模型试验和工程实践

人类对混凝土坝结构特性、应力状态、承载能力和安全度的了解主要有 3 个途径：计算分析、模型试验和工程实践。模型试验的优点是比较直观，其精度也优于简单的结构力学计算，在有限元法兴起以前，曾得到广泛应用，但由于在模型中很难模拟渗流场、变温场及分块分层浇筑的施工过程，也很难严格满足相似律的要求，例如，若要模拟水化热和徐变，就要求模型比例为 1:1；加上比较费时费钱，在有限元法兴起以后，模型试验急剧衰落，目前已基本被淘汰。这里指的是结构模型试验，至于混凝土材料性能试验，仍然十分重要。

工程实践永远是坝工知识的主要来源，过去如此，今后仍然如此。但它也有一定的局限性：它不能给出坝的应力场；除了跨掉的坝，它不能给出安全系数；它也不能直接给出坝的设计体形，不但在设计阶段要依靠计算决定坝的体形，实际上在运行阶段，对坝体安全度的评估主要也依靠计算。目前，计算已成为混凝土坝设计与分析的主要手段。随着仿真技术的发展，计算在混凝土坝建设中将发挥越来越大的作用。当然，计算原理和方法的检验，归根结底，还是依靠工程实践。

## 4.2　拱梁分载法

人类早期修建的拱坝，没有理论指导，完全依靠经验。1843 年建成的佐拉（Zola）拱坝是第一座用圆筒公式计算的拱坝。1914 年建成的萨曼（Salmon）拱坝是按固端拱设计的。20 世纪 30 年代美国垦务局在胡佛（Hoover）坝设计中，完善了多拱梁径切扭全调整的拱梁分载法。在有限元方法出现以前，拱梁分载法一直是各国拱坝采用的主要计算方法。

拱梁分载法的优点是具有长期应用的经验，但它具有下列缺点：①用 Vogt 系数计算基础

变形，精度太低，Vogt 系数把地基视为表面为平面的均质半空间，实际河谷形状很复杂而且地基是非均质的。②计算自重应力时，假定自重全部由梁承担，使拉应力偏小，实际随着接缝灌浆的进行，一部分自重将传至两岸。③只计算了作用于坝面的水压力，忽略了作用于基础的水荷载。④忽略了施工期产生的温度应力。⑤难以进行分块分层浇筑的仿真计算。⑥难以进行非线性计算。⑦难以进行承载能力计算。

在式（2）中，拱坝应力包括 8 项，拱梁分载法完全忽略了后面 5 项，只考虑了前面 3 项，而由于采用 Vogt 系数和假定自重完全由梁承担，计算的前 3 项应力与实际应力也有较大的出入。目前世界上多数国家已不采用拱梁分载法。

## 4.3 有限元法、有限元等效应力法及其允许应力

有限元方法的出现，在工程技术的各个领域都引发了重要的变革，在混凝土坝建设中也是一样。有限元法可以克服上节（4.2）所述拱梁分载法的全部缺点。

有限元法很长时间没有能直接应用于混凝土坝的设计，主要原因是由于应力集中，在坝踵往往出现 7～10MPa 拉应力，远远超过了混凝土抗拉强度，而且应力大小依赖于网格，网格越密，应力越大，为了克服这一瓶颈，人们曾经采取过如下方法：

（1）粗网格及工程类比，采用较粗网格，降低应力集中度，用同样网格对已建和新建工程进行分析，把已建工程的应力值作为新建工程的允许应力。

（2）控制拉应力范围，不考虑拉应力数值。例如，DL 5108—1999《混凝土重力坝设计规范》规定拉应力范围不超过坝厚的 0.07 倍。

（3）进行非线性分析，限制拉裂深度。

（4）有限元等效应力。

笔者 1987 年在科英布拉（Koimbre）举行的国际拱坝学术讨论会上提出有限元等效应力法[7]，用有限元计算坝体的应力，通过数值积分求出坝的内力（如轴向力、剪力、弯矩、扭矩）等，再用材料力学方法计算坝体应力，即消除了应力集中。

用有限元方法计算拱坝得到的整体坐标系（$x'$，$y'$，$z'$）中的应力 $\{\sigma'\}=[\sigma_{x'}$，$\sigma_{y'}$，$\sigma_{z'}$，$\tau_{x'y'}$，$\tau_{y'z'}$，$\tau_{z'x'}]^T$，今在水平拱圈的结点上取局部坐标（$x$，$y$，$z$），其中 $x$ 轴平行于拱轴的切线，$y$ 轴平行于半径方向，$z$ 轴为铅直方向，经过坐标交换，局部坐标系（$x$，$y$，$z$）中的应力分量可计算如下

$$\left.\begin{aligned}
\sigma_x &= \sigma_{x'}\cos^2\alpha + \sigma_{y'}\sin^2\alpha + \tau_{x'y'}\sin^2\alpha \\
\sigma_y &= \sigma_{x'}\sin^2\alpha + \sigma_{y'}\cos^2\alpha - \tau_{x'y'}\sin^2\alpha \\
\sigma_z &= \sigma_{z'} \\
\tau_{xy} &= (\sigma_{y'}-\sigma_{x'})\sin\alpha\cos\alpha + \tau_{x'y'}(\cos^2\alpha - \sin^2\alpha) \\
\tau_{yz} &= \tau_{y'z'}\cos\alpha - \tau_{z'x'}\sin\alpha \\
\tau_{zx} &= \tau_{y'z'}\sin\alpha + \tau_{z'x'}\cos\alpha
\end{aligned}\right\} \tag{24}$$

式（23）中，$\alpha$ 为从 $x'$ 轴到 $x$ 轴的角度（逆时针为正），沿厚度方向对拱和梁的应力及其矩进行数值积分，就得到拱和梁的内力，根据平截面假定，可算出坝内应力，这样计算的应力，就消除了应力集中的影响。

表1 小湾拱坝上游面有限元等效应力最大拉应力（自重+水压+温降）（单位：MPa）

| 自重计算方式 | 主拉应力 $\sigma_1$ | 拱向应力 $\sigma_t$ | 竖向应力 $\sigma_y$ |
|---|---|---|---|
| 整体计算 | 3.80 | 0.58 | 3.19 |
| 分步计算 | 1.54 | 0.16 | 1.12 |

表2 最大有限元等效应力与最大多拱梁应力之比

| 项 目 | 康持拉坝 | 龙羊峡坝 | 奈川渡坝 | 上锥叶坝 | 斯特朗笛泉坝 |
|---|---|---|---|---|---|
| 最大主拉应力比 | 1.33 | 2.14 | 1.33 | 0.90 | 0.996 |
| 最大主压应力比 | 0.94 | 0.91 | 1.13 | 0.85 | 0.897 |

在"九五"国家科技攻关中，在笔者主持下，为了研究有限元等效应力法的允许应力，我们同时用有限元等效应力法和多拱梁法计算了国内外已建的20多座拱坝。计算结果表明，两种方法得到的最大压应力相近，但最大拉应力则相差较大，一个重要原因是自重施加方式不同所致，在拱梁分载法中假定自重全部由梁承担，拉应力偏小，在有限元等效应力法中，如果在全坝竣工后把自重一次性施加，则由于相当多的自重传到两岸，坝体最大拉应力比拱梁分载法大得多，甚至可能大一倍，如果考虑拱坝接缝灌浆，自重逐步施加，则只有一小部分自重传至两岸，有限元等效拉应力只比拱梁分载法大25%左右，见表1及表2。据此，我们建议有限元等效应力法的允许压应力与拱梁分载法相同，允许拉应力则由拱梁分载法的1.20MPa提高25%改为1.50MPa[8]。

SL 282—2003《混凝土拱坝设计规范》[9]初稿中，本拟直接采用有限元法，不计拉应力数值，限制拉应力范围不超过坝体厚度的0.15倍；在审查会议中，笔者指出，重力坝按材料力学计算时，坝踵没有拉应力，用有限元法计算时，坝踵拉应力是由于局部应力集中引起的，因此，限制拉应力范围不超过坝厚的0.07倍是可以做到的[10]；拱坝情况有所不同，按结构力学计算，上游面就有拉应力，尤其是坝体上部在冬季拉应力范围很大，寒冷地区薄拱坝上部甚至可能全断面受拉，在我们计算的20多座已建拱坝中，绝大部分都不满足拉应力范围不超过0.15倍坝厚的要求。笔者建议改用有限元等效应力法并提出相应的应力控制标准，即允许拉应力由拱梁分载法的1.20MPa改为有限元等效应力法的1.50MPa，允许压应力不变。经过认真讨论，会议决定采纳笔者建议，这就为有限元在拱坝中的应用扫除了一个大障碍。

应该指出，有限元等效应力法对于重力坝也是适用的。

## 4.4 全坝全过程非线性有限元仿真

混凝土坝是分块分层浇筑的，施工期通常经历几个寒暑，温度变化、接缝灌浆、自重施加方式及基础开挖和大规模处理等对坝体应力均有影响，为了掌握混凝土坝的实际应力状态，应进行全坝全过程非线性有限元仿真分析，其内容如下：①全坝指包括地基和全部坝段（重力坝可以是单个坝段）；②全过程指从工程开工、分块分层浇筑至投入运行；③非线性包括材料非线性及结构非线性，如接缝、裂缝的非线性行为；④荷载包括自重、水压力、渗流场、地应力等。

## 4.5 混凝土坝承载能力计算

用非线性有限元计算混凝土坝承载能力，有单独水容重超载、单独水位超载、各种荷载同比超载及各项强度参数同比递减等四种方法，不同方法求出的安全系数不同。例如强度递

减法，当强度递减至 $\beta_1$ 倍时产生破坏，破坏点的剪应力为

$$\tau = \frac{c}{\beta_1} - \frac{f}{\beta_1}\sigma \tag{25}$$

如用同比超载法，当超载至 $\beta_2$ 倍时产生破坏，破坏点的剪应力为

$$\tau = \frac{c}{\beta_2} - f\sigma \tag{26}$$

对比以上两式，可知强度递减法求出的安全系数低于同比超载法。当然，由于破坏模式不同，破坏时的应力状态不完全相似，但上述结论大体是成立的。

在实际工程中，自重是不变化的，水荷载也不可能大幅度变化。例如 1975 年 8 月板桥、石漫滩两土坝被冲垮，实际过坝洪水深度只有 0.3m 和 0.4m，水头增加很少。如果是混凝土坝，由水头增加所引起的应力增量是很小的。

混凝土坝的强度可能比预计值有很大降低。例如：①施工质量不良，大范围振捣不密实甚至出现蜂窝狗洞等架空现象；②出现大裂缝；③地基隐含未被发现的软弱结构面或已发现但对其强度参数估计过高。

因此，在三种计算承载能力的方法中，以强度递减法最为合理。

## 4.6 混凝土坝的复合仿真

计算机仿真技术发展很快，目前已被认为是继理论研究、科学实验之后认识世界和改造世界的第三种手段。目前混凝土坝仿真还停留在力学计算上，输出结果是温度场、应力场和变位场，只要充分利用虚拟现实、人工智能等现代信息技术，有可能把混凝土坝的仿真提高一步，实现复合仿真。一方面，进一步模拟影响混凝土坝安全的各项因素；另一方面，提高显示功能，除了温度、应力、变位之外，还动态显示裂缝、滑动、破坏及渗漏的过程。仿真技术在混凝土坝建设中必将发挥更大的作用。

## 4.7 混凝土坝设计分析方法改进的必要性

理想的工程设计，应该是对应力和强度的估计都符合实际，完全符合实际是很困难的，因此需要一定的安全系数。但随着科学技术的不断进步，混凝土坝的设计分析方法也应该不断改进，使计算结果更好地反映实际情况。

目前在混凝土坝的设计中，应力分析忽略了式（2）中的后面 5 项即 $\sigma_4 \sim \sigma_8$，只考虑了前面 3 项 $\sigma_1 + \sigma_2 + \sigma_3$，而且由于采用 Vogt 系数计算基础变形、假定自重全部由梁承担及计算温度荷载时假定上游水位不变，因此计算的应力 $\sigma_d$ 与实际应力 $\sigma$ 有相当大的差距，坝的安全依靠安全系数来保证。问题是拱坝应力状态与地质条件、气候条件及施工过程有密切关系，不同坝体的应力状态千差万别，如果实际应力 $\sigma$ 与计算应力 $\sigma_d$ 的差别较大，非安全系数能所包容，就可能出问题，这正是过去混凝土坝出事的重要原因。因此，为了保证坝的安全，一方面要做好地质勘探、基础处理、混凝土质量控制，使坝体和地基有足够的强度，另一方面就是要进行全坝全过程仿真计算，使计算的应力尽量符合实际，如发现应力过大，在设计阶段就可采取对策，预防事故的出现。如果进行了全坝全过程仿真计算，加日拱坝、托拉拱坝、柯茵布兰拱坝那样的事故，有可能避免。充分利用现代计算技术和固体力学的长足进步，混凝土坝全坝全过程仿真完全可以实现[11, 12]。

当然，在改变主要设计分析方法之前，应进行大量的研发工作，并采取慎重而渐进的方式。

## 5　混凝土的长期持荷强度

加荷速率对混凝土抗压强度有较大影响，对测定混凝土抗压强度的加荷速率，ASTM 规定为 8.4～20.4MPa/min，我国 SD 105—1982《水工混凝土试验规程》规定为 18～30MPa/min。因此，通常室内混凝土抗压强度实验中，试件是在 1～2min 时间内破坏的。在动荷载作用下，破坏时间远少于 1～2min，混凝土强度高于室内标准试验值；相反，在静荷载作用于下，破坏时间大于 1～2min，实际强度将低于室内标准试值，实际工程的持荷时间当然远远超过 1～2min。

持荷时间的长短对混凝土强度的影响，据国外试验资料，同样的混凝土试件，如果用常规速度加荷，承受荷载为 $P$，那么施加 $0.9P$，到 1h 左右会破坏，施加 $0.77P$，一年左右会破坏，施加 $0.7P$，30 年左右会破坏。

对于拱坝，自重是恒定荷载，水位是在最高水位与最低水位之间变化，准稳定温度场是反复变化的，初始温差则是恒定的，情况比较复杂；但总的说来，持荷时间是比较长的，到目前为止国内还没有进行过相关试验研究。

国内对混凝土试件形状、尺寸、湿筛、龄期影响等方面都进行过研究，但长期持荷强度研究是空白，高拱坝承受持久荷载，应力水平比较高，急需对混凝土长期持荷强度进行研究。

## 6　混凝土振捣密实度的无损检测

由于大量机口取样和少量仓面取样，在入仓以前由于原材料、配合比、拌制、运输等原因引起的混凝土质量问题一般都可以得到较好的控制，但入仓以后，由于平仓、振捣而引起的质量问题，很难检测，实际上难以控制，特别是夜间浇筑混凝土，如现场监理稍有松懈，很容易出问题，如某重力坝，在纵缝灌浆时，耗浆量异常，经钻孔检查，发现坝内大范围因欠振而不密实，只得采取钻孔灌浆补强，坝体实际上吸纳了大量水泥浆液。如果没有发现问题，其后果是比较严重的。

目前在碾压混凝土坝施工中，已普遍采用无损探测方法检查混凝土密实度，常态混凝土因浇筑层厚度较大，尚缺乏有效的现场无损检测方法，急需进行研究。

## 7　全面温控、永久保温、结束"无坝不裂"历史

到 20 世纪 50 年代，混凝土坝温控措施包括分缝分块、水管冷却、预冷骨料及表面保温已相继提出，但实际上仍然是"无坝不裂"，德沃歇克（Dworshak）、雷维尔斯托克（Revelstoke）等坝的裂缝还相当严重，经较深入研究，笔者发现主要原因是人们对表面保护在认识上存在误区，由于施工中往往是一次大寒潮后出现一批裂缝，因此长期以来人们只重视混凝土早期的表面保护，而忽略后期的表面保护。研究结果表明，如果在严格控制基础温差、做好水平浇筑层面和接缝面的短期表面保护外，还能做好上下游表面的长期表面保护，就能防止裂缝的出现，结束"无坝不裂"的历史[14~17]，近年江口拱坝及三江河拱坝，竣工后都未出现裂缝。

在三峡三期工程开始前，经过计算分析，笔者建议三峡三期工程在大坝上下游表面用3～5cm厚聚苯乙烯泡沫板长期保温，在施工中得到执行，加上三期工程中进行了全面的严格的温度控制，大坝已浇筑到顶，到目前为止，未发现一条裂缝。实践经验表明，温度应力理论是正确的，只要全面温控、长期保温，就可以防止裂缝，结束无坝不裂的历史。目前在建的小湾、锦屏、溪洛渡、拉西瓦等特高拱坝均拟采取这套措施。

在我国首次实现了从"无坝不裂"到"无裂缝坝"的历史性跨越，今后只要继续坚持全面温控，长期保温，可以继续防止混凝土坝的裂缝，对于不同的坝型、不同的地区及坝体的不同部位，对防止裂缝当然可以提出不同的要求[16]。

# 8　结束语

（1）我国当前在建混凝土坝的数量和高度都是空前的。这为我国走向混凝土坝世界首强提供了千载难逢的机遇，我们应该努力做好各方面的工作，紧紧抓住这个机会，使我国成为混凝土坝世界首强，这既是保证高坝建设高质量的需要，也是历史赋予我们的使命。

（2）我国坝工建设的特点是，坝高、库大，而且往往地质复杂，不少处于强地震区，因此，大坝安全是首要问题。

（3）混凝土的长期持荷强度低于室内试验强度，国内对这个问题没有进行过任何研究，完全空白，急需进行试验研究。

（4）由于样本太少，可靠度理论应用于混凝土坝设计，没有实际意义。

（5）我国目前采用的混凝土坝安全评估方法基本上是七八十年前的方法，其优点是积累了较多的应用经验，但计算过于粗略，计算中忽略因素较多，对于特高混凝土坝，尤其是拱坝，其计算精度难以满足工程需要，应逐步过渡到全坝全过程有限元仿真方法。

（6）根据我们提出的"全面温控、长期保温"的思路，完全可以建设无裂缝坝，由于近年塑料工业的发展，长期保温，不但技术上可行，施工方便，而且投资不多，而坝的安全性和耐久性可以有较大的提升，值得重视，尤以特高拱坝为然。

## 参 考 文 献

[1] 潘家铮. 重力坝设计 [M]. 北京：水利电力出版社，1997.

[2] 朱伯芳，高季章，陈祖煜，厉易生. 拱坝设计与研究 [M]. 北京：中国水利水电出版社，2002.

[3] 李瓒，陈兴华，郑建波，王光纶. 混凝土拱坝设计 [M]. 北京：中国电力出版社，2000.

[4] 朱伯芳. 中国拱坝建设的成就 [J]. 水力发电，1999（10）：38-41.

[5] 朱伯芳. 拱坝的有限元等效应力及复杂应力下的强度储备 [J]. 水利水电技术，2005（1）：43-47.

[6] 朱伯芳. 论混凝土坝安全系数的设置 [J]. 水利水电技术，2007（6）：35-39.

[7] 朱伯芳. 国际拱坝学术讨论会综述 [J]. 混凝土坝技术，1987（2）：49-52.

[8] 朱伯芳. 拱坝应力控制标准研究 [J]. 水力发电，2000（12）：39-44.

[9] SL 282—2003《混凝土拱坝设计规范》[S]. 北京：中国水利水电出版社，2003.

[10] SL 319—2005《混凝土重力坝设计规范》[S]. 北京：中国水利水电出版社，2005.

[11] 朱伯芳. 大体积混凝土温度应力与温度控制 [M]. 北京：中国电力出版社，1999.

[12] 朱伯芳. 混凝土坝计算技术与安全评估展望 [J]. 水利水电技术，2006（10）：24-28.

［13］朱伯芳. 混凝土坝安全评估的有限元全程仿真与强度递减法［J］. 水利水电技术，2007（1）：1-6.

［14］朱伯芳，许平. 加强混凝土坝面保护，尽快结束"无坝不裂"的历史［J］. 水力发电，2004（3）：25-28.

［15］朱伯芳. 建设高质量永不裂缝拱坝的可行性及实现策略［J］. 水利学报，2006（10）：1155-1162.

［16］朱伯芳. 混凝土坝温度控制与防止裂缝的现状与展望［J］. 水利学报，2006（12）：1424-1432.

［17］朱伯芳，买淑芳. 混凝土坝复合式永久保温防渗板［J］. 水利水电技术，2006（4）：13-18.

# 混凝土坝安全评估的有限元全程仿真与强度递减法[❶]

**摘　要：** 笔者在文献［1，2］中最先提出了混凝土坝安全评估的有限元全程仿真与强度递减法，简称 SR 方法。本文将进一步系统地阐述 SR 方法的基本原理、合理性和良好应用前景。首先指出混凝土坝安全评估必须满足的三个基本原则，即荷载与应力状态符合实际、材料破坏准则和本构关系符合实际及强度参数符合实际，SR 方法可以完全满足这三个原则。然后指出，SR 方法可以实现混凝土坝安全评估的六个统一、即应力分析和稳定分析方法的统一，拉、压、剪等各种破坏形式分析的统一，坝体分析和基础分析的统一，正分析与反分析的统一以及设计、施工、运行各阶段评估方法的统一。采用 SR 方法对混凝土坝进行安全评估，有可能避免许多混凝土坝事故，提高坝的安全度，具有良好的应用前景。

**关键词：** 有限单元法；全过程仿真；序列强度递减；混凝土坝

# Finite Element Whole Course Simulation and Sequential Strength Reduction Method for Safety Appraisal of Concrete Dams

**Abstract:** The finite element whole course simulation and sequential strength reduction method for safety appraisal of concrete dams, called SR method for short, is explained in this paper.The true stress state of dam and foundation is given by the finite element simulation of whole course of dam construction, from excavation of rock foundation to the end of dam concreting and grouting of joints, then the safety factor is computed by sequential strength reduction FEM. The accuracy of safety appraisal of concrete dams will be raised by the application of SR method.

**Key words:** finite element method, whole course simulation, sequential strength reduction, concrete dam

## 1　前言

在混凝土坝从设计、施工到运行的各个阶段，安全评估始终是一个关键问题，在设计阶段，如安全评估方法不完善，设计出来的大坝就可能是不安全的或不合理的；在施工阶段，当发现地质条件、材料强度、施工质量等与原先要求的不同时，对这些条件的改变是否影响

---

❶　原载《水利水电技术》2007 年第 1 期。

坝体的安全也需进行正确的评估；工程竣工进入运行期以后，每隔一定时间，都要根据实际情况对坝的安全性进行评估，以保障坝的安全运行。

目前混凝土坝安全评估方法存在着不少缺陷：坝体分析和基础分析是分开进行的，实际上坝体和基础是一个整体；应力分析和滑动稳定分析是分开进行的，实际上滑动就是剪切破坏，是与应力状态分不开的；在安全评估中忽略了施工过程对坝体和基础应力状态的影响，等等。现有安全评估方法过于粗糙，不能反映大坝真实应力状态，本身就蕴含着不安全因素。

当前我国水利水电建设的规模是空前的，如在建的锦屏一级拱坝（高305m）、小湾拱坝（高292m）和溪洛渡拱坝（高278m）的高度都超过了世界已建最高的英古里拱坝（高272m），一个国家在同一时间建造三座世界上特高的拱坝是史无前例的，何况我国同时还在兴建大量其他不同高度的混凝土坝。水利水电工程的投资动辄几亿、几十亿甚至几百亿元，万一出事，损失也是惊人的，巨大的工程投资与十分粗糙的安全评估方法之间十分不协调。近几十年来，计算技术（包括硬件和软件）和固体力学取得了长足的进步，我们应该充分利用这些进步，改进混凝土坝安全评估方法。在文献［1，2］中笔者提出了混凝土坝安全评估的有限元全程仿真和强度递减法，简称SR法，S指全过程仿真（Whole Course Simulation），R指强度递减（Sequential Strength Reduction）。SR法综合利用了有限元全程仿真和强度递减两种方法的优点，通过有限元全程仿真求出混凝土坝的真实应力状态，通过有限元强度递减法求得合理的安全系数，与现有的混凝土坝安全评估方法相比，具有巨大的优势。本文将全面地系统地阐明混凝土坝安全评估SR方法的基本原理及良好的应用前景。

## 2　混凝土坝安全评估方法改进的必要性

### 2.1　现行混凝土坝安全评估方法的不足

现行混凝土坝设计规范中采用的安全评估方法存在着以下不足之处[3,7]：

（1）在抗滑稳定分析中采用的极限平衡法只考虑了力的平衡条件，而没有考虑应力状态及坝体与基础的相互影响。实际上滑动就是剪切破坏，坝体和地基的任一点是否滑动取决于该点的应力状态。在土质边坡中，由于应力状态比较简单，极限平衡法的计算精度是较好的。在混凝土坝坝体和基础中，应力状态比较复杂，岩体结构又很复杂，极限平衡法计算抗滑稳定的精度是很低的。

（2）在混凝土坝的安全评估中，坝体和基础是分别进行计算的，用拱梁分载法计算拱坝应力，用材料力学方法计算重力坝应力，用极限平衡法计算基础抗滑稳定，完全忽略了坝体与基础的相互作用，实际上坝体与基础是一个整体，密不可分。

（3）在拱坝设计中只考虑了作用于坝面的水压力，没有考虑作用于基础的水荷载对坝体应力的影响，也没有考虑地应力及基础开挖和处理对基础变形和坝体应力的影响。

（4）在混凝土坝设计中，坝体应力的控制没有考虑施工期的温度应力，实际上施工期温度应力是要延续到运行期的；也没有考虑施工过程对坝体应力的影响。

（5）在混凝土坝设计中没有考虑运行期非线性温差的影响。

（6）在拱坝应力分析中采用的拱梁分载法存在着一系列缺点：用十分粗略的Vogt系数计算基础变形，在建基面结点上缺乏变形协调条件，不同程序计算结果相差较大，不能计算孔口影响等。

（7）在拱坝和重力坝设计都是先用线弹性方法计算应力，再按点应力控制，即最大拉应力和最大压应力不超过允许应力，如果在应力计算中考虑各种荷载，拉应力一般难以过关，实际上只要考虑非线性温差，拉应力就很难过关。过去的做法是设计中不考虑，工程竣工后，出了裂缝再进行修补，裂缝程度不同，修补的规模也不同，有的只好在下游再建一座拱坝进行支撑，如柯因布兰拱坝；有的甚至废弃大坝不用，在上游另建一座拱坝，如加日拱坝。

运行期能够取得的观测资料包括变位、温度、扬压力等，对于判断大坝工作状态是否正常具有重要价值，但这些观测资料并不能告诉我们大坝的安全系数是多少，在运行期对大坝进行安全评估目前实际上也是采用设计规范中的方法，因而同样存在上述缺点。

## 2.2 实行精细安全评估的必要性

基于下述理由，用有限元全程仿真和强度递减法进行混凝土坝的精细安全评估是完全必要的。

（1）克服现有安全评估方法的缺点，避免事故，保障大坝安全。目前混凝土坝安全评估采用的拱梁分载法（拱坝应力）、材料力学方法（重力坝应力）和极限平衡法（抗滑稳定）还是七八十年以前的老方法，计算精度不高，许多对坝体和地基安全有重要影响的因素在计算中都没能考虑，这也是过去一些工程失事的重要原因，采用有限元全程仿真和强度递减法，可以克服现有安全评估方法的缺点、比较充分地反映坝体和基础的真实应力和变形状态，如果在设计阶段用 SR 法进行了比较精细的安全评估，如法国加日拱坝、托拉拱坝、中国梅花拱坝和响水拱坝那样的事故是可以避免的。根据龙巴迪（Lombardi）的分析，柯因布兰拱坝的事故是由于施工期自重应力引起梁的下游面裂缝、削减有效断面，产生较大剪应力和主拉应力，以致引起倾向上游的大裂缝，如果事先进行了有限元仿真计算，这种现象是可能发现的，因而事故是有可能避免的。

（2）水利水电工程投资大，万一失事损失巨大，而精细安全评估所费不多。水利水电工程投资大，动辄几亿、几十亿甚至几百亿元，而且万一失事，损失惊人，而在今天物质条件下，用有限元全程仿真和强度递减法进行安全评估，所需费用不多。

# 3 安全评估的基本原则

正确的安全评估应该满足以下三个基本原则：

（1）荷载与应力状态必须符合实际。坝体和基础内任一点是否破坏，取决于该点的应力状态与材料强度，因此，为了对大坝作出正确的安全评估，荷载与应力状态必须符合实际。

（2）材料破坏准则和本构关系必须符合实际。局部的破坏，如开裂和滑动，并不代表全坝的破坏，因此，应该用非线性有限元进行包括基础和坝体的全坝的非线性分析，求出全坝破坏的安全系数，在非线性分析中，材料破坏准则和本构关系对计算结果有重要影响，计算中采用的破坏准则与本构关系必须符合实际。

（3）强度参数必须符合实际。强度参数对计算结果有直接影响，因此，在安全评估中所用的强度参数必须符合实际。

下面将说明在混凝土坝安全评估中如何全面满足上述三个原则。

# 4 混凝土坝安全评估采用强度递减法的必要性

SR 方法具有两大特点：一是全程仿真；二是强度递减。全程仿真是为了求得真实应力状态。本节说明为什么必须采用强度递减法，而不是过去拱坝模型试验或非线性计算中常用的单独水压力超载，或同比超载法。

## 4.1 混凝土坝失事的主要原因是实际强度低于预期值

意大利瓦依昂拱坝，坝高 262m，坝顶弦长 168m，库容 1.69 亿 $m^3$，河谷窄，库容小，1963 年库区发生了一次大滑坡，滑坡体积 2.7 亿 $m^3$，形成涌浪翻过大坝，漫坝水深超过 100m，水库报废。由于滑坡体积远超过水库容积，造成很高的涌浪，这毕竟是一个非常特殊的例子。一般大水漫坝，水头不大，如我国在 1975 年 8 月特大洪水中，板桥和石漫滩两土坝被冲垮，实际漫过坝顶水流厚度分别只有 0.3m 和 0.4m。

混凝土坝承受的荷载有自重、水压力和温度变化。用全级配混凝土测定的重度，与混凝土实际重度很接近，运行期自重也不会变化。气温年变幅年际有一定差别，据分析变化不大。运行期进入水库的流量变化幅度较大，但下泄流量和坝前水位是受到人工控制的，即使遇到非常情况，水位也不可能成倍增大。总之，设计荷载的计算虽有一定误差，但误差数值不大，运行期实际荷载不可能成倍地增大。当然，地震荷载的估计有可能产生较大误差，但地震毕竟是特殊荷载。

对坝体和地基强度的估计则可能有较大的误差。就坝体混凝土而言，影响其强度的因素有：①水灰比及原材料质量的控制；②平仓振捣；③养护；④接缝处理；⑤温度控制及裂缝；⑥水的侵蚀作用；⑦冻融作用；⑧碳化作用；⑨试验方法。这些因素可能对混凝土的实际强度产生较大影响。

对地基强度估计的误差可能最大，危害最大的是隐蔽在地下的软弱构造，如断层、软弱夹层、节理等，对其产状、强度、抗剪参数的估计，都可能有较大误差，其中有些参数在蓄水后还可能随着水文地质条件的改变而变化。

当然，最危险的情况是地下存在着严重隐患而事先未查明，因而未作处理，这种情况的避免只能依靠周密的勘探工作，不是计算方法所能解决的。

总之，混凝土坝失事的危险主要不是对荷载估计不足，而是材料实际强度低于预期值。

## 4.2 强度递减法与超载法的比较

为了对混凝土坝的安全性进行较准确的评估，一方面荷载和应力状态的计算结果要符合实际，另一方面强度参数要符合实际，但如果用线弹性方法计算应力并按点安全系数控制应力，最大拉应力是很难过关的，实际工程中无坝不裂也说明了这一点。但一点的局部破坏并不代表整体失事，因此，用非线性方法求得整体失效的安全系数是最好的评估方法，下面对几种非线性分析方法进行比较。

### 4.2.1 强度递减法

把坝体和基础的全部强度参数都除以 $k_i$ 倍，即

$$c'=c/k_i, \quad f'=f/k_i, \quad f_t'=f_t/k_i, \quad f_c'=f_c/k_i \tag{1}$$

式中：$c$、$f$、$f_t$、$f_c$ 分别为混凝土和岩体的黏着力、摩擦系数、抗拉强度和抗压强度，必要时岩体节理的完好率（=1–节理连通率）也可以除以 $k_i$ 倍。从 $k_0=1.0$ 开始，逐步增加到 $k_1$、$k_2$、…、$k_n$；对每一个 $k_i$ 都进行一次非线性有限元计算，直到当 $k=k_n$ 时整体结构破坏时为止，$k_n$ 即为大坝的整体安全系数。

大坝整体破坏的判断标准有以下几种：

（1）经过 $m$ 次迭代计算仍不收敛（例如，$m=2000$ 次）。

（2）沿着坝体的一个破坏面，几乎完全进入塑性状态，绝大部分点安全系数都达到或接近 1.00。

（3）位移急剧增加。

### 4.2.2 同比超载法

把全部荷载都乘以 $k_i'$ 倍，从 $k_0'=1.0$ 开始，逐步加大到 $k'=k_n'$ 时，产生整体破坏，$k_n$ 即为安全系数，同比超载法计算量较小，但其计算结果与强度递减法是不同的。在各种强度参数中，摩擦系数没有量纲，其他强度参数有量纲，在强度递减法中，黏着力和摩阻力是同步递减的，在同比超载法中摩阻力加大了，但黏着力并未加大，故安全系数不同。下面取出达到极限状态时一点的应力状态来对比。

$$强度递减法 \qquad \tau = \frac{c}{k_n} + \frac{f\sigma}{k_n} \tag{2}$$

$$同比超载法 \qquad k_n'\tau = c + k_n'f\sigma \quad 或 \quad \tau = \frac{c}{k_n'} + f\sigma \tag{3}$$

对比以上两式，可知 $k_n$ 与 $k_n'$ 不可能相同。

另外，在同比超载法中，施工过程中产生的初应力及接缝灌浆时的超冷温差等如何处理也颇费斟酌。

### 4.2.3 单独水压力超载法

自重、温度等各种荷载都不变，单独使水压力（水位或水容重）增加 $\lambda$ 倍，从 $\lambda=1.0$ 开始，逐步加大到 $\lambda_1$、$\lambda_2$、…、$\lambda_n$，每一步都用非线性有限元分析，直至整体破坏为止。

如前所述，水荷载不可能成倍增大，混凝土坝的破坏实际是材料强度低于预期值所致。因此，以上 3 个方法中，强度递减法最为合理。强度降低后，由于材料本构关系的非线性，应力状态会有一定的调整，但由于全部荷载保持不变，应力状态的改变不会太大。单独水压力超载法则不然，在拱坝和重力坝的坝踵，自重是引起压应力的，而水压力是引起拉应力的，当自重不变而水压力单独增加时，坝踵会出现很大的拉应力，拉应力范围也大大增加，应力状态与实际情况相比，严重失真。

下面用一个简例来说明单独水压力超载的应力状态，如图 1 所示，重力坝高 150m，底宽 120m，

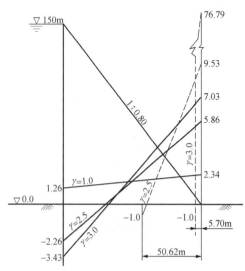

图 1　重力坝建基面正应力（MPa）

上游面铅直，下游面坡度 1:0.80，混凝土容重 2.40kN/m³，为简化计算，只考虑自重和水压力，计算结果见表 1 和图 1。①当水容重 $\gamma=10$kN/m³ 时，坝踵应力为 1.26MPa（压应力为正），坝趾应力为 2.34MPa，建基面全部受压，平均剪应力 0.94MPa。②当水容重 $\gamma=25$kN/m³ 时，坝踵正应力为 −2.26MPa（拉）。坝趾正应力为 5.86MPa；设建基面上允许拉应力为 −1.0MPa，允许开裂，上游面裂开长度为 69.38m，占底宽的 57.82%，裂开后，最大拉应力为 −1.0MPa，下游面最大压应力为 9.53MPa，未裂区平均剪应力为 5.56MPa。③当水容重 $\gamma=30$kN/m³ 时，裂开前坝踵正应力为 −3.43MPa，坝趾压应力为 7.03MPa；裂开后，裂开长度 114.30m，占底宽的 95.25%，未裂开长度 5.70m，占底宽的 4.75%。未裂区拉应力为 −1.00MPa，下游面最大压应力达 76.79MPa，平均剪应力 59.21MPa，坝体破坏难以避免。从这个算例可以看出，单独水压力超载，坝体和基础应力状态严重失真，计算结果不可信。

表 1　　　　　　　　　　　重力坝单独增加水压力算例（压应力为正）

| | 水容重 $\gamma$（$10^4$N/m³） | 1.0 | 2.5 | 3.0 |
|---|---|---|---|---|
| 裂开前 | 坝踵正应力（MPa） | 1.26 | −2.26 | −3.43 |
| | 坝趾正应力（MPa） | 2.34 | 5.86 | 7.03 |
| 裂开后 | 裂开长度（m） | 0 | 69.38 | 114.30 |
| | 未裂开长度（m） | 120.00 | 50.62 | 5.70 |
| | 裂开长度比率（%） | 0 | 57.82 | 95.25 |
| | 上游正应力（MPa） | 1.26 | −1.00 | −1.00 |
| | 下游正应力（MPa） | 2.34 | 9.53 | 76.79 |
| | 平均剪应力（MPa） | 0.94 | 5.56 | 59.21 |

综上所述，在混凝土坝安全评估中，应采用强度递减法。

# 5　混凝土坝安全评估中的材料强度、破坏准则和本构关系

## 5.1　实际材料强度

在混凝土坝设计阶段，对基础的地质构造和强度参数通过现场勘探、试验和取样室内试验予以查明；对混凝土的强度参数主要通过室内试验求得，这些强度参数是安全评估的重要依据。由于受到勘探和试验条件的影响，它们与坝体和基础内实际的强度参数是有差别的，在进行混凝土坝安全评估时，必须对材料的实际强度与试验强度的差别有充分的估计，这一点，在过去混凝土坝安全评估中往往是被忽略了的。

下面以混凝土抗压强度为例进行分析。混凝土拱坝和重力坝设计规范中的混凝土标号是室内试验、15cm 立方体试件、90d 龄期、80%保证率的抗压强度 $f_c$，混凝土大坝内混凝土实际抗压强度 $R_c$ 可表示如下：

$$R_c = f_c b_1 b_2 b_3 b_4 b_5 b_6 \tag{4}$$

$$b_2 = \frac{f_c(\tau_1)}{f_c(90)} \tag{5}$$

$$b_4 = \frac{\mu_{R_{90}}(1 - 0.842 C_v)}{R_{90}} \quad (6)$$

式中：$b_1$ 为试件形状、尺寸与湿筛影响系数，试件形状影响指长直试件与立方体试件强度的比值，试件尺寸影响指 45cm 以上大试件与 15cm 试件强度的比值，湿筛影响指全级配混凝土与筛除 4cm 以上石子后混凝土强度的比值；$b_2$ 为混凝土龄期影响系数，即实际达到最大应力的龄期（$\tau_1$）与设计龄期 90d 强度的比值；$b_3$ 为持荷时间影响系数，室内抗压强度试件在 1～2min 内破坏，实际大坝持荷时间为数十年甚至一二百年，$b_3$ 为长期持荷强度与室内标准试验强度的比值；$b_4$ 为入仓前混凝土质量影响系数，包括原材料质量、水灰比、拌制、运输过程中质量影响；$\mu_{R_{90}}$ 为仓面取样混凝土试件 90d 平均强度；$C_v$ 为仓面取样强度的离差系数；$R_{90}$ 为设计标号；$b_5$ 为平仓振捣质量系数；$b_6$ 为混凝土耐久性系数，即由混凝土溶蚀、冻融、碳化等作用引起的强度折减系数。

根据试验资料，即使假定 $b_5=1$，$b_6=1$，$R_c$ 也只有 $f_c$ 的一半左右，即 $b_1 b_2\ b_3 b_4 \approx 0.50$。当然，具体工程应具体分析，重大工程应进行专门试验，必须指出，国内对持荷时间对强度的影响还没有进行过试验，建议尽快进行研究。

## 5.2　符合实际的破坏准则与本构关系

为了计算结果能反映真实情况，计算中采用的材料破坏准则与本构关系必须尽量符合实际，过去有的学者在计算大坝和地基极限承载能力时，采用十分简单的破坏准则和本构关系以简化计算，在计算机能力较低的条件下，那是不得已而为之，由于破坏准则与本构关系不符合实际，计算成果的应用价值降低了。在计算机能力巨大的今天，应尽量采用符合实际的破坏准则与本构关系。

坝体混凝土最好采用威兰—沃恩克（Willam-Warnke）五参数破坏准则，可以较好地反映在复杂应力条件下拉压剪等各种破坏条件。岩体可采用带最大拉应力的德智克—普拉格（Drucker-Prager）准则，即

$$F_1 = \sigma_1 - f_t = 0 \quad (7)$$

$$F_2 = \alpha I_1 + \sqrt{J_2} - k = 0 \quad (8)$$

式中：$\sigma_1$ 为第一主拉应力；$I_1$ 为应力张量第一不变量；$J_2$ 为应力偏张量第二不变量；$f_t$ 为抗拉强度；$\alpha$、$k$ 为与黏着力 $c$ 及摩擦角 $\phi$ 有关的常数。对于软弱夹层或节理，采用带最大拉应力的摩尔—库仑准则。

混凝土纵横接缝可用有限厚度带键槽接缝单元[9]，可避免零厚度接缝单元的嵌入和病态问题。混凝土裂缝可用弥散裂缝模拟，混凝土压碎时单元刚度本应取零值，但如有一结点周围单元刚度均取零值，计算可能不收敛，为避免这种现象，混凝土压碎时应取充分小而非零的单元刚度。为正确模拟温度场，应采用温度场的接缝单元[10]，岩体中断层可采用实体元，节理可采用节理元[11]。

# 6　SR 法可实现混凝土坝安全评估的六个统一

目前混凝土坝安全评估中，坝体分析与基础分析是分开的，应力分析和稳定分析是分开

的，滑动（剪切）和拉裂、压碎的分析是分开的，施工期温度应力分析与运行期安全评估是分开的，正分析和反分析是分开的，实际上坝体与基础是一个整体，其应力与变形相互影响，密不可分。

有限元全程仿真与强度递减法可实现混凝土坝安全评估的 6 个统一：①坝体分析与基础分析的统一；②应力分析与稳定分析的统一；③拉、压、剪等各种破坏形式分析的统一；④施工期分析与运行期分析的统一；⑤设计、施工、运行各阶段评估方法的统一；⑥正分析与反分析的统一。

SR 法中的全程仿真是从基础开挖开始，考虑基础开挖、基础处理、地应力场、渗流场的改变、混凝土浇筑过程对自重的影响，温度场变化、接缝的开与合、接缝灌浆、分期蓄水、运行期荷载和各种条件的变化，因此，应力状态符合实际。用有限元强度递减法进行安全评估，把应力分析与稳定分析统一起来了，把拉裂、剪切与压坏等各种破坏形式的分析统一起来了。在分析滑动稳定时，不但考虑力的平衡条件，同时考虑了基础和坝体的应力状态及其相互影响。在分析坝体应力时也考虑了基础变形影响，包括地应力场、渗流场的改变与软弱构造面的局部移动，在计算运行期坝体应力时，不仅反映了运行期各种荷载的影响，也反映了施工期的各种影响。

从地基开挖开始到投入运行，不断进行反分析，在地基开挖和地基处理阶段，对地应力及基岩变形、基岩黏滞系数、渗透特性等进行反分析，在混凝土浇筑阶段，对混凝土热学参数进行反分析，在蓄水以后，对坝与地基整体变形特性进行反分析。根据反分析结果，不断修改计算参数，使计算结果越来越符合实际。对混凝土坝的安全评估，贯穿设计、施工和运行的全过程，不断更新、不断深化、不断完善。

# 7 需要研究的几个问题

采用有限元全程仿真与强度递减法进行混凝土坝安全评估，计算精度显著提高，是一种全新的安全评估方法，代表着一个新的方向，下面几个问题需要进行研究。

## 7.1 安全系数与计算方法的关系

（1）在荷载方面，施工期产生的初始应力、运行期非线性温差、基础渗流场改变等，在传统的安全评估中都没考虑，现在考虑了。总体来说，应力加大了，安全系数如何取值，需研究。

（2）在抗滑稳定方面，过去采用极限平衡法，只考虑力的平衡条件，现在采用 SR 法，考虑了应力状态及坝与基础的相互作用，计算结果更加合理，但计算结果不同了，需采用新的安全系数。

（3）过去坝体应力用点安全度控制，现在改为以整体破坏来衡量，更加合理，也要用新的安全系数。

总之，计算结果更加符合实际，更加合理，但再采用过去的安全系数是不合适了，需研究与之配套的新的安全系数。

## 7.2 安全系数的阶段性

安全系数取值与风险有关，在设计阶段，对一些设计条件的估计是不准确的，例如，对地质条件、施工质量的估计都包含了较多的未知因素，因此，要采用较大的安全系数；在地基开挖以后，特别是进行基础处理及帷幕灌浆以后，对基础地质构造以及地质参数的掌握进一步符合实际了，经过混凝土施工及相应的观测和反分析，对混凝土强度和质量的了解也有明显进步。因此，设计阶段、施工阶段和运行阶段，安全系数的取值应有所不同，越到后期，对结构的认识越符合实际，安全系数应可适当降低，这个问题在传统的安全评估中同样存在，但过去没有研究，今后应进行研究。

## 7.3　计算的规模与层次

传统的安全评估方法，计算简单，对于不同规模的工程，计算方法相同。SR 方法计算规模大多了，对于重要工程，应该进行详尽仿真计算，对于一般工程，应研究在计算精度相近的条件下，适当简化的方法。例如，计算量最大的是施工过程中温度应力的全坝仿真，对于一般的工程，应研究如何适当简化。又如，复杂地基的计算模型，对于不同规模的工程如何有所区别，在积累较多计算经验之后，最好能提出与工程规模、重要性和复杂性相匹配的计算规模、层次和方法。

# 8　结束语

（1）现行混凝土坝安全评估方法还是七八十年前的老方法，存在着一系列缺陷，不能反映大坝实际应力状态和安全度，本身就蕴含着不安全因素，近数十年来计算技术和固体力学取得了长足进步，有必要对混凝土坝安全评估方法加以改进。

（2）有限元全程仿真和强度递减法，可以模拟混凝土坝从基础开挖、混凝土浇筑、接缝灌浆到投入运行的全过程，可以求得比较符合实际的应力和变形状态，并对大坝安全作出比较切合实际的评价，可以克服现行安全评估方法的各种缺陷，代表着混凝土坝安全评估的一个新的方向。

（3）由于计算技术（包括硬件和软件）的巨大进步，用 SR 方法进行混凝土坝安全评估，不但是可能的，而且与巨大工程投资相比，费用很低。

（4）建议首先在重大工程中采用有限元全程仿真和强度递减法进行安全评估，以保证工程安全，同时积累经验，以后再不断完善，逐步推广。

## 参 考 文 献

[1] 朱伯芳. 混凝土坝计算技术与安全评估展望 [J]. 水利水电技术，2006（10）.

[2] 朱伯芳. 建设高质量永不裂缝拱坝的可行性及实现策略 [J]. 水利学报，2006，10:1-8.

[3] SL 282—2003《混凝土拱坝设计规范》[S]. 北京：中国水利水电出版社，2003.

[4] DL 5108—1999《混凝土重力坝设计规范》[S]. 北京：中国电力出版社，1999.

[5] 潘家铮. 重力坝设计 [M]. 北京：水利电力出版社，1986.

[6] 朱伯芳，高季章，陈祖煜，厉易生. 拱坝设计与研究 [M]. 北京：中国水利水电出版社，2002.

[7] 李瓒，陈兴华，郑建波，王光伦. 拱坝设计 [M]. 北京：中国电力出版社，2000.

[8] 朱伯芳. 混凝土拱坝运行期裂缝与永久保温 [J]. 水力发电，2006（8）：21-24.

[9] 朱伯芳. 有限厚度带键槽接缝单元及接缝对混凝土坝应力的影响 [J]. 水利学报，2001（2）：1-7.

[10] 朱伯芳. 混凝土温度场有限元分析的接缝单元 [J]. 水利水电技术，2005（11）：45-47.

[11] 朱伯芳. 有限单元法原理与应用 [M]. 2 版. 北京：中国水利水电出版社，1998.

# 混凝土坝计算技术与安全评估展望[❶]

**摘　要：**我国已是混凝土坝大国，当前应加大创新力度，积极争取成为混凝土坝强国。计算技术在混凝土坝设计、施工、科研中占有重要地位。本文探讨在混凝土坝计算技术领域如何推陈出新，建议在拱坝应力分析中以有限元等效应力法取代拱梁分载法；在坝体坝基稳定分析中，以有限元强度递减法取代极限平衡法；对重要工程进行非线性有限元全坝全过程仿真分析，并进行考虑施工过程和时间效应的坝体坝基安全评估；对重要工程建立数字水电站，利用新的计算技术，使我国在混凝土坝设计、施工、科研和管理上达到更高水平。

**关键词：**展望；计算技术，混凝土坝；数字水电站

## The Prospects of Computing Techniques for Concrete Dams

**Abstract:** The prospects of computing techniques of concrete dams are described in this paper. In the analysis of arch dams, the trial load method will be replaced by the finite element equivalent stress method. In the sliding stability analysis of the foundation and dam body, the limit equilibrium method will be replaced by the strength reduction finite element method. It is suggested to carry out the whole course simulating computation of the dam and foundation by nonlinear finite element method taking into account the influences of the construction process and the nonlinear properties of rock and concrete. The appraisal of the safety of dam will be carried out on the basis of the whole course simulating computation and the strength reduction finite element method. It is suggested to establish a digital hydropower station for an important project.

**Key words:** prospect, computing techniques, concrete dam, digital hydropower station

## 1　前言

我国已建和在建混凝土坝的数量居世界首位，在建混凝土坝高度也列世界首位，如高292m 的小湾拱坝和高 305m 的锦屏一级拱坝，其高度不但超过了世界已建最高的英古里拱坝（275m），也超过了世界最高的大狄克逊重力坝（286m），龙滩重力坝（216m）是世界最高的碾压混凝土重力坝。我国已是世界上首屈一指的混凝土坝大国，当前应加大创新力度，积极争取成为世界混凝土坝强国。

在混凝土坝设计、施工、科研和管理中，计算技术是重要手段，其重要性早已超过模型试验。

---

❶　原载《水利水电技术》2006 年第 10 期。

本文将提出在混凝土坝计算技术领域中如何推陈出新、更上一层楼，建议在拱坝应力分析中以有限元等效应力法取代拱梁分载法、在坝体坝基稳定分析中以有限元强度递减法取代极限平衡法，对重要工程，建议进行非线性有限元全过程仿真分析，坝体安全评估应在全过程仿真和有限元强度递减法的基础上进行，以利于更好地反映坝体和基岩的真实性态。对重要工程应建立数字水电站。利用新的计算技术，使我国在混凝土坝设计、施工、科研和管理上达到新的水平。

## 2  有限元等效应力法取代拱梁分载法是必然趋势

1904 年美国惠勒（Wheeler）提出拱冠梁径向变位协调法以计算拱坝应力，1923～1935 年美国垦务局发展了多拱梁试载法，考虑了径向、切向、扭转等变位的协调，使拱梁分载法趋于完善，并编制了一套计算表格，其后拱梁分载法即成为拱坝应力分析的主要方法[1]。

拱坝是十分复杂的结构，在有限元法出现以前，拱梁分载法是唯一可行的计算方法，而且根据拱与梁变位协调条件来分配拱与梁所承受的荷载，在理论上也是正确的，但拱梁分载法存在着以下缺点：①用 Vogt 系数计算基础变位，即使基础是均质岩体，也不能如实反映基础变位状态，而实际工程中，基础多是不均匀的，Vogt 系数无法反映真实的基础变位；②在建基面结点上，拱与梁的变位本来就相等，因而缺少变位协调条件，无法决定建基面结点上拱与梁的荷载分配；③无法计算坝内孔口；④无法计算重力墩；⑤无法进行从施工到运行的全过程仿真计算；⑥难以进行严格的非线性计算；⑦用有限元法计算拱坝时，只要网格相同，不同程序计算的结果基本相同，拱梁分载法则不然，不同程序计算的结果相差较大，尤其是拉应力相差较大，这是由于拱梁轴线是复杂的空间曲线，在计算各种荷载作用下的变位时往往还要采取一些近似方法，不同程序中所用方法不同，导致计算结果不同。另外，有的程序是一个人编制的，而拱梁分载法程序非常复杂，比有限元程序复杂得多，如果程序编制中出了一些差错而未能改正，也会导致不同的计算结果。

有限单元法具有强大的计算功能，可以克服上述拱梁分载法的全部缺点，本应成为拱坝应力分析的主要工具，但由于在坝踵和坝趾存在着应力集中，特别是算出的拉应力往往远远超过了混凝土的抗拉强度，而且网格越密，应力集中越严重，计算成果难以作为设计的依据。在实际工程中，由于基岩中存在着一些裂隙，应力集中不一定像有限元法计算所反映的那么严重，但过去在有限元法计算中很难解决这个矛盾。作者 1987 年 4 月在科英布拉（Koimbre）国际拱坝学术会议上提出的有限元等效应力法克服了这一矛盾[2, 3]。

用有限元方法计算拱坝得到的是整体坐标系（$x'$, $y'$, $z'$）中的应力 $\{\sigma'\} = [\sigma_{x'}$, $\sigma_{y'}$, $\sigma_{z'}$, $\sigma_{x'y'}$, $\sigma_{y'z'}$, $\sigma_{z'x'}]^T$，今在水平拱圈的结点上取局部坐标系（$x$, $y$, $z$），其中 $x$ 轴平行于拱轴的切线，$y$ 轴平行于半径方向，$z$ 轴为铅直方向，经过坐标变换，局部坐标系（$x$, $y$, $z$）中的应力分量可计算如下

$$\left.\begin{aligned}
\sigma_x &= \sigma_{x'}\cos^2\alpha + \sigma_{y'}\sin^2\alpha + \tau_{x'y'}\sin 2\alpha \\
\sigma_y &= \sigma_{x'}\sin^2\alpha + \sigma_{y'}\cos^2\alpha - \tau_{x'y'}\sin 2\alpha \\
\sigma_z &= \sigma_{z'} \\
\tau_{xy} &= (\sigma_{y'} - \sigma_{x'})\sin\alpha\cos\alpha + \tau_{x'y'}(\cos^2\alpha - \sin^2\alpha) \\
\tau_{yz} &= \tau_{y'z'}\cos\alpha - \tau_{z'x'}\sin\alpha \\
\tau_{zx} &= \tau_{y'z'}\sin\alpha + \tau_{z'x'}\cos\alpha
\end{aligned}\right\} \tag{1}$$

式中：$\alpha$ 为从 $x'$ 轴到 $x$ 轴的角度（逆时针为正），沿厚度方向对拱和梁的应力及其矩进行数值积分，就得到拱和梁的内力[1]。根据平截面假定，可算出坝内应力，这样计算的应力，就消除了应力集中的影响，可直接用于坝体剖面设计。根据笔者的建议新编的 SL 282—2003《混凝土拱坝设计规范》[5] 已正式把有限元等效应力法作为拱坝设计方法。

有限元等效应力法克服了拱梁分载法的全部缺点，它取代拱梁分载法是必然趋势，当前急需编制用有限元等效应力法进行拱坝应力分析的通用程序，它应该具备下列功能：①高度自动化和可视化，使用者只要输入很少数据就可以得到全部计算结果；②体形，适用于双曲拱坝和单曲拱坝，包括各种常用的拱圈线型，如单心圆、多心圆、抛物线、椭圆、对数螺线、统一二次曲线及混合曲线，可在拱座附近局部加厚，拱冠梁轴线和厚度用 3～5 次多项式及样条函数表示；③自重作用，包括三种假定：自重全部由梁承担、考虑施工过程的拱梁分担、自重一次施加于全坝；④动应力，用振型叠加法，利用反应谱计算地震应力；⑤优化，可进行等体积和等应力两种体形优化；⑥抗滑稳定，可给出建基面上的内力及建基面上抗滑安全系数；⑦超载计算，可进行超载条件下简单的坝体非线性计算。

# 3　有限元强度递减法取代极限平衡法是合理选择

混凝土坝的抗滑稳定是重要问题，目前工程上主要采用极限平衡法进行分析，它的优点是计算简单，并有长期的使用经验，但极限平衡法具有重大缺点：

（1）它需要事先知道破坏面的形状和位置，对于均匀土体平面问题，可以通过反复试算或用优化方法搜索最危险滑动面，对于非均匀土体平面问题或空间问题，就很难找出最危险破坏面。至于岩基，由于含有大量节理、裂隙、夹层、断层等不连续结构面，更难找到最危险破坏面，因此，很难求出最小的安全系数。

（2）坝体和坝基任一点是否破坏取决于该点的应力状态，极限平衡法不能考虑坝体和岩体的应力状态及坝体与岩基的相互作用。

（3）不能细致地考虑岩基渗流场和地应力场。

用有限元强度递减法计算混凝土坝的抗滑稳定，可以克服上述缺点，自动找到最危险破坏面，并动画显示破坏过程。

实际工程中，自重、水压力等荷载不可能成倍增大，真正的危险在于材料的强度达不到预期值。有限元强度递减法就是把坝体和坝基的抗剪、抗拉、抗压等强度除以常数 $b$，例如取：

$$c' = c/b，\quad f' = f/b，\quad f_t' = f_t/b，\quad f_c' = f_c/b \tag{2}$$

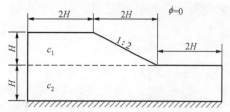

图 1　不排水黏土坡（$c_1/\gamma H=0.25$，$\phi=0$）

式中：$c$、$f$、$f_t$、$f_c$ 分别为材料的黏着力、摩擦系数、抗拉强度和抗压强度。用有限元法进行非线性分析，逐步增大常数 $b$，直至计算不能收敛时的 $b$ 值即为安全系数。

文献[4]曾对各种均质和非均质土坡和土坝进行有限元递减法计算，均取得良好结果；对于图 1 所示土坡，当 $c_2/c_1$ 取三种不同值时的破坏形态如图 2 所示。

图 2（a）当 $c_2/c_1=0.60$ 时，地基软弱，破坏面穿越地基；图 2（b）为当 $c_2/c_1=1.5$ 时，有两个破坏面，一个穿过坡脚，一个穿过地基；图 2（c）当 $c_2/c_1=2.0$ 时，破坏面穿过坡脚。这个算

例表明，有限元强度递减法可以自动找出不同条件下的破坏面及安全系数。文献［5］用有限元强度递减法计算了一组岩质边坡的稳定问题，也取得了良好成果。

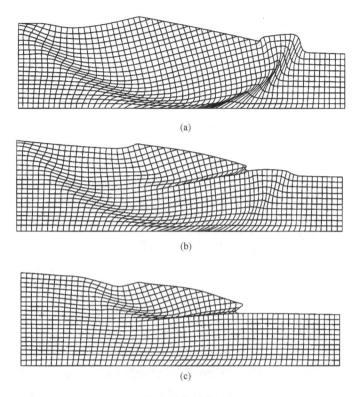

(a)

(b)

(c)

图 2　不排水黏土坡的破坏形态

（a）$c_2/c_1=0.60$；（b）$c_2/c_1=1.5$；（c）$c_2/c_1=2.0$

图 3 表示一重力坝，岩基内有一软弱夹层，目前用极限平衡法计算时，假定破坏面是折线 $ABEF$，改变 $EF$ 的位置和方向，求出最小安全系数。计算中存在的问题：①计算中没有考虑应力分布，无法反映真实的摩阻力；②实际破坏面 $CD$ 可能是曲面，抗滑阻力不同于直线 $EF$；③破坏有一个过程，在破坏的初期，$AB$ 段的一部或全部可能已裂开，不参与其后的抗滑，并可能改变扬压力图形。

拱坝的坝基稳定问题是空间问题，目前主要切取楔形体进行极限平衡计算，问题更复杂，难度也更大。一种情况是，从地质结构上，可以明显地切出一个滑动楔形体，从计算条件来说，这是最简单的情况，即使在这

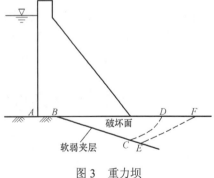

图 3　重力坝

种条件下，由于完全忽略了楔形体变形对摩阻力的影响，计算的精度也是不高的；另一种情况是地质结构比较复杂，不能切出一个明显的滑裂楔形体，计算精度当然更低。

用有限元强度递减法计算坝体和坝基稳定问题，具有如下优点：①能够计算各种复杂条件下的稳定问题；②能够考虑坝体和岩体的非线性弹塑性本构关系、变形对应力的影响及坝

体与岩基的相互作用；③可自动求出破坏曲面，可动画显示破坏过程；④可较细致地考虑渗流场和地应力场的影响。

包括基岩和坝体的整体有限元模型，混凝土坝体可采用威兰—沃恩克（Willam-Warnke）五参数准则，岩体可采用带最大拉应力的德鲁克—普拉克（Drucker-Prager）准则，即岩体拉裂时，由拉应力准则控制：

$$F = \sigma_1 = R_t \tag{3}$$

式中：$\sigma_1$ 为第一主应力；$R_t$ 为材料的抗拉强度。岩体产生剪切破坏时，用德鲁克—普拉克（Drucker-Prager）准则控制：

$$F = \alpha I_1 + \sqrt{J_2} = k \tag{4}$$

式中：$I_1$、$J_2$ 分别为应力张量的第一不变量和应力偏张量的第二不变量；$\alpha$、$k$ 为与材料黏聚力 $c$ 和内摩擦角（$\phi$）有关的常数[7]。文献［6］比较过外角点圆、内角点圆、内切圆和等面积圆四种方法，认为等面积 $D—P$ 圆最好，相应的常数 $\alpha$、$k$ 为

$$\alpha = \frac{2\sin\phi}{\sqrt{2\pi(9 - \sin^2\phi)}}, \quad k = \frac{6c\cos\phi}{\sqrt{2\pi(9 - \sin^2\phi)}} \tag{5}$$

坝体接缝可采用带键槽接缝单元[8]，岩体节理可采用节理单元，用带最大拉应力的摩尔—库仑准则控制。

## 4　全坝全过程非线性有限元仿真计算

1972 年，笔者与宋敬廷用有限元法模拟施工过程进行了三门峡重力坝的仿真计算，这是我国第一次进行水坝仿真分析，其后仿真分析得到长足进步，由平面问题发展到空间问题，由单坝段仿真发展到全坝仿真，由线性仿真发展到非线性仿真，在仿真计算中考虑接缝、裂缝、局部损坏等非线性因素的影响。

目前的仿真计算重点放在坝体上，计算是从浇筑第一方混凝土开始的，对地基作了简化处理，实际上对于高坝来说，在施工过程中地基的应力、变位和渗流状态也在不断变化，并与坝体互相影响，因此，今后应加强地基的仿真计算，计算从开挖第一方岩石开始，模拟地基中地应力、渗流、变位及重要节理裂隙开合等变化过程及其与坝体的互相影响。重要工程的仿真计算应是从地基到坝体、从施工期到运行期的全坝全过程非线性仿真计算。

## 5　基于全坝全过程仿真及有限元强度递减法的混凝土坝安全评估

材料的破坏取决于应力状态和材料强度，因此，混凝土坝安全评估的精度取决于对真实应力状态及真实材料强度估计的精度，当前在设计阶段及运行阶段对混凝土坝的安全评估存在如下缺点：①忽略了施工过程对坝体应力的影响，无论是拱坝还是重力坝，施工过程对坝体应力都有影响，以拱坝为例，设计中只考虑了封拱以后的荷载，实际上，由于温度变化，封拱前已存在着初应力；②忽略了室内试验得到的强度与材料真实强度的差别；③忽略了强度的持荷时间效应；④忽略了运行期非线性温差引起的应力。

为了提高混凝土坝安全评估的精度，必须：①进行从基岩到坝体，从施工期到运行期的

全坝全过程非线性仿真分析，求得尽量逼真的坝体和坝基的应力状态，计算中考虑结构的（如接缝、裂隙）和材料的非线性行为；②在坝的运行期，针对几种不同荷载组合，用有限元强度递减法求出安全系数；③考虑材料真实强度与室内试验强度的差别，包括试件尺寸、形状、湿筛及持荷时间的影响。例如，混凝土持荷时间 $t$（d）的抗压强度与室内标准混凝土试验强度（持荷 1～2min）的比值约为

$$f(t)/f_0 = 0.67 + 0.33e^{-0.60t^{0.160}} \quad (t \geqslant 0.01\text{d}) \tag{6}$$

式中：$t$ 为持荷时间，d；$f(t)$ 为持荷时间（$t$）的抗压强度；$f_0$ 为室内标准混凝土试验（持荷 1～2min）抗压强度。

如此求出的安全系数，比较符合真实情况。

# 6 数字水电站

1998 年 1 月 31 日，美国当时副总统戈尔在加利福尼亚州科学中心所作"数字地球——认识 21 世纪我们这颗星球"讲演中提出了"数字地球"（digital earth）的新概念，其后，受到各国政府和学术界的重视，先后提出了数字国家、数字省、数字城市、数字河流等概念，并纷纷予以研究和实施。笔者建议，我国今后较重要的水电站都应该建立相应的"数字水电站"。

"数字水电站"是采用先进的计算机技术、多媒体技术、海量存储技术、网络技术、虚拟现实技术等，对一个水电站各种信息进行高度信息化管理、存储、处理、传输和应用，为政府、企业、个人进行水电站规划、设计、科研、施工、管理等多种活动提供服务，实现水电站规划、设计、科研、建设、管理的智能化、可视化和网络化。

数字水电站的主体部分可分为三个层次：①数据层，包括地质、水文、气象、地下水、建材、工程规划、设计、施工、人力、财务、工程监测等各项数据的采集、管理、挖掘和分析；②模型层，由能够模拟水电站各种现象或行为的数学模型组成，例如：水文计算模型、施工组织优化模型、全坝全过程有限元仿真模型、地质结构及地基处理模型、监测资料处理模型等；③应用层，在数据层和模型层的基础上提供数据查询和支持服务及决策支持服务。

从施工期到运行期的任一时刻，该系统都能提供历史的、现在的和未来预测的数据。例如，在施工期的某一天，可以提供当时工程形象图，显示当时基础开挖、混凝土浇筑、设备安装等的部位和重要状态，已浇筑混凝土坝块的温度、应力、变形以及一定时间（例如一个月）后工程形象预测图，它可以提供工程调度计划、混凝土浇筑计划、设备安装计划、材料供应计划等。

利用一个强大的数字水电站，在施工期间，不但可以迅速了解工程状态，而且还可以对工程的进展进行监控和优化。例如，基础开挖以后，如发现地质条件与原先估计有较大差别，可以对其影响进行评估，必要时可提出基础处理的改进方案。对混凝土施工质量、温度控制、施工进度等是否满足设计要求可进行评估，必要时可提出改进意见。

工程竣工进入运行期以后，它不但可以提供历史的和现在的工程状态，还可以对工程的将来进行预测，对工程安全进行评估，必要时可提出危险警告。

大坝是水电站的主体建筑物，对于混凝土坝水电站来说，数字水电站的核心软件是：基岩三维地质结构及基础处理模型、全坝全过程非线性有限元仿真模型、施工组织设计优化模

型、监测资料处理模型和电厂运行模型。

具体工程的客观条件千差万别，互不相同，但数字水电站的核心软件是可以通用的，计算机软件可以从市场购买，水工专业人员的任务是开发与专业有关的软件。

# 7    结束语

（1）在拱坝应力分析中，以有限元等效应力法取代拱梁分载法是必然趋势。

（2）在坝体坝基稳定分析中，以有限元强度递减法取代极限平衡法有利于提高计算精度、更好地反映坝体和坝基的真实状态。

（3）从地基到坝体、从施工期到运行期的全坝全过程非线性有限元仿真计算，可以充分揭露各种复杂因素及施工过程对混凝土坝应力状态的影响。

（4）基于全坝全过程仿真和有限元强度递减法的安全评估法，可以更好地评估混凝土坝的安全度。

（5）数字水电站可实现水电站规划、设计、科研、建设及管理的智能化、可视化和网络化。

## 参 考 文 献

[1] 朱伯芳，高季章，陈祖煜，厉易生. 拱坝设计与研究 [M]. 北京：中国水利水电出版社，2002.

[2] 朱伯芳. 国际拱坝学术讨论会专题综述 [J]. 混凝土坝技术，1987（2）. 水力发电，1988（8）.

[3] 朱伯芳. 拱坝的有限元等效应力及复杂应力下的强度储备 [J]. 水利水电技术，2005（1）.

[4] SL 282—2003《混凝土拱坝设计规范》[S]. 北京：中国水利水电出版社，2003.

[5] Griffiths DV and Lane PA. Slope stability analysis by finite elements [J]. Geotechnique，1999，49（3）：387-403.

[6] 郑颖人，赵尚毅，张鲁渝. 用有限元强度折减法进行边坡稳定分析 [J]. 中国工程科学，2002（10）57-61.

[7] 朱伯芳. 有限单元法原理与应用 [M]. 2 版. 北京：中国水利水电出版社，1998.

[8] 朱伯芳. 有限厚度带键槽接缝单元及接缝对混凝土坝应力的影响 [J]. 水利学报，2001（2）：1-7.

# 论混凝土坝安全系数的设置❶

**摘　要：**本文首先讨论了目前混凝土坝安全评估中两个争论较大的问题，即可靠度理论的应用及单一安全系数与多项安全系数的比较，指出由于样本太少，在混凝土坝安全评估中应用可靠度理论的意义不大。单一安全系数与多项安全系数本质是相同的，只是表现形式不同。单一安全系数法便于进行工程类比及不同方案的比较，对于混凝土坝更为合适。本文进一步指出，改进混凝土坝安全评估方法的方向是改善坝体应力和稳定分析方法，使应力和稳定的计算结果更加符合实际，不在于是否采用可靠度理论，也不在于多项系数法。本文最后指出，设计阶段与运行阶段的安全系数应有所区别，后者可适当降低。

**关键词：**安全系数；混凝土坝

## On the Proposition of Safety Factors for Concrete Dams

**Abstract:** As available samples are few. the theory of reliability is not adequate for determining the safety factors of concrete dams. The single coefficient method and the multi-coefficient method for determing safety factors have the same essence and different forms of expression. The way to improve the method of safety appraisal of concrete dams is to improve the method of analyzing the tress and stability of the dam and not the application of theory of reliability and multi-coefficient method.

**Key words:** safety factors, concrete dam

## 1　前言

　　如何设置混凝土坝的安全系数，关系到工程的安全性和经济性，是一个十分重要的问题。目前，国内关于这个问题存在着较大的争论。过去，混凝土坝安全系数主要是根据国内外实际工程经验而决定的，20 世纪 80 年代，部分学者主张用可靠度理论决定安全系数，部分学者认为样本太少，不赞成用可靠度理论决定混凝土坝安全系数，如文献［1］。关于安全系数的表达式，部分学者主张采用多项系数法，部分学者主张单一安全系数法[1, 2]。目前我国水工混凝土结构的设计规范，同时出现了两种方法，如文献［3，4］采用多项系数法，而文献［5］及正在编制中的许多规范采用单一安全系数法。本文首先以混凝土坝应力和稳定问题为例，对在混凝土坝设计中应用可靠度理论问题进行较深入的分析，指出由于可利用的样本太

---

❶　原载《水利水电技术》2007 年第 6 期。

少，在混凝土坝安全评估中应用可靠度理论的结果并不可靠。然后，用计算结果表明，单一安全系数法与多项系数法，虽然表达方式不同，实质相同，但单一安全系数法概念清晰、便于进行工程类比，也便于不同方案的分析比较，对于混凝土坝的安全评估更为合适。

本文指出，目前混凝土坝安全评估方法比较粗略，已不能适应我国当前大规模混凝土坝建设的需要，亟待改进，而改进的方向在于改善应力和稳定的分析方法，不在于是否采用可靠度理论和多项系数法。最后指出，安全系数是有阶段性的，设计阶段与运行阶段的安全系数应有一定区别，目前设计阶段和运行阶段采用相同安全系数的状态应有所改变，运行阶段的安全系数可适当降低。

## 2　因样本太少，可靠度理论应用于混凝土坝意义不大

在混凝土坝安全评估中，由于样本太少，可靠度理论实际并不可靠，今以拱坝为例，加以阐述。设坝体应力（$\sigma$）和强度（$f$）均为正态分布随机变量，状态函数 $z = f - \sigma$ 也服从正态分布，其平均值和均方差分别为 $m_z = m_f - m_\sigma$ 及 $\sigma_z = \sqrt{\sigma_f^2 + \sigma_\sigma^2}$，从概率论可知失效概率为

$$P(z < 0) = P(f < \sigma) = 1 - \varphi(\beta) \tag{1}$$

$$\beta = \frac{m_z}{\sigma_z} = \frac{m_f - m_\sigma}{\sqrt{\sigma_f^2 + \sigma_\sigma^2}} \tag{2}$$

式中：$\varphi(\cdot)$ 为标准化正态分布函数；$\beta$ 为可靠度指标；$m_f$、$m_\sigma$ 分别为强度（$f$）和应力（$\sigma$）的平均值；$\sigma_f$、$\sigma_\sigma$ 分别为 $f$ 和 $\sigma$ 的均方差。对于 $\beta$ =1.0、2.0、3.0、4.0、4.5，相应的失效概率 $P$=15.87× $10^{-2}$、2.27×$10^{-2}$、1.35×$10^{-3}$、3.17×$10^{-5}$、3.40×$10^{-6}$。

式（2）改写如下

$$m_f - m_\sigma = \beta \sqrt{\sigma_f^2 + \sigma_\sigma^2} \cong 0.75\beta(\sigma_f + \sigma_\sigma)$$

移项整理后，得到表达式

$$\gamma_{0f} m_f \geqslant \gamma_{0\sigma} m_\sigma \tag{3}$$

$$\gamma_{0f} = 1 - 0.75 V_f \beta，\quad \gamma_{0\sigma} = 1 + 0.75 V_\sigma \beta \tag{4}$$

式中：$V_f$、$V_\sigma$ 为 $f$ 和 $\sigma$ 的变异系数；$\gamma_{0f}$ 为强度（$f$）的分项系数；$\gamma_{0\sigma}$ 为应力（$\sigma$）的分项系数。式（3）与式（1）是等价的，当式（3）成立时，失效概率如式（1）所示。式（3）是用可靠度理论进行结构设计的基本方程，当然实际应用时还要作一些变化，以考虑结构重要性和工况的差异。

从式（1）或式（3）可知，用可靠度理论进行结构设计，设计的精度取决于应力（$\sigma$）和强度（$f$）的精度，这实际上涉及两个问题：①是否有足够的样本来决定应力和强度的概率分布、平均值和变异系数；②应力计算方法是否有足够的精度，使计算的应力比较符合实际。

### 2.1　混凝土强度

以混凝土抗压强度为例，混凝土实际抗压强度可表示如下

$$f_c = f_{cu} b_1 b_2 b_3 \tag{5}$$

式中：$f_c$ 为混凝土实际抗压强度；$f_{cu}$ 为 15cm 立方体试件 90d 龄期抗压强度；$b_1$ 为试件形状、试件尺寸及湿筛影响系数；$b_2 = f_{cu}(\tau) / f_{cu}(90)$ 为龄期系数，即坝体达到最大应力的龄期（$\tau$）

与 90d 龄期强度的比值；$b_3$ 为持荷时间效应系数，即长期持荷与室内标准试验持荷 1～2min，亦即破坏的强度的比值。

实际上

$$b_1=c_1c_2c_3$$

式中：$c_1$ 为试件形状系数，即长直强度与立方强度之比；$c_2$ 为试件尺寸系数，即大试件与 15cm 立方体试件强度之比；$c_3$ 为全级配混凝土与经过湿筛剔除了大骨料的混凝土试件的强度之比。

设坝体达到最大应力的龄期为 365d，龄期影响系数 $b_2$ 可表示如下

$$b_2=\frac{f_{cu}(365)}{f_{cu}(90)}=\frac{1+m\ln(365/28)}{1+m\ln(365/90)} \tag{6}$$

式中：系数 $m$ 决定于水泥品种、粉煤灰掺量及养护温度。

系数 $b_3$ 反映了持荷时间对强度的影响，据国外试验结果[8]，如果用常规试验速度加荷，强度为 $P$，那么施加 0.9$P$，到 1h 破坏；施加 0.77$P$，1 年左右破坏；施加 0.7$P$，30 年左右破坏。

由概率论可知，如果 $f_{cu}$、$b_1$、$b_2$、$b_3$ 是独立的随机变量，则强度（$f$）的平均值和均方差为

$$m_f=m_{fcu}m_{b1}m_{b2}m_{b3} \tag{7}$$

$$\sigma_f=\sqrt{\sigma_{fcu}^2+\sigma_{b1}^2+\sigma_{b2}^2+\sigma_{b3}^2} \tag{8}$$

在混凝土坝施工中，在搅拌机机口有大量强度试件，在浇筑仓面也有少量强度试件，这些试件的强度反映了混凝土在拌制和运输过程中的质量，但还不能反映平仓震捣过程中的质量，例如，近年某坝施工中，机口和仓面试件强度均合格，但纵缝灌浆时发现吃浆量异常，经坝内钻孔检查，发现混凝土因漏震而严重不密实，只得在坝内进行了大量钻孔灌浆补强，这一事实表明，平仓振捣对坝体混凝土质量有重大影响，只有假定施工中不发生平仓震捣事故，机口和仓面试件强度才可以代表混凝土的强度。另外，在设计阶段，工程尚未开工，并没有本工程的混凝土强度资料，只能参考其他工程的资料。

特大型工程通常会进行试验求出试件形状、尺寸及湿筛影响系数 $b_1$，但试件数量较少，可求出平均值 $m_{b1}$，难以求出均方差 $\sigma_{b1}$。至于一般工程，通常不进行系数 $b_1$ 试验，无法给出 $m_{b1}$ 和 $\sigma_{b1}$。

特大型工程通常会进行室内试验求出龄期影响系数 $b_2$，但一般只有一组试件，可求出平均值 $m_{b2}$，求均方差就较困难。强度的发展与温度有密切关系，室内试验是在 20℃ 养护温度下进行的，实际工程中坝体不同部位的温度差别很大，室内恒温条件下试验结果的代表性有较大的局限性，至于一般工程，通常不做 $b_2$ 试验。持荷时间效应系数 $b_3$，试验较困难，国内还没有进行过试验，国外试验资料也很少。

可见，在 8 个强度参数中，只有 $m_{fcu}$ 和 $\sigma_{fcu}$ 资料较多，其他 6 个参数，资料都很少，不具备统计意义，仅根据机口试件资料还不足以决定坝体实际混凝土强度，何况设计阶段，机口强度资料还是从其他工程借用的。

## 2.2 坝体应力的变异性来自荷载、计算方法和计算条件

坝体应力（$\sigma$）的变异性有 3 个来源：荷载、计算方法和计算条件。以混凝土拱坝为例，由于自重和水荷载可取为定值，应力变异性主要来自计算方法和计算条件。目前在用可靠度理论编制规范时，只考虑了荷载的变异性而忽略了计算方法和计算条件所带来的变异性，使预

计的应力与实际应力有较大差距。

以拱坝为例，拱坝应力可表示如下

$$\sigma = \sigma_1 + \sigma_2 + \sigma_3 + \sigma_4 + \sigma_5 + \sigma_6 + \sigma_7 \tag{9}$$

式中：$\sigma_1$ 为坝体自重引起的应力；$\sigma_2$ 为作用于坝体表面的水荷载引起的应力；$\sigma_3$ 为运行期坝体平均温度和等效线性温差引起的应力；$\sigma_4$ 为施工期温度变化引起的残留应力；$\sigma_5$ 为非线性温差引起的应力；$\sigma_6$ 为运行期温度场边界条件的变化（主要为上游水位变化）引起的应力；$\sigma_7$ 为库区水荷载通过基础变形引起的坝体应力。

下面逐项说明拱坝应力的变异性：

（1）自重：自重可视为定值[1, 4]，但目前拱坝设计规范中，利用拱梁分载法计算坝体应力时，假定自重全部由梁承担，实际上，随着接缝灌浆的进行，一部分自重将传至两岸基础，用有限元计算时，可考虑这个因素，使自重应力更加符合实际，但由于施工过程的变化较多，尽管自重荷载可视为定值，但自重应力还是有一定变异性的。

（2）水荷载：上游库水位是人工可控制变量，并不是随机变量，计算中可视为定值[1, 4]，目前拱坝设计规范中，只考虑了作用于上游坝面的水压力，而忽略了作用于基础的水压力通过基础变位而引起的坝体应力 $\sigma_7$，这一应力拱梁分载法无法计算，但三维有限元可以计算，对于高坝其数值还是比较大的[11]，虽然上游库水位可视为定值，但由于基岩渗透特性和力学特性的不确定性，应力 $\sigma_7$ 具有一定的变异性，而且难以预测。

下游面尾水位有一定的随机性，但因水位低，对坝体应力影响不大。坝基扬压力主要取决于上游水头，受到地质条件及灌浆质量、排水效果等因素的影响，具有一定的不确定性，但在设计阶段并没有任何实测值，只能借用其他工程的资料进行估计，不论采用何种方法，估值时都可以适当考虑其不确定性的影响。由于设计阶段缺乏本工程实测资料，用可靠度理论计算意义不大。

（3）温度荷载：在拱坝设计中，温度荷载是最复杂的荷载，它受到气温、水温及水位变化等因素的影响。气温是有实测资料的，气温年变幅有一定的随机性，据我们对几个实际工程分析的结果，变异性并不大。河水温度不能代表库水温度，在设计阶段没有库水温度及水位变化的实际资料；在各国拱坝设计规范中也没有库水温度计算方法，受 SD 145—1985《混凝土拱坝设计规范》编制组的委托，笔者提出了一套库水温度计算方法[13]，为拱坝设计规范所采纳，水工荷载规范也采用了此算法，只对公式中的系数做了一些调整。在库水温度计算中，最大的困难在于库底水温难以预计，这个问题并非可靠度理论所能解决。施工温度应力 $\sigma_4$ 在运行期还会保留下来，受到施工进度、气候条件及温控措施的影响，问题也比较复杂，可靠度理论也无法解决问题。比较现实的办法是假定几个施工方案，用有限元法进行计算，库水位变化引起的温度应力增量 $\sigma_6$ 和非线性温差引起的应力增量 $\sigma_5$ 的数值都比较大[9, 10]，但因与水温有关，用可靠度理论计算是不现实的，比较可行的办法也是假定几个方案进行仿真计算。

## 2.3 改进混凝土坝安全评估的方向是改善应力分析方法而不是采用可靠度理论

如果采用可靠度理论来控制坝体应力，由式（1）、式（3）可知，必须充分掌握强度（$f$）和应力（$\sigma$）的概率分布及统计参数。式（5）代表实际强度，式（9）代表实际应力，如上节所述，影响强度和应力的因素很多，在设计阶段，能够利用的资料只有从其他工程借用的机口混凝土强度资料，单靠这点资料，很难算出强度（$f$）和应力（$\sigma$）的统计参数，也就很难准确计算失效概率，所以应用可靠度理论没有实际意义，如果不顾实际问题的复杂性，勉强进行计算，计算的失效概率根本不可靠。

目前拱坝设计规范中采用的是如下简化算式

$$f'_c = f_{cu}b_1 \tag{10}$$

$$\sigma' = \sigma_1 + \sigma_2 + \sigma_3 \tag{11}$$

实际上是在混凝土强度中，忽略了 $b_2b_3$ 的影响；在坝体应力中，完全忽略了 $\sigma_4+\sigma_5+\sigma_6+\sigma_7$，简化计算中的混凝土强度（$f'_c$）和坝体应力（$\sigma'$）与实际强度（$f$）和实际应力（$\sigma$）相差较大，在这种情况下，从其他工程借来一些机口混凝土强度资料，用可靠度理论进行计算，求得的失效概率完全脱离实际，毫无意义。

以某特高拱坝为例，按拱坝设计规范式（11）计算，最大压应力 $\sigma'$=10MPa，按式（9）计算，实际最大压应力 $\sigma$=14MPa，可见 $\sigma_4+\sigma_5+\sigma_6+\sigma_7$ 对压应力的影响是比较大的，$\sigma_4\sim\sigma_7$ 对拉应力的影响更大，取 $b_1$=0.61，$b_2$=1.30，$b_3$=0.70，则 $b_2b_3$=0.91，按式（10）、式（11）计算，安全系数为

$$K'=f'_c/\sigma'=40\times0.61/10=2.44$$

按式（5）、式（9）计算，安全系数为

$$K=f_c/\sigma=40\times0.61\times0.91/14=1.59$$

因此，为了改进拱坝设计方法，重要的是改进应力分析方法及对混凝土强度的预计，采用式（5）、式（9）进行应力校核，而不是采用可靠度理论。如果仍然采用现行公式（10）、式（11），只是引用可靠度理论，由于应力分析精度太低，而可以利用的统计参数又太少，只有一些从其他工程借用的机口混凝土强度资料，并不能提高安全评估的精度，只是增加了一些无实际意义的计算而已。

## 2.4 混凝土坝及基岩抗剪

重要工程会进行现场抗剪试验，可取得一些抗剪试验资料，但通常同一种基岩构造面的试验资料并不太多，难以用来决定其统计分布和统计参数；遇到复杂问题时，往往不是直接采用试验数据，而是由设计师与地质师会商，除本工程的试验数据外，再参考类似工程的经验，"拍脑袋"把抗剪参数定下来的，所以，对于抗滑问题，可靠度理论更加难以发挥作用，至于摩擦系数与黏着力的变异性的差别，在用多项系数法时，可通过不同的材料分项系数考虑，在单一安全系数法中，可以对黏着力的数值乘以一个有效系数，两种方法处理结果是相同的。

抗滑稳定问题实质上是剪切破坏问题，坝与地基内部是否发生剪切破坏，决定于应力状态。目前混凝土坝设计规范中采用的刚体极限平衡法，只考虑了整体的力的平衡条件，不计算应力状态，完全忽略了岩体构造的影响及坝与基础的互相作用，计算过于粗略。改进的方向在于用非线性有限元进行分析，而不是采用可靠度理论。

综上所述，目前混凝土坝安全评估方法过于粗略，亟待改进，改进的方向在于用有限元方法进行分析，使计算结果更加符合实际[12]，而不是采用可靠度理论。

# 3 单一安全系数法与多项系数法本质相同，单一安全系数法对混凝土坝更为合适

目前我国在混凝土坝设计规范中，有的采用单一安全系数，如文献 [5]；有的采用多项

系数法，如文献[4]。下面首先说明，单一安全系数法与多项系数法本质上是相同的。

以混凝土拱坝压应力控制为例，单一安全系数法按下式控制

$$\sigma \leqslant \frac{f_{cu,k}}{K} \tag{12}$$

式中：$f_{cu,k}$ 为混凝土抗压强度标准值，文献[5]规定为 15cm 立方体试件、90d 龄期、80%保证率的抗压强度；$K$ 为抗压安全系数，文献[5]规定如表1。

表1　　　　　　SL 282—2003《混凝土拱坝设计规范》中抗压安全系数（$K$）

| 荷载组合 | 1级、2级拱坝 | 3级拱坝 |
|---|---|---|
| 基本荷载组合 | 4.0 | 3.5 |
| 特殊荷载组合 | 3.5 | 3.0 |

多项系数法按下列极限状态方程控制

$$\gamma_0 \Psi \sigma \leqslant \frac{1}{\gamma_d} f_k = \frac{1}{\gamma_d} \frac{b_1 f_{cu,k}}{\gamma_m} \tag{13}$$

式中：$\gamma_0$ 为结构重要性系数；$\Psi$ 为设计状态系数；$\gamma_d$ 为结构系数；$f_k$ 为混凝土抗压强度设计值；$f_{cu,k}$ 为混凝土抗压强度标准值；$b_1$ 为混凝土抗压强度设计值与标准值的比值，即试件形状、尺寸及湿筛影响系数；$\gamma_m$ 为材料分项系数。

式（13）改写如下

$$(\gamma_0 \Psi \gamma_d \gamma_m / b_1)\sigma \leqslant f_{cu,k} \tag{14}$$

或

$$K\sigma \leqslant f_{cu,k} \tag{15}$$

式中

$$K = \gamma_0 \Psi \gamma_d \gamma_m / b_1 \tag{16}$$

【算例】　参照文献[3，4]，取结构系数 $\gamma_d$=1.8，材料分项系数 $\gamma_m$=1.35，材料强度设计值与标准值的比值 $b_1$=0.66，则基本安全系数 $K_0$=1.8×1.35/0.66=3.68。1级、2级拱坝取 $\gamma_0$=1.1，3级拱坝取 $\gamma_0$=0.95；基本荷载组合取 $\Psi$=1.0，特殊荷载组合，取 $\Psi$=0.85，由式（16）计算得到混凝土坝抗压安全系数（$K$）如表2。

表2　　　　　　由式（16）计算的混凝土抗压安全系数（$K$）

| 荷载组合 | 1级、2级拱坝 | 3级拱坝 |
|---|---|---|
| 基本荷载组合 | 4.05 | 3.50 |
| 特殊荷载组合 | 3.44 | 2.97 |

对比表1与表2，可见两种方法的安全系数十分接近，因此，两种方法的表达式虽然不同，但实质是相同的。

混凝土坝的工作条件和结构特征与工业和民用钢筋混凝土结构有巨大差别，不能把工业与民用钢筋混凝土结构设计方法简单地套用于混凝土坝。多项系数法的特点是荷载分项系数和材料强度分项系数划分得比较细，对于工业和民用钢筋混凝土结构，由于构件很多，也许有一定优点；对于混凝土坝，情况有所不同，工程师面对的就是一座坝，就像一个大构件，

多项系数法中所考虑的各项因素，在单一安全系数法中，同样可以考虑，多项系数法的上述优点不再存在。

混凝土坝安全系数本质上是经验系数，取决于以往国内外的工程经验和工程师的判断，因此，在评价工程安全度时，工程类比是很重要的。单一安全系数法的重要优点是便于进行工程类比，而多项系数法则不便于进行工程类比。另外，单一安全系数法概念清晰，对于同一工程的不同设计方案也便于进行分析对比，因此，虽然两种方法本质上相同，对对于混凝土坝来说，单一安全系数法更为合适。实际上，除了前苏联外，世界各国混凝土坝安全评估均采用单一安全系数法。

单一安全系数法和多项系数法都可以采用可靠度理论或经验方法取值，对于混凝土坝来说，由于样本太少，应力复杂，两种方法采用可靠度理论都没有实际意义。

## 4 点安全系数、整体安全系数、表面保护

一点达到临界应力状态，表示坝体开始破坏，离开整体破坏还有一定距离，目前混凝土坝应力控制均采用点安全系数，因为它计算简单。以当前的计算条件，计算整体破坏也是可行的，因此，今后坝体应力控制应争取采用两套安全系数，一套是点安全系数，用于一般工程，另一套是整体安全系数，用于特大工程及疑难工程。

混凝土坝的破坏主要有拉、剪、压三种形式：①对压应力的控制，一般困难不大，无非是调整一下坝体厚度、形状和混凝土标号而已；②剪切破坏的控制，一般问题也不大，只当基础地质条件复杂时，需要进行一些专门研究；③拉应力的控制，由于混凝土抗拉强度特别低，如果把实际存在的各种荷载都包括进来，按点安全系数控制拉应力是有困难的，解决这一问题的办法有两种：第一种是重要部位，如上游面，特别是坝踵，不允许出现裂缝，其他部位放宽一些，允许出现危害性不大的裂缝；第二种是全坝利用泡沫塑料进行永久保温，不允许坝体出现裂缝，目前已完全可以做到，而且费用也不大[14]。重要拱坝，最好采用永久表面保温方法，不允许坝体出现裂缝，至于重力坝，除了寒冷地区外，坝体下游面出现一些表面裂缝问题不大，对上游面则应适当控制。目前设计规范中对拉应力的控制过于简略，应适当细化。

## 5 设计阶段与运行阶段的安全系数应有所区别

安全系数是为了考虑荷载、强度和计算结果的不确定性。这种不确定性是有阶段性的，在设计阶段，对地基的了解来自钻孔和少量平硐，开工以后，通过地基开挖、现场观察、固结灌浆、帷幕灌浆、排水孔的钻孔和压水试验、地基处理等，对地基的了解就深入多了。在设计阶段，只有少数室内混凝土强度试验资料，开工以后，有大量现场取样试验资料、接缝灌浆及检查孔资料，对混凝土强度的了解也深入多了。施工过程对坝体应力的影响也已知道，蓄水初期的变位、扬压力、温度等观测资料，有利于对坝体质量的进一步了解。因此，运行阶段，人们对坝体认识的不确定性比设计阶段小多了，运行阶段坝体安全评估的安全系数与设计阶段相比可适当减小，目前运行阶段与设计阶段采用的安全系数完全相同的局面似可适当改变。为引起重视，兹举一例，设计阶段拱坝抗压安全系数如仍取文献[5]的数值，基本荷载组合，Ⅰ级、Ⅱ级拱坝和Ⅲ级拱坝分别为4.0和3.5，那么，运行阶段的安全系数可适当

降低，例如分别取 3.5 和 3.0，当然，安全系数的取值是一个重要问题，今后，应在经过大量工作后，制定一套运行期混凝土坝的安全系数，在运行期对混凝土坝进行安全评估时不再套用设计阶段的安全系数。

# 6  结束语

（1）应用可靠度理论的前提是拥有大量统计资料，在混凝土坝设计阶段，只有少量抗剪资料，难以确定抗剪强度的统计参数，由于工程尚未开工，没有本工程混凝土强度资料，只能借用其他工程资料。另外，按照现行规范计算的应力与实际应力有较大差距，用可靠度理论计算的结果是不可靠的。

（2）单一安全系数法与多项系数法，本质相同，只是表现形式不同，但单一安全系数概念清晰，便于不同方案的分析比较，也便于与其他工程的类比，更适合于混凝土坝。

（3）当前混凝土坝安全评估方法过于粗略，改进的方向在于改善坝体应力与稳定的分析方法，使计算结果更符合实际，而不在于引用可靠度理论或采用多项系数法。

（4）安全系数的设置是为了考虑荷载、强度和计算结果的不确定性，设计阶段不确定性较大，运行阶段不确定性有所减少，因此，两个阶段的安全系数应有所区别，运行阶段的安全系数可适当降低。

（5）今后混凝土坝宜设置 4 套安全系数：设计阶段的点安全系数和整体安全系数，运行阶段的点安全系数和整体安全系数。

## 参 考 文 献

[1] 朱伯芳. 关于可靠度理论应用于混凝土坝设计问题 [J]. 土木工程学报，1999，（4）：10-15.

[2] 陈祖煜，陈立宏. 对重力坝设计规范中双斜面抗滑稳定分析公式的讨论意见 [J]. 水力发电学报，2002（2）：101-108.

[3] 中华人民共和国电力工业部 DL/T 5057—1996《水工混凝土结构设计规范》[S]. 北京：中国电力出版社，1997.

[4] 国家发展和改革委员会. DL 5108—1999《混凝土重力坝设计规范》[S]. 北京：中国电力出版社，2000.

[5] 中华人民共和国水利部. SL 282—2003《混凝土拱坝设计规范》[S]. 北京：中国水利水电出版社，2003.

[6] Bureau of Reclamation, USA. Design criteria for concrete arch and gravity dams [M]. U.S. Government Printing office, 1997.

[7] 赵国潘，曹居易，张宽权. 工程结构可靠度 [M]. 北京：水利电力出版社，1984.

[8] Troxell G E. and H E. Davis. Composition and properties of concrete [M]. New York：Mc Graw-Hill，1956.

[9] 朱伯芳. 拱坝温度荷载计算方法的改进 [J]. 水利水电技术，2006（12）：19-21.

[10] 朱伯芳. 建设高质量永不裂缝拱坝的可行性及实现策略 [J]. 水利学报，2006（10）：1155-1162.

[11] 朱伯芳，高季章，陈祖煜，厉易生. 拱坝设计与研究 [M]. 北京：中国水利水电出版社，2002.

[12] 朱伯芳. 混凝土坝安全评估的有限元全程仿真与强度递减法 [J]. 水利水电技术，2007（1）1-6.

[13] 朱伯芳. 库水温度估算 [J]. 水利学报，1985（2）.

[14] 朱伯芳，买淑芳. 混凝土坝的复合式永久保温防渗板 [J]. 水利水电技术，2006（4）13-18.

# 关于可靠度理论应用于混凝土坝设计的问题<sup>❶</sup>

**摘　要：** 水荷载和自重可作为定值考虑，没有必要按随机变量处理；渗透压力、温度、地震等荷载，确有较大变异性，但问题较复杂，很难确定它们的统计参数。机口取样的混凝土强度试验资料较多，但混凝土的平仓振捣、冷缝、裂缝等因素，对坝体抗力的影响更大，而对于这些因素，可靠度理论是无能为力的。对混凝土坝安全影响最大的是地基内部的软弱结构面，由于埋藏地下，仅靠钻孔和少量探洞资料，很难用可靠度理论进行分析。混凝土坝设计以采用总安全系数为宜，安全系数的取值，主要依靠长期实际工程的经验，而不是可靠度理论。

**关键词：** 可靠度理论；设计；混凝土坝

## On the Application of the Theory of Reliability to the Design of Concrete Dams

**Abstract:** The water load and weight of concrete practically may be considered as constant. The temperature differences, the uplift pressure and the earthquake load have remarkable variations, but it is difficult to determine their statistical parameters. There are many strength samples at the out let of the concrete mixing plant which are valuable for appraisal of the strength of concrete before placing. The placing、vibration、cold joint and cracking of concrete have remarkable influences on the resistance of the dam body, but it is impossible to appraise them by the theory of reliability. The most important facter for the safety of concrete dam is the weak plane in the dam foundation, it is difficult to assess its infunce by the theory of reliability because the samples are very few. The safety facters are more suitable for the design of concrete dams. The values of safety facters are determined primarily by the experiences of practical dams, not by the theory of reliability.

**Key words:** theory of reliability, design, concrete dam

## 1　前言

我国混凝土坝设计过去一直采用总安全系数法，在 GBJ 68—1984《建筑结构设计统一标准》颁布后，又颁布了水利水电、铁路、公路等工程结构可靠度统一的 GB 50153—1992《工

---

❶ 原载《土木工程学报》1999 年第 4 期。

程结构可靠度设计统一标准》[1~4]。目前正在编制混凝土重力坝、混凝土拱坝等具体水工结构的设计规范，一度曾经希望把各种结构设计规范都从单一安全系数法转换到可靠度理论的轨道上来，随着工作的逐步深入，现在发现这一想法并不切合实际。

可靠度理论是美国人在 20 世纪 40 年代提出来的[5]，到目前为止，美国在可靠度理论方面做的工作也最多，其研究工作的广度和深度远远超过中国，但美国（以及德、法、日等国）至今在水工结构甚至钢筋混凝土结构的设计中，并没有采用可靠度理论。

20 世纪 50 年代末期，在学习美国弗罗伊登萨尔（Freudenthal）和苏联尔然尼译等人的著作后，笔者也一度对在水工结构设计中应用概率理论发生兴趣，并于 60 年代初应用概率论分析了混凝土质量与裂缝频度的关系[6]，但当笔者企图进一步把概率论方法应用到坝体设计中时，发现存在着难以克服的困难。例如平仓振捣不良引起的坝体抗力降低、地基中存在着未发现的隐患及已发现但很难搞得很清楚的软弱夹层等对地基抗力的削弱等，都很难用概率论描述，而这些问题在坝体安全评估中都是至关重要的。因此，在原水电部 1990 年召开的讨论把水工设计规范转换到可靠度理论的轨道上来的承德会议上，笔者是持反对态度的，并阐述了自己的观点，可惜当时笔者处于少数派，但 10 年来，笔者一直坚持自己的观点。目前我国正在制定新的混凝土重力坝和拱坝设计规范，由于工作的进一步深入，问题暴露得更充分，持反对意见的人，已明显占多数，由于设计规范的制定是一件大事，本文将较系统地阐述笔者的观点。

# 2 荷载

## 2.1 水荷载

暴雨和洪水无疑是具有很大随机性的，但作用于坝体的水荷载则有所不同，在一般情况下，通过泄水建筑物，可以人工控制坝前水位，即使遇到闸门打不开（这种情况，可靠度理论也解决不了），或遇到异常洪水，出现坝顶溢流，坝前水位也不可能无限升高。漫顶水头也不过数米，对于几十米甚至几百米高的混凝土大坝来说，其影响也很有限。例如，20 世纪 50 年代初期兴建的淮河佛子岭水库，由于当时水文资料缺乏，对洪水估计过低，曾出现过几次洪水漫顶，但水头只有 0.8~1.1m，坝体安然无恙。目前，由于已积累了较多的水文资料，洪水漫坝的现象，以后发生的概率是极小的，例如，很难想象，三峡大坝会出现洪水漫顶。因此，坝前设计最高水位实际可取为定值，不必按随机变量处理，它是人工控制的变量，并不是随机变量。

## 2.2 坝体自重

坝体混凝土容重是比较稳定的数值，一般变化范围很小，根据新安江、富春江两工程的资料，变异系数为 1.5%[3]，坝体尺寸很大，体积误差也是很小的，因此，设计中坝体自重也可取定值。

## 2.3 坝基渗透压力

岩基中的渗透压力是变化较大的一种荷载，甚至在同一个工程，不同坝段之间也有相当大的差异，坝基渗透压力主要取决于地质构造、帷幕灌浆质量及排水系统的效果，在设计阶段，对渗透压力的数值很难进行精确的预测，由于缺乏实际数据，很难进行概率分布和统计参数的计算分析。

## 2.4 温度

在重力坝施工中，需进行温度控制，在重力坝断面设计中目前还不考虑温度荷载。20 世纪 80 年代以前，我国在拱坝设计中按美国垦务局经验公式 $T=57.57/(t+2.44)$ 计算（$T$ 为温度变化，$t$ 为坝体厚度），温度变化只与坝体厚度有关，是一个定值。根据笔者建议，混凝土拱坝设计规范[8] 把温度荷载与当地气温和水温挂钩[9]，温度荷载实际上是一个变量，取决于气温、水温和日照的变化。气温变化是有实测资料的，但水温的变化就很复杂，不但与气候条件有关，还与水库操作方式及泥沙含量等有关，建坝前只能进行比较粗略的估算，很难用统计理论进行分析，日照的资料更少，因此，对拱坝温度荷载提出准确的统计参数，实际上是困难的。

## 2.5 地震

地震荷载的变异是很大的，但地震又是很复杂的，设计地震加速度的取值与下列因素有关：①当地的历史地震记录，由于水坝往往修建在山区，人烟稀少，震害资料相对较少；②地质构造，主要是引发地震的大断裂的特性；③震源的远近和深浅；④当地地形地貌；⑤水库蓄水后的诱发作用；⑥与房屋不同，水坝的长度大，沿着坝的长度，地震时地面运动有显著的相位差，对于很长的坝，甚至两岸地震加速度的符号都可能相反；⑦坝体与地基相互作用的影响。上述诸多因素中，大多只能进行定性分析，很难提出确切的数据。因此，设计地震加速度的决定是相当复杂的，目前只能综合各项因素，提出一个大致的数据，它的精度并不很高。例如，上述⑥、⑦两项因素，虽影响显著，但分析困难，目前一般都未考虑。因此，要确定设计地震加速度的概率分布和统计参数，实际上也是很难的。

总之，水荷载和坝体自重基本上可以作为定值考虑，没有必要按随机变量计算，至于渗透压力、温度、地震等荷载，确有较大变异性，但问题比较复杂，缺乏大量数据可供利用；很难提出它们的概率分布和统计参数。

# 3 抗力

混凝土坝的抗力包括坝体抗力和岩基抗力两个方面。

## 3.1 坝体抗力

影响坝体抗力的主要因素如下：混凝土拌制、运输、混凝土平仓振捣、混凝土冷缝、混凝土裂缝。

### 3.1.1 混凝土拌制

混凝土拌制过程中，由于砂、石、水泥、水、外加剂和掺合料的重量和品质的变化，主要是水灰比的变化，会使混凝土强度发生变化。由机口取样进行强度试验，可取得充分资料进行统计分析，求出混凝土强度的平均值和变异系数。

### 3.1.2　混凝土的平仓振捣

平仓振捣是影响混凝土坝体质量的关键性因素，由于大坝是昼夜进行的野外的劳动密集型施工，平仓振捣比较容易出问题，尤其是夜间浇筑的混凝土。我国几次质量事故高发期中，平仓振捣不良引起的架空、蜂窝、狗洞等质量事故占了相当大的比例，而且其危害性远远超过混凝土拌制的质量问题。20 世纪 60 年代初，有一个重力坝在施工中，曾经根据施工记录怀疑在一个坝块的一侧，混凝土平仓振捣不密实，布置了一个钻孔准备进行灌浆补强，实际钻孔打错了，在原来认为没有问题的另一侧钻孔，并灌进了几吨水泥，表明此处混凝土质量很差。平仓振捣不密实的危害性远远超过水灰比控制误差所引起的危害性，但这种危害性是可靠度理论所无法预见的。

### 3.1.3　混凝土冷缝

夏季施工，如果不能及时覆盖新混凝土，可能出现冷缝，当时如不及时严格处理，即在坝内留下一弱面。在混凝土坝施工中，这种缺陷时有发生，但也是可靠度理论无法解决的。

### 3.1.4　混凝土裂缝

混凝土坝施工或运行中，往往会出现裂缝，由于坝体是没有钢筋的，坝内拉应力靠混凝土本身承担，出现裂缝后，就会削弱坝的承载能力、降低坝的耐久性。在施工过程中，在浇筑层面上往往会出现一些表面裂缝，正确做法应该等到混凝土冷却到坝体稳定温度后再继续浇筑上层混凝土，但这影响施工进度。实际上通常是在上面铺几层钢筋，然后继续上升，原来的表面裂缝变为内部裂缝，当坝体温度降低到稳定温度后，裂缝有可能发展，有的是穿过钢筋向上发展，有的是绕过钢筋末端向上发展。在美国诺福克（Norfork）坝的泄水孔内，原来发生的表面裂缝，后来发展为贯穿性大裂缝。在德沃歇克重力坝的上游面，施工中出现的表面裂缝，蓄水后发展为一条 60m 深的大裂缝。这些裂缝对坝的承载能力和耐久性都有很大影响，但这种影响却难以用可靠度理论来解决。

## 3.2　岩基抗力

混凝土坝的失事多由于岩基抗力不够而引发，因而岩基抗力对于坝的安全至关重要。

### 3.2.1　未发现的隐患

如果在岩基内部埋藏着软弱夹层等构造面，而在设计阶段没有发现，因而未作处理，这是对坝的安全最大威胁。过去不少工程的失事就是由于这个原因。但这种隐患是可靠度理论所无法解决的。

### 3.2.2　基础内部软弱夹层等构造面

这是削弱岩基承载能力的最重要因素，由于埋藏在地下，设计阶段只有一些钻孔和少量探洞，对夹层的产状和力学参数的估计是困难的。例如，夹层的连通率对承载能力影响很大，事先难以估计，统计理论对它是无能为力的。对软弱夹层的抗剪参数（摩擦系数和黏着力），有时没有试验资料，即使有试验资料，样本也很少，也难以进行统计分析。

总之，设计阶段能掌握的关于坝体和坝基抗力的资料主要是机口取样混凝土强度资料、钻孔资料和少量探洞资料，这些资料是十分宝贵的，但由于问题很复杂，仅仅根据这些资料，对坝体和坝基进行可靠度分析是远远不够的。

## 4 坝基稳定问题难以用可靠度理论分析

对于混凝土坝来说，坝基稳定问题是最重要的。在地基开挖以后，建基面是肉眼可见的，如质量不好，可继续开挖，因此，一般情况下，建基面质量都比较好，沿建基面失事的可能性是极小的，混凝土坝基岩失事的危险主要是在基岩内部。

在坝基稳定分析中，软弱构造面的连通率是软弱面积与整个面积的比值，对于一个具体工程来说，它实际上是一个确定值，并不是随机变量，只因埋在地下，无法测量，缺乏足够的信息，才变成一个不易确定的值。构造面上的渗透压力系数是渗透压力与水头的比值，主要决定于当地的地质构造，本质上也是一个确定值，并不是随机变量，只是由于缺乏实测资料而变得难以确定，在设计阶段只能根据其他工程的实测资料作一粗略预估。人们根据少量勘探资料和其他工程的实测资料进行估计，可是估计是粗略的，估计的精度是不知道的，在缺乏实测资料的情况下，怎么能把这种粗略估计值当做随机变量看待？怎么能根据这种粗略估计数值去推断真实的连通率和渗压系数的概率分布和统计参数？

关于基岩内部软弱构造面的摩擦系数、黏着力等力学参数，人们掌握的实际试验资料也是很少的，有的构造面可能根本没有资料，有的构造面可能有些资料，通常样本数很少，很难进行统计分析。在实际工程的基岩稳定分析中，构造面的产状、连通率、渗透压力系数、摩擦系数、黏着力等一整套基本数据，主要由设计工程师和地质师，根据少量勘探和试验资料，进行综合分析判断，所谓靠"拍脑袋"提出来。没有大量的实测数据，如何决定它们的概率分布和统计参数？因此，在基岩稳定分析中，可靠度理论难以应用。

## 5 可靠指标与安全系数的关系

如果抗力（$R$）和荷载效应（$S$）都是正态分布的随机变量，那么可靠指标（$\beta$）与安全系数（$k$）之间存在下列关系

$$\beta = \frac{k-1}{\sqrt{k^2 \delta_k^2 + \delta_S^2}} \tag{1}$$

或

$$k = \frac{1 + \beta\sqrt{\delta_R^2 + \delta_S^2 - \beta^2 \delta_R^2 \delta_S^2}}{1 - \beta^2 \delta_R^2} \tag{2}$$

式中：$k = \mu_R/\mu_S$，$\delta_R$ 为抗力（$R$）的变异系数；$\delta_S$ 为荷载效应（$S$）的变异系数；$\mu_R$ 为平均抗力；$\mu_S$ 为平均荷载效应。

如果抗力（$R$）和荷载效应（$S$）都有大量实测资料，对 $R$ 和 $S$ 的概率分布和统计参数都有足够精确的数据，那么可靠指标（$\beta$）就有一定的优越性，因为它反映了 $R$ 和 $S$ 的变异性。但实际情况是，水荷载和自重可视为定值，不必按随机变量处理；对于渗透压力、温度、地震等其他荷载，事实上又无法提出它们的概率分布和统计参数。在抗力方面，人们掌握最多的是机口取样的混凝土强度和少量基岩抗剪试验资料，可靠度理论的基础就是这点资料，这些资料对于评判坝体和坝基的安全度虽是重要的却是不充分的，而对坝体和坝基承载能力影

响更大的因素。如混凝土的平仓振捣、冷缝、裂缝、地基中可能存在未发现的隐患及隐蔽在地下的薄弱构造的产状和力学参数，人们所知甚少。如前所述，实际上主要由工程师和地质师根据少量勘探资料进行综合分析判断，靠"拍脑袋"提出计算参数，没有大量实测数据，如何能决定它的概率分布和统计参数？因此，在评估坝体和坝基安全问题上，可靠度理论实际上并无优越性可言。

在混凝土坝的强度校核中，目前采用点安全系数，但点安全系数不足，并不一定意味着结构的失效。例如，在拱坝拉应力校核中，坝内一点拉应力超过了抗拉强度，其结果可能是出现裂缝，由于拱坝是偏心受压的超静定结构，局部出现裂缝后，会引起应力重分布，只要重分布后的压应力仍在允许范围内，坝体就不至于失事。正因为如此，拱坝设计中拉应力的安全系数用得很小，只有 1.3～1.8，拱坝主要是靠混凝土的抗压强度维持安全的，所以抗压安全系数为 4.0。

对于钢筋混凝土结构和构件，人们过去做过大量实验，对于规范的制订有相当的参考价值，钢筋混凝土结构荷载的实测资料也比较多，即使这样，美、德、日、英等主要国家，实际的钢筋混凝土结构设计规范至今仍未采用可靠度理论。对于混凝土坝，无法进行实物试验，模型试验与实际情况又相差太远（渗流场、温度场无法模拟，模型材料的破坏特性与原型也难相似），因此，与钢筋混凝土结构相比，混凝土坝安全系数的取值，要更多地依赖于已建工程经验的积累。

实际上在用可靠度理论制订设计规范时，主要还是用反演方法，从现有安全系数推算可靠指标。概率论的基础是大量实际数据，在缺乏大量实际数据的情况下，假定一些参数，进行反演，没有任何实际意义。因此，可靠度理论应用于混凝土坝设计，并未带来任何实质性的好处，反而把人们思想搞乱了，增加了许多烦琐的计算。

数理统计和概率论在一定条件下可以用来作为研究荷载和抗力变异性的工具，但不能用来决定混凝土坝安全度的大小。因为影响安全度的因素很多，有的因素是知道的，并可以统计其数值；有的因素知道它的存在，但由于问题的复杂性，无法统计其数值；有的因素，还不知道或还没有出现，更无法统计。对于混凝土坝来说，能够掌握大量数据进行统计分析的因素很少（只有机口混凝土取样强度资料较多），而许多关键性因素，都难以进行统计分析，用可靠度理论来进行混凝土坝的设计，其基础实际是不可靠的。

曾经长期担任美国混凝土设计规范 AC1—318 委员会主席的希斯（Siess）教授认为"工程实践中可能出现各种错误，是总安全系数（$K$）保护着我们免受错误之害，而概率论做不到这一点"[7]，他的意见是十分中肯的。

分项系数法的系数包含了抗力和荷载的统计参数，没有大量实际数据作基础，就不能保证各项系数的合理性，工程师也不知道这些系数是怎样来的，面对一堆不知其来历的系数，反而把思想搞糊涂了。

单一安全系数（$K$）的一个重要优点是直观，概念明确，它代表着结构总体的安全储备，它虽然是一个笼统的数值，但它的数值来自国内外长期工程经验的积累，既包括荷载和材料强度的变异性，也包括平仓振捣、裂缝、其他不利因素和一些偶然因素的影响，甚至包括设计、施工、运用中某些人为错误。当然 $K$ 的数值可以根据科学技术的发展和经验的积累而有所调整，但不宜作急剧的大幅度的变化。

据笔者所知，到目前为止，只有原苏联全苏水电研究院主编的坝工设计规范采用了可靠度理论，除此以外，世界各国的坝工设计规范都是采用单一安全系数法。在评价一本坝工设计规范的质量时，第一要看它是否充分总结了全世界已有水坝的实际经验和教训；第二要看用它设计出来的工程是否既安全又经济。虽然原苏联坝工设计规范采用了可靠度理论，但原苏联的坝工设计水平并不是国际领先的，实际上，在设计英古里等高坝时，原苏联聘请了西欧坝工专家做顾问。当然，在编制我国坝工设计规范时，应该充分研究包括原苏联在内的世界各国的坝工设计规范，吸收其精华，为我所用。

# 6  结束语

（1）水荷载和自重可作为定值考虑，没有必要按随机变量处理，至于渗透压力、温度、地震等荷载，确有较大变异性，但问题较复杂，缺乏大量数据可供利用，很难提出它们的概率分布和统计参数。

（2）关于坝体抗力，只有机口取样的混凝土强度试验资料较多，它们在估计坝体混凝土强度时是宝贵的资料，但混凝土的平仓振捣、冷缝、裂缝等因素，对坝体抗力的影响更大，可是对于这些因素，可靠度理论是无能为力的。

（3）对于混凝土坝安全影响最大的是基础，特别是未被发现的隐患，及埋藏地下的软弱夹层等结构面，由于隐藏在地下，仅靠钻孔和少量探洞资料，很难用可靠度理论进行分析。

（4）在混凝土坝设计的几个关键问题上，可靠度理论都是无能为力的，混凝土坝设计以采用单一安全系数为宜，安全系数的取值主要依靠以往实际工程经验的积累，把可靠度理论用作混凝土坝设计的基础是不合适的。

## 参 考 文 献

[1] GBJ 68—1984《建筑结构统一设计标准》[S]. 北京：中国计划出版社，1992.

[2] GB 50158—1992《港口工程结构可靠度设计统一标准》[S]. 北京：中国计划出版社，1992.

[3] GB 150199—1994《水利水电工程结构可靠度统一标准》[S]. 北京：中国计划出版社，1994.

[4] GB 50153—1992《工程结构可靠度设计统一标准》[S]. 北京：中国计划出版社，1992.

[5] Freudenthal, AM. The safety of structures. Trans. ASCE，112，1947.

[6] 朱伯芳. 朱伯芳院士文选 [C]. 北京：中国电力出版社，1997.

[7] 劳远昌，译. 美国 Siess 教授在 ACI—318 委员会编写 40 多年规范以后对一些问题的看法 [D]. 预应力技术简讯.1999（3），（4），（5）[原文见 Concrete International，1999（11）].

[8] SD 145—1985《混凝土拱坝设计规范》[S]. 北京：水利电力出版社，1985.

[9] 朱伯芳. 大体积混凝土温度应力与温度控制 [M]. 北京：中国电力出版社，1999.

# 论混凝土坝抗裂安全系数❶

**摘　要：** 目前混凝土坝抗裂安全系数偏低导致实际工程中出现大量裂缝，影响坝的安全性和耐久性。本文建议适当提高抗裂安全系数。对于混凝土极限拉伸和抗拉强度的两个抗裂计算公式进行了深入的分析，在此基础上提出了一套完整的决定抗裂安全系数的理论和方法，使得混凝土坝抗裂安全系数的决定趋于科学化。建议今后逐步由式（1）过渡到式（2）进行抗裂计算。

**关键词：** 混凝土坝；抗裂；安全系数

## On the Coefficients of Safety for Crack Prevention of Concrete Dams

**Abstract:** The coefficients of safety for crack prevention of concrete dams are too low so that many cracks appeared in practical dams. It is suggested to increase the value of them and a method is proposed for determining their value more rationally.

**Key words:** concrete dam, crack prevention, coefficient of safety

## 1　前言

防止裂缝是混凝土坝设计和施工中的一个重要问题。目前混凝土坝抗裂采用下列公式计算允许拉应力和允许温差

$$\sigma \leqslant \frac{E\varepsilon_{\mathrm{p}}}{K_1} \tag{1}$$

式中：$\sigma$ 为允许拉应力；$E$ 为弹性模量；$\varepsilon_{\mathrm{p}}$ 为极限拉伸；$K_1$ 为安全系数。式（1）直接决定混凝土允许温差，是混凝土坝设计和施工中的一个重要公式，此式存在两个问题：①目前设计规范[1, 2]中采用的安全系数 $K_1$=1.3～1.8，数值太小，是混凝土坝产生大量裂缝的根本原因；②混凝土拉伸变形较小，量测精度较低，而极限拉伸试验中量测方法又不够规范，同一种混凝土由不同单位或同一单位用不同方法求得的极限拉伸往往相差较远，因而给允许温差的确定带来一定的困难。

抗裂计算也可采用下列公式

$$\sigma \leqslant \frac{R_{\mathrm{t}}}{K_2} \tag{2}$$

---

❶　原载《水利水电技术》2005 年第 7 期。

式中：$R_t$为混凝土轴向抗拉强度；$K_2$为安全系数。

混凝土抗拉强度试验结果比较稳定，式（2）用于抗裂计算更为合适。但目前我国所有规范都采用式（1）进行抗裂计算，如改用式（2），还缺乏安全系数 $K_2$ 的数值。

本文首先论述适当提高抗裂安全系数的必要性和抗裂计算改用式（2）的合理性，然后提出一套完整的决定混凝土坝抗裂安全系数的理论和方法，使抗裂安全系数的决定趋于科学化，最后提出校核水平施工缝抗裂安全性的必要性和方法。

## 2 两种抗裂计算公式的比较

### 2.1 两种计算模式

图 1 表示了两种简化的计算模型，图 1（a）为串联模型，各单元中的应力为 $\sigma_1 = \sigma_2 = \sigma_3 = \sigma$，这种模型的破坏应采用抗拉强度准则，当 $\sigma = R_t$ 时，单元破坏。图 1（b）为并联模型，各单元中的应变为 $\varepsilon_1 = \varepsilon_2 = \varepsilon_3 = \varepsilon$，这种模型的破坏应采用拉应变准则，当 $\varepsilon = \varepsilon_p$ 时，单元破坏。实际的混凝土结构比较复杂，内部结构和应力都不是均匀的，当某部分进入非线性范围后，应力就会重新分布。从细观上看，在受力之前，混凝土内部已存在着微细裂缝，混凝土的破坏实际上是微细裂缝不断扩展的结果。

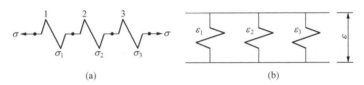

图 1　计算模型

（a）串联模型；（b）并联模型

### 2.2 混凝土断裂时的极限拉伸

为了求出混凝土受拉的荷载—应变全曲线，需要采用刚性试验机，但刚性试验机十分昂贵，而且求得的曲线包括产生裂缝后的拉伸变形，数值偏大，不能直接用于工程设计与施工，因此，目前实际工程中还是采用普通试验机进行混凝土的极限拉伸试验。从开始加荷到破坏，混凝土 $\sigma \sim \varepsilon$ 关系如图 2 中 $OA$ 曲线，由于试件突然断裂时常易损坏量测仪器，为避免仪器损坏，实际进行试验时通常在应力达到约 0.9 倍抗拉强度时即卸下仪器，剩下的一段 $\sigma \sim \varepsilon$ 曲线只能人工延长，从而引进误差。

由图 2 可知，拉伸试验中，应力应变曲线 $OA$ 是向下弯曲的，因此，应有 $E\varepsilon_p > R_t$，但某些混凝土坝的拉伸试验中，大量出现 $E\varepsilon_p < R_t$ 的试验结果，表明极限拉

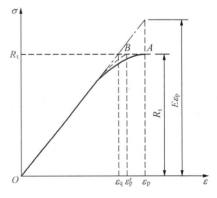

图 2　混凝土脆性断裂的极限拉伸

伸测值误差较大。

## 2.3 抗拉强度 $R_t$ 与 $E\varepsilon_p$ 的比值 $s$

为了保持大致相同的安全度，由式（1）、式（2）两式可知

$$\frac{K_2}{K_1} = \frac{R_t}{E\varepsilon_p} = s \tag{3}$$

表 1 中列出了三峡等几个工程的混凝土试验结果，其中单位 $C$ 有很多 $s>1.0$ 的结果，显然是不合理的，表明所用试验方法可能有问题。从表 1 可见，比值 $s$ 大多在 $0.75\sim0.95$ 之间，剔去大于 1.0 的数值后，总平均为 $s=0.84$（$A$ 为水科院陈改新、纪国晋等试验结果，$B$、$C$ 为另外两个科研单位的结果），如考虑到单位 $C$ 的成果偏大，剔去该单位成果后总平均 $s=0.820$。图 2 中 $\varepsilon_q = R_t/E$ 为虚拟极限拉伸，表示应力应变关系直线延伸达到抗拉强度时的拉伸变形；$R_q = E\varepsilon_p$ 为虚拟抗拉强度，表示应力应变关系直线延伸达到极限拉伸时的应力，显然，$\varepsilon_q = s\varepsilon_p$。

# 3 原型混凝土与室内试件抗拉性能的差别

## 3.1 试件尺寸和湿筛影响系数 $b_1$

式（1）、式（2）两式中的极限拉伸和抗拉强度是由室内试验求得的，SD 105—1982《水工混凝土试验规程》规定轴向抗拉强度和极限拉伸用 $10\text{cm}\times10\text{cm}$ 横断面的试件（骨料最大粒径 3cm）测得，而坝体断面很大，最大骨料粒径为 $8\sim15\text{cm}$，其抗拉强度和极限拉伸与室内试验有较大差别，影响因素为尺寸效应和湿筛影响。

杨成球[5] 给出了全级配大试件与湿筛小试件轴拉性能的试验结果如表 2，对于三级配混凝土，大试件对小试件轴拉强度比值为 0.73，极限拉伸比值为 0.70；对于四级配混凝土，轴拉强度比值为 0.62，极限拉伸比值为 0.64。弹性模量比值为 1.15，徐变比值为 0.80（三级配）～0.70（四级配）。

李金玉等[6] 的试验结果：全级配大试件对湿筛小试件，轴拉强度比为 0.60，极限拉伸比为 0.57，弹性模量比为 1.05。全级配混凝土泊松比为 0.23，高于传统采用的 0.167。

## 3.2 时间效应系数 $b_2$

加荷速率对混凝土强度有重要影响，室内静态试验中，试件是在 $1\sim2\text{min}$ 内破坏的，在地震或冲击荷载作用下，加荷速率较快，混凝土强度较高；相反，实际工程中，水压、自重和温度的加荷速率较慢，荷载作用时间较长，混凝土强度比室内标准试验结果为低。目前缺乏加荷速率对抗拉强度影响的试验资料。持荷时间对混凝土抗压强度的影响如下：同样的混凝土试件，如果用常规速度加荷，承受荷载为 $P$，那么施加 $0.9P$，到 1h 左右会破坏；施加 $0.77P$，一年左右会破坏；施加 $0.7P$，30 年左右会破坏[7]。据此，持荷时间对强度的影响，也可近似表示如下

$$p = 0.67 + 0.33\exp(-0.60t^{0.160}),\quad t \geqslant 0.01\text{d} \tag{4}$$

式中：$t$ 为持荷时间（d）；$p$ 为持荷时间 $t$ 的强度与标准试验速率下强度的比值。

表1  比值 $s=R_t/E\varepsilon_p$

| 工程 | 试验单位 | 混凝土 | 编号 | 弹性模量 E (×10⁴MPa) | | | | 极限拉伸 $\varepsilon_p$ (×10⁻⁶) | | | | 轴拉强度 $R_t$ (MPa) | | | | $s=R_t/E\varepsilon_p$ | | | | | 平均 |
|---|---|---|---|---|---|---|---|---|---|---|---|---|---|---|---|---|---|---|---|---|---|
| | | | | 7d | 28d | 90d | 180d | 7d | 28d | 90d | 180d | 7d | 28d | 90d | 180d | 7d | 28d | 90d | 180d | 平均 | |
| 龙滩 | A | 常态 | C1 | 3.70 | 3.98 | 4.23 | 4.34 | 78 | 98 | 107 | 112 | 2.34 | 3.21 | 3.89 | 4.30 | 0.811 | 0.823 | 0.859 | 0.885 | 0.845 | 0.871 |
| | A | 碾压 | R1 | 2.91 | 3.84 | 4.37 | 4.62 | 49 | 63 | 84 | 98 | 1.31 | 2.08 | 3.14 | 3.92 | 0.919 | 0.860 | 0.851 | 0.865 | 0.874 | |
| | | | R2 | 2.43 | 3.39 | 4.24 | 4.34 | 37 | 67 | 91 | 96 | 0.97 | 2.12 | 3.31 | 3.62 | 1.078 | 0.933 | 0.858 | 0.869 | 0.887 | |
| | | | R3 | 3.16 | 3.81 | 4.72 | 4.81 | 51 | 68 | 90 | 92 | 1.50 | 2.38 | 3.42 | 3.77 | 0.931 | 0.919 | 0.805 | 0.852 | 0.877 | |
| | B | 常态 | C1 | 2.74 | 3.74 | 3.82 | — | 70 | 79 | 92 | — | 2.05 | 2.77 | 3.44 | — | 1.07 | 0.938 | 0.978 | — | 0.958 | 0.860 |
| | B | 碾压 | R1 | 3.28 | 4.07 | 4.54 | 4.55 | 56 | 65 | 74 | 83 | 1.62 | 2.47 | 3.21 | 3.64 | 0.882 | 0.934 | 0.955 | 0.964 | 0.934 | |
| | | | R2 | 3.17 | 4.35 | 4.39 | 4.40 | 49 | — | 66 | 79 | 1.11 | — | 2.14 | 3.34 | 0.714 | — | 0.739 | 0.737 | 0.730 | |
| | | | R3 | 2.86 | 3.61 | — | 3.67 | 34 | 38 | 51 | 74 | 0.67 | 1.21 | 2.04 | 3.15 | 0.689 | 0.882 | — | 1.16 | 0.786 | |
| | | | R4 | 3.44 | 4.30 | 4.36 | 4.51 | 44 | 53 | 65 | 83 | 1.25 | 1.83 | 2.75 | 3.64 | 0.826 | 0.803 | 0.970 | 0.972 | 0.893 | |
| 小湾 | A | 常态 | R400 | 2.32 | 2.66 | 2.98 | 3.10 | 106 | 123 | 134 | 143 | 1.95 | 2.49 | 3.07 | 3.53 | 0.793 | 0.761 | 0.769 | 0.769 | 0.780 | 0.777 |
| | | | R350 | 2.22 | 2.55 | 2.97 | — | 106 | 114 | 125 | 141 | 1.94 | 2.30 | 2.85 | — | 0.824 | 0.791 | 0.768 | — | 0.794 | |
| | | | R300 | 2.09 | 2.75 | 3.12 | 3.23 | 98 | 120 | 126 | 139 | 1.63 | 2.27 | 2.93 | 3.48 | 0.796 | 0.688 | 0.745 | 0.775 | 0.751 | |
| | | | R250 | 2.19 | 2.65 | 3.02 | 3.19 | 110 | 113 | 124 | 129 | 1.89 | 2.33 | 2.88 | 3.25 | 0.785 | 0.778 | 0.769 | 0.790 | 0.781 | |
| | C | 常态 | R400 | 2.00 | 2.3 | 2.8 | 3.1 | 80 | 88 | 95 | 105 | 1.5 | 2.1 | 2.8 | 3.3 | 0.938 | 1.037 | 1.053 | 1.013 | 0.938 | 0.937 |
| | | | R350 | 1.9 | 2.2 | 2.7 | 3.0 | 75 | 87 | 92 | 98 | 1.3 | 1.8 | 2.6 | 3.1 | 0.912 | 0.940 | 1.047 | 1.054 | 0.988 | |
| | | | R300 | 1.8 | 2.1 | 2.6 | 2.9 | 72 | 85 | 90 | 95 | 1.0 | 1.6 | 2.3 | 2.8 | 0.772 | 0.896 | 0.983 | 1.016 | 0.884 | |
| 三峡 | A | 常态 | R150 | 2.04 | 2.52 | 2.95 | — | 67 | 73 | 96 | — | 0.95 | 1.34 | 2.11 | — | 0.695 | 0.728 | 0.745 | — | 0.723 | 0.769 |
| | | | R250 | 2.26 | 2.97 | 3.19 | — | 83 | 94 | 111 | — | 1.51 | 1.94 | 3.23 | — | 0.805 | 0.695 | 0.912 | — | 0.804 | |
| | | | R200 | 2.19 | 2.68 | 3.08 | — | 69 | 92 | 109 | — | 1.32 | 1.95 | 2.90 | — | 0.874 | 0.791 | 0.864 | — | 0.843 | |
| | | | R200 | 2.31 | 2.83 | 3.04 | — | 75 | 86 | 90 | — | 1.20 | 1.75 | 2.77 | — | 0.693 | 0.719 | 1.012 | — | 0.706 | |
| 三峡 | A | 碾压 | F40% | 2.53 | 3.05 | 3.52 | — | 52 | 62 | 82 | — | 1.02 | 1.56 | 2.39 | — | 0.775 | 0.825 | 0.828 | — | 0.809 | 0.821 |
| | | | F50% | 2.47 | 3.28 | 3.43 | — | 43 | 58 | 75 | — | 0.83 | 1.42 | 2.18 | — | 0.781 | 0.746 | 0.847 | — | 0.791 | |
| | | | F60% | 2.25 | 2.90 | 3.59 | — | 38 | 53 | 65 | — | 0.76 | 1.29 | 2.01 | — | 0.889 | 0.839 | 0.861 | — | 0.863 | |

表2　　　　　　　　　　　　　全级配混凝土大试件与湿筛小试件拉伸性能比较

| 混凝土品种 | 骨料最大粒径（cm） | 水胶比 | 轴拉强度（MPa） | | | 极限拉伸（×10⁻⁶） | | | 拉伸弹性模量（GPa） | | |
|---|---|---|---|---|---|---|---|---|---|---|---|
| | | | 10cm×10cm×60cm | φ45cm×90cm | 比值 | 10cm×10cm×60cm | φ45cm×90cm | 比值 | 10cm×10cm×60cm | φ45cm×90cm | 比值 |
| 碾压 | 8.0 | 0.52 | 1.31 | 0.96 | 0.73 | 45 | 34 | 0.76 | 34.6 | 36.9 | 1.07 |
| | | 0.49 | 1.76 | 1.32 | 0.75 | 66 | 43 | 0.65 | 38.2 | 39.3 | 1.03 |
| 常态 | 8.0 | 0.66 | 1.69 | 1.18 | 0.70 | 54 | 33 | 0.61 | 34.7 | 41.5 | 1.19 |
| | | 0.63 | 2.28 | 1.58 | 0.69 | 68 | 50 | 0.74 | 38.6 | 4.29 | 1.11 |
| | | 0.59 | 2.49 | 1.97 | 0.79 | 72 | 54 | 0.75 | 39.2 | 45.2 | 1.15 |
| | 15.0 | 0.62 | 1.97 | 1.16 | 0.59 | 60 | 38 | 0.63 | 38.3 | 42.9 | 1.12 |
| | | 0.59 | 2.19 | 1.42 | 0.65 | 66 | 43 | 0.65 | 39.2 | 45.9 | 1.17 |

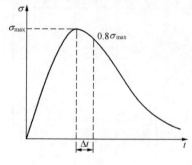

图3　温度应力的变化

由于温度场变化和徐变作用，坝内温度应力随着时间而变化，如图3所示，设由出最大温度应力 $\sigma_{max}$ 下降到 $0.8\sigma_{max}$ 所经历的时间为 $\Delta t$，各种温度应力的 $\Delta t$ 大致如下：日变化，$\Delta t$=3.5h；寒潮，$\Delta t$=0.5$Q$（$Q$ 为降温历时）；年变化，$\Delta t$=1.75月；接缝灌浆前坝体冷却，$\Delta t$=50d；通仓浇筑常态和碾压混凝土重力坝的自然冷却，$\Delta t \geqslant 5$ 年。

由式（4），可知各种温度应力的持荷时间效应系数 $b_2$ 大致如下：日变化，$b_2$=0.88；历时 3d 的寒潮，$b_2$=0.80；年变化及接缝灌浆前的坝体冷却，$b_2$=0.78；通仓浇筑常态和碾压混凝土重力坝的自然冷却，$b_2$=0.70。

# 4　抗裂安全系数的合理取值

## 4.1　理论抗裂安全系数

原型混凝土抗拉强度表示如下

$$\overline{R}_t = R_t b_1 b_2 \tag{5}$$

式中：$\overline{R}_t$ 为原型混凝土抗拉强度；$R_t$ 为按 SD 105—1982《水工混凝土试验规程》求出的混凝土轴向抗拉强度；$b_1$ 为试件尺寸及湿筛影响系数；$b_2$ 为持荷时间效应系数。

混凝土的拉应力应不大于原型抗拉强度，即

$$\sigma \leqslant b_1 b_2 R_t = R_t / K_{20} \tag{6}$$

$$K_{20} = 1/b_1 b_2 \tag{7}$$

$K_{20}$ 为理论抗拉安全系数，表3给出了一个例子，由表3可见理论抗拉安全系数为 1.56～2.30，数值是比较大的。

表3           理论抗裂安全系数（$K_{20}=1/b_1b_2$）

| | | | 80 | 150 |
|---|---|---|---|---|
| 骨料最大粒径（mm） | | | 80 | 150 |
| 试件尺寸及湿筛影响系数 $b_1$ | | | 0.73 | 0.62 |
| 时间效应系数 $b_2$ | 日变化 | 0.88 | 1.56 | 1.83 |
| | 寒潮（3d） | 0.80 | 1.71 | 2.01 |
| | 年变化及灌缝前冷却 | 0.78 | 1.76 | 2.07 |
| | 通仓浇筑自然冷却 | 0.70 | 1.96 | 2.30 |
| 忽略时间效应 | | 1.00 | 1.37 | 1.61 |

## 4.2 实用混凝土抗裂安全系数

我国混凝土重力坝和拱坝设计规范[1, 2]要求抗压安全系数 $K$=4.0，一方面，抗压安全系数十分重要，如果混凝土压坏，大坝可能溃决；另一方面，混凝土抗压强度较高，取安全系数4.0，工程上没有什么困难，适当地选择水灰比，很容易满足要求。

如果混凝土抗拉安全系数也取为4.0，当然实际工程中就不会出现裂缝了，但由于混凝土的抗拉强度只有抗压强度的0.08～0.10倍，如取安全系数4.0，允许温差将非常小，实际上很难做到；另外，坝内出现裂缝，虽然对坝的安全性和耐久性有相当大的影响，但经过适当处理后，一般还不至于引起坝的溃决。因此，目前设计和施工规范中采用的抗拉安全系数比4.0要低得多。

设计规范[1, 2]中采用抗裂安全系数 $K_1$=1.3～1.8 数值太小，如前所述，由于试件尺寸和湿筛的影响，实际工程中混凝土极限拉伸只有室内试验值的0.6～0.7倍，加上时间效应，如采用 $K_1$=1.3～1.5 实际安全系数 $K_1$ 只有0.6～0.8，安全系数这么小是目前大体积混凝土产生较多裂缝的根本原因。

SDJ 21—1978《混凝土重力坝设计规范》是在20世纪70年代制定的，当时我国混凝土温度控制水平较低，如预冷骨料还很少采用，表面保温主要靠草袋，效果很差，由于客观条件的制约，安全系数偏低。目前我国温度控制水平已显著提高，预冷骨料技术已趋成熟，塑料工业迅速发展的结果，表面保温普遍采用泡沫塑料，效果好，成本低，已有条件适当提高混凝土抗裂的安全系数。理论抗裂安全系数 $K_{20}=1/b_1b_2$ 是根据混凝土力学性能计算的，工程实用抗裂安全系数应考虑更多的因素，下面笔者提出一套计算方法。

令混凝土的设计拉应力为

$$\sigma_{dt} = \sigma_t a_1 a_2 a_3 a_4 a_5 \tag{8}$$

式中：$\sigma_{dt}$ 为设计拉应力；$\sigma_t$ 为计算拉应力；$a_1$ 为建筑物重要性系数，对于Ⅰ、Ⅱ、Ⅲ等级建筑物，分别取1.1、1.0、0.9；$a_2$ 为拉应力所在部位的重要性系数，基础约束区内部和表面及上游坝面取1.0，约束区外的侧面取0.9，下游表面取0.8；$a_3$ 为超载系数，考虑气温及寒潮变幅超过计算值、绝热温升试验28d时间偏短带来的误差等，取1.05～1.10；$a_4$ 为变形后龄期系数，通常弹性模量和徐变加荷龄期只有180d，据此推算的后期弹性模量偏小徐变偏大，$a_4$ 为考虑这些因素，早期 $\tau \leq 1$ 年，$a_4$=1.0，后期 $\tau \geq 3$ 年，$a_4$=1.1～1.2；$a_5$ 为校正系数，考虑大量实际工程经验及工程实施的可行性，建议 $a_5$=0.70～1.00。

混凝土可用抗拉强度为

$$f_t = b_1 b_2 b_3 R_t \tag{9}$$

式中：$f_t$ 为可用抗拉强度；$b_1$ 为试件尺寸及湿筛影响系数；$b_2$ 为时间效应系数；$b_3$ 为强度后龄期系数，通常强度试验只做到 180d。据此估算的后期强度一般偏低，通仓浇筑重力坝天然冷却主要发生在 5 年以后，大量坝内钻孔取芯试验结果表明，20 年后强度仍在缓慢增长，掺用粉煤较多的混凝土可能后期增长更多一些，当 $\tau \leqslant 1$ 年，取 $b_3 = 1.0$；当 $\tau \geqslant 3$ 年，取 $b_3 = 1.2 \sim 1.3$。

由 $\sigma_{dt} \leqslant f_t$，可得抗裂安全系数如下

$$K_2 = \frac{a_1 a_2 a_3 a_4 a_5}{b_1 b_2 b_3} \tag{10}$$

算例，取超载系数 $a_3 = 1.05$；校正系数 $a_5 = 0.80$；对 Ⅰ、Ⅱ、Ⅲ 等级建筑物，$a_1 = 1.1$、1.0、0.9；$a_2$、$b_1$、$b_2$ 及 $b_3/a_4$ 见表 4，算得抗拉安全系数 $K_2$ 见表 4。

表 4　　　　　　　　　　　　　实用抗拉安全系数 $K_2$ 算例

| 骨料最大粒径及尺寸和湿筛系数 $b_1$ | | | | 150mm（$b_1$=0.62） | | | 80mm（$b_1$=0.73） | | |
|---|---|---|---|---|---|---|---|---|---|
| 应力类型及部位 | $a_2$ | $b_2$ | $b_3/a_4$ | Ⅰ 等 | Ⅱ 等 | Ⅲ 等 | Ⅰ 等 | Ⅱ 等 | Ⅲ 等 |
| 基础约束应力　柱状块 | 1.0 | 0.78 | 1.0 | 1.91 | 1.74 | 1.56 | 1.62 | 1.47 | 1.32 |
| 基础约束应力　通仓浇筑 | 1.0 | 0.70 | 1.1 | 1.93 | 1.76 | 1.58 | 1.64 | 1.49 | 1.34 |
| 上游表面及基础约束区表面应力　日变化 | 1.0 | 0.88 | 1.0 | 1.69 | 1.54 | 1.39 | 1.44 | 1.31 | 1.18 |
| 上游表面及基础约束区表面应力　寒潮（3d） | 1.0 | 0.80 | 1.0 | 1.86 | 1.69 | 1.52 | 1.58 | 1.44 | 1.29 |
| 上游表面及基础约束区表面应力　年变化 | 1.0 | 0.78 | 1.0 | 1.91 | 1.74 | 1.57 | 1.62 | 1.48 | 1.33 |
| 约束区外的侧面、顶面　日变化 | 0.9 | 0.88 | 1.0 | 1.52 | 1.39 | 1.25 | 1.29 | 1.18 | 1.06 |
| 约束区外的侧面、顶面　寒潮（3d） | 0.9 | 0.80 | 1.0 | 1.68 | 1.52 | 1.37 | 1.43 | 1.29 | 1.16 |
| 约束区外的侧面、顶面　年变化 | 0.9 | 0.78 | 1.0 | 1.72 | 1.56 | 1.41 | 1.46 | 1.33 | 1.20 |
| 下游表面应力　日变化 | 0.8 | 0.88 | 1.0 | 1.36 | 1.23 | 1.11 | 1.16 | 0.94 | 0.94 |
| 下游表面应力　寒潮（3d） | 0.8 | 0.80 | 1.0 | 1.49 | 1.36 | 1.22 | 1.27 | 1.15 | 1.04 |
| 下游表面应力　年变化 | 0.8 | 0.78 | 1.0 | 1.53 | 1.39 | 1.25 | 1.30 | 1.18 | 1.06 |

## 4.3　初步设计中的抗裂安全系数

在初步设计中，笔者建议采用抗裂安全系数如下

$$\left. \begin{array}{ll} 按式（1）计算 & K_1 = 1.6 \sim 2.2 \\ 按式（2）计算 & K_2 = 1.4 \sim 1.9 \end{array} \right\} \tag{11}$$

与文献 [1、2] 所用 $K_1 = 1.3 \sim 1.8$ 相比，上述安全系数已有较大提高，据我们经验，采用上述安全系数已可使裂缝大为减少，而相应的温度控制措施在实际工程中也可实现，在目前条件下兼顾了需要与可能两个方面。根据笔者适当提高抗裂安全系数的建议，新编的水利行业混凝土重力坝设计规范经审议后拟采用 $K_1 = 1.5 \sim 2.0$。从发展来看，今后应逐步过渡到采用式（2）进行抗裂计算并由式（10）决定安全系数 $K_2$。采用式（2）进行抗裂计算有两大好处：①抗拉强度试验结果较稳定；②施工中不进行极限拉伸测验，只进行抗拉强度测验，采用式（2）可知道施工中实际抗拉强度与设计采用值的差别，必要时可调整温控措施。

## 5  水平施工缝面上的允许拉应力

实际工程中，在坝体上下游表面存在着很多水平裂缝，一般是沿水平施工缝拉开的，水平施工缝面的抗拉强度较低，不可能达到 $E\varepsilon_p$，缝面上的允许拉应力应按下式计算[4]

$$\sigma_y = \frac{rR_t}{K_2} \tag{12}$$

式中：$\sigma_y$ 为铅直方向拉应力；$R_t$ 为轴向抗拉强度；$r$ 为折减系数，经验表明，$r_1=0.5\sim0.7$。

## 6  结束语

（1）混凝土坝抗裂安全系数偏低是出现大量裂缝的根本原因，目前我国混凝土温控水平已有显著提高，如预冷骨料技术已趋成熟，用泡沫塑料板进行表面保温，效果好，价格低，已有可能适当提高抗裂安全系数，以减少裂缝、改善坝的安全性和耐久性。

（2）混凝土极限拉伸试验精度低，成果较分散，同一种混凝土由不同单位或由同一单位用不同方法量测，得到的极限拉伸相差较多，有时还得出不合理的结果，混凝土抗拉强度试验结果比较稳定；另外在施工中只进行抗拉强度测验，不进行极限拉伸测验，无法知道施工中实际极限拉伸与设计采用值的差别，建议今后逐步改用公式（2）进行抗裂计算。

（3）目前规范[1, 2]中 $K_1=1.3\sim1.8$，不但数值偏小，而且任意性很大，用本文提出的一套理论和方法，可使混凝土坝抗裂安全系数的决定趋于科学化，克服了规范[1, 2]中的缺点。

（4）在坝体上游面一定要按式（12）核算水平施工缝的抗裂安全性，它往往对坝体表面保温起控制作用。

### 参 考 文 献

[1] 水利电力部. SDJ 21—1978《混凝土重力坝设计规范》[S]. 北京：水利电力出版社，1979.

[2] 水利电力部. SD 145—1985《混凝土拱坝设计规范》[S]. 北京：水利电力出版社，1985.

[3] 姜福田. 混凝土力学性能与测定 [M]. 北京：中国铁道出版社，1989.

[4] 朱伯芳. 大体积混凝土温度应力与温度控制 [M]. 北京：中国电力出版社，1999.

[5] 杨成球. 全级配碾压混凝土性能研究 [A].《国际碾压混凝土坝学术会议论文集》[C]. 北京：中国水力发电学会，1991.

[6] 李金玉，等. 二滩水电站大坝全级配混凝土力学特性的试验研究 [R]. 水利水电科学研究院，1988.

[7] Troxell G E. and H E. Davis. Composition and Properties of Concrete [M]. New York: Mc Graw-Hill，1956.

# DL 5108—1999《混凝土重力坝设计规范》中几个问题的商榷[❶]

**摘 要:** DL 5108—1999《混凝土重力坝设计规范》[1]放弃水坝工程长期采用的混凝土标号,改用混凝土强度等级,由于水坝施工周期长达数年,这一改变欠妥。规范提出了一个混凝土允许拉应力计算公式,这个公式不宜采用。规范在坝体设计中放弃过去长期采用的安全系数法,改用可靠度理论,由于可资利用的样本太少,可靠度理论应用于混凝土重力坝设计欠妥。

**关键词:** 混凝土标号;混凝土强度等级,可靠度理论

# Discussion on *Design Specifications for Concrete Gravity Dams* ( DL 5108—1999 )

**Abstract:** The concrete mark based on 90d or 180d age of concrete is more appropriate for concrete gravity dams than the concrete strength class based on 28d age of concrete. The new formula for computing the allowable tensile stress given in the new specifications is not reasonable. Because the original data is not sufficient, the design method based on the theory of reliability is not suitable for concrete dams.

**Key words:** concrete mark, concrete strength class, theory of reliability

## 1 前言

与 SDJ 21—1978《混凝土重力坝设计规范》[2]相比,新出版的 DL 5108—1999《混凝土重力坝设计规范》(以下简称新规范)做了较多修改,这些修改多数是好的,反映了老规范颁布后 20 年来我国在混凝土重力坝设计上的经验,有的如有限元应力控制标准还是重要创新,但有些修改,看来不一定合理,本文提出一些意见,就正于读者。

第一个问题:混凝土强度等级问题。在混凝土坝的设计和施工中,如何正确地决定混凝土强度指标是一个十分重要的问题,过去我国一直采用混凝土标号,1996 年发布的 DL/T 5057—1996《水工混凝土结构设计规范》提出必须停止使用混凝土标号,改用混凝土强度等级,因此,新规范放弃混凝土标号,改用混凝土强度等级。由于混凝土标号和混凝土强度等级在设计龄期和强度保证率等方面都存在着很大差别,笔者认为这一改变欠妥,坝工混凝土

---

❶ 原载《水利水电技术》2005 年第 3 期。

仍以采用混凝土标号为宜。

第二个问题：混凝土温度控制允许拉应力问题。新规范提出了一个新的计算公式（G23），笔者认为此式欠妥。

第三个问题是坝体断面设计方法问题：过去我国一直采用安全系数法，新规范改用可靠度理论，可靠度理论的前提是拥有大量样本，但在坝体断面设计中，特别是基础抗滑稳定分析中，样本太少，采用可靠度理论欠妥。

# 2  混凝土标号与混凝土强度等级

我国过去一直以混凝土标号 $R$ 作为坝体混凝土强度指标，新规范改用混凝土强度等级 $C$，这一改变对混凝土坝设计和施工的影响较大，笔者认为这一改变欠妥，坝工混凝土仍以采用混凝土标号为宜。

## 2.1  混凝土标号 $R$ 与混凝土强度等级 $C$ 的关系

混凝土标号 $R_\tau$，系指龄期 $\tau$、15cm 立方体试件、保证率 80% 的抗压强度，由下式计算

$$R_\tau = f_{c\tau}(1.0 - 0.842\delta_{c\tau}) \tag{1}$$

式中：$R_\tau$ 为龄期 $\tau$ 的混凝土标号；$f_{c\tau}$ 为龄期 $\tau$ 时 15cm 立方体试件平均抗压强度；$\delta_{c\tau}$ 为龄期 $\tau$ 混凝土抗压强度的离差系数；系数 0.842 为保证率 80% 的概率度系数。

混凝土强度等级 $C$ 系指 28d 龄期、15cm 立方体试件、保证率 95% 的抗压强度，由下式计算

$$C = f_{C28}(1 - 1.645\delta_{C28}) \tag{2}$$

式中：$f_{C28}$ 为 28d 龄期 15cm 立方体试件平均抗压强度；$\delta_{C28}$ 为 28d 龄期混凝土抗压强度离差系数；系数 1.645 为保证率 95% 的概率度系数。

混凝土标号 $R_\tau$ 与强度等级 $C$ 的比值为

$$\frac{R_\tau}{C} = a(\delta)b(\tau) \tag{3}$$

$$a(\delta) = \frac{1.0 - 0.842\delta_{c\tau}}{1.0 - 1.645\delta_{C28}} \tag{4}$$

$$b(\tau) = \frac{f_{c\tau}}{f_{C28}} \tag{5}$$

式中：$a(\delta)$ 为保证率影响系数；$b(\tau)$ 为强度增长系数；通常强度离差系数为 $\delta = 0.10 \sim 0.25$，相应地 $a(\delta) = 1.10 \sim 1.35$，即由于保证率的不同，混凝土标号 $R$ 与混凝土强度等级相差约 10% $\sim$ 35%。强度增长系数 $b(\tau)$ 与水泥品种、掺合料、外加剂等多种因素有关，大约 $b(90) = 1.20 \sim 1.65$，$b(180) = 1.30 \sim 1.85$。由式（3），$R/C = 1.30 \sim 2.5$，可见 $R$ 与 $C$ 相差较大，而且与多种因素有关。

## 2.2  设计龄期问题

混凝土强度等级 $C$ 应用于工业与民用建筑工程是合适的，一方面其施工期较短，另一方面，它们多采用普通硅酸盐水泥，龄期 28d 以后混凝土强度增加不多。但混凝土强度等级 $C$

应用于水坝工程是不合适的。坝工混凝土强度等级 $C$ 规定设计龄期为 28d，这是完全脱离实际的，水坝的施工期往往长达数年，即使是一座 30m 高的小型混凝土坝，也不可能在 28d 内建成并蓄水至正常水位。据笔者所知，自 20 世纪 40 年代以来，国内外没有一座混凝土坝以 28d 作为设计龄期的，混凝土坝设计龄期一直采用 90d 或 180d，常态混凝土坝多数采用 90d，部分采用 180d；碾压混凝土因掺用粉煤灰较多，混凝土强度增长较缓慢，多采用 180d。

混凝土强度增长系数的变化范围相当大，如 $b(90)$ 小的只有 1.20，大的可达 1.63，相差达 36%；影响混凝土强度增长系数的因素较多，如水泥品种、掺合料品种和掺量、外加剂品种和掺量等都有较大影响。简单的换算，难以反映实际情况。

## 2.3 安全系数问题

已建工程的实际经验是决定设计安全系数的重要依据，现有设计安全系数取值的基础是 90d 龄期 80%保证率，如改为 28d 龄期 95%保证率，安全系数必须修改，如何修改是一个较难课题，因为过去没有一座混凝土坝是按 28d 龄期 95%保证率设计的。新规范虽然设计龄期采用 28d，但安全系数仍然采用 90d（常态混凝土）和 180d（碾压混凝土），先由 $C_{28}$ 换算成 $R_{90}$ 和 $R_{180}$，再由 $R_{90}$ 和 $R_{180}$ 决定设计强度标准值，问题是比值 $R_{90}/C_{28}$ 和 $R_{180}/C_{28}$ 受到多种因素的影响，变化范围很大，图 1 中列出了 $R_{90}/C_{28}$ 比值的变化，可看出，新规范采用了 $R_{90}/C_{28}$ 的下包值，实际工程中 $R_{90}/C_{28}$ 远远超过了新规范建议值。

例如，假定设计中采用强度等级 $C$=10MPa，由新规范查得 $R_{90}$=14.6MPa，由图 1 可知，

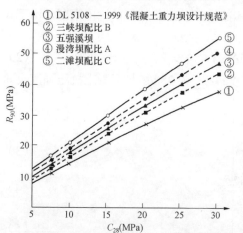

① DL 5108 — 1999《混凝土重力坝设计规范》
② 三峡坝配比 B
③ 五强溪坝
④ 漫湾坝配比 A
⑤ 二滩坝配比 C

图 1　常态混凝土强度等级 $C_{28}$ 与混凝土标号 $R_{90}$

几个实际工程相应的混凝土标号为：三峡坝配比 B：$R_{90}$=16.9MPa；五强溪坝 $R_{90}$=18.0MPa；漫湾坝配比 A：$R_{90}$=19.5MPa；二滩坝配比 C：$R_{90}$=21.2MPa。这些实际工程所达到的混凝土标号比新规范推荐值分别高出 16%、23%、33.6%、45.2%。实际的混凝土标号超出这么多，不但增加水泥用量造成严重的浪费，而且大幅度地增加了温度控制的难度。

## 2.4 工程施工质量验收问题

DL/T 5144—2001《水工混凝土施工规范》[4] 规定："混凝土质量验收取用混凝土抗压强度的龄期应与设计龄期相一致"，并规定在设计龄期每 1000m³ 混凝土应成型一组试件用于质量评定。采用混凝土强度等级 $C$ 后，设计龄期改为 28d，工程施工中没有 90d 和 180d 龄期的试件，而设计中实际上又利用了 90d（常态混凝土）和 180d（碾压混凝土）的后期强度，用 28d 龄期的试验资料进行验收，难以保证 90d 或 180d 龄期混凝土在各种可能情况下都是合格的。

综上所述，工业与民用建筑工程采用混凝土强度等级 $C$ 是合理的，水坝工程采用混凝土强度等级 $C$ 是不合理的，应该继续采用混凝土标号 $R$。

编制中的水利行业 SL 319—2005《混凝土重力坝设计规范》和电力行业 DL/T 5346—2006《混凝土拱坝设计规范》原稿均采用混凝土强度等级 $C$，在笔者提出意见后，经审议，均已决

定采用混凝土标号 $R$，但采用符号 $C_{90}$ 或 $C_{180}$。

# 3 允许混凝土温度拉应力

温控防裂是混凝土坝设计和施工中的一个重要问题，而允许拉应力又是大坝温度控制设计中的一个关键因素，因为它关系到允许温差的大小、施工难度、施工设备及施工速度。SDJ 21—1978《混凝土重力坝设计规范》关于允许拉应力规定如下

$$\sigma \leqslant \frac{E_m \varepsilon_{pm}}{K} \tag{6}$$

式中：$E_m$ 为混凝土弹性模量；$\varepsilon_{pm}$ 为混凝土极限拉伸；$K$ 为安全系数，$K$=1.3～1.8。这里，弹性模量（$E_m$）和极限拉伸（$\varepsilon_{pm}$）是一组试件（通常为 2～3 个）的平均值。

新规范关于允许温度拉应力改由下式控制：

$$\gamma_0 \sigma \leqslant \varepsilon_p E_c / \gamma_{d3} \tag{G23}$$

式中：$\varepsilon_p$ 为混凝土极限拉伸的标准值；$E_c$ 为混凝土弹性模量的标准值；$\gamma_{d3}$ 为结构系数，取 $\gamma_{d3}$=1.5；$\gamma_0$ 为结构重要性系数，对于 Ⅰ、Ⅱ、Ⅲ安全等级的结构，$\gamma_0$ 分别取 1.1，1.0，0.9。

根据定义，材料标准值的保证率为 80%，混凝土弹性模量和极限拉伸标准值可分别计算如下

$$E_c = E_m(1 - 0.842\delta_E) \tag{7}$$

$$\varepsilon_p = \varepsilon_{pm}(1 - 0.842\delta_\varepsilon) \tag{8}$$

式中：$\delta_E$ 为混凝土弹性模量的离差系数；$\delta_\varepsilon$ 为混凝土极限拉伸的离差系数。

比较式（6）和式（G23），可知

$$K = \frac{\gamma_0 \gamma_{d3}}{(1 - 0.842\delta_E)(1 - 0.842\delta_\varepsilon)} \tag{9}$$

按照新规范式（G23）计算允许拉应力，首先要求出弹性模量和极限拉伸的标准值；由式（7）、式（8）两式可知，这需要用到弹性模量和极限拉伸的离差系数 $\delta_E$ 和 $\delta_\varepsilon$，笔者从事水利水电工作已 50 余年，至今没有见到过混凝土弹性模量和极限拉伸的离差系数的任何资料。在大坝设计阶段，通常只对候选的几种混凝土配合比进行弹性模量和极限拉伸的试验，每组只有 2～3 个试件，只能给出平均值，由于样本太少，不能给出离差系数。在施工阶段，DL/T 5144—2001《水工混凝土施工规范》[4]规定，对于设计龄期，每 1000m³ 成型一组抗压强度试件，每 3000m³ 成型一组抗拉强度试件，只进行强度试验，并不进行弹性模量和极限拉伸试验。由于没有混凝土弹性模量和极限拉伸的离差系数试验资料，新规范建议的式（G23）实际上难以应用。如果要利用式（G23），就必须在设计和施工阶段进行大量混凝土弹性模量和极限拉伸的试验，求出它们的离差系数，这不但大大增加试验工作量，而且需要修改施工规范。

坝工混凝土抗压强度的离差系数约为 0.10～0.25，与施工水平有关，一般说来，高标号混凝土的离差系数较小，低标号混凝土离差系数较大，抗拉强度离差系数大于抗压强度离差系数。从大量试验结果看，变形试验结果的离散性大于强度试验，估计弹性模量和极限拉伸的离差系数要分别大于抗压强度和抗拉强度的离差系数。

表1 允许拉应力的安全系数 $K$

| $\delta_E$ | | 0.15 | 0.15 | 0.20 | 0.20 | 0.23 |
|---|---|---|---|---|---|---|
| $\delta_\varepsilon$ | | 0.20 | 0.25 | 0.25 | 0.30 | 0.32 |
| $\gamma_0$ | 1.1 | 2.27 | 2.39 | 2.51 | 2.65 | 2.80 |
| | 1.0 | 2.06 | 2.17 | 2.28 | 2.41 | 2.55 |
| | 0.9 | 1.86 | 1.96 | 2.06 | 2.17 | 2.29 |

在表 1 中给出了根据式（9）计算的抗拉安全系数，对于 I 级建筑物，$K=2.27\sim2.80$，这比老规范采用的 $K=1.3\sim1.8$ 要大得多。例如，设基岩变形模量与混凝土弹性模量相等，混凝土极限拉伸 $\varepsilon_p=0.85\times10^{-4}$，浇筑块长度 30m，取 $\gamma_0=1.1$，$\delta_E=0.20$，$\delta_\varepsilon=0.25$，计算得到的允许基础温差只有 12℃，比规范中表 12.2.1-1 建议的允许温差 19℃要小 7℃，根据我国目前温度控制水平，要把基础温差控制在 12℃以内还是有相当难度的。

与 30 年前相比，目前我国混凝土温度控制水平有较大提高，例如，混凝土预冷技术已较成熟，常态混凝土机口温度降至 7℃已无问题；由于塑料工业的迅速发展，聚苯乙烯、聚乙烯、聚氨脂等泡沫塑料用于表面保温已获成功，表面保温效果好，价格也不贵，考虑到拉应力安全系数偏低是大坝裂缝的重要原因，在目前情况下，适当提高混凝土抗拉安全系数是合理的。但新规范式（G23）所隐含的安全系数太大，给出的允许拉应力和允许温差太小，目前实行比较困难。

总之，由于①在设计和施工阶段，通常都没有混凝土弹性模量和极限拉伸的离差系数，因而无法用式（G23）计算弹性模量和极限拉伸的标准值；②由式（G23）给出的允许温差太小，实际应用有较大难度；因此，新规范建议的式（G23）是不合适的。

# 4 可靠度理论应用于坝工设计问题

新规范放弃了国内外混凝土坝设计中长期采用的总安全系数法，改而采用基于可靠度理论的多项系数法，这是混凝土坝设计中一项重大改变，但是否合理，值得探讨。

如果抗力（$R$）和荷载效应（$S$）都是正态分布的随机变量，那么可靠指标（$\beta$）与安全系数（$K$）之间存在下列关系：

$$\beta=\frac{K-1}{\sqrt{K^2\delta_R^2+\delta_S^2}} \tag{10}$$

或

$$K=\frac{1+\beta\sqrt{\delta_R^2+\delta_S^2-\beta^2\delta_R^2\delta_S^2}}{1-\beta^2\delta_R^2} \tag{11}$$

式中：$\delta_R$ 为抗力（$R$）的离差系数；$\delta_S$ 为荷载效应（$S$）的离差系数；$\mu_R$ 为平均抗力；$\mu_S$ 为平均荷载效应；$K=\mu_R/\mu_S$，混凝土坝施工中控制合格率 80%，实际的安全系数比此处的 $K$ 为大。如果抗力（$R$）和荷载效应（$S$）都有大量实测资料，对 $R$ 和 $S$ 的概率分布和统计参数都有足够精确的数据，那么可靠指标（$\beta$）就有一定的优越性，因为它反映了 $R$ 和 $S$ 的变异性。但实际情况并非如此。

首先来分析荷载，坝的主要荷载是水压力和自重。洪水无疑具有很大的随机性，但通过泄水建筑物，可以人工控制坝前水位，坝前设计最高水位实际可取为定值，不必按随机变量处理。坝体混凝土容重是比较稳定的数值，根据新安江、富春江两工程资料，容重变异系数为 0.015，坝体尺寸很大，体积误差很小，因此，设计中坝体自重也可取为定值。

岩基中的渗透压力是变化较大的一种荷载，主要取决于地质构造、帷幕灌浆质量及排水系统的效果，在设计阶段，对渗透压力的数值很难进行精确的预测，由于缺乏实际数据，很难进行概率分布和统计参数的计算分析。

下面分析抗力，混凝土坝抗力包括坝体抗力和岩基抗力两个方面，影响坝体抗力的主要因素如下：混凝土拌制运输、混凝土平仓振捣、混凝土冷缝、混凝土裂缝。在施工过程中，由机口取样进行强度试验，可取得充分资料进行统计分析，求出混凝土强度的平均值和离差系数，但它们只能反映入仓以前混凝土的质量特征。平仓振捣是影响混凝土坝体质量的关键性因素，平仓振捣不密实的危害性远远超过水灰比控制误差所引起的危害性，但这种危害性是可靠度理论所无法预见的。混凝土坝还会出现冷缝和裂缝，对坝的承载能力和耐久性都有重大影响，但这种影响也难以用可靠度理论来解决。

混凝土坝的失事多由于岩基抗力不够而引发，岩基抗力对于坝的安全至关重要。如果在岩基内部埋藏着软弱夹层等构造面，而在设计阶段没有发现，因而未作处理，这是对坝的安全最大威胁。过去不少工程的失事就是由于这个原因，但这种隐患是可靠度理论所无法解决的。岩基内部软弱夹层等构造面是削弱岩基承载能力的最重要因素，由于埋藏在地下，设计阶段只有一些钻孔和少量探洞，对夹层的产状和力学参数的估计是困难的。例如，夹层的连通率对承载能力影响很大，事先难以估计，统计理论对它是无能为力的。对软弱夹层的抗剪参数（摩擦系数和黏着力），有时没有试验资料，即使有试验资料，对于一个具体的夹层，样本也很少，也难以进行统计分析。

总之，能掌握的关于坝体和坝基抗力的资料主要是机口取样混凝土强度资料、钻孔资料和少量探洞资料，这些资料是十分宝贵的，但由于问题很复杂，仅仅根据这些资料，对坝体和坝基进行可靠度分析是远远不够的。

对于混凝土坝来说，坝基稳定问题是最重要的。在基础开挖以后，建基面是肉眼可见的，如质量不好，可继续开挖，因此，一般情况下，建基面质量都比较好，沿建基面失事的可能性是极小的，混凝土坝基岩失事的危险主要是在基岩内部。在坝基稳定分析中，软弱构造面的连通率是软弱面积与整个面积的比值，对于一个具体工程来说，它实际上是一个确定值，并不是随机变量，只因埋在地下，无法测量，缺乏足够的信息，才变成一个不易确定的值。构造面上的渗透压力系数是渗透压力与水头的比值，主要决定于当地的地质构造，本质上也是一个确定值，并不是随机变量，只是由于缺乏实测资料而变得难以确定。人们根据少量勘探资料对它们进行估计，可是估计是粗略的，估计的精度是不知道的，在缺乏实测资料的情况下，怎么能把这种粗略估计值当作随机变量看待？怎么能根据这种粗略估计数值去推断真实的连通率和渗压系数的概率分布和统计参数？

关于基岩内部软弱构造面的摩擦系数、黏着力等力学参数，人们掌握的实际试验资料也是很少的，有的构造面可能根本没有资料，有的构造面可能有些资料，通常样本数很少，很难进行统计分析。在实际工程的基岩稳定分析中，构造面的产状、连通率、渗透压力系数、摩擦系数、黏着力等一整套基本数据，主要由设计工程师和地质师，根据少量勘探和试验资料，进行综合分析判断，所谓靠"拍脑袋"提出来。没有大量的实测数据，如何决定它们的概率分布和统计参数？因此，在基岩稳定分析中，可靠度理论难以应用。

例如，新规范在坝基抗滑稳定分析中，基岩摩擦系数和黏着力都规定采用 80%保证率的标准值，但实际上一个具体构造面上的试验样本很少，很难决定它们的离差系数，没有离差系数如何计算其标准值？

严格说来，在坝基深层抗滑分析中，滑裂路径和滑裂面的形态也具有随机性，但现有可靠度理论还难以分析这个问题。

数理统计和概率论在一定条件下可以用来作为研究荷载和抗力变异性的工具，但不能用来决定混凝土坝安全度的大小。对于混凝土坝的安全度来说，最重要的是基础内部的抗滑稳定问题，在基础抗滑稳定分析中，对于一个具体的软弱结构面，实测样本通常很少，很难确定连通率、摩擦系数、黏着力等的统计参数，因而难以进行可靠度分析。即使对于坝体本身，掌握较多的是机口混凝土强度资料，它们也只能反映入仓以前的混凝土质量，至于入仓以后平仓振捣、冷缝、裂缝等更重要因素的影响，都无法反映。由于样本太少，许多关键因素都难以进行统计分析，用可靠度理论进行混凝土坝设计，其基础实际是不可靠的。混凝土坝设计安全系数取值的基础主要是国内外长期积累的实际工程经验而不是可靠度理论。

曾经长期担任美国混凝土设计规范 ACI—318 委员会主席的希斯（Siess）教授认为"工程实践中可能出现各种错误，是总安全系数（K）保护着我们免受错误之害，而概率论做不到这一点"[5]，他的意见是十分中肯的。

新规范实际采用的是基于可靠度理论的分项系数法，分项系数法的系数包含了抗力和荷载的统计参数，没有大量实际数据作基础，就不能保证各项系数的合理性，工程师也不知道这些系数是怎样来的，面对一堆不知其来历的系数，反而把思想搞糊涂了。

在实际工程设计中，工程类比是一个重要手段，采用传统的安全系数法，进行类比是方便的；如某工程采用 $f$ 值、$C$ 值多少，安全系数（K）多少，很好比较；采用新规范后，参数 $f$、$C$ 中含有平均值和离差系数，公式本身还包含了 $\gamma_0$、$\psi$、$\gamma_{d1}$、$\gamma_m$ 等多项系数，比较起来相当困难。不便进行工程类比是可靠度理论的一个重要缺点。

单一安全系数 $K$ 的一个重要优点是直观，概念明确，它代表着结构总体的安全储备，它虽然是一个笼统的数值，但它的数值来自国内外长期工程经验的积累，既包括荷载和材料强度的变异性，也包括平仓振捣、裂缝、其他不利因素和一些偶然因素的影响，甚至包括设计、施工、运用中某些人为错误。当然 $K$ 的数值可以根据科学技术的发展和经验的积累而有所调整，但不宜作急剧的大幅度的变化。

# 5　结束语

（1）基于 28d 龄期的混凝土强度等级 $C$ 用于工业与民用建筑是合适的，用于混凝土坝是不合适的，由于施工周期长达数年，坝工混凝土仍以采用基于 90d（或 180d）龄期的混凝土标号为宜。

（2）由于缺乏混凝土弹性模量和极限拉伸的离差系数，新规范给出的计算允许拉应力的式（G23）难以应用，由此式计算的允许温差也太小，故此式是不合适的。

（3）对于重力坝的安全来说，最重要的是基础内部的抗滑稳定；在基础抗滑稳定分析中，对于一个具体的软弱夹层，实测样本通常很少，无法确定摩擦系数和黏着力的离差系数，因而难以计算它们的标准值。即使对于坝体，掌握较多的是机口混凝土强度资料，它们反映的也只是入仓以前的混凝土质量，至于平仓振捣、冷缝、裂缝等重要因素的影响，都无法反映。由于样本太少，可靠度理论应用于混凝土坝设计的基础是不可靠的；由于公式烦琐，反而不利于工程师对坝体安全度进行判断和与其他工程进行对比。

## 参 考 文 献

［1］DL 5108—1999《混凝土重力坝设计规范》［S］. 北京：中国电力出版社，2000.

［2］SDJ 21—1978《混凝土重力坝设计规范》［S］. 北京：中国水利电力出版社，1979.

［3］DL/T 5057—1996《水工混凝土结构设计规范》［S］. 北京：中国电力出版社，1997.

［4］DL/T 5144—2001《水工混凝土施工设计规范》［S］. 北京：中国电力出版社，2002.

［5］Siess. 在 ACI—318 委员会编写 40 多年规范以后对一些问题的看法［D］. 劳远昌，译. 预应力技术简讯，1999（3），（4），（5）［原文见 Concrete International，1999（11）］.

［6］朱伯芳. 论坝工混凝土标号与强度等级［J］. 水利水电技术，2004（8）：33-36.

［7］朱伯芳. 关于可靠度理论应用于混凝土坝设计的问题［J］. 土木工程学报，1999（4）：10-15.

# 论混凝土坝的几个重要问题❶

**摘 要**：目前我国在建混凝土坝的高度、数量、规模均居世界第一位，文章就混凝土坝技术的几个重要问题进行讨论：①结束"无坝不裂"历史的关键技术；②应用氧化镁混凝土筑坝的两种指导思想和两种实践结果；③混凝土强度等级应用于混凝土坝欠妥，坝工混凝土仍以采用混凝土标号为宜；④我国特高拱坝的抗压安全系数偏低，应适当提高；⑤拱坝有限元等效应力问题。

**关键词**：混凝土坝；裂缝；混凝土标号；抗压安全系数；有限元等效应力

# On Some Important Problems about Concrete Dams

**Abstract:** The number，the height and the size of concrete dams under construction in China are the biggest ones in the world.Some important problems about concrete dams are discussed in this paper: ① The key technique for terminating the history of "no dam without crack". ② Two kinds of guiding thoughts and two results of practical engineering for application of MgO concrete to dam. ③ Concrete mark based on 90d or 180d age is more appropriate for concrete dams than concrete class based on 28d age. ④ The safety factor for compressive stress for the specially heigh concrete arch dam (higher than 200 m) is some what low in China. ⑤ The equivalent stress in arch dams analysed by the finite element method.

**Key words:** concrete dam, cracks, concrete mark, safety factor for compressive stress, equivalent stress for finite element method

## 1 前言

我国已建成的混凝土坝数量早已居世界首位，目前在建的混凝土坝的高度也已跃居世界首位，如在建的小湾拱坝（高292m）、溪洛渡拱坝（高275m）、筹建中的锦屏一级拱坝（高305m），其高度都超过了已建成的世界最高的英古里拱坝（高271.5m）；在建的龙滩碾压混凝土重力坝（高192m）将是世界最高的碾压混凝土重力坝。不久还将建设一大批世界水平的混凝土高坝，这说明我国已进入了一个混凝土坝建设的黄金时期。我国的混凝土坝是自主进行设计、研究和施工的，随着一大批世界水平混凝土高坝的顺利建成，我国混凝土坝的设计、科研、施工水平也将进入世界先进行列。

---

❶ 原载《中国工程科学》2006年第7期。

笔者就我国当前混凝土坝建设中的几个重要问题进行讨论，提出一些看法，以就正于读者。

# 2 结束"无坝不裂"历史的关键技术

从 20 世纪 30 年代开始，水利工程师已重视混凝土坝裂缝问题，并做了大量工作，也取得了不少成就，但到目前为止，国内外的混凝土坝几乎都出现了不少裂缝，即所谓"无坝不裂"。原因有二：其一，抗裂安全系数较低；其二，人们比较重视基础贯穿裂缝的防止，而对于如何防止表面裂缝重视不够，表面保护措施不够有力，特别是对长期保温的必要性缺乏认识。

下面说明如何结束"无坝不裂"的筑坝历史。

## 2.1 严格控制基础温差

根据国内外经验，我国重力坝和拱坝设计规范规定，常态混凝土坝基础允许温差如表 1 所示，30 年来实践结果表明，按此表控制温差是可以防止基础贯穿裂缝的[1~3]。混凝土重力坝设计规范 DL 5108—1999 还规定了碾压混凝土坝基础允许温差（见表 2）[4]，表 2 是根据两种混凝土的极限拉伸由表 1 换算而得，是比较可靠的，但近年不少碾压混凝土坝突破了表 1 的规定。由于碾压混凝土坝内无水管冷却，坝体内部降至稳定温度需要几十年甚至更多时间，短期内不易暴露问题，因此决不能因为施工后数年内未出现基础裂缝就认为没有问题了。

在柱状浇筑的重力坝内，上下层温差一般不起控制作用，但对于通仓浇筑的常态和碾压混凝土重力坝，上下层温差也应严格控制。

**表 1**                              常态混凝土坝基础容许温差

**Tab. 1**    **Allowable temperature difference near foundation for conventional concrete dams ΔT/℃**

| 距基础面高度 $h$/m | 浇筑块长边长度 $l$/m | | | | |
|---|---|---|---|---|---|
| | <17 | 17～21 | 21～30 | 30～40 | 40 至通仓 |
| 0～0.2$l$ | 26～24 | 24～22 | 22～19 | 19～16 | 16～14 |
| 0.2$l$～0.4$l$ | 28～26 | 26～25 | 25～22 | 22～19 | 19～17 |

**表 2**                              碾压混凝土坝基础容许温差

**Tab. 2**    **Allowable temperature difference near foundation for roller-compacted-concrete dams ΔT/℃**

| 距基础面高度 $h$ | 浇筑块长边长度 $l$ | | |
|---|---|---|---|
| | <30m | 30～70m | <70m |
| 0～0.2$l$ | 18～15.5 | 14.5～12 | 12～10 |
| 0.2$l$～0.4$l$ | 19～17 | 16.5～14.5 | 14.5～12 |

## 2.2 表面长期保温的必要性与可行性

### 2.2.1 混凝土表面养护 28d 时间太短

DL/T 5144—2001《水工混凝土施工规范》规定"混凝土养护时间不宜少于 28d"[4]，实践经验表明，如果在 28d 以后停止养护的话，在半年甚至一年以后还会出现干缩裂缝，表面养护 28d 是不够的。图 1 表示水泥与岩粉按 1:1 制成的水泥浆试件交替置于水中和相对湿度50%空气中的水分迁移，循环周期为 28d[5]，由图 1 可见，即使在龄期 28d 以后，试件置于水中即膨胀，试件置于空气中即收缩，龄期 2 年后仍然如此，虽然膨胀和收缩的变化幅度随着龄期的延长而逐渐减小。可见混凝土表面养护 28d 是远远不够的。

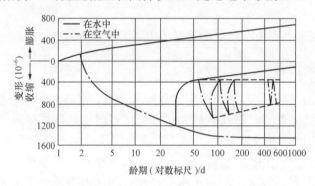

图 1　水泥与岩粉 1:1 混合物试件中的变形

Fig.1　The deformation in specimens of cement mixed with rock powder by 1:1 ratio

### 2.2.2 混凝土表面保温 28d 时间太短

DL/T 5144—2001《水工混凝土施工规范》规定"28d 龄期内的混凝土，应在气温骤降前进行表面保护"[4]，这里给人一种错觉，似乎 28d 龄期以后的混凝土，除了某些特殊情况外，一般不必进行表面保温了。实际情况并非如此。例如我国某重力坝施工过程中曾产生较多裂缝，其中绝大多数并不是在龄期 28d 内产生的，而是在当年冬季、次年冬季甚至更晚的时候产生的，图 2 是该坝某坝段上游面裂缝情况。冬季遇到寒潮是大坝表面最易产生裂缝的时候，应是防止表面裂缝的重点，保温28d 是不够的。

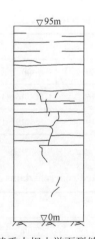

图 2　某重力坝上游面裂缝分布图

Fig.2　Distribution of cracks on the upstream face of a concrete gravity dam

### 2.2.3 上下游表面应长期保温

夏秋季节浇筑的混凝土，到了冬季，上下游表面温度大幅度下降，再加上寒潮，所产生的拉应力很大，往往引起裂缝，表 3 表示了华中地区某重力坝仿真计算结果[6]，如无保温措施，冬季最大水平拉应力达到 4.2MPa，超过了混凝土抗拉强度；铅直拉应力虽然由于自重作用而有所减少，但也超过了水平施工缝的抗拉强度，实际上出现了不少裂缝。考虑两种表面保温方案：

1）5cm+2cm 方案：上下游面用内贴 5cm 聚苯乙烯泡沫塑料板长期保温，浇筑层水平面及侧面用 2cm 聚乙烯泡沫塑料板保温。

2）3cm+1cm 方案：上下游面用内贴 3cm 聚苯乙烯泡沫塑料板长期保温，浇筑层水平面及侧面用 1cm 聚乙烯泡沫塑料板贴保温，计算结果见表 3。采用泡沫塑料板保温后，拉应力已大为减小，不致出现裂缝。实际工程采用 5+2 方案后施工 3 年来未出现一条裂缝。

表 3　　　　　　　　　　某重力坝上游面冬季最大拉应力

Tab. 3　　　　　　**The maximum tensile stress in the winter on the up stream**

**face of a concrete gravity dam**　　　　　　　　　　MPa

| | 水平应力 | 铅直应力 |
|---|---|---|
| 无保温措施 | 4.2 | 2.6 |
| 5cm 苯板+2cm 水平及侧面聚乙烯板 | 1.6 | − 0.1 |
| 3cm 苯板+1cm 水平及侧面聚乙烯板 | 1.9 | 0.1 |
| 允许拉应力（后期） | 2.2 | 1.33 |

#### 2.2.4　重要部位应永久保温

某高拱坝施工结束时裂缝不多，但运行数年后，冬季遇到一次大寒潮，产生了数十条裂缝，深度约 4m，对坝的安全性和耐久性可能带来相当影响。

目前拱坝设计中允许拉应力只有 1.2MPa，计算温度荷载时只得忽略非线性温差，但非线性温差实际是存在的；因此，在拱坝下游表面及上游表面的水上部分，当设计荷载作用下存在着拉应力时，再叠加冬季遇寒潮时的非线性温差应力，很可能产生裂缝，这些部位只有进行永久保温才能防止裂缝。在寒冷地区，即使是中小型拱坝，上下游表面都应进行永久保温。表 4 给出了关于长期保温和永久保温部位的初步建议，当然实际工程中还应考虑工程的重要性而有所区别。另外，运行期永久保温与施工期长期保温应尽量结合起来。

表 4　　　　　　　　施工期长期保温与运行期永久保温的部位

Tab. 4　　**The position requiring long time thermal insulation in the construction period**

**and permanent thermal insulation in the period of operation**

| | | 一般地区 | | 寒冷地区 | |
|---|---|---|---|---|---|
| | | 施工期长期保温 | 运行期永久保温 | 施工期长期保温 | 运行期永久保温 |
| 拱坝 | 上游面 | 全部 | 死水位以上拉应力区 | 全部 | 全部 |
| | 下游面 | 全部 | 拉应力区 | 全部 | 全部 |
| 重力坝 | 上游面 | 全部 | 死水位以上 | 全部 | 死水位以上 |
| | 下游面 | 基础约束区 | — | 全部 | 全部 |

## 2.3　结束"无坝不裂"历史的时机已经成熟

由于塑料工业的发展，用泡沫塑料板进行保温，施工方便，造价低廉，效果好，兼有长期保温和保湿功能。3cm 厚聚苯乙烯泡沫塑料板的价格约为 20（内贴法）～38（外贴法）元/m²，平均长度 500m 的 100m 高重力坝，如上下游面全部采用 3cm 聚苯乙烯板长期保温，全坝保温费不过 230 万～430 万元，对于一座百米高坝来说，这点材料费实在是微不足道，但它对大坝抗裂能力的提高却是非常显著的，如果不保温，出现裂缝后，裂缝处理费用将远远超过保温费用。

目前我国混凝土预冷技术也得到较好发展，盛夏期间，混凝土机口温度已可做到不超过7℃，在不少工程中，已经防止了基础贯穿裂缝的出现。过去无坝不裂，主要是表面保温做得不好，尤其是缺乏长期保温，今后只要重视并做好表面保护，同时做好基础混凝土温度控制，完全可以防止混凝土坝的裂缝，彻底结束过去"无坝不裂"的筑坝历史。

# 3　应用氧化镁混凝土筑坝的两种指导思想和两种实践结果

## 3.1　氧化镁混凝土筑坝的两种指导思想

### 3.1.1　第一种指导思想

我国部分专家，对于应用氧化镁混凝土筑坝，持过分乐观的态度，他们主张：只要胶凝材料中含有 3.5%～5.0%氧化镁，它所产生的自生体积膨胀就可以充分地补偿混凝土坝中的温度拉应力，可以"替代传统的预冷、加冰、埋冷却水管及夏天高温停工的旧温控方法"，应用于混凝土拱坝，可以取消横缝、冷却水管和预冷骨料，全年通仓浇筑，不受地区限制，既适用于南方，也适用于北方；不受坝高限制，既适用于中低拱坝，也适用于高拱坝；"即使在北方极端严酷的气温条件下"，同样可修建不分横缝的氧化镁混凝土拱坝，甚至 100m 以上的高拱坝。

### 3.1.2　第二种指导思想

我国另一些专家，赞成应用氧化镁混凝土，但对其作用，持较谨慎、较实际的态度，其指导思想如下[7]：

1）氧化镁不能"包打天下"。胶凝材料中掺入 3.5%～5.0%氧化镁，其自生体积膨胀约相当于 6～8℃温升，可以适当简化混凝土坝的温控措施，但在大多情况下，不能因为用了氧化镁，就取消横缝和其他各种温控措施，氧化镁不能"包打天下"。

2）应重视氧化镁混凝土的四大差别：a. 室内外差别，室内混凝土试件，经过湿筛，测得的膨胀变形偏大，约为原型混凝土的 1.5（三级配）～1.9（四级配）倍。b. 时间差别，沙老河拱坝 9 月份浇筑的混凝土，温度很高，到了 11 月份，温度急剧下降，而此时龄期尚早，氧化镁引起的膨胀变形还很少，以致产生了贯穿裂缝。c. 地区差别，北方用氧化镁混凝土筑坝，温度控制的难度远大于南方。d. 坝型差别，氧化镁混凝土兴建重力坝时，温控的难度较小，而兴建拱坝时，温控的难度较大。

3）取消横缝弊大而利小。

4）应重视表面保护。氧化镁引起的膨胀变形内部大而外部小，在表面引起附加拉应力。更应重视表面保护。

## 3.2　氧化镁混凝土筑坝的两种实践结果

### 3.2.1　沙老河氧化镁混凝土拱坝

沙老河拱坝位于贵阳市郊区，坝高 62.4m，在持第一种指导思想专家的指导下进行温控设计，取消横缝和一切温控措施，盛夏全坝通仓浇筑，只掺用 4.0%～5.5%氧化镁，2001 年 3

月开始浇筑混凝土，9 月竣工，施工中也未进行表面保温。当年 11 月初发生了一次寒潮，寒潮后出现了 1#～4#贯穿性裂缝，长度分别为 11.1，22.2，15.2，23.8m，最大缝宽 7～8mm。2004 年 4 月对 4 条裂缝进行了接缝灌浆。到 2004 年 12 月底，已灌浆处理的 4 条裂缝重新被拉开，并又发现第 5#、6#贯穿性裂缝，见图 3。1#～4#已灌浆裂缝被拉开和出现 5#、6#。裂缝时，混凝土龄期已有 14～21 个月，氧化镁膨胀变形已基本结束，还不能阻止新裂缝的产生和已灌浆老裂缝的重新拉开。国内外混凝土坝温度裂缝的宽度大多不到 1mm，最宽的也不过 2mm 左右，该坝最大裂缝宽度达到 8mm，实属罕见[8]。

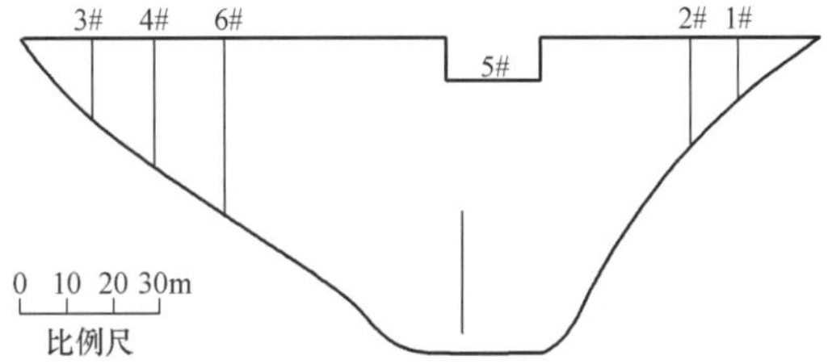

当地年平均气温 15.3℃，气温年变幅 9.45℃，从全国来看，气候条件并不算太坏，虽不如广东，但比华北、东北要好得多。某些专家主张掺入 3.5%～5.0%氧化镁后，可取消横缝全年施工，并可不受地区和坝高限制，显然是不符合实际的。

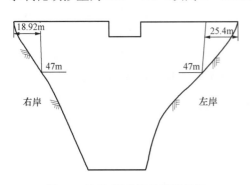

图 3　沙老河氧化镁混凝土拱坝裂缝情况

Fig.3　The cracks in Shalaohe MgO concrete arch dam

### 3.2.2 三江河氧化镁混凝土拱坝

三江河拱坝位于贵阳市北郊，坝高 71.5m，由贵州省水利水电设计院设计，由于沙老河拱坝产生了严重裂缝，贵州省设计院委托中国水利水电科学研究院承担三江河氧化镁拱坝的温度控制研究，采用第二种指导思想进行温控设计。

为了利用冬季低温的有利条件，在 2002 年 11 月中至次年 4 月底浇筑全部混凝土。首先假定不设横缝，全坝通仓浇筑，用三维有限元仿真程序计算，为了拉应力不超过允许值，要求氧化镁掺量为 3%～4%（坝高 0～30m）和 8%～10%（坝高 30m 以上）。掺量 8%～10%已大大超过了规范要求，因此放弃了无缝方案，决定设置两条诱导缝，如图 4 所示。经计算，应力满足要求，最后采用的温控措施如下：全坝掺 4.5%氧化镁；设置两条诱导缝；全坝在低温季节浇筑（计划浇筑时间 2002 年 11 月～2003 年 4 月，实际浇筑时间为 2002 年 12 月～2003 年 5 月）；喷雾、洒水养护；坝高 25m 以下堆碴保温，25m 以上低温季节挂泡沫塑料板保温。

图 4　三江河氧化镁拱坝诱导缝

Fig.4　The inducing joints in the Sanjianghe MgO concrete arch dam

该坝按照上述方案进行施工，竣工 2 年时，坝体只发现一条长约 1.5m 极细的表面裂缝，如果表面保护做得更好些，这条表面裂缝也可避免；两条诱导缝都张开了，计算诱导缝最大张开度 5.8mm，实测 5.6mm。该坝是国内外裂缝最少的拱坝之一。

## 4　混凝土标号与混凝土强度等级

过去我国混凝土坝一直采用基于 90d 龄期的混凝土标号，DL 5108—1999《混凝土重力坝设计规范》改用基于 28d 龄期的混凝土强度等级，由于水坝施工周期长达数年，笔者认为这一改变欠妥。

## 4.1 混凝土标号 $R$ 与混凝土强度等级 $C$ 的关系

混凝土标号 $R_\tau$，系指龄期 $\tau$，15cm 立方体试件、保证率 80%的抗压强度，由下式计算：

$$R_\tau = f_{c\tau}(1.0-0.842\delta_{c\tau}) \tag{1}$$

式中：$R_\tau$ 为龄期 $\tau$ 的混凝土标号，$f_{c\tau}$ 为龄期 $\tau$ 时 15cm 立方体试件平均抗压强度；$\delta_{c\tau}$ 为龄期 $\tau$ 混凝土抗压强度的离差系数；系数 0.842 为保证率 80%的概率度系数。

混凝土强度等级 $C$ 系指 28d 龄期、15cm 立方体试件、保证率 95%的抗压强度，由下式计算：

$$C = f_{c28}(1-1.645\delta_{28}) \tag{2}$$

式中：$f_{c28}$ 为 28d 龄期 15cm 立方体试件平均抗压强度；$\delta_{28}$ 为 28d 龄期混凝土抗压强度离差系数；系数 1.645 为保证率 95%的概率度系数。

混凝土标号 $R_\tau$ 与强度等级 $C$ 的比值 $R/C=1.3\sim2.5$，相差较大，且与多种因素有关。

## 4.2 设计龄期问题

混凝土强度等级 $C$ 应用于工业与民用建筑工程是合适的，一方面其施工期较短，另一方面，它们多采用普通硅酸盐水泥，龄期 28d 以后混凝土强度增加不多。但混凝土强度等级 $C$ 应用于水坝工程是不合适的。坝工混凝土强度等级 $C$ 规定设计龄期为 28d，这是完全脱离实际的，水坝的施工期往往长达数年，即使是一座 30m 高的小型混凝土坝，也不可能在 28d 内建成并蓄水至正常水位。在筑坝历史上曾采用过 4 种混凝土设计龄期：28d，90d，180d，365d；早期采用过 28d 和 365d，后期逐步趋向于采用 90d（常态混凝土）和 180d（碾压混凝土），不用 28d 和 365d；这是由于：a. 在 28d 与 90d 之间混凝土强度增长较多，而且与多种因素有关，在 180d 以后强度增长不明显；b. 施工中按设计龄期检验设计强度合格率，如以 365d 为设计龄期，发现问题为时已晚。

混凝土强度增长系数 $f_{c\tau}/f_{c28}$ 的变化范围相当大，影响因素较多，如水泥品种、掺合料品种和掺量、外加剂品种和掺量等都有较大影响。简单的换算，难以反映实际情况。

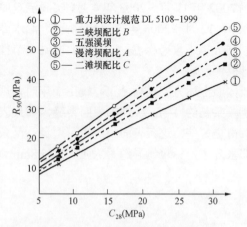

图 5　常态混凝土强度等级 $C_{28}$ 与混凝土标号 $R_{90}$

Fig.5　The strength class $C_{28}$ and the concrete mark $R_{90}$ for the conventional concrete

## 4.3 安全系数问题

已建工程的实际经验是决定设计安全系数的重要依据，现有设计安全系数取值的基础是 90d 龄期 80%保证率，如改为 28d 龄期 95%保证率，安全系数必须修改，如何修改是一个较难课题，因为过去很少混凝土坝是按 28d 龄期 95%保证率设计的。文献 [2] 虽然设计龄期采用 28d，但安全系数仍然采用 90d（常态混凝土）和 180d（碾压混凝土），先由 $C_{28}$ 换算成 $R_{90}$ 和 $R_{180}$，再由 $R_{90}$ 和 $R_{180}$ 决定设计强度标准值，问题是比值 $R_{90}/C_{28}$ 和 $R_{180}/C_{28}$ 受到多种因素的影响，变化范围很大，图 5 中列出了 $R_{90}/C_{28}$ 比值的变化，可看出，文献 [2] 采用了 $R_{90}/C_{28}$ 的下包值，实际工程中 $R_{90}/C_{28}$ 远远超过了此值。

例如，假定设计中采用强度等级 $C=10$MPa，由文献［2］查得 $R_{90}=14.6$MPa，由图 5 可知，几个实际工程相应的混凝土标号为：三峡坝配比 $B$，$R_{90}=16.9$MPa；五强溪坝 $R_{90}=18.0$MPa；漫湾坝配比 $A$，$R_{90}=19.5$MPa；二滩坝配比 $C$，$R_{90}=21.2$MPa。这些实际工程所达到的混凝土标号比文献［2］推荐值分别高出 16%、23%、33.6%、45.2%。实际的混凝土标号超出这么多，不但增加水泥用量造成严重的浪费，而且大幅度地增加了温度控制的难度。

### 4.4 工程施工质量验收问题

水工混凝土施工规范规定："混凝土质量验收取用混凝土抗压强度的龄期应与设计龄期相一致"[4]，并规定在设计龄期每 1000m³ 混凝土应成型一组试件用于质量评定。采用混凝土强度等级 $C$ 后，设计龄期改为 28d，工程施工中没有 90d 和 180d 龄期的试件，而设计中实际上又利用了 90d（常态混凝土）和 180d（碾压混凝土）的后期强度，用 28d 龄期的试验资料进行验收，难以保证 90d 或 180d 龄期混凝土在各种可能情况下都是合格的[9]。

综上所述，工业与民用建筑工程采用混凝土强度等级 $C$ 是合理的，水坝工程采用混凝土强度等级 $C$ 是不合理的，应该继续采用混凝土标号 $R$。

目前正在编制中的水利行业《混凝土重力坝设计规范》和电力行业《混凝土拱坝设计规范》原稿均采用混凝土强度等级 $C$，在笔者提出意见后，经专家会议审议，均已决定采用混凝土标号 $R$。（但拟采用 $C_{90}$ 和 $C_{180}$ 符号）。

## 5 特高拱坝的抗压安全系数

我国混凝土拱坝设计规范要求 90d 龄期混凝土抗压安全系数不小于 4.0[3]，由于工程重要，特高拱坝安全系数本应适当提高，但实际情况正好相反，目前一些特高拱坝设计中，反而把抗压安全系数改为 180d 龄期不小于 4.0，如按 90d 龄期核算，安全系数实际上已降低到 3.5 左右，欠妥[10]。

### 5.1 国内外拱坝抗压安全系数比较

由于各国拱坝设计中采用的设计龄期、试件形状、试件尺寸、试验方法（湿筛或全级配）不同，不能简单地把各国采用的安全系数拿来进行比较，必须考虑上述各种因素的影响进行分析。

坝体原型混凝土强度 $R_c$。与室内试件混凝土强度厂 $f_c$ 的关系，可表示如下

$$R_c = f_c c_1 c_2 c_3 c_4 c_5 \qquad (3)$$

式中：$R_c$ 为坝体原型混凝土抗压强度；$f_c$ 为室内 15cm 立方体试件 90d 龄期 80%保证率的抗压强度；$c_1$ 为试件形状系数，即长直强度与立方体强度之比；$c_2$ 为尺寸系数，即大试件与 15cm 立方体小试件强度比值；$c_3$ 为湿筛系数；$c_4$ 为实际使用龄期与 90d 龄期抗压强度比值；$c_5$ 为时间效应系数。根据大量实验资料，可知 $c_1=0.84$，$c_2=0.83$，$c_3=0.87$。

龄期 $\tau$ 的混凝土抗压强度 $f_c(\tau)$ 可表示如下

$$f_c = (\tau) = f_c(28)\left[1 + m\ln\left(\frac{\tau}{28}\right)\right], \quad 0 \leqslant \tau \leqslant 365 \tag{4}$$

系数 $m$ 与水泥品种、粉煤灰掺量、外加剂掺量等有关，假定坝体承受全水头时最大应力部位混凝土龄期为 365d，于是

$$c_4 = \frac{f_c(365)}{f_c(90)} = \frac{1 + m\ln(365/28)}{1 + m\ln(90/28)} \tag{5}$$

通常室内混凝土强度试验，试件是在 1～2min 内破坏的，实际工程的持荷时间长达数十年，远远超过 1～2 min。荷载持续时间的长短对混凝土强度的影响见表 5[5]。

表5　　　　　　　　　　荷载持续时间对混凝土强度的影响

Tab. 5　　　　　The influence of duration of load on the strength of concrete

| 荷载持续时间 | 2min | 10min | 30min | 1h | 4h | 100d | 1a | 3a | 30a |
|---|---|---|---|---|---|---|---|---|---|
| 不同持荷时间强度/标准试验速度下强度 | 100% | 95% | 92% | 90% | 88% | 78% | 77% | 73% | 69% |

对于拱坝，自重是恒定荷载，水位是在最高水位与最低水位之间变化，准稳定温度是反复变化的，初始温差是恒定的，情况比较复杂。综合考虑上述情况，建议取持荷时间效应系数 $c_5$=0.70。

兹定义三种抗压安全系数如下：

$K_1$——设计安全系数（该工程设计标号除以最大主压应力）；

$K_2$——换算安全系数，即按我国标准试件及试验方法换算的安全系数（设计龄期 90d，15 cm 立方体试件，湿筛）；

$K_3$——坝体原型安全系数（设计龄期 365d，长直强度，原级配，大试件，考虑时间效应）。

三个系数之间存在如下关系：

$$K_3 = K_2 c_1 c_2 c_3 c_4 c_5 = K_1 c_1' c_2' c_3' c_4' c_5' \tag{6}$$

$c_1$～$c_5$ 定义见前，$c_1'$～$c_5'$ 是与各国混凝土试验方法相应的有关系数，由于 $c_5 = c_5' = 0.70$，故由式（6）有：

$$K_2 = \frac{c_1' c_2' c_3' c_4'}{c_1 c_2 c_3 c_4} K_1 \tag{7}$$

由上式即可把各国拱坝抗压安全系数 $K_1$ 换算成我国标准的安全系数 $K_2$。

表 6 中列出了国内外一些混凝土拱坝实际采用的抗压安全系数。

表6　　　　　　　　　国内外拱坝实际采用的抗压安全系数

Tab. 6　　　The factors of safety for compressive stress Moped in practical arch dams

| 国家 | 坝名 | 坝高（m） | 设计龄期（d） | 试件形状、尺寸（cm）、方法 | 设计标号（MPa） | 最大主压应力（MPa） | 设计安全系数 $K_1$ | 换算成我国标准安全系数 $K_2$ | 原型坝体安全系数 $K_3$ |
|---|---|---|---|---|---|---|---|---|---|
| 中国 | 小湾 | 292 | 180 | 15×15×15 | 40.0 | 10.0 | 4.00 | 3.75 | 2.16 |
| 前苏联 | 英古里 | 271.5 | 180 | 15×15×45 | 35.0 | 9.40 | 3.72 | 3.90 | 2.13 |
| 意大利 | Vajont | 263.5 | 90 | $\phi$25×25 | 35.0 | 7.00 | 5.00 | 5.26 | 2.88 |

续表

| 国家 | 坝名 | 坝高（m） | 设计安全系数 $K_1$ | | | | | | |
|---|---|---|---|---|---|---|---|---|---|
| | | | 设计龄期（d） | 试件形状、尺寸（cm）、方法 | 设计标号（MPa） | 最大主压应力（MPa） | 设计安全系数 $K_1$ | 换算成我国标准安全系数 $K_2$ | 原型坝体安全系数 $K_3$ |
| 瑞士 | Mauvoisin | 250.5 | 90 | 20×20×20 | 42.0 | 9.90 | 4.24 | 4.46 | 2.44 |
| 中国 | 二滩 | 240 | 180 | 20×20×20 | 35.0 | 8.40 | 4.17 | 3.64 | 2.10 |
| 瑞士 | Contra | 230 | 90 | 20×20×20 | 45.0 | 10.50 | 4.29 | 4.51 | 2.47 |
| 美国 | Hoover | 222 | 28 | 圆柱体大试件 | 17.5 | 4.30 | 4.07 | 8.67 | 4.75 |
| 日本 | 黑部第四 | 186 | 91 | $\phi15\times30$ | 43.0 | 9.98 | 4.31 | 5.13 | 2.81 |
| 美国 | Mossyrock | 185 | 365 | 圆柱体大试件 | 33.1 | 8.30 | 4.00 | 5.19 | 2.84 |
| 中国 | 东风 | 162 | 90 | 20×20×20 | 30.0 | 7.50 | 4.00 | 4.00 | 2.30 |
| 美国 | YellowTail | 160 | 365 | 圆柱体大试件 | 28.1 | 6.20 | 4.00 | 5.19 | 2.84 |
| 法国 | Roselend | 150 | 90 | 50×50×153（全级配） | 30.0 | 7.50 | 4.00 | 6.59 | 3.61 |
| 中国 | 白山 | 150 | 90 | 20×20×20 | 25.0 | 5.42 | 4.61 | 4.61 | 2.54 |
| 中国 | 江口 | 140 | 90 | 15×15×45 | 30.0 | 6.50 | 4.62 | 4.62 | 2.55 |
| 中国 | 陈村 | 76.3 | 90 | 20×20×20 | 20.0 | 1.62 | 12.34 | 12.34 | 6.29 |

注　1. 在笔者提出建议后，昆明设计院决定将小湾拱坝高应力区混凝土标号从 $R_{180}400^{\#}$ 提高到 $R_{180}450^{\#}$，相应地安全系数可提高 12.5%。

　　2. 小湾坝强度保证率为 90%。

## 5.2　适当提高特高拱坝安全系数的必要性

对国内外拱坝实际采用安全系数进行分析后，可得出以下几点结论：

1）拱坝的实际安全系数并不高。过去有人以混凝土设计标号与模型试验结果对比，求得拱坝安全系数 6～10，得出拱坝安全系数很高的结论，这是一种虚假现象。首先，室内小试件快速试验得出的强度与坝体原型有重大差别，考虑这个因素，安全系数要减少近一半，另外，模型试验中没有考虑温度荷载和扬压力，也没有考虑横缝影响，得出破坏荷载偏高，从表 5 可知，考虑试件尺寸及时间效应后，除个别情况外，多数拱坝实际抗压安全系数只有 2.0～2.8 左右，数值并不很大。

2）高拱坝安全系数低于低拱坝。一般来说，低拱坝抗压安全系数较大，而高拱坝抗压安全系数较小。这有两方面的原因：一方面高拱坝应力水平高于低拱坝；另一方面，过去人们误认为拱坝抗压安全系数很高、有较多富裕，在高拱坝设计中没有采用足够大的安全系数。

3）中国特高拱坝安全系数偏低。从表 6 可知，换算成我国标准的拱坝抗压安全系数 $K_3$，国外高拱坝在 4.46～8.67 之间，绝大多数在 4.5～5.2 之间，没有 1 个小于 4.4 的；唯独前苏联和中国的 3 个特高拱坝安全系数最低；英古里 3.90，二滩坝 3.64，小湾坝 3.75。

4）必需适当提高特高拱坝的抗压安全系数。特高坝，由于工程重要，其安全系数本应高于一般拱坝，但目前我国特高拱坝的安全系数不但低于国外水平，而且低于国内的一般拱坝，欠妥。

前苏联长期处于短缺经济状态，在结构设计中追求过度节省，安全系数低于世界平均水平，英古里拱坝设计即为一例。我国在改革开放以前，也存在着类似现象，二滩拱坝设计采用较低安全系数，也反映了这一情况。安全系数的降低，经济上的节省是很小的，但却给工程安全性带来不必要的危害，这种状态，应该予以改变。笔者的具体意见：特高拱坝的抗压安全系数按设计龄期 90d，15cm 立方体试件 80%保证率考虑，最好取 4.50，至少不应低于 4.00，如设计龄期为 180d，最好取 5.00，至少不应低于 4.50。

实际施工时强度可能超标，也可能不超标，设计文件只能要求施工质量合格，不能要求超标，因此设计安全系数不能把超标作为安全系数的一部分。

小湾拱坝（高 292m）是全世界最高拱坝，但原来采用的安全系数偏低，在笔者提出书面意见后，经专家委员会讨论，已决定把高应力区的混凝土标号从 $R_{180}400^{\#}$ 高到 $R_{180}450^{\#}$，安全系数提高了 12.5%，投资只增加 200 万元，相当于总投资的万分之一。

# 6 拱坝有限元等效应力

有限元法有强大的计算功能，但因坝踵应力集中，未能用于拱坝设计。由于岩体存在裂隙，实际上应力集中不一定那么严重。我国学者朱伯芳、傅作新提出了有限元等效应力法[11, 12]，笔者提出了相应的应力控制标准[13]，为新编拱坝设计规范所采纳[5]，从而为有限元法应用于拱坝开辟了道路。

用有限元法计算拱坝，得到整体坐标系 $(x', y', z')$ 中的应力 $\{\sigma'\}$，在结点 $i$ 取局部坐标系 $(x, y, z)$，其中 $x$ 轴平行于拱轴的切线方向，$y$ 轴平行于半径方向，$z$ 轴为铅直方向，局部坐标系中的应力 $\{\sigma\}$ 由下式求得[14]

$$\begin{cases}
\sigma_x = \sigma_{x'} \cos^2\alpha + \sigma_{y'} \cos^2\alpha + \tau_{x'y'} \sin 2\alpha \\
\sigma_y = \sigma_{x'} \sin^2\alpha + \sigma_{y'} \cos^2\alpha - \tau_{x'y'} \sin 2\alpha \\
\sigma_z = \sigma_{z'} \\
\tau_{xy} = (\sigma_{y'} - \sigma_{x'}) \sin\alpha \cos\alpha + \tau_{x'y'}(\cos^2\alpha - \sin^2\alpha) \\
\tau_{yz} = \tau_{y'z'} \cos\alpha - \tau_{z'x'} \sin\alpha \\
\tau_{zx} = \tau_{y'z'} \sin\alpha + \tau_{z'x'} \cos\alpha
\end{cases} \tag{8}$$

式中：$\alpha$ 为从 $x'$ 到 $x$ 的角度（逆时针为正）；$z$ 与 $z'$ 同轴。

单位高度拱圈的径向截面，宽度为 1，沿厚度方向对拱应力及其矩进行积分，可得到拱的水平推力 $H_a$、弯矩 $M_a$ 及径向剪力 $V_a$，例如

$$M_a = -\int_{l/2}^{l/2} \sigma_x y \mathrm{d}y \tag{9}$$

梁的水平截面在拱中心线上取单位宽度，在 $y$ 点的宽度为 $1+y/r$，$r$ 为中心线半径，沿厚度方向对梁的应力及其矩进行积分，得到梁的竖向力 $W_b$、弯矩 $M_b$、切向剪力 $Q_b$、径向剪力 $V_b$、扭矩 $\overline{M}_b$，例如

$$W_b = -\int_{l/2}^{l/2} \sigma_z \left(1 + \frac{y}{r}\right) \mathrm{d}y \tag{10}$$

有了这 8 个内力，由平截面假定就可以计算坝体应力。

下面讨论拱坝有限元等效应力分析中的两个问题。

第一是内力计算问题，这本是一个比较简单的问题，用有限元法求出应力分布后，用数值积分法可直接计算拱梁的内力。但目前流行着一种算法，以二次曲线表示应力分布，即 $\sigma = a + bx + cx^2$，在坝体剖面上取三点的应力，决定系数 $a$，$b$，$c$，经积分得到拱与梁的内力。如图 6（a）所示，二次曲线是没有拐点的，拱坝是偏心受压结构，一个典型的应力分布如图 6（b）所示，一边受拉，一边受压，是一条有拐点的高次曲线，上述算法显然不符合实际，带来不必要的误差，宜用数值积分方法直接计算内力，既简单又准确。

第二个问题是在计算中如何考虑坝体自重。有以下三种假定：第一种假定，坝体自重全部由梁承担，不参与拱梁分配；第二种假定：自重整体计算，在坝体竣工并形成整体后，自重一次性地施加于全坝，全部自重由拱梁共同承担；第三种假定，自重分步计算，考虑接缝灌浆过程。目前拱梁分载法多采用第一种假定，有限元计算中多采用第二种假定，但这种假定与实际情况相差太远，不宜采用，有限元计算以采用第三种假定为宜，也可采用第一种假定，与传统的拱梁分载法保持一致。

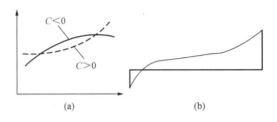

图 6　建基面上应力分布

（a）二次曲线；（b）实际应力分布

Fig.6　Stress distribution on the surface of foundation

第三是应力控制标准问题，我们同时用有限元等效应力法和多拱梁法对国内外十几座拱坝进行了计算，发现两种方法算出的压应力数值相近，但有限元等效应力法的拉应力比多拱梁法约大 25%。因此采用有限元等效应力法时，允许压应力不变，允许拉应力可从 1.20MPa 放宽到 1.50MPa，这些研究成果已纳入新编拱坝设计规范[3]。

# 7　结论

1）结束"无坝不裂"历史的时机已经成熟，除了严格控制基础温差外，需要加强表面保护，在坝体上、下游表面，可用聚苯乙烯泡沫板进行长期保温，兼有保温功能，施工方便（内贴法或外贴法），造价低廉。在临时暴露表面，可用聚乙烯泡沫软板保温。在重要部位，如拱坝上下游水上表面的受拉区域及寒冷地区的重力坝，建议进行永久保温。

2）关于应用氧化镁混凝土筑坝，目前存在着两种指导思想，第一种指导思想是，氧化镁可以"包打天下"，采用氧化镁混凝土筑坝可以取消横缝和一切温控措施。第二种指导思想是，氧化镁只能适当简化温控措施，而不能"包打天下"。沙老河拱坝按第一种指导思想设计和施工，结果产生了有史以来拱坝最严重的温度裂缝。三江河拱坝按第二种指导思想设计和施工，只产生 1 条很短的表面裂缝。两种绝然不同的实践结果，表明第一种指导思想是不符合实际的。

3）基于 28d 龄期的混凝土强度等级 $C$ 用于工业与民用建筑是合适的，用于混凝土坝是不合适的，由于施工周期长达数年，坝工混凝土仍以采用基于 90d（或 180d）龄期的混凝土标号为宜。

4）特高拱坝，由于工程重要，其安全系数本应高于一般拱坝，但目前我国特高拱坝的安全系数反而低于一般拱坝，显然不合理，应适当提高。

5）有限元等效应力法为在拱坝设计中采用功能强大的有限元法开辟了道路。

## 参 考 文 献

[1] 混凝土重力坝设计规范 SDJ 21—1978 [S]. 北京：水利电力出版社，1979.

[2] 混凝土重力坝设计规范 DL 5108—1999 [S]. 北京：中国电力出版社，2000.

[3] 混凝土拱坝设计规范 SL 282—2003 [S]. 北京：中国水利水电出版社，2003.

[4] 水工混凝土施工规范 DL/T 5144—2001 [S]. 北京：中国电力出版社，2002.

[5] Troxell G E，Davis H E.Composition and properties of concrete [M]. New York，Mc Craw-Hill，1956.

[6] 朱伯芳，许平. 加强混凝土坝表面保护，尽快结束"无坝不裂"的筑坝历史 [J]. 水力发电，2004，（3）.

[7] 朱伯芳. 论微膨胀混凝土筑坝技术 [J]. 水力发电学报，2000，（3）.

[8] 朱伯芳，张国新，杨卫中，等. 应用氧化镁混凝土筑坝的两种指导思想和两种实践结果 [J]. 水利水电技术，2005，（6）.

[9] 朱伯芳. 论坝工混凝土标号与强度等级 [J]. 水利水电技术，2004，（8）.

[10] 朱伯芳. 论特高混凝土拱坝的抗压安全系数 [J]. 水力发电，2005，（2）.

[11] 朱伯芳. 国际拱坝学术讨论会专题综述 [J]. 混凝土坝技术，1987，（2）；水力发电，1988，（8）.

[12] 傅作新，钱向东. 有限单元法在拱坝设计中的应用 [J]. 河海大学学报，1991，（2）.

[13] 朱伯芳. 拱坝应力控制标准研究 [J]. 水力发电，2000，（12）.

[14] 朱伯芳，等. 拱坝设计与研究 [M]. 北京：中国水利水电出版社，2002.

# 结构优化设计的几个方法[❶]

**摘　要**：本文阐明作者提出的几个结构优化设计方法。全文分为四部分：第一部分给出复杂结构满应力设计的浮动指数法、冻结内力法和拱坝的满应力设计方法，利用这些方法可对各种复杂结构进行满应力设计；第二部分给出一个边界搜索法，收敛速度较快；第三部分给出结构几何优化的混合方法；第四部分给出结构重分析的内力线性化方法和两阶段优化方法。

**关键词**：方法；优化；结构

# Several Methods for Structural Optimization

**Abstract:** In this paper the author proposed several methods for structural optimization, namely: the method of fully stressed design of complex structures such as the double-curvature arch dams, the method of boundary tracking, the mixed method for shape optimization of structures, the method of approximate structural analysis and the method of optimizing in two stages.

**Key words:** methods, optimization, structures

## 一、前言

满应力设计是一个比较简便而有效的优化方法，但目前的应力比法只适用于简单的桁架结构。笔者给出了复杂结构满应力设计的几个方法，应用比较方便，效果较好，可用于刚架、拱坝等各种复杂结构。

在实际工程中，往往出现这样的情况，设计变量的数目并不算太大，但应力分析比较困难，每次应力分析都要花费较多的机时。针对这种情况，笔者提出了一些解决方法，即内力线性化方法、边界搜索法和混合方法，经过实际应用，看来效果还是比较好的。

## 二、复杂结构的满应力设计

对于杆件结构，适当选择杆的截面积，使各杆件都达到允许应力，即达到满应力状态，是不困难的；对于复杂的连续结构，过去认为不可能进行满应力设计。当然，如果要求连续结构内部每一点都达到满应力，那是不可能的。但如果我们只要求连续结构内部有限个控制

---

❶　原载《工程力学》1985 年第 2 期。

点上的最大应力达到允许应力，并根据这一原则来选择结构的有限个尺寸，那是完全可能的。因此，下面所说的连续结构的满应力设计，就是指在有限个控制点上达到满应力，这与桁架结构内每点都达到允许应力的情况是不同的。

（一）浮动指数法

对于复杂结构，除了轴向力外，还有弯矩作用，应力比法已不适用，可采用作者提出的浮动指数法进行满应力设计。

设第 $i$ 个单元在控制断面上的轴向力为 $N_i$，弯矩为 $M_{xi}$ 和 $M_{yi}$，该处应力可用材料力学公式计算如下

$$\sigma_i = N_i / A_i + M_{xi} / Z_{xi} + M_{yi} / Z_{yi} \tag{1}$$

式中：$A_i$ 为截面积，$Z_{xi}$ 和 $Z_{yi}$ 分别是 $x$ 向和 $y$ 向的断面模量，通常它们可近似地用断面惯性矩 $I_x$ 表示如下

$$A = a_1 I_x^{b_1}, Z_x = a_2 I_x^{b_2}, Z_y = a_3 I_x^{b_3} \tag{2}$$

式中：$a_1$、$b_1$…是常数，当结构以弯曲变形为主时，应以惯性矩 $I_x$ 作为设计变量。今设 $I_x$ 作为设计变量，即令

$$x_i = I_{xi} \tag{3}$$

把式（2）、式（3）两式代入式（1），得到结构第 $i$ 单元的控制应力如下

$$\sigma_i = N_i / a_1 x_i^{b_1} + M_{xi} / a_2 x_i^{b_2} + M_{yi} / a_3 x_i^{b_3} \tag{4}$$

满应力设计是一种迭代方法，今在某一次迭代中，假定断面修改前后，设计变量与应力之间存在下列关系

$$x_i' / x_i = (\sigma_i / \sigma_i')^{\eta_i} \tag{5}$$

式中：$x_i$、$\sigma_i$ 是断面修改前的设计变量和应力，$x_i'$、$\sigma_i'$ 是修改后的设计变量和应力、$\eta_i$ 是应力比的指数。

对于只有轴向力作用的桁架结构，如果以截面积 $A$ 作为设计变量，则 $\eta_i = 1$，这时式（5）即是应力比公式，如果没有轴向力，只有弯矩作用，以惯性矩为设计变量，从式（1）可知

$$\eta_i = 1/b_2 \tag{6}$$

对于上述两种情况，指数 $\eta_i$ 是常数，在一般情况下，指数 $\eta_i$ 是与内力及设计变量有关的一个函数。由式（5）取对数，得到

$$\eta_i = \frac{\lg(x_i' / x_i)}{(\lg \sigma_i / \sigma_i')} \tag{7}$$

由上式可计算 $\eta_i$，以允许应力 $[\sigma]$ 代替式（5）中的 $\sigma'$，即令 $\sigma' = [\sigma]$，得到修改后的设计变量如下

$$x_i' = x_i(\sigma_i / [\sigma])^{\eta_i} \tag{8}$$

在满应力设计的迭代过程中，内力和设计变量在不断改变，$\eta_i$ 也在不断改变，因此取名为浮动指数法。

$\eta_i$ 的初始值可用下列两种方法之一决定：（a）忽略轴力影响，由式（6），$\eta_i = 1/b_2$；（b）给出一个增量 $\Delta x_i$，以 $x_i' = x_i + \Delta x_i$ 代入式（4）计算应力 $\sigma_i'$，再由式（7）计算 $\eta_i$。

**算例** 如图 1 所示门式钢框架，这是文献 [1] 用数学规划做过的例子，为便于比较，保

留英制量纲，材料容量 $\rho = 0.2836\text{lb}/\text{in}^3$，允许应力 $[\sigma] = 23.76\text{ksi}$，型钢截面性质

$$A = 0.58I^{0.50}, \quad Z = 0.58I^{0.75}$$

即 $a_1 = a_2 = 0.58$，$b_1 = 0.50$，$b_2 = 0.75$，有三个工况：①均布荷载 $q = 0.50\text{kip}/\text{in}$；②水平集中荷载 $P_1 = 45.0\text{kip}$；③水平集中荷载 $P_2 = 45.0\text{kip}$，以各杆的惯性矩作为设计变量，计算结果见表 1。用作者的方法计算，收敛是很快的，只经过三次迭代即得到了最终结果。计算结果与数学规划的结果是一致的，但用作者方法，计算简便得多。

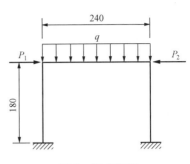

图 1　门式框架

表 1　　　　　　　　门 式 框 架 优 化 结 果

| 计算方法及迭代次数 | | 各杆惯性矩 | | | 结构重量 |
|---|---|---|---|---|---|
| | | 杆 1 | 杆 2 | 杆 3 | |
| 初始值 | | 1600 | 1600 | 1600 | 3947.7 |
| 作者方法 | 1 | 1023.6 | 740.2 | 1023.6 | 2968.6 |
| | 2 | 1084.4 | 763.6 | 1084.4 | 3040.8 |
| | 3 | 1083.9 | 763.2 | 1083.9 | 3040.1 |
| 学数规划法（迭代 12 次） | | 1091.4 | 768.3 | 1091.4 | 3050.5 |

**（二）冻结内力法**

对于板、壳、拱坝等结构，截取单位宽度的条带计算应力时，条带的横截面通常是矩形或扇形。后者与梯形接近，可按梯形计算。在这种情况下可用下列方法进行满应力设计。

对现代设计方案进行内力分析后，假定各点内力被暂时冻结，在控制点 $i$，其轴力为 $N_i$，弯矩为 $M_i$，令该点表面应力等于允许应力 $[\sigma]$，得到

$$-\frac{N_i}{t_i^1} \mp \frac{6M_i}{t_i^2} = [\sigma] \tag{9}$$

由此得到允许厚度如下

$$t_i = \frac{-b \pm \sqrt{b^2 - 4ac}}{2a} \tag{10}$$

上式有两个根，取较大者，对矩形截面，式中各符号意义如下

$$\left.\begin{array}{l} a = [\sigma], \quad b = N \\ c = \pm 6M \end{array}\right\} \tag{11}$$

如果截面是梯形的（图 2），仍可用式（10）计算允许厚度，但 $a$、$b$、$c$ 取值如下

$$\left.\begin{array}{l} a = [\sigma], b = 2N_i/(1+s), \\ c = 12(1+2s)M_i/(1+4s+s^2)(\text{左侧}) \\ c = -12(2+s)M_i/(1+4s+s^2)(\text{右侧}) \end{array}\right\} \tag{12}$$

虽然 $s$ 的数值与结构的厚度有关，但 $s$ 对应力的影响通常不太大，所以在计算第 $j$ 次厚度时，可以利用第 $j-1$ 次的已知厚度计算 $s$ 值。

根据式（10）可修改结构的厚度，然后再重新分析结构内力，进行一次新的迭代。

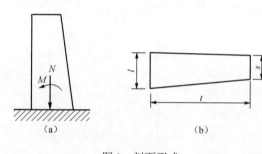

图 2　剖面形式

（a）铅直剖面；（b）水平剖面

（三）双曲拱坝的满应力设计

双曲拱坝是变厚度变曲率的壳体，是一种比较复杂的结构，如何进行它的满应力设计呢？关键在于正确地选定满应力设计的变量。在开始阶段[2]，我们是沿坝高分为 7 层，以 7 个厚度作为离散的未知量，进行满应力设计，其结果，厚度的变化不规则。工程单位习惯于采用光滑变化的设计剖面，不愿意采用这种不光滑的设计剖面。所以后来我们改用多项式去描述拱坝厚度的变化。

下面先以单心圆拱坝为例，说明双曲拱坝满应力设计的方法。设坝体厚度在水平方向为常数，在沿直方向按二次函数变化如图3：

$$t = k_0 + k_1(y/H) + k_2(y/H)^2 \tag{13}$$

式中：$t$ 为坝体厚度；$H$ 为坝高；$y$ 为铅直方向的坐标，原点在坝顶；$k_0$、$k_1$、$k_2$ 是三个系数，决定于下列条件

$$\left.\begin{array}{l} 当 y = aH 时, \ t = t_a \\ 当 y = bH 时, \ t = t_b \\ 当 y = cH 时, \ t = t_c \end{array}\right\} \tag{14}$$

由上述条件得到

$$\left.\begin{array}{l} k_0 = [bc(c-b)t_a + ac(a-c)t_b + ab(b-a)t_c]/D \\ k_1 = [(b^2-c^2)t_a + (c^2-a^2)t_b + (a^2-b^2)t_c]/D \\ k_2 = [(c-b)t_a + (a-c)t_b + (b-a)t_c]/D \end{array}\right\} \tag{15}$$

式中

$$D = \begin{vmatrix} 1 & a & a^2 \\ 1 & b & b^2 \\ 1 & c & c^2 \end{vmatrix}$$

拱坝是高次超静定结构，其满应力设计当然也要采用迭代方法。先假定一个初始厚度，进行一次内力分析，取出 $y=aH$、$y=bH$ 及 $y=cH$ 三层拱圈。根据满应力准则，计算三个新的厚度 $t_a$、$t_b$、$t_c$，代入式（15）、式（13）两式，可得到坝体新的厚度，完成了一次迭代。然后，根据新厚度，再进行内力分析，重复上述步骤，直至前后两次计算结果充分接近时为止。

下面说明，在每次迭代中，如何选择 $a$、$b$、$c$。通常可以沿坝高将拱坝分为 7 层，根据第 1、2 层中应力最大点的高度决定 $a$，由第 3、4、5 层中应力最大点的高度决定 $b$，由第 6、7 层中应力最大点的高度决定 $c$。例如，在第 1、2 两层各控制点种，如应力最大点在第一层（$y=0$），则取 $a=0$。又如第 6、7 层中，应力最大点在第 7 层（$y=H$），则取 $c=1.0$。根据上述原则选出 $y=aH$、$y=bH$ 及 $y=cH$ 三层拱圈后，再用下述方法决定三层拱圈的厚度 $t_a$、$t_b$、$t_c$。

考虑如图 3（b）所示拱圈，通常最大压应力发生在 1、4、6 等点，最大拉压力发生在 2、3、5 等点，分别让这 6 个点的拱应力等于允许应力，可以算出 6 个允许厚度 $t_1 \sim t_6$。让同一

高程上悬臂梁上、下游面应力分别等于允许应力，又可算出两个允许厚度 $t_7$、$t_8$。设预先规定的最小厚度为 $t_9$，取 $t_1 \sim t_9$ 中的最大厚度作为这层拱圈的厚度，按照工程传统，一般还希望下层拱圈厚度不小于上层拱圈厚度，如算出的下层拱圈厚度小于上层拱圈，则取上层拱圈厚度为本层拱圈厚度。至于 $t_1 \sim t_8$ 的计算，可采用前述式（10）或式（8）。对于五心拱坝的满应力设计，设中拱及左右边拱的上游面半径为已知，可用三个式子分别表示中拱厚度 $t_c$、左边拱下游面半径 $R_{DL}$ 及右边拱下游面半径 $R_{DR}$ 如下

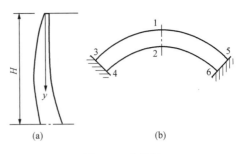

图 3 双曲拱坝

（a）铅直剖面；（b）水平拱圈

$$
\left.
\begin{aligned}
t_c &= k_{co} + k_{c1}(y/H) + k_{c2}(y/H)^2 \\
R_{DL} &= k_{Lo} + k_{L1}(y/H) + k_{L2}(y/H)^2 \\
R_{DR} &= k_{Ro} + k_{R1}(y/H) + k_{R2}(y/H)^2
\end{aligned}
\right\}
\tag{16}
$$

用满应力准则决定 $y=aH$、$bH$、$cH$ 三个高度的中拱厚度 $t_c$、左拱座厚度 $t_{AL}$、右拱座厚度 $t_{AR}$，利用几何关系可求出三个高程的 $R_{DL}$ 和 $R_{DR}$，从而可以决定式（16）中的全部系数。必要时也可把上列各式改为三次多项式，每式有四个系数，用满应力准则决定四层拱圈的厚度，从而可决定多项式中的全部系数。

## 三、边界搜索法

对于带约束的非线性规划问题，一般来说，最优解既可能出现在可行域边界上，也可能出现在可行域内部，但对于结构优化问题来说，可以证明，最优解一定落在可行域边界上[3]，因而只要沿可行域边界进行搜索就可以了。

原问题是，求 $x$，使

$$
\left.
\begin{aligned}
&V(x) = 极小 \\
&约束： g_j(x) \leqslant 1, j = 1 \sim p
\end{aligned}
\right\}
\tag{17}
$$

这是一个约束极值问题。设 $\Omega$ 是可行域边界，由于最优解一定落在可行域边界上，所以最优解是子空间 $\Omega$ 上使目标函数取极小值的点，因此，原问题式（17）等价于求 $\bar{x}$，使

$$
V(\bar{x}) = 极小
\tag{18}
$$

式中：$\bar{x}$ 是可行域边界上 $\Omega$ 上的点。这是一个无约束极值的问题，可用无约束优化方程求解。具体来说，可用单形法求解式（18）。在 $\Omega$ 上给出 $n$ 个顶点，对各顶点的目标函数进行比较，丢掉其中最坏点，代之以新的较好的点，重复上述步骤，逐步调向最优化，计算步骤与通常的单形法相同，差别在于，每得到一个新点时，要进行一次回边计算，把设计点拉回可行域边界上来。

现在来讨论如何进行回边计算。

对于杆件结构可采用射线步，此处不赘述。对于连续结构，回边计算要复杂一些，其计算方法如下

分析现行设计点 $x^k$，求出最严约束

$$G_m^k = \max_i g_i(x) \tag{19}$$

再检验上、下限约束，设违反上限约束的单元集合为 $P$，违反下限约束的单元集合为 $Q$，剩下的不违反上、下限约束的单元集合为 $R$，现在走一回边步到达新设计点 $x^{k+1}$，希望新点正好位于可行域边界上，即要求

$$G_m^{k+1} = 1 \pm \varepsilon \tag{20}$$

其中 $\varepsilon$ 是事先给出的允许误差、设各设计变量的增量 $\Delta x_i$ 正比于约束函数的导数，即令

$$\Delta x_i = c \frac{\partial G_m}{\partial x_i} \tag{21}$$

其中 $c$ 是一个待定常数，把 $G_m$ 作台劳展开，忽略高阶项，再代入 $G_m^{k+1} = 1$，可得到

$$c = \frac{1 - G_m^k - \sum_{i \in q} \frac{\partial G_m}{\partial x_i}(\bar{x}_i - \bar{x}_i^k) - \sum_{i \in Q} \frac{\partial G_m}{\partial x_i}(\underline{x}_i - x_i^k)}{\sum_{i \in R}\left(\frac{\partial G_m}{\partial x_i}\right)^2} \tag{22}$$

由上式算出 $c$ 后，可由下式给出新的设计变量

$$x_i^{k+1} = x_i^k + c \frac{\partial G_m}{\partial x_i} \tag{23}$$

对新设计点可检验一下是否满足式（20），如不满足，可重复上述计算。

采用上述方法进行双曲拱坝的优化设计，在水利水电科学研究院的 $M$ 160 计算机上经 1.43 分钟得到最优方案。同一课题，用常规的复形法求解，要运算 4.98 分钟。可见上述边界搜索法收敛速度要快一些。这个方法的另一特点是计算程序很简单，便于在工程人员中推广。

# 四、结构几何优化的混合搜索法

考虑如下课题：求 $x$，使

$$V(x) = \min \tag{24}$$

$$\text{约束：} \sigma_i / [\sigma_i] \leqslant 1 \tag{25}$$

$$g_i(x) \leqslant 1 \tag{26}$$

$$\underline{x}_i \leqslant x \leqslant \bar{x}_i \tag{27}$$

对于结构几何形状的优化问题，设计变量可分为两类。其中第一类是由满应力条件可以决定的，如受拉杆件的截面积、受弯杆件的截面惯性矩、连续介质结构（板、壳、拱坝等）的控制点的厚度等；第二类变量是满应力条件所不能决定的，如桁架的高度、壳体的曲率半径等。所谓混合搜索法就是，在每次迭代中，先利用满应力条件确定第一类变量的尺寸，使设计点落在应力约束的边界上然后再利用式（26）进行优化。当第一类变量与约束条件式（26）关系不密切，由满应力条件可直接决定第一类变量时，这种算法的计算量就比较小，特别是第二类变量的数目较少时，例如，在拱坝的优化中，式（26）代表抗滑稳定约束，与坝体厚度关系不大、坝体厚度可由满应力条件决定，即属于这种情况。

# 五、内力线性化

在复杂结构的优化设计中，应力分析要消耗大量机时，如何减少应力重分析次数是关键所在，通常是把结构的应力线性化（台劳展开）。水坝的优化过去几乎都是采用这个办法。但由于水坝优化是几何形状的优化，应力灵敏度的计算是很费事的，而且坝体应力对设计变量（如厚度）的改变十分敏感，所以采用应力线性化方法，优化计算的收敛速度比较慢，一般要迭代 12～15 次。我们在进行水坝优化时，开始也是把应力线性化的，后来由于收敛较慢，考虑到内力的变化要平稳得多，于是采用内力线性化方法，即把坝内各控制点的内力在 $x^k$ 点作台劳展开，忽略高阶项，得到

$$F_i(x) = F_i(x^k) + \sum_{j=1}^{n} \frac{\partial F_i(x)^k}{\partial x_i}(x_i - x_j^k) \tag{28}$$

式中：$F_i(x)$ 为第 $i$ 个内力（轴力、弯矩、扭矩等）；$k$ 为大迭代次数。$F_i(x)$ 可以直接取为内力，也可以作一些变换，例如对于弯矩，取 $F_i(x) = M_i(x)/R^2$，效果更好一些。

优化过程中，当设计点移动后，先由式（28）计算新的内力 $N$、$M$ 等，再由材料力学公式计算应力如下

$$\sigma = \frac{N}{A} + \frac{M}{Z}$$

式中：$A$ 为截面积；$Z$ 为断面模量。显然，由上式给出的应力已不再是设计变量的线性函数。

计算过程是第一步假定一个初始方案 $x^0$（不必是可行点），在 $x^0$ 点把内力作台劳展开式，如式（28），于是用数学规划方法寻求最优解，当设计点移动时，可按式（28）计算移动后的内力，并用材料力学公式计算应力，如此可求出第一个近似最优解 $x^1$。第二步再在 $x^1$ 点把内力作台劳展开，用数学规划方法找到第二个近似最优解 $x^2$。如此重复计算，直到前后两次计算结果充分接近时为止。

实际经验表明，用作者建议的上述方法，只要迭代 2 次就收敛了，而且第一次计算结果与最终结果已十分接近，误差不到 1%。

式（28）中偏导数 $\partial F_i/\partial x_i$ 是用差分法计算的，所以当设计变量很多时，采用内力线性化方法计算量还是很大的，从已有经验看来，当设计变量数不太多（如 $n < 30$），而应力灵敏度分析又比较困难（如结构几何形状优化）时，采用内力线性化方法比较合适。本方法的计算程序比较简单（偏导数是用差分法计算的）也是一个优点。

目前在双曲拱坝设计中，应力分析采用试载法（类似于力法），敏度分析只能用差分法，如把应力线性化，需迭代 12～15 次，计算量十分庞大，采用本文建议的内力线性化方法，因只要迭代两次，计算还是可行的。应力分析如用有限元方法，在变量较多时，敏度分析当然以用拟荷载法为好，但因拟荷载法的程序很复杂，设计变量较少时，内力线性化方法因程序简单，还是可取的。

# 六、两阶段优化

对于比较重要而复杂的工程结构，如拱坝，目前大多存在着多种计算方法，这些计算方

法通常可分成两类，一类是精细方法，计算精度高，但计算量很大；另一类是简约方法，计算精度较低，但计算速度很快。在采用内力线性化方法时，如果内力偏导数全部用精细方法计算，对于拱坝这样的结构，在一般中小型计算机上有时还难以完成优化设计。为了解决这个矛盾，建议采用两阶段优化方法：

第一阶段优化，用简约应力分析方法计算内力展开式的偏导数，进行优化后，得到近似最优解 $x^*$。

第二阶段优化，以 $x^*$ 作为初始点，内力按下式计算

$$F_i(x) = F_i(x^*) + \sum_{j \in P} \frac{\partial F_i(x^*)}{\partial x_j}(x_j - x_j^*) + \sum_{j \in Q} \frac{\partial F_i(x^*)}{\partial x_j}(x_j - x_j^*) \tag{29}$$

上式右边第一及第二两大项，用精细应力分析方法计算其系数，第三大项用简约方法计算其系数。这里，我们把设计变量分成 $P$、$Q$ 两类，$P$ 类是对结构内力影响较大的变量，其余变量属于 $Q$ 类，对结构内力影响较小。分类以后，内力敏度的计算量大为减少。

## 参 考 文 献

[1] Arora，J. S, Haug, E. J, Optimal Design of Plane Frames, Journal of Structural Div, ASCE, ST．10，1975.

[2] 朱伯芳，黎展眉．拱坝的满应力设计．水利水电科学研究院．科研论文集．第 9 集，1982.

[3] 朱伯芳，黎展眉．结构优化设计的两个定理和一个新的解法．水利学报，1984.10.

[4] 朱伯芳，宋敬廷．双曲拱坝的最优化设计．水利水电科学研究院．1979 年 5 月．又见"1980 年全国计算力学会议论文集"，北京大学出版社.

[5] 朱伯芳．双曲拱坝优化设计中的几个问题．计算结构力学及应用，1984，(3).

[6] 朱伯芳，黎展眉．双曲拱坝的优化．水利学报，1981，(2).

[7] 厉易生．非对称变厚度三心拱坝优化设计．研究生论文．水利水电科学研究院，1982 年 7 月.

[8] 朱伯芳．复杂结构满应力设计的浮动应力设计法．固体力学学报，1984，(2).

[9] 朱伯芳．结构满应力设计的松弛指数．水利学报，1983，(1).

# 加权余量法[❶]

**摘　要：** 在实际工程问题中，有时难以求出问题的精确解，加权余量法可以给出近似解，计算功能很强，应用范围较广。本文系统地阐明加权余量法的计算方法及其在各方面的应用。

**关键词：** 工程问题；近似解；加权余量

## Weighted Residual Methods

**Abstract:** Some times it is difficult to get accurate solutions of engineering problems. By the weighted residual method, we can get approximate solutions. The ability of weighted residual method is very strong. In this paper, we shall explain the computing methods and applications of the weighted residual method.

**Key words:** engineering problem, approximate solution, weighted residual

## 1　概述

大量的科学技术问题归结为求解如下的微分方程边值问题

在区域 $D$ 内
$$L(u) - f = 0 \tag{1.0-1}$$

在边界 $C$ 上
$$M(u) - g = 0 \tag{1.0-2}$$

式中：$L(u)$ 和 $M(u)$ 是微分算子。

精确解 $u$ 必须在区域 $D$ 中任一点都满足微分方程（1.0-1），并在边界 $C$ 上任一点都满足边界条件（1.0-2）。对于复杂的工程问题来说，这样的精确解往往是很难找到的，因此人们设法找到具有一定精度的近似解。本篇阐明求微分方程近似解的一个有效方法——加权余量法。

用下式表示上述问题的近似解

$$u \approx \bar{u} = c_1 u_1 + c_2 u_2 + \cdots + c_n u_n = \sum_{i=1}^{n} c_i u_i \tag{1.0-3}$$

其中 $c_i$ 是待定系数，$u_i$ 是线性独立的已知函数，称为试函数。

由于 $\bar{u}$ 只是一个近似解，并不严格满足原来的方程，把它代入方程（1.0-1），将得到内部余量 $R_a$ 及边界余量 $R_b$

---

❶　原载《现代工程数学手册》第Ⅱ卷，1985，华中工学院出版社。

$$R_a = L(\bar{u}) - f \tag{1.0-4}$$

$$R_b = M(\bar{u}) - g \tag{1.0-5}$$

对于精确解来说，在区域 $D$ 内任一点，内部余量 $R_a=0$，并且在边界 $C$ 上任一点，边界余量 $R_b=0$。加权余量法通过适当地选择系数 $c_i$，使这些要求得到近似的满足，具体说来，有以下三种算法：

（1）内部加权余量法。所选择的试函数完全满足边界条件（1.0-2），但不满足微分方程（1.0-1）。在这种情况下，边界 $C$ 上任一点，边界余量 $R_b=0$。再适当选择系数 $c_i$，使内部余量 $R_a$ 在某种平均意义上等于零。如令内部余量的加权积分值等于零，即

$$\int_D W_a R_a \mathrm{d}V = 0 \tag{1.0-6}$$

式中：$W_a$ 是内部权函数。取 $n$ 个权函数，分别代入上式，得到 $n$ 个方程，正好可用来求近似解（1.0-3）式中的 $n$ 个待定系数 $c_i$。

（2）边界加权余量法。所选用的试函数在区域 $D$ 内满足微分方程（1.0-1），但不满足边界条件（1.0-2）。在这种情况下，内部余量 $R_a=0$，再选择系数 $c_i$，使边界余量 $R_b$ 的加权积分值等于零，即

$$\int_\sigma W_b R_b \mathrm{d}S = 0 \tag{1.0-7}$$

式中：$W_b$ 是边界权函数。取 $n$ 个边界权函数，分别代入上式，得到 $n$ 个方程，可用以求出近似解中的 $n$ 个待定系数 $c_i$。

（3）混合加权余量法。所选用的试函数，既不满足微分方程（1.0-1），也不满足边界条件（1.0-2），即 $R_a$ 和 $R_b$ 都不等于零。选择系数 $c_i$，使内部余量和边界余量的加权积分值分别等于零，即

$$\begin{cases} \int_D W_a R_a \mathrm{d}V = 0 \\ \int_D W_b R_b \mathrm{d}S = 0 \end{cases} \tag{1.0-8}$$

式中 $W_a$ 和 $W_b$ 分别是内部权函数和边界权函数。共取 $n$ 个权函数，分别代入上式，得到 $n$ 个方程，可用以求出 $n$ 个待定系数 $c_i$。

对于一维问题，选择满足边界条件的试函数通常并不困难，因此可用内部加权余量法求解。对于二维问题，若求解区域是比较简单的几何图形，如矩形、圆形、扇形等，边界条件也不太复杂，那么也有可能构造满足边界条件的试函数，并用内部加权余量法求解。如果求解区域比较复杂，很难找到满足边界条件的试函数，就不能用内部余量法求解了。若能找到满足微分方程的试函数，可用边界余量法求解。一般来说，边界余量法的计算精度较高，计算量最小。但对于多数工程问题要找到满足微分方程的试函数是颇不容易的，在这种情况下可用混合加权余量法求解。混合加权余量法的适应性较强，但计算量也较大。

## 2    内部加权余量法

求解的问题是，在区域 $D$ 内 $L(u)-f=0$，在边界 $C$ 上 $M(u)-g=0$。把问题的近似解表示为（1.0-3）

$$u \simeq \bar{u} = \sum_{i=1}^{n} c_i u_i \tag{2.0-1}$$

这样选择试函数，使它完全满足边界条件，因边界余量等于零。试函数在区域 $D$ 内不满足微分方程，所以存在着内部余量如下

$$R_a = L(\bar{u}) - f$$

今取权函数 $W_i$，$i=1$，2，$\cdots$，$n$，要求内部余量的加权积分值等于零，即如式（1.0-6）所示

$$\int_D W_i R_a dV = 0 \quad i=1,2,\cdots,n \qquad (2.0\text{-}2)$$

共取 $n$ 个权函数，由上式得到 $n$ 个方程，联立解之，即得到式（2.0-1）中的 $n$ 个待定系数 $c_i$。用不同的权函数，就形成不同的计算方法。

## 2.1 配点法

选取 $n$ 个点作为配点，以狄拉克 $\delta$-函数为权函数，即

$$w_i = \delta(p - p_i) \qquad (2.1\text{-}1)$$

实际上，这就是要求近似解 $\bar{u}$ 在 $n$ 个分散的点上满足微分方程，换句话说，在这 $n$ 个点上，内部余量应等于零。式（2.0-2）变成

$$R_a = 0 \quad \text{（在 } n \text{ 个点上）} \qquad (2.1\text{-}2)$$

由上述 $n$ 个方程联立求解，可得到 $n$ 个待定系数 $c_i$，代入式（2.0-1）即得问题的近似解。

【例1】 求解二阶常微分方程

$$\frac{d^2u}{dx^2} + u + x = 0, \qquad 0 \leqslant x \leqslant 1$$

$$u(0) = 0, \qquad u(1) = 0$$

取近似解

$$\bar{u} = x(1-x)(c_1 + c_2 x + \cdots + c_n x^{n-1})$$

显然，上式满足边界条件，但不满足微分方程。

如在近似解中只取一项，得 $\bar{u} = c_1 x(1-x)$，代入方程余量为

$$R(x) = x + c_1(-2 + x - x^2)$$

取 $x = \frac{1}{2}$ 作为配点，由式（2.1-2）

$$R\left(\frac{1}{2}\right) = \frac{1}{2} - \frac{7}{4}c_1 = 0$$

由此求得 $c_1 = \frac{2}{7}$。所以得到第一近似解

$$\bar{u} = \frac{2}{7}x(1-x)$$

如在近似解中取两项，得 $\bar{u} = x(1-x)(c_1+c_2 x)$，余量为

$$R(x) = x + c_1(-2 + x - x^2) + c_2(2 - 6x + x^2 - x^3)$$

把区间 [0，1] 三等分，取 $x = \frac{1}{3}$，及 $x = \frac{2}{3}$ 作为配点，由式（2.1-2）得到

$$R\left(\frac{1}{3}\right) = \frac{1}{3} - \frac{16}{9}c_1 + \frac{2}{27}c_2 = 0; \quad R\left(\frac{2}{3}\right) = \frac{2}{3} - \frac{16}{9}c_1 - \frac{50}{27}c_2 = 0$$

由上方程组解得 $c_1=0.1948$，$c_2=0.1731$，所以第二近似解为

$$\overline{u} = x(1-x)(0.1948 + 0.1731x)$$

这个问题的精确解为

$$u = \frac{\sin x}{\sin 1} - x$$

用配点法求得的近似解与精确解的比较见表 2.1-1。可见对于本问题来说，第二近似解与精确解已相当接近，最大误差只有 3%。如取更多的项，计算精度还可以进一步提高。

表 2.1-1                配 点 法 计 算 结 果

| $x$ | 第一近似解 | 第二近似解 | 精确解 |
|---|---|---|---|
| 0.25 | 0.0536 | 0.0446 | 0.0440 |
| 0.50 | 0.0713 | 0.0704 | 0.0697 |
| 0.75 | 0.0536 | 0.0619 | 0.0601 |

## 2.2 子域法

把区域 $D$ 划分为 $n$ 个子域 $D_j$，$j=1,2,\cdots,n$。取权函数如下

$$\begin{cases} W_j = 1 & \text{在子域} D_j \text{内} \\ W_j = 0 & \text{在其余部分}(j=1,2,\cdots,n) \end{cases} \tag{2.2-1}$$

代入式（2.0-2），得到

$$\int_{D_j} R_a \mathrm{d}V = 0 \quad j=1,2,\cdots,n \tag{2.2-2}$$

上式表示在 $n$ 个子域 $D_j(j=1,2,\cdots,n)$ 上余量的平均值分别等于零。由上述条件可确定 $n$ 个待定系数 $c_i$ $(i=1,2,\cdots,n)$。

【例 2】 用子域法求解例 1 的问题。第一近似解取为 $u=c_1 x(1-x)$，内部余量为

$$R = x + c_1(-2 + x - x^2)$$

对于第一近似解，子域取为全区域 [0，1]，由（2.2-2）式得到

$$\int_0^1 R\mathrm{d}x = \int_0^1 [x + c_1(-2 + x - x^2)]\mathrm{d}x = 0, \quad 1 - \frac{11}{3}c_1 = 0$$

从而求得 $c_1 = \dfrac{3}{11} = 0.273$，$\overline{u} = 0.273x(1-x)$。

取第二近似解为 $\overline{u} = x(1-x)(c_1 + c_2 x)$，内部余量为

$$R = x + c_1(-2 + x - x^2) + c_2(2 - 6x + x^2 - x^3)$$

把区间（0，1）二等分，取两个子域为 $D_1 = \left(0, \dfrac{1}{2}\right)$，$D_2 = \left(\dfrac{1}{2}, 1\right)$，由式（2.2-2）得到

$$\begin{cases} \int_0^{\frac{1}{2}} R\mathrm{d}x = \int_0^{\frac{1}{2}} [x + c_1(-2 + x - x^2) + c_2(2 - 6x + x^2 - x^3)]\mathrm{d}x = 0 \\ \int_{\frac{1}{2}}^1 R\mathrm{d}x = \int_{\frac{1}{2}}^1 [x + c_1(-2 + x - x^2) + c_2(2 - 6x + x^2 - x^3)]\mathrm{d}x = 0 \end{cases}$$

即

$$\begin{cases} 1 - \dfrac{22}{3}c_1 + \dfrac{55}{24}c_2 = 0 \\ 3 - \dfrac{22}{3}c_1 - \dfrac{229}{24}c_2 = 0 \end{cases}$$

解之，得到 $c_1$=0.18918，$c_2$=0.16901，所以第二近似解为

$$\bar{u} = x(1-x)(0.18918 + 0.16901x)$$

用子域法求得的近似解与精确解的比较见表 2.2-1，第二近似解的最大误差为 1.9%。

表 2.2-1　　　　　　　　　　　　　　子 域 法 计 算 结 果

| $x$ | 第一近似解 | 第二近似解 | 精确解 |
|---|---|---|---|
| 0.25 | 0.0512 | 0.0434 | 0.0440 |
| 0.50 | 0.0682 | 0.0684 | 0.0697 |
| 0.75 | 0.0512 | 0.0592 | 0.0601 |

## 2.3　最小二乘法

对于微分方程 $L(u)-f=0$ 及边界条件 $M(u)-g=0$，取近似解 $\bar{u}=\Sigma c_i u_i$，其中 $u_i$ 满足边界条件，但不满足微分方程。余量为 $R=L(\bar{u})-f$，将余量的二次方 $R^2$ 在区域 $D$ 中积分，得到

$$I = \int_D R^2 \mathrm{d}V \qquad (2.3\text{-}1)$$

这样选择系数 $c_i$，使积分 $I$ 的值为极小，因此要求

$$\frac{\partial I}{\partial c_i} = 0, \quad i = 1,\ 2,\ \cdots,\ n$$

由式（2.3-1）对 $c_i$ 求导数，得到

$$\int_D R \frac{\partial R}{\partial c_i} \mathrm{d}V = 0, \qquad i = 1,\ 2,\ \cdots,\ n \qquad (2.3\text{-}2)$$

由此得到 $n$ 个方程，可求出 $n$ 个待定系数 $c_i$。本法相当于取权函数

$$W_i = \frac{\partial R}{\partial c_i} \qquad i = 1, 2, \cdots, n$$

【例 3】　用最小二乘法求解例 1 所述问题。第一近似解取为 $\bar{u} = c_1 x(1-x)$，余量及其对 $c_i$ 的导数分别为

$$R = x + c_1(-2 + x - x^2); \qquad \frac{\partial R}{\partial c_1} = -2 + x - x^2$$

由式（2.3-2）

$$\int_0^1 R \frac{\partial R}{\partial c_1} \mathrm{d}x = \int_0^1 [x + c_1(-2 + x - x^2)](-2 + x - x^2)\mathrm{d}x = 0$$

积分后得到 $\dfrac{101}{5}c_1 - \dfrac{11}{2} = 0$，由此求得 $c_1 = 0.272$，故第一近似解为 $\bar{u} = 0.272x(1-x)$。第二近似解取为 $\bar{u} = (1-x)(c_1 + c_2 x)$，余量为

$$R = x + c_1(-2 + x - x^2) + c_2(2 - 6x + x^2 - x^3)$$

由式（2.3-2）

$$\int_0^1 R \frac{\partial R}{\partial c_1} \mathrm{d}x = \int_0^1 [x + c_1(-2 + x - x^2) + c_2(2 - 6x + x^2 - x^3)]$$

$$\times (-2 + x - x^2)\mathrm{d}x = 0$$

$$\int_0^1 R \frac{\partial R}{\partial c_2} dx = \int_0^1 [x + c_1(-2 + x - x^2) + c_2(2 - 6x + x^2 - x^3)]$$
$$\times (2 - 6x + x^2 - x^3) dx = 0$$

经过积分，得到

$$202c_1 + 101c_2 = 55, \qquad 101c_1 + 1532c_2 = 393$$

解之，得到 $c_1 = 0.192$，$c_2 = 0.165$。第二近似解为 $\overline{u} = x(1-x)(0.192 + 0.165x)$。近似解与精确解的比较见表 2.3-1，第二近似解的最大误差为 2.0%。

表 2.3-1　　　　　　　　　　　最小二乘法计算结果

| $x$ | 第一近似解 | 第二近似解 | 精确解 |
|---|---|---|---|
| 0.25 | 0.0506 | 0.0434 | 0.0440 |
| 0.50 | 0.0681 | 0.0683 | 0.0697 |
| 0.75 | 0.0506 | 0.0592 | 0.0601 |

## 2.4　最小二乘配点法

配点法计算简单，但其精度不如最小二乘法。由式（2.3-2）可知，最小二乘法的积分运算比较复杂。最小二乘配点法把这两种方法结合起来，扬长避短。

对于微分方程 $L(u) - f = 0$ 及边界条件 $M(u) - g = 0$，取近似解 $\overline{u} = \sum\limits_{i=1} c_i u_i$，其中 $u_i$ 满足边界条件但不满足微分方程，余量为 $R = L(\overline{u}) - f$。在区域 $D$ 内选取 $m$ 个点（$m > n$），在点 $x_j$ 的余量为 $R_j = R(x_j)$，取其平方和，得到

$$I = \sum_{i=1}^m R_j^2 \tag{2.4-1}$$

选择系数 $c_i$，使 $I$ 取极小值，从而要求 $\dfrac{\partial I}{\partial c_i} = 0$，即

$$\sum_{j=1}^m R_j \frac{\partial R_j}{\partial c_i} = 0 \qquad i = 1, 2, \cdots, n \tag{2.4-2}$$

共得 $n$ 个方程，解得 $c_i(i=1, 2, \cdots, n)$。通常取 $m = 1.5n \sim 2n$。如果取 $m = n$，即为配点法。

【例 4】　用最小二乘配点法求解例 1 所述问题。取 $\overline{u} = c_1 x(1-x)$

$$R = x + c_1(-2 + x - x^2), \qquad \frac{\partial R}{\partial c_1} = -2 + x - x^2$$

取配点 $x_1 = 0.30$，$x = 0.50$，$x_3 = 0.70$，$R_1 = R(0.30) = 0.30 - 1.79c_1$，$\dfrac{\partial R}{\partial c_1} = -1.79$，$\cdots$，由式（2.4-2）

可得 $\sum\limits_{j=1}^3 R_j \dfrac{\partial R_j}{\partial c_1} = -1.79(0.30 - 1.79c_1) - 1.75(0.50 - 1.75c_1) - 1.79(0.70 - 1.79c_1) = 0$。

由此求得 $c_1 = 0.2814$，故第一近似解为 $\overline{u} = 0.2814x(1-x)$。

又取 $\overline{u} = x(1-x)(c_1 + c_2 x)$，$R = x + c_1(-2 + x - x^2) + c_2(2 - 6x + x^2 - x^3)$。

$$\frac{\partial R}{\partial c_1} = -2 + x - x^2, \quad \frac{\partial R}{\partial c_2} = 2 - 6x + x^2 - x^3$$

取配点 $x_1=0.20$，$x_2=0.40$，$x_3=0.60$，$x_4=0.80$，由式（2.4-2）得到

$$\begin{cases} 3.600 - 12.966c_1 - 6.483c_2 = 0 \\ 2.966 - 4.952c_1 - 10.044c_2 = 0 \end{cases}$$

解得 $c_1=0.1724$，$c_2=0.2102$，于是第二近似解为 $\bar{u} = x(1-x)(0.1724 + 0.2102x)$。近似解与精确解的比较见表 2.4-1.

表 2.4-1 最小二乘配点法计算结果

| $x$ | 第一近似解 | 第二近似解 | 精确解 |
|---|---|---|---|
| 0.25 | 0.0527 | 0.0422 | 0.0440 |
| 0.50 | 0.0703 | 0.0694 | 0.0697 |
| 0.75 | 0.0527 | 0.0617 | 0.0601 |

## 2.5 矩法

对于微分方程 $L(u)-f=0$ 及边界条件 $M(u)-g=0$，取近似解 $\bar{u} = \sum_{i=1}^{n} c_i u_i$，式中 $u_i$ 满足边界条件，但不满足微分方程，余量为 $R = L(\bar{u}) - f$，待定系数决定于 $\int W_i R \mathrm{d}V = 0$。$i=1$，2，$\cdots$，$n$。对于一维问题，取权函数如下

$$W_1 = 1, \; W_2 = x, \; W_3 = x^2, \; \cdots, \; W_n = x^{n-1} \tag{2.5-1}$$

把这些权函数代入式（2.0-2），得

$$\begin{cases} \int_D 1 \cdot R \mathrm{d}V = 0 \\ \int_D x \cdot R \mathrm{d}V = 0 \\ \int_D x^2 \cdot R \mathrm{d}V = 0 \\ \int_D x^{n-1} \cdot R \mathrm{d}V = 0 \end{cases} \tag{2.5-2}$$

由上方程组解出 $c_i(i=1$，2，$\cdots$，$n)$。以上各式的左端分别代表余量 $R$ 的零次矩、一次矩、二次矩、$\cdots$，所以这个方法称为矩法。

【例 5】 用矩法求解例 1 所述，取第一近似解为 $\bar{u} = c_1 x(1-x)$。取权函数 $W_1 = 1$，由式（2.5-2），得

$$\int_0^1 1 \cdot R \mathrm{d}V = \int_0^1 [x + c_1(-2 + x - x^2)] \mathrm{d}x = 0, \; 1 - \frac{11}{3} c_1 = 0$$

由此求得 $c_1=3/11=0.273$，$\bar{u}=0.273x(1-x)$。

取第二近似解为 $\bar{u} = x(1-x)(c_1+c_2 x)$，余量为 $R = x + c_1(-2+x-x^2) + c_2(2-6x+x^2-x^3)$。取权函数 $W_1=1$，$W_2=x$。由式（2.5-2）得

$$\int_0^1 1 \cdot R \mathrm{d}x = 0, \quad \int_0^1 x \cdot R \mathrm{d}x = 0$$

积分后得到

$$\begin{cases} \dfrac{11}{6}c_1 + \dfrac{11}{12}c_2 - \dfrac{1}{2} = 0 \\ \dfrac{11}{12}c_1 + \dfrac{19}{20}c_2 - \dfrac{1}{3} = 0 \end{cases}$$

解之，$c_1=0.1879$，$c_2=0.1695$，所以 $\bar{u}=x(1-x)(0.1878+0.1693x)$。近似解与精确解的比较见表 2.5-1。

表 2.5-1 矩 法 计 算 结 果

| $x$ | 第一近似解 | 第二近似解 | 精确解 |
|---|---|---|---|
| 0.25 | 0.0512 | 0.0432 | 0.0440 |
| 0.50 | 0.0682 | 0.0682 | 0.0697 |
| 0.75 | 0.0512 | 0.0591 | 0.0601 |

## 2.6 伽辽金法

对于微分方程 $L(u)-f=0$ 及边界条件 $M(u)-g=0$，取近似解为

$$\bar{u} = \sum_{i=1}^{n} c_i u_i \tag{2.6-1}$$

其中 $u_i$ 满足边界条件，但不满足微分方程，系数 $c_i$ 决定于下列条件

$$\int_D W_i R \mathrm{d}V = 0 \qquad i=1,2,\cdots,n \tag{2.6-2}$$

其中 $R$ 是余量，$W_i$ 是权函数。伽辽金法取试函数作为权函数，即

$$W_i = u_i \tag{2.6-3}$$

代入式（2.6-2），得

$$\begin{cases} \int_D u_1 R \mathrm{d}V = 0 \\ \int_D u_2 R \mathrm{d}V = 0 \\ \cdots \\ \int_D u_n R \mathrm{d}V = 0 \end{cases} \tag{2.6-4}$$

式中 $R=L(\bar{u})-f$。由此得到 $n$ 个方程，可求出 $c_i(i=1, 2, \cdots, n)$。

伽辽金法的计算精度比较高。在问题（1.1-1）、问题（1.1-2）有一变分问题与之等价的情况下，伽辽金法与变分法导致相同的结果。

【**例6**】 用伽辽金法求解［例1］所述问题。第一近似解取为 $\bar{u}=c_1 u_1 = c_1 x(1-x)$。取权函数 $W_1=u_1=x(1-x)$，由式（2.6-4）得

$$\int_0^1 u_1 R \mathrm{d}x = \int_0^1 x(1-x)[x+c_1(-2+x-x^2)]\mathrm{d}x = 0, \quad \frac{1}{12} - \frac{3}{10}c_1 = 0$$

从而得到 $c_1=5/18=0.278$，故 $\bar{u}=0.278x(1-x)$。

取第二近似解为 $$\bar{u} = c_1 x(1-x) + c_2 x^2(1-x)$$

权函数 $$W_1 = u_1 = x(1-x); \quad W_2 = u_2 = x_2(1-x)$$

代入式（2.6-4），得

$$\int_0^1 x(1-x)[x+c_1(-2+x-x^2)+c_2(2-6x+x^2-x^3)]\mathrm{d}x=0$$

$$\int_0^1 x^2(1-x)[x+c_1(-2+x-x^2)+c_2(2-6x+x^2-x^3)]\mathrm{d}x=0$$

$$\begin{cases} \dfrac{3}{10}c_1+\dfrac{3}{20}c_2-\dfrac{1}{12}=0 \\ \dfrac{3}{20}c_1+\dfrac{13}{105}c_2-\dfrac{1}{20}=0 \end{cases}$$

解得 $c_1=0.1924$，$c_2=0.1707$，故第二近似解为 $\bar{u}=x(1-x)(0.1924+0.1707x)$。近似解与精确解的比较见表 2.6-1。

**表 2.6-1** 伽 辽 金 法 计 算 结 果

| $x$ | 第一近似解 | 第二近似解 | 精确解 |
|---|---|---|---|
| 0.25 | 0.0521 | 0.0440 | 0.0440 |
| 0.50 | 0.0695 | 0.0698 | 0.0697 |
| 0.75 | 0.0521 | 0.0600 | 0.0601 |

# 3 边界加权余量法

设求解的问题为

$$L(u)-f=0，\text{在区域 } D \text{ 内} \tag{3.0-1}$$

$$M(u)-g=0，\text{在边界 } C \text{ 上} \tag{3.0-2}$$

其近似解表示为

$$u\simeq\bar{u}=\sum_{i=1}^{n}c_iu_i \tag{3.0-3}$$

这样选择试函数，使它在区域 $D$ 内满足微分方程（3.0-1），因而内部余量等于零。试函数在边界 $C$ 上不满足条件式（3.0-2），存在着边界余量

$$R=M(\bar{u})-g \tag{3.0-4}$$

今取权函数 $W_i$，$i=1$，2，$\cdots$，$n$，要求边界余量 $R$ 沿边界 $C$ 的加权积分等于零，即

$$\int_\sigma W_iR\mathrm{d}S=0，\quad i=1,2,\cdots,n \tag{3.0-5}$$

由上式的 $n$ 个方程求出 $n$ 个待定系数 $c_i$。采用不同的权函数，得到不同的计算方法。这些选择权函数的方法与上节所述内部加权余量法相似，这里就不一一赘述了。

【例1】 泊松方程边值问题：在方形区域 $-1\leqslant x\leqslant 1$，$-1\leqslant y\leqslant 1$ 内

$$\frac{\partial^2 u}{\partial x^2}+\frac{\partial^2 u}{\partial y^2}=-1$$

在边界 $x=\pm 1$，$y=\pm 1$ 上，$u=0$。

首先考虑非齐次解，把 $x$、$y$ 的多项式代入方程不难发现非齐次方程的一个解是

$$u_0=-\frac{1}{4}(x^2+y^2)$$

齐次方程 $\dfrac{\partial^2 u}{\partial x^2}+\dfrac{\partial^2 u}{\partial y^2}=0$ 是二维拉普拉斯方程。从复变函数理论可知，复变函数 $z^n=(x+iy)^n$ 的实部和虚部都满足二维拉普拉斯方程。依次取 $n=0$，1，2，3，4，并分别取 $(x+iy)^n$ 的实部和虚部，得到

$$1,\ \ x,\ \ y,\ \ x^2-y^2,\ \ xy,\ \ x^3-3xy^2,\ \ y^3-3yx^2$$
$$x^4-6x^2y^2+y^4,\ \ xy(x^2-y^2)$$

上述各函数都满足拉普拉斯方程。根据问题的性质，解答必须是对称的. 即 $u(x,y)=u(-x,y)$, $u(x,y)=u(x,-y)$, $u(x,y)=u(y,x)$。根据对称性，可选择试函数如下

$$u_1=1,\ \ \ \ u_2=x^4-6x^2y^2+y^4$$

第一近似解取为

$$\overline{u}=c_1 u_1+u_0=c_1-\frac{x^2+y^2}{4}$$

边界余量为

$$R=c_1-\frac{1}{4}(x^2+y^2)$$

在边界上取配点 $x=1$，$y=0.577$，则

$$R(1,\ 0.577)=c_1-\frac{1}{4}(1+0.577^2)=c_1-\frac{1}{3}=0$$

由此求得 $c_1=1/3$。于是第一近似解为 $\overline{u}=\dfrac{1}{3}-\dfrac{1}{4}(x^2+y^2)$ 。

第二近似解取为 $\quad \overline{u}=c_1-\dfrac{1}{4}(x^2+y^2)+c_2(x^4-6x^2y^2+y^4)$

在边界上取配点：（1，0.861）及（1，0.340），得到

$$R(1,\ 0.861)=c_1-\frac{1}{4}(1+0.861^2)+c_2(1-6\times0.861^2+0.861^4)=0$$

$$R(1,\ 0.340)=c_1-\frac{1}{4}(1+0.340^2)+c_2(1-6\times0.340^2+0.340^4)=0$$

解得 $c_1=0.2944$，$c_2=-0.0486$，故

$$\overline{u}=0.2944-\frac{1}{4}(x^2+y^2)-0.0486(x^4-6x^2y^2+y^4)$$

在中心（0，0）处的 $u$ 计算值如下：

第一近似解 $\hspace{4cm} \overline{u}(0,\ 0)=0.3333$

第二近似解 $\hspace{4cm} \overline{u}(0,\ 0)=0.2944$

精确值（级数解） $\hspace{3.5cm} u(0,\ 0)=0.2947$

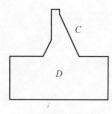

图 3.0-1

**【例2】** 求重力坝的稳定温度场。如图 3.0-1 所示，在区域 $D$ 内，温度 $T$ 满足拉普拉斯方程

$$\frac{\partial^2 T}{\partial x^2}+\frac{\partial^2 T}{\partial y^2}=0$$

在边界 $C$ 上，温度已知，即

$$T=g(x,\ y)$$

用边界余量法可求出坝体内部的温度场。如前所述，复变函数 $z^n=(x+iy)^n$ 的实部和虚部都满足拉普拉斯方程，在目前情况下，不存在对称性。所以近似解可取为

$$T \simeq \overline{T} = c_1 + c_2 x + c_3 y + c_4(x^2 - y^2) + c_5 xy + c_6(x^3 - 3xy^2)$$
$$+ c_7(y^3 - 3yx^2) + \cdots + c_{2n} \operatorname{Re}(x+iy)^n + c_{2n+1} \operatorname{Im}(x+iy)^R$$

在边界上取 $2n+1$ 个点 $(x_j, y_j)$, $j=1$, 2, $\cdots$, $2n+1$ 作为配点, 令这些点上的边界余量等于零. 即

$$\overline{T}(x_j, y_j) - g(x_j, y_j) = 0, \quad j = 1, 2, \cdots, 2n+1$$

由此得到下列方程组

$$
\begin{pmatrix}
1 & x_1 & y_1 & x_1^2 - y_1^2 & x_1 y_1 \cdots \\
1 & x_2 & y_2 & x_2^2 - y_2^2 & x_2 y_2 \cdots \\
\cdots & \cdots & \cdots & \cdots & \cdots \cdots \\
1 & x_s & y_s & x_s^2 - y_s^2 & x_s y_s \cdots
\end{pmatrix}
\begin{pmatrix}
c_1 \\ c_2 \\ \vdots \\ c_s
\end{pmatrix}
=
\begin{pmatrix}
g_1 \\ g_2 \\ \vdots \\ g_s
\end{pmatrix}
$$

式中 $s=2n+1$, $g_j=g(x_j, y_j)$, $j=1$, 2, $\cdots$, $s$。由上式求逆, 得到待定系数 $c_1$, $c_2$, $\cdots$, $c_s$。当然计算工作应在电子计算机上进行。

边界加权余量法还可求解复杂的工程问题, 例如用边界配点法计算扁壳, 可首先导出在壳体域内满足平衡微分方程的解析解, 然后在边界上用配点法满足各种给定的边界条件, 边界可以是规则的, 也可以是不规则的。其计算量比有限元法要节省得多。在这里, 关键是给出求解域内满足微分方程的解析解。

# 4  混合加权余量法

如果问题比较复杂, 难以用内部余量法和边界余量法求解, 可以用混合余量法求解。混合余量法的适应性较强, 当然, 计算工作量也比较大。设求解的问题是

$$L(u) - f = 0 \quad \text{在区域 } D \text{ 内} \tag{4.0-1}$$

$$M(u) - g = 0 \quad \text{在边界 } C \text{ 上} \tag{4.0-2}$$

把近似解表示为

$$u \simeq \overline{u} = \sum_{i=1}^{n} c_i u_i \tag{4.0-3}$$

试函数既不满足微分方程, 又不满足边界条件。在区域 $D$ 内, 存在着内部余量

$$R_a = L(\overline{u}) - f \tag{4.0-4}$$

在边界 $C$ 上, 存在着边界余量

$$R_b = M(\overline{u}) - g \tag{4.0-5}$$

这样选择待定系数 $c_i$, 使内部余量和边界余量的加权积分都等于零, 即

$$
\begin{cases}
\int_D W_a R_a \mathrm{d}V = 0 \\
\int_C W_b R_b \mathrm{d}V = 0
\end{cases}
\tag{4.0-6}
$$

式中 $W_a$ 是内部权函数, $W_b$ 是边界权函数。共选取 $n$ 个权函数, 可得到 $n$ 个方程, 解得 $n$ 个待定系数 $c_i$。采用不同的权函数, 就得到不同的计算方法。下面分别加以阐述。

## 4.1  配点法

在边界 $C$ 上取 $r$ 个点, 在这些点上要求边界余量等于零。再在区域 $D$ 内取 $n-r$ 个点, 在

这些点上要求内部余量等于零，即

$$\begin{cases} R_b = 0, & 在r个边界点上 \\ R_a = 0, & 在n-r个内部点上 \end{cases} \qquad (4.1\text{-}1)$$

由上述 $n$ 个方程，可解出待定系数 $c_i$，从而得到近似解如式（4.0-3）。

【例1】 求解常微分方程

$$\frac{\mathrm{d}^2 u}{\mathrm{d}x^2} + u + x = 0, \quad 0 \leqslant x \leqslant 1$$

边界条件 $u(x)|_{x=0} = 0$，$\dfrac{\mathrm{d}u}{\mathrm{d}x}\bigg|_{x=1} = 0$。

第一近似解取为 $\qquad\qquad \overline{u} = c_1 + c_2 x + c_3 x^2$

取边界上的 $x=0$，$x=1$ 及内部的 $x=0.60$ 作为配点，在 $x=0$ 及 $x=1$ 上要求相应的边界余量等于零；在 $x=0.60$ 上要求内部余量等于零，由此得到

$$\begin{cases} R_b(0) = c_1 = 0 \\ R_b(1) = c_2 + 2c_3 = 0 \\ R_a(0.60) = 0.60 + c_1 + 0.60c_2 + 2.36c_3 = 0 \end{cases}$$

解得 $c_1 = 0$，$c_2 = 1.0344$，$c_3 = -0.5172$。故第一近似解为

$$\overline{u} = 1.0344x - 0.5172x^2$$

第二近似解取为 $\qquad\qquad \overline{u} = c_1 + c_2 x + c_3 x^2 + c_4 x^3$

取边界上的 $x=0$，$x=1$ 及内部的 $x=0.40$，$x=0.80$ 等四点作为配点。在两个边界点上，要求相应的边界余量等于零；在两个内部点上，要求内部余量等于零。由此得到

$$\begin{cases} R_b(0) = c_1 = 0 \\ R_b(1) = c_2 + 2c_3 + 3c_4 = 0 \\ R_a(0.40) = 0.40 + c_1 + 0.40c_2 + 2.16c_3 + 2.464c_4 = 0 \\ R_a(0.80) = 0.80 + c_1 + 0.80c_2 + 2.64c_3 + 5.312c_4 = 0 \end{cases}$$

解得 $c_1 = 0$，$c_2 = 0.8790$，$c_3 = -0.05917$，$c_4 = -0.2535$，故第二近似解为

$$\overline{u} = 0.8790x - 0.05917x^2 - 0.2535x^3$$

这个问题的精确解为 $u = \dfrac{\sin x}{\cos 1} - x$，近似解与精确解的比较见表 4.1-1。

表 4.1-1 　　　　　　　　　混合余量配点法计算结果

| $x$ | 第一近似解 | 第二近似解 | 精确解 |
|---|---|---|---|
| 0.25 | 0.226 | 0.212 | 0.207 |
| 0.50 | 0.388 | 0.393 | 0.387 |
| 0.75 | 0.485 | 0.519 | 0.512 |
| 1.00 | 0.463 | 0.566 | 0.557 |

## 4.2　子域法

把边界 $C$ 分为 $r$ 个区段 $C_j$，$j=1$，2，$\cdots$，$r$（一维问题为两个端点）。在每一区段上要求

边界余量 $R_b$ 的积分等于零。再把区域 $D$ 划分为 $n-r$ 个子域 $D_j$，$j=1$，$\cdots$，$n-r$，在每个子域，要求内部余量 $R_a$ 的积分等于零。即

$$
\begin{cases}
\displaystyle\int_{\sigma_j} R_b \mathrm{d}S = 0, & j=1,\cdots,r \\
\displaystyle\int_{D_j} R_a \mathrm{d}S = 0, & j=1,\cdots,n-r
\end{cases}
\tag{4.2-1}
$$

由此得到 $n$ 个方程，用以求解 $n$ 个待定系数 $c_i$。

## 4.3　最小二乘法

对于微分方程 $L(u)-f=0$ 及边界条件 $M(u)-g=0$，取其近似解 $\bar{u}=\Sigma c_i u_i$，其中 $u_i$ 不满足微分方程，也不满足边界条件。将内部余量 $R_a = L(\bar{u})-f$ 的平方乘以内部权函数 $W_a$ 后在区域 $D$ 内积分，再将边界余量 $R_b = M(\bar{u})-g$ 的平方乘以边界权函数 $W_b$ 后沿边界 $C$ 积分。把上述两个积分相加，得到

$$
I = \int_D W_a R_a^2 \mathrm{d}V + \int_\sigma W_b R_b^2 \mathrm{d}S
\tag{4.3-1}
$$

选择系数 $c_i$，使积分 $I$ 的值为极小，因此要求

$$
\frac{\partial I}{\partial c_i} = 0 \quad i=1,2,\cdots,n
$$

由式（4.3-1）对 $c_i$ 求导数，得

$$
\int_D W_a R_a \frac{\partial R_a}{\partial c_i} \mathrm{d}V + \int_\sigma W_b R_b \frac{\partial R_b}{\partial c_i} \mathrm{d}S = 0 \quad i=1,2,\cdots,n
\tag{4.3-2}
$$

由此得到的 $n$ 个方程，可求出 $n$ 个待定系数 $c_i$，通常取内部权函数 $W_a=1$，边界权函数也取常数，数值多取为 $W_b=10\sim100$，从已有计算经验来看，在上述范围内，$W_b$ 的取值对 $u$ 的计算结果影响不大。

## 4.4　最小二乘配点法

对于微分方程 $L(u)-f=0$ 及边界条件 $M(u)-g=0$，取其近似解 $\bar{u}=\Sigma c_i u_i$，其中 $u_i$ 不满足微分方程和边界条件。内部余量为 $R_a = L(\bar{u})-f$，边界余量为 $R_b = M(\bar{u})-g$。在边界上取 $r$ 个点，在 $x_j$ 点的边界余量为 $R_{bj} = R_b(x_j)$。在区域 $D$ 内取 $m-r$ 个点$(m>n)$，在 $x_j$ 点的内部余量为 $R_{aj} = R_a(x_j)$。令

$$
I = \sum_{j=r+1}^m R_{aj}^2 + W_b \sum_{j=1}^T R_{bj}^2
\tag{4.4-1}
$$

选择 $c_i$ 使 $I$ 取极小值，从而要求 $\dfrac{\partial I}{\partial c_i}=0$，$i=1$，$2$，$\cdots$，$n$，即

$$
\sum_{j=r+1}^m R_{aj}^2 \frac{\partial R_{aj}}{\partial c_i} + W_b \sum_{j=1}^r R_{bj} \frac{\partial R_{bj}}{\partial c_i} = 0，\quad i=1，2，\cdots，n
\tag{4.4-2}
$$

联立解之，可求出 $c_i$。通常取 $m=(1.5\sim2)n$，$W_b=10\sim100$。

# 5  正交配点法

配点法的计算是最简单的，因为它只须计算配点的余量。但配点的位置对计算结果有一定的影响。经验表明，如采用高阶近似，由于配点较多，配点位置对计算结果影响不大；如采用低阶近似，配点数量较少，配点位置的选择对计算结果的影响则较明显。为了克服这一缺点，可采用正交配点法，以正交多项式作为试函数，并以正交多项式的根作为配点。配点位置是固定的。应用既方便，计算精度也较高。

在前面几节中，试函数通常取 $u_i = x^i$。近似解为多项式。可设法把多项式加以组合，使它具有正交性质。设

$$P_i(x) = s_0 + s_1 x + s_2 x^2 + s_3 x^3 + \cdots + s_i x^i = \sum_{j=0}^{i} s_j x^j \tag{5.0-1}$$

在上式中令 $i$=0，1，2，$\cdots$，$m$，得到 $m$+1 个多项式 $P_0(x)$，$P_1(x)$，$\cdots$，$P_{m-1}(x)$，$P_m(x)$，并要求 $P_m(x)$ 与 $P_0(x)$，$P_1(x)$，$\cdots$，$P_{m-1}(x)$ 等正交，权函数为 $W(x) \geq 0$

$$\int_a^b W(x) P_n(x) P_m(x) \mathrm{d}x = 0, \quad n = 0,1,\cdots,m-1 \tag{5.0-2}$$

由此得到 $m$ 个条件，再要求多项式的第一个非零系数等于 1。共有 $m$+1 个条件，可确定式（5.0-1）中的全部系数 $s_0$，$s_1$，$\cdots$，$s_m$。例如，取权函数 $W(x)$=1，$a$=$-1$，$b$=1。第一个多项式为 $P_0(x)$=1，设第二个多项式为 $P_1(x)$=$s_0 + s_1 x$，由式（5.0-2）有

$$\int_{-1}^1 1 \cdot 1 \cdot (s_0 + s_1 x) \mathrm{d}x = 2s_0 = 0, \quad s_0 = 0$$

根据前面约定，多项式的第一个非零系数取为 1，故取 $s_1$=1，因而 $P_1(x)$= $x$。

设第三个多项式为 $P_2(x)$=$s_0 + s_1 x + s_2 x^2$，$P_2(x)$ 必须与 $P_0(x)$ 和 $P_1(x)$ 正交，由此得到 $P_2(x)$= $1 - 3x^2$，于是有

$$P_0(x)=1，P_1(x)=x，P_2(x)=1-3x^2，\cdots$$

这些多项式称为勒让德多项式。

多项式 $P_m(x)$ 在区间 $0 \leq x \leq b$ 内共有 $m$ 个根。这些根可用作配点。不难看出，只要选定了权函数 $W(x)$ 和积分区间，正交条件（5.0-2）可确定多项式 $P_m(x)$ 到只差一个乘数。为了确定这个乘数，我们在前面曾规定 $P_m(x)$ 的第一个非零系数等于 1，也可改用下面的条件来确定这个乘数

$$\int_a^b W(x) P_m^2(x) \mathrm{d}x = C_m (\text{常数})$$

下面用例子来说明正交配点法的计算原理。考虑由于对称性而形成的一维问题，如平板、圆柱体或球体。设求解的微分方程为

当 $x^2 < 1$ 时　　　　　　　　　　　　　$L(u) = 0$　　　　　　　　　　　　（5.0-3）

边界条件为

当 $x^2 = 1$ 时　　　　　　　　　　　　　$u = u(1)$　　　　　　　　　　　（5.0-4）

当 $x = 0$ 时　　　　　　　　　　　　　$\dfrac{\mathrm{d}u}{\mathrm{d}x} = 0$　　　　　　　　　　　（5.0-5）

对于平板，$x$ 代表至中面的距离，式（5.0-4）代表 $x$=1 及 $x$= $-1$ 两个边界条件，式（5.0-5）

是对称性的必然结果。对于圆柱体和球体，$x$ 代表半径。

采用内部余量法求解，取近似解

$$u \simeq \bar{u} = u(1) + (1-x^2)\sum_{i=0}^{n-1}c_i P_i(x^2) \tag{5.0-6}$$

式中 $c_i$ 是待定系数，$P_i(x^2)$ 是 $x^2$ 的 $i$ 次多项式，满足下列正交条件：

$$\int_0^1 (1-x^2)P_i(x^2)P_j(x^2)x^{\alpha-1}\mathrm{d}x = 0$$
$$(i, j = 0,1,2,\cdots,n-1; i \neq j)$$

对于平板，$\alpha = 1$，$P_n(x^2)$ 为

$$P_0 = 1, \quad P_1 = 1-5x^2, \quad P_2 = 1-14x^2+21x^4, \cdots$$

对于圆柱体，$\alpha = 2$，$P_n(x^2)$ 为

$$P_0 = 1, \quad P_1 = 1-3x^2, \quad P_2 = 1-8x^2+10x^4, \cdots$$

对于球体，$\alpha = 3$，$P_n(x^2)$ 为

$$P_0 = 1, \quad P_1 = 1-\frac{7}{3}x^2, \quad P_2 = 1-6x^2+\frac{33}{5}x^4, \cdots$$

把近似解代入微分方程（5.0-3），得到余量 $R(x)=L(\bar{u})$。

参照伽辽金方法原理，要求余量与全部试函数正交，即

$$\int_V (1-x^2)P_i(x^2)R(x)\mathrm{d}V = 0, \quad i = 0,1,2,\cdots,n-1$$

由此得到

$$\int_0^1 (1-x^2)P_i(x^2)R(x)x^{\alpha-1}\mathrm{d}x = 0, \quad i = 0,1,2,\cdots,n-1 \tag{5.0-7}$$

平板 $\alpha = 1$；圆柱体 $\alpha = 2$；球体 $\alpha = 3$。

从高斯型数值积分可知

$$\int_0^1 f(x)x^{\alpha-1}\mathrm{d}x \simeq \sum_{j=1}^n g_j f(x_j) \tag{5.0-8}$$

式中，$x_j$ 是积分点；$g_j$ 是已知的一组系数；$f(x)$ 是被积函数。根据数值积分原理，当以正交多项式 $P_n(x^2)$ 的根 $x_1$，$x_2$，$\cdots$，$x_n$ 作为积分点时，式（5.0-8）具有最高精度。而当 $f(x)$ 为 $x$ 的不超过 $2n-1$ 次多项式时，式（5.0-8）是准确成立的，相应的，当 $f(x^2)$ 是 $x^2$ 的不超过 $2n-1$ 次多项式时，式（5.0-8）准确成立。

今以 $P_n(x^2)$ 的根 $x_1$，$x_2$，$\cdots$，$x_n$ 作为配点。把式（5.0-8）应用于式（5.0-7）左端，可知

$$\int_0^1 (1-x^2)P_i(x^2)R(x)x^{\alpha-1}\mathrm{d}x \simeq \sum_{j=1}^n g_j(1-x_j^n)P_i(x_j^2)R(x_j) = 0$$
$$i = 0,1,\cdots,n-1$$

由此可见，当正交多项式 $P_n(x^2)$ 的 $n$ 个根作为配点时，余量与试函数正交的条件（5.0-7）是近似地得到满足的。在某些情况下，它甚至是准确地得到满足的。但作为配点法，不必去计算积分式（5.0-7），只要计算 $n$ 个配点上的余量，并令

$$R(x_j) = 0, \quad j = 0,1,2,\cdots,n-1$$

式中 $x_j$ 是正交多项式 $P_n(x^2)$ 的根，由上式得到 $n$ 个方程。解之，即可求出系数 $c_i(i=0,$

1，…，$n-1$）。

　　总之，正交配点法是以正交多项式作为试函数，取近似解如式（5.0-6）；以正交多项式 $P_n(x^2)$ 的 $n$ 个根 $x_j(j=1，2，…，n)$ 作为配点，令配点上的余量 $R(x_j)=0$，由此得到 $n$ 个方程，联立解之，求出 $n$ 个待定系数 $c_i$。计算量与一般的配点法相同，但由于满足式（5.0-7），余量与全部试函数正交，因而具有伽辽金法的计算精度。

　　在近似解式（5.0-6）中，未知量是待定系数 $c_i$（$i=0，1，…，n-1$）。如果直接用配点处的函数值 $u(x_j)(j=1，2，…，n)$ 作为未知量，计算可得到简化。以二阶常微分方程（5.0-3）为例，取近似解如式（5.0-6），它是 $x^2$ 的 $n$ 次多项式，可改写为

$$u(x) \simeq \bar{u}(x) = k_1 + k_2 x^2 + \cdots + k_{n+1} x^{2n} = \sum_{i=1}^{n+1} k_i x^{2i-2} \qquad (5.0-9)$$

在配点 $x_j$ 处有

$$u(x_j) = \sum_{i=1}^{n+1} x_j^{2i-2} \cdot k_i; \quad \frac{\mathrm{d}u}{\mathrm{d}x}\bigg|_{x_j} = \sum_{i=1}^{n+1} \frac{\mathrm{d}x^{2i-2}}{\mathrm{d}x}\bigg|_{x_j} \cdot k_i$$

$$\nabla^2 u\big|_{x_j} = \left( \frac{1}{x^{\alpha-1}} \cdot \frac{\mathrm{d}}{\mathrm{d}x}\left( x^{\alpha-1} \frac{\mathrm{d}u}{\mathrm{d}x} \right) \right)\bigg|_{x_j}$$

$$= \sum_{i=1}^{n+1} \nabla^{2(x^{2i-2})}\bigg|_{x_j} \cdot k_i$$

在区域内部取 $n$ 个配点，并把 $x=1$ 作为第 $n+1$ 个配点，这 $n+1$ 个配点处的函数值、一阶导数和二阶导数值可分别用矩阵表示如下

$$[u] = [Q][k]; \quad \left[ \frac{\mathrm{d}u}{\mathrm{d}x} \right] = [P][k] \qquad (5.0-10)$$

$$[\nabla^2 u] = [D][k] \qquad (5.0-11)$$

式中

$$[u] = \begin{pmatrix} u(x_1) \\ u(x_2) \\ \vdots \\ u(x_{n+1}) \end{pmatrix}; \quad [k] = \begin{pmatrix} k_1 \\ k_2 \\ \vdots \\ k_{n+1} \end{pmatrix}$$

$$[\nabla^2 u] = \begin{pmatrix} \nabla^2 u\big|_{x_1} \\ \nabla^2 u\big|_{x_2} \\ \vdots \\ \nabla^2 u\big|_{x_{n+1}} \end{pmatrix}; \quad \left[ \frac{\mathrm{d}u}{\mathrm{d}x} \right] = \begin{pmatrix} \dfrac{\mathrm{d}u}{\mathrm{d}x}\bigg|_{x_1} \\ \dfrac{\mathrm{d}u}{\mathrm{d}x}\bigg|_{x_2} \\ \vdots \\ \dfrac{\mathrm{d}u}{\mathrm{d}x}\bigg|_{x_{n+1}} \end{pmatrix}$$

$$[Q] = \begin{pmatrix} 1 & x_1^2 & x_1^4 & \cdots & x_1^{2n} \\ \cdots & \cdots & \cdots & \cdots & \cdots \\ 1 & x_{n+1}^2 & x_{n+1}^4 & \cdots & x_{n+1}^{2n} \end{pmatrix}$$

$$[P] = \begin{pmatrix} \left.\dfrac{dx^0}{dx}\right|_{x_1} & \left.\dfrac{dx^2}{dx}\right|_{x_1} & \cdots & \left.\dfrac{dx^{2n}}{dx}\right|_{x_1} \\ \left.\dfrac{dx^0}{dx}\right|_{x_2} & \left.\dfrac{dx^2}{dx}\right|_{x_2} & \cdots & \left.\dfrac{dx^{2n}}{dx}\right|_{x_2} \\ \cdots & \cdots & \cdots & \cdots \\ \left.\dfrac{dx^0}{dx}\right|_{x_{n+1}} & \left.\dfrac{dx^2}{dx}\right|_{x_{n+1}} & \cdots & \left.\dfrac{dx^{2n}}{dx}\right|_{x_{n+1}} \end{pmatrix}$$

$$[D] = \begin{pmatrix} \left.\nabla^2 x^0\right|_{x_1} & \left.\nabla^2 x^2\right|_{x_1} & \cdots & \left.\nabla^2 x^{2n}\right|_{x_1} \\ \left.\nabla^2 x^0\right|_{x_2} & \left.\nabla^2 x^2\right|_{x_2} & \cdots & \left.\nabla^2 x^{2n}\right|_{x_2} \\ \cdots & \cdots & \cdots & \cdots \\ \left.\nabla^2 x^0\right|_{x_{n+1}} & \left.\nabla^2 x^2\right|_{x_{n+1}} & \cdots & \left.\nabla^2 x^{2n}\right|_{x_{n+1}} \end{pmatrix}$$

由 $[u]=[Q][k]$ 求逆，得

$$[k]=[Q]^{-1}[u] \qquad (5.0\text{-}12)$$

把上式代入式（5.0-10）、式（5.0-11），得

$$\left[\frac{du}{dx}\right]=[A][u] \qquad (5.0\text{-}13)$$

$$[\nabla^2 u]=[B][u] \qquad (5.0\text{-}14)$$

式中 $\qquad\qquad\qquad\qquad [A]=[P][Q]^{-1}, \quad [B]=[D][Q]^{-1}$

利用式（5.0-13）、式（5.0-14），可用配点处的函数值 $u(x_j)$（$j$=1，2，…，$n$+1）表示配点处的一阶及二阶导数值，把这些导数值代回微分方程式（5.0-3），可得到 $n$ 个内部配点上的余量，令它们等于零，得到 $n$ 个方程，再补充 $x$=1 处的边界条件，共得 $n$+1 个方程

$$\begin{cases} R(x_j)=L(\bar{u})|_{x_j}=0 & j=1,2,\cdots,n \\ u(x_{n+1})=u(1) \end{cases} \qquad (5.0\text{-}15)$$

由上述方程组可解出配点上的函数值 $u(x_j)$（$j$=1，2，…，$n$+1）。如果还需要计算配点以外的函数值，可由式（5.0-12）求出 $[k]=[Q]^{-1}[u]$，代入式（5.0-9），即可求出任一点的函数值。

计算步骤：（1）根据近似解的阶次 $n$，由表 5.0-1 查出多项式的根 $x_j$（$j$=1，2，…，$n$）；（2）计算矩阵 $[Q]$、$[P]$、$[D]$；（3）求逆矩阵 $[Q]^{-1}$；（4）计算矩阵 $[A]$、$[B]$；（5）根据配点上余量等于零及边界条件，列出方程组（5.0-15），求解，得到配点上的函数值；（6）必要时，由式（5.0-12）求出 $[k]$，再代入式（5.0-9），即得到近似解的表达式。

从式（5.0-20）可知，为了计算矩阵 $[A]$、$[B]$，只需多项式的根 $x_j$（$j$=1，2，…，$n$）的数值。此值已列入表 5.0-1。对于低阶近似解 $n$=1 及 $n$=2，矩阵 $[A]$、$[B]$ 的值列入表 5.0-2，可直接查出。

【例1】 解微分方程

$$\frac{d^2 u}{dx^2}+10=0, \quad 0 \leqslant x \leqslant 1; \quad \left.\frac{du}{dx}\right|_{x=0}=0, \quad u(1)=5$$

取 $n$=1，$W$=1$-x^2$，由表 5.0-1 查得根 $x_1$=0.44721，图 5.0-1（a）取 $x_2$=1.00，又由表 5.0-2 查得

[B]。再由式（5.0-19）、式（5.0-21）得到 $x_1$ 点余量如下（注意：$\dfrac{\mathrm{d}^2 u}{\mathrm{d}x^2}=[B][u]$）；

$$R(x_1)=-2.5u(x_1)+2.5\times 5.00+10=0$$

由上式得到 $u(x_1)=9.00$。又

$$[Q]=\begin{bmatrix} 1 & x_1^2 \\ 1 & x_2^2 \end{bmatrix}=\begin{bmatrix} 1 & 0.200 \\ 1 & 1 \end{bmatrix}$$

表 5.0-1 　　　　　　　对称解，由式（5.0-7）定义的多项式 $P_n(x^2)$ 的根

| | $\alpha=1$，平板 | | $\alpha=2$，圆柱体 | | $\alpha=3$，球体 | |
|---|---|---|---|---|---|---|
| | $W=1$ | $W=1-x^2$ | $W=1$ | $W=1-x^2$ | $W=1$ | $W=1-x^2$ |
| $n=1$ | 0.57735 | 0.44721 | 0.70710 | 0.57735 | 0.77459 | 0.65465 |
| $n=2$ | 0.33998 | 0.28523 | 0.45970 | 0.39376 | 0.53846 | 0.46884 |
| | 0.86113 | 0.76505 | 0.88807 | 0.80308 | 0.90617 | 0.83022 |
| $n=3$ | 0.23861 | 0.20929 | 0.33571 | 0.29763 | 0.40584 | 0.36311 |
| | 0.66120 | 0.59170 | 0.70710 | 0.63989 | 0.74153 | 0.67718 |
| | 0.93246 | 0.87174 | 0.94196 | 0.88750 | 0.94910 | 0.89975 |
| $n=4$ | 0.18343 | 0.16527 | 0.26349 | 0.23896 | 0.32425 | 0.29575 |
| | 0.52553 | 0.47792 | 0.57446 | 0.52615 | 0.61337 | 0.56523 |
| | 0.79666 | 0.73877 | 0.81852 | 0.76393 | 0.83603 | 0.78448 |
| | 0.96028 | 0.91953 | 0.96465 | 0.92749 | 0.96816 | 0.93400 |
| $n=5$ | 0.14887 | 0.13655 | 0.21658 | 0.19952 | 0.26954 | 0.24928 |
| | 0.43339 | 0.39953 | 0.48038 | 0.44498 | 0.51909 | 0.48290 |
| | 0.67940 | 0.63287 | 0.70710 | 0.66179 | 0.73015 | 0.68618 |
| | 0.86506 | 0.81927 | 0.87706 | 0.83394 | 0.88706 | 0.84634 |
| | 0.97390 | 0.94489 | 0.97626 | 0.94945 | 0.97822 | 0.95330 |
| $n=6$ | 0.12523 | 0.11633 | 0.18375 | 0.17122 | 0.23045 | 0.21535 |
| | 0.36783 | 0.34272 | 0.41157 | 0.38480 | 0.44849 | 0.42063 |
| | 0.58731 | 0.55063 | 0.61700 | 0.58050 | 0.64234 | 0.60625 |
| | 0.76990 | 0.72886 | 0.78696 | 0.74744 | 0.80157 | 0.76351 |
| | 0.90411 | 0.86780 | 0.91137 | 0.87705 | 0.91759 | 0.88503 |
| | 0.98156 | 0.95993 | 0.98297 | 0.96278 | 0.98418 | 0.96524 |

注：对于给定的 $n$，表中给出内部 $n$ 个配点 $x_1$，…，$x_n$。而 $x_{n+1}=1.0$。

表 5.0-2 　　　　　　　正交配点法的矩阵[A]和[B]，对称解，权函数 $W=1-x^2$

| 平板 ($\alpha=1$) | $n=1$ | $[A]=\begin{bmatrix} -1.118 & 1.118 \\ -2.500 & 2.500 \end{bmatrix}$ | $[B]=\begin{bmatrix} -2.5 & 2.5 \\ -2.5 & 2.5 \end{bmatrix}$ |
|---|---|---|---|
| | $n=2$ | $[A]=\begin{bmatrix} -1.753 & 2.508 & -0.7547 \\ -1.371 & -0.6535 & 2.024 \\ 1.792 & -8.791 & 7.000 \end{bmatrix}$ | $[B]=\begin{bmatrix} -4.740 & 5.677 & -0.9373 \\ 8.323 & -23.26 & 14.94 \\ 19.07 & -47.07 & 28.00 \end{bmatrix}$ |

| | n=1 | $[A]=\begin{bmatrix} -1.732 & 1.732 \\ -3.000 & 3.000 \end{bmatrix}$ | $[B]=\begin{bmatrix} -6 & 6 \\ -6 & 6 \end{bmatrix}$ |
|---|---|---|---|
| 圆柱体<br>（α=2） | n=2 | $[A]=\begin{bmatrix} -2.540 & 3.826 & -1.286 \\ -1.378 & -1.245 & 2.623 \\ 1.715 & -9.715 & 8.000 \end{bmatrix}$ | $[B]=\begin{bmatrix} -9.902 & 12.30 & -2.397 \\ 9.034 & -32.76 & 23.73 \\ 22.76 & -65.42 & 42.67 \end{bmatrix}$ |
| 球体<br>（α=3） | n=1 | $[A]=\begin{bmatrix} -2.291 & 2.291 \\ -3.500 & 3.500 \end{bmatrix}$ | $[B]=\begin{bmatrix} -10.5 & 10.5 \\ -10.5 & 10.5 \end{bmatrix}$ |
| | n=2 | $[A]=\begin{bmatrix} -3.199 & 5.015 & -1.816 \\ -1.409 & -1.807 & 3.215 \\ 1.697 & -10.70 & 9.000 \end{bmatrix}$ | $[B]=\begin{bmatrix} -15.67 & 20.03 & -4.365 \\ 9.965 & -44.33 & 34.36 \\ 26.93 & -86.93 & 60.00 \end{bmatrix}$ |

由式（5.0-12），可求出

$$[k]=[Q]^{-1}[u]=\begin{bmatrix} 1 & 0.200 \\ 1 & 1 \end{bmatrix}^{-1}\begin{bmatrix} 9 \\ 5 \end{bmatrix}=\begin{bmatrix} 10 \\ -5 \end{bmatrix}$$

代入式（5.0-9）得到近似解如下

$$\bar{u}=k_1+k_2x^2=10-5x^2$$

实际上，上式就是本题的精确解。

【例2】 解偏微分方程

$$\frac{\partial^2 u}{\partial x^2}+\frac{\partial^2 u}{\partial y^2}+1=0, \quad -1\leqslant x\leqslant 1, \quad -1\leqslant y\leqslant 1$$

当 $x=\pm 1$ 及 $y=\pm 1$ 时，$u=0$，$u$ 既对称于 $x=0$，又对称于 $y=0$，因此只须取出四分之一区域来求解：$0\leqslant x\leqslant 1$，$0\leqslant y\leqslant 1$。试函数可用 $x^2$ 和 $y^2$ 的多项式表示。取权函数 $W=1-x^2$，作试函数

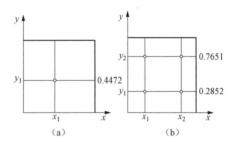

图 5.0-1 配点

（a）n=1；（b）n=2

$$u(x,y)\simeq\bar{u}(x,y)=(1-x^2)(1-y^2)\sum_{i,j=1}^{n}c_{ij}P_{i-1}(x^2)P_{j-1}(y^2)$$

由于对称，$c_{ij}=c_{ji}$。由式（5.0-14），在配点 $(x_i, y_i)$ 处的偏导数为

$$\left.\frac{\partial^2 u}{\partial x^2}\right|_{x_i \cdot y_j}=\sum_{s=1}^{n+1}B_{is}u_{sj}$$

$$\left.\frac{\partial^2 u}{\partial y^2}\right|_{x_i \cdot y_j}=\sum_{s=1}^{n+1}B_{js}u_{is}$$

式中，$u_{ij}=u(x_i, y_j)$；$B_{ij}$ 为 [B] 的第 $i$ 行第 $j$ 列元素，可由表 5.1-2 查得，在 $(x_i, y_j)$ 配点处余量等于零，即

$$\sum_{s=1}^{n+1}B_{is}u_{sj}+\sum_{s=1}^{n+1}B_{js}u_{is}+1=0$$

第一近似解，取 $n=1$。考虑到边界条件，$u_{12}=u_{21}=0$，由上式，在 $(x, y_1)$ 点有

$$(-2.5u_{11}+2.5u_{12})+(-2.5u_{11}+2.5u_{21})+1=-5u_{11}+1=0$$

由此得到 $u_{11}=0.200$。把此值代入试函数，得到第一近似解

$$\overline{u}(1)(x,y) = \frac{5}{16}(1-x^2)(1-y^2)$$

第二近似解，取 $n=2$，配点如图 5.0-1（b），由于对称，$u_{12}=u_{21}$。由边界条件，$u_{13}=u_{23}=u_{31}=u_{32}=0$，在 $(x_1, y_1)$、$(x_2, y_1)$、$(x_2, y_3)$ 三点上的余量为零的条件可写成

$$\begin{pmatrix} -9.48 & 11.354 & 0 \\ 8.323 & -28.00 & 5.677 \\ 0 & 16.646 & -46.52 \end{pmatrix} \begin{pmatrix} u_{11} \\ u_{21} \\ u_{22} \end{pmatrix} + \begin{pmatrix} 1 \\ 1 \\ 1 \end{pmatrix} = \begin{pmatrix} 0 \\ 0 \\ 0 \end{pmatrix}$$

由上式解得　　　　　　$u_{11} = 0.255,\ u_{21} = u_{12} = 0.1250,\ u_{22} = 0.0662$

把上述数值代入试函数，得第二近似解：

$$\overline{u}(2)(x,y) = (1-x^2)(1-y^2)[0.31625 - 0.013125(1-5x^2+1-5y^2)$$
$$+ 0.0049219(1-5x^2)(1-5y^2)]$$

在中心点 $x=0$，$y=0$，由第一近似解，$\overline{u}_{max}^{(1)} = 0.31250$，第二近似解 $\overline{u}_{max}^{(2)} = 0.29492$，精确解 $u_{max}=0.29468$。可见近似解的精度相当好。

上面讨论的是对称解。下面说明不对称问题的解法。设求解区间是 $0 \leqslant x \leqslant 1$，由于不对称，近似解中既有 $x$ 的偶次项，也有 $x$ 的奇次项，用多项式表示为

$$u \simeq \overline{u} = k_1 + k_2 x + \cdots + k_{n+2} x^{n+1} = \sum_{i=1}^{n+2} k_i \cdot x^{i-1}$$

在区域内部，取 $P_n(x)=0$ 的 $n$ 个根作为配点，并再补充 $x=0$ 及 $x=1$ 的两个边界条件。$P(x)$ 由下式决定

$$\int_0^1 W(x)P_i(x)P_j(x)\mathrm{d}x = 0 \quad i,j = 0,1,2,\cdots,n;\ i \neq j \qquad (5.0\text{-}16)$$

设权函数 $W(x)=1$，由上式得到的多项式为

$$P_0(x) = 1$$
$$P_1(x) = 1-2x, \quad 根 x_1 = 0.50000$$
$$P_2(x) = 1-6x+6x^2, \quad 根 x_1 = 0.21132,\ x_2 = 0.78867$$
$$\cdots$$

由式（5.0-16）定义的多项式的根见表 5.0-3。

表 5.0-3　　　　　　　不对称解，由式（5.0-16）定义的多项式的根，$W=1$

| $n$ | $x_j$ | $n$ | $x_j$ |
|:---:|:---:|:---:|:---:|
| $n=1$ | 0.50000 | | 0.04691 |
| | | | 0.23076 |
| $n=2$ | 0.21132 | $n=5$ | 0.50000 |
| | 0.78867 | | 0.76923 |
| | 0.11270 | | 0.95308 |
| $n=3$ | 0.50000 | | 0.03376 |
| | 0.88729 | | 0.16939 |
| | 0.06943 | | 0.38069 |
| $n=4$ | 0.33001 | $n=6$ | 0.61930 |
| | 0.66999 | | 0.83060 |
| | 0.93056 | | 0.96623 |

注　表中列出内部配点 $x_1$，$\cdots$，$x_n$，边界配点 $x_0=0$，$x_{n+1}=1.0$。

在配点 $x_j$ 上的函数值、一阶导数、二阶导数可用矩阵表示为

$$[u] = [Q][k]$$

$$\left[\frac{du}{dx}\right] = [P][k] = [A][u]; \quad \left[\frac{d^2u}{dx^2}\right] = [D][k] = [B][u]$$

矩阵 $[Q]$、$[P]$、$[D]$ 的元素为

$$Q_{ji} = x_j^{i-1}; \quad P_{ji} = (i-1)x_j^{i-2}; \quad D_{ji} = (i-1)(i-2)x_j^{i-3}$$

矩阵 $[A]=[P][Q]^{-1}$，$[B]=[D][Q]^{-1}$。内部配点 $n$ 个，加上边界点 $x=0$ 及 $x=1$，共 $n+2$ 个配点，矩阵 $[A]$、$[B]$ 都是 $(n+2)\times(n+2)$ 阶的，根据多项式 $P_n(x)=0$ 的根 $x_j$ 的值，可算出 $[A]$、$[B]$ 如表 5.0-4。

**表 5.0-4** 　　　　　　　　　正交配点法的矩阵 $[A]$ 和 $[B]$，不对称解，$W=1$

| $n=1$ | $[A]=\begin{pmatrix} -3 & 4 & -1 \\ -1 & 0 & 1 \\ 1 & -4 & 3 \end{pmatrix}$ | $[B]=\begin{pmatrix} 4 & -8 & 4 \\ 4 & -8 & 4 \\ 4 & -8 & 4 \end{pmatrix}$ |
|---|---|---|
| $n=2$ | $[A]=\begin{pmatrix} -7 & 8.196 & -2.196 & -1 \\ -2.732 & 1.732 & 1.732 & -0.7321 \\ 0.7321 & -1.732 & -1.732 & 2.732 \\ -1 & 2.196 & -8.196 & 7 \end{pmatrix}$ | $[B]=\begin{pmatrix} 24 & -37.18 & 25.18 & -12 \\ 16.39 & -24 & 12 & -4.392 \\ -4.392 & 12 & -24 & 16.39 \\ -12 & 25.18 & -37.18 & 24 \end{pmatrix}$ |

# 6 非线性微分方程解法

设求解的非线性微分方程边值问题为

$$\begin{cases} L(u) - f = 0, & \text{在区域} D \text{为} & (6.0\text{-}1) \\ M(u) - g = 0, & \text{在边界} C \text{上} & (6.0\text{-}2) \end{cases}$$

式中 $L(\ )$ 是非线性微分算子。

把问题的近似解表示为

$$u \simeq \bar{u} = \sum_{i=1}^{n} c_i u_i \tag{6.0-3}$$

其中，$c_i$ 是待定系数，$u_i$ 是坐标的已知函数。例如，对于一维问题来说，可取 $u_i = x^{i-1}$，即

$$\bar{u} = \sum_{i=1}^{n} c_i x^{i-1} = c_1 + c_2 x + c_3 x^2 + \cdots + c_n x^{n-1} \tag{6.0-4}$$

把式（6.0-3）代入式（6.0-1）和式（6.0-2），得到内部余量 $R_a$ 和边界余量 $R_b$：

$$R_a = L(\bar{u}) - f \tag{6.0-5}$$

$$R_b = M(\bar{u}) - g \tag{6.0-6}$$

如果像第 4 章那样，用通常的配点法、子域法、最小二乘法等方法求解，由于微分方程（6.0-1）是非线性的，最终得到的将是一个非线性代数方程组，求解比较复杂。据已有经验，对于这种非线性边值问题，以最小二乘配点法与非线性规划配合求解，比较有效。

在边界 $C$ 上取 $r$ 个点，在其中 $x_j$ 点的边界余量为 $R_{bj}=R_b(x_j)$。在区域 $D$ 内部取 $m-r$ 个点

$(m \geqslant n)$，在其中 $x_j$ 点的内部余量为 $R_{aj} = R_a(x_j)$。令

$$I = \sum_{j=r+1}^{m} R_{aj}^2 + \sum_{j=1}^{r} W_b R_{bj}^2 \qquad (6.0\text{-}7)$$

式中 $W_b$ 是边界余量的加权系数。

选择式（6.0-3）中的系数 $c_i$（$i=1$，2，$\cdots$，$n$），使 $I$ 取极小值，即

$$I = \sum_{j=r+1}^{m} R_{aj}^2 + \sum_{j=1}^{r} W_b R_{bj}^2 = \min \qquad (6.0\text{-}8)$$

这是一个无约束极值问题。在非线性规划理论中，已经发展了不少有效的解法。对于我们的问题，以采用直接搜索为宜，因为不必计算余量的导数。从已有经验来看，在直接搜索法中，单纯形法和加速方向法都比较有效见参考书目［2］。

通常取 $m=$（1.5～2.0）$n$，$W_b=10\sim100$，从已有经验来看，当 $W_b=1\sim1000$ 时，$W_b$ 的数值对计算结果影响不大，超出这个范围，$W_b$ 的数值对解答的精度可能有明显影响。

【例1】 解下列非线性微分方程

$$\frac{\mathrm{d}^2 u}{\mathrm{d}x^2} + \frac{1}{2}\left(\frac{\mathrm{d}u}{\mathrm{d}x}\right)^2 + 1 = 0, \quad 0 \leqslant x \leqslant 1; \quad u(0)=0, \ u(1)=0$$

取近似解为 $\bar{u} = \sum_{i=1}^{n} c_i x^{i-1}$。

根据式（6.0-8），用加速方向法求解。取 $n=9$，$m=13$，求得系数 $c_i$（$i=1$，2，$\cdots$，9）分别为 $-2.246\times10^{15}$，0.5219，$-0.5681$，0.09882，$-0.06655$，0.02323，$-0.01217$，0.003798，$-9.495\times10^{-4}$。这个问题的精确解为

$$u = 2\ln\left[\frac{\cos\dfrac{\sqrt{2}}{4}(2x-1)}{\cos\dfrac{\sqrt{2}}{4}}\right]$$

近似解与精确解相比，$u$ 的最大误差为 $4.2\times10^{-6}$，$\dfrac{\mathrm{d}u}{\mathrm{d}x}$ 的最大误差为 $8.1\times10^{-8}$。

# 7 特征值问题解法

考虑特征值问题

在区域 $D$ 内 $\qquad\qquad\qquad L(u) + \lambda P(u) = 0 \qquad\qquad\qquad (7.0\text{-}1)$

在边界 $C$ 上 $\qquad\qquad\qquad u=0 \qquad\qquad\qquad\qquad (7.0\text{-}2)$

式中 $L(\ )$、$P(\ )$ 都是线性微分算子。

下面说明如何用加权余量法求特征值和特征函数的近似解。采用内部余量法，取近似解为

$$u \simeq \bar{u} = \sum_{i=1}^{n} c_i u_i$$

在边界上满足 $\qquad\qquad\qquad M(\bar{u}) - g = 0$

把近似解代入式（7.0-1），得到内部余量

$$R = \sum_{i=1}^{n} c_i [L(u_i) + \lambda P(u_i)]$$

取权函数 $W_j$（$j=1, 2, \cdots, n$）；令余量 $R$ 在区域 $D$ 内的加权积分等于零，得到

$$\sum_{i=1}^{n} (a_{ji} + \lambda b_{ji}) c_i = 0, \quad j = 1, 2, \cdots, n \tag{7.0-3}$$

式中

$$a_{ji} = \int_D W_j L(u_i) \mathrm{d}V; \quad b_{ji} = \int_D W_j P(u_i) \mathrm{d}V$$

把式（7.0-3）展开，得

$$\begin{cases} (a_{11} + \lambda b_{11}) c_1 + (a_{12} + \lambda b_{12}) c_2 + \cdots + (a_{1n} + \lambda b_{1n}) c_n = 0 \\ (a_{21} + \lambda b_{21}) c_1 + (a_{22} + \lambda b_{22}) c_2 + \cdots + (a_{2n} + \lambda b_{2n}) c_n = 0 \\ \qquad\qquad\qquad\qquad\qquad\qquad \cdots \\ (a_{n1} + \lambda b_{n1}) c_1 + (a_{n2} + \lambda b_{n2}) c_2 + \cdots + (a_{nn} + \lambda b_{nn}) c_n = 0 \end{cases}$$

这是关于 $c_i$（$i=1, 2, \cdots, n$）的 $n$ 阶齐次线性方程组，它有异于零的解的条件是下列行列式等于零

$$\begin{vmatrix} a_{11} + \lambda b_{11} & a_{12} + \lambda b_{12} & \cdots & a_{1n} + \lambda b_{1n} \\ a_{21} + \lambda b_{21} & a_{22} + \lambda b_{22} & \cdots & a_{2n} + \lambda b_{2n} \\ \cdots & \cdots & \cdots & \cdots \\ a_{n1} + \lambda b_{n1} & a_{n2} + \lambda b_{n2} & \cdots & a_{nn} + \lambda b_{nn} \end{vmatrix} = 0$$

把上式展开，得到 $\lambda$ 的 $n$ 阶多项式，它的 $n$ 个根 $\lambda_1, \lambda_2, \cdots, \lambda_n$ 即式（7.0-1）的 $n$ 个近似特征值。取不同的权函数 $W_j$，即有不同的解法，如配点法、子域法、矩法、伽辽金法等，其中以伽辽金法的计算精度较高。

【例 1】 求解特征值问题

$$\frac{\mathrm{d}^2 u}{\mathrm{d}x^2} + \lambda u = 0, \quad 0 \leqslant x \leqslant 1; \quad u(x)\big|_{x=0} = 0, \quad \frac{\mathrm{d}u}{\mathrm{d}x}\bigg|_{x=1} = 0$$

取试函数为

$$u_i = x^{i+1} - (i+1)x, \quad i = 1, 2, \cdots, n$$

显然，$u_i$（$i = 1, 2, \cdots, n$）满足边界条件。

第一近似解为

$$u = c_1 u_1 = c_1 (x^2 - 2x)$$

代入方程，余量为

$$R = 2c_1 + \lambda c_1 (x^2 - 2x)$$

下面分别用配点法、子域法和伽辽金法求第一近似解的特征值。

（1）配点法　取配点 $x=0.50$，由余量表达式得

$$R(0.50) = 2c_1 + c_1 \lambda (0.50^2 - 2 \times 0.50) = 0, \quad c_1 (2 - 0.75\lambda) = 0$$

由上式可知，为了使 $c_1$ 非零，必须 $2 - 0.75\lambda = 0$. 由此得到特征值 $\lambda_1 = 2.67$。

（2）子域法　积分区间取为（0，1）。在此区间内余量 $R$ 的积分为

$$\int_0^1 R \mathrm{d}x = \int_0^1 [2c_1 + \lambda c_1 (x^2 - 2x)] \mathrm{d}x = 0$$

由此得　$\lambda_1 = 3.00$。

（3）伽辽金法　根据伽辽金法的原理，取权函数 $W = u_1$，故

$$\int_0^1 u_1 R dx = \int_0^1 (x^2 - 2x)[2c_1 + \lambda c_1(x^2 - 2x)]dx = 0$$

由此得 $\lambda_1 = 2.50$。

第二近似解为 $u = c_1 u_1 + c_2 u_2 = c_1(x_2 - 2x) + c_2(x^3 - 3x)$。

下面只用伽辽金法求解，其他方法可以类推。由伽辽金法原理

$$\begin{cases} \int_0^1 u_1 R dx = \dfrac{1}{60}[c_1(80 - 32\lambda) + c_2(150 - 61\lambda)] = 0 \\ \int_0^1 u_2 R dx = \dfrac{1}{420}[7c_1(150 - 61\lambda) + 12c_2(168 - 68\lambda)] = 0 \end{cases}$$

这是一个二元方程组，$c_1$、$c_2$ 有非零解的条件是下述行列式等于零

$$\begin{vmatrix} 80 - 32\lambda & 150 - 61\lambda \\ 7(150 - 61\lambda) & 12(168 - 68\lambda) \end{vmatrix} = 0$$

即 $65\lambda^2 + 1692\lambda - 3780 = 0$，其根为 $\lambda_1 = 2.46$，$\lambda_2 = 23.5$。

本例题的精确解为

$$u = \sin\frac{(2i-1)\pi x}{2}, \quad \lambda_i = \frac{(2i-1)^2 \pi^2}{4}, \quad \lambda_1 = 2.47, \quad \lambda_2 = 22.2$$

可见伽辽金法的计算精度是比较高的。

# 8 偏微分方程化为常微分方程求解

当求解区域的形状比较简单时，在某些情况下利用加权余量法可以把一个二维偏微分方程化为常微分方程求解。下面用实例说明求解方法。

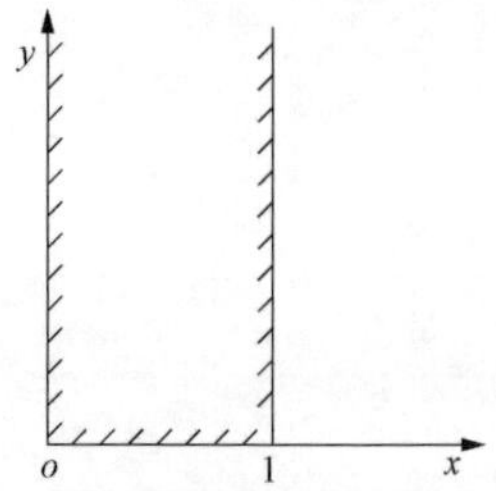

图 8.0-1

如图 8.0-1 所示，求解区域 $D$ 是半无限长条：$0 \leqslant x \leqslant 1$，$0 \leqslant y \leqslant \infty$。

在区域 $D$ 内

$$\frac{\partial^2 u}{\partial x^2} + \frac{\partial^2 u}{\partial y^2} = 0 \tag{8.0-1}$$

边界条件为

$$\begin{cases} u(x, 0) = x(1 - x) \\ u(x, \infty) = 0, u(0, y) = 0 \\ u(1, y) = 0 \end{cases} \tag{8.0-2}$$

根据问题的性质，$u$ 必须对称于 $x = \dfrac{1}{2}$，且当 $x = 0$ 及 $x = 1$ 时 $u = 0$。把近似解取为

$$\begin{aligned} \bar{u}(x, y) = x(1 - x)c_1(y) + x^2(1 - x)^2 c_2(y) + \cdots \\ + x^n(1 - x)^n c_n(y) \end{aligned} \tag{8.0-3}$$

显然，上述近似解满足 $x = 0$ 及 $x = 1$ 处的边界条件，并对称于 $x = \dfrac{1}{2}$。为了满足 $y = 0$ 及 $y = \infty$ 处的边界条件，必须有

$$\begin{cases} c_1(0) = 1, c_2(0) = c_3(0) = \cdots = c_n(0) = 0 \\ c_1(\infty) = c_2(\infty) = \cdots = c_n(\infty) = 0 \end{cases} \tag{8.0-4}$$

第一近似解取为

$$\overline{u}(x,y) = x(1-x)c_1(y) \qquad (8.0\text{-}5)$$

内部余量为

$$R(x,y) = \frac{\partial^2 \overline{u}}{\partial x^2} + \frac{\partial^2 \overline{u}}{\partial y^2} = -2c_1 + x(1-x)\frac{d^2 c_1}{dy^2} \qquad (8.0\text{-}6)$$

如用配点法求解，取 $x = \dfrac{1}{4}$ 作为配点。由上式

$$R\left(\frac{1}{4},y\right) = -2c_1 + \frac{3}{16}\frac{d^2 c_1}{dy^2} = 0$$

上式是一个常微分方程，其通解为

$$c_1(y) = k_1 e^{\sqrt{32/3}\,y} + k_2 e^{-\sqrt{32/3}\,y}$$

由式（8.0-4），$c_1(0)=1$，$c_1(\infty)=0$，故必须取 $k_1=0$，$k_2=1$，从而得到 $c_1(y)=e^{-\sqrt{32/3}\,y}$。第一近似解为

$$\overline{u}(x,y) = x(1-x)e^{-\sqrt{32/3}\,y}$$

下面再用伽辽金法求解。取第一近似解如式（8.0-5），余量见式（8.0-6）。有

$$\int_0^1 x(1-x)R\,dx = \int_0^1 x(1-x)\left[-2c_1 + x(1-x)\frac{d^2 c_1}{dy^2}\right]dx = 0$$

即

$$\frac{d^2 c_1}{dy^2} - 10c_1 = 0$$

上式的通解为 $c_1 = k_1 e^{\sqrt{10}\,y} + k_2 e^{-\sqrt{10}\,y}$，由式（8.0-4），$c_1(0)=1$，$c_1(\infty)=0$，所以 $k_1=0$，$k_2=1$，从而得到 $c_1(y)=e^{-\sqrt{10}\,y}$。因此第一近似解为 $\overline{u}(x,y) = x(1-x)e^{-\sqrt{10}\,y}$。

下面用子域法求解。取第一近似解如式（8.0-5），余量见式（8.0-6）。由 $\int_0^1 R\,dx = 0$，得到 $\dfrac{d^2 c_1}{dy^2} - 12c_1 = 0$，故 $c_1(y) = e^{-\sqrt{12}\,y}$，于是第一近似解为

$$\overline{u}(x,y) = x(1-x)e^{-\sqrt{12}\,y}$$

取第二近似解为

$$\overline{u}(x,y) = x(1-x)c_1(y) + x^2(1-x)^2 c_2(y) \qquad (8.0\text{-}7)$$

余量为

$$\begin{aligned} R(x,y) = &-2c_1 + (2-12x+12x^2)c_2 \\ &+ x(1-x)\frac{d^2 c_1}{dy^2} + x^2(1-x)^2\frac{d^2 c_2}{dy^2} \end{aligned} \qquad (8.0\text{-}8)$$

下面说明如何应用伽辽金法求 $c_1(y)$ 和 $c_2(y)$，根据伽辽金法

$$\int_0^1 x(1-x)R\,dx = 0; \quad \int_0^1 x^2(1-x)^2 R\,dx = 0$$

由此得到下列方程组

$$\begin{cases} 0.03333\dfrac{\mathrm{d}^2c_1}{\mathrm{d}y^2} + 0.007143\dfrac{\mathrm{d}^2c_2}{\mathrm{d}y^2} - 0.3333c_1 - 0.06667c_2 = 0 \\ 0.007143\dfrac{\mathrm{d}^2c_1}{\mathrm{d}y^2} + 0.001587\dfrac{\mathrm{d}^2c_2}{\mathrm{d}y^2} - 0.06667c_1 - 0.01905c_2 = 0 \end{cases}$$ （8.0-9）

考虑到 $u(x,\infty)=0$，令

$$\begin{cases} c_1(y) = a_1\mathrm{e}^{-\lambda_1 y} + a_2\mathrm{e}^{-\lambda_2 y} \\ c_2(y) = b_1\mathrm{e}^{-\lambda_1 y} + b_2\mathrm{e}^{-\lambda_2 y} \end{cases}$$ （8.0-10）

代入式（8.0-9），得到

$$\mathrm{e}^{-\lambda_1 y}(0.03333a_1\lambda_1^2 + 0.007143b_1\lambda_1^2 - 0.3333a_1 - 0.06667b_1)$$
$$+\mathrm{e}^{-\lambda_2 y}(0.03333a_2\lambda_2^2 + 0.007143b_2\lambda_2^2 - 0.3333a_2 - 0.06667b_2) = 0$$
$$\mathrm{e}^{-\lambda_1 y}(0.007143a_1\lambda_1^2 + 0.001587b_1\lambda_1^2 - 0.06667a_1 - 0.01905b_1)$$ （8.0-11）
$$+\mathrm{e}^{-\lambda_2 y}(0.007143a_2\lambda_2^2 + 0.001587b_2\lambda_2^2 - 0.06667a_2 - 0.01905b_2) = 0$$

由此得到两个方程组

$$\begin{cases} (0.03333\lambda_1^2 - 0.3333)a_1 + (0.007143\lambda_1^2 - 0.06667)b_1 = 0 \\ (0.007143\lambda_1^2 - 0.06667)a_1 + (0.001587\lambda_1^2 - 0.01905)b_1 = 0 \end{cases}$$ （8.0-12）

$$\begin{cases} (0.03333\lambda_2^2 - 0.3333)a_2 + (0.007143\lambda_2^2 - 0.06667)b_2 = 0 \\ (0.007143\lambda_2^2 - 0.06667)a_2 + (0.001587\lambda_2^2 - 0.01905)b_2 = 0 \end{cases}$$ （8.0-13）

上述两个方程组的特征值决定于下列特征方程

$$\begin{vmatrix} 0.03333\lambda^2 - 0.3333 & 0.007143\lambda^2 - 0.06667 \\ 0.07143\lambda^2 - 0.06667 & 0.001587\lambda^2 - 0.01905 \end{vmatrix} = 0$$

由此得 $\qquad\qquad\lambda_1 = 3.1416, \quad \lambda_2 = 10.1059$

再考虑边界条件 $c_1(0)=1$，$c_2(0)=0$，即

$$a_1 + a_2 = 1, \quad b_1 + b_2 = 0$$

由上述条件与式（8.0-12）、式（8.0-13），最后得到

$$c_1(y) = 0.8035\mathrm{e}^{-3.1416y} + 0.1965\mathrm{e}^{-10.1059y}$$
$$c_2(y) = 0.9104(\mathrm{e}^{-3.1416y} - \mathrm{e}^{-10.1059y})$$

把有限单元法和加权余量法结合起来，可以求解各种线性及非线性偏微分方程，详见参考书目[3]。

## 参 考 书 目

[1] Finlayson B A. The Method of Weighted. Residuals and Variational Principles. Academic Press, 1972.

[2] Himmelblau D M. 实用非线性规划. 张义燊，等译. 北京：科学出版社，1981.

[3] 朱伯芳. 有限单元法原理与应用. 北京：水利电力出版社，1979.

# 论坝工混凝土标号与强度等级❶

**摘　要：** 我国水坝工程过去一直采用混凝土标号，1977 年《水工混凝土结构设计规范》提出改用混凝土强度等级，目前已经出版和正在编制的坝工设计规范，有的继续采用混凝土标号，有的已改用强度等级，颇为混乱。对此，笔者进行了较深入的分析，认为根据水坝工程的特点，坝工混凝土仍以采用混凝土标号为宜。

**关键词：** 混凝土坝；混凝土标号；混凝土强度等级；设计龄期；保证率

# On the Mark and Strength Class of Dam Concrete

**Abstract:** The concrete mark is the compressive strength of 15cm cubic specimens at 90d age of concrete with 80% rate of security and the strength class is the compressive strength at 28d age of concrete with 95% rate of security. As the period of construction of dam is rather long and the rate of increase of strength is big, so concrete mark is more suitable for dam concrete.

**Key words:** concrete dam, concrete mark, strength class of concrete, design age, rate of security

## 1　引言

我国是全世界修建水坝最多的国家之一，目前在建的混凝土坝数量之多、规模之大，均居世界首位，如小湾拱坝是全世界最高的混凝土坝，龙滩重力坝是全世界最高的碾压混凝土坝，在今后几十年中，还要继续兴建一大批混凝坝土，其中不少是世界水平的工程。

在混凝土坝的设计和施工中，如何正确地决定混凝土强度指标是一个十分重要的问题，过去数十年，我国一直采用混凝土标号，1997 年发布的《水工混凝土结构设计规范》DL/T 5057[1] 提出必须停止使用混凝土标号、改用混凝土强度等级。由于混凝土标号和混凝土强度等级在设计龄期、强度保证率等方面都存在着很大的差别，对这一改变是否合理，在我国水工界存在着较大争议。目前已经出版和正在编制中的有关混凝土坝的设计规范，有的继续使用混凝土标号[2]，有的已改用混凝土强度等级[3]，这不但在混凝土坝的设计和施工中造成一定的混乱，而且还可能带来一定的技术经济上的损失。2004 年 2 月 20～23 日水利部水利水电规划设计院主持审议水利行业《混凝土重力坝设计规范》送审稿，经过深入讨论，接受笔者建议，决定不采用混凝土强度等级，继续采用混凝土标号。这一决定对我国今后混凝土坝设计和施工

---

❶　原载《水利水电技术》2004 年第 8 期。

将产生重要影响。今根据笔者在会上的发言，整理成文，予以发表，以就正于读者。

## 2  混凝土标号 $R$ 与混凝土强度等级 $C$ 的关系

混凝土标号 $R$ 是混凝土强度指标，它与试件尺寸和形状、设计龄期及强度保证率等三个因素有关。我国早期采用 20cm 立方体试件，后来已改用 15cm 立方体试件，设计龄期 $\tau$ 常态混凝土坝多用 90d，也有用 180d 的；碾压混凝土坝则多用 180d；强度保证率都用 80%。

混凝土标号 $R_\tau$ 系指龄期 $\tau$、15cm 立方体试件、保证率 80% 的抗压强度，由下式计算

$$R_\tau = f_{c\tau}(1.0 - 0.842\delta_{c\tau}) \tag{1}$$

式中：$R_\tau$ 为龄期 $\tau$ 的混凝土标号；$f_{c\tau}$ 为龄期 $\tau$ 时 15cm 立方体试件平均抗压强度；$\delta_{c\tau}$ 为龄期 $\tau$ 混凝土抗压强度的离差系数；0.842 为保证率 80% 的概率度系数。

混凝土强度等级 $C$ 系指 28d 龄期、15cm 立方体试件、保证率 95% 的抗压强度，由下式计算

$$C = f_{c28}(1 - 1.645\delta_{c28}) \tag{2}$$

式中：$\delta_{c28}$ 为 28d 龄期 15cm 立方体试件平均抗压强度；$\delta_{c28}$ 为 28d 龄期混凝土抗压强度离差系数；系数 1.645 为保证率 95% 的概率度系数。

混凝土强度等级 $C$ 与混凝土标号 $R$ 之间在试验龄期和强度保证率两个方面存在着差别。由式（1）、式（2）可知混凝土标号 $R_\tau$ 与强度等级 $C$ 的比值为

$$\frac{R_\tau}{C} = a(\delta) \cdot b(\tau) \tag{3}$$

$$a(\delta) = \frac{1.0 - 0.842\delta_{c\tau}}{1.0 - 1.645\delta_{c28}} \tag{4}$$

$$b(\tau) = \frac{f_{c\tau}}{f_{c28}} \tag{5}$$

式中：$a(\delta)$ 为保证率影响系数；$b(\tau)$ 为抗压强度增长系数。

离差系数 $\delta_c$ 主要与生产管理水平有关，一般当平均抗压强度 $f_c$ 在 25MPa 以上时，$\delta_c$ 约为 0.10~0.15；$f_c$ 在 25MPa 以下时，$\delta_c$ 约为 0.16~0.23。令 $\delta_{c28} = \delta_{c\tau} = \delta_c$，若 $\delta_c = 0.23$，则 $a(\delta) = 1.30$；若 $\delta_c = 0.10$，则 $a(\delta) = 1.10$，因此，当 $\delta_c = 0.23~0.10$ 时，有

$$R_\tau = (1.30~1.10)b(\tau)C \tag{6}$$

即由于保证率的不同，混凝土标号 $R_\tau$ 与强度等级 $C$ 相差约 10%~30%。

强度增长系数 $b(\tau)$ 与水泥品种、掺合料、外加剂等多种因素有关。对于 90d 龄期，大约 $b(90) = 1.20~1.55$；对于 180d 龄期，大约 $b(180) = 1.30~1.85$，因此 $R_\tau/C = 1.30~2.40$。可见，混凝土标号 $R_\tau$ 与强度等级 $C$ 的比值变化相当大，而且与水泥品种、掺合料、外加剂、设计龄期、混凝土生产水平等多种因素有关。

## 3  混凝土强度等级 $C$ 应用于水坝工程的问题

混凝土强度等级 $C$ 应用于工业与民用建筑工程是合适的，一方面其施工期较短，另一方

面，它们多采用普通硅酸盐水泥，龄期 28d 以后混凝土强度增加不多。但混凝土强度等级 $C$ 应用于水坝工程是不合适的，下面予以分析。

## 3.1 设计龄期问题

坝工混凝土强度等级 $C$ 规定设计龄期为 28d，这是完全脱离实际的，水坝的施工期往往长达数年，即使是一座 30m 高的小型混凝土坝，也不可能在 28d 内建成并蓄水至正常蓄水位。过去几十年中，混凝土坝设计龄期一直采用 90d 或 180d，常态混凝土坝多数采用 90d，部分采用 180d；碾压混凝土坝因掺用粉煤灰较多，混凝土强度增长较缓慢，多采用 180d。

混凝土强度增长速率受到多种因素的影响，表 1 列出了各种因素对坝工混凝土抗压强度增长系数 $b(\tau)$ 的影响，表 2 列出了一些实际工程中的抗压强度增长系数。从表 1 和表 2 可以看出：（1）强度增长系数的变化范围相当大，如 $b(90)$ 小的只有 1.20，大的可达 1.63，相差达 36%；（2）影响混凝土强度增长系数的因素较多，如水泥品种、掺合料品种和掺量、外加剂品种和掺量等都有较大影响。

**表 1  各种因素对坝工混凝土抗压强度增长系数 $b(\tau)$ 的影响**

| 资料来源 | 影响因素 | | 对应龄期下的 $b(\tau)$ | | | |
|---|---|---|---|---|---|---|
| | | | 7d | 28d | 90d | 180d |
| 《水工建筑物混凝土及钢筋混凝土工程施工技术规范》（1980） | 水泥品种 | 普通硅酸盐水泥 | 0.60 | 1.00 | 1.20 | 1.25 |
| | | 矿渣水泥 | 0.50 | 1.00 | 1.40 | 1.50 |
| | | 火山灰水泥 | 0.50 | 1.00 | 1.30 | 1.35 |
| 小湾拱坝常态混凝土（四级配，525 中热硅酸盐水泥，水胶比 0.40），水科院试验资料 | 粉煤灰掺量 | 0 | 0.774 | 1.00 | 1.10 | 1.18 |
| | | 10% | 0.725 | 1.00 | 1.24 | 1.40 |
| | | 20% | 0.69 | 1.00 | 1.27 | 1.49 |
| | | 30% | 0.65 | 1.00 | 1.43 | 1.57 |
| | | 40% | 0.68 | 1.00 | 1.53 | 1.94 |
| 龙滩重力坝混凝土（525 中热水泥，水胶比 0.39，粉煤灰掺量 55%），水科院试验资料 | 减水剂型号 | ZB-1 | 0.615 | 1.00 | 1.396 | 1.500 |
| | | JG3 | 0.649 | 1.00 | 1.386 | 1.742 |
| | | FDN9001 | 0.567 | 1.00 | 1.297 | 1.457 |
| | | R561 | 0.730 | 1.00 | 1.415 | 1.657 |
| | | JM11 | 0.559 | 1.00 | 1.418 | 1.543 |
| | | SK-2 | 0.601 | 1.00 | 1.406 | 1.547 |

## 3.2 安全系数问题

已建工程的实际经验是决定设计安全系数的重要依据，现有设计安全系数取值的基础是 90d 龄期 80%保证率，如改为 28d 龄期 95%保证率，安全系数必须修改，如何修改是一个较难课题，因为过去很少有混凝土坝是按 28d 龄期 95%保证率设计的。DL 5108—1999《混凝土重力坝设计规范》在改用基于 28d 龄期 95%保证率的混凝土强度 $C_{28}$ 后，在安全系数取值中实际上仍然采用混凝土标号 $R$，其办法是由 $C_{28}$ 换算成 $R_{90}$（常态混凝土）或 $R_{180}$（碾压混凝土），然后在设计中根据混凝土标号 $R$ 来决定安全系数及混凝土强度标准值等，（参见文献[3]第 8.4.3

条及说明）。由于坝的设计龄期为 28d，缺乏 90d 和 180d 的试验资料，文献［3］表7和表8中的混凝土标号是由 28d 龄期 95% 保证率的强度等级 $C_{28}$ 换算来的，由本文表1和表2可知，强度增长系数 $b$（90）和 $b$（180）变化范围很大，而且受到多种因素的影响。换算的办法无非两种：第一种是取过去试验资料的平均值；第二种是取过去试验资料的下包值。采用第一种办法，意味着有一半工程的实际标号将低于设计标号，这当然是不允许的，因此文献［3］采用的是第二种办法，即采用过去试验资料的下包值进行换算，但这样一来，实际工程的混凝土标号将全部超标。

表2　　　　　　　　　混凝土坝的抗压强度增长系数 $b$（$\tau$）

| 类型 | 工程 | 混凝土标号 | 水泥品种 | 水胶比 | 粉煤灰掺量（%） | 掺用外加剂 | 对应龄期下的 $b(\tau)$ | | | |
|---|---|---|---|---|---|---|---|---|---|---|
| | | | | | | | 7d | 28d | 90d | 180d |
| 常态混凝土 | 二滩 | $R_{180}$ 35<br>$R_{180}$ 30<br>$R_{180}$ 2 | 525 大坝<br>525 大坝<br>525 大坝 | 0.45<br>0.49<br>0.5 | 30<br>30<br>3 | 减水剂，引气剂<br>减水剂，引气剂<br>减水剂，引气剂 | 0.512<br>0.550<br>0.473 | 1.00<br>1.00<br>1.00 | 1.384<br>1.349<br>1.631 | 1.613<br>1.644<br>2.024 |
| | 三峡二期 | $R_{90}$ 15<br>$R_{90}$ 20 | 525 中热<br>525 中热 | 0.55<br>0.50 | 40<br>35 | 减水剂，引气剂<br>减水剂，引气剂 | 0.533<br>— | 1.00<br>1.00 | 1.410<br>1.300 | —<br>— |
| | 龙羊峡 | $R_{90}$ 20<br>$R_{90}$ 25 | 525 硅酸盐大坝<br>525 硅酸盐大坝 | 0.53<br>0.45 | 30<br>0 | 减水剂<br>减水剂，破乳剂，引气剂 | 0.505<br>0.766 | 1.00<br>1.00 | —<br>— | 1.307<br>1.434 |
| | 漫湾 | $R_{90}$ 15<br>$R_{90}$ 20 | 矿渣 425<br>矿渣 425 | 0.73<br>0.60 | 35<br>35 | 糖密，松香热聚合物<br>糖密 | 0.425<br>0.403 | 1.00<br>1.00 | 1.50<br>1.456 | 1.72<br>— |
| | 五强溪 | $R_{90}$ 15 | 525 硅酸盐 | 0.65 | 35 | 木钙，引气剂 801 | 0.626 | 1.00 | 1.388 | 1.727 |
| | 东江 | $R_{90}$ 30<br>$R_{90}$ 30 | 525 硅酸盐<br>525 硅酸盐 | 0.47<br>0.45 | 10<br>20 | 木钙，引气剂 801<br>木钙，引气剂 801 | 0.505<br>0.520 | 1.00<br>1.00 | 1.449<br>1.401 | 1.610<br>1.699 |
| | 茶州 | $R_{90}$ 15 | 425 普硅 | 0.60 | 0 | 无 | 0.741 | 1.00 | 1.50 | 1.525 |
| 碾压混凝土 | 桃林口 | $R_{90}$ 15<br>$R_{90}$ 20 | 525 硅酸盐<br>525 硅酸盐 | 0.47<br>0.44 | 55<br>38 | 减水剂，引气剂<br>减水剂，引气剂 | 0.629<br>0.612 | 1.00<br>1.00 | 1.296<br>1.16 | 1.480<br>1.274 |
| | 岩滩 | | 525 硅酸盐 | 0.60 | 70 | 减水剂 | 0.686 | 1.00 | 1.50 | — |
| | 龙滩 | $R_{180}$ 25<br>$R_{180}$ 20 | 525 中热<br>525 中热 | 0.50<br>0.50 | 55<br>58 | 减水剂，引气剂<br>减水剂，引气剂 | 0.62<br>0.53 | 1.00<br>1.00 | 1.39<br>1.34 | 1.59<br>1.63 |
| | 三峡围堰 | | 525 中热<br>525 中热<br>525 中热<br>525 中热 | 0.50<br>0.50<br>0.50<br>0.50 | 40<br>50<br>60<br>70 | 减水剂，引气剂<br>减水剂，引气剂<br>减水剂，引气剂<br>减水剂，引气剂 | —<br>—<br>—<br>— | 1.00<br>1.00<br>1.00<br>1.00 | 1.315<br>1.426<br>1.439<br>1.679 | —<br>—<br>—<br>— |

安全系数的换算除了混凝土龄期增长系数外，还与混凝土强度离差系数有关，而强度离差系数又与混凝土标号、施工水平等多种因素有关，从表3可见，离差系数的变化范围也是相当大的，这又增加了安全系数换算的误差。

表3　　　　　　　　　坝工混凝土抗压强度离差系数

| 混凝土标号 $R$（MPa） | | 10 | 15 | 20 | 25 | 30 | 35 | 40 |
|---|---|---|---|---|---|---|---|---|
| 全国 28 个水利水电工程合格混凝土统计值 | | 0.23 | 0.20 | 0.18 | 0.16 | 0.14 | 0.12 | 0.10 |
| 离差系数 | 二滩坝 | — | 0.20 | — | — | 0.185 | — | 0.21 |
| | 三峡二期工程 | — | — | 0.22 | 0.18 | — | 0.15 | 0.14 |

## 3.3　工程施工质量验收问题

《水工混凝土施工规范》[4] 规定："混凝土质量验收取用混凝土抗压强度的龄期应与设计

龄期相一致"，并规定在设计龄期每 1000m³ 混凝土应成型一组试件用于质量评定。采用混凝土强度等级 C 后，设计龄期改为 28d，工程施工中没有 90d 和 180d 龄期的试件，而设计中实际上又利用了 90d（常态混凝土）和 180d（碾压混凝土）的后期强度，用 28d 龄期的试验资料进行验收，实际上难以保证 90d 或 180d 龄期混凝土在各种可能情况下都是合格的。

## 4 坝工混凝土改用强度等级的必要性置疑

DL 5108《混凝土重力坝设计规范》[3] 改用混凝土强度等级是为了与 DL/T 5057《水工混凝土结构设计规范》[1] 保持协调，而后者的所以改用混凝土强度等级是为了与 GB 50010《混凝土结构设计规范》[5] 保持一致。文献 [5] 的运用范围主要是工业与民用建筑工程，它采用混凝土强度等级 C 是合理的。由混凝土标号改为混凝土强度等级，并不是简单的名称的改变，而关系到设计龄期和保证率等实质性内容的变化。如前所述，坝工混凝土改用强度等级 C 存在着不少问题，仅仅为了与工业民用建筑工程保持一致，而改用混凝土强度等级的必要性值得探讨。

抗压强度只是混凝土性能的一个指标，除了抗压强度外，抗拉强度、极限拉伸、抗冻性、抗渗性、抗腐蚀性、耐久性等也是混凝土的重要性能，工业与民用钢筋混凝土结构中，拉应力多由钢筋承担，对混凝土的抗拉强度、极限拉伸、抗裂、抗渗、低热等一般无特殊要求，室内建筑物对抗冻也无要求；而坝工混凝土，除了抗压外，对抗拉强度、极限拉伸、抗裂性、抗冻性、抗渗性、低热性等均有严格要求。另外，坝工混凝土与工业民用建筑混凝土在水泥、掺合料、外加剂、骨料、坍落度等方面的差别也很大。坝工混凝土水泥用量只有 50～180kg/m³，粉煤灰掺量 30%～60%，除减水剂外一般还掺引气剂，骨料最大粒径 150mm，坍落度 0～5cm，绝热温升 16～25℃；而工业与民用混凝土结构，水泥用量 300～500kg/m³，粉煤灰掺量 0～20%，一般不掺引气剂，集料最大粒径 40mm，坍落度 18～20cm（泵送混凝土），绝热温升 60～80℃，两种混凝土性能和成分差别甚大，即使坝工混凝土改用强度等级 C，其性能也无法与工业与民用混凝土保持一致。

作为一个例子，表 4 中比较了 C25 大坝混凝土和 C25 房屋混凝土，由表 4 可见，除了 28d 龄期抗压强度（95%保证率）相同外，所有其他混凝土成分和性能都不同，而且到了后期，两种混凝土的抗压强度也不相同了，虽然它们具有相同的强度等级，但实际上却是两种完全不同的混凝土，所有性能和成分都不同。

由此可见，即使改用混凝土强度等级 C，坝工混凝土与工业民用混凝土还是两种不同的混凝土，根本无法保持一致，但却给坝工混凝土带来了一系列的问题，因此，坝工混凝土改用强度等级是不必要的。

表 4　　　　　　　　　　　　　C25 大坝混凝土与 C25 房屋混凝土比较

| 用途 | 抗压强度（MPa） | | 抗渗标号 | 抗冻标号 | 极限拉伸（$10^{-4}$） | 水泥 | | 粉煤灰掺量（%） | 集料最大粒径（mm） | 减水剂（%） | 引气剂（%） | 含气量（%） | 坍落度（cm） | 绝热温升（℃） |
|------|------|------|------|------|------|------|------|------|------|------|------|------|------|------|
| | 28d | 90d | | | | 品种 | 用量（kg·m⁻³） | | | | | | | |
| 大坝 | 25 | 40 | W8 | F300 | 0.90 | 525 大坝 | 115 | 30 | 150 | 0.7 | 0.02 | 3～5 | 3～5 | 25 |
| 房屋 | 25 | 30 | — | — | — | 525 普硅 | 370 | 0 | 30 | 0.5 | — | 0 | 18～20 | 70 |

# 5 混凝土坝采用强度等级是坝工技术上的倒退

坝工混凝土由混凝土标号 $R$ 改为强度等级 $C$，不但脱离工程实际，而且是坝工技术上的倒退。

## 5.1 混凝土坝采用强度等级 $C$ 必然带来经济上的浪费和技术上的不合理

混凝土坝施工周期较长，设计龄期采用 28d 是不合理的，电力行业 DL 5108《混凝土重力坝坝设计规范》虽然设计龄期采用 28d，但安全系数仍然采用 90d（常态混凝土）和 180d（碾压混凝土），先由 $C_{28}$ 换算成 $R_{90}$ 和 $R_{180}$，再由 $R_{90}$ 和 $R_{180}$ 决定设计强度标准值，问题是比值 $R_{90}/C_{28}$ 和 $R_{180}/C_{28}$ 受到多种因素的影响，变化范围很大，表 5 和图 1 中列出了 $R_{90}/C_{28}$ 比值的变化，从图 1 可看出，文献［3］采用了 $R_{90}/C_{28}$ 的下包值，实际工程中 $R_{90}/C_{28}$ 远远超过了文献［3］建议值。

**表 5** 坝工常态混凝土强度等级 $C$ 与对应的混凝土标号 $R$

| 项 目 | | $b(\tau)$ | 不同 $C$ 对应的 $R$ | | | | | | |
| --- | --- | --- | --- | --- | --- | --- | --- | --- | --- |
| | | | 5 | 7.5 | 10 | 15 | 20 | 25 | 30 |
| 《混凝土重力坝设计规范》DL 5108 | | — | — | — | 11.3 | 14.6 | 21.2 | 27.5 | 33.0 | 38.6 |
| 普通硅酸盐水泥 | | 1.20 | 8.34 | 12.1 | 15.6 | 22.3 | 28.9 | 35.2 | 41.3 |
| 矿渣水泥 | | 1.40 | 9.73 | 14.1 | 18.2 | 26.0 | 33.7 | 41.1 | 48.1 |
| 火山灰水泥 | | 1.30 | 9.04 | 13.1 | 16.9 | 24.2 | 31.3 | 38.1 | 44.7 |
| 三峡 | 配比（A），$R_{90}15$ | 1.41 | 9.80 | 14.2 | 18.3 | 26.2 | 34.0 | 41.4 | 48.5 |
| | 配比（B），$R_{90}20$ | 1.30 | 9.04 | 13.1 | 16.9 | 24.2 | 31.3 | 38.1 | 44.7 |
| 五强溪 | $R_{90}15$ | 1.39 | 9.66 | 14.0 | 18.0 | 25.6 | 33.5 | 40.7 | 47.7 |
| 漫湾 | 配比（A），$R_{90}15$ | 1.50 | 10.4 | 15.1 | 19.5 | 27.9 | 36.2 | 44.0 | 51.6 |
| | 配比（B），$R_{90}20$ | 1.46 | 10.1 | 14.6 | 18.9 | 27.1 | 35.1 | 42.7 | 50.1 |
| 二滩 | 配比（A）：$R_{180}35$ | 1.38 | 9.59 | 13.9 | 18.0 | 25.7 | 33.4 | 40.6 | 47.6 |
| | 配比（B）：$R_{180}30$ | 1.35 | 9.38 | 13.6 | 17.5 | 25.1 | 32.5 | 39.6 | 46.4 |
| | 配比（C）：$R_{180}25$ | 1.63 | 11.3 | 16.4 | 21.2 | 30.3 | 39.3 | 47.8 | 56.1 |

例如，假定设计中采用强度等级 $C=10$MPa，文献［3］查得 $R_{90}=14.6$MPa，由表 6 可知，几个实际工程相应的混凝土标号为：三峡坝配比 B：$R_{90}=16.9$MPa；五强溪坝 $R_{90}=18.0$MPa；漫湾坝配比 A：$R_{90}=19.5$MPa；二滩坝配比 C：$R_{90}=21.2$MPa。如表 6 所示，这些实际工程所达到的混凝土标号比文献［3］推荐值分别高出 16%、23%、33.6%、45.2%。实际的混凝土标号超出这么多，不但增加水泥用量造成严重的浪费，而且增加了温度控制的难度。

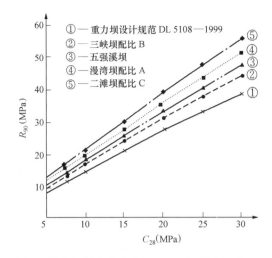

图 1　常态混凝土强度等级 $C_{28}$ 与混凝土标号 $R_{90}$

表 6　　　　　　　实际工程达到的 $R_{90}$ 与 DL 5108《混凝土重力坝设计规范》
建议的 $R_{90}$（对应于 C10）

| | DL 5108《混凝土重力坝设计规范》建议值 | 三峡配比 B | 五强溪 | 漫湾配比 A | 二滩配比 C |
|---|---|---|---|---|---|
| $R_{90}$（MPa） | 14.6 | 1619 | 1810 | 1915 | 2112 |
| 增幅（%） | 0 | 1518 | 2313 | 3316 | 4512 |

## 5.2　采用强度等级 C 可能误导混凝土坝技术的发展方向

设计龄期对水泥和混凝土技术的发展方向是有影响的。在 20 世纪 30 年代，普通硅酸盐水泥的 $C_3S$ 含量仅 30%左右，比表面积约 220m²/kg。这样的水泥早期强度低，强度发展速率也低。用这种水泥配制的混凝土，损坏原因主要是破碎，而结构开裂较少。由于工业与民用建筑工程的设计龄期多为 28d，在市场需求规律的驱动下，追求早期较高强度，硅酸盐水泥的 $C_3S$ 含量越来越高，水泥的比表面积越来越大。我国大型水泥厂目前生产的硅酸盐水泥的 $C_3S$ 含量超过 50%，比表面积为 340～370m²/kg。水泥性质的改变，使混凝土早期强度较高，为了达到同样的 28d 龄期强度，可以比过去采用较大的水灰比和较少的水泥。据英国资料，配制 30～35MPa 的混凝土，在 1960 年，需用 0.45 水灰比、350kg/m³ 水泥；在 1985 年，只需 0.6 水灰比、250kg/m³ 水泥[6]。这两种混凝土的强度相同，但从微结构的角度看，两种混凝土的孔隙率和渗透性就不同了，水灰比大的混凝土的孔隙率和渗透性大于水灰比小的混凝土，因而耐久性较差。

坝工混凝土标号的设计龄期一向为 90d 和 180d，为了降低混凝土的绝热温升、提高混凝土的抗裂能力和耐久性，在掺用粉煤灰和外加剂等方面近年做了大量工作，取得了显著进步。目前常态混凝土粉煤灰掺量约 30%～40%，碾压混凝土约 50%～60%。大量掺用粉煤灰的结果，强度发展速率缓慢，早期强度低，但后期强度可满足设计要求，绝热温升降低，有利于抗裂。如果改用 28d 为设计龄期，掺用粉煤灰的优点就要受到影响。

因此，如果采用混凝土强度等级 C，把坝工混凝土的设计龄期和竣工验收龄期都改为 28d，在市场规律的驱动下，有可能追求早期强度，从而误导坝工混凝土技术的发展方向。

# 6 结束语

第一，由混凝土标号 $R$ 改为混凝土强度等级 $C$，并不是简单的名称的改变，而意味着设计龄期由 90d（或 180d）改为 28d，强度保证率由 80%改为 95%。

第二，水坝施工期较长，采用 28d 设计龄期不符合实际。

第三，长期积累的工程经验是水坝设计安全系数取值的基础，混凝土坝过去一直采用混凝土标号 $R$，设计龄期为 90d，保证率为 80%；改用强度等级 $C$ 后，DL 5108《混凝土重力坝设计规范》由 $C_{28}$ 换算成 $R_{90}$ 和 $R_{180}$，再据以决定强度标准值，但影响 $R/C$ 比值的因素很多，包括水泥品种、掺合料、外加剂、施工水平等，$R/C$ 比值变化范围很大，规范中采用的单一换算值显然难以反映复杂多变的实际情况，换算误差很大；为安全计，文献［3］取下包值，实际工程中 $R_{90}$ 可能超标 15%～45%，不仅浪费资金，还增加了温度控制的难度。

第四，工程竣工验收是以设计龄期混凝土试件资料为依据的，改用强度等级 $C$ 后，工程设计中实际上利用了后期强度，但竣工验收时只有 28d 龄期的试验资料，难以保证在各种复杂情况下后期混凝土的合格率。

第五，工业与民用建筑工程采用混凝土强度等级 $C$ 是合理的，水坝工程采用混凝土强度等级 $C$ 是不合理的，应该继续采用混凝土标号 $R$。

注：文中引用资料，除已注明出处者外，都引自水科院甄永严、姜福田、惠荣炎、纪国晋、王秀军等人所著有关文献。

## 参 考 文 献

［1］DL/T 5057—1996《水工混凝土结构设计规范》［S］.

［2］SL 282—2003《混凝土拱坝设计规范》［S］.

［3］DL 5108—1999《混凝土重力坝设计规范》［S］.

［4］DL/T 5144—2001《水工混凝土施工规范》［S］.

［5］GB 50010—2002《混凝土结构设计规范》［S］.

［6］姚燕. 新型高性能混凝土耐久性的研究与工程应用［M］. 北京：中国建材工业出版社，2004.

［7］李家进. 二滩拱坝混凝土生产和质量控制现状［J］. 水电站设计，1995，（12）.

# 弹性力学准平面问题及其应用❶

**提　要：** 按应力函数求解，弹性力学平面问题为一个 4 阶偏微分方程。本文提出弹性力学准平面问题，在某些特定条件下，可得到一个 2 阶偏微分方程，计算大为简化。文中以刚性基础上混凝土浇筑块温度应力为例，说明弹性力学准平面问题基本方程的建立和求解。

**关键词：** 弹性力学；准平面问题；4 阶方程；2 阶方程

# Quasi–plane Problem of Elasticity and Its Application

**Abstract:** The quasi-plane problem of elasticity is proposed in this paper. In the analysis of thermal stresses in a massive concrete block on the rock foundation, the rotation of the block may be omitted, i. e., $\partial v/\partial x = 0$, then a partial differential equation of equilibrium, $\partial^2 u/\partial x^2 + \omega^2 \partial^2 u/\partial y^2 = 0$, is obtained, where $u$ is the horizontal displacement. Then the thermal stresses in the concrete block may be computed conveniently by this equation.

**Key words:** theory of elasticity, quasi-plane problem, fourth order differential equation, second order differential equation

## 一、前言

在混凝土浇筑块温度应力分析中，如按弹性力学平面问题求解，每点共有三个应变分量，即水平应变 $\varepsilon_x$、铅直应变 $\varepsilon_y$、及剪切应变 $\gamma_{xy}$。按照材料力学求解时，只考虑了 $\varepsilon_x$ 而忽略了 $\varepsilon_y$ 和 $\gamma_{xy}$。以刚性基础上的浇筑块在均匀温差作用下的应力为例，按照材料力学计算，温度应力是均布的，即 $\sigma_x = -E\alpha T$。但按弹性力学计算时，温度应力却自基础向上逐渐减小。由于基础是刚性的，沿基础表面有 $v = \dfrac{\partial v}{\partial x} = 0$，浇筑块不能转动，因此温度应力之所以向上逐渐减小，主要是由于剪切应变 $\gamma_{xy}$ 的缘故。

对于弹性基础上的浇筑块或老混凝土上的浇筑块，由于新浇筑层的厚度一般均远小于其长度，新浇筑层的抗弯刚度比基础的刚度要低得多，所以断面的转动也是较次要的因素。

基于上述考虑，不妨忽略断面的转动，即假定 $\dfrac{\partial v}{\partial x} = 0$，由此导得水平位移的一个 2 阶偏微分方程。利用这个方程及相应的边界条件，可以十分简便地分析多层浇筑块的温度应力。

---

❶　原载《朱伯芳院士文选》，中国电力出版社，1997。

由于这个问题介于弹性力学平面问题与材料力学问题之间，我们称之为准平面问题。

众所周知，从弹性力学空间问题过渡到平面应力及板与壳等问题，在问题的严密性上都是有所放松的，但问题的解答得到了极大的简化。同样，从平面问题过渡到准平面问题，在问题的严密性上也有一定的放松，但从计算结果看来，在一定的条件下计算精度可以满足实用的需要，而由于已经求出了完整的解答，计算上得到了很大的简化，因而在一定条件下不失为一个实用的计算方法。

## 二、基本方程与边界条件

如图 1 所示，忽略 $\dfrac{\partial v}{\partial x}$ 则剪切应变为

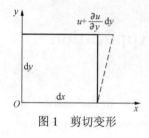

图 1 剪切变形

$$\gamma_{xy} = \frac{\partial u}{\partial y} \tag{1}$$

水平应变为

$$\varepsilon_x = \frac{\partial u}{\partial x} \tag{2}$$

又忽略竖向应力 $\sigma_y$ 对于水平应变 $\varepsilon_x$ 的影响，可得到应力应变关系如下

$$\sigma_x = E\left(\frac{\partial u}{\partial x} - \alpha T\right) \tag{3}$$

$$\tau_{xy} = G\frac{\partial u}{\partial y} \tag{4}$$

式中：$G$ 为剪切模量。在 $x$ 方向的平衡方程为

$$\frac{\partial \sigma_x}{\partial_x} + \frac{\partial \tau_{xy}}{\partial_y} = 0$$

将式（3）、式（4）两式代入上式，得到以水平位移 $u$ 表示的平衡方程

$$\frac{\partial^2 u}{\partial x^2} + \omega^2 \frac{\partial^2 u}{\partial y^2} = \alpha \frac{\partial T}{\partial x} \tag{5}$$

式中

$$\omega^2 = \frac{G}{E} = \frac{1}{2(1+\mu)} \tag{6}$$

式中 $\mu$ 为泊松比。式（5）是一个非齐次椭圆形方程。在大体积混凝土浇筑块中，温度主要沿 $y$ 方向变化，水平方向温度变化小，故可令 $\partial T / \partial x = 0$，因而式（5）简化为一个齐次椭圆型偏微分方程

$$\frac{\partial^2 u}{\partial x^2} + \omega^2 \frac{\partial^2 u}{\partial y^2} = 0 \tag{7}$$

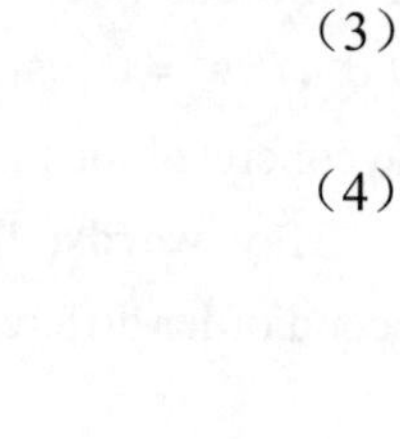

在浇筑块顶面 AB 上（图 2），剪应力 $\tau = 0$，因此当 $y = 0$ 时

$$\frac{\partial u}{\partial x} = 0 \tag{8}$$

图 2 多层浇筑块

在侧面 AI 及 BK 上，水平应力 $\sigma_x = 0$，由式（3）可知，当 $x=l$

$$\frac{\partial u}{\partial x} = \alpha T \tag{9}$$

在接触面 CD 上（或 FH 上），水平位移连续，剪应力相等，即

$$u_1 = u_2, \quad G_1 \frac{\partial u_1}{\partial y} = G_2 \frac{\partial u_2}{\partial y} \tag{10}$$

第 $n$ 层的底部与基础接触，假定基础变形符合文克勒假设，$\tau = -\gamma u$，则基础表面上的接触条件为

$$G_n \frac{\partial u}{\partial y} = -\gamma u \tag{11}$$

式中基础抗力系数 $\gamma$ 可按笔者给出的下列计算[2]

$$\gamma = \frac{\pi E_f}{3.16(1-\mu^2)l} \tag{12}$$

式中：$E_f$ 为基础弹性模量；$l$ 为浇筑块长度的一半；$\mu$ 为泊松比。

求出满足方程式（7）及边界条件式（8）～式（11）的解 $u$ 后，由式（3）、式（4）可求出应力 $\sigma_x$ 及 $\tau_{xy}$，如再利用 $y$ 方向的平衡条件 $\dfrac{\partial \sigma_y}{\partial y} + \dfrac{\partial \tau_{xy}}{\partial x} = 0$，也可求出 $\sigma_y$。但一般情况下，我们最感兴趣的是 $\sigma_x$。

对于平面问题，需要求解一个关于应力函数的四阶偏微分方程，而对于准平面问题，只需求解一个关于水平位移的二阶偏微分方程。由于方程的阶次降低了，方程的求解得到了简化。

# 三、问题的解

考虑图 3 所示的单层浇筑块。根据以上所述，问题归结于如下一组方程

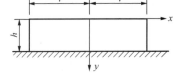

图 3 单层浇筑块

$$\begin{cases} \dfrac{\partial^2 u}{\partial x^2} + \omega^2 \dfrac{\partial^2 u}{\partial y^2} = 0 & (13) \\[2mm] \left. \dfrac{\partial u}{\partial y} \right|_{y=0} = 0 & (14) \\[2mm] \left. \dfrac{\partial u}{\partial x} \right|_{y=h} = -\dfrac{\gamma}{G} u & (15) \\[2mm] \left. \dfrac{\partial u}{\partial y} \right|_{x=l} = \alpha T(y) & (16) \\[2mm] u \big|_{x=0} = 0 & (17) \end{cases}$$

令

$$u = X(x)Y(y) \tag{18}$$

式中 $X(x)$ 和 $Y(y)$ 分别是 $x$ 和 $y$ 的函数，代入式（7），得到

$$\frac{X''}{\omega^2 X} = -\frac{Y''}{Y} = k_n^2 \tag{19}$$

式中：$k_n$ 是常数。由上式，分离变量，得到

$$X'' - k_n^2 \omega^2 X = 0 \tag{20}$$

及固有值问题

$$\begin{cases} Y'' + k_n^2 Y = 0 \\ Y'(0) = 0 \\ Y'(h) = -\dfrac{\gamma}{G} Y(h) \end{cases} \tag{21}$$

方程式（21）的解为

$$Y = \cos k_n y \tag{22}$$

式中

$$k_n = \frac{\beta_n}{h} \tag{23}$$

而 $\beta_n$ 为下列特征方程的根

$$\beta_n \tan \beta_n = C \tag{24}$$

式中

$$C = \frac{\gamma h}{G} = \frac{2(1+\mu)\gamma h}{E} \tag{25}$$

方程式（20）的反对称解为

$$X = \operatorname{sh} \omega k_n x \tag{26}$$

因此，$u(x, y)$ 的通解为

$$u(x, y) = \sum_{n=1}^{\infty} D_n \operatorname{sh} \omega k_n x \cdot \cos k_n y \tag{27}$$

由上式对 $x$ 微分，得

$$\frac{\partial u}{\partial x} = \sum_{n=1}^{\infty} D_n \omega k_n \cdot \operatorname{ch} \omega k_n x \cdot \cos k_n y \tag{28}$$

由边界条件式（16）得到

$$\frac{\partial u}{\partial x}\bigg| = \sum_{n=1}^{\infty} D_n \omega k_n \cdot \operatorname{ch} \omega k_n l \cdot \cos k_n y \tag{29}$$

$$= \alpha T(y)$$

由于 $\cos k_n y$ 是正交函数，而且

$$\int_0^h \cos^2 k_n y \, \mathrm{d}y = \frac{h}{2}\left(1 + \frac{\sin 2\beta_n}{2\beta_n}\right)$$

将 $T(y)$ 展成余弦级数，代入式（29），再比较两边系数，得到

$$D_n = \frac{2\alpha T_n}{\omega \beta_n \left(1 + \dfrac{\sin 2\beta_n}{2\beta_n}\right) \operatorname{ch}\left(\dfrac{\omega \beta_n l}{h}\right)} \tag{30}$$

$$T_n = \int_0^h T(y) \cos\left(\frac{\beta_n y}{h}\right) \mathrm{d}y, \quad n = 1, 2 \cdots \tag{31}$$

如果温度是均匀分布的，$T(y) = T_0$，由上式得到

$$T_n = \frac{T_0 h}{\beta_n} \sin \beta_n \tag{32}$$

如果温度是不规则的，可用数值积分法由式（31）计算 $T_n$。

由式（28）、式（3），有

$$\sigma_x = \sum_{n=1}^{\infty} E D_n \omega k_n \cdot \mathrm{ch}(\omega k_n x) \cdot \cos k_n y - E\alpha T \tag{33}$$

由于在系数 $D_n$ 的分母中出现的双曲余弦函数，上述级数按指数规律收敛，收敛极快，计算结果表明一般只须取级数的第一项即可。

如果基础是刚性的，$\gamma = \infty$，$C = \infty$，特征方程式（24）变为 $\tan \beta_n = \infty$，由此得到

$$\beta_n = \frac{(2n-1)\pi}{2}, \ n = 1, 2 \cdots \tag{34}$$

对于多层浇筑块，第 $i$ 层位移的解为

$$u_i(x, y) = \sum_{j=1}^{\infty} D_j \mathrm{sh}\,\omega k_j x (A_{ij} \cos k_i y + B_{ij} \sin k_j y) \tag{35}$$

利用层面上的平衡条件和变形连续条件以及侧面平衡条件，可以决定常数 $A_{ij}$、$B_{ij}$、$k_j$、$D_j$。

这个方法计算十分方便，但由于忽略了断面的转动，应用范围受到一定的限制。其适用范围大致如下：刚性基础上的浇筑块，高度不超过长度的一半；弹性基础上的浇筑块，当混凝土的弹性模量不超过岩基的弹性模量时，浇筑块的高度不超过长度的 0.20 倍。因此这个方法用于早期温度应力的分析比较合适，因为早期混凝土弹性模数较小，浇筑块的高度也不大。

【算例 1】 刚性基础上的单层浇筑块，温度均匀分布，长高比 $\frac{2l}{h} = 2$，泊松比 $\mu = 0.25$；由式（6），$\omega = 0.633$；由式（34），$\beta_1 = \frac{\pi}{2}$；由式（32），$T_1 = \frac{2T_0 h}{\pi}$；由式（23），$k_1 = \frac{\pi}{2h}$。代入式（33），取级数第一项，得到当 $x = 0$ 时的水平应力如下

$$\sigma_x(0, y) = E\alpha T_0 \left[ 0.829 \cos\left(\frac{\pi y}{2h}\right) - 1 \right]$$

计算结果见图 4，图中实线为本书计算结果，虚线为文献 [1] 中计算结果，可见两种计算结果十分接近。

【算例 2】 刚性基础上的浇筑块，温度非均匀分布，长高比 $\frac{2l}{h} = 2$，泊松比 $\mu = 0.25$。由于温度分布是不规则的，由式（31）计算 $T_1$ 时采用数值积分法

$$T_1 = \sum T(y) \cos\left(\frac{\pi y}{2h}\right) \Delta y$$

将 $T_1$ 值代入式（30），求 $D_1$，再代入式（33）求应力。计算结果如图 5，实线所示。图中虚线表示用刚性基础上浇筑块应力影响线计算的结果，可见二者相当接近。

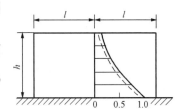

图 4 温度均匀分布的刚性
基础上浇筑块中央断
面上的水平应力

（单位：—$E\alpha T_0$，——本书计算结果；

------ 为文献 [1] 计算结果）

【算例 3】 岩基上的三层浇筑块，各层厚度相同，$\dfrac{2l}{h}=10$，$E_1:E_2=0.20$，$E_2:E_3=0.60$；$E_3:E_R=0.40$，其中 $E_R$ 为岩基弹性模量，$\mu=0.20$，在第一层内有均匀温度 $T_0$。中央断面上的应力见图6。

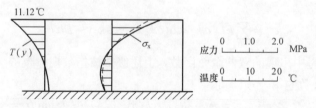

图5 刚性基础上的浇筑块在不均匀温差作用下的温度应力

（——本文计算结果；……苏加洛夫计算结果）

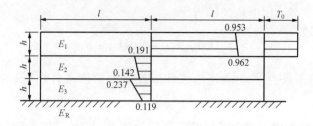

图6 岩基上三层浇筑块，第一层有均匀温度 $T_0$ 及中央断面上的应力

（单位：$-E_1\alpha T_0$，$\dfrac{2l}{h}=10$；$E_1:E_2=0.20$；$E_2:E_3=0.60$；$E_3:E_R=0.40$）

## 参 考 文 献

［1］ W. Schleeh. Die Zwangspannungen in einseitig fetsgehaltenem Wandscheiben, Beton und Stahlbetonbau 57, Jahrgang, Heft 3, Marz 1962.

［2］ 朱伯芳，等. 水工混凝土结构的温度应力与温度控制. 北京：水利电力出版社，1976.

# 智能优化辅助设计系统简介[❶]

**提　要：** 本文以结构设计为例，论述了把专家系统、优化方法和 CAD 技术三者熔为一炉，形成的一个集成系统——智能优化辅助设计系统（IOCAD，Intelligent Optimal CAD）。在这个系统中，充分发挥了专家统、优化方法和 CAD 三者各自的优势，可大大改进设计工作的效率和质量，使设计工作达到一个新的更高的水平。在整个设计过程中，绝大部分工作都由计算机自动完成，在关键部位保留了人机对话功能，使设计者拥有作出主要决策的能力，控制设计工作的进展，以利于充分发挥人的创造能力，但人机对话的频率已减至最低限度，从而有利于提高系统的效率，并便于设计人员掌握基本系统的使用。

**关键词：** 计算机辅助设计；优化方法；专家系统

# Intelligent Optimal CAD System

**Abstract:** The expert system、optimization method and computer aided design are assembled to form an intelligent optimal CAD system.

**Key words:** expert system, optimigation method, CAD, assembled system

## 1　从人工设计到计算机化设计

30 年来，设计方法从人工设计朝着计算机化设计的方向逐步演变，设计效率和水平得到了极大的提高，但到目前为止，仍未完全实现计算机化设计。

传统的设计方法是人工设计，采用的设计工具是纸、笔、丁字尺、曲线板和计算尺等。设计过程大体是：设计者对设计任务进行分析后，根据已有的工作经验，提出一个或几个初步设计方案，然后对它们进行应力、变位、稳定和造价等方面的分析计算。依据计算结果，对设计方案不断进行修改，直到满意为止，然后进行结构的细部设计、绘制必需的图纸并编写设计报告。在设计过程中，需要完成大量烦琐的绘图、计算等手工劳动，设计效率低，周期长，设计质量主要取决于设计者的经验和是否有充裕的设计时间和人力。

计算机出现以后，由于它具有极高的运算速度，在设计工作中，人们首先利用它进行分析计算工作，然后又利用计算机绘图，从而出现了 CAD。在设计工作中采用 CAD 以后，绘图、计算、制表等大部分烦琐的手工劳动都由计算机代替了，设计工作的面貌有了很大的改变，工作效率大大提高了。

---

❶　原载《水利水电技术》1993 年第 2 期。

目前的 CAD 系统是以交互式图形为核心的，虽然比之传统的人工设计，其工作效率有了很大的提高，但仍存在一些值得改进的地方：①设计类型、布局和初始方案的拟定，对工程设计的质量具有重要影响，在目前的 CAD 系统中，它们由设计者根据自身的经验提出，这部分工作需要广泛吸收已有的工程经验，因此，如引入专家系统，对设计者提供咨询和辅助，是有很大好处的；②结构体型和断面的设计对工程造价影响很大，但工作量庞大，在现有 CAD 系统中主要依靠重复修改来求得一个可行的结构体型和断面，不但效率低，而且实际上难以求出给定条件下的最佳方案，在这部分中如引入优化方法，工作效率和质量都可以有显著的提高，可在较短的时间内自动求出给定条件下的最优方案；③现有 CAD 系统只输出图纸和数据，设计报告由人工编写，实际上同一类型的工程设计报告，其格局基本相似，完全可以用专家系统进行编写。

因此，把专家系统、优化方法和 CAD 技术三者结合起来，建立一个集成系统——智能优化辅助设计系统（IOCAD），就有可能实现计算机化的自动化设计，在设计过程中，除了设计者的创造性劳动外，其他工作都由计算机完成。

## 2 智能优化辅助设计系统

以结构设计为例，在一项设计中，设计者需要完成如下工作：①结构类型、材料、布局和拓扑的选择和规划；②结构几何形状的设计；③结构截面尺寸的设计；④结构的细部设计；⑤结构材料和造价的计算；⑥设计报告的编写。把专家系统、优化方法和 CAD 技术结合起来所建立的智能优化辅助设计系统，可以较好地完成上述工作。

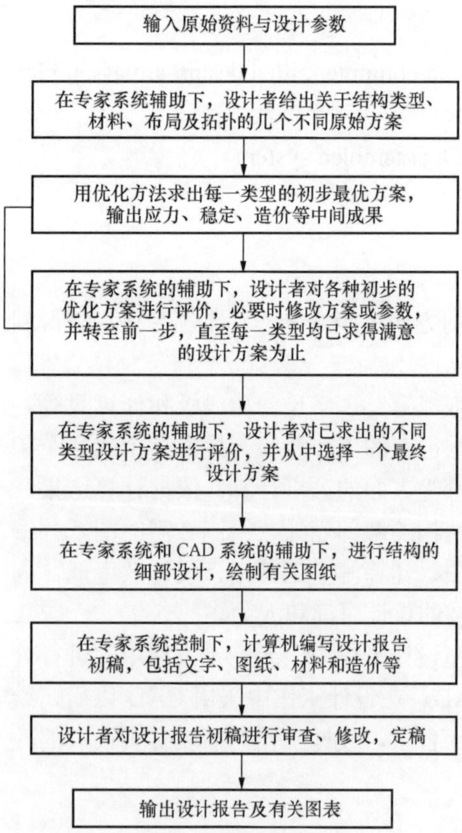

智能优化辅助设计系统的工作流程见图 1。

智能优化辅助设计系统具有如下特点：①关于结构的类型、材料，布局和拓扑的初始方案是由设计者给出的，在结构设计中，这是设计者最能发挥其创造能力的地方，同时，这一部分工作需要广泛吸取已有的工作经验，因此，由专家系统提供辅助是有利的；②对于大型复杂结构，其几何形状和截面尺寸的设计，不但工作量极大，而且人工设计很难求出较满意的结果，在这里，优化方法正好可以发挥作用；③由于实际工程的复杂性，用优化方法求出的最优设计方案可能需要进行一些修改，对设计方案的评价、修改和最终选择，是在专家系统的辅助下，由设计者进行，因此，设计者拥有主要的决策能力；④结构细部设计主要是大量的绘图工作，但也需要考虑已有的工程经验，所以这一部分工作是在专家系统的控制下，由 CAD 系统完成的；⑤系统中保留必要的人机对话功能，是为了设计者可以

图 1 IOCAD 系统的工作流程

控制设计过程的进展，拥有主要的决策能力，以利于发挥人的创造性优势，但如人机对话太多，则要耗费大量时间，降低系统的效率，而且不利于设计人员熟悉和掌握本系统，所以在IOCAD 系统中，人机对话的频率减少到了最低程度；⑥常规工程结构的设计报告是定型的，尽管具体内容随工程而异，但报告的格局基本相似，所以在专家系统的控制下，可以由计算机编写设计报告初稿，最后由设计者进行审定、修改，与人工编写设计报告相比，审查和修改的工作量毕竟要小得多，一般只限于一些文字上的修改，所以工作效率可以大大提高。

智能优化辅助设计系统结构见图2。

在本文作者主持下，水利水电科学研究院和能源部中南勘测设计院等单位合作，正在研制一个拱坝体型设计的智能优化辅助设计系统，它把拱坝专家系统、拱坝优化和拱坝 CAD 三者熔为一炉，充分发挥各自的优势。在广泛总结国内外拱坝经验的基础上，建立拱坝知识库与数据库。该系统既包含了拱坝设计经验

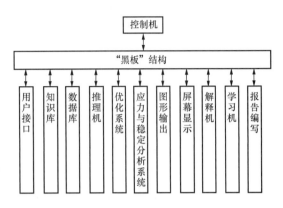

图 2　IOCAD 系统结构

与资料，又包含了拱坝应力和稳定分析系统和拱坝优化系统；既具有图形显示及计算机图形功能，又具有专家系统推理功能；既具有拱坝优化功能，又具有人机对话功能。在输入设计资料后，该系统可以选择拱坝坝型和拱坝设计体形，可自动输出设计图纸、数据和设计报告，它将把我国拱坝设计提高到一个新的水平。

把专家系统、优化方法和 CAD 技术结合起来，建立智能优化辅助设计系统，可以充分发挥专家系统、优化方法和 CAD 的优势，在关键部位保留了人机对话功能，设计者可充分发挥自己的创造才能，控制设计过程的进展。这是一个高效率的系统。在设计工作中，除设计者的创造性劳动外，其他工作都由计算机高速完成。

## 参 考 文 献

[1] 朱伯芳. 土木工程计算机应用的现状与展望. 计算技术与计算机应用：1992，（1）.
[2] 朱伯芳. 计算机辅助编写科技报告. 计算技术与计算机应用：1992，（2）.

# 论混凝土坝的使用寿命及实现混凝土坝超长期服役的可能性[❶]

**摘　要：** 给出了设计大坝预期使用寿命和在役大坝剩余使用寿命的定义及其计算方法，分析了各种因素对混凝土坝使用寿命的影响。坝体内部钻孔取芯试验资料表明，坝工混凝土具有足够的长期强度，根据当前的筑坝水平，混凝土碳化、冻融和冲蚀等表面损伤可以控制在允许范围内，实体混凝土坝断面厚度较大，即使产生了一些表面损伤，完全可以在不影响大坝正常运用条件下进行修复，因此优质实体混凝土坝可以长期服役。这与一般钢筋混凝土构件是完全不同的，我国是坝工大国，实现混凝土坝的超长期服役，对我国国民经济的长久发展无疑将发挥积极作用。钢筋混凝土支墩坝，如平板坝，因存在钢筋锈蚀问题，断面也较薄，其使用寿命是有限的。本文从设计、施工和管理等方面全面提出了实现实体混凝土坝超长期服役的技术措施。

**关键词：** 混凝土坝；寿命；设计；施工；维护

# On the Expected Life Span of Concrete Dams and the Possibility of Endlessly Long Life of Solid Concrete Dams

**Abstract:** Methods for computing the expected life span of concrete dams are given and the influences of relevant factors are analyzed. It is pointed out that the life of solid concrete dam may be boundless due to the following reasons: firstly, the concrete in the interior of dam has enough strength over a long period of time; secondly, the thickness of the solid concrete dam is so big that the superficial damages due to carbonization, freezing and melting and water flow erosion can be repaired when, the dam work normally. The life of buttress dam is limited, because the steel reinforcement may become rusty and the thickness of dams is thin. Methods to realize the endlessly long life of solid concrete dams are proposed in respect of design, construction and maintenance.

**Key words:** concrete dams, life span, design, construction, maintenance

## 1　研究背景

我国水工混凝土结构设计使用年限为 50 年和 100 年[1, 2]。目前我国坝工设计规范没有规定大坝使用寿命，但随着时间的推移，混凝土坝存在着渗漏溶蚀、碳化、冻融破坏和高速水

---

❶　原载《水利学报》2012 年第 1 期。

流冲蚀等劣化因素，其使用寿命是一个客观存在的问题。文献［3，4］对此进行了研究，本文作进一步的探讨。

笔者认为研究大坝寿命问题时，以下几点值得注意：①要有全局观点。大坝包括地基和坝体两部分，事实上不少大坝失事是由于地基破坏引起的，因此，研究大坝寿命，不能局限于坝体，必须同时考虑地基和坝体的破坏；②要有全过程的观点，从地质勘探、大坝设计、地基处理、坝体材料、大坝施工到大坝运行管理和维护，每一个环节都影响到大坝使用寿命，以往的研究，偏重于坝体材料方面，今后应逐步研究其他各个环节的影响；③要看到时代烙印，计划经济时代，资金物资短缺，导致过度节约，混凝土设计强度和水泥用量偏低。20 世纪 50 年代末到 70 年代末，正常生产管理秩序被打乱，大坝施工质量下降，使得这一时期兴建的不少大坝的施工质量还不如 50 年代初期兴建的大坝，这些因素对大坝寿命有较大影响。

笔者认为实体混凝土坝厚度比较大，坝顶厚度为 3～8m，坝体应力较大的中下部，厚度往往达到 10～150m，这是混凝土坝得天独厚的优势，远非工业与民用钢筋混凝土构件和薄壁水工钢筋混凝土结构如渡槽等可比。以当前的温度控制水平，坝体贯穿性裂缝可以避免，万一出了裂缝，还可以灌浆处理；以目前正常施工水平，混凝土密实性是有保障的，坝体内部的渗漏溶蚀可以避免，坝体内部混凝土具有足够的长期强度。坝体表面与大气接触，存在着碳化、冻融破坏和高速水流冲蚀等问题，以当前混凝土技术水平，只要从设计、材料、施工等方面采取严格措施，这些表面损伤是有可能避免的。以碳化为例，如果混凝土质量达到佛子岭坝的水平，碳化深度达到 20cm 需要 100 万年；混凝土质量达到流溪河、梅山水平，碳化深度达到 20cm 需要 1600 年，而实体混凝土坝厚度比较大，万一发生表面损伤，完全可以在不影响大坝正常运用的条件下及时进行维修，因此，实现实体混凝土坝的超长期服役是可能的，本文对此系统地加以论述。

我国是混凝土坝大国，已建混凝土坝的数量和高度均居世界首位，今后还将继续兴建大量混凝土坝，如在设计、科研、施工和管理等各方面的共同努力下，实现混凝土坝的超长期服役，对我国国民经济的长久发展无疑将发挥积极作用。

# 2　混凝土坝使用寿命

大坝使用寿命可分为设计大坝预期使用寿命和在役大坝剩余使用寿命，分别定义如下。

（1）设计大坝预期使用寿命，是在正常设计、正常施工、正常管理维护和不必进行大修条件下，大坝预期可正常使用的年限。建筑工程中以一次修理费用大于等于工程造价的 25% 作为大修。目前还没有看到混凝土大坝大修的定义，笔者初步建议，当一次维修的费用超过维修坝段（一个或数个之和）造价的 25% 时，即为大修。计算造价时应考虑物价水平的变化，具体年限，还可以进一步研究。维修费用只包括与大坝直接有关的费用，不包括电厂、管道、闸门等发电和泄水建筑物的维修费用。正常使用指地基和坝体的变位、应力、渗流、渗压及强度储备（抗压、抗震）等处在正常范围内。

（2）在役大坝的剩余使用寿命，是指大坝建成并使用 $t_0$ 年、包括经过大修后，根据当时大坝质量状态，预计还可继续正常使用，不必大修的年限。

地基和坝体是一个整体，研究大坝寿命时，不能只考虑坝体，应同时考虑地基和坝体。

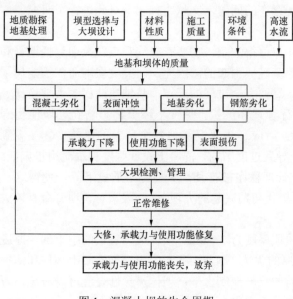

图 1　混凝土坝的生命周期

大坝的生命周期如图 1 所示。

大坝使用寿命受到下列因素的影响：①地质勘探与地基处理。经验表明，混凝土坝失事不少是地基破损引起的，为了大坝"长寿"，首先要彻底查清地基的构造和薄弱环节，不留隐患；再则，要严格做好地基处理，包括断层、节理和破碎带的处理，固结灌浆、帷幕灌浆和坝基排水等。②大坝设计。坝型选择、坝体断面设计、混凝土标号和配比、抗冲耐磨设计、温控抗裂设计等都对大坝寿命有重要影响，过去在坝型选择和大坝设计中，对大坝使用寿命考虑不够，今后应予重视。③材料性质对大坝耐久性有重要影响。在选择混凝土原材料、优化混凝土配比时，应充分考虑其对大坝寿命的影响，避免片面追求节约。④施工质量对抗碳化、抗冲蚀及坝体耐久性有重要影响。⑤环境条件，如寒冷地区的冻害，库水的侵蚀性。⑥高速水流的冲蚀。⑦运行期间大坝的监测、管理和正常维修，对大坝寿命有重要影响，严密的监测、严格管理和及时维修，可延长大坝寿命。

## 3　地基使用寿命

1959 年法国 67m 高的 Malpasset 拱坝由于坝基失稳而溃决，说明地基承载能力对于大坝安全的重要性。混凝土坝地基一般为岩基，岩基的破坏通常主要发生在结构面上，有以下几种情况：①设计阶段未发现的地质隐患，设计中未充分考虑，大坝建成蓄水后发生破坏，法国玛尔帕塞拱坝的失事即是一例。该坝原来准备兴建重力坝，设计者在没有补做任何勘探工作的条件下，改在下游 200m 处兴建拱坝，建坝前在新坝线未做任何地质勘探工作，实际上新坝线左岸地质条件很坏，导致工程竣工后在水位达到设计水头时大坝溃决。②设计阶段已经发现问题，但处理不当。③在渗透水的长期使用下，岩基结构面抗剪强度逐步劣化或水力条件逐步恶化，最后导致地基和大坝失事。

第①、②两种情况，岩基破坏多在大坝蓄水初期即发生，而第③种情况，在大坝蓄水多年后发生，这实质上就是岩基的使用寿命问题。因此，岩基使用寿命决定于渗透水长期作用或化学侵蚀下所引起的地基地质条件的劣化，如结构面抗剪强度的劣化、渗流条件的改变和劣化等，为了保证岩基长期正常服役，必须做到：高质量的地质勘探和地基处理；对渗透压、渗漏量、离子渗漏量等进行严密监测；及时维修，补充灌浆，补打排水孔等。

# 4  混凝土坝体劣化因素

## 4.1  混凝土碳化

混凝土的碳化是空气中的二氧化碳对混凝土的侵蚀。由于水泥水化反应生成了大量的氢氧化钙，混凝土内部呈较强的碱性，pH 值达 13 以上，空气中的二氧化碳经混凝土孔隙不断侵蚀扩散，与混凝土中的氢氧化钙反应而生成碳酸钙，使混凝土的碱性逐步降低，这一过程称为混凝土碳化，是由表及里的混凝土中性化过程。

混凝土碳化反应产生的碳酸钙堵塞在孔隙中，使混凝土密实度提高，据唐岱新等人研究，碳化使混凝土抗压强度明显提高，弹性模量有提高（见图 2）[5]，劈拉强度略有提高，但新安江、古田一级等工程现场检测结果，碳化使混凝土抗压强度降低一半甚至更多[4]。室内试验与室外检验结果正好相反，这个问题值得进一步研究。在已建工程的不同部位钻孔取芯进行检测，检测结果受到多项因素的影响，当年施工管理不严，混凝土离散性大，对分析结论难免有影响。室内试验条件相对简单，关于碳化不降低混凝土强度的结论可能更加可信。

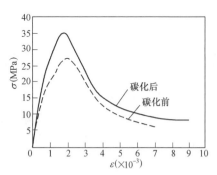

图 2　碳化对混凝土受压应力—
应变曲线的影响

碳化对混凝土结构的主要负面影响是引起钢筋锈蚀。通常混凝土内 pH 值在 13 以上，在这样的高碱性环境中，钢筋表面形成一层钝化膜，即使在有水分和氧气的条件下，钢筋也不锈蚀。碳化使混凝土中 pH 值降低，当 pH 值降至 9~10 时，钝化膜完全被破坏，钢筋发生锈蚀，由锈蚀而产生的体积膨胀使保护层剥落。

影响碳化速度的因素包括水灰比、水泥品种和用量、混合材品种和用量、施工质量、环境条件。

众多学者研究了碳化深度与时间的关系，碳化深度 $D$ 和时间 $t$ 的关系可表示如下

$$D = q\sqrt{t} \qquad (1)$$

式中：$t$ 为时间；$q$ 为碳化速度系数。根据碳化理论或碳化试验结果，不少学者已提出了碳化速度系数 $q$ 的算式，例如龚洛书给出下式[6]

$$q = k_w k_c k_{FA} k_b k_t \qquad (2)$$

式中：$k_w$ 为水灰比影响系数，$k_w = 4.15W/C^{-1.02}$；$k_c$ 为水泥用量影响系数，$k_c = 253C^{-0.964}$；$k_{FA}$ 为粉煤灰掺量影响系数，$k_{FA} = 0.968 + 0.032FA$；$k_b$ 为养护方法影响系数，标养 1.0，蒸养 1.85；$k_t$ 为水泥品种影响系数，普硅 1.0，矿渣 1.35。其中 $W$、$C$、$FA$ 依次为混凝土中水、水泥、粉煤灰的用量。

对于已建成混凝土坝，根据实测碳化深度 $D$，由式（1）可反算碳化速率系数 $q$ 如下

$$q = D\sqrt{t} \qquad (3)$$

$q$ 的单位为 mm/$\sqrt{a}$。

部分混凝土坝实测碳化深度及由式（3）反演的碳化速率系数 $q$ 见表 1。1952~1954 年建

造的佛子岭坝，运行 43 年后，碳化深度平均 1.25mm，反演 $q$=0.19mm/$\sqrt{a}$。日本大井坝和冢原坝，运行 60 多年后，碳化深度 0.19～0.36mm [3]，反演 $q$=0.0245～0.0465mm/$\sqrt{a}$。可见质量良好的混凝土坝碳化速度是缓慢的，我国较多混凝土坝的 $q$=9～20mm$\sqrt{a}$，碳化速度较快，这有两个原因：①20 世纪 50 年代末到 70 年代末，打乱了施工质量管理体系，施工质量欠佳；②在计划经济时代，资金和物资短缺，导致过度节约，混凝土设计强度和水泥用量偏低。

表 1          混凝土坝实际碳化深度与碳化速率系数

| 混凝土坝 | | 梅山 | 流溪河 | 磨子潭 | 上犹江 | 新安江 | 盐锅峡 | 柘溪 | 陈村 | 黄龙滩 | 普定RCC | 佛子岭 | 大井、冢原 |
|---|---|---|---|---|---|---|---|---|---|---|---|---|---|
| 龄期（a） | | 34 | 32 | 39 | 32 | 33 | 25 | 25 | 16 | 12 | 4 | 43 | 60 |
| 碳化深度（mm） | 上游 | 19 | 19 | 37 | 11 | 63 | 40 | 48 | 40 | 30.3 | 18.4 | 1.25 | 0.19～0.36 |
| | 下游 | 38 | 30.5 | 42 | 36 | 112 | | | | | | | |
| 碳化速率系数 $q$/（mm/$\sqrt{a}$） | 上游 | 3.26 | 3.36 | 5.92 | 1.94 | 10.97 | 8.0 | 9.60 | 10.0 | 8.75 | 9.20 | 0.191 | 0.024～0.046 |
| | 下游 | 6.52 | 5.39 | 6.73 | 6.36 | 19.50 | | | | | | | |

对于实体混凝土坝，由于断面较厚，表层混凝土碳化对大坝承载能力影响不大；但对于平板坝等钢筋混凝土薄壁坝，碳化导致钢筋锈蚀，可直接影响坝的承载能力和大坝寿命。

## 4.2 冻融破坏

混凝土中的孔隙有胶凝孔、毛细孔和空气泡等，孔径越小，孔内水的饱和蒸汽压越小，冰点越低。空气泡主要是引气剂人为引入的，呈封闭的球状，内含空气，不会结冰。胶凝孔孔径很小，孔中的水分子吸附于水化水泥浆固体表面，一般估计在−78℃以上不会结冰，因此胶凝孔水实际上是不会结冰的。当温度降低到−1.9～−1.0℃时，混凝土孔隙中的水由大孔开始结冰，逐渐扩展到较细的孔，一般认为在−12%时，毛细孔都能结冰，水转变为冰时，体积膨胀 9%，迫使未结冰的孔溶液向外迁移，从而产生静压力，对混凝土产生破坏作用。

在我国东北、华北、西北地区，特别是东北严寒地区，冻融破坏是影响混凝土坝寿命的主要因素，如东北云峰水电站，大坝建成运行不到 10 年，溢流坝表面混凝土冻融破坏面积高达 10000m$^2$，占整个溢流面积约 50%，平均混凝土冻融剥蚀深度达 10cm 以上 [7]。丰满、覆窝等坝，冻害也很严重。实际上，在长江以北广大地区，都不同程度地存在冻融破坏问题。

经过国内外多年研究，通过掺加引气剂、优化水泥品种和混凝土配合比，限制粉煤灰掺量、加强施工质量等措施，可以显著提高混凝土抗冻能力。

## 4.3 混凝土裂缝

混凝土抗拉强度只有抗压强度的 0.08 倍左右，在温度荷载和自重、水压力、地震等外荷载作用下，混凝土坝有时出现裂缝。裂缝危害性，首先，破坏了坝的整体性、使坝应力恶化、坝体安全度降低；其次，引起坝体渗漏，降低坝体的耐久性。由于温控技术的进步，防止混凝土坝因温度荷载导致的裂缝目前已完全可以做到 [8~10]。

## 4.4 渗漏溶蚀

渗漏使混凝土中氢氧化钙溶出，并与空气中的二氧化碳反应生成白色的碳酸钙。如丰满大坝，因施工质量不良，20 世纪 50 年代初期大坝渗漏量多达 273L/s。1974～1984 年测验结果表明，每年从坝体混凝土中溶出的离子含量（主要是钙离子）达 9t，从坝基帷幕中溶出的离子含量达 6.5t。溶蚀对混凝土强度和耐久性都有不利影响。

佛子岭、梅山两座连拱坝，厚度只有 0.5～2.0m，最大水头有 70～80m，建成蓄水后检查，有裂缝处都有碳酸钙渗出。没有裂缝处，坝体并无溶蚀痕迹，可见只要没有裂缝，质量良好的混凝土可以做到不发生溶蚀。

## 4.5 表面磨损

混凝土坝的表面磨损有两种：一种是高速水流中挟带的泥砂、砾石颗粒的冲刷、撞击和摩擦造成的损害；另一种是空蚀即高速水流速度和方向改变而形成空穴冲击作用造成的损害。

## 4.6 碱—骨料反应

混凝土中的碱与具有碱活性的骨料发生反应，引起明显的混凝土体积膨胀和开裂，改变混凝土的微结构，使混凝土强度显著下降。我国自 20 世纪 50 年代开始兴建混凝土坝时，经吴中伟院士提醒，水利水电部门都重视预防混凝土碱—骨料反应问题，因此混凝土坝没有出现过碱—骨料反应。

# 5 大坝设计预期使用寿命计算

由于问题复杂，影响因素多，而且大坝性能的劣化是一个渐进的过程，大坝设计预期使用寿命的计算是一个比较困难的问题，到目前为止似乎还没有大坝使用寿命的计算方法。本文提出一套计算方法。大坝寿命的结束意味着大坝正常使用功能的终止，在大坝运行过程中，坝体和地基变位、应力、扬压力、渗漏量等观测值及其变化趋势有助于人们判断大坝运行是否正常，但保障大坝正常使用功能的根本则是大坝（包括地基和坝体）的强度和稳定，因此，随着时间的推移，大坝材料不断劣化，当大坝已不具有足够的强度（包括稳定）储备时，意味着大坝正常使用功能的终止，即大坝寿命的结束。必须强调，本文是以大坝具有足够的安全储备和正常使用功能作为大坝使用寿命计算的前提，而不是以溃坝为前提的，因为如以溃坝为前提，在使用的后期，安全系数接近于 1.00，显然是偏于不安全的。

根据定义 1，设计大坝预期使用寿命 $t$ 是在正常管理维修条件下，从大坝建成到第一次进行大修的时间，可用 $t_1$、$t_2$ 中较短的时间作为预期作用寿命，即

$$t=\min（t_1，t_2）\tag{4}$$

式中：$t$ 为设计大坝预期使用寿命；$t_1$ 为钢筋混凝土坝主钢筋锈蚀达到极限状态的时间；$t_2$ 是由于地基或坝体材料劣化、大坝强度储备系数降至允许值的时间。

## 5.1 钢筋锈蚀时间 $t_1$ 的计算

钢筋混凝土坝主钢筋锈蚀达到极限状态的时间 $t_1$ 可计算如下

$$t_1=t_{1a}+t_{1b}\tag{5}$$

其中：$t_{1a}$ 为保护层完全碳化、钢筋脱钝开始锈蚀的时间；$t_{1b}$ 为钢筋锈蚀达到极限状态的时间。

设钢筋保护层厚度为 $D$，保护层完全碳化时间可计算如下

$$t_{1a} = \left(\frac{D}{q}\right)^2 \tag{6}$$

钢筋锈蚀极限状态可定义为钢筋截面损失率达到极限值，如 1%～2%；或钢筋锈蚀引起截面减小、使钢筋应力达到极限 $\sigma_s/K$，其中 $\sigma_s$ 钢筋屈服应力，$K$ 安全系数。

邸小坛给出了钢筋截面损失率估算公式如下[5]

$$\lambda = \beta_1 \beta_2 \beta_3 \left(\frac{4.18}{f_{cu}} - 0.073\right) \cdot (1.85 - 0.04D)\left(\frac{5.18}{d} + 0.13\right)t \tag{7}$$

式中：$\lambda$ 为钢筋截面损失率；$\beta_1$、$\beta_2$、$\beta_3$ 分别为养护条件、水泥品种和环境作用修正系数；$D$ 为保护层厚度；$d$ 为钢筋直径；$f_{cu}$ 为混凝土抗压强度标准值；给定 $\lambda$，由上式可反算时间 $t_{1b}$。

混凝土坝中钢筋保护层厚度较大，例如平板坝钢筋保护层厚度一般取 10cm，比工业民用建筑中的保护层厚度 2～3cm 大得多，只要施工质量良好，式中 $t_{1a}$ 显然是主要的，为了简化计算，可忽略 $t_{1b}$，直接取 $t_1 \cong t_{1a}$，这当然也是偏于安全的。

## 5.2 大坝强度储备系数降至极限值的时间 $t_2$ 计算

大坝运行多年后能否继续使用，关键在于是否还具有足够的安全储备，因此用时间 $t_2$ 来决定大坝设计预期使用寿命是比较合理的。

### 5.2.1 简化算法

采用混凝土重力坝和拱坝设计规范中坝体应力和稳定安全系数的计算方法，但计算参数，如混凝土和岩基的强度参数、坝体断面尺寸、扬压力等考虑时间因素的影响。

抗滑稳定安全系数：

$$K_1 = \sum(fN + cA)/\sum T \tag{8}$$

强度安全系数：

$$K_1 = R_c/\sigma_c; \quad K_3 = R_t/\sigma_t \tag{9}$$

使用时间 $t$ 的影响是隐含在计算参数中，有以下几方面。

（1）坝体断面 A 的改变及其引起的坝体应力 $\sigma$ 改变。冻融、冲蚀可直接削减坝体断面厚度，从室内试验结果看，碳化并不降低混凝土强度，从现场检测结果看，碳化使混凝土强度降低，为偏于安全，可假定碳化后，混凝土强度降至零，即从坝体断面厚度 $L$ 中直接减去碳化、冻融、冲蚀深度，得到有效厚度如下

$$L_e = L - D_1 - D_2 - D_3 \tag{10}$$

式中：$L_e$ 为坝体有效厚度；$L$ 为坝体设计厚度；$D_1$、$D_2$、$D_3$ 为由于碳化、冻融、冲蚀引起的坝体破坏深度。采用有效断面重新计算坝体应力（坝体自重计算不考虑碳化），即可得到断面改变后的应力。

（2）坝体强度 $R$、摩擦系数 $f$ 和黏着力 $c$。从后面的表 2 可见，正常情况下混凝土坝内部抗压强度后期略有增长，抗剪强度与抗压强度成正比，后期也应略有增长。为偏于安全，可忽略后期强度增长，假定后期混凝土抗压、抗剪强度不变。如存在着渗漏溶蚀，则应考虑混凝土强度参数可能的劣化。

（3）岩基抗剪强度。岩基结构面抗剪强度的变化取决于地质构造、灌浆质量和排水条件，由于在高压水作用下，存在着溶蚀，岩基抗剪强度一般是随着运行时间的延长而可能劣化的；但只要定期进行岩基补充灌浆，岩基抗剪强度是可以恢复正常的。

### 5.2.2 全过程仿真非线性有限元超载法

某重力坝 1937 年开工，1953 年竣工，坝高 90.5m，施工中无温控，纵缝无键槽也未灌浆，施工质量差，裂缝多，但按现行重力坝设计规范复核，坝体应力满足要求，抗滑稳定系数 $K$=2.8，略小于规范值 3.0，相差也不大；但用全过程有限元方法复核，坝的超载系数明显偏低[11]，经研究，决定废弃该坝，在下游重建一新坝。这一事例说明现行混凝土坝设计规范有一定局限性，采用全过程仿真非线性有限元超载法计算混凝土坝使用寿命，可明显提高计算精度。坝体使用寿命的影响，隐含在超载系数中。如图 3 所示。

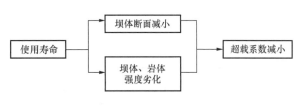

图 3　使用寿命对超载系数的影响

## 6　在役大坝剩余使用寿命的预测

大坝建成后运用了 $t_0$ 年，其剩余使用寿命取决于当时大坝的质量状态及后续损伤速率及安全标准。

第一步，查清大坝质量状态及损伤速率。包括：①考察大坝变位、渗漏量、扬压力、温度等观测资料，剖断是否处于正常状态；②钻孔取芯，检查坝体混凝土强度；③检测坝体碳化、冻害、冲蚀情况，反演坝体损伤速率。

第二步，计算剩余使用寿命。计算方法与第 6 节相同，但计算参数都是在役大坝的实测值，因而计算精度更高。

## 7　优质实体混凝土坝超长期服役的可能性

综合分析前述因素，可知平板坝使用寿命是有限的，但优质实体混凝土坝的使用寿命有可能为无限大，换言之，它有可能超长期服役，理由如下。

（1）大坝混凝土具有足够的长期强度。水泥的水化作用是不可逆的。从理论上讲，大坝混凝土强度是只升不降的，即早期快速上升，中期慢速上升，后期趋于稳定。只要施工质量好，密实性好，不存在内部空洞和裂缝引起的溶蚀，大坝内部混凝土具有足够的长期强度。在正常施工条件下，坝体内部混凝土的密实性是较好的，即使局部漏震，产生局部不密实，因坝体较厚，也不至于形成从上游到下游的渗水通道；按目前温控水平，防止坝体贯穿性裂缝是可以做到的，退一步说，即使产生了贯穿性裂缝，还可以通过灌浆等措施予以修复。

美国垦务局曾在一批混凝土坝内部钻孔取芯，进行抗压强度试验，成果见表 2[12]。由表 2 可见，坝体内部混凝土强度普遍高于室内 $\phi$15cm×30cm 试件标准养护 28d 的强度，而且到龄期 22 年时，强度仍然略有增加。1952～1954 年建造的佛子岭连拱坝，在 1994～1995 年大坝安检时，用钻芯法从坝体混凝土中钻取 40 个 $\Phi$100mm 长 350～450mm 芯样进行强度测试，抗压强度 37.4～64.0MPa，为建坝时混凝土试件 28d 抗压强度的 1.42～2.32 倍，经过 40 年，强度平均增长了 81%[13]。

显然，这种强度发展规律与坝工混凝土工作条件有密切关系，坝体内部长期保水，可以不断提供水泥水化所需水分，因而到龄期 20～40 年后，强度仍略有增长。如果是混凝土薄板或断面不大的钢筋混凝土构件，处于干燥环境，浇筑后经过一段时间，混凝土内部变成充分干燥，水泥水化作用即将中止，混凝土强度即不可能长期增长。

**表 2        混凝土大坝内部钻芯不同龄期抗压强度与室内试件 28d 抗压强度的比值**

| | | Shasta（未掺混合料） | Friant | Hungry Horse | Glen-Canyon | Flaming Gorge | Yellowtail |
|---|---|---|---|---|---|---|---|
| 龄期（a） | 0.5 | 1.74 | 1.11 | 1.41 | 1.60 | 1.08 | 1.11 |
| | 1 | 1.75 | 1.17 | 1.55 | 1.74 | 1.18 | 1.12 |
| | 2 | 1.72 | 1.18 | 1.54 | 1.49 | 1.21 | 1.24 |
| | 5 | 1.56 | 1.37 | 1.97 | 1.62 | | |
| | 10 | 1.74 | 1.21 | （8 年）2.35 | | | |
| | 22 | 2.24 | 1.24 | | | | |
| 粉煤灰掺率（%） | | 0 | 10～30 | 24～43 | 22～28 | 33 | 27～30 |

注    Shasta、Friant 钻孔直径为 56cm；Hungry Horse、Glen-Ganyon、Flaming Gorge、Yellowtail 钻孔直径为 25cm。

（2）实体混凝土坝断面较厚具有良好的抗表面损伤能力。实体混凝土坝断面较厚，坝顶最薄，厚度也有 3～8m，坝内最大应力一般处于坝体的中下部，重力坝厚度常在 50m 以上，拱坝厚度也在 10～20m 以上，混凝土碳化、冻融、冲蚀等损伤都发生在表层，深度一般不过 10～30cm，对于 10m 厚的大坝，断面削弱只有 1%～3%，对于 50m 厚的坝，断面削弱只有 0.2%～0.6%。

下面以混凝土碳化为例，进行分析。

混凝土碳化速率与混凝土质量有密切关系，考虑 5 种混凝土碳化速率：（a）极优混凝土，$q$=0.040mm/$\sqrt{a}$，相当于大井坝和冢原坝水平；（b）优良混凝土，$q$=0.2mm/$\sqrt{a}$，相当于佛子岭坝水平；（c）一般混凝土，$q$=5.0mm/$\sqrt{a}$，相当于流溪河坝和梅山坝水平；（d）欠佳混凝土，$q$=10.0mm/$\sqrt{a}$；（e）劣质混凝土，$q$=20mm/$\sqrt{a}$，属于非常施工水平。

碳化深度考虑 3 种：（a）$D_1$=10cm，相当于平板坝钢筋保护层厚度；（b）$D_2$=20cm；（c）$D_3$=50cm，$D_2$ 和 $D_3$ 设想为拱坝和重力坝的允许碳化深度。

由式（6），碳化时间为 $t=(D/q)^2$，计算结果见表 3。

由表 3 可看出以下几点：（a）施工质量对碳化速率和坝体寿命影响很大，以非正常施工大坝的 $q$=20mm/$\sqrt{a}$，碳化深度达到普通钢筋混凝土保护层底部只需 1.5 年，达到平板坝钢筋保护层底部只需 25 年；（b）按相当于流溪河和梅山质量水平的 $q$=5mm/$\sqrt{a}$，碳化深度达到平板坝钢筋保护层底部需 400 年，达到设想的拱坝允许碳化深度 20cm 需 1600 年；（c）按相当于佛子岭质量水平的 $q$=0.200/mm/$\sqrt{a}$，碳化深度达到平板坝钢筋保护层底部需 25 万年，达到深度 20cm 需 100 万年，实际上寿命已趋无限大。

| 表 3 | | 混 凝 土 碳 化 时 间 | | | （单位：a） |
|---|---|---|---|---|---|
| | | 碳化速率 $q$（mm/$\sqrt{a}$） | | | |
| | | 0.040 | 0.200 | 5.00 | 10.0 | 20.0 |

| | | 碳化速率 $q$（mm/$\sqrt{a}$） | | | | |
|---|---|---|---|---|---|---|
| | | 0.040 | 0.200 | 5.00 | 10.0 | 20.0 |
| 碳化深度 $D$/mm | 25 | $39\times10^4$ | $1.56\times10^4$ | 25.0 | 6.25 | 1.56 |
| | 100 | $625\times10^4$ | $25\times10^4$ | 400 | 100 | 25 |
| | 200 | $2500\times10^4$ | $100\times10^4$ | 1600 | 400 | 100 |
| | 500 | $15625\times10^4$ | $625\times10^4$ | 10000 | 2500 | 625 |
| 相当的工程质量水平 | | 大井、冢原 | 佛子岭 | 流溪河、梅山 | 质量欠佳 | 非正常施工 |

对于钢筋混凝土构件，由于保护层很薄，混凝土碳化对其使用寿命有重要影响。平板坝钢筋保护层厚度一般为 10cm，碳化对其寿命仍有一定影响，对于实体混凝土重力坝和拱坝，不存在钢筋锈蚀问题，而且断面较厚，而坝体较大应力处于坝的中下部，厚度大，表面损伤 20～50cm，对坝体不致构成重大威胁，但从表 3 可见，以流溪河、梅山质量水平，碳化深度达到 20、50cm 分别需要 1600 年和 10000 年；以佛子岭质量水平，碳化深度达到 20cm、50cm 分别需要 100 万年和 625 万年。

（3）实体混凝土坝可在不影响正常使用条件下对各种损伤进行维修。按我国现有筑坝水平，在优化混凝土性能、严格施工质量条件下，当可防止严重的碳化、冻融和冲蚀破坏，而且碳化、冻融和冲蚀等损伤都限于表层，实体混凝土坝断面较厚，可以在不影响正常运用条件下进行维修。

（4）对岩基和坝体必须进行严密监控和维修。对岩基和坝体渗流场、渗流量、渗出离子（主要是钙离子）量必须进行严密监测和控制，必要时进行补充灌浆，补打排水孔，或表面维修，保证坝体和地基的安全。

综上所述，在良好设计和施工、严格监控和维修条件下，实体混凝土重力坝和拱坝有可能超长期服役，换言之，其使用寿命有可能为无限大。

# 8 实现混凝土坝超长期服役的措施

## 8.1 新建混凝土坝

设计中的新坝，为了超长期服役，应采取以下措施：①坝型选择，采用实体混凝土坝，宽河谷用碾压混凝土重力坝，窄河谷用混凝土拱坝，实际上我国目前在建的都是实体混凝土坝；②研究如何改善混凝土材料性质和加强施工管理，使混凝土坝抗老化能力达到大井坝和冢原坝水平，碳化深度达到 10cm，需 625 万年；或退一步，达到佛子岭坝水平。碳化深度达到 10cm 需 25 万年，坝体可达到超长期的使用寿命；③为了双保险，坝体表面可加防护层，根据不同情况，采用不同的结构形式和材料：（a）抗碳化层，涂在混凝土表面，隔断大气；（b）综合保护层，兼有保温、防裂、防冻、抗碳化功能，例如，聚氨脂泡沫涂层加保护层，或聚苯乙烯泡沫板加保护层；（c）抗冲蚀层。这些保护层本身的使用寿命当然是有限的，但可以不断更新，从而使坝体混凝土可长期使用，坝体保护层的构造、材料、施工方法都值得研究，务使既有足够的使用寿命又便于更新；④止水结构，既有较长的使用寿命，又便于经常维修，以达到超长期服役。

## 8.2 在役实体混凝土坝

（1）在加强管理的前提下，如需大修，应考虑加设表面保护层，尽量延长使用寿命；

（2）如需大修，应提高大修水平，务使经过一次大修后，大坝可超长期服役，不必再进行大修。

## 8.3 在役支墩坝

支墩坝包括平板坝、连拱坝、双支墩大头坝、单支墩大头坝，结构形式差别较大，而且有的已经过大修，有的尚未大修，情况较复杂，应根据具体情况，研究处理。例如，平板坝，平板受力钢筋的锈蚀是一个重要的控制因素，可以采取措施，延缓钢筋的锈蚀，但要超长期服役有一定困难。单支墩大头坝元受力钢筋，坝体也较厚，经过适当改造，超长期服役是可能的。

## 8.4 坝体和地基的监测和维修

应该加强坝体和地基的监测，及时维修，防止产生较大损伤，确保大坝始终处于良好工作状态，以利于超长期服役。

# 9 结语

坝工混凝土具有足够的长期强度，只要没有渗漏溶蚀，内部强度是不会降低的。良好的材料性能和施工质量，可以把碳化、冻融、冲蚀等表面损伤控制在很小范围，而实体混凝土坝断面厚度较大，即使产生了一些表面损伤，可以在不影响大坝正常运用条件下及时进行修复，因此，优质实体混凝土坝有可能超长期服役。对于新建大坝，建议在坝型、结构、材料、施工和管理等方面采取较高标准，务使建成后可超长期服役。对在役实体混凝土坝，若目前质量较好，应加强管理和维修，实现超长期服役；如存在一些质量问题，可考虑适当改善，争取能够超长期服役。对在役单支墩大头坝，可考虑适当改造，使其可超长期服役。在役平板坝，难以长期服役，但可采取适当措施，例如，坝面加抗老化涂层，适当延长其使用寿命。

参 考 文 献

[1] DL/T 5057—2009，水工混凝土结构设计规范 [S]. 北京：中国电力出版社，2009.

[2] SL 191—2008，水工混凝土结构设计规范 [S]. 北京：中国水利水电出版社，2009.

[3] 刘崇熙，汪在芹. 坝工混凝土耐久寿命的现状和问题 [J]. 长江科学院院报，2000（1）：18-21.

[4] 邢林生. 坝工混凝土工程碳化机理及实例分析 [J]. 大坝与安全，2003（2）：12-16.

[5] 张誉，蒋利学，张伟平，等. 混凝土结构耐久性概论 [M]. 上海：上海科学技术出版社，2003.

[6] 龚洛书，苏曼青，王洪琳. 混凝土多系数碳化方程及其应用 [J]. 混凝土，1985（6）：12-18.

[7] 李金玉，曹建国. 水工混凝土耐久性的研究和应用 [M]. 北京：中国电力出版社，2004.

[8] 朱伯芳. 混凝土坝理论与技术新进展 [M]. 北京：中国水利水电出版社，2009.

[9] 朱伯芳. 混凝土坝温度控制与防止裂缝的现状与展望 [J]. 水利学报，2006，37（12）：27-35.

[10] 朱伯芳. 大体积混凝土温度应力与温度控制 [M]. 北京：中国电力出版社，1999.

［11］朱伯芳，张国新，郑璀莹，等. 混凝土坝运行期安全评估与全坝全过程有限元仿真分析［J］. 大坝与安全，2007（6）：16-19.

［12］U. S. Bureau of Reclamation［M］. Concrete Manual，8th ed，1979.

［13］石庆尧. 佛子岭水库除险加固［M］. 北京：中国水利水电出版社，2008.

# 关于混凝土坝基础断层破碎带的处理及
# 施工应力问题的商榷[❶]

**摘　要**：混凝土坝基础破碎带的处理对坝体安全有重要影响。破碎带的宽度和深度的变化范围很大，小的只有 1～2m，大的可有几十米；破碎带内填充材料的力学性能的变化也很大。本文根据破碎带尺寸和填充材料的不同性质，提出了相应的处理方法。混凝土坝施工过程对坝体应力有重要影响，本文提出了相应的计算方法。

**关键词**：混凝土坝；基础；破碎带；处理方法；施工过程；坝体应力

# On the Treatment of Broken Zones in the Foundation of Concrete Dams and the Influence of Construction Process on the Stresses of Concrete Dams

**Abstract:** The treatment of broken zones in the foundation has remarkable influence on the safety of concrete dams. The width and depth of broken zones vary in a largr range，may be from 1～2m to 30～40m. The properties of the materials filled in the broken zones also vary remarkably. According to the size and property of the filled material, appropriate methods of the treatment are proposed in this paper. The influence of process of construction on the stress state of concrete dams is big, the relavent method of computationa is given in this paper.

**Key words:** concrete dam, foundation, broken zone, methods of treatment, process of construction, dam stress

　　近年来，我国建造的几个大型混凝土坝差不多都遇到了基础断层破碎带处理和施工应力问题。关于基础断层破碎带的处理问题，一般是按楔形梁理论考虑和设计的。关于在施工过程中引起的坝体应力恶化问题，不少工程都采取了在上游坝面浇筑大量压重混凝土的措施，以改善坝踵应力。兹就这两个问题提出一些个人看法，就正于读者。

---

❶　原载《水利水电技术》1964 年第 10 期。

## 一、基础断层破碎带的处理问题

实践经验说明，建筑混凝土坝往往难免要遇到断层和破碎带，而基础断层破碎带的处理确是关系工程成败的重要问题。几年来，国内一般是根据楔形梁理论进行设计的，其中有不少问题是值得商榷的。

（一）所谓楔形梁，在理论上是不正确的。按照楔形梁理论，在梁与坝体之间存在着一条光滑的水平缝，在这条缝上不能传递剪力，坝体是作为外荷载压在梁上的，梁内水平应力按直线分布、剪应力按抛物线分布，由此算出的应力在水平缝 $AB$ 上是不连续的，如图 1 所示。但实际上，回填的混凝土与坝体是结合成为一个整体的，它们之间并不存在这么一条接缝，坝体应力与回填混凝土的应力在 $AB$ 面上是连续的，很明显，这与楔形梁的应力是有本质的不同的。当然，在工程计算中允许有一定的近似和假定，但这些假定与实际情况不能相差太远。目前楔形梁形状的规定是缺乏物理基础并带有任意性的，如果顶部取图 1 虚线 $ACB$ 所示的弧形，这样就接近于一个拱塞，算出的应力也将完全改观。由于按楔形梁计算根本不能反映结构的真实面貌，因而不能作为设计的主要依据。

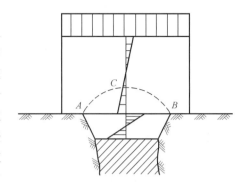

图 1　楔形梁应力分布

（二）从楔形梁的概念出发，为了保持梁的整体性，一般都整体浇筑回填混凝土，不敢设置收缩缝，但结果却往往适得其反。由于两端嵌固，受到岩石约束较大，变形不易，回填的混凝土在降温过程中较一般混凝土更易于裂缝，而且一旦发生了裂缝，很可能向上继续发展，破坏坝的整体性。

（三）在设计中，一般多根据允许拉应力决定梁的尺寸，采用的安全系数为 2～4，有的工程甚至采用了高达 $10 \mathrm{kg/cm}^2$ 的允许拉应力。在应力计算中也只考虑了水压力和自重，并未考虑温度应力。但实际上温度应力是很大的，即使不出现裂缝，也接近混凝土的极限抗拉强度，在承受温度应力以后，抗拉强度的剩余储备是不大的。因而所谓安全系数 2～4 是不真实的，采用 $10 \mathrm{kg/cm}^2$ 的允许拉应力更是危险的。

（四）楔形梁设计中均假定两端岩石是坚固而稳定的，不考虑回填混凝土在加固基础岩石方面应起的作用。这也是不符合实际情况的。

总之，在基础处理设计时，按照楔形梁的理论进行设计是不正确的，在实践中会导致裂缝及其他严重后果，因此，不能作为基础处理设计的主要依据。

有了断层和破碎带以后，坝体荷载传递到基础上的方式是要调整的。按照楔形梁理论，软弱基础上的荷载主要靠楔形梁传递到两旁良好岩石上去，但实际上荷载的调整主要仍应依靠坝体本身。回填混凝土作用只不过是：①使坝体应力有一定的改善，但应力改善的情况并不能依靠楔形梁理论来预测，需要进行模型试验。②加强断层两旁基础岩石的稳定性。

下面分析几个具体例子，从这些例子可以看出楔形梁理论所提供的设计方案是不合理的，在某些情况下甚至是危险的。

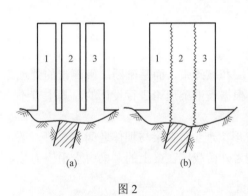

图 2
（a）楔形梁方案；（b）整体式方案

图 2（a）所示为一个 100m 高坝，在这个高坝的基础上有一大断层。按照楔形梁理论，不考虑温度应力，而按允许拉应力 $10kg/cm^2$ 计算，需 10m 高的楔形梁将第 2 坝段的荷载传达到两旁的岩石上去。这种设计方案是十分危险的。首先，设计中未考虑温度应力，而事实上温度应力是很大的，实践经验说明甚至在施工过程中就裂断了；其次，基础形状复杂，变形模量变化大，特别是岩石中存在着非弹性变形，梁中应力实际上是非常复杂的，绝非楔形梁计算所能反映，甚至模型试验也不能完全说明问题。因此 100m 高坝仅依靠 10m 高楔形梁来承担，后果可能是十分严重的。

如果我们放弃楔形梁理论，从加强结构的整体性观点出发，取消宽缝，在横缝上设置键槽，于坝体冷却到稳定温度后进行灌浆，使三个坝段结成一个整体，如图 2（b）所示的整体方案。这个整体方案就比楔形梁方案有很多优越性：

（1）由于设置了两条收缩缝，温度应力减小了，裂缝机会也就大为减少。

（2）收缩缝的存在，减轻了基础不均匀沉陷的破坏作用。

（3）三个坝段连接成为一个整体，坝的刚度大大增加了（若按照材料力学，110m 高的梁比 10m 高的梁，刚度相差 $11^3=1300$ 倍）。

再如果坝基础上有一与坝轴线近乎平行的断层（见图 3），宽度 2m，断层甚破碎，两旁岩石冲有倾向下游的节理。如按照楔形梁理论，只需挖深 2m 即回填混凝土 [见图 3（a）]。但在断层上游侧的岩石 *ABC*，当受力后是不稳定的，有沿着节理向下游滑动的可能。我们认为，在这种情况下应挖至更大的深度，使回填的混凝土足以支持上游侧的岩石，并在岩石和断层中进行固结灌浆，以保证上游岩石的稳定性。

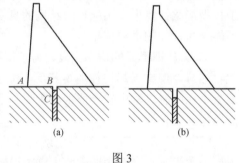

图 3

对于在稍微宽些的断层中回填混凝土，最好设置一条有键槽的收缩缝，并埋设密集的冷却水管，纵横间距 50～70cm，浇筑完毕以后，在短时间（约 7～15d）内强迫冷却至稳定温度以下 2～5℃，然后进行灌浆并浇筑上部混凝土。由于超冷，温度回升后回填混凝土将处于受压状态。

如果断层伸入水库，必须十分重视防渗问题。最好挖一竖井并回填混凝土，以截断渗水途径。竖井深度与防渗帷幕相同。

综上所述，可见断层处理是比较复杂的问题，不能以楔形梁理论作为设计的主要依据。应该查明下列情况：断层产状，两旁岩石节理层理等构造；断层、影响带及两旁岩石的强度；变形模量及其他物理力学性能；水文地质条件；断层与坝体的关系等。根据对这些情况的综合分析研究，配合必要的试验，参考国内外断层处理的实践经验，才能决定比较稳妥合理的处理方案。

## 二、施工过程对坝体应力的影响问题

施工过程对坝体应力的影响是一个十分重要而又十分复杂的问题。新安江、新丰江、桓仁等工程的实践经验都说明施工过程对坝体应力具有重要影响。这些工程，由于在施工过程中坝体应力有所恶化，不得不在坝的上游面浇筑压重混凝土，花费了不少投资。过去对这个问题的分析和讨论是不够的。作者根据一些工程的实际观测数据对这个问题进行一些探讨。

问题的关键在于灌浆前的接缝能否传递剪力。原体观测资料证实，浇筑混凝土时，接缝两侧的新老混凝土是互相贴紧的，浇筑后混凝土的温度是逐渐上升的，接缝面实际上是处于受压状态。在这种条件下，新老混凝土之间可能存在着一定的黏着力，加上键槽的作用，接缝是可以传递剪力的，问题在于坝体温度下降以后的情况如何。根据坝型及施工方式的不同，可分为以下几种情况：

（一）实体重力坝，没有人工冷却，当坝体温度很高、接缝处于受压状态时即开始蓄水。在这种情况下，初期的接缝是可以传递剪力的，自重及水压力引起的应力与按整体计算的也基本一致。其后温度逐步降低，在坝内出现温度应力。这种温度应力在上游面的铅直方向及坝底部的水平方向均可能是拉应力。降温至一定程度后，接近基础的下部纵缝可能被拉开，坝的整体性就要受到影响。如日本须田贝实体重力坝，该坝设置了两条纵缝，没有进行灌浆，根据内部观测仪器的实测资料，蓄水以前的自重应力及蓄水初期的水荷重应力均与按整体计算的一致，这说明没有灌浆的纵缝在坝体充分冷却以前是可以传递剪力的。该坝在蓄水两个半月以后，由于温度场改变；实测应力不再是直线分布的（见图4）。但因坝体未完全冷却，应力仍然是连续的。

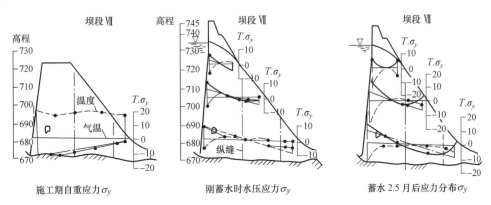

图 4　日本须田贝实体重力坝实测应力

（—实测 $\sigma_y$；—·—计算 $\sigma_y$；---- 温度 $T$）应力单位：kg/cm$^2$；温度单位：℃

（二）支墩坝因坝体很薄，施工过程中即已充分冷却，纵缝全部或大部脱开，不能传递剪力，自重应力基本上是各坝块单独传递至基础，在同一水平面上的应力分布是不连续的。如在这种条件下蓄水，坝体上游面的应力可能大为恶化。如日本井川支墩坝，该坝采用斜缝，根据测缝计及应变计的观测，纵缝大部分均已张开，坝内铅直应力呈不连续分布，在接缝附近应力有明显跳跃（见图5）。

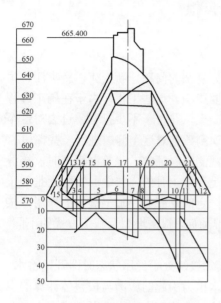

图 5　日本井川支墩坝实测铅直应力
（kg/cm²）

（三）高度较大的实体重力坝，人工冷却前纵缝处于受压状态，可传递剪力，坝内应力接近于整体状态。如自基础向上逐层冷却井灌浆，冷却部分及其附近的纵缝脱开不能传递剪力，但其余部分没有全部脱开，还可以传递一部分剪力，因此坝内应力将介于按整体计算及按分块计算的两种情况之间。并与接缝脱开长度与未脱开长度的比值有关。

综上所述，可见施工过程对应力的影响与坝型及施工方式尤其是与冷却和灌浆程序有密切关系，必须进行具体分析，压重混凝土不一定是必需的。为了避免施工过程对坝体应力的不利影响，可以在浇筑一段（15～20m 高）混凝土后，立即强迫冷却至稳定温度并进行灌浆，然后再浇筑上层混凝土，如此逐层上升，可以保证坝的整体性。当坝体较高时，底层的冷却和上层的浇筑可以同时进行，只要安排得当，不会影响施工进度。

# 某拱坝因坝内高压孔洞缺乏防渗钢板引起大裂缝的教训[❶]

**摘　要：** 某双曲拱坝，高 162m，设有三个泄水中孔，其中右中孔产生了比较严重的裂缝，本文对裂缝成因及危害性进行分析，并指出应该吸取的教训，坝内高压孔洞必须有钢板衬砌防渗。

**关键词：** 裂缝；钢板衬砌；高压孔口

## Cracking of an Arch Dam Due to Lack of Steel Lining of High Pressure Cavern in the Dam

**Abstract:** Some deep cracks appeared in an arch dam 162m high The steel lining of the bottom outlet was replaced by silica concrete through which the water with high pressure penetrated into the dam body and induced the cracks. Steel lining is necessary for high pressure cavern in concrete dams.

**Key words:** Crack, steel lining, high pressure cavern

## 1　前言

某水电站总装机容量 510MW，保证出力 110MW 年发电量 24.2 亿 kWh，总库容 10.25 亿 m³，挡水建筑物为双曲抛物线拱坝，坝顶高程 978m，最大坝高 162m，拱冠梁顶部厚 6.00m，底部厚 25.00m，该坝在高程 890m 设有三个泄水中孔（图 1），蓄水运行以后，三个中孔都发

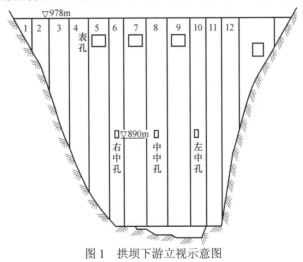

图 1　拱坝下游立视示意图

---

❶　原载《混凝土坝技术》1997 年第 2 期，由作者与厉易生、许平、栾丰联名发表。

生了一些裂缝，尤以右中孔裂缝比较严重，受业主委托，我们对裂缝成因及危害性进行了详细分析，本文给出主要分析结果。

## 2 裂缝情况

该水电站于 1989 年 1 月截流，1990 年 2 月开始浇筑大坝混凝土，1994 年 4 月下闸蓄水后，经历了两个汛期和低温季节，未发现明显异常现象。1996 年 2 月 1 日，发现 5#、6#、7# 三个坝段的下游坝面在高程 903～917m 之间漏水（图 2），其中 6# 坝段下游面有一条斜缝，右边高程 912.6m，左边高程 909m，出水为射流状，最大射程约 1.2m，漏水比较严重。经详细的钻孔探查，发现渗水来自右中孔，裂缝自中孔向上发展至 910m 高程附近，在下游坝面出露；裂缝铅直向下延伸至 883m 高程（以下无钻孔），裂缝面接近铅直，裂缝在铅直方向的高度约 30m（图 3）。裂缝在拱坝下游坝面出露长度约 12m，占坝段宽度的 70%下游，表面裂缝两

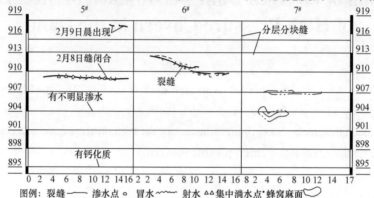

图例：裂缝—— 渗水点。 冒水～～ 射水△△集中渗水点·蜂窝麻面〰

图 2  拱坝 5#、6#、7# 坝段下游面漏水示意图

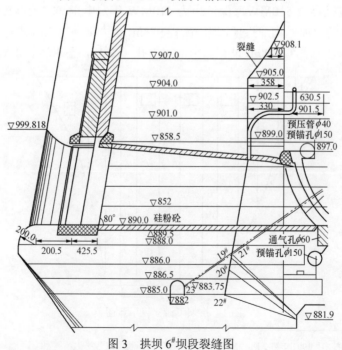

图 3  拱坝 6# 坝段裂缝图

端距横缝仅 2m 左右。相邻的 5#与 7#坝段在相近高程发现水平缝渗水，因此可以认为裂缝面已发展到了 5#～6#和 6#～7#坝段之间的横缝，即裂缝在铅直方向的高度约 30m，在水平方向已切断 6#坝段长度约 15m。

右中孔顶板、底板及边墙裂缝展开情况见图 4，可见在顶板和边墙上实际上出现了近乎平行的、宽度不等的一组裂缝。

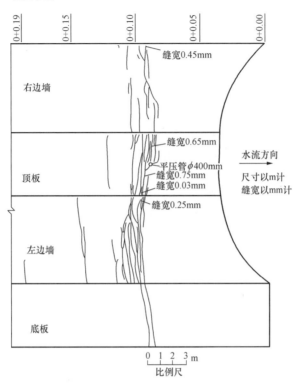

图 4　6#坝段中孔裂缝展开图（1996 年 6 月 5 日测绘）

在左中孔和中中孔内也出现了一些裂缝，但裂缝较少、较浅、较轻微，未在下游坝面露出。

# 3　裂缝对坝体应力的影响

为了分析裂缝对坝体应力的影响，我们分别用多拱梁法和三维有限单元法进行了计算。

## 3.1　多拱梁法计算

在多拱梁法计算中，拱冠梁剖面如图 5 所示，裂缝后在高程 885m 下游断面厚度减少 7.5m，其他高程不变。高程 885m 拱圈，从拱冠梁到右拱端减少 7.5m，左拱端厚度不变，从左拱端到拱冠梁之间呈线性变化。

共计算了 4 种工况，表 1 中列出了工况 I（正常蓄水位 970m+泥沙压力+自重+温降）的计算结果，最大拉应力由裂缝前的 1.00MPa 增加为裂缝后的 3.08MPa，最大压应力由裂缝前的 7.34MPa 增加为裂缝后的 9.84MPa，裂缝前后坝体应力状态的改变是很大的，但该拱坝河谷狭窄，拱的作用很大，6#坝段下游面水平方向是受压的，裂缝下游的混凝土在拱的方向仍然可以承受荷载，上述多拱梁法计算结果实际上是夸大了裂缝的影响。

表1　　　　　　　　　　多拱梁法计算的裂缝前后拱坝最大应力

| 项目 | 最大拉应力（MPa） | 高程（m） | 部位 | 最大压应力（MPa） | 高程（m） | 部位 |
|------|------|------|------|------|------|------|
| 裂缝前 | 1.00 | 885 | 左拱端上游 | 7.34 | 885 | 左拱端下游 |
| 裂缝后 | 3.08 | 885 | 坝体上游 | 9.84 | 885 | 坝体上游 |

## 3.2　三维有限单元法计算

为了更好地分析裂缝对坝体应力的影响，我们用三维有限单元进行了计算，计算网格见

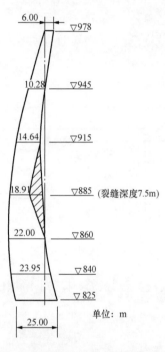

图5　多拱梁法计算中拱冠梁剖面

图6，计算范围包括坝体和地基，共有8结点等参单元7552个，其中坝体3200个，结点总数9285个。在拱坝厚度方向分为8层单元，共计算了4种工况，其中工况Ⅰ为正常蓄水位+泥沙压力+自重+温降，温降为冬季年变化温度减去约3.7℃的超冷（随高程略有变化，年平均气温为16.7℃，坝体灌浆温度约13.0℃）。裂缝的模拟是把6#坝段裂缝前的一列单元去掉，如图7阴影线所示。

当缝内不施加渗透水压力时，裂缝前后拱冠梁的应力曲线（图8）基本上重叠在一起，拱冠梁位移曲线则完全重合，表明 6#坝段的裂缝对拱冠梁的应力状态没有明显影响。

图9表示了裂缝前坝体上游面主应力，沿基岩周边为拉应力区，右拱冠的拉应力大于左拱端，最大拉应力为2.72MPa，出现在高程832.1m的右拱端。下游坝面主应力等值线见图10，两个拱端都是高压应力区，高斯点最大压应力为9.75MPa，出现在高程841m右拱端下游面。从等值线图看，能够分辨的最高等值线分别是7.0、8.0MPa及9.0MPa，位于右拱端的840～900m高程，左拱端的860～905m高程，更高的等值线在图上已难以辨认，等值线所围成的面积趋近于零，表明虽然还有更高的点应力，但作用范围很小。

裂缝后坝体上、下游表面的主应力等值线见图11及图12，与裂缝前相比，基本相似，只在右中孔附近区域等值线有区别，但也仅是-4.5MPa（上游面）和-2.5MPa（下游面）等值线形状的改变，数值并没有增大。右中孔部位的应力，上游面为0.9～-4.5MPa，下游拉应力为0，压应力为2.0MPa，比裂缝前略有减少，反映了裂缝后承载能力的降低。离右中孔越远影响越小，接近基岩周边的应力等值线在裂缝前后完全相同。有限元计算结果表明，6#坝段的裂缝只影响裂缝附近区域的应力，对拱坝整体的应力状态、位移和周边最大应力都没有明显的影响。现场实测拱坝最大径向位移为15mm（水位968m），也与三维有限元计算的最大位移20mm（水位970m）接近，表明裂缝的影响是局部的。

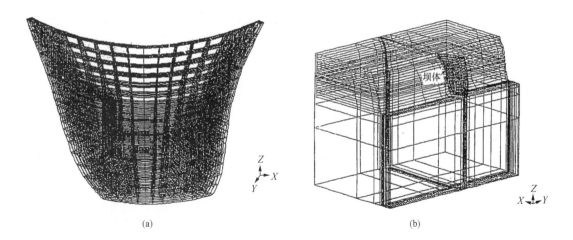

图 6 拱坝三维有限元计算网络

（a）坝体部分；（b）右岸部分

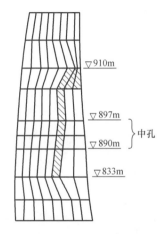

图 7 三维有限元计算中 6# 坝段计算网格

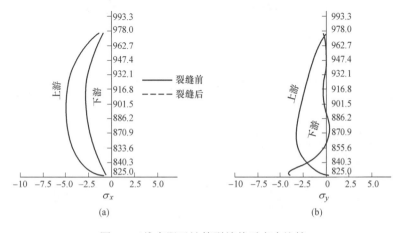

图 8 三维有限元计算裂缝前后应力比较

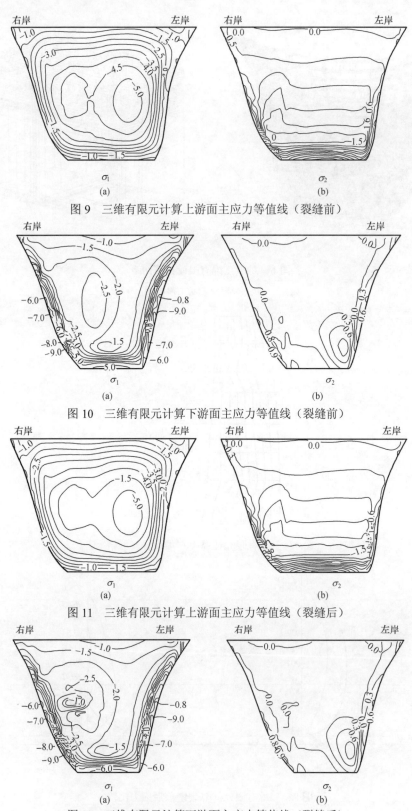

图 9　三维有限元计算上游面主应力等值线（裂缝前）

图 10　三维有限元计算下游面主应力等值线（裂缝前）

图 11　三维有限元计算上游面主应力等值线（裂缝后）

图 12　三维有限元计算下游面主应力等值线（裂缝后）

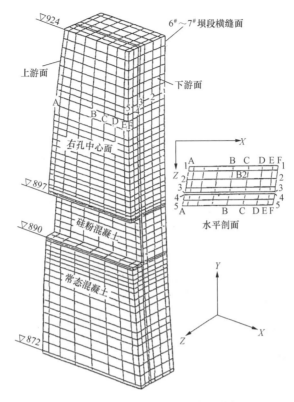

图 13　拱坝 6# 坝段仿真计算网格

　　该坝中孔没有用钢板衬砌，弧形闸门设在下游面，在弧形闸门关闭时，约 80m 水头的高压水进入裂缝后，网格局部加密后的有限元计算结果表明，裂缝底部拉应力为 1.8MPa，裂缝对局部坝体应力的影响是比较大的，为防止裂缝的进一步扩展、恢复拱坝的整体性，必须对裂缝进行认真的处理。

# 4　拱坝仿真计算与裂缝成因分析

　　为了分析裂缝成因，我们对该拱坝 6# 坝段进行了仿真应力分析，计算条件如下：完全模拟实际施工情况，包括分层浇筑、初始温度、气温和水温的变化、模板和表面保温、水管冷却、自生体积变形、自重、孔口等。坝体接缝灌浆前，横缝表面是自由的；接缝灌浆后，横缝表面为三维整体计算的已知位移。由于对称，取出半个坝段计算，计算网格见图 13。

　　应力计算结果见图 14～图 17。图中表示的是两个剖面的交线在不同时间的应力，例如 B1 交线是 BB 剖面与 11 剖面的交线。根据仿真计算结果及现场实际情况，对裂缝成因可作如下分析：

4.1　高程 880～883m 混凝土，系浇筑在已停歇 179d 的老混凝土上，本身在浇筑后又停歇了 133d，是典型的薄层长间歇，仿真计算最大拉应力达到 1.82MPa，在混凝土质量不够均匀的情况下，有可能产生裂缝；而且，由于受到下层老混凝土的约束，一旦出现裂缝，有可能向上发展。

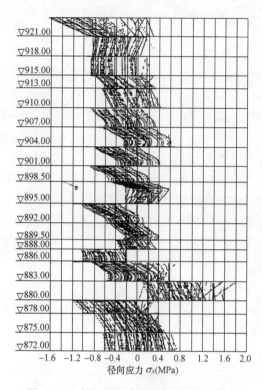

图 14　$B_1$ 交线不同时间的径向应力 $\sigma_x$ 分布

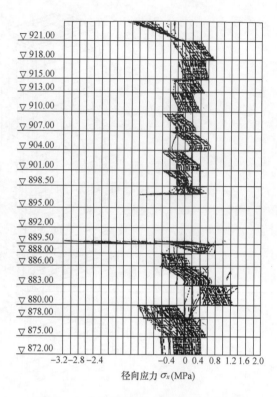

图 15　$B_5$ 交线不同时间的径向应力 $\sigma_x$ 分布

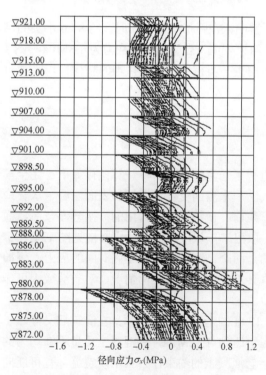

图 16　$D_1$ 交线不同时间的径向应为 $\sigma_x$ 分布

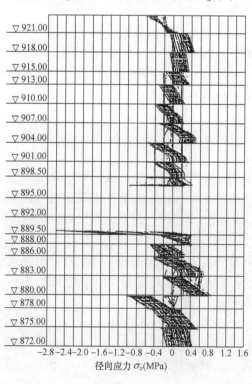

图 17　$D_5$ 交线不同时间的径向应力 $\sigma_x$ 分布

4.2 中孔内表面为 50cm 厚的硅粉混凝土，其绝热温升达 42.8℃，其自生体积（收缩）变形为外围常态混凝土的 1.78 倍，仿真计算结果，硅粉混凝土内存在着 0.4～0.8MPa 拉应力，考虑到平压管引起的应力集中等因素后，最大拉应力达到 2.0MPa，虽未超过正常硅粉混凝土的抗拉强度，但孔口附近钢筋密集，振捣不易，从右中孔上部钻孔探测情况看，在目前裂缝附近存在着明显的架空、低强等局部缺陷，在拉应力作用下难免产生裂缝。由于孔内无钢板衬砌，一旦出现裂缝，在高压裂隙水的劈裂作用下，裂缝极易扩展，形成目前的大裂缝，大裂缝形成后，中孔纵向钢筋受力变形，在大裂缝两旁产生一组大致平行的裂缝。

4.3 硅粉混凝土干缩较大，容易出现表面裂缝，中孔在冷水或冷空气的冲击下，也容易出现表面裂缝。这些表面裂缝形成后，在缝内高压水的作用下，极易扩展成大裂缝。

4.4 从仿真计算结果看，中孔内从上游到下游在相当大的范围内存在着 0.4～0.8MPa 的拉应力，其值低于正常混凝土的抗拉强度，但遇到局部缺陷，难免产生裂缝；因此裂缝部位与局部缺陷的部位有关，裂缝的发展规模也与缺陷范围的大小有关，从而形成了三个中孔裂缝部位及规模的差异（该拱坝在相同高程设有左中右三个中孔，右中孔裂缝较严重，如前所述；左中孔和中中孔在另外部位也出现了几条较小的裂缝）。

裂缝在 30m 高度内把 6# 坝段一分为二，在弧形闸门关闭时还承受着近 80m 水头的裂隙水压力，对坝体危害较大，为恢复坝的整体性，经反复研究，业主决定进行如下处理：a. 先在裂缝上部和下部钻孔埋置钢筋锚固，防止灌浆时裂缝进一步扩展；b. 封堵裂缝的进口和出口；c. 在缝内进行改性环氧灌浆；d. 钻一定数量排水孔；e. 钻孔埋设锚筋；f. 钻一定数量水平锚固孔穿过坝体，在上下游坝面之间进行预应力锚固（上游面锚头在检修门槽内施工）。

# 5 经验教训

我国高拱坝普遍设有中孔，工作闸门一般也多布置在下游面，中孔内承受着较高的水头，根据该拱坝裂缝情况，我们认为应吸取以下教训：

5.1 孔内应设置钢板衬砌，万一孔口附近出现一些裂缝或施工缺陷，高压水不会渗入，不致严重扩展，该拱坝如果不以硅粉混凝土取代钢板衬砌，即使产生一些裂缝，也不至于发展到如此严重的程度。

5.2 孔口周围钢筋密集，应特别重视混凝土的平仓振捣，保证高质量施工。

5.3 混凝土施工应短间歇均匀上升，切忌薄层长间歇。

## 参 考 文 献

[1] 朱伯芳，等. 水工混凝土结构的湿度应力与温度控制. 北京：水利电力出版社，1976.

[2] 朱伯芳. 有限单元法原理与应用. 北京：水利电力出版社，1979.

[3] Bofang Zhu（朱伯芳）. Compound Layer method for stress analysis simulating construction process of concrete dam Dam Engineering；Vo16，Issue2.

[4] Bofang Zhu（朱伯芳）and Ping Xu（许平）. Thermal stresses in roller compacted concrete gravity dam，Dam Engineering Vo16，Issue3.

# 第 2 篇

# 高拱坝设计与研究
# Part 2　Design and Study on High Concrete Arch Dams

# 建设高质量永不裂缝拱坝的可行性及实现策略<sup>❶</sup>

**摘　要：** 拱坝的真实应力状态是很复杂的，与设计计算的应力状态有相当的差别，差别太大就可能引起大坝事故甚至破坏。引起差别的原因包括：施工过程、施工期温度应力、运行期温度应力、库区水压力、渗透水、坝体接缝、地质构造、地基变形及材料预期力学热学特性与实际值的差别等。在做好地质勘探工作的前提下，通过全坝全过程仿真分析及基于有限元强度递减法的安全评估，可以充分揭露各种因素对拱坝应力、稳定及安全度的影响，避免重大事故的发生。在做好基础温差等常规温度控制的基础上，再对上下游坝面进行永久保温，有可能使拱坝永远不裂，从而提高坝的安全度和耐久性，延长坝的寿命，使拱坝建设达到新的更高的水平。

**关键词：** 拱坝；永不裂缝；技术策略

## On the Possibility of Building High Quality Arch Dams without Cracking and the Relevant Techniques

**Abstract:** The true stress state in the arch dam is complicated and may be different from the computed stress state in the design. The differences may be so large as to lead to damage to the dam. The causes leading to these discrepancies include: the construction process, the thermal stress in the construction period and operation period, the water pressure in the reservoir, the seepage, the deformation of the foundation, the joints and the differences between the true values and the the predicted values of the mechanical and thermal properties of the materials. Providing thorough exploration of dam foundation is made, good finite element simulating computations and nonlinear finite element analysis by strength reduction will show the influences of various factors on the stress、stability and safety of arch dam and damage to the dam may be avoided . If permanent thermal insulation is made on both the upstream and downstream faces of the dam in addition to the conventional temperature control of concrete, it is possible that there will be no crack in the dam at all. It is possible to construct arch dam of high quality and without cracking with reasonable price so as to raise the level of construction of arch dams.

**Key words:** arch dam, without crack, relevant techniques

## 1　前言

人类在古罗马时期（公元前 3 世纪～公元 3 世纪）修建了大量拱形建筑和拱桥，并开始

---

❶　原载《水利学报》2006 年第 10 期。

修建一些较低的拱坝。早期的拱坝没有理论指导，全凭经验建造。1843年建成的佐拉拱坝（高36m）是运用圆筒公式修建的第一座拱坝，开创了拱坝应力分析的先例。到20世纪初，开始运用固端拱、拱冠梁等方法设计拱坝，到20世纪30年代，随着高221m的胡佛拱坝的修建，发展了一套完整的拱梁分载法、分缝分块、水管冷却和接缝灌浆等设计和施工方法。近20年来，功能强大的有限元方法在多数国家已成为主流设计方法，使应力分析水平进一步提高。

影响拱坝设计质量的，除了计算方法外，还与地质勘探、设计荷载、安全系数、体形选择、施工方法等多种因素有关。1954年建成的高66m的马尔帕塞拱坝由于地质勘探和基础处理欠妥，初次蓄水时即完全溃决。1953年建成的加日拱坝（高41m，顶厚1.3m，底厚2.57m），蓄水后坝体出现了严重的裂缝，而且裂缝不断发展，被迫放弃并在老坝上游另建一座拱坝。1960年建成的托拉拱坝（高99m，顶厚1.5m，底厚2.43m），初次蓄水到距正常蓄水位还有20m时即出现很多裂缝，被迫在坝下游面设置拱肋和弧形重力结构进行加固。1978年建成的柯因布兰拱坝（高200m，顶厚7.6m，底厚36m），水库蓄水至距坝顶10m时，坝踵产生了大裂缝，排水孔漏水量达到200L/s，坝踵扬压力达到坝前水头的100%，被迫用16年时间进行修复，在老坝下游修建一座拱坝支撑老坝。我国一座特高拱坝，设计和施工质量都不错，竣工时裂缝不多，但蓄水5年后在下游发现不少设计中未曾预料到的裂缝。

按照规范设计、施工质量良好的拱坝，竣工以后为什么还会出现事故呢？根本原因在于拱坝的真实应力状态和材料特性与设计中预期值有较大差别，为了建设高质量的混凝土拱坝，防止在施工期及运行期发生不良事故，以提高坝的安全性和耐久性，有必要提高认识水平、改进设计理念并采取必要工程措施。本文对这些问题进行较深入的探讨，论证了建设高质量的永不裂缝拱坝的可行性及实现策略。

## 2　拱坝真实应力与设计应力的差别

设计应力是按照设计规范计算的应力，真实应力与设计应力往往有相当大的差别，差别太大就可能引起大坝事故甚至破坏，下面就引起真实应力与设计应力的差别的因素进行分析。

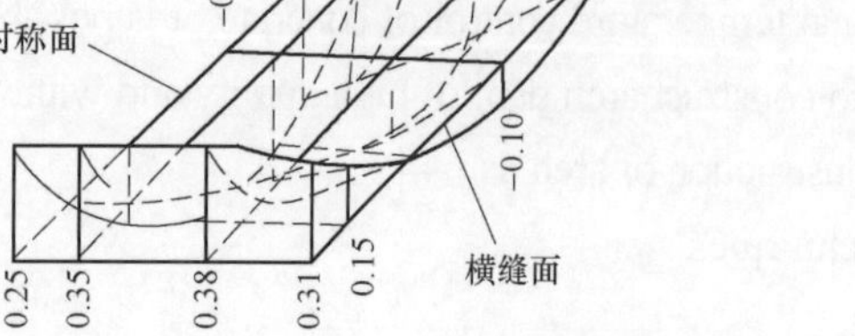

图1　小湾拱坝最高坝段封拱前因施工期
温度变化而产生的竖向应力

（单位：MPa，拉应力为正，距基面1m）

### 2.1　施工期温度应力

现行拱坝设计规范只考虑封拱后的应力，没有考虑施工期温度应力。实际上，施工期产生的温度应力并不会消失，而要延续到运行期并与运行期各项应力相叠加。施工期温度应力应采用三维有限元进行仿真计算。图1表示了小湾拱坝最高坝段建基面上1m处封拱前由于施工期温度变化而引起的铅直应力空间分布，在上、下游表面为0.3～0.6MPa的拉应力，内部为压应力（见王树和、许平、朱伯芳，小湾拱坝封拱前温度应力，中国水利水电科学院，2000年）。

## 2.2 运行期非线性温差

在 1985 年以前,我国拱坝设计采用美国垦务局经验公式计算温度荷载,它只与厚度有关,与当地气候条件无关,而且只有平均温度,忽略了上、下游温差和水深的影响,与实际情况相差悬殊。受拱坝设计规范编制组的委托,笔者研制了一套新的拱坝温度荷载计算方法,并为拱坝设计规范[2]所采纳。按照新的方法,拱坝温度荷载与当地气候条件挂钩,并且考虑了上、下游方向的温差及水深的影响,经过 20 多年的运用,说明这套算法基本上反映了运行期拱坝温度应力的真实情况,与美国垦务局经验公式相比,有了显著进步。但作为设计规范中的计算方法,它既要尽量符合实际情况,又不能过于烦琐,因此与真实情况相比,仍有相当的差距。

拱坝内部温度沿厚度方向的分布是非线性的,它可分解为平均温度($T_m$)、等效线性温差($T_d$)和非线性温差($T_n$),非线性温差($T_n$)不影响坝的内力和变位,但影响坝的应力。现行拱坝设计规范中只考虑了平均温度($T_m$)和等效线性温差($T_d$),而忽略了非线性温差($T_n$)。这是由于传统的拱坝允许拉应力只有 1~1.2MPa 左右,如考虑非线性温差,允许拉应力就无法控制,但非线性温差客观上是存在的,它是引起坝体裂缝的重要原因[3]。

图 2 给出了我国不同地区由气温年变化非线性温差引起的上游面最大拉应力 $\sigma_上$ 和下游面最大拉应力 $\sigma_下$,由图 2 可见,非线性温差引起的拉应力是相当大的。

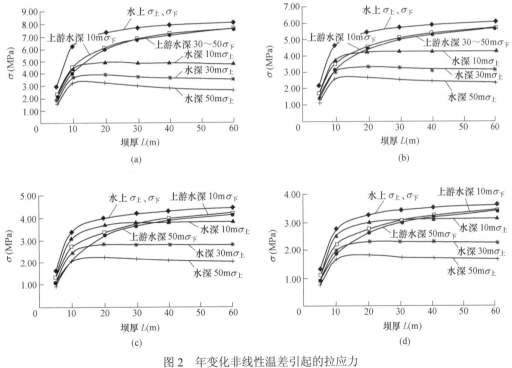

图 2 年变化非线性温差引起的拉应力

$A_1$—气温年变幅,$A_{w0}$—库水表面温度年变幅

(a) 东北地区($A_1=20℃$,$A_{w0}=13℃$);(b) 华北地区($A_1=15℃$,$A_{w0}=12℃$);

(c) 华中地区($A_1=A_{w0}=11℃$);(d) 华南西南地区($A_1=A_{w0}=9℃$)

另外,规范中没有考虑寒潮和气温日变化,在表面无保温条件下,它们也会引起相当大

的拉应力。

## 2.3 运行期温度场边界条件的变化

为了简化计算，目前拱坝设计规范中把上游水位固定在正常高水位，实际上水库水位是不断变化的，库水具有较大的保温作用，规范中按正常高水位计算温度荷载，从温度应力来看，是处于最有利状态，实际情况，当上游库水位较低时，对温度应力是不利的。用于供水的水库上游死水位很低，有时上游坝面80%暴露在空气中，这个问题尤为突出。

如果拱坝建成后，由于某种特殊原因而不能蓄水，那么不但冬季容易产生裂缝，甚至在夏季，由于坝内温度升幅过大，把拱坝推向上游，也可以引起裂缝。如安徽丰乐拱坝建成后，因库区公路改线而未能蓄水，在夏季高温作用下，拱坝下游坝面出现了20条大致平行于建基面的裂缝。

## 2.4 库区水压力

目前设计中只考虑了坝面水压力，而忽略了库区水压力，库区水压力通过基岩变形，对拱坝应力会产生影响。用三维有限元对小湾拱坝进行过分析，坝体上游面主应力（$\sigma_1$）和铅直应力（$\sigma_z$），见表1，从计算结果可知，考虑岩面库水以后，主拉应力及铅直拉应力最大值都成倍增大，坝基面的拉应力范围也大大增加[4]。如果库底有不透水的淤积层，库水可看成面力，否则，库水应看成体积力，对坝体应力的影响要小一些，但库水对拱坝应力的影响不容忽视是肯定的，对于高拱坝尤应重视。

表1　　　　　　　　　岩面库水压对小湾拱坝应力影响　　　　（单位：MPa，拉应力为正）

| 荷 载 | 有 限 元 应 力 | | | | | | 有限元等效应力 | |
| --- | --- | --- | --- | --- | --- | --- | --- | --- |
| | 拱冠梁剖面上游 | | | | 建基面上游 | | 建基面上游 | |
| | 最大主拉应力 | 最大铅直应力 | 主拉应力范围（m） | 铅直拉应力范围（m） | 最大主拉应力 | 最大铅直应力 | 最大主拉应力 | 最大铅直应力 |
| 自重+温降+坝面水压 | 4.21 | 2.46 | 23.1 | 8.3 | 7.20 | 4.13 | 1.54 | 1.12 |
| 自重+温降+坝面水压+岩面水压 | 10.35 | 7.42 | 41.6 | 13.6 | 15.14 | 8.94 | 3.75 | 3.16 |

## 2.5 施工期自重应力和灌浆应力

双曲拱坝的中线是倾斜的，施工期间在自重作用下，坝内铅直应力可能为拉应力。施工期横缝的开合对自重应力影响较大。

由于坝面是弧形的，横缝灌浆时在向上游分力作用下，在坝体下部产生的应力为$\Delta\sigma_p$，灌浆结束后，由于缝已灌死，$\Delta\sigma_p$不会消失，但也不会原封不动地保留下来，受混凝土徐变影响而有所衰减，保留的应力为

$$\Delta\sigma(t) = \Delta\sigma_p K(t, \tau) \tag{1}$$

式中：$K(t, \tau)$ 为应力松弛系数，见文献[3]；$t$ 为时间；$\tau$ 为灌浆时混凝土龄期。

根据龙巴迪（Lombardi）的分析，柯尔布兰拱坝施工期自重在坝体下游面引起 1.7MPa 拉应力，再加上横缝灌浆影响，坝趾产生了水平裂缝，裂缝深度达到坝体厚度的55%，使有效断面减少。蓄水后剪应力主要由未开裂的上游部分承担，产生了较大主拉应力，从而引起

倾向上游的大裂缝[5]。

施工过程对竣工后坝的整体应力也有影响。如果假定自重全部由悬臂梁承担，在全部荷载作用下，坝踵铅直应力一般是压应力。如果忽略施工过程，自重按整体计算，由于部分自重传向两岸，坝踵铅直应力为较大拉应力。如果用增量法，考虑接缝灌浆及施工过程，应力状态介于前两种之间。表2列出了不同计算方法对小湾拱坝上游面最大主拉应力的影响[4]。

表 2 　　　　　　　　　　小湾拱坝上游面最大主拉应力（水压+自重+温降）　　　　　（单位：MPa）

| 计 算 方 法 | 整体计算 | 增量法计算 |
|---|---|---|
| 有限元法 | 10.28 | 7.20 |
| 有限元等效应力法 | 3.80 | 1.54 |
| 多拱梁法（自重全部由梁承担） | 1.28 | |

## 2.6　基岩地质构造、力学特性及渗透特性的影响

完全均质的地基是很少的，一般情况下，地基内难免有断层及不连续的构造面，只要不产生大的不连续变形，采用分区变形模量以考虑地基变形的影响一般可满足工程要求。如有可能产生较大的不连续变形，如构造面的滑移和张开，只有用非线性三维有限元才能较准确地反映地基变形的影响。

目前在拱坝设计中，没有考虑基岩渗流场变化的影响。瑞士泽伊齐尔（Zeuzier）拱坝，高 156m，1957 年建成，正常运行 21 年后，由于在坝右侧 1.4km、高程低于坝底 400m 处打了一条公路隧洞的探洞，穿过灰岩含水层，大量涌水，总涌水量达到 350 万 m³，引起岩层大范围脱水，孔隙水压力降低，坝基下沉 11cm，拱坝两岸相对收缩 6cm（约相当于 23℃温升），从而导致大坝上游面横缝张开 5mm，下游面产生平行于基岩的大裂缝，最大开度达 15mm，被迫用 6 年时间以环氧灌浆进行修补[1]。该坝的破损表明，地基内大范围的渗透压力场的改变可以引起基岩较大的变形并对坝体应力产生显著影响，因此，当坝体很高、地质条件又较复杂时，应查明地质构造及渗透特性，用三维有限元分析建坝后由于地下渗流场改变所引起的地基变形及其对坝体应力的影响。

## 2.7　横缝对拱坝应力的影响

实践经验表明，灌浆后横缝可以较好地传递压应力，但难以有效地传递拉应力，横缝对拱坝应力的影响如下[4]：①横缝不抗拉使年变化非线性温差引起的拉应力减小；②横缝不抗拉使拱坝主拉应力减小，主压应力增大，坝体变位略有增大；③对南方温暖地区的高厚拱坝，水压力是主要荷载，温度荷载所占比重较小，横缝不抗拉对拱坝整体应力的影响较小，但对非线性温差引起的应力仍有较大影响；④对于低而薄的拱坝，无论位于温暖的南方，还是寒冷的北方，在运行期拱坝横缝都可能较多拉裂，从而改变拱坝整体应力状态；⑤在研究横缝不抗拉对拱坝应力影响时，横缝间距、坝体厚度、受拉深度及气候条件是关键因素。

## 2.8　裂缝对拱坝安全性的影响

裂缝对拱坝的第一个影响是削减了坝的有效断面，降低了坝的承载能力，以致有时对坝

体不得不进行大规模的加固，如托拉拱坝和柯因布兰拱坝，有的拱坝甚至因严重裂缝而被迫废弃不用，另建新坝代替，如加日拱坝。裂缝的第二个影响是引起混凝土溶蚀，降低坝的耐久性，缩短坝的寿命。在混凝土坝运行期，裂缝是影响耐久性最普遍最重要的因素。

混凝土坝裂缝初期多为表面裂缝，但其中一部分后来可发展为大裂缝。裂缝是否发展，取决于缝端应力状态，拱坝应力较复杂，考虑非线性温差后，坝体表面受拉范围较大，表面裂缝容易发展成大裂缝，因此，应重视防止拱坝的表面裂缝。

拱坝坝踵应力受多种因素的影响，难以准确计算，鉴于有些拱坝坝踵产生了较大裂缝，有的拱坝设置坝踵底缝，但对施工干扰较大，建议在上游面底部一定高度如 $0.1H$（坝高）内设置永久防渗层，如采用笔者和买淑芳教授建议的复合式保温防渗板，可以兼顾保温和防渗的需要，而且构造简单、施工方便、造价低廉[16]。

# 3 混凝土真实强度与室内试验强度的差别

按照拱坝设计规范[2]，拱坝允许压应力等于 90d 龄期、15cm 立方体试件、80%保证率的抗压强度除以安全系数。实际工程中混凝土强度与室内小试件强度有重大差别，影响因素包括试件形状、试件尺寸、湿筛、使用龄期及持荷时间效应等。混凝土的真实强度可表示如下

$$R_c = f_c b_1 b_2 b_3 b_4 b_5 \qquad (2)$$

式中：$R_c$ 为混凝土真实强度；$f_c$ 为 15cm 立方体试件 90d 龄期 80%保证率的抗压强度；$b_1$ 为试件形状系数，即长直强度与立方体强度之比；$b_2$ 为试件尺寸系数，即 60cm 以上大试件与 15cm 小试件强度比值；$b_3$ 为湿筛系数，即全级配混凝土与湿筛后混凝土强度的比值；$b_4$ 为坝体开始承受最大荷载实际龄期强度与 90d 龄期强度的比值；$b_5$ 为持荷时间效应系数，即长期持荷强度与室内试验 1～2min 内压坏的强度的比值。

根据大量试验资料[6~8]，可取，$b_1$=0.84，$b_2$=0.83，$b_3$=0.87，$b_4$=1.20，$b_5$=0.70，由式（2）可知 $R_c = 0.51 f_c$，可见，混凝土真实抗压强度只有室内小试件抗压强度的 50%左右。

# 4 拱坝计算分析与安全评估

目前设计规范中规定采用的拱梁分载法、极限平衡法及点安全度评估法等，还是 20 世纪 30 年代采用的方法，对于本文第 2 节中所讨论的那些问题，基本上无能为力。我们应该充分利用近代固体力学和计算技术的巨大进步，改进拱坝尤其是高拱坝应力、稳定计算方法和安全评估方法，以利于提高拱坝设计质量。

## 4.1 有限元等效应力法取代拱梁分载法

拱梁分载法应用于拱坝设计已有近 70 年历史，在拱坝设计中发挥了重要作用。但拱梁分载法具有以下缺点：①用 Vogt 系数计算基础变位，欠准确；②在建基面结点上缺乏拱梁变位协调方程，不能正确决定其荷载分配；③不能计算库水影响；④不能计算孔口和重力墩；⑤不能进行从施工到运行全过程仿真计算；⑥不同程序计算结果不同，尤以拉应力相差较大；⑦难以进行严格的非线性分析。有限元法具有强大计算功能，可以克服上述拱梁分载法的所有缺点，但由于应力集中，算出的坝踵拉应力很大，往往大大超过混凝土抗拉强度，因而过

去没有用于拱坝断面设计,现在提出了有限元等效应力法[1, 9, 10],克服了这一瓶颈。今后在拱坝体形设计中应以有限元等效应力法取代拱梁分载法。

多拱梁分载法在 20 世纪 30 年代取代纯拱法和拱冠梁法,在当时是一进步,但时至今日,由于它所固有的一系列缺点,以有限元等效应力法取代拱梁分载法,有利于提高拱坝设计质量。

## 4.2  有限元强度递减法取代极限平衡法

混凝土拱坝的抗滑稳定目前采用极限平衡法计算,其优点是计算简单,并有长期使用经验,但它有重大缺点:①需要事先知道破坏面的形状和位置,对于土坝和土坡,可以通过反复试算或优化方法搜索最危险滑动面,对于岩基,由于含有大量节理、裂隙、夹层、断层等不连续结构面,很难事先找到最危险滑裂面;②任一点是否破坏,取决于该点应力状态,极限平衡法不能考虑应力状态及坝体和坝基的相互作用;③不能细致考虑渗流场和地应力场。

用有限元强度递减法[11, 12]计算抗滑稳定,可以克服上述缺点,自动找到最危险滑裂面,并动画显示破坏过程。对于重要工程应把地基和坝体作为一个整体进行计算,混凝土采用威兰—沃恩克(Willam-Warnke)五参数准则,岩体采用带最大拉应力的德鲁克—普拉格(Drucker-Prager)准则,坝体接缝和岩体节理采用带最大拉应力的摩尔—库仑(Mohr-Coulomb)准则。

## 4.3  全坝全过程非线性有限元仿真分析

全坝指包括基岩和全部坝段,全过程指从基岩开挖开始,到浇筑各坝段混凝土,再到工程竣工后投入进行,非线性指包括接缝、节理、夹层的开、合、滑动及出现裂缝和破损等非线性行为。利用全坝全过程非线性有限元仿真分析,本文第 2 节所讨论的那些因素,基本上都会得到充分反映。

## 4.4  基于全坝全过程仿真及有限元强度递减法的拱坝安全评估

目前在拱坝设计阶段的安全评价,采用拱梁分载法、极限平衡法和点安全度法,其缺点是:①忽略了本文第 2 节所述拱坝真实应力与计算应力的差别;②忽略了本文第 3 节所述材料真实强度与室内试验强度的差别;③具有拱梁分载法与极限平衡法所固有的诸多缺陷,因而评估精度较低。在运行阶段,现场监测提供的是变位、温度、渗水量等观测结果,一般不提供应力观测成果,实际上从监测资料很难直接得到坝的安全系数。

对于重要工程,作者建议:①进行全坝全过程非线性有限元仿真分析;②在运行期,对于控制工况,用有限元强度递减法进行坝体与坝基的安全评估。

上述安全评估方法的优点:①可充分考虑本文第 2 节所述施工期和运行期各种因素对应力和稳定的影响,充分逼近坝体和坝基的真实状态;②它可以考虑本文第 3 节所述的真实材料强度与室内试验强度的差别。求得的安全系数符合真实情况。

## 4.5  广义敏感性分析及特殊工况分析

在常规拱坝设计中,对于地基变形模量等,常给出几个参数值,进行敏感性分析。现在利用全坝全过程仿真分析和有限元强度递减法，可以对一些更复杂的问题，例如几种可能的地基处理方案、施工方案和温控方案等，进行全坝全过程仿真和非线性分析，以了解在不同条件下坝的应力、稳定和安全度。还应重视一些特殊工况的仿真分析。

### 4.6 适当提高特高拱坝的抗压安全系数

各国试验方法不同，安全系数难以直接对比。今统一折算成我国标准的安全系数（15cm立方体试件，90d 龄期，80%保证率），得到高度超过 150m 高拱坝抗压安全系数：瓦央坝 5.26，莫瓦松坝 4.46，康特拉坝 4.51，胡佛坝 8.67，黑部第四坝 5.13，莫苏罗克坝 5.19，黄尾坝 5.19，罗期兰坝 6.59，英古里坝 3.90，二滩坝 3.64，小湾坝 3.75。可见我国和前苏联特高拱坝抗压安全系数 $K$=3.6～3.9，普遍低于西方国家的 $K$=4.5～6.6，也低于我国 200m 以下拱坝（规范要求 $K \geqslant 4.0$）。

由于工程重要，特高拱坝的安全系数本应高于一般拱坝，目前反而低于一般拱坝是不合理的。建议适当提高特高拱坝的抗压安全系数，按 90d 设计龄期计算，安全系数最好取 4.5，至少不宜小于 4.0；如按 180d 龄期计算，安全系数最好取 5.0，至少不宜小于 4.5。上述意见已为溪洛渡等拱坝采纳。

## 5 建设高质量永不裂缝混凝土拱坝的可行性及技术途径

目前国内外实际情况，少数拱坝属于低标准，是险坝，需要大规模加固，甚至放弃；绝大多数拱坝都属于中标准，这些拱坝可以满足正常的工程要求，但有不少裂缝，而且随着时间的推移，新裂缝还会不断增加，老裂缝会不断发展，坝的溶蚀也不断发展，需要不断地进行修补，影响坝的耐久性和寿命。

我们能否以合理的造价建设高质量永不裂缝的拱坝呢？笔者的回答是肯定的。

回顾拱坝历史，马尔帕塞拱坝的失事是由于勘探工作太少，未查明地质隐患；加日拱坝、托拉拱坝和响水拱坝的严重裂缝是由于对薄拱坝的温度荷载缺乏认识，梅花坝的失事则是设计错误。柯尔布兰拱坝的事故据龙巴迪（Lombardi）分析是由于对施工应力的重要性缺乏认识。

只要地质勘探工作做得细，查清了主要地质构造，基础处理设计做得好，拿出了合理的处理方案，施工认真，一般情况下，可以获得牢固的地基，马尔帕塞拱坝那样的失事是可以避免的。

充分利用现代力学和计算技术，进行全坝全过程非线性有限元仿真，像加日坝、托拉坝、梅花坝、柯因布兰坝那样的事故也是可以避免的。至于混凝土质量，以今天的施工水平，只要事先做好了材料优选，施工中又进行严格控制，不难获得质量良好的混凝土，最困难的还是大坝裂缝问题，因为尽管严格控制基础温差和上下层温差，如果坝面裸露，拉应力必然很大，难以过关。实际上过去几乎所有大坝都有相当多的裂缝，所谓"无坝不裂"，今后能否建成不裂缝的拱坝呢？我们的回答是肯定的。

近几十年来，由于应用减水剂和粉煤灰，坝工混凝土的绝热温升已有所降低，由于采用自动化拌和楼和大型平仓振捣机，混凝土施工质量有较大改进。由于预冷骨料、水管冷却等技术已趋成熟，基础温差的控制也做得较好，许多工程都已防止了基础贯穿裂缝。由于塑料工业的发展，表面保温技术也有了显著进步。但实际工程中，裂缝还是大量出现，其根本原因在于对防止表面裂缝存在着认识误区，如 DL/T 5144—2001《水工混凝土施工规范》规定[17]："28d 龄期内的混凝土，应在气温骤降前进行表面保护"，"混凝土养护时间不宜少于 28d"。这里给人一种错觉，似乎 28d 龄期以后的混凝土，除了某些特殊情况外，一般不必进行表面保温和养护了。基于这种错误认识，实际工程中只重视短期保温和养护，而忽略长期暴露表面的长期保护，以致实际工程中出现大量表面裂缝[8]，其中一部分后来发展成大裂缝[14, 15]。

在严格控制基础温差、做好短期表面保护的基础上，如果还能做好长期暴露面的长期保护，就有可能完全防止混凝土坝裂缝。例如，我们与东北勘测设计院合作研究的江口拱坝、与贵州省水利水电勘测设计院合作研究的三江河拱坝由于采取了合理的温控措施，两坝从开工到竣工都未出现裂缝。在三峡三期工程开始前，笔者对三峡大坝温度应力进行了计算，并建议务必在上、下游表面采取 3～5cm 厚聚苯乙烯板长期保护，建议得到采纳和实施，加上在三期工程中实行了全面的严格的温度控制，现在三峡三期工程大坝已浇筑到顶，浇筑了 500 万 $m^3$ 混凝土，未出现一条裂缝，这些工程的实际经验表明，"无坝不裂"的历史已可结束。

现在又有一个新问题，目前三峡等工程采用的是施工期保温板，并不是永久保温板。工程竣工后当这些保温板拆除了或自然损坏了以后，在今后的运行期是否还会出现裂缝呢？从图 2 可以看出，没有永久保温时，坝体表面拉应力很大，远远超过了混凝土的抗拉强度，因此，聚苯乙烯板脱落后出现裂缝的几率极大，解决的办法就是对于那些不允许出现表面裂缝的部位采用永久保温，永久保温板是在坝体表面粘贴聚苯乙烯泡沫板，外面再抹聚合物砂浆保护层，厚约 5mm[16]。如采用质量较好的挤塑型聚苯乙烯（XPS）板，厚度为 $t$（cm），加上 5mm 厚聚合物砂浆保护层，用外贴法施工，造价约为 55+10$t$ 元/$m^2$，如取 $t$=3cm，则单价为 85 元/$m^2$，一座坝高 280m、坝顶弧长 730m 的拱坝，上、下游表面全部采用永久保温板，造价约为 2300 万元，约合枢纽建筑物投资的万分之 6.3，整个工程投资的万分之 3.2，以万分之几投资，取得永不裂缝的效果，提高了坝的耐久性，减少了坝的维修费用，延长了坝的寿命，应该说是合算的。采用聚苯乙烯板保温还有一个好处，必要时可以揭开它检查是否有裂缝出现。

# 6 结束语

（1）设计中采用的设计荷载、计算条件及材料特性与实际情况有差别，这是混凝土拱坝竣工后出现各种事故的根本原因。

（2）施工应力、非线性温差、库区水压力、基岩地质构造及特性，横缝与裂缝等对拱坝应力状态有重大影响，拱梁分载法很难考虑这些因素，在拱坝剖面设计中应以有限元等效应力法取代拱梁分载法。

（3）极限平衡法虽然计算简单，但不能考虑坝体和坝基应力状态及坝体与坝基互相影响，重要工程应以有限元强度递减法取代极限平衡法。

（4）在查明地质构造的前提下，通过全坝全过程非线性有限元仿真分析及基于有限元强度递减法的安全评估，可以充分揭露各种因素对拱坝应力、稳定及安全度的影响，避免重大事故的发生。

（5）在做好基础温差等常规温度控制的基础上，再对上、下游坝面进行永久保温，有望使拱坝永远不裂，永久保温的费用并不高，只有工程投资的万分之几。

（6）我国是拱坝大国，在建拱坝数量之多、坝体之高、规模之大均居世界首位，只要细致勘探、精心设计、严格施工、永久保温，就可用合理的造价，建造高质量的永不裂缝的混凝土拱坝，使我国拱坝建设水平达到一个新的高度，成为拱坝强国。

## 参 考 文 献

[1] 朱伯芳，高季章，陈祖煜，厉易生．拱坝设计与研究［M］．北京：中国水利水电出版社，2002．

[2] SD 145—1985《混凝土拱坝设计规范》［S］．北京：水利电力出版社，1985．

[3] 朱伯芳．大体积混凝土温度应力与温度控制［M］．北京：中国电力出版社，1999．

[4] 李雪春，陈重华，高永梅，朱伯芳．施工过程、岩面库水及横缝对小湾拱坝应力状态的影响［D］．中国水利水电科学研究院，2000．

[5] 汝乃华，姜忠胜．大坝事故与安全·拱坝［M］．北京：中国水利电力出版社，1985．

[6] 刘文彦，叶文瑛．东江拱坝全级配混凝土力学性能的试验研究［J］．水利水电技术，1986，（5）．

[7] 李光伟，杨代六．拱坝大体积混凝土力学特性的试验研究［J］．水电站设计，2006，（2）．

[8] Troxell G E and H E Davis. Composition and properties of concrete［M］．New York，Mc Graw-Hill, 1956.

[9] 朱伯芳．国际拱坝学术讨论会专题综述［J］．混凝土坝技术，1987，（2）．

[10] 朱伯芳．拱坝的有限元等效应力及复杂应力下的强度储备［J］．水利水电技术，2005，（1）．

[11] Griffiths D V and Lane P A．Slope stability analysis by finite elements［J］．Geotechnique, 1999，49（3）：387-403．

[12] 郑颖人，赵尚毅，张鲁渝．用有限元强度折减法进行边坡稳定分析［J］．中国工程科学，2002，（10）．

[13] 朱伯芳．论特高混凝土拱坝的抗压安全系数［J］．水力发电，2005，（2）．

[14] 朱伯芳，许平．加强混凝土坝面保护尽快结束"无坝不裂"的历史［J］．水力发电，2004，（3）．

[15] 朱伯芳．寒冷地区有保温层拱坝的温度荷载［J］．水利水电技术，2003，（11）．

[16] 朱伯芳，买淑芳．混凝土坝的复合式永久保温防渗板［J］．水利电力技术，2006，（4）．

[17] DL/T 5144—2001《水工混凝土施工规范》［S］．北京：中国电力出版社，2002．

# 混凝土拱坝运行期裂缝与永久保温[❶]

**摘　要**：混凝土坝施工期裂缝问题目前已基本解决，但施工期未出现裂缝的拱坝，竣工后仍可能出现裂缝，这是目前尚未解决的问题。本文对运行期出现裂缝的原因进行分析，提出了运行期拱坝实际温度应力的计算方法，计算结果表明非线性温差及寒潮是引起运行期裂缝的主要原因。表面永久保温是防止运行期出现裂缝的有效方法。

**关键词**：混凝土拱坝；运行期裂缝；永久保温

# On Permanent Superficial Thermal Insulation of Concrete Arch Dams

**Abstract:** The problem of cracking in construction period of concrete dams has been solved now，but cracks may appear in a concrete arch dam in the operation period even if there are no cracks in the construction period. In this paper，the causes of cracking in the operation period of arch dams are analysed and the method for computing the practical thermal stresses are proposed. Permanent superficial thermal insulation by foamed plastics is the effective method to prevent cracking in operation period of concrete arch dams.

**Key words:** concrete arch dam, crack in operation period, permanent insulation

## 1　施工期裂缝已可防止、运行期裂缝问题有待解决

混凝土坝裂缝是长期困扰人们的问题，所谓"无坝不裂"，这个问题之所以长期得不到解决，主要是人们对如何防止裂缝在认识上存在着误区，从 20 世纪 30 年代开始，人们已重视基础温差的控制，从 40 年代开始也已开始注意混凝土的表面保温，但由于施工期往往一次大寒潮后就出现一批裂缝，长期以来，只重视早期的表面保温，而忽视后期的表面保温。例如，我国 DL/T 5144—2001《水工混凝土施工技术规范》[3] 就只强调 28d 龄期内早期混凝土的表面保护，实践证明，这种看法是不正确的。笔者研究结果表明，除了严格控制基础温差、做好早期混凝土表面保护外，如果还能做好后期的表面保护，就有可能完全防止混凝土坝裂缝，结束"无坝不裂"的历史[1, 2]。例如：我们与东北勘测设计院合作研究的江口拱坝、与贵州省水利水电勘测设计院合作研究的三江河拱坝，由于温控措施合理，两坝竣工后都未出现裂缝。

三峡二期工程开始前，经过细致分析后，笔者曾建议除了常规的基础温差控制和表面保

---

❶　原载《水力发电》2006 年第 8 期。

护外，在大坝上下游表面用 3～5cm 厚聚苯乙烯泡沫板进行长期保温，并得到了三峡总公司技术领导和长江委设计院的同意，但工程施工时未能执行，以致施工中产生了一些裂缝。在三峡三期工程开始前，经过计算分析，笔者再次建议三峡三期工程在大坝上下游表面采用 3～5cm 聚苯乙烯泡沫板长期保温，并在施工中得到执行，加上三期工程中实行了严格的温度控制，经过近 4 年施工，三期工程已近尾声，到目前为止，未发现一条裂缝。

实践经验表明，只要严格控制基础温差并加强表面保护，防止混凝土坝出现裂缝是完全可能的，所谓"无坝不裂"的历史已可结束。现在的问题是，工程竣工、表面保温板拆除了或自然剥落后，坝体是否会出现裂缝泥？回答是肯定的，那么这个问题怎么解决呢？本文就要回答这个问题。

我国西南某特高拱坝，施工期间温度控制和混凝土质量都不错，竣工时裂缝很少，但在竣工两年后不断出现裂缝，图 1 表示该坝竣工 5 年后右岸下游面裂缝情况，其中约一半裂缝在不同水位下有不同程度的渗水痕迹。

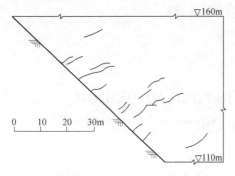

图 1 某拱坝竣工 5 年后右岸下游裂缝分布图

为什么按照设计规范设计并且施工质量良好的拱坝还会在竣工后出现这么多裂缝呢？这是由于拱坝运行期间实际出现的拉应力远远超过设计规范中规定的允许拉应力。拉应力超标的原因包括：①温度荷载未考虑非线性温差和寒潮的作用；②未考虑渗流的作用；③基岩和混凝土实际的力学特性（变形模量、徐变、强度等）和热学特性与设计中采用数值不同，其中第一个因素即温度荷载中未考虑非线性温差和寒潮是最根本的原因。下面首先给出运行期中拱坝实际温度应力的计算方法，并对全国各地区的情况进行分析，然后说明永久保温是解决拱坝运行期裂缝问题的最有效方法。

## 2 非线性温差引起的拉应力

拱坝内部温度沿厚度方向的分布是非线性的，如图 2（a），它可分解为平均温度（$T_m$）、等效线性温差（$T_d$）和非线性温差（$T_n$）。非线性温差（$T_n$）不影响坝的内力和变位但影响坝的应力。现行拱坝设计规范中只考虑了平均温度（$T_m$）和等效线性温差（$T_d$）而忽略了非线性温并（$T_n$），主要是由于传统的拱坝允许拉应力只有 1.20MPa 左右，如考虑非线性温差，允许拉应力就控制不住了，但非线性温差客观上是存在的，它是引起坝体裂缝的重要原因。

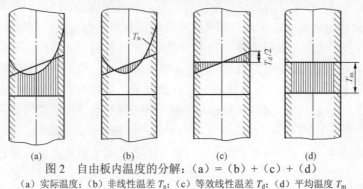

图 2 自由板内温度的分解：（a）=（b）+（c）+（d）
（a）实际温度；（b）非线性温差 $T_n$；（c）等效线性温差 $T_d$；（d）平均温度 $T_m$

下面给出非线性温差引起的弹性徐变温度应力的计算方法。

如图 3 所示平板，边界条件为

当 $\qquad x = L, T(L, \tau) = A_1 \cos \omega(\tau - \tau_0)$ $\qquad$ （1）

当 $\qquad x = 0, T(0, \tau) = A_2 \cos \omega(\tau - \varepsilon - \tau_0)$ $\qquad$ （2）

式中：$\omega = 2\pi/P$；$P$ 为气温变化周期；$\varepsilon$ 为相位差。

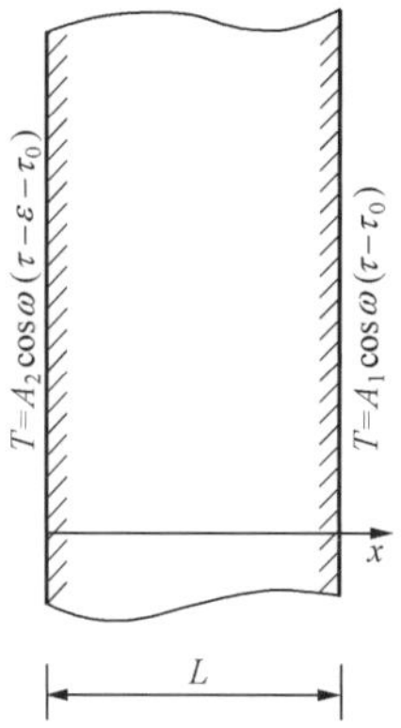

准稳定温度场的解为[1]

$$T(x, \tau) = A_1 k_1 \cos[\omega(\tau - \tau_0) + \varphi_1] + A_2 k_2 \cos[\omega(\tau - \varepsilon - \tau_0) + \varphi_2] \qquad （3）$$

式中

$$\left.\begin{array}{l} k_1 = \sqrt{\dfrac{\mathrm{ch}2\zeta - \cos 2\zeta}{\mathrm{ch}2\zeta_0 - \cos 2\zeta_0}} \\[12pt] k_2 = \sqrt{\dfrac{\mathrm{ch}2(\zeta_0 - \zeta) - \cos 2(\zeta_0 - \zeta)}{\mathrm{ch}2\zeta_0 - \cos 2\zeta_0}} \\[12pt] \varphi_1 = \arctan\left(\dfrac{\tan \zeta}{\mathrm{th}\zeta}\right) - \arctan\left(\dfrac{\tan \zeta_0}{\mathrm{th}\zeta_0}\right) \\[12pt] \varphi_2 = \arctan\left[\left(\dfrac{\tan(\zeta_0 - \zeta)}{\mathrm{th}(\zeta_0 - \zeta)}\right)\right] - \arctan\left(\dfrac{\tan \zeta_0}{\mathrm{th}\zeta_0}\right) \\[12pt] \zeta = x/\eta, \zeta_0 = L/\eta, \eta = \sqrt{aP/\pi} \end{array}\right\} \qquad （4）$$

图 3 平板

平均温度（$T_m$）和等效线性温差（$T_d$）计算如下

$$T_m = \frac{1}{2} k_m [A_1 \cos \omega(\tau - \theta_m - \tau_0) + A_2 \cos \omega(\tau - \varepsilon - \theta_m - \tau_0)] \qquad （5）$$

$$T_d = k_d [A_1 \cos \omega(\tau - \theta_d - \tau_0) - A_2 \cos \omega(\tau - \varepsilon - \theta_d - \tau_0)] \qquad （6）$$

式中

$$\left.\begin{array}{l} k_m = \dfrac{1}{\zeta_0} \sqrt{\dfrac{2(\mathrm{ch}\zeta_0 - \cos \zeta_0)}{\mathrm{ch}\zeta_0 + \cos \zeta_0}} \\[12pt] \theta_m = \dfrac{1}{\omega}\left[\dfrac{\pi}{4} - \arctan\left(\dfrac{\sin \zeta_0}{\mathrm{sh}\zeta_0}\right)\right] \\[12pt] k_d = \sqrt{a_1^2 + b_1^2}, \theta_d = \dfrac{1}{\omega}\arctan\left(\dfrac{b_1}{a_1}\right) \\[12pt] a_1 = \dfrac{6\sin \omega\theta_m}{k_m \zeta_0^2}, b_1 = \dfrac{6}{\zeta_0^2}\left(\dfrac{1}{k_m}\cos \omega\theta_m - 1\right) \end{array}\right\} \qquad （7）$$

设后期混凝土徐变度表示如下

$$C(t, \tau) = C_1[1 - \mathrm{e}^{-r(t-\tau)}] \qquad （8）$$

根据笔者提出的等效模量法[4]，弹性徐变应力可计算如下

$$\sigma = \frac{\rho E\alpha}{1-\mu}\left[T_m(\tau + \xi) + \frac{T_d(\tau + \xi)}{L}\left(x - \frac{L}{2}\right) - T(x, \tau + \xi)\right] \qquad （9）$$

式中

$$\left.\begin{array}{l} \rho = \dfrac{1}{\sqrt{a^2 + b^2}} \\[3mm] \xi = \dfrac{1}{\omega}\arctan\left(\dfrac{b}{a}\right) \\[3mm] a = 1 + \dfrac{EC_1 r^2}{r^2 + \omega^2} \\[3mm] b = \dfrac{EC_1 r\omega}{r^2 + \omega^2} \end{array}\right\} \qquad (10)$$

参照大古利、夏斯塔、饿马、菲利峡、蒙提塞洛等坝试验资料，对于加荷龄期 1～5 年的坝工混凝土，可取

$$C_1 = 0.662/E, \ r = 0.0052(1/\mathrm{d})$$

由式（10），$\rho$=0.935，$\xi$=0.325 月。若无徐变，$C_1$=0，则$\rho$=1，$\xi$=0，式（9）即退化成弹性应力。

坝体下游面（$x$=$L$）和上游面（$x$=0）的弹性徐变应力为

$$\sigma_{\text{下}} = \frac{\rho E\alpha}{1-\mu}\left[T_{\mathrm{m}}(\tau + \xi) + \frac{1}{2}T_{\mathrm{d}}(\tau + \xi) - A_1\cos\omega(\tau + \xi - \tau_0)\right] \qquad (11)$$

$$\sigma_{\text{上}} = \frac{\rho E\alpha}{1-\mu}\left[T_{\mathrm{m}}(\tau + \xi) - \frac{1}{2}T_{\mathrm{d}}(\tau + \xi) - A_2\cos\omega(\tau + \xi - \varepsilon - \tau_0)\right] \qquad (12)$$

表 1　　　　　　　　　　系数 $\beta_1$、$\beta_2$、$\beta_3$、$\beta_4$

| $\zeta_0 = L\sqrt{\pi/aP}$ | $\beta_1$ | $\beta_2$ | $\beta_3$ | $\beta_4$ | $\zeta_0 = L\sqrt{\pi/aP}$ | $\beta_1$ | $\beta_2$ | $\beta_3$ | $\beta_4$ |
|---|---|---|---|---|---|---|---|---|---|
| 0 | 0 | 0 | 0 | 0 | 6.00 | −0.6656 | −0.1687 | −0.0845 | 0.2506 |
| 0.50 | −0.0011 | −0.0010 | 0.0166 | 0.0249 | 7.00 | −0.7143 | −0.1429 | −0.0822 | 0.2246 |
| 1.00 | −0.0168 | −0.0146 | 0.0653 | 0.0949 | 8.00 | −0.7501 | −0.1248 | −0.0783 | 0.2032 |
| 1.50 | −0.0738 | −0.0659 | 0.1186 | 0.1928 | 9.00 | −0.7778 | −0.1110 | −0.0741 | 0.1852 |
| 2.00 | −0.1733 | −0.1488 | 0.1388 | 0.2673 | 10.00 | −0.8000 | −0.1000 | −0.0700 | 0.1700 |
| 2.50 | −0.2788 | −0.2223 | 0.1092 | 0.2999 | 12.00 | −0.8333 | −0.0833 | −0.0625 | 0.1458 |
| 3.00 | −0.3669 | −0.2601 | 0.0553 | 0.3074 | 14.00 | −0.8571 | −0.0714 | −0.0561 | 0.1276 |
| 3.50 | −0.4385 | −0.2657 | 0.0030 | 0.3057 | 16.00 | −0.8750 | −0.0625 | −0.0508 | 0.1133 |
| 4.00 | −0.4994 | −0.2517 | −0.0368 | 0.2999 | 18.00 | −0.8889 | −0.0556 | −0.0463 | 0.1019 |
| 4.50 | −0.5519 | −0.2298 | −0.0624 | 0.2904 | 20.00 | −0.9000 | −0.0500 | −0.0425 | 0.0925 |
| 5.00 | −0.5967 | −0.2067 | −0.0764 | 0.2782 | | | | | |

最后得到非线性温差引起的下游面应力（$\sigma_{\text{下}}$）和上游面应力（$\sigma_{\text{上}}$）如下

$$\begin{aligned} \sigma_{\text{下}} &= \frac{\rho E\alpha}{1-\mu}[F_1\cos\omega(\tau + \xi - \tau_0) + F_2\sin\omega(\tau + \xi - \tau_0)] \\[2mm] &= \frac{\rho E\alpha}{1-\mu}G_1\cos\omega(\tau + \xi - \tau_0 - \theta_1) \end{aligned} \qquad (13)$$

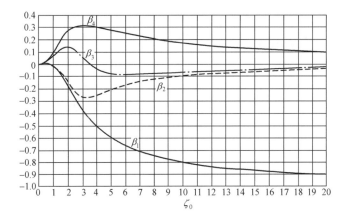

图 4　系数 $\beta_1$、$\beta_2$、$\beta_3$、$\beta_4$

$$\sigma_{上} = \frac{\rho E \alpha}{1-\mu} [F_3 \cos \omega(\tau + \xi - \tau_0) + F_4 \sin \omega(\tau + \xi - \tau_0)]$$

$$\tag{14}$$

$$= \frac{\rho E \alpha}{1-\mu} G_2 \cos \omega(\tau + \xi - \tau_0 - \theta_2)$$

式中

$$G_1 = \sqrt{F_1^2 + F_2^2}, \quad \theta_1 = \frac{1}{\omega} \arctan\left(\frac{F_2}{F_1}\right) \tag{15}$$

$$G_2 = \sqrt{F_3^2 + F_4^2}, \quad \theta_2 = \frac{1}{\omega} \arctan\left(\frac{F_4}{F_3}\right) \tag{16}$$

$$F_1 = \beta_1 A_1 + (\beta_2 \cos \omega \varepsilon - \beta_3 \sin \omega \varepsilon) A_2 \tag{17}$$

$$F_2 = \beta_4 A_1 + (\beta_3 \cos \omega \varepsilon + \beta_2 \sin \omega \varepsilon) A_2 \tag{18}$$

$$F_3 = \beta_2 A_1 + (\beta_1 \cos \omega \varepsilon - \beta_4 \sin \omega \varepsilon) A_2 \tag{19}$$

$$F_4 = \beta_3 A_1 + (\beta_4 \cos \omega \varepsilon + \beta_1 \sin \omega \varepsilon) A_2 \tag{20}$$

$$\beta_1 = \frac{1}{2} k_m \cos \omega \theta_m + \frac{1}{2} k_d \cos \omega \theta_d - 1 \tag{21}$$

$$\beta_2 = \frac{1}{2} k_m \cos \omega \theta_m - \frac{1}{2} k_d \cos \omega \theta_d \tag{22}$$

$$\beta_3 = \frac{1}{2} k_m \sin \omega \theta_m - \frac{1}{2} k_d \sin \omega \theta_d \tag{23}$$

$$\beta_4 = \frac{1}{2} k_m \sin \omega \theta_m + \frac{1}{2} k_d \sin \omega \theta_d \tag{24}$$

下游面最大应力 $\sigma_{下} = \rho E \alpha G_1 / (1-\mu)$，发生时间为 $\tau = \tau_0 - \xi + \theta_1$；上游面最大应力为 $\sigma_{上} = \rho E \alpha G_2 / (1-\mu)$，发生时间为 $\tau = \tau_0 - \xi + \theta_2$，系数 $\beta_1$、$\beta_2$、$\beta_3$、$\beta_4$ 见表 1 及图 4。

若取 $a=0.0040\text{m}^2/\text{h}$，则 $\xi_0 =0.2994L$，故一般可取 $\xi_0 =0.30L$。

拱坝温度场的边界条件如图 5 所示。与空气接触的边界，温度年变幅为

$$A_1 = A_a + A_s \tag{25}$$

式中：$A_a$ 为气温年变幅；$A_s$ 为日照温度年变幅，约为 $1 \sim 3$℃，与坝址纬度、坝体方位、坝面

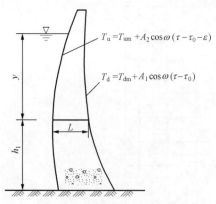

$$T_u = T_{um} + A_2 \cos\omega(\tau - \tau_0 - \varepsilon)$$

$$T_d = T_{dm} + A_1 \cos\omega(\tau - \tau_0)$$

图 5　拱坝温度场边界条件

坡度及峡谷形状等有关。

水温年变幅（$A_2$）随着水深（$y$）而变化，可表示如下

$$A_2 = A_{w0} e^{-0.018y} \tag{26}$$

式中：$A_{w0}$ 为表面水温年变幅，在一般地区，其值接近于气温年变幅，在寒冷地区，受冬季水库结冰的影响，其值小于气温年变幅，计算方法见[7]。

水温年变化的相位差（$\varepsilon$）可表示如下

$$\varepsilon = 2.15 - 1.30 e^{-0.085y} \quad （月） \tag{27}$$

利用上述方法，各具体工程可根据当地气候条件计算非线性温差所引起的应力。

过去人们很少计算非线性温差引起的应力，对它缺乏印象，实际上它的数值是相当大的。我国从北到南，气候条件变化很大，下面对我国不同地区的非线性温差应力进行计算。忽略日照影响，计算中采用的气温和表面水温年变幅如表 2 所示。

表 2　　　　　　　　　气温和表面水温年变幅　　　　　　　　　（单位：℃）

| 地　　区 | 东北 | 华北 | 华中 | 华南、西南 |
|---|---|---|---|---|
| 气温年变幅 $A_1$ | 20 | 15 | 11 | 9 |
| 表面水温年变幅 $A_{w0}$ | 13 | 12 | 11 | 9 |

计算中所用混凝土弹性模量 $E$=38000MPa，泊松比 $\mu$=0.167，线胀系数 $\alpha$=1×10⁻⁵（1/℃），徐变度系数 $C_1$=0.662/$E$，$r$=0.0052（1/d），导温系数 $a$=0.0040m²/h，计算结果见表 3。

从表 3 可以看出以下几点：

（1）由于非线性温差应力是坝体自身约束所引起的，所以坝体越厚应力越大，但当坝厚超过 10m 时，拉应力就相当大。

（2）水温年变幅小于气温年变幅，坝体上游面水下部分的拉应力一般小于下游面拉应力，但当水深小于 20m 时，差距并不显著。由于上、下游面应力是上、下游面温度变化相互影响的结果，当坝厚 $L$≤30m 时，在华中、华南（$A_{w0}$=$A_1$）地区还可能出现上游面应力略大于下游面应力的情况。

（3）总体看来，非线性温差引起的拉应力是相当大的，以坝厚 $L$=10m 为例，各地区产生的拉应力，东北 4.5～6.2MPa，华北 3.6～4.6MPa，华中 3.0～3.4MPa，华南、西南 2.5～2.8MPa，对于更厚的坝体，拉应力还要更大一些。

表 3　　　　　　年变化非线性温差引起的拱坝上下游面拉应力　　　　　（单位：MPa，拉应力为正）

| 地区 | 东北（$A_1$=20℃，$A_{w0}$=13℃） | | | | | | | 华北（$A_1$=15℃，$A_{w0}$=12℃） | | | | | | |
|---|---|---|---|---|---|---|---|---|---|---|---|---|---|---|
| 上游水深 | 无水 | 10m | | 30m | | 50m | | 无水 | 10m | | 30m | | 50m | |
| 坝厚 $L$（m） | $\sigma_{上、下}$ | $\sigma_{下}$ | $\sigma_{上}$ | $\sigma_{下}$ | $\sigma_{上}$ | $\sigma_{下}$ | $\sigma_{上}$ | $\sigma_{上、下}$ | $\sigma_{下}$ | $\sigma_{上}$ | $\sigma_{下}$ | $\sigma_{上}$ | $\sigma_{下}$ | $\sigma_{上}$ |
| 5 | 2.91 | 2.17 | 1.99 | 1.96 | 1.65 | 1.88 | 1.47 | 2.18 | 1.71 | 1.65 | 1.51 | 1.33 | 1.43 | 1.16 |
| 10 | 6.18 | 4.55 | 4.42 | 4.18 | 3.66 | 4.11 | 3.20 | 4.64 | 3.52 | 3.69 | 3.17 | 3.00 | 3.09 | 2.57 |

| 地区 | 东北（$A_1$=20℃，$A_{w0}$=13℃） | | | | | | | 华北（$A_1$=15℃，$A_{w0}$=12℃） | | | | | | |
| --- | --- | --- | --- | --- | --- | --- | --- | --- | --- | --- | --- | --- | --- | --- |
| 上游水深 | 无水 | 10m | | 30m | | 50m | | 无水 | 10m | | 30m | | 50m | |
| 坝厚 $L$（m） | $\sigma_{上,下}$ | $\sigma_下$ | $\sigma_上$ | $\sigma_下$ | $\sigma_上$ | $\sigma_下$ | $\sigma_上$ | $\sigma_{上,下}$ | $\sigma_下$ | $\sigma_上$ | $\sigma_下$ | $\sigma_上$ | $\sigma_下$ | $\sigma_上$ |
| 20 | 7.28 | 6.05 | 4.90 | 5.90 | 3.88 | 5.93 | 3.18 | 5.44 | 4.55 | 4.25 | 4.40 | 3.31 | 4.42 | 2.66 |
| 30 | 7.64 | 6.79 | 4.84 | 6.70 | 3.70 | 6.72 | 2.91 | 5.73 | 5.10 | 4.27 | 5.00 | 3.22 | 5.02 | 2.49 |
| 40 | 7.85 | 7.20 | 4.81 | 7.12 | 3.60 | 7.14 | 2.77 | 5.89 | 5.40 | 4.28 | 5.32 | 3.17 | 5.34 | 2.40 |
| 60 | 8.07 | 7.62 | 4.76 | 7.56 | 3.49 | 7.57 | 2.61 | 6.05 | 5.71 | 4.29 | 5.66 | 3.12 | 5.67 | 2.30 |

| 地区 | 华中（$A_1$=11℃，$A_{w0}$=11℃） | | | | | | | 华南、西南（$A_1$=$A_{w0}$=9℃） | | | | | | |
| --- | --- | --- | --- | --- | --- | --- | --- | --- | --- | --- | --- | --- | --- | --- |
| 上游水深 | 无水 | 10m | | 30m | | 50m | | 无水 | 10m | | 30m | | 50m | |
| 坝厚 $L$（m） | $\sigma_{上,下}$ | $\sigma_下$ | $\sigma_上$ | $\sigma_下$ | $\sigma_上$ | $\sigma_下$ | $\sigma_上$ | $\sigma_{上,下}$ | $\sigma_下$ | $\sigma_上$ | $\sigma_下$ | $\sigma_上$ | $\sigma_下$ | $\sigma_上$ |
| 5 | 1.60 | 1.34 | 1.36 | 1.15 | 1.07 | 1.07 | 0.92 | 1.31 | 1.10 | 1.11 | 0.94 | 0.88 | 0.88 | 0.75 |
| 10 | 3.40 | 2.70 | 3.08 | 2.37 | 2.45 | 2.09 | 2.06 | 2.78 | 2.21 | 2.52 | 1.94 | 2.00 | 1.87 | 1.68 |
| 20 | 3.99 | 3.36 | 3.67 | 3.21 | 2.82 | 3.22 | 2.22 | 3.27 | 2.75 | 3.01 | 2.62 | 2.30 | 2.64 | 1.81 |
| 30 | 4.20 | 3.74 | 3.76 | 3.65 | 2.80 | 3.67 | 2.13 | 3.44 | 3.06 | 3.08 | 2.99 | 2.29 | 3.00 | 1.74 |
| 40 | 4.32 | 3.96 | 3.80 | 3.89 | 2.79 | 3.90 | 2.09 | 3.53 | 3.24 | 3.11 | 3.18 | 2.28 | 3.19 | 1.70 |
| 60 | 4.44 | 4.19 | 3.85 | 4.14 | 2.78 | 4.15 | 2.03 | 3.63 | 3.42 | 3.15 | 3.39 | 2.27 | 3.40 | 1.66 |

# 3 寒潮和日温变化引起的应力

寒潮是在混凝土坝面引起拉应力的又一个重要因素，在我国，寒潮多由西伯利亚寒流南下引起，一次寒潮往往由西北向东南波及全国大部分地区，尽管南方气温高于北方，但寒潮频数、降温幅度与历时，全国各地相差不多。

对于图 6 所示寒潮，坝体表面最大拉应力可计算如下[3]

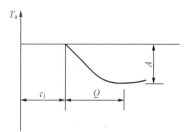

图 6　寒潮期间的气温

$$\sigma = \frac{f_1 \rho_1 E(\tau_m) \alpha A}{1 - \mu} \tag{28}$$

$$f_1 = \frac{1}{\sqrt{1 + 1.85u + 1.12u^2}} \tag{29}$$

$$u = \frac{2.802\lambda}{\beta\sqrt{Q}} \tag{30}$$

式中：$Q$ 为降温历时；$\rho_1$ 为徐变影响系数。

$\rho_1$ 后期混凝土可取

$$\rho_1 = e^{-0.095Q^{0.60}} \tag{31}$$

取 $Q$=5d，$A$=17℃，$E$=38000MPa，$\alpha$=1×10$^{-5}$，$\mu$=0.167，由式（28）可得寒潮引起的拉应力如表 4。

表 4　　　　寒潮引起的表面拉应力（历时 5d，降幅 17℃）

| 聚苯乙烯泡沫板厚度（cm） | 0 | 3 | 5 | 10 |
| --- | --- | --- | --- | --- |
| 寒潮引起表面应力（MPa） | 5.17 | 1.54 | 1.04 | 0.50 |

气温日变化引起的表面拉应力也可用式（27）计算，但 $f_1$ 和 $u$ 取值如下

$$f_1 = \frac{1}{\sqrt{1+2u+2u^2}}, \quad u = \frac{\lambda}{\beta}\sqrt{\frac{\pi}{aP}} \tag{32}$$

式中：$P=1\text{d}$ 为温度变化周期，对于后期混凝土，徐变影响系数 $\rho_1 \cong 1.00$。

最大气温日变幅通常发生在晴天，寒潮期间一般为阴天，气温日变幅较小，因此，不必把最大寒潮与最大气温日变幅叠加。

## 4  组合应力

现行拱坝设计规范没有考虑非线性温差和寒潮，因此拱坝的实际应力 $\sigma$ 为

$$\sigma = \sigma_a + \sigma_b \tag{33}$$

式中：$\sigma_a$ 为按设计荷载计算的应力，简称设计应力；$\sigma_b$ 为非线性温差、寒潮、日温变化等引起的应力。

在坝体表面，有三个主应力，其中一个主应力垂直于坝面，在临水面即等于水压力，在临空面为零；另外两个主应力在坝体表面内，通常是一个较大的压应力，另一个是拉应力或较小的压应力。在坝体表面，非线性温差和寒潮引起的应力（$\sigma_b$）是各个方向相同的。

如图 7 所示，坝面设计应力的两个主应力为 $\sigma_{a1}$（拉应力或水压应力）和 $\sigma_{a2}$（压应力），叠加非线性温差和寒潮应力 $\sigma_b$（各向相同）后，组合应力 $\sigma_a + \sigma_b$，在 $\sigma_{a2}$ 方向为比原来小的压应力，而在 $\sigma_{a1}$ 方向为一个较大的拉应力，这是引起裂缝的应力分量，所以裂缝方向平行于 $\sigma_{a2}$，图 8 是某拱坝下游面应力矢量图，与图 1 对比，可见裂缝基本上平行于 $\sigma_{a2}$ 方向。

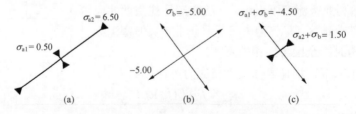

图 7  组合应力（压应力为正）（单位：MPa）

(a) $\sigma_a$；(b) $\sigma_b$；(c) $\sigma_a + \sigma_b$

在水下部分可不计寒潮，但在设计荷载作用下较大拉应力往往出现在上游坝面，与年变化非线性温差引起的拉应力叠加后，也可达到相当大的数值，足以引起裂缝，不能忽略。

## 5  表面永久保温

大坝施工期间适当控制混凝土最高温度、调整接缝灌浆温度等措施，可以使运行期表面拉应力有所降低，但降幅有限，防止运行期拱坝出现裂缝的最有效措施是用泡沫塑料板对坝面进行永久保温。

当混凝土表面设有保温层时，混凝土表面通过保温层向空气放热时的等效放热系数（$\beta$）可按下式计算

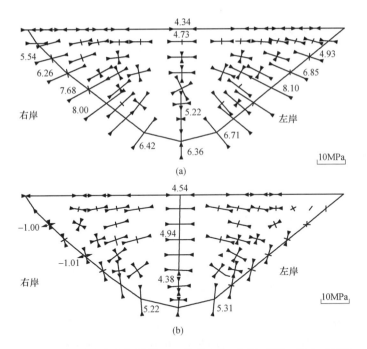

图 8　某拱坝设计应力矢量图（正常蓄水位+自重+淤沙+尾水+温降）

（a）下游面主应力；（b）上游面主应力

$$\beta = \frac{1}{1/\beta_0 + \Sigma(h_i/\lambda_i)} \tag{34}$$

式中：$\beta_0$ 为最外面保温板与空气间的放热系数；$h_i$ 为第 $i$ 层保温板厚度；$\lambda_i$ 为第 $i$ 层保温板的导热系数。

设混凝土表面贴有一层聚苯乙烯泡沫保温板，其导热系数为 $\lambda_1 = 0.140\text{kJ}/(\text{m}^2 \cdot \text{h} \cdot \text{℃})$，$\beta_0 = 80\text{kJ}/(\text{m}^2 \cdot \text{h} \cdot \text{℃})$，由式（33）及热传导理论得到混凝土表面温度变幅 $A_0$ 与气温变幅 $A$ 的比值如表 5，由表 5 可见，泡沫塑料板的保温效果是显著的。例如，当聚苯乙烯泡沫板厚度为 5cm 时，气温日变化的作用可削减 96%，气温年变化可削减 55%，降温历时 4d 的寒潮可削减 83%。重要工程应通过仿真计算决定保温板厚度。至于永久保温板的结构，采用笔者提出的复合式永久保温板比较合适，即在聚苯乙烯泡沫板外面设置一层保护层，以保证苯板的耐久性，在坝体上游面可采用笔者和买淑芳教授研制的复合式永久保温防渗板，兼有保温和防渗功能[6]。

表5　　　　　　　　　　　　　表 面 保 温 效 果

| 聚苯乙烯泡沫板厚度（cm） | | 0 | 1 | 2 | 3 | 5 | 10 | 15 | 20 |
|---|---|---|---|---|---|---|---|---|---|
| 等效表面放热系数 $\beta$ [kJ/（m²·h·℃）] | | 80.0 | 11.04 | 6.17 | 4.28 | 2.66 | 1.363 | 0.917 | 0.691 |
| 混凝土表面温度变幅 $A_0$ 与气温变幅 $A$ 的比值 $A_0/A$ | 气温日变化 | 0.580 | 0.139 | 0.082 | 0.058 | 0.036 | 0.019 | 0.013 | 0.0096 |
| | 气温年变化 | 0.968 | 0.793 | 0.672 | 0.579 | 0.450 | 0.285 | 0.208 | 0.163 |
| | 降温 4d 的寒潮 | 0.871 | 0.469 | 0.326 | 0.249 | 0.170 | 0.094 | 0.065 | 0.0497 |

设置永久保温板后，拱坝温度荷载随之改变，可采用笔者在文献 [8] 中提出的方法进行计算。

# 6　结束语

（1）混凝土坝施工期裂缝问题目前已基本解决，但施工期未出现裂缝的坝，运行期仍可能出现裂缝。

（2）混凝土拱坝运行期出现裂缝的主要原因是非线性温差和寒潮，本文给出了计算方法，结合具体工程条件进行计算，不难判断工程是否会在运行期出现裂缝。

（3）防止运行期出现裂缝的最有效措施是设置复合式永久保温板进行表面永久保温。在上游面可能裂缝区，最好采用笔者和买淑芳教授提出的复合式永久防渗保温板，兼有防渗和保温功能。

## 参　考　文　献

[1] 朱伯芳，许平. 加强混凝土坝表面保护，尽快结束"无坝不裂"的筑坝历史 [J]. 水力发电，2004，（3）.

[2] 朱伯芳. 大体积混凝土温度应力与温度控制 [M]. 北京：中国电力出版社，1999.

[3] DL/T 5144—2001《水工混凝土施工规范》[S]. 北京：中国电力出版社，2002.

[4] 朱伯芳. 分析晚期混凝土及一般黏弹性体简谐温度徐变应力的等效模量法与等效温度法 [J]. 水利学报，1986，（8）.

[5] 朱伯芳. 大体积混凝土表面保温能力计算 [J]. 水利学报，1987，（2）.

[6] 朱伯芳，买淑芳. 混凝土坝的复合式永久保温防渗板 [J]. 水利水电技术，2006，（4）.

[7] 朱伯芳. 库水温度估算 [J]. 水利学报，1985，（2）.

[8] 朱伯芳. 寒冷地区有保温层拱坝的温度荷载 [J]. 水利水电技术，2003，（11）.

# 拱坝的有限元等效应力及复杂应力下的强度储备[1]

**摘　要：** 有限元等效应力法今后将逐步取代拱梁分载法，成为拱坝设计的主要方法。在计算有限元等效应力时，应直接进行数值积分，而不宜用二次曲线逼近，坝体自重宜用分步增量法计算。复杂应力下强度储备不同于简单应力，算例表明，在坝体下游面压应力最大处，双向受压使混凝土抗压强度提高 8%左右，如考虑施工期温度拉应力，抗压强度可能反而降低 17%左右。在坝体上游面拉应力最大处，侧向压应力使混凝土抗拉强度下降 7%~8%左右，在上游面拱冠区，三向受压，使抗压强度提高 9%左右。

**关键词：** 拱坝；有限元等效应力；强度储备；复杂应力

# Equivalent Finite Element Stresses and Safety of Arch Dams Under Triaxial Stresses

**Abstract:** From integration of the stresses given by finite element method，the internal forces of arch dam are obtained and then the stresses are computed on the basis of beam theory. Thus the stress concentration near the foundation is avoided and the internal forces are more accurate than those given by the trial load method. The action of weight of concrete must be computed by incremental method to consider the process of joint grouting. The strengths of concrete under triaxial stresses are different from those under uniaxial stresses. The results of computation of an arch dam show that，at the point of maximum compressive stress on the downstream face, the concrete is subjected to biaxial compression and the strength of concrete will be 8% greater than the uniaxial compressive strength. At the point of maximum tensile stress on the upstream face, the concrete is subjected to triaxial stresses, tension-compression-compression, the tensile strength will be reduced 8% due to the lateral compression. In the central part of up-stream face, the concrete is subjected to triaxial compression and the compressive strength will be about 9% greater than the uniaxial compressive strength.

**Key words:** arch dam, equivalent finite element stress, strength of concrete, triaxial stress

## 1　前言

有限元法可以考虑大孔口、复杂基础、重力墩、分期施工、不规则外形等多种因素的影

---

[1]　原载《水利水电技术》2005 年第 1 期。

响，其计算功能远比拱梁分载法为强，但直到目前为止，拱坝体形设计仍以拱梁分载法为主要手段，主要原因是用有限元法计算拱坝应力时，近基础部分存在着显著的应力集中现象，算得的拉应力往往远远超过混凝土的抗拉强度。在实际工程中，由于岩体内存在着大小不等的各种裂隙，应力集中现象将有所缓和，不一定像计算结果那么严重，计算中如何考虑应力集中，是有限元法应用于拱坝的"瓶颈"。1987 年 4 月在科英布拉（Koimbre）举行的国际拱坝学术讨论会上，笔者提出了有限元等效应力法，克服了这一"瓶颈"[1]，在文献 [2] 中研究了有限元等效应力的应力控制标准。新编的 SL 282—2003《混凝土拱坝设计规范》[3] 已正式规定在拱坝设计中采用有限元等效应力法，为有限元法在拱坝设计中的应用开拓了良好的前景。由于有限元法的强大计算功能，它将逐步取代多拱梁法，成为拱坝设计的主要方法。本文就有限元等效应力法在拱坝应用中的几个主要问题加以阐述。

目前我国正在兴建一批特高拱坝，其应力水平很高，而允许压应力是拱坝体形设计中的一个最重要的因素，它直接关系到拱坝的安全性和经济性，到目前为止，绝大多数国家的设计规范都是用单轴抗压强度除以安全系数而得到允许压应力，实际上拱坝是处于复杂应力状态下，拱坝在复杂应力下的强度储备与单轴应力相比，是增大了还是减少了，变幅如何？这是人们关心的一个问题。由于三轴受压时混凝土的抗压强度大幅增大，过去人们往往认为复杂应力状态下拱坝的强度储备有较大增加，但到目前为止还无人进行过细致的分析。本文对这个问题进行比较深入的分析，与人们过去的看法相反，实际上在复杂状态下拱坝强度储备有的地方增加了但增幅并不大，有的地方反而减小了。

## 2 拱坝的有限元等效应力法

用有限元法计算拱坝，得到整体坐标系（$x'$, $y'$, $z'$）中的应力 $\{\sigma'\}$，在结点 $i$ 取局部坐标系（$x$, $y$, $z$），其中 $x$ 轴平行于拱轴的切线方向，$y$ 轴平行于半径方向，$z$ 轴为铅直方向，局部坐标系中的应力 $\{\sigma\}$ 由下式求得[4]

$$
\begin{cases}
\sigma_x = \sigma_{x'} \cos^2 \alpha + \sigma_{y'} \sin^2 \alpha + \tau_{x'y'} \sin^2 \alpha \\
\sigma_y = \sigma_{x'} \sin^2 \alpha + \sigma_{y'} \cos^2 \alpha - \tau_{x'y'} \sin^2 \alpha \\
\sigma_z = \sigma_{z'} \\
\tau_{xy} = (\sigma_{y'} - \sigma_{x'}) \sin \alpha + \tau_{x'y'} (\cos^2 \alpha - \sin^2 \alpha) \\
\tau_{yz} = \tau_{y'z'} \cos \alpha - \tau_{z'x'} \sin \alpha \\
\tau_{zx} = \tau_{y'z'} \sin \alpha + \tau_{z'x'} \cos \alpha
\end{cases}
\tag{1}
$$

式中：$\alpha$ 为从 $x'$ 到 $x$ 的角度（逆时针为正）；$z$ 与 $z'$ 同轴。沿单位宽度的拱载面和梁载面对局部坐标系中的应力进行积分，就可求出拱和梁的内力，再用材料力学方法计算出结点 $i$ 的应力分量和主应力，这样计算的结果就避免了有限元法中的应力集中，但它所算得的内力，可以考虑复杂基础、大孔口、分期施工等因素的影响，比多拱梁法更为准确。

下面讨论拱坝有限元等效应力分析中的两个问题。

（1）内力计算问题。这本是一个比较简单的问题，用有限元法求出应力分布后，用数值积分法可直接计算拱梁的内力，但目前流行着一种算法，以二次曲线表示应力分布，即 $\sigma = a + bx + cx^2$，在坝体剖面上取三点的应力，决定系数 $a$、$b$、$c$，经积分得到拱与梁的内力。如

图 1（a）所示，二次曲线是没有拐点的，拱坝是偏心受压结构，一个典型的应力分布如图 1（b）所示，一边受拉，一边受压，是一条有拐点的高次曲线。上述算法显然不符合实际，带来不必要的误差，宜用数值积分方法直接计算内力，既简单又准确。

（2）在计算中如何考虑坝体自重问题。自重是拱坝的主要荷载之一，对坝体应力影响较大，施工中拱坝通常被横缝分割成许多坝块，每个坝块是自下而上逐层浇筑的，自重是逐步施加的，并与横缝灌浆过程交织在一起，自重的实际作用是比较复杂的，在应力计算中有以下三种假定：第一种假定，坝体自重全部由梁承担，不参与拱梁分配。第二种假定：自重整体计算，在坝体竣工并形成整体后，自重一次性地施加于全坝，全部自重由拱梁共同承担。第三种假定，自重分步计算，考虑接缝灌浆过程，如图 2，将坝高（$H$）划分为 $n$ 个增量 $\Delta H_i$，$i=1\sim n$，第一步，接缝灌浆前，$\Delta H_1$ 范围内的自重全部由梁承担，得应力增量 $\Delta\sigma_1$，第二步，$\Delta H_1$ 范围内已进行接缝灌浆，拱坝已形成整体，$\Delta H_2$ 范围内的自重，在未灌浆的 $\Delta H_2$ 内由梁全部承担，在已灌浆的 $\Delta H_1$ 范围内，由拱梁共同承担，得到应力 $\Delta\sigma_2$，如此逐步计算，最后得到应力 $\sigma=\Delta\sigma_1+\cdots+\Delta\sigma_n$。

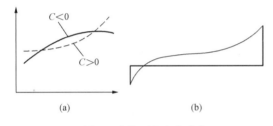

图 1　建基面上应力分布

（a）二次曲线；（b）实际应力分布

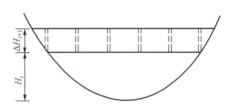

图 2　自重分步计算法

目前拱梁分载法多采用第一种假定，有限元计算中多采用第二种假定，但这种假定与实际情况相差太远，不宜采用，有限元计算以采用第三种假定为宜，也可采用第一种假定，与传统的拱梁分载法保持一致。

下面以小湾拱坝为例，说明自重计算方法对拱坝应力的影响。该坝高 292m，施工中划分 47 条横缝，计算中全部横缝都用薄层单元模拟，在高度方向分为 8 步模拟横缝灌浆，对于自重+水压+温降工况，图 3 表示了中央剖面上铅直应力（$\sigma_z$）的分布，整体计算时最大拉应力为 5.97MPa，拉应力深度为 14.5m，分步计算时最大拉应力为 2.46MPa，拉应力深度为 8.3m，都明显减小，表 1 为最大有限元等效应力[5]。由表 1 可知，自重分步计算的最大有限元等效拉应力 1.54MPa 与自重全部由梁承担多拱梁法计算的最大拉应 1.22MPa 已比较接近。

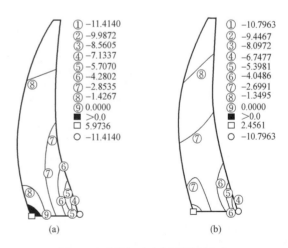

图 3　小湾拱坝中央剖面铅直应力 $\sigma_z$

（单位：MPa，拉应力为正）

（a）自重整体计算；（b）自重分步计算

表1 小湾拱坝最大有限元等效应力（自重+水压+温降） （单位：MPa）

| 自重计算方法 | 主拉应力 $\sigma_1$ | 拱向应力 $\sigma_x$ | 铅直应力 $\sigma_z$ |
|---|---|---|---|
| 整体计算 | 3.80 | 0.58 | 3.19 |
| 分步计算 | 1.54 | 0.16 | 1.12 |

# 3 拱坝在复杂应力下的强度储备

## 3.1 复杂应力下混凝土的强度

在承受荷载之前，混凝土内部已有微细裂缝，承受荷载之后，随着荷载的逐步增加，微细裂缝发展为大裂缝，最后导致混凝土破坏，如图4（a）所示，三轴受压条件下，侧向压应力使微裂缝的发展受到约束，以致三轴抗压强度明显高于单轴抗压强度。当侧向压力 $\sigma_2=\sigma_3$ 时，方向1的抗压强度服从下式[6]

$$f_{1c}=f'_c（1+4.10\sigma_2/f'_c）\tag{2}$$

式中：$f'_c$ 为混凝土单轴抗压强度（$\sigma_2=\sigma_3=0$）；$\sigma_2=\sigma_3$ 为围应力；$f_{1c}$ 为 $\sigma_1$ 方向抗压强度。

对图4（b）所示拉—压—压应力状态，汉南特（Hannant）给出当 $\sigma_2=\sigma_3$ 时，$\sigma_1$ 方向的混凝土抗拉强度如下

$$f_{1t} = 0.05\left(\frac{\sigma_2}{1.1} - f'_c\right)\tag{3}$$

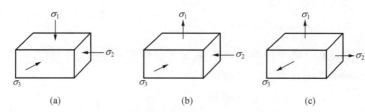

图4 三向受力状态

（a）压—压—压；（b）拉—压—压；（c）拉—拉—拉

当 $\sigma_2=0$ 时，$f_{1t}=-0.05f'_c=f'_t$，上式可改写成

$$f_{1t} = \left(1-0.91\frac{\sigma_2}{f'_c}\right)f'_t\tag{4}$$

根据前苏联试验资料，混凝土在三轴受拉时的抗拉强度与单轴受拉强度相近，即

$$f_{1t} \cong f'_t\tag{5}$$

在两向受压（$\sigma_3=0$）时，因一个面为自由面，侧向压应力（$\sigma_2$）对微裂缝的发展虽有一定制约作用，但与三向受压时相比，其制约作用要小的多，所以，当 $\sigma_2$ 为压应力时，方向1的抗压强度提高的幅度远小于三向受压时。图5是两向受力时混凝土强度包络图，由此得到混凝土双轴强度公式如下[7]。

（1）双轴受压

$$f_{2c}=\frac{1+3.65\beta}{(1+\beta)^2}f'_c\tag{6}$$

$$f_{1c} = \beta f_{2c} \quad (7)$$

在 $0 \leqslant \beta \leqslant 0.30$ 常见范围内，笔者给出的下式更符合试验资料

$$f_{2c} = (1 + 0.570\beta^{0.756})f_c' \quad (8)$$

（2）双轴一压一拉

$$f_{1t} = \left(1 - 0.8\frac{\sigma_2}{f_c'}\right)f_c' \quad (9)$$

$$f_{2c} = \frac{1 + 3.28\beta}{(1+\beta)^2}f_c' \quad (10)$$

（3）双轴受拉

$$f_{1t} = f_t' \quad (11)$$

$$f_{2t} = f_t' \quad (12)$$

式（8）～式（12）中：$\beta=\sigma_1/\sigma_2$；$f_c'$ 为单轴混凝土抗压强度；$f_t'$ 为单轴混凝土抗拉强度；$f_{1c}$、$f_{2c}$、为 $\sigma_1$、$\sigma_2$ 方向的混凝土抗压强度；$f_{1t}$、$f_{1t}$ 为 $\sigma_1$、$\sigma_2$ 方向的混凝土抗拉强度。

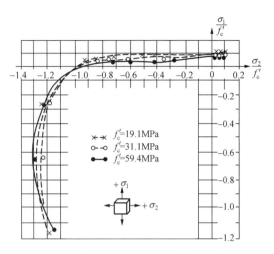

图 5　双向受力时混凝土强度包络线
（拉应力为正，$\sigma_1 > \sigma_2$）

比较式（2）和式（6）可知，两向受压时，侧压应力（$\sigma_2$）对抗压强度（$f_{1c}$）的影响远比三向受压时为小，例如，当 $\sigma_1/f_c'=0.20$、$0.50$ 时，两向受压时抗压强度为 $f_{2c}=1.20f_c'$、$1.26f_c'$；而三向受压时，抗压强度 $f_{2c}=1.82f_c'$、$3.05f_c'$。

## 3.2　拱坝在复杂应力下的强度储备

下面以小湾拱坝为例，分析拱坝在复杂应力下的强度储备。图 o 是昆明勘测设计院计算的小湾拱坝在基本荷载组合下的坝体应力矢量图，首先分析下游坝面应力，因无水压力，为两轴应力状态，坝体最大压应力出现在坝体下游面左岸高程 1050.00m 处，$\sigma_2=-10.0$MPa，$\sigma_1=-0.71$MPa，$\sigma_3=0$，$\beta=0.71/10=0.071$，由式（8）复杂应力状态下的抗压强度为 $f_{2c}=1.077f_c'$，即复杂受力时的抗压强度比单轴强度提高 7.7%，图 6 应力计算中没有考虑施工期温度应力，施工期温度应力在平行于建基面方向通常为拉应力，设 $\sigma_2=-10.0$MPa，$\sigma_1=1.0$MPa，$\sigma_3=0$，$\beta=-1.0/10.0=-0.1$，由式（10）得 $f_{2c}=0.830f_c'$，即考虑施工期温度拉应力后，混凝土双轴抗压强度比单轴抗压强度反而下降 17.0%。在下游面的下部为压拉状态，如右岸高程 975.00m 处，$\sigma_2=-8.83$MPa，$\sigma_1=0.16$MPa，$\sigma_3=0$，$\beta=-0.16/8.83=-0.0181$，由式（10）可知双向抗压强度 $f_{2c}=0.975f_c'$，即双向受力抗压强度比单轴抗压强度降低 2.5%。

在坝体上游面，最大拉应力出现在左岸高程 1050.00m，$\sigma_1=1.22$MPa，$\sigma_2=-1.90$MPa（水压力），$\sigma_3=-4.55$MPa，$f_c'=45$MPa，忽略 $\sigma_2$ 影响，按双向受力公式（9）计算，$f_t'=0.919f_c'$。取 $\sigma_3=(1.90+4.55)/2=3.22$，按三向受力计算，式（4），$f_{1t}=0.935f_t'$，即复杂受力时混凝土抗拉强度比单轴抗拉强度下降了 6.5%～8.1%，沿建基面，应力状态都是拉一压一压，侧向压应力使抗拉强度有所降低。

在上游面拱冠附近，基本上是三向受压，拱冠高程 1130.00m 处压应力最大，$\sigma_3=-6.65$MPa，$\sigma_1=-0.87$MPa，$\sigma_2=-1.10$MPa，设 $\sigma_2=\sigma_3=-0.87$MPa，$f_c'=40$MPa，由三向受压式（2）可知三轴抗压强度为 $f_{1c}=1.089f_c'$，即较单轴抗压强度提高 8.9%。

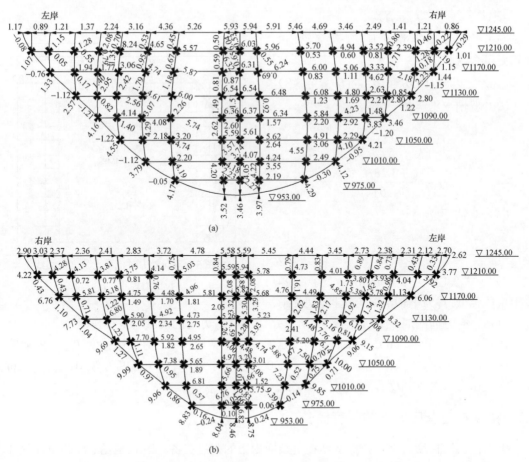

图 6　小湾拱坝在基本荷载组合（水压+自重+温降）下的应力矢量

（压应力为正）（高程单位：m，应力单位：MPa）

（a）上游面主应力；（b）下游面主应力

　　总之，在坝体下游面，最大压应力处两向受压，双轴抗压强度较单轴抗压强度增大 7.7%；在下游面下部，侧向应力为拉应力，使抗压强度下降 2.5%；如果考虑施工期温降引起的拉应力，抗压强度可能下降 17% 左右。在坝体上游面，最大拉应力发生在拱端，侧向压应力可使抗拉强度下降 7%～8%；在拱冠区，混凝土三向受压，三轴抗压强度较单轴抗压强度可提高 9% 左右，但这个区域的压应力数值较小，不是应力控制区。

## 4　结束语

　　（1）有限元等效应力法克服了有限元应用于拱坝的"瓶颈"——应力集中问题，由于有限元的强大计算功能，它将逐步取代拱梁分载法，成为拱坝设计的主要方法。

　　（2）以有限元应力计算内力时，以直接采用数值积分方法为宜，利用三点应力决定二次曲线再求内力的方法是不妥当的，会带来不必要的误差。

　　（3）用有限元计算拱坝时，自重以分步计算为宜，为了与过去拱梁分载法保持协调，也可假定自重全部由梁承担。自重按整体计算是不合适的。

（4）拱坝实际上处于复杂应力状态，以小湾拱坝为例，在坝体下游面，最大压应力发生在三分之一坝高处，两向受压，使双轴抗压强度比单轴抗压强度提高 7.7%。如果考虑施工期产生的拉应力，抗压强度可能下降 17%左右。在下游面下部，侧向为拉应力，使抗压强度下降 2.5%。

（5）在小湾拱坝上游面，最大拉应力发生在拱端，侧向压应力使抗拉强度比单轴抗拉强度下降 7%～8%左右，在拱冠区，三向受压，三轴抗压强度较单轴抗压强度可提高 9%左右。

## 参 考 文 献

[1] 朱伯芳. 国际拱坝学术讨论会专题综述 [J]. 混凝土坝技术，1987（2）.

[2] 朱伯芳. 论拱坝应力控制标准 [J]. 水力发电，2000（12）：39-44.

[3] SL 282—2003《混凝土拱坝设计规范》[S]. 北京：中国水利水电出版社，2003.

[4] 朱伯芳，高季章，陈祖煜，厉易生. 拱坝设计与研究 [M]. 北京：中国水利水电出版社，2002.

[5] 李雪春，朱伯芳，许平. 施工过程、岩面库水及横缝对小湾拱坝应力状态的影响 [R]. 中国水利水电科学研究院，2000.

[6] Richart F E. et al. A study of the failure of concrete under combined compressive stresses [R]. Univ. I ll. Eng. Exp.St.Bull.185，1928.

[7] Kupfer H, Gerstle K H. Behavior of concrete under biaxial stresses [J]. J. Eng. Mech. Div. ASCE, 1973，EM4.

[8] 沈聚敏，王传志，江见鲸. 钢筋混凝土有限元与板壳极限分析 [M]. 北京：清华大学出版社，1993.

# 拱坝应力控制标准研究[①]

**摘　要：** 实践经验表明，我国现行混凝土拱坝设计规范存在下列问题：应力标准与建筑物重要性无关，允许主拉应力与混凝土强度无关，拱坝应力分析主要采用多拱梁法和有限元法，但同一拱坝用不同多拱梁法程序计算的结果并不一致，尤其是拉应力相差较多。有限元法具有较强计算功能，但由于应力集中，计算的应力值很大，缺乏合适的应力控制标准。本文首先对影响拱坝应力控制标准的各项因素进行较深入的分析，然后提出一套新的拱坝应力控制标准，使上述各问题都得到了解决。

**关键词：** 拱坝；应力控制标准

## Researches on the Standards for Stress Control of Arch Dams

**Abstracts:** There are many drawbacks in the present design specifications for arch dam. A set of new standards for stress control of arch dam is proposed in this paper.

**Key words:** arch dam, standards for stress control

## 1　前言

1949 年以来，我国进行了大规模的水利水电建设，兴建了大量拱坝，据 "World Register of Dams（1988）" 统计，当时全世界已建造高 15m 以上拱坝共 1592 座，其中中国建造的拱坝达 753 座，占全世界已建拱坝的 47.3%，可见我国在拱坝建设方面取得了辉煌成就。

与重力坝不同，拱坝的体形，特别是坝体厚度主要决定于允许应力，因此，应力控制标准对于拱坝的经济性和安全性具有决定性的影响。SD 145—1985《混凝土拱坝设计规范》自 1985 年颁布以来，在指导我国拱坝设计方面发挥了重要作用，但十几年的实践经验说明现行规范也存在着下述问题：

（1）设计标准与建筑物重要性无关，设计一座坝高 200m、库容几百亿立方米的大拱坝与一座坝高 30m、库容几百万立方米的小拱坝，尽管库容相差一万倍，但采用的应力控制标准相同，显然是不合理的。

（2）允许主拉应力与混凝土强度等级无关，对于 C35 混凝土与 C25 混凝土，允许拉应力完全相同，明显不合理。

---

❶　原载《水力发电》2000 年第 12 期。

（3）多拱梁法是设计拱坝体形的主要方法，但同一拱坝用不同程序计算的结果并不一致，尤其是拉应力相差较多，而对于高度 150m 以下的拱坝，允许拉应力往往是断面设计的控制因素，不同程序算出结果不同，难以处理。

（4）有限元法具有较强的功能，但由于应力集中，算出的应力数值往往很大，缺乏合适的应力控制标准。

本文首先对影响拱坝应力控制标准的各项因素进行深入的分析，然后在理论分析和总结国内外拱坝建设实践经验的基础上提出一套新的拱坝应力控制标准，使上述各问题都得到了较好的解决。

# 2 拱坝设计应力

今将拱坝在设计荷载作用下，在坝内产生的应力称为设计应力。设计应力不仅与设计荷载有关，也与计算方法和软件有关。根据建筑物重要性的不同，与混凝土可用强度相比，设计应力还需要保留不同的余裕。

## 2.1 拱坝设计应力表达式

（1）拱坝设计压应力可表示如下

$$\sigma_{dc} = \sigma_{cc}\beta a_1 a_2 a_3 a_4 a_5 \tag{1}$$

式中：$\sigma_{dc}$ 为设计主压应力；$\sigma_{cc}$ 为根据设计荷载计算的坝体主压应力；$\beta$ 为计算方法和软件修正系数；$a_1$ 为荷载组合系数；$a_2$ 为建筑物重要性系数；$a_3$ 为超载系数；$a_4$ 为荷载与计算方法仿真修正系数；$a_5$ 为结构系数。

（2）拱坝的设计主拉应力可表示如下

$$\sigma_{dt} = \sigma_{ct}\beta a_1 a_2 a_3 a_4 a_5 \tag{2}$$

式中：$\sigma_{dt}$ 为设计主拉应力；$\sigma_{ct}$ 为根据设计荷载计算的坝体主拉应力；$\beta$ 及 $a_1 \sim a_5$ 为修正系数，定义同前，但数值不同。

## 2.2 计算方法与软件修正系数（$\beta$）

拱坝应力分析，目前常用的是多拱梁法和有限元法。不同多拱梁法软件虽然采用的基本原理相同，但由于程序中某些细节的处理方法不同，计算结果难免有一定差异，尤其是主拉应力差异较大。有限元法计算的应力由于应力集中而数值很大，而且网格越密，应力越大。我国一些学者（朱伯芳 1987[5]、傅作新 1989[❶]）提出了有限元等效应力法，根据有限元法计算的应力分量，沿断面积分，得到内力（集中力和力矩），然后用材料力学方法计算断面上的应力分量，经过这样处理，消除了应力集中的影响。

从 20 世纪 70 年代以来，我国研制了不少多拱梁法程序，昆明勘测设计院选择了 5 个单位（水科院结构所、成都院、浙江大学、河海大学、北京院）研制的具有代表性的多拱梁法程序，对高 292m 的小湾拱坝，用 8 拱 15 梁进行分析比较，成果见表 1。由表可见，最大拉应力出现在上游面，水科院程序和北京院程序居中，浙江大学程序偏大，成都院和河海大学

---

❶ 傅作新等，有限单元法在拱坝设计中的应用，河海大学，1989（9）。

程序偏小。最大压应力出现在下游面，水科院和北京院程序居中，河海大学程序偏大，成都院程序偏小。总体看来，水科院和北京院程序算出的拉应力和主压应力均居中，成都院程序计算的主拉应力和主压应力均偏小。昆明设计院同时用水科院和成都院程序计算出二滩拱坝应力，基本趋势与小湾拱坝计算结果相近。

表1　　　　　　　　　　　小湾拱坝五种多拱梁程序计算结果

| | 程序 | 北京院程序 | 浙江大学程序 | 河海大学程序 | 水科院结构所程序 | 成都院程序 |
|---|---|---|---|---|---|---|
| 上游面 | $\sigma_{主拉}$（MPa） | −1.17 | −1.66 | −0.69 | −1.19 | −0.79 |
| | 位置 | 1170 右端 | 953 拱冠 | 1170 右端 | 1050 右端 | 1170 右端 |
| | $\sigma_{主压}$（MPa） | 9.53 | 7.48 | 7.98 | 7.01 | 8.07 |
| | 位置 | 1170 拱冠 | 1130 拱冠 | 1090 拱冠 | 1090 拱冠 | 1130 拱冠 |
| 下游面 | $\sigma_{主拉}$（MPa） | −0.78 | −0.21 | — | −0.24 | −0.20 |
| | 位置 | 975 拱冠 | 1210 左端 | — | 975 右端 | 975 右端 |
| | $\sigma_{主压}$（MPa） | 10.25 | 9.53 | 10.82 | 9.98 | 9.02 |
| | 位置 | 953 拱冠 | 1090 左端 | 953 拱冠 | 1050 左端 | 953 拱冠 |

根据多年来对国内各种计算程序的了解，建议计算方法与软件修正系数（$\beta$）见表2。表中对有限元等效应力法 $\beta$ 分别取 1.00 和 0.75，表示允许压应力不变，而允许拉应力放宽 25%。

表2　　　　　　　　　　　计算方法与软件修正系数（$\beta$）

| 方法与软件 | 多 拱 梁 法 | | | | | 有限元等效应力法 |
|---|---|---|---|---|---|---|
| | 北京院程序 | 浙江大学程序 | 河海大学程序 | 水科院结构所程序 | 成都院程序 | |
| 主压应力 | 1.00 | 1.05 | 0.92 | 1.00 | 1.08 | 1.00 |
| 主拉应力 | 1.00 | 0.80 | 1.70 | 1.00 | 1.40 | 0.75 |

## 2.3　荷载组合系数（$a_1$）

荷载组合系数（$a_1$）建议取值：基本荷载组合为压应力 $a_1$=1.00，拉应力 $a_1$=1.00；特殊荷载组合为压应力 $a_1$=0.875，拉应力 $a_1$=0.800。

## 2.4　建筑物重要性系数（$a_2$）

根据文献［3］，水工建筑物的结构安全级别分为Ⅰ、Ⅱ、Ⅲ等三级，建筑物重要性系数 $a_2$ 分别取为 1.1，1.0，0.9。

## 2.5　超载系数（$a_3$）

作用于拱坝的设计荷载主要有水压力、自重和温度。进入水库的水量是随机变量，变化幅度很大，但下泄流量和上游库水位是受到人工控制的，设计水位可取为定值，即正常蓄水位和校核洪水位。根据室内试验测定的全级配混凝土容重与坝体实际容重可以认为基本相等。因此，拱坝设计荷载的误差主要来自温度。气温实测资料较多，计算误差不大；由气温估算水库表面温度变化，误差也不大。库底水温受到来水、来沙、排水等多种因素的影响，估算误差较大，目前计算拱坝温度荷载时，按固定水位计算，实际水位是变化的，也会带来一定误差。

根据厉易生教授对小湾、东江、白山、江口、下会坑等拱坝的计算，温度荷载引起的应力占水荷载、温度和自重组合应力的比重，与坝高、坝体厚度及地区有关，主拉应力约为 15%～45%，主压应力约为 5%～15%。若温度荷载计算误差为 20%，则对于荷载组合后的最大主拉应力误差约为 3%～9%，对最大主压应力，误差约为 1%～3%。综上所述，对最大主拉应力，超载系数取为 $a_3$=1.09，对最大主压应力，超载系数取为 $a_3$=1.03。

## 2.6  荷载和计算仿真修正系数（$a_4$）

按现行拱坝设计规范，拱坝设计荷载主要为：水荷载、坝体自重及封拱以后平均温度（$T_m$）和等效温差（$T_d$）的变化。这些是拱坝承受的主要荷载，但还有一些设计中没有考虑的荷载也会引起应力；另外，对于规定的设计荷载，目前计算有一定简化，对计算结果也有影响。系数 $a_4$ 就是用来考虑这些因素。

目前的拱坝设计以封拱温度作为温差计算的起点，设计中考虑的温度荷载是封拱以后的温度变化（实际上考虑的是平均温度 $T_m$ 和等效温差 $T_d$，忽略了非线性温差 $T_n$，事实上在封拱以前，由于浇筑温度、水化热和气温变化等因素，坝内已产生了初始温度应力，这一初始应力在目前设计中是没有考虑的。我们对小湾拱坝进行了施工过程的三维仿真计算，在封拱以前从坝底到坝顶都存在着残余应力，但坝底部应力较大，中上部应力较小，靠近基础的最终水平拉应力（$\sigma_x$）约为 1.0MPa，最终竖向应力（$\sigma_y$）约为 0.9MPa（见王树和、许平、朱伯芳，施工过程对小湾拱坝温度应力的影响，中国水利水电科学研究院，2000 年 3 月）。这些初始温度应力与水压力、自重及封拱后温度变化所引起的应力是要叠加的。

在现行拱坝设计规范中，对于封拱后的温度变化，考虑了平均温度（$T_m$）和等效线性温差（$T_d$），忽略了非线性温差（$T_n$），我们对小湾拱坝，表面温度按气温和水温变化规律而变化，用三维有限元计算坝内不稳定温度场和应力场，其中包含了非线性温差的影响，在水库上部，由于坝体薄、水深小，非线性温差的影响几乎涉及整个断面，在水库下部，由于坝体厚，而水温变幅又很小，非线性温差只影响下游表面部分，深度约 8m。考虑非线性温差以后，上游面拉应力增加 0.30（下部）～0.70MPa（上部），下游面拉应力增加 1.0～1.5MPa（上部），下游面压应力增加 1.5～2.0MPa（见杨波、朱伯芳，非线性温差对小湾拱坝应力的影响，中国水利水电科学研究院，1999 年）。

拱坝接缝是自下而上分区进行灌浆的，因此拱坝是自下而上逐步形成整体的，这一施工过程对自重应力有相当大影响，目前工程设计中用有限元计算坝体应力时，往往忽略了这一因素，而按整体计算自重应力。我们用三维有限元法对小湾拱坝进行了计算，一种是不考虑施工过程，自重按整体计算，最大主拉应力 3.80MPa（有限元等效应力），另一种是考虑施工过程，接缝分 9 步灌浆，最大主拉应力减小到 1.54MPa，见表 3，可见考虑施工过程计算自重后，最大主拉应力减小 2.26MPa，坝踵受拉范围也明显减小（见李雪春、朱伯芳、高永梅等，施工过程、岩面水压及横缝对拱坝应力的影响，中国水利水电科学院，2000 年 5 月）。

表 3　　　　　　　　小湾拱坝有限元等效应力最大拉应力　　（单位：MPa，拉应力为正）

| 自重计算方式 | 荷　载 | 主拉应力 $\sigma_1$ | 拱向应力 $\sigma_r$ | 竖向应力 $\sigma_y$ |
|---|---|---|---|---|
| 整体计算 | 自重+温度+坝面水压 | 3.80 | 0.58 | 3.19 |
| | 自重+温度+坝面水压+岩面水压 | 6.01 | 2.38 | 5.22 |

续表

| 自重计算方式 | 荷 载 | 主拉应力 $\sigma_1$ | 拱向应力 $\sigma_t$ | 竖向应力 $\sigma_y$ |
|---|---|---|---|---|
| 分步计算 | 自重+温度+坝面水压 | 1.54 | 0.16 | 1.12 |
| | 自重+温度+坝面水压+岩面水压 | 3.75 | 1.72 | 3.16 |

作用于坝面的水压力在设计中已考虑了，而作用于水库岩石表面的水压力，在多拱梁法中难以考虑，在有限元计算中通常也没有考虑。我们对小湾拱坝用三维有限元法计算了水库岩面水压力对坝体应力的影响，计算结果见表 3，可以看出，水库岩面水压力使坝踵最大拉应力明显增加，当然，计算中岩体是按整体考虑的，实际岩体中往往有节理裂隙存在；另外，库水实际上是体积力而不是面力，考虑这些因素后，岩面水压力的影响会有所减小。

实践经验表明，经过灌浆的横缝，可以很好地传递压应力，但很难有效地传递拉应力。横缝不抗拉使拱的拉应力得到部分释放，拱的变位增加，从而对拱坝整体应力状态产生影响。我们用非线性三维有限元对小湾拱坝应力状态进行了分析，完全模拟实际工程，坝内设置了47 条横缝，两条横缝之间设两个实体元，横缝用缝单元模拟，分别对横缝抗拉（线弹性）与横缝不抗拉（非线性）进行了计算，计算结果发现，横缝不抗拉只对横缝附近拱向应力有影响，对整体应力状态影响极小，上、下游面最大主拉应力和最大主压应力几乎没有变化，过去有人认为，因为有横缝，拱坝内拉应力几乎不存在，现在看来这种认识是不符合实际的。总之，横缝对拱向应力的影响较大，对整体应力的影响较小，当横缝受拉深度较小时，对整体应力的影响很小，但当横缝受拉深度很大时，横缝对整体应力的影响可能相当大。例如，严寒地区的薄拱坝以及拱坝在低水位遇强烈地震时，横缝影响均不容忽视。

水库蓄水以后，上游坝面与水接触，底部基岩裂隙内也是充水的，坝踵混凝土将因潮湿而膨胀，从文献[8]可知，混凝土浸水中两年的膨胀约 $100\times10^{-6}$，20 年膨胀约 $180\times10^{-6}$。大体积混凝土因水泥用量较低，估计其膨胀量约为 $50\times10^{-6}\sim100\times10^{-6}$，如果取约束系数 $R=0.60$，松弛系数 $K_P=0.65$，弹性模量 $E=30000\text{MPa}$，则 $50\sim100\times10^{-6}$ 膨胀量引起的压应力约为：$RK_PE\varepsilon/(1-\mu)=0.60\times0.65\times30000\times(50\sim100)\times10^{-6}/(1-0.16)=0.7\sim1.4\text{MPa}$。这种湿胀应力对于减小坝踵拉应力有相当影响。

综上所述，施工过程中温度变化引起的残余应力近基础部分较大，竖向拉应力约 0.8MPa，它将使坝体上游面拉应力加大，压应力减小，运行期非线性温差在坝体上部影响较大，在坝体下部，由于水温变幅较小，其影响也较小，上游面拉应力约增加 0.2MPa，下游面压应力约增加 1.5～2.0MPa，在寒冷地区，影响更大一些。在用有限元法计算坝体应力时，施工过程中自重分步计算，可使坝踵拉应力减少 2MPa，下游面压应力也有所减小。水库岩面水压力可使坝踵拉应力增加 2MPa，使下游面压应力减小 1MPa，横缝不抗拉对高拱坝静应力的影响很小，湿胀变形可在坝踵产生压应力约 1MPa。综合考虑各项因素，荷载和计算方法仿真修正系数建议取如下值：对拉应力，$a_4=1.70$；对压应力，$a_4=1.10$。

## 2.7 结构系数（$a_5$）

结构系数（$a_5$）有双重作用，第一个作用是考虑结构工作特点，拱坝是偏心受压结构，主要依靠混凝土抗压强度传递荷载，因此，抗压的安全系数应大于抗拉安全系数，结构系数（$a_5$）的第二个作用是考虑国内外拱坝建设的实践经验。为此，一方面要总结国内外拱坝设计规范的经验；另一方面要总结国内外拱坝建设的实际经验。为此，我们用水科院多拱梁程序和三维有限元程序对一批国内外已建拱坝进行了分析[1]，计算成果见表 4 及表 5。

表 4　　　　　　　　　　　国内外已建拱坝多拱梁法计算结果

| 拱坝坝名 | 最大坝高(m) | 最大位移(cm) 工况I | 最大位移(cm) 工况II | 应力(MPa) 相对位置 | 最大应力(工况I：自重+水压+温降) 上游面σ1 | 上游面σ3 | 下游面σ1 | 下游面σ3 | 最大应力(工况II：自重+水压+温升) 上游面σ1 | 上游面σ3 | 下游面σ1 | 下游面σ3 | 坝体最大拉应力范围(%) 工况I | 工况II | 拱冠梁底拉应力范围(%) 工况I | 工况II |
|---|---|---|---|---|---|---|---|---|---|---|---|---|---|---|---|---|
| EL Caion | 226 | 5.9 | 4.8 | σ | 7.60 | -1.15 | 9.72 | -2.06 | 7.41 | -0.33 | 9.04 | -2.01 | 19.7 | 37.7 | 0.0 | 0.0 |
|  |  |  |  | y/H | 46.5 | 33.2 | 46.5 | 33.2 | 46.5 | 33.2 | 46.5 | 33.2 | 33.2 | 86.3 |  |  |
| Karun | 200 | 8.2 | 7.0 | σ | 6.93 | -1.29 | 8.03 | -0.36 | 6.53 | -1.85 | 8.35 | -0.09 | 25.1 | 27.8 | 3.5 | 7.3 |
|  |  |  |  | y/H | 55.0 | 11.3 | 11.3 | 70.0 | 100.0 | 11.3 | 0.0 | 0.0 | 11.3 | 11.3 |  |  |
| Kolnbrein | 197 | 11.9 | 10.3 | σ | 8.14 | 1.78 | 10.44 | -1.42 | 8.08 | -0.86 | 9.46 | -1.23 | 100 | 11.7 | 8.4 | 3.7 |
|  |  |  |  | y/H | 55.8 | 71.1 | 0.0 | 7.6 | 55.8 | 71.1 | 0.0 | 27.9 | 100 | 7.6 |  |  |
| 龙羊峡 | 178 | 5.7 | 3.9 | σ | 3.19 | -1.09 | 3.45 | -1.25 | 2.74 | -1.21 | 3.61 | -0.5 | 44.3 | 33.0 | 0.0 | 0.0 |
|  |  |  |  | y/H | 83.1 | 55.1 | 43.8 | 32.6 | 100.0 | 43.8 | 43.8 | 21.3 | 10.1 | 10.1 |  |  |
| 东风 | 162 | 2.5 | 2.3 | σ | 6.15 | -1.03 | 7.52 | -0.91 | 5.19 | -1.37 | 7.92 | -1.27 | 12.6 | 13.7 |  |  |
|  |  |  |  | y/H | 42.6 | 42.6 | 42.6 | 5.6 | 27.2 | 42.6 | 42.6 | 5.6 | 5.6 | 27.2 |  |  |
| 东江 | 157 | 7.2 | 4.7 | σ | 5.18 | -1.17 | 4.85 | -1.41 | 4.29 | -0.58 | 5.09 | -1.08 | 24.4 |  | 0.0 | 0.0 |
|  |  |  |  | y/H | 59.2 | 100.0 | 0.0 | 14.6 | 100.0 | 30.6 | 0.0 | 84.7 |  | 84.7 |  |  |
| Nagawado | 155 | 5.5 | 3.6 | σ | 5.33 | -1.71 | 6.95 | -1.66 | 4.28 | -2.24 | 7.32 | -0.5 | 100 | 26.0 | 10.0 | 13.3 |
|  |  |  |  | y/H | 51.6 | 100.0 | 0.0 | 38.7 | 100.0 | 38.7 | 0.0 | 38.7 | 100 | 38.7 |  |  |
| 李家峡 | 155 | 5.6 | 4.0 | σ | 4.56 | -1.64 | 5.74 | -1.28 | 3.80 | -1.93 | 5.94 | -1.24 | 22.4 | 25.6 | 0.0 | 0.0 |
|  |  |  |  | y/H | 80.6 | 38.7 | 38.7 | 0.0 | 100.0 | 38.7 | 38.7 | 0.0 | 38.7 | 38.7 |  |  |
| 白山 | 149.5 | 9.2 | 6.3 | σ | 3.89 | -1.40 | 4.48 | -1.25 | 4.32 | -1.80 | 4.62 | -0.88 | 40.4 | 31.7 | 0.0 | 0.0 |
|  |  |  |  | y/H | 84.3 | 57.5 | 57.5 | 44.1 | 100.0 | 44.1 | 57.5 | 7.4 | 100 | 44.1 |  |  |
| Limmemboden | 146 | 4.0 | 3.5 | σ | 6.75 | -0.77 | 4.80 | -2.15 | 6.28 | -0.32 | 5.01 | -1.44 | 25.9 | 23.7 | 0.0 | 0.0 |
|  |  |  |  | y/H | 18.8 | 87.3 | 32.5 | 18.8 | 18.8 | 32.5 | 32.5 | 18.8 | 73.6 | 73.6 |  |  |
| Place moulin | 143 | 8.0 | 5.7 | σ | 6.41 | -0.73 | 5.47 | -1.58 | 6.63 | -0.48 | 6.40 | -1.49 | 37.0 | 29.9 | 0.0 | 0.0 |
|  |  |  |  | y/H | 84.6 | 100.0 | 42.7 | 0.0 | 100.0 | 28.7 | 100.0 | 0.0 | 84.6 | 84.6 |  |  |
| 上锥叶 | 110 | 3.3 | 2.2 | σ | 4.90 | -0.13 | 4.20 | -1.75 | 4.91 | -0.01 | 3.94 | -2.12 | 49.4 | 36.0 | 0.0 | 0.0 |
|  |  |  |  | y/H | 33.6 | 90.0 | 0.0 | 33.6 | 33.6 | 0.0 | 0.0 | 33.6 | 6.4 | 6.4 |  |  |
| 瑞洋 | 50.5 | 1.6 | 0.5 | σ | 2.12 | -1.80 | 3.65 | -0.82 | 2.30 | 0.0 | 2.50 | -1.18 | 100 | 42.1 | 21.3 | 0.0 |
|  |  |  |  | y/H | 68.3 | 100.0 | 36.6 | 36.6 | 36.6 | 0.0 | 52.5 | 36.6 | 100 | 84.2 |  |  |

注　1. 相对位置 y/H（%）中 y 为自坝底算起的高度，H 为坝高；

　　2. 表中应力，压应力为正，拉应力为负。

表 5　　　　　　　　　　最大有限元等效应力与最大多拱梁应力之比

| 坝　名 | 康特拉 | 龙羊峡 | 奈川渡 | 上锥叶 | 斯特朗笛泉 |
|---|---|---|---|---|---|
| 最大主拉应力比 | 1.33 | 2.14 | 1.33 | 0.90 | 0.996 |
| 最大主压应力比 | 0.94 | 0.91 | 1.13 | 0.85 | 0.897 |

[1]　董福品，杨波，朱伯芳，国内外已建拱坝的分析，中国水利水电科学研究院，2000 年 5 月。

综合考虑国内外已建拱坝的实践经验及各国拱坝设计规范，建议结构系数（$a_5$）取值如下：抗压 $a_5=1.630$，抗拉 $a_5=0.514$。

拱坝是偏心受压结构，抗压更为重要，所以抗压的结构系数取值较大。按照上述取值，抗压 $a_5$ 与抗拉 $a_5$ 的比值为 1.630/0.514=3.17 倍。在前苏联拱坝设计规范中，抗压与抗拉结构作用的差别是通过工作条件系数来反映的，抗压的工作条件系数为 2.40，抗拉的工作条件系数为 0.90，相差 2.40/0.90=2.67 倍，与我们建议的抗压与抗拉结构系数系数比值 3.17 相近。

综合上述分析，得到系数 $a_1 \sim a_5$ 见表6。

表6　　　　　　　　　　　　　　　系数 $a_1 \sim a_5$ 及 $b_1 \sim b_3$

| 系数 | 荷载组合系数 $a_1$ | | 建筑物重要性系数 $a_2$ | | | 超载系数 $a_3$ | 荷载与计算方法仿真系数 $a_4$ | 结构系数 $a_5$ | 试件形状、尺寸、湿筛影响修正系数 $b_1$ | 龄期修正系数 $b_2$ | 持荷时间效应系数 $b_3$ |
|---|---|---|---|---|---|---|---|---|---|---|---|
| | 基本组合 | 特殊组合 | Ⅰ类 | Ⅱ类 | Ⅱ类 | | | | | | |
| 抗压 | 1.00 | 0.875 | 1.1 | 1.0 | 0.9 | 1.03 | 1.10 | 1.630 | 0.60 | 1.10 | 0.70 |
| 抗拉 | 1.00 | 0.800 | 1.1 | 1.0 | 0.9 | 1.09 | 1.70 | 0.514 | 0.60 | 1.08 | 0.70 |

# 3　混凝土可用强度

拱坝内部应力是三维的，但控制应力多在上下游面近基础部位，该处受力条件较复杂，但三个主应力中往往有一个甚至两个是拉应力或很小的压应力，因此，采用单轴强度作为控制标准较为合适。

DL/T 5057—1996《水工混凝土结构设计规范》定义混凝土强度等级 $C$ 为 15cm 立方体试件 28d 龄期 95%保证率的抗压强度，与目前规定相比，变动较大。根据我国的实际情况，对于大坝混凝土，看来定义混凝土强度等级 $C_{90}$ 为 15cm 立方体试件 90d 龄期 80%保证率的抗压强度比较合适。

## 3.1　混凝土可用强度表达式

实际工程中的混凝土强度与室内小试件强度有重大差别，影响因素包括试件形状、尺寸、湿筛、使用龄期及时间效应等，在决定混凝土可用强度时，应考虑这些因素的影响。

（1）混凝土可用抗压强度表示如下

$$R_c = f_c b_1 b_2 b_3 \tag{3}$$

式中：$R_c$ 为混凝土可用抗压强度；$f_c$ 为 15cm 立方体试件 90d 龄期 80%保证率的抗压强度；$b_1$ 为试件形状、尺寸、湿筛影响系数；$b_2$ 为坝体开始承受最大荷载实际龄期强度与 90d 龄期强度的比值；$b_3$ 为持荷时间效应系数。

（2）混凝土可用抗拉强度表示如下

$$R_t = f_t b_1 b_2 b_3 \tag{4}$$

式中：$R_t$ 为混凝土可用抗拉强度；$f_t$ 为按《水工混凝土试验规程》求出的混凝土 90d 龄期轴向抗拉强度；$b_1$、$b_2$、$b_3$ 定义同前。

## 3.2　混凝土轴向抗拉强度与抗压强度关系

中国水利水电科学研究院用断面尺寸均为 15cm×15cm 的试件，同时测定混凝土轴向抗拉

强度和抗压强度[7]，根据这些试验结果，笔者得到如下关系[10]

$$f_t = 0.332 f_{c15}^{0.60} \text{（MPa）} \tag{5}$$

DL/T 5057—1996《水工混凝土结构设计规范》编制组，根据国内 72 组轴向抗拉试件与边长 20cm 立方体抗压强度 $f_{C20}$ 的试验资料，得到关系[2]

$$f_t = 0.260 f_{c15}^{2/3} \text{（MPa）} \tag{6}$$

以上两式计算结果很接近，相差只有 1%～3%。

## 3.3 试件形状、尺寸、湿筛影响修正系数（$b_1$）

试件形状、尺寸、湿筛影响系数（$b_1$）实际上可表示为

$$b_1 = c_1 c_2 c_3$$

式中：$c_1$ 为试件形状修正系数，即长直强度与立方强度之比；$c_2$ 为试件尺寸影响系数；$c_3$ 为湿筛影响系数。从文献[7]可知，$c_1=0.84$，$c_2=0.83$。二滩和东江两工程曾进行过原级配大骨料混凝土与经过湿筛的 15cm 立方体试件强度的试验。在分析他们和国外试验资料后可知，湿筛影响系数可取为 $c_3=0.87$。综上所述，对于混凝土抗压强度，可取 $c_1=0.84$，$c_2=0.83$，$c_3=0.87$，$b_1 = c_1 c_2 c_3 = 0.84 \times 0.83 \times 0.87 = 0.60$。

东江拱坝进行过大量大小试件轴向抗拉强度试验，大试件尺寸为 45cm×45cm×360cm；小试件为 10cm×10cm×55cm[9]，根据他们的试验结果，混凝土抗拉强度的形状、尺寸及湿筛影响修正系数也可取为 $b_1=0.60$。

## 3.4 混凝土龄期修正系数（$b_2$）

混凝土抗压强度与龄期关系与水泥品种、混合材品种和掺量有关，一般可用下式表示[7]：

$$r_c(\tau) = \frac{f_c(\tau)}{f_c(28)} = 1 + m \ln\left(\frac{\tau}{28}\right) \tag{7}$$

式中：$f_c(\tau), f_c(28)$ 为龄期 $\tau$ 或 28d 的抗压强度；$\tau$ 为龄期，d；$m$ 为系数，与水泥品种及混合材品种和掺量有关。根据中国水科院及沃沙（G.W.Washa）的试验资料，$m$ 值如下：矿渣硅酸盐水泥 $m=0.247$，普通硅酸盐水泥 $m=0.1727$，普通硅酸盐水泥+60%粉煤灰 $m=0.3817$，波特兰水泥 $m=0.1710$。设坝体开始承受正常蓄水位时，高应力部位混凝土龄期已达到 180d，取 $m=0.1727$，由式（7）混凝土抗压强度龄期修正系数为：$b_2 = r_c(180)/r_c(90)=1.10$。对于普通硅酸盐水泥混凝土轴向抗拉强度，可取龄期修正系数 $b_2=1.08$。

## 3.5 持载时间效应系数（$b_3$）

加荷速率对混凝土强度有较大影响，加荷越快，强度越高；反之，加荷越慢，强度越低。通常室内混凝土强度试验，试件是在 1～2min 内破坏的，实际工程的持荷时间长达数十年，远远超过 1～2min。荷载持续时间的长短对混凝土强度的影响见表 7[6]。同样的混凝土试件，如果用常规速度加荷，强度为 $P$，那么施加 $0.9P$，到 1h 左右会破坏，施加 $0.77P$，1 年左右会破坏；施加 $0.7P$，30 年左右会破坏。

| 表 7 | | | | | | 荷载持续时间对混凝土强度的影响 | | | | |
|---|---|---|---|---|---|---|---|---|---|---|
| 荷载持续时间 | 2min | 10min | 30min | 1h | 4h | 100d | 1a | 3a | 30a |
| $\dfrac{\text{不同持荷时间强度}}{\text{标准试验速度下强度}}$ （%） | 100 | 95 | 92 | 90 | 88 | 78 | 77 | 73 | 69 |

混凝土还存在疲劳问题，试验结果表明，在大量反复荷载作用下，干燥混凝土的破坏强度只有短期加荷强度的50%～55%，5000次反复荷载作用下混凝土强度只有常规加荷时强度的70%，潮湿混凝土的疲劳强度略低于干燥混凝土。

对于拱坝，自重是恒定荷载，水位是在最高水位与最低水位之间变化，准稳定温度场是反复变化的，初始温差是恒定的，情况比较复杂。综合考虑上述情况，建议取持荷时间效应系数 $b_3=0.70$。

# 4 关于拱坝应力控制标准的建议

## 4.1 拱坝压应力控制标准

拱坝的设计主压应力应不大于混凝土的可用抗压强度，即

$$\sigma_{dc} \leqslant R_c \tag{8}$$

把式（1）、式（3）两式代入式（8），得到应力控制方程

$$\beta\sigma_{cc} \leqslant \frac{f_c}{K_c} \tag{9}$$

或

$$\beta\sigma_{cc} \leqslant \frac{f_c}{K_{0c}a_1a_2} \tag{10}$$

$$K_c = K_{0c}a_1a_2 \tag{11}$$

$$K_{0c} = \frac{a_3a_4a_5}{b_1b_2b_3} \tag{12}$$

式中：$\beta$ 为计算方法与软件系数，见表2；$\sigma_{cc}$ 为计算的最大主压应力；$f_c$ 为混凝土15cm立方体试件90d龄期80%保证率抗压强度；$K_c$ 为拱坝抗压安全系数；$K_{0c}$ 为拱坝基本抗压安全系数；$a_1$ 为荷载组合系数，见表6；$a_2$ 为建筑物重要性系数，见表6。

把表6中有关系数代入式（12），得到

$$K_{0c} = \frac{a_3a_4a_5}{b_1b_2b_3} = \frac{1.03\times1.10\times1.63}{0.60\times1.10\times0.70} = 4.00$$

由式（11）得到拱坝抗压安全系数见表8。

| 表 8 | | | 拱坝抗压安全系数（$K_c$）与抗拉安全系数（$K_t$） | | |
|---|---|---|---|---|---|
| 荷载组合 | 基 本 荷 载 组 合 | | | 特 殊 荷 载 组 合 | | |
| 建筑物重要性 | I | II | III | I | II | III |
| 抗压 $K_c$ | 4.40 | 4.00 | 3.60 | 3.85 | 3.50 | 3.15 |
| 抗拉 $K_t$ | 2.31 | 2.10 | 1.90 | 1.85 | 1.68 | 1.51 |

## 4.2 拱坝拉应力控制标准

拱坝设计主拉应力应不大于混凝土的可用抗拉强度，即

$$\sigma_{dt} \leqslant R_t \tag{13}$$

把式（2）、式（4）两式代入式（13），得到拱坝拉应力控制方程如下

$$\beta\sigma_{ct} \leqslant \frac{f_t}{K_t} \tag{14}$$

或

$$\beta\sigma_{ct} \leqslant \frac{f_t}{K_{0t}a_1a_2} \tag{15}$$

$$K_t = K_{0t}a_1a_2 \tag{16}$$

$$K_{0t} = \frac{a_3a_4a_5}{b_1b_2b_3} \tag{17}$$

式中：$\sigma_{ct}$ 为计算的最大主拉应力；$f_t$ 为混凝土轴向抗拉强度；$K_t$ 为拱坝抗拉安全系数；$K_{0t}$ 为拱坝基本抗拉安全系数。其余符号同前。

把表 6 中有关系数代入式（17），得到拱坝基本抗拉安全系数 $K_{0t}$ 如下

$$K_{0t} = \frac{a_3a_4a_5}{b_1b_2b_3} = \frac{1.09 \times 1.70 \times 0.514}{0.60 \times 1.08 \times 0.70} = 2.10$$

再由式（16），得到拱坝抗拉安全系数见表 9。

【算例】对于 $C_{90}25$，$C_{90}30$，$C_{90}35$ 三种混凝土，按式（5）轴向抗拉强度依次取为 2.25MPa，2.50MPa 及 2.80MPa，按照表 8 给出的安全系数，得到拱坝允许压应力 $f_c/K_c$ 及允许拉应力 $f_t/K_t$ 见表 9。

表 9　　　　　算例　拱坝允许压应力 $f_c / K_c$ 及允许拉应力 $f_t / K_t$　　　　（单位：MPa）

| $C_{90}$ | $C_{90}25$ | | | | | | $C_{90}30$ | | | | | | $C_{90}35$ | | | | | |
|---|---|---|---|---|---|---|---|---|---|---|---|---|---|---|---|---|---|---|
| 荷载组合 | 基 本 组 合 | | | 特 殊 组 合 | | | 基 本 组 合 | | | 特 殊 组 合 | | | 基 本 组 合 | | | 特 殊 组 合 | | |
| 建筑物重要性 | I | II | III | I | II | III | I | II | III | I | II | III | I | II | III | I | II | III |
| 允许压应力 $f_c/K_c$ | 5.68 | 6.25 | 6.94 | 6.49 | 7.14 | 7.94 | 6.82 | 7.50 | 8.33 | 7.79 | 8.57 | 9.57 | 7.95 | 8.75 | 9.72 | 9.09 | 10.00 | 11.11 |
| 允许拉应力 $f_t/K_t$ | 0.97 | 1.07 | 1.18 | 1.22 | 1.34 | 1.49 | 1.08 | 1.19 | 1.31 | 1.35 | 1.49 | 1.65 | 1.21 | 1.33 | 1.47 | 1.51 | 1.67 | 1.85 |

对于 I、II、III 级拱坝，如分别采用 $C_{90}35$、$C_{90}30$、$C_{90}25$ 混凝土，则基本荷载组合下允许拉应力依次为 1.21、1.19、1.18MPa，特殊荷载组合下允许拉应力依次为 1.51、1.49、1.49MPa，与现行拱坝设计规范采用的允许拉应力 1.20、1.50MPa 很接近，可见本文建议的允许应力与现行规范大体是吻合的，但对于同一安全级别的拱坝，如采用不同等级的混凝土，其允许拉应力是不同的，因而更加合理。与表 4 国内外已建拱坝的计算结果相比，本文建议的安全系数是切实可行的。

# 5　结束语

（1）现行拱坝设计规范中，设计标准与建筑物重要性无关，允许主拉应力与混凝土强度

无关，应力控制标准与计算方法和软件无关，这些问题都不够合理。

（2）本文对影响拱坝应力控制标准的诸多因素进行了较深入的分析，在此基础上提出了一套新的拱坝应力控制标准，取基本抗压安全系数为 4.0，基本抗拉安全系数为 2.10，以系数 $\beta$ 解决计算方法和软件的差异，以系数 $a_1$ 考虑荷载组合，以系数 $a_2$ 考虑拱坝重要性，这样就克服了现行拱坝设计规范中的前述缺点，而且计算方法简便，与国内外已有工程对比，也是切实可行的。

## 参 考 文 献

［1］SD 145—1985《混凝土拱坝设计规范》［S］. 北京：水利电力出版社，1985.

［2］DL/T 5057—1996《水工混凝土结构设计规范》［S］. 北京：中国电力出版社，1997.

［3］GB 50199—1994《水利水电工程结构可靠度设计统一标准》［S］. 北京：中国计划出版社.

［4］朱伯芳. 中国拱坝建设的成就［J］. 水力发电，1999，（10）.

［5］朱伯芳. 国际拱坝学术讨论会综述［J］. 混凝土坝技术，1987，（2）.

［6］Troxell G E and H E Davis. Composition and Properties of Concrete. New York：Mc Graw-Hill，1956.

［7］水利水电科学研究院结构材料研究所. 大体积混凝土［M］. 北京：水利电力出版社，1990.

［8］Neville A. M 著. 李国泮，等译. 混凝土性能［M］. 北京：中国建筑工业出版社，1983.

［9］刘文彦，叶文瑛，等. 东江拱坝全级配混凝土力学性能的试验研究［J］. 水利水电技术，1986，（5）.

［10］朱伯芳. 大体积混凝土温度应力与温度控制［M］. 北京：中国电力出版社，1999.

# 论特高混凝土拱坝的抗压安全系数❶

**摘　要：**拱坝是偏心受压结构，抗压安全系数是拱坝设计的重要指标，目前我国正在修建一批坝高 200m 以上的特高混凝土拱坝，由于工程重要，其抗压安全系数本应比一般拱坝为高，而实际情况正好相反，目前特高拱坝采用的抗压安全系数反而比一般拱坝为低，欠妥。本文对此进行较深入分析，并建议基本荷载作用下 90d 龄期混凝土抗压安全系数不宜小于 4.0，如采用 180d 龄期，则不宜小于 4.5。

**关键词：**特高拱坝；安全参数；压应力

## On the Coefficient of Safety for Compressive Stress of Specially High Concrete Arch Dams

**Abstract:** Due to the importance of the dam, the coefficient of safety for compressive stress of concrete arch dams higher than 200m must be greater than that of common arch dams, but practically the coefficient of safety of specially high arch dams is lower than that of common arch dams. This is incorrect. It is suggested that the coefficient of safety must be not less than 4.0 for 90d age of concrete and not less than 4.5 for 180d age of concrete under normal loads.

**Key words:** specially high arch dam, coefficient of safety, compressive stress

## 1　前言

目前我国正在兴建一批特高混凝土拱坝，如已开工的小湾拱坝（高 292m）、溪落渡拱坝（高 275m），筹建中的锦屏一级拱坝（高 305m），其高度都超过了已建成的世界最高的英古利拱坝（高 271.5m）。这说明我国已进入了一个特高拱坝建设的黄金时期。

与重力坝不同，拱坝的体形，特别是坝体厚度主要取决于允许应力，因此，拉、压应力的安全系数对于拱坝的经济性和安全性具有决定性的影响，由于拱坝是偏心受压结构，主要依靠压应力将荷载传递至两岸坝基，拱坝抗压安全系数比抗拉安全系数更为重要。

我国混凝土拱坝设计规范要求 90d 龄期混凝土抗压安全系数不小于 4.0，由于工程重要，特高拱坝安全系数本应适当提高，但实际情况正好相反，目前在一些特高拱坝设计中，反而把抗压安全系数改为 180d 龄期不小于 4.0，如按 90d 龄期核算，安全系数实际上已降低到 3.5 左右，欠妥。

---

❶　原载《水力发电》2005 年第 2 期。

本文对这个问题进行较深入分析，建议适当提高小湾等特高拱坝的抗压安全系数，按 90d 龄期 15cm 立方体试件考虑，安全系数不宜小于 4.0，如采用 180d 龄期，则不宜小于 4.5。

## 2 坝高与拱坝应力关系

首先，分析在水压力和自重作用下，拱坝应力与坝高的关系，如图 1 所示，考虑坝 1 和坝 2，它们几何完全相似，坝高分别为 $H_1$ 和 $H_2$，坝内最大应力分别为 $\sigma_1$ 和 $\sigma_2$，承受的水荷载（或混凝土和岩体自重）分别为 $\gamma_1$ 和 $\gamma_2$，$\gamma$、$H$、$\sigma$ 的量纲分别为 kN/m³、m、kN/m²，$\gamma H/\sigma$ 是无纲数，因此

$$\frac{\gamma_1 H_1}{\sigma_1} = \frac{\gamma_2 H_2}{\sigma_2} \tag{1}$$

但水的容重是相同的，不同工程的混凝土容重或岩体的容重也很接近，故可令 $\gamma_1 = \gamma_2$，由式（1）得到

$$\frac{\sigma_1}{\sigma_2} = \frac{H_1}{H_2} \tag{2}$$

可见，对于两座几何完全相似的拱坝，坝内应力与坝高成正比，因此，高坝的应力水平高于低坝。

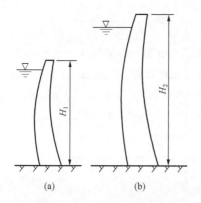

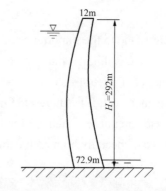

图 1　几何相似的两座拱坝
(a) 坝 1；(b) 坝 2

图 2　拱坝中央剖面

至于运行期温度应力，与当地气候条件密切相关，它与当地气温年变幅基本成正比。在同一地区，应力与坝高的关系则比较复杂，高坝厚度较大，对温度变化较不敏感，年平均温度变化（$T_{m2}$）较小，但库水深度大，水温变幅较小，因而线性温差（$T_{d2}$）较大，在相同气候条件下，温度应力与坝高关系不是简单的线性关系。计算结果表明，气温水温年变化引起的拱坝应力大小与坝高关系不大，但与气温年变幅则成正比。

在温度和水压力、自重等荷载的综合作用下，高坝的应力水平则明显高于低坝。

【算例】　小湾拱坝，坝高 292m，拱冠剖面如图 2，气温年变幅 6℃，按照 4 种不同坝高，即 $H_1 = 292\text{m}$，$H_2 = 2H_1/3 = 195\text{m}$，$H_3 = H_1/3 = 97\text{m}$，$H_4 = H_1/6 = 49\text{m}$，坝体几何形状完全相似，在相似荷载作用下，用多拱梁法计算坝体应力，结果见表 1，由表可见，在自重+水压作用下，坝体应力与坝高是成正比的，在气温水温年变化作用下，坝体应力与坝高关系不

明显，叠加以后，在温度+水压+自重作用下，坝体应力与坝高基本成正比。小湾气温年变幅 6.0℃是比较小的，在我国多数地区，气温年变幅多在 10～20℃，对低拱坝，温度荷载引起的拉应力往往控制了坝体厚度，而压应力有较多富裕；对高拱坝，则拉应力和压应力都对断面起控制作用。

表 1                                                拱坝应力与坝高关系

| 工　况 | | 应力状态 | | 坝高292m | 坝高195m | 坝高97m | 坝高49m |
|---|---|---|---|---|---|---|---|
| 自重+水压<br>+泥沙 | 最大拉应力<br>（MPa） | 上游面 | | −0.83 | −0.56 | −0.28 | −0.14 |
| | | 下游面 | | −0.81 | −0.54 | −0.27 | −0.14 |
| | 最大压应力<br>（MPa） | 上游面 | | 7.38 | 4.93 | 2.45 | 1.24 |
| | | 下游面 | | 9.48 | 6.33 | 3.15 | 1.59 |
| 温度<br>（年变化，温降） | 最大拉应力<br>（MPa） | 上游面 | | −0.96 | −1.06 | −1.11 | −0.91 |
| | | 下游面 | | −0.99 | −1.10 | −1.10 | −0.89 |
| | 最大压应力<br>（MPa） | 上游面 | | 0.04 | 0.00 | 0.00 | 0.00 |
| | | 下游面 | | 0.96 | 0.88 | 0.66 | 0.72 |
| 自重+水压+泥沙<br>+温降（年变化，<br>超冷封拱） | 最大拉应力<br>（MPa） | 上游面 | | −1.22 | −0.96 | −0.61 | −0.56 |
| | | 下游面 | | −0.31 | −0.20 | −0.15 | −0.43 |
| | 最大压应力<br>（MPa） | 上游面 | | 6.49 | 4.14 | 2.04 | 0.95 |
| | | 下游面 | | 10.02 | 6.82 | 3.50 | 1.93 |

## 3　坝体原型混凝土强度与室内试件混凝土强度的关系

坝体原型混凝土强度（$R_c$）与室内试件混凝土强度（$f_c$）有重大差别，影响因素包括试件形状、尺寸、湿筛、作用龄期及时间效应等，可表示如下

$$R_c = f_c c_1 c_2 c_3 c_4 c_5 \qquad (3)$$

式中：$R_c$ 为坝体原型混凝土抗压强度；$f_c$ 为室内 15cm 立方体试件 90d 龄期80%保证率的抗压强度；$c_1$ 为试件形状系数，即长直强度与立方体强度之比；$c_2$ 为尺寸系数，即大试件与 15cm 立方体小试件强度比值；$c_3$ 为湿筛系数；$c_4$ 为实际使用龄期与 90d 龄期抗压强度比值；$c_5$ 为时间效应系数。

根据大量实验资料，可知 $c_1 = 0.84$，$c_2 = 0.83$，$c_3 = 0.87$。

龄期 $\tau$ 的混凝土抗压强度 $f_c(\tau)$ 可表示如下

$$f_c(\tau) = f_c(28)\left[1 + m\ln\left(\frac{\tau}{28}\right)\right], \ 0 \leqslant \tau \leqslant 365 \qquad (4)$$

系数 $m$ 与水泥品种、粉煤灰掺量、外加剂掺量等有关，据水科院试验资料，矿渣硅酸盐水泥 $m=0.274$，普通硅酸盐水泥 $m=0.1727$，普通硅酸盐水泥+60%粉煤灰 $m=0.3817$，中热硅酸盐水泥+30%粉煤灰 $m=0.370$。假定坝体承受全水头时最大应力部位混凝土龄期为 365d，于是

$$c_4 = \frac{f_c(730)}{f_c(90)} = \frac{1 + m\ln(730/28)}{1 + m\ln(90/28)} \qquad (5)$$

例如，普通硅酸盐水泥，$m=0.1727$，由上式，$c_4=1.30$；普通硅酸盐水泥+30%粉煤灰，

$m=0.277$，由上式，$c_4=1.44$，中热硅酸盐水泥+30%粉煤灰，$m=0.370$，$c_4=1.54$。

加荷速率对混凝土强度有较大影响，加荷越快，强度越高；反之，加荷越慢，强度越低。通常室内混凝土强度试验，试件是在 $1\sim2$min 内破坏的，实际工程的持荷时间长达数十年，远远超过 $1\sim2$min。荷载持续时间的长短对混凝土强度的影响见表 2[6]。同样的混凝土试件，如果用常规速度加荷，强度为 $P$，那么施加 $0.9P$，到 1h 左右会破坏，施加 $0.77P$，1 年左右会破坏；施加 $0.7P$，30 年左右会破坏。

表 2 荷载持续时间对混凝土强度的影响

| 荷载持续时间 | | 2min | 10min | 30min | 1h | 4h | 100d | 1 年 | 3 年 | 30 年 |
|---|---|---|---|---|---|---|---|---|---|---|
| $\dfrac{\text{不同持荷时间强度}}{\text{标准试验速度下强度}}$ | (%) | 100 | 95 | 92 | 90 | 88 | 78 | 77 | 73 | 69 |

混凝土还存在疲劳问题，试验结果表明，在大量反复荷载作用下，干燥混凝土的破坏强度只有短期加荷强度的 $50\%\sim55\%$，5000 次反复荷载作用下混凝土强度只有常规加荷时强度的 70%，潮湿混凝土的疲劳强度略低于干燥混凝土。

对于拱坝，自重是恒定荷载，水位是在最高水位与最低水位之间变化，准稳定温度场是反复变化的，初始温差是恒定的，情况比较复杂。综合考虑上述情况，建议取持荷时间效应系数 $c_5=0.70$。

取 $c_1=0.84$，$c_2=0.83$，$c_3=0.87$，$c_5=0.70$；对于普通硅酸盐水泥，取 $c_4=1.30$；对普通硅酸盐水泥+30%粉煤灰，取 $c_4=1.44$，对中热硅酸盐水泥+30%粉煤灰，取 $c_4=1.54$，由式（3），普通硅酸盐水泥混凝土，$R_c=0.552f_c$，普通硅酸盐水泥+30%粉煤灰混凝土，$R_c=0.611f_c$，中热硅酸盐水泥+30%粉煤灰混凝土，$R_c=0.654f_c$。

应力状态对混凝土强度也有影响，例如，三向受压时的抗压强度高于单向受压，但拱坝最大压应力通常出现在下游表面，三个主应力中有一个为零（自由面）或不大的压应力（尾水）；另一个应力通常是不大的压应力或拉应力，所以压应力最大区域的实际受力状态与单轴试验接近，或稍差（当 $\sigma_2$ 为拉应力时）。以小湾拱坝为例，最大压应力发生在下游面三分之一坝高处，$\sigma_1=10.0$MPa，$\sigma_2=0.71$MPa，$\sigma_3=0$，据计算[4]，在复杂应力下的抗压强度比单轴抗压强度增加 7.7%；叠加施工期温度应力后，$\sigma_2$ 实际为拉应力，设 $\sigma_1=10.0$MPa，$\sigma_2=-1.0$MPa，$\sigma_3=0$，据计算，复杂应力下的抗压强度比单轴抗压强度反而下降 17.0%。

# 4 国内外拱坝采用的抗压安全系数

美国垦务局的《混凝土拱坝和重力坝设计准则》规定：当采用多拱梁法分析坝体应力时，对于正常荷载组合，压应力安全系数不小于 3.0（实际采用 4.0），试验龄期为 365d，试验采用全级配混凝土（不湿筛）圆柱体大试件，与我国采用的 15cm 立方体试件、经过湿筛、90d设计龄期相比，他们的安全系数 3.0 和 4.0 分别相当于我国的安全系数 4.17 和 5.19。

日本的《坝工设计规范》（1978 年）规定：混凝土试件为 $\phi 15$cm×30cm 圆柱体、龄期为91d、采用多拱梁法计算坝体应力，要求安全系数不小于 4.0。换算成 15cm 立方体试件，$K$不小于 4.76。

法国：抗压强度安全系数采用 4，混凝土强度采用 90d 龄期，全级配棱柱体大试件。

葡萄牙：抗压强度安全系数采用 4～5，混凝土强度采用 28d 龄期。

意大利：当不计温度荷载时，抗压强度安全系数为 5，当计入温度荷载时，安全系数采用 4；混凝土强度采用 90d 龄期。$\phi25cm\times25cm$ 试件。

瑞士：抗压强度安全系数采用 4，混凝土强度采用 90d 龄期，20cm 立方体试件。

我国 SD 145—1985《混凝土拱坝设计规范》规定抗压安全系数 4.0，设计龄期 90d，20cm 立方体试件。新出版的 SL 282—2003《混凝土拱坝设计规范》，仍采用上述标准，但由于实际工程中混凝土试件已改为 15cm 立方体试件，因此规范中将试件尺寸改为 15cm 立方体，这实际上意味着安全系数已降低了 5%。

由于混凝土抗压强度与设计龄期、试件形状、试件尺寸、试验方法（湿筛否）等因素有关，在比较不同工程的安全系数时，不能简单地用设计标号除以最大应力表示安全系数。

兹定义三种抗压安全系数如下：

$K_1$——设计安全系数（该工程设计标号除以最大主压应力）；

$K_2$——换算安全系数，即按我国标准试件及试验方法换算的安全系数（设计龄期 90d，15cm 立方体试件，湿筛）；

$K_3$——坝体原型安全系数（设计龄期 730d，长直强度，原级配，大试件，考虑时间效应）。

由于各国试验方法不同，难以直接用 $K_1$ 进行对比；按我国标准试验方法换算成 $K_2$ 后才可以进行互相比较，三个系数之间存在如下关系：

$$K_3 = K_2 c_1 c_2 c_3 c_4 c_5 = K_1 c_1' c_2' c_3' c_4' c_5' \tag{6}$$

$c_1 \sim c_5$ 定义见前，$c_1' \sim c_5'$ 是与各国混凝土试验方法相应的有关系数，由于 $c_5 = c_5' = 0.70$，故由式（6）有

$$K_2 = \frac{c_1' c_2' c_3' c_4'}{c_1 c_2 c_3 c_4} K_1 \tag{7}$$

由式（7）即可把各国拱坝抗压安全系数 $K_1$ 换算成我国标准的安全系数 $K_2$。例如，美国胡佛坝，设计龄期 28d，圆柱体大试件，全级配，$K_1$=4.07，$c_1' = c_2' = c_3' = 1.0$，取 $m$=0.250，由式（7）得

$$K_2 = 4.07 \times \frac{1.0}{0.84} \times \frac{1.0}{0.83} \times \frac{1.0}{0.87} \times \left[ 1 + 0.25\ln\left(\frac{90}{28}\right) \right] = 8.67$$

美国莫西罗克（Mossyrock）坝，$K_1$=4.00，设计龄期 365d，换算后为

$$K_2 = 4.00 \times \frac{1.0}{0.84} \times \frac{1.0}{0.83} \times \frac{1.0}{0.87} \times \frac{1 + 0.25\ln(90/28)}{1 + 0.25\ln(365/28)} = 5.19$$

表 3 中列出了国内外一些混凝土拱坝实际采用的抗压安全系数。

**表 3**　　　　　　　　　　　国内外拱坝采用的抗压安全系数

| 国家 | 坝　名 | 坝高 (m) | 设计安全系数 $K_1$ | | | | | 换算成我国标准安全系数 $K_2$ | 原型坝体安全系数 $K_3$ |
| --- | --- | --- | --- | --- | --- | --- | --- | --- | --- |
| | | | 设计龄期 (d) | 试件形状、尺寸 (cm) | 设计标号 (MPa) | 最大主压应力 (MPa) | 设计安全系数 $K_1$ | | |
| 中国 | 小湾 | 292 | 180 | 15×15×15 | 40.0 | 10.0 | 4.00 | 3.75 | 2.39 |
| 原苏联 | 英古里 | 271.5 | 180 | 15×15×45 | 35.0 | 9.40 | 3.72 | 3.90 | 2.35 |
| 意大利 | 瓦依昂 | 263.5 | 90 | $\phi25\times25$ | 35.0 | 7.00 | 5.00 | 5.26 | 3.18 |

| 国家 | 坝　名 | 坝高<br>(m) | 设计安全系数 $K_1$ | | | | | 换算成我<br>国标准安<br>全系数 $K_2$ | 原型坝体<br>安全系数<br>$K_3$ |
| --- | --- | --- | --- | --- | --- | --- | --- | --- | --- |
| | | | 设计龄期<br>(d) | 试件形状、尺寸<br>(cm) | 设计标号<br>(MPa) | 最大主压<br>应力（MPa） | 设计安全<br>系数 $K_1$ | | |
| 瑞士 | 莫瓦桑 | 250.5 | 90 | 20×20×20 | 42.0 | 9.90 | 4.24 | 4.46 | 2.70 |
| 中国 | 二滩 | 240 | 180 | 20×20×20 | 35.0 | 8.40 | 4.17 | 3.64 | 2.32 |
| 瑞士 | 康特拉 | 230 | 90 | 20×20×20 | 45.0 | 10.50 | 4.29 | 4.51 | 2.73 |
| 美国 | 胡佛 | 222 | 28 | 圆柱体大试件 | 17.5 | 4.30 | 4.07 | 8.67 | 5.25 |
| 日本 | 黑部第四 | 186 | 91 | $\phi 15×30$ | 43.0 | 9.98 | 4.31 | 5.13 | 3.11 |
| 美国 | 莫西罗克 | 185 | 365 | 圆柱体大试件 | 33.1 | 8.30 | 4.00 | 5.19 | 3.14 |
| 中国 | 东风 | 162 | 90 | 20×20×20 | 30.0 | 7.50 | 4.00 | 4.00 | 2.54 |
| 美国 | 黄尾 | 160 | 365 | 圆柱体大试件 | 28.1 | 6.20 | 4.00 | 5.19 | 3.14 |
| 法国 | 罗译朗 | 150 | 90 | 50×50×153（全级配） | 30.0 | 7.50 | 4.00 | 6.59 | 3.99 |
| 中国 | 白山 | 150 | 90 | 20×20×20 | 25.0 | 5.42 | 4.61 | 4.61 | 2.81 |
| 中国 | 江口 | 140 | 90 | 15×15×15 | 30.0 | 6.50 | 4.62 | 4.62 | 2.82 |

# 5　适当提高特高拱坝安全系数的必要性

对国内外拱坝实际采用安全系数进行分析后，可得出以下几点：

（1）拱坝的实际安全系数并不高。过去有人以混凝土设计标号与模型试验结果对比，求得拱坝安全系数 6～10，得出拱坝安全系数很高的结论，这是一种虚假现象。首先，室内小试件快速试验得出的强度与坝体原型有重大差别，考虑这个因素，安全系数要减少近50%，另外，模型试验中没有考虑温度荷载和扬压力，也没有考虑横缝影响，得出破坏荷载偏高。从表3中可知，考虑试件尺寸及时间效应后，除个别情况外，多数拱坝实际抗压安全系数只有 2.0～2.8，数值并不很大。

（2）高拱坝安全系数低于低拱坝。一般说来，低拱坝抗压安全系数较大，而高拱坝抗压安全系数较小，这有两方面的原因，一方面高拱坝应力水平高于低拱坝；另一方面，过去人们误认为拱坝抗压安全系数很高、有较多富裕，在高拱坝设计中，没有采用足够大的安全系数。

（3）中国特高拱坝安全系数偏低。在高度超过200m 的 7 个特高拱坝中，胡佛坝（5.25）、瓦依昂坝（3.18）、莫瓦桑坝（2.70）、康特拉坝（2.73）的坝体原型安全系数 $K_3$ 都超过2.70，唯独原苏联和中国的三个特高拱坝安全系数最低：英古里 2.35，二滩坝 2.32，小湾坝 2.39。

（4）在拱坝设计中必需保留足够的安全储备。在拱坝设计中保留足够的安全储备是必要的。因为：①常规计算方法中有许多因素没有考虑，如计算中忽略的非线性温差可使压应力增加 1.5～2.0MPa，计算中假定坝是整体的，实际上坝内存在着接缝，它们会使拉应力减小而压应力增加。计算中也忽略了施工过程的影响；②实际工程中，由于种种原因，尽管80%混凝土合格，还有一部分混凝土强度达不到设计标号；③混凝土平仓、振捣过程中的问题可能引起混凝土的低强、不密实甚至隐蔽的架空现象；④坝体内往往存在着裂缝、冷缝，它们对坝体承载能力都有影响；⑤地基构造和变形是很复杂的，常规计算中并没有考虑这些因素；

⑥最大压应力多发生在建基面附近，应力集中是客观存在的，虽不一定如理论计算那么严重，但客观上肯定会使最大应力有所增加。

（5）必须适当提高特高拱坝的抗压安全系数。特高拱坝，由于工程重要，其安全系数本应高于一般拱坝，但目前我国特高拱坝的安全系数反而低于一般拱坝，欠妥。

苏联长期处于短缺经济状态，在结构设计中追求过度节省，安全系数低于世界平均水平，英古里拱坝设计即为一例。我国在改革开放以前，也存在着类似现象，二滩拱坝设计采用较低安全系数，也反映了这一情况。

安全系数的降低，经济上的节省是很小的，但却给工程安全性带来不必要的危害，这种状态，应该予以改变。

笔者的具体意见：特高拱坝的抗压安全系数按设计龄期为90d，15cm立方体试件考虑，不应低于4.00，如设计龄期为180d，则不应低于4.50。

（6）不能把设计安全系数寄托于施工时的强度超标上。实际施工时，有的工程中混凝土可能超标号，但有的工程中超标号并不多，有时甚至可能达不到规范规定的要求。当施工质量达不到规范要求时，我们可以要求施工单位加以改进，如果混凝土强度满足了80%合格率，就是合格工程，我们不能要求施工单位超标号，因此，不能把坝的安全度寄希望于施工时的强度超标上，而只能提出合理的混凝土设计标号，至于施工中可能出现的超标号，只能作为附加安全裕度，不能作为设计指标。

# 6 适当提高特高拱坝抗压安全系数所费不多且技术可行

为了适当提高拱坝的抗压安全系数，可采用以下三种方法之一：①适当增加坝体厚度；②厚度不变，适当提高混凝土标号；③同时增加坝体厚度和提高混凝土标号。其中提高混凝土标号的方法最为经济，但温度控制的难度略有加大；为了缓解温控难度，也可采用第①、③两种方法。

目前在房屋、桥梁、道路等建筑方面采用的高强混凝土，28d龄期抗压强度达到50～100MPa，换算成90d龄期，约为65～130MPa，在拱坝设计中，把90d抗压强度从目前的40MPa提高到50～60MPa，在技术上是可以做到的，不会有什么困难。问题在于：水泥用量会适当增加：①温度控制的难度能否克服；②工程费用增幅有多大，下面进行一些初步分析。

以小湾拱坝为例，全坝混凝土720万m³，高应力区混凝土约200万m³，原采用180d龄期40MPa，如改为90d龄期40MPa，据水科院初步试验结果，每立方米混凝土水泥用量增加15kg/m³，增加粉煤灰6.5kg/m³，单价按水泥480元/t，粉煤灰240元/t计，共增加材料费用8.8元/m³，设温控费用增加1.2元/m³，混凝土单价增加10元/m³，200万m³高标号混凝土共增加2000万元，费用增加不多，约为工程投资的1‰。

水泥用量增加后，混凝土绝热温升估计从26℃提高到28.6℃，增幅2.6℃，温度控制难度略有增加。主要矛盾在基础强约束区，按层厚1.0m、间歇7d考虑，水化热温升约增加$\Delta T_r =1.1℃$，温控措施包括：①降低混凝土入仓温度；②降低冷却水管水温；③加密冷却水管。由于温升增幅不大（绝热温升增加1/10），问题不难解决，计算表明，单独依靠加密水管，在基础强约束区，把水管间距由1.0×1.50m改为1.0×1.10m，即可解决问题。在非基础约束区，按层厚3m、间歇7d估计，水化热温升约增加$\Delta T_r =1.9℃$，横缝灌浆前坝体人工冷却时间要适当延长一些，至于坝块表面保温层厚度，主要取决于寒潮及气温年变化，水化热温升的影响是次要的，$\Delta T_r = 1.9℃$ 的影响很小。

# 7　结束语

（1）在几何相似条件下，拱坝应力与坝高成正比，高拱坝应力水平高于低拱坝。

（2）拱坝是偏心受压结构，主要依靠抗压强度将水荷载传递到两岸基岩，抗压安全系数是拱坝设计的重要指标。

（3）混凝土抗压强度与试件形状、试件尺寸、湿筛、加荷速率等因素有关，坝体原型混凝土抗压强度只有 90d 龄期、15cm 立方体室内试验抗压强度的 50% 左右，过去根据室内试验结果，认为拱坝安全系数有 6～10 是偏高的，实际多数拱坝的实际抗压安全系数只有 2.4～3.2 左右。

（4）我国拱坝设计规范要求 90d 龄期 15cm 立方体试件混凝土抗压安全系数不小于 4.0，200m 以上特高拱坝，由于工程重要，本应采用更严格的安全系数，但实际情况正好相反，二滩、小湾等拱坝，均采用 180d 龄期 15cm 立方体试件 4.0 安全系数，按 90d 龄期计算，安全系数均小于 4.0。

（5）从世界各国拱坝实际采用的抗压安全系数来看，我国特高拱坝的抗压系数是最低的，欠妥。

（6）笔者建议，特高拱坝抗压安全系数应适当提高，按 90d 设计龄期、15cm 立方体试件考虑，安全系数 K 应不小于 4.0，如采用 180d 设计龄期，应不小于 4.5。

（7）为了提高拱坝安全度，可以增加厚度，也可以不增加厚度，而适当改变混凝土标号。例如，小湾拱坝，在高应力部位，把 180d、40MPa 混凝土改为 90d、40MPa，只需增加水泥用量 $15kg/m^3$ 左右，投资增加约 2000 万元，混凝土绝热温升约增加 2.6℃，增幅也不大，投资增加不多，技术上可行，投资增加 2000 万元，约为工程投资的 1‰，而安全度提高约 18%，对于世界最高拱坝，是十分值得的。莫瓦桑和康特拉拱坝分别浇筑过 $R_{90}420$ 号和 $R_{90}450$ 号混凝土，可见适当提高混凝土标号不会有太大困难。

（8）混凝土标号的提高，不但提高坝的抗压安全系数，可同时提高坝的抗拉和沿建基面抗滑安全系数。

参 考 文 献

［1］SD 145—1985《混凝土拱坝设计规范》［S］. 北京：水利电力出版社，1985.

［2］SL 282—2003《混凝土拱坝设计规范》［S］. 北京：中国水利水电出版社，2003.

［3］朱伯芳. 拱坝应力控制标准研究［J］. 水力发电，2000，（12）.

［4］朱伯芳，高季章，陈祖煜，厉易生. 拱坝设计与研究［M］. 北京：中国水利水电出版社，2003.

［5］李瓒，等. 拱坝设计［M］. 北京：中国电力出版社，2000.

［6］Troxell G E. and H E Davis. Composition and properties of concrete［M］. New York：Mc Graw-Hill，1956.

# 论拱坝的温度荷载❶

**摘　要:** 本文首先指出拱坝中存在着三个特征温度场: 封拱温度场 $T_0(x)$、运行期年平均温度场 $T_1(x)$ 及运行期年变化温度场 $T_2(x, \tau)$, 然后给出相应的计算方法, 从而得到拱坝温度荷载的计算公式。这套计算方法已为我国拱坝设计规范采用。

**关键词:** 拱坝; 温度荷载, 计算方法

# On the Temperature Loading of Arch Dams

**Abstract:** In the formula now widely used for temperature loading of arch dams, only the influence of the thickness of the dam is considered. That is inadequate. In this paper, more rational formulas are proposed to compute the temperature loading of arch dams. The factors considered in these formulas include the climatic condition of the dam site, the temperature of water in the reservoir and the thickness of the dam.

**Key words:** arch dam, temperature loading, computing method

## 一、前言

温度荷载是拱坝的主要设计荷载之一, 目前国内多采用美国垦务局经验公式计算[1]

$$T_m = 57.57/(L + 2.44) \qquad (1)$$

式中: $T_m$ 为坝体断面上的平均温度变化, ℃; $L$ 为坝体厚度, m。

理论分析和实际经验都表明, 这个计算公式存在着比较严重的缺点: 第一, 拱坝温度荷载与当地气候条件有关, 在气候温和地区, 温度荷载小, 在气候剧烈变化地区, 温度荷载大, 式 (1) 并未考虑这个十分重要的因素。第二, 式 (1) 只能计算均匀温度, 实际上坝体上游面与库水接触, 下游面与空气接触, 由于水温与气温不同, 坝体在上下游方向是有温差的。第三, 水温变化幅度以表面为最大, 随着水深的增加而逐渐衰减, 因此拱坝温度荷载与水深有关, 式 (1) 也未考虑水深的影响。由于这些原因, 垦务局公式并不能反映拱坝温度变化的真实情况。

实际观测资料表明, 气温和水温的变化与余弦函数相近。假定气温和水温分别按时间的余弦函数变化, 文献 [2] 曾给出拱坝断面平均温度的无穷级数解。笔者曾给出上下游方向等效温差的无穷级数解[3], 黎展眉同志曾给出温度荷载的复变函数解[4]。这些解法已克服了式

---

❶ 原载《水力发电》1984 年第二期及 J. L. Serafim 和 R. W. Clough 主编的 "Arch Dams"（国际拱坝讨论会文集）, Balkema, 1990, Rotterdam.

（1）的缺点，计算结果可以反映气候条件、水深、上下游温差等因素的影响，与原来的计算方法相比，有了相当大的进步。但应用于实际工程，其计算仍略嫌冗繁，因此我国混凝土拱坝设计规范编制组委托笔者对这个问题进一步进行研究，以便提出一套基本上能反映拱坝温度变化的实际情况，而计算又比较方便的简化计算公式。经过一系列的研究、分析，笔者已经得到了这样一套计算公式。我国新编拱坝设计规范已经采用这套计算方法。

## 二、一般计算公式及减轻温度荷载的技术措施

拱坝在施工中通常设有接缝，在接缝灌浆以前，其温度应力可按浇筑块计算，详见文献[5]。本文只讨论如何计算经过接缝灌浆、坝体已形成整体后的拱坝温度荷载。

拱坝内部温度在厚度方向不是常数，如垦务局公式那样只计算一个平均温度 $T_m$ 显然是不能反映实际情况的。那么应该怎样考虑上下游方向的温差呢？实际工作中曾有一些同志直接以坝体下游表面温度（约等于气温）与上游表面温度（等于水温）的差值作为温差，用以计算拱坝的应力和变位。这些做法也是错误的。其理由如图 1（a）所示，拱坝内部温度分布往往是一条曲线，拱坝在这个断面上的应力和应变状态与整个断面的温度分布曲线的形状有关，而上游面温度和下游面温度都只代表两个表面的局部温度，不能决定整个断面的应力和应变状态。为了确定拱坝的温度荷载，不能孤立地考虑上下游表面的温度，而必须分析整个断面上的温度分布曲线。

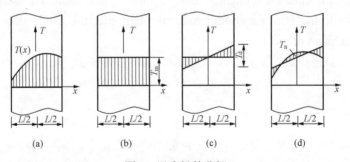

图 1　温度场的分解

（a）实际温度；（b）平均温度 $T_m$；（c）等效温差 $T_d$；（d）非线性温差 $T_n$

根据材料力学中的平截面假设，如图 1 所示，在任一时刻，坝内温度都可分解为三部分，即沿厚度的平均温度 $T_m$，等效温差 $T_d$，非线性温差 $T_n$，可分别计算如下[5]

$$T_m = \frac{1}{L} \int_{-L/2}^{L/2} T(x)\mathrm{d}x \tag{2}$$

$$T_d = \frac{12}{L^2} \int_{-L/2}^{L/2} T(x)x\mathrm{d}x \tag{3}$$

$$T_n = T(x) - T_m - T_d x/L \tag{4}$$

式中：$L$ 为坝体厚度；$T_d$ 为等效温差，其涵义为：图 1（a）所示实际温度 $T(x)$ 对截面中心轴的静力矩等于线性分布温度 $T_d x/L$ 的静力矩。

假定坝体中面法线在变形前后保持为直线，非线性温差 $T_n$ 在坝内引起的应力可按下式计算

$$\sigma = \frac{E\alpha}{1-\mu}\left[T_{\mathrm{m}} + \frac{T_{\mathrm{d}}x}{L} - T(x)\right] \tag{5}$$

式中：$\sigma$ 为应力；$E$ 为弹性模量；$\alpha$ 为线胀系数；$\mu$ 为泊松比。

这种温度应力沿厚度是非线性分布的，并是自身平衡的，即它在整个断面上所引起的轴力和弯矩都等于零。非线性温差也不引起断面的变形，断面变形是由平均温度 $T_{\mathrm{m}}$ 和等效温差 $T_{\mathrm{d}}$ 引起的[5]。由于非线性温差 $T_{\mathrm{n}}$ 不影响坝体的变位和内力计算，所以在拱坝设计中通常只考虑平均温度 $T_{\mathrm{m}}$ 和等效温差 $T_{\mathrm{d}}$。当然，非线性温差 $T_{\mathrm{n}}$ 是引起表面裂缝的重要原因。对于比较厚的坝，非线性温差对坝体应力的影响只限于坝体的表面部分，其单侧影响深度约为 6m 左右；对于比较薄的坝，它对坝体应力的影响实际上波及整个断面。但因计算拱坝变位和内力时只要考虑平均温度 $T_{\mathrm{m}}$ 和等效温差 $T_{\mathrm{d}}$，所以目前习惯上的所谓拱坝温度荷载是指 $T_{\mathrm{m}}$ 和 $T_{\mathrm{d}}$。

拱坝温度场是时间的函数，从坝体灌浆到水库正常运行，拱坝的温度是不断变化的，但有以下三个重要的特征温度场。

（一）封拱温度场 $T_0(x)$

即接缝灌浆时的坝体温度场，其平均温度为 $T_{\mathrm{m0}}$，等效温差为 $T_{\mathrm{d0}}$，可按封拱时的实际温度由式（2）、式（3）两式计算。通常在接缝灌浆前都要进行水管冷却，所以封拱温度场可按冷却水管计算方法计算，见文献 [5]。

（二）运行期年平均温度场 $T_1(x)$

即水库运行期间坝体断面上每点沿时间坐标的年平均温度。它沿厚度方向的平均温度为 $T_{\mathrm{ml}}$，等效温差为 $T_{\mathrm{dl}}$。如前所述，拱坝温度场可按平板考虑，年平均温度场在厚度方向是线性分布的，所以 $T_{\mathrm{ml}}$ 和 $T_{\mathrm{dl}}$ 可以计算如下

$$\left.\begin{array}{l} T_{\mathrm{ml}} = (T_{\mathrm{UM}} + T_{\mathrm{DM}})/2 \\ T_{\mathrm{dl}} = T_{\mathrm{DM}} - T_{\mathrm{UM}} \end{array}\right\} \tag{6}$$

式中：$T_{\mathrm{DM}}$ 为下游表面年平均温度，等于年平均气温加日照影响（如尾水比较深，尾水位以下按年平均水温计算）；$T_{\mathrm{UM}}$ 为上游表面年平均温度，等于年平均水温。

据笔者研究，$T_{\mathrm{UM}}$ 可按下式计算[6]

$$T_{\mathrm{UM}} = c + (b-c)\mathrm{e}^{-0.04y} \tag{7}$$

$$c = (T_{底} - bg)/(1-g)$$

$$g = \mathrm{e}^{-0.04H}$$

式中：$H$ 为水库深度，m；$b = T_{表}$ 为表面年平均水温；$T_{底}$ 为库底年平均水温。

确定这些参数的方法见文献 [6]。

在重力坝中，由于坝体断面较厚，在充分冷却以后，坝体内部温度是稳定的，不会随时间而变化，故 $T_1(x)$ 称为稳定温度场。在拱坝中，由于断面较薄，多数情况下坝内温度并不是稳定的，而是在年平均温度 $T_1(x)$ 上下还有一定的波动，故 $T_1(x)$ 不能称为稳定温度场。

（三）运行期变化温度场 $T_2(x, \tau)$

即外界温度波动所引起的内部温度变化，这个温度场沿坝体厚度方向的平均温度为 $T_{\mathrm{m2}}$，等效温差为 $T_{\mathrm{d2}}$。显然，$T_{\mathrm{m2}}$ 和 $T_{\mathrm{d2}}$ 是时间的函数。

根据上述三个特征温度场，拱坝温度荷载应由下式计算

$$\left.\begin{array}{l} T_{\mathrm{m}} = T_{\mathrm{ml}} - T_{\mathrm{m0}} + T_{\mathrm{m2}} \\ T_{\mathrm{d}} = T_{\mathrm{dl}} - T_{\mathrm{d0}} + T_{\mathrm{d2}} \end{array}\right\} \tag{8}$$

式中：$T_m$、$T_d$ 为拱坝温度荷载；$T_{m0}$、$T_{d0}$ 为封拱温度场的平均温度和等效温差；$T_{ml}$、$T_{dl}$ 为运行期年平均温度场沿厚度的平均温度和等效温差；$T_{m2}$、$T_{d2}$ 为运行期变化温度场沿厚度的平均温度和等效温差。

由式（8）可见，拱坝温度荷载包括两部分：一是初始温差即坝体年平均温度场与封拱温度之差 $T_{ml}-T_{m0}$ 及 $T_{dl}-T_{d0}$，这一部分温差是不随时间而变化的；二是变化温差，即外界水温和气温变化所引起坝内温度变化 $T_{m2}$ 和 $T_{d2}$，这一部分温差是随着时间而作周期性变化的，夏季为温升，冬季为温降。

总的说来，温度荷载将加大拱坝的应力，特别是拉应力。能否设法减小拱坝的温度荷载呢？现在我们来讨论这个问题。

如前所述，拱坝温度荷载决定于三个特征温度场，并由式（8）计算。如果我们能改变这些特征温度场，就有可能减轻拱坝的温度荷载。运行期年平均温度场 $T_{ml}$ 和 $T_{dl}$，取决于年平均水温和年平均气温，是人力所难以改变的。运行期变化温度场的：$T_{m2}$ 和 $T_{d2}$ 取决于水温和气温变幅及坝体厚度，水温和气温变幅是人力难以改变的，用增加坝体厚度或增加一个保温层的办法是可以减小坝体变化温差的，但通常在经济上是不合算的，所以变化温差 $T_{m2}$ 和 $T_{d2}$ 实际上也难以减小拱坝的温度荷载。在技术上比较可行的办法是控制封拱温度场 $T_0(x)$，以减小拱坝的温度荷载。

在拱坝设计中，通常以正常蓄水位加冬季温降为最不利情况。在这种情况下，温度荷载是引起拉应力的重要原因，最大拉应力一般发生在拱座上游面。为了减小拱坝拉应力，最好控制封拱时拱坝的平均温度 $T_{m0}$ 使之不大于运行期坝体年平均温度 $T_{ml}$，即

$$T_{m0} \leqslant T_{ml} \tag{9}$$

控制封拱时平均温度 $T_{m0}$ 以减小拱坝温度荷载的问题是人们早已注意到了并行之有效的。下面我们将进一步论证，适当地控制封拱时坝体温度梯度，即控制封拱的等效温差 $T_{d0}$，可以进一步降低拱坝的温度应力。

受温度荷载影响最大的是拱座和梁底上游面的拉应力，正的等效温差在拱座和梁底上游面产生拉应力，因此为了减小拱坝上游面拉应力，应使等效温度 $T_d = T_{dl} - T_{d0} + T_{d2}$ 减小，既然我们只能控制 $T_{d0}$，我们应使 $T_{d0} > 0$，最好能使 $T_{d0}$ 加大到 $T_{d0} = T_{dl}$ 甚至 $T_{d0} > T_{dl}$，但要使 $T_{d0} > T_{dl}$，通常不易做到，所以笔者建议把控制封拱时等效温差的要求表示为

$$T_{d0} = T_{dl} \text{ 或 } T_{d0} > 0 \tag{10}$$

$T_{d0} = T_{dl}$ 即 $\int T_0(x)x\mathrm{d}x = \int T_1(x)x\mathrm{d}x$，其物理意义如图 2 所示。

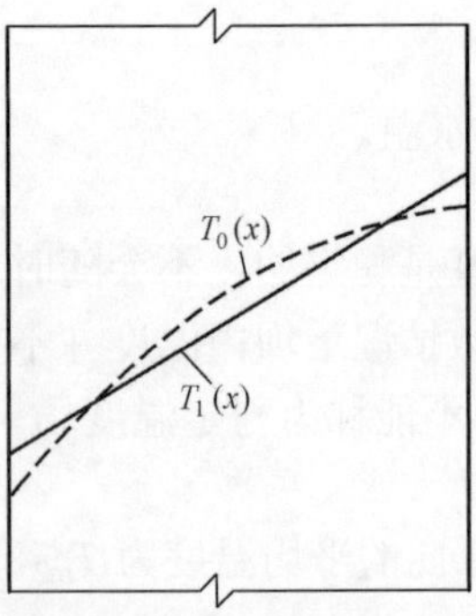

图 2 $T_{d0} = T_{dl}$ 的物理意义

为了控制封拱温度场，当坝体较厚时，通常必须埋设冷却水管，进行人工冷却。利用冷却水管使封拱时平均温度 $T_{m0}$ 不超过运行期年平均温度 $T_{ml}$，如式（9），一般说来并无特殊困难。但要控制封拱时坝体温度梯度，使之满足式（10），如图 2 所示，这就要求采取一些特殊技术措施。首先，必须注意冷却水管的布置，如图 3 所示，蛇形冷却水管的主要部分（即直管部分）应平行于坝轴线方向，而且在靠近上游面处，水管间距应密一些，在靠近下游面处，水管间距应稀一些。其次，应控制冷却水的流向。通常混凝土坝的人工冷却每天改变一次冷却水的流向，使坝体均匀冷却。为了控制封拱时的温度梯度，使上游面温度低于下游面温度，建议在拱坝冷却中固定冷却水的流向，使冷却水首先进入上游部分，由于

进口水温低于出口水温，加之，上游面水管较密、冷却较快，所以经过冷却，上游部分的温度就低于下游部分的温度，从而使 $T_{d0}>0$，如图 4 所示。

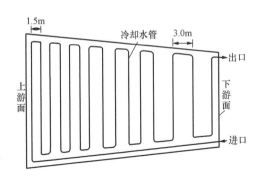

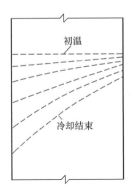

图 3　控制坝体温度梯度时的水管布置　　　　图 4　控制温度梯度时坝体的冷却过程

# 三、年变化温度荷载的计算

为了计算年变化温度荷载，首先要确定温度场的边界条件如图 5 所示，考虑计算断面 $ii$，此处水深为 $y$，坝体厚度为 $L$。下游面与空气接触，下游表面温度可表示如下

$$T_{\mathrm{D}} = T_{\mathrm{DM}} + A_{\mathrm{D}} \cos \omega(\tau - \tau_0) \tag{11}$$

式中：$T_{\mathrm{DM}}$ 为下游表面年平均温度，等于年平均气温加日照影响；$A_{\mathrm{D}}$ 为下游表面温度年变幅，等于气温年变幅加日照影响（约 1～2℃）；$\tau$ 为时间，以月计；$\tau_0$ 为温度最高时间；$\omega=2\pi/P$ 为圆频率；$P$ 为温度变化周期，一年。

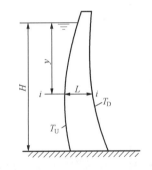

图 5　拱坝温度场的边界条件

通常气温在 7 月中旬（$\tau=6.5$ 月）达到最高值，故可取 $\tau_0=6.5$ 月。坝体上游表面，水上部分的温度等于气温，可参照式（11）计算，水下部分的上游表面温度可用下式表示

$$T_{\mathrm{U}} = T_{\mathrm{UM}} + A_{\mathrm{U}} \cos \omega(\tau - \tau_0 - \varepsilon) \tag{12}$$

式中：$T_{\mathrm{UM}}$ 为上游表面年平均温度，等于年平均水温；$A_{\mathrm{U}}$ 为上游表面温度年变幅，等于水温年变幅；$\varepsilon$ 为水温变化的相位差，以月计。

根据上述边界条件，利用文献 [3、4] 的理论解，可以求出拱坝温度荷载：$T_{m2}$ 和 $T_{d2}$。但应用于实际工程，仍不够方便。这是由于下述两方面的原因。首先，在基本参数方面，虽然下游面年变幅 $A_{\mathrm{D}}$ 主要取决于当地气温，不难由气温资料决定，但上游面年变幅 $A_{\mathrm{U}}$ 和相位差 $\varepsilon$ 取决于建坝后的库水温度，不易确定。其次，理论解虽在形式上已较简洁，实际计算仍较冗繁。为了得到一套更加实用的温度荷载计算公式，需进一步做些分析研究工作。

气温资料可从当地的水文、气象站取得，困难的是如何决定库水温度变化的有关参数，在工程设计阶段当地只能取得建坝前的河水温度资料，但我们所需要的是建坝后水库运用期的库水温度资料，它不同于建坝前的河水温度资料，在设计阶段无法取得这些资料。笔者分析了国内外一批已建成水库的实测资料，经过研究、整理，得到了下列计算公式 [6]：

水温变化相位差

$$\varepsilon = 2.15 - 1.30 e^{-0.085y} \tag{13}$$

水温年变幅

$$A_{\mathrm{U}} = A_{\mathrm{W0}} e^{-0.018y} \tag{14}$$

式中：$\varepsilon$ 为水温变化的相位差，月；$y$ 为水深，m；$A_{\mathrm{W0}}$ 为表面水温年变幅，℃；$A_{\mathrm{U}}$ 为深度 $y$ 处的水温年变幅，℃

在一般地区，表面水温年变幅等于当地气温年变幅，可按下式计算

$$A_{\mathrm{W0}} = (T_7 - T_1)/2 \tag{15}$$

式中：$T_7$ 为 7 月月平均气温；$T_1$ 为 1 月月平均气温。

在寒冷地区，冬季月平均气温可降至零下，但水库表面结冰后，表面水温仍维持零度，故表面水温年变幅应改用下式计算

$$A_{\mathrm{W0}} = T_7/2 + \Delta a \tag{16}$$

式中：$\Delta a$ 为日照影响，从实测资料看约为 1～2℃，通常可取平均值 $\Delta a = 1.5$℃。

把上述水温公式代入理论解后，温度荷载就取决于 $A_{\mathrm{D}}$、$A_{\mathrm{W0}}$、$y$、$L$ 等参数了，但其计算仍较冗繁，因此再构造一些函数去逼近理论解，最后笔者得到拱坝年变化温度荷载的简化计算公式如下

库水位以上

$$T_{\mathrm{m2}} = \pm\rho_1 A_{\mathrm{D}}, T_{\mathrm{d2}} = 0 \tag{17}$$

库水位以下

$$T_{\mathrm{m2}} = \pm\frac{\rho_1}{2}\left(A_{\mathrm{D}} + \frac{13.1 A_{\mathrm{W0}}}{14.5 + y}\right) \tag{18}$$

$$T_{\mathrm{d2}} = \pm\rho_3\left[A_{\mathrm{D}} - A_{\mathrm{W0}}\left(\xi + \frac{13.1}{14.5 + y}\right)\right] \tag{19}$$

式中：$y$ 为水深；而 $\rho_1$、$\rho_3$、$\xi$ 计算如下：

当 $L \geqslant 10\mathrm{m}$ 时

$$\rho_1/2 = 2.33/(L - 0.90) \tag{20}$$

$$\rho_3 = 18.76/(L + 12.60) \tag{21}$$

$$\xi = (3.80 e^{-0.022y} - 2.38 e^{-0.081y})/(L - 4.50) \tag{22}$$

当 $L \leqslant 10\mathrm{m}$ 时

$$\rho_1/2 = .50 e^{-0.00067L^{3.0}} \tag{23}$$

$$\rho_3 = e^{-0.00186L^{2.0}} \tag{24}$$

$$\xi = (0.069 e^{0.022y} - 0.0432 e^{-0.081y})L \tag{25}$$

式中：$L$ 为坝体厚度，m。

温度荷载是时间的函数，而且 $T_{\mathrm{m2}}$ 和 $T_{\mathrm{d2}}$ 分别在不同的时间达到其极大值，因此有一个最不利组合问题。计算经验表明，拱坝的温度应力以 2 月中下旬和 8 月中下旬为最不利，上述简化公式就是按照这两个最不利的时间计算的。在式（17）～式（19）中取正号，得到 8 月中下旬的温度荷载（温升）；取负号，得到 2 月中下旬的温度荷载（温降）。

## 四、算例

**【算例1】** 拱坝剖面如图 6 所示，坝高 120m，位于华中地区，当地年平均气温 18℃，气温年变幅 10°C，考虑日照影响增温 4℃，下游坝面年平均温度为 $T_{DM}=22℃$，在上游面表面年平均水温为 20℃，库底平均水温为 9℃，由式（7），任意深度的年平均温度为

$$T_{UM}=8.86+11.14e^{-0.04y}$$

把 $T_{UM}$ 和 $T_{DM}$ 代入式（6），即可求得不同高程的 $T_{UM}$ 和 $T_{DM}$。下游坝面温度年变幅为 $A_D=A_a=10℃$，当地水库冬季不结冰，水库表面水温年变幅等于气温年变幅，$A_{W0}=A_a=10℃$，由式（17）～式（18）可计算 $T_{m2}$ 和 $T_{d2}$。

现在按照式（8）计算拱坝的温度荷载。考虑两种封拱温度：①封拱时同时控制坝块平均温度 $T_{m0}$ 和等效温差 $T_{d0}$，使 $T_{m0}=T_{m1}$，$T_{d0}=T_{d1}$；②封拱时只控制平均温度 $T_{m0}$，不控制等效温差 $T_{d0}$，因而只满足 $T_{m0}=T_{m1}$，$T_{d0}=0$（对称冷却），其计算结果见表 1。

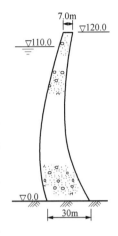

图 6 算例

| 表 1 | | | 华中地区一个拱坝的温度荷载 | | | | | ℃ |
|---|---|---|---|---|---|---|---|---|
| 高程（m） | 水深 $y$（m） | 坝体厚度 $L$（m） | $T_{UM}$ | $T_{DM}$ | $T_m$ | $T_{d1}$ | 本文计算 | |
| | | | | | | | $T_{m2}$ | $T_{d2}$ |
| 120 | 坝顶 | 7.0 | 20.00 | 22.00 | 21.00 | 2.00 | −7.94 | 0 |
| 110 | 0 | 8.0 | 20.00 | 22.00 | 21.00 | 2.00 | −6.75 | 0.98 |
| 100 | 10 | 9.2 | 16.33 | 22.00 | 19.17 | 5.67 | −4.56 | −1.13 |
| 80 | 30 | 11.7 | 12.22 | 22.00 | 17.11 | 9.78 | −2.80 | −3.75 |
| 60 | 50 | 15.0 | 10.37 | 22.00 | 16.19 | 11.63 | −1.99 | −4.63 |
| 40 | 70 | 18.6 | 9.54 | 22.00 | 15.77 | 12.46 | −1.52 | −4.74 |
| 20 | 90 | 23.8 | 9.17 | 22.00 | 15.59 | 12.83 | −1.14 | −4.37 |
| 0 | 110 | 30.0 | 9.00 | 22.00 | 15.50 | 13.00 | −0.88 | −3.88 |

| 精确计算 | | 垦务局公式 | | 温度荷载（一）$T_{m0}=T_{m1}$，$T_{d0}=T_{d1}$ | | 温度荷载（二）$T_{m0}=T_{m1}$，$T_{d0}=0$ | |
|---|---|---|---|---|---|---|---|
| $T_{m2}$ | $T_{d2}$ | $T_{m2}$ | $T_{d2}$ | $T_m$ | $T_d$ | $T_m$ | $T_d$ |
| −7.71 | 0 | −6.10 | 0 | −7.94 | 0 | −7.94 | 2.00 |
| −6.52 | 1.06 | −5.62 | 0 | −6.75 | 0.98 | −6.75 | 2.98 |
| −4.59 | −0.85 | −4.95 | 0 | −4.56 | −1.13 | −4.56 | 4.54 |
| −2.78 | −3.71 | −4.07 | 0 | −2.80 | −3.75 | −2.80 | 6.03 |
| −1.90 | −5.06 | −3.30 | 0 | −1.99 | −4.63 | −1.99 | 7.00 |
| −1.40 | −5.20 | −2.74 | 0 | −1.52 | −4.74 | −1.52 | 7.72 |
| −1.09 | −4.60 | −2.19 | 0 | −1.14 | −4.37 | −1.14 | 8.46 |
| −0.85 | −3.93 | −1.77 | 0 | −0.88 | −388 | −0.88 | 9.12 |

【**算例2**】 坝体尺寸与算例1相同，但坝址位于我国东北地区，当地年平均气温5℃，考虑日照影响增温3℃，下游坝面年平均温度为 $T_{DM}=8℃$，考虑水库表面结冰影响，水库表面年平均温度为11℃，库底年平均水温为6℃，上游面水深 $y$ 处的年平均水温为

$$T_{UM} = 5.94 + 5.06e^{-0.04y}$$

把 $T_{DM}$ 和 $T_{UM}$ 代入式（6）即得到 $T_{m1}$ 和 $T_{d1}$。下游坝面温度年变幅 $A_D=A_a=20℃$，考虑结冰影响，水库表面温度年变幅 $A_{W0}=12℃$，由式（17）～式（19）可计算 $T_{m2}$ 和 $T_{d2}$ 处，再由式（8）可计算出拱坝的温度荷载 $T_m$ 和 $T_d$，计算结果已列入表2。

表2                    东北地区一个拱坝的温度荷载                ℃

| 高程（m） | 水深 $y$（m） | 坝体厚度 $L$（m） | $T_{UM}$ | $T_{DM}$ | $T_{m1}$ | $T_{d1}$ | 本文计算 | |
|---|---|---|---|---|---|---|---|---|
| | | | | | | | $T_{m2}$ | $T_{d2}$ |
| 120 | 坝顶 | 7.0 | 6.00 | 8.00 | 7.00 | 2.00 | −15.88 | 0 |
| 110 | 0 | 8.0 | 11.00 | 8.00 | 9.50 | −3.00 | −10.94 | −5.93 |
| 100 | 10 | 9.2 | 9.33 | 8.00 | 8.66 | −1.33 | −7.84 | −8.20 |
| 80 | 30 | 11.7 | 7.46 | 8.00 | 7.73 | 0.54 | −5.08 | −10.46 |
| 60 | 50 | 15.0 | 6.62 | 8.00 | 7.31 | 1.38 | −3.71 | −11.00 |
| 40 | 70 | 18.6 | 6.24 | 8.00 | 7.12 | 1.76 | −2.88 | −10.49 |
| 20 | 90 | 23.8 | 6.08 | 8.00 | 7.04 | 1.92 | −2.18 | −9.36 |
| 0 | 110 | 30.0 | 6.00 | 8.00 | 7.00 | 2.00 | −1.70 | −8.18 |

| 精确计算 | | 垦务局公式 | | 温度荷载（一）$T_{m0}=T_{m1}$，$T_{d0}=T_{d1}$ | | 温度荷载（二）$T_{m0}=T_{m1}$，$T_{d0}=0$ | |
|---|---|---|---|---|---|---|---|
| $T_{m2}$ | $T_{d2}$ | $T_{m2}$ | $T_{d2}$ | $T_m$ | $T_d$ | $T_m$ | $T_d$ |
| −15.42 | 0 | −6.10 | 0 | −15.88 | 0 | −15.88 | 2.00 |
| −10.56 | −5.63 | −5.62 | 0 | −10.94 | −5.93 | −10.94 | −8.93 |
| −7.85 | −7.68 | −4.95 | 0 | −7.84 | −8.20 | −7.84 | −9.53 |
| −5.08 | −10.78 | −4.07 | 0 | −5.08 | −10.46 | −5.08 | −9.96 |
| −3.56 | −11.91 | −3.30 | 0 | −3.71 | −11.00 | −3.71 | −9.62 |
| −2.75 | −11.32 | −2.74 | 0 | −2.88 | −10.49 | −2.88 | −8.73 |
| −2.11 | −9.67 | −2.19 | 0 | −2.18 | −9.36 | −2.18 | −7.44 |
| −1.65 | −8.11 | −1.77 | 0 | −1.70 | −8.18 | −1.70 | −6.18 |

从以上两个算例可以看出以下几点：

（1）封拱时的温度梯度对拱坝温度荷载有比较大的影响，在表1和表2中把温度荷载（一）和温度荷载（二）加以对比，就可以明显看出这点来。

（2）垦务局公式不能给出等效温度差 $T_d$，也不能反映气候条件和水深的影响，所以不能反映拱坝的真实工作情况。

（3）本文给出的简化计算公式具有相当好的计算精度，以表2为例，与精确计算结果相比，简化公式计算的平均温度 $T_{m2}$ 的最大误差为4.73%，平均误差为2.62%；等效温差 $T_{d2}$ 的最大误差为7.64%，平均误差为4.11%。考虑到计算公式中包含了气候条件、水深、坝体厚度等多种因素的影响，问题比较复杂，应该说，能有这样的计算精度是相当满意的。

（4）由垦务局公式计算的平均温度 $T_{m2}$，在气候温和的华中地区，顶部偏小，而底部又偏大，在我国寒冷的东北地区，底部相近，而顶部偏小很多。这种现象的出现是由于垦务局公式中没有考虑气候条件和水深的影响，只考虑了坝体厚度一个因素。

## 参 考 文 献

［1］ W. P. Creager, J. D. Justin, J. Hinds. Engineering for Dams，1994.

［2］ 美国内务部垦务局. 混凝土坝的冷却. 侯建功，译. 北京：水利电力出版社，1958.

［3］ 朱伯芳. 拱坝温度应力分析. 水利学报，1958，（2）.

［4］ 黎展眉. 拱坝温度荷载的计算. 高拱坝学术讨论会论文集. 北京：电力工业出版社，1982.

［5］ 朱伯芳，等. 水工混凝土结构的温度应力与温度控制. 北京：水利电力出版社，1976.

［6］ 朱伯芳. 库水温度估算. 水利学报，1985，（2）.

# 寒冷地区有保温层拱坝的温度荷载[❶]

**摘　要：** 寒冷地区拱坝的温度应力很大，温度荷载的影响往往超过水荷载，目前趋向于在坝体表面进行永久保温，以减小温度应力。采用永久保温层之后，拱坝温度荷载改变很大。本文给出拱坝上、下游表面有永久保温层时温度荷载的计算方法。

**关键词：** 拱坝；保温层；温度荷载

# Temperature Loads on Arch Dams with Superficial Insulating Layer in Cold Region

**Abstract:** The effect of temperature loads may be greater than that of water loads, There is a tendency to use insulating layers on the faces to reduce the temperature loads. One precise method and two approximate methods are proposed in this paper for computing the temperature loads in arch dams with superficial insulating layers.

**Key words:** arch dam, superficial insulation, temperature load

## 1　前言

寒冷地区，年平均气温低，气温年变幅大，温度荷载对拱坝应力和内力的影响往往超过水荷载。对薄拱坝的影响尤甚。如山西恒山拱坝和内蒙古响水拱坝，温度荷载对拱坝应力和拱端推力的影响都超过总荷载的 80%。内蒙古响水拱坝建成后产生了严重贯穿性裂缝，经笔者和厉易生研究，建议在该坝下游面用 5cm 厚聚苯乙烯泡沫塑料板永久保温，使拱坝最大拉应力从 3.33MPa 降低至 1.25MPa，实际使用效果良好[1]。这是世界上首次在拱坝表面采用永久保温层。近年，新疆石门子拱坝在下游面和上游面分别喷涂 5cm 和 3cm 厚聚氨酯泡沫涂层作永久保温之用[2]。

上述两坝采用永久保温之后，拱坝温度荷载改变很大，目前还缺乏比较完善的计算方法。本文提出带永久保温层拱坝温度荷载的计算方法。

坝内温度沿厚度方向是变化的，如图 1 所示。实际温度可分解为三部分：平均温度（$T_m$）、等效线性温差（$T_d$）和非线性温差（$T_n$），分别计算如下（坐标 $x$ 的原点放在坝体中面上）：

$$\left.\begin{aligned} T_m &= \frac{1}{L} \int_{-L/2}^{L/2} T \mathrm{d}z \\ T_d &= \frac{12}{L^2} \int_{-L/2}^{L/2} xT \mathrm{d}x \\ T_n &= T_m + \frac{T_d}{L} x - T \end{aligned}\right\} \tag{1}$$

---

❶　原载《水利水电技术》2003 年第 11 期。

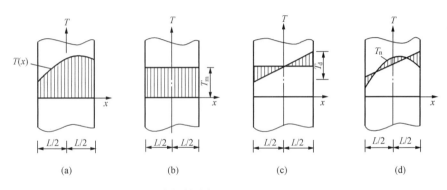

图 1 坝内温度场的分解：（a）＝（b）＋（c）＋（d）

（a）实际温度；（b）平均温度 $T_m$；（c）等效温差 $T_d$；（d）非线性温差 $T_n$

非线性温差对坝内应力分布是有影响的，但不影响坝的内力和变位。在编制我国第一本拱坝设计规范[3]时，规范编制组委托笔者研究拱坝温度荷载的计算方法，经过理论上的分析，特别是对拱坝设计经验和实际工程运行经验的全面分析研究后，笔者建议计算拱坝温度荷载时，只考虑平均温度（$T_m$）和等效线性温差（$T_d$），而忽略非线性温差（$T_n$），以利于温度荷载计算方法与拱坝允许拉应力的配套，此建议为规范所采纳。

坝内温度是随着时间而不断变化的，经研究后，笔者发现拱坝有三个重要的特征温度场：封拱温度场 $T_0(x)$，运行期年平均温度场 $T_1(x)$ 和运行期变化温度场 $T_2(x)$，据此建议由下式计算拱坝温度荷载[4]，并已为我国拱坝设计规范所采用[3]。

$$\left.\begin{array}{l} T_m = T_{m1} + T_{m2} - T_{m0} \\ T_d = T_{d1} + T_{d2} - T_{d0} \end{array}\right\} \qquad (2)$$

式中：$T_m$、$T_d$ 为拱坝的温度荷载；$T_{m0}$、$T_{d0}$ 为封拱温度场的平均温度和等效温差；$T_{m1}$、$T_{d1}$ 为运行期年平均温度场沿厚度的平均温度和等效温差；$T_{m2}$、$T_{d2}$ 为运行期变化温度场沿厚度的平均温度和等效温差。

封拱温度场平均温度（$T_{m0}$）和等效线性温差（$T_{d0}$），对于常规混凝土拱坝，是利用冷却水管由人工控制的；对于碾压混凝土拱坝，可根据施工进度及气候条件进行计算，见文献[5]。本文给出 $T_{m1}$、$T_{d1}$ 和 $T_{m2}$、$T_{d2}$ 的计算方法。

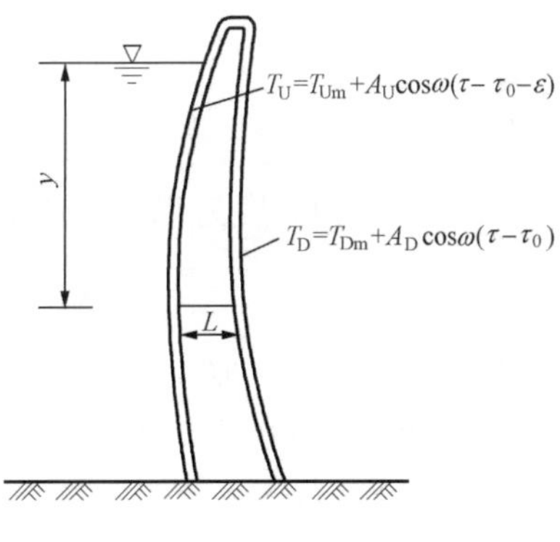

拱坝运行期温度场边界条件如图 2 所示，下游保温层的表面与空气接触，考虑日照影响后，温度可表示为

$$T_D = T_{Dm} + A_D \cos \omega (\tau - \tau_0) \qquad (3)$$

$T_U = T_{Um} + A_U \cos \omega (\tau - \tau_0 - \varepsilon)$

$T_D = T_{Dm} + A_D \cos \omega (\tau - \tau_0)$

图 2 拱坝运行期温度场边界条件

式中：$T_{Dm}$ 为年平均温度；$A_D$ 为温度年变幅；$\omega = 2\pi / P$ 为圆频率；$P=12$ 个月为温度变化周期；$\tau_0$ 为温度最高时间，通常 7 月中旬温度最高，可取 $\tau_0 = 6.5$ 月。

上游保温层的外表面，水上部分与空气接触，可参照式（2）计算（日照影响不同）。水下部分与库水接触，温度可表示为

$$T_U = T_{Um}(y) + A_U(y) \cos \omega (\tau - \tau_0 - \varepsilon) \qquad (4)$$

式中：$T_{Um}(y)$ 为年平均水温；$A_U(y)$ 为水温年变幅；$\varepsilon$ 为水温与气温的相位差；$y$ 为水深。水

温计算方法见文献[2]。

下面切取水深为 $y$、坝体厚度为 $L$ 的断面进行分析。

## 2 年平均温度场的平均温度 $T_{m1}$ 和等效线性温差 $T_{d1}$ 的计算

$T_{m1}$ 和 $T_{d1}$ 分别是运行期年平均温度场沿坝体厚度的平均温度和等效线性温差。如图 3 所示，设坝体厚度为 $L$，导热系数为 $\lambda$；上游保温层厚度为 $h_U$，导热系数为 $\lambda_U$；下游保温层厚度为 $h_D$，导热系数为 $\lambda_D$。按三层平板分析年平均温度场的分布。

上游面年平均温度 $T_{Um}$ 和下游面年平均温度 $T_{Dm}$ 均为定值（不随时间而变化），三层平板内任一点的年平均温度均不随时间而变化，有

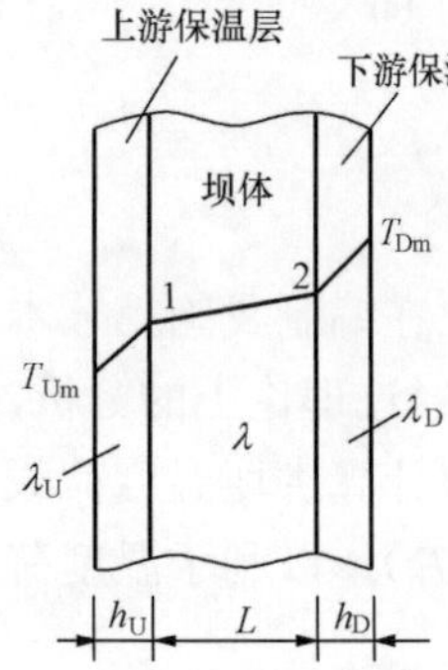

$$\frac{\partial T}{\partial \tau} = a \frac{\partial^2 T}{\partial x^2} = 0$$

因此，在三层板的每一层内，温度都是 $x$ 的线性函数。

但在两个接触面上，需满足如下热流平衡条件：

在接触面 1

$$\lambda_U \frac{T_1 - T_{Um}}{h_U} = \lambda \frac{T_2 - T_1}{L} \tag{5}$$

在接触面 2

$$\lambda \frac{T_2 - T_1}{L} = \lambda_D \frac{T_{Dm} - T_2}{h_D} \tag{6}$$

由式（5）、式（6）两式求得

$$T_1 = \frac{(1 + \rho_1 \rho_2) T_{Um}}{1 + \rho_1 + \rho_1 \rho_2} + \frac{\rho_1 T_{Dm}}{1 + \rho_1 + \rho_1 \rho_2} \tag{7}$$

$$T_2 = \frac{T_{Um}}{1 + \rho_1 + \rho_1 \rho_2} + \frac{(\rho_1 + \rho_1 \rho_2) T_{Dm}}{1 + \rho_1 + \rho_1 \rho_2} \tag{8}$$

式中

$$\rho_1 = \frac{\lambda_D h_U}{\lambda_U h_D}, \quad \rho_2 = \frac{\lambda_U L}{\lambda h_U} \tag{9}$$

坝体上游面温度为 $T_1$，下游面温度为 $T_2$，中间线性变化，故

$$T_{m1} = \frac{T_1 + T_2}{2}, \quad T_{d1} = T_2 - T_1 \tag{10}$$

图 3 年平均温度场

**【算例 1】** $T_{Um}$=6.0℃，$T_{Dm}$=4.2℃，坝体厚度 $L$=5.00m，导热系数 $\lambda$=9.0kJ/（m·h·℃），保温层厚度 $h_D$=0.05m，$h_U$=0.03m，导热系数 $\lambda_U = \lambda_D = 0.1256$ kJ/（m·h·℃）。

由式（9）得

$$\rho_1 = 0.600, \quad \rho_2 = 2.326$$

由式（7）、式（8）得

$$T_1 = 5.64℃, \quad T_2 = 4.80℃$$

由式（10）得

$$T_{m1} = 5.22℃, \quad T_{d1} = -0.84℃$$

## 3 年变化温度场 $T_{m2}$ 和 $T_{d2}$ 的精确解

由于表面保温层的热容量很小，厚度又薄，在计算变化温度场时，可忽略其热容量。以

等效放热系数（$\beta$）考虑保温层的作用，计算如下

$$\beta = \left[\frac{1}{\beta_0} + \frac{h}{\lambda_1}\right]^{-1} \tag{11}$$

式中：$\beta$ 为等效放热系数；$\beta_0$ 为保温板与周围介质（空气或水）之间的表面放热系数；$h$ 为保温层厚度；$\lambda_1$ 为保温层导热系数。

首先考虑图 4 所示平板，热传导方程为

$$\frac{\partial T}{\partial \tau} = a\frac{\partial^2 T}{\partial x^2} \tag{12}$$

边界条件为

当 $x=0$ $\qquad$ $\lambda\frac{\partial T}{\partial x} = \beta_1(T - 0)$ $\tag{13}$

当 $x=L$ $\qquad$ $-\lambda\frac{\partial T}{\partial x} = \beta_2(T - A\cos\omega\tau)$ $\tag{14}$

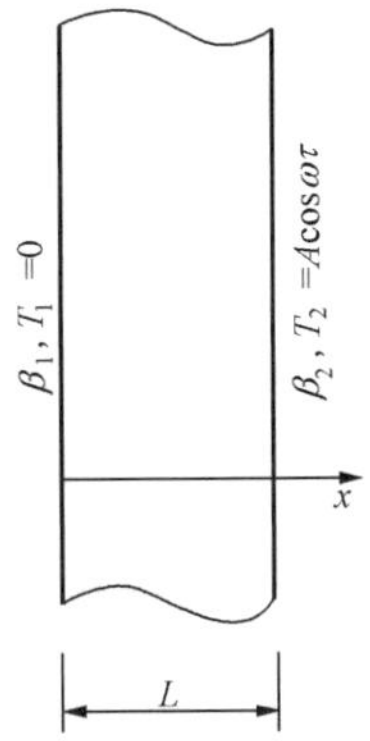

这个问题用复变函数法求解比较方便[2]。

令 $\qquad\qquad\qquad T(x,\tau) = \mathrm{Re}[T^0(x,\tau)] \tag{15}$

$$T^0(x,\tau) = [f_1(x) + if_2(x)]\mathrm{e}^{i\omega\tau} \tag{16}$$

图 4　平板

式中：Re 为实部，$i = \sqrt{-1}$，代入式（12）、式（13）、式（14），求得 $T^0(x,\tau)$，再取实部，得

$$T(x,\tau) = A[g_1(qx)\cos\omega\tau + g_2(qx)\sin\omega\tau] \tag{17}$$

$$T_m = \frac{1}{L}\int_0^L T\mathrm{d}x = \frac{A}{L}(g_3\cos\omega\tau + g_4\sin\omega\tau) \tag{18}$$

$$S_0 = \int_0^L Tx\mathrm{d}x = A(g_5\cos\omega\tau + g_6\sin\omega\tau) \tag{19}$$

$$T_d = \frac{12}{L^2}\left(S_0 - \frac{L^2}{2}T_m\right) = \frac{12A}{L^2}\left[\left(g_5 - \frac{L}{2}g_3\right)\cos\omega\tau + \left(g_6 - \frac{L}{2}g_4\right)\sin\omega\tau\right] \tag{20}$$

式中

$$
\left.
\begin{aligned}
&g_1 = (a_1b_1 + a_2b_2)/(a_1^2 + a_2^2), g_2 = (a_2b_1 - a_1b_2)/(a_1^2 + a_2^2)\\
&g_3 = (a_1a_3 + a_2a_4)/(a_1^2 + a_2^2), g_4 = (a_2a_3 - a_1a_4)/(a_1^2 + a_2^2)\\
&g_5 = (a_1a_6 - a_2a_5)/[2q^2(a_1^2 + a_2^2)], g_6 = (a_1a_5 + a_2a_6)/[2q^2(a_1^2 + a_2^2)]\\
&a_1 = d_1 - d_2s_4 + s_3(d_3 - d_4), a_2 = d_1s_4 + d_2 + s_3(d_3 + d_4)\\
&a_3 = \frac{1}{2q}(2s_1d_1 + d_3 + d_4 - 1), a_4 = \frac{1}{2q}(2s_1d_2 - d_3 + d_4 + 1)\\
&a_5 = s_1(-2\eta d_2 - d_3 + d_4 + 1) + \eta(d_3 - d_4) - d_1\\
&a_6 = s_1(2\eta d_1 - d_3 - d_4 + 1) + \eta(d_3 + d_4) - d_2\\
&b_1(\zeta) = s_1(f_1 - f_2) + f_3, \ b_2(\zeta) = s_1(f_1 + f_2) + f_4\\
&f_1(\zeta) = \mathrm{ch}\,\zeta\cos\zeta, \ f_2(\zeta) = \mathrm{sh}\,\zeta\sin\zeta\\
&f_3(\zeta) = \mathrm{sh}\,\zeta\cos\zeta, \ f_4(\zeta) = \mathrm{ch}\,\zeta\sin\zeta\\
&d_1 = \mathrm{sh}\,\eta\cos\eta, \ d_2 = \mathrm{ch}\,\eta\sin\eta, \ d_3 = \mathrm{ch}\,\eta\cos\eta, \ d_4 = \mathrm{sh}\,\eta\sin\eta\\
&s_1 = \lambda q/\beta_1, \ s_2 = \lambda q/\beta_2, \ s_3 = s_1 + s_2, \ s_4 = 2s_1s_2\\
&q = \sqrt{\pi/aP}, \ \zeta = qx, \ \eta = qL
\end{aligned}
\right\} \tag{21}
$$

再考虑图 5 所示拱坝的一个剖面：上游面温度为 $T = A_U \cos \omega(\tau - \tau_0 - \varepsilon)$，表面放热系数为 $\beta_U$；下游面温度为 $T = A_D \cos \omega(\tau - \tau_0)$，表面放热系数为 $\beta_D$。利用式（18）、式（20），可知

$$T_{m2} = k_{mD} A_D \cos \omega(\tau - \tau_0 - \theta_{mD}) + k_{mU} A_U \cos \omega(\tau - \tau_0 - \varepsilon - \theta_{mU}) \quad (22)$$

$$T_{d2} = k_{dD} A_D \cos \omega(\tau - \tau_0 - \theta_{dD}) - k_{dU} A_U \cos \omega(\tau - \tau_0 - \varepsilon - \theta_{dU}) \quad (23)$$

式中

$$k_{mD} = k_{mU} = \frac{1}{L} \sqrt{g_3^2 + g_4^2} \quad (24)$$

$$\theta_{mD} = \theta_{mU} = \frac{1}{\omega} \arctan\left(\frac{g_4}{g_3}\right) \quad (25)$$

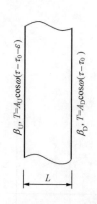

图 5 拱坝的一个剖面

$$k_{dD} = k_{dU} = \frac{12}{L^2} \sqrt{(g_5 - g_3 L/2)^2 + (g_6 - g_4 L/2)^2} \quad (26)$$

$$\theta_{dD} = \theta_{dU} = \frac{1}{\omega} \arctan\left(\frac{g_6 - g_4 L/2}{g_5 - g_3 L/2}\right) \quad (27)$$

对下游年变化 $A_D$，取 $\qquad \beta_1 = \beta_U, \quad \beta_2 = \beta_D$

对上游年变化 $A_U$，取 $\qquad \beta_1 = \beta_D, \beta_2 = \beta_U$

$\left.\begin{array}{c} \\ \\ \\ \end{array}\right\} \quad (28)$

由于 $\beta_1$、$\beta_2$ 数值不同 $\qquad k_{mU} \neq k_{mD}, \theta_{mU} \neq \theta_{mD}$

【算例 2】 下游面气温年变化为 $T_D = 19.3 \cos \omega(\tau - 6.50)$ 上游水温年变化为 $T_U = 6.17 \cos \omega(\tau - 6.50 - 1.64)$，即 $A_D = 19.30℃$，$A_U = 6.17℃$，$\varepsilon = 1.64$ 月；又 $\beta_D = 2.437 \, kJ/(m^2 \cdot h \cdot ℃)$。$\beta_U = 4.185 \, kJ/(m^2 \cdot h \cdot ℃)$，$\omega = 2\pi/P = \pi/6, a = 3.0 \, m^2/$月，$q = \sqrt{\pi/aP} = 0.2954$，$L = 5.00m$，$\eta = qL = 1.477, \lambda = 9.00 \, kJ/(m \cdot h \cdot ℃)$。

由式（21）～式（28）算得

$$k_{mD} = 0.2254, \theta_{mD} = 1.948月, k_{dD} = 0.3878, \theta_{dD} = 0.662月$$

$$k_{mU} = 0.3034, \theta_{mU} = 1.860月, k_{dU} = 0.5219, \theta_{dU} = 0.313月$$

$$T_{m2} = 4.35 \cos \omega(\tau - 8.45) + 1.87 \cos \omega(\tau - 10.0)$$

$$T_{d2} = 7.48 \cos \omega(\tau - 7.16) - 3.22 \cos(\tau - 8.45)$$

## 4 年变化温度场 $T_{m2}$ 和 $T_{d2}$ 的近似解法一

把边界条件式（13）、式（14）改写如下

当 $x=0$

$$\frac{\partial T}{\partial x} = \frac{T - 0}{\lambda/\beta_1} \quad (13a)$$

当 $x=L$

$$-\frac{\partial T}{\partial x} = \frac{T - A \cos \omega\tau}{\lambda/\beta_2} \quad (14a)$$

式中：右边 $T$ 为混凝土表面温度，由此可见，在板的左边，沿着表面温度的切线方向延伸水平距离 $d_1 = \lambda/\beta_1$；即得到左面外界温度 $0℃$；同理，在板的右边，沿着表面温度的切线方向延伸水平距离 $d_2 = \lambda/\beta_2$；即得到右面外界温度 $A \cos \omega\tau$。

本来板的厚度为 $L$，今在左面增加虚拟厚度 $d_1$，右面增加虚拟厚度 $d_2$，得到新的平板，

其厚度为

$$L' = \frac{\lambda}{\beta_1} + L + \frac{\lambda}{\beta_2} \tag{29}$$

此时平板左边的温度为 $T=0$，右边的温度为 $T = A\cos\omega\tau$，可按第一类边界条件计算。当 $\lambda/\beta$ 比较小时，这样计算的精度是相当好的。但当 $\lambda/\beta$ 值比较大时，在虚厚度内的温度为一曲线，与直线有一定差别，因而按式（29）计算，要带来一定误差。为此，应对虚厚度进行修正，取虚厚度为

$$d_k = s\lambda/\beta \tag{30}$$

$$d_\xi = r\lambda/\beta \tag{31}$$

式中：$d_k$ 为决定坝体表面温度变幅的虚厚度；$d_\xi$ 为决定坝体表面温度与外界温度相位差 $\xi$ 的虚厚度；$s$ 和 $r$ 是两个系数，经笔者研究，可计算如下

$$s = \mathrm{e}^{-0.060\lambda/\beta} \tag{32}$$

$$r = \exp\left[-0.276\left(\frac{\lambda}{\beta}\right)^{0.807}\right] \tag{33}$$

虚拟平板厚度按下式计算（图6）

$$L' = d_1 + L + d_2 \tag{34}$$

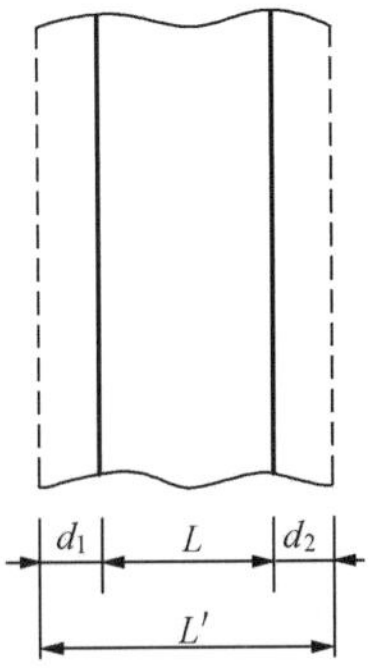

图 6　虚拟剖面

把坐标的 $x$ 的原点放在虚拟平板左面新的虚拟边界上，温度边界条件为：当 $x=0$，$T=0$；当 $x = L'$，$T = A\cos\omega\tau$，这个问题的解为

$$T(x,\tau) = Ak_1(qx)\cos\omega(\tau + \xi) \tag{35}$$

式中

$$k_1(qx) = \sqrt{\frac{\mathrm{ch}2qx - \cos 2qx}{\mathrm{ch}2qL' - \cos 2qL'}} \tag{36}$$

$$\xi = \frac{1}{\omega}\left[\arctan\left(\frac{\tan qx}{\mathrm{th}qx}\right) - \arctan\left(\frac{\tan qL'}{\mathrm{th}qL'}\right)\right] \tag{37}$$

$$q = \sqrt{\pi/aP}, \quad \omega = 2\pi/P$$

今设坝下游气温年变化为 $T = A_\mathrm{D}\cos\omega(\tau - \tau_0)$，坝上游水温年变化为 $T = A_\mathrm{U}\cos\omega(\tau - \tau_0 - \varepsilon)$，在式（37）中令 $x = x_\mathrm{D} = L + s_\mathrm{U}\lambda/\beta_\mathrm{U}$，得到 $k_\mathrm{D}(qx_\mathrm{D})$，坝体下游混凝土表面的温度年变幅为 $k_\mathrm{D}(qx_\mathrm{D})A_\mathrm{D}$。在式（37）中令 $x = x_\mathrm{D}' = L + r_\mathrm{U}\lambda/\beta_\mathrm{U}$，得到 $\xi_\mathrm{D}$，即坝体下游混凝土表面的温度年变化相位差。故坝体下游混凝土表面的温度为

$$T_\mathrm{D} = A_\mathrm{D}k_\mathrm{D}(qx_\mathrm{D})\cos\omega(\tau - \tau_0 + \xi_\mathrm{D}) \tag{38}$$

再把坐标 $x$ 的原点放在下游虚拟边界上，在式（32）、式（33）中，令 $\beta = \beta_\mathrm{D}$，得到 $s_\mathrm{D}$ 和 $r_\mathrm{D}$，在式（36）中，令 $x = x_\mathrm{U} = L + s_\mathrm{D}\lambda/\beta_\mathrm{D}$，得到 $k_\mathrm{U}(qx_\mathrm{U})$；在式（37）中，令 $x = x_\mathrm{U}' = L + r_\mathrm{D}\lambda/\beta_\mathrm{D}$，得到 $\xi_\mathrm{U}$，坝体上游混凝土表面的温度为

$$T_\mathrm{U} = A_\mathrm{U}k_\mathrm{U}(qx_\mathrm{U})\cos\omega(\tau - \tau_0 - \varepsilon + \xi_\mathrm{U}) \tag{39}$$

现在再考虑拱坝真实剖面，厚度为 $L$，上游面温度 $T_\mathrm{U}$ 见式（39），下游面温度 $T_\mathrm{D}$ 见式（38），按第一类边界条件计算，得到年变化温度场的 $T_\mathrm{m2}$ 和 $T_\mathrm{d2}$ 如下

$$T_\mathrm{m2} = \frac{\rho_1}{2}\left[k_\mathrm{D}A_\mathrm{D}\cos\omega(\tau - \tau_0 + \xi_\mathrm{D} - \theta_1) + k_\mathrm{U}A_\mathrm{U}\cos\omega(\tau - \tau_0 - \varepsilon + \xi_\mathrm{U} - \theta_1)\right] \tag{40}$$

$$T_{d2} = \rho_2[k_D A_D \cos\omega(\tau - \tau_0 + \xi_D - \theta_2) - k_U A_U \cos\omega(\tau - \tau_0 - \varepsilon + \xi_U - \theta_2)] \tag{41}$$

式中

$$\rho_1 = \frac{1}{\eta}\sqrt{\frac{2(\mathrm{ch}\,\eta - \cos\eta)}{\mathrm{ch}\,\eta + \cos\eta}}$$

$$\rho_2 = \sqrt{a_1^2 + b_1^2}$$

$$\theta_1 = \frac{1}{\omega}\left[\frac{\pi}{4} - \arctan\left(\frac{\sin\eta}{\mathrm{sh}\,\eta}\right)\right]$$

$$\theta_2 = \frac{1}{\omega}\arctan\left(\frac{b_1}{a_1}\right)$$

$$a_1 = \frac{6}{\rho_1 \eta^2}\sin\omega\theta_1$$

$$b_1 = \frac{6}{\eta^2}\left(\frac{1}{\rho_1}\cos\omega\theta_1 - 1\right)$$

$$\eta = \sqrt{\frac{\pi}{aP}}L = qL, \omega = \frac{2\pi}{P} \tag{42}$$

【算例3】 基本资料同算例2，$\beta_U = 4.185\,\mathrm{kJ/(m^2 \cdot h \cdot ℃)}$，$\beta_D = 2.437\,\mathrm{kJ/(m^2 \cdot h \cdot ℃)}$，$\lambda = 9.00\,\mathrm{kJ/(m \cdot h \cdot ℃)}$，$L = 5.00\mathrm{m}$，$a = 3.0\mathrm{m^2/}$月，$q = \sqrt{\pi/aP} = 0.29541$，$\eta = qL = 1.477$，$\lambda/\beta_U = 2.150$，$s_U = \mathrm{e}^{-0.060 \times 2.15} = 0.879$，$r_U = \exp\left[-0.276 \times 2.15^{0.807}\right] = 0.600$，$\lambda/\beta_D = 3.693$，$s_D = 0.801$，$r_D = 0.4532$。$k_D = 0.4228$，$\xi_D = -0.9496$月，$k_U = 0.5739, \xi_U = -0.7346$月，$\rho_1 = 0.9193$，$\theta_1 = 0.646$月，$\rho_2 = 0.9951, \theta_2 = 0.1381$月。

由式（40）、式（41）两式，得到

$$T_{m2} = 3.75\cos\omega(\tau - 8.09) + 1.63\cos\omega(\tau - 9.62)$$

$$T_{d2} = 8.12\cos\omega(\tau - 7.59) - 3.52\cos\omega(\tau - 9.01)$$

# 5 年变化温度场 $T_{m2}$ 和 $T_{d2}$ 的近似解法二

第三类边界条件的半无限体，表面边界条件为

当 $x = 0$        $\left.\begin{array}{l}\lambda\dfrac{\partial T}{\partial x} = \beta(T - A\cos\omega\tau)\\[2mm] T = 0\end{array}\right\}$      (43)

当 $x = \infty$

上述问题准稳定解为

$$T = kA\mathrm{e}^{-qx}\cos\omega(\tau - qx/\omega - \xi) \tag{44}$$

式中

$$k = \left[1 + 2q\lambda/\beta + 2(q\lambda/\beta)^2\right]^{-112} \tag{45}$$

$$\xi = \frac{1}{\omega} = \arctan\left(\frac{1}{1 + \beta/\lambda q}\right) \tag{46}$$

$$q = \sqrt{\pi/aP}, \omega = 2\pi/P$$

表面温度为

$$T = kA\cos\omega(\tau-\xi) \tag{47}$$

把 $\beta_U$、$\beta_D$ 分别代入式（45）、式（46），可求得 $k_U$、$\xi_U$、$k_D$、$\xi_D$，把它们代入式（38）、式（39）二式，得到 $T_U$ 和 $T_D$，再由式（40）、式（41）可求得 $T_{m2}$ 和 $T_{d2}$。

**【算例4】** 基本资料同算例3。

由式（45）、式（46）得到

$$k_D=0.4240, \quad \xi_D=0.9184月, \quad k_U=0.5700, \xi_U=0.7077月$$

由式（40）、式（41）得到

$$T_{m2}=3.76\cos\omega(\tau-8.06)+1.62\cos\omega(\tau-9.49)$$

$$T_{d2}=8.14\cos\omega(\tau-7.56)-3.50\cos\omega(\tau-8.98)$$

当坝体厚度在 5m 以上时，近似算法二的精度还相当好，当坝厚很薄时，精度较差。

# 6  结束语

（1）在寒冷地区，温度荷载对坝体应力和内力的影响往往超过水荷载，目前趋向于采用永久保温层，以削减温度荷载。

（2）采用永久保温层以后，拱坝温度荷载变化很大。目前还缺乏合适的计算方法，本文提出了一个精确解法和两个近似解法。

## 参 考 文 献

[1] 厉易生，朱伯芳，林乐佳. 寒冷地区拱坝苯板保温层的效果及计算方法 [J]. 水利学报，1995，（7）.

[2] 朱伯芳. 大体积混凝土温度应力与温度控制 [M]. 2 版. 北京：中国电力出版社，2003.

[3] SD 145—1985《混凝土拱坝设计规范》[S]. 北京：水利电力出版社，1985.

[4] 朱伯芳. 论拱坝的温度荷载 [J]. 水力发电，1984，（2）：23-29.

[5] 朱伯芳. 碾压混凝土拱坝的温度控制与接缝设计 [J]. 水力发电，1992，（9）.

[6] 朱伯芳. 高季章，陈祖煜，厉易生. 拱坝设计与研究 [M]. 北京：中国水利水电出版社，2002.

# 水位变化时拱坝温度荷载计算方法[❶]

**摘　要**：目前计算拱坝温度荷载时上游水位固定在正常蓄水位，但实际库水位是变化的，由于水温与气温的巨大差异，上游水位的变化对拱坝温度荷载有较大影响。笔者提出了按照上游实际运行水位计算拱坝温度荷载的方法，计算结果表明，其影响比较大。

**关键词**：拱坝；温度荷载；上游水位变化

# Method for Computing Temperature Loads on Arch Dams Considering Variation of Water Level

**Abstract:** In the present method for computing temperature loads on arch dams, the water level in the reservoir is fixed at the normal high water level. Practically the water level of the reservoir varies continuously in a year. Because the temperature of water is different from that of air，the variation of water level of upstream side strongly influencies the temperature loads on the arch dam. A new method is proposed to compute the temperature loads on arch dams taking into account the variation of water level in the reservoir.

**Key words:** arch dam, temperature loads, variation of water level

## 1　引言

温度荷载是作用于拱坝的主要荷载之一，对拱坝应力，特别是拉应力影响较大。在 1985 年以前，我国在拱坝设计中主要采用美国垦务局下列经验公式计算温度荷载

$$T_{\mathrm{m}} = \pm \frac{57.57}{(L+2.44)} \tag{1}$$

式中：$T_{\mathrm{m}}$ 为平均温度变化（℃）；$L$ 为坝体厚度（m）。

式（1）存在着比较严重的缺点：第一，温度荷载与当地气候条件及坝体接缝灌浆温度有密切关系，该式完全没有考虑；第二，由于水温与气温的巨大差别，拱坝在上游面与下游面之间存在着温差，该式没有考虑；第三，由于库水温度随水深而变化，温度荷载与水深有关，该式也没有考虑。1982 年我国《混凝土拱坝设计规范》编制组委托笔者对拱坝温度荷载进行研究，笔者提出了一套新的计算公式，基本上能反映拱坝温度变化的实际情况，计算也比较

---

❶　原载《水利水电技术》2006 年第 12 期。

方便，已被我国《混凝土拱坝设计规范》（SD 145—1985）[1]所采纳。经过二十多年的实际使用，说明这套计算方法是比较好的，在新编的《混凝土拱坝设计规范》（SL 282—2003）[2]中被继续采用。从美国垦务局的经验公式到规范中采用的新算法，变化的步子比较大，考虑到设计规范中的计算方法必须简单而实用，设计人员掌握新算法也要有一个过程，因此，当时笔者作了一个假定，上游库水位固定在正常蓄水位。实际上，上游库水位是变化的，而且水位的变化对温度荷载有较大影响。本文提出考虑库水位变化的拱坝温度荷载的计算方法。算例表明，计算还是比较方便的，库水位的变化对温度荷载的影响是比较大的。

## 2 库水温度计算

库水温度受到当地气候条件、水深、来水、泄水等多种因素的影响，变化比较复杂，过去一直没有一个比较实用的计算方法，笔者 1985 年提出了一个比较实用的计算方法[3]，并为《混凝土拱坝设计规范》（SD 145—1985）[1]所采用，库水温度计算如下

$$T_w(y, \tau) = T_{wm}(y) + A(y)\cos\omega(\tau - \tau_0 - \varepsilon) \tag{2}$$

式中：$y$ 为水深；$\tau$ 为时间；$T_w(y, \tau)$ 为库水温度；$T_{wm}(y)$ 为年平均水温；$A(y)$ 为水温年变幅；$\omega$ 为圆频率，有 $\omega = 2\pi/P$，$P = 12$ 月；$\tau_0$ 为气温最高的时间，通常 $\tau_0 = 6.5$ 月；$\varepsilon$ 为水温与气温的相位差（月）。

式（2）中各项如下

$$T_{wm}(y) = c + (T_s - c)e^{-ay} \tag{3}$$

$$A(y) = A_0 e^{-\beta y} \tag{4}$$

$$\varepsilon = d - f e^{-\gamma y} \tag{5}$$

式中：$c$、$a$、$d$、$f$、$\beta$、$\gamma$ 等为常数；$T_s$ 为表面年平均气温；$A_0$ 为表面水温年变幅，其值见文献[4]。

新编的水工结构荷载规范也采用了上述计算基本公式，但对系数做了一些调整。但大量计算结果表明，这些系数的调整是不成功的，与实测资料对比，笔者原来公式计算结果符合得更好。

库水温度另一个计算方法是一维数值方法，目前常用的是 MIT 模型，可模拟水库运行状态，根据来水、来沙、泄水的实际资料计算库水温度[4]。

## 3 坝体表面温度计算

从式（2）可知，库水温度与水深 $y$ 有关，由图 1 可见

$$y = z - z_0 \tag{6}$$

式中：$z$ 为库水位；$z_0$ 为坝体计算断面的高程。

若 $y < 0$，表示库水位在断面高程以下，此时上游坝面温度等于气温，故上游坝面温度可计算如下

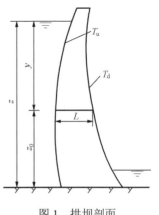

图 1 拱坝剖面

$$T_u(\tau) = T_w(z - z_0, \tau) \qquad z - z_0 \geqslant 0 \atop T_u(\tau) = T_a(\tau) \qquad z < z_0 \right\} \qquad (7)$$

式中：$T_a(\tau)$ 为气温。

图 2 表示某水电站多年平均运行水位 $z$，图中 $T_{u1}$ 为根据运行水位及相应水深计算的高程 570m 上游坝面温度，其中 3～6 月库水位低于高程 570m，$T_{u1}$ 即为气温。$T_{u2}$ 为假定库水位固定在正常蓄水位 600m 时计算的上游面温度，可见 $T_{u1}$ 比 $T_{u2}$ 高出较多。

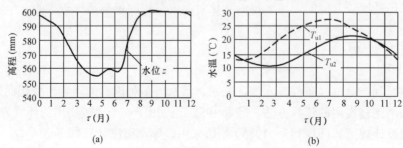

图 2　上游水位 z 及上游高程 570m 坝面温度 $T_{u1}$ 与 $T_{u2}$

（a）上游水位过程线；（b）坝面温度

假定上游坝面温度以一年为周期做周期性变化，于是可用傅里叶级数表示如下

$$T_u(\tau) = T_{um} + \sum_{n=1}^{\infty} \left\{ B_n \cos\left[\frac{2n\pi}{P}(\tau - \tau_0)\right] + C_n \sin\left[\frac{2n\pi}{P}(\tau - \tau_0)\right] \right\} \qquad (8)$$

由于正弦和余弦函数的正交性，系数 $B_n$ 和 $C_n$ 可由下式计算

$$B_n = \frac{2}{P} \int_0^P T_u(\tau) \cos\left[\frac{2n\pi}{P}(\tau - \tau_0)\right] d\tau \atop C_n = \frac{2}{P} \int_0^P T_u(\tau) \sin\left[\frac{2n\pi}{P}(\tau - \tau_0)\right] d\tau \right\} \qquad (9)$$

如取 $\Delta\tau = 1$ 月，$P = 12\Delta\tau$，则

$$B_n = \frac{1}{6} \sum_{i=1}^{12} T_i \cos\left[\frac{n\pi}{6}(\tau_i - \tau_0)\right] \atop C_n = \frac{1}{6} \sum_{i=1}^{12} T_i \sin\left[\frac{n\pi}{6}(\tau_i - \tau_0)\right] \right\} \qquad (10)$$

式中：$T_i$ 为月平均气温。

如取 $\Delta\tau = 1$ 旬，$P = 36\Delta\tau$，则

$$B_n = \frac{1}{18} \sum_{i=1}^{36} T_i \cos\left[\frac{n\pi}{18}(\tau_i - \tau_0)\right] \atop C_n = \frac{1}{18} \sum_{i=1}^{36} T_i \sin\left[\frac{n\pi}{18}(\tau_i - \tau_0)\right] \right\} \qquad (11)$$

式中：$T_i$ 为旬平均温度。

三角函数存在如下关系

$$\left.\begin{aligned} a\cos\phi \pm b\sin\phi = \rho\cos(\phi \mp \xi) \\ \rho = \sqrt{a^2+b^2}, \xi = \text{acrtan}(b/a) \end{aligned}\right\} \tag{12}$$

利用上式，式（8）可简化如下

$$\left.\begin{aligned} T_{\text{u}}(\tau) = T_{\text{um}} + \sum_{n=1}^{\infty} A_{\text{u}n}\cos\left[\frac{2n\pi}{P}(\tau-\tau_0-\xi_{\text{u}n})\right] \\ A_{\text{u}n} = \sqrt{B_{\text{u}n}^2 + C_{\text{u}n}^2}, \qquad \xi_{\text{u}n} = \frac{P}{2n\pi}\text{acrtan}(C_{\text{u}n}/B_{\text{u}n}) \end{aligned}\right\} \tag{13}$$

$A_{\text{u}n}$的符号与$B_n$符号相同。下游坝面温度也可表示如下

$$T_{\text{d}}(\tau) = T_{\text{dm}} + \sum_{n=1}^{\infty} A_{\text{d}n}\cos\left[\frac{2n\pi}{P}(\tau-\tau_0-\xi_{\text{d}n})\right] \tag{14}$$

# 4 拱坝温度荷载计算

如图 3 所示平板，当两边温度作周期性变化时，内部温度也作周期性变化，温度分布如图 3 中曲线所示，沿厚度方向的平均温度 $T_{\text{m}}$ 和等效线性温差 $T_{\text{d}}$ 可计算如下

$$\begin{cases} T_{\text{m}} = \dfrac{1}{L}\displaystyle\int_{-L/2}^{L/2} T\text{d}x \\ T_{\text{d}} = \dfrac{12}{L^2}\displaystyle\int_{-L/2}^{L/2} Tx\text{d}x \end{cases} \tag{15}$$

式中：$L$ 为厚度；$x$ 为沿厚度方向的横坐标。

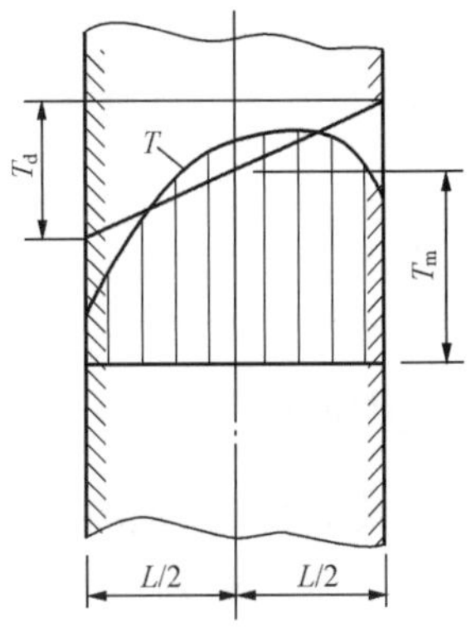


图 3　平板内部温度分析

根据笔者的建议，并为拱坝设计规范所采用，拱坝温度荷载计算如下[1]

$$\begin{cases} T_{\text{m}} = T_{\text{m1}} + T_{\text{m2}} - T_{\text{m0}} \\ T_{\text{d}} = T_{\text{d1}} + T_{\text{d2}} - T_{\text{d0}} \end{cases} \tag{16}$$

式中：$T_{\text{m}}$、$T_{\text{d}}$ 为拱坝的温度荷载；$T_{\text{m0}}$、$T_{\text{d0}}$ 为封拱温度场的平均温度和等效温差；$T_{\text{m1}}$、$T_{\text{d1}}$ 为运行期年平均温度场沿厚度的平均温度和等效温差；$T_{\text{m2}}$、$T_{\text{d2}}$ 为运行期变化温度场沿厚度的平均温度和等效温差。

$T_{\text{m1}}$ 和 $T_{\text{d1}}$ 可计算如下

$$\begin{cases} T_{\text{m1}} = \dfrac{1}{2}(T_{\text{um}} + T_{\text{dm}}) \\ T_{\text{d1}} = T_{\text{dm}} - T_{\text{um}} \end{cases} \tag{17}$$

式中：$T_{\text{dm}}$ 为下游坝面年平均温度，等于年平均气温加日照影响；$T_{\text{um}}$ 为上游坝面年平均温度。

在式（13）和式（14）表示的上游面温度 $T_{\text{u}}$ 和下游面温度 $T_{\text{d}}$ 的作用下，利用复变函数，可得到 $T_{\text{m2}}$ 和 $T_{\text{d2}}$ 计算公式如下

$$T_{\text{m2}} = \sum_{n=1}^{\infty}\frac{\rho_{1n}}{2}\left\{A_{\text{d}n}\cos[\omega_n(\tau-\tau_0-\xi_{\text{d}n}-\theta_{1n})] + A_{\text{u}n}\cos[\omega_n(\tau-\tau_0-\xi_{\text{u}n}-\theta_{1n})]\right\} \tag{18}$$

$$T_{\text{d2}} = \sum_{n=1}^{\infty}\rho_{2n}\left\{A_{\text{d}n}\cos[\omega_n(\tau-\tau_0-\xi_{\text{d}n}-\theta_{2n})] - A_{\text{u}n}\cos[\omega_n(\tau-\tau_0-\xi_{\text{u}n}-\theta_{2n})]\right\} \tag{19}$$

其中

$$
\begin{cases}
\rho_{1n} = \dfrac{1}{\eta_n} \sqrt{\dfrac{2(\operatorname{ch}\eta_n - \cos\eta_n)}{\operatorname{ch}\eta_n + \cos\eta_n}} \\[3mm]
\rho_{2n} = \sqrt{a_n^2 + b_n^2} \\[3mm]
\theta_{1n} = \dfrac{1}{\omega_n}\left[\dfrac{\pi}{4} - \operatorname{acrtan}\left(\dfrac{\sin\eta_n}{\operatorname{sh}\eta_n}\right)\right] \\[3mm]
\theta_{2n} = \dfrac{1}{\omega_n}\operatorname{acrtan}(b_n / a_n) \\[3mm]
a_n = \dfrac{6}{\rho_{1n}\eta_n^2}\sin(\omega_n\theta_{1n}) \\[3mm]
b_n = \dfrac{6}{\eta_n^2}\left[\dfrac{1}{\rho_{1n}}\cos(\omega_n\theta_{1n}) - 1\right] \\[3mm]
\eta_n = \sqrt{\dfrac{n\pi}{aP}}L, \quad \omega_n = \dfrac{2n\pi}{P}
\end{cases}
\tag{20}
$$

取 $P=12$ 月，则 $\omega_n = n\pi/6$。

# 5 算例

## 5.1 算例 1

设某拱坝最大坝高 278m，水库正常蓄水位 600m，汛期限制水位 560m，多年平均气温 19.7℃，气温年变幅 8.05℃，下游坝面受日照影响年平均温度增量为 2.2℃，温度年变幅增量为 0.5℃，上游恒温层起点高程 470m，计算高程 570m 处温度荷载。混凝土导温系数 $a=2.05\text{m}^2/$月，坝顶厚度 $L=33.7$m。胡平等曾用一维数值模型详细计算了水库水温变化规律[6]。利用其水温计算结果，用本文式（13）、式（17）、式（18）、式（19）计算温度荷载，同时用简化方法进行计算，以便比较。

首先用式（7）计算高程 570m 上游坝面温度 $T_u$，然后按傅氏级数展开如式（13），级数分别取 1 项、3 项、6 项的计算结果为 $T_u(1)$、$T_u(3)$ 及 $T_u(6)$，列入表 1。由表 1 可见，级数展开的精度是好的，$T_u(6)$ 与 $T_u$ 已十分接近。

表 1　　　　　上游坝面温度 $T_u$ 及其级数展开值 $T_u(1)$、$T_u(3)$、$T_u(6)$　　　　　℃

| $\tau$（月） | | 0.5 | 1.5 | 2.5 | 3.5 | 4.5 | 5.5 | 6.5 | 7.5 | 8.5 | 9.5 | 10.5 | 11.5 |
|---|---|---|---|---|---|---|---|---|---|---|---|---|---|
| 坝面温度 $T_u$ | | 13.20 | 13.80 | 16.40 | 21.10 | 23.90 | 25.80 | 27.10 | 27.10 | 24.50 | 22.00 | 19.40 | 15.00 |
| 级数展开 | $T_u(1)$ | 13.93 | 14.41 | 16.59 | 19.90 | 23.43 | 26.26 | 27.62 | 27.14 | 24.96 | 21.65 | 18.11 | 15.29 |
| | $T_u(3)$ | 13.04 | 13.52 | 16.86 | 20.84 | 23.85 | 25.95 | 27.16 | 26.78 | 24.79 | 22.06 | 18.96 | 15.50 |
| | $T_u(6)$ | 13.18 | 13.83 | 16.38 | 21.13 | 23.88 | 25.83 | 27.07 | 27.12 | 24.47 | 22.02 | 19.38 | 15.02 |

设封拱温度 $T_{m0}=14.7$℃，$T_{d0}=0$。第 1 步，由式（16）、式（17）、式（18）、式（19），计

算拱坝坝温度荷载 $T_m$ 和 $T_d$。第 2 步，为了比较，再用简化式（3）～式（5）计算水温，并在式（18）、式（19）中只取第 1 项，计算温度荷载。第 3 步，按现行拱坝设计规范中采用的方法，假定水位固定在正常蓄水位 600m，用简化公式计算温度荷载，全部计算结果见表 2。温度荷载是随着时间而变化的，表 2 中只列出了 2 月底和 8 月底的值，这是一年中温度荷载取最大值和最小值的两个时间。

表 2            算例 1   温度荷载计算结果（$L$=33.7m）               ℃

| 库水位 | 算法 | $T_{m1}$ | $T_{m0}$ | $T_{m2}$ | | $T_m$ | | $T_{d1}$ | $T_{d0}$ | $T_{d2}$ | | $T_d$ | |
|---|---|---|---|---|---|---|---|---|---|---|---|---|---|
| | | | | 2 月底 | 8 月底 | 2 月底 | 8 月底 | | | 2 月底 | 8 月底 | 2 月底 | 8 月底 |
| 固定水位 | 简化 | 17.78 | 14.7 | −0.68 | 0.68 | 2.40 | 3.76 | 8.24 | 0 | −1.99 | 1.99 | 6.25 | 10.23 |
| 变化水位 | 精细 | 21.36 | 14.7 | −0.95 | 0.92 | 5.71 | 7.58 | 1.17 | 0 | −0.40 | 0.72 | 0.77 | 1.89 |
| | 简化 | 21.08 | 14.7 | −0.92 | 0.92 | 5.47 | 7.30 | 1.73 | 0 | −0.45 | 0.45 | 1.28 | 2.18 |

表 2 中对于变化水位列出了两种算法：（1）精细算法，用一维数值模型计算水温，用式（7）计算坝面温度，用傅氏级数表示水温如式（13），用式（18）、式（19）计算 $T_{m2}$ 和 $T_{d2}$，级数取 6 项；（2）简化算法，用式（2）计算水温，在式（13）、式（18）、式（19）诸式中级数只取 1 项。

从表 2 可以看出：（1）按实际变化水位计算的温度荷载与按固定水位计算结果相比相差较大，平均温度 $T_m$ 相差约 1 倍，等效线性温差 $T_d$ 相差约 5 倍；（2）同样按变化水位计算，精细算法与简化算法的结果比较接近；（3）$T_{m2}$ 和 $T_{d2}$ 的精细算法与简化算法，计算结果相近，一般工程中在式（18）、式（19）两式中，取 1 项已可；（4）由于超冷，灌浆温度只有 14.7℃，坝体又较厚，即使在冬季，坝体平均温度仍高于灌浆温度，因此坝体全年均处于升温状态，只是夏季温升值高于冬季。

## 5.2 算例 2

基本资料同算例 1，但取坝体厚度 $L$=5m，导温系数 $a$=3.0m²/月，计算结果见表 3。

表 3            算例 2   温度荷载计算结果（$L$=5m）               ℃

| 库水位 | 算法 | $T_{m1}$ | $T_{m0}$ | $T_{m2}$ | | $T_m$ | | $T_{d1}$ | $T_{d0}$ | $T_{d2}$ | | $T_d$ | |
|---|---|---|---|---|---|---|---|---|---|---|---|---|---|
| | | | | 2 月底 | 8 月底 | 2 月底 | 8 月底 | | | 2 月底 | 8 月底 | 2 月底 | 8 月底 |
| 固定水位 | 简化 | 17.78 | 14.7 | −5.73 | 5.73 | −2.65 | 8.81 | 8.24 | 0 | −1.94 | 1.94 | 6.30 | 10.18 |
| 变化水位 | 精细 | 21.36 | 14.7 | −6.91 | 6.69 | −0.25 | 13.35 | 1.17 | 0 | −0.25 | 1.38 | 0.92 | 2.55 |
| | 简化 | 21.08 | 14.7 | −6.86 | 6.86 | −0.48 | 13.24 | 1.73 | 0 | −0.17 | 0.17 | 1.56 | 1.90 |

# 6 结语

（1）与按正常蓄水位计算相比，按实际库水位计算温度荷载，由于上游平均水位降低，上游坝面温度升高，坝体平均温度升高了，上下游等效线性温差减小了。

（2）从表 2 可见，按实际变化水位计算的温度荷载与按固定水位计算结果相比，数值相差较大，平均温度差 $T_m$ 相差约 1 倍，等效线性温差 $T_d$ 相差约 5 倍。

（3）本文算例是以发电为主的水电站，库水位变幅较小，但对拱坝温度荷载的影响已经很大；至于以供水为主的水库，库水位变化范围更大，对拱坝温度荷载的影响必然更大。看来今后在拱坝设计中，应按运行期变化水位计算温度荷载。

（4）同样按变化水位计算，精细算法与简化算法的计算结果比较接近，重要工程可用精细算法计算，一般工程可用简化算法计算，重要的是要按实际的变化水位计算。

## 参 考 文 献

［1］SD 145—1985《混凝土拱坝设计规范》［S］.

［2］SL 282—2003《混凝土拱坝设计规范》［S］.

［3］朱伯芳. 库水温度估算［J］. 水利学报，1985，（2）.

［4］朱伯芳. 大体积混凝土温度应力与温度控制［M］. 北京：中国电力出版社，1999.

［5］张国新，杨萍，胡平. 溪洛渡拱坝温度应力仿真分析及温控措施研究［R］. 北京：中国水利水电科学研究院，2005.

［6］朱伯芳. 论拱坝的温度荷载［J］. 水力发电，1984，（2）：23-29.

# 关于拱坝接缝灌浆时间的探讨[❶]

**摘　要：** 目前水工建筑物灌浆施工规范规定，接缝灌浆时灌区两侧混凝土龄期应多于 6 个月，这一规定往往给拱坝施工带来相当的困难。本文从坝体和接缝浆体的强度和坝体温度控制等方面进行较深入的分析后，认为这一规定过于保守，如果中间坝块适当超冷、两岸基础坝块适当提高灌浆时混凝土温度，则有可能把接缝灌浆时两旁混凝土龄期从 6 个月减少到 1～2 个月，从而使拱坝提前蓄水 4～5 个月。

**关键词：** 拱坝；接缝灌浆；混凝土龄期；6 个月减到 1～2 个月

## On the Time for Joint Grouting in Arch Dams

**Abstract:** The specifications of dam construction stipulate that age of the concrete of the dam blocks must be not less than 6 months when the joint are grouted. After the problems of the strength of dam concrete, the strength of the cement gel in the joint and the temperature loads in the arch dam having been studied, it is concluded that the age of concrete in the dam blocks may be shortened to 1～2 months if the temperatures in the dam blocks are adjusted as given by formulas (20) and (24) for the blocks in the abutments and those in the middle part of the dam, respectively.

**Key words:** arch dam, joint grouting, concrete age, from 6 months reduced to 1～2 months

## 1　前言

常规混凝土拱坝通常设有横向接缝，间距 15～20m；有的比较厚的拱坝，还设有纵向接缝。当这些接缝冷却到规定温度并进行灌浆后，拱坝才成为整体，从而可以承受荷载。因此，接缝灌浆是拱坝施工中的一个重要环节。SL 62—1994《水工建筑物水泥灌浆施工技术规范》[1]规定接缝灌浆时"灌区两侧坝块混凝土龄期应多于 6 个月，在采取有效措施情况下，也不得少于 4 个月"，这一规定往往给拱坝施工带来相当的困难，本文对这个问题进行探讨。

在研究拱坝接缝灌浆时间时，应考虑以下几个问题：①坝体混凝土应具有足够强度以承受坝体主应力；②接缝内浆体应具有足够强度以承受接缝面上的正应力；③接缝灌浆时，两旁混凝土的绝热温升应已基本结束；④基础坝块应满足基础允许温差的要求。

下面就以上几个问题分别进行分析。

---

❶　原载《水力发电学报》2003 年第 3 期。

## 2 坝体混凝土强度问题

设接缝灌浆时两旁坝块混凝土龄期为 $\tau_0$，接缝灌浆以后，经过时间 $\tau_1$，坝体上游库水位达到设计水位，此时混凝土强度应满足设计要求，现行混凝土拱坝设计规范中规定混凝土设计龄期为 90d，因此，对接缝灌浆时间的第一个要求为，在坝体应力最大部位（通常在坝体中下部）

$$\tau_0 + \tau_1 \geqslant 90d \tag{1}$$

接缝灌浆是自下而上进行的，由于最大应力通常在坝体中、下部，所以上述要求是不难满足的，问题一般发生在坝体上部，如果不满足式（1），就应满足下式

$$f_c(\tau) \geqslant k_c \beta \sigma_1 \tag{2}$$

式中：$\tau = \tau_0 + \tau_1$；$f_c(\tau)$ 为龄期 $\tau$ 时混凝土抗压强度；$k_c$ 为抗压安全系数；$\beta$ 为计算方法与软件修正系数；$\sigma_1$ 为该部位计算的主压应力。

通常坝体不同部位的主压应力（$\sigma_1$）是已知的，不同龄期混凝土抗压强度 $f_c(\tau)$ 也是已知的，由式（2）决定灌浆时间（$\tau$）是不困难的，下面我们分析一般的规律。在这里有两个因素需要考虑，第一个因素是混凝土强度与龄期的关系，第二个因素是坝体上部主压应力一般小于坝体中、下部。

混凝土抗压强度与龄期关系为[2]

$$\frac{f_c(\tau)}{f_c(28)} = 1 + m \ln\left(\frac{\tau}{28}\right) \tag{3}$$

式中：$f_c(\tau)$ 为龄期 $\tau$ 时混凝土的抗压强度，令

$$\rho(\tau) = \frac{f_c(\tau)}{f_c(90)} = \frac{1 + m \ln(\tau/28)}{1 + m \ln(90/28)} \tag{4}$$

由式（4）得到不同龄期 $\tau$ 的混凝土抗压强度与设计龄期 90d 抗压强度的比值 $\rho(\tau)$ 见表 1。

表 1　　　　　　　　不同龄期混凝土强度比 $[\rho(\tau) = f_c(\tau)/f_c(90)]$

| 水 泥 品 种 | m | 龄期（d） | | | | |
|---|---|---|---|---|---|---|
| | | 28 | 60 | 90 | 120 | 180 |
| 普通硅酸盐水泥 | 0.1717 | 0.833 | 0.842 | 1.000 | 1.041 | 1.099 |
| 普通硅酸盐水泥掺 60%粉煤灰 | 0.3817 | 0.692 | 0.893 | 1.000 | 1.076 | 1.183 |
| 矿渣硅酸盐水泥 | 0.2471 | 0.776 | 0.922 | 1.000 | 1.055 | 1.133 |

对于特大型工程，拱坝的不同部位可能采用不同的混凝土标号，一般工程，多采用统一标号，但坝体最大应力一般发生在坝体中、下部，由于坝顶厚度多决定于水工布置，不是决定于应力，所以坝体上部应力一般小于中、下部的应力。上部最大主压应力与中、下部最大主压应力的比值大致在 0.70~0.85 范围内。由于这一原因，即使把灌浆时间缩短到 2 个月，满足式（2）一般不会有困难。

## 3 缝内浆体强度问题

缝内浆体承受的不是坝体主应力，而是拱的水平应力（$\sigma_x$），因此，接缝灌浆以后，经过时间 $\tau_1$，拱的水平应力 $\sigma_x(\tau_1)$，浆体抗压强度 $f_m(\tau_1)$，应满足下列条件

$$f_m(\tau_1) \geqslant k_m \beta \sigma_x(\tau_1) \tag{5}$$

式中：$k_m$ 为浆体安全系数。

水平应力（$\sigma_x$）小于主应力（$\sigma_1$），通常拱坝最大主压应力发生在坝体下游面，故可按平面应力问题分析 $\sigma_1$、$\sigma_2$ 和 $\sigma_x$ 之间的关系，如图 1 所示。

$$\sigma_x = \sigma_1 \cos^2 \alpha + \sigma_2 \sin^2 \alpha \tag{6}$$

式中：$\sigma_1$、$\sigma_2$ 为第一、第二主应力；$\alpha$ 为第一主应力平面与铅直平面的夹角。

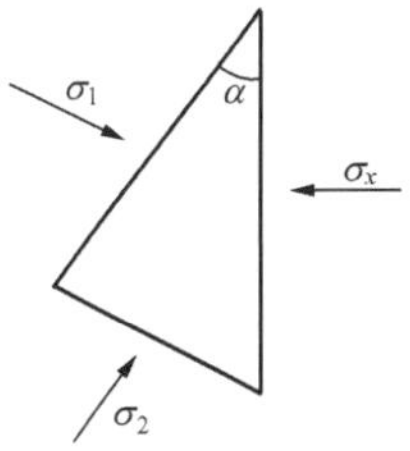

图 1　$\sigma_1$ 与 $\sigma_x$ 关系

## 4 接缝灌浆时的温度补偿问题

如果接缝灌浆时混凝土的绝热温升已经结束，拱坝温度荷载可按下式计算

$$T_m = T_{m1} + T_{m2} - T_{m0} \tag{7}$$

式中：$T_m$ 为温度荷载；$T_{m1}$ 为运行期年平均温度；$T_{m2}$ 为运行期外界温度变化引起的坝体平均温度变化；$T_{m0}$ 为封拱时坝体平均温度。

如果接缝灌浆时，水泥水化作用尚未结束，坝内将产生附加温度荷载。混凝土绝热温升为 $\theta(\tau) = \theta_0 \tau / (n + \tau)$，设接缝灌浆时两旁坝块混凝土龄期为 $\tau$，接缝灌浆以后剩余绝热温升为

$$\Delta\theta(\tau) = \theta_0 - \theta(\tau) = \frac{\theta_0 n}{n + \tau} \tag{8}$$

因此，坝内产生的温度荷载为

$$T_m = T_{m1} + T_{m2} - T_{m0} + \Delta\theta \tag{9}$$

由式（9）可知，为了消除剩余绝热温升的影响，应采用新的灌浆温度（$T'_m$）如下

$$T'_m = T_{m0} - \Delta\theta \tag{10}$$

即在接缝灌浆前，坝体应超冷 $\Delta\theta$。

姜福田教授曾对混凝土绝热温升进行过大量试验研究，根据他提供的资料，算得混凝土不同龄期剩余绝热温升 $\Delta\theta(\tau)$ 见表 2。

表 2　　　　　　　　常态混凝土绝热温升参数及剩余绝热温升

| 工程名称 | 试验编号 | 水泥 | | 掺合料 | | | $\theta_0$（℃） | | 剩余绝热温升（℃） | | | |
|---|---|---|---|---|---|---|---|---|---|---|---|---|
| | | 品种 | 用量（kg/m³） | 品种 | 掺率（%） | 用量（kg/m³） | | $n$（d） | $\Delta\theta$（30） | $\Delta\theta$（60） | $\Delta\theta$（120） | $\Delta\theta$（180） |
| 二滩 | ER-1 | 525 普硅 | 125 | 粉煤灰 | 30 | 53 | 24.5 | 3.39 | 2.49 | 1.31 | 0.67 | 0.45 |
| | ER-2 | 525 普硅 | 148 | 粉煤灰 | 30 | 64 | 31.8 | 4.25 | 3.95 | 2.10 | 1.09 | 0.73 |
| 漫湾 | GD5 | 525 普硅 | 81.8 | 凝灰岩 | 50 | 81.5 | 27.3 | 4.35 | 3.46 | 1.85 | 0.96 | 0.64 |
| 五强溪 | KU1 | 525 普硅 | 122 | 火山灰 | 30 | 52 | 30.8 | 5.33 | 4.66 | 2.52 | 1.31 | 0.89 |
| | KU3 | 525 普硅 | 122 | 粉煤灰 | 35 | 66 | 23.6 | 8.36 | 5.14 | 2.89 | 1.54 | 1.05 |

| 工程名称 | 试验编号 | 水　泥 | | 掺合料 | | | $\theta_0$（℃） | 剩余绝热温升（℃） | | | | |
|---|---|---|---|---|---|---|---|---|---|---|---|---|
| | | 品种 | 用量（kg/m³） | 品种 | 掺率（%） | 用量（kg/m³） | | $n$（d） | $\Delta\theta$（30） | $\Delta\theta$（60） | $\Delta\theta$（120） | $\Delta\theta$（180） |
| 三峡二期 | No1 | 525 中热 | 98.1 | 粉煤灰 | 35 | 52.8 | 25.9 | 3.46 | 2.68 | 1.41 | 0.73 | 0.49 |
| | No2 | 525 中热 | 137.6 | 粉煤灰 | 20 | 34.4 | 27.7 | 2.19 | 1.88 | 0.97 | 0.50 | 0.33 |
| | No3 | 525 中热 | 116.2 | 粉煤灰 | 30 | 49.8 | 24.1 | 1.39 | 1.07 | 0.54 | 0.28 | 0.18 |
| Liwagu | A | 波特兰 | 119 | 粉煤灰 | 30 | 51 | 32.4 | 2.29 | 2.30 | 1.19 | 0.61 | 0.41 |
| | B | 波特兰 | 179 | 粉煤灰 | 15 | 31 | 36.0 | 1.07 | 1.24 | 0.63 | 0.32 | 0.21 |

# 5　基础温差控制

设基础温差为$\Delta T$，为了防止裂缝，它所引起的拉应力应按下式控制

$$\sigma = \frac{RE\alpha\Delta T}{1-\mu} \leqslant \frac{E\varepsilon_p}{k} \tag{11}$$

式中：$R$ 为基础约束系数（广义）；$k$ 为安全系数；$\mu$ 为泊桑比。由式（11）可得到基础允许温差如下

$$\Delta T \leqslant \frac{(1-\mu)\varepsilon_p}{kR\alpha} \tag{12}$$

混凝土的极限拉伸与混凝土标号及龄期有关，通常可表示如下[3]

$$\varepsilon_p(\tau) = \frac{\varepsilon_{p0}\tau}{s+\tau} \tag{13}$$

式中：$\varepsilon_{p0}$ 为最终极限拉伸；$\tau$ 为龄期；$s$ 为常数。例如，对于 200 号常态混凝土，可取

$$\varepsilon_p(\tau) = \frac{0.88\tau\times10^{-6}}{6.35+\tau} \tag{14}$$

由式（14），当$\tau$=180d，$\varepsilon_p$=0.85×10⁻⁶。

基础约束系数（$R$）与混凝土和基岩弹性模量的比值有关。例如，均匀温差作用下的约束系数可表示如下[3]

$$R = \exp\left[-0.50\left(\frac{E_c}{E_R}\right)^{0.62}\right] \tag{15}$$

式中：$E_c$、$E_R$ 分别为混凝土和基岩的弹性模量。混凝土弹性模量与龄期的关系可表示如下[3]

$$E(\tau) = E_0[1-\exp(-0.40\tau^{0.34})] \tag{16}$$

式中：$E_0$ 为最终弹性模量。

由式（12）、式（13）、式（15）、式（16）四式得到龄期$\tau$与龄期 180d 的基础允许温差之比如下

$$b_1 = \frac{\Delta T(\tau)}{\Delta T(180)} = \frac{\varepsilon_p(\tau)R(180)}{R(\tau)\varepsilon_p(180)}$$

$$= \frac{(s+180)\tau}{180(s+\tau)}\exp\left\{0.50\left(\frac{E_c}{E_R}\right)^{0.62}[(1-e^{-0.4\tau^{0.34}})^{0.62} - (1-e^{-0.4\times180^{0.34}})^{0.62}]\right\} \tag{17}$$

如果忽略混凝土弹性模量对基岩约束作用的影响，则

$$b_2 = \frac{(s+180)\tau}{180(s+\tau)} \tag{18}$$

取 $s=6.35d$，$E_c=E_R$，算得龄期 $\tau$ 与 180d 的基础允许温差之比见表 3。

表 3　　　　　　　　　　龄期 $\tau$ 与 180d 基础允许温差比值 $b_1$ 与 $b_2$

| $\tau$（d） | 30 | 60 | 120 | 150 | 180 |
|---|---|---|---|---|---|
| $b_1$ | 0.803 | 0.904 | 0.948 | 0.972 | 1.00 |
| $b_2$ | 0.854 | 0.936 | 0.967 | 0.983 | 1.00 |

对于基础浇筑块，当提前在龄期 $\tau<180d$ 冷却时，基础允许温差应减小为 $b_1\Delta T$，基础坝块不但不能超冷，还应适当提高坝体灌浆温度（$T_g$），并应满足下列条件

$$T_p + T_r - T_g \leqslant b_1\Delta T(180) \tag{19}$$

故

$$T_g \geqslant T_p + T_r - b_1\Delta T(180) \tag{20}$$

以 $T_g$ 作为灌浆温度，基础坝段剩余温差为

$$\Delta T_g = T_g - (T_{m0} - \Delta\theta) = T_g - T_{m0} + \Delta\theta \tag{21}$$

拱圈的所以产生温度应力，是由于两岸之间总的温度变形 $\Sigma\alpha L_i\Delta T_i$ 受到基础的制约，其中 $\alpha$、$L_i$、$\Delta T_i$ 分别为线胀系数及各坝块长度和温差。由于受到基础允许温差的制约，两岸基础浇筑块不能超冷，因此，这一温差 $\Delta T_g$ 应平摊到其他非基础坝块去，设全坝共有 $N$ 个坝块，每一中间坝块应分摊温差为

$$\Delta T' = \frac{L_1\Delta T_{g1} + L_N\Delta T_{gN}}{\sum_{i=2}^{N-1} L_i} \tag{22}$$

式中：$L_1$、$L_2$、…、$L_i$、…、$L_N$ 分别为从左岸到右岸各坝段的宽度；$\Delta T_{g1}$、$\Delta T_{gN}$ 分别是左右两岸基础坝块的剩余温差。若各坝块宽度相等，则

$$\Delta T' = \frac{\Delta T_{g1} + \Delta T_{gN}}{N-2} \tag{23}$$

式中：$N$ 为同一高程的坝块数，由式（23）计算 $\Delta T'$ 后，再加上由式（8）计算的本坝段的剩余绝热温升，中间各坝段的新的灌浆温度按下式计算

$$T_m' = T_{m0} - \Delta\theta - \Delta T' \tag{24}$$

即中间各坝段的超冷为 $\Delta\theta+\Delta T'$，其中 $\Delta\theta$ 为本坝段的剩余绝热温升，由式（8）计算，而 $\Delta T'$ 为两岸基础坝段分摊来的剩余温差，由式（22）计算。

两岸基础坝块的灌浆温度（$T_g$）由式（20）计算，中间各坝块的灌浆温度（$T_m'$）由式（24）计算。因此，两岸基础坝块与紧靠着它的中间坝块之间存在着温差

$$\Delta T'' = T_g - T_m' \tag{25}$$

这一温差也应适当控制，最好不超过 $5\sim8℃$。设基础坝块与相邻中间坝块的允许温差为 $\Delta T_a''=5\sim8℃$，则这一相邻坝块的灌浆温度为

$$T_m'' = T_g - \Delta T_m'' \tag{26}$$

与原来要求的灌浆温度（$T'_m$）相比，存在着温差

$$\Delta T'' = T''_m - T'_m \tag{27}$$

这一温差也应分摊到剩下的中间其他 $N-4$ 个坝块去。设左右两岸的上述温差分别为 $\Delta T'''_2$ 和 $\Delta T'''_{N-1}$，则中间坝块分摊的温差为

$$\Delta T = (\Delta T'''_2 + \Delta T'''_{N-1})/(N-4) \tag{28}$$

除了汛期过水的缺口坝段外，上、下层允许温差一般不起控制作用，所以在决定中间各坝段的接缝灌浆龄期时一般不必考虑上下层温差的影响，但如笔者在文献［4］所述，如果没有特殊的表面保温措施，在高温季节进行接缝灌浆前的坝体冷却是很困难的。尽管用闷管法测得的水管水温可以相当低，但坝体混凝土的温度很难降下来，因此，一般情况下应尽量避免在高温季节进行接缝灌浆前的坝体冷却，如确实需要在高温季节进行接缝灌浆前的坝体冷却，就要采取特殊的表面保温措施。

# 6 拱坝接缝灌浆时间的选择

只要能满足式（2）、式（5）、式（20）、式（24）等各式的要求，坝体混凝土和接缝内浆体可以承受相应的应力，中央坝块和两岸基础坝块因提前灌浆而带来的温度问题也得到了解决，拱坝接缝灌浆时间完全可以提前，没有必要等到 6 个月后进行接缝灌浆，从而可使拱坝提前竣工蓄水。

拱坝接缝灌浆是自下而上逐层进行的，坝体下部在时间上矛盾不大，主要问题在坝体上部，对于坝体上部的几个灌浆层，可以用上述计算方法逐层核算，下面列举一个算例。

【算例】 某拱坝，最大坝高 140m，坝顶弦长 360m，分为 22 个坝段，混凝土标号 $R_{90}$=30MPa，混凝土强度增长参数 $m$=0.1717，抗压强度随龄期变化情况见表 1，控制工况为正常蓄水位+温升，坝体下部下游面最大主压应力为 6.6MPa，在坝高 105m、120m 处的应力情况见表 4，假定缝内浆体强度与混凝土相同。

表4　　　　　　　　　　　　　　某 拱 坝 应 力　　　　　　　　　　　　　（单位：MPa）

| 高程（m） | 左拱端 | | 右拱端 | | 拱 冠 | | 设计封拱温度 $T_{m0}$（℃） |
|---|---|---|---|---|---|---|---|
| | $\sigma_1$ | $\sigma_x$ | $\sigma_1$ | $\sigma_x$ | $\sigma_1$ | $\sigma_x$ | |
| 120 | 3.45 | 3.07 | 2.61 | 2.61 | 3.45 | 3.44 | 15.0 |
| 105 | 4.46 | 4.43 | 3.35 | 3.33 | 3.71 | 3.71 | 12.0 |

混凝土绝热温升为 $\theta(\tau) = 31.8\tau/(4.25+\tau)$。剩余绝热温升为 $\Delta\theta(30)=3.95℃$，$\Delta\theta(60)=2.10℃$。

（1）高程 105m 灌缝时间。本高程共有 18 坝段，最后灌缝坝段混凝土龄期为 $\tau_0$=2 个月，灌缝后经过 3 个月蓄水至正常高水位，即 $\tau_1$=3 月。坝体混凝土和缝内浆体强度均能满足要求，不必校核。

坝块本身剩余绝热温升为

$$\Delta\theta = \frac{\theta_0 n}{n+\tau} = \frac{31.8 \times 4.25}{4.25+60} = 2.10 \quad (℃)$$

基础坝块允许温差为 23℃，设在 60d 时冷却完毕，$b_1=0.948$，故 $b_1\Delta T=0.948\times23=21.8$℃，设浇筑温度 $T_p=16$℃，水化热温升 $T_r=22$℃，由式（20），岸坡基础坝块最低灌浆温度为

$$T_g = T_p + T_r - b_1\Delta T = 16 + 22 - 21.8 = 16.2 \quad (℃)$$

由式（21），基础坝块剩余温差为

$$\Delta T_g = T_g - T_{m0} + \Delta\theta = 16.2 - 12.0 + 2.10 = 6.3 \quad (℃)$$

本高程共有 18 个坝段，$N=18$，由式（24）最后灌浆的中间坝段灌浆温度为

$$T'_m = T_{m0} - \Delta\theta - \frac{\Delta T_{g1} + \Delta T_{gn}}{N-2} = 12.0 - 2.1 - \frac{6.3 + 6.30}{18-2} = 12.0 - 2.1 - 0.79 = 9.21 \quad (℃)$$

在混凝土龄期 2 个月时进行 105m 高程接缝灌浆，中间坝块灌浆温度为 9.21℃，两岸基础坝块灌浆温度为 16.2℃。

（2）高程 120m 灌缝时间。本高程共有 20 个坝段，最后灌缝坝段混凝土龄期为 $\tau_0=1$ 个月，灌缝后 2 个月蓄水至正常高水位，即 $\tau_1=2$ 个月，$\tau_0+\tau_1=1+2=3$（月）。坝体应力不必校核、缝内浆体 60d 强度为 $0.942\times30=28.2$（MPa），$\sigma_x=3.44$MPa，取计算方法和软件系数 $\beta=1.0$。由式（4），浆体抗压安全系数为

$$K_m = \frac{28.2}{3.44} = 8.22 > 4.0$$

坝体和接缝强度均无问题。

坝块本身剩余绝热温升为 $\Delta\theta=3.95$℃。

基础允许温差 23℃，设 30d 冷却完毕，$b_1=0.803$，设 $T_p=18$℃，$T_r=22$℃。由式（20），岸坡坝段最低灌浆温度为

$$T_g = 18 + 22 - 0.803\times23 = 21.5 \quad (℃)$$

由式（21），基础坝块剩余温差为

$$\Delta T_g = T_g - T_{m0} + \Delta\theta = 21.5 - 15.0 + 3.95 = 10.45 \quad (℃)$$

$N=20$，由式（24），中间各坝段灌浆温度

$$T'_m = T_{m0} - \Delta\theta - \frac{\Delta T_{g1} + \Delta T_{gN}}{N-2} = 15.0 - 3.95 - \frac{10.45 + 10.45}{20-2}$$
$$= 15.0 - 3.95 - 1.16 = 9.89 \quad (℃)$$

即本高程，最后一接缝在混凝土龄期 $\tau_0=1$ 个月进行接缝灌浆，灌浆后两个月蓄水至正常高水位，坝体和接缝浆体强度无问题，中间坝段灌浆温度为 9.89℃，两岸基础坝段灌浆温度为 21.5℃。相差 11.61℃，偏大。设允许相差 7℃，则与岸坡坝段相邻段的灌浆温度为 $21.5-7.0=14.5$℃，与原来要求的灌浆温度 9.89℃相比，存在着温差 4.61℃，这一温差应分摊到中间剩下的 $N-4=20-4=16$ 个坝段去，如左右两岸对称，中间各坝段灌浆温度还应再降低 $2\times4.61/(20-4)=0.58$（℃）。

同一高程，其他接缝灌浆时混凝土龄期可能大于 $\tau_0=30$d，可用同一方法计算，灌浆温度可能略高一些。

由此可见，按照本节给出方法进行适当超冷，有可能把拱坝接缝灌浆时两旁混凝土龄期从 6 个月减少到 1～2 个月，从而使拱坝提前蓄水 4～5 个月。

# 7 结束语

接缝灌浆时灌区两侧混凝土龄期应多于 6 个月，这一规定过于严格，必要时可以提前，坝体和缝内浆体强度可按式（2）、式（5）两式核算，一般问题不大。中央各坝块应适当超冷，温度按式（24）计算；两岸基础坝块则不能超冷，考虑到龄期对极限拉伸和基础允许温差的影响，灌浆温度还应略有提高，按式（20）计算。计算结果表明，有可能把接缝灌浆时灌区两旁混凝土的龄期从 6 个月减少到 1～2 个月，从而使拱坝提前蓄水 4～5 个月。

## 参 考 文 献

[1] SL 62—1994《水工建筑物水泥灌浆施工技术规范》[S]. 北京：水利电力出版社，1994.

[2] 水利水电科学研究院结构材料研究所. 大体积混凝土 [M]. 北京：水利电力出版社，1990.

[3] 朱伯芳. 大体积混凝土温度应力与温度控制 [M]. 北京：中国电力出版社，1999.

[4] 朱伯芳. 高温季节性进行坝体二期水管冷却时的表面保温 [J]. 水利水电技术，1997，（4）：10-13.

# 混凝土拱坝的应力水平系数与安全水平系数[●]

**摘　要：** 瑞士著名坝工专家龙巴迪（Lombardi）提出用柔度系数来衡量拱坝是否安全。笔者指出，柔度系数相同而坝高不同的拱坝，其安全度是不同的。提出混凝土拱坝的应力水平系数 $D=CH=A^2/V$，其中 $A$ 为拱坝中剖面面积，$V$ 为拱坝体积，$C$ 为柔度系数，$H$ 为坝高。两座应力水平系数相同的拱坝将具有相同的应力水平，再结合混凝土标号和基岩条件就可以判断拱坝的相对安全度。文中还提出了安全水平系数。

**关键词：** 拱坝；应力水平系数；安全水平系数

## Stress Level Coefficients and Safety Level Coefficients of Concrete Arch Dams

**Abstract:** Lombardi had proposed the slenderness coefficient of arch dam. It is pointed out that the safety level of an arch dam depends on the height of dam as well as the slenderness coefficient. Two arch dams will have different safety levels if they have different heights even though they have the same slenderness coefficient. The stress level coefficient $D$ is given in this paper, $D=CH=A^2/V$, where $A$ is the area of the middle plane of the dam, $V$ is the volume of dam, $C$ is the slenderness coefficient, and $H$ is height of dam. Two arch dams with the same stress level coefficient will have the sane stress level. The safety level coefficient coefficient of arch is also given in this paper.

**Key words:** arch dam, stress level coefficients, safety level coefficients

## 1　对拱坝柔度系数的分析

　　世界各国的重力坝基本都采用三角形剖面，剖面形状是很接近的。拱坝的情况就不同了，拱坝体形受到河谷形状、工程规模、允许应力及设计传统等诸多因素的影响，因此，世界各国拱坝体形变化很大。在设计拱坝时，当然要进行应力和稳定分析，从而决定坝的几何形状和尺寸。但除了应力和稳定计算成果外，人们往往还要与过去已建的拱坝进行类比，以便对设计断面的安全性和经济性进行判断。过去人们常常用拱冠梁剖面的厚高比来判断所设计拱坝的厚度与已建拱坝相比是否合适，但坝体应力与河谷宽高比、坝体高度、河谷形状（U 形或 V 形）等诸多因素有关，单独用厚高比难以判断拱坝厚度是否合适。瑞士著名坝工专家（Lombardi）提出用柔度系数对拱坝厚度作经验性判断[1]。

---

　　● 原载《水利水电技术》2000 年第 8 期。

拱坝柔度系数（$C$）计算如下

$$C = A^2/VH \qquad (1)$$

式中：$A$ 为拱坝中剖面的面积；$V$ 为拱坝体积；$H$ 为最大坝高。

显然，柔度系数（$C$）是一个无量纲数。一些已建拱坝的柔度系数如图 1 所示。对于相同的坝高（$H$）来说，体积（$V$）越大，$C$ 越小；中剖面面积（$A$）越小，$C$ 也越小。

因此，对于相同的坝高，$C$ 越小，坝越安全。柯茵布兰（Kölnbrein）拱坝蓄水后产生了严重裂缝，从图 1 可见，对于相同的坝高来说，该坝的柔度系数是最大的。

由图 1 可见，托拉（Tolla）拱坝的柔度系数高达 50，该坝高 90m，坝顶弧长 120m，坝顶厚 1.5m，底厚 2.43m，设计平均压应力为 8MPa，最大压应力为 10MPa，实测左右岸均为拉应力，其值分别为 3.8MPa 和 5.3MPa。该坝 1960 年建成，蓄水后在坝体下游面 540.00m 高程左右出现了许多周边缝形式的裂缝。事后在坝后做肋结构和弧形重力坝以加固坝体。经分析，破损原因主要是基础约束大，温度影响和坝体单薄。对于相同的坝高来说，托拉（Tolla）坝的柔度系数也是最大的。

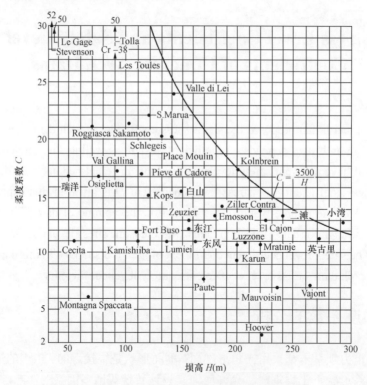

图 1　已建拱坝的高度与柔度系数

柯茵布兰（Kölnbrein）拱坝的柔度系数为 17.5，从图 1 可知，不少高度较低的坝，具有大于 17.5 的柔度系数，但运行正常，可见根据柔度系数来判断坝体安全度时，应考虑坝高这个因素。

令 $t_m$ 为拱坝平均厚度，$S_m$ 为拱坝平均弧长，于是

$V = At_m$，$A = HS_m$，代入式（1）得

$$C = \frac{A^2}{VH} = \frac{S_m}{t_m} \qquad (2)$$

可见柔度系数实际上相当于拱坝平均弧长（$S_m$）与平均厚度（$t_m$）之比。

设拱的半中心角为 $\phi$，半径为 $R$，则弧长 $S=2R\phi$，跨度 $L=2R\sin\phi$，因此，弧长与跨度之比为

$$\frac{S}{L} = \frac{\phi}{\sin\phi} \tag{3}$$

$S/L$ 之值如表 1 所列，由表 1 可见，在实用中心角范围内，$S/L$ 的变化不大，对于世界已建的拱坝，跨度变化范围很大，相对而言，中心角变化的范围是小的，弧长与跨度之比 $S/L$ 的变化范围就更小了，平均弧长的变化实际上主要代表着平均跨度的变化。因此，柔度系数（$C$）的变化实际上主要代表着拱坝平均跨度与平均厚度的变化。平均跨度越大，平均厚度越小，柔度系数（$C$）就越大，坝的柔度也越大，而坝的安全度则越低。

表 1                         中心角 $2\phi$（°）与 $S/L$ 关系

| $2\phi$（°） | 30 | 50 | 70 | 90 | 110 |
|---|---|---|---|---|---|
| $S/L$ | 1.011 | 1.032 | 1.064 | 1.111 | 1.172 |

为什么对于相同的柔度系数（$C$），低坝的安全系数超过高坝？这与坝体应力有关。考虑坝 1 和坝 2，它们几何形状完全相似，柔度系数相同，坝高分别为 $H_1$ 和 $H_2$，坝内最大应力分别为 $\sigma_1$ 和 $\sigma_2$，承受水荷载（或混凝土和岩体自重）分别为 $\gamma_1$ 和 $\gamma_2$，$\gamma$、$H$、$\sigma$ 的单位分别为 kN/m$^3$、m、MPa，$\gamma H/\sigma$ 是无量纲数，因此

$$\frac{\gamma_1 H_1}{\sigma_1} = \frac{\gamma_2 H_2}{\sigma_2} \tag{4}$$

但水荷载的容重是相同的，不同工程的混凝土容重或岩体的容重也很接近，故可令 $\gamma_1 = \gamma_2$，由式（4）得到

$$\frac{\sigma_1}{\sigma_2} = \frac{H_1}{H_2} \tag{5}$$

可见，对于两座几何形状完全相似的拱坝，虽然它们的柔度系数相同，但坝内应力不同，并与坝高成正比，低坝的应力水平低于高坝，所以低坝的安全度高于柔度系数相同的高坝。因此，不能脱离坝高，单独用柔度系数来衡量拱坝的安全度。

## 2 拱坝应力水平系数

拱坝坝体和基础内的应力水平，既与柔度系数（$C$）有关，又与坝高（$H$）成正比，建议取系数 $D$ 如下

$$D = CH = \frac{A^2}{V} = \frac{S_m}{T_m} H \tag{6}$$

系数 $D$ 代表着拱坝的应力水平（包括坝体和坝基），因此，可称为应力水平系数。一些已建拱坝的应力水平系数见图 2。

应力水平系数（$D$）近似地代表了一座拱坝的应力水平，包括坝体和坝基内的拉应力、压应力和剪应力的水平。在拱坝设计中，当我们确定了坝的初步体形以后，计算它的应力水平系数（$D$），并与图 2 所示其他已建拱坝的应力水平系数相比较，就可以看出该体形大致的

应力水平了。当然，在衡量拱坝的安全度时，除了考虑应力水平系数外，还要考虑坝体混凝土强度、施工质量及基岩的抗压和抗剪强度。两座应力水平系数（$D$）相同的拱坝，为了具有相近的安全度，它们还必须具有相近的混凝土强度、施工质量和基岩抗压和抗剪强度。

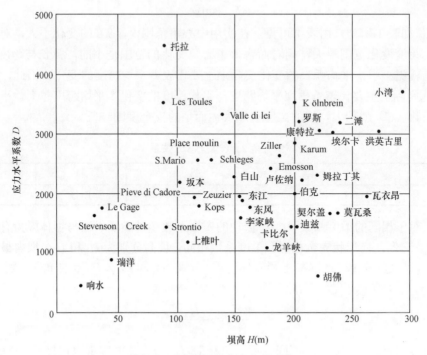

图 2　已建拱坝的应力水平系数

如以 $D_0$ 作为应力水平系数的上限，由式（6）得

$$C \leqslant \frac{D_0}{H} \tag{7}$$

上式代表一条双曲线。例如，取柯茵布兰（Kölnbrein）拱坝的应力水平系数 $D_0=3500$，得到一条双曲线示于图 1 中。

坝体和坝基的开裂、压坏、滑动是由于坝体和坝基中拉应力、压应力和剪应力超过了抗拉、抗压和抗剪强度所引起，用本文建议的应力水平系数（$D$）来作为拱坝安全度的经验性判据，比之柔度系数看来更为合理，用它来衡量坝的安全度时，可以与众多的已建拱坝相比，从而反映已建工程的实际经验，这是其重要优点，但它毕竟只是一个经验性的系数，实际上坝体是否安全，除了混凝土体积和强度及基岩强度外，还与设计水平有关，从拱坝优化的理论和实际经验可以看到，用相同体积的混凝土来建造一座拱坝，经过等体积优化，其应力水平可以降低，安全度可以提高，而应力水平系数并没有反映设计水平。另外，对于寒冷地区的特别薄的拱坝，温度影响很大，柔度系数和应力水平系数都没有充分考虑温度影响。

## 3　拱坝安全水平系数

应力水平系数（$D$）代表坝体和坝基的应力水平，考虑到坝的安全不仅与应力水平有关，还与坝体和基础的强度有关，因此定义拱坝安全水平系数如下

$$J = \frac{100R}{D} = \frac{100RV}{A^2} \tag{8}$$

式中：$J$ 为拱坝安全水平系数；$R$ 为坝体和基础的强度；$D$ 为应力水平系数；$V$ 为坝的体积；$A$ 为拱坝中面的面积。

在式（8）右端乘以 100 是为了使 $J$ 值在 1 附近，否则，因 $D$ 值较大，$R/D$ 将是很小的小数。一些已建拱坝的安全水平系数见表 2。

表 2                                            已建拱坝的安全水平系数

| 坝　名 | 二滩 | 东风 | 东江 | 龙羊峡 | 李家峡 | 白山 | 瑞洋 | 康特拉 | 上椎叶 |
|---|---|---|---|---|---|---|---|---|---|
| 安全水平系数 | 1.05 | 1.69 | 1.82 | 2.39 | 1.55 | 1.08 | 2.33 | 1.59 | 3.22 |

表 2 是根据坝体混凝土标号计算的，如要考虑基础的影响，则应在式（8）中采用地基的抗压或抗剪强度。必须指出：由式（8）计算的安全水平系数只代表各工程的相对安全度，并不是绝对意义的安全系数。

总之，本文建议的应力水平系数和安全水平系数比柔度系数更有意义。由于实际工程的坝体混凝土和地基强度资料不易取得，而坝体几何尺寸较易取得，因此，应力水平系数更为实用。

（注：本文为"九五"国家重点科技攻关 96-221-04 专题的部分成果。）

## 参 考 文 献

[1] Lombardi.Kölnbrein Dam: An Unusual Solution for An Unusual Problem. Water Power and Dam Construction, 1991，（6）：31-34.

# 提高拱坝混凝土强度等级的探讨 [1]

**摘　要**：本文介绍了高强混凝土在土建、桥梁等领域的应用；提出了逐步提高拱坝混凝土强度等级的建议；讨论了提高强度等级后的温度控制、弹性稳定等问题。算例表明，提高强度等级将大幅度地减少坝体混凝土方量，尤其对高地震区的拱坝设计有重要意义。

**关键词**：拱坝；提高混凝土强度等级；节省混凝土

## On Raising the Strength of Concrete in Design of Arch Dams

**Abstract**: Because the thickness of arch dam primarily depends on the allowable stress of concrete, the volume of dam concrete may be greatly reduced by raising the strength of concrete. It is suggested in this paper to raise the strength of concrete in order to reduce the volume of concrete in arch dam, the relevant problems such as the temperature control, elastic stability, etc, are discussed, and two examples are given. One arch dam, 157m high, with C30 concrete, the dam volume is $92.6 \times 10^4 m^3$, when the strength of concrete is raised to C40, the dam volume is reduced to $50.2 \times 10^4 m^3$, resulted in saving of 45.8%. An other arch dam, 300m high, with C40 concrete, the original dam volume is $685 \times 10^4 m^3$, when the strength of concrete is raised to C45, the dam volume is reduced to $615 \times 10^4 m^3$, resulted in saving of $70 \times 10^4 m^3$.

**Key words**: arch dam, raise strength of concrete, reduce volume of concrete

## 1　高强度与高性能混凝土的发展与应用

现代高强混凝土是从 20 世纪 70 年代初开始，在以常规水泥、砂石为原料的混凝土中引入高效减水剂之后发展起来的，以后又由于进一步引入优质粉煤灰、超细矿渣、硅粉等掺合料而使其性能更趋完善。过去曾经希望通过降低水灰比而获得高强混凝土，但由于拌和料高度干硬而难以施工。现代高强混凝土由于采用外加剂和掺合料，克服了这一缺点，兼有高强度、高工作度和高耐久性等优良性能。目前我国将等于和超过 C50 的混凝土称为高强混凝土，美国混凝土学会（ACI）将圆柱抗压强度标准值达到或超过 42MPa（相当于我国的 C50）的混凝土称为高强混凝土，也有的国家将高强混凝土的强度等级定得更高一些。

高强混凝土在高层建筑中已得到大量应用。世界上最高的马来西亚吉隆坡的 Petrons

---

❶　原载《水利水电技术》1999 年第 3 期，由作者与厉易生联名发表。

Tower 双塔大厦，高 450m，底层受压构件采用 C80 高强混凝土。美国西雅图的 Two Union Square 和 Pacific First Center 的 3m 和 2.2m 直径的钢管混凝土采用 C120 混凝土。我国已建和在建的高度超过 100m 的超高层建筑中已有 40 余座采用了高强混凝土，其中辽宁物产大厦（高102m）采用了 C80 现浇混凝土，是国内迄今混凝土设计强度最高的超高层建筑，上海东方明珠电视塔塔身采用 C60 粉煤灰混凝土。

在桥梁、道路方面，我国湘桂铁路复线的红水河三跨斜拉桥，预应力箱梁中采用了高强混凝土（实际强度超过 C60）。挪威为了克服冬季带钉防滑轮胎造成的路面磨损，用 160MPa 高强混凝土修筑道路。

高强混凝土研制和应用的成功在混凝土技术发展史上是重要里程碑，目前在高层建筑、桥梁、道路中，高强混凝土均已得到应用并受到极大重视。但在水利水电工程中，迄今尚未应用，还未受到应有的重视。探讨如何利用现代高强混凝土新技术来提高拱坝建设水平具有十分重要的意义。

## 2 提高拱坝混凝土强度等级可节省投资并提高耐久性

在混凝土坝设计中，混凝土强度等级的选择受到以下三个因素的制约：①混凝土强度，包括抗压强度和抗拉强度；②坝的抗滑稳定性；③混凝土的耐久性，包括抗冻、抗渗、抗侵蚀等。

混凝土重力坝内，应力水平一般较低，对混凝土强度的要求不高；坝基抗滑稳定性主要依赖于坝的重量，受混凝土强度等级的影响不大；混凝土强度等级实际上主要取决于耐久性。对于常规的重力坝断面，满足了耐久性要求的混凝土，一般地也能满足坝体应力和坝体本身抗滑稳定性的要求。因此，重力坝通常不必采用高强度混凝土。

拱坝的情况有所不同，坝内应力水平较高，多数情况下，坝体厚度主要决定于允许压应力和允许拉应力。当河谷较窄、河谷宽高比较小时，坝体承受的水荷载主要依靠拱的作用传递到两岸基岩。坝肩的抗滑稳定性主要与拱的中心角有关，坝体自重虽有影响，但影响较小。在这种情况下，提高混凝土强度等级，可大大减少坝体混凝土体积，而且由于拱坝混凝土强度较高，一般也很容易满足耐久性的要求。

当河谷宽高比较大，而基岩内又有软弱结构面时，坝肩抗滑稳定性不但与拱的中心角有关，而且与坝体自重有关。由于减小中心角将增加坝基的抗滑稳定性，同时加大坝体应力。因此，在这种情况下，可通过优化，选择合适的混凝土强度等级，同时满足应力、稳定和耐久性的要求，而达到节省投资的目的。

高拱坝的压应力和拉应力的水平都比较高，提高混凝土强度等级，有可能获得显著的经济效益。

我国现行拱坝设计规范中，允许拉应力采用定值，与混凝土强度等级无关。因此，对于比较低的拱坝，坝体厚度主要决定于允许拉应力，坝内压应力水平通常较低，提高混凝土强度不能带来经济上的节省，但允许拉应力取为定值不尽合理。原苏联坝工设计规范中，拱坝允许拉应力就与混凝土强度挂钩，我国新修订的水工建筑物抗震设计规范[5]中，拱坝的允许拉应力也与混凝土抗拉强度挂钩，看来拱坝允许拉应力与混凝土强度挂钩是大势所趋。只要拱坝允许拉应力与混凝土抗拉强度挂钩，在较低拱坝中，采用较高强度等级混凝土也可能在经济上获得好处。

## 3 混凝土温度控制问题

混凝土强度等级越高，水泥用量越多，相应地增加了温度控制的难度。但现代高强度混凝土，由于采用了高效减水剂，并掺用了大量优质粉煤灰，其水化热温升与过去常规混凝土相比并不算高。

美国在 20 世纪 30 年代曾先后成功地修建了胡佛、大古力、夏斯塔等混凝土高坝，用水量 $120 \sim 134 kg/m^3$，低热水泥 $220 \sim 225 kg/m^3$，混凝土绝热温升 32℃左右，温度控制方法为分缝分块和水管冷却，经历了半个多世纪，迄今仍在正常运行。

近年由于采用高效减水剂和优质粉煤灰，用水量和水泥用量均大大减少。如我国二滩拱坝，由于采用了减水剂和引气剂，C35 混凝土的用水量 $85 kg/m^3$，水泥 $133 kg/m^3$，粉煤灰 $58 kg/m^3$，28d 绝热温升 25.2℃，最终绝热温升 27℃。因此，在采用高效减水剂和优质粉煤灰的条件下，180d 龄期的 C45、C50 混凝土的绝热温升可以控制在 $30 \sim 32$℃，并不比美国 20 世纪 30 年代建造的胡佛坝、大古力坝等的绝热温升更高。

与 20 世纪 30 年代相比，目前温度控制方法也有了明显的进展，混凝土预冷和表面保温技术均已成熟。既然美国 20 世纪 30 年代依靠分缝、分块和水管冷却已成功地建造了胡佛等大坝，我们在今天温控水平已明显提高的条件下，浇筑 C45、C50 高强混凝土，在技术上应该是不成问题的。

混凝土强度等级提高后，水泥用量相应增加，水化热有所提高，温控费用会随之增加，但经验表明温度控制费用大致相当于混凝土造价的 2%左右。因此，由于混凝土强度等级的提高而增加的温控费用，与坝体减薄而节省的费用相比，是微乎其微的。

# 4 弹性稳定问题

对于钢结构，如钢拱桥或外压作用下的钢管，由于结构厚度很薄，弹性稳定问题比较突出。混凝土拱坝属于大体积混凝土结构，结构比较厚实，弹性稳定问题一般不至于控制结构尺寸。但提高混凝土强度等级后，坝体变薄，为慎重起见，对弹性稳定问题可进行一些分析。比较细致的分析可采用有限元法[2]。比较近似的分析可假定全部荷载由拱承担（或采用多拱梁法求得的拱荷载），用结构力学方法计算弹性失稳的临界荷载。

均匀水压作用下固端圆拱的临界荷载[3, 4]

$$q_{cr} = \frac{E}{12(1-v^2)} \frac{h^3}{r_0^3}(K^2 - 1) \qquad (1)$$

$$K \tan a = \tan(Ka) \qquad (2)$$

式中：$E$ 为弹性模量；$v$ 为泊松比；$h$ 为拱圈厚度；$r_0$ 为拱半径；$a$ 为拱的半中心角。

由式（2）求得的弹性稳定系数（$K$）值与拱半径的关系如图 1 所示。

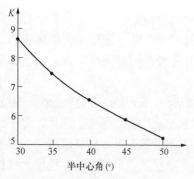

图 1 拱圈弹性稳定系数 $K$ 值
与拱半中心角关系

弹性拱的临界荷载小于固端拱，可用延长拱圈的办法来模拟弹性拱[2]。弹性拱拱端位移用 Vogt 法求解，假定拱圈延长段的长度为 $C$，厚度为 $T$，弹性模量为 $E$，坐落在固定基础上，延长段在拱端力系 $V$、$W$、$M$ 作用下的位移应等于弹性拱 Vogt 位移，可得到方程组

$$\left.\begin{array}{l} \theta_x = \dfrac{k_1 M}{E_f t^2} = \dfrac{12MC}{ET^3} \\[3mm] v = \dfrac{k_2 V}{E_f} = \dfrac{VC}{ET} \\[3mm] w = \dfrac{k_3 W}{E_f} = \dfrac{4WC^3}{ET^3} \end{array}\right\} \qquad (3)$$

联立求解得到

$$\left.\begin{array}{l} C = \sqrt{\dfrac{3k_3}{k_1}}\, t \\[4mm] T = \sqrt{\dfrac{12k_2}{k_1}}\, t \\[4mm] E = \sqrt{\dfrac{k_3}{k_2}}\, \dfrac{E_f}{2k_2} \end{array}\right\} \qquad (4)$$

式中：$t$ 为拱端厚；$k_1$、$k_2$、$k_3$ 为 Vogt 系数；$E_f$ 为基础弹性模量。

如果假定拱圈延长段的厚度、弹性模量与拱圈相同，只考虑弯曲变形，由式（3）中第 1 式可得到延长段的长度（$C$）

$$C = \frac{k_1 Et}{12E_f} \qquad (5)$$

# 5 抗地震问题

我国属于多地震国家，不少拱坝需修建在强地震区，在强地震区修建拱坝时，拱坝内往往出现很大的拉应力，由于坝体上部的动力放大作用较大，在拱坝上部产生的拉应力更大。

在静水压力作用下，如拱坝应力太大，只要增加坝体厚度，就可使坝内应力迅速减小。在地震荷载作用下，情况有所不同。由于坝体厚度增加后，坝体惯性力随之增加，当地面加速度超过一定数值后，增加坝体厚度并不能降低坝体应力，甚至反而由于惯性力的增加而使坝内应力更大，在动应力较大的坝体上部，由于动力放大作用较大，这种情况尤为明显。

我国新修订的 DL 5073—1997《水工建筑物设计规范》，规定地震作用下拱坝抗震强度应满足下列承载能力极限状态设计式[5]

$$\upsilon_0 \psi S(*) \leqslant \frac{1}{\upsilon_d} R\left(\frac{f_k}{\gamma_m}, \alpha_k\right) \qquad (6)$$

式中：$S(*)$ 为作用效应；$R(*)$ 为结构抗力；$\upsilon_0$ 为结构重要性系数；$\upsilon_d$ 为承载能力极限状态结构系数；$\psi$ 为设计状况系数，可取 0.85；$\gamma_m$ 为材料性能的分项系数；$f_k$ 为材料性能的标准值，由混凝土强度等级决定。

抗震规范规定混凝土动态强度和弹性模量的标准值可较静态值提高 30%，抗拉强度标准值可取为抗压强度标准值的 8%。

当拱坝拉应力超过了允许值时，不增加坝体厚度，而提高混凝土强度等级，由于惯性力不增加，而混凝土允许应力提高了，有可能满足设计要求。

# 6 逐步提高混凝土强度等级

高强混凝土对原材料和混凝土的制备的要求较严格，由于用水量的减少，外加剂的采用和大量掺用粉煤灰，其长期性能与普通混凝土也可能有一定差别，虽然建筑工程中已采用C80甚至 C120 级混凝土，考虑到水坝的重要性，我们认为应该采取积极而慎重的方针，稳扎稳打，逐步提高拱坝的混凝土强度等级，先在高拱坝中，采用 C45 级，在一般拱坝中采用 C40级，取得经验后，再进一步提高。

【算例1】某已建拱坝，坝高 157m，坝体工程量 92.6 万 m³（参见图2）。计算最大压应力 6.86MPa，最大拉应力 0.98MPa，按抗压安全系数 4，混凝土强度等级应取 C30。图2 示出了算例原设计方案，图3 示出了算例1 C40 方案悬臂梁剖面。图4 示出了算例1 C40 方案主应力。

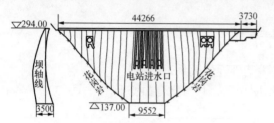

图2 算例1 原设计方案
（高程单位：m，尺寸单位：cm）

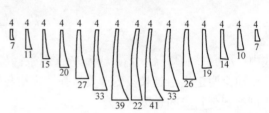

图3 算例1 C40 方案悬臂梁剖面（单位：m）

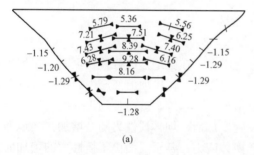

(a)

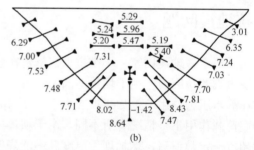

(b)

图4 算例1 C40 方案主应力（单位：MPa）

(a) 上游面；(b) 下游面

若采用 C40 混凝土，允许压应力取 10.0MPa，允许拉应力取 1.3MPa（上游面），1.5MPa（下游面），拱圈线型用二次曲线拱。经优化后，坝体体积从 92.6 万 m³ 降为 50.2 万 m³，可节省近 45.8%（见图3）。大幅度降低混凝土的主要原因是提高了强度等级，同时也因把三心圆拱坝改为二次曲线拱坝。C40 方案最大中心角 95.8°，拱冠梁底厚 22.1m，最大坝厚 41.6m，坝体体积 52.0 万 m³。C40 方案其他主要指标如表1 所示。

表1                            C40 方案主要指标（算例1）

| 项 目 | | 部 位 | 计算应力（MPa） | 安全系数 | 允许应力（MPa） |
|---|---|---|---|---|---|
| 静力 | 压应力 | 上游面 | 9.28 | 4.31 | 10.0 |
| | | 下游面 | 8.64 | 4.63 | 10.0 |

| 项　　目 | | 部　位 | 计算应力（MPa） | 安全系数 | 允许应力（MPa） |
|---|---|---|---|---|---|
| 静力 | 拉应力 | 上游面 | 1.29 | | 1.3 |
| | | 下游面 | 1.43 | | 1.5 |

【算例2】 一座坝高300m的二次曲线拱坝，设计地震烈度Ⅷ度。取混凝土强度等级C40和C45两个方案作比较。图5示出了算例2 C45方案悬臂梁剖面和拱圈平面，图6示出了算例2 C45方案主压力，图7示出了算例2 C40方案悬臂梁剖面和拱圈平面，图8示出了算例2 C40方案主应力。

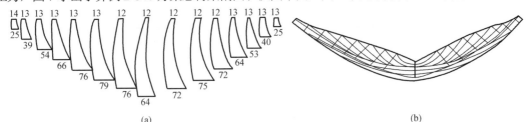

图5　算例2 C45方案悬臂梁剖面和拱圈平面（单位：m）

（a）悬臂梁剖面；（b）拱圈平面

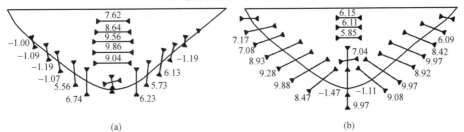

图6　算例2 C45方案主应力（单位：MPa）

（a）上游面；（b）下游面

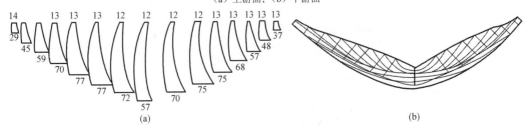

图7　算例2 C40方案悬臂梁剖面和拱圈平面（单位：m）

（a）悬臂梁剖面；（b）拱圈平面

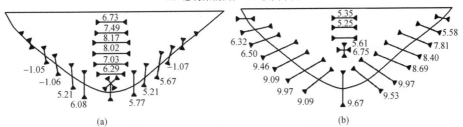

图8　算例2 C40方案主应力（单位：MPa）

（a）上游面；（b）下游面

强度等级提高后，在地震荷载下，按极限状态承载能力可推出相应的允许拉应力，从 4.0MPa（C40）提高到 4.5MPa（C45）。静荷载的允许应力不考虑提高，这意味着 C45 方案有更高的安全储备。应力控制指标如表 2 所列。表 3 列出了 C40、C45 方案比较。

从表 3 可看出混凝土强度等级从 C40 提高到 C45 后，坝体方量减少 70 万 m³，地震荷载下均满足极限状态承载能力要求，而静荷载下由于允许应力不变而使 C45 方案的应力安全系数有所提高。C45 方案的弹性稳定安全系数见表 4，计算中假定全部水压力由拱圈承担，拱厚取最薄的拱冠梁厚度，说明 C45 方案弹性稳定不成问题。

表 2                          允 许 应 力

| 项 目 | | 部 位 | C40 | C45 |
|---|---|---|---|---|
| 静力 | 压应力 | 上游面 | 10.0 | 10.0 |
| | | 下游面 | 10.0 | 10.0 |
| | 拉应力 | 上游面 | 1.2 | 1.2 |
| | | 下游面 | 1.2 | 1.5 |
| 动力 | 拉应力 | | 4.0 | 4.5 |
| | 压应力 | | 18.90 | 21.29 |

表 3                      C40、C45 方案比较

| 项 目 | | | C40 | C45 |
|---|---|---|---|---|
| 应 力 | | 部 位 | 计算应力 | 计算应力 |
| 静力 | 压应力（MPa） | 上游面 | 8.43 | 9.87 |
| | | 下游面 | 9.98 | 9.98 |
| | 拉应力（MPa） | 上游面 | 1.09 | 1.20 |
| | | 下游面 | 0.80 | 1.48 |
| 动力 | 压应力（MPa） | 上游面 | 15.71 | 13.95 |
| | | 下游面 | 13.80 | 13.82 |
| | 拉应力（MPa） | 上游面 | 3.98 | 4.47 |
| | | 下游面 | 3.98 | 4.34 |
| | 最大中心角（°） | | 95.86 | 95.98 |
| | 最大坝厚（m） | | 77.79 | 69.54 |
| | 坝体体积（万 m³） | | 684.67 | 615.40 |

表 4                    C45 方案弹性稳定安全系数

| 高程 (m) | 拱厚 (m) | 半径 (m) | 半中心角 $a$（°） | $K$ | 临界荷载 $q_{rc}$（MPa） | 水荷载 $p$（MPa） | 安全系数 $q_{rc}/p$ |
|---|---|---|---|---|---|---|---|
| 910 | 23.78 | 514 | 48.0 | 5.42 | 4.82 | 0.3 | 16.1 |
| 870 | 30.86 | 449 | 48.8 | 5.33 | 15.52 | 0.7 | 22.2 |
| 830 | 34.19 | 372 | 52.8 | 4.95 | 31.27 | 1.1 | 28.4 |

# 7  结束语

高强混凝土已在高层建筑、桥梁和道路等领域得到较广泛的应用，最高用到 C160，而在我国坝工混凝土等级最高只用到 C35。

由于采用了高效减水剂、优质粉煤灰等新技术，现代高强混凝土的水化热温升实际上低于美国 20 世纪 30 年代的胡佛、大古力、夏斯塔等高坝的常规混凝土，而温度控制水平又有明显提高，因此，高强混凝土的温度控制是可以做好的。

拱坝体型主要是强度控制的，算例表明，提高混凝土强度等级将大幅度地减少坝体混凝土方量。算例 1 采用 C40，可节省 45.8%；算例 2 采用 C45，坝体混凝土方量从 685 万 $m^3$ 减少到 615 万 $m^3$，减少 70 万 $m^3$。尤其是高地震区，坝体减薄后，地震惯性力相对减小，反而容易满足动应力极限状态承载能力的要求。

提高拱坝混凝土强度等级是一个值得重视的方向，建议加强研究，并在有条件的工程设计中，从 C40、C45 开始试验，取得经验，逐步提高。

## 参 考 文 献

[1] SD 145—1985《混凝土拱坝设计规范》[S]. 北京：水利电力出版社，1985.

[2] 朱伯芳. 有限单元法原理与应用 [M]. 北京：水利电力出版社，1979.

[3] S Timoshenco. Theory of Elastic Stability[M]. Mc Graw-Hill Book Company，Inc. 1936.

[4] 黄文熙. 拱坝抗屈折稳定初探 [J]. 水利学报，1995，（9）.

[5] DL 5073—1997《水工建筑物抗震设计规范》[S]. 北京：中国电力出版社，1997.

# 中国拱坝建设的成就❶

**摘 要：** 经过 50 年的努力，我国的拱坝建设从零开始，至 1998 年年底，已建成高度 30 m 以上拱坝 521 座，其中包括高 240m 的二滩拱坝。同时，通过研究与施工实践，成功地解决了狭窄河谷大流量泄洪消能、岩溶地区高拱坝防渗、复杂地基加固处理等问题。拱坝体形也有单曲、双曲、单心圆、多心圆、抛物线、椭圆、对数螺旋线等多种型式，并提出了统一二次曲线和混合曲线两种新拱型；体形设计从手工设计发展到优化设计和计算机辅助设计，研制了线性和非线性、静力和动力、多拱梁和有限元等分析方法和功能强大的软件。此外，还兴建了大量的砌石拱坝，在砌石坝的体形设计、砌石胶凝材料和砌筑工艺方面也积累了丰富的经验，多有创新。

**关键词：** 中国；拱坝建设；成就

## The Achievements in Arch Dam Construction in China

Abstract: Up to the end of 1998, 521 arch dams higher than 30m have been constructed in China, including Ertan arch dam which is 240m in height. Many complicated problems have been solved, as the discharge of big flood in a narrow valley, the antiseepage of high arch dam in a karst region, and the treatments of complicated foundations, etc. Various types of shape of arch dam have been adopted, such as the single curvature, the double curvature, single centred arc, multicentred arc, parabola, ellipse, logarithmic spiral and two new shapes, ie the universal conic arch and the mixed arch have been developed. Method of optimization and CAD were used in the design. Methods and softwares for linear and nonlinear, static and dynamic analysis of arch dams have been developed. Except the concrete arch dams, a large amount of stone masonry arch dams have been constructed, so plentiful experiences in the design and construction of this type of dam have been accumulated.

**Key words:** China, arch dam construction, achievements

## 1 前言

1949 年新中国成立后，我国水利水电事业迅速发展，20 世纪 50 年代，建成了首批高混凝土拱坝，如 87.5m 高的响洪甸拱坝和 78m 高的流溪河拱坝。以后，拱坝建设发展迅速。据《World Register of Dams（1988）》统计，到 1988 年，全世界共兴建高度 15m 以上的拱坝达

---

❶ 原载《水力发电》1999 年第 10 期。

1592 座，其中我国有 753 座，占 47.3%；又根据中国大坝委员会的统计，截至 1998 年年底，中国已建成高度 30m 以上的拱坝 521 座，其中包括高 240m 的二滩拱坝，高 178m 的龙羊峡拱坝。我国部分高拱坝的典型剖面见图 1。

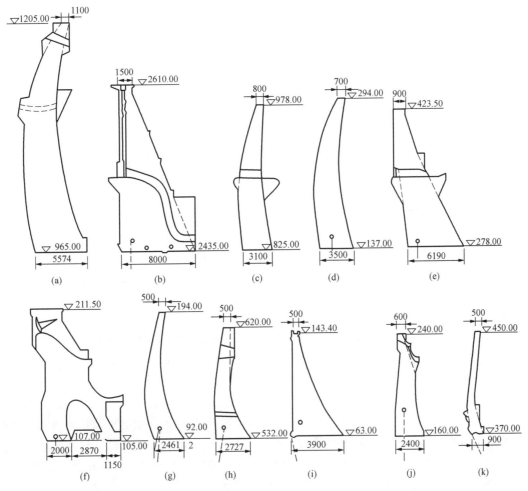

图 1　我国已建成的部分高拱坝的典型剖面（高程单位：m，尺寸单位：cm）

（a）二滩；（b）龙羊峡；（c）东风；（d）东江；（e）白山；（f）凤滩；（g）紧水滩；

（h）石门；（i）响洪甸；（j）流溪河；（k）泉水

## 2　枢纽布置和泄洪消能

经过 50 年的建设，我国在拱坝枢纽布置和泄洪消能方面，已积累了丰富的经验。

（1）尽量利用坝体本身泄洪。坝顶可设表孔泄洪，当下游水垫较深或单宽流量不大时，可自由跌流；当单宽流量较大时，通过坝顶表孔的水流可沿下游坝面（重力拱坝）或溢洪板经挑流坎挑至下游（滑雪道式）。在坝体还可设中孔和底孔泄洪，水流经挑流坎挑至下游。如在坝体两端设表孔，水流可经岸坡上的泄槽与挑流坎挑至下游。大量试验和分析表明，孔口对坝体应力的影响是局部的；当然，坝体顶部做成有胸墙的表孔（即孔口上部不断开）对坝体应力更为有利。当单靠坝体泄流尚不能满足要求时，可在两岸设隧洞泄洪。

（2）对于较大的水电站，厂房与泄水建筑物在布置上常有矛盾。在这方面，我国的经验是：①在坝后设厂房，两侧设泄水建筑物（如东江和紧水滩电站）；②坝顶设溢洪道，坝后设厂房，水流经厂顶下泄（如修文电站），或在厂前挑流，越过厂房下泄（如乌江渡电站）；③在坝上设泄水建筑物，而厂房设于岸边地下（如东风电站）；④厂房设在坝内做成空腹拱坝，坝顶设溢洪道经下游坝面下泄（如凤滩电站）。

（3）乌江渡重力拱坝溢流堰顶单宽流量最大达 $201m^3/$（s·m），单宽泄洪功率 $21×10^4kW/m$，总泄洪功率达 $2150×10^4kW$。经过特大洪水的考验，证明设计是成功的。凤滩空腹重力拱坝总泄量达 $32200m^3/s$，不仅是我国，也是世界上拱坝泄量最大的工程，为了消能，把 13 个泄水孔高低坎相间布置，挑射水流在空中上下撞击，实际运行表明消能效果良好。

（4）为了解决发电机组多与河床狭窄的矛盾，李家峡拱坝把 5 台机组分为两列平行布置。为了减少坝体与钢管在施工中的干扰，我国东江、紧水滩等不少拱坝采用了坝后背管的方式。

# 3　拱坝体形优化

我国目前在拱坝体形优化设计方面，从理论到实践均已处于国际领先水平。主要表现在：

（1）拱坝体形由简单到多样化。拱坝是支撑在岩石基础上的变厚度、变半径壳体，其体形的变化对坝体应力、稳定，以及经济性和安全性有重要影响。我国早期兴建的拱坝都采用等厚单心圆拱，20 世纪 70 年代中期以后，拱坝体形逐渐多样化。

（2）设计方法由手工发展为目前的智能优化 CAD 系统。20 世纪 70 年代以前，拱坝体形设计采用手工方法。从 20 世纪 70 年代中开始，中国水利水电科学研究院（以下简称"水科院"）率先进行了拱坝体形优化的研究，利用数学规划方法，以坝的造价或体积作为目标函数，以坝体在施工期和运行期的拉应力、压应力、拱座稳定、坝面倒悬等作为约束条件，由计算机直接求出给定条件下的最优设计体形。河谷形状可以是任意的，拱圈可以是单心圆、多心圆、抛物线、椭圆、双曲线、对数螺旋线、统一二次曲线、混合曲线。荷载包括水压力、自重、温度变化、淤沙压力、地震（按动力法计算），并可考虑施工期自重应力和分期蓄水应力。由中南勘测设计研究院研制的拱坝 CAD 系统，使拱坝设计效率得到较大提高，水科院与其合作又进一步研制了拱坝智能优化 CAD 系统，把人工智能、优化方法和 CAD 技术三者融为一体，充分发展了三者的优点，使优化设计方法又上了一个新台阶。

（3）克服了拱坝体形优化中的两个难点：①要充分考虑设计上和理论上的需要，建立合理而实用化的数学模型；②要找到一个高效率拱坝应力分析方法，以便对几千个设计方案进行应力分析。我国在这两方面都取得了成功，建立了合理而实用化的数学模型，包括了在拱坝体型设计阶段所必须考虑的各项因素。另外，又提出了内力展开法，可以在极短时间内完成几千个设计方案的静力与动力应力分析。通过优化设计，在拱坝建设中可以节约大量的混凝土。如：瑞垟拱坝高 54.5m，原设计混凝土 $44120m^3$，经优化后，减少到 $30200m^3$，节省了 31.6%。该坝 1988 年建成，运行良好，被评为优秀工程。

（4）优化设计方式多样化。拱坝优化可以在应力等条件约束下求坝体体积最小的解（等应力优化）；也可以在坝的体积、稳定等条件约束下求应力最小的解（等体积优化）；还可以把坝体体积和最大应力的某种函数作为目标函数。如设计中的小湾拱坝，高 292m，做过两种优化：①等应力优化，目标函数为坝的体积，约束条件为允许应力的静压应力 10MPa，静拉应力 1.2MPa（上游面）、1.5MPa（下游面），静+动压应力 18.9MPa，静+动拉应力 4.0MPa，最大中心角 96°。②等体积优化，目标函数为坝体最大主应力，约束条件为体积 700 万 $m^3$，最大中心角 96°，优化结果是统一二次曲线拱为最优线型，在相同应力条件下，统一二次曲线拱比抛物线拱节省混凝土 15.8%（113 万 $m^3$）。

如果坝体体积相同，统一二次曲线拱最大应力比抛物线拱减少 10%。

总之，拱坝体形优化已应用于大量实际工程，一般能省坝体混凝土 5%～30%。

# 4 拱坝应力分析

拱坝是变半径、变厚度壳体，应力状态比较复杂。我国在 20 世纪 70 年代以前，主要采用拱冠梁法，70 年代以后，逐渐采用多拱梁法和有限元法。

20 世纪 70 年代中期以后，有限元方法在我国拱坝应力分析中得到广泛应用，几乎各种三维实体单元、厚壳和薄壳单元都应用过。目前应用较多的是 8 结点和 20 结点等参单元和节理单元，除了引进的 ADAP、SAP、ADINA、ANSYS 等程序外，水科院、清华大学、河海大学、武汉水利水电学院等单位还研制了用于温度徐变应力、非线性、仿真、动应力等问题的专用程序，在实际工程中得到了广泛的应用。

我国混凝土拱坝设计规范规定拱坝断面设计采用多拱梁法，东北勘测设计研究院、浙江大学、水科院等研制了一系列新的静力和动力多拱梁计算方法和软件，获得广泛应用。有限元法计算结果由于应力集中而应力数值偏大，应用于实际工程存在一定困难。为了解决这个矛盾，我国专家提出了有限元等效应力法及其允许应力，并提出了有限元—多拱梁耦合算法，用有限元法计算基础，用多拱梁法计算坝体。目前我国在拱坝静力和动力应力分析方法和软件的研制上已居于世界前列。拱坝设计主要采用国内研制的多拱梁法和有限元法程序，这些程序功能很强，比国外类似程序更能适应拱坝应力分析的需要。

# 5 拱座稳定和基础处理

法国马尔帕塞拱坝的失事，引起了全世界水利工程师对拱坝基础稳定问题的重视，我国也不例外。为了改善拱座的稳定性，采取了以下措施：①拱圈扁平化，拱圈最大中心角从过去的 120°～100° 逐渐到 100°～75°，使拱推力与岸坡有较大夹角；②加强地质勘探工作，查明坝址区地质构造，在选择坝线时尽量避开地质构造复杂地区；③重视拱座稳定分析和基础处理。

拱座稳定分析目前主要采用刚体极限平衡法，重要工程也进行三维有限元分析和地质力学模型试验。由于岩体薄弱面埋藏在地下，地勘手段有一定局限性，岩体结构面的几何形态、力学参数、滑移边界和抗滑岩体所受的外荷载都难以准确决定。所以，对于高拱坝应采用多种方法分析，并作敏感性分析，还要留有适当余地。

高 165m 的乌江渡重力拱坝位于岩溶地区，首次采用悬挂式水泥灌浆帷幕与上游页岩隔水层相连的防渗形式，对河床以上的溶洞，开挖后回填混凝土，深部溶洞进行高压灌浆。利用这些办法，成功地解决了在岩溶地区修建混凝土高坝的防渗问题。

龙羊峡坝肩岩体被多条断层、节理切割，地质条件十分复杂，除采用 2 排帷幕和 3 排排水孔控制渗流外，对近坝肩断层采用网格式混凝土塞处理；对埋藏较深、倾角较陡与拱推力成较大角度断层，用传力墙处理；对埋藏较深，但与拱推力夹角较小的断层，采用抗滑键处理，并进行全面的高压固结灌浆，使坝肩岩体性能得到改善，用于坝基处理的回填混凝土达 12.0 万 $m^3$。

铜街子水电站坝基夹层采用 30MPa 高压深孔喷射冲洗，然后进行水泥固结灌浆，效果良好。

# 6 砌石拱坝

砌石拱坝具有就地取材、施工简单、造价低等优点，而且与土坝相比，安全度高，便于泄洪和导流。因此，在我国农田水利和小水电建设中，得到了广泛应用。在全国高度 70m 以下的中低拱坝中，砌石拱坝约占 90%；并在近年建成 2 座 100m 高的砌石拱坝，即贵州怀仁盐津桥拱坝和江西上饶下会坑拱坝。

随着我国拱坝技术的进步，砌石拱坝的设计和施工水平也日益提高：坝的体形由单曲发展到双曲，由单心圆拱发展到多心圆、椭圆、抛物线、对数螺旋线，应力分析由拱冠梁法发展到多拱梁法，不少砌石拱坝也进行了体形优化。

砌石拱坝的施工工艺也得到了极大改进。胶结材料过去采用水泥砂浆，现在除了坝体表面还用水泥砂浆砌筑外，其他部位全部改用细石混凝土砌筑石料，混凝土中还普遍掺粉煤灰和外加剂，以减少水泥用量、降低水化热、改善和易性。为了减少砌缝，节省胶凝材料，增加石料用量，提高坝的整体性，砌筑石料由过去的平铺改为竖立，每次砌筑高度达到 1m 左右。这些方法使砌石坝的含石率达到 50%～55%，单位坝体水泥用量 100kg 左右，坝体密度达到 2.35t/$m^3$。

施工方法逐步由过去的全部人工操作转化为机械化，水平运输采用汽车和皮带机，垂直运输采用吊车和门机，砌筑坝体时采用振捣器。

砌石拱坝的坝顶一般均溢流，流量较小时采用自由跌落式；流量较大时，设置挑流坎将水流挑至离坝趾较远处。

# 国际拱坝学术讨论会专题综述[1]

**摘　要**：对 1987 年 4 月 5～9 日在葡萄牙举行的国际拱坝学术会议中各国拱坝专家及笔者本人对拱坝几个重要问题的学术观点进行了综述，其中有不少重要的新颖的见解。

**关键词**：拱坝；国际讨论会；拱坝体形；设计准则

# Summary of International Workshop on Arch Dams

**Abstract:** Many important new view points were presented by various arch dam specialists on the International Workshop on Arch Dams held in Portugal on April 5-9, 1987. These were summarized in this paper.

**Key words:** arch dam, international workshop, shape of dam, design criteria

国际拱坝学术讨论会于 1987 年 4 月 5～9 日在葡萄牙柯英布拉市举行。笔者以专题委员身份应邀参加了会议，现根据会议文件及讨论情况，就四个专题综合介绍如下。

## 1　拱坝体形

拱坝体形设计的指导思想是，在满足坝体应力和基础稳定要求的前提下，选择合适的体形；使总体效果最好，即造价低、安全度高、耐久性好。

### 1.1　4 种拱坝的体形及其特点

拱坝体形主要有以下 4 种：

（1）等半径拱坝。拱坝的上游表面从上到下采用相同半径，并做成铅直或近乎铅直的。这种拱坝适用于 U 形河谷。如在 V 形河谷，因下部河谷宽度小，拱圈中心角小，弯矩较大，需要较大的厚度，故坝的体积较大。但正因为坝体较厚，有利于在坝体下游面设置溢洪道。

（2）等中心角拱坝。从控制应力考虑，拱圈体积最小的最优中心角为 133°左右。为使坝的体积最小，应从上到下采用相同的中心角。由于河谷宽度从上到下逐步减小，所以拱圈半径从上到下逐渐减小。如果把中央剖面做成铅直的，边梁就会严重倒悬，库空时坝块将向上游倾倒，所以这种拱坝实际上是不能采用的。

（3）向下游倾斜的等中心角拱坝。为避免边梁的倒悬，把中央梁剖面做成向下游倾斜，

---

❶　原载《水力发电》1988 年第 8 期及《混凝土坝技术》1987 年第 2 期。

从上到下采用相同的中心角。这种坝的体积最小，又可避免边梁的倒悬。20 世纪 50 年代曾被认为是最好的拱坝体形，并陆续兴建过好几座这样的拱坝。例如，法国 1950 年兴建的坝高 76m 的恩沙纳（Enchanet）坝。后来发现，因过于向下游倾斜，在自重作用下，坝踵会产生很大的拉应力，因此，这种拱坝完工后在上游面都出现了很多裂缝。现在看来，这种拱坝体形是不可取的。

（4）变半径变中心角拱坝。如前所述，从拱的应力考虑，等中心角坝有利，但边梁倒悬太大；从避免倒悬考虑，等半径坝有利，但下部中心角太小，对应力不利，且坝体太厚。适当兼顾两方面的要求，下部中心角小于上部，但以边梁不产生过大倒悬为条件，采用尽可能大的中心角，以改善拱的应力。中央梁剖面，上部设顺坡，以减小边梁的倒悬，下部设倒坡，以便在自重作用下坝踵能产生一些压应力，部分抵消水荷载在坝踵引起的拉应力。具有这种体形的洪坝就是通常所说的双曲拱坝。

总之，在以上四种体形中，多数情况下，特别是对于 V 形河谷，以第 4 种为好。但对于 U 形河谷，或需要在坝体下游面做溢洪道时，也可采用第 1 种体形。第 2、第 3 种体形是不可取的。

## 1.2　水平拱圈的合理形态

拱坝水平剖面采用什么形式，也是人们重视的一个课题。这里主要需考虑两个问题，即坝体应力和坝肩稳定问题。这两方面的要求是互相矛盾的。以单心圆拱坝为例，从应力考虑，中心角最好大一些，以达到 133°左右为好；从稳定考虑，最好小一些，以小到 60°左右为好。解决矛盾的办法，一是改用单心圆以外的合理体形；二是兼顾应力和稳定两方面的要求。

从改善坝体应力考虑，人们总是希望拱圈中的弯矩尽可能地小，主要依靠拱的轴向力把水荷载传递至基础。圆形钢管在内水压力作用下，只有轴向力而没有弯矩，这就给人们一个印象，似乎单心圆拱圈是传递水荷载的较好形式。加之单心圆拱计算比较容易，施工放样比较简单，所以早期拱坝多采用单心圆拱。

拱坝的荷载分配，靠近两岸，梁的刚度大，承担荷载较多；在河谷中央，梁的刚度较小，承担荷载较少。相应地，拱承担的荷载，中部较大，两边较小。因此，为了改善拱圈应力，水平供圈应采用变半径，拱圈曲率半径在中部最小，向两边逐步加大。正是由于这个原因，水平拱圈由早期的单心圆拱过渡到三心圆拱、抛物线拱、椭圆洪和对数螺线拱。

人们曾经希望找到一种体形，使拱坝处于无弯矩的膜应力状态，但由于边界上存在着基础的约束，这种体形实际上是不存在的。采用变曲率拱圈、并适当改变拱座和拱冠的曲率比，可以使拱圈中部的弯矩很小，接近于无矩状态，但在基础边界上肯定会有弯矩，所以拱座应力总较拱冠处为大。为了节省材料，应采用变厚度拱圈，即拱的厚度由拱冠向拱座逐渐增加。在坝体顶部，厚度一般取决于交通及布置方面的要求，应力数值不大，所以不必变厚。在坝的底部，因跨度不大，一般也不必变厚。主要是在坝体中部，应力较大，拱圈应变厚。一般自拱冠向拱座，厚度按抛物线弧长的二次方变化，拱座加厚 20%～25%。

从改善坝肩抗滑稳定性考虑，应使拱圈扁平化，即减小拱的中心角，使拱座推力转向山体内部。过去单心圆拱坝的中心角多在 100°～110°，目前采用扁平化拱圈，中心角多在 75°～90°，比过去减少了约 20°，使拱座推力向山体转动约 10°，有利于提高坝肩抗滑稳定性。

总之，为了改善拱坝的应力和稳定状态，应采用变曲率、变厚度、扁平化的水平拱圈。

美国、葡萄牙、西班牙等国采用三心拱坝较多。据塞拉芬（J. L. Serafim）教授称，过去30年中全世界设计和兴建的三心拱坝在100座以上。日本、意大利等国采用抛物线拱坝较多。据日本坝工技术中心理事饭田隆一博士称，他的研究结果表明，如采用三心拱坝，中心角可降低到83°左右，如进一步降低中心角，将使应力急剧恶化。如采用抛物线拱坝，中心角可降低到75°左右。日本近20年兴建的拱坝，大多采用中心角75°左右的抛物线拱坝。法国工程师建议采用对数螺线拱坝，已先后兴建8座这样的拱坝。

## 1.3  影响拱坝体形的因素

拱坝体形设计的核心问题是，在满足应力和稳定要求的前提下，选择合理的体形，使坝的造价最小。因此，坝体应力、坝肩稳定和坝的造价是拱坝体形设计中的3个最重要的因素。除此之外，还应考虑下列因素：

（1）河谷形状。对于U形河谷。可采用等半径拱坝；对于V形河谷，宜采用双曲拱坝；对于不对称河谷，两边宜采用不同半径，以改善坝体应力状态。

（2）筑坝材料。对于砌石拱坝，多采用较简单的体形。混凝土拱坝，多采用较复杂的体形。将来如修建碾压混凝土拱坝，可能又要采用较简单的体形，厚度较大，体形较简单，体积大一些，但施工方便，速度较快，总的造价较低。笔者认为，由于没有横缝，碾压混凝土拱坝的温度控制将是一个重要问题，多数情况以设横缝为宜。

（3）施工、导流有时也影响到拱坝体形。例如，卡里巴（Kariba）拱坝，在设计中注意尽可能减少下部坝厚，以便在一个枯水季节中把混凝土浇到足够的高度。为了控制底部浇筑仓面的面积和减少或取消纵缝，有时也希望减小底部坝厚。

（4）溢洪。当溢洪量较小时，洪水可自坝顶落下；但当溢洪量较大要做溢洪道时，往往不得不放弃双曲拱坝，而采用单曲拱坝，因为单曲拱坝下游面较平缓，容易做溢洪道，也有的单曲拱坝，坝顶做溢洪道，把电厂放在坝内。

（5）基础条件。当基础比较软弱时，为了提高基础承载能力，一种办法是在基础上面设置垫座；另一种办法是增加开挖深度，因为岩石质量通常随着开挖深度的增加而变好。有时甚至考虑放弃单薄的双曲拱坝，而宁可采用较厚实的单曲拱坝，如法国高121m的鲍尔莱位格（Bortles Orgues）拱坝就是如此。

## 1.4  拱坝的体形优化

体形优化是利用数学规划方法求出给定条件下的最优体形。国外早期采用两个双向多项式分别表示坝体中面和厚度的几何模型，这种模型从数学角度看较为理想，但在实际工程中却难以采用。我国首先采用以坝高为变量的多项式描述拱坝的半径、厚度、中央剖面上游面曲线等有关参数，然后用优化方法选定多项式的系数。经验表明，这种几何模型易于在实际工程中采用。现在国外也在采用这种几何模型。

目标函数最好取为坝的造价，而坝的造价主要取决于混凝土体积，所以目前多数以坝的体积作为目标函数。

葡萄牙、罗马尼亚、西德等国在拱坝优化的约束条件方面考虑了最小厚度，最大倒悬、最大拉应力和最大压应力。应力分析均采用有限元法。我国在拱坝优化中，还考虑了抗滑稳定、施工应力、坝体最大底厚及坝轴线移动范围；应力分析用有限元法或试载法。

目前国外都采用序列线性规划法求解，一般需迭代 12～15 次。我国提出了以内力线性化为基础的逐步逼近解法，只要迭代 2～3 次即可收敛。

优化设计在应用中取得了可喜成绩。罗马尼亚的普里斯居（Priscu）等人对设计中的 P R 坝进行了优化，该坝高 95m，宽高比为 3，优化结果节省混凝土 22000m³，为原设计的 7%。我国拱坝优化已应用于 20 多个工程，对于一般中小型工程平均节省 20%；大型工程因原设计方案是在许多方案中优选出来的，故通常只能节省 5%～10%。

# 2　拱坝设计准则

制定拱坝设计准则的基础，是对已建拱坝的实际经验的总结，特别是破坏事故的经验总结。例如，马尔帕赛拱坝的失事提供了一个重要教训，即基础在渗透水和外荷载作用下会产生失稳。

## 2.1　自重应力

在很长一段时间里，人们在拱坝设计中只重视水压力，而忽视自重，后来才认识到自重应力很重要而且计算比较复杂。

自重应力计算有三种方式：①假定横缝完全脱开，全部自重由梁单独承担；②考虑施工过程，分期计算自重应力；③假定全坝在一瞬间浇筑完毕，全部自重由梁拱共同承担。显然，第③种假定与实际情况相差较远，所以自重应力主要应按第①、②两种假定计算。这两种计算方式的差别与坝高、河谷宽高比及接缝灌浆进度有关，高坝、窄河谷，相差较大；反之相差较小。

在库空情况下，接缝上没有大的轴向压力，尽管经过灌浆，这种接缝也很难十分有效地传递剪力。另外，实际的混凝土浇筑和接缝灌浆进度也很难与事先的估计完全一致，所以第①种计算方式是基本的。对于高坝，最好两种情况都计算，应力组合时取偏于安全的数值。高 200m 的柯茵布兰（Kölnbrein）拱坝；按①、②两种假定都计算过，结果相差 10%。

## 2.2　淤沙压力

当淤积高程较低时，淤沙压力对坝体应力影响不大。如果淤积高程很高，甚至完全淤满了水库，淤沙压力的影响自然就大了。但应注意两点：①淤沙的积累有一个较长的过程，其间会产生固结；②淤沙在坝面产生压力的同时，还会产生摩擦力。据西班牙的经验，有的水库已经淤满了，但大坝仍然安全无恙，尽管当初设计时并未考虑到水库会淤满。由此可见，淤沙压力是应当考虑的，但它对坝体应力不会有决定性的影响。

## 2.3　渗透压力

通常假定在排水帷幕处的渗透压力等于水头的 1/3。目前大多在靠近上游处布置排水廊道，所以扬压力的作用面积较小，对坝体应力影响不大。

## 2.4　温度变化

从坝体灌浆到水库正常运用，拱坝的温度场是不断变化的。笔者提出 3 个特征温度场，

建议按下列公式计算拱坝温度变化

$$\left.\begin{array}{l} T_{\mathrm{m}} = T_{\mathrm{m1}} + T_{\mathrm{m2}} - T_{\mathrm{m0}} \\ T_{\mathrm{d}} = T_{\mathrm{d1}} + T_{\mathrm{d2}} - T_{\mathrm{d0}} \end{array}\right\} \tag{1}$$

式中：$T_{\mathrm{m}}$、$T_{\mathrm{d}}$ 为坝体断面平均温度和线性温；$T_{\mathrm{m0}}$、$T_{\mathrm{d0}}$ 为封拱温度场的平均温度和线性温；$T_{\mathrm{m1}}$、$T_{\mathrm{d1}}$ 为运用期年平均温度场沿厚度的平均温度和线性温差；$T_{\mathrm{m2}}$、$T_{\mathrm{d2}}$ 为运用期变化温度场沿厚度的平均温度和线性温差。

假定水温和气温是简谐变化，可以计算式（1）中右端各项。

## 2.5 拉应力问题

在拱坝内产生拉应力往往是不可避免的。拉应力是引起裂缝的直接原因，裂缝的危害性如何，与裂缝所在的部位及裂开范围有关。法国的马丁（J. Martin）认为：只要裂缝范围以外的混凝土仍有足够的能力传递荷载（特别是剪力），就可以认为大坝是安全的，因此，重要的不是拉应力的大小和裂缝的开度，而是裂缝可能扩展的范围，这一范围可利用有限元无拉力分析方法计算。但奥地利的威德曼（R. Widmann）认为，拱座拉应力会把岩石中的裂隙拉开，从而加重渗漏。因此拉应力还是应该控制的。他建议在应力分析中，地基弹性模量取其大值，混凝土弹性模量取其小值，以使算出的拉应力偏于安全方面。

## 2.6 应力计算方法

试载法和有限元法是目前广泛采用的两种应力计算方法，但不同的国家，侧重点有所不同。目前，美国和日本在拱坝设计中两种方法都采用，但坝体体形设计以试载法为主。欧洲的大多数国家，如法国、意大利、西班牙等，目前主要采用有限元方法，其理由是有限元方法可以很好地考虑基础变形；而在试载法中只能用 Vogt 假定计算基础变形，过于粗糙。在有限元计算中，在近基础部分有时会出现应力集中，应力数值较大，而且与计算网格的稀密有关。笔者认为，通过选用合适的单元（例如厚壳单元），或降阶积分，或先用有限元计算内力再用材料力学公式计算应力等途径，这个问题是不难解决的。但欧洲有的工程师，如奥地利的威德曼（R. Widmann）仍认为试载法有其有利的方面，例如可看出梁的分载等。

## 2.7 允许应力和安全系数

葡萄牙在拱坝设计中采用的允许应力和安全系数，见表1。

表1　　　　　　　　　　葡萄牙拱坝设计中的允许应力与安全系数

| 荷载组合 | 允许压应力 | 允许拉应力 | 允许位移 | 基础上抗滑及抗倾覆安全系数 | 允许渗漏 |
|---|---|---|---|---|---|
| 正常荷载无地震或有一般地震 | 根据有无地震取抗压强度的 1/4～1/5 | 抗拉强度的 1/2，假定断面上应力为线性分布 | 不危及坝和附属结构的运行 | 1.5～2.0 | 1～2Lu |
| 特殊荷载有最大可信地震 | 抗压强度的1/2 | 抗拉强度的85%，假定应力为线性分布 | 以大坝不致下泄灾难性洪水为度 | 1.10 | 5Lu |

根据苏联建筑法现，苏联按极限状态设计拱坝，在进行坝与基础的强度和稳定分析时，必须满足下列条件之一

$$\frac{R}{F} \leqslant \frac{\gamma_n \gamma_{1c}}{\gamma_{cd}} \tag{2}$$

$$\frac{\varphi(R_c)}{\sigma_d} \geqslant \frac{\gamma_n \gamma_{1c}}{\gamma_{cd}} \tag{3}$$

式中：$F$ 为坝和基础广义作用力的设计值；$R$ 为坝和基础的承载能力；$\sigma_d$ 为计算应力；$R_c$ 为混凝土的计算强度；$\varphi$ 为与受力状态（单向、两向或三向受力）有关的函数；$\gamma_n$ 为坝的安全系数，对于 Ⅰ、Ⅱ、Ⅲ、Ⅳ 类建筑分别为 1.25，1.20，1.15，1.10；$\gamma_{1c}$ 为荷载组合系数，对于基本组合、特殊组合及施工期分别取 1.0，0.9，0.95；$\gamma_{cd}$ 为工作条件系数，数值见表 2。

在基础稳定分析中，也常常用下式代替式（2）

$$\frac{\tan\phi_1}{\tan\phi_{1m}} = \frac{C_1}{C_{1m}} \geqslant \frac{\gamma_n \gamma_{1c}}{\gamma_{cd}} \tag{4}$$

式中：$\tan\phi_1$ 和 $C_1$ 为基础强度参数的计算值；$\tan\phi_{1m}$ 和 $C_{1m}$ 为极限状态下基础强度参数值。

表 2　　　　　　　　工 作 条 件 系 数（$\gamma_{cd}$）

| 荷载组合 | 拱坝强度分析 | | 稳定分析 | |
|---|---|---|---|---|
| | 受拉 | 受压 | 岸坡 | 宽河谷中的坝 |
| 基本组合 | 2.16 | 0.81 | 0.75 | 0.82 |
| 特殊组合，无地震 | 2.40 | 0.90 | 0.75 | 0.82 |
| 特殊组合，有地震 | 2.64 | 0.99 | 0.82 | 0.91 |

从表 2 可见，拱坝受拉和受压的工作条件系数相差很大，这意味着允许拉应力水平比允许压应力水平高得多。其所以如此，是由于拱坝主要是受压结构，产生个别裂缝对坝的承载能力影响不大。例如，英古利拱坝（坝高 271m，Ⅰ 级建筑，$\gamma_n$=1.25），基本荷载组合系数 $\gamma_{1c}$=1.0，混凝土计算抗压强度 $R_c^c$=15.5MPa。计算抗拉强度 $R_c^t$=1.1MPa，计算压应力 $\sigma_c^d$=10.1MPa（$\gamma_{cd}$=0.81），计算拉应力 $\sigma_t^d$=1.9MPa（$\gamma_{cd}$=2.16）。当拉应力不满足式（3）时；允许建筑缝拉开，但此时在上游面要采取防渗措施。

# 3　拱坝基础

## 3.1　基础问题的重要性

根据模型试验结果；拱坝的破坏荷载往往为正常荷载的 5～10 倍，这种情况给人一个印象，似乎拱坝的安全系数高达 5～10，实际上这是一种假象。拱坝的实际安全系数要低得多。首先，就坝体而言，实际工程中的混凝土强度比室内试验强度要低得多，影响因素包括试件尺寸、试件形状、湿筛、持荷时间效应、平仓振捣质量等。其次，拱坝基础问题比较复杂。我们对地下情况难以摸得很清楚。因此，在拱坝设计中，最大的未知因素和潜藏的最大危险往往就在地基问题之中。

地基问题的困难有两个方面：①地下情况，如地质构造、力学特性、渗透特性、地应力、夹层连通率等，难以搞得很清楚；②地基问题实质上往往是非线性问题，计算分析比较困难，由于有限元方法的发展，目前情况已有较大的改观，但地基问题的分析与坝体分析相比，仍然困难得多。

在拱坝设计中，应充分重视基础问题，首先要尽量搞清地下情况；其次要尽可能进行较细致的分析。可以说，在拱坝设计中，基础设计和体形设计是两个最关键的问题。

## 3.2 基础处理

（1）坝肩开挖。有的专家建议，坝肩开挖的宽度要尽可能小一些，并在下游面全部回填混凝土，一则可以防止岩石风化，二则可使坝体处于三向受压状态，从而提高其强度。

（2）基础排水。鉴于拱坝失事多在基础，而且主要是滑动失稳，有的专家强调在拱坝基础中设置排水孔以减轻渗透压力的重要性，并指出应布置检测孔，以便监测排水系统的运行状况。

## 3.3 新技术的采用

（1）利用图形辨识技术分析断层节理的影响，在取得详细地形资料后，利用电子计算机技术中的图形辨识技术，分析基础中断层及节理的影响。这项技术曾应用于西班牙的 Rio Retin 坝和 Rio Ponga 坝的坝址选择及 Rio Cabrera 水电站的站址选择和隧洞布置。

（2）人工智能应用于岩体工程决策。西班牙在岩体工程决策中已开始应用视感控器（Perceptron），在 Moraleis 压力竖井工程中，由于采用此项新技术而取消了原设计中的衬砌。

# 4 拱坝观测

国外拱坝观测的项目、方法和仪器与国内大体差不多，但在观测资料分析和拱坝自动监测方面则有较大的差距。

观测成果的分析有两种方法，即统计方法和确定性方法。统计方法计算简单，但从本质上说是一种比较粗糙的方法，确定性方法把有限元分析与实测资料结合起来，是比较精细的方法。

采用三维线弹性有限元模型（计算网格应包含一部分基础），各种荷载可以分开计算然后叠加。设 $L_j$ 是单位荷载（水压力、温度等等），$F_j$ 是影响函数，即在单位荷载作用下结构的反应。任一荷载 $L(t)$ 可分解为单位荷载的组合如下

$$L(t) = \sum_j A_j(t) L_j \tag{5}$$

式中：系数 $A_i(t)$ 是时间 $t$ 的函数。在荷载 $L(t)$ 作用下，结构的反应为 $F(t)$，根据叠加原理可知

$$F(t) = \sum_j A_j(t) F_j \tag{6}$$

影响函数 $F_j$ 事先用三维有限元计算好，剩下的计算就是简单的代数运算，可以在微机上进行，把观测值与计算值进行对比，给出允许误差，就可对大坝进行自动监测。在过去 20 年中，用上述方法对一些大坝进行自动监测，取得了很大成功。当然这种方法不仅适用于拱坝，也适用于其他混凝土坝。应注意一点，对于比较薄的拱坝，不能忽视日温变化的影响。

上述方法还可进一步简化。把温度作用分解为：①年平均表面温度；②年变化温度；③日变化温度；④初始温度和水化热；⑤随机的残留值。上述各种温度，除最后一项外，都可用有限元方法计算相应的影响函数。经过这样的分解，计算有所简化，但精度也略有降低。因为年变化和日变化并非严格的周期性变化；另外，年平均温度逐年也会有些变化。

更严格的计算方法是：把内部温度分布和可观测的影响表示为表面温度历史的卷积积分（convolution integral）。这种方法的计算精度是高的，但计算很复杂，目前还缺乏充分的经验表明采用这种复杂计算方法是否合算。

经验表明，利用式（6）对大坝进行自动监测这套办法是很可靠的。需要进一步研究的问题是如何联系坝的安全评价来确定允许误差。这套自动监测方法只应用于静态反应，一般不应用于动态反应，因为地震作用时间很短暂，即使自动监控系统发现了问题，也来不及处理。

# 计算拱坝的一维有限单元法❶

**摘　要**：本文提出了计算拱坝的一维有限单元法。把拱的作用看成分布的弹簧支承，这比集中弹簧支承更接近于实际情况，可提高计算精度。本文用结点位移作为未知量，用有限单元法建立平衡方程组，用电子计算机求解时，可充分利用循环技巧，简化了程序设计。本文还建议了一种新的拱坝温度应力计算方法。

**关键词**：拱坝；应力计算；一维有限单元法

# One–dimensional Finite–element Method for Analyzing Arch Dams

**Abstract:** A one-dimensional finite-element method of analyzing arch dams is pro-posed.The dam is considered as a cantilever of variable section, supported by elastic springs. The springs, representing the action of the arches, can resist the torisonal angular displacements as well as the radial lineal displacements. A new method is suggested to calculate the thermal stresses of arch dams.

**Key words:** arch dam, stress analysis, one dimensional finite element method

## 一、前言

拱坝是一种比较复杂的结构，较细致的计算应采用三维有限单元[1]、厚壳曲面单元[2]或试载法[3]。但在中小型工程的设计中，目前仍多采用径向协调的拱冠梁法。对于大型拱坝，在初步拟定坝体断面时，采用拱冠梁法也可满足实用要求。在拱坝最优化设计中，由于要进行多次应力分析，采用拱梁法选定初步断面，有利于减少计算工作量，节省计算时间。

文献［4］提出了一种考虑扭转作用的拱梁法，把拱的作用看成是梁的集中的弹簧支座，以结点力作为未知量，用转换参数法求解，其计算精度较之只考虑径向协调的拱梁法有所提高。本文建议一个计算拱坝的一维有限单元法，把拱的作用看成是分布于梁全长度的弹筑支承，这比集中弹簧支承要更接近于实际情况，可进一步提高计算精度。本文把结点位移当作未知量，用有限单元建立平衡方程组。由于刚度矩阵的带宽很小，因此有利于直接解方程组。本文还建议了一种新的拱坝温度应力计算方法。

## 二、平衡方程组

如图 1 所示，把悬臂梁看作阶形梁，分为 $n$ 段（$n=6\sim8$），每段梁是等厚的，共有 $n+1$ 个结点。

---

❶　原载《水利水运科学研究》1979 年第 2 期，由作者与宋敬廷联名发表。

取出梁单元 $ij$ 如图 2，设在结点 $i$ 和 $j$ 的分布荷载分别为 $p_i$ 和 $p_j$。在结点 $i$ 的两个自由度为径向位移 $w_i$ 和角位移 $\theta_i$，结点力为切力 $W_i$ 和弯矩 $M_i$。$M_i$ 和 $\theta_i$ 以顺时针方向为正，$W_i$ 和 $w_i$ 以向下游为正。

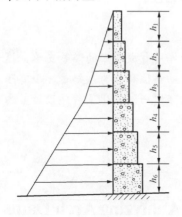

图 1　梁的垂直剖面

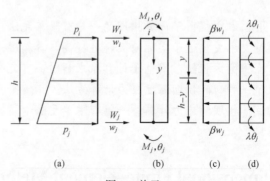

图 2　单元 $ij$

（a）水沙荷载；（b）结点力与结点位移；（c）拱的径向抗力；（d）拱的扭转抗力

单元结点力和单元结点位移分别为

$$\{F^e\} = \begin{Bmatrix} W_i \\ M_i \\ W_j \\ M_j \end{Bmatrix}, \qquad \{\delta^e\} = \begin{Bmatrix} W_i \\ \theta_i \\ W_j \\ \theta_j \end{Bmatrix}$$

把单元的结构作用划分为梁的作用和拱的作用两部分，因此单元结点力可分为两部分，即

$$\{F^e\} = \{F_a^e\} + \{F_b^e\} \tag{1}$$

其中：$\{F_a^e\}$ 是拱作用所产生的结点力；$\{F_b^e\}$ 是梁作用所产生的结点力。由于位移协调，拱的位移必须等于梁的位移，所以

$$\{\delta_a^e\} = \{\delta_b^e\} = \{\delta^e\} \tag{2}$$

对于梁的作用，结点力与结点位移之间满足下列关系

$$\{F_b^e\} = [k_b^e]\{\delta^e\} \tag{3}$$

其中 $\{F_a^e\}$ 是梁单元的刚度矩阵，可按下式计算[5]

$$[k_b^e] = EJ \begin{bmatrix} \dfrac{12}{(1+c)h^3} & 对 & & \\[2mm] \dfrac{-6}{(1+c)h^2} & \dfrac{4+c}{(1+c)h} & 称 & \\[2mm] \dfrac{-12}{(1+c)h^3} & \dfrac{6}{(1+c)h^2} & \dfrac{12}{(1+c)h^3} & \\[2mm] \dfrac{-6}{(1+c)h^2} & \dfrac{2-c}{(1+c)h} & \dfrac{6}{(1+c)h^2} & \dfrac{4+c}{(1+c)h} \end{bmatrix} \tag{4}$$

式中：$E$ 为坝体弹性模量；$J$ 为梁截面转动惯量；$c$ 为考虑梁的剪切变形的系数，可按下

式计算

$$c = \frac{12EJk}{GAh^2} = \frac{24(1+\mu)Jk}{Ah^2}$$

式中：$G$ 是剪切模量；$\mu$ 是泊松比；$A$ 为梁的水平剖面积；$k$ 是考虑剪应力分布的系数，通常取 $k=1.2$。梁的水平剖面是辐射形的，如图 3 所示，考虑辐射影响，剖面特征可计算如下

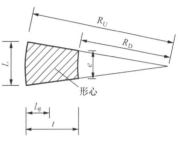

$$A = \frac{(1+e)t}{2}, \quad J = \frac{(1+4e+e^2)t^3}{36(1+e)}$$

$$L_g = \frac{(1+2e)t}{3(1+e)}, \quad e = \frac{R_D}{R_U}$$

图 3 悬臂梁水平剖面

式中：$R_D$ 为下游面半径；$R_U$ 为上游面半径。

对于拱的作用，单元结点力与结点位移之间的关系为

$$\{F_d^e\} = [k_a^e]\{\delta^e\} \tag{5}$$

式中：$[k_a^e]$ 是拱的作用所产生的单元刚度矩阵。下面我们推导 $[k_a^e]$ 的算式。

单元内任一点的径向位移 $w$ 用结点位移表示如下（见图 2）

$$w = [F_1 F_2 F_3 F_4]\begin{Bmatrix} w_i \\ \theta_i \\ w_j \\ \theta_j \end{Bmatrix} = [A]\{\delta^e\} \tag{6}$$

其中

$$\left.\begin{array}{l} F_1 = L_1^2(3-2L_1), F_2 = -L_1^2 L_2 h \\ F_3 = L_2^2(3-2L_2), F_4 = L_1 L_2^2 h \end{array}\right\} \tag{7}$$

式中 $L_1$ 和 $L_2$ 是如下函数

$$L_1 = 1 - \frac{y}{h}, L_2 = \frac{y}{h} \tag{8}$$

设 $F(L_1, L_2)$ 是 $L_1$ 和 $L_2$ 的函数，则存在下列关系

$$\frac{\mathrm{d}F}{\mathrm{d}y} = \frac{\partial F}{\partial L_1}\frac{\partial L_2}{\partial y} + \frac{\partial F}{\partial L_2}\frac{\partial L_2}{\partial y} = \frac{1}{h}\left(\frac{\partial F}{\partial L_2} - \frac{\partial F}{\partial L_1}\right) \tag{9}$$

$$\int_0^h L_1^p L_2^q \mathrm{d}y = \frac{p!q!}{(p+q+1)!}h \tag{10}$$

将式（6）对 $y$ 求微商，得到

$$\frac{\mathrm{d}w}{\mathrm{d}y} = \frac{\mathrm{d}}{\mathrm{d}y}[A]\{\delta^e\} = [B]\{\delta^e\} \tag{11}$$

由式（9）可得到

$$[B] = \left[-\frac{6L_1L_2}{h} - L_1(L_1 - 2L_2)\frac{6L_1L_2}{h} - L_2(L_2 - 2L_1)\right] \tag{12}$$

由式（6）、式（11）两式，可验证

$$当 y=0 时, \quad w=w_i, \frac{\mathrm{d}w}{\mathrm{d}y}=-\theta_i$$

$$当 y=h 时, \quad w=w_j, \frac{\mathrm{d}w}{\mathrm{d}y}=-\theta_j$$

可见位移函数式（6）满足所要求的边界条件。坝体发生位移时，由于拱的作用而产生径向抗力 $q=\beta w$ 和扭转抗力 $m^t=-\lambda\dfrac{\mathrm{d}w}{\mathrm{d}y}$，因此可以定义广义应变 $\{\varepsilon\}$ 和广义应力 $\{\sigma\}$ 如下

$$\{\varepsilon\}=\begin{Bmatrix} w \\ \theta \end{Bmatrix}=\begin{bmatrix} [A] \\ -[B] \end{bmatrix}\{\delta^e\}=[C]\{\delta^e\} \tag{13}$$

$$\{\sigma\}=\begin{Bmatrix} q \\ m^t \end{Bmatrix}=\begin{Bmatrix} \beta w \\ \lambda\theta \end{Bmatrix}=\begin{bmatrix} \beta[A] \\ -\lambda[B] \end{bmatrix}\{\delta^e\}=[D][C]\{\delta^e\} \tag{14}$$

式中

$$[C]=\begin{bmatrix} A \\ -[B] \end{bmatrix},[D]=\begin{bmatrix} \beta & 0 \\ 0 & \lambda \end{bmatrix} \tag{15}$$

今用虚功原理计算 $[k_a^e]$。假设单元中产生了结点虚位移

$$\{\delta^*\}=[w_i^*\ \theta_i^*\ w_j^*\ \theta_j^*]^T$$

相应的虚应变为

$$\{\varepsilon^*\}=[C]\{\delta^*\}$$

产生虚位移时，结点力 $\{F_a^e\}$ 所做的功为 $\{\delta^*\}^T\{F_a^e\}$，在单元内部，拱抗力所做的功为 $\int_0^h\{\varepsilon^*\}^T\{\sigma\}\mathrm{d}y$，由能量守恒原理可知

$$\{\delta^*\}^T\{F_a^e\}=\int_0^h\{\varepsilon^*\}^T\{\sigma\}\mathrm{d}y=\{\delta^*\}^T\left(\int_0^h[C]^T[D][C]\mathrm{d}y\right)\{\delta^e\}$$

因虚位移 $\{\delta^*\}$ 是任意的，所以由上式得到

$$\{F_a^e\}=[k_a^e]\{\delta^e\}$$

其中

$$[k_a^e]=\int_0^h[C]^T[D][C]\mathrm{d}y \tag{16}$$

把式（15）代入上式，并利用积分式（10），得到

$$[k_a^e]=\begin{bmatrix} \dfrac{13}{35}\beta h+\dfrac{6\lambda}{5h} & 对 & & \\[2mm] -\dfrac{11}{210}\beta h^2-\dfrac{1}{10}\lambda & \dfrac{1}{105}\beta h^3+\dfrac{2}{15}\lambda h & 称 & \\[2mm] \dfrac{9}{70}\beta h-\dfrac{6}{5}\dfrac{\lambda}{h} & -\dfrac{13}{420}\beta h^2+\dfrac{1}{10}\lambda & \dfrac{13}{35}\beta h+\dfrac{6}{5}\dfrac{\lambda}{h} & \\[2mm] \dfrac{13}{420}\beta h^2-\dfrac{1}{10}\lambda & -\dfrac{1}{140}\beta h^3-\dfrac{1}{30}\lambda h & \dfrac{11}{210}\beta h^2+\dfrac{1}{10}\lambda & \dfrac{1}{150}\beta h^3+\dfrac{2}{15}\lambda h \end{bmatrix} \tag{17}$$

把梁和拱的结构作用组合起来，如式（1），得到

$$\{F^e\}=[k^e]\{\delta^e\} \tag{18}$$

式中

$$[k^e] = (k_a^e) + [k_b^e] \tag{19}$$

$[k^e]$ 是拱坝的拱和梁综合成的单元刚度矩阵。

在基础接触面上，应考虑基础的弹性作用。设作用于基础表面的弯矩为 $M_f$，切力为 $W_f$，按伏格特假定，基础表面位移为

$$\left\{ \begin{array}{c} w_f \\ \theta_f \end{array} \right\} = \frac{1}{E_f} \begin{bmatrix} k_3 & \dfrac{k_6}{t_f} \\ \dfrac{k_6}{t_f} & \dfrac{k_4}{t_f^2} \end{bmatrix} \left\{ \begin{array}{c} W_f \\ M_f \end{array} \right\}$$

式中：$E_f$ 为基础弹性模量；$k_3$、$k_4$ 和 $k_6$ 是伏格特基础变形系数，其值见文献[3]（通常可取 $k_3 = 1.75, k_4 = 5.05, k_6 = 0.467$ ）。由上式求逆，得到

$$\left\{ \begin{array}{c} W_f \\ M_f \end{array} \right\} = [k_f] \left\{ \begin{array}{c} w_f \\ \theta_f \end{array} \right\} \tag{20}$$

其中

$$[k_f] = \frac{B_f t_f^2}{k_3 k_4 - k_6} \begin{bmatrix} \dfrac{k_4}{t_f^2} & -\dfrac{k_6}{t_f} \\ -\dfrac{k_6}{t_f} & k_3 \end{bmatrix} \tag{21}$$

在形成坝的整体刚度矩阵时，应把基础刚度矩阵[$k_f$]组合进去。

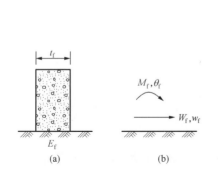

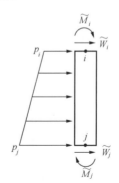

图 4　弹性基础　　　　　　　　　图 5　结点荷载

根据静力等效原则，作用于坝面的分布荷载可转化为结点荷载如下

$$\{P^e\} = \begin{bmatrix} \tilde{W}_i \\ \tilde{M}_i \\ \tilde{W}_j \\ \tilde{M}_j \end{bmatrix} = \begin{bmatrix} \dfrac{7h}{20} & \dfrac{3h}{20} \\ -\dfrac{h^2}{20} & -\dfrac{h^2}{30} \\ \dfrac{3h}{20} & \dfrac{7h}{20} \\ \dfrac{h^2}{30} & \dfrac{h^2}{20} \end{bmatrix} \left\{ \begin{array}{c} P_i \\ P_j \end{array} \right\} \tag{22}$$

在每一结点可建立两个平衡方程，一个是水平力的平衡方程，另一个是弯矩平衡方程，

由此可得到坝的整体平衡方程组如下

$$[K]\{\delta\} = \{P\} \tag{23}$$

矩阵$[K]$和向量$\{P\}$的元素可按

$$K_{ij} = \sum_e k_{ij}^e \quad P_i = \sum_e p_i^e \tag{24}$$

计算，式中$\sum_e$表示对有关单元求和，应注意各个单元的元素在整体中的相应位置，式（24）只给出示意性的描述。

对式（23）求逆，最终便得到结点位移

$$\{\delta\} = [K]^{-1}\{P\} \tag{25}$$

# 三、温度应力

关于拱坝温度应力，过去不少文献建议转化为坝面等效荷载

$$p_T = -\frac{tE\alpha T}{R_U} \tag{26}$$

来计算，其中$T$为温度。对于刚性基础上的拱坝，这样处理是正确的，但对于弹性基础上的拱坝，这样处理会带来误差。下面我们加以说明。

设坝内存在着沿半径方向变化的温度$T$，我们施加一组荷载，使切向变形完全约束，即$\varepsilon_\phi = 0$，这时切向应力为

$$\sigma_\varphi = -E\alpha T$$

沿厚度积分，得到轴力和弯矩分别为

$$-N_T = -\int_{-t/2}^{t/2} E\alpha T \mathrm{d}y, -M_T = -\int_{-t/2}^{t/2} E\alpha T y \mathrm{d}y \tag{27}$$

为了和轴力$-N_T$保持平衡，在上游面还须施加均布压力

$$-p_T = -\frac{N_T}{R_U} \tag{28}$$

当然，实际上这些荷载是不存在的，为了满足边界条件，必须在坝体上游面施加相反的分布荷载$p_T$，并在拱与基础的接触面上施加相反的轴力和弯矩，即$N_T$和$M_T$（见图6）。对于刚性基础上的拱坝，作用于基础面的力不引起坝体应力和变形，因此可以忽略$N_T$和$M_T$。但是对于弹性基础上的拱坝，$N_T$和$M_T$在坝内会引起应力和变形，如果在计算中只考虑$p_T$而忽略$N_T$和$M_T$，就会引进误差。但是由于我们的计算是以梁为基础的，要在计算中考虑作用于拱座的$N_T$和$M_T$比较困难。为了克服这个困难，下面我们建议计算温度应力的另一途径。

首先，我们切断拱和梁在结构上的相互联系，按弹性拱和悬臂梁分别计算拱和梁在温度作用下的变位$\{\delta_{aT}\}$和$\{\delta_{bT}\}$，如图7所示。拱和梁的温度变位差为

$$\{\Delta\delta_T\} = \{\delta_{aT}\} - \{\delta_{bT}\} \tag{29}$$

为了消除上述变位差，我们单独在梁上施加一组约束结点力，对于每个单元来说，约束结点力为

$$\{F_{bT}^e\} = [k_b^e]\{\Delta\delta_T^e\}$$

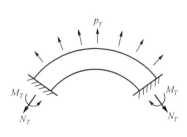

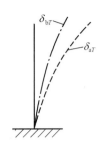

图 6　等效温度荷载　　　　　　　　　图 7　拱和梁的温度变位

在约束结点力作用下，梁和拱的变位可以协调，但实际上约束结点力是不存在的，为了恢复坝体原来的边界条件，在坝体上应施加一组与约束结点力大小相等而方向相反的荷载

$$\{p_T^e\} = -\{F_{DT}^e\} = -[k_b^e]\{\Delta \delta_T^e\} \tag{30}$$

式中 $\{\Delta \delta_T^e\} = [\Delta w_{iT} \ \Delta \theta_{iT} \ \Delta w_{jT} \ \Delta \theta_{jT}]^T$。由 $\{p_T^e\}$ 进行集合，如式（24）所描述的那样，不难得到作用于拱梁的温度荷载 $\{P_T\}$，再由下式可求得坝体变位

$$\{\delta_T\} = [K]^{-1}\{P_T\} \tag{31}$$

显然，$\{\delta_T\}$ 与 $\{\delta_{aT}\}$ 叠加后才是坝体的真正温度变位。在上式中，$[K] = [K_a] + [K_b]$。实际计算时，可以把温度荷载 $\{P_T\}$ 合到外荷载 $\{P\}$ 中去，但在计算应力时，应再叠加相应于 $\{\delta_{aT}\}$ 的应力，即按纯拱法计算的应力。

温度变位 $\{\delta_{aT}\}$ 和 $\{\delta_{bT}\}$ 可以分别按弹性拱和悬臂梁计算（详见文献[6]）。如果温度沿厚度均匀分布，则梁的温度变位等于零，拱的温度变位可以从文献[3]附表查到。

## 四、荷载分配

算出坝体位移后，拱所承担的径向荷载为

$$p_a = \beta w \tag{32}$$

拱圈所承担的扭矩为

$$m^t = \lambda \theta = -\lambda \frac{dw}{dy} \tag{33}$$

由扭矩 $m^t$，可以计算扭转荷载 $p_t$。如图 8 所示，在微元长度 $ab=dy$ 上，作用着扭矩 $m^t dy$，它可以被两个剪力 $m^t$ 所取代，一个剪力作用在 $a$ 点，向左；另一个剪力作用在 $b$ 点，向右。同理，在相邻微元长度 $bc=dy$ 上，作用着扭矩 $\left(m^t + \dfrac{dm^t}{dy}dy\right)dy$，它也可以用两个剪力 $m^t + \dfrac{dm^t}{dy}dy$ 代替，一个在 $b$ 点，向左；一个在 $c$ 点，向右。在 $b$ 点，左右两力相抵消，剩余剪力 $\dfrac{dm^t}{dy}dy$，把它分布到长度 $dy$ 上去，得到水平扭转荷载

$$p_t = \frac{dm^t}{dy} \tag{34}$$

下面顺便说明抗力系数的计算。

设在均布单位径向荷载作用下，在中心角 $\phi$ 处拱的径向变位为 $f_\phi$，由文献[3]

$$f_\phi = \frac{K_1 r}{1000E}$$

式中：$K_1$ 为文献[3]所提供的系数，据定义，拱的径向抗力系数为

$$\beta = \frac{1}{f_\phi} = \frac{1000E}{K_1 r}$$

对于刚性基础上的拱，在均布单位扭矩作用下，在断面 $\phi$ 处的扭转角为（图9）

$$g'_\phi = \frac{7r^2}{Et^3}[\sin\phi_A \sin(\phi_A - \phi) + (\phi_A - \phi)\sin\phi]$$

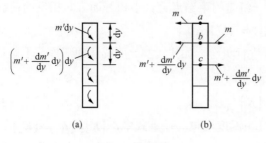

图8　扭转荷载　　　　　　　　　图9　拱的扭转角计算

在均布单位扭矩作用下，拱座的扭矩为

$$M'_A = r\sin\phi_A$$

由于基础的变形，拱座扭转角为

$$\theta_A = \frac{k_7 r \sin\phi A}{E_f t^2}$$

式中：$k_7$ 为伏格特系数（通常可取 $k_7$=5.72）。由于基础变形，在中心角 $\phi$ 处拱的扭转角为 $\theta_A \cos(\phi_A - \phi)$，与 $g'_\phi$ 叠加后，得到在均布单元扭矩作用下，弹性基础上的拱在中心角 $\phi$ 处的扭转角为

$$g_\phi = \frac{7r^2}{Et^3}[\sin\phi_A \sin(\phi_A - \phi) + (\phi_A - \phi)\sin\phi] + \frac{k_7}{E_f t^2}r\sin\phi_A \cos(\phi_A - \phi) \tag{35}$$

因此，拱的扭转抗力系数为

$$\lambda = \frac{1}{g_\phi} \tag{36}$$

一维有限单元法不但可用以计算拱冠梁，也可用以计算其他中心角上的梁，从而得到分布于拱上的不均匀荷载。所以我们在上面给出了弹性基础上任一断面 $\phi$ 处抗力系数的算式。

# 五、算例

我们用上述一维有限单元方法计算了如图10所示的双曲拱坝。坝高120m，拱顶厚度5.35m，坝底厚度23.35m，坝体和基础弹性模量均为 $20 \times 10^4 \text{kg}/\text{cm}^2 (1\text{kg}/\text{cm}^2 = 9.8 \times 10^4 \text{Pa})$。计算结果见表1。在图11中列出了一维有限单元法和三维有限单元法计算的拱冠径向位移的比较。

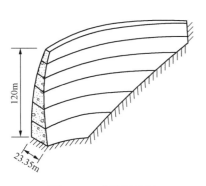

图 10 双曲拱坝算例

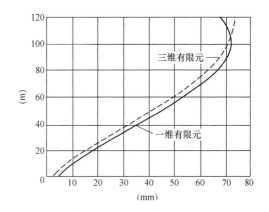

图 11 拱冠梁径向位移比较

**表 1** 双曲拱坝计算结果

| $i$ | 半中心角 $\phi_A(°)$ | 厚度 $t$（m） | 半径 $r$（m） | 外荷载 $P$（t/m²） | 径向位移 $w$（m） | 角位移 $\phi$ | 拱荷载 $P_a$ | 扭转荷载 $P_t$ | 梁荷载 $P_b$ |
|---|---|---|---|---|---|---|---|---|---|
| 1 | 58 | 5.35 | 173.35 | 0 | 0.065174 | $0.429\times10^{-3}$ | 12.10 | 0 | −12.10 |
| 2 | 55 | 9.10 | 179.47 | 20 | 0.070241 | $0.527\times10^{-4}$ | 20.66 | 0.80 | −1.46 |
| 3 | 52 | 12.55 | 178.54 | 40 | 0.065549 | $0.490\times10^{-3}$ | 26.08 | 2.84 | 11.18 |
| 4 | 49 | 15.70 | 164.57 | 60 | 0.052782 | $0.756\times10^{-3}$ | 32.47 | 6.40 | 21.13 |
| 5 | 46 | 18.55 | 143.54 | 80 | 0.035602 | $0.834\times10^{-3}$ | 35.28 | 10.98 | 33.74 |
| 6 | 43 | 21.10 | 115.26 | 100 | 0.018267 | $0.680\times10^{-3}$ | 34.57 | 9.80 | 55.63 |
| 7 | 40 | 23.35 | 79.74 | 120 | 0.0053011 | $0.296\times10^{-3}$ | 26.86 | 6.14 | 87.00 |

## 参 考 文 献

[1] Ergatoudis J, Irons B M and Zienkeiwicz O C, There dimensional analysis of arch dams and their foundations, Symposium on Arch Dams, In-st.Civ. Engrs., London，1968.

[2] 朱伯芳，宋敬廷. 弹性厚壳曲面有限单元在拱坝应力分析中的应用. 水利水运科学研究，1979，（1）.

[3] Bureau of Reclamation，U.S.Treatise on Dams，ch.10，Arch Dams，1948.

[4] 钱令希，等. К расчету арочных плотин-Метод арки-консоли с учетом влияния кручения，中国科学，1961，（4）.

[5] 普齐米尼斯基. 矩阵结构分析理论. 北京：国防工业出版社，1974.

[6] 朱伯芳，等. 水工混凝土结构的温度应力与温度控制. 北京：水利电力出版社，1976.

# 变厚度非圆形拱坝应力分析[❶]

**摘　要**：当前拱坝趋向于采用变厚度、非圆形（如抛物线、对数螺旋线）的水平剖面，以改善坝体稳定和应力，本文提出这类拱坝的应力分析方法。用弹性中心法给出了变厚度拱单元和梁单元刚度矩阵和加载矩阵的显式、并给出了扭曲梁单元的分析方法，在保留试载法基本假定的前提下，用有限元方法的概念组织计算，利用本文公式编制的 ADAS 程序，可以计算变厚度的多心圆、抛物线、双曲线、椭圆、对数螺旋线、单曲、双曲的各种形式的拱坝，而且占内存少、精度高、速度快。

**关键词**：应力分析；非圆形拱坝；变厚度

# Stress Analysis of Noncircular Arch Dam with Variable Thickness

**Abstract:** The trial load method is now still a method in common use for arch dams. Although computer is used for it now, it has some intrinsic drawbacks. It requires a complicated program and a big memory capacity and consumes much CPU time. If the basic principles of trial load method are retained while the concept of  FEM is used to organize the computation, then the program will be simplified, the memory capacity and the CPU time will be reduced[1~3]. In this paper further steps are taken to improve the trial load method by the concept of FEM. The stiffness matrices of arch element and cantilever element of variable sections are derived. A method is given to analyse the cantiever of twisted shape. There are 8 unknowns at each node:4 nodal displacements and 4 loadings allotted to the cantilever. ADAS (Arch dam analysis system), a program based on the mixed coding method, has very strong ability, high efficiency and reduce the memory capacity. It can analyse almost all types of arch dam, such as circle of single center or multicenters, parabola, ellipse, hyperbola or logarithmic spire. Experience shows that the speed of ADAS is 5-6 times faster than the program based on the trial load method.

**Key words:** stress analysis, noncircular arch dam, variable thickness

## 一、前言

为了改善坝肩抗滑稳定性，当前拱坝趋向于采用抛物线、对数螺旋线等非圆形扁平化的

---

❶　原载《水利学报》1988 年第 11 期及 Dam Engineering，Vol.2，Issue 3，Aug.，1991，由作者与饶斌、贾金生联名发表。

水平拱圈。过去单心圆拱坝的中心角多在 100°～120°。目前采用扁平化的非圆形拱圈，中心角多在 75°～90°，比过去减少了约 20°，使拱座推力向山体转动约 10°，显著提高了坝肩抗滑稳定性。由于基础的约束作用，拱坝应力通常以拱座处为最大，为了改善坝体应力，目前多自拱冠向拱座逐渐加厚，因而拱圈厚度是变化的。总之，当前拱坝趋向于采用变厚度、非圆形、扁平化的水平剖面。本文提出这类拱坝的应力分析方法。

目前试载法仍是常用的拱坝应力分析方法之一。试载法是 20 世纪 30 年代发展起来的手算方法，现在虽已改用电算，但它有程序复杂、占内存多及费机时长等缺点。在保留试载法基本假定的前提下，利用有限单元法的概念组织计算，可以收到减少内存、节省机时和简化程序的效果。为此，笔者在文献[1]中首先提出了计算拱坝的一维有限元方法，用有限元概念计算考虑扭转的拱冠梁。后来，文献[2]提出杆元分载法，也是用有限元概念计算拱冠梁。近年，文献[3]进一步用有限元概念计算多拱梁体系，效果也不错。

本文进一步研究如何利用有限元概念来计算变厚度非圆形拱坝。（文中公式为 4 向调整，后来程序为 5 向调整）

利用本文方法编制的计算拱坝应力的 ADAS（Arch dam analysis system）程序，具有较强的功能、较高的效率和较高的精度。可以计算单心圆、多心圆、抛物线、双曲线、椭圆、对数螺旋线、单曲、双曲、等厚、变厚等各种类型的拱坝，在水利水电科学研究院 M160 计算机上，按 7 拱 13 梁网格，计算一个拱坝所费机时不到半分钟，计算效率比试载法高 5 倍左右，拱和梁单元都是按实际的变厚度和非圆轴线计算，而不是按平均厚度和平均半径计算的，所以具有较高的计算精度。

# 二、拱单元分析

计算网格如图 1 所示，拱梁根数任意。每一结点有 4 个变位和 4 种荷载，其定义及符号见图 2。

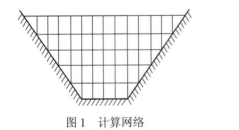

| | 荷载 | 变位 |
| --- | --- | --- |
| 径向 | $p$ ↓ | $w$ ↓ |
| 切向 | $q$ → | $u$ → |
| 水平扭转 | $m$ | $\theta$ |
| 垂直扭转 | $\overline{m}$ | $\psi$ |

图 1 计算网络　　　　图 2 符号

拱单元的结点力 $F_a^e$ 和结点变位 $\delta^e$ 见图 3 及下列两式

$$F_a^e = [Q_i^a N_i^a M_i^a \overline{M}_i^a Q_j^a N_j^a M_j^a \overline{M}_j^a]^{\mathrm{T}} \tag{1}$$

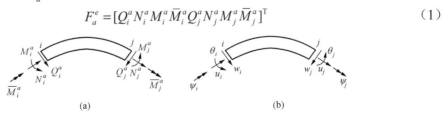

(a)　　　　　　　　　　　　(b)

图 3 拱单元的结点力和结点变位

（a）结点力；（b）结点位移

$$\delta^e = [w_i u_i \theta_i \Psi_i w_j u_j \theta_j \Psi_j]^{\mathrm{T}} \tag{2}$$

拱的单元荷载强度表示为

$$L_a^e = \begin{Bmatrix} L_i^a \\ L_j^a \end{Bmatrix}, \quad L_i^a = \begin{Bmatrix} p_i^a \\ q_i^a \\ m_i^a \\ \overline{m}_i^a \end{Bmatrix}, \quad L_j^a = \begin{Bmatrix} p_j^a \\ q_j^a \\ m_j^a \\ \overline{m}_j^a \end{Bmatrix} \tag{3}$$

式中：$p^a$、$q^a$、$m^a$、$\overline{m}^a$ 为拱荷载强度，下角 $i$，$j$ 代表结点（下同）。假定拱荷载沿中和轴线性分布，在弧长 $s$ 处的拱荷载强度为

$$L_s^a = f_i(s)L_i^a + f_j(s)L_j^a \tag{4}$$

式中：$f_i(s) = (s_j - s)/(s_j - s_i)$；$f_j(s) = (s - s_i)/(s_j - s_i)$，$s_i$ 和 $s_j$ 分别是结点 $i$ 和 $j$ 的弧长。

拱的单元温度为

$$T^e = [T_{mi}, T_{di}, T_{mj}, T_{dj}]^{\mathrm{T}} \tag{5}$$

式中：$T_{mi}$、$T_{mj}$ 分别为结点 $i$、$j$ 的平均温度；$T_{di}$、$T_{dj}$ 分别是结点 $i$、$j$ 的等效线性温差，$T_{dj} = T_{i\text{下游}} - T_{i\text{上游}}$。

拱单元结点力及结点荷载由下式计算

$$F_a^e = K_a^e \delta^e, \quad P_a^e = -H_a^e L_a^e - D_a^e T^e \tag{6}$$

式中：$K_a^e$ 为拱单元刚度矩阵；$H_a^e$ 为拱单元加载矩阵；$D_a^e$ 为拱单元温度影响矩阵。

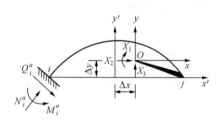

图 4　弹性中心

在文献[2、3]中，都用力法先求出拱单元柔度矩阵，再求逆得到刚度矩阵，计算不便。本文用弹性中心法直接给出 $K_a^e$、$H_a^e$、$D_a^e$ 三个矩阵，可简化计算。

取出拱单元 $ij$ 如图 4，坐标系 $xoy$ 的原点取为弹性中心 $O$，$x$ 轴平行于弦 $ij$。单元左端固定，右端自由，并用刚臂连至弹性中心 $O$。在弹性中心作用着 3 个超静定力 $X_1$（弯矩）、$X_2$、$X_3$，弹性中心的变位为

$$\left. \begin{aligned} \varDelta_1 &= \theta = X_1 \delta_{11} + \varDelta_P + \varDelta_T \\ \varDelta_2 &= \varDelta_x = X_2 \delta_{22} + X_3 \delta_{23} + \varDelta_{2P} + \varDelta_{2T} \\ \varDelta_3 &= \varDelta_y = X_2 \delta_{32} + X_3 \delta_{33} + \varDelta_{3P} + \varDelta_{3T} \end{aligned} \right\} \tag{7}$$

式中：$\delta_{ij}$ 为 $X_j = 1$ 引起的变化 $\varDelta_i$，而 $\varDelta_P$ 和 $\varDelta_T$ 分别为外荷载及温度变化在弹性中心引起的静定变位。

取剪力分布系数 $k = 1.25$，泊松比 $\mu = 0.20$，由虚功原理可知

$$\delta_{ij} = \int \frac{M_i M_j}{EJ} \mathrm{d}s + \int \frac{N_i N_j}{EA} \mathrm{d}s + 3\int \frac{Q_i Q_j}{EA} \mathrm{d}s \tag{8}$$

（一）$K_a^e$ 计算

设单元上无外荷载，无温度，故 $\varDelta_{iP} = \varDelta_{iT} = 0$，由式（7），弹性中心变位 $\theta$、$\varDelta_x$、$\varDelta_y$ 所引起的超静定力为

$$X_1 = d_1\theta, \quad X_2 = d_2\varDelta_x - d_3\varDelta_y, \quad X_3 = d_4\varDelta_y - d_3\varDelta_x \tag{9}$$

式中 $\qquad d_1 = 1/\delta_{11}, d_2 = \delta_{33}/d_0, d_3 = \delta_{23}/d_0, d_4 = \delta_{22}/d_0, d_0 = \delta_{22}\delta_{33} - \delta_{23}^3$ （10）

今在右端施加变位 $\theta_j$、$w_j$、$u_j$，通过刚臂在弹性中心产生的变位为

$$\theta = -\theta_j, \Delta_x = u_j \cos\phi_j - w_j \sin\phi_j + \theta_j y_j$$

$$\Delta_y = -u_j \sin\phi_j - w_j \cos\phi_j - \theta_j x_j$$ （11）

$\Phi_j$ 为结点 $j$ 半径与 $y$ 轴的夹角。把上式代入式（9），可求出右端变位 $\theta_j$、$w_j$、$u_j$ 产生的超静定力，从而可算出相应的结点力，即与这几个结点变位相应的刚度系数。同理，左端切开，右端固定，可求出与结点变位 $\theta_i$、$w_i$、$u_i$ 相关的刚度系数。

### （二）$\boldsymbol{H}_a^e$、$\boldsymbol{D}_a^e$ 计算

如图 4，设拱单元两端固定，故 $\Delta_1 = \Delta_2 = \Delta_3 = 0$，由式（7）可知

$$X_1 = -d_1(\Delta_{1P} + \Delta_{1T}),$$
$$X_2 = -d_2(\Delta_{2P} + \Delta_{2T}) + d_3(\Delta_{3P} + \Delta_{3T})$$ （12）
$$X_3 = -d_4(\Delta_{3P} + \Delta_{3T}) + d_3(\Delta_{2P} + \Delta_{2T})$$

式中：$d_1 \sim d_4$ 见式（10）。

把在荷载及温度变化作用下的静定变位 $\Delta_{iP}$ 和 $\Delta_{iT}$ 代入上式计算超静定力，从而可得结点力，即 $H_a^e$ 和 $D_a^e$ 两矩阵的相应元素。

垂直扭转的计算与通常拱坝相同，从略。

## 三、梁单元分析

取出梁单元如图 5，结点变位 $\delta^e$ 仍用式（2）表示，结点力 $F_b^e$ 为

$$F_b^e = [Q_i^b V_i^b \overline{M}_i^b M_i^b Q_j^b V_j^b \overline{M}_j^b M_j^b]^T \quad （13）$$

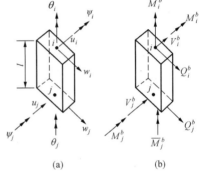

图 5 梁单元结点变位和结点力

（a）结点变位；（b）结点力

假定梁荷载在两结点之间线性分布，梁荷载强度为 $p^b$、$q^b$、$m^b$、$\overline{m}^b$，梁单元荷载强度表示为

$$\boldsymbol{L}_b^e = \left\{ \begin{array}{c} L_i^b \\ L_j^b \end{array} \right\}$$

$$L_i^b = [p_i^b q_i^b m_i^b \overline{m}_i^b]^T$$ （14）
$$L_j^b = [p_j^b q_j^b m_j^b \overline{m}_j^b]^T$$

梁单元结点力及结点荷载由下式计算

$$F_b^e = K_b^e \delta^e, \quad P_b^e = -H_b^e L_b^e - D_b^e T^e \quad （15）$$

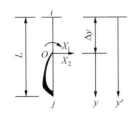

图 6 用弹性中心法分析梁单元

式中：$F_b^e$ 为梁单元刚度矩阵；$H_b^e$ 为梁单元加载矩阵；$D_b^e$ 为梁单元温度影响矩阵。

下面用弹性中心法分析变厚度梁单元。如图 6，坐标 $y$ 的原点放在弹性中心 $O$，上端固定，下端切开，用刚臂连至弹性中心，在弹性中心上作用着 2 个超静定力 $X_1$（弯矩）和 $X_2$，弹性中心的变位为

$$\Delta_1 = \Psi = X_1\delta_{11} + \Delta_{1P} + \Delta_{1T}$$
$$\Delta_2 = w = X_2\delta_{22} + \Delta_{2P} + \Delta_{2T} \tag{16}$$

取 $k=1.25$，$\mu=0.20$，由虚功原理，梁变位系数 $\delta_{ij}$ 计算如下

$$\delta_{ij} = \int \frac{M_i M_j}{EJ}\mathrm{d}y + 3\int \frac{Q_i Q_j}{EA}\mathrm{d}y \tag{17}$$

（一）$\boldsymbol{K}_b^e$ 计算

设无荷载，无温度，只在弹性中心施加变位 $\Delta_1$ 及 $\Delta_2$，由式（16）有

$$X_1 = \Delta_1/\delta_{11},\, X_2 = \Delta_2/\delta_{22} \tag{18}$$

今固定上端，下端产生变位 $\Psi_j$ 及 $w_j$，通过刚臂，在弹性中心产生变位如下

$$\Delta_1 = \Psi_j,\, \Delta_2 = w_j + y_j\Psi_j \tag{19}$$

把上式代入式（18），得到 $\Psi_j$、$w_j$ 引起的弹性中心的超静定力，从而可求得相应的结点力，即与 $\Psi_j$、$w_j$ 有关的刚度系数。

（二）$\boldsymbol{H}_b^e$、$\boldsymbol{D}_b^e$ 计算

$\boldsymbol{H}_b^e$ 及 $\boldsymbol{D}_b^e$ 是荷载和温度变化所引起的梁单元固端力系数，今梁单元上下两端同时固定，弹性中心变位为零，在式（16）中令 $\Delta_1 = \Delta_2 = 0$，得到

$$X_1 = -(\Delta_{1P} + \Delta_{1T})/\delta_{11},\, X_2 = -(\Delta_{2P} + \Delta_{2T})/\delta_{22} \tag{20}$$

把荷载和温度引起的弹性中心静定变位 $\Delta_{jp}$、$\Delta_{iT}$ 代入上式，即可求出弹性中心的超静定力，从而可计算结点力，即 $\boldsymbol{H}_b^e$ 和 $\boldsymbol{D}_b^e$ 中相应的元素。梁单元切向剪切变形和扭转可用通常方法分析。

# 四、扭曲梁单元分析

梁是沿半径方向切取的，在变半径拱坝中，由于不同高程的半径方向不同，所以梁是扭曲的。任取一根梁，分为 $n$ 段，在建立整体平衡方程时，每个结点的局部坐标系的 $z$ 轴都沿半径方向，由于梁的扭曲，第 $i$ 点与第 $i+1$ 点的 $z$ 轴的夹角为 $2\lambda_i$。本来从上到下，梁的扭曲是渐变的，现在用 $n$ 段直梁单元代替原来的扭曲梁，每段梁单元的局部坐标系的 $z$ 轴取为上下两端的平均半径方向。

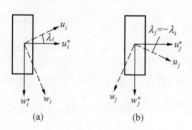

图 7　扭曲梁的两端位移

（a）上端；（b）下端

（一）铅直扭曲梁

取出第 $i$ 个单元，建立 3 个局部坐标系：①梁单元坐标系 $x\,y\,z$，$y$ 轴铅直，$z$ 轴平行于上下端的平均半径方向；②上端局部坐标系 $\bar{x}\ \bar{y}\ \bar{z}$，$\bar{y}$ 轴铅直，$\bar{z}$ 轴平行于上端半径方向；③下端局部坐标系 $\bar{\bar{x}}\ \bar{\bar{y}}\ \bar{\bar{z}}$，$\bar{\bar{y}}$ 轴铅直，$\bar{\bar{z}}$ 轴平行于下端半径方向。可见 3 个坐标系的 $y$ 轴重合，$\bar{z}$ 与 $z$ 轴的夹角为 $\lambda_i$，$\bar{\bar{z}}$ 轴与 $z$ 轴的夹角为 $-\lambda_i$。

考虑到绕坝体中面法线的转角为零，由图 7 得到扭曲梁单元的位移向量如下

$$\delta^e = \rho\delta^{*e} \tag{21}$$

式中

$$\rho = \begin{bmatrix} \gamma_i & 0 \\ 0 & \gamma_j \end{bmatrix}$$

$$\boldsymbol{\gamma}_i = \begin{bmatrix} \cos\lambda_i & \sin\lambda_i & 0 & 0 \\ -\sin\lambda_i & \cos\lambda_i & 0 & 0 \\ 0 & 0 & 1 & 0 \\ 0 & 0 & 0 & \cos\lambda_i \end{bmatrix}$$

$$\boldsymbol{\gamma}_j = \begin{bmatrix} \cos\lambda_i & -\sin\lambda_i & 0 & 0 \\ \sin\lambda_i & \cos\lambda_i & 0 & 0 \\ 0 & 0 & 1 & 0 \\ 0 & 0 & 0 & \cos\lambda_i \end{bmatrix} \tag{22}$$

同理，扭曲梁单元的结点力存在下列关系

$$F_b^e = \rho F_b^{*e} \tag{23}$$

其中，$\delta^{*e}$ 和 $F_b^{*e}$ 是梁单元坐标系中的单元结点变位和结点力，而 $\delta^e$ 和 $F_b^e$ 是上下两端局部坐标系中的单元结点变位和结点力。单元结点力和结点变位的关系为

$$\left.\begin{array}{ll} \text{梁单元坐标系} xyz \text{内} & F_b^{*e} = \boldsymbol{K}_b^{*e} \delta^{*e} \\ \text{上下端局部坐标系内} & F_b^e = \boldsymbol{K}_b^e \delta^e \end{array}\right\} \tag{24}$$

其中

$$K_b^e = \rho \boldsymbol{K}_b^{*e} \rho^{-1} \tag{25}$$

在建立整体平衡方程时，需要的是上下端局部坐标系中的 $\boldsymbol{K}_b^e$，这就是扭曲梁单元的刚度矩阵。

下面考虑扭曲梁的荷载。

由图 8 可知，不同坐标系中的梁荷载存在下列关系

$$L_b^e = \bar{\rho} \boldsymbol{L}_b^{*e} \tag{26}$$

式中：$\boldsymbol{L}_b^e$ 和 $\boldsymbol{L}_b^{*e}$ 分别是两端局部坐标系和梁单元坐标系中的荷载，而 $\bar{\rho}$ 是与式（22）相似的坐标变换矩阵，所不同的是对径向荷载要考虑 $R_U / r$ 的影响。$R_U$ 和 $r$ 分别为上游面和拱中心轴的半径。

梁单元坐标系中的固端荷载为

$$P_b^* = -\boldsymbol{H}_b^* L_b^* - \boldsymbol{D}_b^{*e} T^e \tag{27}$$

在上下端局部坐标系中，固端荷载为

$$\boldsymbol{P}_b = \rho P_b^* \tag{28}$$

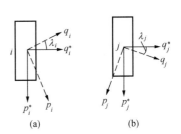

图 8  扭曲梁的荷载

（a）上端 $i$；（b）下端 $j$

把式（26）、式（27）两式代入上式，得到

$$\begin{aligned} P_b &= -\boldsymbol{H}_b^e L_b^e - \boldsymbol{D}_b^e T^e \\ &= -\rho H_b^{*e} \bar{\rho}^{-1} L_b^e - \rho D_b^{*e} T^e \end{aligned} \tag{29}$$

由上式可知

$$H_b^e = \rho H_b^{*e} \bar{\rho}^{-1}$$
$$D_b^e = \rho D_b^{*e}$$
(30)

**（二）倾斜梁**

拱单元是沿水平面切取得，所以上下端局部坐标系的 $y$ 轴是铅直的。如梁倾斜，则梁单元坐标系的 $y$ 轴（沿梁中心轴方向）与铅直线的夹角为 $\phi$，由图 9 可知存在下列关系

$$\left.\begin{array}{c}\delta^e = \rho_1 \delta^{*e}\\F_b^e = \rho_1 F_b^{*e}\end{array}\right\}$$
(31)

式中：$\rho_1$ 是坐标变换矩阵。

根据与上节类似的推导，可得到下列关系

$$\left.\begin{array}{c}K_b^e = \rho_1 K_b^{*e} \rho_1^{-1}\\H_b^e = \rho_1 H_b^{*e} \rho_1^{-1}\\D_b^e = \rho_1 D_b^{*e}\end{array}\right\}$$
(32)

图 9　倾斜梁单元　　**（三）倾斜的扭曲梁**

对于倾斜的扭曲梁，可连续进行两次坐标变换，因而可令

$$\rho_2 = \rho\rho_1$$
$$\bar{\rho}_2 = \bar{\rho}\rho_1$$
(33)

在式（25）、式（30）两式中，以 $\rho_2$、$\bar{\rho}_2$ 代替 $\rho$、$\bar{\rho}$，即可求得相应的矩阵。

# 五、整体平衡方程

**（一）位移法**

文献[3]采用"梁站在拱上"的假定建立了位移法的整体平衡方程，考虑到"梁站在拱上"的假定不严密，会带来一定误差[6]，本文采用组合刚度法建立位移法的整体平衡方程。

1. 内部结点的整体平衡方程

任取一根悬臂梁，列出平衡方程如下

$$K_b\delta + H_b L_b + D_b T = 0$$
(34)

任取一拱圈，其平衡方程为

$$K_a\delta + H_a L_a + D_a T = 0$$
(35)

由式（34），得到

$$L_b = -H_b^{-1} K_b \delta - H_b^{-1} D_b T$$
(36)

由分载原理可知

$$L_a = L_{外} - L_b$$
(37)

把上式及式（36）代入式（35），得到拱坝内部及坝顶边界结点的平衡方程如下

$$K\delta = P$$
(38)

式中

$$K = K_a + H_a H_b^{-1} K_b, \quad P = -H_a L_{外} - (H_a H_b^{-1} D_b + D_a)T$$
(39)

2. 基础边界结点的平衡方程

如图 10，取单位高度的拱圈，相应的梁宽度为 $\tan\psi_L$，基础宽度为 $\sec\psi_L$，因此结点平衡条件为

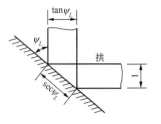

$$F_a + \tan\psi_L \cdot F_b + \sec\psi_L \cdot F_f$$
$$= -H_a L_a - D_a T - \tan\psi_L \times (H_b L_b + D_b T) \tag{40}$$

图 10 基础边界

把式（36）、式（37）两式代入上式，得到基础边界结点平衡方程如下

$$K'\delta = P \tag{41}$$

式中

$$K' = K_a + H_a H_b^{-1} K_b + \sec\psi_L \cdot K_f$$

$$P = -H_a L_外 - (H_a H_b^{-1} D_b + D_a)T \tag{42}$$

其中 $K_f$ 为基础刚度矩阵，可按伏格特方法计算。

在内部和坝顶结点，有拱、梁 2 组平衡条件，正好可决定 2 组变量（变位和荷载分配）。在基础边界结点，只有 1 组平衡条件，它们要用来求变位，所以边界结点上的荷载分配问题也与试载法一样，需由相邻结点移植。在坝顶的拱座，沿拱向有邻点外插。在其余结点，沿梁、拱 2 个方向由邻点外插再加权平均。

（二）混合法

1. 内部结点平衡方程

任取 1 个结点，在梁的方向和拱的方向可分别列出如下 2 个平衡方程

$$K_b\delta + H_b L_b + D_b T = 0 \tag{43}$$
$$K_a\delta + H_a(L_外 - L_b) + D_a T = 0 \tag{44}$$

在每一内部结点，都可列出上两式所表示的 8 个平衡方程，正好可用来求解 8 个未知量，4 个变位和 4 个梁荷载。

2. 基础边界结点平衡方程

$$(K_a + \tan\psi_L \cdot K_b + \sec\psi_L \cdot K_f)\delta$$
$$= (H_a - \tan\psi_L \cdot H_b)L_b - H_a L_外 - (D_a + \tan\psi_L \cdot D_b)T \tag{45}$$

3. 混合编码法

每个结点的平衡方程只与相邻结点的未知量有关，采用有限元方法中的编码法[4]，很容易建立这样一组方程。但因每个结点有 2 种未知量：$\delta = [\delta_1 \delta_2 \cdots \delta_n]^T$ 和 $L_b = [L_1^b L_2^b L_3^b \cdots]^T$，按通常的编码法，系数矩阵的宽带很大的，因为 $\delta_i$ 和 $L_i^b$ 相距很远。为了解决上述矛盾，我们建议采用如下的混合编码法：命 $\xi$ 为如下未知量

在内部结点
$$\varepsilon_i = \begin{cases} \delta_i \\ L_i^b \end{cases}; \quad \text{在基础结点 } \varepsilon_i = \delta_i \tag{46}$$

于是整体平衡方程可改写如下

$$B\xi = P \tag{47}$$

式中：$P$ 是已知的温度和外荷载项；$B$ 是狭窄的带状矩阵。存储量大为下降，并可用通常的带状矩阵解答求解，在进行拱坝优化的敏度分析时尤为方便，因可把上式中的 $B^{-1}$ 存起来，重复利用。在这里，混合法有两层含义，一是有两种变量，二是混合编码。

## （三）位移法与混合法的比较

位移法虽然只有一套未知量，但为了消去梁荷载，必须从梁的平衡方程组（34）中解出 $L_b$ 来，这时的式（34）必须是整根梁的平衡方程组，包含了整根梁的全部结点变位，所以式（38）的宽带比较大，从式（39）还可看出，在建立式（38）时要进行 $H_a H_b^{-1} K_b$ 及 $H_a H_b^{-1} D_b$ 等矩阵运算。所以，与混合法相比，位移法要占用较多内存，特别是程序要复杂得多。混合法的平衡方程只与相邻 4 个结点有关，采用本文建议的混合编码法后，具有存储量小、计算时间少及程序简单等优点。

# 六、拱坝动力分析

如上所述，混合法比位移法具有明显的优点，下面说明如何用混合法进行拱坝动力分析。采用振型组合法计算，关键在于求出拱坝的自振频率和振型。在自由振动条件下，无外荷载，只有惯性力，忽略转动的惯性力，在结点 $i$ 的惯性力为

$$L_{\text{外}}^i = m_i \ddot{\delta}_i \tag{48}$$

式中

$$m_i = \frac{\gamma t_i}{g} \begin{bmatrix} 1 & 0 & 0 & 0 \\ 0 & 1 & 0 & 0 \\ 0 & 0 & 0 & 0 \\ 0 & 0 & 0 & 0 \end{bmatrix} \tag{49}$$

假定相邻结点之间，惯性力沿弧长线性变化，由分载原理可知，在自由振动条件下，有

$$L_a + L_b = L_{\text{外}} = m\ddot{\delta} \tag{50}$$

把上式代替式（37），得到自由振动时的整体平衡方程如下

内部结点 $\qquad K_b \delta + H_b L_b = 0, \ H_a m\ddot{\delta} + K_a \delta - H_a L_b = 0$

基础结点 $\quad H_a m\ddot{\delta} + (K_a + \tan\psi_L \cdot K_b + \sec\psi_L \cdot K_f)\delta = (H_a - \tan\psi_L \cdot H_b)L_b$ $\qquad$ (51)

作变换如式（46），上式可改写如下

$$A\ddot{\xi} + B\xi = 0 \tag{52}$$

令 $\qquad\qquad\qquad\qquad \xi = \xi_0 \cos\omega\tau \tag{53}$

式中：$\omega$ 为自振圆频率；$\tau$ 为时间。

代入式（52），得到计算拱坝自振率和振型的基本方程如下

$$(B - \omega^2 A)\xi_0 = 0 \tag{54}$$

由上式可解出拱坝自振频率和振型。再利用振型组合法，可求出拱坝的动力反应。

# 七、算例

利用本文方法编制的 ADAS 程序，已计算了东风抛物线拱坝、二滩抛物线拱坝、龙滩对数螺线拱坝、观音山二心圆拱坝等实际工程，结果都很满意，为节省篇幅，下面只给出 1 个算例。

【算例】图 11 所示二滩抛物线双曲拱坝，高 240m，在水荷载作用下的计算结果见图 12，可见本计算结果与模型试验及试载法计算结果基本一致。

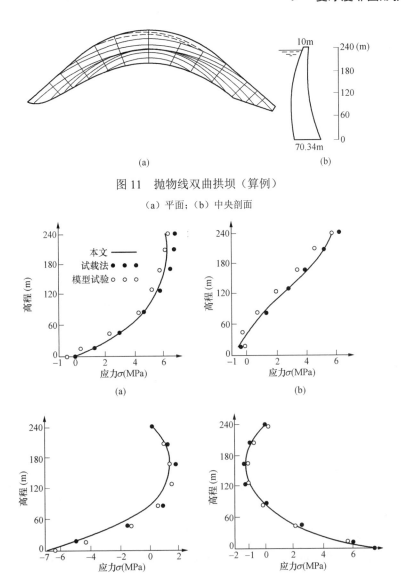

图 11  抛物线双曲拱坝（算例）

（a）平面；（b）中央剖面

图 12  算例的计算结果

（a）中央剖面上游面水平应力；（b）中央剖面下游面水平应力；（c）中央剖面上游面竖向应力；（d）中央剖面下游面竖向应力

# 八、结束语

利用本文方法编制的 ADAS 程序，可以计算变厚度、非圆形的各种拱坝，包括多心圆、抛物线、对数螺线、椭圆、双曲线等各种型式。计算功能强、精度高、速度快。在 M160 计算机上，按 7 拱 13 梁网格，计算一个拱坝，只要 20s，比试载法的效率高得多。计算网格可任意加密，程序比较简单，占用内存少，可以在 IBM/XT 微机上完成计算。

## 参 考 文 献

[1] 朱伯芳，宋敬廷. 计算拱坝的一维有限单元法. 水利水运科学研究. 1979，（2）.

［2］孙扬镳. 杆元分载拱冠梁法及其程序. 拱坝技术，1982，（2）.

［3］林绍忠，杨仲侯. 分析拱坝应力的分载位移法. 水利学报，1987，（1）.

［4］朱伯芳，有限单元法原理与应用. 北京：水电出版社，1979.

［5］朱伯芳，饶斌，贾金生. 拱坝应力分析及 ADAS 程序. 计算技术及计算机应用，1988，（1）.

［6］黎展眉. 拱坝. 北京：水利电力出版社，1982.

# 附　　录

## 一、变厚度非圆形拱单元的 $K_a^e$、$H_a^e$、$D_a^e$ 矩阵

$F = K_a^e \delta^e$ 展开如下：

$$
\begin{Bmatrix} Q_i^a \\ N_i^a \\ M_i^a \\ \bar{M}_i^a \\ Q_j^a \\ N_j^a \\ M_j^a \\ \bar{M}_j^a \end{Bmatrix} = \begin{bmatrix} k_{11} & k_{12} & k_{13} & 0 & k_{15} & k_{16} & k_{17} & 0 \\ k_{21} & k_{22} & k_{23} & 0 & k_{25} & k_{26} & k_{27} & 0 \\ k_{31} & k_{32} & k_{33} & 0 & k_{35} & k_{36} & k_{37} & 0 \\ 0 & 0 & 0 & k_{44} & 0 & 0 & 0 & k_{48} \\ k_{51} & k_{52} & k_{53} & 0 & k_{55} & k_{56} & k_{57} & 0 \\ k_{61} & k_{62} & k_{63} & 0 & k_{65} & k_{66} & k_{67} & 0 \\ k_{71} & k_{72} & k_{73} & 0 & k_{75} & k_{76} & k_{77} & 0 \\ 0 & 0 & 0 & k_{84} & 0 & 0 & 0 & k_{88} \end{bmatrix} \begin{Bmatrix} w_i \\ u_j \\ \theta_i \\ \psi_i \\ w_j \\ u_j \\ \theta_j \\ \psi_j \end{Bmatrix}
\tag{55}
$$

式中非零刚度系数如下：

$k_{11} = -\lambda_1 \sin \phi_i + \lambda_2 \cos \phi_i$，$k_{12} = k_{21} = \lambda_1 \cos \phi_i + \lambda_2 \sin \phi_i$，$k_{13} = k_{31} = -\lambda_5 \sin \phi_i + \lambda_6 \cos \phi_i$，

$k_{15} = k_{51} = \lambda_1 \sin \phi_j - \lambda_2 \cos \phi_j$，$\quad k_{16} = k_{61} = -\lambda_1 \cos \phi_j - \lambda_2 \cos \phi_j$，$\quad k_{17} = k_{71} = -\lambda_1 y_j - \lambda_2 x_j$，

$k_{22} = \lambda_3 \cos \phi_i + \lambda_4 \sin \phi_i$，$\quad k_{23} = k_{32} = \lambda_5 \cos \phi_i + \lambda_6 \sin \phi_i$，$\quad k_{25} = k_{52} = \lambda_3 \sin \phi_j - \lambda_4 \cos \phi_j$，

$k_{26} = k_{62} = -\lambda_3 \cos \phi_j - \lambda_4 \sin \phi_j$，$\quad k_{27} = k_{72} = -\lambda_3 y_j - \lambda_4 x_j$，$\quad k_{33} = d_1 + \lambda_5 y_i + \lambda_6 x_i$，

$k_{35} = k_{53} = \lambda_5 \sin \phi_j - \lambda_6 \cos \phi_j$，$\quad k_{36} = k_{63} = -\lambda_5 \cos \phi_j - \lambda_6 \sin \phi_j$，$\quad k_{37} = k_{73} = d_1 - \lambda_5 y_j - \lambda_6 x_j$，

$k_{44} = k_{88} = \lambda_{13}$，$\quad k_{48} = k_{84} = -\lambda_{13} \cos (\phi_j - \phi_i)$，$\quad k_{55} = \lambda_7 \sin \phi_j - \lambda_8 \cos \phi_j$，

$k_{56} = k_{65} = \lambda_9 \sin \phi_j - \lambda_{10} \cos \phi_j$，$\quad k_{57} = k_{75} = \lambda_{11} \sin \phi_j - \lambda_{12} \cos \phi_j$，$\quad k_{66} = -\lambda_9 \cos \phi_j - \lambda_{10} \sin \phi_j$，

$k_{67} = k_{76} = -\lambda_{11} \cos \phi_j - \lambda_{12} \sin \phi_j$，$\quad k_{77} = d_1 - \lambda_{11} y_j - \lambda_{12} x_j$
$$\tag{56}$$

$\lambda_1 = -d_2 \sin \phi_i + d_3 \cos \phi_i$，$\quad \lambda_2 = -d_3 \sin \phi_i + d_4 \cos \phi_i$，$\quad \lambda_3 = d_2 \cos \phi_i + d_3 \sin \phi_i$，

$\lambda_4 = d_3 \cos \phi_i + d_4 \cos \phi_i$，$\quad \lambda_5 = d_2 y_i + d_3 x_i$，$\quad \lambda_6 = d_3 y_i + d_4 x_i$，$\quad \lambda_7 = d_2 \sin \phi_j - d_3 \cos \phi_j$，

$\lambda_8 = d_3 \sin \phi_j - d_4 \cos \phi_j$，$\quad \lambda_9 = -d_2 \cos \phi_j - d_3 \sin \phi_j$，$\quad \lambda_{10} = -d_3 \cos \phi_j - d_4 \sin \phi_j$，$\quad \lambda_{11} = -d_2 y_j - d_3 x_j$，

$\lambda_{12} = -d_3 y_j - d_4 x_j$，$\quad \lambda_{13} = 1/\delta_t$，$\quad \delta_t = (1 + \mu) \int_0^{\Delta\Phi} (r/EJ) \cos^2 \alpha \, \mathrm{d}\alpha$，$\quad \Delta\phi = \phi_i - \phi_j$，$\quad \lambda_{14} = \lambda_{13} \cos(\phi_j - \phi_i)$
$$\tag{57}$$

$H_a^e L_a$ 展开如下

$$H_a^e L_a \begin{Bmatrix} h_{11} & h_{12} & h_{13} & 0 & h_{15} & h_{16} & h_{17} & 0 \\ h_{21} & h_{22} & h_{23} & 0 & h_{25} & h_{26} & h_{27} & 0 \\ h_{31} & h_{32} & h_{33} & 0 & h_{35} & h_{36} & h_{37} & 0 \\ 0 & 0 & 0 & h_{44} & 0 & 0 & 0 & h_{48} \\ h_{51} & h_{52} & h_{53} & 0 & h_{55} & h_{56} & h_{57} & 0 \\ h_{61} & h_{62} & h_{63} & 0 & h_{65} & h_{66} & h_{67} & 0 \\ h_{71} & h_{72} & h_{73} & 0 & h_{75} & h_{76} & h_{77} & 0 \\ 0 & 0 & 0 & h_{84} & 0 & 0 & 0 & h_{88} \end{Bmatrix} \begin{Bmatrix} p_i \\ q_i \\ m_i \\ \bar{m}_i \\ p_j \\ q_j \\ m_j \\ \bar{m}_j \end{Bmatrix} \tag{58}$$

$H_a^e$ 矩阵中的非零元素计算如下

$h_{11} = b_2 \lambda_1 - b_3 \lambda_2 - f_1$ ， $h_{21} = b_2 \lambda_3 - b_3 \lambda_4 - f_2$ ， $h_{31} = b_2 \lambda_5 - b_3 \lambda_6 - d_1 b_1 - f_3$ ， $h_{51} = b_2 \lambda_7 - b_3 \lambda_8$ ，
$h_{61} = b_2 \lambda_9 - b_3 \lambda_{10}$ ， $h_{71} = b_2 \lambda_{11} - b_3 \lambda_{12} + d_1 b_1$ ， $h_{12} = b_8 \lambda_1 - b_9 \lambda_2 - f_7$ ，
$h_{22} = b_8 \lambda_3 - b_9 \lambda_4 - f_8, h_{32} = b_8 \lambda_5 - b_9 \lambda_6 - d_1 b_7 - f_9$ ， $h_{52} = b_8 \lambda_7 - b_9 \lambda_8$ ， $h_{62} = b_8 \lambda_9 - b_9 \lambda_{10}$ ，
$h_{72} = b_8 \lambda_{11} - b_9 \lambda_{12} + d_1 b_7$ ， $h_{13} = b_{14} \lambda_1 - b_{15} \lambda_2 - f_{13}$ ， $h_{23} = b_{14} \lambda_3 - b_{15} \lambda_4 - f_{14}$ ，
$h_{33} = b_{14} \lambda_5 - b_{15} \lambda_6 - d_1 b_{13} - f_{15}$ ， $h_{53} = b_{14} \lambda_7 - b_{15} \lambda_8$ ， $h_{63} = b_{14} \lambda_9 - b_{15} \lambda_{10}$ ，
$h_{73} = b_{14} \lambda_{11} - b_{15} \lambda_{12} + d_1 b_{13}$ ， $h_{44} = \lambda_{14} b_{19} - f_{19}$ ， $h_{84} = -\lambda_{13} b_{19}$ ， $h_{48} = \lambda_{14} b_{20} - f_{20}$ ， $h_{88} = -\lambda_{13} b_{20}$ ，
$h_{15} = b_5 \lambda_1 - b_6 \lambda_2 - f_4$ ， $h_{25} = b_5 \lambda_3 - b_6 \lambda_4 - f_5$ ， $h_{35} = b_5 \lambda_5 - b_6 \lambda_6 - d_1 b_4 - f_6$ ， $h_{55} = b_5 \lambda_7 - b_6 \lambda_8$ ，
$h_{65} = b_5 \lambda_9 - b_6 \lambda_{10}$ ， $h_{75} = b_5 \lambda_{11} - b_6 \lambda_{12}$ ， $h_{16} = b_{11} \lambda_1 - b_{12} \lambda_2 - f_{10}$ ， $h_{26} = b_{11} \lambda_3 - b_{12} \lambda_4 - f_{11}$ ，
$h_{36} = b_{11} \lambda_5 - b_{12} \lambda - d_1 b_{10} - f_{12}$ ， $h_{56} = b_{11} \lambda_7 - b_{12} \lambda_8$ ， $h_{66} = b_{11} \lambda_9 - b_{12} \lambda_{10}$ ， $h_{76} = b_{11} \lambda_{11} - b_{12} \lambda_{12} + d_1 b_{10}$ ，
$h_{17} = b_{17} \lambda_1 - b_{18} \lambda_2 - f_{16}$ ， $h_{27} = b_{17} \lambda_3 - b_{18} \lambda_4 - f_{17}$ ， $h_{37} = b_{17} \lambda_5 - b_{18} \lambda_6 - d_1 b_{16} - f_{18}$ ，
$h_{57} = b_{17} \lambda_7 - b_{18} \lambda_8$ ， $h_{67} = b_{17} \lambda_9 - b_{18} \lambda_{10}$ ， $h_{77} = b_{17} \lambda_{11} - b_{18} \lambda_{12} + d_1 b_{16}$

$$\tag{59}$$

拱单元左端固定，右端自由，在各种单位荷载作用下，左端的静定内力为上式中的 $f_1 \sim f_{20}$ ，弹性中心的静定变位为上式中的 $b_1 \sim b_{20}$ 。例如，在径向荷载 $p_i = 1$ 作用下， $f_1 = Q_{iL}$ ， $f_2 = N_{iL}$ ， $f_3 = M_{iL}$ ， $b_1 = \Delta_{1L}$ ， $b_2 = \Delta_{2L}$ ， $b_3 = \Delta_{3L}$ ，其余见附表 1，其中 $b_{19}$ 、 $b_{20}$ 是在单位垂直扭转荷载作用下右端的扭转角变位， $f_{19}$ 、 $f_{20}$ 是左端静定扭矩。

**附表 1** 　　　　　　　　　　　单位荷载作用下的静定变位和内力 $b_i$ 、 $f_i$

| 单位荷载 | 弹性中心静定变位 | | | 左端静定内力 | | |
|---|---|---|---|---|---|---|
| | $\Delta_{1L}$ | $\Delta_{2L}$ | $\Delta_{3L}$ | $Q_{iL}$ | $N_{iL}$ | $M_{iL}$ |
| 径向荷载 $p_i = 1$ | $b_1$ | $b_2$ | $b_3$ | $f_1$ | $f_2$ | $f_3$ |
| 径向荷载 $p_j = 1$ | $b_4$ | $b_5$ | $b_6$ | $f_4$ | $f_5$ | $f_6$ |
| 切向荷载 $q_i = 1$ | $b_2$ | $b_8$ | $b_9$ | $f_7$ | $f_8$ | $f_9$ |
| 切向荷载 $q_j = 1$ | $b_{10}$ | $b_{11}$ | $b_{12}$ | $f_{10}$ | $f_{11}$ | $f_{12}$ |
| 水平扭转荷载 $m_i = 1$ | $b_{13}$ | $b_{14}$ | $b_{15}$ | $f_{13}$ | $f_{14}$ | $f_{15}$ |
| 水平扭转荷载 $m_j = 1$ | $b_{16}$ | $b_{17}$ | $b_{18}$ | $f_{16}$ | $f_{17}$ | $f_{18}$ |
| 垂直扭转荷载 $\bar{m}_i = 1$ | $b_{19}$（右端扭转角） | | | $F_{19}$（左端扭转） | | |
| 垂直扭转荷载 $\bar{m}_j = 1$ | $b_{20}$（右端扭转角） | | | $f_{20}$（左端扭转） | | |

$D_a^e T^e$ 展开如下

$$D_a^e T^e = \alpha \begin{Bmatrix} d_{11} & d_{12} & d_{13} & d_{14} \\ d_{21} & d_{22} & d_{23} & d_{24} \\ d_{31} & d_{32} & d_{33} & d_{34} \\ 0 & 0 & 0 & 0 \\ d_{51} & d_{52} & d_{53} & d_{54} \\ d_{61} & d_{62} & d_{63} & d_{64} \\ d_{71} & d_{72} & d_{73} & d_{74} \\ 0 & 0 & 0 & 0 \end{Bmatrix} \begin{Bmatrix} T_{mi} \\ T_{di} \\ T_{mj} \\ T_{dj} \end{Bmatrix} \qquad (60)$$

$D_a^e$ 矩阵的非零元素计算如下

$d_{11}=c_7\lambda_1+c_9\lambda_2$，$d_{12}=c_3\lambda_1+c_5\lambda_2$，$d_{13}=c_8\lambda_1+c_{10}\lambda_2$，$d_{14}=c_4\lambda_1+c_6\lambda_2$，$d_{21}=c_7\lambda_3+c_9\lambda_4$，$d_{22}=c_3\lambda_3+c_5\lambda_4$，$d_{23}=c_8\lambda_3+c_{10}\lambda_4$，$d_{24}=c_4\lambda_3+c_6\lambda_4$，$d_{31}=c_7\lambda_5+c_9\lambda_6$，$d_{32}=c_1d_1+c_3\lambda_5+c_5\lambda_6$，$d_{33}=c_8\lambda_5+c_{10}\lambda_6$，$d_{34}=c_2d_1+c_4\lambda_5+c_6\lambda_6$，$d_{51}=c_7\lambda_7+c_9\lambda_8$，$d_{52}=c_3\lambda_7+c_5\lambda_8$，$d_{53}=c_8\lambda_7+c_{10}\lambda_8$，$d_{54}=c_4\lambda_7+c_6\lambda_8$，$d_{61}=c_7\lambda_9+c_9\lambda_{10}$，$d_{62}=c_3\lambda_9+c_5\lambda_{10}$，$d_{63}=c_8\lambda_9+c_{10}\lambda_{10}$，$d_{64}=c_4\lambda_9+c_6\lambda_{10}$，$d_{71}=c_7\lambda_{17}+c_9\lambda_{12}$，$d_{72}=-c_1d_1+c_3\lambda_{11}+c_5\lambda_{12}$，$d_{73}=c_8\lambda_{11}+c_{10}\lambda_{12}$，$d_{74}=-c_2d_1+c_4\lambda_{11}+c_6\lambda_{12}$ $\qquad (61)$

设平均温度 $T_m$、线温差 $T_d$ 及拱厚度 $t$ 均为弧长 $s$ 的线性函数，因而可用 $i$、$j$ 两结点的量表示如式（13），上式中的 $c_i$ 计算如下

$$\left.\begin{aligned} c_1 &= \int (f_i/t)\mathrm{d}s \\ c_2 &= \int (f_j/t)\mathrm{d}s \\ c_3 &= \int (f_i y/t)\mathrm{d}s \\ c_4 &= \int (f_j y/t)\mathrm{d}s \\ c_5 &= \int (f_i x/t)\mathrm{d}s \\ c_6 &= \int (f_j x/t)\mathrm{d}s \\ c_7 &= \int f_i \cos\phi\,\mathrm{d}s \\ c_8 &= \int f_j \cos\phi\,\mathrm{d}s \\ c_9 &= \int f_i \sin\phi\,\mathrm{d}s \\ c_{10} &= \int f_j \sin\phi\,\mathrm{d}s \end{aligned}\right\} \qquad (62)$$

把各种不同形式的拱轴方程代入文中相应公式，即可求出各种变厚度、非圆拱单元的有关矩阵。例如，由式（8），用高斯积分方法求出 $\delta_{ij}$，然后由式（56）、式（60）可直接求出变厚度，非圆拱单元刚度矩阵的全部系数，只是在由式（8）求 $\delta_{ij}$ 时要利用数值积分，其余计算全部是简单的运算。所以计算是高效率的。

## 二、变厚度梁单元的刚度矩阵

$$
\boldsymbol{K}_b^e = \left\{
\begin{array}{cccccccc}
\dfrac{1}{\delta_{22}} & 0 & 0 & \dfrac{y_1}{\delta_{22}} & -\dfrac{1}{\delta_{22}} & 0 & 0 & -\dfrac{y_j}{\delta_{22}} \\[2ex]
0 & \dfrac{1}{2.4\delta_0} & 0 & 0 & 0 & -\dfrac{1}{2.4\delta_0} & 0 & 0 \\[2ex]
0 & 0 & \dfrac{1}{1.2\delta_{11}} & 0 & 0 & 0 & -\dfrac{1}{1.2\delta_{11}} & 0 \\[2ex]
-\dfrac{y_j}{\delta_{22}} & 0 & 0 & \dfrac{1}{\delta_{11}}-\dfrac{y_i y_j}{\delta_{22}} & -\dfrac{y_i}{\delta_{22}} & 0 & 0 & -\dfrac{1}{\delta_{11}}-\dfrac{y_i y_j}{\delta_{22}} \\[2ex]
-\dfrac{1}{\delta_{22}} & 0 & 0 & -\dfrac{y_i}{\delta_{22}} & \dfrac{1}{\delta_{22}} & 0 & 0 & -\dfrac{y_j}{\delta_{22}} \\[2ex]
0 & -\dfrac{1}{2.4\delta_0} & 0 & 0 & 0 & -\dfrac{1}{2.4\delta_0} & 0 & 0 \\[2ex]
0 & 0 & -\dfrac{1}{1.2\delta_{11}} & 0 & 0 & 0 & \dfrac{1}{1.2\delta_{11}} & 0 \\[2ex]
-\dfrac{y_j}{\delta_{22}} & 0 & 0 & -\dfrac{1}{\delta_{11}}-\dfrac{y_i y_j}{\delta_{22}} & \dfrac{y_j}{\delta_{22}} & 0 & 0 & \dfrac{1}{\delta_{11}}+\dfrac{y_j^2}{\delta_{22}}
\end{array}
\right\} \qquad (63)
$$

式中只有 $\delta_0$、$\delta_{11}$、$\delta_{22}$ 三个系数要用高斯积分法由式（17）计算，其余全部计算都是简单的代数运算。本文给出的变截面梁单元的这一套算式是迄今最精确、最简单的算式。

# 论拱坝的允许拉应力问题[❶]

**摘　要：** 在相当多的情况下，允许拉应力对拱坝的厚度起了控制作用。作者认为，拱坝是偏心受压结构，坝体安全主要取决于混凝土的抗压强度。我国混凝土拱坝设计规范中所规定的允许拉应力可以适当放宽。本文对这个问题进行了比较全面的分析和讨论。

**关键词：** 拱坝；允许拉力

## On the Allowable Tensile Stresses in Arch Dams

**Abstract:** The thicknesses of arch dams are mainly controlled by the allowable tensile stresses in many cases. As arch dam is an eccentrically compressed structure, the safety of the dam is primarily determined by the compressive strength of concrete. In the author's opinion, the restrictions on allowable tensile stresses stipulated by the design specifications of arch dams in China may be adequately relaxed: This problem is analyzed and discussed comprehensively and intensively in this paper. formulas for calculating the depth of crack and the redistribution of stresses after crack formation are given.

**Key words:** arch dam, allowable tensile stress

## 一、前言

在拱坝设计中，坝体厚度主要决定于坝体应力。经验表明，按照我国现行拱坝设计规范所规定的允许拉应力值，在相当多的情况下，允许拉应力对拱坝不少部位的厚度起了控制作用。作者认为，拱坝是偏心受压结构，坝体的安全主要取决于混凝土抗压强度。因此，有充分理由提出这么一个问题：拱坝的允许拉应力是否可以适当放宽？

人们对拱坝的拉应力问题历来是相当重视的，下面对有关的问题逐一进行分析与讨论。

## 二、拱坝拉应力可否避免

由于混凝土的抗压强度远远大于其抗拉强度，粗略地说，抗压强度约为抗拉强度的 10 倍。历史上曾经有不少人企图设计出无拉应力的拱坝。用薄膜理论进行拱坝的体形设计，就是其中一个典型的例子。但是由于基础对坝体变形的约束，在坝内必然要产生弯矩，从而引

---

❶　原载《水利学报》1991 年第 8 期。

起拉应力、不管如何设计拱的轴线，在实用范围内，要避免拉应力是极少可能的。

也有人企图从坝的构造上想办法。例如，沿基础边界做铰，以保证不产生弯矩。纯混凝土不可能起铰的作用。为了真正起铰的作用，只能做成钢筋混凝土结构，正负钢筋相交于铰处。这种结构形式，在拱桥上是可行的，因为桥的荷载比较小。但在拱坝上，它却是不可行的。因为拱坝承受着巨大的水压力，拱的轴向力很大，其值约为 $N=pR$，其中 $p$ 为水压力，$R$ 为拱的半径。例如，设 $R=100m$，$p=500kPa$，则 $N=50MN/m$，这样大的轴向力，如完全由钢筋承担，按允许应力 100MPa 计算，约需钢筋 $5000cm^2/m$。这不但是不经济的，实际上连布置钢筋都有困难。所以，做有铰拱坝是有困难的。

也有的工程把断面的一部分削弱，例如在坝体断面的上游面的三分之一上涂上沥青，以隔断力的传递，但这并不是铰，断面上还是有弯矩的，当然拉应力是减小甚至在一定范围内消除了，在结构上，它的作用与产生裂缝是相似的，不过防渗作用较好。

## 三、关于如何减少拱坝拉应力的问题

加大拱中心角可以适当减小拉应力，但使坝肩抗滑稳定性趋于恶化，得不偿失。由于人们认识到坝肩稳定问题的重要性，实际上当前在拱坝设计中趋向于采用较小的中心角。坝体最大中心角从过去的 100°～120°减小到目前的 75°～100°，中心角减小后，拉应力实际上增加了。

减少拉应力最有效的办法是调整坝体灌浆温度。粗略地说，温度降低 1℃，拉应力约可减少 0.10MPa。在气候温暖地区，这一措施在技术上是可行的，但要支付相应的经费。在寒冷地区，由于气温变差大，温度引起的拉应力大，年平均温度又低，调温幅度有限。单纯依靠调整灌浆温度使拉应力降低到允许范围内，往往还有一定困难。

增加坝体厚度可以减小拉应力，这也是目前常用的方法，但坝的造价随之增加。

## 四、关于拱坝拉应力的危害性

拉应力大了，直接的结果就是出现裂缝。在坝顶附近，因水头小，冬季温度下降幅度又大，轴力有可能是负的，有可能产生贯穿性裂缝。但轴力为负值的范围毕竟很小，而且水头小，虽产生贯穿性裂缝，危害性也不会大。在拱坝的绝大部分，由于存在着轴向压力，裂缝不可能贯穿整个断面，不至于通过裂缝漏水。实际工程中这些部位的裂缝都是施工期温度应力引起的。防止这种裂缝，主要依靠施工期的温度控制。

拱坝是偏心受压结构，局部出现裂缝后，应力将重分布，对面压应力会有所增加，只要增加后的压应力在允许范围内，坝就是安全的。

必须指出，由于坝内存在着许多收缩缝，虽然经过灌浆，这些缝面上要承受较大的拉应力是不可能的。所以拱坝的拉应力一碰上收缩缝即被释放了，按整体计算的拉应力实际上只是指标性的。

## 五、开裂深度和应力重分布的估算

计算拱坝开裂深度和应力重分布，以采用非线性有限元方法比较好。为了简化问题，可用无拉力方法，即假定开裂后缝端正应力为零，详见文献 [1]。但有限元计算毕竟比较费事。为了实际设计工作的需要，下面给出一个估算方法，可用于初步计算。

如图 1 所示，设断面厚度为 $2t$，垂直于纸面的宽度为 1，裂开以前最大拉应力为 $\sigma_t$，最大压应力为 $\sigma_c$，轴力为 $N_0$，弯矩为 $M_0$，显然

$$N_0 = t（\sigma_c - \sigma_t）$$

$$M_0 =（\sigma_c + \sigma_t）t^2/3$$

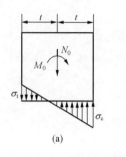

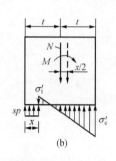

图 1  开裂前后的断面

（a）裂开前；（b）裂开后

设开裂深度为 $x$，裂开后最大拉应力为 $\sigma'_t$，最大压应力为 $\sigma'_c$。由于拱坝是超静定结构，裂开以后，内力重新颁布，轴力变为 $N$，弯矩变为 $M$，而且

$$N=nN_0, \quad M=mM_0$$

式中：$n \leq 1$ 和 $m \leq 1$ 是 2 个系数，与裂开深度及荷载性质有关。对于外荷载而言，$n$ 的数值与 1 很近，$m$ 也与 1 相去不远。对于温度荷载，$n$ 和 $m$ 大体与裂开深度成反比，而且数值也可能比较小。另外，这 2 个系数还与结构尺寸、基础弹性模量等有关。假定裂开后，断面上正应力仍然呈线性分布，缝内有效水压力为 $sp$，则由图 1 可知

$$N - spx =（2t-x）（\sigma'_c - \sigma'_t）/2 \tag{1}$$

$$M - Nx/2 + spxt =（\sigma'_c + \sigma'_t）(2t-x)^2/12 \tag{2}$$

由此得到计算裂开深度 $x$ 的公式如下

$$\frac{x}{2t} = \frac{-b+\sqrt{b^2-2c(\beta+\rho)}}{2(\beta+\rho)} \tag{3}$$

裂开以后对面最大正应力 $\sigma'_c$ 可按下式计算

$$\frac{\sigma'_c}{\sigma_c} = \rho + \frac{2nt(1-\eta)-2\beta x}{2t-x} \tag{4}$$

式中

$$\left.\begin{array}{l} b=n(1-\eta)-2\rho-4\beta; \quad c=2\rho+n(1-\eta)-m(1+\eta) \\ \eta=\sigma_t/\sigma_c; \quad \rho=\sigma'_t/\sigma_c; \quad \beta=sp/\sigma_c \end{array}\right\} \tag{5}$$

$\sigma_c$、$\sigma_t$、$\sigma'_c$、$\sigma'_t$ 均取绝对值。

裂开后缝内水压力为 $p$，它对于未裂断面中心轴的弯矩为 $pxt$，如果是静定结构，这一弯矩当然要全部由未裂开的断面承担，但现在拱坝是超静定结构，只有一部分由未裂开的断面承担，故取有效缝隙水压力为 $sp$，这里的系数 $s$ 实际上是一个结构系数。将来通过有限元计算，可以整理一套关于系数 $s$、$n$、$m$ 的表格备用。

【算例】 拱坝厚度为 20m，水头 $p$=1MPa，裂开前上游面拉应力 $\sigma_t$=1.2MPa，下游面压应力 $\sigma_c$=8.0MPa，裂开后缝端应力 $\sigma'_t$=0，取 $n$=1.00，$m$=0.95，$s$=0.50。由式（3）、式（4）算得裂缝深度 $x$=3.96m，裂开后下游面压应力 $\sigma'_c$=8.23MPa。如果裂开前上游面最大拉应力为

$\sigma_{\mathrm{t}}$ =1.50MPa。其余资料同前，算得裂缝深度 $x$=5.45m，裂开后下游面压应力 $\sigma_{\mathrm{c}}'$ =8.56MPa。我们不妨比较一下这 2 个计算状态。裂开前，上游面的拉应力由 1.20MPa 增加到 1.50MPa 时，拉应力增量 $\Delta\sigma_{\mathrm{t}}$ =0.30MPa，裂开后，下游面的压应力由 8.23MPa 增加到 8.5MPa，压应力增量 $\Delta\sigma_{\mathrm{c}}'$ =0.33MPa。这两个应力增量属于同一数量级，看来是合理的。由于压应力的基数大，从 8.23MPa 增加到 8.56MPa，对安全度的影响并不显著。

## 六、关于拱坝允许拉应力的讨论

（一）拉应力达到允许值与压应力达到允许值，其对坝体安全的影响是不同的

在设计拱坝剖面时，有些点上压应力达到了允许值时，另一些点上拉应力也达到了允许值，初看起来，似乎这些点子都是对坝体安全形成威胁的地方，但这只是表面现象。从力学本质上来看，拱坝是偏心受压结构，坝的安全主要是依靠混凝土的抗压强度来保证的，坝体压应力超过允许值是对坝体安全的真正威胁所在。在某些点子上拉应力大一些，只要在坝体裂开、应力重分布以后的压应力不超过允许值，结构就是安全的。所以拉应力达到允许值与压应力达到允许值，它们对坝体安全的影响是不同的。经验表明，虽然经过灌浆，接缝面上是难以承受拉应力的，也就是说，收缩缝面上的允许拉应力应该是零。根据计算结果，不少地方收缩缝面上还是受拉的，这意味着在这些地方拉应力是超过了允许值的，但坝是安全的，因为其结果无非是收缩缝局部张开、应力重分布而已，只要重分布后的压应力不太大，坝就是安全的。

（二）适当地控制拉应力是必要的

拉应力小一些，万一产生裂缝，裂缝的深度也小一些，裂开后由于应力重分布，对面压应力增加的幅度也小一些。反之，同样。因此，适当地控制拉应力，等于控制了裂开的深度，也相应地控制了裂开后对面压应力的增加幅度，对坝体安全当然是有利的。笔者认为，适当地控制拉应力是必要的，问题在于允许拉应力的取值。

（三）中苏两国拱坝设计规范关于允许拉应力的对比

我国混凝土拱坝设计规范对于允许拉应力是这样规定的：对于基本荷载组合，混凝土允许拉应力为 1.20MPa；对于特殊载荷组合，允许拉应力为 1.50MPa。

前苏联有关设计规范规定，在拱坝设计中，按下式控制应力[3]

$$\gamma_n\gamma_{ec}\sigma_d \leqslant \gamma_{cd}\Phi\left(R_s, R_c\right) \tag{6}$$

式中：$\gamma_n$ 为可靠系数，与建筑物等级有关，对于一、二、三、四级建筑物，$\gamma_n$ 分别取 1.25、1.20、1.15 和 1.10；$\gamma_{ec}$ 为荷载组合系数，基本荷载组合取 1.0，特殊荷载组合取 0.90，施工期及修理期的基本荷载组合取 0.95；$\gamma_{cd}$ 为工作条件系数，见表 1；$\sigma_d$ 为计算应力；$\Phi\left(R_s, R_c\right)$ 为与钢筋计算强度 $R_s$ 及混凝土计算强度 $R_c$ 有关的函数值，见表 2。

表 1　　　　　　　　　　　　工作条件系数 $\gamma_{cd}$

| 混凝土受压 | $\gamma_{cd}$ | 混凝土受拉 | $\gamma_{cd}$ |
|---|---|---|---|
| 基本荷载组合 | 0.90 | 基本荷载组合 | 2.15 |
| 特殊荷载组合，不考虑地震 | 1.00 | 特殊荷载组合，不考虑地震 | 2.40 |
| 特殊荷载组合，考虑地震 | 1.10 | 特殊荷载组合，考虑地震 | 2.65 |

表2             $\Phi$（$R_s$、$R_c$）值

| 混凝土等级 | 受压时 $\Phi$ 值（MPa） | 受拉时 $\Phi$ 值（MPa） |
|---|---|---|
| B15 | 8.5 | 0.75 |
| B20 | 11.5 | 0.90 |
| B25 | 14.5 | 1.05 |

按照前苏联设计规范，对于拱坝常用的几种混凝土（B15、B20、B25），计算等到的允许拉应力如表3所列。

表3                 按前苏联规范计算的拱坝允许拉应力（MPa）

| 混凝土等级 | 一级建筑物 | | | | 二级建筑物 | | | | 三级建筑物 | | | | 四级建筑物 | | | |
|---|---|---|---|---|---|---|---|---|---|---|---|---|---|---|---|---|
| | 正常运行基本荷载 | 特殊荷载无地震 | 特殊荷载有地震 | 施工修理期基本荷载 | 正常运行基本荷载 | 特殊荷载无地震 | 特殊荷载有地震 | 施工修理期基本荷载 | 正常运行基本荷载 | 特殊荷载无地震 | 特殊荷载有地震 | 施工修理期基本荷载 | 正常运行基本荷载 | 特殊荷载无地震 | 特殊荷载有地震 | 施工修理期基本荷载 |
| B15 | 1.29 | 1.60 | 1.76 | 1.36 | 1.34 | 1.67 | 1.84 | 1.41 | 1.40 | 1.74 | 1.92 | 1.48 | 1.47 | 1.82 | 2.01 | 1.54 |
| B20 | 1.55 | 1.92 | 2.12 | 1.63 | 1.61 | 2.00 | 2.21 | 1.70 | 1.68 | 2.09 | 2.30 | 1.78 | 1.76 | 2.18 | 2.41 | 1.86 |
| B25 | 1.81 | 2.24 | 2.47 | 1.90 | 1.88 | 2.33 | 2.58 | 1.98 | 1.96 | 2.43 | 2.69 | 2.07 | 2.05 | 2.54 | 2.81 | 2.16 |

对比中苏两国设计规范，可以看出以下几点：

（1）在中国规范中，允许拉应力与建筑物等级及混凝土等级无关。而在前苏联规范中，允许拉应力与建筑物及混凝土等级有关，规定得比较详细。

（2）前苏联设计规范中的允许拉应力普遍比中国规范中的数值为大。对几种常用的混凝土，前苏联规范中的允许拉应力：基本荷载组合为 1.29～2.05MPa，特殊荷载组合为 1.60～2.54MPa，特殊荷载加地震时为 1.76～2.81MPa。

当然，两国国情不尽相同，我们不一定完全照搬前苏联的设计规范，但笔者认为，总的说来，前苏联设计规范对于拱坝允许拉应力的规定是比较合理的，值得我们研究和借鉴。

由于笔者对拱坝允许拉应力早已感到有修改的必要[4]，因此在 1989 年 9 月笔者应邀赴苏讲学时，曾就这个问题多次与前苏联水工结构专家赫拉普柯夫博士和帕克副博士（他们曾参与前苏联水工设计规范的制定）讨论。他们的观点与笔者的观点很接近。据了解，在前苏联，不但规范上是这么规定的，实际工程设计中也是这么采用的。

（四）考虑应力重分布的影响

拱坝应力通常在上下游表面达到最大值。但最大主拉应力与最大主压应力不一定在同一点达到。即使在同一点，也不一定在相同方向上达到最大值。设最大主拉应力为 $\sigma_t$，该点对面相同方向上的压应力为 $\sigma_c$，断面开裂后，对面相同方向上压应力增量为 $\kappa\sigma_t$，其中 $\kappa$ 为一系数，可以认为，当

$$\sigma_c + \kappa\sigma_t \leqslant [\sigma_c] \tag{7}$$

时，坝是安全的，其中 $[\sigma_c]$ 为允许压应力。$\kappa$ 可以通过开裂计算得到。在积累一定计算经验后，也可以给定一个经验值。

# 七、结束语

（1）在不少情况下，允许拉应力对拱坝厚度起着控制作用，因此拱坝的允许拉应力问题是值得研究的。把拱坝允许拉应力规定得更合理些，很有必要。

（2）拱坝是偏心受压结构，坝体安全主要取决于混凝土的抗压强度，拉应力大一些，其结果无非是局部裂开，只要重新分布后的压应力不超过允许值，坝即是安全的。

（3）允许拉应力的取值，与下列因素有关：设计荷载的计算方法、混凝土的强度、建筑物的重要性、裂开深度、裂开后的应力重分布、坝体应力计算方法。

（4）笔者认为，我国拱坝设计规范中所规定的允许拉应力是可以适当放宽的。目前的规定也过于简单，与建筑物重要性、混凝土标号等均无关，不尽合理。建议有关单位进行研究，加以合理的修改，使之有利于提高我国的拱坝设计水平。

（5）应适当考虑开裂深度对防渗系统的影响。

## 参 考 文 献

[1] 朱伯芳. 有限单元法原理与应用. 北京：水利电力出版社，1979.

[2] 中华人民共和国水利电力部. 混凝土拱坝设计规范. 北京：水利电力出版社，1985.

[3] Государственный строительный комитет СССР，Строительный нормы и правила Гцдэротехнцческцх сооруженця госстроя СССР，Москва，1987.

[4] 朱伯芳. 国际拱坝学术讨论会综述. 水力发电，1988，（8）.

# 拱坝的多拱梁非线性分析[❶]

**摘　要：** 多拱梁法和有限元法是目前拱坝计算的两种基本方法。我们建立了一套比较完整的拱坝非线性多拱梁法和程序，首次把 Saenz 非线性应力应变关系引用到多拱梁法中，提出了拱与梁开裂后失效角的概念和计算方法，提出了拱坝沿建基面滑动的整体失稳的计算方法，可以考虑混凝土开裂、破坏、沿建基面滑动、分期施工、分期蓄水，逐步施加增量荷载，直到拱坝整体失稳，从而求得拱坝的整体安全系数。

**关键词：** 拱坝；非线性分析；多拱梁法

## Nonlinear Analysis of Arch Dams by Multiple Arch-cantilever Method

**Abstract:** The multiple arch-cantilever method and the finite element method are the two fundamental methods for analyzing arch dams. In this paper, the nonlinear multiple arch-cantilever method is proposed. The nonlinear stress-strain relation of concrete given by Saenz is applied to the multiple arch-cantilever method. In order to consider the cracking of concrete, the idea of angle of ineffectiveness of arch and cantilever after cracking and the method of computation are proposed. A method is given to consider the sliding of the dam along the surface of foundation and the relevant redistribution of stresses after sliding. The incremental loads are used so that cracking and rupture of concrete, sliding along foundation surface and the influence of process of construction may be considered in the computation until the dam failed and the coefficient of safety of the dam is obtained.

**Key words:** arch dam, nonlinear analysis, multiple arch-cantilever method

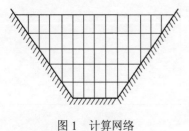

图 1　计算网络

## 一、应力应变模型

将拱坝划分成独立的拱、梁系统，见图 1，通过变位协调求出拱坝位移和应力。我们用 Saenz 建议的混凝土轴向受压的应力应变公式作为拱梁体系的应力应变模型，见图 2，公式如下

❶ 本文为"八五"国家科技攻关"坝体、库水和坝基相互作用动、静力分析研究"中的部分成果。原载《中国水利水电科学研究院院报》1997 年第 1 期，由作者与贾金生、栾丰联名发表。

$$\sigma = \frac{E_0\varepsilon}{1+\left(R+R_E-2\right)\dfrac{\varepsilon}{\varepsilon_0}-\left(2R-1\right)\left(\dfrac{\varepsilon}{\varepsilon_0}\right)^2+R\left(\dfrac{\varepsilon}{\varepsilon_0}\right)^3}=f(\varepsilon) \tag{1}$$

$$R_E=\frac{E_0}{E_s}$$

$$E_s=\frac{\sigma_0}{\varepsilon_0},R_s=\frac{\varepsilon_u}{\varepsilon_0}$$

$$R_\sigma=\frac{\sigma_0}{\sigma_u},R=\frac{R_E(R_\sigma-1)}{(R_s-1)^2}-\frac{1}{R_s}$$

其中 $E_0$、$\sigma_0$、$\varepsilon_0$、$\sigma_u$、$\varepsilon_u$ 分别为原点的弹性模量、最大应力、与最大应力对应的应变、破坏点的应力和应变。

当截面有受拉区时，在 $0 \sim \varepsilon_{\min}$ 区，弹性模量与原点切线模量相等，当 $\varepsilon < \varepsilon_{\min}$ 时，纤维被拉断，出现裂缝，拉应力突降为零。

## 二、内与曲率的关系

对于拱与梁的任一截面，采用平截面假定，任一点的应变 $\varepsilon$ 可计算如下，见图3。

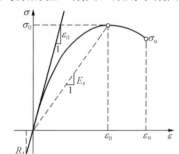
图 2 　混凝土轴向受力的应力应变关系

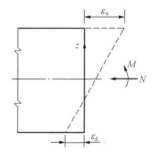
图 3 　断面上应变分布

$$\varepsilon = \bar{\varepsilon} + \bar{\theta}z \tag{2}$$

式中：$z$ 为该点至形心的距离；$\bar{\varepsilon}$ 为断面平均应变；$\bar{\theta}$ 为曲率。设断面上作用的轴力为 $N$，弯矩为 $M$，由平衡条件可知

$$\left.\begin{aligned}N&=\int\sigma\mathrm{d}A=\int f(\varepsilon)\mathrm{d}A=\int f(\bar{\varepsilon}+\bar{\theta}z)\mathrm{d}A\\M&=\int z\sigma\mathrm{d}A=\int zf(\varepsilon)\mathrm{d}A=\int zf(\bar{\varepsilon}+\bar{\theta}z)\mathrm{d}A\end{aligned}\right\} \tag{3}$$

对于线性问题，由上式可解出 $\bar{\varepsilon}$ 和 $\bar{\theta}$，今为非线性问题，要用迭代方法求解，把上式改写如下

$$\left.\begin{aligned}F_1&=\int f(\bar{\varepsilon}+\bar{\theta}z)\mathrm{d}A-N=0\\F_2&=\int f(\bar{\varepsilon}+\bar{\theta}z)z\mathrm{d}A-M=0\end{aligned}\right\} \tag{4}$$

将上式在初始点 $(\bar{\varepsilon}_0,\bar{\theta}_0)$ 邻域作一阶展开，有

$$\left.\begin{aligned}F_1&=F_1(\bar{\varepsilon}_0,\bar{\theta}_0)+\frac{\partial F_1}{\partial\bar{\varepsilon}}(\bar{\varepsilon}-\bar{\varepsilon}_0)+\frac{\partial F_1}{\partial\bar{\theta}}(\bar{\theta}-\bar{\theta}_0)=0\\F_2&=F_2(\bar{\varepsilon}_0,\bar{\theta}_0)+\frac{\partial F_2}{\partial\bar{\varepsilon}}(\bar{\varepsilon}-\bar{\varepsilon}_0)+\frac{\partial F_2}{\partial\bar{\theta}}(\bar{\theta}-\bar{\theta}_0)=0\end{aligned}\right\} \tag{5}$$

由式（4）用数值积分法求出 $F_1$ 和 $F_2$，再用差分法求出 $\partial F_1/\partial \bar\varepsilon$、$\partial F_1/\partial \bar\theta$、$\partial F_2/\partial \bar\varepsilon$、$\partial F_2/\partial \bar\theta$，由式（5）可解出 $\bar\varepsilon$ 和 $\bar\theta$，再迭代计算，至前后两次求出的 $\bar\varepsilon$ 和 $\bar\theta$ 充分接近时为止。

## 三、拱、梁开裂后的失效角

结构力学的基础是平截面假设，拱或梁裂开或局部压坏以后，如何用结构力学方法计算有裂缝或局部压坏的拱和梁是一个比较困难的问题。我们假设存在一个角度 $\alpha$（见图4），在 $\alpha$ 范围内，应力为零；在 $\alpha$ 以外，应力不受影响，平截面假设仍成立。我们称 $\alpha$ 为失效角，本文将利用有限元方法决定 $\alpha$ 角。

如图 4（a）所示，原拱圈有一裂缝，深度为 $d$，在裂缝附近，应力有所释放，估计对于水荷载，应力释放范围局限于裂缝附近，对于温度荷载，应力释放范围可能波及整个拱圈。对原拱圈，采用有限元计算，在裂缝截面处划分一条窄缝单元，用降低弹模的办法来模拟裂缝。

如图 4（b）所示，我们用一个有缺口的拱圈去模拟原拱圈。缺口角度为 $\alpha$，即失效角。对模拟拱圈，采用结构力学方法计算，即采用平截面假定。

现在的问题是如何通过有限元的结果确定失效角。我们提出以下两个计算方法：

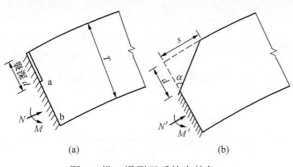

图 4　拱、梁裂开后的失效角 $\alpha$
（a）原拱圈；（b）模拟拱圈

**1. 内力变位等效法**

对图 4（a）中带裂缝的拱圈，用有限元计算应力后，沿 ab 边积分，可以得到截面内力，设弯矩为 $M$，轴力为 $N$，变位为 $\delta$。对图 4（b）模拟拱圈，用结构力学方法，计算得左端内力为 $M'$、$N'$，拱冠变位为 $\delta'$。如果存在一个角度使得 $M=M',N=N',\delta=\delta'$，则此角度即为失效角，但通常这三个等式是很难同时满足的，因此可以采用更普遍的办法选取失效角 $\alpha$，即令加权的误差平方和取极小：

$$W = \omega_1(M-M')^2 + \omega_2(N-N')^2 + (\delta-\delta')^2 \to 极小 \tag{6}$$

式中：$\omega_1$、$\omega_2$ 为权，由 $\partial W/\partial \alpha = 0$ 求得 $\alpha$。

**2. 外缘纤维应力等效法**

根据有限元计算结果，设外缘某单元环向应力裂缝前为 $\sigma_n$，裂缝后为 $\sigma'_n$，应力比为 $\sigma'_n/\sigma_n$，由于裂缝而引起的应力衰减比为 $p_s = 1 - \sigma'_n/\sigma_n$。

用结构力学方法计算图 4（b）带缺口拱圈时，根据前面所作的假定，外缘在失效角范围内，环向应力为 0，在失效角范围以外，应力不衰减（如果内力不变的话），故可近似地假定：在 $\alpha$ 角范围内 $p_s = 1$，在 $\alpha$ 角范围外 $p_s = 0$。现在令应力等效，即将两种方法的应力衰减比沿弧长累加并令其相等，即得

$$s = \sum p_s \mathrm{d}s \tag{7}$$

式中：$s$ 为缺口的弧长；$p_s$ 为有限元计算的应力衰减比；$\mathrm{d}s$ 为单元弧长。然后由下式求得失效角

$$\alpha = \arctan(s/d) \tag{8}$$

在以上两种计算方法中，方法一比较合理，但较麻烦。

我们对各种不同尺寸的拱和梁进行了计算，根据计算结果，得到如下结论：

1）影响失效角的因素很多，无论是几何尺寸还是荷载的改变都对其有影响。所以失效角的变化范围比较宽。

2）不考虑温度荷载时，应力释放范围较小，失效角是 45° 左右；考虑温度荷载时，应力释放范围较大，失效角为 50°～60°。

# 四、沿建基面的滑动

对于每一增量步，均需对各基础边界结点进行滑动核算。今取出一个基础边界结点如图 5，把单元的基础边界展开，见图 6。设上游面已裂开一部分，剩下有效面积 $A$，在基础平面内，径向剪力为 $Q_r$，切向剪力为 $Q_t$，其合力为 $Q = \sqrt{Q_r^2 + Q_t^2}$，平均剪应力为

$$\tau = Q/A \tag{9}$$

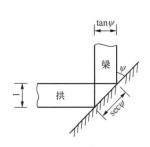 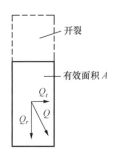

图 5　基础边界结点　　　　图 6　基础边界单元

由摩尔库伦准则，如果

$$\tau < f\sigma + c \tag{10}$$

式中：$f$ 为摩擦系数；$c$ 为黏着力，断面不滑动，不必进行调整。如果

$$\tau > f\sigma + c \tag{11}$$

则断面滑动，在有限元法中，产生剪切破坏后，可令单元剪切模量 $G=0$，今采用多拱梁法，可如下计算：根据 Vogt 假定，在基础表面内，单位径向剪力引起的径向变位为

$$\gamma' = k_3/E_f \tag{12}$$

单位切向剪力引起的切向变位为

$$\gamma'' = k_3'/E_f \tag{13}$$

其中 $k_3$、$k_3'$ 为 Vogt 基础变形系数；$E_f$ 为基础弹性模量。当 $\tau > f\sigma + c$ 时，认为基础表面产生了剪切破坏，为此，进行如下两项调整：

（1）在以后计算中，令基础变形系数 $k_3$ 和 $k_3'$ 趋于无限大（实际可给一充分大的数）。

（2）剪切破坏之后，基础表面已不能承受原来的剪应力，应进行应力转移，使基础表面剪应力数值降低到

$$\tau = f\sigma + c' \tag{14}$$

式中：$f'$ 为剩余摩擦系数；$c'$ 为剩余黏着力。通常可取 $c'=0,f'<f$。原剪力为 $Q$，剩余剪力为

$$Q'=(f\sigma+c')A \tag{15}$$

剪力差为

$$\Delta Q=Q'-Q \tag{16}$$

此剪力差 $\Delta Q$ 即为失衡力，把它作为集中荷载施加在基础边界结点 $i$ 上。注意此处的应力 $\sigma$ 不是应力增量，而是累积应力。

滑动通常是沿弱面发生的。虽然图纸上的建基面是光滑的，实际的建基面常常是凹凸不平的，沿着凹凸不平的建基面而滑动的可能性是极小的，到目前为止，世界上还没有报导过这种拱坝失事的实例。但下面几种情况是需要核算的：①设置了边缘缝，缝面是一弱面；②沿建基面产生了较深裂缝，有效面积减小了；③在基础内部存在着浅层的平行于建基面的大面积的构造面，如节理或夹层。

# 五、增量法求解

采用荷载增量法，由小到大，逐步增加荷载，到达设计荷载后，继续超载。超载方式有三种：第一种，只增加水荷载，其余荷载保持为设计荷载不变；第二种，全部荷载均按同一比例增加；第三种，水压力和自重超载，其余荷载不变。

随着荷载的逐级增加，坝体混凝土将出现裂缝和局部压碎，岩坡结点可能出现滑动。我们将由于坝体裂缝、局部压碎和沿建基面滑动的发展而导致拱坝整体失稳时的荷载倍数作为拱坝的整体安全系数。

由于采用增量法，计算中可以考虑拱坝分期施工和分期蓄水的影响。

对于每一增量步，非线性求解步骤如下：

1）形成拱坝体形、计算各单元矩阵，求出各种荷载的增量值，并形成总体方程；

2）方程求解，计算出各种位移和杆端内力增量；

3）将杆端内力增量与前一期杆端内力叠加，求出本期总的杆端内力；

4）由总的杆端内力求出各种正应力和主应力；

5）由杆端内力和断面厚度求出曲率 $\bar{\theta}$，由关系式

$$E'=\frac{M}{I\bar{\theta}},G'=\frac{E'}{2(1+\mu)} \tag{17}$$

分别确定拱坝各结点拱、梁两套体系的等效变形模量及等效剪切模量，泊松比 $\mu$ 不变；

6）核算各节点是否开裂及裂缝深度，有三种裂缝：拱裂缝、梁裂缝、主应力裂缝；

7）重新计算各拱、梁单元高斯点参数：厚度 $T(I)$、曲率半径 $R(I)$ 等；

8）对各岸坡结点，进行沿建基面滑动的核算；

9）对各结点进行最大压应变核算，主压应变达到混凝土的极大压应变 $\varepsilon_u$ 的部分认为被压碎，从有效断面中减去；

10）形成新的单元阵和新的方程组，求出新的杆端内力增量；

11）重复 1）~10），直至两次迭代最大位移差或应力差足够为止（算例中采用 1/1000 位移差控制）；

12）转到下一期计算，直至结束。

# 六、算例

拉西瓦拱坝，坝高 250m，对数螺旋线拱型用上述方法进行非线性计算，温升情况下，拱坝整体失稳时超载系数为 3.60，图 7 中表示了 2 倍设计荷载时下游面坝体主应力。

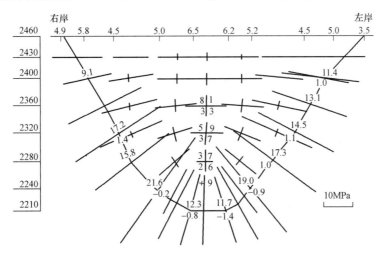

图 7　拉西瓦拱坝下游面主应力（2 倍荷载，非线性）

# 七、结束语

本文提出一套非线性多拱梁法，可以考虑混凝土非线性应力应变关系、开裂、沿建基面滑动、分期施工、分期蓄水等因素，对拱坝进行非线性分析。

## 参 考 文 献

[1] L. P. Saenz. Discussion of Equation for the Stress-Strain Curve of Concrete by Desayi and Krishman. J. Am. Concr. Inst. Vol. 61，p. 1229-1235，Sept，1964.

[2] 朱伯芳，饶斌，贾金生. 变厚度非圆形拱坝应力分析. 水利学报，1988.11.

[3] Zhu Bofang，Rao Bin and Jia Jinsheng. Stress analysis of non-circular arch dams with variable thickness. Dam Engineering，Vol. Ⅱ，Issue 3，Aug.，1991.

# 高拱坝新型合理体形的研究和应用[1]

**摘　要**：对动力优化、多目标优化、新体形及周边缝等的攻关研究，在已有的拱坝优化的基础上，从多拱梁优化发展到有限元优化，从静力优化发展到考虑地震荷载的动力优化，从单目标优化发展到双目标优化和多目标优化，发展和完善了我国提出的建立在拱坝优化的基础上的二次曲线及混合曲线拱坝新体形；使拱坝优化技术能适应高拱坝的体形设计，为小湾、溪洛渡等水电站的设计提供了参考，保持并扩大了我国在国际上拱坝体形设计领域的领先优势。

**关键词**：拱坝；体形优化设计；动力优化；双目标优化；多目标优化；工程应用

# Research and Application of New Rational Shape of High Arch Dam

**Abstract:** The study on the dynamic optimization, multi-objective optimization, new dam shape and peripheral joint have been developed, on the basis of existing arch dam optimization, from multi-arch-beam to finite element optimization, from static optimization to dynamic optimization taking earthquake load into account, from single-objective to double and multi-objective optimization. On the basis of arch dam optimization, this study develops and perfects, the conic and mix-curvature new shapes of arch dam that were put forward by Chinese technicians. It enables the arch dam optimization technology to adapt to the shape design of high arch dam, provides reference for the design of Xiaowan and Xiluodu hydropower stations, and keeps and enlarges our leading position in the design of arch dam shape in the world.

**Key words:** arch dam, optimal design of dam shape, dynamic optimization, double-objective optimization, muti-objective optimization, application to project

# 1　研究的主要内容及目标

高拱坝新型合理体形的研究和应用专题结合即将开工的小湾水电站拱坝（$H$=292m）和设计中的溪洛渡水电站拱坝（$H$=278m），为解决高拱坝体形优化这一关键技术进行攻关研究，以提高我国的拱坝设计水平。其总体目标是在已有拱坝优化的基础上，从多拱梁优化发展到有限元优化、静力优化发展到动力优化、单目标优化发展到多目标优化；使拱坝优化技术能

---

[1]　原载《水力发电》2001 年 8 期，由朱伯芳、厉易生联名发表。

更接近高拱坝的实际，为小湾、溪洛渡水电站的设计提供参考，发展和完善我国提出的建立在拱坝优化基础上的二次及混合曲线新体形。

# 2 主要成果

## 2.1 高地震区高拱坝合理体形研究

### 2.1.1 基于多拱梁的动力优化

拱坝动力优化研究，提出了子空间迭代的新方法、非对称矩阵 Wilson-Ritz 向量法，完善了与当前规范配套的多拱梁反应谱法动力分析和优化程序，把动力分析的计算速度提高了数十倍。

### 2.1.2 基于有限元的动力优化

在拱坝动力优化中提出了能量模型，系统的 Hamiltonian 函数为系统的动能与系统势能之和，即为系统的总能量，可用有限元解出。小湾水电站拱坝动力优化结果见表1。

表1　　　　　　　小湾水电站拱坝初始体形与优化体形动力反应值比较

| 体形 | 体积（万 $m^3$） | 能量（$10^9$J） | 最大动拉应力（MPa） | 最大动压应力（MPa） | 最大顺河向位移（cm） | |
| --- | --- | --- | --- | --- | --- | --- |
| | | | | | 向下游 | 向上游 |
| 初始体形 | 758.57 | 1395.711 | 7.752 | −7.488 | 5.172 | −5.707 |
| 优化体形 | 741.34 | 660.988 | 5.180 | −4.749 | 6.082 | −6.184 |

结果表明：经动力优化后，系统的能量和动应力都有大幅度的降低，而坝体体积反而略有减少。

### 2.1.3 提高拱坝抗震性能的措施

（1）动力优化。拱坝动力优化主要是优化坝体的质量、刚度和阻尼矩阵，使动力反映尽量减小（见表1）。

（2）提高混凝土强度。提高混凝土强度后，坝体减薄，动力荷载也减小了。本专题论证了提高混凝土强度的可行性和合理性。

（3）配筋。高拱坝在遭遇强地震时，横缝难免被拉开。适当配置钢筋，有利于减少横缝的张开度，并增强坝的整体性。拱向跨缝钢筋的设计，要考虑接缝灌浆时横缝的初始开度。本专题提出了跨缝钢筋的设计准则和计算方法。

（4）减震措施。在坝体的横缝部位安装隔震耗能机构（如阻尼器、耗能支撑），以改变系统的刚度和阻尼。这也是值得研究的方向。

### 2.1.4 并行算法

主要研究求解结构动力响应的并行解法，通过网格并行计算来提高优化效率。由于优化计算中每一次结构分析均不会超出现有计算机硬件限制水平，而且优化中的结构分析具有同构性质，使得并行算法中的难题——负载平衡在这里变得相对简单。

## 2.2 多目标优化

### 2.2.1 双目标优化

关于双目标优化，本专题提出并证明了两条定理：①有效点必位于像集 $F(R)$ 的边界上。

②像集的第三象限边界 AB 为单调降曲线时，AB 是有效点集。在这两条定理的基础上，建立了双目标优化特殊解法——系列单目标优化法，最后得到两个目标函数最优值的关系曲线（坝体体积-允许应力曲线，见图1）。

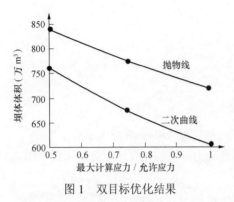

图 1　双目标优化结果

### 2.2.2　互等关系

本专题进行的双目标优化研究，从理论上证明了最经济模型和最安全模型的互等关系。即在 Kuhn-Tucker 解的意义上，最轻设计就是在该体积限制下的最安全设计；而最安全设计亦就是在该安全系数限制下的最轻设计。这种互等关系反映了最优设计的实质是结构的力学特性的优化。反映在像集中就是，从一组允许应力 $\sigma_i$ 中得到的有效点集和从一组体积 $V_i$ 中得到的有效点集是重合的。这是系列单目标优化解法的理论基础。

### 2.2.3　双目标的最优决策

拱坝双目标优化的有效点集 AB 曲线给出了一组相应于不同安全储备的最省设计，从 AB 线中确定一个采用方案，是最优决策问题，文中给出了 3 种方法：①允许应力专题研究；②专家评审；③图解法。

### 2.2.4　多目标优化

以下面 4 个指标作为多目标优化中的分目标：①经济性指标——坝体方量 $V$；②安全性指标——应力水平 $[\sigma]$；③高应力区深度 $H$；④强度失效概率 $F$——选用威布尔分布来描述拱坝强度失效分布函数。此模型用于小湾水电站拱坝，已有初步成果。

## 2.3　新体形

### 2.3.1　二次曲线拱坝

二次曲线拱坝的拱圈轴线方程为

$$y^2 = ax^2 + bx \quad x > 0, \ b > 0$$

二次曲线为双曲线、抛物线、椭圆、双心圆、单心圆的一般形式。将各层拱圈的线型系数 $a$ 和曲率系数 $b$ 作为设计变量进行优化，各层拱圈的线型可能不同，左右拱圈也可能不一样。由于二次曲线可以在更广泛的范围内搜索最优解，以更大的灵活性来适应坝址的地形地质条件，所以优化效果更好。

### 2.3.2　混合线型拱坝

混合曲线拱坝以拱圈曲率半径方程来定义

$$R = R_0 e^{k\varphi} / (\cos^2 \phi + \alpha \sin^2 \phi)^\beta$$

式中：$\alpha$、$\beta$、$k$、$R_0$ 为待选参数，$R_0$ 为拱冠处的拱圈曲率半径。

混合线型拱坝体形能够很好地适应各个部位不同的地形和地质条件，可以在坝体的不同高程和左右岸，依据需要自动地选用不同的拱圈线型，其优化调整的余地较大，可获得满意的优化方案。

### 2.3.3　非直立拱冠剖面的拱坝体形

对于极端非对称的河谷条件，在每一层拱圈上分别确定认定合适的拱冠位置，拱冠梁平面是一个斜、弯、扭的曲面，称为"非直立拱冠剖面"的拱坝体形，它将更好地适应非对称的河谷条件，改善拱圈的对称性和受力条件，提高其抗压屈稳定性。

#### 2.3.4 拱圈线型优化排序

从非线性规划的可行域和最优解的关系定理出发，证明了全集的最优解必然优于（或等于）子集的最优解，进而可以推论：等厚拱不如变厚拱，等曲率拱不如变曲率拱，并得到了拱圈线型的理论排序（见表2）。

表 2                             拱 圈 线 型 排 序

| 排　序 | 线　型 | |
|:---:|:---:|:---:|
| 1 | 混合曲线 | |
| 2 | 二次曲线 | 对数螺线 |
| 3 | 椭圆、双曲线 | 三心圆 |
| 4 | 抛物线 | |
| 5 | 双心圆 | |
| 6 | 单心圆 | |

混合曲线几乎涵盖了所有的现有线型，设计变量50个，理论上可以得到最小的目标函数；二次曲线也是很好的线型，数学表达形式简单，在设计变量≤34个的条件下，是最优线型。

### 2.4 周边缝

#### 2.4.1 数学模型

在对常规薄层单元与简化薄单元和 Goodman 单元进行比较的基础上提出了新的三维非线性接触单元，对接触面法向应力应变关系，可借鉴 Bandis S C 岩石节理法向变形的双曲线模型，接触面切向应力应变关系，采用 Clough G W 和 Duncan J M 在70年代提出的应变硬化的双曲线模型。

#### 2.4.2 周边缝拱坝的体形优化

利用 ADCAS 程序计算开裂坝体非线性分析的能力，只要将周边缝视为坝体的初始裂缝，就可以进行周边缝拱坝的分析。根据需要，可选如下参数作为周边缝拱坝优化的设计变量：①两岸侧缝的设置高程；②弧形铰侧缝和底缝的圆弧半径；③侧缝和底缝的抗剪特性参数；④底缝柔性材料的垫层厚度及其材料特性。

### 2.5 小湾拱坝新型合理体形研究

#### 2.5.1 抛物线拱坝体形优化进展

昆明勘测设计研究院在可行性研究阶段，确定了小湾水电站拱坝Ⅰ-20方案，"九五"期间对该方案进一步进行了优化和调整，最后推荐 iv-9 方案，该方案比Ⅰ-20方案有较大的改进。从多拱梁法基本组合（1）工况看，iv-9 方案上游面最大主拉应力减小0.09MPa，下游面最大主压应力也略有减小。有限元计算结果，上游面最大主拉应力从6.54MPa减为4.11MPa，下游面最大主压应力从17.15MPa减为14.86MPa。与二滩水电站拱坝相比较，小湾水电站拱坝总水推力大1倍左右，而 iv-9 体形上游面最大主拉应力比二滩水电站拱坝的要小 0.08～

0.18MPa,下游面最大主压应力基本相等。

## 2.5.2 混合曲线优化方案

采用混合曲线线型并考虑"健壮性"约束，对小湾水电站拱坝进行进一步优化，"正常水位+温降"及"设计洪水位+温升"组合的最大主拉应力相近，最大主压应力可降低1.0MPa，"正常水位+温降+地震"组合的最大主拉应力可降低1.0MPa，最大主压应力可降低1.4MPa，"低水位+温升+地震"组合的最大主拉应力可降低0.2MPa，最大主压应力可降低1.1MPa；最大中心角减小4.15°。由于混合曲线优化方案考虑了"健壮性"约束，所以该优化方案对设计参数的适应性优于Ⅱ-20方案。

## 2.5.3 二次曲线优化方案

（1）等应力优化。在允许应力及其他约束完全相同的条件下，二次曲线拱坝的体积比抛物线要省113万m³（16%）。6种线型中，二次曲线最优，椭圆次之。等应力优化结果见表3。

表3                等 应 力 优 化 结 果

| 序号 | 拱圈线型 | 坝体体积（万m³） | 中心角（°） | 最大主拉应力（静）（MPa） | |
|---|---|---|---|---|---|
| | | | | 上游面 | 下游面 |
| 1 | 二次曲线 | 604.4 | 96.0 | 1.20 | 1.40 |
| 2 | 椭圆 | 609.4 | 96.0 | 1.20 | 1.50 |
| 3 | 三心圆 | 666.0 | 96.0 | 1.20 | 0.93 |
| 4 | 对数螺线 | 667.8 | 95.8 | 1.20 | 1.39 |
| 5 | 双曲线 | 697.7 | 96.0 | 1.20 | 0.81 |
| 6 | 抛物线 | 717.6 | 95.9 | 1.20 | 0.34 |

（2）等体积优化。在体积相同的条件下，二次曲线拱坝的最大应力最小，比抛物线降低约10%。等体积优化结果见表4。

表4                等 体 积 优 化 结 果

| 序号 | 拱圈线型 | 最大拉应力（MPa） | 最大压应力（MPa） | 坝体体积（万m³） |
|---|---|---|---|---|
| 1 | 二次曲线 | 1.08 | 9.00 | 699.3 |
| 2 | 椭圆 | 1.11 | 9.13 | 699.6 |
| 3 | 对数螺线 | 1.17 | 9.70 | 699.5 |
| 4 | 三心圆 | 1.18 | 9.77 | 699.8 |
| 5 | 双曲线 | 1.19 | 9.89 | 699.6 |
| 6 | 抛物线 | 1.19 | 9.90 | 699.6 |
| 7 | 双心圆 | 1.25 | 10.45 | 699.7 |

（3）双目标优化。对小湾水电站拱坝体形二次曲线和抛物线两种线型进行了双目标优化，其优化结果见图1，二次曲线方案 $V$=604万m³即能满足全部约束条件（包括地震荷载），若 $V$=759万m³，计算应力将比允许应力降低10%，中心角减少2°。

## 2.5.4 多目标优化

小湾水电站拱坝的多目标优化共计算了3组方案，每组方案又以优化中各分目标函数（方量、应力水平、高应力区范围和失效概率）的权系数不同，再划分为 4 个小方案，共计 12 个方案分别进行多目标优化，并对地震荷载进行了动力复核。

## 2.6 计算方法

### 2.6.1 坝肩稳定分析的三维极限分析法

本专题提出了一种新的稳定分析方法——三维极限分析法。这种分析方法是基于塑性力学上限定理的三维边坡稳定极限分析的发展和推广。把拱座视为边坡稳定滑动体的一半，并将其旋转 90°，进一步做坐标平移和旋转，就可以将三维边坡稳定极限分析法推广到拱座稳定分析中去。该方法已完成了编程工作，并对小湾水电站右岸拱座稳定进行了初步分析。

### 2.6.2 求解优化的 SQP 方法

中国科学院计算所提出了求解约束优化的线搜索和信赖域两个新的方法，提高了计算速度，可适用于更广泛的实际问题。

# 3 成果应用、效益及推广应用前景

## 3.1 小湾水电站拱坝

作为"九五"攻关成果的一部分，小湾水电站拱坝抛物线 iv-9 方案已被设计院采用。比可行性的Ⅰ-20 方案有较大的改进，多拱梁上游面最大主拉应力减小 0.09MPa，下游面最大主压应力也略有减小。有限元计算结果，上游面最大主拉应力从 6.54MPa 减为 4.11MPa，下游面最大主压应力从 17.15MPa 减为 14.86MPa。

与二滩水电站拱坝相比较，小湾水电站的拱坝比二滩水电站的拱坝高 52m，地形也较宽，总水推力约比二滩拱坝大 1 倍。但是 iv-9 方案体形上游面最大主拉应力比二滩拱坝小 0.08～0.18MPa，下游面最大主压应力与二滩拱坝基本相等。

## 3.2 新体形在工程中的应用

混合曲线及二次曲线已用于江口、下会坑、大奕坑、瑞洋二级、双坑口、均溪二级、溪尾、铜山一级、黄水坑、金龙、东吴、奇艺等十余座水电站拱坝工程，其中 4 座已完工，至今运行正常。坝高 100.5m 的下会坑水电站拱坝即将完工，坝高 140m 的江口水电站拱坝也已开工。累计经济效益已达 1.89 亿元。

## 3.3 推广应用前景

拱坝优化技术已被应用于近百座水电站工程，优化的理论、方法、程序均已成熟，具备大规模推广的技术条件。混合曲线、二次曲线拱坝也已有十余座拱坝采用，最大坝高 140m，可以逐步用于更高的拱坝。

# 弹性厚壳曲面有限单元在拱坝应力分析中的应用[❶]

**摘　要**：弹性厚壳的基本假定比经典薄壳理论更严密，而且壳体中面是任意曲面，壳体厚度也是任意的，可以贴合复杂的拱坝外形，计算量比三维有限元小得多，本文给出了厚壳单元的刚度矩阵及有关计算公式，编制了通用计算程序，文中给出了一个算例。

**关键词**：拱坝；弹性厚壳；曲面有限单元；应力分析

# Finite Element Method of Elastic Thick Shell and Its Applications in Stress Analysis of Arch Dams

**Abstract:** The basic assumption of elastic thick shell is more accurate than that of elastic thin shell. the shape of the middle surface of thick shell is arbitrary which can adapt the complicated shape of arch dam. The amount of computation of thick shell is much less than that of 3D finite element method. The stiffness matrix and related computing formulas are proposed. General computing programs are compiled and a computing example is given.

**Key words:** arch dam, elastic thick shell, curved finite element method, stress analysis

## 一、前言

在我国水利水电建设中，拱坝日见增多。拱坝的应力分析比较复杂，对于比较薄的拱坝，按壳体理论计算是解决的途径之一。在文献［1，2］中曾经给出了按经典壳体理论计算拱坝的基本方程。按经典理论计算拱坝，存在着两方面的困难：第一是根据不同的假定，可得到不同的基本方程，而目前还没有得到一致公认的比较满意的基本方程；第二是方程比较复杂，无法得到分析解答，只能用差分法求解，而用差分法求解时，边界条件的处理比较麻烦。因此近年来已很少采用这种方法，而倾向于采用有限单元法。

弹性厚壳曲面有限单元法的基本假定是，认为壳体中面的法线在变形后仍保持直线，并忽略垂直于中面的正应力。此外不再引进其他假定。因此，在基本假定上比经典壳体理论要严密些。壳体中面是任意曲面，壳体厚度也是任意的，因此可以贴合复杂的拱坝外形。基础变形计算采用伏格特公式，这一点与试载法相同，不如三维有限单元严密。结点数量和计算机存储容量比三维有限单元小得多，在一台中型电子计算机上即可求解，计算时间也比较节省。

---

❶　原载《水利水运科学研究》，1979 年第 1 期，由朱伯芳、宋敬廷联名发表。

文献 [3] 给出了弹性厚壳分析的基本思路。本文将推导和给出弹性厚壳单元刚度矩阵及基础刚度矩阵等有关计算公式。我们编制了 DJS-6 计算机手编通用程序及 DJS-8 计算机 FORTRAN 语言通用计算程序，先后计算过四座拱坝。文中将给出一个算例。

## 二、曲面单元与映射

采用厚壳曲面单元如图 1 所示。单元的局部座标为 $(\xi, \eta, \zeta)$，$\zeta = 0$ 为单元的中面，$\zeta = \pm 1$ 为单元的上、下表面，都是曲面。$\xi = \pm 1$ 和 $\eta = \pm 1$ 是由直线产生的四个截面。单元结点取在中面上。例如，对于图 1 所示的单元，在中面上取八个结点，即四个角点和四个边中点。图 2 表示经坐标变换（映射）后的单元中面。设结点 $i$ 的直角坐标为 $(x_i, y_i, z_i)$，则中面（$\zeta = 0$）上任一点 $(\xi, \eta)$ 的整体坐标可表示如下

$$x = \sum N_i x_i \qquad y = \sum N_i y_i \qquad z = \sum N_i z_i \qquad (1)$$

式中：$N_i(\xi, \eta)$ 为形函数。例如，对于图中所示八结点单元，形函数为

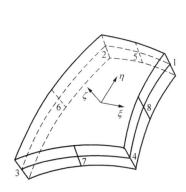

图 1　厚壳曲面单元

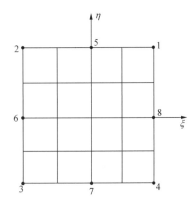

图 2　厚壳单元中面

$$
\begin{aligned}
\text{对于角点} \qquad & N_i = \frac{1}{4}(1 + \xi_i \xi)(1 + \eta_i \eta)(\xi_i \xi + \eta_i \eta - 1) \\
\text{对于边中点} \qquad & \xi_i = 0, \quad N_i = \frac{1}{2}(1 - \xi^2)\ (1 + \eta_i \eta) \\
& \eta_i = 0, \quad N_i = \frac{1}{2}(1 + \xi_i \xi)(1 - \eta^2)
\end{aligned}
\right\} \qquad (2)
$$

式中 $(\xi_i, \eta_i)$ 是结点 $i$ 的曲线坐标。

设 $\xi = +1$ 代表单元的下表面，$\xi = -1$ 代表单元的上表面，单元内任一点的整体坐标 $(x, y, z)$ 可用局部坐标 $(\xi, \eta, \zeta)$ 表示如下

$$
\begin{Bmatrix} x \\ y \\ z \end{Bmatrix} = \sum N_i(\xi, \ \eta) \frac{(1+\zeta)}{2} \begin{Bmatrix} x_i \\ y_i \\ z_i \end{Bmatrix}_{\text{下表面}} + \sum N_i(\xi, \ \eta) \frac{(1-\zeta)}{2} \begin{Bmatrix} x_i \\ y_i \\ z_i \end{Bmatrix}_{\text{上表面}} \qquad (a)
$$

令 $\Delta x_i$，$\Delta y_i$，$\Delta z_i$ 为结点 $i$ 在厚度方向的坐标差值：

$$\begin{Bmatrix} \Delta x_i \\ \Delta y_i \\ \Delta z_i \end{Bmatrix} = \begin{Bmatrix} x_i \\ y_i \\ z_i \end{Bmatrix}_{下表面} - \begin{Bmatrix} x_i \\ y_i \\ z_i \end{Bmatrix}_{上表面} \tag{b}$$

代入式（a），得到单元内任一点的整体坐标如下

$$\begin{Bmatrix} x \\ y \\ z \end{Bmatrix} = \sum N_i(\xi, \eta) \begin{Bmatrix} x_i \\ y_i \\ z_i \end{Bmatrix}_{中面} + \sum N_i(\xi, \eta) \frac{\zeta}{2} \begin{Bmatrix} \Delta x_i \\ \Delta y_i \\ \Delta z_i \end{Bmatrix} \tag{3}$$

如此定义的局部坐标 $\zeta$ 近似地垂直于中面。

## 三、位移函数

在每一结点 $i$ 有三个线位移和两个角位移。为了定义角位移，如图3所示，作三个正交向量 $H_{1i}$、$H_{2i}$ 和 $H_{3i}$。首先，作垂直于中面的正交向量 $H_{3i}$

$$H_{3i} = \begin{Bmatrix} \Delta x_i \\ \Delta y_i \\ \Delta z_i \end{Bmatrix} \tag{4}$$

$H_{3i}$ 的方向余弦为

$$l_{3i} = \frac{\Delta x_i}{t_i} \qquad m_{3i} = \frac{\Delta y_i}{t_i} \qquad n_{3i} = \frac{\Delta z_i}{t_i}$$

其中 $t_i = (\Delta x_i^2 + \Delta y_i^2 + \Delta z_i^2)^{1/2}$ 为结点 $i$ 的壳体厚度。今在结点 $i$ 再作两个切于中面的向量 $H_{1i}$ 和 $H_{2i}$，并正交于 $H_{3i}$。为了使 $H_{1i}$、$H_{2i}$、$H_{3i}$ 与 $x$、$y$、$z$ 方向大体一致（这对成果整理及边界条件处理将带来一些方便），采用如下做法，令

$$H_{2i} = H_{3i} \times \vec{i} \qquad H_{1i} = H_{2i} \times H_{3i} \tag{5}$$

即 $H_{2i}$ 正交于 $H_{3i}$ 和 $x$ 轴，$H_{1i}$ 正交于 $H_{2i}$ 和 $H_{3i}$。根据向量运算法则，不难由上式求出 $H_{1i}$ 的方向余弦 $l_{1i}$、$m_{1i}$、$n_{1i}$ 和 $H_{2i}$ 的方向余弦 $l_{2i}$、$m_{2i}$、$n_{2i}$。

如图3所示，结点 $i$ 在 $x$、$y$、$z$ 方向的线位移分量分别为 $u_i$、$v_i$、$w_i$。角位移如图4所示，$\phi_i$ 为壳体中面法线向量 $H_{3i}$ 绕向量 $H_{2i}$ 的转角，$\psi_i$ 为 $H_{3i}$ 绕向量 $H_{1i}$ 的转角。

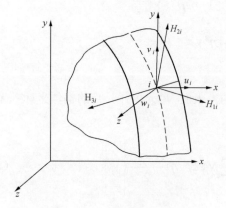

图3 结点线位移 $u_i$、$v_i$、$w_i$

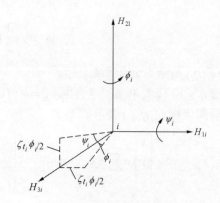

图4 结点角位移 $\phi_i$、$\psi_i$

由于转角 $\phi_i$，在 $H_{1i}$ 方向产生的线位移为 $\zeta t_i \phi_i / 2$，它在 $x$、$y$、$z$ 方向的位移分量为

$$\frac{\zeta t_i \phi_i}{2} l_{1i} \qquad \frac{\zeta t_i \phi_i}{2} m_{1i} \qquad \frac{\zeta t_i \phi_i}{2} n_{1i}$$

由于转角 $\psi_i$，在 $H_{2i}$ 方向的线位移为 $\zeta t_i \psi_i / 2$，它在 $x$、$y$、$z$ 方向的分量为

$$\frac{\zeta t_i \psi_i}{2} l_{2i} \qquad \frac{\zeta t_i \psi_i}{2} m_{2i} \qquad \frac{\zeta t_i \psi_i}{2} n_{2i}$$

利用形函数 $N_i(\xi, \eta)$，单元内任一点的位移可用中面结点位移 $\{\delta_i\}^T = [u_i v_i w_i \phi_i \psi_i]$ 表示如下

$$\begin{Bmatrix} u \\ v \\ w \end{Bmatrix} = \sum N_i \begin{Bmatrix} u_i \\ v_i \\ w_i \end{Bmatrix} + \sum \frac{N_i \zeta t_i}{2} \begin{bmatrix} l_{1i} & l_{2i} \\ m_{1i} & m_{2i} \\ n_{1i} & n_{2i} \end{bmatrix} \begin{Bmatrix} \phi_i \\ \psi_i \end{Bmatrix} \qquad (6)$$

比较式（3）、式（6），可见定义单元几何尺寸的式（3）比定义单元位移的式（6）具有较多的自由度，因此这种单元属于超参数单元，不会自动满足常应变条件。但从后面对应变的定义中可以看出，关于刚体位移和常应变条件都是满足了的。

在每个中面结点 $i$，共有五个自由度。

# 四、整体坐标中的应变

整体坐标（$x$，$y$，$z$）中的应变决定于下列矩阵

$$\begin{bmatrix} \dfrac{\partial u}{\partial x} & \dfrac{\partial v}{\partial x} & \dfrac{\partial w}{\partial x} \\[2mm] \dfrac{\partial u}{\partial y} & \dfrac{\partial v}{\partial y} & \dfrac{\partial w}{\partial y} \\[2mm] \dfrac{\partial u}{\partial z} & \dfrac{\partial v}{\partial z} & \dfrac{\partial w}{\partial z} \end{bmatrix} \qquad (7)$$

由位移函数式（6）分别对 $x$、$y$、$z$ 求微商，可得到上述矩阵中的各元素，例如

$$\frac{\partial u}{\partial x} = \sum \frac{\partial N_i}{\partial x} u_i + \frac{1}{2} \sum \frac{\partial M_i}{\partial x} t_i (l_{1i} \phi_i + l_{2i} \psi_i)$$

$$\frac{\partial v}{\partial x} = \sum \frac{\partial N_i}{\partial x} v_i + \frac{1}{2} \sum \frac{\partial M_i}{\partial x} t_i (m_{1i} \phi_i + m_{2i} \psi_i)$$

$$\frac{\partial w}{\partial x} = \sum \frac{\partial N_i}{\partial x} w_i + \frac{1}{2} \sum \frac{\partial M_i}{\partial x} t_i (n_{1i} \phi_i + n_{2i} \psi_i)$$

$$\cdots$$

式中 $M_i = N_i \zeta$。由偏微分法则可知

$$\begin{Bmatrix} \dfrac{\partial N_i}{\partial x} \\[2mm] \dfrac{\partial N_i}{\partial y} \\[2mm] \dfrac{\partial N_i}{\partial z} \end{Bmatrix} = [J]^{-1} \begin{Bmatrix} \dfrac{\partial N_i}{\partial \xi} \\[2mm] \dfrac{\partial N_i}{\partial \eta} \\[2mm] 0 \end{Bmatrix} \qquad (8)$$

其中 $[J]^{-1}$ 为下列雅克比矩阵

$$[J] = \begin{bmatrix} \dfrac{\partial x}{\partial \xi} & \dfrac{\partial y}{\partial \xi} & \dfrac{\partial z}{\partial \xi} \\[2mm] \dfrac{\partial x}{\partial \eta} & \dfrac{\partial y}{\partial \eta} & \dfrac{\partial z}{\partial \eta} \\[2mm] \dfrac{\partial x}{\partial \zeta} & \dfrac{\partial y}{\partial \zeta} & \dfrac{\partial z}{\partial \zeta} \end{bmatrix}$$

的逆。同理，可求得

$$\left\{ \begin{array}{c} \dfrac{\partial M_i}{\partial x} \\[2mm] \dfrac{\partial M_i}{\partial y} \\[2mm] \dfrac{\partial M_i}{\partial z} \end{array} \right\} = [J]^{-1} \left\{ \begin{array}{c} \dfrac{\partial M_i}{\partial \xi} \\[2mm] \dfrac{\partial M_i}{\partial \eta} \\[2mm] \dfrac{\partial M_i}{\partial \zeta} \end{array} \right\} = [J]^{-1} \left\{ \begin{array}{c} \zeta \dfrac{\partial N_i}{\partial \xi} \\[2mm] \zeta \dfrac{\partial N_i}{\partial \eta} \\[2mm] N_i \end{array} \right\} \tag{9}$$

## 五、局部坐标中的应变与应力

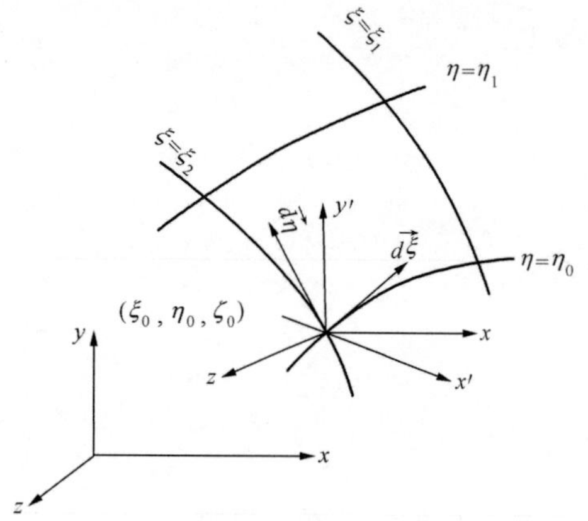

由于壳体中面的法线方向与整体坐标的 $z$ 轴并不一致，而且法线方向随着点的位置而变化，既然我们假定垂直于壳体中面的正应力等于零，就必须求出局部坐标系中的应力与应变。今假定局部坐标为 $(x',y',z')$，其中 $z'$ 轴正交于壳体中面。

前面已经求出了结点 $i$ 的局部正交坐标 $H_{1i}$，$H_{2i}$，$H_{3i}$。现在建立单元内任一点的局部正交坐标 $(x',y',z')$。如图 5 所示，在 $(\xi_0, \eta_0, \zeta_0)$ 点作曲面 $\zeta = \zeta_0$，在此曲面上有两条空间曲线，一条是 $\eta = \eta_0$，另一条是 $\xi = \xi_0$。再作曲面 $\zeta = \zeta_0$ 的两个切向量 $\mathrm{d}\vec{\xi}$ 和 $\mathrm{d}\vec{\eta}$，其中 $\mathrm{d}\vec{\xi}$ 切于曲线 $\eta = \eta_0$，$\mathrm{d}\vec{\eta}$ 切于曲线 $\xi = \xi_0$，由此可知

图 5　局部正交坐标 $(x',y',z')$

$$\mathrm{d}\vec{\xi} = \left( \vec{i}\,\frac{\partial x}{\partial \xi} + \vec{j}\,\frac{\partial y}{\partial \xi} + \vec{k}\,\frac{\partial z}{\partial \xi} \right) \mathrm{d}\xi$$

$$\mathrm{d}\vec{\eta} = \left( \vec{i}\,\frac{\partial x}{\partial \eta} + \vec{j}\,\frac{\partial y}{\partial \eta} + \vec{k}\,\frac{\partial z}{\partial \eta} \right) \mathrm{d}\eta$$

式中 $\vec{i}, \vec{j}, \vec{k}$ 分别为 $x$，$y$，$z$ 方向的单位向量。今作 $z'$ 垂直于 $\mathrm{d}\vec{\xi}$ 和 $\mathrm{d}\vec{\eta}$，即正交于 $\zeta = \zeta_0$ 曲面

$$z' = \mathrm{d}\vec{\xi} \times \mathrm{d}\vec{\eta} = \begin{vmatrix} \vec{i} & \vec{j} & \vec{k} \\[2mm] \dfrac{\partial x}{\partial \xi} & \dfrac{\partial y}{\partial \xi} & \dfrac{\partial z}{\partial \xi} \\[2mm] \dfrac{\partial x}{\partial \eta} & \dfrac{\partial y}{\partial \eta} & \dfrac{\partial z}{\partial \eta} \end{vmatrix} \tag{10}$$

由此可求出 $z'$ 的方向余弦 $l_3, m_3, n_3$。为使局部坐标 $(x', y', z')$ 与整体坐标 $(x, y, z)$ 大体一致，以利于成果整理和边界条件处理。对于其他两个局部坐标 $x'$ 和 $y'$，用如下方法选取，令

$$y' = z' \times x = \begin{vmatrix} \vec{i} & \vec{j} & \vec{k} \\ l_3 & m_3 & n_3 \\ 1 & 0 & 0 \end{vmatrix}$$

由此可求得 $y'$ 的方向余弦 $l_2, m_2, n_2$。如果 $z'$ 与 $x$ 轴平行，可改用 $y' = z' \times y$，在拱坝计算中，一般不至于出现这种情况。

最后，作 $x'$ 正交于 $y'$ 和 $z'$，即 $x' = y' \times z'$，由此可求出 $x'$ 的方向余弦 $l_1, m_1, n_1$。

现在得到局部坐标系 $(x', y', z')$ 的方向余弦矩阵如下

$$[\theta] = \begin{bmatrix} l_1 & l_2 & l_3 \\ m_1 & m_2 & m_3 \\ n_1 & n_2 & n_3 \end{bmatrix} \tag{11}$$

利用矩阵 $[\theta]$ 可把整体坐标系中的矩阵（7）转换到局部坐标系中去

$$\begin{bmatrix} \dfrac{\partial u'}{\partial x'} & \dfrac{\partial v'}{\partial x'} & \dfrac{\partial w'}{\partial x'} \\ \dfrac{\partial u'}{\partial y'} & \dfrac{\partial v'}{\partial y'} & \dfrac{\partial w'}{\partial y'} \\ \dfrac{\partial u'}{\partial z'} & \dfrac{\partial v'}{\partial z'} & \dfrac{\partial w'}{\partial z'} \end{bmatrix} = [\theta]^{\mathrm{T}} \begin{bmatrix} \dfrac{\partial u}{\partial x} & \dfrac{\partial v}{\partial x} & \dfrac{\partial w}{\partial x} \\ \dfrac{\partial u}{\partial y} & \dfrac{\partial v}{\partial y} & \dfrac{\partial w}{\partial y} \\ \dfrac{\partial u}{\partial z} & \dfrac{\partial v}{\partial z} & \dfrac{\partial w}{\partial z} \end{bmatrix} [\theta] \tag{12}$$

由此可得到局部坐标系中的应变如下

$$\{\varepsilon'\} = \begin{Bmatrix} \varepsilon x' \\ \varepsilon y' \\ \gamma x'y' \\ \gamma y'x' \\ \gamma z'x' \end{Bmatrix} = \begin{Bmatrix} \dfrac{\partial u'}{\partial x'} \\ \dfrac{\partial v'}{\partial y'} \\ \dfrac{\partial u'}{\partial y'} + \dfrac{\partial v'}{\partial x'} \\ \dfrac{\partial w'}{\partial y'} + \dfrac{\partial v'}{\partial z'} \\ \dfrac{\partial w'}{\partial x'} + \dfrac{\partial u'}{\partial z'} \end{Bmatrix} = [B]\{\delta\} \tag{13}$$

将矩阵[B]分块，得到

$$\{\varepsilon'\} = [B_1, B_2, \cdots B_i \cdots] \begin{Bmatrix} \delta_1 \\ \delta_2 \\ \vdots \\ \delta_i \\ \vdots \end{Bmatrix} = \sum [B_i]\{\delta_i\} \tag{14}$$

式中 $\{\delta_i\} = [u_i v_i w_i \phi_i \psi_i]^{\mathrm{T}}$，$[B_i]$ 为如下 5×5 矩阵

$$
[B_i] = \begin{bmatrix} b_{11}^1 & b_{12}^1 & b_{13}^1 & b_{14}^1 & b_{15}^1 \\ b_{21}^1 & b_{22}^1 & b_{23}^1 & b_{24}^1 & b_{25}^1 \\ b_{31}^1 & b_{32}^1 & b_{33}^1 & b_{34}^1 & b_{35}^1 \\ b_{41}^1 & b_{42}^1 & b_{43}^1 & b_{44}^1 & b_{45}^1 \\ b_{51}^1 & b_{52}^1 & b_{53}^1 & b_{54}^1 & b_{55}^1 \end{bmatrix}
$$

$$
= \begin{bmatrix} l_1\alpha_1 & m_1\alpha_1 & n_1\alpha_1 & \beta_1\gamma_1 & \beta_1\lambda_1 \\ l_2\alpha_2 & m_2\alpha_2 & n_2\alpha_2 & \beta_2\gamma_2 & \beta_2\lambda_2 \\ l_1\alpha_2+l_2\alpha_1 & m_1\alpha_2+m_2\alpha_1 & n_1\alpha_2+n_2\alpha_1 & \beta_1\gamma_2+\beta_2\gamma_1 & \beta_1\lambda_2+\beta_2\lambda_1 \\ l_2\alpha_3+l_3\alpha_2 & m_2\alpha_3+m_3\alpha_2 & n_2\alpha_3+n_3\alpha_2 & \beta_2\gamma_3+\beta_3\gamma_2 & \beta_2\lambda_3+\beta_3\lambda_2 \\ l_3\alpha_1+l_1\alpha_3 & m_3\alpha_1+m_1\alpha_3 & n_3\alpha_1+n_1\alpha_3 & \beta_3\gamma_1+\beta_1\gamma_3 & \beta_3\lambda_1+\beta_1\lambda_3 \end{bmatrix}
$$

（15）

式中

$$
\left. \begin{aligned} \alpha_B &= l_B\frac{\partial N_i}{\partial x} + m_B\frac{\partial N_i}{\partial y} + n_B\frac{\partial N_i}{\partial z} \\ \beta_B &= \left( l_B\frac{\partial M_i}{\partial x} + m_B\frac{\partial M_i}{\partial y} + n_B\frac{\partial M_i}{\partial z} \right)\frac{t_i}{2} \\ \gamma_B &= l_B l_{1i} + m_2 m_{1i} + n_B n_{1i} \\ \lambda_B &= l_B l_{2i} + m_B m_{2i} + n_B n_{2i} \end{aligned} \right\}
$$

（16）

由广义虎克定理，局部坐标系中的单元应力为

$$
\{\sigma'\} = \begin{Bmatrix} \sigma x' \\ \sigma y' \\ \tau x'y' \\ \tau y'z' \\ \tau z'x' \end{Bmatrix} = [D](\{\varepsilon'\} - \{\varepsilon_0'\}) + \{\sigma_0'\}
$$

（17）

式中 $\{\varepsilon_0'\}$ 为初应变，$\{\sigma_0'\}$ 为初应力，$[D]$ 为弹性矩阵如下式

$$
[D] = \frac{E}{1-\mu^2} \begin{bmatrix} 1 & \mu & 0 & 0 & 0 \\ & 1 & 0 & 0 & 0 \\ & & \frac{1-\mu}{2} & 0 & 0 \\ & & & \frac{1-\mu}{2k} & 0 \\ & & & & \frac{1-\mu}{2k} \end{bmatrix}
$$

其中 $E$ 和 $\mu$ 分别是弹性模量和泊松比，系数 $k$ 用以考虑剪应力分布不均匀的影响。根据前面所述位移函数，剪应力沿厚度方向接近均匀分布，实际上是抛物线分布，$k$ 就是两种应变能的比值。通常可取 $k=1.20$。

在刚度矩阵计算中，直接利用局部坐标中的应力 $\{\sigma'\}$，在输出计算成果时，除 $\{\sigma'\}$ 外，

还输出整体坐标中的应力如下

$$\begin{bmatrix} \sigma_x & \tau_{xy} & \tau_{xz} \\ \tau_{xy} & \sigma_y & \tau_{yz} \\ \tau_{xz} & \tau_{yz} & \sigma_z \end{bmatrix} = [\theta] \begin{bmatrix} \sigma_{x'} & \tau_{x'y'} & \tau_{x'z'} \\ \tau_{x'y'} & \sigma_{y'} & \tau_{y'z'} \\ \tau_{x'z'} & \tau_{y'z'} & 0 \end{bmatrix} [\theta]^{\mathrm{T}} \tag{18}$$

必须指出，由式（17）直接算出的应力 $\{\sigma'\}$ 中，剪应力 $\tau_{x'z'}$ 和 $\tau_{y'z'}$ 是壳体断面上的平均剪应力，而实际上剪应力按抛物线分布。在壳体表面上 $\tau_{x'z'} = \tau_{y'z'} = 0$，在中面上其值为平均剪应力的 1.5 倍。由式（17）计算 $\{\sigma'\}$ 后，应进行这些修正，然后计算主应力并输出整体坐标系中的应力 $\{\sigma\}$。

# 六、刚度矩阵与结点荷载

单元刚度矩阵直接在局部坐标系中用下式计算

$$[h_{5x}] = \int_{-1}^{1}\int_{-1}^{1}\int_{-1}^{1}[Br]^{\mathrm{T}}[D][B_s]|J|\mathrm{d}\xi\mathrm{d}\eta\mathrm{d}\zeta = \begin{pmatrix} k_{rs}^{11} & k_{rs}^{12} & \cdots & k_{rs}^{15} \\ k_{rs}^{21} & k_{rs}^{22} & \cdots & k_{rs}^{25} \\ \cdots & \cdots & \cdots & \cdots \\ k_{rs}^{51} & k_{rs}^{52} & \cdots & k_{rs}^{55} \end{pmatrix} \tag{19}$$

式中元素 $k_{rs}^{ij}$ 决定于下式

$$k_{rs}^{ij} = \int_{1}^{1}\int_{-1}^{1}\int_{-1}^{1}g_r^{ij}|J|\mathrm{d}\xi\mathrm{d}\eta\mathrm{d}\zeta \tag{20}$$

$$g_{rs}^{ij} = \frac{E}{1-\mu^2}\left[b_{1i}^r b_{1j}^s + b_{2i}^r b_{2j}^s + \mu(b_{1i}^r b_{2j}^s + b_{2i}^r b_{1j}^s) + \frac{1-\mu}{2}b_{3i}^r b_{3j}^s + \frac{1-\mu}{2k}(b_{4i}^r b_{4j}^s + b_{5i}^r b_{5j}^s)\right] \tag{21}$$

$b_{ij}^r$ 见式（15）。利用以上三式，通过数值积分可求出刚度矩阵。

结点力与结点位移之间存在如下关系

$$\{F_r\} = \begin{Bmatrix} U_r \\ V_r \\ W_r \\ M_\tau^\phi \\ M_r^\psi \end{Bmatrix} = \sum_{s=1}^{m} \begin{pmatrix} k_{rs}^{11} & k_{rs}^{12} & \cdots & k_{rs}^{15} \\ k_{rs}^{21} & k_{rs}^{22} & \cdots & k_{rs}^{25} \\ k_{rs}^{31} & k_{rs}^{32} & \cdots & k_{rs}^{35} \\ k_{rs}^{41} & k_{rs}^{42} & \cdots & k_{rs}^{45} \\ k_{rs}^{51} & k_{rs}^{52} & \cdots & k_{rs}^{55} \end{pmatrix} \begin{Bmatrix} u_s \\ v_s \\ w_s \\ \phi_s \\ \psi_s \end{Bmatrix} \tag{22}$$

其中 $m$ 为一个单元的结点个数，对于八结点单元的情况则 $m=8$。

设壳体中面承受了分布荷载 $p$，结点 $i$ 分布荷载在 $x$，$y$，$z$ 方向的分量分别为 $p_i^x, p_i^y, p_i^z$。中面上任一点的分布荷载可用形函数 $N_i(\xi,\eta)$ 表示为

$$p_x = \sum N_i p_i^x, \quad p_y = \sum N_i p_i^y, \quad p_z = \sum N_i p_i^z$$

根据虚功原理，分布荷载 $p$ 产生的结点荷载（在 $r$ 点）为

$$\left.\begin{aligned} X_r^p &= \iint N_r(\sum N_i p_i^x)\Omega\mathrm{d}\xi\mathrm{d}\eta \\ Y_r^p &= \iint N_r(\sum N_i p_i^y)\Omega\mathrm{d}\xi\mathrm{d}\eta \\ Z_r^p &= \iint N_r(\sum N_i p_i^z)\Omega\mathrm{d}\xi\mathrm{d}\eta \\ M_r^{\phi p} &= 0\quad M_r^{\psi p} = 0 \end{aligned}\right\} \tag{23}$$

式中

$$\Omega = \left\{ \left( \frac{\partial x}{\partial \xi} \frac{\partial y}{\partial \eta} - \frac{\partial x}{\partial \eta} \frac{\partial y}{\partial \xi} \right)^2 + \left( \frac{\partial y}{\partial \xi} \frac{\partial z}{\partial \eta} - \frac{\partial y}{\partial \eta} \frac{\partial z}{\partial \xi} \right)^2 + \left( \frac{\partial z}{\partial \xi} \frac{\partial x}{\partial \eta} - \frac{\partial z}{\partial \eta} \frac{\partial x}{\partial \xi} \right)^2 \right\}^{1/2}$$

## 七、弹性基础支承的边界

据我们的经验，厚壳曲面单元应用于双曲拱坝可取得较好的成果。由于基础变形对拱坝应力有显著影响，计算中最好按弹性基础考虑。

设 $i$ 是基础边界上的一个结点，见图 6，壳体厚度为 $t_i$，分配给结点 $i$ 的壳体边界长度为 $b_i$。在 $i$ 点沿壳体边界的切线方向取作 $\bar{x}$ 轴，沿基础表面的法线方向取作 $\bar{y}$ 轴，沿壳体半径方向取作 $\bar{z}$。这三个正交向量可表示如下

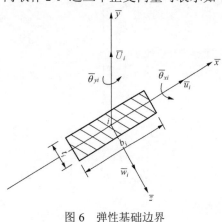

图 6　弹性基础边界

$$\bar{z} = \vec{i}\Delta x_{3i} + \vec{j}\Delta y_{3i} + \vec{k}\Delta z_{3i} \quad \text{（径向）}$$
$$\bar{x} = \vec{i}\Delta x_{1i} + \vec{j}\Delta y_{1i} + \vec{k}\Delta z_{1i} \quad \text{（切向）}$$
$$\bar{y} = \bar{z} \times \bar{x} \quad \text{（法向）}$$

式中 $\Delta x_{3i}, \Delta y_{3i}, \Delta z_{3i}$ 是壳体下表面与上表面在结点 $i$ 的坐标差值（沿半径方向），$\Delta x_{1i}, \Delta y_{1i}, \Delta z_{1i}$ 是壳体中面沿切线方向的坐标差值，由此可得到局部坐标（$x$，$y$，$z$）的方向余弦矩阵如下

$$[\theta] = \begin{bmatrix} l_1 & \overline{m_1} & \overline{n_1} \\ l_2 & \overline{m_2} & \overline{n_2} \\ l_3 & \overline{m_3} & \overline{n_3} \end{bmatrix} \tag{24}$$

把基础看成半无限弹性体，根据伏格特公式，在结点力作用下，基础变位可计算如下

$$\left. \begin{array}{ll} \text{切向位移} & u_i = \dfrac{\beta_1 U_i}{E_f b_i} \\[3mm] \text{法相位移} & v_i = \dfrac{\beta_2 V_i}{E_f b_i} \\[3mm] \text{径向位移} & \overline{w}_i = \dfrac{\beta_3 \overline{W}_i}{E_f b_i} + \dfrac{\beta_6 \overline{M}_{xi}}{E_f b_i t_i} \\[3mm] \text{弯曲角变位} & \theta_i = \dfrac{\beta_4 M_{xi}}{E_f b_i t_i^2} + \dfrac{\beta_6 \overline{W}_i}{E_f b_i t_i} \\[3mm] \text{扭转角变位} & \overline{\theta}_{yi} = \dfrac{\beta_5 \overline{M}_{yi}}{E_f b_i t_i^2} \end{array} \right\} \tag{25}$$

其中 $E_f$ 是基础的弹性模量，$\beta_1 \sim \beta_6$ 是基础变形系数，可从文献 [6] 查得。采用矩阵符号，上式可表示为

$$\begin{Bmatrix} \bar{u}_i \\ \bar{v}_i \\ \bar{w}_i \\ \bar{\theta}_{xi} \\ \bar{\theta}_{yi} \end{Bmatrix} = [\rho] \begin{Bmatrix} \overline{U}_i \\ \overline{V}_i \\ \overline{W}_i \\ \overline{M}_{xi} \\ \overline{M}_{yi} \end{Bmatrix} \tag{26}$$

式中

$$[\rho] = \frac{1}{E_f b_i} \begin{Bmatrix} \beta_1 & 0 & 0 & 0 & 0 \\ 0 & \beta_2 & 0 & 0 & 0 \\ 0 & 0 & \beta_3 & \dfrac{\beta_6}{t_i} & 0 \\ 0 & 0 & \dfrac{\beta_6}{t_i} & \dfrac{\beta_4}{t_i^2} & 0 \\ 0 & 0 & 0 & 0 & \dfrac{\beta_5}{t_i^2} \end{Bmatrix} \tag{27}$$

$[\rho]$ 是弹性基础的柔度矩阵。由式（26）求逆，得到

$$\begin{Bmatrix} \overline{U}_i \\ \overline{V}_i \\ \overline{W}_i \\ \overline{M}_{xi} \\ \overline{M}_{yi} \end{Bmatrix} = [\bar{k}] \begin{Bmatrix} \bar{u}_i \\ \bar{v}_i \\ \bar{w}_i \\ \bar{\theta}_{xi} \\ \bar{\theta}_{yi} \end{Bmatrix} \tag{28}$$

式中

$$[\bar{k}] = [\rho]^{-1} \tag{29}$$

$[k]$ 是局部坐标系 $(\bar{x}, \bar{y}, \bar{z})$ 中的基础刚度矩阵。为了计算整体坐标系中的基础刚度矩阵，必须进行坐标变换。在整体坐标系中的结点力及结点力矩见图 7。在局部坐标系 $(\bar{x}, \bar{y}, \bar{z})$ 中的结点力为

$$\begin{Bmatrix} \overline{U}_i \\ \overline{V}_i \\ \overline{W}_i \end{Bmatrix} = [\bar{\theta}] \begin{Bmatrix} \overline{U}_i \\ \overline{V}_i \\ \overline{W}_i \end{Bmatrix} \tag{a}$$

下面再计算局部坐标系中的结点弯矩 $\overline{M}_x$ 和 $\overline{M}_y$，参阅图 8，由于 $\bar{z}$ 轴与 $H_{3i}$ 向量重合，因此 $\bar{x}$，$y$ 两轴与向量 $H_{1i}$，$H_{2i}$ 共在一个平面内，设 $H_{1i}$ 与 $\bar{x}$ 轴的夹角为 $\beta$，则由立体解析几何可知

$$\cos\beta = l_{1i}l_1 + m_{1i}\bar{m}_1 + n_{1i}\bar{n}_1 \tag{30}$$

其中 $l_{1i}$，$m_{1i}$，$n_{1i}$ 是 $H_{1i}$ 的方向余弦，而 $l_1$，$\bar{m}_1$，$n_1$ 是 $\bar{x}$ 轴的方向余弦，由图 8 可知局部坐标系中的结点力矩是

$$\begin{Bmatrix} \bar{M}_{xi} \\ \bar{M}_{yi} \end{Bmatrix} = \begin{Bmatrix} \sin\beta & -\cos\beta \\ \cos\beta & \sin\beta \end{Bmatrix} \begin{Bmatrix} M_i^\phi \\ M_i^\psi \end{Bmatrix} \tag{b}$$

综合式（a）、式（b），得到局部坐标系中的广义结点力如下

$$\{\bar{F}_i\} = [L]\{F_i\} \tag{31}$$

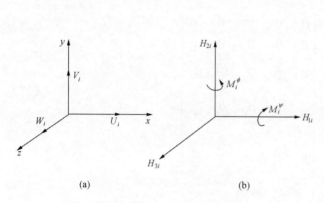

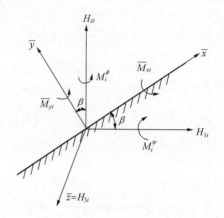

图 7　整体坐标系中的结点力和结点力矩

（a）结点力；（b）结点力矩

图 8　局部坐标系中的结点弯矩

其中

$$[L] = \begin{pmatrix} l_1 & \bar{m}_1 & \bar{n}_1 & 0 & 0 \\ l_2 & \bar{m}_2 & \bar{n}_2 & 0 & 0 \\ l_3 & \bar{m}_3 & \bar{n}_3 & 0 & 0 \\ 0 & 0 & 0 & \sin\beta & -\cos\beta \\ 0 & 0 & 0 & \cos\beta & \sin\beta \end{pmatrix} \tag{32}$$

因此，整体坐标系中弹性基础的刚度矩阵可由下式求得

$$[k] = [L]^T[\bar{k}][L] \tag{33}$$

在计算边界结点 $i$ 的刚度矩阵时，应将上述基础刚度矩阵累加到壳体本身的刚度矩阵中去。

如图 9 所示，取出一个靠近基础边界的壳体单元，设 1—8—4 是基础边界，其长度为 $l$，根据虚功原理，我们已推得分配给各边界结点的基础边界长度 $b_1$ 如下

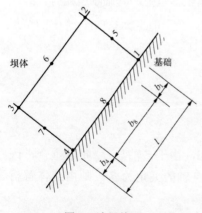

图 9　边界单元

$$\left. \begin{array}{ll} \text{角点1和4} & b_1 = b_4 = l/6 \\ \text{边中点8} & b_8 = 2l/3 \end{array} \right\} \tag{34}$$

计算刚度矩阵时要利用高斯数值积分。我们采用了降阶积分方法，在三个方向都采用二个高斯积分点。本文介绍的单元对厚壳和薄壳均适用。

# 八、算例

我们按照上述公式编制了 DJS-6 计算机手编通用程序和 DJS-8 计算机 FORTRAN 语言通用程序，全部利用内存，可计算 30 多个单元。先后计算过 4 座拱坝。

图 10 表示一个双曲拱坝计算成果。图 10（a）表示拱坝的尺寸及计算网格，坝高 120m，坝顶河谷宽度 285m，坝底河谷宽度 94.4m。由于对称，只须取出一半进行计算。在 DJS-8 机上的计算时间约 10min。图 10（b）及图 10（c）表示了在水压力作用下厚壳曲面单元的计算成果与三维有限单元及试载法计算成果的比较。有图可见，厚壳曲面单元计算成果与三维 20 结点等参数单元计算成果很接近。

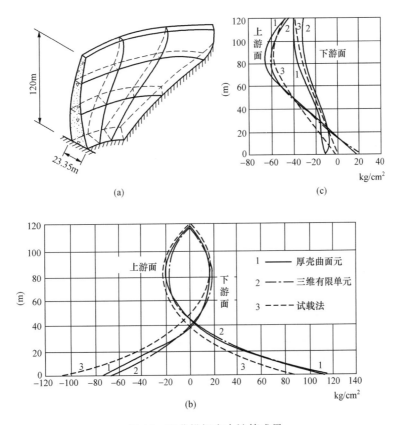

图 10　双曲拱坝应力计算成果

（a）计算网格；（b）拱冠剖面环向应力 $\sigma_{x}'$；（c）拱冠剖面铅直应力 $\sigma_{y}'$

## 参 考 文 献

［1］朱伯芳. 有限单元法原理与应用. 北京：水利电力出版社，1979.

［2］M. Herzog. Die Schalentheorie der doppelt gekrümmten staumauer vom Gleichwinkeltyp, Der Bauingenieur 1961，6.

［3］O. C. Zienkiewicz. The Finite Element Method in Engineering Science, 1971.

［4］O. C. Zienkiewicz. Reduced Integration Technique in General Analysis of Plates and Shells. Int. J. Num. Meth. Eng., N. 3，1971.

［5］Inst. Civ. Engrs.，Symposium on Arch Dams，London，1968.

［6］USBR, Trial Load Analysis of Arch Dams, Final Report of Boulder Canyon Project, 1938.

# 关于小湾拱坝抗压安全系数的建议

摘　要：拱坝是偏心受压结构，抗压安全系数是拱坝设计的重要指标，目前我国正在修建一批坝高 200m 以上的特高混凝土拱坝，由于工程重要，其抗压安全系数本应比一般拱坝为高，而实际情况正好相反，目前特高拱坝采用的抗压安全系数反而比一般拱坝为低，欠妥。本文对此进行较深入分析，并建议基本荷载作用下 90d 龄期混凝土抗压安全系数不宜小于 4.0。

关键词：安全系数；抗压；拱坝

## Suggestions for the Safety Coefficient of Compressive Strength of Concrete for Xiaowan Arch Dam

**Abstract:** For arch dams higher than 200m, the safety coefficient of compressive strength of concrete should not be less than 4.0 for 90d age of concrete.

**Key words:** safety coefficient, compressive strength, arch dam

## 1　前言

目前我国正在兴建一批特高混凝土拱坝，如已开工的小湾拱坝（高 292m）、溪洛渡拱坝（高 275m），筹建中的锦屏一级拱坝（高 305m），其高度都超过了已建成的世界最高的英古利拱坝（高 271.5m）。这说明我国已进入了一个特高拱坝建设的黄金时期。

与重力坝不同，拱坝的体形，特别是坝体厚度主要取决于允许应力，因此拉、压应力的安全系数对于拱坝的经济性和安全性具有决定性的影响，由于拱坝是偏心受压结构，主要依靠压应力将荷载传递至两岸坝基，拱坝抗压安全系数比抗拉安全系数更为重要。

我国混凝土拱坝设计规范要求 90d 龄期混凝土抗压安全系数不小于 4.0，由于工程重要，特高拱坝安全系数本应适当提高，但实际情况正好相反，目前在一些特高拱坝设计中，反而把抗压安全系数改为 180d 龄期不小于 4.0，如按 90d 龄期核算，安全系数实际上已降低到 3.5 左右，欠妥。

本文对这个问题进行较深入分析，建议适当提高小湾等特高拱坝的抗压安全系数，按 90d 龄期 15cm 立方体试件考虑，安全系数不宜小于 4.0，不必改变坝体断面，只要适当修改混凝土标号，投资增加不多，技术上可行。

## 2  坝高与拱坝应力关系

首先，分析在水压力和自重作用下，拱坝应力与坝高的关系，如图 1 所示，考虑坝 1 和坝 2，它们几何完全相似，坝高分别为 $H_1$ 和 $H_2$，坝内最大应力分别为 $\sigma_1$ 和 $\sigma_2$，承受的水荷载（或混凝土和岩体自重）分别为 $\gamma_1$ 和 $\gamma_2$，$\gamma$、$H$、$\sigma$ 的量纲分别为 $t/m^3$、$m$、$t/m^2$，$\gamma H/\sigma$ 是无纲数，因此

$$\frac{\gamma_1 H_1}{\sigma_1} = \frac{\gamma_2 H_2}{\sigma_2} \qquad (1)$$

但水的容重是相同的，不同工程的混凝土容重或岩体的容重也很接近，故可令 $\gamma_1 = \gamma_2$，由式（1）得到

$$\frac{\sigma_1}{\sigma_2} = \frac{H_1}{H_2} \qquad (2)$$

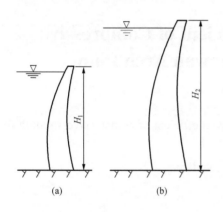

图 1　几何相似的两座拱坝

（a）坝 1；（b）坝 2

可见，对于两座几何完全相似的拱坝，坝内应力与坝高成正比，因此高坝的应力水平高于低坝。

至于运行期温度应力，与当地气候条件密切相关，它与当地气温年变幅基本成正比。在同一地区，应力与坝高的关系则比较复杂，高坝厚度较大，对温度变化较不敏感，年平均温度变化 $T_{m2}$ 较小，但库水深度大，水温变幅较小，因而线性温差 $T_{d2}$ 较大，在相同气候条件下，温度应力与坝高关系不是简单的线性关系。计算结果表明，气温水温年变化引起的拱坝应力大小与坝高关系不大，但与气温年变幅则成正比。

在温度和水压力、自重等荷载的综合作用下，高坝的应力水平则明显高于低坝。

【算例】小湾拱坝，坝高 292m，拱冠剖面如图 2，气温年变幅 6℃，按照 4 种不同坝高，即 $H_1$=292m，$H_2$=2$H_1$/3=195m，$H_3$=$H_1$/3=97m，$H_4$=$H_1$/6=49m，坝体几何形状完全相似，在相似荷载作用下，用多拱梁法计算坝体应力，结果见表 1，由表可见，在自重+水压作用下，坝体应力与坝高是成正比的，在气温水温年变化作用下，坝体应力与坝高关系不明显，叠加以后，在温度+水压+自重作用下，坝体应力与坝高基本成正比。小湾气温年变幅 6.0℃是比较小的，在我国多数地区，气温年变幅多在 10～20℃之间，对低拱坝，温度荷载引起的拉应力往往控制了坝体厚度，而压应力有较多富裕；对高拱坝，则拉应力和压应力都对断面起控制作用。

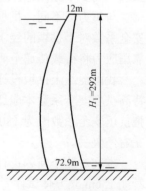

图 2　拱坝中央剖面

表1 拱坝应力与坝高关系

| 工况 | | | 坝高 292m | 坝高 195m | 坝高 97m | 坝高 49m |
|---|---|---|---|---|---|---|
| 自重+水压+泥沙 | 最大拉应力（MPa） | 上游面 | −0.83 | −0.56 | −0.28 | −0.14 |
| | | 下游面 | −0.81 | −0.54 | −0.27 | −0.14 |
| | 最大压应力（MPa） | 上游面 | 7.38 | 4.93 | 2.45 | 1.24 |
| | | 下游面 | 9.48 | 6.33 | 3.15 | 1.59 |
| 温度（年变化，温降） | 最大拉应力（MPa） | 上游面 | −0.96 | −1.06 | −1.11 | −0.91 |
| | | 下游面 | −0.99 | −1.10 | −1.10 | −0.89 |
| | 最大压应力（MPa） | 上游面 | 0.04 | 0.00 | 0.00 | 0.00 |
| | | 下游面 | 0.96 | 0.88 | 0.66 | 0.72 |
| 自重+水压+泥沙+温降（年变化，超冷封拱） | 最大拉应力（MPa） | 上游面 | −1.22 | −0.96 | −0.61 | −0.56 |
| | | 下游面 | −0.31 | −0.20 | −0.15 | −0.46 |
| | 最大压应力（MPa） | 上游面 | 6.49 | 4.14 | 2.04 | 0.95 |
| | | 下游面 | 10.02 | 6.82 | 3.50 | 1.93 |

# 3　坝体原型混凝土强度与室内试件混凝土强度的关系

坝体原型混凝土强度 $R_c$ 与室内试件混凝土强度 $f_c$ 有重大差别，影响因素包括试件形状、尺寸、湿筛、作用龄期及时间效应等，可表示如下

$$R_c = f_c c_1 c_2 c_3 c_4 c_5 \qquad (3)$$

式中：$R_c$ 为坝体原型混凝土抗压强度；$f_c$ 为室内 15cm 立方体试件 90d 龄期 80%保证率的抗压强度；$c_1$ 为试件形状系数，即长直强度与立方体强度之比；$c_2$ 为尺寸系数，即大试件与 15cm 立方体小试件强度之比；$c_3$ 为湿筛系数；$c_4$ 为实际使用龄期与 90d 龄期抗压强度比值；$c_5$ 为时间效应系数。

根据大量实验资料，可知 $c_1 = 0.84, c_2 = 0.83, c_3 = 0.87$。

龄期 $\tau$ 的混凝土抗压强度 $f_c(\tau)$ 可表示如下

$$f_c(\tau) = f_c(28)\left[1 + m\ln\left(\frac{\tau}{28}\right)\right] \qquad 0 \leqslant \tau \leqslant 365 \qquad (4)$$

系数 $m$ 与水泥品种、粉煤灰掺量、外加剂掺量等有关，据水科院试验资料，矿渣硅酸盐水泥 $m=0.274$，普通硅酸盐水泥 $m=0.1727$，普通硅酸盐水泥+60%粉煤灰 $m=0.3817$，中热硅酸盐水泥+30%粉煤灰 $m=0.370$。假定坝体承受全水头时最大应力部位混凝土龄期为 365d，于是

$$c_4 = \frac{f_c(365)}{f_c(90)} = \frac{1 + m\ln(365/28)}{1 + m\ln(90/28)} \qquad (5)$$

例如，普通硅酸盐水泥，$m=0.1727$，由上式，$c_4=1.20$；普通硅酸盐水泥+30%粉煤灰，$m=0.277$，由上式，$c_4=1.29$，中热硅酸盐水泥+30%粉煤灰，$m=0.370$，$c_4=1.36$。

加荷速率对混凝土强度有较大影响，加荷越快，强度越高；反之，加荷越慢，强度越低，通常室内混凝土强度试验，试件是在 1~2min 内破坏的，实际工程的持荷时间长达数十年，

远远超过 $1 \sim 2$min。荷载持续时间的长短对混凝土强度的影响见表 2[6]。同样的混凝土试件，如果用常规速度加荷，强度为 $P$，那么施加 $0.9P$，到 1h 左右会破坏，施加 $0.77P$，1 年左右会破坏；施加 $0.7P$，30 年左右会破坏。

表 2 荷载持续时间对混凝土强度的影响

| 荷载持续时间 | 2min | 10min | 30min | 1h | 4h | 100d | 1a | 3a | 30a |
|---|---|---|---|---|---|---|---|---|---|
| $\dfrac{不同持荷时间强度}{标准试验速度下强度}$ (%) | 100 | 95 | 92 | 90 | 88 | 78 | 77 | 73 | 69 |

混凝土还存在疲劳问题，试验结果表明，在大量反复荷载作用下，干燥混凝土的破坏强度只有短期加荷强度的 50%～55%，5000 次反复荷载作用下混凝土强度只有常规加荷时强度的 70%，潮湿混凝土的疲劳强度略低于干燥混凝土。

对于拱坝，自重是恒定荷载，水位是在最高水位与最低水位之间变化，准稳定温度场是反复变化的，初始温差是恒定的，情况比较复杂。综合考虑上述情况，建议取持荷时间效应系数 $c_5 = 0.70$。

取 $c_1 = 0.84, c_2 = 0.83, c_3 = 0.87, c_5 = 0.70$；对于普通硅酸盐水泥，取 $c_4 = 1.20$；对普通硅酸盐水泥+30%粉煤灰，取 $c_4 = 1.29$，对中热硅酸盐水泥+30%粉煤灰，取 $c_4 = 1.36$，由式（3），有

普通硅酸盐水泥混凝土，$R_c = 0.510 f_c$

普通硅酸盐水泥+30%粉煤灰混凝土，$R_c = 0.548 f_c$

中热硅酸盐水泥+30%粉煤灰混凝土，$R_c = 0.577 f_c$

应力状态对混凝土强度也有影响，例如，三向受压时的抗压强度高于单向受压，但拱坝最大压应力通常出现在下游表面，三个主应力中有一个为零（自由面）或不大的压应力（尾水），另一个应力通常是不大的压应力或拉应力，所以压应力最大区域的实际受力状态与单轴试验接近。

# 4 国内外拱坝采用的抗压安全系数

美国垦务局的《混凝土拱坝和重力坝设计准则》规定：当采用多拱梁法分析坝体应力时，对于正常荷载组合，压应力安全系数不小于 3.0（实际采用 4.0），试验龄期为 365 天，试验采用全级配混凝土（不湿筛）圆柱体大试件，与我国采用的 15cm 立方体试件、经过湿筛、90天设计龄期相比，他们的安全系数 3.0 和 4.0 分别相当于我国的安全系数 4.17 和 5.19。

日本的《坝工设计规范》（1978 年）规定：混凝土试件为 $\phi15\text{cm} \times 30\text{cm}$ 圆柱体、龄期为91 天、采用多拱梁法计算坝体应力，要求安全系数不小于 4.0。换算成 15cm 立方体试件，$K$不小于 4.76。

法国：抗压强度安全系数采用 4，混凝土强度采用 90 天龄期，全级配棱柱体大试件。

葡萄牙：抗压强度安全系数采用 4～5，混凝土强度采用 28 天龄期。

意大利：当不计温度荷载时，抗压强度安全系数为 5，当计入温度荷载时，安全系数采用 4；混凝土强度采用 90 天龄期。$\phi15\text{cm} \times 25\text{cm}$ 试件。

瑞士：抗压强度安全系数采用 4，混凝土强度采用 90 天龄期，20cm 立方体试件。

我国 SD 145—1985《混凝土拱坝设计规范》规定抗压安全系数 4.0，设计龄期 90d，20cm 立方体试件。新出版的 SL 282—2003《混凝土拱坝设计规范》，仍采用上述标准，但由于实际工程中混凝土试件已改为 15cm 立方体试件，因此规范中装试件尺寸改为 15cm 立方体，这实际上意味着安全系数已降低了 5%。

由于混凝土抗压强度与设计龄期、试件形状、试件尺寸、试验方法（湿筛否）等因素有关，在比较不同工程的安全系数时，不能简单地用设计标号除以最大应力表示安全系数。

兹定义三种抗压安全系数如下：

$K_1$——设计安全系数（该工程设计标号除以最大主压应力）；

$K_2$——换算安全系数，即按我国标准试件及试验方法换算的安全系数（设计龄期 90d，15cm 立方体试件，湿筛）；

$K_3$——坝体原型安全系数（设计龄期 365d，长直强度，原级配，大试件，考虑时间效应）。

由于各国试验方法不同，难以直接用 $K_1$ 进行对比；按我国标准试验方法换算成 $K_2$ 后才可以进行互相比较，三个系数之间存在如下关系

$$K_3 = K_2 c_1 c_2 c_3 c_4 c_5 = K_1 c_1' c_2' c_3' c_4' c_5' \tag{6}$$

$c_1 \sim c_5$ 定义见前，$c_1' \sim c_5'$ 是与各国混凝土试验方法相应的有关系数，由于 $c_5 = c_5' = 0.70$，故由式（6）有

$$K_2 = \frac{c_1' c_2' c_3' c_4'}{c_1 c_2 c_3 c_4} K_1 \tag{7}$$

由上式即可把各国拱坝抗压安全系数 $K_1$ 换算成我国标准的安全系数 $K_2$。例如，美国胡佛坝，设计龄期 28d，圆柱体大试件，全级配，$K_1 = 4.07, c_1' = c_2' = c_3' = 1.0$，取 $m = 0.250$，由式（7）

$$K_2 = 4.07 \times \frac{1.0}{0.84} \times \frac{1.0}{0.83} \times \frac{1.0}{0.87} \left[ 1 + 0.25 \ln\left(\frac{90}{28}\right) \right] = 8.67$$

美国 Mossyrock 坝，$K_1 = 4.00$，设计龄期 365d，换算后

$$K_2 = 4.00 \times \frac{1.0}{0.84} \times \frac{1.0}{0.83} \times \frac{1.0}{0.87} \times \frac{1 + 0.25 \ln(90/28)}{1 + 0.25 \ln(365/28)} = 5.19$$

表 3 中列出了国内外一些混凝土拱坝实际采用的抗压安全系数

**表 3**                **国内外拱坝采用的抗压安全系数**

| 国家 | 坝名 | 坝高 (m) | 设计安全系数 $K_1$ | | | | | | 换算成我国标准安全系数 $K_2$ | 原型坝体安全系数 $K_3$ |
| --- | --- | --- | --- | --- | --- | --- | --- | --- | --- | --- |
| | | | 设计龄期 (d) | 试件形状、尺寸 (cm)、方法 | 设计标号 (MPa) | 最大主压应力 (MPa) | 设计安全系数 $K_1$ | | | |
| 中国 | 小 湾 | 292 | 180 | 15×15×15 | 40.0 | 10.0 | 4.00 | | 3.40 | 1.96 |
| 前苏联 | 英古里 | 271.5 | 180 | 15×15×45 | 35.0 | 9.40 | 3.72 | | 3.90 | 2.13 |
| 意大利 | Vajont | 263.5 | 90 | $\phi25 \times 25$ | 35.0 | 7.00 | 5.00 | | 5.26 | 2.88 |
| 瑞士 | Mauvoisin | 250.5 | 90 | 20×20×20 | 42.0 | 9.90 | 4.24 | | 4.46 | 2.44 |
| 中国 | 二 滩 | 240 | 180 | 20×20×20 | 35.0 | 8.40 | 4.17 | | 3.53 | 2.04 |
| 瑞士 | Contra | 230 | 90 | 20×20×20 | 45.0 | 10.50 | 4.29 | | 4.51 | 2.47 |
| 美国 | Hoover | 222 | 28 | 圆柱体大试件 | 17.5 | 4.30 | 4.07 | | 8.67 | 4.75 |

续表

| 国家 | 坝名 | 坝高(m) | 设计安全系数 $K_1$ | | | | | | 换算成我国标准安全系数 $K_2$ | 原型坝体安全系数 $K_3$ |
|---|---|---|---|---|---|---|---|---|---|---|
| | | | 设计龄期(d) | 试件形状、尺寸(cm)、方法 | 设计标号(MPa) | 最大主压应力(MPa) | 设计安全系数 $K_1$ | | | |
| 日本 | 黑部第四 | 186 | 91 | $\phi15\times30$ | 43.0 | 9.98 | 4.31 | | 5.13 | 2.81 |
| 美国 | Mossyrock | 185 | 365 | 圆柱体大试件 | 33.1 | 8.30 | 4.00 | | 5.19 | 2.84 |
| 中国 | 东风 | 162 | 90 | $20\times20\times20$ | 30.0 | 7.50 | 4.00 | | 4.00 | 2.30 |
| 美国 | Yellow Tail | 160 | 365 | 圆柱体大试件 | 28.1 | 6.20 | 4.00 | | 5.19 | 2.84 |
| 法国 | Roselend | 150 | 90 | $50\times50\times150$（全级配） | 30.0 | 7.50 | 4.00 | | 6.59 | 3.61 |
| 中国 | 白山 | 150 | 90 | $20\times20\times20$ | 25.0 | 5.42 | 4.61 | | 4.61 | 2.54 |
| 中国 | 江口 | 140 | 90 | $15\times15\times15$ | 30.0 | 6.50 | 4.62 | | 4.62 | 2.55 |
| 中国 | 陈村 | 76.3 | 90 | $20\times20\times20$ | 20.0 | 1.62 | 12.34 | | 12.34 | 6.29 |

# 5 小湾拱坝的应力水平系数与柔度系数

为了从宏观上对小湾拱坝安全度进行近似评价，下面比较一下小湾拱坝与国内外其他已建拱坝的应力水平系数 $D$ 和柔度系数 $C$。

应力水平系数 $D$ 定义如下[4]

$$D = \frac{A^2}{V} \tag{8}$$

式中：$A$ 为拱坝中剖面的面积；$V$ 为拱坝的体积。应力水平系数 $D$ 近似地代表着拱坝的应力水平。从图 3 可见，小湾拱坝应力水平系数 $D=3710$，已超过了柯尔布兰拱坝的 $D=3500$，在图中

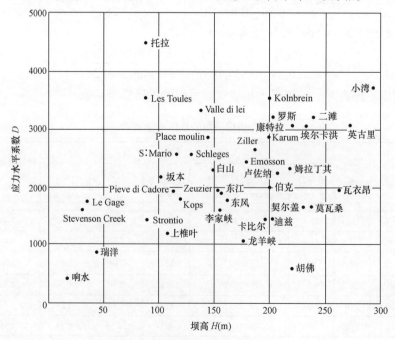

图 3 拱坝的应力水平系数 $D$

处于第二高位。图中 D 最大的托拉拱坝建成后产生严重裂缝，只得在下游面作肋结构和弧形重力坝进行加固[4]。柯尔布兰拱坝建成后也产生严重裂缝，在下游面兴建重力拱坝予以支撑和加固。

拱坝的柔度系数 C 定义如下

$$C = \frac{A^2}{VH} \tag{9}$$

式中：H 为坝高；A 为坝体中面的面积；V 为拱坝体积。

小湾拱坝的柔度系数 C=12.72，与国内外已建拱坝柔度系数的比较见图 4，对于相同的坝高 H 来说，体积 V 越小，柔度系数 C 越大，坝越不安全。从图 4 可见，对于相同的坝高 H=200m 来说，柯尔布兰拱坝的柔度系数 C=17.7 是最大的因而最不安全。但从图 4 可见，不少高度较低的坝，其柔度系数 C 远大于柯尔布兰拱坝，但运行正常，可见不能脱离坝高 H 单独用柔度系数 C 来判断拱坝的安全度。

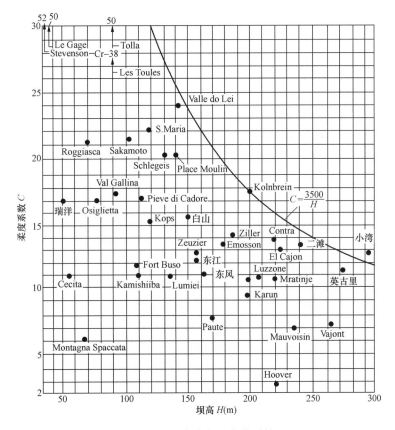

图 4　拱坝的高度与柔度体系数 C

柯尔布兰拱坝的应力水平系数 D=3500，以此作为上限，得到柔度系数 C 的上限如下

$$C = \frac{3500}{H} \tag{10}$$

上式代表一条双曲线，见图 4，由图可见，二滩拱坝位于曲线下侧，而小湾拱坝位于曲线的上侧。如果以 C=3500/H 作为警戒线的话，小湾拱坝的柔度系数是位于警戒线以上的。

当然，这条曲线实际上代表着柯尔布兰拱坝的应力水平，在衡量拱坝安全度时，除了应力水平外，还要考虑混凝土强度、施工质量及基岩的抗压和抗剪强度，从图3、图4可以看出，小湾拱坝的应力水平是比较高的，为了提高它的安全度，一个办法是增加坝的厚度，另一个方法就是提高混凝土标号，在目前情况下，增加坝体厚度的难度较大，但提高混凝土标号还是可行的。

# 6 适当提高特高拱坝安全系数的必要性

对国内外拱坝实际采用安全系数进行分析后，可得出以下几点：

（1）拱坝的实际安全系数并不高

过去有人以混凝土设计标号与模型试验结果对比，求得拱坝安全系数6～10，得出拱坝安全系数很高的结论，这是一种虚假现象。首先，室内小试件快速试验得出的强度与坝体原型有重大差别，考虑这个因素，安全系数要减少近一半，另外，模型试验中没有考虑温度荷载和扬压力，也没有考虑横缝影响，得出破坏荷载偏高，从表3中可知，考虑试件尺寸及时间效应后，除个别情况外，多数拱坝实际抗压安全系数只有2.0～2.8，数值并不很大。

（2）高拱坝安全系数低于低拱坝

一般说来，低拱坝抗压安全系数较大，而高拱坝抗压安全系数较小，这有两方面的原因，一方面高拱坝应力水平高于低拱坝；另一方面，过去人们误认为拱坝抗压安全系数很高、有较多富裕，在高拱坝设计中，没有采用足够大的安全系数。

（3）中国特高拱坝安全系数偏低

在高度超过200m的7个特高拱坝中，胡佛坝（4.75）、瓦央坝（2.88）、莫瓦桑坝（2.44）、康特拉坝（2.47）的坝体原型安全系数 $K_3$ 都超过2.40，英古里坝略低，也有2.13；唯独中国的两个特高拱坝安全系数最低：二滩坝2.04，小湾坝1.96。

（4）在拱坝设计中必须保留足够的安全储备

在拱坝设计中保留足够的安全储备是必要的，因为：（a）常规计算方法中有许多因素没有考虑，如计算中忽略的非线性温差可使压应力增加1.5～2.0MPa，计算中假定坝是整体的，实际上坝内存在着接缝，它们会使拉应力减小而压应力增加。计算中也忽略了施工过程的影响。（b）实际工程中，由于种种原因，尽管80%混凝土合格，还有一部分混凝土强度达不到设计标号。（c）混凝土平仓、振捣过程中的问题可能引起混凝土的低强、不密实甚至隐蔽的架空现象。（d）坝体内往往存在着裂缝、冷缝，它们对坝体承载能力都有影响。（e）地基构造和变形是很复杂的，常规计算中并没有考虑这些因素。（f）最大压应力多发生在建基面附近，应力集中是客观存在的，虽不一定如理论计算那么严重，但客观上肯定会使最大应力有所增加。

（5）必须适当提高特高拱坝的抗压安全系数

特高拱坝，由于工程重要，其安全系数本应高于一般拱坝，但目前我国特高拱坝的安全系数反而低于一般拱坝，如小湾拱坝，是世界上最高拱坝，河谷也比较宽，却采用了世界上最低的抗压安全系数，欠妥。

前苏联长期处于短缺经济状态，在结构设计中追求过度节省，安全系数低于世界平均水平，英古里拱坝设计即为一例。我国在改革开放以前，也存在着类似现象，二滩拱坝设计采用较低安全系数，也反映了这一情况。

安全系数的降低，经济上的节省是很小的，但却给工程安全性带来不必要的危害，这种状态，应该予以改变。

笔者的具体意见：特高拱坝的抗压安全系数按设计龄期为90d，15cm立方体试件考虑，不应低于4.00，如设计龄期为180d，则不应低于4.75。

实际施工时，有的工程中混凝土可能超标号，但有的工程中超标号并不多，有时甚至可能达不到规范规定的要求。当施工质量达不到规范要求时，我们可以要求施工单位加以改进，如果混凝土强度满足了80%合格率，就是合格工程，我们不能要求施工单位超标号，因此我们不能把坝的安全度寄希望于施工时的强度超标上，而只能提出合理的混凝土设计标号，至于施工中可能出现的超标号，只能作为附加安全余度，不能作为设计指标。

# 7 适当提高特高拱坝抗压安全系数所费不多且技术可行

为了适当提高拱坝的抗压安全系数，可采用以下三种方法之一：①适当增加坝体厚度；②厚度不变，适当提高混凝土标号；③同时增加坝体厚度和提高混凝土标号。其中提高混凝土标号的方法最为经济，但温度控制的难度略有加大；为了缓解温控难度，也可采用第①、③两种方法。

目前在房屋、桥梁、道路等建筑方面采用的高强混凝土，28d龄期抗压强度达到50～100MPa，换算成90d龄期，约为65～130MPa，在拱坝设计中，把90d抗压强度从目前的40MPa提高到50～60MPa，在技术上是可以做到的，不会有什么困难。问题在于：水泥用量会适当增加：（a）温度控制的难度能否克服？（b）工程费用增幅有多大，下面进行一些初步分析。

以小湾拱坝为例，全坝混凝土720万m³，高应力区混凝土约200万m³，原采用180d龄期40MPa，如改为90d龄期40MPa，据水科院初步试验结果，每方混凝土水泥用量增加15kg/m³，增加粉煤灰6.5kg/m³，单价按水泥480元/t，粉煤灰240元/t计，共增加材料费用8.8元/m³，设温控费用增加1.2元/m³，混凝土单价增加10元/m³，200万m³高标号混凝土共增加2000万元，费用增加不多，约为工程投资的千分之一。

水泥用量增加后，混凝土绝热温升估计从26℃提高到28.6℃，增幅2.6℃，温度控制难度略有增加。主要矛盾在基础强约束区，按层厚1.0m、间歇7d考虑，水化热温升约增加 $\Delta T_r = 1.1$℃，温控措施包括：（a）降低混凝土入仓温度；（b）降低冷却水管水温；（c）加密冷却水管。由于温升增幅不大（绝热温升增加十分之一），问题不难解决，计算表明，单独依靠加密水管，即可解决问题。在非基础约束区，按层厚3m、间歇7d估计，水化热温升约增加 $\Delta T_r = 1.9$℃，横缝灌浆前坝体人工冷却时间要适当延长一些，至于坝块表面保温层厚度，主要取决于寒潮及气温年变化，水化热温升的影响是次要的， $\Delta T_r = 1.9$℃的影响很小。

下面用一个算例来说明问题，取中央最高坝块，用三维有限元计算，坝块中央剖面网格见图5（只示坝体部分）。计算了4个方案。

[方案1] 浇筑层厚度为15×1.0m+14×1.5m+18×3.0m，间歇7天，水管间距分别为1.0m×1.5m、1.5m×1.5m、3.0m×1.5m，冷却水温10℃，通水15天。下部高度0～36m内为 $R_{180}400^{\#}$ 混凝土，绝热温升为 $26\tau/(1.25+\tau)$ ，高度36m以上为 $R_{180}350^{\#}$ 混凝土，绝缘温升为 $24\tau/(1.30+\tau)$ ，9月1日开始浇筑，计算结果见图6、图7，最大拉应力为1.59MPa。

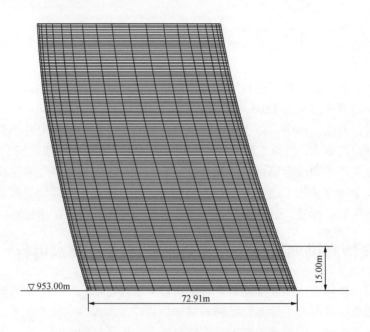

图 5　坝块中央剖面计算网格（坝体部分）

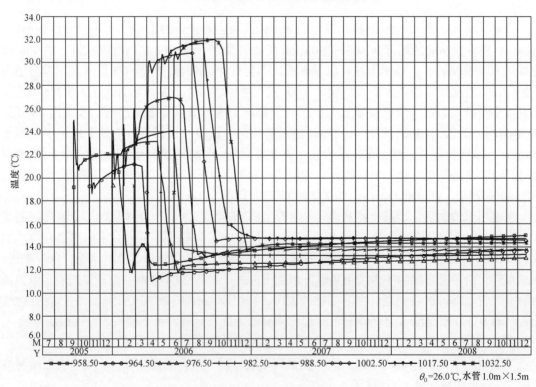

图 6　小湾 3D 拱冠梁中面中线温度过程线（方案 1）

[方案 2] 高度 0～36m 内改用 $R_{90}400^{\#}$ 混凝土，最终绝热温升为 28.6℃，其余条件不变，计算结果见图 8、图 9，最大拉应力为 1.75MPa。

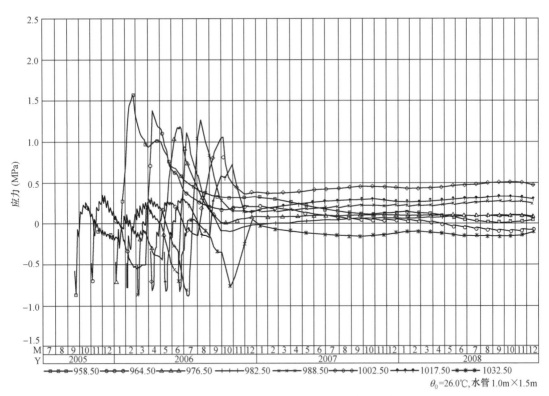

图 7 小湾 3D 拱冠梁中面中线 $\sigma_x$ 应力过程线（方案 1）

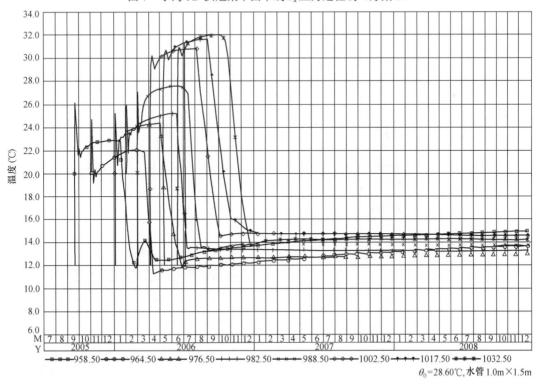

图 8 小湾 3D 拱冠梁中面中线温度过程线（方案 2）

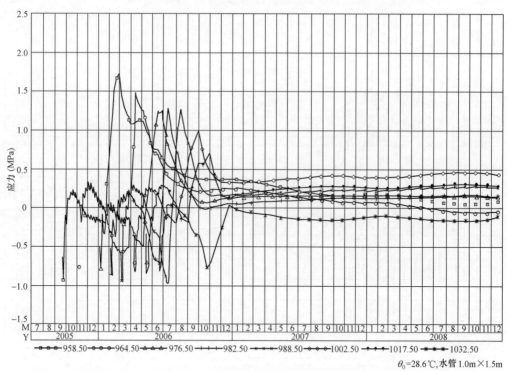

图 9　小湾 3D 拱冠梁中面中线 $\sigma_x$ 应力过程线（方案 2）

$\theta_0 = 28.6℃,$水管 $1.0\mathrm{m} \times 1.5\mathrm{m}$

［方案 3］高度 36m 以下为 $R_{90} 400^{\#}$ 混凝土，最终绝热温升为 28.6℃，在强约束区（高度 15m 以下）水管间距改为 $1.0\mathrm{m} \times 0.75\mathrm{m}$，其余不变，计算结果见图 10、图 11，最大拉应力为 1.42MPa，小于方案 1 中的 1.59MPa。

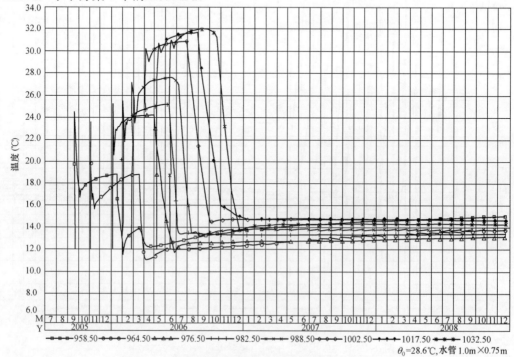

$\theta_0 = 28.6℃,$水管 $1.0\mathrm{m} \times 0.75\mathrm{m}$

图 10　小湾 3D 拱冠梁中面中线温度过程线（方案 3）

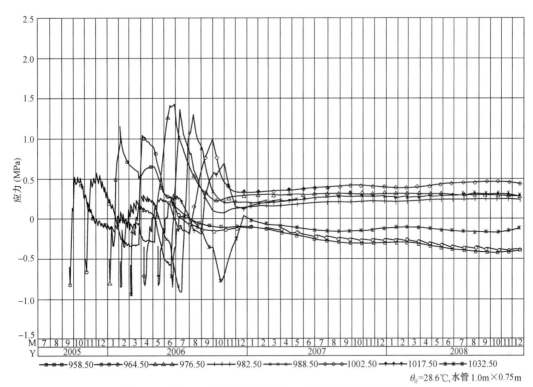

$\theta_0 = 28.6℃$，水管 $1.0m \times 0.75m$

图 11    小湾 3D 拱冠梁中面中线 $\sigma_x$ 应力过程线（方案 3）

[方案 4] 强约束区水管间距改为 1.0m×1.10m，其余同方案 3。计算结果见图 12、图 13，最大拉应力为 1.52MPa。

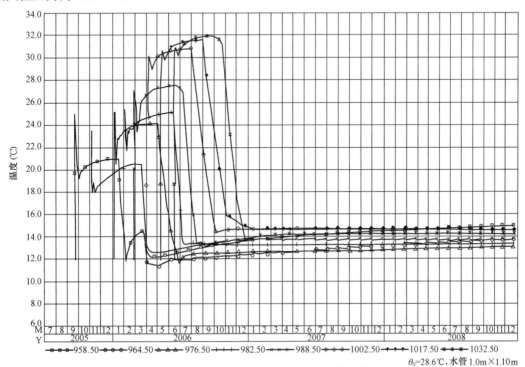

$\theta_0 = 28.6℃$，水管 $1.0m \times 1.10m$

图 12    小湾 3D 拱冠梁中面中线温度过程线（方案 4）

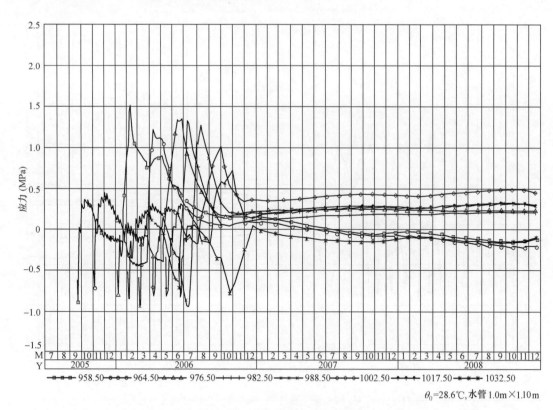

图 13　小湾 3D 拱冠梁中面中线 $\sigma_x$ 应力过程线（方案 4）

计算结果表明，高应力区混凝土标号由 $R_{180}400^{\#}$ 改为 $R_{90}400^{\#}$，最终绝热温升由 26℃变为 28.6℃，只要把强约束区水管间距由 1.0m×1.50m 改为 1.0m×1.10m，最大拉应力为 1.52MPa，略小于原来的 1.59MPa。

# 8　结束语

（1）在几何相似条件下，拱坝应力与坝高成正比，高拱坝应力水平高于低拱坝。

（2）拱坝是偏心受压结构，主要依靠抗压强度将水荷载传递到两岸基岩，抗压安全系数是拱坝设计的重要指标。

（3）混凝土抗压强度与试件形状、试件尺寸、湿筛、加荷速率等因素有关，坝体原型混凝土抗压强度只有 90d 龄期、15cm 立方体室内试验抗压强度的一半左右，过去根据室内试验结果，认为拱坝安全系数有 6～8 是偏高的，实际多数拱坝的实际抗压安全系数只有 2～3。

（4）我国拱坝设计规范要求 90d 龄期 15cm 立方体试件混凝土抗压安全系数不小于 4.0，200m 以上特高拱坝，由于工程重要，本应采用更严格的安全系数，但实际情况正好相反，二滩、小湾等拱坝，均采用 180d 龄期 15cm 立方体试件 4.0 安全系数，按 90d 龄期计算，安全系数只有 3.5 左右。

（5）从世界各国拱坝实际采用的抗压安全系数来看，我国特高拱坝的抗压系数是最低的，欠妥。

（6）笔者建议，特高拱坝抗压安全系数应适当提高，按 90d 设计龄期、15cm 立方体试件考虑，安全系数 $K$ 应不小于 4.0，如采用 180d 设计龄期，应不小于 4.75。

（7）不必增加厚度，只要适当改变混凝土标号即可，例如，小湾拱坝，在高应力部位，把 180d、40MPa 混凝土改为 90d、40MPa，只需增加水泥用量 15kg/m³ 左右，投资增加约 2000 万元，混凝土绝热温升约增加 2.6℃，增幅也不大，投资增加不多，技术上可行，投资增加 2000 万元，约为工程投资的千分之一，而安全度提高约 18%，对于世界最高拱坝，是十分值得的。

（8）混凝土标号的提高，不但提高坝的抗压安全系数，可同时提高坝的抗拉和沿建基面抗滑安全系数。

表 4                              计 算 方 案

| 方案 | 浇筑层厚度 | 水管间距（m×m） | 绝热温升（℃） | | 最大拉应力（MPa） |
|---|---|---|---|---|---|
| | | | $y<36m$ | $Y>36m$ | |
| 1 | 15×1.0m+14×1.5m+18×3.0m | 1×1.5+1.5×1.5+1.5×3.0 | 26.0 | 24.0 | 1.59 |
| 2 | 15×1.0m+14×1.5m+18×3.0m | 1×1.5+1.5×1.5+1.5×3.0 | 28.6 | 24.0 | 1.75 |
| 3 | 15×1.0m+14×1.5m+18×3.0m | 1×0.75+1.5×1.5+1.5×3.0 | 28.6 | 24.0 | 1.42 |
| 4 | 15×1.0m+14×1.5m+18×3.0m | 1×1.10+1.5×1.5+1.5×3.0 | 28.6 | 24.0 | 1.52 |

注　水管通水 15d，水温 10℃，混凝土浇筑温度 12℃，间歇 7d。

# 参 考 文 献

[1] SD 145—1985《混凝土拱坝设计规范》. 北京：水利电力出版社，1985.

[2] SL 282—2003《混凝土拱坝设计规范》. 北京：中国水利水电出版社，2003.

[3] 朱伯芳. 拱坝应力控制标准研究. 水力发电，2000，12.

[4] 朱伯芳. 高季章，陈祖煜，厉易生. 拱坝设计与研究. 北京：中国水利水电出版社，2003.

[5] 李瓒等. 拱坝设计. 北京：中国电力出版社，2000.

[6] Troxell G.E.and H.E.Davis，Composition and properties of concrete，New York，Mc Graw-Hill，1956.

# 从拱坝实际裂缝情况来分析边缘缝和底缝的作用[❶]

**摘　要**：除了水平施工缝和横缝被拉开外，拱坝裂缝绝大多数垂直于岩石表面，即垂直于边缘缝和底缝，表明边缘缝和底缝并不能防止拱坝裂缝的扩展。严格控制基础温差和内外温差，优化坝体灌浆温度，是防止坝体裂缝的最有效措施。文中提出了对设置边缘缝和底缝必要性进行论证的方法。

**关键词**：拱坝；边缘缝；底缝

# On the Perimetral Joint and Base Joint of Arch Dams

**Abstract:** It is shown that most cracks in actual arch dams are perpendicular to the surface of foundation rock, i.e., most actual cracks are perpendicular to the direction of perimetral joint and base joint. So the perimetral joint and base joint can not prevent cracks in arch dams. The most effective measures to prevent cracks in arch dams are the control of maximum temperature，thermal insulation and control of temperature at the time of joint grouting.

**Key words:** arch dam, perimetral joint, base joint

## 一、前言

在拱坝中是否需要设置边缘缝和底缝，是人们所关心的一个课题。认识来源于实践，本文首先对已有拱坝裂缝情况进行分析，然后对边缘缝和底缝的作用进行分析，指出了防止拱坝裂缝的有效途径，并提出了对设置边缘缝和底缝的必要性进行论证的方法。

## 二、实际拱坝裂缝情况

图 1 表示了法国索达特（Sautet）拱坝的裂缝，上游面右岸裂缝较大，上游面长 17m，下游面长 12.5m，进行两次灌浆处理后才消除了渗漏。图 2 表示法国卡斯梯翁拱坝裂缝，在下游面发现 5 号坝段有 2 条斜裂缝，在 13 号坝段有 2 条由基础向上的裂缝，其方向大致与基础垂直[1]。

图 3 表示美国垦务局 1910 年建成的野牛嘴（Buffalo Bill）拱坝的裂缝，该坝未设横缝，在两岸之间连续浇筑混凝土，每层厚 0.3m，有时每天浇筑 4 层，上升 1.2m/d，坝址高程 2347m，最低月平均温度为–3℃，最高月平均温度为 21℃，坝内产生大量垂直和水平裂缝是不足为奇的。

❶　原载《水力发电学报》1997 年第 2 期，本文得到国家自然科学基金重大基金（编号 59493600）和国家攀登计划（编号 FB-1）的资助。

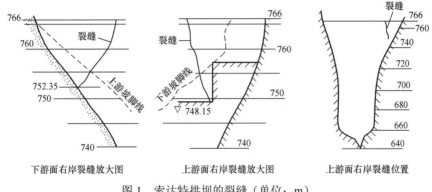

下游面右岸裂缝放大图　　　上游面右岸裂缝放大图　　　上游面右岸裂缝位置

图 1　索达特拱坝的裂缝（单位：m）

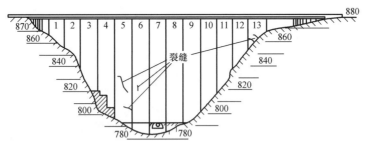

图 2　卡斯梯翁拱坝下游面裂缝（单位：m）

罗马尼亚的德拉根（Dragan）双曲拱坝，高 120m，1979 年开始浇筑坝体混凝土，至 1982 年为止，产生了水平裂缝 44 条（其中上游面 5 条，下游面 39 条），裂缝深度 0.2～1.2m，开度 0.1～0.3mm，长度等于坝段宽度，垂直裂缝 15 条，长度延伸 1～5 个浇筑层，裂缝开度 1～1.5mm，见图 4，当地气候寒冷，冬季三个月停工，裂缝是温度应力引起的。1983 年以后浇筑混凝土时采取了以下温控措施：春季恢复浇混凝土时，对前年浇筑的老混凝土，在帆布下面吹热气进行预热，使 50cm 深度混凝土温度达到 15℃以上，冷天采用保温模板，坝面不断喷水防止干缩，春秋两季新混凝土表面用帆布保护 10～14 天。采取这些措施后，裂缝大为减少。

格仑峡（Glen Canyon）拱坝，高 216m，大坝施工期间在 6 坝段和 18 坝段产生了两条斜裂缝，见图 5，基础是比较软弱的砂岩，有限元分析结果表明，两条斜裂缝的产生与不均匀基础沉陷有关。

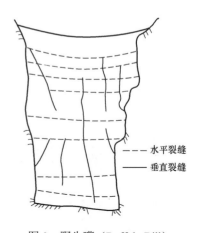

－－－ 水平裂缝
——— 垂直裂缝

图 3　野牛嘴（Buffalo Bill）拱坝裂缝

葡萄牙的卡布里尔（Cabril）双曲拱坝。高 132m，弧长 290m，设有边缘缝，1954 年建成，至 1980 年因有大量裂缝而被迫进行修理。当时在下游面共有 252 条裂缝，其中 77 条裂缝开度在 1mm 以上，55 条开度为 0.2～1.0mm，120 条开度小于 0.2mm，所有这些裂缝都是施工缝（层厚 1.5m）被拉开，并在两横缝之间贯穿，有时还延伸到相邻坝段去，大裂缝位于坝体上部高程 275～290m（坝顶高程 297m），从左岸延伸到右岸，据用有限元法分析，裂缝原因：①坝体顶部刚度过大；②横缝张开，坝的整体性下降；③基岩裂隙被冲蚀，渗水增加，排水孔堵塞；④气温年变幅和日变幅较大；⑤初次蓄水时坝体尚未完全冷却。图 6 表示了该坝剖面及横缝张开情况，对裂缝进行了环氧灌浆。

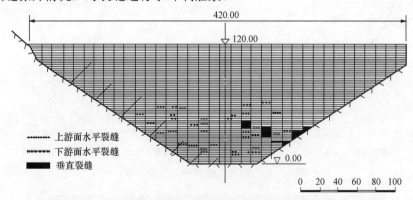

图4　德拉根（Dragan）拱坝裂缝

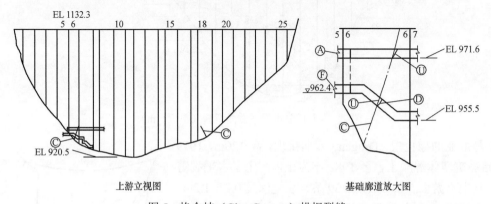

图5　格仑峡（Glen Canyon）拱坝裂缝

A—入口；C—裂缝；D—基础廊道下游面看到的裂缝；F—基础廊道；U—基础廊道上游侧看到的裂缝

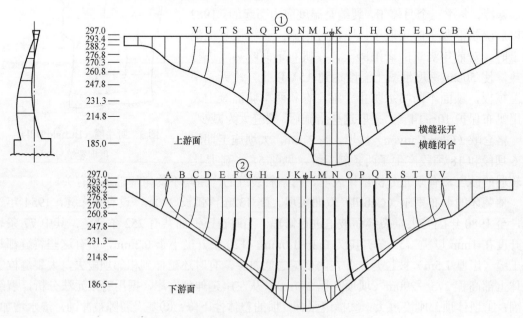

图6　卡布里尔（Cabril）拱坝横缝张开情况

瑞士的崔伊齐耳（Zeuzier）双曲拱坝，高 156m，建于 1954～1957 年，正常运行 21 年后，于 1978 年坝体位移突然增大，上游面横缝拉开，下游面平行于基岩产生大裂缝，最大开度达 15mm，见图 7。裂缝原因是在坝下 400m 处打了一条公路探洞，穿过了灰岩含水层，大量涌水，总涌水量达 350 万 m³，从而引起岩层脱水，孔隙压力降低，坝基下沉 11cm，拱坝两岸相对收缩 6cm（约相当于 23℃温升）。显然，这 6cm 的相对收缩是引起大坝裂缝的主要原因，被迫用了 6 年时间进行修补，主要进行环氧灌浆。

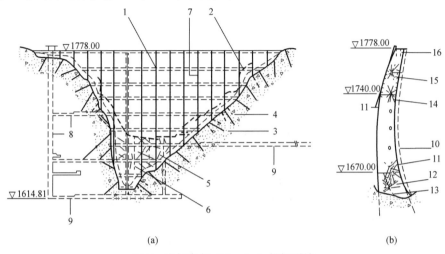

图 7    崔伊齐尔（Zeuzier）拱坝裂缝

（a）下游立视；（b）横剖面

1—上游面横裂缝张开；2—下游面主裂缝；3—灌浆孔；4—检查孔；5—灌浆孔；6—监侧孔；7—横缝；

8—电梯井及检查廊；9—灌浆廊；10—脚手架；11—主裂缝；12～15—灌浆孔；16—监测孔

我国响水拱坝裂缝情况见图 8。该坝为单曲薄拱坝，坝高 19.5m，顶厚 1.5m，底厚 3.0m，设有水平底缝，缝内填料由一层冷底子油、一层滑石粉和沥青组成，总厚度 1.0～1.3mm，当地气候寒冷，年平均气温 2.4℃，月平均气温 1 月为 -17.7℃，7 月为 19.7℃。该坝坝体于 1981 年 8 月浇筑，坝体内部最高温度达 53℃，同年 10 月开始蓄水，1984 年发现裂缝 18 条，1987 年增至 36 条，裂缝原因：①设计中用美国垦务局经验公式 $T_m = 57.7/(t + 2.44)$ 计算温度荷载，严重偏小；②施工中无严格温控措施；③运行期无保温措施；④把防止裂缝的希望寄托在底

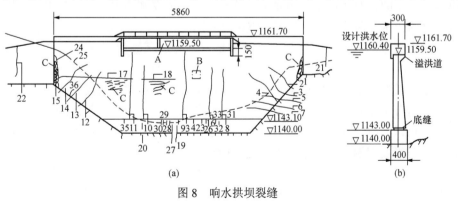

图 8    响水拱坝裂缝

（a）下游立视；（b）中央剖面

缝上，结果落空。由图 8 可见，主要裂缝垂直于底缝和两岸基岩面，底缝面上涂有沥青，在高温时可以滑动，曾实测到相对位移 11mm，但沥青变形能力与温度关系极大，低温时底缝已不能滑动，坝体继续降温，受到底缝约束，即产生一系列垂直裂缝。业主委托笔者研究处理措施，经研究决定在坝体下游面粘贴 5cm 厚聚苯乙烯泡沫塑料板永久保温，对裂缝进行环氧灌浆。处理后，运行情况良好。

## 三、从实际工程裂缝情况来看边缘缝与底缝的作用

（1）拱坝边缘缝和底缝是针对上游坝面平行于基岩面的裂缝而设置的，但实际工程中除了水平施工缝和横缝被拉开外，其余裂缝几乎都是垂直于基岩表面的，与边缘缝和底缝正好成 90° 夹角，这表明目前边缘缝和底缝的设计与工程实际之间存在着巨大差距。这一差距的产生，主要是由于现行拱坝设计方法对拱坝的温度变形估计不足，以我国拱坝设计规范为例，存在着下列两个问题：①计算拱坝温度荷载时只考虑了封拱以后的温差，忽略了封拱前在施工过程中产生的温差$\Delta T = T_p + T_r - T_0$，其中 $T_p$ 为浇筑温度；$T_r$ 为水化热温升；$T_0$ 为封拱温度。由于基岩约束，温差 $\Delta T$ 引起的拉应力是平行于基岩面的，实际工程中出现大量垂直于基岩面的裂缝，表明这种温度应力的数值已超过了混凝土的抗裂能力，正常情况下，根据施工中的允许基础温差，这一温差所引起的拉应力当在 1.0～1.5MPa；②拱坝设计温度荷载中只包括平均温度 $T_m$ 和等效线性温差 $T_d$，而忽视了非线性温差 $T_n$，实际上非线性温差 $T_n$ 在坝体上、下游面也会引起相当大的拉应力。

为了正确地设计边缘缝和底缝，必须把封拱前的施工应力也考虑进去，最好进行仿真计算。

（2）设置边缘缝和底缝，实际上是在坝体内增加了一个连续的弱面，从而降低了坝的安全度，梅花坝的失事就是由于设置了涂沥青的边缘缝，如果不设边缘缝，不至于失事。到目前为止，在全世界所有拱坝中，除梅花坝外，还没有一个拱坝是沿建基面失事的。在这些众多成功的拱坝中，设置边缘缝和底缝的拱坝毕竟是少数，不设边缘缝和底缝的拱坝占绝大多数。

（3）如果坝踵出现了较大的垂直于岩面的拉应力，产生平行于岩面的裂缝，周边缝和底缝因设有止水，对于防止压力水进入缝内、防止裂缝的扩展是有利的。例如崔伊齐尔拱坝，如果两岸岩体产生的相对变位是 6cm 的张开变形，则可能在坝体上游面产生平行于岩面的大裂缝，边缘缝的止水对防止裂缝的扩展显然是有利的。

（4）设置了底缝的响水拱坝产生了严重裂缝，表明边缘缝和底缝并不一定能防止拱坝裂缝。

（5）防止拱坝裂缝最有效的措施是严格控制温度，包括：①严格控制基础温差和内外温差，防止施工期出现裂缝；②优化坝体灌浆温度，选择合理的灌浆温度 $T_{m0}$ 和 $T_{d0}$，从崔伊齐尔拱坝事例中可以看到，如果适当超冷，就有可能大幅度降低坝踵拉应力；③在寒冷地区兴建拱坝，应加强表面保温，设置永久保温层，如响水拱坝。

（6）从拱坝裂缝的实际资料来看，不能得出边缘缝和底缝能防止拱坝裂缝扩展的结论，因为大多数拱坝裂缝是垂直于边缘缝和底缝的，当然目前也不能把边缘缝和底缝一棍子打死。可以肯定的是，忽略施工期温度应力，只根据目前拱坝设计规范中的运行期温度荷载、水压

力和自重，计算坝的应力状态，由于在坝踵出现了垂直于岩面的拉应力，就得出必须设置边缘缝和底缝的结论，是不全面的。正确的做法是，同时考虑施工期和运行期的应力，最好进行仿真计算，根据实际应力状态，再来判断设置边缘缝和底缝是否有利。

## 四、边缘缝与局部扩大断面比较

边缘缝的优点是可在上游面设止水，万一开裂，可防止压力水进入缝内。其缺点：①在坝内增加了一个弱面（施工缝），降低了安全度；②使施工复杂化。

Kolnbrein 拱坝裂缝表明在较宽河谷修建高拱坝时应重视坝底剪应力及相应的主拉应力可能超出混凝土抗剪强度。因此可考虑如图 9（b）虚线所示，靠近基础时局部逐渐加厚坝体，可减小剪应力和主拉应力，与边缘缝相比，施工也较简单，缺点是不能设止水。

笔者认为，严格控制温度、局部加厚断面，可能比边缘缝更好一些。

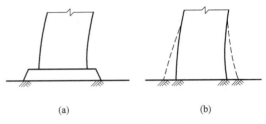

(a)　　　　　　　(b)

图 9　拱坝边缘缝与局部扩大断面

（a）边缘缝底座；（b）局部逐渐加厚

## 五、结束语

1. 在实际工程中，除了水平施工缝和横缝被拉开外，大多数拱坝裂缝都是垂直于岩石表面的，因此不能认为边缘缝和底缝能防止拱坝裂缝的扩展。

2. 严格控制温度、控制基础温差和内外温差，优化坝体灌浆温度 $T_{m0}$ 和 $T_{d0}$，是防止拱坝裂缝的最有效途径。

3. 应同时考虑施工期和运行期的荷载，进行仿真计算，根据计算结果，再来判断是否有必要设置边缘缝或底缝。

4. 如底缝设在坝内，将削弱坝体剖面，如底缝结构设在坝外[7]，将延误工期，增加投资，与加强温度控制相比，是否合算，应进行论证。

5. 吸取 Kolnbrein 拱坝裂缝的教训，拱端局部加厚，效果可能更好。边缘缝并不能降低梁底剪力。

### 参 考 文 献

[1] 朱伯芳. 水工混凝土结构的温度应力与温度控制 [M]. 北京：水利电力出版社，1976.

[2] Boggs，H.L.. Cracking in Concrete Dams，USBR Case Histories [C]. 15th ICOLD，Vol.Ⅱ，173-190.

[3] Portuguese National Commission on Large Dams，Cracking and Repair of Works in Cabril Dam [C]. 15th ICOLD，Vol.Ⅱ，367-387.

[4] Berchten，A.R.. Repair of the Zeuzier Arch Dam in Switzerland [C]. 15th ICOLD，Vol.Ⅱ.

[5] Ionescu，S.，D. Hulea. Concrete Cracking during Dragan Arch Dam Construction [C]. 15th ICOLD，Vol.Ⅱ，249-261.

[6] Lombardi，G，Kolnbrein Dam. An Unusual Solution for an Unusual Problem [J]. International Water Power

and Dam Construction，No.6，1991.

[7] Rescher，O.J.．Arch Dams with an Upstream Base Joint [J]．International Water Power &Dam Construction，No.3，1993.

[8] 朱伯芳，厉易生，林乐佳．响水拱坝裂缝成因及其处理咨询报告 [R]．水电科学院，1987.

[9] Baustadter，K.，R.Widmann．The Behaviour of the Kolnbrein Arch Dam [C]．15th I-COLD，Vol.Ⅱ，633-651，1985.

# 第 3 篇

# 拱坝体形优化

# Part 3　Optimum Design of Shape of Arch Dam

# 双曲拱坝的优化<sup>❶</sup>

**摘　要：** 本文阐明我们研究拱坝优化所取得的成果。共分三部分。第一部分说明我们建立的拱坝优化的数学模型。第二部分说明我们新近发展的一个比较有效的优化方法。第三部分介绍一些计算结果。

**关键词：** 体形优化；双曲；拱坝；数学模型；求解方法

# The Optimization of Double–curved Arch Dams

**Abstract:** The shape of a double-curved arch dam is optimized by nonlinear programming. The mathematical model of optimization and a new method of solution, the method of successive approximation, are offered. The horizontal section of the dam is a circular arch, the radius and thickness of which vary with the depth below the top of the dam. The vertical section of the dam is a curved cantilever, the upstream and downstream boundaries of which are two parabolas. The objective function is the volume of the dam concrete. The restraints are limitations on the maximum stress, the minimum thickness and the maximum overhang of the surface of the dam. The method of successive approximation, offered in this paper, is very effective. Only two cycles of iteration are required to obtain the optimum shape of the dam.

**Key words:** shape optimization, double-curvature, arch dam, mathematic model, solution method

## 一、前言

在传统的坝工设计中，通常先假定一个坝体剖面，然后进行应力和稳定计算，以检查所设剖面是否满足设计规范的要求。如果满足，即加以采用。从数学上来看，这样得到的是一个可行方案，但不一定是一个良好的方案。如果设计工作做得更细致一些，也可以多做几个比较方案，从中选择一个，但所得到的还是几个比较方案中相对较好的方案，而真正的最优方案可能被遗漏。另一方面，这种做法所花费的时间也比较长。

结构优化是最近十几年发展起来的新技术，它利用电子计算机和数学规划方法，自动选择最优结构方案。全部计算、分析、判断、抉择工作都在电子计算机上进行，速度极快，上机一次即可求得给定条件下的最优设计剖面。由于在方案选择过程中采用了数学规划方法，求得的方案是在所给条件下最优的。据已有经验，优化设计比传统设计可节约投资 5%~25%。

---

❶ 原载《水利学报》1981 年第 2 期，由作者与黎展眉联名发表。

本文首先建立拱坝优化的数学模型，把双曲拱坝的剖面设计问题转化成一个非线性规划问题。然后提出一个比较有效的优化方法，利用力学观点，使优化计算效率得到显著提高。最后给出一些计算结果。

# 二、坝体形状的数学描述

河谷形状是任意的。我们在程序中将河谷沿高度分为七层。坝体高度和七层河谷宽度是任意的，它们作为原始数据输入计算机。拱坝是一个变曲率、变厚度的双曲壳体，在优化过程中，对坝体形状必须用某种数学方式进行描述。描述方式对优化结果有一定的影响。在着手研究拱坝优化之初，我们曾经研究过两种数学描述方式，即函数型描述和离散型描述。

（一）函数型描述

用一组光滑、连续的函数描述坝体的几何形状。在分析已有工程资料后，为了尽可能符合当前工程实践，便于推广应用，并便于利用圆拱特点简化计算，我们决定坝的水平截面采用圆拱，铅直截面采用抛物线。对于对称河谷及非对称河谷中的拱坝，分别描述如下。

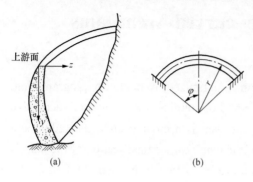

图1 对称河谷中的双曲拱坝

1. 对称河谷中的拱坝

对于对称河谷中的拱坝，当坝体上游面曲线、坝体厚度及拱圈半径决定后，坝体形状即被完全确定。

（1）坝体上游面曲线。在分析已有拱坝形状后，我们认为双曲拱坝拱冠剖面的上游面曲线（图1）可表示如下

$$Z=-x_1(Y/H)+x_2(Y/H)^2 \tag{1}$$

式中：$Z$ 为顺水流方向的水平坐标；$Y$ 为铅直坐标；$H$ 为坝高；$x_1$、$x_2$ 为系数，其数值要在优化过程中选定。如为单曲拱坝，则取 $x_1=x_2=0$。

（2）坝体厚度。在水平方向采用等厚度圆拱，在铅直方向坝体厚度是变化的，表示如下

$$t=x_3+x_4(Y/H)-x_5(Y/H)^2 \tag{2}$$

式中：$t$ 为坝体厚度；$x_3$、$x_4$、$x_5$ 为待选定的三个系数。

（3）拱圈半径与中心角。水平拱圈中和轴的半径用坐标表示如下

$$r=x_6-x_7(Y/H)+x_8(Y/H)^2 \tag{3}$$

式中：$r$ 为拱圈中心轴半径，$x_6$、$x_7$、$x_8$ 为待选定的系数。

也可以用拱中心角作为设计变量，但半径与中心角之间存在几何关系

$$r=b/2\sin\phi$$

式中：$b$ 为河谷宽度；$\phi$ 为半径中心角，因此半径与中心角之中，只能取一种作为设计变量。

由此可见，对称河谷中拱坝形状取决于 $x_1$、$x_2$、$\cdots$、$x_8$ 等8个参数，不断地改变这些参数，坝体的形状、造价、应力等也随之改变，这些参数称为设计变量。任何一个设计方案都是8维欧氏空间中的一个点

$$\{x\}^T=[x_1x_2\cdots x_8]$$

我们原来采用函数 $Z_1=x_1Y+x_2Y^2$，$t=x_3+x_4Y+x_5Y^2$，$r=x_6-x_7Y+x_8Y^2$ [1, 2]，设计变量具有三种不同的量纲（m，1，1/m），而且在数值上相差很远，例如对于100m高度的坝，$x_3$ 与 $x_5$ 相差

即达一万倍。今改用式（1）～式（3），$x_1$～$x_8$ 具有统一的量纲（m），而且在数值上相差不远。经验表明，这样处理有利于加快收敛速度。

2. 非对称河谷中的拱坝

如图 2 所示，不同高程的利用岩石等高线是不规则的，可用折线或样条函数表示。沿着等高线，基岩弹性模量也可能是变化的，可给出每个结点上的基岩弹性模量，结点中间线性插值。在不对称河谷，拱坝轴线既可平移，又可转动，对坝体形状的数学描述要复杂一些。经研究后发现，关键在于选定拱坝圆心的轨迹线。拱坝圆心轨迹线是一条空间曲线，可表示如下

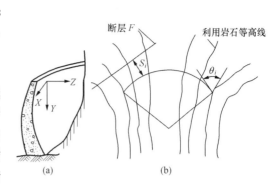

图 2　非对称河谷中的双曲拱坝

（a）坐标系；（b）水平拱圈

$$X=x_1+x_2(Y/H)+x_3(Y/H)^2 \tag{4}$$
$$Z=x_4-x_5(Y/H)+x_6(Y/H)^2$$

拱圈半径可表示为

$$r=x_7-x_8(Y/H)+x_9(Y/H)^2 \tag{5}$$

坝体厚度可表示为

$$t=x_{10}+x_{11}(Y/H)+x_{12}(Y/H)^2 \tag{6}$$

可见对于非对称河谷中的拱坝，共有 12 个设计变量 $x_1$～$x_{12}$。

（二）离散型描述

沿坝高分为 7 层，水平截面仍采用等截面圆拱。每层拱圈的几何形状取决于下列四个参数，即：半径 $r_i$、厚度 $t_i$、拱圈圆心坐标 $X_i$ 和 $Z_i$。全坝共有 4×7=28 个设计变量。

离散型描述的优点是坝体形状变化的自由度较大。但它有两个缺点：①设计变量多，因而计算量大；②由于实际河谷形状是不规则的，采用离散型描述，优化结果，所得到的坝体剖面很可能是不规则的，工程上难以采纳。

基于上述原因，我们在目前的程序中采用函数型描述。函数型描述的变量数目少，优化结果，坝体剖面是光滑的。为了增加坝体形状变化的自由度，必要时可以把式（1）～式（6）的全部或一部分改成三次曲线，所增加的变量数量也不多。

# 三、目标函数

优化的目的是适当选择设计变量，使工程造价最小。一般来说，坝的造价主要取决于坝的体积，因此可以坝的体积作为目标函数。在优化过程中要求坝的体积达到极小值，即

$$V(x)\rightarrow\min \tag{7}$$

式中：$V(x)$为坝的体积。我们的任务就是在满足各项技术要求的前提下，选择设计变量 $x_i$，使坝的体积最小。

# 四、约束条件

为了确保工程安全和施工方便，对坝体几何形状和应力等必须施加一系列限制，称为约

束条件。我们考虑了如下约束条件：

（一）几何约束条件

对于坝体几何形状，施加下列约束条件。

1. 坝顶最小厚度

根据坝上交通、防护等方面的要求，规定坝顶厚度不得小于$\bar{t}$，即

$$(t_{\min}/\bar{t})-1\geqslant 0 \tag{8}$$

式中：$t_{\min}$为坝顶最小厚度；$\bar{t}$为允许最小厚度。

2. 坝体上、下游表面倒悬

为了便于施工，对坝体上、下游表面的倒悬坡度应加以限制。坝体下游表面倒悬以坝体顶部拱冠处为最大，故要求

$$(\bar{m}_1/m_1)-1\geqslant 0 \tag{9}$$

式中：$m_1$为坝顶拱冠处下游面的倒悬坡度；$\bar{m}_1$为坝体下游面允许最大倒悬坡度。

坝体上游面倒悬以坝体底部的拱座处为最大，故要求

$$(\bar{m}_2/m_2)-1\geqslant 0 \tag{10}$$

式中：$m_2$为坝体上游面最大倒悬坡度；$\bar{m}_2$为坝体上游面允许最大倒悬坡度。

3. 中心角

如果基础条件比较好，则拱中心角不必限制，在优化过程中自然会选定最优中心角的数值。如果基础条件比较差，为了改善坝肩抗滑稳定性，应采用较小中心角。在没有把坝肩抗滑稳定性列入约束条件时，对于对称河谷中的拱坝，可对中心角限制如下

$$(\bar{\phi}_i/\phi_i)-1\geqslant 0 \tag{11}$$

式中：$\phi_i$为第$i$层拱圈中心角；$\bar{\phi}_i$为第$i$层拱圈允许最大中心角。对于非对称河谷中的拱坝（图2），可限制拱中心线与利用岩石等高线的夹角如下

$$(\theta_{iL}/\bar{\theta}_{iL})-1\geqslant 0$$
$$(\theta_{iR}/\bar{\theta}_{iR})-1\geqslant 0 \tag{12}$$

式中：$\theta_{iL}$、$\theta_{iR}$为第$i$层拱圈中心线在左、右岸与利用岩石等高线的夹角；$\bar{\theta}_{iL}$、$\bar{\theta}_{iR}$为允许最小夹角。

设坝址区有一断层F（图2），第$i$层拱圈至断层F的距离$s_i$应不小于事先规定的允许距离$d_i$，即

$$(s_i/d_i)-1\geqslant 0 \tag{13}$$

（二）应力约束条件

为了确保拱坝在运用期和施工期的安全，对坝体应力必须加以限制。在最不利荷载组合下，逐点检查拱与梁的应力，最大应力应不超过允许值。在水沙压力、温度、自重作用下，要求坝体应力满足下列条件

$$(\sigma_a^+/\{\sigma_a\}_{\max})-1\geqslant 0$$
$$(\sigma_a^-/\{\sigma_a\}_{\min})-1\geqslant 0$$
$$(\sigma_b^+/\{\sigma_b\}_{\max})-1\geqslant 0$$
$$(\sigma_b^-/\{\sigma_b\}_{\min})-1\geqslant 0 \tag{14}$$

采用弹性力学符号，以拉应力为正，压应力为负，$\{\sigma_a\}_{max}$ 和 $\{\sigma_b\}_{max}$ 分别代表拱和梁的最大拉应力，$\{\sigma_a\}_{min}$ 和 $\{\sigma_b\}_{min}$ 分别代表拱和梁的绝对值最大的压应力；$\sigma_a^+$ 和 $\sigma_b^+$ 分别为拱和梁的允许拉应力，$\sigma_a^-$ 和 $\sigma_b^-$ 分别为拱和梁的允许压应力。

为了施工安全，要求在自重单独作用下，梁的下游面任一点都不出现拉应力，即

$$\{\sigma_{gd}\}_{max} \leqslant 0 \tag{15}$$

式中：$\sigma_{gd}$ 为自重单独作用下坝体下游面应力。

考虑到梁向下游变位时，拱将发挥作用，因此对于自重单独作用下的上游面铅直应力，只要求在坝体底部 6、7 两层剖面不出现拉应力，即

$$[\sigma_{g6}, \sigma_{g7}]_{max} \leqslant 0 \tag{16}$$

应力分析采用考虑扭转作用的一维有限单元法[3]。当坝基内存在着滑动面时，可以把抗滑稳定性列入约束条件

$$(K_i / [K_i]) - 1 \geqslant 0 \tag{17}$$

式中：$K_i$ 为第 $i$ 点抗滑稳定系数；$[K_i]$ 为第 $i$ 点允许最小抗滑稳定系数。

全部约束条件式（8）～式（17）可概括成如下形式

$$g_i(x) \geqslant 0 \quad i=1, 2, 3, \cdots, p \tag{18}$$

式中：$p$ 为全部约束条件的个数。

# 五、逐步逼近解法

如前所述，拱坝优化问题最后可归结于如下课题：

极小化目标函数，即 $\qquad V(x) \rightarrow \min$

满足于约束条件 $\qquad g_i(x) \geqslant 0, \ i=1 \sim p$

这是一个非线性规划问题。在拱坝等连续结构的优化中，设计变量的数目一般并不太大，但每次应力分析的工作量却很大，因而绝大部分计算时间都用于应力分析。针对这一特点，我们提出了如下的逐步逼近解法❶。

由于主要困难在于结构应力分析的工作量太大，因此我们把约束条件分为两类，一类是简单约束条件，比较易于计算，包括线性和非线性约束条件；另一类是复杂约束条件，其中包括结构的应力、内力、变位、稳定等量，必须通过复杂的应力分析才能求出。我们的课题可重新陈述如下：

极小化目标函数，即 $\qquad V(x) \rightarrow \min$

满足于约束条件 $\qquad f_i(x) \geqslant 0, \ i=1 \sim m$

及 $\qquad h_i(x) \geqslant 0, \ i=m+1 \sim p \tag{19}$

式中：$h_i(x) \geqslant 0$ 为简单约束条件，包括全部几何约束条件式（8）～式（13）及自重应力约束条件式（15）、式（16）；$f_i(x) \geqslant 0$ 为复杂约束条件，包括在水沙压力、自重及温度作用下的应力约束条件式（14）及稳定约束条件式（17）。施工期单独由自重产生的应力虽属非线性约束，因计算比较简单，故列入简单约束条件。

结构优化的绝大部分时间用于计算复杂约束条件 $f_i(x) \geqslant 0$ 中所包含的结构应力、内力、

---

❶ 见朱伯芳《结构优化设计的逐步逼近解法》，水利水电科学研究院，1980 年 2 月。

稳定等量，为了克服这一困难，我们首先根据已有经验，选定一个初始点$\{x^{(0)}\}$，在其附近用一个近似表达式$\tilde{f}_i(x)$代替$f_i(x)$，用复合形法（或其他方法）求出第一个近似极点$\{x^{(1)}\}$，然后在$\{x^{(1)}\}$点附近给出$f_i(x)$的更好的近似表达式，并用复合形法求出第二个近似极点$\{x^{(2)}\}$，如此逐步逼近。

在第$k$步计算中，为了得到$f_i(x)$的近似表达式，将结构的内力、变位、稳定等量或某种函数表示为

$$Q_i(x) = a_i^{(k)} + \sum_{j=1}^{n} b_{ij}^{(k)}[x_j - x_j^{(k-1)}] \tag{20}$$

式中：$n$为设计变量的个数，记

$$Q_{i0} = Q_i[x_1^{(k-1)}, \cdots x_{j-1}^{(k-1)}, x_j^{(k-1)}, x_{j+1}^{(k-1)}, \cdots x_n^{(k-1)}]$$

$$Q_{ij}^{+} = Q_i[x_1^{(k-1)}, \cdots x_{j-1}^{(k-1)}, x_j^{(k-1)} + \delta_j, x_{j+1}^{(k-1)}, \cdots x_n^{(k-1)}]$$

则系数$a_i^{(k)}$、$b_{ij}^{(k)}$可计算如下

$$a_i^{(k)} = Q_{i0}, \quad b_{ij}^{(k)} = (Q_{ij}^{+} - Q_{i0})/\delta_j \tag{21}$$

在$\{x^{(k-1)}\}$点附近进行$n+1$次应力分析后，利用上式即可确定全部系数$a_i^{(k)}$、$b_{ij}^{(k)}$。当用有限单元法计算坝体应力时，也可利用灵敏度分析确定上述系数[5]。

根据拱坝的特点，我们取

$$Q_i(x) = N_i(x)/r_i(x), \quad Q_{i+1}(x) = M_i(x)/r_i^2(x) \tag{22}$$

式中：$N_i(x)$为$i$点的轴向力；$M_i(x)$为$i$点的弯矩；$r_i(x)$为$i$点的拱半径。

在用复形法搜索过程中，我们由式（20）求出$Q_i(x)$，由式（22）求出$N_i(x)$和$M_i(x)$，据此用材料力学公式计算$i$点的应力近似值，从而得到复杂约束条件$f_i(x) \geq 0$的近似表达式$\tilde{f}_i(x) \geq 0$。原来的课题（19）就转化成如下课题：

极小化目标函数，即 $V(x) \to \min$

满足于约束条件 $\tilde{f}_i^{(k)}(x) \geq 0$，$i=1 \sim m$ （23）

及 $h_i(x) \geq 0$，$i=m+1 \sim p$

式（23）与式（19）的区别在于：在式（19）中，$f_i(x)$所包含的应力、稳定等量是通过应力分析求出的，计算量很大；而在式（23）中，$\tilde{f}_i^k(x)$所包含的应力、稳定系数等是由近似式（20）计算的，计算很简单。因此由式（23）用复合形法求极点的运算是很快的。当然，由于式（20）的误差，这样求出的极点并非真正的极点，只是一个近似极点。但一步一步计算下去，可以逐步逼近真正的极点。计算框图见图3。

实际计算经验表明，如果取$Q_i(x) = \sigma_i(x)$，其中$\sigma_i(x)$为第$i$点的应力，经过五步迭代计算可得到最终结果。取$Q_i(x)$如式（22），经过两步迭代计算即可得到最终结果，而且第一步迭代计算，已可得到相当满意的、工

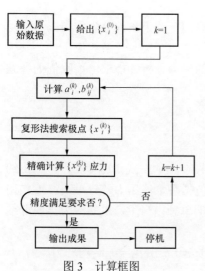

图3　计算框图

程上可以采纳的结果。这是由于，当设计变量（$x$）变化时，式（22）所表示的 $Q_i(x)$ 比应力 $\sigma_i(x)$ 更为稳定，因而用式（20）表示 $Q_i(x)$ 比表示应力具有更高的精度。

由于上述计算方法的收敛速度极快，使得在拱坝优化中采用较精确的应力分析方法成为可能。也可用零次逼近，在式（20）右端只保留零次项 $a_i$，迭代次数要多一些，但每次迭代只要进行一次应力分析以确定系数 $a_i$。当设计变量较多时，总的计算量还是比较省的。

# 六、初始方案

在求解拱坝优化问题时，先从初始点开始，逐步逼近最优点。初始点也代表一个设计方案。如果初始点靠近最优点，计算量就比较小。我们在总结已有拱坝经验的基础上，按下述方法给出初始方案。

（一）坝顶厚度

据已有经验，坝顶厚度可取为 $t_1=0.01(H+2b_1)$，其中 $H$ 为坝高，$b_1$ 为坝顶河谷宽度。根据交通及防护等方面的需要，要求坝顶厚度不小于 $\overline{t_1}$，因此初始方案中坝顶厚度可取为

$$t_1^{(0)} = \max[\overline{t_1},\ 0.01(H+2b_1)] \tag{24}$$

（二）坝底厚度

坝底厚度与坝高、河谷宽度、河谷形状及允许应力等因素有关。在分析已有拱坝断面后，我们建议按下式计算初始方案中的坝底厚度

$$t_7^{(0)} = k(b_1+b_6)H/\sigma_a^- \tag{25}$$

式中：$k$ 为经验系数，通常可取 $k=-0.35$；$b_1$、$b_6$ 为第 1、6 层河谷宽度。其他符号意义同前，式中长度以 m 计，应力以 10kPa 计。

第 7 层河谷宽度 $b_7$ 常常由于底部河槽形状的局部变化而在很大范围内变动，数值不稳定，而坝底厚度与整个河谷的形状有关，所以在式（25）中我们用 $b_6$ 来反映河谷形状的影响。在确定 $t_1^{(0)}$ 和 $t_7^{(0)}$ 后，初始方案中其他高度的坝体厚度，按线性关系插值。

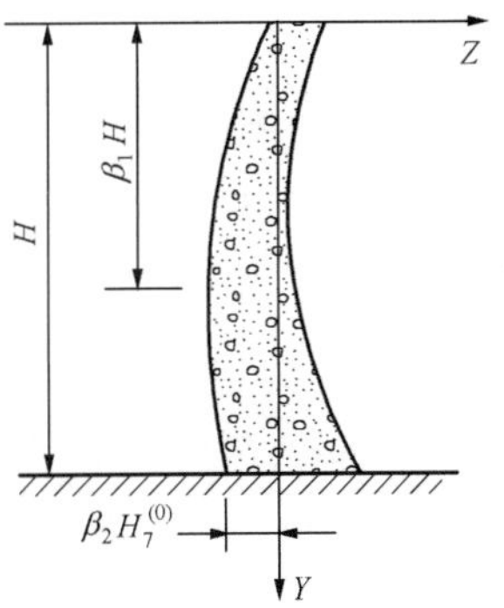

（三）上游面曲线

为了决定拱冠坝体上游面曲线，给出下列两个条件（图 4）

当 $Y=\beta_1 H$ 时，

$$\frac{\mathrm{d}Z}{\mathrm{d}Y}=0$$

当 $Y=H$ 时，

$$Z=-\beta_2 t_7^{(0)} \tag{26}$$

图 4  中央剖面

由上述条件得到

$$x_1=2\beta_1 x_2 H$$
$$x_2=\beta_2 t_7^{(0)}/(2\beta_1-1)H^2 \tag{27}$$

式中：$\beta_1$、$\beta_2$ 为经验系数，通常可取 $\beta_1=0.60$，$\beta_2=0.30\sim0.60$。

（四）中心角

在初始方案中一般可取拱的中心角 $2\phi_1=125°$，$2\phi_4=110°$，$2\phi_7=90°$。当基础不良需要限制拱的中心角时，可令初始方案的中心角等于允许最大中心角的 0.9 倍，即取

$$\phi_i = 0.9\overline{\phi}_i$$

在计算式（20）中的系数时，点 $\{x^{(k-1)}\}$ 和 $\{x^{(k)}\}$ 可以是内点，也可以是外点。但在每一次迭代计算中，因采用复形法，要求初始点是内点，即满足全部约束条件，如不满足，应修改初始值。例如，坝体应力太大，可增加坝体厚度。若倒悬条件不满足，可令 $m_1 = \alpha_1\overline{m}_1$，$m_2 = \alpha_2\overline{m}_2$，由这两个条件重新确定坝体上游面曲线。通常可取 $\alpha_1$=0.90，$\alpha_2$=0.50。

# 七、算例

我们用上述方法编制了对称河谷双曲拱坝优化的 FOR-TRAN 语言通用程序。将坝高、河谷宽度、设计荷载、允许应力、坝体及基岩弹性模量、允许倒悬坡度等基本数据输入计算机后，经过 3min 左右的运算即可求出在给定条件下双曲拱坝的最优设计剖面。

下面给出一个算例，坝高 120m，坝顶河谷宽度 285m，坝底河谷宽度 94m，混凝土弹性模量 $E$=20GPa，容重 $\gamma$=24kN/m³，膨胀系数 $\alpha$=1×10$^{-5}$（1/℃），基岩弹性模量 $E_f$=20GPa，允许坝体最小厚度 5m，允许最大倒悬 $\overline{m}_1 = \overline{m}_2 = 0.30$，允许拉应力 $\sigma_a^+ = \sigma_b^+ = 1.50$MPa，允许压应力 $\sigma_a^- = \sigma_b^- = -5.00$MPa。荷载为水压力、自重及温度变化。计算机给出的初始方案见图 5，混凝土体积为 $64.97 \times 10^4$m³。经过优化，得到的最优方案见图 6，混凝土体积 $42.04 \times 10^4$m³，比初始方案减少了 35.14%。计算结果见表 1。

表1 双曲拱坝优化结果

| 逐步逼近极点 | | 初始点 | 第一近似极点 | 第二近似极点 | 第三近似极点 | 第四近似极点 | 第五近似极点 |
|---|---|---|---|---|---|---|---|
| 混凝土体积（万 m³） | | 64.97 | 42.42 | 42.07 | 42.07 | 42.07 | 42.07 |
| 最大拱应力（0.1MPa） | 压应力 | −36.76 | −49.48 | −49.87 | −49.87 | −49.87 | −49.87 |
| | 拉应力 | 2.36 | 3.80 | 3.84 | 3.84 | 3.84 | 3.84 |
| 最大梁应力（0.1MPa） | 压应力 | −43.48 | −47.83 | −48.09 | 48.09 | −48.09 | −48.09 |
| | 拉应力 | 0.16 | 14.62 | 15.00 | 15.00 | 15.00 | 15.00 |
| 坝体厚度（m） | 顶部 | 6.76 | 5.02 | 5.03 | 5.03 | 5.03 | 5.03 |
| | 中部 | 24.92 | 15.53 | 15.41 | 15.4l | 15.41 | 15.4l |
| | 底部 | 34.77 | 34.26 | 34.17 | 34.17 | 34.17 | 34.17 |
| 拱的半中心角（°） | 顶部 | 53.45 | 64.32 | 64.02 | 64.02 | 64.02 | 64.02 |
| | 中部 | 55.35 | 53.89 | 53.69 | 53.70 | 53.70 | 53.70 |
| | 底部 | 30.18 | 20.23 | 20.00 | 20.00 | 20.00 | 20.00 |
| 拱冠上游面坐标（m） | 顶部 | 0 | 0 | 0 | 0 | 0 | 0 |
| | 坝高/3 | −14.68 | −21.37 | −21.37 | −21.37 | −21.37 | −21.37 |
| | 底部 | −10.43 | −19.27 | −19.31 | −19.31 | −19.31 | −l9.31 |

本文所用优化方法，收敛十分迅速。第二次迭代即得到最终结果，而且第一次迭代已得到了相当满意的结果，混凝土体积从 64.97 万 m³ 下降到 42.42 万 m³，与最优方案相比，误差只有 0.8%，各项约束条件均得到满足。五次迭代共用 4.98min。同一课题，用复形法求解，达到同样精度要用 17.04min。水坝优化以前都采用序列线性规划方法[2,5,6]，要进行十几次迭代。图 7 中表示了本文与文献［2,5,6］所用方法的收敛情况，可见本文方法的收敛速度要快得多。用差分法确定式（20）中的系数时，本文方法与序列线性规划方法，每次迭代所需应力分析次数均为 9 次。

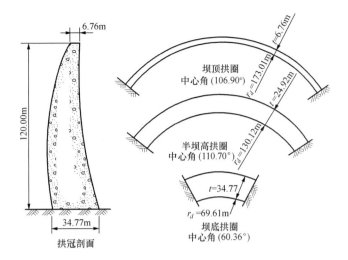

图 5 拱坝初始方案（混凝土 $64.97 \times 10^4 \text{m}^3$）

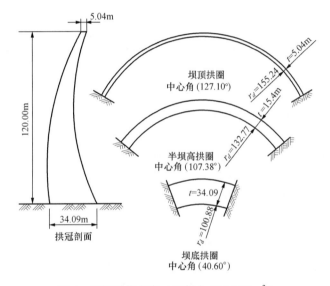

图 6 拱坝最优方案（混凝土 42.04 万 $\text{m}^3$）

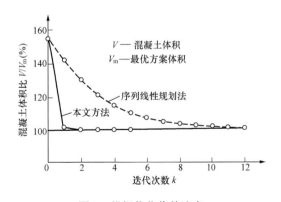

图 7 拱坝优化收敛速度

# 八、结束语

（1）优化设计可提高工作效率。拱坝是比较复杂的结构，传统设计需要反复试算才能得到一个比较满意的剖面。采用优化设计方法，上机一次即可求得所需设计方案，工作效率可大大提高。

（2）优化设计可提高设计质量。传统设计只能从几个比较方案中求得一个相对较好的方案，真正的最优方案可能被遗漏。优化设计可求出给定条件下的最优方案。通常优化设计可比传统设计节省混凝土 5%～25%。

（3）本文采用的优化方法的收敛速度十分迅速，经过一两次迭代计算即可得到满意的结果。与目前常用的大型结构优化方法，如序列线性规划法、复形法、罚函数法等相比，本文方法的效果要好得多，它不但提高了计算速度，而且使得在拱坝优化中采用较精确的应力分析方法如三维有限元、厚壳、试载法等成为可能。

## 参 考 文 献

[1] 朱伯芳，宋敬廷. 双曲拱坝的最优化设计. 第一届全国最优化学术会议文件. 水利水电科学研究院，1979年 5 月，又见《砌石坝通讯》第 3 期.

[2] 朱伯芳，宋敬廷. 双曲拱坝的优化设计. 水利水运科学研究，1980，（1）.

[3] 朱伯芳，宋敬廷. 计算拱坝的一维有限单元法. 水利水运科学研究，1979，（2）.

[4] 朱伯芳. 有限单元法原理与应用. 北京：水利电力出版社，1979.

[5] Ricketts RE，Zienkiewicz OC. Optimization of Concrete Dams. in Proc. Intern. Symp. on "Numerical Analysis of Dams"，1975.

[6] Sharpe R. The Optimum Design of Arch Dams. *Proc. Inst. Civ. Engineers*，Paper 7200s，Suppl. Vol.，73-98，1969.

# 拱坝的满应力设计[❶]

**摘　要:** 本文提出两个拱坝满应力设计方法，即冻结内力法和浮动应力指数法。利用这两个方法可以自动确定拱坝坝体厚度，达到节省工程投资，加快设计进度的目的。

**关键词:** 拱坝; 满应力设计

# Fully Stressed Design of Arch Dams

**Abstract:** Two methods, the frozen internal force method and the floating stress exponent method, are offered for the fully stressed design of arch dams. By means of these methods, the thickness of an arch dam may be determined automatically, the volume of the dam concrete may be reduced and the dam may be designed at an accelerated speed.

**Key words:** arch dam, fully stressed design

## 一、前言

剖面设计对拱坝的造价影响较大，较好的办法是利用数学规划进行优化设计[1、2]。但优化设计用到的数学工具较多，常为一般设计人员所不熟悉，计算程序也比较复杂。满应力设计采用的数学工具比较简单、易于掌握、电算程序也比较单纯；虽不如优化设计严密，却易于推广，效果也不错。

拱坝设计步骤通常是首先根据已有经验及坝址区的地形地质条件，选定合适的坝体中面形状，包括各层拱圈的半径、中心角和圆心轨迹，然后根据坝体允许应力决定坝体厚度。由于拱坝是高次超静定结构，没有一个简便方法可以计算坝体厚度，通常要反复修改和试算，比较费事。本文根据拱坝结构特点，提出了两个满应力设计方法。目前拱坝应力分析已广泛采用电子计算机，根据本文提出的方法，只要对原有应力分析的电算程序稍加扩充，即可实现满应力设计。

与现有的人工设计方法相比，满应力设计具有两个优点：一是材料得到充分利用，可节约工程投资；二是可以自动选定坝体厚度，加快设计进度。

在拱坝满应力设计中，对于坝体形状的数学描述，我们建议采用混合型描述方式，即对坝体中面形状采用函数型描述，而对坝体厚度采用离散型描述。当然，对坝体中面也可采用离散型描述。

从满应力的定义出发，对于桁架结构，所谓满应力设计要求每一杆件至少在一种工况下

---

[❶]　原载《水利水电科学研究院科学研究论文集》第 9 集，水利电力出版社，1982 年。

达到允许应力。拱坝是连续结构，要求坝内每一点至少在一种工况下达到允许应力实际上是不可能的。对于拱坝的满应力，我们提出如下要求：每层拱圈，如图1所示，在中央等厚拱圈部分，要求至少有一点在一种工况下达到允许应力，并根据这个要求来决定厚度 $t_1$；在两岸拱圈变厚部分，如 ABGF，要求 A、F 中至少有一点在一种工况下达到允许应力，并由此决定厚度 $t_2$。

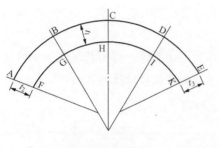

图 1　水平拱圈

## 二、冻结内力法

当采用拱冠梁法计算坝体应力，并用正应力控制坝体厚度时，建议用下述方法计算坝体临界厚度，即有一点达到满应力的厚度。

按文献［2］方法拟定坝体初步尺寸后，进行一次内力分析，然后假定各点内力被暂时冻结，根据允许应力，用下述方法计算坝体厚度。

对于图2所示等厚拱圈，通常最大压应力发生在 1、4 两点，最大拉应力发生在 2、3 两点，分别使这四点的应力等于相应的允许应力，则可以计算出四个允许厚度 $t_1$、$t_2$、$t_3$、$t_4$。再使同一高程悬臂梁上、下游面应力分别等于允许应力，又可以算出两个允许厚度 $t_5$ 和 $t_6$。取 $t_1 \sim t_6$ 中的最大厚度作为这一层拱圈的厚度，如此可求得各层拱圈的新厚度。由于拱坝是超静定结构，厚度修改后，内力随之改变。因此，要采用迭代方法。断面修改后，重新进行坝体应力分析，计算出坝体内力，再根据此新的内力计算新的厚度。实际计算结果表明，采用本文建议方法，收敛比较快，一般迭代五、六次即可得到满意结果。

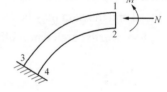

图 2　拱圈内力

按材料力学平截面假定列出拱圈应力计算公式，并令其等于允许应力，可得

$$\sigma = -\frac{N}{t} \mp \frac{6M}{t^2} = [\sigma] \tag{1}$$

式中：$N$ 为轴向力；$M$ 为弯矩；$t$ 为厚度；$[\sigma]$ 为允许应力。采用弹性力学符号，以拉应力为正，压应力为负（允许应力也带符号）。对于拱圈上游面，式（1）取负号；下游面，取正号。将式（1）加以整理，得到

$$at^2 + bt + c = 0 \tag{2}$$

解之，得到允许厚度

$$t = \frac{-b \pm \sqrt{b^2 - 4ac}}{2a} \tag{3}$$

上式有两个根，取较大者，式中各符号意义如下

$$\left. \begin{array}{l} a = [\sigma] \\ b = N \\ c = \begin{cases} 6M(\text{拱上游面}) \\ -6M(\text{拱下游面}) \end{cases} \end{array} \right\} \tag{4}$$

对于图 3 所示悬臂梁，仍可采用式（3）计算允许厚度，但考虑水平剖面沿半径方向的变化，$a$、$b$、$c$ 取值如下：

$$a = [\sigma]$$

$$b = \frac{2N}{1+S}$$

$$c = \begin{cases} \dfrac{12(1+2S)M}{1+4S+S^2} & \text{（梁上游面）} \\[2mm] -\dfrac{12(2+S)M}{1+4S+S^2} & \text{（梁下游面）} \end{cases} \qquad (5)$$

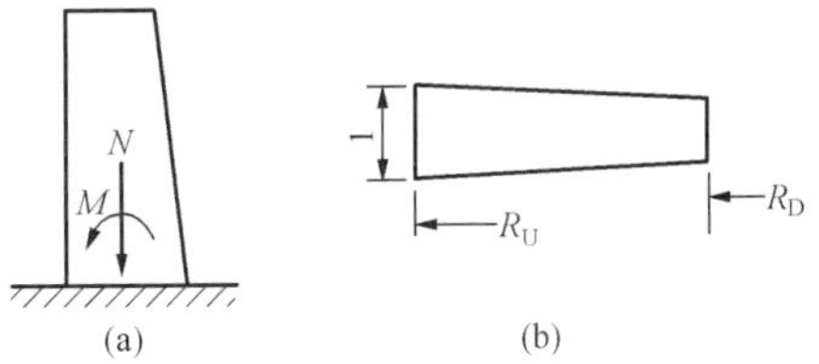

图 3　悬臂梁内力
（a）铅直剖面；（b）水平剖面

式中：$S=R_D/R_U$；$R_U$、$R_D$ 分别为上、下游面半径。

虽然 $S$ 的数值与坝体厚度有关，但 $S$ 对坝体应力的影响比较小，而且我们采用的是迭代解法，所以在计算第 $i$ 次厚度时，可以利用第 $j-1$ 次的已知厚度计算 $S$ 值。

# 三、浮动应力指数法

当采用多拱梁法计算坝体应力并用主应力控制坝体厚度时，建议用下述方法计算坝体临界厚度。

在经过应力分析，坝内各点的内力和主应力已求出时，与上节一样，暂时冻结各点内力，只改变各点厚度，这时各点主应力必然随着厚度的改变而改变，其数值可由一套现成公式计算，见文献［3］。设厚度为 $t_i$ 时，主应力（第一及第二主应力）为 $\sigma_i$，当厚度为 $t_i'$ 时，主应力为 $\sigma_i'$。今假定 $\sigma_i$ 与 $t_i$ 之间存在下列关系

$$\frac{t_i'}{t_i} = \left(\frac{\sigma_i}{\sigma_i'}\right)^{\beta_i} \qquad (6)$$

其中 $\beta_i$ 为应力指数，在内力不变的情况下，对于轴力杆件，$\beta_i=1.0$，对于纯弯矩形杆件，$\beta_i=0.50$。在拱坝这种复杂受力结构中，$\beta_i$ 不再是常数，而与偏心距等有关，其值常在 0.50～3.00 甚至更大范围内变化。

对式（6）取对数，得到

$$\beta_i = \frac{\log(t_i'/t_i)}{\log(\sigma_i/\sigma_i')} \qquad (7)$$

由上式可计算应力指数 $\beta_i$。在式（6）中以允许应力 ［$\sigma$］ 代替 $\sigma_i'$，得到计算临界厚度的公式如下

$$t_i' = t_i\left(\frac{\sigma_i}{[\sigma]}\right)^{\beta_i} \qquad (8)$$

在满应力设计的迭代过程中，由于内力和坝体尺寸在不断改变，$\beta_i$ 也在不断改变，因此我们取名为浮动应力指数法。

由式（8）算得新厚度 $t_i'$ 后，根据暂时冻结的内力，重新计算应力 $\sigma_i'$。如果 $\beta_i$ 是准确的，$\sigma_i'$ 应等于允许应力 ［$\sigma$］。实际上 $\beta_i$ 只是近似的，因此应力也存在一定误差。给定允许误差 $\varepsilon$，如果

$$\left|\frac{\sigma_i'-[\sigma]}{[\sigma]}\right|\leqslant\varepsilon \tag{9}$$

则认为$\beta_i$是足够准确的，因此$t_i'$也是足够准确的；如不满足上式，可继续试算。计算经验表明，一般只要修改一次就可以了。

求得各层拱圈的新厚度后，重新进行坝体内力分析，计算新的内力。再重复上述步骤，求出新的坝体厚度。

在每次迭代计算中，可用上次迭代中的$\beta_i$终值作为本次迭代中$\beta_i$的初值。第一次迭代计算中$\beta_i$的初值可取为0.70。

在拱坝满应力设计中也应采用齿行法，即交替走满应力步和射线步。在满应力步中，直接由式（3）或式（8）计算各点新厚度。在射线步中由下式计算各点新厚度

$$t_i'=kt_i \tag{10}$$
$$k=(k_i)_{max} \tag{11}$$

式中：$k_i$是根据满应力条件计算的第$i$层新旧厚度比；$k$是各层厚度比中的最大值。

在桁架结构中，各杆剖面面积按同一比例改变后，结构内力不变，所以经过射线步，设计点将严格位于约束边界上[4]；在拱坝中，各层厚度按同一比例改变后，内力并非完全不变，所以经过射线步，设计点并不一定位于约束边界上，而是存在一定误差，可称为可行性误差。但在满应力设计过程中，开始阶段，每次迭代的厚度变化比较大，以后每次迭代引起的厚度变化越来越小，射线步首末的内力变化也越来越小，可行性误差也越来越小。根据满应力的要求，有时下层拱圈的临界厚度会小于上层拱圈，为了使断面光滑，可采用不小于上层的厚度，当然这时此层拱圈的应力将低于允许值。

## 四、算例

坝高120m，河谷宽度顶部285m，底部94m，坝体混凝土容重24kN/m³，混凝土弹性模数$E$=20.0GPa，基岩弹性模数$E_f$=20.0GPa，基础变形按伏格特公式计算，坝体温度变化按公式$T$=57.24/（$t$+2.44）计算。其中$T$为温度，$t$为坝体厚度（m），线膨胀系数$\alpha$=0.00001（1/℃），允许压应力为−5.00MPa，允许拉应力为1.50MPa。

初始方案，混凝土体积为58.4万m³，满应力设计方案，混凝土体积为45.8万m³，共经过6次迭代计算，两种方案的计算结果见表1。

表1  算例计算结果

| 高程（m） | 半中心角（°） | 初始方案 $V$=58.4万m³ | | | 满应力方案 $V$=45.8万m³ | | |
| --- | --- | --- | --- | --- | --- | --- | --- |
| | | 厚度（m） | 拱座下游面应力（0.1MPa） | 梁下游面应力（0.1MPa） | 厚度（m） | 拱座下游面应力（0.1MPa） | 梁下游面应力（0.1MPa] |
| 120 | 52.8 | 4.00 | −44.6 | 0 | 5.02 | −50.4 | 0 |
| 100 | 54.6 | 9.13 | −41.1 | 1.1 | 11.18 | −49.9 | 2.6 |
| 80 | 54.9 | 14.27 | −38.5 | −1.0 | 17.34 | −50.7 | 3.8 |
| 60 | 53.9 | 19.38 | −34.0 | −6.8 | 17.34 | −47.1 | −2.2 |
| 40 | 50.6 | 24.52 | −27.4 | −15.1 | 17.34 | −38.5 | −22.9 |
| 20 | 44.7 | 29.65 | −18.6 | −26.7 | 20.07 | −24.5 | −49.8 |
| 0 | 27.2 | 34.77 | −10.2 | −42.7 | 28.31 | −11.5 | −49.9 |

# 五、结束语

本文建议的拱坝满应力设计方法，简便易行，收敛较快，只要将原有的应力计算程序稍加扩充，即可得到满应力设计程序，可自动计算坝体厚度。对于比较复杂的坝型，如多圆心变厚度拱坝，满应力设计程序也同样简单。

## 参 考 文 献

[1] 朱伯芳，宋敬廷. 双曲拱坝的最优设计. 见：第一届全国最优化学术会议文件，1979 年 5 月；又见：1980 年全国计算力学会议文集. 北京：北京大学出版社.

[2] 朱伯芳，黎展眉. 双曲拱坝的优化. 水利学报，1981，（2）.

[3] U. S. Bureau of Reclamation. Design of Arch Dams，1977.

[4] 李炳威. 结构优化设计. 北京：科学出版社，1979.

# 结构满应力设计的松弛指数[❶]

**摘　要：** 满应力设计是一种比较方便的结构优化方法，但收敛速度仍比较慢，采用松弛指数后，可加快收敛速度。本文从力学概念出发提出松弛指数的计算方法，可根据结构本身的力学特性，比较合理地确定满应力设计的松弛指数，从而加快收敛速度。

**关键词：** 结构；满应力设计；松弛系数

# The Relaxation Exponent of Fully–stressed Design

**Abstract:** A method computing the relaxation exponent of fully-stressed design is offered in this paper. This method is rather effective. Only five cycles of iteration are required to obtain the fully-stressed design of an indeterminate truss.

**Key words:** structure, fully stressed design, relaxation exponent

## 一、引言

满应力设计是一种比较方便的结构优化方法，已在土建、水电、航空、造船等部门得到应用。满应力设计往往收敛比较慢，采用松弛指数后，可加快收敛。但松弛指数如何取值是一个尚未很好解决的问题，取值太小，效果不大，取值太大，又往往会引起计算中的振荡现象，效果也不好。本文提出一个松弛指数的计算方法，可以根据结构本身的特性，比较合理地确定松弛指数的数值。

## 二、计算方法

以超静定桁架为例，通常的满应力设计迭代公式为

$$A_j^{v+1} = A_j^v r_j^v \tag{1}$$

$$r_j^v = \sigma_j^v / \bar{\sigma}_j^v \tag{2}$$

式中：$A_j^v$ 为断面积；$\sigma_j^v$ 为应力；$\bar{\sigma}_j^v$ 为允许应力；$r_j^v$ 为应力比；上标 "$v$" 代表迭代次数；下标 "$j$" 代表单元顺序，下同。

按照上述公式进行计算，一般要迭代 15～20 次才能得到满应力解。为了加快收敛速度，

---

❶　原载《水利学报》1983 年第 1 期。

可把式（1）修改如下

$$A_j^{v+1} = A_j^v (r_j^v)^\eta \tag{3}$$

式中：$\eta$ 称为松弛指数。

对于拉杆，过去常取 $\eta=1.05\sim1.10$，对于压杆，过去取 $\eta=0.3\sim0.4$，文献［1］建议取

$$\eta = 1 - 0.05\sqrt{\lambda} \tag{4}$$

式中：$\lambda$ 为细长比，$\lambda=L/\rho$；$L$ 为杆件长度；$\rho$ 为杆件断面的回转半径。例如，当 $\lambda=100$ 时，由上式得 $\eta=0.5$。

允许应力 $\bar{\sigma}$ 与应力状态有关。当杆件受拉时，允许应力等于屈服强度除以安全系数，因而是一常数。当杆件受压时，由于要考虑杆件的稳定性，允许应力不再是常数，而与杆件的细长比有关，可表示如下

$$\bar{\sigma}_{(-)} = mf(E,\lambda)\bar{\sigma}_{(+)} \tag{5}$$

式中：$\bar{\sigma}_{(-)}$、$\bar{\sigma}_{(+)}$ 分别为压杆和拉杆的允许应力；$m$ 为工作系数，$m$ 和 $f(E,\lambda)$ 可从有关规范中查出。

下面我们给出一个计算松弛指数 $\eta$ 的公式。在推导式（1）时是用允许应力 $\bar{\sigma}^v$ 去除杆件的轴向力 $N^v$ 以计算断面积 $A^{v+1}$ 的，既然求的是第 $v+1$ 次的断面积，更合理的算法是用 $\bar{\sigma}^{v+1}$ 去除 $N^{v+1}$ 以计算 $A^{v+1}$ 如下

$$A^{v+1} = \frac{N^{v+1}}{\bar{\sigma}^{v+1}} = \frac{N^{v+1}}{N^v} \frac{\bar{\sigma}^v}{\bar{\sigma}^{v+1}} \frac{N^v}{\bar{\sigma}^v} = \frac{N^{v+1}}{N^v} \frac{\bar{\sigma}^v}{\bar{\sigma}^{v+1}} \frac{\sigma^v}{\bar{\sigma}^v} \cdot A^v \tag{6}$$

对于超静定结构，当杆件的断面积 $A$ 改变时，轴向力 $N$ 也随之改变，考虑到压杆的稳定性，允许应力 $\bar{\sigma}$ 也随之改变。今设

$$N^{v+1} / N^v = (A^{v+1} / A^v)^c \tag{7}$$

$$\bar{\sigma}^{v+1} / \bar{\sigma}^v = (A^{v+1} / A^v)^d \tag{8}$$

把以上二式代入式（6），并注意到 $\sigma^v / \bar{\sigma}^v = r^v$，$r^v$ 为 $v$ 次迭代的应力比，于是

$$A^{v+1} = (A^{v+1} / A^v)^{c-d} \cdot r^v \cdot A^v$$

即

$$(A^{v+1} / A^v)^{1-c+d} = r^v$$

由此得到

$$A^{v+1} = A^v (r^v)^{\frac{1}{1-c+d}} \tag{9}$$

与式（3）比较，可得到松弛指数算式如下

$$\eta=1/(1-c+d) \tag{10}$$

在式（6）～式（9）中，为了式子简明，省去了下标 $j$。

下面再给出 $c$ 和 $d$ 的计算方法。由 $N=A\sigma$ 可得到

$$dN=Ad\sigma+\sigma dA$$

作为近似措施，忽略各杆之间的交互影响，取 $d\sigma=(\partial\sigma/\partial A)dA$，代入上式，得到

$$\frac{N^{v+1}}{N^v} = \frac{N^v + dN^v}{N^v} = 1 + \left(\frac{1}{\sigma^v}\frac{\partial\sigma}{\partial A^v} + \frac{1}{A^v}\right)dA^v \tag{11}$$

又由式（7）

$$N^{v+1} / N^v = (A^{v+1} / A^v)^c = (1 + dA^v / A^v)^c \cong 1 + cdA^v / A^v \tag{12}$$

比较式（11）、式（12）两式，可得到

$$c = 1 + \frac{A^v}{\sigma^v} \frac{\partial \sigma}{\partial A^v}$$

由于 $c$、$A$ 和 $\sigma$ 有关，因而在同一结构内，各杆将有不同的 $c$ 值，写得确切一些，有

$$c_j = 1 + \frac{A_j^v}{\sigma_j^v} \cdot \frac{\partial \sigma}{\partial A_j^v} \tag{13}$$

应力灵敏度 $\partial \sigma / \partial A_j$ 可用力导数法计算，结构的平衡方程为[2, 3]

$$KU = P$$

式中：$K$ 为刚度矩阵；$U$ 为位移列阵；$P$ 为荷载列阵。

由上式两边对 $A_j$ 求导数，经过整理后可得到

$$\frac{\partial U}{\partial A_j} = K^{-1} \left( \frac{\partial P}{\partial A_j} - \frac{\partial K}{\partial A_j} U \right)$$

由于 $\sigma = SU$，两边对 $A_j$ 求偏导数，得到

$$\frac{\partial \sigma}{\partial A_j} = S \frac{\partial U}{\partial A_j} = S K^{-1} \left( \frac{\partial P}{\partial A_j} - \frac{\partial K}{\partial A_j} U \right) \tag{14}$$

由于拉杆的允许应力为常量，由式（8）可知，$d=0$。于是式（10）变为

$$\eta_j = \frac{1}{1 - c_j} = \frac{-\sigma_j^v}{A_j^v \cdot \partial \sigma / \partial A_j} \tag{15}$$

而压杆的允许应力与细长比有关，由式（8），$d$ 可由下式计算

$$d = \frac{\log(\bar{\sigma}^{v+1} / \bar{\sigma}^v)}{\log(A^{v+1} / A^v)} \tag{16}$$

可根据前次迭代的 $A^v$ 和估算的 $A^{v+1}$ 及由式（5）计算的 $\bar{\sigma}^v$ 和 $\bar{\sigma}^{v+1}$，由上式计算 $d$。为了避免每次估算 $A^{v+1}$，建议用下式代替上式

$$d = \frac{\log(\bar{\sigma}^v / \bar{\sigma}^{v-1})}{\log(A^v / A^{v-1})} \tag{17}$$

根据前两次迭代的 $A^v$ 和 $A^{v-1}$，以及相应的 $\bar{\sigma}^v$ 和 $\bar{\sigma}^{v-1}$，由上式即可计算 $d$。在开始时可参照式（4）近似地取

$$d = -1 / (1 - 20\lambda^{-0.5}) \tag{18}$$

推导计算 $c$ 的公式的前提是 $A_j$ 的变化比较平缓，由于初始断面 $A_j^0$ 是任意给定的，因而从 $A_j^0$ 到 $A_j^1$ 的变化往往比较剧烈，所以第一次迭代最好取 $c=0$，即对于拉杆来说，取以往常用的 $\eta = 1.0$。从第二次迭代以后，$A_j^v$ 和 $A_j^{v+1}$ 都是由满应力计算确定的，变化较有规律，可采用式（13）计算 $c$。

按上述方法计算，松弛指数不再是常数，不同的杆件由于受力状态不同而具有不同的松弛指数，对加快收敛速度是有利的。

对于实际工程中比较复杂的结构来说，进行满应力设计时，大量的计算还要用于结构的应力重分析，因此采用近似应力分析方法和倒设计变量是有利的，即把应力按 Taylor 公式展开

$$\sigma_j(x) = \sigma_j(x^\alpha) + \frac{\partial \sigma_j(x^\alpha)}{\partial x_1}(x_1 - x_1^\alpha) + \cdots + \frac{\partial \sigma_j(x^\alpha)}{\partial x_n}(x_n - x_n^\alpha) \tag{19}$$

式中 $x_j = 1/A_j$ 为倒设计变量。由于

$$\frac{\partial \sigma_j}{\partial A_j} = \frac{\partial \sigma_j}{\partial x_j} \frac{\partial x_j}{\partial A_j} = -x_j^2 \frac{\partial \sigma_j}{\partial x_j} \tag{20}$$

在采用倒设计变量时，相应的计算公式为

$$x_j^{\nu+1} = x_j^\nu (r_j^\nu)_j^{-\eta} \tag{3a}$$

$$\eta_j = 1/(1 - c_j + d_j) \tag{10}$$

$$c_j = 1 - \frac{x_j^\nu}{\sigma_j^\nu} \frac{\partial \sigma_j}{\partial x_j} \tag{13a}$$

$$d_j = \frac{\log(\bar{\sigma}_j^\nu / \bar{\sigma}_j^{\nu-1})}{\log(x_j^{\nu-1} / x_j^n)} \tag{17a}$$

# 三、算例

如图 1 所示三杆桁架是国内外文献中广泛采用的一个优化例题。考虑三种工况：

工况 1：$P = 2000 \text{kg}$，$P' = P_y = 0$。

工况 2：$P' = 2000 \text{kg}$，$P = P_y = 0$。

工况 3：$P_y = 2000 \text{kg}$，$P = P' = 0$。

允许拉应力 $\bar{\sigma}_{(+)} = 200 \text{MPa}$，允许压应力 $\bar{\sigma}_{(-)} = -150 \text{MPa}$，由于对称，取 $A_1 = A_3$，对 $\sigma_{js}$ 表示第 $j$ 杆第 $s$ 工况的应力。杆 1 决定于工况 1 的应力 $\sigma_{11} = 200 \text{MPa}$，杆 3 决定于工况 2 的应力 $\sigma_{32} = 200 \text{MPa}$，而且 $\sigma_{32} = \sigma_{11}$；杆 2 决定于工况 3 的应力 $\sigma_{23} = 200 \text{MPa}$。

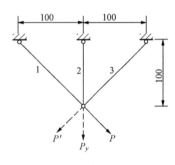

图 1　三杆桁架（单位：cm）

取初值 $A_1^0 = A_2^0 = 1.000 \text{cm}$，先用常规的应力比法，即按式 (1) 计算，结果见表 1。经过 15 次迭代，求得了满应力解：$A_1 = 0.773$，$A_2 = 0.453$，$V = 264.0$（见表 1）。

下面再按本文式（10）、式（13a）两式计算松弛指数，并按式（3a）迭代。为了探讨近似应力分析用于满应力设计的作用，采用倒设计变量和近似应力展开式（19）。计算结果见表 2。表中大迭代式指应力分析而言，小迭代是指满应力设计而言。

表 1　　　　　　　　　　　　用常规应力比法求桁架的满应力解

| $\nu$ | $A_1^\nu$ | $A_2^\nu$ | $r_1^\nu$ | $r_2^\nu$ | $A_1^{\nu+1} = A_1^\nu r_1^\nu$ | $A_2^{\nu+1} = A_2^\nu r_2^\nu$ | $V^\nu$ |
|---|---|---|---|---|---|---|---|
| 0 | 1.000 | 1.000 | 0.707 | 0.585 | 0.707 | 0.585 | 382.8 |
| 1 | 0.707 | 0.585 | 1.032 | 0.920 | 0.730 | 0.539 | 258.5 |
| 2 | 0.730 | 0.539 | 1.019 | 0.947 | 0.744 | 0.510 | 260.4 |
| 3 | 0.744 | 0.510 | 1.012 | 0.963 | 0.753 | 0.492 | 261.6 |
| 4 | 0.753 | 0.492 | 1.008 | 0.975 | 0.759 | 0.482 | 262.4 |
| 5 | 0.759 | 0.480 | 1.005 | 0.982 | 0.764 | 0.471 | 262.9 |
| 10 | 0.771 | 0.457 | 1.001 | 0.997 | 0.771 | 0.455 | 263.7 |
| 15 | 0.773 | 0.453 | 1.000 | 1.000 | 0.773 | 0.453 | 264.0 |

表2　　　　　　　　　　　　　　　　用本文方法求桁架满应力解

| 大迭代次数 $a$ | 小迭代次数 $v$ | $x_1^v$ | $x_2^v$ | $r_1^v$ | $r_2^v$ | $\eta_1^v$ | $\eta_2^v$ | $x_1^{v+1}$ | $x_2^{v+1}$ | $A_1^{v+1}$ | $A_2^{v+1}$ | $V^v$ |
|---|---|---|---|---|---|---|---|---|---|---|---|---|
| 1 | 0 | 1.000 | 1.000 | 0.707 | 0.585 | 1.000 | 1.000 | 1.414 | 1.707 | 0.707 | 0.585 | 382.8 |
|   | 1 | 1.414 | 1.707 | 1.034 | 0.927 | 1.248 | 1.582 | 1.357 | 1.926 | 0.737 | 0.519 | 258.5 |
|   | 2 | 1.357 | 1.926 | 1.028 | 0.990 | 1.293 | 1.497 | 1.309 | 1.955 | 0.764 | 0.511 | 260.3 |
|   | 3 | 1.309 | 1.955 | 1.002 | 0.998 | 1.316 | 1.462 | 1.294 | 1.998 | 0.772 | 0.501 | 268.4 |
|   | 4 | 1.294 | 1.998 | 1.000 | 0.999 | 1.319 | 1.457 | 1.293 | 2.000 | 0.773 | 0.500 | 269.8 |
| 2 | 0 | 1.293 | 2.000 | 0.984 | 0.955 | 1.000 | 1.000 | 1.314 | 2.09 | 0.761 | 0.477 | 268.6 |
|   | 1 | 1.314 | 2.090 | 1.005 | 0.983 | 1.202 | 2.190 | 1.306 | 2.170 | 0.765 | 0.460 | 263.0 |
|   | 2 | 1.306 | 2.170 | 1.006 | 0.997 | 1.212 | 2.140 | 1.296 | 2.180 | 0.771 | 0.457 | 263.9 |
|   | 3 | 1.296 | 2.180 | 1.005 | 0.997 | 1.220 | 2.130 | 1.292 | 2.200 | 0.773 | 0.451 | 263.9 |
|   | 4 | 1.292 | 2.200 | 1.001 | 1.002 | 1.219 | 2.110 | 1.293 | 2.210 | 0.773 | 0.453 | 264.0 |

　　第一次大迭代，取初值 $x_1^0 = x_2^0 = 1.00$，经过五次小迭代，求得近似满应力解：$x_1$=1.293，$x_2$=2.00，$A_1$=0.773，$A_2$=0.500，$V$=268.6。这个近似解与精确解已很接近，还有一些误差，是由于应力表达式（19）的近似性所致。如果采用精确的应力分析方法，经过五次迭代就可求出满应力解。

　　第二次大迭代，取初值 $x_1^0 = 1.293$，$x_2^0 = 2.000$。用同样方法，经过五次迭代，求得了准确的满应力解。

　　由此可见，采用本文方法计算松弛指数，经过五次左右迭代计算即可求得满应力解。另外，顺便可看出，采用近似应力分析方法后，对于本例题只要进行两次应力分析。

## 参 考 文 献

［1］钱令希. 工程结构优化设计. 北京：水利电力出版社，1983.

［2］朱伯芳. 有限单元法原理与应用. 北京：水利电力出版社，1979.

［3］Gallagher，R. H.，Zienkiewicz，O. C.，*Optimum Structural Design*. 1973.

# 复杂结构满应力设计的浮动应力指数法[❶]

**摘　要**：本文提出浮动应力指数法，可用以进行各种复杂结构的满应力设计，应用十分方便。

**关键词**：复杂结构；满应力设计；浮动应力指数法

# The Method of Floating Stress Exponent for the Fully Stressed Design of Complex Structures

**Abstract:** The method of floating stress exponent is proposed in this paper. It may be used to obtain the fully stressed design of complex structures.

**Key words:** complex structure, fully stressed design, floating stress exponent

## 一、前言

满应力设计是一种比较简便而有效的结构优化设计方法，工程技术人员易于掌握，计算效果也不错，目前在实际工程中应用较多。对于桁架结构的满应力设计，已经有一个简便而有效的计算方法，即应力比法，但对于比较复杂的结构，目前还缺乏一个比较简便而有效的计算方法。本文提出一个浮动应力指数法，可用以进行各种复杂结构的满应力设计。本文利用这个方法进行了框架结构和双曲拱坝的满应力设计。计算结果表明，浮动应力指数法的应用十分简便，而且效果很好。它不仅可用于杆件结构，还可应用于像双曲拱坝这样十分复杂的连续介质的满应力设计。使满应力设计的应用范围得到很大的扩展，而且使得各种复杂结构的满应力设计也简便易行，其简便程度已接近于桁架结构。

## 二、复杂结构满应力设计的浮动应力指数法

设第 $i$ 点的内力为 $F_i$，其中包括轴向力、弯矩等，断面参数为 $x_i$，此点的应力可用一个显式表示如下

$$\sigma_i = f(F_i, x_i) \tag{1}$$

在这里，函数 $f$ 的具体表达式当然与结构的形式及应力分析的基本假定有关。例如，对于杆件结构来说，设第 $i$ 点的轴向力为 $N_i$，$x$ 和 $y$ 方向的弯矩分别为 $M_{xi}$ 和 $M_{yi}$，根据平截面假设，

---

[❶]　原载《固体力学学报》1984 年第 2 期。

$i$ 断面上的应力可按下式计算

$$\sigma_i = \frac{N_i}{A_i} + \frac{M_{xi}}{Z_{xi}} + \frac{M_{yi}}{Z_{yi}} \tag{2}$$

式中：$A_i$ 为断面积；$Z_{xi}$ 和 $Z_{yi}$ 分别是 $x$ 和 $y$ 方向的抗弯模量（$Z=I/C$），$A$、$Z$、$I$ 之间存在着下列熟知的关系

$$\left. \begin{aligned} A &= a_1 I_x^{b_1} \\ Z_x &= a_2 I_x^{b_2} \\ Z_y &= a_3 I_x^{b_3} \\ I_y &= a_4 I_x \end{aligned} \right\} \tag{3}$$

式中：$a_i$、$b_i$ 等是常数。对于规则断面，如圆形或矩形断面，上述关系是严格的。对于型钢等不规则断面，上述关系是近似的，可按型钢表提供的数据整理出系数 $a_i$、$b_i$，优化计算结束后再到型钢表中去找相近的规格。

当结构受力后以轴向变形为主时，应以面积 $A$ 作为设计变量，如果以弯曲变形为主，则应以惯性矩 $I_x$ 或 $I_y$ 作为设计变量。

今设以 $I_x$ 作为设计变量，即取

$$x_i = I_{xi} \tag{4}$$

把式（3）、式（4）代入式（2），得到[1]

$$\sigma_i = \frac{N_i}{a_1 x_i^{b_1}} + \frac{M_{xi}}{a_2 x_i^{b_2}} + \frac{M_{yi}}{a_3 x_i^{b_3}} \tag{5}$$

上式即属于式（1）的类型，其中 $F = [N_i, \ M_{xi}, \ M_{yi}]^T$，如果以 $A_i$ 或 $I_{yi}$ 作为设计变量，由式（3）作一些相应的变换，也可得到类似的公式。

满应力设计是一个迭代方法，今在某一次迭代中设结点力暂时不变，在式（5）中令 $\sigma_i$ 等于允许应力，即令[1, 2]

$$\frac{N_i}{a_1 x_i^{b_1}} + \frac{M_{xi}}{a_2 i_i^{b_2}} + \frac{M_{yi}}{a_3 i_i^{b_3}} = [\sigma_i] \tag{5a}$$

式中：$[\sigma_i]$ 为第 $i$ 杆允许应力。由上式解出 $x_i$ 即得到第 $i$ 单元的满应力截面。但此式是一个非线性方程，无法简单地解出，必须借助于数值方法，有关文献即采用一元实函数零点对分法由上式求解满应力截面 $x_i$，那是一种数值方法，要经过多次反复试算才能求得一个近似的 $x_i$ 值，而且结构的每个单元都有式（5a）这样的一个方程，都要用数值方法求解，可见计算工作量是比较大的。

在连续介质内，有时按主应力控制，决定 $x_i$ 的方程比式（5a）还要更复杂一些。

我们不去直接求解式（5a）一类的方程，而另辟途径。在每次迭代中，假定设计变量与应力之间存在下列关系

$$\frac{x_i'}{x_i} = \left( \frac{\sigma_i}{\sigma_i'} \right)^{\beta_i} \tag{6}$$

式中：$x_i$、$\sigma_i$ 分别是修改前的设计变量和应力；$x'$、$\sigma'$ 是断面修改后的设计变量和应力；$\beta_i$ 是一个应力指数。

对于只有轴向力作用的杆件，如果以断面积 $A_i$ 作为设计变量，则 $\beta_i=1$，式（6）即是现有的应力比公式。

如果只有弯矩 $M_x$ 作用，以 $I_x$ 作为设计变量，由式（5）可推知

$$\beta_i = \frac{1}{b_2} \tag{7}$$

通常 $b_2=b_3$，只要无轴向力，在 $M_x$ 和 $M_y$ 联合作用下，上式仍然成立。

对于上面两种简单情况，应力指数 $\beta_i$ 是常数。在一般情况下，由于轴向力和弯矩都不为零，应力指数不再是常数，而是与内力及设计变量有关的一个函数。

由式（6）取对数，得到

$$\beta_i = \frac{\ln(x_i'/x_i)}{\ln(\sigma_i/\sigma_i')} \tag{8}$$

由上式可计算 $\beta_i$，以允许应力 $[\sigma_i]$ 代替式（6）中的 $\sigma_i'$，得到根据满应力准则计算修改后的设计变量的式子如下

$$x_i' = x_i\left(\frac{\sigma_i}{[\sigma_i]}\right)^{\beta_i} \tag{9}$$

在满应力设计的迭代过程中，内力和设计变量在不断改变，$\beta_i$ 也在不断改变，因此取名为浮动应力指数法。

$\beta_i$ 的初始值可用下列两种方法之一决定：①忽略轴力影响，由式（7），$\beta_i=1/b_2$。②给出一个增量 $\Delta x_i$，以 $x_i'=x_i+\Delta x_i$ 代入式（5）计算应力 $\sigma_i'$，再由式（8）计算 $\beta_i$。

在满应力设计的第一次迭代中，可用上述方法求出初始 $\beta_i$，由式（9）算出 $x_i'$ 后，代回式（1）或式（2）计算新的应力 $\sigma_i'$，再由式（8）计算新的 $\beta_i$，供下次迭代中使用。每次迭代中，$\beta_i$ 都更新一次，对于不同的单元，由于内力数值不同，$\beta_i$ 数值也不同。对于钢框架结构，$\beta_i$ 的数值大致在 1.2～1.8 变化。对于混凝土拱坝，由于混凝土的允许拉应力只有允许压应力的十分之一左右，有的断面是偏心受拉控制，有的断面是偏心受压控制，$\beta_i$ 数值变化范围比较大，大致在 0.50～4.00，但对于同一个单元同一种工况，其数值却是比较稳定的。

不难看出，浮动应力指数 $\beta_i$ 实际上起了传递信息的作用，先利用已有的信息由式（8）计算 $\beta_i$，再利用 $\beta_i$ 由式（9）计算满应力设计变量，从而完成了一次迭代。

# 三、框架结构的满应力设计

常见的框架结构以弯曲变形为主，可以各杆件的断面惯性矩作为设计变量。对于每个杆件来说，通常弯矩沿杆件长度方向是变化的，因此应力也是变化的，杆件的断面尺寸决定于其最大应力。如图1所示，杆件 BD 上无外荷载，最大应力通常发生在杆端断面 B 或 D 上。杆件 AB 在 C 点承受了集中荷载，最大应力通常发生在 A、B、C 三断面之一上。把这三个断面上、下缘的应力都计算出来，不难决定最大应力发生的部位。

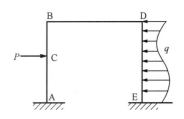

图 1　框架结构示例

杆件 DE 上作用着不均匀的分布荷载 $q$，可将此杆沿长度 $s$ 等分，计算每个断面上的应力，然

后确定最大应力发生的部位。这些计算在计算机上均极易实现。

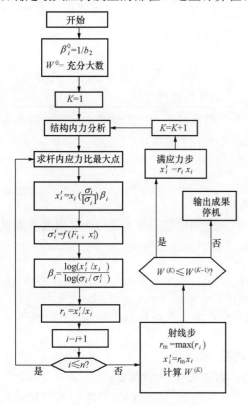

图 2　框架结构计算框图（$n$——单元数）

应用上节提出的浮动应力指数法，可以比较简便地实现框架结构的满应力设计。

浮动应力指数 $\beta_i$ 的初值由式（7）计算。以后在计算过程中每迭代一次，更新一次。每次迭代，进行一次内力分析，然后走一射线步和一满应力步，计算框图见图2，在此框图中，如取消射线步，即得到单纯的满应力设计。下面用一个算例来说明浮动应力指数法用于框架结构满应力设计的效果。

【算例】　一门式钢框架如图 3 所示。这是文献［1］用数学规划做过并在文献［3］中用几何规划做过的例子。为便于比较，保留英制量纲，材料容重 $\rho$=0.2836lb/in³❶，允许应力 ［$\sigma$］=23.76ksi❷，型钢截面性质

$$A=0.58l^{0.60}$$
$$Z=0.58l^{0.75}$$

即 $a_1=a_2$=0.58，$b_1$=0.50，$b_2$=0.75。有三个工况：①均布荷载 $q$=0.50kip/in❸，②水平集中荷载 $P_1$=45.0kip❹，③水平集中荷载 $P_2$=45.0kip。

以各杆件的惯性矩 $I$ 作为设计变量，初始值取为 $I_1=I_2=I_3$=1600in⁴❺。按图2所示框图进行计算，计算结果见表1。表中列出了两套计算结果，一套是满应力设计结果，另一套是齿行法计算结果。

表1　　　　　　　　　　　　　门式框架优化设计结果

| 计算方法及迭代次数 | | | 杆件惯性矩 | | | 结构重量 |
|---|---|---|---|---|---|---|
| | | | 杆 1 | 杆 2 | 杆 3 | |
| 初　始　值 | | | 1600 | 1600 | 1600 | 3947.7 |
| 本文方法 | 满应力 | 1 | 1023.6 | 740.2 | 1023.6 | 2968.6 |
| | | 2 | 1084.4 | 763.6 | 1084.4 | 3040.8 |
| | | 3 | 1083.9 | 763.2 | 1083.9 | 3040.1 |
| | 齿行法 | 1 | 1023.6 | 1023.6 | 1023.6 | 3157.5 |
| | | 2 | 1084.4 | 784.2 | 1084.4 | 3055.5 |
| | | 3 | 1083.9 | 763.3 | 1083.9 | 3040.2 |
| 数学规划法（迭代 12 次） | | | 1091.4 | 768.3 | 1091.4 | 3050.5 |
| 几何规划法（迭代 4 次） | | | 1090.9 | 754.3 | 1090.9 | 3040.0 |

❶　1lb/in³=0.0277kg/cm³；

❷　11ksi=6.9MPa；

❸　11kip/in=179kg/cm；

❹　1kip=454kg；

❺　11in⁴=41.6cm⁴。

　　计算结果表明，本文提出的浮动应力指数法应用于框架结构的满应力设计，收敛是很快的。只经过三次迭代即得到了最终结果，而且计算结果与数学规划[1]及几何规划的结果是一致的。但用本文方法，计算要简便得多。

# 四、结束语

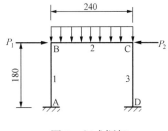

图 3　门式框架

　　（1）利用本文方法可对各种复杂结构进行满应力设计、计算十分简便。从框架结构满应力设计的例子来看，收敛也是很快的，得到的结果与数学规划法和几何规划法一致，但本文的计算要简便得多，因而具有较大的实用价值。

　　（2）本文方法不但可应用于杆件结构，还可以应用于连续介质结构，如双曲拱坝。计算很简便，收敛也相当快。

　　（3）目前各种复杂结构的应力分析已广泛采用电子计算机，利用本文方法，在应力分析程序中只要稍微增加一些语句，即可实现满应力设计，故应用比较方便。

## 参 考 文 献

［1］Arora J S，Haug E J. Optimal Design of Plane Frames，Journal of Structural Division. ASCE，ST. 10（1975）．

［2］Isreb M. DESAP1．A Structural Synthesis with Stress and Local Instability Constraints，Journal of Computers and Structures，8（1978）．

［3］钱令希．工程结构优化设计．北京：水利电力出版社，1983．

［4］朱伯芳，黎展眉．双曲拱坝的优化．水利学报，1981，2．

［5］朱伯芳，宋敬廷．拱坝的最优设计．见：全国计算力学会议论文集．北京：北京大学出版社，1980．

# 双曲拱坝优化设计中的几个问题❶

**摘 要：**本文在早先工作[1, 2]的基础上，进一步研究了双曲拱坝的优化设计问题，给出了五心圆双曲拱坝和抛物线双曲拱坝的几何模型、离散几何模型和混合几何模型，对各种拱坝几何模型的特点进行了分析和评述，提出了通过设计变量的缩减而得到几种不同几何模型的方法，给出了两阶段优化方法和边界搜索法。在我国，双曲拱坝的优化设计已开始应用于实际工程，效果显著。本文介绍了为使拱坝优化设计进入实用阶段而采取的一些策略。

**关键词：**拱坝；优化设计；数学模型；求解方法

## Some Problems in the Optimum Design of Double−curved Arch Dams

**Abstract:** The paper deals further with the optimum design of the double-curved arch dams on the basis of the earlier works [1,2]. The continuous geometric model of the five-centered circular arch dam and the parabolic arch dam, the discrete geometric model and the mixed geometric model are presented. A method is offered to obtain the geometric models of other types by the reduction of the design variables of the five-centered circular arch dam. Three methods of optimization——the method of successive approach, the method of boundary tracking and the method of optimizing in two stages are offered.The method of optimization has been applied to the design of two real arch dams resulting in saving of 17.3% and 19.4%, respectively. The tactics adopted to make the mathematical model so effective as can be applied to the design of the real dams are also presented in this paper.

**Key words:** arch dam, optimum design, mathematical model, solution method

## 一、前言

双曲拱坝由于体形轻、投资节省，已得到广泛采用。但坝体剖面设计以前依靠重复修改和方案比较，工作效率比较低。所得到的是一个可行方案而不是最优方案，结构潜力不能得到充分发挥。采用优化设计方法以后，可以降低工程投资，提高工作效率。由于水坝的投资比较集中，所以优化设计的经济效果比较明显。

拱坝的优化设计是选择合理的坝体几何形状，属于几何优化问题。为了搞好拱坝的优化

---

❶ 原载《计算结构力学及其应用》1984 年第 3 期。

设计，正确地选择几何模型是十分重要的。一方面，几何模型必须符合拱坝的受力状态，以利于充分发挥结构的潜力，合理利用材料的强度，节约投资；另一方面，又必须便于施工，不能过于复杂，否则，在数学上看来颇为优美，但实际工程难以采纳。几何模型是否合适，实际上是关系到拱坝优化设计成败的关键之一。考虑到优化设计是一项新技术，开始阶段应用于中小型拱坝的可能性比较大，所以文献［1～3］采用了单心圆和三心圆双曲拱坝。正是由于采用了这种比较实用的几何模型，使得我国的拱坝优化设计虽然起步比国外晚了十年[4]，但却首先应用于实际工程。考虑到下阶段拱坝优化设计将应用于地基条件比较复杂的大型工程，本文给了五心圆双曲拱坝和抛物线双曲拱坝的几何模型、离散几何模型和混合几何模型，并对各种拱坝几何模型的特点进行了分析和评述。本文还提出了通过设计变量的缩减而得到各种不同几何模型的方法。

在拱坝优化过程中，不但坝体本身的几何形状在不断变化，而且坝轴线的位置也在不断移动和转动，坝体应力分析又比较复杂，是一个比较复杂的几何优化问题。我们提出了按内力展开、两阶段优化及沿边界搜索等方法，有效地实现了拱坝的优化设计，计算速度也是比较快的。

由于采用了实用化的几何模型，约束条件立足于拱坝设计规范，全面满足了设计规范中的各项要求，所以优化的结果，设计人员乐于采用。例如，江西七星拱坝，坝高 69m，原设计方案坝体体积 16.25 万 $m^3$，经优化后采用方案为 13.44 万 $m^3$，体积减小 17.3%，造价降低 100 余万元，应力状态还比原设计方案有所改善。山东泰山拱坝，坝高 50m，经优化节省 19.4%。过去人工设计，选定拱坝剖面通常要几个月甚至几年的时间，这两个工程由于采用优化方法，都只用了一周时间就选定了坝体剖面，设计速度大大加快了，工程单位甚为满意（担任计算工作的有励易生、金申成、纪海水等同志）。

## 二、五心圆双曲拱坝的几何模型

拱坝是变厚度变曲率的双曲壳体。今坝体的水平截面采用三段圆拱，中心拱是水平等厚的，左右两边拱是变厚度的，其上、下游表面具有不同的圆心和半径。坝体中央铅直剖面的上、下游表面都采用二次曲线。河谷形状是任意的，坝轴线可在指定范围内移动和转动，以寻求最有利的位置。

1. 河谷形状

河谷形状是任意的，沿高程分为 7 层，两岸利用岩石等高线各用 7 条折线表示，其结点坐标作为原始数据输入计算机。

2. 坝轴线位置

如图 1 所示，坝体中央剖面上游面顶点 C 的水平坐标（$x'$、$y'$ 为整体坐标）为

$$x'=x_1, \quad z'=x_2$$

坝体中央剖面与 $yoz'$ 平面的夹角为 $x_3$。这里 $x_1$、$x_2$、$x_3$ 是三个设计变量，它们完全决定了坝轴线的位置。

3. 拱冠上游面曲线

拱冠上游面曲线取为

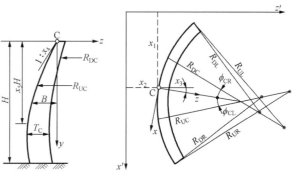

图 1　五心圆双曲拱坝

$$z=B= -x_4y+x_4y^2/(2x_5H) \tag{1}$$

式中：$H$ 为坝高。上式满足下列两条件：

$$\frac{\mathrm{d}z}{\mathrm{d}y} = \begin{cases} -x_4, & \text{当}y = 0(\text{坝顶})\text{时} \\ 0, & \text{当}y = x_5H\text{时} \end{cases}$$

可见坝顶坡度是$-x_4$，上游面坡度为零的点（变坡点）是$y=x_5H$。

4. 拱冠剖面厚度 $T_C$

$$T_C=x_6+(\alpha_0x_6+\alpha_ax_7+\alpha_1x_8)\ y/H+(\beta_0x_6+\beta_ax_7+\beta_1x_8)(y/H)^2 \tag{2}$$

式中：$x_6$、$x_7$、$x_8$ 分别是坝顶、坝中（$y=aH$）及坝底处的拱冠厚度。拱冠铅直剖面自上而下分为 6 段，各段高度为$\Delta H_i$，$i=1\sim6$，令 $a=(\Delta H_1+\Delta H_2+\Delta H_3)/H$，故$y=aH$ 为第 4 层拱圈的高度。式（2）中的各系数可计算如下

$$\left.\begin{array}{l} \alpha_0 = -(1+a)a, \ \alpha_a = 1/a(1-a), \ \alpha_1 = -a/(1-a) \\ \beta_0 = 1/a, \ \beta_a = -\alpha_a, \ \beta_1 = 1/(1-a) \end{array}\right\} \tag{3}$$

5. 中拱上游面半径 $R_{UC}$

$$R_{UC}=x_9+x_9(\alpha_0+\alpha_ax_{10}+\alpha_1x_{11})\ y/H+x_9(\beta_0+\beta_ax_{10}+\beta_1x_{11})(y/H)^2 \tag{4}$$

式中：$x_9$ 为坝顶处中拱上游面半径；$x_{10}$ 为坝中与坝顶两处的中拱上游面半径比值；$x_{11}$ 为坝底与坝顶两处的中拱上游面半径比值，即在坝顶、坝中、坝底三处，中拱上游面半径分别为 $x_9$、$x_9x_{10}$ 及 $x_9x_{11}$。中拱下游面半径 $R_{DC}$ 可按下式计算

$$R_{DC}=R_{UC}-T_C$$

6. 右边拱上游面半径 $R_{UR}$

$$R_{UR}=x_9x_{12}+x_9(\alpha_0x_{12}+\alpha_ax_{13}x_{10}+\alpha_1x_{14}x_{11})(y/H)+x_9(\beta_0x_{12}+\beta_ax_{13}x_{10}+\beta_1x_{14}x_{11})(y/H)^2 \tag{5}$$

式中：$x_1$、$x_{13}$、$x_{14}$ 分别为坝顶、坝中、坝底三处右边拱上游面半径与中拱上游面半径的比值，故坝顶、坝中、坝底三处右边拱上游面半径 $R_{UR}$ 分别为 $x_{12}x_9$，$x_{13}x_9x_{10}$，$x_{14}x_9x_{10}$。

7. 左边拱上游面半径 $R_{UL}$

$$R_{UL}=x_{15}x_9+x_9(\alpha_0x_{15}+\alpha_ax_{16}x_{10}+\alpha_1x_{17}x_{11})(y/H)+x_9(\beta_0x_{11}+\beta_ax_{16}x_{10}+\beta_1x_{17}x_{11})(y/H)^2 \tag{6}$$

式中：$x_{15}$、$x_{16}$、$x_{17}$ 分别为坝顶、坝中、坝底三处上游面左边拱半径 $R_{UL}$ 与中拱半径 $R_{UC}$ 的比值。

8. 右边拱下游面半径 $R_{DR}$

$$\begin{aligned} R_{DR} = {} & x_{18}(x_{12}x_9 - x_6)+[\alpha_0x_{18}(x_{12}x_9 - x_6) \\ & + \alpha_ax_{19}(x_{13}x_9x_{10} - x_7)+\alpha_1x_{20}(x_{14}x_9x_{11} - x_8)](y/H) \\ & +[\beta_0x_{18}(x_{12}x_9 - x_6)+\beta_ax_9(x_{13}x_9x_{10} - x_7) \\ & + \beta_1x_{20}(x_{14}x_9x_{11} - x_8)](y/H)^2 \end{aligned} \tag{7}$$

式中：$x_{18}$、$x_{19}$、$x_{20}$ 分别为坝顶、坝中、坝底三处 $R_{DR}/(R_{UR}-T_C)$ 的比值，其物理意义以 $x_{18}$ 为例：当 $x_{18}=1$ 时，坝顶右边拱为等厚的；当 $x_{18}<1$ 时，坝顶右边拱自中部向拱座逐渐加厚。在坝顶、坝中、坝底三处，右边拱下游面半径 $R_{DR}$ 分别为 $x_{18}(x_{12}x_9 - x_6)$，$x_{19}(x_{13}x_9x_{10} - x_7)$，$x_{20}(x_{14}x_9x_{11} - x_8)$。

9. 左边拱下游面半径 $R_{DL}$

$$
\begin{aligned}
R_{DL} &= x_{21}(x_{15}x_9 - x_4) + [\alpha_0 x_{21}(x_{15}x_9 - x_6) \\
&\quad + \alpha_a x_{22}(x_{16}x_9 x_{10} - x_7) + \alpha_1 x_{23}(x_{17}x_9 x_{11} - x_8)](y/H) \\
&\quad + [\beta_0 x_{21}(x_{15}x_9 - x_6) + \beta_a x_{22}(x_{16}x_9 x_{10} - x_7) \\
&\quad + \beta_1 x_{23}(x_{17}x_9 x_{11} - x_8)](y/H)^2
\end{aligned} \tag{8}
$$

式中：$x_{21}$、$x_{22}$、$x_{23}$ 分别为坝顶、坝中、坝底三处的 $R_{DL}/(R_{UL}-T_C)$ 比值。

中拱右半中心角 $\phi_{CR}$ 和中拱左半中心角 $\phi_{CL}$ 按下式计算

$$
\left.
\begin{aligned}
\phi_{CR} &= \phi_1 + (\phi_2 - \phi_1)(y/H) \\
\phi_{CL} &= \phi_3 + (\phi_4 - \phi_3)(y/H)
\end{aligned}
\right\} \tag{9}
$$

式中 $\phi_1$、$\phi_2$、$\phi_3$、$\phi_4$ 按已知值输入。

到此，我们用 23 个设计变量 $x_1 \sim x_{23}$ 完全决定了五心圆双曲拱坝的设计剖面和坝轴线位置。我们给出的这个几何模型具有下列特点：①全部设计变量都有明显的物理意义；②边拱的各变量都是用与中拱相应变量的比值表示的。

由于上述特点，这个模型具有下列优点：①很容易给出各设计变量的初始值和上下限，为优化计算带来不少方便；②可通过设计变量的缩减而得到其他各种不同类型的几何模型，因而具有广泛的通用性。

# 三、抛物线双曲拱坝的几何模型

当坝址两岸地质条件较差时，坝肩抗滑稳定性将成为设计中的一个主要矛盾。在这种情况下，如采用抛物线拱坝，拱的中心角可减至 75°左右，可使拱座推力方向较常规圆拱坝向山体里面转动约 15°，有利于提高坝肩抗滑稳定性。下面给出抛物线双曲拱坝的几何模型。

水平拱圈的上、下游面采用抛物线，抛物线的基本方程是

$$
z = x^2/(2R_0) \tag{10}
$$

式中：$R_0$ 为拱冠（$x=0$）的曲率半径。任一点 $x$ 的曲率半径为

$$
R = R_0/\cos^3\phi = (R_0^2 + x^2)^{3/2}/R_0^2 \tag{11}
$$

式中：$\phi$ 为抛物线在 $x$ 点的法线与 $z$ 轴的夹角，可按下式计算

$$
\tan\phi = x/R_0 \tag{12}
$$

在决定了拱座半中心角以后，利用上式可计算拱圈的曲率半径如下

$$
R_{RD} = x_{DR}/\tan\phi_{AR}, \quad R_{DL} = x_{DL}/\tan\phi_{AL} \tag{13}
$$

式中：$R_{DR}$ 为右半拱下游面拱冠曲率半径；$R_{DL}$ 为左半拱下游面曲率半径；$\phi_{AR}$ 为右拱座半中心角；$\phi_{AL}$ 为左拱座半中心角；$x_{DR}$ 为右拱座下游面 $x$ 坐标；$x_{DL}$ 为左拱座下游面 $x$ 坐标。

为了适应不对称河谷，并自拱冠向拱座加厚，每层拱圈都用四条抛物线确定其剖面（图 2）：

右半拱上游面 $\qquad\qquad z = x^2/(2R_{UR}) + B \qquad\qquad$ （14）

右半拱下游面 $\qquad\qquad z = x^2/(2R_{UR}) + B + T_C \qquad$ （15）

左半拱上游面 $\qquad\qquad z = x^2/(2R_{UL}) + B \qquad\qquad$ （16）

左半拱下游面 $\qquad$ $z = x^2 / (2R_{UL}) + B + T_C$ （17）

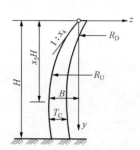

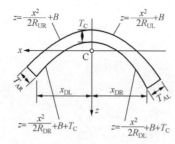

图2　抛物线双曲拱坝

式中：$R_{UR}$、$R_{DR}$、$R_{UL}$、$R_{DL}$ 是四个曲率半径；$B$ 是拱冠上游面的顺河坐标；$T_C$ 是拱冠厚度。

坝轴线位置用 $x_1$、$x_2$、$x_3$ 三个设计变量表示，拱冠上游面曲线采用二次曲线，并用式（1）表示，拱冠剖面的厚度 $T_C$ 用式（2）表示。所以 $x_1$ 至 $x_8$ 等八个设计变量与前述五心圆双曲拱坝相似，其他各量分别表示如下

1. 右半拱冠下游面曲率半径 $R_{DR}$

$$R_{DR} = x_9 + (\alpha_0 x_9 + \alpha_a x_{10} + \alpha_1 x_{11})(y/H) + (\beta_0 x_9 + \beta_a x_{10} + \beta_1 x_{11})(y/H)^2 \qquad （18）$$

式中：$x_9$、$x_{10}$、$x_{11}$ 分别为坝顶、坝中、坝底三处的 $R_{DR}$，$a_0$、$a_1$ 等系数见式（3）。

2. 左半拱冠下游面曲率半径 $R_{DL}$

$$R_{DL} = x_{12} + (\alpha_0 x_{12} + \alpha_a x_{13} + \alpha_1 x_{14})(y/H) + (\beta_0 x_{12} + \beta_a x_{13} + \beta_1 x_{14})(y/H)^2 \qquad （19）$$

式中：$x_{12}$、$x_{13}$、$x_{14}$ 分别为坝顶、坝中、坝底三处的曲率半径 $R_{DL}$。

3. 右拱座厚度 $T_{AR}$

$$R_{AR} = x_{15} x_6 + (\alpha_0 x_{15} x_6 + \alpha_a x_{16} x_7 + \alpha_1 x_{17} x_8)(y/H) \\ + (\beta_0 x_{15} x_6 + \beta_a x_{16} x_7 + \beta_1 x_{17} x_8)(y/H)^2 \qquad （20）$$

式中：$x_{15}$、$x_{16}$、$x_{17}$ 分别为坝顶、坝中、坝底三处右拱座与拱冠的厚度比，这三处的右拱座厚度分别为 $x_{15} x_6$、$x_{16} x_7$、$x_{17} x_8$。

4. 左拱座厚度 $T_{AL}$

$$T_{AL} = x_{18} x_6 + (\alpha_0 x_{18} x_6 + \alpha_a x_{19} x_7 + \alpha_1 x_{20} x_8)(y/H) \\ + (\beta_0 x_{18} x_6 + \beta_a x_{19} x_7 + \beta_1 x_{20} x_8)(y/H)^2 \qquad （21）$$

式中：$x_{18}$、$x_{19}$、$x_{20}$ 分别为坝顶、坝中、坝底三处的左拱座与拱冠的厚度比。

右半拱冠上游面曲率半径 $R_{UR}$ 可计算如下

$$R_{UD} = (x_{DR} + T_{AR} \sin\phi_{AR})^2 / 2[T_C - T_{AR} \cos\phi_{AR} + x_{DR}^2 / 2R_{DR}] \qquad （22）$$

式中 $\qquad$ $\phi_{AR} = \arctan[(x_{DR} + 0.50 T_{AR} \sin\phi_{AR}) / R_{NR}] \qquad （23）$

$$R_{NR} = 2 R_{UR} R_{DR} / (R_{UR} + R_{DR}) \qquad （24）$$

式中：$\phi_{AR}$ 为右拱座半中心角；$R_{NR}$ 为右半拱中和轴拱冠曲率半径。具体计算要用迭代方法。第一步，取 $\phi_{AR} \approx \arctan(x_{DR} / R_{DR})$，由式（22）算得第一近似值 $R_{UR}^1$。第二步，把 $R_{UR}^1$ 代入式（24）计算 $R_{NR}$，由式（23）计算 $\phi_{AR}$，再由式（22）计算 $R_{UR}$。通常第一步计算的误差已在千分之一以下，所以再迭代一次已足够了。在式（22）~式（24）三式中，把下标 R 换成 L，即可计算左半拱的相应各量。

可见抛物线双曲拱坝的几何形状和坝轴线位置可用 20 个设计变量 $x_1 \sim x_{20}$ 表示。

## 四、双曲拱坝的离散几何模型

前面我们给出了两种双曲拱坝的连续几何模型。下面再给出拱坝的几种离散几何模型：

1. 高度离散几何模型

如图 3（a）所示，把坝体中面投影到 $xy$ 平面上去，并划分成密集的矩形网格，共得到 $n$ 个结点。每个结点有两个设计变量，一个是坝体厚度 $t_i$，另一个是顺河坐标 $z_i$，在相邻结点之间，坐标 $z$ 和厚度 $t$ 都按线性插值。这样，坝体的几何形状和坝轴线位置都决定于 $2n$ 个设计变量 $z_1 \sim z_n$ 和 $t_1 \sim t_n$。对于内部结点，坐标 $x_i$ 和 $y_i$ 都是固定的。对于坝体与基础接触的边界结点，将沿着两岸利用岩石等高线移动，其坐标 $x_i$ 可根据 $z_i$ 而算出（$y_i$ 是固定的）。

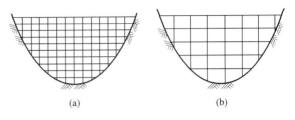

图 3　拱坝离散几何模型

（a）高度离散几何模型；（b）中度离散几何模型

2. 中度离散几何模型

坝体中面也投影到 $xy$ 平面上去，但划分成比较稀疏的网格，因此结点数比较少，每个结点也有两个设计变量 $z_i$ 和 $t_i$，由于网格比较稀，相邻结点之间的中面坐标 $z$ 和厚度 $t$ 都用样条函数插值。

3. 低度离散几何模型

水平方向用连续几何模型，如五心圆拱或抛物线拱，但铅直方向采用离散几何模型。例如，沿坝高分为 7 层，水平截面采用不对称变厚度抛物线拱圈，每层拱圈各有如下 6 个设计变量：拱冠上游坐标 $z_i$，拱冠厚度 $T_{Ci}$，右拱座厚度 $T_{ARi}$，左拱座厚度 $T_{ALi}$，右边拱下游面拱冠半径 $R_{DRi}$，左边拱下游面拱冠半径 $R_{DLi}$。

## 五、拱坝的混合几何模型

所谓混合几何模型就是同时用连续变量和离散变量来建立拱坝的几何模型。例如，坝体上游面形状用连续变量描述，而坝体厚度用离散变量描述。

我们还可以设计一种局部离散几何模型，它也属于混合几何模型。坝体几何形状作为一个整体是用连续变量描述的，但有一些个别的局部的物理量采用离散值。例如，第 $i$ 点的厚度、第 $j$ 点的顺河坐标和第 $k$ 点的曲率半径分别采用离散值，那么这些物理量可表示如下

$$T_i' = T_i + \Delta T_i, z_j' = z_j + \Delta z_j, R_k' = R_k + \Delta R_k \qquad (25)$$

式中：$T_i$，$z_j$，$R_k$ 是用式（1）～式（8）计算的量；$\Delta T_i$，$\Delta z_j$，$\Delta R_k$ 是离散的、局部修改的量，在 $i$，$j$，$k$ 点与其相邻结点之间，这些物理量按线性插值。当然，在优化过程中，$\Delta T_i$，$\Delta z_j$，$\Delta R_k$ 也是设计变量。由于坝址地形地质条件往往是不规则的，采用局部离散量有利于改善局部的应力状态。

## 六、几种拱坝几何模型的比较

在我们给出的上述三种拱坝几何模型中，离散模型的优点是几何形状变化的自由度大，

优化结果，坝体工程量最小，但它有两个缺点：第一，设计变量多，因而计算量大；第二，由于河谷形状是不规则的，优化方法又是数值方法，所以离散模型的优化结果，坝体剖面往往是不规则的，工程上难以采纳。

连续几何模型的设计变量比较少，因之计算量较少。更重要的是，优化结果，坝体剖面是光滑的，工程上易于接受。总之，根据我们的经验，以采用连续几何模型为好。但为了改善坝体局部的应力状态，有时也可采用局部离散几何模型。

## 七、设计变量的缩减和变换

拱坝有不同的类型，除了前面给出的抛物线双曲拱坝外，还有三心圆双曲拱坝、单心圆双曲拱坝及定圆心单曲拱坝，它们将分别适用于不同的地形地质条件和不同的工程规模。通过设计变量的缩减，我们可以由前面给出的五心圆双曲拱坝几何模型直接得到其他几种类型的拱坝几何模型如下：

（1）三心圆双曲拱坝。在五心圆双曲拱坝的几何模型中，令 $x_{12}=x_{13}=x_{14}=x_{15}=x_{16}=x_{17}=1$ 即得到三心圆双曲拱坝，适用于地质条件比较好的坝址。

（2）单心圆双曲拱坝。在五心圆双曲拱坝模型中，令 $x_{12}\sim x_{23}$ 等设计变量全部等于 1，即得到单心圆双曲拱坝，适用于中小型工程。

（3）定圆心单曲拱坝。在五心圆双曲拱坝模型中，令 $x_4=0$，$x_5=1$，$x_{10}=x_{11}\cdots=x_{23}=1$，即得到定圆心单曲拱坝，适用于 U 形河谷。

即使对于五心圆双曲拱坝，在某些情况下也可使设计变量缩减一些。例如，当坝轴线位置已根据地质地形条件决定了，不必优选时，$x_1$、$x_2$、$x_3$ 不再是变量，而取预先给定的值。

为了在计算程序中实现上述各种控制，给出一个数组 $\eta_i$，$i=1$，2，…，$n$。当 $\eta_i=0$ 时，$x_i$ 为变量，当 $\eta_i=1$ 时，$x_i$ 取预先指定的固定值。

由于各设计变量在数值上相差比较远，为了加快收敛速度，作变换如下

$$x_i' = x_i / x_i^0, i=1,2,\cdots,n \tag{26}$$

式中：$x_i^0$ 为初始设计变量；$x_i'$ 为新设计变量。

## 八、目标函数与约束条件

目标函数取为坝的造价 $C(x)$ 如下

$$C(x) = c_1 V_1(x) + c_2 V_2(x) \tag{27}$$

式中：$V_1(x)$、$V_2(x)$ 分别为坝体和基础开挖的体积；$c_1$、$c_2$ 分别为混凝土和基础开挖的单价。

约束条件应全面满足设计规范的要求，并适当考虑结构布置和施工上的需要，包括几何约束，应力约束和抗滑稳定约束等三个方面，见文献 [2]。

## 九、求解方法

在拱坝优化过程中，不但坝体本身的几何形状在不断变化，而且坝轴线的位置也在不断

移动和转动，坝体应力分析又比较复杂。虽然设计变量数 23 个不算太多，但已经是一个比较复杂的几何优化问题。我们先后提出了按内力展示、两阶段优化和边界搜索等技巧，有效地实现了拱坝的优化设计，计算速度比较快。

1. 按内内展开

为了减少应力分析次数，在优化中要采用近似应力分析方法。开始阶段和文献［4～6］一样，我们也是把拱坝应力按 Talor 公式展开，但由于应力对设计变量的改变十分敏感，所以收敛比较慢，一般需迭代 12～15 次。后来考虑到内力的变化要平稳得多，改为按内力展开，即把坝内各控制点的内力作台劳展开，并忽略高阶项，得到

$$F_i(x) = F_i(x^k) + \sum_{j=1}^{n} \frac{\partial F_i(x^k)}{\partial x_j}(x_j - x_j^k) \tag{28}$$

式中：$F_i(x)$ 为第 $i$ 个内力（轴力、弯矩、扭矩等）；$k$ 为大迭代次数。$F_i(x)$ 可直接取为内力，也可以作一些变换。例如对于弯矩 $M_i$，取 $F_i = M_i/R^2$，效果更好一些。由于目前实际采用的拱坝应力分析方法（试载法和拱冠梁法）属于力法，而且优化过程中坝轴线位置也在不断变化，所以偏导数 $\partial F_i/\partial x_j$ 只能用差分法计算。

优化过程中，当设计点 $x$ 变化时，先由式（28）计算 $x$ 点内力，再用材料力学公式计算 $x$ 点应力 $\sigma$，所以 $\partial\sigma/\partial x$ 已是非线性的了。由于内力变化比较平稳，实际计算经验表明，按内力展开，只要迭代 2 次就收敛了，而且第一次迭代结果，误差已不到 1%。这里的所谓迭代一次是指计算一次式（28）右边的各系数。

2. 两阶段优化

目前实际采用的拱坝应力分析方法有两种，一种是简约法，如考虑扭转的拱冠梁法，另一种是精细方法，如试载法。对于中小型拱坝，应力分析用简约方法，把内力展开如式（28），迭代 2 次可求得最优解。对于大型拱坝，应力分析用精细方法，要用差分法求出式（28）右边的各系数，计算量还是太大。为了解决这个矛盾，我们采用了两阶段优化方法如下：

第一阶段优化　应力分析用简约方法，按内力展开如式（28），迭代 2 次得到近似最优解 $x^*$。

第二阶段优化　以 $x^*$ 作为初始点，内力按下式计算

$$F_i(x) = F_i(x^*) + \sum_{j\in p} \frac{\partial F_i(x^*)}{\partial x_j}(x_j - x_j^*) + \sum_{j\in Q} \frac{\partial F_i(x^*)}{\partial x_j}(x_j - x_j^*) \tag{29}$$

上式右边第一项 $F_i(x^*)$ 及第二大项中的偏导数 $\partial F_i/\partial x_j$ 用精细方法计算，第三大项中的偏导数用简约方法计算。

在这里，我们把设计变量分为 $P$、$Q$ 两大类，$P$ 类是对拱坝内力影响较大的变量，主要是与坝体厚度有关的一部分变量如五心拱坝的 $x_7$、$x_8$、$x_{19}$、$x_{22}$ 等。其余变量属于 $Q$ 类，对坝体内力影响较小。在第二阶段优化中，只对 $F_i(x^*)$ 和 $P$ 类变量的偏导数 $\partial F_i/\partial x_j$ 用精细方法计算，其余偏导数仍用简约应力分析方法计算。实际经验表明，由于考虑扭转的拱冠梁法已有相当好的计算精度，第一阶段优化得到的近似解 $x^*$ 与真解相差不会太多，所以第二阶段优化只要迭代一次就够了。如取 4 个 $P$ 类变量，共需 5 次精细应力分析，在目前的中型计算机上进行优化已无困难。

### 3. 边界搜索法

内力线性化后，应力约束是非线性的，线性规划已不能应用。我们先后用过罚函数法和复合形法，都能成功地实现拱坝的优化。最后，我们提出了下列边界搜索法，收敛更快一些[7]。

我们的问题是，求 $x$，使

$$\left.\begin{array}{l} C(x) = 极小 \\ g_j(x) \leqslant 1, j = 1, 2, \cdots, p \end{array}\right\} \tag{30}$$

约束：

这是一个约束极值问题。对于结构优化问题，可以证明，最优解一定落在约束曲面上[7]。因此，最优解是在最严约束曲面 $\Omega$ 上使目标函数取极小值的点。原问题等价于

求 $\bar{x}$，使 $\qquad C(\bar{x}) = 极小 \tag{31}$

式中：$\bar{x}$ 是最严约束曲面上的点。这是一个无约束极值问题，可用单纯形法求解。在最严约束曲面上给出 $n+1$ 个顶点，对各顶点的目标函数值进行比较，并进行反射、扩大、收缩等计算，产生一个新的更好的点，用以代替原来最坏的点。如此重复计算，逐步调向最优点。其计算过程与通常的单纯形法相似，此处从略。所不同的是，每得到一个新点，应进行一次回边计算，把它拉回最严约束边界上来。

下面说明如何进行回边计算。分析现行设计点 $x^\gamma$ 求出最严约束

$$G_m^\gamma = \max_j g_j(x) \tag{32}$$

再检验上下限约束，设违反上限约束的变量集合为 $U$，违反下限约束的变量集合是 $L$，剩下的不违反上下限约束的变量集合为 $T$。现在走一回边步，到达新点 $x^{\gamma+1}$，并要求新点位于最严约束边界上，即要求

$$G_m^{\gamma+1} = 1 \pm \varepsilon \tag{33}$$

其中 $\varepsilon$ 是允许误差，令

$$\Delta x_i = \alpha \frac{\partial G_m}{\partial x_i}$$

把 $G_m$ 作台劳展开，由式（33），可得到

$$\alpha = \left[ 1 - G_m^\gamma - \sum_{i \in U} \frac{\partial G_m}{\partial x_i}(\bar{x}_i - x_i^\gamma) - \sum_{i \in L} \frac{\partial G_m}{\partial x_i}(\underline{x}_i - x_i^\gamma) \right] \Big/ \sum_{i \in T} \left( \frac{\partial G_m}{\partial x_i} \right)^2 \tag{34}$$

对于新点 $x^{\gamma+1}$，应检查是否满足式（33），如不满足，重复计算 $\alpha$。

由于计算始终是沿着可行域边界进行的，故称之为边界搜索法。由于搜索范围从一个 $n$ 维设计空间减小到可行域边界，计算量可以减小。例如，对于一个坝高 120m 的双曲拱坝，用复形法优化，在水利水电科学研究院的 M160 计算机上，运算 4.9min。同一课题，用上述边界搜索法，只运算了 1.43min，计算加快了。

最后指出，由于拱坝应力分析比较费事，在求得一次内力展开式（28）或式（29）后，应充分利用这个式子，用罚函数法、复合形法、或边界搜索法一直算到底，求得近似最优解 $x^{k+1}$，完成一次大迭代。然后再在 $x^{k+1}$ 点求出新的内力展开式。由于内力对设计变量的变化不太敏感，所以通常大迭代 2 次就够了。

# 参 考 文 献

［1］朱伯芳，宋敬延．双曲拱坝的最优化设计．水利水电科学研究院，1979 年 5 月．又见 1980 年全国计算力学会议论文集．北京：北京大学出版社，1981．

［2］朱伯芳，黎展眉．双曲拱坝的优化．水利学报，1981，（2）．

［3］厉易生．非对称变厚度三心拱坝优化设计．研究生论文．水利水电科学研究院，1982，7．

［4］Sharpe R．The optimum design of arch dams．*Proc．Inst．Civ．Engin-eers*，Paper 7200s，Suppl．1969，1．

［5］Ricketts R E，Zienkiewicz OC．Optimization of concrete dams，*in Proc．Intern．Symp．on Numerical Analysis of Dams*，1975．

［6］Wassermann K．Shape optimization of arch dams．*Proc．of Intern．Conf．on Finite Element Methods*，Shanghai 1982．

［7］朱伯芳，黎展眉．结构优化设计的两个定理和一个新的解法．水利学报，1984，（10）．

# 结构优化设计的两个定理和一个新的解法❶

**摘　要：** 本文提出并证明了两个定理，对于结构优化问题来说，其最优解必定出现在可行域边界上，而不可能出现在可行域内部。因此在求解结构优化问题时，不必到可行域内部去搜索最优解，只要在可行域边界上搜索，于是把搜索范围从一个 $n$ 维空间减小到约束曲面上。基于这两个定理，本文提出了一个新的结构优化解法，把原来的约束极值问题转化为无约束极值问题，因而可用比较简单的无约束优化方法求解。计算实例表明，这个方法具有概念明确、方法简便、计算效率高等优点。

**关键词：** 结构优化；最优解；约束边界

## Two Theorems and a New Method of Solution for Structural Optimization

**Abstract:** Two theorems stating that the optimum design always lies on boundary of the feasible region have been proved in this paper. Hence, it is only necessary to search for the optimum design on the boundary of feasible region instead of within it's feasible region. In view of the above mentioned theorems, a new method of solution for structural optimization has been proposed. The simpler method for unconstrained optimization can be used to find the optimum design on the boundary of the feasible region. Experience shows that this method is clear in concept and effective in computation.

**Key words:** structural optimization, optimum design, boundary of restraint

## 一、前言

对于一个带约束的非线性规划问题，一般说来，最优解既可能出现在可行域边界上，也可能出现在可行域内部。以下述两个问题为例

【问题A】
$$V(x) = x_1^2 + x_2^2 = 极小 \\ x_1 + x_2 \geqslant 1 \qquad\qquad (A)$$
约束

最优解是 $x_1^* = x_2^* = 0.50, V(x^*) = 0.50$。最优解出现在可行域边界上，如图1（a）所示。

【问题B】
$$V(x) = x_1^2 + x_2^2 = 极小 \\ x_1 + x_2 \leqslant 1 \qquad\qquad (B)$$
约束

---

❶　原载《水利学报》1984 年第 10 期，由作者与黎展眉联名发表。

最优解为 $x_1^* = x_2^* = 0, V(x^*) = 0$。最优解出现在可行域内部，见图 1（b）。

对于结构优化问题来说，实际经验表明，最优解往往出现在可行域边界上。但是否必然如此，这个问题过去一直没有证明过。作者在下面将提出并证明两个定理，基于这两个定理，作者还提出了一个结构优化的新解法。

# 二、结构优化设计的两个定理

【定理一】对于由轴力单元、薄膜单元和受弯单元组成的结构，如存在最优解，则它必定出现在可行域边界上。

证明 设结构由 $n$ 个单元组成（图 2），其中有 $n_1$ 个轴力单元，$(n_2 - n_1)$ 个薄膜单元，$(n - n_2)$ 个受弯单元（梁单元）。对于轴力单元 $i$，取截面的面积 $x_i$ 作为设计变量，对于薄膜单元（如板梁结构的腹板），以设计变量 $x_i$ 代表薄膜的厚度，薄膜单元的面积为 $a_i$。对于受弯单元，以惯性矩为设计变量，假定单元截面的面积 $A_i$ 与惯性矩 $x_i$ 之间符合下列熟知的关系

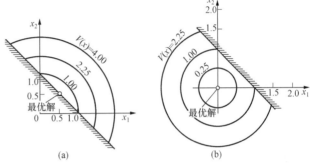

图 1 约束优化问题的最优解
（a）问题 A；（b）问题 B

$$A_i = cx_i^b \tag{1}$$

式中：$c$，$b$ 为常数，通常 $0 < b \leqslant 1$，对于某一种普通型钢，$c = 0.58$，$b = 0.50$。

今以结构体积为目标函数，结构优化设计问题可表示如下：

求 $x$，使

$$V(x) = \sum_{i=1}^{n_1} l_i x_i + \sum_{i=n_1+1}^{n_2} a_i x_i + \sum_{i=n_2+1}^{n} l_i c x_i^b = 极小 \tag{2}$$

约束条件
$$g_j(x) \leqslant 0, j = 1, \cdots, p \tag{3}$$

式（2）右端的第一、二、三项依次代表轴力单元、薄膜单元和受弯单元的体积；$l_i$ 为单元 $i$ 的长度。

最优解要么出现在可行域内部，要么出现在可行域边界上，二者必居其一。如果最优解出现在可行域内部，那么它是一个无约束极小点。在那里，目标函数的梯度必须等于零，今由式（2）求得目标函数的导数如下

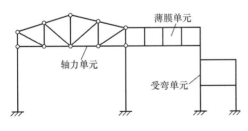

图 2 结构与单元

当 $i = 1, \cdots, n_1$ 时 $\qquad \partial V/\partial x_i = l_i \qquad$ (a)

当 $i = n_1 + 1, \cdots, n_2$ 时 $\qquad \partial V/\partial x_i = a_i \qquad$ (b)

当 $i = n_2 + 1, \cdots, n$ 时 $\qquad \partial V/\partial x_i = bcl_i/x_i^{1-b} \qquad$ (c)

轴力单元长度 $l_i$ 和薄膜单元面积 $a_i$ 都大于零，故由式（a）、式（b）两式可知，当

$i=1,\cdots,n_2$ 时有 $\partial V/\partial x_i>0$。对于受弯单元，通常 $0<b\leqslant1$，当 $b=1$ 时，$1-b=0$。由式（b），$\partial V/\partial x_i=bcl_i>0$，又当 $0<b<1$ 时，$1-b>0$，由式（c）可知，只有当 $x_i$ 趋于无穷远时，$\partial V/\partial x_i$ 才会等于零。但由式（2）可知，当设计点趋于无穷远时，目标函数将趋于无穷大，而不是取极小值，故对于 $i=n_2+1,\cdots,n$，当 $x$ 取有限值时，$\partial V/\partial x_i$ 也不等于零。因此，在可行域内部不可能出现 $V(x)$ 的极小点。从而证明了，如有最优解，只可能出现在可行域边界上，在那里 $V(x)$ 的梯度不必等于零，只要满足 Kuhn-Tucker 条件。证毕。

上述定理也可进一步归纳如下：

设结构优化问题可表示为：求 $x$，使

$$\left.\begin{array}{l}V(x)=\sum_{i=1}^{n}l_i x_i^{b_i}=极小\\[2mm]g_i(x)\leqslant0,j=1,\cdots,p\end{array}\right\}\tag{4}$$

约束条件

式中：$l_i$ 和 $b_i$ 均为常数，$l_i>0$。若 $0<b_i\leqslant1$，则此结构的最优解一定出现在约束边界上。

下面证明一个更加广泛的定理。

【定理二】 设有结构优化问题如下：求 $x$，使

$$V(x)=\sum_{i=1}^{m}\alpha_i x_1^{\beta_{i1}}x_2^{\beta_{i2}}\cdots x_n^{\beta_{in}}=极小\tag{5}$$

约束条件Ⅰ $$x_j\geqslant\varepsilon,j=1,\cdots,n\tag{6}$$

约束条件Ⅱ $$g_s(x)\leqslant0,s=1,\cdots,p\tag{7}$$

在式（5）中，$\alpha_i\geqslant0,\beta_{ij}\geqslant0$，在式（6）中，$\varepsilon>0$ 为无限小量。此问题若有最优解，它一定出现在约束边界上。

证一 由式（5）求偏导数，得到

$$\frac{\partial V}{\partial x_j}=\sum_{i=1}^{m}\alpha_i\beta_{ij}x_1^{\beta_{i1}}x_2^{\beta_{i2}}\cdots x_j^{\beta_{ij}-1}\cdots x_n^{\beta_{ni}}$$

式中 $\beta_{ij}$ 不可能全为零，否则目标函数将与 $x_j$ 无关。故由上式可知，当 $x_j$ 取有限值时，$\partial V/\partial x_j\neq0$。由此推知，在可行域内，$V(x)$ 不可能有无约束极小点。因此，如存在最优解，它必然出现在可行域边界上。

证二 先考虑式（5）、式（6）两式，它的唯一最优解是

$$x_1^*=x_2^*=\cdots=x_n^*=\varepsilon\tag{d}$$

再考虑约束条件Ⅱ即式（7），通常其中必然包括应力、位移等性态约束，由结构平衡方程

$$K\delta=P$$

可知，当设计变量 $x_j\to\varepsilon$ 时，结构刚度矩阵 $K\to0$，故位移 $\delta\to\infty$，从而应力 $\sigma\to\infty$。因此式（5）、式（6）两式的最优解（d）不能满足约束条件Ⅱ。从而证明了式（5）～式（7）三式如存在最优解，它只能出现在可行域边界上。

在物理概念上可如下解释：如不考虑性态约束，只考虑非负约束，目标函数（体积、重量或造价）将在原点取极小值。但在设计点从可行域内部趋近于原点的过程中，结构的应力

或位移等物理量将逐步增大，在达到原点以前，必然会碰到性态约束边界，故原点不可能是满足全部约束条件的最优解，最优解只能出现在约束边界上。

# 三、结构优化设计的一个新的解法——边界搜索法

现在以上述定理为基础，提出一个结构优化设计的新解法——边界搜索法。

设结构的目标函数（体积、重量或造价）为 $V(x)$，约束条件为 $g_j(x) \leqslant 0, j = 1, \cdots, p$，结构优化设计问题可表示为：求 $x$，使

$$V(x) = 极小 \tag{8}$$

约束条件：
$$g_j(x) \leqslant 0, j = 1, \cdots, p \tag{9}$$

这是一个约束极值问题。其可行域是一个 $n$ 维超空间。今设 $\Omega$ 是由约束条件 $g_j(\bar{x}) = 0$ 所定义的子空间，$\bar{x} \in \Omega, g_j(\bar{x}) = 0$。根据上节定理，最优解一定落在约束曲面上，另外，根据式（8），最优解应取极小值。因此，最优解必须位于子空间 $\Omega$ 上并使目标函数取极小值。所以，原问题等价于下列问题：求 $\bar{x}$，使

$$V(\bar{x}) = 极小 \tag{10}$$

其中 $\bar{x}$ 是约束曲面 $\Omega$ 上的点。这是一个无约束极值问题，故可用无约束优化方法求解。大家知道，无约束优化方法要比约束优化方法简单得多。

把原来的约束极值问题式（8）、式（9）变换成无约束极值问题式（10）以后，给我们带来两个明显的好处：第一，搜索范围从原来的 $n$ 维超空间压缩到可行域边界，大大减小了；第二，原问题要用的约束优化方法求解，现在可用无约束优化方法求解。求解方法简单。

现在说明如何用单纯形法求解无约束优化问题式（10）。基本思路是在约束曲面 $\Omega$ 上给出 $n+1$ 个顶点，对各顶点的目标函数值进行比较，舍去其中的最坏点，代之以较好的点，然后重复上述步骤，逐步调向最优点。

（一）计算步骤

（1）给出 $n+1$ 个点 $x_i$，这些点当然不会正好落在约束曲面上，因此需要进行回边计算（方法见后面），求得约束曲面上的点 $\bar{x_i}, i = 1, \cdots, n+1$。计算函数值

$$y_i = V(\bar{x_i}), i = 1, \cdots, n+1$$

（2）比较 $y_i$ 的大小，决定最坏点 $\bar{x}_H$，最好点 $\bar{x}_L$ 及次坏点 $\bar{x}_G$。计算除去最坏点 $\bar{x}_H$ 后，$n$ 个点的中心 $x_c$ 如下

$$x_c = \left( \sum_{i=1}^{n+1} \bar{x_i} - \bar{x}_H \right) \Big/ n \tag{11}$$

回边，得到 $\bar{x_c}$。

（3）反射：将 $\bar{x}_H$ 通过中心反射，按下式计算

$$x_{n+3} = \bar{x_c} + \alpha(\bar{x_c} - \bar{x}_H) \tag{12}$$

式中：$\alpha$ 是反射系数，$\alpha < 0$，回边，得 $\bar{x}_{n+3}$，计算 $y_{n+3} = V(\bar{x}_{n+3})$

（4）扩大：如果 $y_{n+3} \leqslant y_{L}$，将矢量 $\bar{x}_{n+3} - \bar{x}_{c}$ 按下列公式扩大

$$x_{n+4} = \bar{x}_{c} + \gamma(\bar{x}_{n+3} - \bar{x}_{c}) \tag{13}$$

其中 $\gamma > 1$ 是扩大系数。回边，得到 $\bar{x}_{n+4}$。如果 $y_{n+4} = V(\bar{x}_{n+4}) < y_{n+3}$ 用 $\bar{x}_{n+4}$ 代替 $\bar{x}_{H}$，转入第七步。否则，用 $\bar{x}_{n+3}$ 代替 $\bar{x}_{H}$，并转入第七步。

（5）收缩：如果 $y_{n+3} > y_{G}$，按下式计算

$$x_{n+5} = \bar{x}_{c} + \beta(\bar{x}_{H} - \bar{x}_{c}) \tag{14}$$

其中 $\beta$ 是收缩系数，$0 < \beta < 1$。回边，得到 $\bar{x}_{n+5}$，用 $\bar{x}_{n+5}$ 代替 $\bar{x}_{H}$，并转入第七步。

（6）缩边：如果 $y_{n+3} > y_{H}$，则所有边长都缩减一半，按下式计算

$$x_{i} = \bar{x}_{L} + (\bar{x}_{i} - \bar{x}_{L})/2, i = 1, \cdots, n+1 \tag{15}$$

回边，得到 $\bar{x}_{i}$，转入第七步。

（7）收敛判断：若

$$\left\{ \frac{1}{n+1} \sum_{i=1}^{n+1} [V(\bar{x}_{i}) - V(\bar{x}_{c})^{2}] \right\}^{1/2} \leqslant \varepsilon \tag{16}$$

则结束计算，输出成果。式中 $\varepsilon$ 是预先给定的小数。否则，转至第二步，重复计算。计算始终沿约束边界进行，故称为边界搜索法。计算框图见图3。

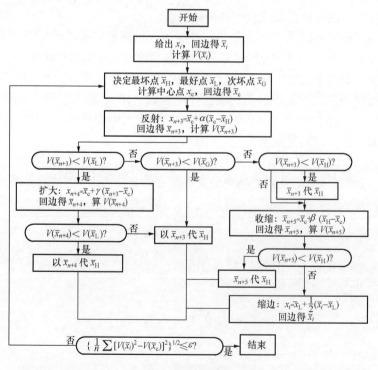

图3　计算框图

（二）回边计算

回边计算的目的是把设计点 $x$ 拉到约束边界 $g_{j}(\bar{x}) = 0$ 上来。

### 1. 杆件结构

杆件结构可利用射线步回边。分析现行设计点 $x^v$，其中上标 $v$ 代表迭代次数。计算各单元应力比 $r_i$ 及控制点 $j$ 的位移比 $s_j$

$$r_i = \sigma_i / \overline{\sigma}_i; \quad s_j = u_j / \overline{u}_j \tag{17}$$

式中：$\overline{\sigma}_i$ 为第 $i$ 杆的允许应力；$\overline{u}_j$ 为第 $j$ 点的允许变位。

从全部应力比和位移比中，求出最大响应比 $\eta$ 如下

$$\eta = \max_{i,j}(r_i, s_j) \tag{18}$$

修改设计，各单元采用新的设计变量如下

$$x_i^{v+1} = \eta x_i^v \tag{19}$$

经过上述修改后，新的设计点 $x^{v+1}$ 正好位于约束曲面上。如果结构由受弯单元组成，假定单元的断面模数 $Z$ 与惯性矩 $J$ 之间符合下列熟知的关系

$$Z = qJ^\lambda = qx^\lambda \tag{20}$$

对于某一种普通型钢，有 $Z = 0.58x^{0.75}$。忽略轴力影响，单元应力为 $\sigma = M/Z = M/qx^\lambda$，其中 $M$ 为弯矩，不难证明，为了把设计点拉回约束曲面，修改后各单元的设计变量应按下式计算

$$x_i^{v+1} = x_i^v \eta^{1/\lambda} \tag{21}$$

考虑轴力影响的受弯结构满应力设计可采用作者提出的浮动应力指数方法[2]。

### 2. 连续结构

连续结构的回边计算要复杂一些。我们先把约束条件规格化如下

$$
\begin{array}{lll}
\text{性态约束} & G_j(x) \leqslant 1 & \\
\text{上限约束} & x_i \leqslant U_i & \\
\text{下限约束} & x_i \geqslant L_i &
\end{array}
\right\} \tag{22}
$$

分析现行设计点 $x^v$，求出最严约束如下

$$G_m^v = \max_j G_j(x) \tag{23}$$

再检验上下限约束，设违反上限约束的单元集合为 $P$，违反下限约束的单元集合为 $Q$，剩下的不违反上下限约束的单元集合为 $R$。

现在我们走一回边步，到达新设计点 $x^{v+1}$，希望新点正好位于约束边界上，即要求

$$G_m^{v+1} = 1 \pm \varepsilon' \tag{24}$$

式中：$\varepsilon'$ 为事先给定的允许误差。

设各设计变量的增量 $\Delta x_i$ 正比于约束函数的导数，即令

$$\Delta x_i = k \cdot \partial G_m / \partial x_i \tag{25}$$

式中：$k$ 是一个待定常数。

把 $G_m$ 作台劳级数展开，忽略高阶项，有

$$G_m^{v+1} = G_m^v + \sum_{i \in R} k\left(\frac{\partial G_m}{\partial x_i}\right)^2 + \sum_{i \in P} \frac{\partial G_m}{\partial x_i}(U_i - x_i^v) + \sum_{i \in Q} \frac{\partial G_m}{\partial x_i}(L_i - x_i^v) = 1$$

由上式得到

$$k = \frac{1 - G_{\mathrm{m}}^{v} - \sum_{i \in P} \frac{\partial G_{\mathrm{m}}}{\partial x_i}\left(U_i - x_i^{v}\right) - \sum_{i \in Q} \frac{\partial G_{\mathrm{m}}}{\partial x_i}\left(L_i - x_i^{v}\right)}{\sum_{i \in R}\left(\frac{\partial G_{\mathrm{m}}}{\partial x_i}\right)^2} \tag{26}$$

由上式算出 $k$ 后，可由下式给出新的设计变量

$$x_i^{v+1} = x_i^{v} + k \cdot \partial G_{\mathrm{m}} / \partial x_i \tag{27}$$

　　为了加快计算速度，在优化过程中应采用近似应力分析方法，即在初始点 $x^0$，把应力或内力线性化，得到应力或内力的台劳展开式（忽略高阶项），用边界搜索法一直算到底，得到第一近似最优解 $x^1$，然后在 $x^1$ 点，再求出应力或内力的近似式，再用边界搜索法求得近似最优解 $x^2$，如此逐步逼近。在整个优化过程中包括大小两种迭代计算。求一次应力或内力的 Talor 展开式称为一次大迭代。对于每一次大迭代，利用边界搜索法走若干优化步可得到一个近似最优解，这里每一优化步，称为一次小迭代。

　　如采用应力线性化方法，由于约束函数本身线性化了，相对于近似的应力分析方法来说，由式（26）计算的 $k$ 是准确的，根据式（27），走一步就到达约束边界，所以每一优化步只要计算一次 $k$ 值。在拱坝优化设计中，作者首先提出并采用了内力线性化方法[3]，在算出近似的内力后，再用材料力学方法计算应力，这时应力是设计变量的非线性函数，由式（26）算出的 $k$ 是近似的，对新设计点应检验一下是否满足式（24），如不满足，可重复计算一次。所谓重复计算，是根据内力台劳展开式（已知）计算新设计点的内力，并用材料力学公式计算新设计点的应力梯度和约束梯度，从而由式（26）计算新的 $k$ 值，所以计算是很方便的。

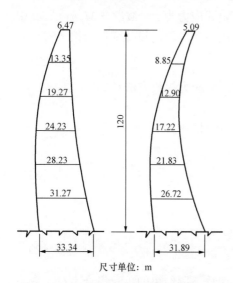

图4　双曲拱坝的优化（拱冠剖面）

尺寸单位：m

　　上述计算方法应用于杆件结构是十分方便的。

　　（三）算例

　　某双曲拱坝，坝高 120m（图4），河谷对称，河谷宽度 285m。拱冠剖面上游面曲线用下式表示

$$Z = -x_1(Y/H) + x_2(Y/H)^2 \tag{28}$$

式中：$Z$ 为顺水流方向的水平坐标；$Y$ 为铅直坐标；$H$ 为坝高；$x_1, x_2$ 是待定系数；其数值要在优化过程中选取。

　　水平方向采用等厚圆拱，在铅直方向坝体厚度是变化的，表示如下

$$t = x_3 + x_4(Y/H) + x_5(Y/H)^2 \tag{29}$$

　　水平拱圈中和轴的半径也是随高度而变化的，表示如下

$$r = x_6 - x_7(Y/H) + x_8(Y/H)^2 \tag{30}$$

　　由此可见，坝体形状决定于 8 个参数 $x_1 \sim x_8$，不断地改变这些参数，坝体的形状、造价、应力等也随之改变，$x_1 \sim x_8$ 就是本例的设计变量。以坝的体积作为目标函数，约束条件包括

最大压应力、最大拉应力、最小厚度、最小中心角和最大倒悬等。在这里，优化对象不仅有断面尺寸，还包括坝体几何形状。初始设计方案，坝的体积为 62.69×万 m³，用本文方法优化，在水利水电科学研究院 M160 计算机上，经 1.43min 运算得到最优方案。坝体剖面见图 4（b），坝的体积为 43.27 万 m³。同一课题，用常规的复形法求解，要运算 4.98min。可见本文方法的计算速度是比较快的。

# 四、结束语

（1）本文提出并证明了两个定理，结构优化设计的最优解只能出现在可行域边界上，这一特点对问题的求解具有重要指导意义。它告诉我们，在求解过程中不必到可行域内部去搜索最优解，只要在可行域边界上进行搜索。这就把搜索范围从一个 $n$ 维空间一下子压缩到可行域边界上，可以使计算量大为减少。

（2）本文提出的优化方法是在约束曲面上用单纯形法搜索最优解。这个方法具有概念明确、计算简单等优点。从文中算例来看，计算效率是较高的。

## 参 考 文 献

［1］Himmelbleu D M. Applied Nonlinear Programming. Mc Graw-Hill，1972.

［2］朱伯芳. 复杂结构满应力设计的浮动应力指数法. 固体力学学报，1984，（2）.

［3］朱伯芳，黎展眉. 双曲拱坝的优化. 水利学报，1981，（2）.

# 弹性支承圆拱的最优中心角[❶]

**摘　要：** 过去根据简单的圆箍理论，拱的最优中心角为 133.56°，本文提出了一套计算方法，可以求出弹性支承圆拱的最优中心角，计算中可以考虑弯矩、轴力、基础变形、水压力、温度荷载及基础抗滑稳定条件。计算结果表明，如果只考虑应力条件，最优中心角仍为 135°～140°，如果同时考虑应力和稳定条件，则中心角为稳定条件所控制，其数值与基础参数有关，通常远小于 135°～140°。因此，弹性支承圆拱的最优中心角是基础抗滑稳定条件所允许的最大中心角。

**关键词：** 最优中心角；弹性支承；圆拱

## The Optimum Central Angle of Elastically Supported Circular Arch

**Abstract:** On the basis of the theory of circular hoop，the optimum central angle of circular arch is 133.56°. A method is proposed in this paper for determing the optimum central angle of the elastically supported circular arch. The results of computation show that the optimum central angle is still 135°～140° if only the allowable stress is considered，but the optimum central angle will be the maximum central angle controlled by the condition of sliding stability if both the allowable stress and the sliding stability are considered and generally the value is less than 135°.

**Key words:** optimum central angle, elastical support, circular arch

## 一、问题的提出

在拱坝设计中，拱圈中心角是十分重要的参数。在坝工设计文献中，常常提到拱圈的最优中心角为 133.56°，这是根据简单的圆箍理论得到的。假定拱圈是一简单的圆箍，不考虑弯矩，只考虑轴力，应力为 $\sigma = pr/t$（式中：$p$ 为水压力；$r$ 为拱中心轴半径；$t$ 为拱的厚度）。设允许应力为 $[\sigma]$，令 $\sigma = [\sigma]$，得到拱的厚度为 $t = pr/[\sigma]$。设拱的跨度为 $2L$，半中心角为 $\phi$，则 $r = L/\sin\phi$。由此可知，单位高度拱圈的体积为

$$2V = 2rt\phi = \frac{2pL^2}{[\sigma]}\frac{\phi}{\sin^2\phi} \tag{1}$$

由式（1）可知，对于不同的中心角 $2\phi$，拱圈将有不同的体积。根据极值条件

---

❶　原载《水利水电技术》1986 年第 12 期，由作者与谢钊联名发表。

$$\frac{\partial V}{\partial \phi} = 0 \qquad\qquad (2)$$

便可得到拱的最优中心角为

$$2\phi = 133.56°$$

由上述推导，如果拱坝的中心角取为 133.56°，则拱坝的体积达到最小值。但在前述推导中忽略了许多重要因素：①忽略了基础变形；②在应力计算中只考虑了轴力，忽略了弯矩；③在荷载中，只考虑了水压力，忽略了温度；④忽略了坝肩稳定条件。很自然地，人们会提出这么一个问题，在考虑上述各因素以后，拱的最优中心角等于多少？本文将解决这个问题。

下面我们将研究如图 1 所示的岩基上弹性圆拱的最优中心角。先研究单独由应力条件决定的最优中心角，然后研究由应力条件和稳定条件共同决定的最优中心角。

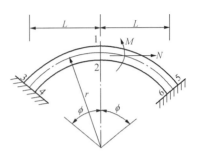

图 1  岩基上的弹性圆拱

## 二、由应力条件决定的最优中心角

考虑图 1 所示岩基上的弹性圆拱，半径为 $r$，厚度为 $t$，中心角为 $2\phi$。计算中采用如下基本假定：①应力按弹性拱计算；②基础变形按常用的伏格特公式计算；③荷载除水压力 $p$ 外，还有温度变化，可按文献［2］方法计算，初步计算中也可按经验公式计算。

在前面按圆箍理论计算时，由于应力公式特别简单，在给出允许应力 $[\sigma]$ 后，可直接得到拱的厚度 $t = pr/[\sigma]$，从而可由极值条件式（2）求出最优中心角。在目前情况下，应力公式很复杂，而且有的部位由允许拉应力控制，有的部位由允许压应力控制。利用极值条件直接求出最优中心角实际上是不可能的。利用通常的数值方法也不可能求出最优中心角，因为任意给定一个厚度 $t$ 和中心角 $2\phi$，拱的应力不会正好等于允许应力，不是大了就是小了。利用非线性规划可以求出结果，但计算量很大，要编制较复杂的计算程序利用电子计算机求解。下面笔者给出一套有效的计算方法，其计算量不大，通过手算就可求出拱的最优中心角。

弹性拱的最优中心角应满足如下两个条件：①材料强度必须得到充分利用，因此拱内至少应有一个控制点的应力达到允许应力（拉或压）；②混凝土体积最小。

根据上述两个条件，我们可以提出如下计算方法：给出 $n$ 个中心角 $2\phi_i (i = 1 \sim n)$，利用条件①决定拱的厚度 $t_i$，并算出相应的体积 $2V_i$，从 $V - \phi$ 曲线求得体积最小的中心角，即为由应力条件决定的最优中心角 $2\phi$。在上述计算中，最关键的一步是如何根据允许应力决定拱的厚度 $t_i$。

具体计算方法和步骤如下：

（1）给定 $\phi_i, i = 1 \sim n$。

（2）计算半径 $r_i = L/\sin\phi_i$，并由下式给出初始拱厚

$$t_i = \beta p r_i / [\sigma] \qquad\qquad (3)$$

式中 $\beta = 1.1 \sim 1.4$ 是一个经验系数，通常可取 $\beta = 1.3$。

（3）由文献［2］方法计算温度变化，由文献［3、4］查表，计算拱冠和拱座的轴力 $N$ 和弯矩 $M$。

（4）令拱内各控制点 1～6 的应力等于相应的允许压应力或允许拉应力，按平截面假定得到

$$-\frac{N}{t} \pm \frac{6M}{t^2} = [\sigma] \tag{4}$$

式中允许应力 $[\sigma]$ 以拉应力为正，压应力为负。

由式（4）得到拱的允许厚度为

$$t = (-b \pm \sqrt{b^2 - 4ac})/2a \tag{5}$$

其中 $a = [\sigma]$，$b = N$，$c = 6M$（上游面）或 $c = -6M$（下游面）。$t$ 的解有两个，取其较大者。对应于图 1 中的控制点 1～4（不对称拱为 1～6），由式（5）可求出 4 个允许厚度，取其中最大的一个作为拱的允许厚度，于是拱内至少有一个控制点的应力达到允许应力。

（5）厚度改变后，拱内力也有一定变化。为此，采用迭代算法，根据上面求出的拱的厚度，重复第（3）、（4）两步计算。这种迭代计算收敛很快，一般重复一两次就可以了。由此得到对应于 $\phi_i$ 的拱的允许厚度 $t_i$，及拱的体积 $2V_i = 2r_i t_i \phi_i$。

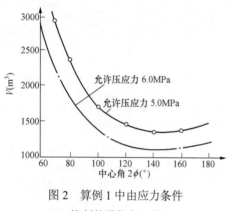

图 2　算例 1 中由应力条件
控制的最优中心角

（6）由 $V-\phi$ 曲线的最低点，便得到由应力条件控制的拱的最优中心角。

【**算例 1**】拱跨度 $2L$=292m，水荷载 $P$=200kPa，温降按经验公式 $T_m = -57.24/(t+2.44)$ 计算，允许拉应力 $[\sigma_+]$=1.50MPa，考虑两种允许压应力：$[\sigma_-]$=−5.0MPa 及 $[\sigma_-]$=−6.0MPa。基础与混凝土具有相同的弹性模量。

用本节方法计算，结果见图 2。由此图可见，对于本算例，在考虑水压力、温降、基础变形等各种因素后，对于两种不同的允许应力，拱的最优中心角都在 140° 左右。

## 三、由应力条件和稳定条件共同决定的最优中心角

在实际工程中，除了应力条件外，坝肩稳定条件也是一个重要因素。因此，拱的最优中心角应满足下列三个条件：

（1）材料的允许应力得到充分利用。

（2）坝肩抗滑稳定系数 $K$ 不低于允许值 $[K]$，即

$$K \geqslant [K] \tag{6}$$

（3）混凝土体积最少。

现把上节提出的方法扩充，以计算满足上述三个条件的最优中心角。其计算方法如下：

按上节方法，求出满应力拱的 $V-\phi$ 曲线后，对于每一中心角 $\phi_i$，计算出坝肩稳定系数 $K_i$。如左右两边不对称（几何不对称或力学不对称），应取其中较小的一个稳定系数。然后画出 $K-\phi$ 曲线。由 $K-\phi$ 曲线与 $K = [K]$ 直线的交点，即得到同时满足应力条件和稳定条件的最优中心角。稳定系数的计算方法见文献 [4]，此处从略。

**【算例 2】**基本资料与算例 1 相同。允许拉应力 $[\sigma_+] = 1.5\mathrm{MPa}$，允许压应力 $[\sigma_-] = -5.0\mathrm{MPa}$，两边对称。基岩滑动面与拱参考轴的夹角 $\theta = 10°$ （图 3）。滑动面上摩擦系数 $f = 0.80$，黏着力 $c = 0$。允许最小稳定系数为 $[K] = 1.20$。试求此拱的最优中心角。

先用本文第二节方法求出满应力弹性拱的 $V - \phi$ 曲线，再计算出 $K - \phi$ 曲线，如图 4 所示。由此图可知，在目前情况下，$K - \phi$ 曲线与直线 $K = 1.20$ 的交点在 $2\phi = 87.6°$。当拱中心角大于 $87.6°$ 时，不满足坝基抗滑稳定条件；当拱中心角小于 $87.6°$ 时，混凝土体积增加。因此同时满足允许应力、抗滑稳定条件而且体积最小的中心角为 $87.6°$。

对于本算例来说，如单独考虑应力条件，最优中心角为 $140°$，但如同时考虑应力条件和稳定条件，最优中心角减为 $87.6°$。可见基础抗滑稳定条件对最优中心角起了控制作用。

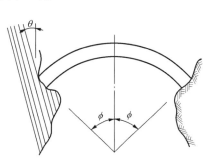

图 3 两端对称拱平面示意

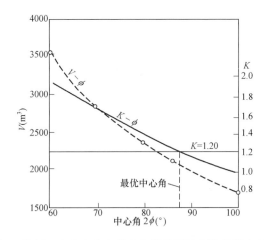

图 4 算例 2 中由应力和稳定条件共同控制的最优中心角

# 四、结束语

过去根据简单的圆筒理论，拱的最优中心角为 $133.56°$。由于它只考虑了轴力，没有考虑弯矩，也没有考虑基础变形、温度荷载和稳定条件，计算条件与实际情况相差较远。

利用本文提出的方法，可以求出弹性拱的最优中心角。计算中考虑了弯矩、轴力、基础变形、水压力、温度荷载和基础抗滑稳定条件。从本文算例看来，在水压力和温降作用下，如果只考虑应力条件，最优心角为 $140°$。如果同时考虑应力条件和稳定条件，最优中心角实际上决定于抗滑稳定条件，为 $87.6°$。当然具体数值，与基础参数有关，但远小于 $140°$。

总之，弹性支承圆拱的最优中心角是基础抗滑稳定条件所允许的最大中心角。

本文提出的计算方法和计算结果，对于拱坝设计是有意义的。

## 参 考 文 献

［1］Creager W P Justin J D．Hinds J．Engineering for Dams．1944．

［2］朱伯芳．论拱坝的温度荷载．水力发电，1984，（2）．

［3］黎展眉．拱坝．北京：水利电力出版社，1982．

［4］USBR．Treatise on Dams，Chap.10．

［5］朱伯芳，黎展眉．拱坝的满应力设计．见：水利水电科学研究院科学研究论文集第9集．北京：水利电力出版社，1982．

# 结构优化设计中应力重分析的内力展开法❶

**摘　要：** 在大型结构的优化设计中，绝大部分计算时间是用于结构的应力重分析。本文提出内力展开法，它比目前采用的应力展开法更加有效。计算经验表明，采用本文提出的内力展开法，只需 2～5 次迭代，而采用应力展开法，需要 12～20 次迭代。

**关键词：** 结构优化；应力重分析；内力展开法

## Internal Force Expansion Method for Stress Reanalysis in Structural Optimization

**Abstract:** In the optimum design of large structures, the greater part of the computation time is consumed in stress reanalysis. The internal force expansion method is proposed to reduce the computation time. It is more efficient than the well known stress expansion method. Experience shows that only 2～3 iteration cycles are required when this method is applied in structural optimization.

**Key words:** structural optimization, stress reanalysis, internal force expansion method

## 一、计算原理

在结构优化设计中，应力约束是最重要的约束条件。由于应力通常是设计变量的非线性隐函数，为了计算约束条件，在每一设计点（设计方案）都需要进行一次应力分析，这是非常费事的。为了减少结构优化过程中精确应力分析的次数，L.A.Schmit 提出了应力展开法如下 [1]

$$\sigma(x) = \sigma\left(x^k\right) + \sum_{j=1}^{n} \frac{\partial \sigma}{\partial x_j}\left(x_j - x_j^k\right) \tag{1}$$

式中：$x_j$ 为设计变量。由于应力 $\sigma(x)$ 与设计变量 $x$ 之间的关系是高度非线性的，采用应力展开法进行结构优化，通常需要 12～20 次迭代，即需要进行 12～20 次应力敏度分析。

图 1 表示一钢架，当杆件 2 的惯性矩 $I_2$ 变化时，$C$ 点弯矩 $M_C$ 也随之而变化，但 $M_C$ 与 $I_2$ 的关系接近于线性。这表明在结构优化过程中，当设计变量改变时，内力与设计变量之间的关系比较平缓而且接近于线性。考虑到这一事实，笔者建议将结构中控制点的内力用设计

---

❶　原载 Communications in Applied Numerical Methods，VOl．7，PP．295-298，1991 及《计算结构力学及应用》1984 年第 3 期。

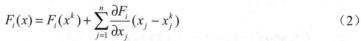

变量的一阶台劳级数代表如下

$$F_i(x) = F_i(x^k) + \sum_{j=1}^{n} \frac{\partial F_i}{\partial x_j}(x_j - x_j^k) \tag{2}$$

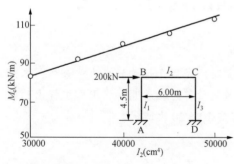

图1　$M_c$ 与 $I_2$ 之间的关系

式中：$F_i(x)$ 为第 $i$ 个内力（轴向力、弯矩、扭矩等）；$x_j$ 为设计变量；$k$ 为迭代次数。在优化过程中，在任一新的设计点 $x$，结构的内力由式（2）计算，而应力按材料力学公式计算。例如，杆件的正应力可由下式计算

$$\sigma = N/A + M_x/Z_x + M_y/Z_y \tag{3}$$

式中：$N$ 为轴向力；$A$ 为截面积；$M_x$ 为 $x$ 方向弯矩；$M_y$ 为 $y$ 方向弯矩；$Z_x$ 为 $x$ 方向断面模量；$Z_y$ 为 $y$ 方向断面模量。

由于内力展开式（2）的精度较高，所以由式（3）算得的应力的精度高于应力展开式（1）的精度。这就是笔者方法的收敛速度高于 Schmit 方法的关键所在。

计算步骤如下：第1步，给出初始设计方案 $x^0$（$x^0$ 不必是可行的），$x^0$ 邻域的内力用式（2）表示。用非线性规划方法搜索最优点，在搜索过程中，在任一新点 $x$，由式（2）计算内力，再由式（3）计算应力。设第1次求得的最优点为 $x^1$，由于式（2）是近似的，所以 $x^1$ 也是近似的。

第2步，在 $x^1$ 的邻域再用新的一阶台劳公式表示内力，搜索第2次最优点 $x^2$。

重复上述步骤，直至前后两次求得的最优解 $x^k$ 和 $x^{k+1}$ 充分接近为止。

经验表明，由于内力展开式（2）的精度很高，一般迭代2～4次即可收敛。收敛速度高于现有其他方法的速度。

下面说明如何计算式（2）中的内力敏度 $\partial F/\partial x_j$，内力 $\boldsymbol{F}$ 由下式给出

$$\boldsymbol{F} = k^e \boldsymbol{\delta} \tag{4}$$

式中：$k^e$ 为结构的单元刚度矩阵；$\boldsymbol{\delta}$ 为位移列阵。对上式两边取偏微分，得到

$$\frac{\partial \boldsymbol{F}}{\partial x_j} = k^e \frac{\partial \boldsymbol{\delta}}{\partial x_j} + \frac{\partial k^e}{\partial x_j} \boldsymbol{\delta} \tag{5}$$

结构的整体平衡方程为

$$\boldsymbol{K}\boldsymbol{\delta} = \boldsymbol{P} \tag{6}$$

式中：$\boldsymbol{K}$ 为结构的整体刚度矩阵；$\boldsymbol{P}$ 为荷载列阵。对式（6）两边取偏微商，整理后得到

$$\frac{\partial \boldsymbol{\delta}}{\partial x_j} = \boldsymbol{K}^{-1}\left(\frac{\partial \boldsymbol{P}}{\partial x_j} - \frac{\partial \boldsymbol{K}}{\partial x_j}\boldsymbol{\delta}\right) \tag{7}$$

由上式求得 $\partial \boldsymbol{\delta}/\partial x_j$，代入式（5），即得到内力敏度 $\partial \boldsymbol{F}/\partial x_j$。

## 二、算例

用非线性规划方法求图2所示双曲拱坝的最优体形。在优化过程中采用了两种应力重分析方法。采用 Schmit 应力展开法，需迭代 12～15 次。采用笔者的内力展开法，一般只需迭

代 2～4 次，而且第 1 次迭代结果的误差往往已在 1%以内，收敛过程如图 3 所示。

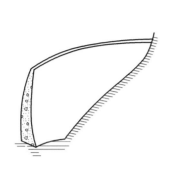

图 2　双曲拱坝

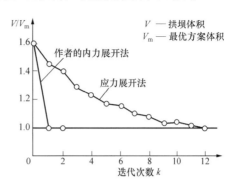

图 3　双曲拱坝体形优化的收敛速度

# 三、结束语

为了减少优化过程中应力重分析的计算时间，目前已提出过一些方法[1~4]，应力展开法已得到广泛应用。笔者提出的内力展开法较现有的其他各种方法更加有效，经验表明，通常只需 2～4 次迭代，可大量减少计算时间。这个方法是笔者在 1981 年为拱坝优化而提出的，在中国水利界已得到广泛应用，但它是一个通用的方法，对其他杆、板、壳等结构，均能应用，故以此文再作介绍。

## 参 考 文 献

［1］Schmit L A and Miura H. A new structural analysis/synthesis capability-ACCESSl. AIAAJ.，V. 14，1976.

［2］Arora J S. Survey of Structural reanalysis techniques. J. struct. Div.ASCE，ST4，1976.

［3］Morris A J. Foundations of Structural Optimization: A Unified Approach．Wiley，1982.

［4］Kirsch U. Optimum Structural Design．Mc Graw—Hill，1981.

［5］朱伯芳，黎展眉．双曲拱坝的优化．水利学报，1981，（2）.

［6］朱伯芳，黎展眉，张壁城．结构优化设计原理与应用．北京：水利电力出版社，1984.

# 拱坝体形优化的数学模型[❶]

**摘 要**：本文总结了作者把拱坝优化这一新技术成功地应用于实际工程的经验。以前，拱坝优化的研究工作虽较活跃，但一直未能应用于实际工程，其原因主要是由于数学模型未能实用化。作者建立了拱坝优化的合理而实用的数学模型，包括6种实用的几何模型以及与拱坝设计规范完全协调的约束函数，并大力在水利水电系统中推广。使拱坝优化成功地应用于近30个实际工程，其中包括高度超过250m的2个设计中的最高拱坝，取得了巨大的经济效益和社会效益。完全用优化方法设计的瑞洋拱坝已竣工蓄水3年多，运行正常。

**关键词**：拱坝；体形优化；数学模型

# Mathematical Models for Shape Optimization of Arch Dams

**Abstract:** Some experiences are summed up in this paper to show how to apply the methods of shape optimization to practical arch dams. The key to the settlement of the question lies in the rationality and practicality of the mathematical model including the geometrical model and the functions of constraint. Six types of practical geometrical models for arch dams are introduced. Meanwhile，the authors define the functions of constraint which satisfy all demands of design specifications. Methods of optimization have been used by the authors to determine the shapes of about 30 practical arch dams，including two dams with heights over 250m. Ruiyang Arch Dam，designed by optimization method，was completed 3 year ago and has performed successfully since then.

**Key words:** arch dam, shape optimization, mathematical model

## 一、几点经验

拱坝优化是利用数学规划方法求出给定条件下拱坝的最优体形，这是近20年发展起来的一项新技术。国外不少国家，如英国、德国、前苏联和葡萄牙等都在进行拱坝优化的研究。但据了解，国外迄今尚未应用于实际工程。求解方法都是序列线性规划，迭代次数较多。本文第一作者自1976年起，开始进行拱坝优化的研究。由于特别重视工程应用，迄今为止，已应用于近30个实际工程，平均节省工程量20%，并已成功地应用于250m特高拱坝的设计，我

---

❶ 原载 Journal of Structural Engineering，Vol.118，No.11，ASCE，Nov.，1992 及《水利学报》1992 年第 3 期，由作者与贾金生、饶斌、厉易生联名发表。

们在数学模型、求解方法和工程应用等方面[1~12]，都有自己的特点，并领先于国外。已于 1988 年获国家科技进步二等奖。

总结 10 多年来所走过的道路，作者认为下面几点经验是值得注意的。

（一）应特别重视工程应用

鉴于拱坝优化是拱坝设计工作的一部分，与设计工作有着密切的联系，我们特别重视工程应用，并认为：第一，只有在工程中能实际应用，才表明我们的研究成果确实是有用的；第二，通过工程应用，取得了经济效益和社会效益，才能引起人们的重视，有利于推广；第三，在应用过程中可以不断发现问题，从而不断改进和完善我们的数学模型。工程上能否应用，关键在于数学模型，我们一直非常重视数学模型的合理性和实用性。

由于拱坝优化是一项新技术，开始阶段人们对它难免有些疑虑。所以我们采取了由小型、到中型、到大型，逐步推广的方针。这一方针是成功的，目前已应用于 30 个实际工程，平均节省工程量 20%，并已应用于 200m 以上的高拱坝。

（二）构造实用的几何模型

经验表明，正确构造拱坝优化的几何模型是十分重要的。几何模型一方面必须符合拱坝的受力状态，以便于充分发挥结构潜力、节约投资；另一方面，又必须便于施工，不能过于复杂，否则，从数学上看颇为优美，但实际工程难以采纳。

我们提出了一套拱坝优化几何模型的实用构造方法，它与人工设计的方法相近，所不同的只是用优化方法选择体形参数，因而易为设计人员所接受。考虑到拱坝优化是一项新技术，开始阶段应用于中小工程的可能性较大，所以我们开始采用单心圆和三心圆，首先在一批实际工程中应用成功。然后，采用抛物线、双曲线、椭圆和对数螺线等较复杂的线型。

（三）约束条件全面满足设计规范

约束条件必须全面满足现行设计规范的要求。有一些技术要求规范中虽未提出，但实际工程上提出来了，在约束条件中也必须包括进去。国外有的文献，在设计荷载中只有水压和自重 2 项，温度、淤砂、施工应力等都未包括，这样求得的体形显然无法满足实际工程的需要。

（四）建立约束函数的高精度近似显式

拱坝优化过程中，通常要对上千个方案进行分析，大部分计算时间都用于应力重分析。应力重分析方法对优化的计算效率具有决定性的影响，我们提出了内力展开法，一般只要迭代 2~3 次即收敛，计算效率比国外方法高得多。我们还提出了抗滑稳定系数的线性展开方法。

本文仅提供拱坝优化的数学模型，求解方法将另文阐述。

# 二、几何模型

Zienkiewicz 等曾建议用下列方式描述拱坝几何形状[11]

坝体中面 
$$y_{\text{mid}} = b_1 x + b_2 x^2 + b_3 x^2 z - b_4 z + b_5 z^2$$

坝体厚度 
$$t = b_6 + b_7 x^2 z + b_8 z$$

式中：$b_1$，$b_2$，$\cdots$，$b_8$ 为设计变量。

上述模型的优点是比较简洁，也基本上反映了拱坝的工作特点，但它有两个重要缺点：

一是水平剖面拱轴线的变化范围较小，对数螺线等曲线无法包括进去；二是与当前实际工程中采用几何模型相差较远，不易为设计人员所接受。

考虑到几何模型既要能反映拱坝的工作状态，又要有利于推广。从 70 年代末开始，我们提出如下的几何模型构造方法：①把水平和铅直 2 个平面内的几何形态的变化分开描述。②水平面内拱轴线采用人们熟知的线型：单心圆、多心圆、抛物线、椭圆、对数螺线和双曲线等。这些曲线的参数沿高度的变化用多项式描述。③铅直面内，轴线和厚度的变化也用多项式描述。

我们建议的这种拱坝几何模型构造方法与人工设计相近，所不同的只是用优化方法选择曲线参数，因而易为设计人员所接受。目前这类几何模型已是拱坝优化的主流。下面说明我们采用的几何模型。

坝体上游面可以是单曲的，也可以是双曲的。水平轴线可以是以下 6 种之一：单心圆、多心圆、抛物线、双曲线、椭圆和对数螺线。坝轴在一定范围内可以平移和转动。坝的几何形状完全取决于一组变量 $X_1$、$X_2$、$X_3$、$\cdots$、$X_n$，称为设计变量。

（一）河谷形状

河谷形状是任意的，沿高程分为 7 层，两岸利用岩石的等高线各用 7 条折线代替。如不优化坝轴线位置，则各用 7 条直线代替。

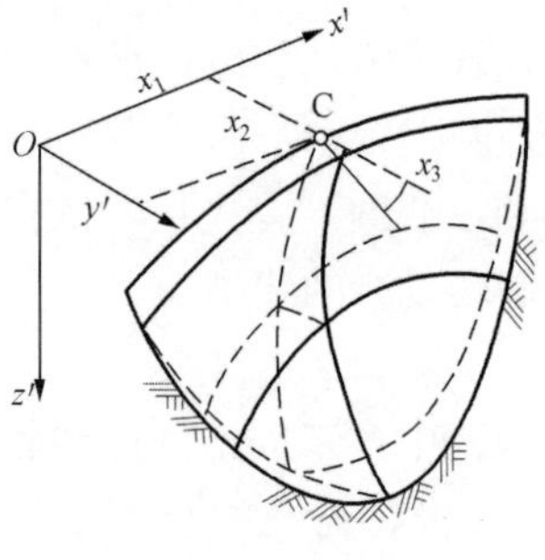

图 1 拱坝

（二）坝轴线位置

如图 1，C 是拱冠梁顶点，C 点的水平坐标为 $x' = X_1, y' = X_2$，式中 $x'$、$y'$ 为整体坐标。拱冠梁平面与 $y'oz'$ 平面的夹角为 $X_3$。$X_1$、$X_2$、$X_3$ 是决定坝轴线位置的 3 个设计变量。在优化过程中，当它们不断变化时，坝轴线即不断移动和转动，以寻找最有利的位置。

（三）设计参数与设计变量

为了决定坝的几何形状，首先决定中央铅直剖面的形状，然后决定各水平剖面的形状。为了决定这些铅直和水平剖面的形状，可采用下列 3 种方法之一：①决定上游面边界及下游面边界；②决定上游面边界及剖面的厚度；③决定剖面中心线及剖面厚度。

决定剖面形状的参数称为设计参数。例如，如果采用上述第 3 种方法决定中央铅直剖面的形状，那么剖面中心线及剖面厚度就是设计参数。

设计参数 $f$ 随铅直坐标 $z$ 而变化，可用多项式表示如下

$$f = k_0 + k_1 z + k_2 z^2 + \cdots + k_m z^m \tag{1}$$

设计参数 $f$ 的值决定于 $m+1$ 个系数 $k_0$、$k_1$、$\cdots$、$k_m$。可以直接把这 $m+1$ 系数作为设计变量，但更方便的办法是取 $m+1$ 个不同高程的设计参数 $f_0$、$f_1$、$f_2$、$\cdots$、$f_m$ 作为设计变量，即令

$$X_i = f_0, X_{i+1} = f_1, X_{i+2} = f_2, \cdots, X_{i+n} = f_n = f(z_n)$$

经过一些换算，式（1）中的系数 $k_i$ 可用设计变量 $X_i$ 至 $X_{i+n}$ 表示。

对于全坝而言，共有 $n$ 个设计变量：$X_1$、$X_2$、$\cdots$、$X_n$，其中前 3 个设计变量 $X_1$、$X_2$、$X_3$ 表示坝轴线位置，$X_4$、$X_5$、$\cdots$、$X_n$ 决定坝体几何形状。

不同的设计参数 $f$ 可用不用阶次的多项式表示。如果第 $i$ 个设计参数用 $m_i$ 次多项式表示，

则设计变量总个数为

$$n = 2 + \sum (m_i + 1)$$

（四）中央铅直剖面形状

（1）单曲拱坝（图 2）。上游面是一条直线，通常是铅直的，只要用 $m+1$ 个设计变量描述厚度的变化。

（2）双曲拱坝 [图 3（a）]。用 $m$ 个设计变量决定上游面曲线或中心线的形状（因顶点位置已知，少一个变量），再用 $m+1$ 个设计变量决定剖面厚度 $T_C$ 的变化。

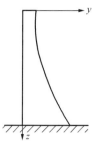

图 2　单曲拱坝

（五）坝体水平剖面的形状

拱坝水平剖面可以是以下 6 种型式之一：

1. 单心圆拱坝

水平剖面是等厚度的单心圆拱圈，其形状决定于 2 个设计参数：上游面半径 $R_u$ 和拱厚度 $T_C$，分别用 2 个多项式表示。

2. 多心圆拱坝

水平剖面可有 2～5 个圆心。图 3（b）表示一个五心圆拱，分为 3 段：中拱等厚，厚度为 $T_C$，上游面半径为 $R_{UC}$；两个边拱是变厚的。右边拱的上下游面半径分别为 $R_{UR}$、$R_{DR}$，左边拱的上下游面半径为 $R_{UL}$、$R_{DL}$；中拱的左右半中心角为 $\phi_{CL}$、$\phi_{CR}$。由图 3（b）可看出：$R_{DC} = R_{UC} - T_C, R_{UC} = R_{UC} + \overline{O_1O_3}, R_{DR} = R_{UR} - T_C - \overline{O_2O_3}, \cdots$，水平剖面形状完全取决于 $R_{UC}$、$T_C$、$\overline{O_1O_3}$，$\overline{O_2O_3}$，$\overline{O_1O_5}$，$\overline{O_4O_5}$，$\phi_{CR}$ 及 $\phi_{CL}$。通常 $\phi_{CR}$ 和 $\phi_{CL}$ 用线性式表示，其余各设计参数用 $m$ 次多项式表示，$n = 11 + 7m$。上述五心圆拱坝可以退化成二至四心圆拱坝，例如，令 $\overline{O_2O_3} = \overline{O_4O_5} = 0$，即得到三心圆拱坝，水面剖面为 3 段等厚不等半径的拱圈。如今 $\phi_{CR} = \phi_{CL} = 0$，则得到四心圆拱坝，水平剖面为两边不对称的变厚度不等半径拱圈，适用于不对称河谷。

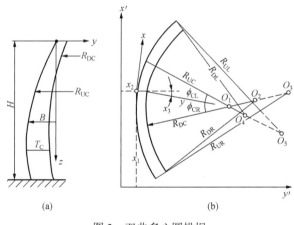

(a) (b)

图 3　双曲多心圆拱坝

3. 抛物线拱坝

如图 4（a）所示，左右两边的拱轴线用 2 支抛物线表示如下：

右半拱　　$y = B + x^2/(2R_R)$

左半拱　　$y = B + x^2/(2R_L)$ 　　（2）

式中：$B$ 为拱冠的 $y$ 坐标；$R_R$ 和 $R_L$ 分别为右半拱和左半拱在 $x=0$ 处的曲率半径。

水平剖面的厚度表示如下：

$$\left. \begin{array}{l} \text{右半拱}\quad T(s) = T_C + (T_{AR} - T_C)(s/s_{AR})^2 \\ \text{左半拱}\quad T(s) = T_C + (T_{AL} - T_C)(s/s_{AL})^2 \end{array} \right\} \qquad (3)$$

式中：$s$ 为弧长；$T_C$、$T_{AR}$、$T_{AL}$ 分别为拱冠、右拱座、左拱座的厚度。

$B$，$T_C$，$R_R$，$R_L$，$T_{AR}$，$T_{AL}$ 是决定抛物线拱坝体形的设计参数，如果它们全部用 $m$ 次，

多项式表示，则设计变量总数为 $n=8+6m$ 。

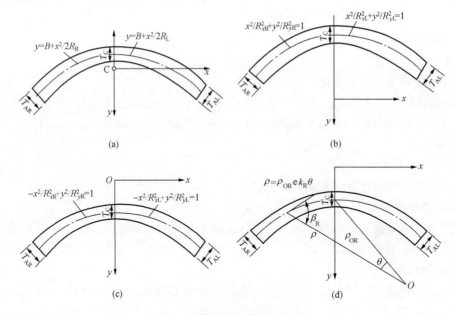

图 4　非圆形拱坝的水平剖面

（a）抛物线拱坝；（b）椭圆拱坝；（c）双曲线拱坝；（d）对数螺线拱坝

4. 椭圆拱坝

如图 4（b）所示，拱轴线分别用 2 个椭圆表示。厚度仍用式（3）表示。决定椭圆拱坝体形的设计参数为 $R_{xL}$、$R_{yL}$、$R_{xR}$、$R_{yR}$、$B$、$T_C$、$T_{AR}$、$T_{AL}$。设计变量总数为 $n=10+8m$ 。

5. 双曲线拱坝

如图 4（c），坐标原点放在双曲线的中心，拱轴线用 2 条双曲线表示，拱厚度仍用式（3）表示。体形设计参数为 $R_{xR}$、$R_{xL}$、$R_{yR}$、$R_{yL}$、$B$、$T_C$、$T_{AR}$、$T_{AL}$。 $n=10+8m$ 。

6. 对数螺线拱坝

如图 4（d）所示，左右两边拱轴线分别用 2 条对数螺线表示：

$$右半拱：\quad \rho = \rho_{0R}\exp(k_R\theta)$$
$$左半拱：\quad \rho = \rho_{0L}\exp(k_L\theta) \tag{4}$$

式中：$\rho$ 为向径；$\theta$ 为极角。设计参数为 $\rho_{0R}$、$\rho_{0L}$、$k_R$、$k_L$、$B$、$T_C$、$T_{AR}$、$T_{AL}$。如果 $k_R$ 和 $k_L$ 用一次式表示，其余用 $m$ 次多项式表示，则设计变量总数为 $n=12+6m$ 。

# 三、目标函数与约束条件

（一）目标函数

目标函数可取为坝的造价，表示如下

$$C(X) = c_1V_1(X) + c_2V_2(X) \tag{5}$$

式中：$C(X)$ 为坝体造价；$V_1(X)$ 为坝体混凝土体积；$V_2(X)$ 为基础开挖体积；$c_1$ 为混凝土单价；$c_2$ 为基础开挖单价。

通常坝的造价主要决定于混凝土体积，故一般以坝的体积为目标函数。

约束条件包括几何约束、应力约束和稳定约束，必须全面满足设计规范的规定，并考虑到施工和结构布置上的要求，有时还要考虑工程上的一些特殊要求。

（二）几何约束

根据地形与地质条件，可确定坝轴线的移动范围，即 $X_1$、$X_2$、$X_3$ 的变化范围。按照坝顶交通及布置等方面的要求，可决定坝顶最小厚度。有的工程还规定坝底最大厚度，以避免坝体设置纵缝以简化施工。为了便于施工，必须限制坝体表面倒悬度

$$S \leqslant [S] \tag{6}$$

式中：$S$ 为上下游表面最大倒悬坡度；$[S]$ 为允许值，一般取 $[S] = 0.30$。

对坝顶溢流的拱坝，有时还要求溢流落点与坝趾保持一定距离，以免洪水淘刷危及坝基。

（三）应力约束

在水压力、淤沙、自重及温度变化的作用下，拱坝各控制点的主应力必须满足下列条件

$$\sigma_1/[\sigma_1] \leqslant 1, \sigma_2/[\sigma_2] \leqslant 1 \tag{7}$$

式中：$\sigma_1$、$\sigma_2$ 为第一、第二主应力；$[\sigma_1]$、$[\sigma_2]$ 为允许应力。

为了保证施工期的安全，接缝灌浆以前，不同时期坝块因自重而产生的拉应力必须满足条件

$$\sigma_t/[\sigma_t] \leqslant 1 \tag{8}$$

（四）抗滑稳定约束

坝体抗滑稳定有以下 3 种方式，可根据地质条件及坝的重要性而选用其中一种：

1. 抗滑稳定系数约束

$$K_i/[K_i] \geqslant 1 \tag{9}$$

式中：$K_i$ 为 $i$ 点的抗滑稳定系数；$[K_i]$ 为要求的最小值。

2. 拱座推力角约束

$$\psi/[\psi] \leqslant 1 \tag{10}$$

式中：$\psi$ 为拱座推力角，如图 5 所示；$[\psi]$ 为允许最大值。

3. 拱圈中心角约束

$$\varphi/[\varphi] \leqslant 1 \tag{11}$$

式中：$\varphi$ 为拱圈中心角。

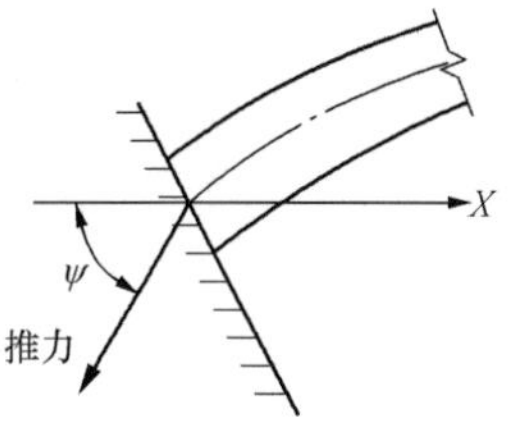

（五）约束条件的规格化

我们建议把全部约束条件规格化，写成如下格式

$$g_i(X) - 1 \leqslant 0 \tag{12}$$

图 5 拱座推力角

约束条件规格化可带来 2 个好处：第一，便于进行约束条件的筛选，以提高优化速度；第二，当采用罚函数法优化时，各个约束条件都不致被遗漏。

（六）约束条件的筛选

拱坝优化中包括了几十个约束条件，在优化过程中真正起控制作用的只有少数几个条件。在计算之前，我们并不知道哪些条件不起作用。为了简化计算，建议采用如下的约束条件筛选方法：若

$$1 - g_i(X) \geqslant \Delta \tag{13}$$

则删去约束条件

$$g_i(X) - 1 \leqslant 0$$

在优化初期，设计变量的变化范围较大，$\Delta$宜取得大一些；在后期，$\Delta$可取得小一些。对于第$k+1$次迭代，可取

$$\Delta^{(k+1)} = c\Delta^{(k)} \tag{14}$$

式中：$c \leqslant 1.0$是一个系数；$k$为迭代次数，$c$和$\Delta^{(1)}$都由经验决定。可取$\Delta^{(1)} = 0.80, c = 0.94$。

## 四、数学规划问题

综上所述，拱坝体形优化归结于求解如下数学规划问题：求$X$

$$\left.\begin{array}{ll} \text{极小化} & C(X) \\ \text{约\quad束} & g_j(X) \leqslant 1, \ j = 1,2,3,\cdots,m \end{array}\right\} \tag{15}$$

式中：$m$为约束条件个数。目标函数和约束条件都是高度非线性的，这是一个非线性规划问题。我们发展了一套有效解法，将另文叙述。

## 五、200m 以上高拱坝体形优化的实际应用

国外不少国家，如英国、德国、葡萄牙、前苏联、罗马尼亚等，都在对拱坝优化进行研究，但到目前为止，仍处于研究阶段，还没有在实际工程中应用。

我们从一开始即特别重视拱坝优化的工程应用，并且有步骤地，从小型、到中型、到大型，逐步开展。到目前为止，已应用于近 30 个实际工程，节约工程投资 5%～35%，经济效益显著。瑞洋拱坝完全按照我院提出的优化体形施工，已竣工并正常蓄水发电 2 年。

由于拱坝优化的优越性已逐渐为设计工程师们所了解，近年来拱坝优化已应用于 200m 以上的特高拱坝。如龙滩水电站的对数螺线拱坝设计方案，坝高 218m，法国柯因-贝利埃设计公司提出的设计方案混凝土为 512 万 $m^3$。中南勘测设计院委托我院进行优化，经优化后，体积减少到 437 万 $m^3$，节省 14.6%，应力还得到改善。

当前拱坝趋向于采用变厚度、非圆形的水平剖面，以改善坝体稳定和应力，已经采用过的有三心圆、抛物线、对数螺线和椭圆等类型。由于拱坝体型设计的工作量很大。通常都是根据已有的工程经验由设计工程师通过判断选择一种拱型。过去还没有一个工程同时对各种不同的拱型进行全面的体形设计和分析比较。所以到目前为止，在各种拱型之中，何者最为有利，仍众说纷纭，并无定论。

拉西瓦拱坝，坝高 250m，是一个世界水平的工程。对如此重要的工程，有必要对各种拱型进行综合分析比较。过去人工设计，因工作量过大，难以实现，现在采用优化方法，已可以实现，我们接受西北勘测设计院的委托，承担了这一任务。我们共分析了 6 种拱型，即双心圆、三心圆、对数螺线、抛物线、椭圆和双曲线。在相同的设计条件下，用数学规划方法求出 6 种拱型的最优体形及坝体工程量。6 种拱坝最优体形的中央铅直剖面见图6。对数螺线拱坝最优体形的平面布置见图7，上下游面主应力见图8及图9。（为节省篇幅，其他 5 种拱坝的平面图及应力图从略）。6 种拱坝最优体形的主要数据见表1。可见 6 种不同拱坝的最大中心角、应力水平、倒悬度、施工应力等大体相近，并且都满足设计要求。坝体体积自小到大的顺序如下：

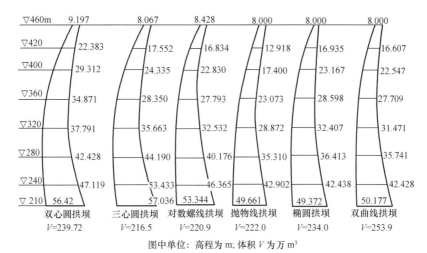

图中单位: 高程为 m; 体积 V 为万 m³

图 6　6 种拱坝最优体形的中央铅直剖面

三心圆（216.50）、对数螺线（220.90）、抛物线（222.01）椭圆（234.01），双心圆（239.72）、双曲线（253.95）。❶

说明在该坝具体条件下，三心圆拱坝最省，对数螺线拱坝次之，抛物线拱坝又次之。但这 3 种拱坝的体积实际上是很接近的，相差只 2% 左右。考虑到拱坝体形设计的复杂性，可以说这 3 种拱型都适合该坝，可以结合其他条件，从中选用一种。

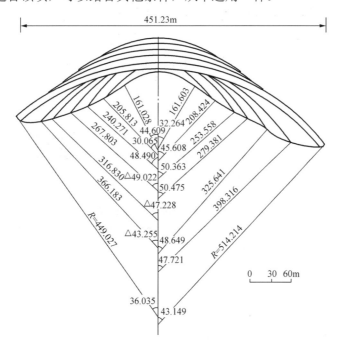

图 7　对数螺线拱坝平面布置

从表 1 可知，三心圆拱坝和抛物线拱坝都有 5 种情况达到了约束值，但对数螺线拱坝只有 2 种情况达到了约束值，可见对数螺线拱坝具有较大潜力。另外，对数螺线拱坝沿基础面

---

❶　见朱伯芳，贾金生，饶斌. 拉西瓦拱坝六种双曲拱坝体形优化研究. 水利水电科学研究院，1988 年 7 月。

各高程的厚度都比较小，有利于减少坝肩开挖量，并有利于混凝土施工温度控制。经西北勘测设计院召开会议审议，最后选定了对数螺线拱坝。

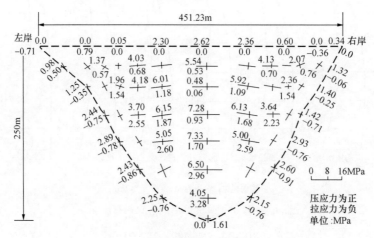

图 8　对数螺线拱坝上游面主应力

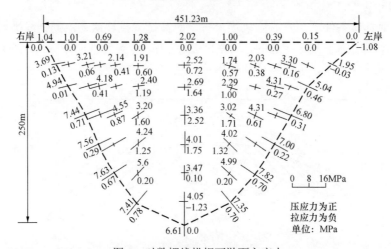

图 9　对数螺线拱坝下游面主应力

表1　　　　　　　　　6种拱坝优化体形的主要数据

| 拱圈型式 | | | 双心圆 | 三心圆 | 对数螺线 | 抛物线 | 椭圆 | 双曲线 | 允许值 |
|---|---|---|---|---|---|---|---|---|---|
| 混凝土方量（万 m³） | | | 239.72 | 216.50 | 220.90 | 222.01 | 234.01 | 253.95 | |
| 最大主压应力（MPa） | 工况 I | 上游 | 7.46 | 8.09 | 7.33 | 8.00 | 8.00 | 6.33 | 8.00 |
| | | 下游 | 7.84 | 7.96 | 7.82 | 7.59 | 7.31 | 6.72 | |
| | 工况 II | 上游 | 6.69 | 7.17 | 6.45 | 7.19 | 7.14 | 5.42 | 8.50 |
| | | 下游 | 8.41 | 8.54 | 8.41 | 8.21 | 7.74 | 6.98 | |
| 最大主拉应力（MPa） | 工况 I | 上游 | −1.01 | −1.09 | −1.01 | −1.20 | −1.20 | −1.10 | −1.20 |
| | | 下游 | −1.08 | −1.09 | −1.23 | −1.50 | −1.04 | −0.89 | −1.50 |
| | 工况 II | 上游 | −1.22 | −1.22 | −1.20 | −1.20 | −1.20 | −1.25 | −1.20 |
| | | 下游 | −0.17 | −0.49 | −0.32 | −0.53 | −0.94 | −0.02 | −1.50 |
| 最大施工主拉应力（MPa） | | | −0.526 | −0.517 | −0.512 | −0.500 | −0.500 | −0.15 | −0.500 |

续表

| 拱圈型式 | | 双心圆 | 三心圆 | 对数螺线 | 抛物线 | 椭圆 | 双曲线 | 允许值 |
|---|---|---|---|---|---|---|---|---|
| 最大倒悬度 | 上游面 | 0.189 | 0.140 | 0.126 | 0.112 | 0.163 | 0.167 | 0.30 |
| | 下游面 | 0.148 | 0.130 | 0.120 | 0.107 | 0.065 | 0.067 | 0.25 |
| 最大中心角（*） | | 100.26 | 99.98 | 99.39 | 97.46 | 100.00 | 99.75 | 100.0 |
| 最大推力角（*） | | 81.65 | 79.76 | 80.00 | 83.37 | 83.38 | 85.85 | |

# 六、结束语

（1）到目前为止，国外拱坝优化尚未应用于实际工程，主要原因是数学模型尚未达到实用化程度。我们从一开始即特别重视工程应用，并有计划地从小型、到中型、到大型，逐步展开。通过工程应用，不断改善数学模型。目前已应用于近 30 个实际工程，平均节省工程量 20%，经济效益显著。并已应用于 200m 以上的特高拱坝。

（2）我们提出并完善了拱坝优化几何模型的实用构造方法，建立了各种实用的几何模型，适用范围广泛，易为工程人员所接受。

（3）对 250m 高的某拱坝，分别对 6 种拱型进行了优化，在相同的基础上对各种拱型进行比较，然后从中选定一种，对于同一工程进行这种系统的研究，国内外均属首次。

## 参 考 文 献

[1] 朱伯芳，宋敬廷. 双曲拱坝的最优化设计. 见：全国第一届最优化学术会议文件. 1979 年；水利水运科学研究. 1980,（1）.

[2] 朱伯芳，黎展眉. 双曲拱坝的优化. 水利学报，1981,（2）.

[3] 厉易生. 非对称变厚度三心拱坝优化设计. 拱坝技术，1984,（1）.

[4] 朱伯芳. 双曲拱坝优化设计的几个问题. 计算结构力学及应用，1984,（3）.

[5] 厉易生，朱伯芳. 拱坝优化和拱厚曲线. 水利学报，1985,（11）.

[6] 朱伯芳，厉易生，张武，谢钊. 拱坝优化十年. 基建优化，1987,（1、2）.

[7] 朱伯芳，谢钊. 高拱坝体形优化若干问题. 水利水电技术，1987,（3）.

[8] Zhu Bofang（朱伯芳）. Shape optimization of arch dams. Water Power and Dam Construction. March 1987.

[9] 朱伯芳，黎展眉. 拱坝满应力设计. 见：水利水电科学研究院科学研究论文集（第 9 集）. 北京：水利水电出版社，1982.

[10] Zhu Bofang. Optimum design of arch dams. Dam Engineering. Vol. 1，Issue 2，1990.

[11] Ricketts R E，Zienkiewicz O O. Optimization of concrete dams. Proc. Intern. Symp. Num. Analysis of Dams，1975.

# 在静力与动力荷载作用下拱坝
# 体形优化的求解方法[1]

**摘　要**：由于拱坝应力分析比较困难，拱坝优化问题的求解难度较大，动荷载作用下的优化尤其困难。经过10年的努力，作者提出了一系列有效的求解方法，如静态和动态的内力展开法、设计变量指数变换法、不对称矩阵子空间迭代法和静力和动力荷载下的敏度分析方法等等，不仅可以迅速求解静荷载作用下的拱坝优化问题，并实现了动荷载作用下拱坝的体形优化。这些求解方法也适用于拱坝以外的其他结构优化，具有普遍意义。

**关键词**：拱坝；体形优化；静荷载，动荷载；求解方法

## Methods of Solution for Shape Optimization of
## Arch Dams Under Static and Dynamic Loads

**Abstract:** As the stress analysis of arch dam is rather complicated, the solution of the problem of shape optimization of arch dams is more difficult, especially under dynamic loads. After 10 years'work, the authors have proposed a series of effective methods of solution, such as the internal force expansion method, the exponential transformation of design variables, the subspace iteration method for eigen problem of nonsymmetrical matrix and the methods for analysing the stresses and stress sensitivities of arch dams under static and dynamic loads. By means of these methods, the solutions for the problems of shape optimization of arch dams under static and dynamic loads may be obtained quickly. These methods are suitable for any types of structures other than arch dam, so they are universal methods for structural optimization.

**Key words:** arch dam, shape optimization, static load, dynamic load, solution method

## 一、前言

拱坝体形优化是一个高度非线性的数学规划问题。在优化过程中要对上千个设计方案进行分析。拱坝的尺寸，特别是厚度，主要决定于应力。因而对应力分析的精度要求较高，而拱坝应力分析又比较繁琐。所以在优化过程中，实际上绝大部分计算时间是用于应力分析。

---

[1] 原载《水利学报》1992年第5期及Journal of structural Engineering，Vol. 118，No. 11，ASCE，Now.，1992，由作者与饶斌、贾金生联名发表。

到目前为止，国外一直是采用应力展开和序列线性规划法求解，通常需要迭代 12～20 次，收敛较慢。我们提出了内力展开法，一般只需迭代 2～3 次即可收敛。

我国是一个多地震国家，不少拱坝要在地震区修建，地震作用下的拱坝优化问题有重要意义。为此，我们研究了地震作用下拱坝体形优化问题。

拱坝优化需要高效率的应力分析方法和程序，为此，我们用有限元概念来改造传统的拱梁分载法。静力分析部分见文献 [1，2]，本文将阐述动力分析方法。

## 二、结构优化中应力重分析的内力展开法

### （一）内力展开法

在优化过程中需对上千个方案进行应力分析，所以绝大部分计算时间都用于应力分析。为了减少应力重分析时间，国外通常把应力展成一阶台劳级数如下[3]

$$\sigma(X) = \sigma(X^k) + \sum_{i=1}^{n} \frac{\partial \sigma}{\partial X_i}(X_i - X_i^k) \tag{1}$$

由于应力 $\sigma$ 与设计变量 $X$ 之间的关系是高度非线性的，应力线性展开的误差较大，一般需经 10～20 次迭代才能收敛。

内力是与荷载保持平衡的，当结构尺寸变化时，荷载基本保持不变，所以内力的变化不大。图 1 表示一刚架，在常荷载作用下，当 $I_2$ 变化时，弯矩 $M_C$ 的变化是比较平稳的，而且 $M_C$ 与 $I_2$ 保持近乎线性的关系。基于这一原理，作者提出了内力展开法，即把控制点的内力 $F(X)$（包括轴力、剪力、弯矩、扭矩等）展开为一阶台劳级数如下[1，2]

$$F(X) = F(X^k) + \sum_{i=1}^{n} \frac{\partial F}{\partial X_i}(X_i - X_i^k) \tag{2}$$

在优化过程中，对于任何一个新的设计方案，不必进行坝的应力分析，而是由上式计算控制点的内力，然后由材料力学公式计算各控制点的应力。由于内力的变化比较平稳，线性展开的精度较高，通常只要迭代 2～3 次即收敛。

下面说明如何计算内力敏度 $\partial F / \partial X_i$。

### （二）位移法及混合法的内力敏度

内力的算式为 $F = K^e \delta$，其中 $K^e$ 为单元刚度矩阵，$\delta$ 为位移列阵。由此式求偏导数，得

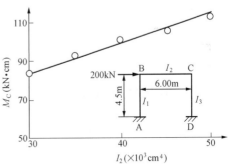

图 1　$M_C$ 与 $I_2$ 关系

$$\frac{\partial F}{\partial X_i} = K^e \frac{\partial \delta}{\partial X_i} + \frac{\partial K^e}{\partial X_i} \delta \tag{3}$$

整体平衡方程为 $K\delta = P$，其中 $P$ 为荷载列阵。由此式求偏导数，整理后得到

$$\frac{\partial \delta}{\partial X_i} = K^{-1} \left( \frac{\partial P}{\partial X_i} - \frac{\partial K}{\partial X_i} \delta \right) \tag{4}$$

由上式求出 $\partial \delta / \partial X_i$，代入式（3），即得到内力敏度 $\partial F / \partial X_i$。

混合法的基本方程为 $B\xi = P$，可用类似方法求内力敏度（从略）。

（三）试载法的内力敏度

坝体分为拱与梁 2 个系统。拱、梁位移列阵 $U_a$、$U_b$ 可表示为

$$U_a = AP_a + U_{a0}, U_b = BP_b + U_{b0} \qquad (5)$$

式中：$A$、$B$ 为拱、梁的柔度矩阵；$P_a$、$P_b$ 为拱、梁荷载列阵；$U_{a0}$、$U_{b0}$ 为拱、梁的初位移阵。

由分载原理，$P_a + P_b = P$，此处 $P$ 为外荷载阵。根据拱与梁的变位协调条件，有 $U_a = U_b$，由此得到拱坝试载法的基本方程如下

$$CP_b = AP + U_{a0} - U_{b0} \qquad (6)$$

式中：$C = A + B$，由上式求逆可得 $P_b$，而 $P_a = P - P_b$。内力可表示为

$$F = HP_b \qquad (7)$$

式中：$H$ 为加载矩阵。由上式求偏导数，得

$$\frac{\partial F}{\partial X_i} = H \frac{\partial P_b}{\partial X_i} + \frac{\partial H}{\partial X_i} P_b \qquad (8)$$

由式（6）求偏导数，整理后得到

$$\frac{\partial P_b}{\partial X_i} = C^{-1} L$$

$$L = \frac{\partial A}{\partial X_i} P + A \frac{\partial P}{\partial X_i} - \frac{\partial H}{\partial X_i} P_b + \frac{\partial}{\partial X_i}(U_{a0} - U_{b0}) \qquad (9)$$

由上式求出 $\partial P_b / \partial X_i$，代入式（8），即得到内力敏度 $\partial F / \partial X_i$。

（四）抗滑稳定系数的台劳展开

在优化过程中，如对每一新方案都用三维刚体极限平衡法计算抗滑稳定系数，计算量也是比较大的。为提高计算效率，我们对抗滑稳定系数 $K_s$ 也作一阶台劳展开如下

$$K_s(X) = K_s(X^k) + \sum_{i=1}^{n} \frac{\partial K_s}{\partial X_i}(X_i - X_i^k) \qquad (10)$$

因内力敏度 $\partial F / \partial X_i$ 已知，经过一些简单计算，即可求得 $\partial K_s / \partial X_i$。

# 三、拱坝动应力分析

由于拱坝优化需要高效率的应力分析程序，我们采用自编的 ADAS 程序，详见文献[4]。

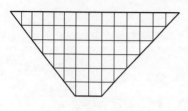

计算网格如图 2。静力计算可以是四向或五向调整，动力计算则采用五向调整，以便考虑竖向地震。每个结点有 5 个变位：径向变位 $w$，切向变位 $u$，竖向变位 $\upsilon$，水平转角 $\theta$，垂直转角 $\psi$。静应力分析方法见文献[5]。下面说明在地震作用下的动应力分析方法。

图 2　应力计算网格

由文献[4]式（38），当温度 $T = 0$ 时，拱坝整体平衡方程为

$$K\delta + H_a L_e = 0 \qquad (11)$$

式中：$K$ 为刚度矩阵；$H_a$ 为拱的加载矩阵；$L_e$ 为外荷载列阵。

在地震作用下，外荷载即为惯性力和阻尼力，可表示为

$$L_e = -m(\ddot{\delta} + \ddot{\delta}_g) - C\dot{\delta} \tag{12}$$

式中：$m$ 为质量矩阵；$C$ 为阻尼矩阵；$\ddot{\delta}$ 为结点相对于地面的加速度列阵，$\ddot{\delta}_g$ 为地面加速度列阵。把上式代入式（11），得到拱坝运动方程如下

$$K\delta - H_a C\dot{\delta} - H_a m\ddot{\delta} = H_a m\ddot{\delta}_g \tag{13}$$

自由振动方程（忽略阻尼力）为

$$K\delta - H_a m\ddot{\delta} = 0 \tag{14}$$

设 $\delta = U\cos\omega\tau$，得到自由振动的特征方程如下

$$(K + \lambda H_a m)U = 0 \tag{15}$$

式中：$U$ 为拱坝振型；$\lambda = \omega^2$；刚度矩阵 $K$ 是一个非对称矩阵。

子空间迭代法是目前求解大型特征值问题的一个最有效的方法，但常见的是对称问题，而拱坝自由振动特征方程（15）的系数矩阵是非对称的。我们给出了非对称矩阵子空间迭代法的一个新的算法[6]。

文献 [7] 用 Stodola 方法求解拱坝自振特性，7 拱 13 梁，三向调整，计算前 12 个振型，在 M160 计算机上用了 CPU20min。用作者方法求解同一拱坝，7 拱 13 梁，五向调整，计算前 12 个振型，在 M160 计算机上，只有 CPU4min。可见作者方法计算效率是很高的。

下面列举一个算例：某双曲线型拱坝，高 250m，体形如图 3 所示。用我们的 ADAS 程序计算了前 12 个振型，其中第 1、2 振型的径向分量见图 4。前 6 个自振频率见表 1。

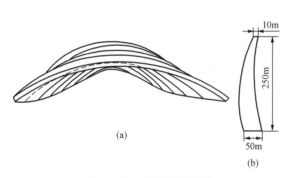

图 3 某双曲线拱坝体形

（a）平面；（b）拱冠梁剖面

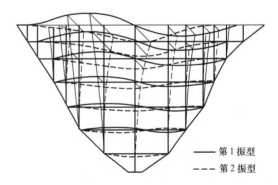

图 4 某双曲线拱坝自由振型的径向分量

表 1 某双曲线拱坝的自振频率 Hz

| 振型 | 1 | 2 | 3 | 4 | 5 | 6 |
|---|---|---|---|---|---|---|
| ADAS | 1.500 | 1.607 | 2.111 | 2.424 | 2.801 | 3.296 |
| 试载法[7] | 1.498 | 1.630 | 2.246 | 2.808 | 3.060 | 3.225 |

## 四、拱坝的动态内力展开法与动力敏度分析

由于动应力分析比静应力分析更复杂，在动力优化中，如何提高应力分析的效率，比静

力优化更为突出。为了解决这个矛盾，我们提出动态的内力展开法，即在运动状态中的结构，其内力也按式（2）展开。用以下2种方法计算动态内力。第1种方法是用振型组合法与平方和开方法计算地震荷载，再由地震荷载计算内力；第2种方法是用振型组合法与平方和开方法直接计算内力。无论何种方法，为了求得内力敏度，都需要振型和频率的敏度。

目前振型敏度分析方法有差分法、直接法、振型组合法和修正振型组合法等，其中以修正振型组合法的计算效率为最高。但现有的方法要求矩阵是对称的，而拱坝动力计算的矩阵是非对称的，不能应用现有公式。下面给出拱坝振型敏度分析的修正振型组合法的有关公式。

设第 $i$ 个振型为 $\boldsymbol{U}_i$，由式（15），拱坝自由振动的基本方程为

$$(\boldsymbol{K} - \lambda_i \boldsymbol{M})\boldsymbol{U}_i = 0 \tag{16}$$

式中：$\boldsymbol{M} = -\boldsymbol{H}_a m$。

对上式求偏导数，得到

$$\left(\frac{\partial \boldsymbol{K}}{\partial X} - \lambda_i \frac{\partial \boldsymbol{M}}{\partial X}\right)\boldsymbol{U}_i + (\boldsymbol{K} - \lambda_i \boldsymbol{M})\frac{\partial \boldsymbol{U}_i}{\partial X} - \frac{\partial \lambda_i}{\partial X}\boldsymbol{M}\boldsymbol{U}_i = 0 \tag{17}$$

设总共有 $n$ 个振型，需要计算前 $q$ 个振型，取 $p$ 如下：$q<p<n$。令

$$\frac{\partial \boldsymbol{U}_i}{\partial X} = \boldsymbol{P}_i + \sum_{j=1}^{p} C_{ij}\boldsymbol{U}_j \tag{18}$$

式中：

$$\boldsymbol{P}_i = \boldsymbol{K}^{-1}\left[\frac{\partial \lambda_i}{\partial X}\boldsymbol{M}\boldsymbol{U}_i - \left(\frac{\partial \boldsymbol{K}}{\partial X} - \lambda_i \frac{\partial \boldsymbol{M}}{\partial X}\right)\boldsymbol{U}_i\right] \tag{19}$$

把式（18）代入式（17），得到

$$\left(\frac{\partial \boldsymbol{K}}{\partial X} - \lambda_i \frac{\partial \boldsymbol{M}}{\partial X}\right)\boldsymbol{U}_i + (\boldsymbol{K} - \lambda_i \boldsymbol{M})\left(\boldsymbol{P}_i + \sum_{j=1}^{p} C_{ij}\boldsymbol{U}_j\right) - \frac{\partial \lambda_i}{\partial X}\boldsymbol{M}\boldsymbol{U}_i = 0 \tag{20}$$

用 $-\boldsymbol{U}_j^T \boldsymbol{H}_a^{-1}$ 左乘上式，利用振型正交条件简化，得到式（18）中系数如下

$$C_{ij} = \frac{\lambda_i}{\lambda_i(\lambda_i - \lambda_j)}\boldsymbol{U}_j^T \boldsymbol{H}_a^{-1}\left(\frac{\partial \boldsymbol{K}}{\partial X} - \lambda_i \frac{\partial \boldsymbol{M}}{\partial X}\right)\boldsymbol{U}_i \tag{21}$$

特征值的敏度由下式计算

$$\frac{\partial \lambda_i}{\partial X} = -\boldsymbol{U}_i^T \boldsymbol{H}_a^{-1}\left(\frac{\partial \boldsymbol{K}}{\partial X} - \lambda_i \frac{\partial \boldsymbol{M}}{\partial X}\right) \tag{22}$$

当设计变量由 $X_0$ 变为 $X_0 + \Delta X$ 时，拱坝的振型与特征值由下式计算

$$\left.\begin{array}{l} \lambda_i(X + \Delta X) = \lambda_i(X_0) + \sum_{j=1}^{n} \frac{\partial \lambda_i}{\partial X_j}\Delta X_j \\[3mm] \boldsymbol{U}_i(X + \Delta X) = \boldsymbol{U}_i(X_0) + \sum_{j=1}^{n} \frac{\partial \boldsymbol{U}_i}{\partial X_j}\Delta X_j \end{array}\right\} \tag{23}$$

在优化过程中，用上述方法计算拱坝的振型和自振频率，用振型叠加法计算动内力，与静荷载产生的内力叠加得到总内力。用序列二次规划法进行优化。我们编制了相应的程序，并对二滩拱坝进行了优化。由式（23）计算的频率和振型是有误差的，为了保证必要的计算精度，需采用迭代法，在每次迭代中限制步长。计算结束前还要用式（15）进行一次精确计

算，只有当精确计算结果与由式（23）近似计算结果的差值在允许范围内对才能结束计算。计算经验表明：采用上述动态内力展开法进行优化，需 7～8 次迭代才收敛。比静态内力展开法的迭代次数多一些。如果不采用内力展开法，优化过程中每次都由式（15）进行精确计算，大致要进行 1000 次计算，由于拱坝振型计算很烦琐，在我国现有计算机条件下实际上是无法进行的。可见，动态内力展开法在拱坝的动态优化中的作用是很重要的。

# 五、优化方法

拱坝的体形优化可归结于求解如下数学规划问题：求 $X$

$$
\left.
\begin{array}{ll}
极小化 & C(X) \\
约束 & g_j(X) \leqslant 1, j = 1, 2, \cdots, m
\end{array}
\right\} \tag{24}
$$

式中：$m$ 为约束条件个数。

国外目前都是采用序列线性规划方法（SLP）求解，一般要迭代 12～20 次。我们采用的优化方法如下：

（一）罚函数法

构造罚函数如下：

$$
P(X, r) = C(X) - r \sum \log(1 - g_i) \tag{25}
$$

式中：$P(X, r)$ 为罚函数；$r$ 为罚因子；上式右端第 2 项为惩罚项，当设计点趋近约束边界时，此项迅速增大，从而确保设计点在可行域内部移动。对一系列 $r$ 求 $P(X, r)$ 的极小值，当 $r \to 0$ 时，即得到原问题的最优解。

应力重分析采用内力展开法，一般迭代 2～3 次即收敛。

（二）序列二次规划法（SQP）

把目标函数作二次展开，约束函数作一次展开，于是原问题变成一个二次规划问题：

$$
\left.
\begin{array}{ll}
极小化 & C(X) = DX + X^{\mathrm{T}} GX / 2 \\
约束 & AX \leqslant b \\
& X \geqslant O
\end{array}
\right\} \tag{26}
$$

式中：$A$、$G$ 为矩阵；$X$、$b$、$O$ 等为列阵。

式（26）可用 Lemke 方法求解，求解过程中需限步。

（三）设计变量的指数变换

拱坝优化中最敏感的设计变量是坝体厚度，而坝体厚度又主要决定于允许应力。为加快收敛速度，我们提出了设计变量的指数变化方法如下。令

$$
\overline{X}_i = X_i^{\alpha_i} \tag{27}
$$

式中：$\overline{X}_i$ 为新变量。

我们希望经过上述变换后，设计变量 $X$ 与应力之间具有近于直线的关系。以正应力为例，设拱厚度为 $X$，轴力为 $N$，弯矩为 $M$，则正应力为

$$
\sigma = N / X + 6M / X^2
$$

如 $M=0$，则可取 $\alpha = -1$；如 $N=0$，则可取 $\alpha = -2$。一般情况下，$\alpha$ 应取一中间值，可用下列方法计算。在第 1 次应力分析后，得控制点应力为 $\sigma_i$，任给一个增量 $\Delta X_i$，由已知内力算

出新应力 $\sigma_i'$，于是由下式可计算 $\alpha_i$.

$$\alpha_i = \log(\sigma_i'/\sigma_i)/\log(X_i/X_i') \tag{28}$$

式中：$\sigma_i$ 和 $\sigma_i'$ 分别是根据 $X_i$ 和 $X_i'=X_i+\Delta X_i$ 计算的应力。如果取 $\alpha_i=-1$，即退化为常用的倒变量法。由于拱坝中弯矩的影响十分显著，作者建议的上述指数变换法较倒变量法为优越。

### （四）内力展开混合优化法

经验表明，作者提出的内力展开法的精度是非常高的，通常迭代 2～3 次即可收敛。充分利用这一有力工具，有利于提高计算效率。在序列二次规划中，实际上绝大部分时间还是用于应力敏度分析。为了进一步提高计算效率，我们采用如下算法：先作内力展开，再根据内力展开式（2）计算每次迭代的应力敏度，这当然就非常快。序列二次规划开始收敛较快，但邻近最优点时收敛却较慢，而这时罚函数法收敛很快。所以对于每次内力展开式，先做几次二次规划，最后再做一次罚函数优化。至于内力展开，一般做 2～3 次就够。几种优化方法的收敛速度见图 5。

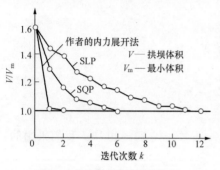

图 5　拱坝优化的收敛速度

## 六、结束语

（1）拱坝的厚度主要决定于允许应力。在拱坝优化中，应力约束是最主要的约束条件。经验表明，本文第一作者提出的内力展开法是十分有效的。通常只需迭代 2～3 次即可收敛，而其他方法往往需要迭代 10 次以上。

（2）本文建立了拱坝动应力的一套计算方法，比现有方法具有更高的计算效率。

（3）本文首次实现了在地震作用下拱坝的体形优化。我国是多地震国家，我们提出的这套方法可用于地震区拱坝的体形优化设计。

### 参　考　文　献

[1] 朱伯芳，黎展眉. 双曲拱坝的优化. 水利学报，1981，（2）.

[2] 朱伯芳. 双曲拱坝优化设计的几个问题. 计算结构力学及应用，1984，（3）.

[3] 朱伯芳，黎展眉，张壁城. 结构优化设计原理与应用. 北京：水利电力出版社，1984.

[4] 朱伯芳，饶斌，贾金生. 变厚度非圆形拱坝应力分析. 水利学报，1988，（11）.

[5] 饶斌（博士生），朱伯芳（导师）. 在地震作用下拱坝的应力分析与体形优化. 见：水利水电科学研究院博士论文. 1990 年 1 月.

[6] 饶斌，朱伯芳. 非对称矩阵子空间迭代法的一种新算法及其在拱坝动力分析中的应用. 计算技术与计算机应用，1991，（1）.

[7] 陈厚群，侯顺载，李德玉. 拱坝动应力分析方法探讨. 水利学报，1988，（7）.

# 拱坝的智能优化辅助设计系统——ADIOCAD[❶]

**摘　要：**笔者把专家系统、优化方法和计算机辅助设计三者融为一体，建立了一个拱坝体形设计的集成系统——ADIOCAD。利用它可以选择拱坝的类型、坝轴线和坝的体形，求出给定条件下的最佳方案，并自动输出设计图纸、数据和设计报告，显著地提高了拱坝体形设计的效率和水平。

**关键词：**拱坝；专家系统；体形优化；CAD

# Intelligent Optimal CAD（IOCAD）for Arch Dams

**Abstract:** Artificial intelligence, optimization methods and computer aided design (CAD) techniques are integrated to develop an design system for arch dams. The system includes a knowledge base, date base, stress and stability analysis system. optimization and CAD system. With its help, the designer can easily choose the position of the dam axis and the type as well as shape of an arch dam. The system can make design drawings, data output and produce report automatically. The merits of expert system, optimization and CAD techniques have been integrated to improve the efficiency of arch dam design.

**Key words:** arch dam, expert system, shape optimization, CAD

## 一、前言

据 1988 年统计，全世界共有 15m 以上的拱坝 1592 座，其中我国就有 753 座，占 47.3%[1]。最近十几年，我国在拱坝设计方面取得了显著进展，拱坝优化方法已先后应用于 30 多个实际工程，可节省投资 5%～30%，用优化方法设计的瑞洋拱坝，节省投资 30.5%，已竣工蓄水 5 年，运行正常。李家峡（高 165m）、拉西瓦（高 250m）、小湾（高 284m）等拱坝都先后采用了优化方法进行设计，取得了显著效益[2~11]，拱坝 CAD 软件也已研制成功[12]，近年又研制成功了拱坝体形设计的专家系统[13, 14]。当前计算技术的发展趋势是把专家系统（ES）、优化方法（OM）和计算机辅助设计（CAD）三者融为一体，形成一个集成系统[15]。本文介绍笔者研制的拱坝智能优化辅助设计系统 ADIOCAD（Arch Dam Intelligent Optimal CAD），它把拱坝体形设计的专家系统、优化方法和计算机辅助设计三者融为一体，从而形成一个集成系统。

---

❶　原载 International Water Power and Dam Construction，March，1994 及《水利学报》1994 年第 7 期，由作者与贾金生、厉易生、徐圣由、王征、李卫平联名发表。本项目得到中国电力企业联合会和国家自然科学基金委员会的资助。

在 ADIOCAD 中，综合采用了专家系统、优化方法和计算机辅助设计技术，关于拱坝的类型、材料和布置的初步方案是在专家系统的辅助下由设计师给出的，坝体形状和尺寸主要由优化方法给出，设计图纸和细部设计是由计算机自动给出的。在设计过程中，大量的计算、分析、优化、绘图等工作是由计算机完成的，但设计中的主要决策是在专家系统的辅助下由设计师作出的。因此，ADIOCAD 充分发挥了工程师、专家系统、优化方法和 CAD 技术的各自优势，它是拱坝体形设计新的有力工具，将有利于进一步提高我国拱坝设计水平。

## 二、ADIOCAD 系统的结构

在拱坝体形设计中，需要完成以下各项工作。

1. 筑坝材料的选用

采用混凝土还是砌石，这个问题最好是在专家系统的辅助下，由工程师根据当地的具体条件（交通、人工、石料等）参考已有的类似工程加以解决，必要时，可做 2 个比较方案。

2. 坝轴线位置的确定

先由工程师根据地形、地质条件，在较大范围内，选定几条坝轴线的初步位置，然后用优化方法选定每一条坝轴线的具体位置。

3. 坝体类型的选择

拱坝可以是双曲的，也可以是单曲的，水平拱圈可以是单心圆、多心圆、抛物线、椭圆、双曲线、对数螺线、统一的二次曲线，总共可有 14 种类型。坝体类型的选择，需要综合利用专家系统、优化方法和工程师的智慧。首先，根据河谷形状、地质条件、溢流方式、工程规模等因素，在专家系统的辅助下，由工程师决定采用单曲拱坝还是双曲拱坝，必要时可做 2 种比较方案，在决定采用单曲或双曲拱坝后，再选定水平拱圈的线型。对于重要工程，可用优化方法分别做出 7 种线型的优化方案，然后通过综合比较，在专家系统的辅助下，从中选择 1 种拱型，对于中小工程，可在专家系统的辅助下，挑选 1～3 种拱型，分别做出优化方案后，再从中挑选 1 种拱型。

4. 坝体应力和稳定分析

全部工作由计算机自动完成，并可随时输出中间计算结果。

5. 体形设计

体形设计对工程造价和安全都有较大影响。在现有的人工设计和 CAD 系统中，主要依靠重复修改来求得一个可行的体形。由于拱坝体形设计参数较多（通常有 20～30 个设计参数），这种方法不但效率低，而且实际上不可能求出给定条件下的最佳方案，在体形设计中，采用优化方法，工作效率和质量都可以有显著的提高，可以在较短时间内求出给定条件下的最优方案。

6. 拱坝细部设计

包括拱坝接缝设计、廊道设计等，可以在专家系统的辅助下，由计算机辅助设计系统完成。

7. 设计图的绘制

全部体形设计图纸，包括平面图、立体图、剖面图、基础开挖图、应力图、变位图都可由计算机自动绘制，可在屏幕上显示和局部放大，也可利用绘图仪或打印机输出。

8. 体形设计报告的编写

不同工程的体形设计报告，尽管具体内容不同，但报告的结构相近，因此，在专家系统的辅助下，可由计算机编写体形设计报告的初稿，包括文字、表格和图纸，经过工程师的审查，作一些局部修改后，即可由计算机输出[7]。

从以上所述可见，在拱坝体形设计中，有些问题适于在专家系统的辅助下解决，有些问题适于用优化方法解决，有些问题宜于通过人机对话方式解决。因此，辅助拱坝体形设计的最好方法是把专家系统、优化方法和计算机辅助设计三者熔为一体，形成一个集成系统，以便扬长避短，充分发挥各自的优点。

ADIOCAD 的结构见图1，主要包括以下几部分：

（1）知识库：其中包括了我们总结的拱坝体形设计的规则二百多条。

（2）图形库：其中有国内外各种拱坝的体形图，并可不断扩充、更新。

（3）数据库：其中有国内外各种拱坝设计的数据。

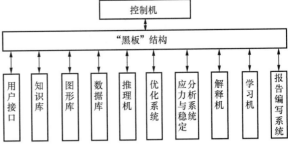

图 1    ADIOCAD 的系统结构

（4）推理机：是专家系统的推理部分。

（5）应力分析系统：可进行各种荷载组合的静、动力应力分析。

（6）稳定分析系统：可用刚体极限平衡法进行三维抗滑稳定分析。

（7）优化系统：可用数学规划方法求出给定条件下拱坝的最佳体形，包括单曲、双曲、单心圆、多心圆、抛物线、椭圆、双曲线、对数螺线、统一的二次曲线等各种类型的拱坝。

（8）绘图及屏幕显示系统：可绘制各种体形设计图，可在屏幕上显示、局部放大，也可通过绘图机或打印机输出。

（9）解释和报告编写系统。

（10）"黑板"结构：主要用于中间成果的储存和交流。

# 三、系统的工作流程

拱坝智能优化辅助设计系统 ADIOCAD 的工作流程如下（图2）：

（1）输入原始设计资料，包括地形、地质资料、设计荷载及有关设计参数、安全系数等。

（2）在专家系统的辅助下，由设计者给出关于筑坝材料、坝轴线初步位置的选择，并初步选定几种拱坝类型。拱坝的初始体形可由设计师给出，也可以直接由计算机自动给出。

（3）用优化方法，对每一种类型求出一个优化方案。

（4）在专家系统的辅助下，设计师对每一个优化方案进行检查，必要时对某些设计参数进行一些局部修

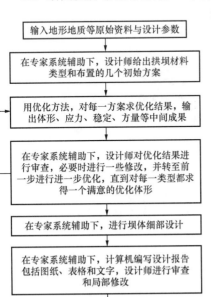

图 2    ADIOCAD 的工作流程

改，并转至第 3 步进行进一步的优化，直至对每一种类型的拱坝都求得一个最优方案。

（5）在专家系统的辅助下，设计师从已有的各种优化方案中挑选一个最终的设计方案。

（6）在专家系统和 CAD 系统的辅助下，进行拱坝的细部设计。

（7）在专家系统的控制下，计算机编写体形设计报告的初稿，包括文字、图纸、表格。

（8）设计师对设计报告进行审查，进行一些文字上的修改。

（9）输出拱坝体形的设计报告。

在图 3～图 5 中给出了一个设计实例。图 3 是坝基和坝体三维透视图（原图为彩色图）。图 4 为坝体平面和剖面图，图 5 为坝体下游面主应力等值线。

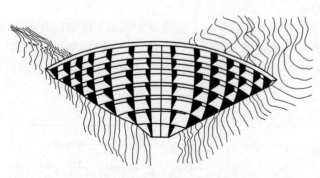

图 3　拱坝坝体和坝基三维图（算例）

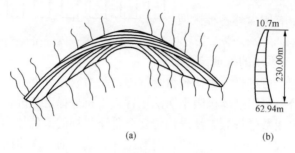

(a)　　　　　　　　　　(b)

图 4　坝体平面和剖面图（算例）

（a）平面；（b）中央铅直剖面图

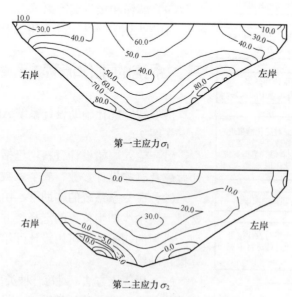

第一主应力 $\sigma_1$

第二主应力 $\sigma_2$

图 5　坝体下游面主应力等值线（算例）

# 四、结束语

自动化设计曾经是人们长期以来所追求的目标，但对于拱坝的体形设计，由于问题十分复杂，全部的自动化设计实际上是不可能的。作者在拱坝智能优化辅助设计系统 ADIOCAD 中，把专家系统（人工智能）、优化方法和计算机辅助设计系统熔为一体，充分发挥各自的优点，扬长避短。在关键部位保留了人机对话功能，以便设计师可以进行综合分析和创造性思维并控制设计过程的进行。但人机对话是要降低系统的运行速度的，在 ADIOCAD 系统中，人机对话已减少到最低限度，在整个设计过程中，绝大部分工作，包括计算、优化、绘图及报告编写等，都由计算机自动高速地完成，因而本系统具有极高的效率，同时，由于本系统具有强大的优化功能，所以设计成果是高质量的。

## 参 考 文 献

［1］Li Eding. Opening Speech，Proc.International Symposium on Arch Dams，Nanjing，China，1992.

［2］朱伯芳，宋敬廷. 双曲拱坝的最优设计. 见：全国第一届最优化学术会议文件，1979 年；水利水运科学研究，1980，（1）.

［3］朱伯芳，黎展眉. 双曲拱坝的优化. 水利学报，1981（2）.

［4］厉易生. 非对称变厚度三心拱坝优化设计. 拱坝设计. 1984，（1）.

［5］朱伯芳. 双曲拱坝优化设计中的几个问题. 计算结构力学及应用. 1984，（3）.

［6］朱伯芳，谢钊. 高拱坝体形优化若干问题. 水利水电技术. 1987，（3）.

［7］Zhu Bofang. Shape optimization of arch dams. International Water Power and Dam Constrnction. March，1987.

［8］Zhu Bofang. Optimum design of arch dams. Dam Engineering. Vol.1，Issue 2，1990.

［9］朱伯芳，贾金生，饶斌，厉易生. 拱坝体形优化的数学模型. 水利学报. 1992，（3）.

［10］朱伯芳，饶斌，贾金生. 在静力与动力荷载作用下拱坝体形优化的求解方法. 水利学报. 1992，（5）.

［11］Zhu Bofang et al. Shape optimization of arch dams for ststic and dynamic loads. Journal of Structural Engineering. ASCE，Vol. 118，No.11，Nov.，1992.

［12］徐作军，文利达，孙恭尧. 拱坝计算机辅助设计. 计算技术与计算机应用. 1989，（2）.

［13］贾金生，朱伯芳. 拱坝体形设计专家系统，计算技术与计算机应用. 1990，（2）.

［14］贾金生，朱伯芳. 拱坝体形设计的专家系统. 水利学报，1992，（8）.

［15］朱伯芳. 智能优化辅助设计系统. 计算技术与计算机应用. 1992，（2）.

［16］朱伯芳. 计算机辅助编写科技报告. 计算技术与计算机应用. 1991，（2）.

# 拱 坝 优 化 十 年[❶]

**摘　要：** 1969 年国外曾发表一篇关于拱坝优化的论文[1]，但并未在实际工程中应用，以后国外再也未发表过有关拱坝优化的论文。从 1976 年开始，笔者致力于拱坝优化的研究，建立了拱坝优化的数学模型，提出了有效的求解方法，编制了优化程序，并已应用于 20 多个实际拱坝。节省坝体混凝土 5%～35%，平均节约 20%，拱坝体形设计时间从过去的几十天减少到一星期左右，工作效率显著提高。本文阐明了作者提出的拱坝优化数学模型、求解方法及应用实例。

**关键词：** 拱坝；优化设计；数学模型；求解方法；应用实例

# Ten Years of Optimum Design of Arch Dams

**Abstract:** One paper about optimum design of arch dam had been published in l969 but it had not been applied to practical dams and there is no paper published on this problem since that time until present. The author engaged in the optimum design of arch dams since 1976, We had established the mathematical model, the methods and software of solution. We had applied the method of optimization to more than twenty practical arch dams. By means of optimum design，the dam concrete have been reduced 5%～35%，with mean reduction of 20%. The time of shape design of arch dam is reduced from one or two months to about one week. The efficiency of design is raised a great deal. The mathematical model, the method of solution and the practical examples of application are described in this paper.

**Key words:** arch dam, optimum design, mathematical model，solution method, practical application

## 一、拱坝优化取得成功的关键

结构优化和有限元方法都是 20 世纪 50 年代末期在航空工程中首先开展起来的，起步时间相差不多，但后来发展的规模和速度却相差很远。有限元方法发展很快，并广泛应用于各工程部门。结构优化的研究工作虽然也比较活跃，但在工程应用方面相当落后。其所以如此，主要原因是，有限元方法的任务比较单纯，只是对结构的受力状态进行分析；而结构优化的目的是对结构的尺寸、体形乃至布局进行设计，任务复杂，难度大。

---

❶　原载《基建优化》1987 年第 2 期及第 3 期，由作者与厉易生、张武、谢剑联名发表。

根据我们的经验，就拱坝优化而言，要取得成功，必须解决好以下几个问题：

（1）合理的几何模型。拱坝优化的目的是选择合理的坝体几何形状，属于几何优化问题。为了搞好拱坝优化，正确地选择几何模型是十分重要的。一方面，几何模型必须符合拱坝的受力状态，以利于充分发挥结构的潜力，合理利用材料的强度；另一方面，又必须便于施工，不能过于复杂，否则，在数学上看来颇为优美，但实际工程难以采纳。几何模型是否合适，实际上是关系到拱坝优化成败的关键之一。考虑到拱坝优化是一项新技术，开始阶段应用于中小型拱坝的可能性较大，所以我们在文献［1～3］采用了单心圆和三心圆双曲拱坝。正是由于采用了这种比较实用的几何模型，使得我国的拱坝优化虽然起步比国外晚了十年，却首先成功地应用于实际工程，考虑到拱坝优化将逐渐应用于大型工程，所以我们又先后给出了五心圆、抛物线、对数螺线双曲拱坝的几何模型、离散几何模型和混合几何模型。

（2）约束函数立足于设计规范。为了优化结果能应用于实际工程，约束函数必须立足于设计规范，全面满足在坝体剖面设计阶段设计规范中的各项要求。国外几篇拱坝优化文献，在设计荷载中只考虑了水压力和自重，连温度荷载都没有考虑，其优化结果显然很难用于实际工程。

（3）有效的近似应力分析方法。在优化过程中要进行上千次应力分析，而通常的拱坝应力分析方法都比较复杂，在优化中直接采用常规的应力分析方法，耗用机时太多，实际上是不可能的，因而需要发展有效的近似应力分析方法。实际经验表明，作者提出的内力展开法是比较有效的。

（4）合适的寻优方法。非线性规划求解方法有几十种，哪些方法适用于拱坝优化，需要经过实践的检验，国外是采用序列线性规划法、作者先后采用过序列线性规划法、复形法、罚函数法、快速边界搜索法等、这些方法看来都是可用的，但程序的复杂性和求解的效率则互有区别。

（5）积极推广应用，在应用中不断改进提高。拱坝优化是一门新技术，现成的成功经验不多，而优化的目的是设计合理的坝体剖面，任务复杂，难度大，因此拱坝优化的开发研究工作，决不是编个程序、写篇文章就可完事，而必须积极推广应用，在应用过程中不断改进、提高、完善。

下面对上述几个问题分别进行阐述。

## 二、五心双曲拱坝的几何模型

河谷形状是任意的，沿高程分为 7 层，两岸利用岩石的等高线用 7 条折线表示，其结点坐标作为原始数据输入计算机。如图 1 所示，坝体中央剖面上游面顶点 C 的水平坐标（$x'$, $y'$ 为整体坐标）为

$$x'=x_1, \quad z'=x_2$$

坝体中央剖面与 $yoz'$ 平面的夹角为 $x_3$。这里 $x_1$、$x_2$、$x_3$ 是三个设计变量，它们完全决定了坝轴线位置，优化过程中，坝轴线可以在指定范围内移动和转动，以寻求最有利的坝体位置。

坝体的水平截面采用三段圆拱，中心拱在水平方向是等厚的，左右两边拱是变厚的，其上、下游表面分别具有不同的圆心和半径。坝体中央铅直剖面的上游表面采用二次曲线，中央剖面的厚度沿高度的变化采用三次曲线，并以曲线的参数作为设计变量。中拱上游面半径

$R_{uc}$、右边拱上游面半径 $R_{UR}$ 和左边拱上游面半径 $R_{UL}$ 沿高度的变化都采用二次曲线，右边拱下游面半径 $R_{DR}$ 和左边拱下游面半径 $R_{DL}$ 与边拱厚度有关，都采用三次曲线。中拱的左右半中心角沿高度线性变性，其数值预先给定。总共用 20 个设计变量，完全决定了五心圆双曲拱坝的设计剖面和坝轴线位置。

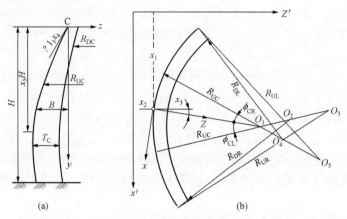

图 1　五心圆双曲拱坝

(a) 中央铅直剖面；(b) 水平剖面

通过设计变量的缩减（令一部分设计变量取预先给定的常数），由上述五心拱坝的几何模型可以得到三心圆双曲拱坝，单心圆双曲拱坝和定圆心单曲拱坝，它们可以分别适用于不同的地形地质条件和不同的工作规模。

## 三、抛物线双曲拱坝的几何模型

如图 2 所示，坝体水平截面用四条抛物线确定其剖面如下

$$\left.\begin{array}{ll} \text{右半拱上游面} & z = x^2 / (2R_{UR}) + B \\ \text{右半拱下游面} & z = x^2 / (2R_{DR}) + B + T_C \\ \text{左半拱上游面} & z = x^2 / (2R_{UL}) + B \\ \text{左半拱下游面} & z = x^2 / (2R_{DL}) + B + T_C \end{array}\right\} \qquad (1)$$

式中：$R_{UR}$、$R_{DR}$、$R_{UL}$、$R_{DL}$ 是拱冠处的四个曲率半径；$B$ 是拱冠上游面的顺河坐标；$T_C$ 是拱冠厚度。$B$、$R_{DR}$、$R_{DL}$ 等用 $y$ 的二次多项式表示，$T_C$、$R_{UR}$、$R_{UL}$ 等用 $y$ 的三次多项式表示，多项式的系数即为设计变量。坝轴线的位置仍用 $x_1$、$x_2$、$x_3$ 三个设计变量表示，共 19 个设计变量。另一种表示方式是用抛物线表示水平拱的中心轴，用另一个函数表示水平方向厚度的变化，两种表示方式，结果相近。

## 四、对数螺线拱坝的几何模型

水平拱圈的中心轴用对数螺线表示如下（图 3）

$$\rho = \rho_0 e^{k\theta} \qquad (2)$$

式中：$\rho$ 为向径；$\theta$ 为极角；极轴是 $PF$；$k$ 是常数。对数螺线任一点切线与向径的夹角 $\beta$ 也是一常数，并存在下列关系

$$k = \cot \beta \tag{3}$$

任一点的曲率半径为

$$R = \mathrm{d}s / \mathrm{d}\theta = \sqrt{1+k^2} \, \rho \tag{4}$$

由式（2）、式（3）可见，曲率半径 $R$ 正比于 $\rho$，因而随着极角 $\theta$ 的增加而迅速增大。在拱冠处，取对数螺线的切线平行于 $x$ 轴，极点 $P$ 的坐标可计算如下

$$x = -\rho_0 \cos \beta, \quad y = \rho_0 \sin \beta + B + T_C / 2 \tag{5}$$

从拱冠至任意点 G 的弧长为

$$s = \frac{\rho_0 \sqrt{1+k^2}}{k}(\mathrm{e}^{k\theta} - 1) = \frac{\rho_0}{\cos \beta}(\mathrm{e}^{k\theta} - 1) \tag{6}$$

$F$、$G$ 两点法线之间的夹角 $\phi$ 等于极角 $\theta$：

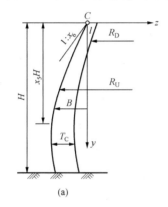

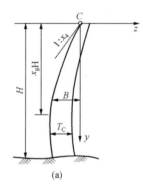

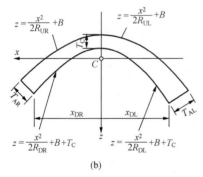

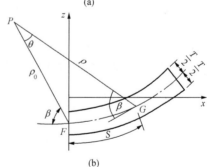

图 2　抛物线双曲拱坝

（a）中央铅直剖面；（b）水平剖面

图 3　对数螺线双曲拱坝

（a）中央铅直剖面；（b）水平剖面

$$\phi = \theta \tag{7}$$

拱中心线上任一点 G 的坐标为

$$\left.\begin{array}{l} x = \rho \cos(\beta - \theta) - \rho_0 \cos \beta, \\ z = \rho_0 \sin \beta + B + T_C / 2 - \rho \sin(\beta - \theta) \end{array}\right\} \tag{8}$$

坝轴线位置和拱冠剖面上游面曲线仍用 $x_1$ 至 $x_5$ 表示如前，坝体中央铅直剖面（拱冠）厚度 $T_C$ 可用三次多项式表示如下

$$T_C = x_6 + (\alpha_3 x_6 + \alpha_4 x_7 + \alpha_5 x_3 + \alpha_6 x_9)(y/H)$$
$$+ (\beta_3 x_6 + \beta_4 x_7 + \beta_5 x_3 + \beta_6 x_9)(y/H)^2 \qquad (9)$$
$$+ (\gamma_3 x_6 + \gamma_4 x_7 + \gamma_5 x_3 + \gamma_6 x_9)(y/H)^3$$

其中 $x_6$、$x_7$、$x_8$、$x_9$ 分别为 $y=0$、$y=bH$、$y=CH$ 及 $y=H$ 处的拱冠厚度，均为设计变量，系数 $\alpha_9$、$\alpha_4$ 等计算如下

$$\alpha_3 = -\alpha_4 - \alpha_5 - \alpha_6, \alpha_4 = c^2(1-c)/D, \alpha_5 = b^2(b-1)/D,$$
$$\alpha_6 = b^2 c^2 (c-b)/D, \beta_3 = -\beta_4 - \beta_5 - \beta_6, \beta_4 = c(c^2-1)/D$$
$$\beta_5 = b(1-b^2)/D, \beta = bc(b^2-c^2)/D, \gamma_3 = -\gamma_4 - \gamma_5 - \gamma_6, \qquad (10)$$
$$\gamma_4 = c(1-c)/D, \gamma_5 = b(b-1)/D, \gamma_6 = bc(c-b)/D,$$
$$D = b^2 c^3 - b^3 c^2 + b^3 c - bc^3 + bc^2 - b^2 c$$

式（2）中的 $k$ 可作为第 10 个设计变量

$$k = x_{10} \qquad (11)$$

对于不对称拱坝，拱冠向径 $\rho_o$ 在左右两边可采用不同数值，右边拱冠向径 $\rho_{oR}$ 用三次多项式表示如下

$$\rho_{oR} = x_{11} + (\alpha_3 x_{11} + \alpha_4 x_{12} + \alpha_5 x_{13} + \alpha_6 x_{14})(y/H)$$
$$+ \beta_3 x_{11} + \beta_4 x_{12} + \beta_5 x_{13} + \beta_6 x_{14})(y/H)^2 \qquad (12)$$
$$+ (\gamma_3 x_{11} + \gamma_4 x_{12} + \gamma_5 x_{13} + \gamma_6 x_{14})(y/H)^3$$

其中 $x_{11}$、$x_{12}$、$x_{13}$、$x_{14}$ 依次为 $y=0$、$y=bH$、$y=CH$ 及 $y=H$ 处的 $\rho_{oR}$ 值，为四个设计变量，同样，左边拱冠向径 $\rho_{oL}$ 也可用一个三次多项式和四个设计变量 $x_{15} \sim x_{18}$ 表示。

如果水平拱圈采用等厚度，利用 18 个设计变量可描述对数螺线拱坝的体形，对于对称拱坝，左右两边的向径 $\rho_0$ 相同，只有 14 个设计变量，如坝轴线不移动，只剩下 11 个设计变量。

如果水平拱圈采用变厚度，任一点的厚度可表示如下

$$T(s) = T_C + (T_A - T_C)\left(\frac{s}{s_A}\right)^2 \qquad (13)$$

其中 $T_A$ 为拱座处厚度；$T_C$ 为拱冠处厚度；$T(s)$ 为 $s$ 点厚度；$s$ 为弧长；$s_A$ 为拱座处的弧长。

# 五、双曲拱坝的离散几何模型

前面我们给出了拱坝的两种连续几何模型，下面再给出拱坝的离散几何模型。

1. 高度离散几何模型

如图 4 所示，把坝体中面投影到 $xy$ 平面上去，并划分密集的矩形网格，共得到 $n$ 个结点。每个结点有两个设计变量，一个是坝体厚度 $t_1$，另一个是坝中面顺河坐标 $Z_i$，在相邻结点之间，坐标 $z$ 和厚度 $t$ 都按线性插值。这样，坝体几何形状和坝轴线位置都决定于 $2n$ 个设计变

量 $z_1 \sim z_n$ 和 $t_1 \sim t_n$。对于内部结点，坐标 $x_i$ 和 $y_i$ 是固定的。对于坝体与基础接触的边界结点，将沿着两岸利用岩石等高线移动，其坐标 $x_i$ 可根据 $z_i$ 而算出（$y_i$ 是固定的）。

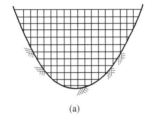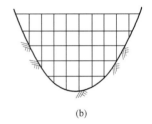

(a)         (b)

图 4　拱坝的离散几何模型

（a）高度离散几何模型；（b）中度离散几何模型

2. 中度离散几何模型

坝体中面也投影到 $xy$ 平面上去，但划分成比较稀疏的网格，因此结点数比较少，每个结点也有两个设计变量 $z_i$ 和 $t_i$，由于网格较稀，相邻结点之间的中面坐标 $z$ 和厚度 $t$ 都用样条函数插值。

3. 低度离散几何模型

水平方向用连续几何模型，如五心圆拱或抛物线拱，但在铅直方向采用离散几何模型，例如，沿坝高分为 7 层，水平截面采用不对称变厚度抛物线拱，每层拱圈各有如下 6 个设计变量：拱冠上游坐标 $z_i$，拱冠厚度 $Tc_i$，右半拱下游拱冠半径 $R_{DRi}$，左半拱上游拱冠半径 $R_{DRi}$，右半拱上游拱冠半径 $R_{URi}$，左半拱上游拱冠半径 $R_{ULi}$。

# 六、拱坝的混合几何模型

混合几何模型同时利用连续变量和离散变量建立拱坝的几何模型。例如，坝体上游面形状用连续变量描述，而坝体厚度用离散变量描述。

我们还可以设计一种局部离散几何模型。它也属于混合几何模型，坝体几何形状作为一个整体是用连续变量描述的，但有一些个别的局部的量采用离散值。例如，第 $i$ 点的厚度和第 $j$ 点的中面顺河坐标分别采用离散值如下

$$T'_i = T_i + \Delta T_i, \qquad\qquad z'_j = z_j + \Delta z_j$$

式中 $T_i$、$z_j$ 是根据连续几何模型算出的值，$\Delta T_i$ 和 $\Delta z_j$ 是离散的、局部修改的量，在 $i$、$j$ 点与其相邻结点之间，这些量按线性插值，在优化过程中，$\Delta T_i$ 和 $\Delta z_j$ 也是设计变量。由于坝址地形地质条件往往是不规则的。采用局部离散变量有利于改善局部的应力状态。

# 七、几种拱坝几何模型的比较

在我们给出的上述三种拱坝几何模型中，离散模型的优点是几何形状变化的自由度大，优化结果，坝体工程量可能最小。但它有两个缺点。第一，设计变量多，因而计算量大。第二，由于河谷形状是不规则的，优化方法又是数值方法，所以离散模型的优化结果，坝体剖面往往是不规则的，实际工程难以采纳。

连续几何模型的设计变量比较少，因之计算量较少。更重要的是，优化结果，坝体剖面是光滑的，工程上易于接受。总之，根据我们的经验，以采用连续几何模型为好。但为了改善坝体局部应力状态，有时也可采用局部离散几何模型。

## 八、目标函数

目标函数可取为坝的造价 $C(x)$ 如下

$$C(x) = C_1 V_1(x) + C_2 V_2(x) \qquad (14)$$

式中：$V_1(x)$、$V_2(x)$ 分别为坝体和基础开挖的体积；$C_1$ 和 $C_2$ 分别为混凝土和基础开挖的单价。由于拱坝的造价主要决定于坝的体积，也可以用坝体的体积 $V_1(x)$ 作为目标函数。

## 九、约束条件

约束条件应全面满足设计规范的要求，并适当考虑结构布置和施工上的需要，包括几何约束、应力约束和抗滑稳定约束等三个方面。

1. 几何约束

根据坝址地形地质条件，决定坝轴线移动范围，从而决定了设计变量 $x_1$、$x_2$、$x_3$ 的取值范围。根据坝顶交通等方面的要求，可决定坝顶最小厚度。有时为了控制基础开挖量，或为了避免过于凸出的扫帚型剖面，也可以限制坝的最大底部厚度。为便于施工，应控制坝体上、下游表面的最大倒悬坡度。

2. 应力约束

对坝内各控制点的应力应逐一检查，在静水压力、泥沙压力、温度变化和自重作用下，各点应力应满足下列条件

$$\sigma_1/[\sigma_1] \leqslant 1, \quad \sigma_2/[\sigma_2] \leqslant 1 \qquad (15)$$

式中 $\sigma_1$、$\sigma_2$ 分别为第一和第二主应力，$[\sigma_1]$ 和 $[\sigma_2]$ 分别为允许拉应力和允许压应力。

对施工应力也应适当控制。在坝体接缝灌浆以前，不同时期各坝块由于自重而产生的拉应力（相应于不同的施工阶段）不能超过允许值。

3. 抗滑稳定约束

我们先后采用过下列两种坝肩抗滑稳定约束条件：

（1）根据坝肩抗滑稳定要求，拱轴线或推力线与地形等高线的夹角 $\eta$ 不小于给定值 $[\eta]$

$$1 - [\eta]/\eta \geqslant 0 \qquad (16)$$

（2）空间整体抗滑稳定系数 $k$ 大于允许值 $[k]$

$$1 - [k]/k \geqslant 0 \qquad (17)$$

中小型拱坝和地质条件较好的大型拱坝采用式（16），地质条件较差的大型拱坝用式（17）。

## 十、应力分析的显式化

拱坝优化是用数值方法求解的，在求解过程中要计算上千次甚至几千次约束条件。由于约束条件中包含了坝体应力和稳定，因此要计算上千次甚至几千次坝体应力。但拱坝是变厚度变曲率的双曲壳体，支承条件又很复杂，应力分析很复杂，每次应力分析都要求解一个大

型方程组才能得到坝体应力，需要大量机时，例如，在每秒运算一百万次的计算机上，用试载法分析一次拱坝应力，需要约 3 分钟（CPU），计算一千次就需要 50 小时，实际上这当然是不可能的。因此，对于拱坝优化问题来说，如何进行应力分析是一个突出问题。解决的关键在于显式化，即把坝体应力用设计变量的显式表示。

1. 应力一次展开法

对于一般的结构优化问题，L.A.Schmit 于 1976 年建议把结构应力在 $x^k$ 点的邻域作台劳级数展开，并忽略二阶以上的项，从而得到线性表达式如下：

$$\sigma(x) = \sigma(x^k) + \nabla^T \sigma(x)(x - x^k) \tag{18}$$

其中 $\nabla \sigma(x) = \left[\dfrac{\partial \sigma}{\partial x_1}, \dfrac{\partial \sigma}{\partial x_2}, \cdots \dfrac{\partial \sigma}{\partial x_m}\right]^T$ 称为应力敏度，$k$ 为大迭代次数，即进行敏度分析的次数，T

表示矩阵的转置。由于应力与设计变量之间的关系是高度非线性的，用本方法进行拱坝优化，通常要迭代 12～15 次，收敛速度较慢。

2. 内力一次展开法

在优化过程中，当设计变量变化时，应力和内力都随之而改变，但内力的变化要平稳得多，有鉴于此，作者在文献 [2] 中建议把坝内各控制点的内力按台劳公式展开，并忽略高阶项，得到

$$F_j(x) = F_j(x^k) + \sum_{i=1}^{n} \frac{\partial F_j}{\partial x_j}(x_i - x_i^k) \tag{19}$$

式中 $F_j(x)$ 为第 $j$ 个内力（轴力、弯矩、扭矩等），$k$ 为大迭代次数。$F_j(x)$ 可以直接取为内力，也可以作一些变换。例如，对于弯矩 $M_j$，可取

$$F_j = M_j / R^2$$

$R$ 为该点曲率半径。经过上述变换，效果更好一些。

在优化过程中，当设计点 $x$ 变化时，先由式（19）计算 $x$ 点的内力，然后用材料力学公式计算 $x$ 点的应力，所以应力已是非线性的了。由于内力变化比较平稳，实际计算经验表明，按内力展开，只要迭代 2 次就收敛了。而且第一次迭代结果，误差还不到 1%，见图 5，这所谓迭代一次是指计算一次式（19）中的系数。

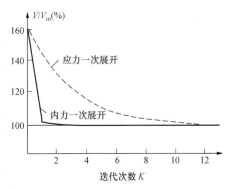

图 5　作者的内力一次展开法收敛情况

实际经验表明，内力一次展开法的收敛速度远较应力一次展开法为快。这是由于当设计变量变化时，应力的变化比较剧烈，而内力的变化很平缓。

3. 荷载一次展开法

应力分析采用试载法时，也可以把梁荷载 $P_b$ 和拱荷载 $P_a$ 展开如下：

$$P_b(x) = P_b(x^k) + \sum_{i=1}^{n} \frac{\partial P_b}{\partial x_1}(x_i - x_i^k)$$

设计点改变后，由上式计算分配荷载，再计算内力和应力。

### 4. 抗滑稳定系数一次展开

求出坝的内力后，用刚体极限平衡法计算坝体抗滑稳定安全系数仍有一定工作量，所以抗滑稳定系数 $K(x)$ 也应作一次展开如下

$$K(x) = K(x^k) + \nabla^{\mathrm{T}} K(x^k)(x - x^k) \tag{20}$$

# 十一、敏度分析

如上所述，通过式（18）、式（19），可使应力或内力显式化。下面说明如何计算应力敏度和内力敏度。

### 1. 试载法的敏度分析

试载法是目前比较常用的拱坝应力分析方法，下面我们提出用试载法计算拱坝时的敏度分析方法。

拱的变位 $U_a = AP_a + U_{ao}$，其中 $A$ 为拱的柔度矩阵，$U_{ao}$ 为拱的初始变位，$P_a$ 为拱荷载列阵，包括径、切、扭三种荷载。同样，梁的变位 $U_b = BP_b + U_{bo}$，其中 $B$ 为梁的柔度矩阵，$P_b$ 为梁荷载列阵，$U_{bo}$ 为梁的初始变位。根据变位协调条件 $U_a = U_b$ 及分载原理 $P_a + P_b = P$，其中 $P$ 为坝的设计荷载列阵，可得到试载法的基本方程如下

$$CP_b = AP + U_{ao} - U_{bo} \tag{21}$$

式中 $C = A + B$，由上式解出梁荷载 $P_b$ 后，由于 $P_a = P - P_b$，由下式可求出内力

$$F = HP_b \tag{22}$$

再由下式可求出应力 $\qquad \sigma = SF \tag{23}$

由式（21）两边对设计变量 $x_i$ 求偏导数，经整理后得到梁荷载敏度

$$\frac{\partial P_b}{\partial x_i} = C^{-1} L \tag{24}$$

式中 $\qquad L = \dfrac{\partial A}{\partial x_i} P + A \dfrac{\partial p}{\partial x_i} - \dfrac{\partial c}{\partial x_i} P_b + \dfrac{\partial (U_{ao} - U_{bo})}{\partial x_i} \tag{25}$

由式（24）求出 $\partial P_b / \partial x_i$ 后，再由以下二式即可求出内力和应力敏度

$$\frac{\partial F}{\partial x_i} = H \frac{\partial P_b}{\partial x_i} + \frac{\partial H}{\partial x_i} P_b \tag{26}$$

$$\frac{\partial \sigma}{\partial x_i} = S \frac{\partial F}{\partial x_i} + \frac{\partial s}{\partial x_i} F \tag{27}$$

### 2. 位移法的敏度分析

分析拱坝应力的一维有限元法[7]和三维有限元法[14]均属于变位法，其基本方程为

$$KU = P \tag{28}$$

式中：$K$ 为刚度矩阵，$U$ 为变位列阵，$P$ 为结点荷载列阵［与式（22）中的 $P$ 不同］。由上式两边对 $x_i$ 求偏导数，整理后可得到

$$\frac{\partial U}{\partial x_i} = K^{-1} \left( \frac{\partial P}{\partial x_i} - \frac{\partial K}{\partial x_i} U \right) \tag{29}$$

应力列阵 $\sigma$ 与变位列阵 $U$ 之间存在关系 $\sigma = SU$，由此可知

$$\frac{\partial \sigma}{\partial x_i} = S\frac{\partial U}{\partial x_i} + \frac{\partial S}{\partial x_i}U \qquad (30)$$

由式（29）求出变位敏度后，代入上式可求出应力敏度。

内力列阵 $F$ 与变位列阵 $U$ 之间存在关系 $F=K^e U$，其中 $K^e$ 为单元刚度阵，由此可得到

$$\frac{\partial F}{\partial x_i} = K^e\frac{\partial U}{\partial x_i} + \frac{\partial K^e}{\partial x_i}U \qquad (31)$$

也可由 $\partial \sigma / \partial x_i$ 沿断面积分而得到 $\partial F / \partial x_i$。

# 十二、两阶段优化

目前采用的拱坝应力分析方法有两种，一种是简约法，如一维有限元法及拱冠梁法等；另一种是精细方法，如试载法、三维有限元法等。在优化的全过程中都采用精细的应力分析方法。计算量还是比较大。为了进一步减少计算量，作者提出了下列两阶段优化方法[4]：

第一阶段优化　应力分析用简约方法，按内力展开，如式（19），迭代两次，得近似最优解 $x^*$。这一阶段的计算量是很小的。

第二阶段优化　以 $x^*$ 作为初始点，内力按下式计算

$$F_j(x) = F_j(x^*) + \sum_{i\in P}\frac{\partial F_i(x^*)}{\partial x_i}(x_j - x_j^*) + \sum_{i\in Q}\frac{\partial F_j(x^*)}{\partial x_i}(x_j - x_j^*) \qquad (32)$$

上式右边第一项及第二大项中的偏导数用精细应力分析方法计算，第三大项中的偏导数用简约方法计算。

在这里，我们把设计变量分为 $P$、$Q$ 两大类，$P$ 类是对拱坝内力影响较大的变量，主要是与坝体厚度有关的变量，其余变量属于 $Q$ 类。由于一维有限元法有相当好的计算精度，第一阶段优化得到的近似解 $x^*$ 与真解已较接近，所以第二阶段优化只要大迭代一次就够了。

# 十三、设计变量的变换

在上面几节，坝体的内力和应力显式是用设计变量 $x_i$ 的一次式表示，忽略了二次以上的高次项。显然，内力、应力、荷载等本来是 $x_i$ 的高次函数，如果零次项和一次项占的比重大，高次项占的比重小，忽略高次项，误差就不大，反之，误差就较大。下面我们设法进行设计变量的变换，以提高零次和一次项的比重，从而提高近似式的计算精度。

作变换 $$x_i = \bar{x}_i^{a_j} \qquad (33)$$
然后以 $\bar{x}_i$ 作为新的设计变量。

以拱圈应力为例

$$\sigma = \frac{N}{x_i} \pm \frac{6M}{x_i^2}$$

式中 $x_i$ 为厚度。显然，如果只有轴力 $N$，取 $a_i=-1$，则应力成为 $\bar{x}_i$ 的一次式，即通常所谓倒变量。如果只有弯矩 $M$ 作用，取 $a_i=-2$，应力也成为一次式。如同时有轴力和弯矩作用，则可取一折中的数值，这个数值可由计算机根据已有的信息自动给出，并在迭代过程中不断更新。

# 十四、优化方法

拱坝体形优化属于非线性规划问题。据我们几年来的经验，下面这些优化方法都是有效的。

### 1. 系列线性规划法与系列二次规划法

把目标函数和约束条件全部线性化，即简化为线性规划问题，可用修正单纯形法求解，为了防止求解过程中出现振荡现象，可对设计变量加一些移动限制。从已有经验来看，大概要迭代 12～15 次。

如果只把约束条件线性化，而目标函数用二次式表示，即简化为二次规划问题，如目标函数和约束条件都保持为非线性的，经过一些变换，也可以得到二次规划问题，当然，都要迭代几次，因而都是序列二次规划。后者因保持了约束函数的非线性，收敛速度快一些。

### 2. 复形法

由于拱坝优化的设计变量数最多只有二十来个，所以可以用复形法求解。从已有经验来看，利用随机数形成可行的初始复合形比较费事，如利用紧约束条件产生初始复合形顶点，可节省一些机时。

### 3. 罚函数法和乘子法

罚函数法利用惩罚函数把约束优化问题转化成无约束优化问题，然后用 DFP 或 BGS 方法求解，从我们几年来运用这个方法的情况看，计算效果总的来说还是满意的。如采用乘子法，收敛速度还可以加快一些。

### 4. 快速边界搜索法

非线性规划的最优解通常落在约束边界上，因此只要沿着紧约束边界搜索，就可以达到最优解。快速边界搜索法就是基于上述思想，并吸收了可行方向法、投影梯度法、Rosenblock 转轴法的某些技巧而建立起来的解法，应用于拱坝优化，计算效果是不错的。

更简单一些的算法是，把单形法与边界搜索结合起来，使单形法的每一个顶点都落在约束曲面上，计算程序较简单，应用于拱坝优化的效果也不错。

# 十五、S.E.T 模型

拱坝优化的目标函数通常取为坝体体积或造价，可称为最经济模型（简称 E.T 模型），这类模型是寻找在确定的安全度限制下的最经济的方案；也可以取最小安全度 $K_0$ 作为目标函数，$K_0$ 定义为应力安全系数和稳定安全系数中的最小值，这类模型是在确定的坝体体积限制下，搜索最安全的方案，称为最安全模型（简称 S.T 模型）。根据 Kuhn-Tucker 条件，可以证明这两类模型存在着互等关系：最经济设计就是在该体积限制下的最安全设计；而最安全设计亦就是在该安全度限制下的最经济设计。这种互等关系反映了最优设计的实质是结构的力学特性的优化，"最经济"和"最安全"则是两种不同的表现形式。

在 E.T 模型、S.T 模型及其互等关系的基础上，我们建立了 S.E.T 模型。利用 E.T 模型的程序，取一组不同的安全系数，可以得到最优设计集合 AB 线，在 AB 上定义目标函数 $f(x)=E(x)+WK_0(x)$，即以经济（$E$）和安全（$K$）的综合效益作为目标函数，权重 $W$ 用模糊方法确定，可考虑建筑物等级、坝高、地质情况，应力分析方法精度和施工队伍水平等因素。

图 6 为浙江瑞垟拱坝的 S.E.T 图，$P$ 点为初步设计方案，坝体体积 $V_0$=7.46 万方，允许拉应力 $[\sigma]$ =1.2MPa，允许压应力不起控制作用。$A$ 点是 $[\sigma]$ =1.2MPa 时的最经济方案，$V$ 降为 6.03 万方，省 19%。取 $[\sigma]$ =1.0、0.8、0.7MPa，得到 $AB$ 线，$B$ 点是 $V=V_0$ 的最安全设计，而 $AB$ 线上，每一点都是一个不同 $[\sigma]$ 限制下的最经济设计，根据互等关系，$AB$ 上每一点又是不同 $V$ 限制下的最安全设计。根据工程具体情况确定权重 $W$ 值，得到 S.E.T 最优设计点 $C$，和原设计相比较，坝体体积从 7.46 万方降到 6.45 万方，节省 13.5%，而最大拉应力从 12MPa 降为 9.5MPa，减小 20.8%。

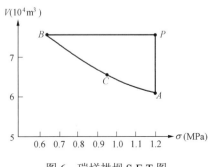

图 6　瑞垟拱坝 S.E.T 图

S.E.T 模型的建立，增强了拱坝优化对不同工程情况的适应性。中小型工程一般技术力量较弱，投资又少，对于方量的节省比较感兴趣；对于大型工程，安全问题更为突出，希望尽量提高安全度。S.E.T 模型对不同的要求都能给出经济、安全综合效益最大的最优设计。

# 十六、工程应用

十年来我们一直非常重视工程应用，一方面，不断地把我们的研究成果，应用于实际工程，节省工程投资，提高设计效率，产生经济和社会效益；另一方面，在应用过程中，可以发现数学模型和计算方法上的不足之处，从而可以不断地改善我们的数学模型和计算方法。

到目前为止，我们已对二十多个拱坝进行了优化设计，部分工程的情况见表 1。其中响洪甸、石门、东江为当时已建成或已设计好的工程，通过计算，可以看到优化的效果，其他 7 个都是新工程，优化工作是与设计人员共同完成的。这十个工程坝高为 30～157m。响洪甸、石门、东江的允许应力采取设计方案的最大应力，其他工程的允许应力是由设计单位提供的，对于中小型拱坝，在优化阶段的应力分析一般采用一维有限元法，最终方案用多拱梁法或三维有限元法校核，一般与一维有限元计算结果符合得比较好。对于大型拱坝，在优化过程中即采用三维有限元法、试载法或反力法。

表1　　　　　　　　　　　　　　优化设计的工程概况

| 编号 | 工程名称 | 河谷形状 | 坝高 $H$ (1m) | 河谷系数 $K=\dfrac{a+b}{H}$ | 允许应力 (kg/cm²) | | 弹模 (10⁴kg/cm²) | | 坝体体积 (10⁴m³) | | | 备注 |
|---|---|---|---|---|---|---|---|---|---|---|---|---|
| | | | | | 拉 | 压 | 坝体 | 基础 | 设计 $V_0$ | 优化 $V^{\#}$ | $\dfrac{V_0-V^{\#}}{V_0}$% | |
| 1 | 南哨（贵州） | $a$=100m $b$=30m | 30.0 | 4.33 | 10.0 | −30.0 | 16 | 8 | 1.25 | 1.04 | 16.8 | |
| 2 | 翁坑（贵州） | 91.4 45 | 32.0 | 4.26 | 10.0 | −30.0 | 4 | 4 | 1.36 | 1.03 | 24.3 | 加拱厚递增限制 |

| 编号 | 工程名称 | 河谷形状 | 坝高 $H$ (1m) | 河谷系数 $K=\dfrac{a+b}{H}$ | 允许应力 (kg/cm²) | | 弹模 (10⁴kg/cm²) | | 坝体体积 (10⁴m³) | | | 备注 |
|---|---|---|---|---|---|---|---|---|---|---|---|---|
| | | | | | 拉 | 压 | 坝体 | 基础 | 设计 $V_0$ | 优化 $V^{\#}$ | $\dfrac{V_0-V^{\#}}{V_0}$% | |
| 3 | 大水溪（贵州） | 130 / 53.5 | 44.0 | 4.17 | 15.0 | −30.0 | 10 | 10 | 4.00 | 3.60 | 10.0 | 此坝为尾矿坝，水平荷载增加约30%。初始可行方案 $V=4.24\times10^4\mathrm{m}^3$ |
| 4 | 黄溪河（山东） | 150 / 23.5 | 55.0 | 3.15 | 13.0（梁）8.0（拱） | −35.0 | 8 | 8 | 5.03 | 3.18 | 36.7 | |
| 5 | 龙塘（四川） | 109 / 13.1 | 58.1 | 2.11 | 8.0 | −30.0 | 15 | 6-12 | 2.88 | 1.83 | 36.4 | |
| 6 | 七星（江西） | 199 / 99 | 69.0 | 4.32 | 10.0 | −50.0 | 10 | 10 | 16.30 | 13.40 | 17.4 | |
| 7 | 铁炉（江西） | 237 / 42 | 71.8 | 3.89 | 10.0 | −40.0 | 10 | 10 | 16.00 | 12.20 | 23.8 | |
| 8 | 响洪甸（安徽） | 270 / 90 | 79.4 | 4.53 | 3.0 | −32.0 | 16 | 16 | 24.90 | 22.20 | 10.8 | |
| 9 | 石门（陕西） | 199 / 52 | 85.0 | 2.95 | 15.0 | −40.0 | 16 | 3～16 | 17.40 | 18.40 | 5.8 | |
| 10 | 东江（湖南） | 396 / 53 | 157.0 | 2.86 | 9（梁）15.9（拱） | −66.6（梁）−51.7（拱） | 20 | 20 | 90.20 | 75.00 | 16.9 | |

从表 1 可见，优化方案比原设计方案可节省 5%～35%，平均节省 20%。根据七星、铁炉和黄溪河等三个拱坝的核算，共节省工程投资 340 万元，经济效益显著。

近年来，我们对李家峡、棉花滩等大型拱坝进行了优化，也收到了节省投资和改善应力状态的效果。大型工程的设计力量雄厚，为选择合理体型，可以做几十个甚至几百个方案，所以初始方案一般较好，优化方案的节省可能小于 10%。

用人工方法选定拱坝设计体型，一般需时几个月甚至一两年。现在采用优化方法，一般只要一星期左右时间（包括设计人员熟悉程序说明及成果分析，电算时间只有十分钟左右）。

工作效率的提高是明显的。

拱坝优化已经在坝工建设中发挥了作用，并逐渐为更多的人所了解。水利电力部已经要求一些大型拱坝在设计中要作优化论证，浙江、江西等省在审查拱坝工程时，也常要求进行优化设计。

根据国际联机检索（美国 DIALOG 和欧洲 ESA 情报检索系统）结果，目前在国外尚未发现实际拱坝工程应用优化设计的先例。我国在拱坝优化的基本理论与工程应用方面均居领先地位。

# 十七、结束语

（1）拱坝优化用非线性规划方法求出拱坝最优体形，据我们所做的二十个工程统计，平均可节省坝体工程量的 20%，经济效益显著。并可把拱坝体形设计所需时间，从过去的几个月，缩短到一周左右，工作效率也明显提高了。

（2）拱坝优化能否应用于实际工程，关键在于数学模型是否实用化了，我们在国际上首先把拱坝优化应用于实际工程获得成功，就是因为我们建立的数学模型是合理而实用的。主要有两条，第一，在建立拱坝优化的几何模型时，我们没有像国外文献那样追求数学上的优美，而是走实用的道路，即采用五心、三心、单心拱坝和抛物线拱坝，这些体形是工程人员所熟悉的，也是经过实践考验的，通过优化，选择合理的参数，使工程量得到节约。第二，约束条件立足于设计规范和设计传统，人工设计中在体形选择阶段所考虑的主要因素，在我们的数学模型中都已包括了，因而求得的最优体形可以满足设计上的要求。

（3）在拱坝优化的求解方法方面，国外一般是把目标函数和约束条件全部线性化，然后用序列线性规划法求解，一般要迭代 12～15 次。我们提出了按内力展开、按荷载展开、两阶段优化、设计变量变换等方法，一般只要迭代 2～3 次，计算效率大幅度提高。

# 高拱坝体形优化设计中的若干问题❶

**摘　要：** 本文给出了五心圆双曲拱坝、抛物线双曲拱坝、对数螺线双曲拱坝优化设计的数学模型，给出了一种非常有效的应力重分析方法——内力展开法，只需迭代 3 次即可收敛。本文给出了一个计算实例。

**关键词：** 拱坝；优化设计；数学模型；求解方法

## Some Problems in the Optimum Design of High Arch Dams

**Abstract:** The mathematical model of optimum design of double curvatured high arch dams with horizontal dam axis of circle with five centers, parabola and logarithmic spiral are given. A very effective method for stress reanalysis in the process of optimization——the internal force expansion method is proposed. Only two to three iterations are reguired. an example of practical arch dam is given.

**Key words:** arch dam, optimum design, mathematical model, method of solution

拱坝体形设计是否合理，对坝的经济性和安全度影响很大，以前主要依靠重复修改和方案比较，工作效率低，而且不能求出最优方案。拱坝体形优化设计是利用数学规划在电子计算机上直接求出拱坝的最优体形，可节省工程投资，提高工作效率。本文第一作者与有关同志合作，建立了数学模型，提出了一系列计算方法，并先后编制了几个通用电算程序，已在实际工程中推广应用，有关成果详见参考文献 [1] ～ [7]。

从 1985 年开始，结合两个实际工程，我们着手研究百米以上高拱坝的体形优化问题。从中小型拱坝的体形优化，进展到大型高拱坝的体形优化，需要解决如下一些问题：①在几何模型方面，中小型拱坝都是采用单心圆拱坝，形状简单，设计变量小，而大型高拱坝多采用五心圆、抛物线或对数螺线拱坝，形状复杂，设计变量多；②在目标函数和约束条件方面，高拱坝考虑的因素更多、更细致；③在应力分析方面，中小型拱坝都采用一维有限元法[9]，而高拱坝要求采用多拱梁法、三维有限元法等更精细的方法；④在坝肩稳定方面，中小型拱坝是通过限制推力角来保证坝肩稳定的，而高拱坝则要求通过空间刚体极限平衡来保证坝肩稳定。在采用复杂的应力和稳定分析方法后，由于计算量大，需要利用一些特殊的计算方法，才能解出优化方案。经过一年多的工作，我们已解决了这些问题。

---

❶　原载《水利水电技术》1987 年第 3 期，由作者与谢钊联名发表。

# 一、五心双曲拱坝的几何模型

水平截面采用三段圆拱，中心拱为水平等厚，左右边拱为变厚，其上、下游表面有不同的圆心和半径。坝体中央铅直剖面的上、下游面采用二次和三次曲线，坝轴线可在指定范围内移动和转动，以寻求最有利位置（图1）。

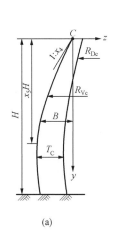
(a)

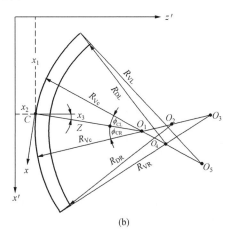
(b)

图 1　五心圆双曲拱坝

**（一）河谷形状**

河谷形状是任意的，沿高程分为 7 层，各层可有不同的弹性模量，两岸利用岩石等高线各用 7 条折线表示。

**（二）坝轴线位置**

如图1所示，坝体中央剖面上游面顶点 $C$ 的水平坐标（$x'$, $z'$ 为整体坐标）为 $x'=x_1$、$z'=x_2$，坝体中央剖面与 $yoz'$ 平面的夹角为 $x_3$。这里 $x_1$、$x_2$、$x_3$ 是三个设计变量，它们决定了坝轴线的位置。

**（三）拱冠上游面曲线**

拱冠上游面曲线方程为

$$z = B = -x_4 y + \frac{x_4 y^2}{2 x_5 H} \tag{1}$$

式中：$H$ 为坝高。

上式满足下列条件

$$\frac{\mathrm{d}z}{\mathrm{d}y} = \begin{cases} -x_4(\text{当}\, y = 0, \ \text{即坝顶时}); \\ 0(\text{当}\, y = x_5 H \text{时})。 \end{cases}$$

可见坝顶坡度是 $-x_4$，上游面坡度为零的点（变坡点）是 $y = x_5 H$。

**（四）中心拱厚度 $T_C$**

中心拱厚度 $T_C$ 用三次曲线表示，即

$$T_C = x_6 + (\alpha_3 x_6 + \alpha_4 x_7 + \alpha_5 x_8 + \alpha_6 x_9)(y/H) + (\beta_3 x_6 + \beta_4 x_7 + \beta_6 x_8 + \beta_6 x_9)(y/H)^2 \\ + (\gamma_3 x_6 + \gamma_4 x_7 + \gamma_5 x_8 + \gamma_6 x_9)(y/H)^3 \tag{2}$$

式中　$x_6$、$x_7$、$x_8$、$x_9$——分别是 $y=0$、$y=bH$、$y=cH$、$y=H$ 处的中心拱厚度，均为设计变量；

$\alpha_3$——系数，$\alpha_3 = -\alpha_4 - \alpha_5 - \alpha_6, \alpha_4 = c^2(1-c)/D, \alpha_5 = b^2 \times (b-1)/D, \alpha_6 = b^2 c^2(c-b)/D$；

$\beta_3$——系数，$\beta_3 = -\beta_4 - \beta_5 - \beta_6, \beta_4 = c(c^2-1)/D, \beta_5 = b(1-b^2)/D, \beta_6 = bc(b^2-c^2)/D$；

$\gamma_3$——系数，$\gamma_3 = -\gamma_4 - \gamma_5 - \gamma_6, \gamma_4 = c(1-c)/D, \gamma_5 = b(b-1)/D, \gamma_6 = bc(c-b)/D$；$D = b^2 c^3 - b^3 c^2 + b^3 c - bc^3 + bc^2 - b^2 c(b, c$意义见图2)。

式（2）满足下列条件：当 $y$ 分别等于 0、$bH$、$cH$、$H$ 时，$T_C$ 相应分别等于 $x_6$、$x_7$、$x_8$、$x_9$。

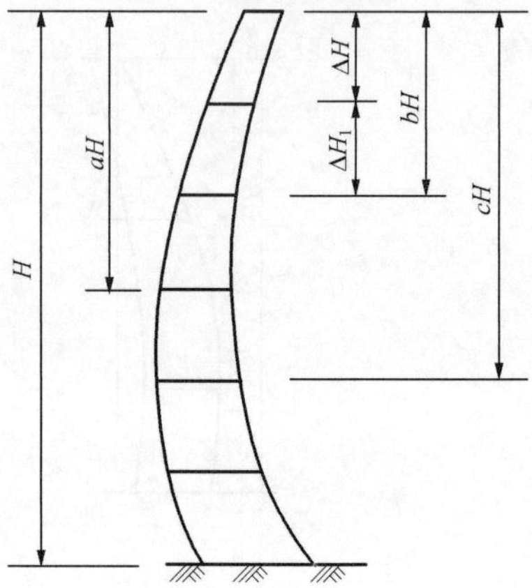

（五）中心拱上游面曲率半径 $R_{UO}$

$$R_{UO} = x_{10} + x_{10}(\alpha_0 + \alpha_1 x_{11} + \alpha_2 x_{12}) \times (y/H) + x_{10}(\beta_0 + \beta_1 x_{11} + \beta_2 x_{12}) \times (y/H)^2 \qquad (3)$$

式中　$x_{10}$——坝顶（$y$=0）上游面中心拱曲率半径；

$x_{11}$——坝中（$y$=$aH$）与坝顶中心拱上游面曲率半径的比值；

$x_{12}$——坝底（$y$=$H$）与坝顶中心拱上游面曲率半径的比值；

$\alpha_0$——系数，$\alpha_0 = -(1+a)/a$；

$\alpha_1$——系数，$\alpha_1 = 1/a(1-a)$；

$\alpha_2$——系数，$\alpha_2 = -a/(1-a)$；

$\beta_0$——系数，$\beta_0 = 1/a$；

$\beta_1$——系数，$\beta_1 = -a$；

$\beta_2$——系数，$\beta_2 = 1/(1-a)$。

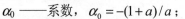

图 2　拱坝中央剖面

（六）中心拱下游面曲率半径 $R_{DO}$

$$R_{DO} = R_{UO} - T_C \qquad (4)$$

式中符号意义同前。

（七）右边拱上、下游面曲率半径 $R_{UR}$、$R_{DR}$

1. 右边拱上游面曲率半径 $R_{UR}$ 可用下式求出，即

$$R_{UR} = R_{UO} + \overline{O_1 O_3}, \qquad (5)$$

式中　$\overline{O_1 O_3}$——圆心 $O_1$ 与圆心 $O_3$ 的距离，$\overline{o_1 o_3} = x_{13} + x_{13}(\alpha_0 + \alpha_1 x_{14} + \alpha_2 s_1)(y/H) + x_{13}(\beta_0 + \beta_1 x_{14} + \beta_2 s_1)(y/H)^2$，其中 $x_{13}$ 为坝顶的圆心距 $\overline{O_1 O_3}$，$x_{14}$ 和 $s_1$ 分别为 $y$=$aH$ 及 $y$=$H$ 处的圆心距 $\overline{O_1 O_3}$ 与 $x_{13}$ 的比值，$x_{14}$ 为设计变量，$s_1$ 值事先给定，通常取 $s_1$=0。

其他符号意义同前。

2. 右边拱下游面曲率半径 $R_{DR}$ 可按下式求出，即

$$R_{DR} = R_{UR} - \overline{O_2 O_3} - T_C, \qquad (6)$$

式中　$\overline{O_2 O_3}$——为圆心 $O_2$ 与圆心 $O_3$ 的距离，$\overline{O_2 O_3} = s_2 + (\alpha_2 s_2 + \alpha_4 x_{15} + \alpha_5 x_{16} + \alpha_6 s_3)(y/H) + (\beta_3 s_2 + \beta_4 x_{15} + \beta_5 x_{16} + \beta_6 s_3)(y/H)^2 + (\gamma_3 s_2 + \gamma_4 x_{15} + \gamma_5 x_{16} + \gamma_6 s_3)(y/H)^3$，其中

$s_2$、$x_{15}$、$x_{16}$、$s_3$ 依次是 $y=0$、$y=bH$、$y=cH$、$y=H$ 处的圆心距，$x_{15}$、$x_{16}$ 为设计变量，$s_2$、$s_3$ 为常量，通常取 $s_2=s_3=0$；

其他符号意义同前。

如坝体左右对称，利用 16 个设计变量即可决定五心圆双曲拱坝的设计剖面和坝轴线位置。如左右两边不对称，用与 $\overline{O_1O_3}$、$\overline{O_2O_3}$ 算式类似公式可以描述左边拱上、下游面的曲率半径，当然相应地要增加 4 个设计变量（$x_{17} \sim x_{20}$）及 3 个常数（$s_4 \sim s_6$）。

中心拱的左、右半中心角按线性插值的已知值输入，通常可取为顶拱中心角的四分之一左右。

上述几何模型具有下列优点：①把部分设计变量取为特定值，可以得到五种其他形式的拱坝，即三心圆水平等厚双曲拱坝、三心圆水平变厚双曲拱坝、单心圆水平等厚双曲拱坝、定圆心三心单曲拱坝和定圆心单心单曲拱坝，从而有利于适应各种不同的地形地质条件和工程规模。②全部设计变量都有明显的物理意义，容易给出其初始值和上、下限，给优化工作带来方便。

## 二、抛物线双曲拱坝的几何模型

为了适应不对称河谷，并自拱冠向拱座加厚，每层拱圈都用 4 条抛物线确定其剖面（见图 3）。

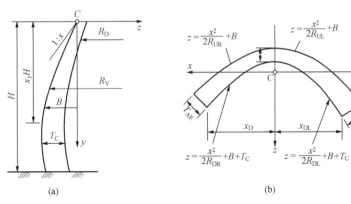

图 3　抛物线双曲拱坝

从图 3 中可知，右半拱上游面的抛物线为 $z = \dfrac{x^2}{2R_{UR}} + B$，下游面的抛物线为 $z = \dfrac{x^2}{2R_{DR}} + B + T_C$；左半拱上游面的抛物线为 $z = \dfrac{x^2}{2R_{UL}} + B$，下游面抛物线为 $z = \dfrac{x^2}{2R_{DL}} + B + T_C$（$R_{UR}$、$R_{DR}$、$R_{UL}$、$R_{DL}$ 分别为 4 个曲率半径，$B$ 为拱冠上游面的顺河坐标，$T_C$ 为拱冠厚度）。

坝轴线位置、拱冠上游面曲线及拱冠厚度 $T_C$ 的表示方法同前，所以 $x_1$ 到 $x_9$ 等 9 个设计变量与上节相同，其余各量按下述公式计算。

（一）右半拱拱冠处下游面曲率半径 $R_{DR}$

$$R_{DR} = x_{10} + (\alpha_0 x_{10} + \alpha_1 x_{11} + \alpha_2 x_{12}) \times (y/H) + (\beta_0 x_{10} + \beta_1 x_{11} + \beta_2 x_{12}) \times (y/H)^2 \qquad (7)$$

式中　$x_{10}$、$x_{11}$、$x_{12}$——分别为 $y=0$、$y=aH$、$y=H$ 处的右半拱下游面曲率半径；

其他符号意义同前。

（二）右半拱拱冠处上游面曲率半径 $R_{UR}$

$$R_{UR} = r_1 + (\alpha_3 r_1 + \alpha_4 x_{13} + \alpha_5 x_{14} + \alpha_6 r_2) \times (y/H) + (\beta_3 r_1 + \beta_4 x_{13} + \beta_5 x_{14} + \beta_6 r_2)(y/H)^2 \\ + (\gamma_3 r_1 + \gamma_4 x_{13} + \gamma_5 x_{14} + \gamma_6 r_2)(y/H)^3 \tag{8}$$

式中：$r_1$、$x_{13}$、$x_{14}$、$r_2$——分别为 $y=0$、$y=bH$、$y=cH$、$y=H$ 处的右半拱拱冠上游面曲率半径，考虑到坝顶和坝底的拱座厚度通常等于或接近于拱冠的厚度，在坝顶和坝底可分别取 $T_{AR}=k_1 x_6$ 和 $T_{AR}=k_2 \times x_9$（$T_{AR}$ 为拱座厚度），并算出 $r_1$、$r_2$ 来，$k_1=k_2=1.05\sim1.10$；

其他符号意义同前。

如果采用左右对称的体形，利用上述 14 个设计变量即决定了坝体的体形；如采用左右不对称的体形，则还要增加 5 个设计变量，共有 19 个设计变量。如果 $R_{DR}$ 采用三次曲线，还须再增加 2 个设计变量。

也可以用抛物线表示水平拱圈的中和轴，并用下式表示厚度的变化：

$$T(x) = T_C + (T_A - T_C)x^2/x_A \tag{9}$$

式中　$T_A$——拱座的厚度；

　　　$T_C$——拱冠的厚度；

　　　$x_A$——拱座处的 $x$ 坐标值。

## 三、对数螺线双曲拱坝的几何模型

对数螺线双曲拱坝如图 4 所示。

从图 4 可知，水平拱圈的中和轴用对数螺线表示如下，即

$$\rho = \rho_0 e^{k\theta} \tag{10}$$

式中　$\rho$——向径；

　　　$\theta$——极角（极角是 $DF$）；

　　　$k$——常数，$k=\cot\beta$，$\beta$ 为对数螺线任一点的切线与向径之间的夹角，为一常数。

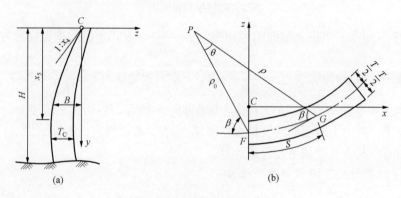

图 4　对数螺线双曲拱坝示意

对数螺线任一点的曲率半径为

$$R = \mathrm{d}s / \mathrm{d}\theta = \sqrt{1+k^2}\,\rho \tag{11}$$

由式（11）可见，曲率半径 $R$ 正比于 $\rho$，但由式（10）可知，$\rho$ 随着极角 $\theta$ 的增大而迅速增大，因此曲率半径 $R$ 也随着极角 $\theta$ 的增大而迅速增大，从而有利于拱坝的扁平化。

在拱冠处，使对数螺线的切线平行于 $x$ 轴，于是极点 $P$ 的坐标可按下式计算：

$$x_{\mathrm{P}} = -\rho_0 \cos\beta,\, z_{\mathrm{P}} = \rho_0 \sin\beta + B + \frac{T_{\mathrm{C}}}{2} \tag{12}$$

从拱冠至任意点 $G$ 的弧长为

$$s = \frac{\rho_0 \sqrt{1+k^2}}{k}(\mathrm{e}^{k\theta}-1) = \frac{\rho_0}{\cos\beta}(\mathrm{e}^{k\theta}-1) \tag{13}$$

在 $F$、$G$ 两点法线之间的夹角 $\phi$ 等于极角 $\theta$，即 $\phi=\theta$。

拱中和轴上任一点 $G$ 的坐标为

$$\left.\begin{array}{l} x = \rho\cos(\beta-\theta) - \rho_0\cos\beta \\[2mm] z = \rho_0\sin\beta - \rho\sin(\beta-\theta) + B + \dfrac{T_{\mathrm{C}}}{2} \end{array}\right\} \tag{14}$$

坝轴线位置、拱冠剖面上游面曲线及拱冠厚度 $T_{\mathrm{C}}$ 等仍用 $x_1$ 至 $x_9$ 表示，式（10）中的 $k$ 可作为第 10 个设计变量，即 $k=x_{10}$。

右边拱拱冠向径 $\rho_{\mathrm{OR}}$ 用三次多项式表示，即

$$\begin{aligned} \rho_{\mathrm{OR}} = {} & x_{11} + (\alpha_3 x_{11} + \alpha_4 x_{12} + \alpha_5 x_{13} + \alpha_6 x_{14}) \\ & \times (y/H) + (\beta_3 x_{11} + \beta_4 x_{12} + \beta_5 x_{13} + \beta_6 x_{14})(y/H)^2 \\ & + (\gamma_3 x_{11} + \gamma_4 H_{12} + \gamma_5 x_{13} + \gamma_6 x_{14})(y/H)^3 \end{aligned} \tag{15}$$

右拱座厚度 $T_{\mathrm{AR}}$ 表示如下：

$$\begin{aligned} T_{\mathrm{AR}} = {} & t_1 + (\alpha_3 t_1 + \alpha_4 t_{15} + \alpha_5 t_{16} + \alpha_6 t_2) \\ & \times (y/H) + (\beta_3 t_1 + \beta_4 x_{15} + \beta_5 x_{16} + \beta_6 t_2)(y/H)^2 \\ & + (\gamma_3 t_1 + \gamma_4 x_{15} + \gamma_5 \times x_{16} + \gamma_6 t_2)(y/H)^3 \end{aligned} \tag{16}$$

上述式中符号意义同前。水平方向的拱座厚度变化，可用 $T(s) = T_{\mathrm{C}} + (T_{\mathrm{AR}} - T_{\mathrm{C}})\dfrac{s^2}{s_{\mathrm{A}}^2}$ 计算。其中 $s$ 为弧长，$s_{\mathrm{A}}$ 为拱座处弧长。

对于对称拱坝，由上述 16 个设计变量可完全决定坝轴线位置和坝体形状。对于不对称拱坝，还要增加 6 个设计变量。

# 四、约束条件

约束条件应满足设计规范的要求，并适当考虑结构布置和施工上的需要，包括几何约束、应力约束的抗滑稳定约束等三个方面。

（一）几何约束

根据构造、交通等要求，坝顶厚度不小于允许值 $[t_1]$。为了减少基础开挖量，坝底厚度

要求不大于允许值［$t_2$］。根据当地地形地质条件，对坝轴线移动范围加以限制。上、下游坝面最大倒悬均不得超过允许值。

（二）应力约束

运行期坝内任一点的主应力均不得大于允许值

$$\left. \begin{array}{l} 1-\dfrac{\sigma_{拉}}{[\sigma_{拉}]}\geqslant 0 \\ 1-\dfrac{\sigma_{压}}{[\sigma_{压}]}\geqslant 0 \end{array}\right\} \qquad (17)$$

式中　$\sigma_{拉}$、$\sigma_{压}$——分别为坝内主拉应力和主压应力；

　　［$\sigma_{拉}$］、［$\sigma_{压}$］——分别为允许主拉应力和允许主压应力。

（三）稳定约束

给出两种坝体抗滑稳定约束条件：

（1）根据坝肩稳定要求，拱座推力线和地形等高线的夹角 $\eta$ 不小于给定值 ［$\eta$］，即

$$1-\frac{[\eta]}{\eta}\geqslant 0 \qquad (18)$$

（2）进行空间整体抗滑稳定分析，要求坝肩抗滑稳定安全系数 $K$ 大于允许值 ［$K$］，即

$$1-\frac{[K]}{K}\geqslant 0 \qquad (19)$$

上述两种稳定约束条件可以同时考虑，也可以只计算其中一种。采用文献 ［10］方法计算空间整体抗滑稳定安全系数。

# 五、拱坝应力分析的显式化及内力一次展开

拱坝体形优化是用数值方法求解的。在求解过程中要计算上千次甚至几千次约束条件。由于约束条件中包含了坝体应力和稳定，因此要计算上千次甚至几千次坝体应力。但拱坝是高度超静定结构，每次都要求解一个大型方程组才能得到坝体应力，需要大量机时。如不采取特殊方法，在优化过程中要用多拱梁法或三维有限元法进行坝体应力分析，实际上是不可能的。例如，在每秒运算 1000000 次的计算机上，用 7 拱 13 梁试载法分析一次拱坝应力大致要 3 分钟，计算 1000 次应力就需要 50 小时，实际上这当然是不可能的。因此，对于高拱坝的体形优化来说，如何进行坝体应力分析是一个突出问题。解决的关键在于显式化，即把坝体应力用设计变量的显示表示。

对于一般的结构优化问题，L.A.Schmit 于 1976 年建议把结构应力在 $x^k$ 点的邻域作台劳级数展开，并忽略二阶以上的项，从而得到如下线性表达式

$$\sigma(x)=\sigma(x^k)+\nabla^T\sigma(x)(x-x^k) \qquad (20)$$

式中　$\nabla^T\sigma(x)$——应力敏度，$\nabla^T\sigma(x)=\left[\dfrac{\partial\sigma}{\partial x_1},\dfrac{\partial\sigma}{\partial x_2},\cdots,\dfrac{\partial\sigma}{\partial x_n}\right]^T$；

　　$k$——大迭代次数，即进行敏度分析的次数；

$T$ ——矩阵的转置。

由于应力与设计变量之间的关系是高度非线性的，用应力一次展开法进行拱坝优化，通常要迭代 12～15 次，收敛速度比较慢。

本文作者提出内力一次展开法，即把坝内各控制点的内力按台劳公式展开，并忽略高阶项，得到

$$F_j(x) = F_j(x^k) + \nabla^T F_j(x)(x - x^k) \qquad (21)$$

式中 $\nabla F_j(x)$ ——内力敏度，$\nabla F_j(x) = \left[\dfrac{\partial F_j}{\partial x_1}、\dfrac{\partial F_j}{\partial x_2}、\cdots、\dfrac{\partial F_j}{\partial x_n}\right]^T$；

$F_j(x)$ ——第 $j$ 个内力（轴力、弯矩和扭矩），$F_j(x)$ 可以直接取为内力，也可作一些变换，如 $F_j(x) = M_j(x)/R^2$，其中 $R$ 为曲率半径，经变换，效果更好一些；

其他符号意义同前。

在优化过程中，当设计点 $x$ 变化时，先按式（21）计算内力，然后由材料力学公式计算应力。当设计变量变化时，自重和温度荷载虽有变化，但作为主要荷载的水压力几乎没有变化。而内力是与荷载保持平衡的，所以当设计变量改变时，内力的变化很平稳。正是由于这个原因，内力一次展开法的收敛速度比之应力一次展开法要快得多。经验表明，采用内务一次展开法，只要迭代两次就收敛了，而且第一次迭代结果，误差已不到 1%。

求出坝体的内力后，用刚体极限平衡法计算坝肩抗滑稳定安全系数仍需一定的工作量，所以稳定安全系数 $K(x)$ 也应作一次展开，即

$$K(x) = K(x^k) + \nabla^T K(x)(x - x^k) \qquad (22)$$

## 六、试载法的敏度分析

我们采用试载法计算坝体应力，把内力一次展开后，问题的关键就是要计算内力敏度 $\nabla F$。由于内力一次展开法收敛很快，只要迭代 2 次，可以采用简单的差分法计算内力敏度，在优化过程中需要的应力分析次数为 2$(n+1)$，其中 $n$ 为设计变量个数。例如，当 $n=20$ 时，需要 42 次应力分析。这是可行的，但计算量仍较大。

下面作者提出一个更有效的试载法的敏度分析方法。

把拱坝分为拱与梁两个系统，拱的变位为

$$U_a = AP_a + U_{a0} \qquad (23)$$

式中 $U_a$ ——拱变位列阵；

$A$ ——拱的柔度矩阵；

$P_a$ ——拱分配荷载列阵，包括径向、切向及扭转荷载；

$U_{a0}$ ——拱初始变位列阵。

梁的变位为

$$U_b = BP_b + U_{b0} \qquad (24)$$

式中 $U_b$ ——梁变位列阵；

$B$ ——梁的柔度矩阵；

$P_b$ ——梁的分配荷载列阵；

$U_{b0}$ ——梁的初始变位列阵。

根据变位协调条件，$U_a = U_b$；根据分载原理，$P_a + P_b = P$，其中 $P$ 为坝的设计荷载列阵。由此可以得到试载法的基本方程为

$$CP_b = AP + U_{a0} - U_{b0} \tag{25}$$

上式 $C = A + B$，由上式解出梁荷载 $P_b$ 后，即可由 $P_a = P - P_b$ 算出拱荷载，并由 $F = HP_b$（$H$ 是有关的矩阵）计算内力。若对式（25）的设计变量 $X_i$ 求偏导数，经整理则得到

$$\frac{\partial P_b}{\partial x_i} = C^{-1} L \tag{26}$$

$$L = \frac{\partial A}{\partial x_i} P + A \frac{\partial P}{\partial x_i} - \frac{\partial C}{\partial x_i} P_b + \frac{\partial (U_{a0} - U_{b0})}{\partial x_i} \tag{27}$$

上式中的偏导数可以用差分法计算。由式（26）求出 $\dfrac{\partial P_b}{\partial x_i}$ 后，由下式可计算内力敏度，即

$$\frac{\partial F}{\partial x_i} = H \frac{\partial P_b}{\partial x_i} + \frac{\partial H}{\partial x_i} P_b \tag{28}$$

利用上述方法计算内力敏度，每次大迭代，只要进行一次应力分析。

# 七、设计变量的转换

在上节中，坝体的内力和应力用设计变量 $x_i$ 的一次式表示，忽略了二次以上的高次项，这种忽略当然是要带来误差的。如果零次项和一次项占的比重大，高次项占的比重小，忽略高次项，误差不大。否则，误差就比较大。下面作者提出一个方法，利用设计变量的变换，提高零次项和一次项的比重，从而改善近似展开式的计算精度。

作变换

$$\bar{x}_i = x_i^{ai} \tag{29}$$

然后在优化中以 $\bar{x}_i$ 作为新的设计变量。

以拱圈应力为例

$$\sigma = \frac{N}{x_i} \pm \frac{6M}{x_i^2} \tag{30}$$

式中：$x_i$ 为拱的厚度。

显然，如果只有轴力 $N$，取 $\alpha_i = -1$，则应力 $\sigma$ 为 $\bar{x}_i$ 的一次式；如果只有弯矩 $M$，取 $\alpha_i = -2$，应力为一次式；如果同时有轴力和弯矩作用，则可取一个折中的 $\alpha_i$。在计算过程中，计算机可根据已有的信息，分别给出各类设计变量的变换指数 $\alpha_i$，并随着迭代计算的进展，不断更新其数值。

# 八、优化方法

在拱坝体形优化中，我们先后采用过系列线性规划法、复形法、罚函数法和快速边界搜索法。这些方法都是可靠的，但计算效率和程序复杂程度有所不同。复形法程序简单，计算效率较低。快速边界搜索法，程序较复杂，但计算效率高。这些优化方法在文献 [7] 中有详细阐述，此处从略。

## 九、计算实例

作者用 FORTRAN 语言编制了通用电算程序。下面列举一个计算实例。

某拱坝，最大坝高 165m，电站装机容量 200 万 kW，初始设计方案为三心圆单曲拱坝，顶宽 14m，最大底宽 55m，上游面铅直，下游面为折线，坝体体积 104.0 万 m³。

优化计算中约束条件取值如下：允许最大主拉应力–150N/cm²，允许最大主压应力 600N/cm²，上、下游坝面最大倒悬度 0.30，坝顶最小厚度 14m。

优化方案的坝体体积为 94.2 万 m³，比初始方案减少了 9.8 万 m³，节省混凝土 9.4%。初始方案和优化方案的拱冠剖面见图 5。在坝体上部，减薄较多，从而节省了混凝土。优化方案的主应力见图 6、图 7。可以看出，应力约束条件可以满足。

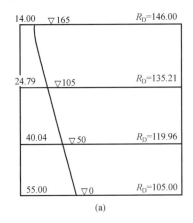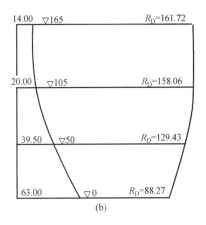

图 5　拱坝拱冠剖面比较（单位：m）

（a）初始方案（104.0 万 m³）；（b）优化方案（94.2 万 m³）

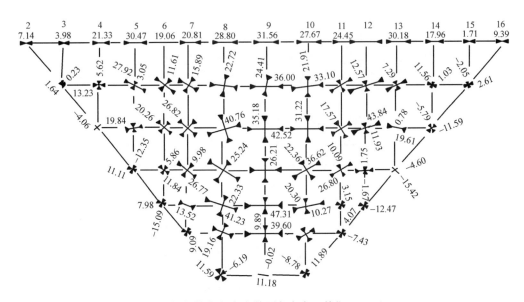

图 6　拱坝优化方案上游面主应力（单位：MPa）

　　用传统方法设计拱坝剖面，要经过反复修改、试算，一般需花费几个月甚至一两年时间，而拱坝体形优化设计，上机一次即可求出给定条件下的拱坝体形最优方案，工作效率显著提高。

　　据水利水电科学研究院对 20 多个中小型拱坝体形优化的结果，可节省混凝土 5%～35%。本文所举的一个大型、高拱坝优化结果的实例，可节省混凝土 9.4%。可见拱坝体形优化的经济效果也是明显的。

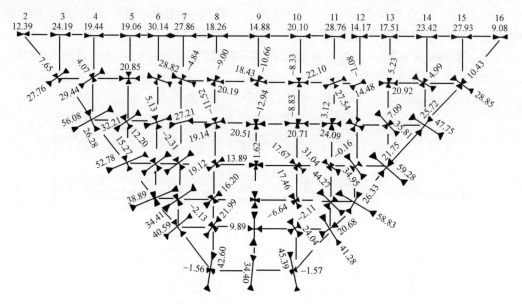

图 7　拱坝优化方案下游面主应力（单位：MPa）

## 参 考 文 献

［1］朱伯芳、宋敬延．双曲拱坝的优化设计．水利水运科学研究，1980，（1）.

［2］朱伯芳、黎展眉．双曲拱坝的优化．水利学报，1981，（4）.

［3］朱伯芳．双曲拱坝优化设计中的几个问题．计算结构力学及应用，1984，（3）.

［4］朱伯芳、张宝康、黎展眉．用快速边界搜索法求解双曲拱坝优化问题．数值计算与计算机应用，1983，（4）.

［5］厉易生．非对称变厚度三心拱坝的优化设计．研究生论文，水利水电科学研究院，1982.

［6］厉易生、朱伯芳．拱坝优化和拱厚曲线．水利学报，1985，（11）.

［7］朱伯芳、黎展眉、张壁城．结构优化设计原理与应用．水利电力出版社，1984.

［8］Mylander，W.C.et al，A guide to SUMT—Version 4.AD—731391，1971.

［9］朱伯芳、宋敬延．计算拱坝的一维有限单元法．水利水运科学研究，1979，（2）.

［10］Londe，P.，Vigier.G.，Vormeringer，R.，Stability of Rock Slope. A Three Dimensional Study，J.ASCE，SM1，1969，Jan.

［11］周维恒、杨若琼、杨云伟．对数螺旋拱坝研究．水利学报，1989，（8）.

［12］Zhu Bofang．Optimum Design of Double—Curvature Arch Dams．Proc.Second Internat.Conf.on Computing in Civil Eng.，1985.

# 六种双曲拱坝体形的优化与比较研究[1]

**摘　要**：本文结合一个 250m 高的实际拱坝，首次对 6 种拱坝体形进行了优化设计，包括双心圆、三心圆、对数螺线、椭圆、抛物线及双曲线，用优化方法求出了 6 种拱坝的最优体形。经过综合分析比较，最终选择了对数螺线双曲拱坝用于该坝。

**关键词**：拱坝体形；双心圆；三心圆；对数螺线；椭圆；抛物线：双曲线；优化设计；比较分析

# Optimum Design and Comparison of Six Types of Double Curved Arch Dam

**Abstract:** Six types of the shape of an arch dam with 250m height are given by the optimization method，the six types of the shape of arch dam are circle with two centers, circle with three centers, logarithmic spiral, parabola, ellipse and hyperbola. After comprehensive comparison and research, finally the logarithmic spiral arch dam is adopted.

**Key words:** arch dam, circle with two centers, circle with three centers, logarithmic spiral, parabola, ellipse，hyperbola，optimum design，comparison and research

## 一、前言

　　当前拱坝趋向于采用变厚度、非圆形的水平剖面，以改善坝体应力和稳定。国际上已出现的拱型有三心圆、抛物线、椭圆、对数螺线等。美国、葡萄牙、西班牙等国采用三心圆拱坝较多，日本、意大利等国采用抛物螺线拱坝较多，法国采用对数螺线拱坝较多。在这众多的拱型中，何者最为优越，是工程人员十分关心的问题。由于拱坝体形设计的工作量很大，通常都是先选定一种拱型，然后通过不断试算和修改，找到一个可用的体形参数。过去还没有一个工程，同时对各种不同的拱型进行全面的体形设计和分析比较。所以，到目前为止，在各种拱型之中，何者最为优越，众说纷纭，并无定论。

　　拱坝优化近年发展很快，利用数学规划方法，可直接找出满足各项设计要求的最优体形。我院已把拱坝优化应用于二十多个实际工程。经验表明，与传统设计方法相比，拱坝优化可节省坝体工程量 5%～30%，而且设计速度大大加快。但过去对每一个工程也只对一种特定的拱型进行优化，限于经费，并没有同时对各种拱型进行优化。

　　某拱坝高 250m，是一个世界水平的工程。对这么重要的一个工程，有必要对各种拱型进

---

　　[1]　原载《砌石坝技术》1990 年第 2 期，由作者与贾金生、饶斌联名发表。

行综合分析比较。但因工作量过大，如靠人工设计，是难以实现的。只有采用优化方法，才可以实现。我们接受委托，承担了这项任务。

我们共分析了六种拱型，即双心圆、三心圆、对数螺线、抛物线、椭圆及双曲线。在相同的设计条件下，用数学规划方法分别求出六种拱型的最优体形尺寸及相应的坝体体积，把各种拱型的比较放在一个坚实的基础上，由于各种坝形的约束条件是相同的，所以坝体工程量就可大致反映在当地条件下，各种坝型的优劣顺序。

## 二、计算方法简述

拱坝优化的目标函数是坝体体积，约束条件包括运行期坝体最大主拉应力、最大主压应力、施工期自重应力、坝体倒悬、拱中心角、坝肩移动范围等。

拱坝优化过去只考虑一种工况（荷载组合），这次我们同时考虑了两种工况，计算结果表明，其影响相当大，有相当多的情况，两种工况同时起控制作用。考虑两种工况，计算量增加了不少，但却是必要的。

采用的优化方法是罚函数法，即利用罚函数把约束极值问题转化成无约束极值问题，然后用 DFP 法求出最优解。

应力分析采用我们自编的多拱梁混合法 ADAS（Arch Dam Analysis System）程序，保留了拱梁分载原理，但用有限元概念组织计算，加快了计算速度，放弃了"梁站在拱上"假设，采用梁、拱、地基组合刚度。在计算变截面拱时，不是像通常程序中采用平均厚度，而是用高斯积分法按实际厚度变化规律进行积分。由于计算方法上的改造，使本程序不但具有目前最快的计算速度（比试载法快四五倍），而且具有更好的计算精度。

在优化过程中要进行上千次应力分析，简单的重复分析显然是十分费时的。本文采用第一作者提出的内力展开法，使计算效率得到显著提高。

## 三、基本资料

1. 计算工况

工况Ⅰ：基本组合

正常蓄水位+泥沙压力+自重+温降

工况Ⅱ：特殊组合

校核洪水位+泥沙压力+自重+温升

2. 荷载

正常蓄水位：上游 242.0m，下游 20.0m；校核洪水位：上游 247.0m，下游 32.9m。泥沙淤积高程：93.5m。多年平均气温 7.2℃，日照影响增加 2.5℃。气温年变幅，温降时为 13.9℃，温升时为 11.1℃，受日照影响变幅各增加 1.5℃。水库表面年平均水温 8.4℃，受日照影响增加 2℃。表面水温变幅 9.2℃，受日照影响增加 1.0℃。下游表面水温与上游表面相同。上游水库在 2380m 高程以下为恒温 6℃。

混凝土容重 $2.4 \times 10^4 \text{N/m}^3$。自重全部由梁承担，优化过程中考虑了分期施工对自重的影响。泥沙浮容重 $0.75 \times 10^4 \text{N/m}^3$（内摩擦角 $\phi = 12°$）。

3. 材料特性

混凝土：弹性模量 $2.0 \times 10^{10} \text{N/m}^2$（考虑徐变影响），泊松比 0.167，线胀系数 $0.00001 \text{℃}^{-1}$。

基岩：变形模量 $2.0 \times 10^{10} \text{N/m}^2$，泊松比 0.167。

4. 约束条件

1）应力约束

允许最大主压应力，基本荷载组合为 8.00MPa，特殊荷载组合为 8.50MPa。允许最大主拉应力，上游面为 1.20MPa，下游面为 1.50MPa。

2）倒悬约束

上游坝面允许最大倒悬 0.30，下游坝面允许最大倒悬 0.25。

3）中心角约束

允许最大中心角为 100°。

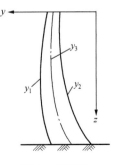

图 1　梁剖面

4）梁剖面保凸约束

如图 1 所示，上游及下游面均保凸如下

$$\frac{\mathrm{d}^2 y_1}{\mathrm{d}z^2} \geqslant 0, \frac{\mathrm{d}^2 y_2}{\mathrm{d}z^2} \geqslant 0$$

5）两岸拱座移动约束

$$-\Delta y_1 \leqslant \Delta y \leqslant \Delta y_2$$

其中$-\Delta y_1$、$\Delta y_2$ 为根据地形及地质条件给定的移动范围。

6）坝体厚度约束

允许最小厚度为 $t_1$，允许最大厚度为 $t_2$。

7）施工期拉应力约束

施工期由于自重而产生的拉应力，根据不同时期的封拱高程，分段计算。最大主拉应力不得超过 0.50MPa。

河谷剖面见图 2，弦高比 1.80。

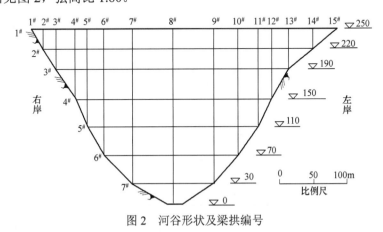

图 2　河谷形状及梁拱编号

# 四、拱圈形式

我们研究了如下六种拱圈形式（见图 3）。

1. 双心圆拱

拱坝水平剖面决定于四个圆弧半径：左岸上游面半径 $R_{UL}$、左岸下游面半径 $R_{DL}$，右岸上游面半径 $R_{UR}$、右岸下游面半径 $R_{DR}$。相应地有四个圆心（习惯上称为双心圆），水平方向厚度是变化的。拱冠处厚度为 $T_C$。

优化过程中的几何变量为 $T_C$、$R_{UL}$、$R_{DL}$、$R_{UR}$、$R_{DR}$ 及 $y_C$，其中 $y_C$ 为拱冠梁中心线的顺河向坐标。这些几何变量均用竖向坐标 $Z$ 的多项式表示。

2. 三心圆拱

拱圈分为三段，中央部分为等厚圆拱，厚度为 $T_C$，上游面半径为 $R_{UC}$，下游面半径为 $R_{DC}=R_{UC}-T_C$，中心角为 $\phi_C=\phi_{CR}+\phi_{CL}$，左边拱上游半径为 $R_{UL}$，下游面半径为 $R_{DL}$；右边拱上游面半径为 $R_{UR}$，下游面半径为 $R_{DR}$。左右边拱都是变厚的。优化中几何变量为 $T_C$、$R_{UO}$、$R_{UL}$、$R_{DL}$、$R_{UR}$、$R_{DR}$、$y_C$。

3. 对数螺旋线拱

拱圈中和轴用对数螺旋线表示如下

$$\rho = \rho_0 e^{k\phi} \tag{1}$$

其中 $\rho$ 为 $\phi$ 角处的向径，$\rho_0$ 为拱冠处的向径，$\phi$ 为极角，而

$$k = \cot\beta \tag{2}$$

$\beta$ 为对数螺线任一点的切线与向径之间的夹角，对每条对数螺线为一常数。左右两边采用不同的 $\rho$ 和 $k$。拱轴曲率半径按下式计算

$$R = \sqrt{1+k^2}\,\rho$$

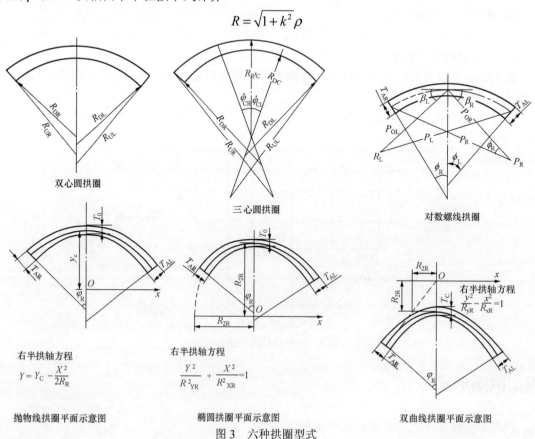

双心圆拱圈

三心圆拱圈

对数螺线拱圈

右半拱轴方程
$$Y = Y_C - \frac{X^2}{2R_R}$$

抛物线拱圈平面示意图

右半拱轴方程
$$\frac{Y^2}{R^2_{YR}} + \frac{X^2}{R^2_{XR}} = 1$$

椭圆拱圈平面示意图

右半拱轴方程
$$\frac{y^2}{R_{YR}} - \frac{x^2}{R_{XR}} = 1$$

双曲线拱圈平面示意图

图 3　六种拱圈型式

拱圈厚度在水平方向按下式变化：

$$T_S = T_C + (T_A - T_C)(s/S_A)^2 \qquad (3)$$

式中：$s$ 为弧长；$S_A$ 为拱座处弧长；$T_A$ 为拱座处厚度；$T_C$ 为拱冠处厚度；$T_S$ 为弧长 $s$ 处厚度。

优化过程中的几何变量为 $T_C$、$y_C$、$T_{AR}$、$T_{AL}$、$\rho_{OR}$、$\rho_{OL}$ 及 $\beta$。

4. 抛物线拱

右半拱中心轴的方程为

$$y = y_C - \frac{x^2}{2R_R} \qquad (4)$$

左半拱中心轴方程为

$$y = y_C - \frac{x^2}{2R_L} \qquad (5)$$

式中：$R_R$、$R_L$ 为在拱冠处的曲率半径。厚度按式（3）计算。优化中的几何变量为 $T_C$、$Y_C$、$R_R$、$R_L$、$T_{AR}$、$T_{AL}$。

5. 椭圆拱

右半拱中心轴方程为

$$\frac{y^2}{R_{YR}^2} + \frac{x^2}{R_{XR}^2} = 1 \qquad (6)$$

左半拱中心轴方程为

$$\frac{y^2}{R_{YL}^2} - \frac{x^2}{R_{XL}^2} = 1 \qquad (7)$$

厚度按式（3）计算。优化中的几何变量为 $T_C$、$y_L$、$R_{XR}$、$R_{YR}$、$R_{XL}$、$R_{YL}$、$T_{AR}$ 及 $T_{AL}$。

6. 双曲线拱

右半拱中心轴方程为

$$\frac{y^2}{R_{YR}^2} - \frac{x^2}{R_{XR}^2} = 1 \qquad (8)$$

左半拱中心轴方程为

$$\frac{y^2}{R_{YL}^2} - \frac{x^2}{R_{XL}^2} = 1 \qquad (9)$$

厚度按式（3）计算，优化中的几何变量为 $y_C$、$T_C$、$R_{YL}$、$R_{XL}$、$R_{YR}$、$R_{XR}$、$T_{AR}$ 及 $T_{AL}$。

# 五、优化结果

经过用非线性规划方法优化，求得六种拱坝最优体形的拱冠梁剖面及坝体体积见图 4。六种拱坝最优体形的主要数据包括最大主压应力、最大主拉应力、最大倒悬、最大中心角、最大推力角等，见表 1。

如图 5 所示，坝肩推力角 $\theta$ 是拱座合力与 $x$ 轴的夹角，其值为

$$\theta = \phi_A + \arctan(V_A / H_A)$$

推力角 $\theta$ 反映了坝肩稳定情况。显然，推力角越小，对坝肩稳定越有利。

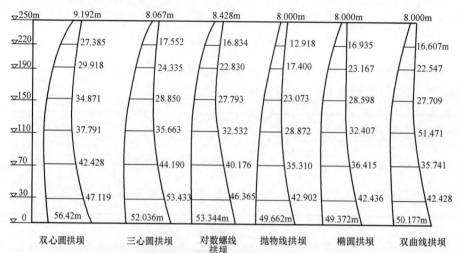

图4　六种拱坝优化体形的拱冠梁剖面及坝体体积

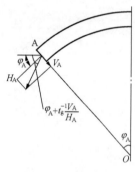

图5　坝肩推力角

六种拱型最优方案在不同高程的推力角见表 2。从表中数值可以看出，三心圆和对数螺线拱坝的推力角较小，均不超过 80°，其次是双心圆、抛物线、椭圆三种，推力角为 81.7°～83.4°，双曲线拱坝推力角最大，达到 85.6°。

在我们的优化程序中也可以直接把推力角作为约束条件，但计算经验表明，当推力角接近约束值时，收敛较慢，计算时间较长。这次因同时进行 6 种拱坝的优化，工作量很大，为了适当地控制工作量，我们以最大中心角作为约束条件，以大体上控制坝肩稳定。在选定一种拱型后，进一步优化工作，可以把最大推力角作为约束条件。

下面详细介绍一下对数螺旋线拱坝的最优体形。平面布置见图6。拱坝体形的几何参数见表3。

表1　　　　　　　　　　　　六种拱坝优化体形的主要数据

| 拱 圈 型 式 | | | 二心圆 | 三心圆 | 对数螺线 | 抛物线 | 椭圆 | 双曲线 | 允许值 |
|---|---|---|---|---|---|---|---|---|---|
| 混凝土方量（万 m³） | | | 239.72 | 216.50 | 220.90 | 222.01 | 234.01 | 253.95 | |
| 最大主压应力（MPa） | 工况 I | 上游 | 7.46 | 8.09 | 7.33 | 8.00 | 8.00 | 6.33 | 8.00 |
| | | 下游 | 7.84 | 7.96 | 7.82 | 7.59 | 7.31 | 6.72 | |
| | 工况 II | 上游 | 6.69 | 7.17 | 6.45 | 7.19 | 7.14 | 5.42 | 8.50 |
| | | 下游 | 8.41 | 8.54 | 8.41 | 8.21 | 7.74 | 6.98 | |
| 最大主拉应力（MPa） | 工况 I | 上游 | −1.01 | −1.09 | −1.01 | −1.20 | −1.20 | −1.10 | −1.20 |
| | | 下游 | −1.08 | −1.09 | −1.23 | −1.50 | −1.04 | −0.89 | −1.50 |
| | 工况 II | 上游 | −1.22 | −1.22 | −1.20 | −1.20 | −1.20 | −1.25 | −1.20 |
| | | 下游 | −0.17 | −0.49 | −0.32 | −0.53 | −0.94 | −0.02 | −1.50 |
| 最大施工主拉应力（MPa） | | | −0.526 | −0.517 | −0.512 | −0.500 | −0.500 | −0.15 | −0.500 |

续表

| 拱 圈 型 式 | | 二心圆 | 三心圆 | 对数螺线 | 抛物线 | 椭圆 | 双曲线 | 允许值 |
|---|---|---|---|---|---|---|---|---|
| 最大倒悬 | 上游面 | 0.189 | 0.140 | 0.126 | 0.112 | 0.163 | 0.167 | 0.30 |
| | 下游面 | 0.148 | 0.130 | 0.120 | 0.107 | 0.065 | 0.067 | 0.25 |
| 最大中心角（°） | | 100.26 | 99.98 | 99.39 | 97.46 | 100.00 | 99.75 | 100.0 |
| 最大推力角（°） | | 81.65 | 79.76 | 80.00 | 83.37 | 83.38 | 85.85 | |

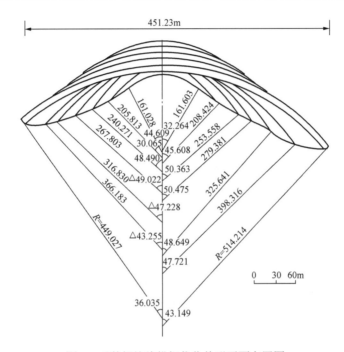

图 6　对数螺旋线拱坝优化体形平面布置图

各种参数的计算公式如下（Z 坐标以坝顶为零，坝底为 250m）

$$Y_C = 0.3139665z - 0.0025866849z^2 + 3.380886 \times 10^{-5} z^3 - 2.4488519 \times 10^{-7} z^4$$
$$+ 3.261244 \times 10^{-10} z^5 + 2.4035895 \times 10^{-12} z^6 - 6.3097803 \times 10^{-15} z^7$$

$$T_C = 8.428 + 0.35939528z - 0.004424168z^2 + 9.0840929 \times 10^{-5} z^3 - 1.3069095 \times 10^{-6} z^4 + 9.6904156$$
$$\times 10^{-9} \times z^5 - 3.383404 \times 10^{-11} z^6 + 4.4470629 \times 10^{-14} z^7$$

$$T_{AR} = 8.428 + 0.6918744z - 0.0090566788z^2 + 0.0001162079z^3 - 1.4651188 \times 10^{-6} z^4$$
$$+ 1.196669 \times 10^{-8} z^5 - 4.715395 \times 10^{-11} z^6 + 6.834314 \times 10^{-14} z^7$$

$$T_{AL} = 8.428 + 1.025601z - 0.007490335z^2 - 0.0001420595z^3 + 2.739216 \times 10^{-6} z^4$$
$$- 1.7039598 \times 10^{-8} z^5 + 4.5454349 \times 10^{-11} z^6 - 4.392124 \times 10^{-14} z^7$$

$$\rho_{OR} = 175.704 - 0.6375922z$$

表2 六种拱坝最优体形的坝肩推力角

| 坝型 | 工况 | $\varphi_A + \arctan\dfrac{V_A}{H_A}$ (°) | 250m | 220m | 190m | 150m | 110m | 70m | 30m |
|---|---|---|---|---|---|---|---|---|---|
| 双心圆拱坝 | 1 | L | 23.68 | 43.32 | 54.40 | 61.76 | 66.19 | 73.81 | 79.39 |
| | | R | 42.68 | 45.25 | 53.21 | 64.104 | 69.33 | 74.72 | 81.65 |
| | 2 | L | 33.42 | 39.30 | 54.09 | 61.55 | 65.45 | 72.56 | 78.00 |
| | | R | 27.45 | 40.54 | 52.01 | 63.94 | 68.64 | 73.35 | 80.10 |
| 三心圆拱坝 | 1 | L | 29.34 | 45.57 | 54.87 | 61.69 | 65.12 | 71.78 | 77.76 |
| | | R | 47.14 | 45.42 | 52.90 | 62.69 | 67.67 | 72.35 | 79.76 |
| | 2 | L | 34.38 | 41.18 | 54.85 | 61.72 | 64.38 | 70.58 | 76.40 |
| | | R | 28.10 | 41.15 | 52.09 | 62.68 | 67.00 | 70.98 | 78.28 |
| 对数螺线拱坝 | 1 | L | 34.77 | 52.26 | 61.37 | 67.10 | 70.70 | 76.26 | 80.0 |
| | | R | 49.11 | 49.49 | 55.93 | 64.69 | 68.86 | 72.81 | 78.78 |
| 对数螺线拱坝 | 2 | L | 43.07 | 48.83 | 61.68 | 67.22 | 70.22 | 75.40 | 78.47 |
| | | R | 35.08 | 45.76 | 55.21 | 64.89 | 68.31 | 71.72 | 77.24 |
| 抛物线拱坝 | 1 | L | 31.72 | 50.11 | 60.25 | 67.20 | 71.28 | 76.49 | 79.45 |
| | | R | 66.72 | 51.28 | 60.08 | 69.53 | 73.73 | 77.95 | 83.37 |
| | 2 | L | 39.09 | 45.65 | 60.57 | 67.54 | 70.97 | 75.70 | 78.08 |
| | | R | 29.84 | 46.09 | 59.20 | 69.95 | 73.41 | 76.94 | 82.04 |
| 椭圆拱坝 | 1 | L | 38.48 | 53.64 | 58.61 | 65.33 | 69.60 | 75.84 | 78.69 |
| | | R | 61.36 | 53.20 | 59.70 | 68.55 | 73.22 | 78.27 | 83.37 |
| | 2 | L | 43.08 | 47.81 | 58.45 | 65.54 | 69.34 | 75.18 | 77.66 |
| | | R | 37.00 | 47.69 | 58.23 | 68.87 | 72.93 | 77.34 | 82.26 |
| 双曲线拱坝 | 1 | L | 32.51 | 55.79 | 67.31 | 73.21 | 75.58 | 79.46 | 81.52 |
| | | R | 78.81 | 61.37 | 68.11 | 77.44 | 79.74 | 81.61 | 85.85 |
| | 2 | L | 39.45 | 50.98 | 67.86 | 74.03 | 75.74 | 79.14 | 80.29 |
| | | R | 37.12 | 54.96 | 66.68 | 78.35 | 79.90 | 80.99 | 84.70 |

表3 对数螺旋线拱坝体形参数 单位：m

| 高程 | 250 | 220 | 190 | 150 | 110 | 70 | 30 | 0 |
|---|---|---|---|---|---|---|---|---|
| $Y_C$ | 0.0 | 7.815 | 14.003 | 19.844 | 20.939 | 17.553 | 13.418 | 8.680 |
| $T_C$ | 8.428 | 16.834 | 22.830 | 27.793 | 32.532 | 40.176 | 46.365 | 53.344 |
| $T_{AR}$ | 8.428 | 23.242 | 30.746 | 36.092 | 44.407 | 55.018 | 53.155 | |
| $T_{AL}$ | 8.428 | 30.456 | 36.562 | 38.613 | 47.208 | 54.738 | 52.130 | |
| $R_R$ | 240.905 | 199.639 | 168.378 | 135.180 | 111.119 | 95.589 | 95.296 | 124.508 |
| $R_L$ | 253.513 | 203.975 | 169.826 | 137.084 | 114.816 | 95.254 | 93.389 | 105.528 |

续表

| 高程 | 250 | 220 | 190 | 150 | 110 | 70 | 30 | 0 |
|---|---|---|---|---|---|---|---|---|
| $R_{AR}$ | 449.027 | 366.183 | 316.830 | 267.893 | 240.271 | 205.813 | 161.028 | |
| $R_{AL}$ | 514.214 | 398.316 | 325.691 | 279.381 | 253.558 | 208.424 | 161.603 | |
| $\beta_R$ | 46.832 | 51.217 | 52.515 | 51.055 | 47.971 | 45.471 | 45.760 | |
| $\beta_L$ | 46.832 | 51.217 | 52.515 | 51.055 | 47.971 | 45.471 | 45.760 | |
| $\varphi_R$ | 38.035 | 43.255 | 47.228 | 48.490 | 49.022 | 44.669 | 30.865 | |
| $\varphi_L$ | 43.199 | 47.721 | 48.649 | 50.475 | 50.363 | 45.608 | 32.264 | |

表中符号意义：（$Y_C$、$T_C$、$T_{AR}$、$T_{AL}$ 同前）

$R_R$—右岸拱拱冠处中心线曲率半径；

$R_L$—左岸拱拱冠处中心线曲率半径；

$R_{AR}$—右岸拱拱端处中心线曲率半径；

$R_{AL}$—左岸拱拱端处中心线曲率半径；

$\beta_R$—右岸拱中心线极角；

$\beta_L$—左岸拱中心线极角；

$\varphi_R$—右岸拱半中心角；

$\varphi_L$—左岸拱半中心角。

$$-5.185561\times10^{-4}z^2 - 3.0396948\times10^{-5}z^3 + 4.7745601\times10^{-7}z^4 - 2.2749854\times10^{-9}z^5$$
$$+3.7248409\times10^{-12}z^6 + 5.3141545\times10^{-16}z^7$$
$$\rho_{OL} = 184.90 - 1.0490546z + 0.013089126z^2 - 0.0003390271z^3 + 4.422042\times10^{-6}z^4$$
$$- 2.8693363\times10^{-8}z^5 + 9.0471889\times10^{-11}z^6 - 1.0984168\times10^{-13}z^6$$
$$\beta_R = \beta_L = 46.832 + 0.2079343z - 0.002231832z^2 + 5.7478524\times10^{-6}z^3$$

从表 1 可知，对于对数螺旋线拱坝，工况 II 的最大主拉应力和施工期最大主拉应力是起控制作用的，工况 II（特殊荷载组合）的坝体位移、上游面及下游面的主应力见图 7～图 9 工况 II 的位移及应力从略。

限于篇幅，其他各种拱坝最优体形的有关数据从略。

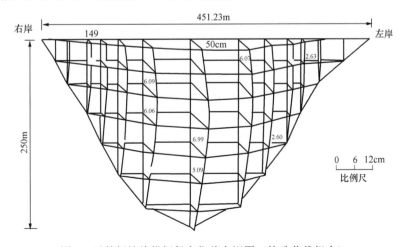

图 7　对数螺旋线拱坝径向位移立视图（特殊荷载组合）

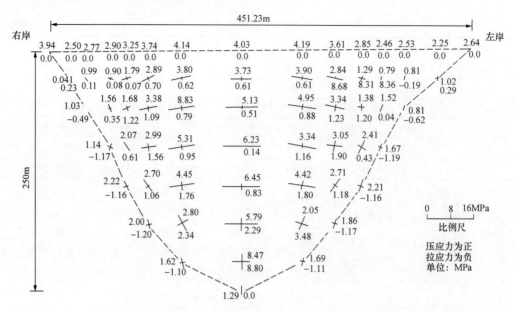

图 8　对数螺旋线拱坝特殊荷载组合上游面主应力图

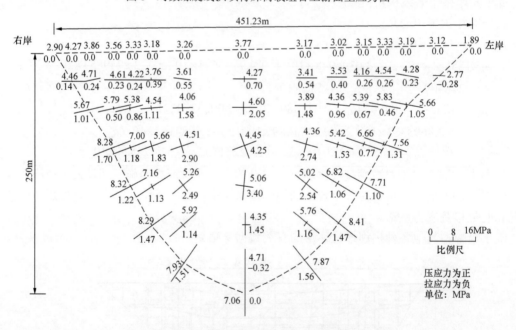

图 9　对数螺旋线拱坝特殊荷载组合下游面主应力图

# 六、分析与结论

（一）表 1 说明，六种不同拱坝的最大中心角、应力水平、倒悬、施工应力等大体相近，而且都满足要求，坝体工程量从小到大的顺序如下（单位：万 m³）：

三心圆（216.50）、对数螺旋线（220.90）、抛物线（222.01）、椭圆（234.01）、二心圆（239.72）、双曲线（253.95）。

说明在该工程条件下，三心圆拱最省，对数螺线拱次之，抛物线拱又次之，而双曲线拱坝的工程量最大。但三心圆、对数螺旋线和抛物线三种拱坝的方量实际上是很接近的，最多只相差 2.5%。考虑到拱坝体形设计的复杂性，可以说这三种拱坝都适于在当地兴建，可以结合其他条件，从中选用一种。至于二心圆与双曲线拱坝，则可排除。

（二）对三心圆、对数螺线及抛物线三种拱坝做进一步的比较。从表 1 可知，三心圆拱坝优化方案共有五个地方达到了约束值（工况 1 上游压应力 8.09MPa，下游压应力 7.96MPa，工况 2 下游压应力 8.54MPa，上游拉应力 1.22MPa，最大施工拉应力 0.517MPa）。抛物线拱坝也有五种情况达到了约束值（工况 1 上游压应力 8.00MPa，上游拉应力 1.20MPa，下游拉应力 1.50MPa，工况 2 上游拉应力 1.20MPa，最大施工拉应力 0.50MPa）。但对数螺旋线拱坝只有两种情况达到约束值（工况 2 最大拉应力 1.20MPa，最大施工拉应力 0.512MPa），可见对数螺旋线拱坝具有较大潜力。另外，对数螺旋线拱坝沿基础面各高程的厚度都比较小，有利于减小坝肩开挖量，并有利于坝体混凝土施工和温度控制。总之，对数螺旋线拱坝进一步优化和满足各项要求的调整余度较大，因此建议该工程采用对数螺旋线拱坝方案。

（三）拱坝体型优化，过去往往只考虑一种工况，但求解以后，用另一种工况核算时，往往不满足要求，形成被动局面。我们在优化中直接考虑两种工况，所得最优体形，可同时满足两种工况的要求。实际计算结果表明，这是必要的。

（四）拱坝体形设计是十分复杂的，由于工作量过于庞大，过去从未有过哪个工程同时对六种不同拱型进行深入的分析对比，所以六种拱型之中，孰优孰劣，众说纷纭，莫衷一是。这次我们利用数学规划方法，使这个问题得到了解决，这再次表明了拱坝优化是十分有用的新技术。

（五）西北设计院召开了该工程拱坝体形选择专家审核会议，经过充分讨论，最后决定该工程采用对数螺旋线拱坝方案。

第 4 篇

# 混凝土坝温度应力与"无坝不裂"历史的结束

# Part 4　Thermal Stresses in Concrete Dams and the Termination of the History of "No Concrete Dam without Cracking"

# 全面温控、长期保温，结束"无坝不裂"历史❶

**摘　要**：混凝土坝裂缝是长期困扰人们的问题，虽然从 20 世纪 30 年代开始，已发展了一系列抗裂措施，但国内外实际上仍然是"无坝不裂"，经过系统研究，笔者发现其根本原因是人们只重视早期表面保护而忽略了后期表面保护，如在全面控制温度的基础上，加上长期表面保护，就有可能防止混凝土坝的裂缝。国内已有几个工程未出现裂缝，表明建设"无裂缝坝"是可行的，而且费用并不多。

**关键词**：全面温控；长期保温；混凝土坝不裂缝

# Ending the History of "No Concrete Dam without Cracking" by Permanent Superficial Thermal Insulation and Comprehensive Temperature Control

**Abstract:** Although a series of measures have been developed to prevent cracking in concrete dams since 1930, practically there is no dam without cracking. After systematic investigation, the author discovered that the basic reason is the neglect of superficial thermal insulation in the later age of concrete. It is possible to prevent cracking in concrete dams by permanent superficial thermal insulation in addition to comprehensive temperature control in the construction period. There are three concrete dams without cracking after completion in China. The cost of permanent superficial thermal insulation is rather low.

**Key words:** comprehensive temperature control, permanent superficial insulation, no crack in concrete dam

## 1　前言

　　裂缝是混凝土坝普遍存在的问题[1]，所谓无坝不裂，长期困扰着人们，虽然从 20 世纪 30 年代开始，已发展了一系列混凝土坝抗裂措施，包括改善混凝土抗裂性能、坝体分缝分块、水管冷却、混凝土预冷、表面保温等，但国内外的实际情况仍然是"无坝不裂"。经过系统研究，笔者发现，"无坝不裂"的根本原因是人们对混凝土坝表面保护的认识存在着误区，只重视早期表面保护，而忽略了后期表面保护。如果在全面控制温度的基础上，加上长期表面保

---

❶　原载《第五届碾压混凝土坝国际研讨会论文集》2007 年 11 月，中国贵阳。

护，就可能防止混凝土坝的裂缝，而且费用不多，国内近年已有几个工程未出现裂缝，表明建设"无裂缝坝"是可行的。

## 2  大坝裂缝，重在预防

对混凝土坝裂缝，应重在预防，这是基于以下原因：

（1）大裂缝的危害性很大，但往往很难修复。图1表示了美国诺福克（Norfork）坝的基础贯穿性裂缝[2]。该坝最大坝高75.3m，通仓浇筑，有限元计算结果表明，在水压力和自重作用下，无裂缝时坝内无拉应力，有裂缝时，坝踵出现较大拉应力，而且剪力几乎全部由裂缝上游部分的坝体承担，表明裂缝后坝体抗滑稳定性下降。曾考虑灌浆处理，因担心灌浆压力促使裂缝进一步扩展而未进行，只钻孔排水，坝体带病工作。

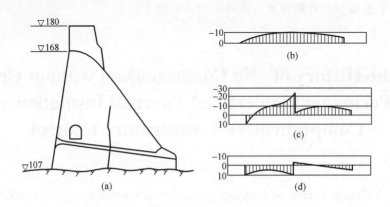

图1  诺福克重力坝16号坝段裂缝及裂缝前后建基面应力分布（0.10MPa）

（a）裂缝；（b）裂开前竖向应力（$\sigma_y$）；（c）裂开后竖向应力（$\sigma_y$）；（d）裂开后剪应力（$\tau$）

图2表示美国德沃歇克重力坝劈头裂缝[3]，该坝最大坝高219m，通仓浇筑，全年入仓温度4.4～6.6℃，基岩约束区水管冷却，间距1.5m×1.5m，秋、冬、春三季进行表面保护，

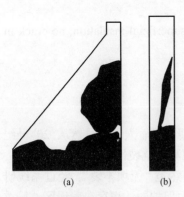

图2  德沃歇克坝35坝段上游面劈头裂缝塑料模型

（a）侧面；（b）上游面

春、秋季表面放热系数不大于10kJ/（$m^2 \cdot h \cdot ℃$），冬季不大于5kJ/（$m^2 \cdot h \cdot ℃$）。施工期间未发现严重裂缝，竣工并运行数年后，在9个坝段上出现了劈头裂缝，其中以35坝段裂缝最为严重，裂缝张开2.5mm，廊道内渗水量达到29$m^3$/min。因顾虑在灌浆压力作用下裂缝进一步扩展而未灌浆，只在上游面铺橡皮防漏，坝体带病工作。

上述裂缝危害性很大，但因担心灌浆压力促使裂缝进一步扩展，都未进行灌浆处理。我国华东地区一座拱坝也产生了大裂缝，虽进行过灌浆处理，实际效果并不好。这些坝实际是带病工作，降低了坝的安全性和耐久性。

（2）裂缝处理费用远远超过防裂费用。我国有些混凝土坝产生较多裂缝后，进行了处理，处理费用远远超过防裂费用。

（3）有的裂缝很难发现。通仓浇筑的重力坝，坝内温度降低很慢，基础贯穿裂缝是在坝体竣工多年后出现的，有时很难发现，从而构成坝体隐患。诺福克（Norfork）坝的裂缝穿过坝内泄水孔，孔内压力水穿过裂缝，进入横缝，再从下游面射出，才发现裂缝。

由此可见，对混凝土坝裂缝，应重在预防，以免产生裂缝而未发现，构成隐患，或发现了大裂缝而无法处理，致使大坝带病工作，降低了坝的安全性和耐久性。

# 3  全面温控、长期保温，有效防裂

## 3.1  表面保护认识上的误区

混凝土坝裂缝绝大多数为表面裂缝，其中一部分裂缝经过一段时间后可能发展为大裂缝，因此，人们对表面保护很早就已重视。但在认识上有误区，由于施工中往往是一次大寒潮后出现一批裂缝，因此长期以来人们只重视混凝土早期的表面保护，而忽略后期的表面保护。DL/T 5144—2001《水工混凝土施工规范》规定："28d 龄期内的混凝土，应在气温骤降前进行表面保护"[4]，这里给人一种错觉，似乎 28d 龄期以后的混凝土，除了某些特殊情况外，一般不必进行表面保温了。实际情况并非如此，例如，某重力坝，在上、下游面出现了较多裂缝，如图 3 所示，这些裂缝并不是在 28d 内产生的，而是在混凝土浇筑后的第一、二年冬季产生的。该坝仿真计算结果见表 1，在无保温措施时，第一、二年冬季水平拉应力和铅直拉应力均超过允许应力约 1 倍[5]。

DL/T 5144—2001《水工混凝土施工规范》规定："混凝土养护时间不宜少于 28d"，实践经验表明，如果在 28d 以后停止保护，在半年甚至一年以后还会出现干缩裂缝，表面养护 28d 是不够的。

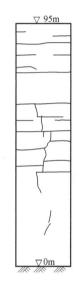

图 3  某重力坝上游面裂缝分布图

| 表1 | 某重力坝上游面冬季最大拉应力 | | | （单位：MPa） |
| --- | --- | --- | --- | --- |
| 上下游面聚苯乙烯板厚度 | 0 | 5cm | 3cm | 允许拉应力（后期） |
| 水平层面聚乙烯保温被厚度 | 0 | 2cm | 1cm | |
| 水平拉应力 | 4.2 | 1.6 | 1.9 | 2.2 |
| 铅直拉应力 | 2.6 | −0.1 | 0.1 | 1.33 |

上述对表面保护认识上的片面性，在国外同样存在，例如，前述美国德沃歇克重力坝，混凝土本身温度控制得非常好，全年入仓温度为 4~6℃，几乎是恒温，基础约束区内还采用了冷却水管，但表面保温做得不够好，以致大坝产生了严重的劈头裂缝。

## 3.2  混凝土坝施工期不裂

从世界范围来看，从 20 世纪 30 年代开始已发展了坝体分缝分块和水管冷却，从 40 年代开始已重视控制基础温差，发展了预冷骨料技术，从 50 年代开始已注意早期表面保护；在材料方面，发展了减水剂、粉煤灰等改善混凝土抗裂性能的措施。充分利用这些措施，本应做到大坝不裂，但实际情况却是无坝不裂，一个重要原因就是对长期表面保护重视不够，对长期暴露的上下游表面没有很好保护。其次，水平浇筑层面及纵横接缝表面的短期保护，虽然人们早已注意，但这些工作很繁琐，真正做好也不容易，实际上往往没有认真做好。

笔者对这个问题进行了广泛调查、深入研究和详尽仿真计算。从表1可见，如果在严格控制基础温差、做好水平浇筑层面和接缝面的短期表面保护外，还能做好上、下游表面的长期表面保护，就能防止裂缝的出现，结束"无坝不裂"的历史[5, 6]。近年江口拱坝及三江河拱坝，竣工后都未出现裂缝。

在三峡三期工程开始前，经过计算分析，笔者建议三峡三期工程在大坝上、下游表面用3～5cm厚聚苯乙烯泡沫板长期保温，得到三峡总公司和长江委设计院同意，并在施工中得到执行，加上三期工程中进行了全面严格的温度控制，现大坝已浇筑到坝顶，到目前为止，未发现一条裂缝。

实践经验表明，温度应力理论是正确的，只要全面地严格地控制温度应力，并进行长期保温，就可以防止裂缝，结束无坝不裂的历史。

## 3.3 混凝土坝运行期不裂

如上所述，只要严格控制基础温差、做好短期和长期表面保温，混凝土坝在施工期是可以不裂缝的。现在的问题是，工程竣工后、表面保温板拆除或自然剥落了，坝体是否还会出现裂缝呢？回答是肯定的，因为运行期中大坝上、下游表面如完全裸露，冬季又遇到寒潮，表面的拉应力仍然很大，尤其是寒冷地区的混凝土坝。为了防止混凝土坝在运行期不出现裂缝，最有效的办法就是对长期暴露表面进行永久保温。

重力坝在自重和水荷载作用下没有拉应力，其拉应力来自温度变化[7]。拱坝因体形复杂，除温度外，自重和水荷载也能引起相当大的拉应力[8]，因此，除了温度控制外，还应进行详细的仿真计算，必要时应调整体形减小拉应力。拱坝坝踵应力较复杂，可在坝踵铺设永久保温防渗复合板，万一出现裂缝，高压水不至侵入坝体引起裂缝的扩展[9~11]。

# 4 表面保护

表面保护有两层含义：表面保温和养护。

## 4.1 表面保温材料

目前大坝施工中表面保温主要采用泡沫塑料。采取适当措施后，泡沫塑料板兼有保温和保湿功能。泡沫塑料有聚苯乙烯、聚乙烯、聚氨酯、聚氯乙烯、酚醛、脲醛、氮素尿等多种，用于混凝土坝保温的主要是前面3种，性能指标见表2。

表2　　　　　　　　　　　　　泡沫塑料的物理力学性能

| 品　种 | 密度<br>（kg/m³） | 导热系数<br>[kJ/（m・h・℃）] | 吸水率<br>（%） | 抗压强度<br>（kPa） | 抗拉强度<br>（kPa） |
|---|---|---|---|---|---|
| 膨胀型聚苯乙烯（EPS） | 15～30 | 0.148 | 2～6 | 60～280 | 130～130 |
| 挤塑型聚苯乙烯（XPS） | 42～44 | 0.108 | 1 | 300 | 500 |
| 聚乙烯（PE） | 22～40 | 0.160 | 2 | 33 | 190 |
| 聚氨酯（PUF） | 35～55 | 0.080～0.108 | 1 | 150～300 | 500 |

对于施工中的混凝土坝，坝体上、下游表面以采用聚苯乙烯保温板为宜，水平浇筑层面及纵横接缝面以采取聚乙烯保温被为宜。对于已建成的混凝土坝的保温，可采用聚氨酯泡沫涂层，施工较简单，也可采用聚苯乙烯保温板。

## 4.2 永久保温板

在表面裸露条件下，因阳光直射和风化作用，聚苯乙烯、聚氨酯等泡沫塑料都会老化，对于用作永久保温的泡沫塑料，必须在外面做保护层。

如果在苯板外面增加一个保护层，即可以使它变成永久保温板。保护层的构造有以下两种：①聚合物砂浆保护层，如图 4（a）所示，保护层由丙烯酸、水泥、砂拌制而成，厚度约 5mm；②水泥砂浆保护层，如图 4（b）所示，由普通硅酸盐水泥、水、砂、外加剂拌制而成，不掺粉煤灰，水灰比 0.35～0.40，施工时先在苯板外面涂一层界面处理剂以增强黏结作用，然后抹水泥砂浆，厚度约 20mm，养护完毕后再在表面涂一层丙烯酸乳液，以增强防水和抗碳化作用。如用外贴法，苯板与混凝土之间用黏结剂粘贴。施工期保温板目前多采用 EPS 板，重要部位的永久保温板最好采用 XPS 板[12]。

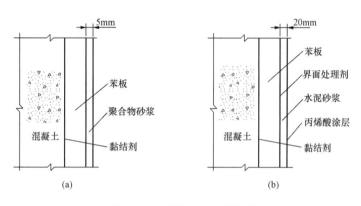

图 4　永久保温板及其保护层

（a）聚合物砂浆保护层；（b）水泥砂浆保护层

## 4.3 永久保温防渗复合板

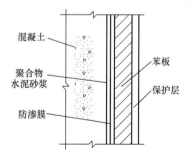

中国水利水电科学研究院研制的永久保温防渗板，兼有保温和防渗功能[12]。碾压混凝土坝的浇筑层面往往是漏水通道，在坝体上游面最好采用永久保温防渗板。拱坝坝踵应力较复杂，有时产生裂缝，最好也采用永久保温防渗板。永久防渗保温板构造为：黏结剂+聚合物水泥砂浆+防渗膜+黏结剂+XPS 板+保护层，见图 5，施工方法以外贴法为宜，XPS保温板厚度根据气候条件由计算决定。

图 5　保温防渗复合板

## 4.4 造价估计

保温板造价可按下式估算

$$c = a + bt$$

式中：$c$ 为保温板造价，元/m$^2$；$b$ 为原材料价，元/m$^2$；$t$ 为保温板厚度，cm；EPS 板，$bt=$ 4 元/（m$^2$·cm）；XPS 板，$bt=$10 元/（m$^2$·cm）；$a$ 为施工费、辅料费及永久保温板的保护层费，内贴法施工期保温板，$a=$10 元/m$^2$；外贴法施工期保温板，$a=$30 元/m$^2$，外贴法永久保温板（含保护层），$a=$50 元/m$^2$。

一座长度 500m、平均高度 100m 重力坝，上游面外贴 3cmXPS 永久保温板（含保护层），造价约为 400 万元，下游面内贴 3cmEPS 施工期保温板，造价约 270 万元，如果下游面也外贴 3cm 厚 XPS 永久保温板（含保护层），造价约 510 万元，上下游面都永久保温，总造价约 910 万元。不但可防止裂缝，也可防冻并增强耐久性，与它取得的效益相比，造价是低的。外贴 3cm 厚 XPS 永久保温板，单价约 80 元/m$^2$，约相当于 0.5m 厚混凝土的价格，在严寒地区，外贴 10cm 厚 XPS 永久保温板，单价 150 元/m$^2$，相当于 1m 厚混凝土的单价。与所取得的防裂、抗冻、增强耐久性的效果相比，造价是低廉的。

# 5 表面保护的分区要求

至此我们已得到两点重要结论：①通过全面温控和长期保温，可以建成无裂缝的混凝土坝；②费用不多。但在不同地区、不同坝型和坝的不同部位，裂缝的危害性不同，例如，在温暖地区重力坝的下游面，出现一些表面裂缝，危害性并不大，因此，对于不同地区、不同坝型的不同部位，表面保护的要求应有所区别，文献［6］表 7 给出了笔者关于混凝土坝上、下游表面保温防渗的 4 种不同分区要求。

# 6 结束语

（1）对混凝土坝裂缝应重在预防，因为大裂缝往往很难处理，使大坝带病工作；有的裂缝，如基础贯穿裂缝很难被发现，构成隐患，降低了坝的安全性和耐久性。

（2）"无坝不裂"的一个重要原因是对表面保护的认识存在着片面性，只重视早期表面保护，而忽略后期表面保护。在严格控制基础温差、上下层温差做好早期表面保护的基础上，再做好上、下游面的长期保护，就可能完全防止混凝土坝裂缝，结束"无坝不裂"的历史，我国已有几座混凝土坝未出现裂缝。

（3）施工期没有裂缝的坝，在运行期仍可能出现裂缝，采用永久保温板可以防止运行期出现裂缝。

（4）碾压混凝土坝的上游面及高拱坝坝踵部位，最好采用永久保温防渗复合板，兼有保温和防渗功能。

（5）保温板既可保温、保湿、防裂，又可防冻、增强混凝土耐久性，而且施工方便、造价低廉。

## 参 考 文 献

［1］朱伯芳. 大体积混凝土温度应力与温度控制［M］. 北京：中国电力出版社，1999.

［2］Sims FW，Rhodes JA，Clough RW，Cracking in Norfork dam［J］. Journal ACI，Vol.61，No.3. Narch，1964.

［3］Houghton DL. Measures being taken for prevention of cracks in mass concrete at Dworshak and Libby dam［J］. 10th

ICOLD (Vol.Ⅳ):241-271.

［4］DL/T 5144—2001《水工混凝土施工规范》［S］. 北京：中国电力出版社，2001.

［5］朱伯芳，许平. 加强混凝土坝表面保护、尽快结束"无坝不裂"的历史［J］. 水力发电，2004（3）：25-28.

［6］朱伯芳. 混凝土坝温度控制与防止裂缝的现状与展望［J］. 水利学报，2006（12）：1-9.

［7］潘家铮. 重力坝设计［M］. 北京：水利电力出版社，1987.

［8］朱伯芳，高季章，陈祖煜，厉易生. 拱坝设计与研究［M］. 北京：中国水利水电出版社，2002.

［9］朱伯芳. 建设高质量永不裂缝拱坝的可行性与实现策略［J］. 水利学报，2006（10）：1155-1161.

［10］朱伯芳. 拱坝运行期裂缝与永久保温［J］. 水力发电，2006（8）：21-24.

［11］朱伯芳. 混凝土坝安全评估的有限元全程仿真与强度递减法［J］. 水利水电技术，2007（1）：1-6.

［12］朱伯芳，买淑芳. 混凝土坝的复合式永久保温防渗板［J］. 水利水电技术，2006（4）：13-18.

# 加强混凝土坝面保护，尽快结束"无坝不裂"的历史❶

**摘　要：** 混凝土坝裂缝绝大多数是表面裂缝，但其中一部分可能发展为深层裂缝甚至贯穿裂缝，表面保护是防止混凝土坝裂缝的重要措施。通过给出的表面放热系数计算公式，计算分析了表面保温效果，指出混凝土表面养护和保温 28d 的时间太短，建议在坝体上、下游表面采用聚苯乙烯泡沫塑料板长期保温，水平层面和坝块侧面用聚乙烯泡沫塑料板保温。这套措施，保温效果好，保护时间长，兼有保湿功能，施工方便，价格低廉，同时要做好基础混凝土温度控制，有可能很快结束"无坝不裂"的筑坝历史。

**关键词：** 加强表面保温；温度控制；防止混凝土裂缝

# Strengthen Superficial Insulation of Concrete Dams to Terminate the History of "No Dam without Cracks"

**Abstract:** 28d is too short for the curing and superficial insulation of dam concrete. It is suggested to insulate the upstream and downstream faces of the dam by foamed polystyrene plates which are fixed to the inner faces of the forms and remain there after the removal of the forms. The horizontal and lateral surfaces of the dam blocks are insulated by the foamed polythene quilts. Beside thermal insulation, they have also the effect of humid insulation. Together with the control of temperature differences in the concrete near the foundation, it is possible to prevent cracks in dam concrete and terminate the history of "no dam without cracks".

**Key words:** superficial insulation, temperature control, no crack in concrete dam

## 1　前言

实践经验表明，混凝土坝所产生的裂缝，绝大多数都是表面裂缝，但其中一部分裂缝后来在一定条件下会发展成为几十米深的深层裂缝或贯穿裂缝，影响结构的整体性和耐久性，危害很大。

引起混凝土坝表面裂缝的原因是干缩和温度变化，而引起温度变化的因素包括：初始温差、水化热、寒潮、气温年变化和日变化。

---

❶　原载《水力发电》，2004 年第 3 期，由笔者与许平联名发表。

目前，在部分工程技术人员中存在着一种误解：认为混凝土坝表面裂缝主要产生在龄期28d 以前的早期混凝土中，只要把 28d 龄期内的养护和表面保温做好了就不致产生裂缝。实践证明，这种认识是不正确的，例如我国某重力坝施工过程中曾产生较多裂缝，其中绝大多数裂缝并不是在龄期28d 内产生的，而是在当年冬季、次年冬季甚至更晚的时候产生的。

表面保护是防止混凝土坝表面裂缝的重要措施，计算结果表明表面养护和保温 28d 的时间太短，因此，建议在坝体上、下游表面采用聚苯乙烯泡沫塑料板长期保温，在水平浇筑层面和带键槽的坝块侧面采用聚乙烯泡沫塑料板保温，实践证明保温效果好，保温时间长，兼有保湿功能，施工方便，价格低廉。

目前我国混凝土预冷技术也得到很好发展，可以较好地控制混凝土坝的基础温差；只要认真做好表面保温和基础混凝土温度控制，完全可以防止混凝土坝的裂缝，彻底结束过去国内外"无坝不裂"的筑坝历史。

## 2 混凝土的表面放热系数

混凝土与空气接触时的热传导边界条件为

$$-\lambda\frac{\partial T}{\partial x}=\beta(T-T_a) \tag{1}$$

式中：$\lambda$ 为混凝土导热系数，kJ/（m·h·℃）；$\beta$ 为表面放热系数，kJ/（m²·h·℃）；$T_a$ 为空气温度，℃；$x$ 为法向坐标。表面放热系数（$\beta$）对混凝土表面的温度梯度和温度应力有重要影响，其数值与风速有密切关系，下面给出计算公式

粗糙表面：$\qquad\qquad\qquad \beta=21.06+17.58v^{0.910}$ （2）

光滑表面：$\qquad\qquad\qquad \beta=18.46+17.30v^{0.883}$ （3）

式中：$v$ 为风速，m/s。由图 1 可见，式（2）、式（3）与试验值符合得相当好。

天气预报给出的往往是风力等级而不是风速，下面根据风力等级与风速的关系，给出表面放热系数（$\beta$）与风力等级（$F$）的关系如下：

粗糙表面：$\quad\beta=21.06+14.60F^{1.38}$ （4）

光滑表面：$\quad\beta=18.46+13.60F^{1.36}$ （5）

式中：$F$ 为风力等级。

当混凝土表面附有保温层时，混凝土表面通过保温层向空气放热的等效放热系数（$\beta_s$）可由下式计算

$$\beta_s=\frac{1}{1/\beta+\Sigma(h_i/\lambda_i)} \tag{6}$$

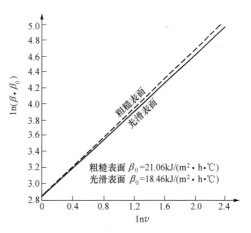

图 1　表面放热系数 $\beta$ 与风速 $v$ 关系

把混凝土结构的真实边界向外延拓一个虚拟厚度 $d=\lambda/\beta_s$，得到一个虚拟边界，在虚拟边界上温度等于气温，而在厚度 $d=\lambda/\beta_s$ 处的温度等于混凝土表面的真实温度，虚拟厚度越大，混凝土表面温度与气温（$T_a$）相差越远，因此，虚拟厚度可用来衡量表面放热系数对混凝土表面温度变化的影响。在有保温层的情况下，混凝土表面的虚拟厚度为

$$d = \frac{\lambda}{\beta_s} = \frac{\lambda}{\beta} + \Sigma \frac{\lambda}{\lambda_i} h_i \tag{7}$$

式中：$\lambda_i$ 为第 $i$ 层保温材料的导热系数；$h_i$ 为第 $i$ 层保温材料的厚度；$\beta$ 为最外面保温板与空气间的表面放热系数。

设 $\lambda=10$kJ/（m·h·℃），$\lambda_1=0.14$kJ/（m·h·℃），$\beta=70$kJ/（m²·h·℃），表面贴一层聚苯乙烯板，其厚度为 $h$，则可由式（8）估计表面虚拟厚度（$d$）

$$d=0.14+71h（m） \tag{8}$$

例如，苯板厚 $h=0.05$m，由上式 $d=3.69$m。

# 3　混凝土表面保温效果

设混凝土导热系数 $\lambda=9.0$kJ/（m·h·℃），导温系数 $a=0.0042$m²/h，混凝土外面有一层泡沫塑料保温板，其厚度为 $h_1$，导热系数为 $\lambda=0.1256$kJ/（m·h·℃），保温板与空气间的表面放热系数 $\beta=82.2$kJ/（m²·h·℃），由热传导理论可计算表面保温效果如表 1 所示。由表 1 可见，混凝土表面保温效果是明显的。例如，当泡沫塑料板厚度为 3cm 时，混凝土表面温度年变化幅度可削减 44%，日变化幅度削减 95%；寒潮期间混凝土表面温度变幅可削减 75%~87%（与降温历时 $Q$ 有关）。

表 1　　　　　　　等效表面放热系数（$\beta_s$）、虚拟厚度（$d$）及表面保温效果

| 泡沫塑料板厚度/cm | 等效表面放热系数$\beta_s$/[kJ/（m²·h·℃）] | 虚拟混凝土厚度 $d$（m） | 混凝土表面温度变幅与气温变幅的比值 $A_0/A$ | | | 寒潮期间不同降温历时混凝土表面降温幅度与气温降幅比值 | | | | |
|---|---|---|---|---|---|---|---|---|---|---|
| | | | 日变化 | 半月变化 | 年变化 | 1d | 2d | 3d | 4d | 5d |
| 0 | 82.2 | 0.11 | 0.580 | 0.856 | 0.968 | 0.774 | 0.830 | 0.857 | 0.874 | 0.886 |
| 1 | 10.89 | 0.83 | 0.137 | 0.400 | 0.790 | 0.298 | 0.377 | 0.427 | 0.464 | 0.493 |
| 2 | 5.83 | 1.54 | 0.077 | 0.254 | 0.657 | 0.183 | 0.242 | 0.282 | 0.313 | 0.338 |
| 3 | 3.98 | 2.26 | 0.054 | 0.186 | 0.558 | 0.132 | 0.177 | 0.210 | 0.235 | 0.256 |
| 5 | 2.44 | 3.69 | 0.033 | 0.1206 | 0.426 | 0.0845 | 0.116 | 0.139 | 0.157 | 0.173 |
| 8 | 1.54 | 5.84 | 0.021 | 0.079 | 0.312 | 0.0549 | 0.0762 | 0.0919 | 0.1047 | 0.1158 |
| 10 | 1.24 | 7.28 | 0.017 | 0.064 | 0.263 | 0.0445 | 0.0619 | 0.1749 | 0.0856 | 0.0949 |
| 15 | 0.829 | 10.86 | 0.012 | 0.043 | 0.190 | 0.0302 | 0.0423 | 0.0513 | 0.0589 | 0.0654 |
| 20 | 0.623 | 14.45 | 0.0086 | 0.0330 | 0.148 | 0.0229 | 0.0321 | 0.0390 | 0.0448 | 0.0499 |

# 4　对混凝土表面养护和保温问题的认识

## 4.1　混凝土表面养护 28d 时间太短

DL/T 5144—2001《水工混凝土施工规范》规定："混凝土养护时间不宜少于 28d"，实践经验表明，如果在 28 d 以后停止养护，在半年甚至一年以后还会出现干缩裂缝，表面养护 28d 是不够的。

图 2 表示水泥与玄武岩粉按 1:1 制成的水泥浆试件交替置于水中和相对湿度 50%空气中的水分迁移，循环周期为 28d。由图 2 可见，即使在龄期 28d 以后，试件置于水中即产生膨

胀，置于空气中即产生收缩，虽然膨胀和收缩的变化幅度随着龄期的延长而逐渐减小，但龄期 2 年后仍然如此，可见混凝土表面养护 28d 是远远不够的。

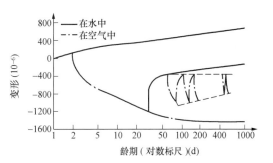

图 2　水泥与岩粉 1:1 混合物试件的变形

## 4.2　混凝土坝表面保温 28d 时间太短

DL/T 5144—2001《水工混凝土施工规范》规定："28d 龄期内的混凝土，应在气温骤降前进行表面保护"，这里给人一种错觉，似乎 28d 龄期以后的混凝土，除了某些特殊情况外，一般不必进行表面保温了。实际情况并非如此，例如某重力坝，当地年平均气温 17.3℃，气温年变幅 11.3℃，最大寒潮期间 3d 内日平均气温下降 13.3℃，混凝土后期抗拉强度为 3.32MPa，取安全系数 $K$=1.50，允许水平拉应力 $[\sigma_x]$=2.21MPa，设水平施工缝抗拉强度折减系数为 0.60，允许铅直拉应力为 $[\sigma_y]$=1.33MPa。根据实际施工情况进行仿真计算，上游面最大应力如图 3 所示，最大拉应力出现在当年冬季及次年冬季，无保温措施时，最大水平拉应力 $\sigma_x$=4.2MPa，最大铅直拉应力 $\sigma_y$=2.6 MPa，都超过混凝土允许拉应力，说明了该重力坝出现大量裂缝的原因，见表 2。为此，考虑两种表面保温方案：①5cm+2cm 方案，上、下游面用内贴厚 5cm 聚苯乙烯泡沫塑料板保温，浇筑层水平面及侧面用厚 2cm 聚乙烯泡沫塑料板保温；②3cm+1cm 方案，上、下游面用内贴厚 3cm 聚苯乙烯泡沫塑料板保温，浇筑层水平面及侧面用 1cm 厚聚乙烯泡沫塑料板保温，计算结果见图 3 及表 2。采用泡沫塑料板保温后，拉应力已大为减小。该坝后续工程中，已决定在大坝上游面下部采用 5cm 厚苯板，上游面的上部及下游坝面采用 3cm 厚苯板，水平层面及侧面采用 2cm 厚聚乙烯泡沫塑料板保温。仿真计算表明，采用这套保温措施后，温度应力大大降低，混凝土坝不至于出现裂缝。

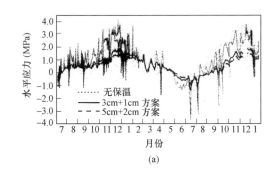

(a)

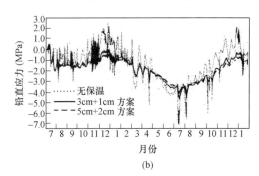

(b)

图 3　仿真计算的某重力坝上游面 87m 高程三种工况应力变化过程（拉应力为正）

（a）水平应力 $\sigma_x$；（b）铅直应力 $\sigma_z$

表 2　　　　　　　　　　　某重力坝上游面冬季最大拉应力　　　　　　　　　　　（单位：MPa）

| 应力类型 | 无保温措施 | 5cm+2cm 方案 | 3cm+1cm 方案 | 允许拉应力（后期） |
|---|---|---|---|---|
| 水平应力 | 4.2 | 1.6 | 1.9 | 2.2 |
| 铅直应力 | 2.6 | −0.1 | 0.1 | 1.33 |

# 5 解决"无坝不裂"问题的主要措施

从 20 世纪 30 年代开始，水利工程师已重视如何防止混凝土坝裂缝的问题，并做了大量工作，也取得了不少成就，然而到目前为止，国内外的混凝土坝几乎都出现了一些裂缝，虽然裂缝数量和危害程度有所不同，但"无坝不裂"却是事实。究其原因我们认为，主要是人们比较重视基础贯穿裂缝的防止，而对于如何防止表面裂缝重视不够，表面保护措施不够有力。

美国早在 20 世纪 30 年代已重视坝体分缝分块，40 年代已重视控制基础温差，并发展了水管冷却、预冷骨料等有效措施，到 50 年代以后虽已开始注意表面保护问题，但总的来说，重视是不够的，表面保护措施不够有力。例如，美国 1968～1972 年修建的德沃歇克通仓浇筑重力坝，在整个施工过程中，控制混凝土入仓温度为 4.4～6.6℃，在基础约束区内还采用一期水管冷却，水管间距 1.5m×1.5m，对基础温差的控制是十分严格的。在秋、冬、春三季，对暴露的表面进行保护，春、秋季节表面放热系数不大于 10kJ/（m²·h·℃），冬季不大于 5kJ/（m²·h·℃）。但由于该坝位于美国西北部，当地气候寒冷，这些表面保温措施仍嫌不够。实际施工结果，坝体上游面出现了不少表面裂缝，其中一部分在水库蓄水后发展为严重的劈头裂缝。

我国在混凝土坝施工中，同样对基础温差的控制比较重视，而对表面保护问题重视不够，甚至在看法上还存在一些误区，认为保护 28d 就够了，因而不少混凝土坝产生了较多裂缝。

由于表面裂缝可以发展为深层裂缝甚至贯穿裂缝，因此，为了防止危害性裂缝的出现，除了严格控制基础温差外，还必须加强表面保护。时至今日，这不但是必要的，在技术上也是可以做到的。

在 20 世纪 80 年代以前，我国主要采用草袋、草帘等作为保温材料，但草袋、草帘一受潮就腐烂，也不易固定好，保温效果不好，保温时间不长，因此，实际工程表面裂缝较多，近年来我国塑料工业得到迅速发展，采用泡沫塑料板进行表面保温，保温效果好，施工方便，价钱便宜。

混凝土坝上、下游表面的保温，以采用聚苯乙烯泡沫塑料板为宜，该种材料有一定强度，不吸水，保温性能好，质轻，耐久性强，其导热系数 $\lambda=0.13～0.16$kJ/（m²·h·℃），弯曲抗拉强度，0.18MPa，抗压强度，0.15MPa，吸水率≤0.08kg/m³，容重为 200～300N/m³，尺寸稳定性达到±5%（−40～70℃）。立模时将保温板钉在模板内侧，拆模时保温板自动附着在混凝土表面（内贴法），长期不掉，施工十分方便，材料为闭孔结构，基本不吸水，兼有保湿作用，本色为白色，制造时添加染料可制成任何颜色，也可外涂灰色涂层，使颜色与整个工程协调，兼有一定保护作用（聚苯乙烯泡沫板较脆弱）。对于永久保温板，苯板外面应加聚合物砂浆保护层，以防止风化。

在水平施工层面和带键槽的侧面，可采用聚乙烯泡沫塑料软板，其导热系数 $\lambda=0.13～0.15$kJ/（m²·h·℃），隔热效果好，基本不吸水，容重为 240N/m³，抗拉强度为 0.2～0.4MPa，柔性好，富有弹性，延伸率为 110%～255%，能紧贴各种形状的混凝土表面，保温效果是好的，但由于抗拉强度较低，大风时易被撕破，因此，实际应用时表面应贴防雨彩条布。三峡二期工程中采用过这种塑料软板，其规格一般为 1.5m×2m 一块，内装 2 层厚 1cm 聚乙烯板，关键是施工时要将其妥善固定和压紧。此种聚乙烯板的价格约 20 元/m²，一般可重复使用 5～

10 次。

厚 3cm 的聚苯乙烯泡沫塑料板的价格约为 20（内贴法）～38（外贴法）元/m²。高 100m 的重力坝，如上下游面全部采用厚 3cm 聚苯乙烯板保温，1m 坝长的材料费约为 4600～8600 元，若全坝平均长 500m，全坝保温材料费约 230 万～430 万元。

目前我国混凝土预冷技术已得到较好发展，盛夏期间，机口混凝土温度已可做到不超过 7℃，在不少工程中，已经防止了基础贯穿裂缝的出现。过去无坝不裂，主要是表面保温做得不好，今后只要重视并做好表面保护，同时做好基础混凝土温度控制，完全可以防止混凝土坝的裂缝，结束过去"无坝不裂"的筑坝历史。

# 6 结语

（1）混凝土坝裂缝绝大多数是表面裂缝，深层和贯穿裂缝也多由表面裂缝发展而成，而加强养护和表面保温是防止混凝土坝表面裂缝的主要措施。

（2）新混凝土养护 28d 和表面保温 28d 是远远不够的，实际工程中很多裂缝都是在 28d 龄期以后产生的，水工混凝土施工规范的有关规定应指明混凝土后期养护和保温的重要性。

（3）建议在混凝土坝体上、下游表面采用聚苯乙烯泡沫塑料板保温，水平层面和坝块侧面采用聚乙烯泡沫板保温，其保温效果好，保护时间长，兼有保湿功能，施工方便，价格低廉。保温板厚度可根据当地气候条件通过计算决定。

（4）只要加强混凝土坝表面保护，同时做好基础混凝土温度控制，完全可以防止混凝土坝裂缝，彻底结束"无坝不裂"的筑坝历史。

## 参 考 文 献

[1] DL/T 5144—2001《水工混凝土施工规范》[S]. 北京：中国电力出版社，2001.

[2] 朱伯芳. 大体积混凝土温度应力与温度控制 [M]. 北京：中国电力出版社，1999.

[3] Neville A M. Properties of concrete [M]. London；Pitman Publishing Limited，1981.

# 混凝土坝温度控制与防止裂缝的现状与展望[❶]
## ——从"无坝不裂"到"无裂缝坝"的跨越

**摘　要：** 混凝土坝温控防裂是长期困扰人们的问题，尽管 70 年来做了不少工作，但国内外仍"无坝不裂"，本文对此进行回顾与展望。指出目前抗裂安全系数偏低，给出了新的抗裂安全系数决定方法和取值范围。目前常态混凝土坝的基础允许温差大体是合适的，但有些碾压混凝土坝的允许温差偏高，在决定碾压混凝土重力坝的允许温差时，既要充分利用其优点，也要重视它的缺点，不能套用过去偏低的安全系数。只重视早期表面保护而忽视长期的表面保护是"无坝不裂"的一个重要原因。结束"无坝不裂"的历史时机已经到来，在适当提高安全系数、严格控制基础温差、做好早期表面保护的基础上，再采用永久保温板进行永久表面保护，就可能完全防止混凝土坝裂缝，在我国首先实现从"无坝不裂"到"无裂缝坝"这一筑坝技术上的巨大跨越。

**关键词：** 混凝土坝裂缝；温度控制；长期表面保温

# Present State and Trend of Temperature Control and Crack Prevention of Concrete Dams

**Abstract:** The temperature control and crack prevention is a difficult problem. Although many measures are developed to prevent cracking, but actually there is no dam without cracking in the world. This is due to the following facts: (1) The coefficient of safety for crack prevention is too low; (2) attention is paid only to superficial thermal insulation at early age, not to the later age of concrete; (3) the allowable temperature difference for RCC dam is too large. If attention is paid to superficial thermal insulation at later age as well as at early age of concrete and the bigger coefficient of safety for crack prevention is adopted, cracking may be avoided in concrete dams and the history of "no dam without cracking"will be ended.

**Key words:** concrete dam crack, temperature control, long time superficial thermal insulation

## 1　前言

混凝土坝裂缝是长期困扰人们的问题，从 20 世纪 30 年代开始，人们在混凝土坝温度

---

❶　原载《水利学报》2006 年第 12 期。

控制和防止裂缝方面做过不少工作，发展了不少有效方法，但国内外混凝土坝仍不断出现裂缝，真可谓之"无坝不裂"[1~3]。本文对这个问题进行回顾和展望，对抗裂安全系数的取值、材料抗裂性能的改进、基础温差和上下层温差的控制、表面保温和养护等进行了分析，指出安全系数偏低和对表面保护认识上的片面性是导致"无坝不裂"的重要原因。在适当提高安全系数、严格控制基础温差、做好早期表面保护的基础上，再做好后期表面保护，就可以有效防止混凝土坝裂缝，结束"无坝不裂"历史。最近国内有几个工程已经实现施工期不裂缝，如果进一步采取永久保温板，做好表面永久保温，就可能防止运行期出现裂缝，做到"永远不裂"，在我国首先实现从"无坝不裂"到"无裂缝坝"，这将是筑坝技术上的巨大进步。

# 2　混凝土抗裂性能的改进

改进混凝土抗裂性能，应从降低温度应力和提高抗裂能力两方面着手，为此：①需要降低水泥用量、绝热温升、膨胀系数及弹性模量；②需要提高抗拉强度、极限拉伸及徐变；③需要降低收缩变形或把自生体积变形由收缩改变为膨胀。数十年来，在以下几方面取得了显著成效：

（1）应用减水剂。减水剂的应用，使得在水灰比和坍落度不变的条件下，用水量明显减少，从而降低水泥用量和绝热温升，大坝混凝土中减水剂的减水率为 10%～20%，甚至可能达到 30%。

（2）掺用混合材料。掺用混合材料可在后期强度不变的条件下减少水泥用量和绝热温升。混凝土坝多数掺用粉煤灰，少数掺用矿渣。目前粉煤灰掺用率，常态混凝土拱坝为 15%～30%，常态混凝土重力坝内部已用到 40%；碾压混凝土坝为 50%～60%。以粉煤灰代替 30%水泥，约可降低绝热温升 2～3℃；代替 50%水泥，可降低绝热温升 3～5℃。

（3）改善自生体积变形。混凝土自生体积变形通常为收缩，为了改善自生体积变形，一种办法是掺用混合材料，例如，掺粉煤灰后可减少收缩，另一种办法是改变水泥的矿物成分。我国在这方面做过较多工作。能产生膨胀性自生体积变形的有以下几种类型的水泥：钙矾石型（CSA）、氧化钙型（CaO）和氧化镁型（MgO）。钙矾石型水泥膨胀主要发生在龄期 3d 以前，其时弹性模量小、徐变大，对温度应力的补偿作用很小。氧化镁型水泥膨胀变形出现较晚，可以比较有效地补偿温度应力，我国首先在白山拱坝采用抚顺水泥厂水泥，内含氧化镁 4.0%～4.5%，可产生 $60 \times 10^{-6}$～$80 \times 10^{-6}$ 膨胀变形，取得了较好的防裂效果；后来我国又发展了外掺轻烧氧化镁技术，并在一些工程中得到应用，当氧化镁掺量为 4%～5%时，考虑湿筛影响后，有效膨胀变形可达 $70 \times 10^{-6}$～$100 \times 10^{-6}$ [5]。

（4）选用膨胀系数小的骨料。混凝土的热胀系数 $(\alpha)$ 主要受骨料品种的影响，一般情况下，$\alpha = 1 \times 10^{-5}$ 左右，骨料为石灰岩时，$\alpha = 0.6 \times 10^{-5}$ 左右；骨料为玄武岩和花岗岩时，$\alpha = 0.85 \times 10^{-5}$ 左右。但受到料源的限制，实际工程中选择骨料品种的余地比较小。

人们曾经希望能在水泥用量不变的条件下，提高混凝土的极限拉伸及抗拉强度，但由于受力之前混凝土内部已含有大量微细裂纹，受力之后，微裂纹迅速扩展而导致破坏，因此，在这方面收获不大。人们也曾经希望在水泥用量不变的条件下，降低弹性模量或增加徐变，收获也不大。弹性模量与骨料品种有关，但受料源限制，骨料品种选择余地不大。

# 3  抗裂安全系数

## 3.1  安全系数与失效概率

假设强度（$R$）和应力（$\sigma$）都是独立的正态分布随机变量，由概率论可知结构失效概率 $P(R<\sigma)$ 为

$$P(R < \sigma) = 1 - \varphi(\beta) \tag{1}$$

$$\beta = \frac{sK - 1}{\sqrt{s^2 K^2 V_R^2 + V_R^2 + V_\sigma^2}} \tag{2}$$

$$s = \frac{1}{1 - tV_C} \tag{3}$$

式中：$\varphi(\beta)$ 为标准化正态分布函数；$K = R/\sigma$ 为安全系数；其中 $R$ 为平均强度；$V_R$ 为抗压、抗拉或抗剪强度离散系数；$V_\sigma$ 为应力离散系数；$t$ 为保证率系数，当保证率为80%时，$t=0.84$；$V_C$ 为抗压强度离散系数，施工中混凝土保证率由 $V_C$ 控制。

表 1  失效概率（%）与安全系数（$K$）

| $V_\sigma$ | $V_R$ | $V_C$ | $K$ | | | | | | | | | |
|---|---|---|---|---|---|---|---|---|---|---|---|---|
| | | | 1.0 | 1.1 | 1.3 | 1.5 | 1.8 | 2.0 | 2.3 | 2.5 | 3.0 | 4.0 |
| 0.15 | 0.15 | 0.15 | 26.35 | 14.20 | 3.49 | 0.81 | 0.102 | 0.029 | 0.0056 | 0.0021 | 0.00029 | 0.000018 |
| 0.20 | 0.20 | 0.15 | 31.76 | 21.06 | 8.70 | 3.59 | 1.033 | 0.494 | 0.187 | 0.107 | 0.034 | 0.0068 |

## 3.2  两种允许温差计算公式

计算混凝土允许温差有以下两件计算公式

$$\sigma \leqslant \frac{E\varepsilon_p}{K_1} \tag{4}$$

$$\sigma \leqslant \frac{R_t}{K_2} \tag{5}$$

式中：$\sigma$ 为允许拉应力；$E$ 为弹性模量；$\varepsilon_p$ 为极限拉伸；$R_t$ 为轴向抗拉强度；$K_1$、$K_2$ 为安全系数。

混凝土拉伸变形很小，量测精度较低。此外，为避免试件突然断裂时损坏仪器，通常在应力达到 0.9 倍抗拉强度时即卸下仪器，剩下一段应力应变曲线由人工外延，引进了人为误差，因此，混凝土极限拉伸的量测精度较低。从理论上说，应有 $E\varepsilon_p > R_t$，但有些混凝土坝拉伸试验中，大量出现 $E\varepsilon_p < R_t$ 的错误试验结果，表明极限拉伸量测误差较大。相反，抗拉强度 $R_t$ 的试验结果则比较准确、比较稳定，因此，在混凝土温控设计中采用式（5）更为合理，由式（4）、式（5）可知

$$\frac{K_2}{K_1} = \frac{R_t}{E\varepsilon_p} = r \tag{6}$$

从已有的实验结果来看，比值 $r$ 多在 0.75～0.95 之间，总平均约为 $r$=0.82。老的混凝土坝设计规范中取 $K_1$=1.3~1.8，如取 $r$=0.82，则 $K_2$=1.07～1.48，取 $V_C$=0.15，$V_R$=$V_\sigma$=0.20，由表 1 插值，相应的裂缝概率约为 24.0%～4.1%。安全系数偏小。

### 3.3 实用抗裂安全系数

在式（4）、式（5）两式中，抗拉强度、极限拉伸都是室内试验结果，由于试件尺寸、湿筛、加荷速度等因素的影响，它们与实际值有较大出入。混凝土实际的抗拉强度 $f_t$ 可表示如下

$$f_t = R_t b_1 b_2 b_3 \tag{7}$$

式中：$f_t$ 为实际抗拉强度；$R_t$ 为室内试验抗拉强度；$b_1$ 为试件尺寸和湿筛影响系数；$b_2$ 为时间效应系数；$b_3$ 为龄期系数。

混凝土的设计拉应力可表示为

$$\sigma_{dt} = \sigma_t a_1 a_2 a_3 a_4 a_5 \tag{8}$$

式中：$\sigma_{dt}$ 为设计拉应力；$\sigma_t$ 为计算拉应力；$a_1$ 为建筑物重要性系数；$a_2$ 为拉应力所在部位的重要性系数；$a_3$ 为超载系数；$a_4$ 为计算应力的龄期系数；$a_5$ 为校正系数，用以考虑实际工程经验及工程实施可引性。

由 $\sigma_{dt} \leqslant f_t$，可得抗裂安全系数如下[6]

$$K_2 = \frac{R_t b_1 b_2 b_3}{\sigma_t a_1 a_2 a_3 a_4 a_5} \tag{9}$$

例如，取超载系数 $a_3$=1.05，校正系数 $a_5$=0.80，对 Ⅰ、Ⅱ、Ⅲ 等级建筑物，$a_1$=1.1、1.0、0.9；$a_2$、$b_1$、$b_2$ 及 $b_3 / a_4$ 见表 2，算得抗拉安全系数（$K_2$）如表 2 所列。

表 2　　　　　　　　　　　　　　　实用抗拉安全系数（$K_2$）

| 集料最大粒径和湿筛系数 $b_1$ | | | | | 150mm，$b_1$=0.62 | | | 80mm，$b_1$=0.73 | | |
|---|---|---|---|---|---|---|---|---|---|---|
| 应力类型及部位 | | $a_2$ | $b_2$ | $b_3/a_4$ | Ⅰ 等 | Ⅱ 等 | Ⅲ 等 | Ⅰ 等 | Ⅱ 等 | Ⅲ 等 |
| 基础约束应力 | 柱状块通仓浇筑 | 1.0<br>1.0 | 0.78<br>0.70 | 1.0<br>1.1 | 1.91<br>1.93 | 1.74<br>1.76 | 1.56<br>1.58 | 1.62<br>1.64 | 1.47<br>1.49 | 1.32<br>1.34 |
| 上游表面及基础约束区表面应力 | 日变化<br>寒潮（3d）<br>年变化 | 1.0<br>1.0<br>1.0 | 0.88<br>0.80<br>0.78 | 1.0<br>1.0<br>1.0 | 1.69<br>1.86<br>1.91 | 1.54<br>1.69<br>1.74 | 1.39<br>1.52<br>1.57 | 1.44<br>1.58<br>1.62 | 1.31<br>1.44<br>1.48 | 1.18<br>1.29<br>1.33 |
| 约束区外的侧面、顶面 | 日变化<br>寒潮（3d）<br>年变化 | 0.9<br>0.9<br>0.9 | 0.88<br>0.80<br>0.78 | 1.0<br>1.0<br>1.0 | 1.52<br>1.68<br>1.72 | 1.39<br>1.52<br>1.56 | 1.25<br>1.37<br>1.41 | 1.29<br>1.43<br>1.46 | 1.18<br>1.29<br>1.33 | 1.06<br>1.16<br>1.20 |
| 下游表面应力 | 日变化<br>寒潮（3d）<br>年变化 | 0.8<br>0.8<br>0.8 | 0.88<br>0.80<br>0.78 | 1.0<br>1.0<br>1.0 | 1.36<br>1.49<br>1.53 | 1.23<br>1.36<br>1.39 | 1.11<br>1.22<br>1.25 | 1.16<br>1.27<br>1.30 | 0.94<br>1.15<br>1.18 | 0.94<br>1.04<br>1.06 |

在初步设计中，笔者建议采用抗裂安全系数如下：

按式（4）计算：　　　　　　$K_1$=1.6～2.2

按式（5）计算：　　　　　　$K_2$=1.4～1.9　　　　　　（10）

安全系数偏低是混凝土坝裂缝较多的根本原因，鉴于目前温度控制手段已较完备，适当提高抗裂安全系数既有必要，也是可行的。

与过去所用 $K_1$=1.3～1.8 相比，上述安全系数已有所提高，已可使裂缝大为减少，而相应

的温度控制措施在实际工程中也可实现，在目前条件下兼顾了需要与可能两个方面。根据笔者适当提高抗裂安全系数的建议，新编的水利行业混凝土重力坝设计规范经审议后拟采用 $K_1$=1.5～2.0。从发展来看，今后应逐步过渡到采用式（5）进行抗裂计算并由式（9）决定安全系数 $(K_2)$。采用式（5）进行抗裂计算有两大好处：①抗拉强度试验结果较稳定；②施工中大多不进行极限拉伸检测，只进行抗拉强度检测，采用式（5）可知道施工中实际抗拉强度与设计采用值的差别，必要时可调整温控措施。

设 $f=ABC$，其中 $A$、$B$、$C$ 均为独立的随机变量，从概率论可知，$f$ 的平均值（$m_f$）和离差系数（$V_f$）分别为

$$m_f = m_A m_B m_C, \qquad V_f = \sqrt{V_A^2 + V_B^2 + V_C^2}$$

式中：$m_A$、$m_B$、$m_C$ 为 $A$、$B$、$C$ 的平均值；$V_A$、$V_B$、$V_C$ 为 $A$、$B$、$C$ 的离差系数。从式（7）、式（8）二式可知，抗拉强度（$f_t$）和应力（$\sigma_{dt}$）都与多个变量有关，严格说来，用概率论决定安全系数要采用多变量的统计参数，但实际上很难取得这些参数，用多变量理论决定抗裂安全系数是很困难的。

## 3.4 水平施工缝面上的允许拉应力

实际工程中，在坝体上下游表面存在着很多水平裂缝，一般是沿水平施工缝拉开的，水平施工缝面的抗拉强度较低，不可能达到 $E\varepsilon_p$，缝面上的允许拉应力应按下式计算[1]

$$\sigma_y = \frac{r_1 R_t}{K_2} \qquad (11)$$

式中：$\sigma_y$ 为铅直方向拉应力；$R_t$ 为轴向抗拉强度；$r_1$ 为折减系数，经验表明，$r_1 = 0.5～0.7$。

# 4 基础允许温差

## 4.1 常态混凝土坝基础允许温差

在总结国内外经验基础上，我国常态混凝土重力坝和拱坝基础允许温差见表 3[4]，近30年的实践经验表明，按此标准控制基础允许温差可以有效防止基础贯穿裂缝。

表 3　　　　　　常态混凝土坝基础允许温差（$\Delta T$）　　　　　　（单位：℃）

| 浇筑块最大边长 $L$ | | 16m 以下 | 17～20m | 20～30m | 30～40m | 通仓长块 |
|---|---|---|---|---|---|---|
| 基础约束高度（m） | 0～0.2$L$ | 26～25 | 25～22 | 22～19 | 19～16 | 16～14 |
| | 0.2～0.4$L$ | 28～27 | 27～25 | 25～22 | 22～19 | 19～17 |

## 4.2 碾压混凝土坝基础允许温差

《碾压混凝土坝设计导则》和 DL 5108—1999《混凝土重力坝设计规范》[7] 参照表 3，按碾压混凝土极限拉伸 0.70×10$^{-4}$ 折算，建议碾压混凝土坝基础允许温差 $\Delta T$ 如表 4。

| 表4 | 碾压混凝土坝基础允许温差（$\Delta T$） | | | （单位：℃） |
|---|---|---|---|---|
| 浇筑块最大边长 $L$ | | 30m 以下 | 30～70m | 70m 以上 |
| 基础约束高度（m） | 0～0.2$L$ | 18～15.5 | 14.5～12 | 12～10 |
| | 0.2～0.4$L$ | 19～17 | 16.5～14.5 | 14.5～12 |

常态混凝土坝基础允许温差表3已实行多年，而且柱状浇筑坝体在接灌浆前已进行人工冷却把温度降至稳定温度，如出现基础贯穿裂缝较易发现，表3是比较成熟的；按照极限拉伸折算得到的表4是比较合理的，但碾压混凝土预冷骨料的效果较差、通常也不进行水管冷却，而且多采用从一岸到另一岸平铺法进行浇筑，一浇混凝土就碰到基础约束区，因而执行表4往往遇到困难。实际工程中，不少已经突破。碾压混凝土重力坝温度应力具有下列优点[8，9]：

（1）依靠自然冷却到达稳定温度，需要几十年甚至更长时间，徐变可以充分发挥，温度应力较小。

（2）当坝内温度降至稳定温度时，坝体早已施工蓄水运行，所以温度、自重、水压力三种荷载应该叠加。这有利于减少坝内基础约束引起的拉应力。图1表示了某重力坝计算结果，按低水位考虑，自重和水荷载可使拉应力减小0.50MPa。

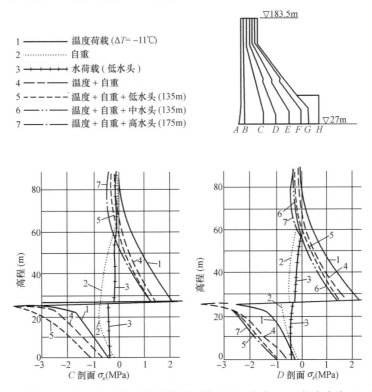

图1 通仓浇筑重力坝在温度、自重与水荷载作用下的水平正应力 $\sigma_x$（拉应力为正，压应力为负）

与柱状分缝重力坝相比，碾压混凝土重力坝也有缺点：通仓浇筑，浇筑块长，受拉范围大，遇到混凝土弱点及应力集中机会较多；另外浇筑层面如出现表面裂缝，后期处于受拉区域，易发展为贯穿裂缝。因此，决定允许温差时，碾压混凝土坝应采用较大的安全系数。

目前不少碾压混凝土坝通过计算决定允许温差，计算中把全部有利因素都考虑进去了，但采用安全系数偏低，因而基础允许温差偏大。由于坝体通过自然冷却，到达稳定温度需要几十年时间，竣工后几年内不出现裂缝并不表示今后不会裂缝。

碾压混凝土重力坝的基础允许温差最好采用表 4，如果通过计算决定，则应采用较大的安全系数，例如可参照表 2 采用。

# 5 上下层温差

我国混凝土重力坝和拱坝设计规范都规定上、下层允许温差为 15～20℃[4]，与浇筑块长度无关，应该说这个规定不尽合理，上下层允许温差与浇筑块长度有密切关系。上下层温差的产生有两种情况：①长期间歇，下层混凝土充分冷却后才浇上层混凝土，这种情况的温度应力与基岩上混凝土浇筑块温度应力相似，应力与浇筑块长度有关是显然的；②气温年变化使夏季混凝土浇筑温度高而冬季浇筑温度低，从而产生上下层温差。图 2 表示一混凝土浇筑块，高度 158m，基岩面高程 27m，浇筑块长度 $L$=20、40、80、120m，用有限元法根据施工进度计算混凝土温度和应力[8]，冬季开始浇筑混凝土，每年夏季出现温度高峰，冬季出现温度低谷，设从冬季到夏季浇筑混凝土的高度为 $\Delta H$，混凝土温差为 $\Delta T$，显然，对于相同的 $\Delta T/\Delta H$，浇筑块长度 $L$ 越大，温度应力越大。从图 2 可见，当 $L$=20m 时，只在基岩附近产生较大温度应力，脱离基岩约束高度后，上下层温差引起的应力不到 0.50MPa，不起控制作用，当 $L$>80m 后，上下层温差引起的拉应力已超过基础约束引起的拉应力。由此可见，对于通仓浇筑的常态和碾压混凝土坝，上下层温差是起控制作用的，不可轻视，应通过仿真计算决定允许温差。

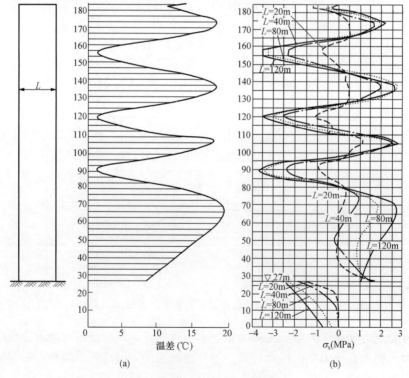

图 2 不同宽度浇筑块的温度应力

（a）浇筑块及温差；（b）温度应力

# 6 浇筑层厚度

对于水化热来说，浇筑层越薄，通过层面散失的热量越多，温升 $T_{\tau}$ 越小。在采用预冷骨料、加冰拌和等降温措施时，混凝土浇筑温度低于气温，形成了初始温差 $T_0 = T_a - T_p$，其中 $T_a$ 为气温，$T_p$ 为浇筑温度。这时热量通过浇筑层面倒灌，混凝土温度将回升，浇筑层越薄，回升越严重。在这种情况下，薄层是不利于保存预冷效果的，与水化热的散失有矛盾，从温度控制角度考虑，应使混凝土浇筑总温升 $T_m = T_{\tau} + T_1$ 最小，其中 $T_{\tau}$ 为水化热温升，$T_1$ 为温度回升。浇筑层总温升与浇筑层厚度的关系见图 3。由图可见，总温升 $T_m$ 与浇筑层厚度的关系与初始温差 $T_0$ 对最终绝热温升 $\theta_0$ 的比值 $T_0/\theta_0$ 有关：

（1）当 $T_0/\theta_0 = 0.80$（间歇 5d）时，总温升与浇筑层厚度几乎无关。

（2）当 $T_0/\theta_0 > 0.85$ 时，浇筑层越厚，总温升越小。

（3）当 $T_0/\theta_0 < 0.80$ 时，浇筑层越薄，总温升越小。

坝体上升速度与浇筑层厚度的关系与河谷形状有关。在宽阔河谷，由于有足够多的浇筑仓面，坝体上升速度取决于每月的混凝土浇筑强度，在这种情况下，坝体上升速度与浇筑层厚度关系不大。实际上，宽阔河谷中混凝土重力坝的平均上升速度大多在 3～7m/月左右，有足够多的时间供层面散热之用。可采用较薄的浇筑层厚度。在狭窄河谷，由于浇筑仓面少，坝体上升速度与浇筑层厚度有关系。在基础约束区内浇筑薄层，在基础约束区外，为了提高坝体上升速度，有时增加浇筑层厚度到 3m 左右，如二滩拱坝。

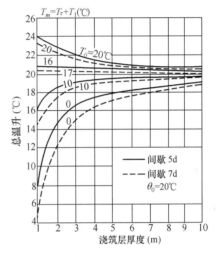

图 3 浇筑层总温升（$\theta_0 = 20\,℃$）

$T_0 = T_a - T_p$—初始温差；$\theta_0$—最终绝热温升

对于中小工程，没有预冷骨料设备，宜采用较薄浇筑层以利于散热；对于大型工程，预冷和水管冷却是主要降温手段，层面散热在温度控制中的地位已下降，当有足够浇筑能力时，可采用较厚的浇筑层。

# 7 表面保护

表面保护有两层含义：表面保温和养护，对混凝土坝防裂十分重要。

## 7.1 表面保温材料

表面保温过去主要采用草袋，草袋易受潮、易腐烂、干燥时易着火，除中小工程外，混凝土坝施工中现已很少采用，目前大坝施工中表面保温主要采用泡沫塑料。

泡沫塑料有聚苯乙烯、聚乙烯、聚氨酯、聚氯乙烯、酚醛、脲醛、氮素尿等多种，用于混凝土坝保温的主要是前面三种。

### 7.1.1 聚苯乙烯泡沫板

聚苯乙烯泡沫塑料是硬质板，根据生产工艺的不同，又可分为挤塑型聚苯乙烯（XPS）和膨胀型聚苯乙烯（EPS），物理力学性能见表 5，其中 XPS 性能较好，价格也较高，目前约为 800 元/m$^3$。过去混凝土坝保温主要采用 EPS，表面涂一层丙烯酸水泥浆，以避免吸水，并使外观呈灰色。施工方法有内贴法和外贴法两种，内贴法是将苯板固定在混凝土模板上，拆模后苯板留在坝面上；外贴法是在拆模后再把苯板粘贴到混凝土表面上。

**表5** 泡沫塑料的物理力学性能

| 品　　种 | 密度（kg/m$^3$） | 导热系数[kJ/（m·h·℃）] | 吸水率（%） | 抗压强度（kPa） | 抗拉强度（kPa） |
|---|---|---|---|---|---|
| 膨胀型聚苯乙烯（EPS） | 15～30 | 0.148 | 2～6 | 60～280 | 130～340 |
| 挤塑型聚苯乙烯（XPS） | 42～44 | 0.108 | 1 | 300 | 500 |
| 聚乙烯（PE） | 22～40 | 0.160 | 2 | 33 | 190 |
| 聚氨酯（PUF） | 35～55 | 0.080～0.108 | 1 | 150～300 | 500 |

紧水滩拱坝施工初期在坝体上游面产生了较多裂缝，从 1985 年 1 月开始，整个大坝上游面新浇混凝土全部用聚苯乙烯泡沫塑料板保温，实际效果很好，保温板尺寸为 1.0m×1.5m×0.02m，用内贴法施工。观音阁碾压混凝土重力坝位于东北寒冷地区，施工中也采用苯板保温。

响水拱坝位于内蒙古克什克腾旗，属于高寒地区，建成蓄水后出现大量贯穿性裂缝，修复工程中，除对裂缝进行环氧灌浆外，并在下游坝面粘贴聚苯乙烯泡沫塑料板保温，尺寸为 1.0m×0.5m×0.05m，用外贴法施工，在外面刷一层聚合物水泥砂浆进行保护。

### 7.1.2 聚乙烯保温被

聚乙烯泡沫塑料（PE）物理力学性能见表 5，富有柔性，延伸率 110%～255%，由于具有一定吸水率，下雨后保温作用降低，加之质地柔软，易被撕破，尚无用作永久保温的工程实例。三峡三期工程中对水平浇筑层面及有键槽的凹凸侧面的保温，在 1m×2m 聚乙烯泡沫卷材外套一层帆布套，帆布套表面涂一层防水防腐蚀胶水，不但可防水，而且用过后经冲洗又焕然一新，可重复使用，下雨时可兼作防雨布，夏季混凝土振捣后可立即盖上保冷[12]。

### 7.1.3 聚氨酯泡沫涂层

聚氨酯加入发泡剂形成泡沫后，具有保温能力，而且可与混凝土黏结，形成表面保温层，通常用喷涂法施工。聚氨酯泡沫塑料是闭孔结构，基本不吸水，黏着强度为 0.10MPa，物理力学性质见表 5，聚氨酯喷涂时气温不宜太低。

汾河二库碾压混凝土坝建成后出现了一些裂缝，为了上游面的保温防渗，采用了聚氨酯泡沫涂层，厚度 5cm，为增加耐久性，在涂层外面还喷涂了两层表面防护层，材料为单组分氯磺化聚乙烯，厚度为 0.2～0.4mm。新疆石门子拱坝地处严寒地区，为减轻坝体温度应力，在上、下游表面分别喷涂了 3cm 和 5cm 厚的聚氨酯泡沫塑料。三峡三期工程中，进水口周边因体形不规则，喷涂 2cm 厚聚氨酯泡沫涂层保温。

总之，对于施工中的混凝土坝，坝体上、下游表面以采用聚苯乙烯保温板为宜，水平浇筑层面及纵横接缝面以采用聚乙烯保温被为宜。对于已建成的混凝土坝的保温，可采用聚氨酯泡沫涂层，施工较简单，也可采用聚苯乙烯保温板。

## 7.2 永久保温板

在表面裸露条件下，因直射阳光和风化作用，聚苯乙烯、聚氨酯等泡沫塑料都会老化，对于用作永久保温的泡沫塑料，必须在外面做保护层。

在我国多数地区，为了防止大坝在施工期出现表面裂缝，最好的办法是在上、下游表面用聚苯乙烯泡沫板进行保护，如果在苯板外面增加一个保护层，就可以使它变成永久保温板了。苯板外面保护层的构造有以下两种：

（1）聚合物砂浆保护层。如图 4（a）所示，保护层为聚合物砂浆，由聚合物、水泥、砂拌制而成，厚度约 5mm。

（2）水泥砂浆保护层。见图 4（b），由普通硅酸盐水泥、水、砂、外加剂拌制而成，不掺粉煤灰，水灰比 0.35～0.40，施工时先在苯板外面涂一层界面处理剂以增强黏结作用，然后抹水泥砂浆，厚度约 20mm，养护完毕后，再在表面涂一层丙烯酸乳液，以增强防水和抗碳化作用。

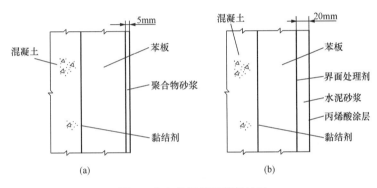

图 4　永久保温板及其保护层

（a）聚合物砂浆保护层；（b）水泥砂浆保护层

如用外贴法，苯板与混凝土之间用黏结剂粘贴。

永久保温板的施工方法有两种：一种是先贴（苯板）后抹（保护层），即先在坝面上用黏结剂粘贴苯板，然后在苯板上抹保护层；另一种是先抹（保护层）后贴（苯板），即先在苯板上抹好保护层，然后把苯板粘贴到坝面上。

施工期保温板目前多采用 EPS 板，重要部位的永久保温板最好采用 XPS 板。

## 7.3 表面保护认识上的误区

混凝土坝裂缝绝大多数为表面裂缝，故人们对表面保护很早就已重视，但在认识上有误区，由于施工中往往是一次大寒潮后出现一批裂缝，因此，长期以来人们只重视混凝土早期的表面保护，而忽略后期的表面保护。

DL/T 5144—2001《水工混凝土施工规范》规定："28d 龄期内的混凝土，应在气温骤降前进行表面保护"，这里给人一种错觉，似乎 28d 龄期以后的混凝土，除了某些特殊情况外，一般不必进行表面保温了。实际情况并非如此，例如某重力坝，在上、下游面出现了较多裂缝，如图 5 所示，这些裂缝并不是在 28d 内产生的，而是在混凝土浇筑后的第一、二年冬季产生的，该坝仿真计算结果见文献［10］表 2，在无保温措施时，水平拉应力和铅直拉应力

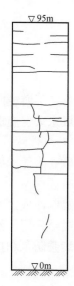

图 5　某重力坝上
游面裂缝分布图

均超过允许应力约 1 倍。

DL/T 5144—2001《水工混凝土施工规范》规定："混凝土养护时间不宜少于 28d"，实践经验表明，如果在 28d 以后停止养护，在半年甚至一年以后还会出现干缩裂缝，表面养护 28d 是不够的。

上述对表面保护认识上的片面性，在国外同样存在，例如，美国德沃歇克重力坝，混凝土本身温度控制得非常好，全年入仓温度为 4～6℃，几乎是恒温，基础约束区内还采用了冷却水管，但表面保温做得不够好，以致大坝产生了严重的劈头裂缝[3]。

# 8　全面温控、长期保温、结束"无坝不裂"历史

## 8.1　混凝土坝施工期不裂

从世界范围来看，从 20 世纪 30 年代开始已发展了坝体分缝分块和水管冷却，从 40 年代开始已重视控制基础温差，发展了预冷骨料技术，从 50 年代开始已注意表面保护；在材料方面，发展了减水剂、粉煤灰等改善混凝土抗裂性能的措施。充分利用这些措施，本应做到大坝不裂，但实际情况却是"无坝不裂"，一个重要原因就是对长期表面保护重视不够，对长期暴露的上、下游表面没有很好保护；其次，水平浇筑层面及纵横接缝面的短期保护，虽然人们早已注意，但这些工作很繁琐，真正做好也不容易。

笔者研究结果表明，如果在严格控制基础温差、做好水平浇筑层面和接缝面的短期表面保护外，还能做好上、下游面的长期表面保护，应该能防止裂缝的出现，结束"无坝不裂"的历史[10]。我们与东北勘测设计院合作研究的江口拱坝防裂保护措施、与贵州省水利水电设计院合作研究的三江河拱坝防裂保护措施实施结果，竣工后都未出现裂缝。

三峡二期工程开始前，笔者曾建议除了常规的基础温差控制和短期表面保护外，在大坝上、下游表面用 3～5cm 厚聚苯乙烯泡沫板长期保温，并得到了三峡总公司技术领导和长江委设计院的同意，但工程施工时未能执行，以致施工中出现了一些裂缝。在三峡三期工程开始前，经过计算分析，笔者再次建议三峡三期工程在大坝上、下游表面用 3～5cm 厚聚苯乙烯泡沫板长期保温，并在施工中得到执行，加上三期工程中进行了全面严格的温度控制，大坝已浇筑到坝顶，到目前为止，未发现一条裂缝。

实践经验表明，温度应力理论是正确的，只要全面地严格地控制温度应力，就可以防止裂缝，结束"无坝不裂"的历史。

## 8.2　混凝土坝运行期不裂

如上所述，只要严格控制基础温差、做好短期和长期表面保温，混凝土坝在施工期是可以不裂缝的，现在的问题是，工程竣工后、表面保温板拆除或自然剥落了，坝体是否会出现裂缝呢？回答是肯定的。

为了防止混凝土坝在运行期出现裂缝，最有效的办法就是对长期暴露表面进行永久保温。

如图 4 所示，在聚苯乙烯板外面加一保护层，就成为永久保温板了，保护层材料费用约

为 10 元/m²、重要工程永久保温板最好采用 XPS，其导热系数较小，厚度可比 EPS 减少一些，但单价较高，造价还是要高一些。

## 8.3 表面保护分区要求

表 6 给出了笔者关于混凝土坝上、下游表面保温防渗的分区要求。经验表明，拱坝上游面下部容易产生较大裂缝，最好采用永久保温防渗板。碾压混凝土坝水平施工缝容易渗水，上游面最好也采用永久保温防渗板。重力坝下游面保温防渗要求可适当降低一些。

**表 6**               混凝土坝上、下游表面保温防渗的分区要求

| 部 位 | | | 一般地区 | | | 寒冷地区 | | |
|---|---|---|---|---|---|---|---|---|
| | | | 重要工程 | 一般工程 | 次要工程 | 重要工程 | 一般工程 | 次要工程 |
| 常态混凝土坝 | 拱坝 | 上游面 坝踵 | A | A | C | A | A | B |
| | | 上游面 其余 | B | B | C | B | B | B |
| | | 下游面 拉应力区 | B | B | C | B | B | B |
| | | 下游面 其余 | B | C | D | B | B | C |
| | 重力坝 | 上游面 死水位以上 | B | B | C | B | B | B |
| | | 上游面 死水位以下 | B | B | C | B | B | B |
| | | 下游面 | B | C | D | B | B | C |
| 碾压混凝土坝 | 拱坝 | 上游面 | A | A | A | A | A | A |
| | | 下游面 | B | C | D | B | B | B |
| | 重力坝 | 上游面 | A | A | A | A | A | A |
| | | 下游面 | B | C | D | B | B | C |

**注** A 为永久保温防渗；B 为永久保温；C 为施工期长期保温；D 为施工期临时短期保温。

## 8.4 造价估计

根据三峡工程经验，3cm 厚 EPS 施工期保温板造价约为 20（内贴法）～40 元/m²（外贴法）；如加上保护层，3cm EPS 永久保温板造价约为 35（内贴法）～55 元/m²（外贴法）。一座平均长度 500m、高 100m 重力坝，如果上游面用永久保温板造价约为 175 万～275 万元；如果上、下游面都用永久保温板，造价约为 400 万～630 万元，与它所取得的效益相比，造价是相当低的，永久保温板如采用 XPS 板，耐久性当更好，造价也略有增加。

# 9 结束语

（1）抗裂安全系数取值偏低是混凝土坝裂缝较多的重要原因、现在温度控制手段已较有效，应适当提高安全系数。由于极限拉伸试验精度较低，试验成果不稳定，用本文建议方法按抗拉强度计算允许温差较合适。

（2）混凝土抗裂性能改进、分缝分块、预冷骨料、水管冷却、表面保护等方面已取得显著进步，但国内外仍"无坝不裂"，一个重要原因是对表面保护的认识存在着片面性，只重视早期表面保护，而忽视后期表面保护。在适当提高安全系数、严格控制基础温差、做好早期

表面保护的基础上，再做好后期的表面保护，就可以有效防止裂缝，结束"无坝不裂"历史。

（3）施工期没有裂缝的坝，在运行期仍可能出现裂缝，采用永久保温板，就可以防止运行期出现裂缝，做到"永远不裂"，而且造价低廉，施工方便。

（4）常态混凝土坝基础允许温差基本合适，有些碾压混凝土坝允许温差可能偏大，因坝体降到稳定温度需要几十年时间，竣工后短期不裂缝，并不意味着以后不会裂缝。在决定碾压混凝土坝允许温差时，在充分挖掘碾压混凝土坝潜力的同时，也要充分考虑它的不利方面，适当提高安全系数。

（5）上、下层温差在柱状分块常态混凝土坝中一般不起控制作用，但在通仓浇筑的常态和碾压混凝土坝中是起控制作用的。

（6）对于不同的坝型和坝体的不同部位，对表面保温防裂的要求应有所区别，见表6。

（7）在我国水利水电科学研究、设计、施工人员的共同努力下，目前有几个工程已实现施工期不裂，再采用永久保温板，完全可以实现"永远不裂"。从"无坝不裂"到"永远不裂"是筑坝技术上的巨大进步，让我们携起手来共同努力，争取在我国最先实现坝工技术上这一重要的跨越。

## 参 考 文 献

［1］朱伯芳．大体积混凝土温度应力与温度控制［M］．北京：中国电力出版社，1999．

［2］Boggs HL．Cracking in concrete dams［A］．USBR case histories，15th ICOLD（Vol.II）［C］：173-190，1985．

［3］Houghton DL．Measues being taken for prevention of cracks in mass concrete at Dworshak and Libby dams［A］．10th ICOLD（Vol. IV）［C］：241-271.1970．

［4］SDJ 21—1978《混凝土重力坝设计规范》［S］．北京：水利电力出版社，1979．

［5］曹泽生，徐锦华．氧化镁混凝土筑坝技术［M］．北京：中国电力出版社，2003．

［6］朱伯芳．论混凝土坝抗裂安全系数［J］．水利水电技术，2005，（7）．

［7］DL 5108—1999《混凝土重力坝设计规范》［S］．北京：中国电力出版社，2000．

［8］朱伯芳，许平．碾压混凝土重力坝的温度应力与温度控制［J］．水利水电技术，1996，（4）．

［9］Bofang Zhu，Ping Xu.Thermal stresses in roller compacted concrete gravity dams［J］．Dam Engineering，Vol.6.Issue 3.1995．

［10］朱伯芳，许平．加强混凝土坝面保护尽快结束"无坝不裂"的历史［J］．水力发电，2004，（3）．

［11］朱伯芳，买淑芳．混凝土坝的复合式永久保温防渗板［J］．水利水电技术，2006，（4）．

［12］邢德勇，徐三峡．三峡三期大坝工程大体积温控技术综述［J］．水力发电，2005，（10）．

［13］朱伯芳．混凝土坝运行期裂缝与永久保温［J］．水力发电，2006．

# 关于混凝土坝基础混凝土允许温差的两个原理❶

**摘　要：** 基础混凝土允许温差是混凝土坝温度控制最重要的指标，经过大量工作，笔者提出了两个关于基础混凝土温差的原理。第一个原理：对于正台阶形温差，压缩强约束区高度并适当放宽弱约束区温差，有利改善温度应力；根据这一原理，提出了一套新的基础混凝土允许温差；新温差既方便了施工，又提高了抗裂安全度，一举两得。当混凝土施工由夏季进入冬季时，可能出现上部温差小于下部的情况，将产生不利的温度应力。为此，笔者提出了第二个原理：对于负台阶形温差，必须降低强约束区温差，并防止弱约束区出现过低温度，文中也提出了此种情况下的允许温差。

**关键词：** 混凝土坝；基础允许温差；两个原理

# Two Principles for the Allowable Temperature Differences of Dam Concrete above Foundation

**Abstract:** Two principles for the temperature differences of dam concrete above the rock foundation are proposed by which the allowable temperature differences of dam concrete are improved by reducing the height of strong restraint of the foundation and increasing the temperature differences in the region of weak restraint. The new allowable temperature differences are more convenient for construction and possess higher coefficient of safety for crack prevention.

**Key words:** concrete dam, temperature difference adove foundation, two principles

## 1　前言

基础混凝土允许温差是混凝土坝温度控制最重要的指标，我国混凝土重力坝和拱坝规范采用的基础允许温差[1~4]主要是根据当时的一些简单计算并参照美国垦务局的标准而制订的[5]，已实行了约 30 年。实践结果表明，这套允许温差基本是可行的，但当初决定这套允许温差时，计算技术还比较落后，并没有进行深入的研究，目前有必要进行较细致的研究。鉴于

---

❶　原载《水利水电技术》2008 年第 7 期，由笔者与李玥、吴龙珅、张国新联名发表。

温差分布图形对温度应力具有决定性的影响，本文从调整温差分布图形入手，研究改善允许温差的途径，经过大量工作，提出了关于基础混凝土允许温差的两个原理。第一个原理：对于正台阶形温差，压缩强约束区高度并适当放宽弱约束区温差，可以改善温度应力。根据这一原理，提出了一套新的基础混凝土允许温差。当上部温差小于下部温差时，将出现很不利的温度应力，据此，提出了第二个原理及这种情况下的允许温差。

## 2 台阶形温差引起的应力

目前坝工规范中采用的基础混凝土允许温差是台阶形温差，下面给出台阶形温差产生应力的计算方法。考虑岩基上混凝土浇筑块，高度 $H$ 等于长度 $L$，岩基内温度为零，浇筑块内温度在水平方向为均匀分布，铅直方向为台阶形分布（见图 1）如下

$$
\left.
\begin{array}{ll}
\text{当}\ y=0\sim b_1,\ T=T_0; & \text{当}\ y=b_1\sim b_2,\ T=T_0+T_1 \\
\text{当}\ y=b_2\sim b_3,\ T=T_0+T_1+T_2; & \text{当}\ y=b_3\sim H,\ T=T_0+T_1+T_2+T_3
\end{array}
\right\}
\tag{1}
$$

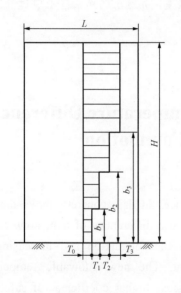

图 1 温度分布

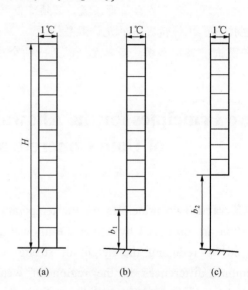

图 2 单位温差

（a）均匀温差；（b）非均匀温差 1；（c）非均匀温差 2

设岩基弹性模量为 $E_f$，泊松比为 0.25，温度为 0；混凝土弹性模量为 $E$，泊松比为 0.167，假定 $E_f=E$，用有限元求出图 2 所示单位温差作用下在中央断面上 $y$ 点的水平应力系数 $\eta_{bi}(y)$ 如图 3。

对于图 1 所示温度，中央断面上的水平应力 $\sigma_x$ 可计算如下

$$
\sigma_x(y)=\frac{E\alpha}{1-\mu}\left[T_0\eta_0(y)+T_1\eta_{b1}(y)+T_2\eta_{b2}(y)+T_3\eta_{b3}(y)\right]
\tag{2}
$$

式中：$\eta_{bi}(y)$ 为 $b/L=bi$ 时中央断面 $y$ 点应力系数，见图 3 及表 1，表中在 $y=bi$ 处有两个应力系数，这是由于此处应力是不连续的。

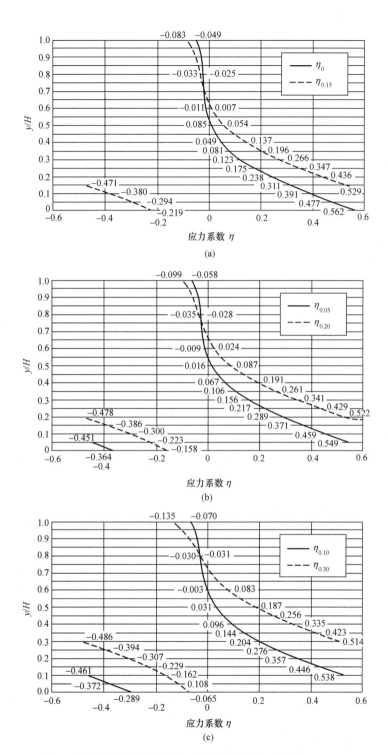

图 3  单位温差作用下浇筑块中央剖面上的应力系数 $\eta_{b/H}(y)$

（a）$\eta_0$，$\eta_{0.15}$；（b）$\eta_{0.05}$，$\eta_{0.20}$；（c）$\eta_{0.10}$，$\eta_{0.30}$

表1 单位温差应力系数（$\eta$）

| $y/L$ | $b/L$ | | | | | |
|---|---|---|---|---|---|---|
| | 0 | 0.05 | 0.10 | 0.15 | 0.20 | 0.30 |
| 0.00 | 0.562 | −0.364 | −0.289 | −0.219 | −0.158 | −0.065 |
| 0.05 | 0.477 | −0.451<br>0.549 | −0.372 | −0.294 | −0.223 | −0.108 |
| 0.10 | 0.391 | 0.459 | −0.462<br>0.538 | −0.380 | −0.300 | −0.162 |
| 0.15 | 0.311 | 0.371 | 0.446 | −0.471<br>0.529 | −0.386 | −0.229 |
| 0.20 | 0.238 | 0.289 | 0.357 | 0.436 | −0.478<br>0.522 | −0.307 |
| 0.25 | 0.175 | 0.217 | 0.276 | 0.347 | 0.429 | −0.394 |
| 0.30 | 0.123 | 0.156 | 0.204 | 0.266 | 0.341 | −0.486<br>0.514 |
| 0.35 | 0.0811 | 0.106 | 0.144 | 0.196 | 0.261 | 0.423 |
| 0.40 | 0.049 | 0.067 | 0.096 | 0.137 | 0.191 | 0.335 |
| 0.45 | 0.026 | 0.038 | 0.059 | 0.091 | 0.133 | 0.256 |
| 0.50 | 0.008 | 0.016 | 0.031 | 0.054 | 0.087 | 0.187 |
| 0.60 | −0.011 | −0.009 | 0.011 | 0.007 | 0.024 | 0.083 |
| 0.70 | −0.020 | −0.021 | −0.021 | −0.018 | −0.012 | 0.016 |
| 0.80 | −0.025 | −0.028 | −0.031 | −0.034 | −0.035 | −0.030 |
| 1.00 | −0.049 | −0.058 | −0.070 | −0.083 | −0.099 | −0.135 |

## 3　二阶正台阶形温差及关于基础混凝土允许温差的第一原理

我国现行混凝土坝设计和施工规范中采用的允许温差为图4（a）所示二阶正台阶形温差，当混凝土28d龄期极限拉伸不小于$0.85 \times 10^{-4}$、基岩与混凝土弹性模量相近时，混凝土的允许温差如表2所列。

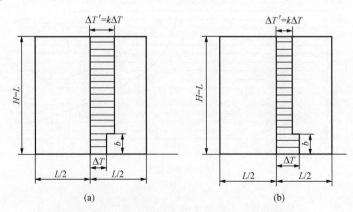

图4　岩基上混凝土浇筑块二阶台阶形温度分布

（a）正台阶形温差（$k>1.0$）；（b）负台阶形温差（$k<1.0$）

**表 2**　　　　混凝土重力坝和拱坝规范中采用的基础混凝土允许温差（ΔT）　　　　（单位：℃）

| 离基岩高度 | 坝块长度 L | | | | |
|---|---|---|---|---|---|
| | <17m | 17~20m | 20~30m | 30~40m | >40m |
| 0~0.2L | 26~25 | 25~22 | 22~19 | 19~16 | 16~14 |
| 0.2~0.4L | 28~27 | 27~25 | 25~22 | 22~19 | 19~17 |

考虑图 4（a）所示岩基上浇筑块，其高度 $H$ 与长度 $L$ 相等，基岩内温度为零，混凝土温差分布如下：

$$当 y = 0 \sim b 时 \qquad\qquad T = \Delta T$$
$$当 y = b \sim H 时 \qquad\qquad T = \Delta T' = k\Delta T \qquad\qquad (3)$$

假定混凝土与基岩弹性模量相等，影响浇筑块温度应力的主要因素有两个：温差分区高度比值 $b/H=b/L$ 及温差比值 $k=\Delta T'/\Delta T$。利用图 3 所示应力系数可以分析这两个因素对浇筑块内温度应力的影响。

由于基岩约束作用与上下层约束作用交织在一起，$\eta$ 最大值可能出现在两个平面上。由图 5 可见，当 $k$ 值较小时，$\eta$ 最大值出现在基岩表面上，当 $k$ 值较大时，因上下层温差比重较大，$\eta$ 最大值出现在温差分界面上，因此，必然存在着一个临界值 $k_{cr}$，当 $k=k_{cr}$ 时，基岩表面的应力等于温差分界面上的应力；当 $k<k_{cr}$ 时，$\sigma_x(0)>\sigma_x(b)$；$k>k_{cr}$ 时，$\sigma_x(0)<\sigma_x(b)$。

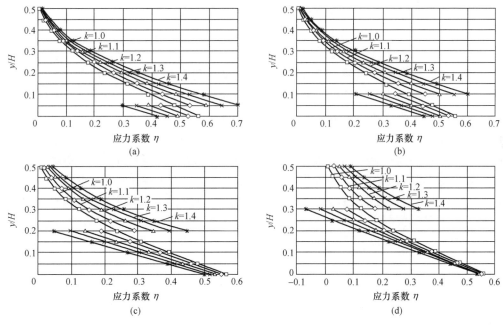

**图 5　正台阶形温差应力系数**

（a）$b/L$=0.05；（b）$b/L$=0.10；（c）$b/L$=0.20；（d）$b/L$=0.30

下面我们来计算 $k_{cr}$，对于图 4 所示二阶台阶形温差，设 $\Delta T$=1℃，$\Delta T'=k$℃，中央剖面上 $y$ 点应力为

$$\sigma_x(y) = \frac{E\alpha}{1-\mu}[\eta_0(y)+(k-1)\eta_b(y)] \qquad\qquad (4)$$

由 $\sigma_x(0)=\sigma_x(b)$ 得

$$\eta_0(0)+(k-1)\eta_b(0)=\eta_0(b)+(k-1)\eta_b(b) \tag{5}$$

由此得到临界值 $k_{cr}$ 如下

$$k_{cr}=1+\frac{\eta_0(0)-\eta_0(b)}{\eta_b(b)-\eta_b(0)} \tag{6}$$

当 $k=k_{cr}$ 时，温度应力最小，其值为 $\sigma_{min}$；对于其他任何 $k$ 值，温度应力都大于 $\sigma_{min}$；当 $k<k_{cr}$ 时，基岩表面应力 $\sigma_x(0)>\sigma_{min}$；当 $k>k_{cr}$ 时，温差分界面（$y=b$）上的应力 $\sigma_b(b)>\sigma_{min}$。由式（6）计算得到 $k_{cr}$ 及相应的系数 $\eta=(1-\mu)\sigma/E\alpha\Delta T$ 见表 3。从减小温度应力考虑，$k=k_{cr}$ 是最佳选择，但 $k$ 值太大，将加大内外温差，建议实际采用的 $k$ 值不要超过 1.30。

表3　　　　　　　　　二阶正台阶形温差的临界温差比值 $k_{cr}$ 及 $\eta=(1-\mu)\sigma/E\alpha/\Delta T$

| | $b/L$ | 0 | 0.05 | 0.10 | 0.15 | 0.20 | 0.30 |
|---|---|---|---|---|---|---|---|
| 临界值 | $k_{cr}$ | 1.00 | 1.093 | 1.206 | 1.336 | 1.477 | 1.758 |
| | $\eta$ | 0.562 | 0.528 | 0.502 | 0.488 | 0.487 | 0.513 |
| 采用值 | $k$ | 1.00 | 1.10 | 1.20 | 1.30 | 1.30 | 1.30 |
| | $\eta$ | 0.562 | 0.532 | 0.504 | 0.496 | 0.515 | 0.542 |

目前坝工规范中采用的允许温差，$b/L=0.20$，$k=1.1\sim1.2$，应力系数最大值出现在基岩表面，其值为 $\eta=0.546$（$k=1.10$）和 $\eta=0.530$（$k=1.20$）。据分析如果把 $b/L$ 从 0.20 压缩到 $0.05\sim0.10$，并适当加大 $k$，不但有利于施工，还有利于改善温度应力。

于是我们得到：关于基础混凝土温差的第一个原理：对于正台阶形温差，压缩强约束区高度，并适当放宽弱约束区温差，既有利于施工，又有利于改善温度应力。

浇筑块允许温差与浇筑块长度的关系取决两个因素：

（1）由于岩基无水化热，混凝土因水化热而升温时将向基岩传热，在基岩附近，沿铅直方向温度分布是不均匀的，因此，浇筑块越长，温度应力越大。

（2）浇筑块越长，遇到基岩不平整及混凝土内部弱点的机会越多，抗裂安全系数应较大，因此，允许温差与浇筑块长度的关系，不但与应力状态有关，还与工程经验有一定联系，考虑到这一点，在研究新的允许温差表时，允许温差与浇筑块长度的关系，仍采用坝工规范现有数值。

我们建议的基础混凝土新的允许温差见表 4。为慎重起见，强约束区温差与规范保持一致，主要调整强约束区高度并适当放宽弱约束区温差。这两点都是有利于减小温度应力的，因而可确保安全。

正台阶形温差的应力小于均匀温差，因为降温时上部混凝土对下部混凝土有一定的压缩作用，因此，温差均匀分布时的允许温差本应低于正台阶形温差，但过去实际上人们并未注意到台阶形温差与均匀温差的差别，故表 4 第一栏仍采用坝工规范中的允许温差。

表4　　　　　　　　　　　建议的基础混凝土允许温差　　　　　　　　（单位：℃）

| 温差分区高度比 $b/L$ | $y/L$ | $L$（m） | | | | |
|---|---|---|---|---|---|---|
| | | <17 | 17~20 | 20~30 | 30~40 | >40 |
| 0 | 0.00~0.40 | 26~25 | 25~22 | 22~19 | 19~16 | 16~14 |
| 0.05 | 0.00~0.50 | 26~25 | 25~22 | 22~19 | 19~16 | 16~14 |

| 温差分区高度比 b/L | y/L | L（m） | | | | |
|---|---|---|---|---|---|---|
| | | <17 | 17～20 | 20～30 | 30～40 | >40 |
| 0.05 | 0.05～0.40 | 29～28 | 28～24 | 24～21 | 21～18 | 18～15 |
| 0.10 | 0.00～0.10 | 26～25 | 25～22 | 22～19 | 19～16 | 16～14 |
| | 0.10～0.40 | 33～31 | 31～28 | 28～26 | 24～20 | 20～18 |
| 0.20 | 0.00～0.20 | 26～25 | 25～22 | 22～19 | 19～16 | 16～14 |
| | 0.20～0.40 | 34～33 | 33～29 | 29～25 | 25～21 | 21～19 |

与坝工规范中基础混凝土允许温差相比，新允许温差具有下列特点：

（1）低温差区高度 $b$ 可以从 $0.20L$ 减到 $0.05L$，范围大为缩小，为基础温差控制提供了方便。

（2）在上部弱约束区（$y=b～0.4L$），温差略有放宽，不仅为施工提供了方便，还可降低下部强约束区的温度应力，提高了混凝土的抗裂安全度。

（3）由于温差分布较合理，总体来说，新允许温差所蕴含的抗裂安全度比规范温差提高了，例如，规范中 $b/L=0.20$，$k=1.1～1.2$，$\eta=0.546～0.530$。表 4 中：$b/L=0.10$，$k=1.20$，$\eta=0.504$；$b/L=0.20$，$k=1.30$，$\eta=0.515$，新温差比老温差的安全系数提高了 6%～9%。

（4）强约束区温差数值未改变，即使弱约束区温差未按表 4 调整，也能保持原有安全度。

总之，新允许温差既合理，又稳妥。

# 4 二阶负台阶形温差及关于基础混凝土允许温差的第二个原理

当混凝土施工由炎热季节进入寒冷季节时，可能出现上部温差小于下部的情况，如图 4（b）所示负台阶形温差，这种温差对于温度应力是十分不利的。在冷却过程中，上部温差小、收缩变形也小，具有防止下部混凝土收缩变形的作用，下部混凝土同时受到基岩和上部混凝土的约束，产生的拉应力较大。图 6 表示二阶负台阶形温差作用下的应力系数 $\eta=(1-\mu)\sigma/E\alpha\Delta T$。例如，对于 $b/L=0.10$，最有利的温差比为 $k=1.20$，$\eta=0.504$。由图 6（b）可知，当 $k=0.70$，0.80，0.90 时，应力系数依次为 $\eta=0.649$，0.620，0.591。

于是我们得到：关于基础混凝土允许温差的第二个原理：对于负台阶形温差，必须降低强约束区温差，并防止弱约束区温度过低。

单凭直觉，似乎温差总是越低越好，上述第二原理告诉我们，情况并非如此。当出现负台阶形温差时，弱约束区的温度越低越不利。

目前国内外还没有基础混凝土负台阶形允许温差，但实际工程中经常出现负台阶形温差，下面我们根据上述第二原理来给出负台阶形允许温差。为了保持应力相等，应有 $\eta_1\Delta T_1=\eta_2\Delta T_2$，故

$$\Delta T_2=\eta_1\Delta T_1/\eta_2 \tag{7}$$

式（7）表明，允许温差应与应力系数（$\eta$）成反比。考虑这一因素，调整后的负台阶形允许温差见表 5。正台阶形允许温差表 4 中给出的是温差的上限，负台阶形温差表 5 中，在强约束区，为温差上限；而在弱约束区，为温差下限，即

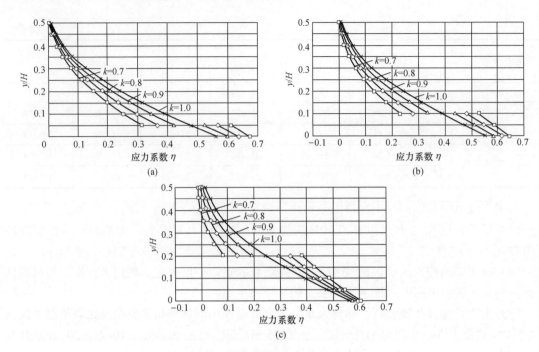

图 6　二阶负台阶形温差作用下的应力系数 $\eta$

（a）$b/L$=0.05；（b）$b/L$=0.10；（c）$b/L$=0.20

$$
\left.\begin{array}{ll}
\text{当} y = 0 \sim b \text{时} & \Delta T \leqslant [\Delta T_a] \\
\text{当} y = b \sim L \text{时} & \Delta T \geqslant [\Delta T_b]
\end{array}\right\} \qquad (8)
$$

式中：$[\Delta T_a]$、$[\Delta T_b]$ 分别为强约束区和弱约束区的允许温差；$\Delta T_a$ 按式（7）计算；$\Delta T_1$ 取坝工规范中强约束区允许温差的上限；$\eta_1$=0.562；$\eta_2$ 为与 $k$ 及 $b/L$ 相应的应力系数，见表 3；$\Delta T_b$ =$k\Delta T_a$。

在这里，我们得到一个重要结论：温差并非总是越小越好，具体来说，强约束区温差是越小越好，而弱约束区的温差，不但要限制其最高值，如表 4，也要限制其最低值，如表 5。

表 5　　　　　　　　　　　　负 台 阶 形 参 考 温 差　　　　　　　　　　　　（单位：℃）

| 温差比 $k$ | $b/L$ | $y/L$ | $\Delta T$ | $L$ (m) | | | | | $\eta$ |
|---|---|---|---|---|---|---|---|---|---|
| | | | | <17 | 17～20 | 20～30 | 30～40 | >40 | |
| 0.90 | 0.05 | 0.00～0.05 | $\Delta T_a \leqslant$ | 24 | 23 | 21 | 18 | 15 | 0.598 |
| | | 0.05～0.40 | $\Delta T_b \geqslant$ | 22 | 21 | 19 | 16 | 14 | |
| | 0.10 | 0.00～0.10 | $\Delta T_a \leqslant$ | 25 | 24 | 21 | 18 | 15 | 0.591 |
| | | 0.10～0.40 | $\Delta T_b \geqslant$ | 22 | 21 | 19 | 16 | 13 | |
| | 0.20 | 0.00～0.20 | $\Delta T_a \leqslant$ | 25 | 24 | 21 | 18 | 16 | 0.578 |
| | | 0.20～0.40 | $\Delta T_b \geqslant$ | 23 | 22 | 19 | 17 | 14 | |
| 0.80 | 0.05 | 0.00～0.05 | $\Delta T_a \leqslant$ | 23 | 22 | 19 | 17 | 14 | 0.635 |
| | | 0.05～0.40 | $\Delta T_b \geqslant$ | 18 | 17 | 15 | 14 | 11 | |
| | 0.10 | 0.00～0.10 | $\Delta T_a \leqslant$ | 24 | 23 | 20 | 17 | 14 | 0.620 |

| 温差比 $k$ | $b/L$ | $y/L$ | $\Delta T$ | $L$（m） | | | | | $\eta$ |
|---|---|---|---|---|---|---|---|---|---|
| | | | | <17 | 17～20 | 20～30 | 30～40 | >40 | |
| 0.80 | 0.10 | 0.10～0.40 | $\Delta T_b \geqslant$ | 19 | 18 | 16 | 14 | 12 | |
| | 0.20 | 0.00～0.20 | $\Delta T_a \leqslant$ | 25 | 24 | 21 | 18 | 15 | 0.594 |
| | | 0.20～0.40 | $\Delta T_b \geqslant$ | 20 | 19 | 17 | 14 | 12 | |
| 0.70 | 0.05 | 0.00～0.05 | $\Delta T_a \leqslant$ | 22 | 21 | 18 | 16 | 13 | 0.671 |
| | | 0.05～0.40 | $\Delta T_b \geqslant$ | 15 | 15 | 13 | 11 | 9 | |
| | 0.10 | 0.00～0.10 | $\Delta T_a \leqslant$ | 23 | 22 | 19 | 16 | 14 | 0.649 |
| | | 0.10～0.40 | $\Delta T_b \geqslant$ | 16 | 15 | 13 | 12 | 10 | |
| | 0.20 | 0.00～0.20 | $\Delta T_a \leqslant$ | 24 | 23 | 20 | 17 | 15 | 0.609 |
| | | 0.20～0.40 | $\Delta T_b \geqslant$ | 17 | 16 | 14 | 12 | 10 | |

# 5 多阶台阶形温差

考虑图 7 所示 4 阶台阶温差，用有限元法计算了 4 个方案如表 6。计算结果见图 8。方案 $A$、$B$、$C$、$D$ 的最大应力系数 $\eta$ 依次为 0.475、0.580、0.511、0.460，方案 $D$ 的应力系数最小，但 $T_3/T_0=1.60$，其值较大。因此，4 个方案中以方案 $A$ 为最好。

表 6                                 计 算 方 案

| 方案 | $A$ | $B$ | $C$ | $D$ |
|---|---|---|---|---|
| $b/L$ | 0.05 | 0.05 | 0.10 | 0.10 |
| $T_0$ | 1.00 | 1.00 | 1.00 | 1.00 |
| $T_1$ | 1.10 | 1.20 | 1.10 | 1.20 |
| $T_2$ | 1.20 | 1.40 | 1.20 | 1.40 |
| $T_3$ | 1.30 | 1.60 | 1.30 | 1.60 |
| 最大 $\eta$ | 0.475 | 0.580 | 0.511 | 0.460 |

【算例】 坝内实际温差和应力是很复杂的，但上面我们提出的关于基础混凝土的两个原理实际上仍然适用，下面通过两个数值算例加以说明。

考虑岩基上多层混凝土浇筑块，长度 $L=60$m，高度 $H=60$m，层厚 3.0m，间歇 7d，混凝土导温系数 $a=0.10\text{m}^2/\text{d}$，表面放热系数 $\beta=70\text{kJ}/（\text{m}^2 \cdot \text{h} \cdot \text{℃}）$，泊松比 $\mu=0.167$，弹性模量 $E(\tau)=35000[1-\exp(-0.40\tau^{0.34})]$MPa，有徐变（参数从略），线胀系数 $\alpha=1\times10^{-5}$（1/℃），允许拉应力 $[\sigma_t]=2.10\tau/(7.0+\tau)$MPa，绝热温升 $\theta(\tau)=25.0\tau/(1.70+\tau)$℃，时间（$\tau$）以 d 计。基岩无徐变，弹性模量 $E_f=35000$MPa，$\mu=0.25$。混凝土与基岩初始温度 $T_0=25.0$℃，气温 $T_a=25.0$℃。

[冷却方案 1] 水管间距：高程 $y=0～3$m，1.0m×0.50m；$y=30～60$m，1.5m×1.5m。分三期冷却，一期冷却：$\tau=0～20$d，水温 $T_w=20$℃；二期冷却，$\tau=150～200$d，水温 $T_w=15$℃；三

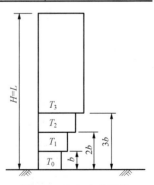

图 7  4 阶台阶形温差

期冷却，$\tau$=240d 开始，水温 $T_w$=11.5℃，冷到稳定温度 $T_f$=12℃为止。

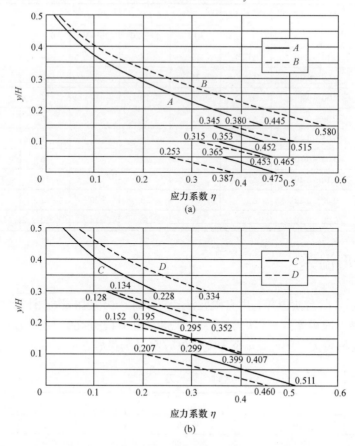

(a)

(b)

图8　4阶台阶形温差作用下的应力系数 $\eta=(1-\mu)\sigma/E\alpha T_0$

（a）方案 $A$、$B$；（b）方案 $C$、$D$

［冷却方案 2］水管间距：高程 $y$=0～6m，1.0m×0.50m；$y$=6～60m，1.5m×1.5m。冷却水温和冷却时间同上。

图 9、图 10 表示了两个方案浇筑块中央剖面上的温度和应力包络图，方案 1 中密集水管（1.0m×0.50m），高度为 30m，方案 2 中密集水管（1.0m×0.50m），高度压缩到 6m。但最大拉应力反而从 1.90MPa 减小到 1.82MPa，显然方案 2 比较好。

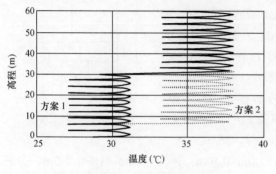

图 9　浇筑块中央剖面温度包络图

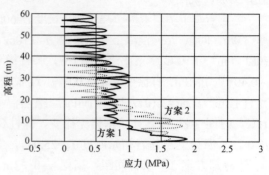

图 10　浇筑块中央剖面应力包络图

# 6 结束语

（1）经过大量分析，笔者提出了两个原理。第一个原理：对于正台阶形温差，压缩强约束区高度，适当放宽弱约束区温差，有利于改善浇筑块温度应力。

（2）根据上述原理，提出了新的基础混凝土允许温差如表 3，强约束约高度可以从 0.2$L$ 压缩到 0.05$L$，弱约束区内温差略有放宽，既有利于施工，又提高了抗裂安全度，一举两得。

（3）当混凝土坝施工由夏季进入冬季，可能出现负台阶形温差，对温度应力十分不利，此时传统的允许温差已不适用。笔者提出了第二个原理：对于负台阶形温差，必须降低强约束区温差，并防止弱约束区出现过低温度。据此笔者提出了负台阶形允许温差如表 5，可供参考。

## 参 考 文 献

[1] SL 319—2005《混凝土重力坝设计规范》[S]. 北京：中国水利水电出版社，2005.

[2] SL 282—2003《混凝土拱坝设计规范》[S]. 北京：中国水利水电出版社，2003.

[3] DL 5108—1999《混凝土重力坝设计规范》[S]. 北京：中国电力出版社，2000.

[4] DL/T 5346—2006《混凝土拱坝设计规范》[S]. 北京：中国电力出版社，2007.

[5] 朱伯芳.大体积混凝土温度应力与温度控制 [M]. 北京：中国电力出版社，1999.

[6] 朱伯芳，吴龙珅，杨萍，张国新.利用塑料水管易于加密以强化混凝土冷却 [J]. 水利水电技术，2008，（5）.

# 混凝土坝的复合式永久保温防渗板[❶]

**摘　要：** 实践经验表明，混凝土坝除了施工期会产生裂缝外，在运行期也会产生裂缝，为了防止运行期产生裂缝，有必要采用永久保温措施。本文提出 4 种复合式永久保温板和 4 种复合式永久保温防渗板，造价低廉，施工方便，耐久可靠。

**关键词：** 混凝土坝；永久复合板；保温；防渗

# Permanent Compound Plate of Thermal and Water Insulation for Concrete Dams

**Abstract:** Cracks may appear in the period of operation as well as in the period of construction of concrete dams. Permanent thermal insulation is necessary for concrete dam to prevent cracking in the period of operation. A permanent compound plate of thermal insulation is suggested: it consists of a foamed polystyrene plate and a reinforced concrete plate. A permanent compound plate of thermal and water insulation is suggested for the upstream face of RCC dam: it consits of a waterproof membrane, a foamed polystyrene plate and a reinforced concrete plate.

**Key words:** concrete dam, premanent compound plate, thermal insulation, water insulation

## 1　前言

混凝土坝裂缝是长期困扰人们的问题，谓之为"无坝不裂"，过去人们重视基础温差的控制，而对表面保温的认识不够深入，往往只注意到早期混凝土的表面保护，而忽略了后期混凝土的保护，因而出现了不少裂缝。如果在严格控制基础温差的同时，也加强混凝土的表面保护，除了对施工早期水平层面和侧面进行表面保护外，对坝体的上、下游表面，采用聚苯乙烯泡沫塑料板进行长期保温，那么就可能防止混凝土坝出现裂缝[2]。最近国内有几个工程已经实现施工期不出现裂缝。问题是，工程竣工后上、下游坝面的聚苯乙烯保温板拆除了，或若干年后自然剥落了，坝体表面暴露在空气中，在气温年变化及寒潮的作用下，仍可能产生深层裂缝。国内有的工程施工期温度控制较好，裂缝很少，竣工数年后却陆续出现了不少裂缝，这就表明，要重视混凝土坝运行期的永久保温问题。

---

❶　原载《水利水电技术》2006 年第 4 期，由作者与买淑芳联名发表。

本文首先分析混凝土坝表面保温的现状，然后提出 4 种复合式永久保温板，考虑到碾压混凝土坝施工层面往往为漏水通道，有的拱坝上游面在运行期也产生裂缝，又提出 4 种复合式永久保温防渗板，它兼有保温与防渗功能。

# 2 混凝土坝表面保温的现状

在 20 世纪的 60、70 年代，草袋和草帘是我国混凝土坝施工中广泛采用的表面保温材料，但它们受潮后保温能力即锐减，且一受潮就腐烂，不耐用；干燥时极易燃烧，易引起火灾。目前除了一些小型水利工程外，在混凝土坝施工中已很少采用。

由于塑料工业的发展，混凝土坝的表面保温目前主要采用泡沫塑料，应用较多的有三种，即聚苯乙烯泡沫板、聚氨酯泡沫涂层和聚乙烯泡沫被。

## 2.1 聚苯乙烯泡沫板

聚苯乙烯泡沫塑料板是硬质板，根据生产工艺的不同，又可分为挤压泡沫塑料板和模压泡沫塑料板两种，性能如表 1 所示，其中挤压泡沫塑料板的性能较好，价格也略高，目前约为 780 元/m³。过去大坝施工上、下游表面保温采用的多是模压泡沫塑料板。表 1 为检验结果，其中模压泡沫塑料板是三峡现场取样，挤压料泡沫塑料板是北京产品。

表 1　　　　　　　　　　　　聚苯乙烯泡沫塑料板性能

| 材料名称 | 抗压强度（MPa） | | 导热系数 [kJ/（m·h·℃）] | | 吸水率（%） | | 密度（kg/m³） |
| --- | --- | --- | --- | --- | --- | --- | --- |
| | 标准要求 | 检验结果 | 标准要求 | 检验结果 | 标准要求 | 检验结果 | |
| 挤压泡沫塑料板 | ≥0.300 | 0.349 | ≤0.108 | 0.0972 | ≤1.0 | 0.9 | 42～44 |
| 模压泡沫塑料板 | ≥0.060 | 0.094 | ≤0.1476 | 0.1368 | ≤6.0 | 5.1 | 18～25 |

紧水滩拱坝施工初期在坝体上游面产生了较多裂缝，从 1985 年 1 月开始，整个大坝上游面新浇混凝土全部用聚苯乙烯泡沫塑料板保温，实际效果很好，保温板尺寸为 1.0m×1.5m×0.02m，用内贴法施工。三峡二期工程在坝体上、下游面曾出现一些裂缝，三期工程采用笔者建议在大坝上、下游面粘贴 5cm、3cm 厚聚苯乙烯泡沫塑料板长期保温，效果很好，至今未出现一条裂缝。

响水拱坝位于内蒙古克什克腾旗，属于高寒地区，建成蓄水后出现大量贯穿性裂缝，修复工程中，除对裂缝进行环氧灌浆外，并在下游坝面粘贴聚苯乙烯泡沫塑料板保温，尺寸为 1.0m×0.5m×0.05m，用外贴法施工，在外面刷一层聚合物水泥砂浆进行保护。

聚苯乙烯泡沫塑料板用于施工期的表面保温，效果是好的，但用于坝面永久保温，其耐久性如何，目前还缺乏实践经验。

## 2.2 聚氨酯泡沫塑料涂层

聚氨酯加入发泡剂形成泡沫后，具有保温能力，而且可与混凝土黏结，形成表面保温层，通常用喷涂法施工。聚氨酯泡沫塑料是闭孔结构，不吸水，导热系水为 0.11kJ/（m·h·℃），黏着强度为 0.10MPa，本体抗压强度 0.1～0.2MPa，容重 32～400N/m³，渗透系数 <1×10⁻⁸（m/s）。

汾河二库碾压混凝土坝建成后出现了一些裂缝，为了上游面的保温防渗，采用了聚氨酯泡沫涂层，厚度 5cm，为增加耐久性，在涂层外面还喷涂了两层表面防护层，材料为单组分氯磺化聚乙烯，厚度为 0.2～0.4mm。新疆石门子拱坝地处严寒地区，为减轻坝体温度应力，在上、下游表面分别喷涂了 3cm 和 5cm 厚的聚氨酯泡沫塑料。三峡三期工程中，进水口周边因体形不规则，喷涂 2cm 厚聚氨酯泡沫涂层保温。

聚氨酯泡沫涂层用于坝面永久保温，耐久性如何，目前还缺乏实践经验。

## 2.3 聚乙烯泡沫塑料被

聚乙烯泡沫塑料导热系数为 0.13～0.15kJ/（m·h·℃），容重约 240N/m³，吸水率小于 5kg/m³。抗拉强度 0.2～0.4MPa，富有柔性，延伸率 110%～255%，由于具有一定吸水率，下雨后保温作用降低，加之质地柔软，易被撕破，尚无用作永久保温的工程实例。三峡三期工程中对水平浇筑层面及有键槽的凹凸侧面的保温，在 1m×2m 聚乙烯泡沫卷材外套一层帆布套，帆布套表面涂一层防水防腐蚀胶水，不但可防水，而且用过后经冲洗又焕然一新，可重复使用，下雨时可兼作防雨布，夏季混凝土振捣后可立即盖上保冷[6]。

# 3 复合式永久保温板

聚苯乙烯和聚氨酯泡沫塑料的保温效果是好的，但单独用作永久保温，存在着风化问题，难以耐久。对于重要工程的永久保温，建议采用复合式永久保温板。

如图 1 所示，复合式永久保温板由一层聚苯乙烯泡沫板和一层保护板（层）组成，聚苯乙烯泡沫板主要发挥保温作用，其厚度 $b$ 主要取决于保温的需要，而保护板（层）的作用是防止聚苯乙烯泡沫板的老化和损坏。根据保护板（层）的不同，复合式永久保温板可以分为以下几种类型：

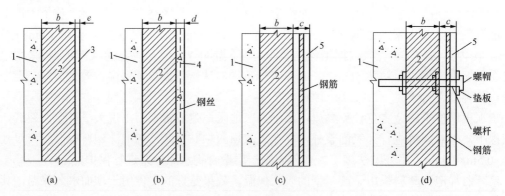

图 1　复合式永久保温板

（a）A 型；（b）B 型；（c）C₁ 型；（d）C₂ 型

1—大坝；2—聚苯乙烯泡沫板；3—聚合物保护层；4—钢丝网水泥砂浆板；5—钢筋混凝土板

（1）A 型复合保温板：苯板+聚合物保护层。如图 1（a）所示，A 型复合保温板由聚苯乙烯泡沫板（以后简称苯板）加聚合物保护涂层组成，苯板和保护涂层事先加工好，现场施工方法有两种：一种是内贴法，复合保温板固定在混凝土模板上，流态混凝土直接贴着苯板浇筑，拆模后保温板依靠苯板与新混凝土之间的黏结强度而保留坝面上；另一种是外贴法，新混凝土拆模后，用黏结剂把保温板粘贴在坝面上，聚合物保护层厚度 $e$ 取决于它本身的耐久性。

（2）B 型复合保温板：苯板+钢丝网水泥砂浆板。如图 1（b）所示，B 型复合保温板由苯板加保护板组成，保护板是钢丝网水泥砂浆板。加工方法有两种：一种是现浇法，即平铺好苯板和钢丝网后，喷涂水泥砂浆；另一种是黏结法，先浇制好钢丝网水泥砂浆板，然后用黏结剂把苯板粘贴好。B 型复合保温板固定在坝面的方法，可用内贴法或外贴法，与 A 型复合保温板相同。

（3）C 型复合保温板：苯板+钢筋混凝土板。如图 1（c）所示，C 型复合保温板由苯板和钢筋混凝土保护板组成，C 型保温板又分为两个类型：$C_1$ 型和 $C_2$ 型。

$C_1$ 型复合保温板的钢筋混凝土板与苯板是黏结在一起的，加工方法有三种：第一种是平浇式，即平铺好苯板和钢筋后，在它上面浇筑混凝土；第二种是立浇式，即在预制好的立式钢模中，放好苯板和钢筋，然后在其中灌注混凝土；第三种是粘贴式，即先浇制好钢筋混凝土板，然后用黏结剂把苯板粘贴在钢筋混凝土板上。$C_1$ 型复合保温板固定到坝体的方法也有三种：第一种方法是把复合保温板本身当作浇筑混凝土的模板，事先支承在悬臂式钢支架或型钢上，流态混凝土直接贴着苯板浇筑，拆模后保温板留在新混凝土上，这时钢筋混凝土板的厚度和钢筋要根据浇筑时流态混凝土的侧压力进行计算；第二种方法是把复合保温板放在混凝土模板里面，用内贴法施工，拆模后复合保温板留在坝面上；第三种是外贴法，拆模后用黏结剂把复合保温板贴坝面上。采用第二、三种方法施工时，钢筋混凝土板的厚度主要取决于本身的耐久性和吊运模板时的受力状态，应通过计算决定，一般估计有 3cm 左右即可；采用第一种方法施工时，除了耐久性和吊运应力外，还要承受流态混凝土的侧压力，一般估计厚度需要 5~7cm。

$C_2$ 型复合保温板的钢筋混凝土板是利用螺杆固定在坝体混凝土中的，其他与 $C_1$ 型相似。

以上所述是坝体上、下游面的永久保温板。用于水平顶面上的复合永久保温板的结构可以大为简化，新混凝土浇筑 3~4d 后，顶面铺一层细砂垫平，上面直接铺置聚苯乙烯泡沫板，再在它上面铺一层混凝土板即可。

# 4  复合式永久保温防渗板

在坝体上游面，当要求兼有保温和防渗功能时，可在图 1 所示 A、B、$C_1$、$C_2$ 各型复合保温板内侧聚苯乙烯泡沫板内再增加一层防渗幕，它有两种形式：（a）小变形防渗幕，用土工幕，聚苯乙烯板与土工幕之间用聚合物黏结，土工幕内面涂一层聚合物水泥砂浆，以加强它与内部新浇混凝土的黏结；（b）大变形防渗幕，采用具有防渗作用和大变形功能的高分子板材。图 2 表示了 $C_2$ 型复合式永久保温防渗板的结构，A、B、$C_1$ 等型与此类似，从略。施工时要做好防渗幕的接缝防渗，对于 $C_2$ 型保温防渗板，还要做好螺杆穿过防渗幕孔口处的防渗措施。

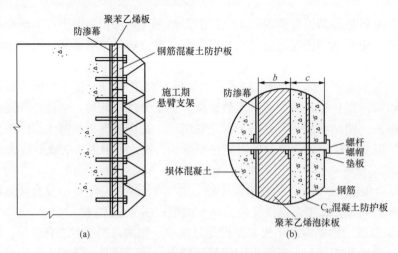

图 2　$C_2$ 型复合式永久保温防渗板

（a）$C_2$ 型永久保温防渗板；（b）细部放大图

# 5　聚苯乙烯泡沫塑料板的厚度（$b$）

复合式永久保温板的保温效果取决于聚苯乙烯泡沫板厚度（$b$），复合板的等效表面放热系数按下式计算

$$\beta = \frac{1}{\dfrac{1}{\beta_0} + \dfrac{b}{\lambda_1} + \dfrac{c}{\lambda_2}} \tag{1}$$

式中：$\beta$ 为等效表面放热系数；$b$ 为聚苯乙烯泡沫塑料板厚度；$\lambda_1$ 为聚苯乙烯泡沫塑料的导热系数；$c$ 为钢筋混凝土保护板的厚度；$\lambda_2$ 为钢筋混凝土保护板的导热系数；$\beta_0$ 为钢筋混凝土保护板与空气之间的放热系数。

取混凝土导热系数 $\lambda = \lambda_2 = 9.0$ kJ/（m·h·℃），导温系数 $a = 0.0042$ m²/h，聚苯乙烯泡沫塑料导热系数 $\lambda_1 = 0.140$ kJ/（m·h·℃），钢筋混凝土保护板厚度 $c = 4$ cm，$\beta_0 = 80$ kJ/（m·h·℃），由式（1）及热传导理论得到混凝土表面温度变幅（$A_0$）与气温变幅（$A$）的比值见表 2，由表 2 可见，泡沫塑料板的保温效果是显著的。例如，当聚苯乙烯泡沫板厚度为 5cm 时，气温日变化的作用可削减 96%，气温年变化可削减 55%，降温历时 4d 的寒潮可削减 83%。重要工程应通过仿真计算决定保温板厚度。

表 2　　　　　　　　　　表 面 保 温 效 果

| 聚苯乙烯泡沫板厚度（cm） | | 0 | 1 | 2 | 3 | 5 | 10 | 15 | 20 |
|---|---|---|---|---|---|---|---|---|---|
| 等效表面放热系数 $\beta$ [kJ/（m·h·℃）] | | 80.0 | 11.31 | 6.26 | 4.32 | 2.67 | 1.367 | 0.919 | 0.692 |
| 混凝土表面温度变幅 $A_0$ 与气温变幅 $A$ 的比值 $A_0/A$ | 气温日变化 | 0.580 | 0.139 | 0.082 | 0.058 | 0.036 | 0.019 | 0.013 | 0.0096 |
| | 气温年变化 | 0.968 | 0.793 | 0.672 | 0.579 | 0.450 | 0.285 | 0.208 | 0.163 |
| | 降温 4d 的寒潮 | 0.871 | 0.469 | 0.326 | 0.249 | 0.170 | 0.094 | 0.065 | 0.0497 |

# 6 钢筋混凝土防护板厚度

钢筋混凝土防护板厚度的决定主要考虑以下因素：①混凝土和钢筋的耐久性；②板起吊过程中自重作用；③用作浇筑混凝土的模板时流态混凝土侧压力的作用。

如图 2 所示，钢筋混凝土防护板厚度表示如下：$c=r+s+d$，其中：$c$ 为防护板厚度；$d$ 为钢筋直径；$r$ 为板内层厚度；$s$ 为板外层厚度。板内层厚度（$r$）和钢筋直径（$d$）（包括钢筋间距）主要考虑上述②、③两个因素由钢筋混凝土强度计算决定，此处从略；而板外层厚度（$s$）主要由混凝土耐久性决定。为简化施工，建议取 $r=s$，即 $c=2s+d$。

影响混凝土耐久性的因素包括：大气对混凝土的腐蚀作用，如碳化、干缩、冻融等，渗透水对混凝土的作用，碱骨料反应，环境水侵蚀及磨损作用等，由于混凝土防护板较薄，首要因素是碳化，其次是冻融破坏。

## 6.1 混凝土碳化

表层混凝土与空气中的二氧化碳作用，混凝土中的氢氧化钙变成碳酸钙，即 $Ca(OH)_2 + CO_2 \longrightarrow CaCO_3 + H_2O$，此作用称为碳化，它使混凝土的碱性降低，破坏钢筋表面的钝化膜（氧化铁）引起锈蚀；混凝土碳化后产生收缩，致混凝土表面产生微裂缝，使钢筋和空气、水接触，加快锈蚀。钢筋锈蚀后，承载能力下降，而铁锈体积膨胀又使保护层混凝土开裂甚至脱落。

水工钢筋混凝土结构的碳化是相当严重的，如江苏省 2000 余座钢筋混凝土闸，经过 20 年左右运行后，因混凝土碳化引起钢筋锈蚀而导致外部混凝土破坏的约占 37%，其中扬州附近的万福闸是 20 世纪 50 年代末修建的，经过 30 年运行，平均碳化深度达到 65mm。大坝混凝土表层也存在碳化问题，如北京永定河珠窝大坝和浙江新安江大坝经过 42 年和 33 年的运行，坝面最大碳化深度分别达到 72mm 和 112mm，古田二级平板坝，平均碳化深度达 40mm。

混凝土碳化的影响因素如下：

（1）水灰比 $W/C$ 是影响混凝土碳化速度的主要因素，水灰比越大，混凝土碳化越快。

（2）水泥品种，普通硅酸盐水泥碳化较慢，矿渣水泥碳化较快。

（3）水泥用量（$C$）越大，碳化越慢。

（4）掺合料越多，碳化越快。

（5）外加剂，掺加减水剂和引气剂可使碳化速度降低 40%～60%。

（6）环境湿度和温度，环境温度较高、湿度较低时，碳化速度较快。

（7）施工质量，施工质量好、密实的混凝土，碳化较慢，反之，碳化较快。

国内外学者曾提出多种碳化深度表达式。下面是近年提出的两个较好的计算公式。

（1）混凝土碳化深度计算公式 $A$ [3]

$$x = 839(1-RH)^{1.1}\left[\frac{W/(\gamma_c C) - 0.34}{\gamma_{HD}\gamma_c C} n_0\right]^{0.50}\sqrt{t} \qquad (2)$$

式中：$x$ 为碳化深度，mm；$RH$ 为大气相对湿度，%；$W$ 为用水量，$L/m^3$；$C$ 为水泥用量，$kg/m^3$；$\gamma_{HD}$ 为混凝土养护修正系数，超过 90d 养护取 1.0，28d 养护取 0.85，中间养护龄期按线性插值；$\gamma_c$ 为水泥品种修正系数，普通硅酸盐水泥取 1.0，其他水泥取 $\gamma_c = 1 - p$，其中 $p$ 为掺合料含量；$n_0$ 为周围空气中 $CO_2$ 浓度，普通大气中可取 $n_0$=0.0003，室内快速碳化试验可取 $n_0$=0.20，人群密集处 $n_0$=0.012～0.018；$t$ 为碳化时间，d。

取 $\gamma_{HD}$=0.85（28d 养护），$\gamma_c = 1 - p$，并把碳化时间单位由天改为年，则碳化深度 $x$（mm）可由下式计算

$$x = 17390(1-RH)^{1.1}\left[\frac{[W/C/(1-p)]-0.34}{(1-p)C} \cdot n_0\right]^{0.50}\sqrt{t} \qquad (3)$$

取大气 $CO_2$ 浓度 $n_0$=0.0003，得到计算结果如表 3。

表 3　　　　　　　　　　混凝土碳化深度（mm）计算结果（一）

| 相对湿度 RH（%） | 水灰比（W/C） | 水泥用量 C（kg/m³） | 掺合料 p（%） | 碳化时间（a） | | |
|---|---|---|---|---|---|---|
| | | | | 30 年 | 50 年 | 100 年 |
| 60 | 0.65 | 125 | 30 | 49.4 | 63.7 | 90.1 |
| | 0.65 | 170 | 0 | 25.7 | 33.2 | 46.9 |
| | 0.50 | 300 | 0 | 13.9 | 17.9 | 25.4 |
| | 0.45 | 350 | 0 | 10.7 | 13.8 | 19.5 |
| | 0.40 | 400 | 0 | 7.4 | 9.5 | 13.5 |
| 70 | 0.65 | 125 | 30 | 36.0 | 46.4 | 65.7 |
| | 0.65 | 170 | 0 | 18.7 | 24.2 | 34.2 |
| | 0.50 | 300 | 0 | 10.1 | 13.1 | 18.5 |
| | 0.45 | 350 | 0 | 7.8 | 10.0 | 14.2 |
| | 0.40 | 400 | 0 | 5.4 | 6.9 | 9.8 |
| 80 | 0.65 | 125 | 30 | 23.0 | 29.7 | 42.1 |
| | 0.65 | 170 | 0 | 12.0 | 15.5 | 21.9 |
| | 0.50 | 300 | 0 | 6.5 | 8.4 | 11.8 |
| | 0.45 | 350 | 0 | 5.0 | 6.4 | 9.1 |
| | 0.40 | 400 | 0 | 3.4 | 4.4 | 6.3 |

（2）混凝土碳化深度计算公式 $B$[4]

$$x = 2.56K_{mc}k_j k_{co_2} k_p k_s \sqrt[4]{T}(1-RH)RH\left(\frac{57.94}{f_{cuk}}-0.76\right)\sqrt{t} \qquad (4)$$

式中：$x$ 为碳化深度，mm；$t$ 为碳化时间，年；$f_{cuk}$ 为混凝土立方体抗压强度标准值，MPa；$k_j$ 为角部修正系数，建筑物角部，二向扩散，$k_j$=1.4，其他部位 $k_j$=1.0；$k_{CO_2} = \sqrt{n_0/0.00030}$ — $CO_2$ 浓度影响系数；$n_0$ 为环境气体中 $CO_2$ 浓度，一般大气中 $n_0$=0.0003，快速碳化试验仪器中 $n_0$=0.20，人群密集处 $n_0$=0.012～0.018；$k_p$ 为施工过程中混凝土振捣、养护及拆模时间影响系数，通常取 $k_p$=1.0，浇筑层面取 $k_p$=1.20；$k_s$ 为应力修正系数，受压时 $k_s$=1.0，受拉时 $k_s$=1.1；$T$ 为环境平均温度；$RH$ 为环境平均湿度（%）；$K_{mc}$ 为经验系数，反映实测结果与计算结果的差异，根据实测资料，$K_{mc}$=0.996≌1.0。

取 $K_{mc}$=1.0，$k_j$=1.0，$k_p$=1.0，$k_s$=1.0，$K_{CO_2}=\sqrt{n_0/0.0003}$ 代入式（4），得到

$$x = 2.56\sqrt[4]{T}(1-RH)RH\sqrt{\frac{n_0}{0.0003}}\left[\frac{57.94}{f_{cuk}}-0.76\right]\sqrt{t} \qquad (5)$$

我国从北到南，各地的年平均气温℃，年平均湿度%；哈尔滨为 3.0℃、68%，长春为 5.0℃、65%，北京为 10.5℃、60%，兰州为 8.0℃、60%，武汉为 16.0℃、75%，成都为 16.0℃、82%，广州为 22.0℃、75%，昆明为 16.0℃、72%。取大气 $CO_2$ 浓度 $n_0$=0.0003，由式（5）计算结

果如表4。

表4 混凝土碳化深度（mm）计算结果（二）

| 年均环境温度<br>（℃） | 环境湿度<br>（%） | 混凝土抗压强度标准值<br>（MPa） | 碳化时间（a） | | |
|---|---|---|---|---|---|
| | | | 30 | 50 | 100 |
| 15.0 | 70 | 50 | 2.31 | 2.98 | 4.22 |
| | | 40 | 3.99 | 5.15 | 7.28 |
| | | 30 | 6.79 | 8.76 | 12.39 |
| | | 20 | 12.38 | 15.99 | 22.60 |
| | | 10 | 29.20 | 37.70 | 53.30 |
| 5.0 | 65 | 40 | 3.28 | 4.24 | 6.00 |
| 10.0 | 60 | 40 | 4.12 | 5.32 | 7.52 |
| 15.0 | 75 | 40 | 3.56 | 4.60 | 6.50 |
| 20.0 | 75 | 40 | 3.83 | 4.94 | 6.99 |

从表3及表4可见，我国20世纪50～60年代修建的水工建筑物之所以产生较严重的混凝土碳化，与当时所用水灰比较大、水泥用量较少及某些工程施工质量较差有关。如采用C40高性能混凝土，水灰比不大于0.40，碳化深度不至超过15mm。

## 6.2 混凝土冻融破坏

当混凝土处于饱水状态并受冻融交替作用时，可能产生冻融破坏。我国长江以北广大地区都存在着混凝土冻融破坏问题，水灰比和含气量是混凝土冻融破坏的最主要影响因素。

混凝土冻融耐久性系数

$$DF=PN/M$$

式中：$N$ 为试验终止时的循环次数；$M$ 为设计规定的循环次数；$P$ 为 $N$ 次冻融循环时的相对动弹性模量。$DF \leqslant 60\%$ 时的 $N$ 为混凝土抗冻标号，水灰比与混凝土抗冻性的关系见图3。

综合以上分析，可归纳出以下几点：

（1）采用C40混凝土，普通硅酸盐水泥，水泥用量不低于400kg/m³，水灰比不大于0.40。不掺混合材料。从耐久性考虑，保护层厚度不宜小于2cm。

（2）如保温板不用作混凝土浇筑模板，不承受流态混凝土压力，吊运时着力点适当分散，则从吊运应力和耐久性考虑，长度不超过2m时保护板厚度为3～4cm。

（3）保温板兼用作浇筑混凝土的模板，长度不超过 2m 时，保护板厚度为4～7cm（与悬臂钢支架间距有关）。

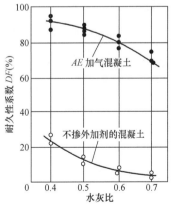

图3 水灰比与混凝土冻融
耐久性系数关系（$N$=300 次）

如果采用5cm厚挤压型聚苯乙烯泡沫板，价约40元/m²；4cm厚C40钢筋混凝土保护板，约30元/m²，合计70元/m²，加上其他费用，共约140元/m²。一个100m高，20m宽坝段的上游面，约需28万元，下游面按1:0.80坡面计算，约需36万元，如全坝共有15个坝段（长300m），上游永久保温约需

420 万元，上、下游面全部永久保温，约需 960 万元。

# 7 结束语

（1）严格控制基础温差、加强表面保护，已可能防止施工期产生裂缝，但当竣工后坝体表面暴露在空气中时，在气温年变化和寒潮作用下，混凝土坝在运行期仍可能出现裂缝，因此，需要重视永久保温。

（2）碾压混凝土坝的浇筑层面往往是漏水通道，在坝体上游面设置永久保温防渗板可以兼顾保温和防渗。

（3）本文提出 $A$、$B$、$C_1$、$C_2$ 共 4 种复合式永久保温板，可适应不同地区不同施工条件的需要。

（4）本文还提出了 4 种复合式永久保温防渗板，由一层防渗幕、一层聚苯乙烯泡沫保温板和一层防护板组成，兼有保温和防渗作用。

## 参 考 文 献

[1] 朱伯芳. 大体积混凝土温度应力与温度控制 [M]. 北京：中国电力出版社，1999.

[2] 朱伯芳，许平. 加强混凝土坝表面保护尽快结束"无坝不裂"的筑坝历史 [J]. 水力发电，2004，（3）.

[3] 张誉，蒋利学等. 混凝土结构耐久性概论 [M]. 上海：上海科学技术出版社，2003.

[4] 牛荻涛. 混凝土结构耐久性与寿命预测 [M]. 北京：科学出版社，2003.

[5] 水利水电科学研究院结构材料研究所. 大体积混凝土 [M]. 北京：水利电力出版社，1990.

[6] 邢德勇，徐三峡. 三峡三期大坝工程大体积温控技术综述 [J]. 水力发电，2005，（10）.

# 通仓浇筑常态混凝土和碾压混凝土重力坝的
# 劈头裂缝和底孔超冷问题❶

**摘　要：** 不少重力坝在上游面产生了几十米深的严重劈头裂缝，本文首次指出这与通仓浇筑有密切关系。由于坝内没有纵缝，因而没有接缝灌浆前的二期水管冷却，水库蓄水时，坝内温度仍然很高，而水温较低，产生了较大的内外温差，使得在施工过程中上游面已出现的表面裂缝扩展成为深层劈头裂缝。目前，碾压混凝土重力坝的高度不大，似乎还没有报道过严重劈头裂缝，但碾压混凝土重力坝也是通仓浇筑的，没有二期水管冷却，今后随着坝高的增加，对碾压混凝土重力坝产生劈头裂缝的问题也应给予重视。对于通仓浇筑的常态混凝土重力坝和碾压混凝土重力坝，由于基础约束区域扩大，底孔超冷可能产生巨大的温度应力，并引起严重裂缝。为了防止裂缝，需要采取严格的温度控制措施。针对三峡大坝通仓浇筑方案，进行了详细的计算分析，计算结果证实了上述判断。

**关键词：** 劈头裂缝；底孔超冷；通仓浇筑重力坝

# Some Problems of Transverse Cracks and Extracooling
# of Bottom Outlet in Concrete Gravity Dams
# without Longitudinal Joint

**Abstract:** Many severe transverse cracks had appeared on the upstream face of conventional concrete gravity dams. It is pointed out in this paper that this is due to the fact that there is no longitudinal joints in these dams and so there is no artifical pipe cooling for joint grouting. When the reservoir is filled, the temperature in the dam body is still very high, but the temperature of the water is low and the temperature difference between the upstream face and the interior of dam makes the existing superficial cracks extend to large cracks. There is no longitudinal joint in RCC gravity dams，so it is necessary to take precautions against the appearance of large transverse cracks on the upstream face of high RCC gravity dams. Furthermore, it is pointed out in this paper that the extracooling of the orifices in the conventional concrete gravity dams without longitudinal joint and RCC gravity dams may introduce severe tensile thermal stress and may promote the appearance of large cracks in the dam.

**Key words:** transverse crack, extracooling of bottom outlet, gravity dam without longitudinal joint

---

❶　原载《水利水电技术》1998 年第 10 期，由作者与许平联名发表。

# 1 前言

不少混凝土重力坝在上游面产生了严重的劈头裂缝，裂缝深度达到几十米，漏水严重，危及坝的安全。经过细致的分析，笔者发现这种现象在柱状浇筑的混凝土重力坝中极少出现，主要出现在通仓浇筑的混凝土重力坝中，因此，劈头裂缝的出现与通仓浇筑有密切关系。进一步深入分析后，笔者发现主要是由于通仓浇筑的混凝土重力坝没有纵缝，因而没有接缝灌浆前的二期水管冷却，坝体蓄水时，内部温度仍很高，而水温较低，形成较大内外温差，促使施工过程中在上游表面产生的表面裂缝扩展成为深层劈头裂缝。

碾压混凝土重力坝，目前似乎还没有报道过严重的劈头裂缝，但碾压混凝土重力坝也是通仓浇筑的，没有二期水管冷却，蓄水时坝体内部温度还很高，这些情况与通仓浇筑常态混凝土重力坝基本相似，如果施工过程中上游面出现了表面裂缝，在内外温差和缝内裂隙水的共同作用下，也存在着产生劈头裂缝的可能性。目前碾压混凝土重力坝的高度不大，问题较轻，今后随着坝高的增加，对碾压混凝土重力坝产生劈头裂缝的问题也应给予重视。

底孔超冷是引起混凝土坝裂缝的一个重要原因，柱状浇筑的常规混凝土重力坝也存在着这个问题，本文首次指出，对于通仓浇筑的常态混凝土和碾压混凝土重力坝，由于基础约束范围的扩大，底孔超冷问题更加严重，为了防止裂缝，需要采取更为严格的温度控制措施。针对三峡大坝通仓浇筑方案，本文进行了详细的计算分析，计算结果证实了上述判断。

# 2 常态混凝土重力坝的劈头裂缝问题

## 2.1 劈头裂缝与通仓浇筑有密切关系

通仓浇筑的混凝土重力坝，虽然采取了预冷骨料、水管冷却、表面保温等温度控制措施，但不少坝体在上游面仍产生了严重的劈头裂缝，裂缝深度达几十米，引起严重漏水。

加拿大的雷威尔斯托克（Revelstoke）实体重力坝，高 175m，通仓浇筑，采取了掺 40% 飞灰、预冷骨料，坝体下部埋设水管进行一期冷却，冬季停浇，表面保温层的放热系数不大于 $5.0kJ/（m^2·h·℃）$ 等温控措施。1980 年 7 月开始浇混凝土，1983 年年底竣工，坝体上游面裂缝如图 1 所示，绝大部分坝段上游面都出现了裂缝，初期都是表面裂缝，在坝体廊道内看不到，蓄水前都做了防渗处理，用聚氨酯弹性涂层粘贴在裂缝外面。该坝 1983 年 10 月开始蓄水，1984 年 3 月 12 日，水位到达 559m 时（正常蓄水位 573m），P3 坝段上游面裂缝突然扩展，切断了上游面 4 个廊道中的下面 3 个，裂缝宽度 6mm，裂缝深度约 30m，廊道内渗水量达 174L/s，从廊道内向裂缝钻排水孔后，裂缝宽度减小到 2mm，渗水量减小到 8L/s，本文第一作者 1988 年 7 月参观该坝时，廊道内渗水仍很严重。

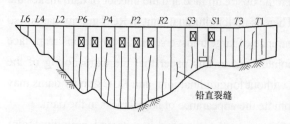

图 1 雷威尔斯托克坝上游面裂缝

美国德沃歇克（Dworshak）实体重力坝，最大坝高 219m，通仓浇筑，预冷骨料，整个施工期，混凝土入仓温度控制于 4.4～6.6℃，坝体下部还埋设冷却水管，进行一期冷却，春、秋、冬三季进行表面保温，春、秋两季表面放热系数不大于 10kJ/（m²•h•℃），冬季不大于 5kJ/（m²•h•℃），上述各项措施在施工过程中得到了严格执行，施工期间未发现严重裂缝，被认为在温控上取得良好成绩。工程在 1968～1972 年建设，运行数年后，在 9 个坝段上游面出现了劈头裂缝，其中以 35 坝段的裂缝最为严重，裂缝张开 2.5mm，廊道内渗水量达 29m³/min。

实际工程经验表明，施工过程中在坝体上游面出现了表面裂缝，水库蓄水以后，经过一段时间，有的表面裂缝突然大范围地扩展，成为劈头裂缝。这种现象在通仓浇筑重力坝内经常出现，但在大量分缝柱状浇筑重力坝内却很少出现，人们过去并未发现这一差别。为探讨这种现象的偶然性或必然性，以及在通仓浇筑碾压混凝土重力坝内是否会出现劈头裂缝，我们用断裂力学观点来进行分析。在坝体上游面切取一水平剖面如图 2 所示。

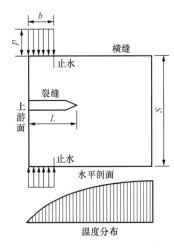

图 2　劈头裂缝剖面示意图

图 2 中上游面有一条表面裂缝，长度为 $L$，缝内作用着均布的裂隙水压力（$p$），横缝止水至上游面距离为 $b$，在止水与上游坝面之间的横缝面上作用着水压力（$p$），坝内温度场为 $T(x, y, z, \tau)$，假定裂缝位于坝段中面上，该裂缝稳定（不扩展）的条件为

$$K_I = K_{IT} + K_{IP} - K_{IJ} \leqslant K_{IC} \tag{1}$$

式中：$K_I$ 为缝端应力强度因子；$K_{IT}$ 为温度引起的张开型裂缝应力强度因子；$K_{IP}$ 为缝内水压力引起的张开型裂缝应力强度因子；$K_{IJ}$ 为止水与上游面之间横缝内水压力引起的应力强度因子；$K_{IC}$ 为混凝土 $I$ 型裂缝的断裂韧度 kg/m³ᐟ²。

当裂缝较浅时，按半平面表面裂缝计算，有

$$K_{IP} = 1.988 p \sqrt{L} \tag{2}$$

混凝土的 $I$ 型断裂韧度可用下式估算，即

$$K_{IC} = 2.86 \, k R_t \tag{3}$$

式中：$R_t$ 为混凝土劈裂抗拉强度；$k$ 为尺寸效应系数，对于大体积混凝土可取 $k=1.9$。

$K_{IT}$ 和 $K_{IJ}$ 无理论解，但用有限元方法很容易计算。

式（1）表明，当 $K_I < K_{IC}$ 时，表面裂缝不扩展，而当 $K_I > K_{IC}$ 时，表面裂缝扩展为大的劈头裂缝，换句话说，$K_I > K_{IC}$ 是产生劈头裂缝的原因。

下面我们利用式（1）来说明实际工程中出现的一些复杂现象。

### 2.1.1　容易发展为大的劈头裂缝的表面裂缝

由式（2）可知，当水头较大即裂缝内水压力（$p$）较大，而裂缝又较深（$L$ 较大）时，$K_{IP}$ 较大，裂缝容易扩展；当内外温差较大，例如，内部温度较高，而表面温度较低时，$K_{IT}$ 较大，裂缝容易扩展；当混凝土标号较低，施工质量较差，抗拉强度低时，由式（3）可知，此时断裂韧度低，裂缝容易扩展。总之，当水头大、裂缝长、混凝土抗拉强度低时，表面裂缝容易扩展为劈头裂缝。

**2.1.2　柱状浇筑重力坝很少出现劈头裂缝而通仓浇筑的重力坝容易出现劈头裂缝的原因**

柱状浇筑重力坝，早期表面受拉，但浇筑完毕几个月后即进行二期水管冷却，使坝体温度降至稳定温度，此后上游表面将由受拉变为受压，因此，表面裂缝将闭合，不会发展为劈头裂缝。当然，在严寒地区，冬季气温比坝体灌浆温度低得多，表面裂缝也可能扩展为深层裂缝，但因无裂隙水压力，不至于扩展为几十米深的劈头裂缝。通仓浇筑重力坝，因无纵缝，不进行二期冷却，水库蓄水时，坝体内部温度还很高，内外温差很大，温度引起的缝端应力强度因子 $K_{IT}$ 较大，再加上缝内裂隙水的劈裂作用，容易使表面裂缝扩展为劈头裂缝。

**2.1.3　刚蓄水时表面裂缝不扩展，而过了一定时间，表面裂缝才扩展为劈头裂缝的原因**

这种情况与温度场的变化及裂隙水的渗入速度有关，但更重要的因素是混凝土抗裂能力的时间效应。众所周知，在短期荷载作用下，混凝土抗拉强度较高，在长期荷载作用下，混凝土抗拉强度较低。同理，在短期荷载作用下，混凝土断裂韧度（$K_{IC}$）较高，在长期荷载作用下，混凝土断裂韧度较低。刚蓄水时，混凝土断裂韧度较高，表面裂缝不扩展；在荷载持续作用下，混凝土断裂韧度（$K_{IC}$）逐渐降低，到一定时候，$K_{IC} < K_I$，表面裂缝即扩展为劈头裂缝。

**2.1.4　一些单支墩大头坝也出现了劈头裂缝的原因**

深入一步分析之后不难发现，通仓浇筑重力坝之所以频繁出现劈头裂缝，通仓浇筑只是表面上的原因，根本原因在于没有二期冷却。水库蓄水时，坝体内部温度还相当高，出现了较大的内外温差，促使上游面的表面裂缝发展为劈头裂缝。有些单支墩大头坝，头部尺寸较大，散热很慢，又没有进行人工冷却，水库蓄水时，大头内部温度还比较高，出现了较大内外温差，加上裂隙水的劈裂作用，促使施工中已产生的表面裂缝发展为劈头裂缝。相反，双支墩大头坝，坝头较单薄，散热较容易，就没有出现劈头裂缝。

## 2.2　劈头裂缝的预防与处理

预防措施包括：①在坝体上游面采用较严格的保温措施，例如在上游模板内侧预贴泡沫塑料保温板，拆模后留在坝面上，防止出现表面裂缝，这是最根本的措施，泡沫塑料板的厚度应根据计算决定；②当坝内埋有冷却水管时，除了初期冷却，最好也进行适当的中期冷却，从而减小内外温差；③加大上游坝面至止水的距离，利用横缝内止水上游的水压力，在坝体表面产生一定压应力，阻止裂缝的扩展；④尽量减小横缝间距；⑤水库蓄水前对坝体上游面进行全面检查，对全部表面裂缝进行防渗处理，以便水库蓄水后能阻止压力水进入裂缝。

万一出现劈头裂缝，应进行如下处理：①打排水孔穿过裂缝，以便迅速降低缝内水压力；②进行上游面堵漏；③对裂缝进行化学灌浆。

# 3　碾压混凝土重力坝的劈头裂缝问题

到目前为止，似乎还没有报导过碾压混凝土坝出现严重劈头裂缝的实例。但由于碾压混凝土重力坝内没有纵缝，不进行接缝灌浆前的人工冷却，坝前蓄水时，坝内温度仍高，这一基本情况与通仓浇筑常态混凝土重力坝是相同的。目前已建成的碾压混凝土重力坝还比较低，问题较轻，因为劈头裂缝大多是施工期间上游面产生的表面裂缝到坝体蓄水后在内外温差和缝内裂隙水的共同作用下扩展而成的。对于低坝，缝内裂隙水的水头较小，另外，低坝厚度较小，较易散热，蓄水时内外温差也较小，所以产生劈头裂缝的可能性较小。今后随着坝高的增加，碾压混凝土重力坝也可能产生劈头裂缝，对于这个问题似应给予重视。

# 4 底孔超冷问题

基础温差 $\Delta T$ 按下式计算，即

$$\Delta T=T_p+T_r-T_f \tag{4}$$

式中：$T_p$ 为浇筑温度；$T_r$ 为水化热温升；$T_f$ 为坝体稳定温度。

式（4）中，$T_p+T_r$ 代表混凝土的最高温度，$T_f$ 代表混凝土的最低温度，在实体重力坝内部，坝体稳定温度就是最低温度，因此，按照式（4）计算基础温差是正确的。

当坝内设有孔口时，情况就不同了，孔口内壁与空气或水接触，冬季的水温或气温远低于坝体稳定温度。以三峡工程为例，坝体稳定温度为 14～18℃（上游面较低，下游面较高），而冬季 1 月平均水温为 0.3℃，1 月平均气温为 6.0℃，最低日平均气温 1.5℃，瞬时最低气温更低，它们远低于坝体稳定温度，因此，在孔口附近出现了较大的温差，这种现象称为超冷。施工期间，孔口表面暴露在大气中，在寒潮作用下，容易出现表面裂缝，蓄水后，由于水温低于坝体内部温度，引起拉应力，加上缝内裂隙水的劈裂作用，往往促使扩展为大裂缝。

图 3 所示为美国诺福克（Norfork）坝，为通仓浇筑的重力坝，坝内产生了一条铅直大裂缝，最大缝宽 4.7mm，从基础向上发展，裂缝高度达 25.9 m。对于常规柱状浇筑的重力坝，也存在着底孔超冷问题，不少柱状浇筑的混凝土重力坝在导流底孔的底板和边墙上都出现裂缝。但对于通仓浇筑的重力坝，其底孔超冷问题比常规柱状浇筑混凝土重力坝更为严重，其原因如下：①通仓浇筑重力坝基础约束范围大，如图 4 所示，重力坝高 200m，底宽 150m，设底孔底部离基础高度为 10m，若分 5 条纵缝，纵缝间距为 25m［见图 4（a）］，则底孔基本上已脱离基础约束范围，相反，若通仓浇筑，则整个底孔位于基础强约束区内；②施工期间产生的底孔表面裂缝在通仓浇筑重力坝内容易扩展为大裂缝，施工期间底孔表面有时会产生一些表面裂缝，对于通仓浇筑重力坝，通水后，由于水温低于坝体内部温度，底孔又位于强约束区内，表面裂缝很容易扩展为大裂缝；对于柱状浇筑的重力坝，由于通水前已进行二期冷却，底孔表面与坝体内部的温差较小，基础对底孔的约束作用又较小，表面裂缝扩展为大裂缝的概率较小，当然，如果底孔底板离基岩很近，表面裂缝也可能扩展。

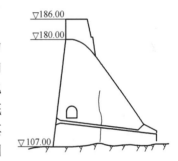

图 3 诺福克坝第 16 坝段裂缝示意图（高程单位：m）

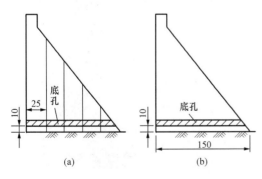

图 4 柱状浇筑和通仓浇筑重力坝中的底孔（单位：m）

（a）柱状浇筑重力坝；（b）通仓浇筑重力坝

我们对三峡大坝通仓浇筑方案进行了研究，该坝泄洪坝段在高程 90.00～103.00m 设有泄洪深孔，在高程 50.00～70.00m 设置骑横缝的导流底孔，坝底岩面高程为 10～45m，当岩面

高程为 45m 时，离底孔底部只有 5m，坝底长 105m，整个导流底孔处于基础强约束区，坝段宽 21m，由于对称，取半个坝段用三维有限元进行仿真计算，坐标系、有限元网格与剖面号

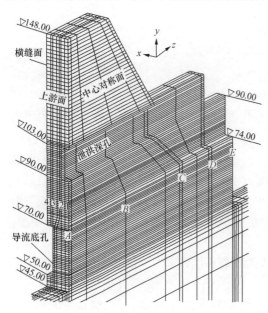

见图 5。沿坝轴线（$x$）方向取 4 个剖面号：1—1 剖面为对称面，2—2 剖面为泄洪深孔侧壁，3—3 剖面为导流底孔侧壁，4—4 剖面为横缝面；沿上下游（$z$）方向取 5 个剖面号：$A$—$A$ 剖面为上游面，$E$—$E$ 剖面为下游面。互相垂直的两个剖面相交成"交线"，如 $A_1$ 交线为 $A$—$A$ 剖面与 1—1 剖面的交线。共使用 8 节点空间等参单元 8204 个，节点总数 10708。

共计算了 5 个方案，其中方案一控制混凝土浇筑温度（$T_p$）如下：当气温 ≥12℃ 时，$T_p$=15℃；当气温<12℃ 时，$T_p$=3℃+气温。

此外，不采取其他温控措施。计算结果为，在导流底孔侧壁上最大拉应力达到 2.3MPa，如图 6 所示，表明底孔可能产生裂缝。

方案五除控制浇筑温度不超过 15℃ 外，还增加了如下温控措施：①在坝体上下游表面、孔口表面及横缝面采用 10cm 厚聚苯乙烯泡沫

图 5　三峡泄洪坝段坐标系、有限元网格与剖面号（高程单位：m）

板保温；②在基础强约束区（高程 24.00m 以下）进行水管冷却。计算结果见图 7，底孔表面拉应力已降至 0.75MPa。

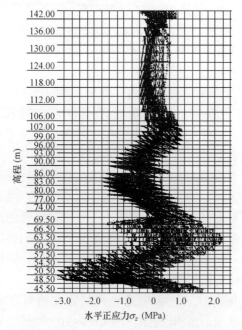

图 6　方案一 $B_3$ 交线不同时间的顺河向水平正应力分布（拉应力为正）

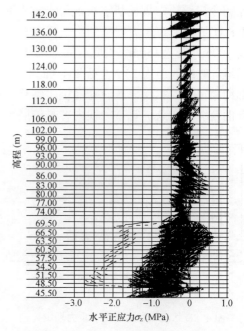

图 7　方案五 $B_3$ 交线不同时间的顺河向水平正应力分布（拉应力为正）

可见在通仓浇筑重力坝内，为了防止因底孔超冷而产生裂缝，必须采用比较严格的温控措施。

通过上述分析，不难发现，通仓浇筑常态混凝土重力坝和碾压混凝土重力坝，在劈头裂缝及底孔超冷等方面，与分缝柱状浇筑重力坝都有重大差别。

# 5 结束语

（1）柱状浇筑重力坝很少出现劈头裂缝，通仓浇筑常态混凝土重力坝很容易出现劈头裂缝，这主要是由于坝内不设纵缝、不进行二期冷却所致。

（2）碾压混凝土重力坝目前坝高不大，尚未出现劈头裂缝，今后随着坝高的增加，应重视如何防止劈头裂缝的出现。

（3）在柱状浇筑重力坝内，也有由于底孔超冷而出现裂缝的，但在通仓浇筑的常态混凝土和碾压混凝土重力坝内，由于不设纵缝，基础约束范围大得多，底孔超冷所引起的温度应力更大，更容易出现裂缝。

## 参 考 文 献

［1］朱伯芳等. 水工混凝土结构的温度应力与温度控制［M］. 北京：水利电力出版社，1976.

［2］W J Brunner, K H Wu. Cracking of the Revelstoke Concrete Gravity Dam Mass Concrete［A］. 15th International Congress on Large Dams, Vol Ⅱ［C］. 1985.

［3］D L Houghton. Measures being Taken for Prevention of Cracks in Mass Concrete at Dworshak and Libby Dam［A］. 10th International Congress on Large Dams［C］. 1970，V3，Q39，R14.

［4］Bofang Zhu and Ping Xu. Thermal Stresses in Roller Compacted Concrete Gravity Dams [A]. Dam Engineering, Vol Ⅵ［C］. Issue 3, 1995.

# 重力坝横缝止水至坝面距离对防止
# 坝面劈头裂缝的影响[❶]

**摘 要**：在混凝土重力坝、尤其是通仓浇筑的重力坝上游面，往往出现严重劈头裂缝。为了防止这种裂缝的出现，必须加强温度控制，并加大横缝内止水至坝面的距离，利用缝内水压力，在坝体上游面产生压应力，以减小劈头裂缝出现的可能性，但这种影响目前尚缺乏定量分析。经研究给出一个计算方法，计算结果表明，止水至坝面距离以达到横缝间距的 0.25～0.45 倍为宜。这一计算方法和结论对于常规混凝土重力坝和碾压混凝土重力坝都是适用的。

**关键词**：横缝止水至坝面距离；劈头裂缝；重力坝

# Effect of the Distance between Transverse Joint Seal
# and Dam Surface on the Cleavage Cracks in
# Upstream Surface of Dam

**Abstract:** Serious cleavage cracks often occur in the upstream surface of concrete gravity dam, especially the concrete gravity dam without longitudinal joint. In order to prevent such cracks, the temperature control should be strengthened and the distance between the water seal in the transverse joint and the dam surface should be increased. The compressive stress in the upstream surface of dam produced by the water pressure in the joint will reduce the occurrence probability of cleavage crack. But such influence cannot be quantitatively analyzed at present. This paper gives a calculation method. The calculation results show that it is suitable for the distance between the water seal and dam surface reaching a value of 0.25-0.45 times of the spacing between the transverse joints.

**Key words:** distance between joint seal and dam surface, cleavage crack, gravity dam

## 1 前言

在混凝土重力坝施工过程中，在坝体上游面难免出现一些表面裂缝。水库蓄水以后，有的

---

❶ 原载《水力发电》1998 年第 12 期。

表面裂缝往往扩展成为严重的劈头裂缝。这种现象大多发生在通仓浇筑的混凝土重力坝中。如加拿大高 175m 的雷威尔斯托克（Revelstoke）实体重力坝，绝大部分坝段的上游面都出现了劈头裂缝，最大的裂缝深度达 30m，裂缝宽度 6mm，裂缝渗水量 174L/s；美国高 219m 的德沃歇克（Dworshak）实体重力坝，上游面出现的劈头裂缝深度达 50m，宽度 2.5mm，渗水量 483L/s[1]。

柱状浇筑重力坝，混凝土表面早期受拉，但为了进行接缝灌浆，在浇筑完毕几个月后即进行二期水管冷却，使坝体温度降至稳定温度，此后上游表面将由受拉变为受压（严寒地区可能例外），表面裂缝将闭合，不会发展为劈头裂缝。通仓浇筑重力坝，无纵缝，不进行二期水管冷却，水库蓄水时，坝体内部温度还很高，内外温差很大，在坝面引起拉应力，加上缝内裂隙水的劈裂作用，容易使表面裂缝扩展为劈头裂缝。坝体越高，缝内裂隙水的劈裂作用越大，表面裂缝扩展为劈头裂缝的可能性也越大。

碾压混凝土重力坝内无纵缝，其工作状态与通仓浇筑的常规混凝土重力坝相似，到目前为止，似乎还没有报道过碾压混凝土重力坝产生劈头裂缝的实例，这可能与目前碾压混凝土重力坝的高度还不大有关。今后随着坝高的增加，对碾压混凝土重力坝的劈头裂缝问题也应给予重视。

为了防止上游坝面劈头裂缝的产生，一方面应加强混凝土温度控制；另一方面，可加大横缝内止水至坝面的距离，利用止水上游横缝内的水压力在坝体表面产生一定的压应力，以阻止裂缝的扩展。但到目前为止，还缺乏定量分析方法，不知道止水至坝面距离加大到多少为宜。下面笔者给出一个计算方法，从计算结果可看出，止水至坝面的距离（$S$）与横缝间距（$B$）有关，并以 $S=(0.25\sim0.45)B$ 为宜。

## 2 坝体表面裂缝扩展条件

如图 1 所示，设在坝体上游面中点有一条表面裂缝，其深度为 $L$，缝内作用着均布的裂隙水压力 $p$，横缝止水至上游面距离为 $S$。在止水与上游坝面之间，横缝面上也作用着水压力 $p$。根据断裂力学原理，裂缝稳定（不扩展）条件为

$$K_I \leqslant K_{IC} \tag{1}$$

式中，$K_I$ 为缝端应力强度因子，$K_{IC}$ 为混凝土 I 型裂缝的断裂韧度。

通常表面裂缝的深度只有 5～20cm，而横缝间距为 15～20m，因此，可以按半平面上的表面裂缝来计算缝端的应力强度因子。设半平面在水平方向受到的拉应力为 $\sigma$，当缝内无裂隙水时，缝端应力强度因子可按下式计算

$$K_I = 1.988\sigma\sqrt{L} \tag{2}$$

裂缝附近引起坝体应力的几个因素分析：

（1）坝体应力。由于温度、自重等因素，考虑施工过程直到水库蓄水时，坝体表面产生的应力为 $\sigma_a$。

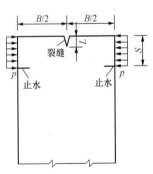

图 1 坝体表面裂缝

（2）缝隙内水压力 $p$。在半平面内叠加一均布拉应力 $\sigma_x=p$，则裂缝表面变为自由面，无限远处受到拉应力 $p$。

（3）止水至坝面之间横缝内水压力 $p$。设止水至坝面之间横缝面上水压力 $p$ 在 $A$ 点引起的压应力为 $-\sigma_b$。

综合上述三个因素，在 $A$ 点的总应力为

$$\sigma = \sigma_a + p - \sigma_b$$

以上式代入式（2），得到表面裂缝稳定条件

$$K_I = 1.988(\sigma_a + p - \sigma_b)\sqrt{L} \leqslant K_{IC} \tag{3}$$

混凝土 $I$ 型断裂韧度可按下式估算[3]

$$K_{IC} = 28.6 k R_t (\text{N/cm}^{3/2}) \tag{4}$$

或

$$K_{IC} = 0.286 k R_t (\text{MN/m}^{3/2}) \tag{4a}$$

式中：$R_t$ 为混凝土的劈裂抗拉强度，MPa；$k$ 为尺寸效应系数，对于大体积混凝土，文献 [3] 建议取 $k = 1.9$。

由式（3）可知，适当增加止水至坝面距离，使 $\sigma_b$ 取较大数值，有利于防止表面裂缝扩展为深层裂缝。

# 3 止水至坝面距离（$S$）对防止表面裂缝扩展的影响

对于通仓浇筑的重力坝，切取水平剖面，可按半无限长条计算，其宽度为 $B$，即等于横缝间距，如图 2 所示，横缝面上作用着一对水平集中力 $P$，它们至坝面距离为 $\xi$，在一对集中力作用下，在表面中点 $A$ 产生的水平应力为[2]

$$\sigma_x = \frac{6.72P}{B} e^{-3.36\xi/B} \cos\left(\frac{3.36\xi}{B}\right) \tag{5}$$

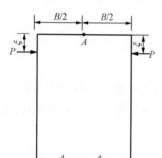

图 2 半无限长条

止水以上，横缝面上水压力为 $p$，以 $p\mathrm{d}\xi$ 代替 $P$，从 0 至 $S$ 积分，得到

$$\sigma_b = -\sigma_x = \frac{6.72p}{B} \int_0^s e^{-3.36\xi/B} \cos\left(\frac{3.36\xi}{B}\right)\mathrm{d}\xi$$

$$= p\left\{1 + e^{-3.36S/B}\left[\sin\left(\frac{3.36S}{B}\right) - \cos\left(\frac{3.36S}{B}\right)\right]\right\} \tag{6}$$

根据式（6），对于不同的 $S/B$，$\sigma_b/p$ 的值见图 3。由式（6）及图 3，可看出以下几点：

（1）横缝内水压力（$p$）对坝面 $A$ 点应力的影响与比值 $S/B$ 有关。

（2）当 $S/B = 0.234$ 时，$\sigma_b/p$，此时横缝内水压力正好可以抵消裂缝内水压力的影响。

（3）当 $S/B = 0.46$ 时，$\sigma_b/p$ 达到最大值 1.208，越过这一峰值后，$S$ 越大，$\sigma_b$ 值反而越小。

（4）当 $S/B > 1.20$ 时，$\sigma_b/p = 1.00$。

综合上述分析，横缝内止水至坝面距离（$S$）实用上可取为

$$S = (0.25 \sim 0.45)B \tag{7}$$

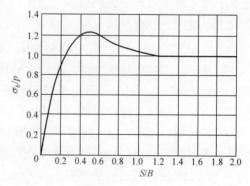

图 3 止水至坝面距离 $S$ 与应力 $\sigma_b$ 的关系

例如，设横缝间距 $B=20\text{m}$，可取 $S=5\sim9\text{m}$。

# 4 结束语

（1）适当加大横缝内止水至坝面的距离（$S$），有利于防止表面裂缝扩展为深层裂缝。

（2）本文给出了增加止水至坝面距离（$S$）对阻止表面裂缝扩展影响的计算方法。

（3）计算结果表明，横缝内止水至坝面距离（$S$）可取为横缝间距的 0.25～0.45 倍。

## 参 考 文 献

[1] 朱伯芳. 重力坝的劈头裂缝 [J]. 水力发电学报，1997，（4）.

[2] 朱伯芳等. 水工混凝土结构的温度应力与温度控制 [M]. 北京：水利电力出版社，1976.

[3] 于骁中. 岩石和混凝土断裂力学 [M]. 长沙：中南工业大学出版社，1991.

# 混凝土坝施工期坝块越冬温度应力
# 及表面保温计算方法[❶]

**摘　要**：在寒冷地区混凝土坝施工中，冬季往往停工，坝块表面极易产生严重裂缝，本文提出坝块越冬温度应力及表面保温计算方法。

**关键词**：混凝土坝；施工期；冬季温度应力；表面保温

## The Thermal Stress and Superficial Thermal Insulation of Concrete Dam under Construction in the Winter in Cold Regions

**Abstract:** Cracks may appear in concrete dams under construction in winter in the cold region. Methods are proposed for computing the thermal stress and the effect of superficial thermal insulation.

**Key words:** concrete dam, construction period, thermal stress in winter, superficial insulation

## 1　前言

我国东北和西北寒冷地区的气温有两个特点，其一是年平均温度低，只有 2～4℃，其二是月平均气温的年变幅大，常有 20～22℃；冬季持续低温，一月份平均气温在 -15～-22℃，给混凝土坝施工带来巨大困难，往往被迫冬季停工而夏季施工。这种施工方式给大坝温度控制带来严峻问题：第一，年平均气温低，坝体稳定温度低，夏季浇筑混凝土，基础温差很大。第二，冬季停工，对坝块表面必须严加保护，否则极易裂缝。第三，冬季停工时，混凝土已充分冷却，次年春季及夏季浇筑上层混凝土，产生很大的上下层温差，不但在坝块内部产生很大水平拉应力，在坝块侧面也会产生竖向拉应力，到次年冬季，与内外温差引起的拉应力叠加，可能引起表面水平深层大裂缝，特别是越冬层面极易被拉开。本文研究上述第二个问题，即越冬期间坝块表面的保温防裂问题，提出一套坝块越冬期间温度应力及表面保温的计算方法。

## 2　坝块越冬期间温度应力

考虑图 1 所示并列混凝土坝块，浇筑到高度（$H$）时停工过冬，计算其温度应力。取出

---

❶　原载《水利水电技术》2007 年第 8 期，由作者与吴龙珅、李玥、张国新联名发表。

一个坝块如图 2，坝块高度为 $H$，宽度为 $L$，长度为 $S$，三面（顶面、上、下游面）暴露在空气中，两侧面绝热，取 $x$ 轴为水流方向，$y$ 轴为坝轴方向，$z$ 轴为铅直方向，气温 $T_a$ 表示如下（图 3）。

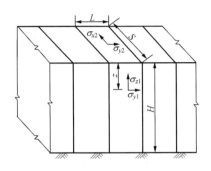

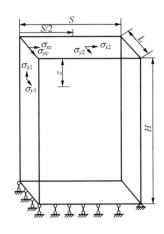

图 1  并列混凝土坝块　　　　　　图 2  单个坝块

$$T_a = -A\sin\left(\frac{\pi\tau}{2Q}\right) \tag{1}$$

式中：$A$ 为温度降幅，℃；$\tau$ 为时间；$Q$ 为降温历时，越冬计算通常取 $Q=90\mathrm{d}$。坝块长度（$S$）通常在 30m 以上，所以越冬期间温度可按半无限体计算，但不能按准温度场计算，而必须考虑初始条件，严格考虑初始条件，计算十分复杂，不便应用。为此，本文第一作者提出了下述近似公式，计算方便，精度也相当好[1]。设混凝土初温为零，在式（1）所示气温作用下，坝块表面温度可计算如下

图 3  冬季气温 $T_a$

$$T = -f_1 A\sin\left[\frac{\pi(\tau-\varDelta)}{2P}\right] \tag{2}$$

$$\left.\begin{aligned}
f_1 &= 1/\sqrt{1+1.85u+1.12u^2}, \quad \varDelta = 0.4gQ \\
P &= Q+\varDelta, \quad g = \frac{2}{\pi}\arctan\left(\frac{1}{1+1/u}\right) \\
u &= \frac{\lambda}{2\beta}\sqrt{\frac{\pi}{Qa}} = \frac{2.802\lambda}{\beta\sqrt{Q}} \quad (\text{当} a = 0.10\mathrm{m^2/d})
\end{aligned}\right\} \tag{3}$$

式中：$a$ 为混凝土导温系数；$\lambda$ 为混凝土导热系数；$\beta$ 为表面放热系数。当表面有保温板时，计算如下

$$\beta = \frac{1}{1/\beta_0 + h/\lambda_s} \tag{4}$$

式中：$\beta_0$ 为保温板与空气之间的放热系数；$h$ 为保温板厚度；$\lambda_s$ 为保温板导热系数。

由于两面散热，混凝土棱角上的温度下降较快，可计算如下[1, 2]

$$T_c = -f_c A \sin\left[\frac{\pi(\tau - \Delta)}{2P}\right] \tag{5}$$

$$f_c = 1 - (1 - f_1)^2 \tag{6}$$

我们用三维有限元，对不同尺寸的 16 种浇筑块（高度 $H$=300m，厚度 $L$=10、20、30、50m，宽度 $S$=20、40、60、100m）进行温度徐变应力计算，工程上感兴趣的应力是上游面中线上坝轴向水平应力 $\sigma_{y1}$、竖向应力 $\sigma_{z1}$、坝块顶面中点顺水流向应力 $\sigma_{x2}$、坝轴向应力 $\sigma_{y2}$ 及上游棱角上坝轴向应力 $\sigma_{yc}$，这些应力可计算如下

$$\sigma_{bi} = f_1 R_{bi} \rho_2 E(\tau_m) \alpha A \tag{7}$$

$$\rho_2 = \frac{0.830 + 0.051\tau_m}{1.00 + 0.051\tau_m} \exp(-0.104 P^{0.35}) \tag{8}$$

$$\tau_m = \Delta + P/2 \tag{9}$$

式中：$\rho_2$ 为徐变影响系数；$R_{bi}$ 为应力约束系数，笔者用三维有限元计算得到约束系数 $R_{bi}$ 见图 4，$R_{bi}$ 是应力 $\sigma_{bi}$ 的约束系数。例如，$R_{y1}$、$R_{z1}$、$R_{x2}$、$R_{y2}$、$R_{yc}$ 依次是 $\sigma_{y1}$、$\sigma_{z1}$、$\sigma_{x2}$、$\sigma_{y2}$、$\sigma_{yc}$ 的约束系数。计算上游棱角中点应力 $\sigma_{yc}$ 时，系数 $f_1$ 改为 $f_c$，见式（6）。由图 4 可见，约束系数与表面放热系数（$\beta$）有关，这是由于约束系数与温度变化的深度有关，$\beta$ 越小，温度变化深度越浅，约束系数越大。

# 3　表面保温层计算

在寒冷地区，坝块越冬必须严格保护，否则将产生严重裂缝，表面保温层厚度由温度应力决定如下

$$\sigma_x + \sigma_{x0} \leqslant [\sigma_x] \tag{10}$$

$$\sigma_y + \sigma_{y0} \leqslant [\sigma_y] \tag{11}$$

$$\sigma_z + \sigma_{z0} - \gamma z \leqslant [\sigma_z] \tag{12}$$

式中：$\sigma_x$、$\sigma_y$、$\sigma_z$ 为气温变化引起的越冬温度应力；$\sigma_{x0}$、$\sigma_{y0}$、$\sigma_{z0}$ 为由初始温度或水化热等其他因素引起的温度应力；$\gamma$ 为混凝土容重；$\gamma z$ 为自重引起的压应力；$z$ 为剖面以上坝块高度；$[\sigma_x]$、$[\sigma_y]$、$[\sigma_z]$ 分别为 $x$、$y$、$z$ 方向的允许拉应力，计算如下

$$[\sigma_x] = [\sigma_y] = \frac{E\varepsilon_p}{K_1} \quad \text{或} \quad \frac{R_t}{K_2} \tag{13}$$

$$[\sigma_z] = \frac{\eta R_t}{K_2} \tag{14}$$

式中：$E$ 为弹性模量；$\varepsilon_p$ 为极限拉伸；$R_t$ 为混凝土抗拉强度；$\eta$ 为水平施工缝面上抗拉强度折减系数，通常 $\eta$=0.5～0.7；$K_1$ 和 $K_2$ 为安全系数，建议取 $K_1$=1.6～2.2，$K_2$=1.4～1.9。

【算例】混凝土导热系数 $\lambda$=10kJ/（m·h·℃），导温系数 $a$=0.10m²/d，裸露表面放热系数 $\beta_0$=80kJ/（m²·h·℃），线膨胀系数 $\alpha$=1×10⁻⁵℃⁻¹，弹性模量 $E(\tau)$=30000[1−exp(−0.40$\tau^{0.34}$)]MPa，极限拉伸 $\varepsilon_p$（90）=0.80×10⁻⁴，抗拉强度 $R_t$（90）=1.80MPa，水平施工缝抗拉强度折减系数 $\eta$=0.60，混凝土容重 $\gamma$=24.5kN/m³，$z$=20m，$Q$=90d，温度降幅 $A$=22℃，坝块厚度 $L$=20m，宽度 $S$=40m，$\sigma_{x0}=\sigma_{y0}=\sigma_{z0}$=0.20MPa。

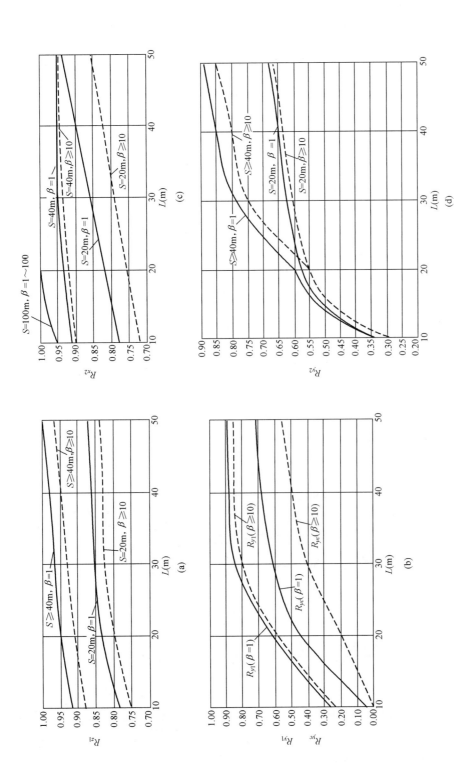

图 4 混凝土坝块越冬温度应力约束系数 [$\beta$ 单位：kJ/（m²·h·℃）]

（a）上游面 $R_{z1}$（$z \geqslant 20$m）；（b）上游面 $R_{y1}$（$z \geqslant 20$m，$S \geqslant 20$m）及棱角上 $R_{yc}$（$z=0$，$S \geqslant 20$m）；（c）顶面中心 $R_{x2}$（$z=0$m）；（d）顶面中心 $R_{y2}$（$z=0$）

（1）允许拉应力。取 $K_1$=1.8，由式（13）得

$$[\sigma_x]=[\sigma_y]=\frac{30000\times[1-\exp(-0.40\times90^{0.34})]\times0.80\times10^{-4}}{1.8}=1.12\text{MPa}$$

取 $K_2$=1.6，$\eta$=0.60，由式（14），水平施工缝上允许竖向拉应力为

$$[\sigma_z]=\frac{0.60\times1.80}{1.6}=0.68\text{MPa}$$

（2）裸露表面的温度应力。

由图 4 得 $R_{z1}$=0.91，$R_{y1}$=0.59，$R_{yc}$=0.20，$R_{x2}$=0.92，$R_{y2}$=0.55。

由式（3）得 $u$=0.03692，$g$=0.00266，$\Delta$=0.09576，$P+\Delta$=90.1d，$f_1$=0.9668，$f_c$=0.9989。

由式（7）得 $\sigma_{z1}$=2.56MPa，$\sigma_{y1}$=1.66MPa，$\sigma_{x2}$=2.59MPa，$\sigma_{y2}$=1.55MPa，$\sigma_{yc}$=0.58MPa。

计算所得温度应力超过允许拉应力较多，必须进行表面保温。

（3）表面用厚 10cm 聚苯乙烯泡沫板保温。苯板导热系数 $\lambda_s$=0.14kJ/（m·h·℃）

由式（4）得

$$\beta=\frac{1}{1/80+0.10/0.14}=1.376$$

由式（3）得

$$u=\frac{2.802\times10}{1.376\times\sqrt{90}}=2.146$$

$$f_1=(1+1.85\times2.146+1.12\times2.146^2)^{-0.50}=0.3142$$

$$f_c=1-(1-0.3142)^2=0.5297$$

$$g=\frac{2}{\pi}\times\tan^{-1}\left(\frac{1}{1+1/2.146}\right)=0.3811$$

$$\Delta=0.4\times0.3811\times90=13.72\text{d}$$

$$P=90+13.72=103.7\text{d}$$

由式（9）得

$$\tau_m=13.72+90/2=58.72\text{d}$$

$$E(\tau_m)=30000[1-\exp(-0.40\times58.72^{0.34})]=23940\text{MPa}$$

由图 4 得

$$R_{z1}=0.94，R_{y1}=0.61，R_{yc}=0.41，R_{x2}=0.925，R_{y2}=0.60$$

由式（8）得

$$\rho_2=\frac{0.830+0.051\times58.72}{1+0.051\times58.72}\times\exp(-0.104\times103.7^{0.35})=0.565$$

由式（7）得

$$\sigma_{x2}=0.3142\times0.925\times0.565\times23940\times10^{-5}\times22=0.865\text{MPa}$$

同样

$$\sigma_{y2}=0.562\text{MPa}，\sigma_{z1}=0.880\text{MPa}，\sigma_{y1}=0.571\text{MPa}，\sigma_{yc}=0.648\text{MPa}。$$

与允许应力 $[\sigma_x]=[\sigma_y]$=1.12MPa 及 $[\sigma_z]+\gamma_z$=0.68+0.49=1.17MPa 相比，可见，按式

（10）～式（12），采用 10cm 苯板保温后温度应力均不超过允许值。

# 4　结束语

（1）在寒冷地区，混凝土坝块冬季停工过冬，表面温度应力很大，必须严加保温，本文提供了一套计算方法。

（2）对于正常施工的坝块，也可利用本文方法进行冬季保温的近似计算，由于冬季不停工，坝块顶面不存在长期暴露问题，只需计算上、下游表面的越冬应力 $\sigma_{y1}$ 和 $\sigma_{z1}$。

## 参 考 文 献

［1］朱伯芳. 大体积混凝土表面保温能力的计算 ［J］. 水利学报，1987，（2）：18-26.

［2］朱伯芳. 大体积混凝土温度应力与温度控制 ［M］. 北京：中国电力出版社，1999.

［3］朱伯芳. 论混凝土坝抗裂安全系数 ［J］. 水利水电技术，2005，（7）：33-36.

# 重力坝运行期年变化温度场引起的应力❶

**摘　要：** 气温和水温的年变化在重力坝内会引起相当大的拉应力，是重力坝在运行期产生裂缝的重要原因，但目前还缺乏一套实用的计算方法。本文提出了一套计算公式，可用以计算不同表面保温条件下气温和水温年变化在重力坝内引起的应力并从而计算表面保温的效果。

　　**关键词：** 重力坝；气温；水温；年度变化；温度应力

## Thermal Stresses of Concrete Gravity Dam in the Period of Operation Caused by Annual Variations of Air and Water Temperatures

**Abstract:** Remarkable tensile stresses may be caused by the annual variations of air and water temperatures in the operation period of a gravity dam which may lead to cracks. A set of formulas are given in this paper for computing these stresses and estimating the effect of superficial thermal insulation.

　　**Key words:** gravity dam, water temperature, air temperature, annual variation, thermal stress

　　气温和水温的年变化及寒潮在重力坝内会引起相当大的拉应力，是重力坝在施工期和运行期产生裂缝的重要原因[1]，这是重力坝设计和施工中经常碰到的问题，寒潮引起的应力在文献[2]中已提出了一套实用的计算方法，但是气温和水温年变化引起的应力，目前还没有一套实用的计算方法。本文提出了一套在不同表面保温条件下重力坝运行期，由于气温和水温年变化而产生的拉应力的实用计算方法：首先，根据重力坝温度应力的变化规律，提出运行期关键部位的特征应力，然后用三维有限元计算出有关的应力约束系数，并制成图表，应用比较方便，具有较好的计算精度，可以分析表面保温的效果。

　　如图 1 所示重力坝，取出一个坝段进行分析，坝段宽度为 $L$，上游坝面铅直，下游坝面与铅直平面的夹角为 $\phi$，下游坝面坡度为 $1:s$，$s=\tan\phi$，有限元模型中坝高取为 1000m。设运行期下游面气温为

$$T_a = A_d \sin\omega(\tau - \tau_0), \quad \omega = 2\pi/P \tag{1}$$

式中：$A_d$ 为气温年变幅；$P$=12 月，为温度变化周期；$\tau$ 为时间，月；$\tau = \tau_0$ 时，$T_a$=0，通常 $\tau_0$=3.5 月。

---

❶　原载《水利水电技术》2007 年第 9 期，由作者与吴龙珅、张国新联名发表。

热传导方程为

$$\frac{\partial T}{\partial \tau} = a\left(\frac{\partial^2 T}{\partial x^2} + \frac{\partial^2 T}{\partial y^2} + \frac{\partial^2 T}{\partial z^2}\right) \tag{2}$$

式中：$a$ 为导温系数。

边界条件为

$$\lambda \frac{\partial T}{\partial n} = \beta_d (T_a - T) \tag{3}$$

$$\beta_d = \frac{1}{1/\beta_0 + h_d/\lambda_d} \tag{4}$$

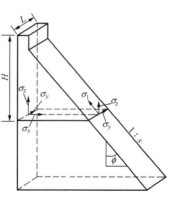

图 1 重力坝

式中：$n$ 为表面法线，$\lambda$ 为混凝土导热系数；$\beta_d$ 为下游面等效表面放热系数；$h_d$ 为下游面保温板厚度；$\lambda_d$ 为保温板导热系数。温度年变化的影响深度只有 12m 左右，对于重力坝来说，可按半无限体计算，满足热传导方程及边界条件式（3）的准稳定温度场下游表面温度为[1]

$$T_d = f_d A_d \sin \omega(\tau - \tau_0 - m_d) \tag{5}$$

$$f_d = \frac{1}{\sqrt{1 + 2u_d + 2u_d^2}}, \quad u_d = \frac{\lambda}{\beta_d}\sqrt{\frac{\pi}{aP}} \tag{6}$$

$$m_d = \frac{P}{2\pi} \tan^{-1}\left(\frac{1}{1 + 1/u_d}\right) \tag{7}$$

式中：$a$ 为混凝土导温系数。

重力坝上游面温度与水位有关，对于某一特定高程 $z_0$ 来说，当水面高程 $z$ 低于高程 $z_0$ 时，表面介质温度为气温，当水面高程 $z$ 高于高程 $z_0$ 时，表面介质温度为水温，即

$$\left.\begin{array}{ll} T_b = T_a, & \text{当 } z < z_0 \\ T_b = T_w(y, \tau), & \text{当 } z \geqslant z_0 \end{array}\right\} \tag{8}$$

式中：$T_b$ 为上游面介质温度；$T_a$ 为气温；$T_w(y, \tau)$ 为水温；$y = z - z_0$ 为水深。从文献 [3] 可知，$T_b$ 可用福氏级数表示，在精细计算中，级数可取 6 项，在实用计算中，级数只需 1 项，表示如下

$$T_b = A_u \sin \omega(\tau - \tau_0 - \xi) \tag{9}$$

$$\left.\begin{array}{l} A_u = \sqrt{B^2 + C^2}, \xi = \arctan(C/B) \\ B = \frac{2}{P}\int_0^P T_b(\tau)\cos \omega(\tau - \tau_0)\mathrm{d}\tau \\ C = \frac{2}{P}\int_0^P T_b(\tau)\sin \omega(\tau - \tau_0)\mathrm{d}\tau \end{array}\right\} \tag{10}$$

边界条件 

$$\lambda \frac{\partial T}{\partial x} = \beta_u (T_b - T) \tag{11}$$

$$\beta_u = \frac{1}{1/\beta_0 + h_u/\lambda_u} \tag{12}$$

式中：$h_u$、$\lambda_u$ 为上游保温板的厚度和导热系数。按半无限体求解，坝体上游表面准稳定温度为

$$T_u = f_u A_u \sin \omega(\tau - \tau_0 - \xi - m_u) \tag{13}$$

$$f_u = \frac{1}{\sqrt{1 + 2u_u + 2u_u{}^2}}, \quad u_u = \frac{\lambda}{\beta_u}\sqrt{\frac{\pi}{aP}} \tag{14}$$

$$m_u = \frac{P}{2\pi}\arctan\left(\frac{1}{1 + 1/u_u}\right) \tag{15}$$

今把 $T_b$ 和 $T_d$ 分别作用在重力坝的上下游表面，计算坝体应力，如图 1 所示。坝段两侧横缝面是绝热的自由面，一般以坝体中面应力为最大，考虑坝高为 $H$ 的水平剖面，在坝体下游面，我们感兴趣的是 3 个应力分量：$\sigma_1$ 为顺坝坡方向的第一主应力，$\sigma_y$ 为顺坝轴方向的水平应力，$\sigma_z$ 为作用于水平浇筑层面上的铅直应力。当 $\tau = \tau_0 + m_d + 3.0$ 月时，$\omega(\tau - \tau_0 - m_d) = \pi/2$，下游表面应力最大，此时下游表面应力为

$$\left.\begin{array}{l} \sigma_1 = \dfrac{\rho E\alpha}{1 - \mu} f_d R_{1d} A_d \\[2mm] \sigma_y = \dfrac{\rho E\alpha}{1 - \mu} f_d R_y A_d \\[2mm] \sigma_z = \sigma_1 \cos^2 \phi = \sigma_1(1 + s^2) \end{array}\right\} \tag{16}$$

式中：$R_{1d}$ 为下游面顺坡第一主应力 $\sigma_1$ 的约束系数，见图 2；$R_y$ 为上下游面坝轴方向水平正应力 $R_y$ 的约束系数，见图 4。由图 4 可见，约束系数与表面放热系数 $\beta$ 有关，这是由于 $\beta$ 越小，年变化气温和水温的影响深度越浅，约束系数则越大。$E$ 为弹性模量；$\mu$ 为泊松比；$\alpha$ 为线胀系数；$\rho$ 为徐变影响系数。晚期混凝土徐变度可表示如下

$$C(t, \tau) = C_1[1 - e^{\eta(t - \tau)}] \tag{17}$$

徐变影响系数（$\rho$）可计算如下 [1]

$$\left.\begin{array}{l} \rho = \sqrt{a^2 + b^2}, a = (s_1 r_1 + \omega^2)/(s_1{}^2 + \omega^2) \\[2mm] b = EC_1 r_1 \omega/(s_1{}^2 + \omega^2), s_1 = 1 + EC_1 \end{array}\right\} \tag{18}$$

若无徐变，$C_1 = 0$，则 $\rho = 1$。

在坝体上游面，我们感兴趣的是坝段中面的竖向应力（$\sigma_{zu}$）及坝轴方向水平应力（$\sigma_{yu}$），当 $\tau = \tau_0 + \xi + m_u + 3.0$ 月时应力最大，可计算如下

$$\left.\begin{array}{l} \sigma_{zu} = \dfrac{\rho E\alpha}{1 - \mu} f_u R_{zu} A_u \\[2mm] \sigma_{yu} = \dfrac{\rho E\alpha}{1 - \mu} f_u R_y A_u \end{array}\right\} \tag{19}$$

式中：$R_{zu}$ 为上游面应力（$\sigma_{zu}$）的约束系数，见图 3；$R_y$ 为水平应力（$\sigma_y$）的约束系数，见图 4。约束系数 $R_{1d}$、$R_y$、$R_{zu}$ 等是用三维有限元计算的，计算模型坝高 1000m，上游铅直，下游面坡度 1:0.80。上游面不同高程介质温度的年变幅和相位差是不同的，应采用不同数值，重力坝下游面坡度变化不大，通常为 0.75～0.85，如下游面坡度不等于 0.80，上述计算公式仍可应用，只是在计算下游面竖向应力 $\sigma_z = \sigma_1/(1 + s^2)$ 时，$s$ 采用实际值。重力坝上游面一般为铅直面，如有坡度，坡度也不大，前述公式仍可应用，但式（18）中的 $\sigma_{zu}$ 变为第一主应力（$\sigma_1$），而铅直应力 $\sigma_{zu} = \sigma_1 \cos^2 \phi = \sigma_1/(1 + s^2)$，其中 $s$ 为上游面坡度。另外，对于主应力（$\sigma_1$）

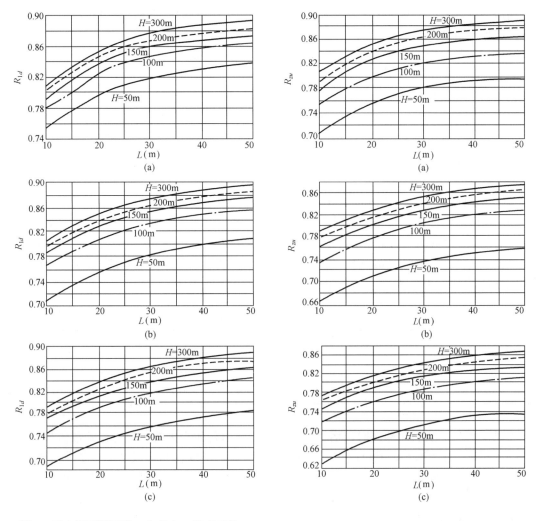

图 2　重力坝下游面第一主应力 $\sigma_1$ 约束系数 $R_{1d}$

（a）$\beta = 1\,kJ/(m^2 \cdot h \cdot ℃)$；（b）$\beta = 10\,kJ/(m^2 \cdot h \cdot ℃)$；

（c）$\beta \geqslant 80\,kJ/(m^2 \cdot h \cdot ℃)$

图 3　重力坝上游面竖向应力 $\sigma_z$ 约束系数 $R_{zu}$

（a）$\beta = 1\,kJ/(m^2 \cdot h \cdot ℃)$；（b）$\beta = 10\,kJ/(m^2 \cdot h \cdot ℃)$；

（c）$\beta \geqslant 80\,kJ/(m^2 \cdot h \cdot ℃)$

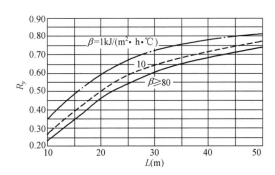

图 4　重力坝上下游坝面坝轴方向水平应力（$\sigma_y$）约束系数（$R_y$）

及竖向应力（$\sigma_z$），还要叠加上自重和水压力引起的应力分量，那些都可以用材料力学公式计算，此处不再赘述。

【算例】 某重力坝，最大坝高150m，坝段宽度$L=20$m，年平均气温$T_a=21.94+8.54$ $\sin[\pi/6\times(\tau-3.50)]$℃，计算坝高$H=50$m处水平剖面上的年变化温度应力。

根据水位变化情况，由式（8）～式（10）计算得上游面介质温度如下

$$T_b=20.78+6.90\sin[\pi/6\times(\tau-3.50-0.20)]℃$$

设$E=35000$MPa。$\mu=0.167$，$C(t,\tau)=0$，$\alpha=1\times10^{-5}$℃$^{-1}$，$L=20$m，$\lambda=10$kJ/（m·h·℃），$a=3.0$m$^2$/月，$\beta_0=80$kJ/（m$^2$·h·℃）。保温苯板厚3cm，$\lambda_u=\lambda_d=0.140$kJ/（m·h·℃）。

表面无保温时，$\beta=80$kJ/（m$^2$·h·℃），$u=0.0369$，$f=0.964$；表面3cm苯板保温时，由式（4）、式（6）算得，$\beta_u=\beta_d=4.41$kJ/（m$^2$·h·℃），$u_u=u_d=0.670$，$f_u=f_d=0.5557$，先根据$H=50$m、$L=20$m，由图2～图4，查得表面无保温即$\beta=80$kJ/（m$^2$·h·℃）时的约束系数：$R_{1d}=0.732$、$R_{zu}=0.682$及$R_y=0.461$；再由图2～图4查得$\beta=1$及$\beta=10$kJ/（m$^2$·h·℃）时的约束系数，然后由插值法求得$\beta=4.41$kJ/（m$^2$·h·℃）时的约束系数$R_{1d}=0.783$、$R_{zu}=0.738$及$R_y=0.562$；最后由式（16）、式（19）算得上、下游面坝段中面的应力见表1。

**表1** 　　　　　　　　　　　**重力坝年变化温度应力** 　　　　　　　　　（单位：MPa）

| 保温状态 | 上游面应力 | | 下游面应力 | | |
|---|---|---|---|---|---|
| | $\sigma_{zu}$ | $\sigma_{yu}$ | $\sigma_{1d}$ | $\sigma_{zd}$ | $\sigma_{yd}$ |
| 无保温 | 2.06 | 1.57 | 2.53 | 1.54 | 1.94 |
| 3cm苯板 | 1.19 | 0.91 | 1.56 | 0.95 | 1.12 |

由表1可见，当表面裸露时，运行期冬季温度应力是相当大的拉应力，其数值与混凝土抗拉强度相近，加上寒潮，就可能裂开；实际工程中，有的坝在当年或第二年冬季出现裂缝，有的坝在运行若干年后才出现裂缝，这有两方面的原因，第一是气温年变化和寒潮的变化有一定的波动，第二是混凝土徐变早期较大，到后期越来越小，因此，到了后期，同样的温度降幅引起的拉应力较大。

## 参 考 文 献

[1] 朱伯芳. 大体积混凝土温度应力与温度控制. [M]. 北京：中国电力出版社，1999.

[2] 朱伯芳. 大体积混凝土表面保温能力计算. [J]. 水利学报，1987，（2）：18-26.

[3] 朱伯芳. 拱坝温度荷载计算方法的改进. [J]. 水利水电技术，2006，（12）：22-25.

# 重力坝运行期纵缝开度的变化[❶]

**摘　要：**柱状分缝重力坝在混凝土冷却到坝体稳定温度之后进行纵缝灌浆，在运行期间，纵缝似乎不应张开，特别是在高温季节，似乎纵缝应该被挤紧，而不应张开。但实际上有的重力坝纵缝却在冬季和夏季都是张开的。本文从坝体温度变化、上游水位变化及纵缝间距等方面进行分析，阐明重力坝纵缝不但冬季会张开，夏季也可能张开，并用一个算例说明纵缝开度变化的基本规律。

**关键词：**重力坝；运行期；纵缝开度

## Variation of the Opening of Longitudinal Joint of Gravity Dam in the Operation Period

**Abstract:** It is explained why some longitudinal joints of gravity dam will open not only in the winter but also in the summer in the operation period. The opening of joint is influenced by the variation of temperature in the dam, the water level in the reservoir and the spacing between joint. An example is given.

**Key words:** gravity dam, operation period, opening of longitudinal joint

## 1　前言

　　柱状分缝重力坝在混凝土冷却到坝体稳定温度之后进行接缝灌浆，然后投入运行。在运行期间，纵缝似乎不应张开，特别在高温季节，似乎纵缝应该被压紧，而不应张开，但实际上有的重力坝的纵缝不但冬季张开，而且夏季也张开，令人感到难以理解。本文对这个问题进行探讨，首先指出经过灌浆之后，接缝得到一定充填，但经验表明，接缝的抗拉强度是很低的，只要缝面上出现拉应力，就可能张开；然后从坝体温度变化、上游水位变化及坝块厚度等方面进行分析，说明重力坝纵缝不但冬季会张开，在一定条件下夏季也会张开；最后用一个算例说明重力坝运行期间纵缝开度变化的基本规律。

## 2　引起重力坝纵缝张开的原因

　　柱状分缝重力坝，在混凝土冷却到坝体稳定温度之后进行纵缝灌浆，如果灌浆之后接缝具有足够的抗拉强度，大坝本应形成整体，在运行期间，接缝不会张开。经验表明，灌浆之后接缝抗拉强度是很低的，在运行期间，只要接缝上受到一定的拉应力，接缝就可能张开。

---

[❶]　原载《水利水电技术》2007 年第 4 期，由作者与吴龙珅、郑璀莹、张国新联名发表。

按照设计规范的要求，在自重和水压力的作用下，重力坝纵缝面上在水平方向不会出现拉应力，纵缝面上的拉应力主要是坝体温度变化引起的。影响重力坝纵缝开度变化的主要因素有三个：坝体温度变化、上游水位变化及坝块厚度（纵缝间距），下面分别进行分析。

## 2.1 坝体温度变化

设纵缝灌浆时坝体温度场为 $T_0(x, y, z)$，接缝灌浆之后，经过或长或短的过渡期，然后进入一个温度相对稳定的时期，下游坝面尾水以上的温度主要决定于气温，变化比较简单；上游坝面温度与气温、水温及水位变化有关，变化比较复杂，但到了后期坝面上各点温度大体上是时间的周期性函数[1]，可表示如下：

$$T_b(s) = T_m(s) + \sum_i A_i(s)\cos\omega_i(\tau - \tau_0 - \xi_i) \tag{1}$$

式中：$T_b(s)$ 为边界 $s$ 处表面温度；$T_m(s)$ 为边界 $s$ 处年平均温度；$A_i(s)$ 为第 $i$ 个温度变幅；$\omega_i = 2i\pi/P$，为圆频率；$P$ 为温度变化周期；$\xi_i$ 为第 $i$ 个相位差。

如图 1 所示，由边界条件式（1）决定的坝体运行期温度场 $T_d(x, y, z, \tau)$ 可分解为两个温度场：$T_d(x, y, z, \tau) = T_f(x, y, z) + T_q(x, y, z, \tau)$，其中 $T_f(x, y, z)$ 为由边界年平均温度 $T_m(s)$ 决定的稳定温度场，坝体任一点温度均为不随时间而变化的恒温，$T_q(x, y, z, \tau)$ 是准稳定温度场，由边界温度 $\sum A_i(s)\cos\omega_i(\tau - \tau_0 - \xi_i)$ 决定，内部广大范围内温度为零，靠近边界处温度随时间而作周期性变化，温度变化的深度约 10m。

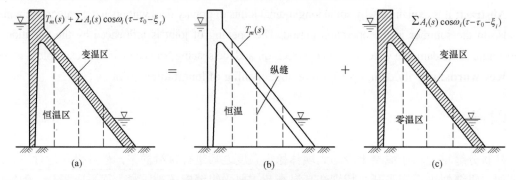

图 1  重力坝运行期的温度场

（a）坝体运行期温度场 $T_d$；（b）稳定温度场 $T_f$；（c）准稳定温度场 $T_q$

若忽略接缝灌浆时的初始应力，在进入运行期以后，重力坝内引起应力的温差为

$$\Delta T = T_0(x,y,z) - T_f(x,y,z) - T_q(x,y,z,\tau) \tag{2}$$

通常坝体灌浆温度等于或接近于坝体稳定温度，$T_0(x,y,z) - T_f(x,y,z) = 0$，由式（2）可知，运行期在重力坝内引起应力和变形的是准稳定温度场 $T_q(x,y,z,\tau)$。由图 1（c）可见，内部广大范围内 $T_q=0$，温度的变化集中在表层。

如图 2 所示，取出上游坝块 $A$ 进行分析，假定坝块 $A$ 的上下游表面是自由的，坝体的水平位移主要由坝块水平剖面上等效线性温差（$T_d$）引起，冬季上游面温度下降，接缝面 $ac$ 产生向上游的水平变位如图 2（b）虚线所示；夏季相反，上游面温度上升，缝面 $ac$ 产生向下游的水平变位如图 2（b）中实线所示。如果在缝的顶部 $a$ 设一支点，阻止其水平变位，夏季缝面 $ac$ 的水平位移如图 2（c）所示，缝顶端变位为零，但缝的内部仍然脱开。这就说明，

在 $A$ 块表层温度变化的作用下，缝面 $ac$ 不但冬季会张开，夏季也会张开，但开度变化的规律不同，冬季纵缝开度上部大而下部小，夏季纵缝顶部闭合而内部张开。

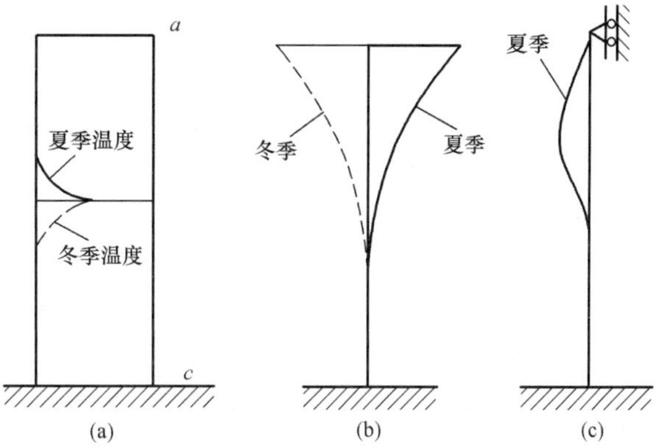

## 2.2 上游水位变化

上游水位对纵缝开度的影响有：①水压力的作用，使坝块产生向下游水平变位，使缝面趋于压紧，水位越高，压缩作用越大；②水温年变幅小于气温年变幅，水位越高，上游坝面温度变幅越小，温度变位越小。

## 2.3 坝块厚度（纵缝间距）$L$

温度变化引起的 $A$ 块水平变位大致

图 2　上游坝块 $A$ 的温度变化及 $ac$ 缝面水平变位

(a) A 块及温度；(b) 水平变位；(c) 水平变位

与 $A_d/L = \rho_2 A_u/L$ 成正比，其中 $A_u$ 为坝块上游表面温度年变幅，$A_d$ 为坝块等效线性温差，$\rho_2 = A_d/A_u$ 为 $A_d$ 与 $A_u$ 的比值，其计算公式见文献 [2]，$L$ 为坝块厚度。水压力引起的坝块水平变位与 $L^3$ 成反比。当坝块厚度从 $L_1$ 变为 $L_2$ 时，温度变化引起的水平变位 $u_T$ 的比值为 $u_{T2}/u_{T1} = \rho_2(L_2)L_1/\rho_2(L_1)L_2$，水压力引起的水平变位 $u_w$ 的比值为 $u_{w2}/u_{w1} = L_1^3/L_2^3$。例如，当 $L_1 = 40\text{m}$，$L_2 = 20\text{m}$，由文献 [2]，$\rho_2(40\text{m}) = 0.33$，$\rho_2(20\text{m}) = 0.61$，因此，$u_{T2}/u_{T1} = 0.61 \times 40/(0.33 \times 20) = 3.70$ 倍，$u_{w2}/u_{w1} = 40^3/20^3 = 8.0$ 倍。可见，当坝块厚度减小时，水压力引起的变位增长较快，纵缝较难张开，反之，当坝块厚度增加时，纵缝较易张开。

综上所述，可见：①纵缝开度主要由坝体表层准稳定温度场 $T_q(x, y, z, \tau)$ 的变化所引起，冬季上部开度大而下部开度小；夏季缝的顶部闭合，而缝内部仍可能张开；②上游水位越低，缝的开度越大，反之，上游水位越高，纵缝开度越小；③坝块厚度（纵缝间距）越大，缝的开度越大，反之，亦然。

【算例】　下面用一个算例来说明重力坝纵缝开度变化的基本规律。实体重力坝，坝高 155m，底宽 120m，分 2 条纵缝，气温年变化为

$$T_a = 20.0 + 13.0\cos\left[\frac{\pi}{6}(\tau - 6.5)\right] \quad (\text{℃}) \tag{3}$$

式中：$\tau$ 为时间（月）。库水温度按水科院公式计算如下 [2]

$$\left.\begin{array}{l} T_w(y, \tau) = T_m(y) + A(y)\cos\left[\dfrac{\pi}{6}(\tau - 6.5 - \varepsilon)\right] \\[2mm] T_m(y) = c + (T_s - c)\mathrm{e}^{-0.04y} \quad\quad (\text{℃}) \\[2mm] A(y) = 12.0\mathrm{e}^{-0.018y} \quad\quad\quad\quad (\text{℃}) \\[2mm] \varepsilon = 2.15 - 1.30\mathrm{e}^{-0.085y} \quad\quad (\text{月}) \\[2mm] c = (T_b - T_s g)/(1 - g) \quad g = \mathrm{e}^{-0.04H} \end{array}\right\} \tag{4}$$

式中：$T_w(y, \tau)$ 为库水温度；$T_m(y)$ 为库水年平均温度；$A(y)$ 为水温年变幅；$y$ 为计算点

至水面的深度，m；$H$ 为上游库水深度，m；$\varepsilon$ 为水温相位差，月；$T_s$=20℃为表面年平均水温；$T_b$=9℃为库底年平均水温。混凝土导温系数 $a$=2.55m²/月，线膨胀系数 $\alpha$=1×10⁻⁵℃⁻¹，混凝土与基岩弹性模量均为 35GPa，纵缝抗拉强度为 0.10MPa，摩擦系数为 0.80，黏着力为 0。在坝体稳定温度时进行接缝灌浆。用非线性有限元计算纵缝开度变化，为了突出各种运行情况下纵缝变化的规律，按 4 种固定水位计算，计算结果如下。

（1）库空。坝体在 20℃时进行接缝灌浆，表面温度按式（3）变化，纵缝开度变化如图 3 所示，2 月中旬开度最大，缝顶（高程 100m）开度达到 5.8mm，纵缝顶端在温度低于灌缝温度的半年内（11 月中旬至次年 5 月中旬）是张开的，在另外半年内（5 月中旬至 11 月中旬）是闭合的。缝 1 内部 $b$ 点（高程 80m）全年都是张开的。

（2）上游水深 50m。纵缝开度变化如图 4 所示，2 月中旬缝开度最大，缝顶开度达到 3.0mm，在每年 11 月至次年 5 月半年内，缝顶是张开的，在每年 5 月至 11 月，缝顶是闭合的，缝 1 内部 $b$ 点则全年都是张开的，见图 7。

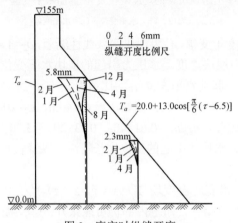

图 3 库空时纵缝开度

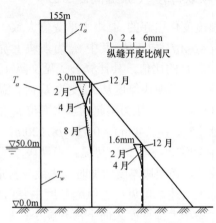

图 4 上游水位 50m 纵缝开度

（3）上游水深 100m。纵缝开度变化如图 5 所示，2 月中旬缝开度最大，缝顶开度为 1.7mm。在 11 月中至次年 5 月中，缝顶张开。在 5 月中至 11 月中，缝顶闭合。缝 1 内部 $b$ 点在 5 月中至 10 月中是张开的，其他时间则是闭合的，见图 7。

（4）上游水深 150m。在上游高水位的作用下，两条纵缝全年都是闭合的，如图 6 所示。

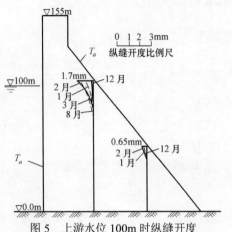

图 5 上游水位 100m 时纵缝开度

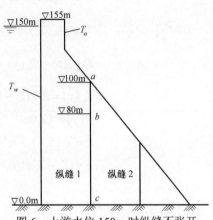

图 6 上游水位 150m 时纵缝不张开

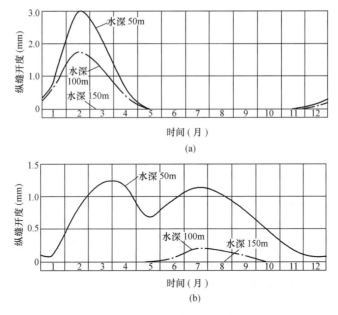

图 7  纵缝 1 开度与时间关系

（a）纵缝 1 顶端 $a$ 点（高程 100m）开度；（b）纵缝 1 内部 $b$ 点（高程 80m）开度

# 3  结束语

（1）在坝体稳定温度进行纵缝灌浆之后，由于表层准稳定温度场的变化，纵缝不但冬季会张开，夏季也可能张开，但张开规律不同。冬季缝开度上部大而下部小，夏季则顶部闭合而内部张开。

（2）上游水位越低，缝的开度越大，反之，亦然。

（3）坝块厚度（纵缝间距）越大，缝的开度越大，反之，亦然。

参 考 文 献

［1］朱伯芳．拱坝温度荷载计算方法的改进．［J］．水利水电技术，2006，（12）：19-22.

［2］朱伯芳．大体积混凝土温度应力与温度控制．［M］．北京：中国电力出版社，1999.

# 地基上混凝土梁的温度应力❶

**摘　要**：地基上混凝土梁常需控制温度应力以避免裂缝，本文首先简要介绍马斯洛夫应力解，然后用弹性力学方法给出地基对梁的温度变形的抗力系数，从而得到地基上梁的温度应力的一套完整的解法。根据地基弹性模量及梁的长高比，对梁所受到的地基约束作用分为 4 类：①弯曲变形完全约束，水平变形部分约束；②弯曲变形完全约束，水平变形无约束；③弯曲变形部分约束，水平变形无约束；④水平变形和弯曲变形均无约束。对于每类约束情况分别给出了简洁的温度应力计算公式，使计算得到简化。给出了混凝土弹性模量和温度随龄期而变化时的计算方法。指出了目前工程界采用的地基上梁温度应力计算方法的不足之处。

**关键词**：混凝土梁；弹性地基；温度应力

# Thermal Stresses in Concrete Beams
# on Elastic Foundation

**Abstract:** It is necessary to control thermal stresses in concrete beams on elastic foundation to prevent cracks. Maslof had proposed solutions for thermal stresses in beams on Winkler foundation, which had not been applied to engineering because there are no formulas for coefficients of foundation restraint involved in the solutions. In this paper, formulas for coefficient of foundation restraint are given by theory of elasticity. The thermal stresses are classified into four kinds on base of the relative rigidity of beam and foundation: (a) full restraint of bending and partial restraint of horizontal displacement; (b) full restraint of bending and no restraint of horizontal displacement; (c) partial restraint of bending and no restraint of horizontal displacement; (d) no restraint of bending and horizontal displacement. Practical, simple but accurate formulas are given for each kind of beam.

**Key words:** concrete beam, elastic foundation, thermal stress

## 1　前言

随着建筑物规模的扩大，底板长度和厚度增加，往往由于温度应力而产生裂缝，影响结构的整体性和耐久性，有必要进行温度应力计算以决定合理的控制温度措施。底板的平面尺寸较大，温度场的变化主要发生在厚度方向，在水平方向温度变化不大，因此，可以沿长度方向切出单位宽度的长条，按地基上的梁计算其温度应力。

---

❶　原载《土木工程学报》2006 年第 8 期。

原苏联马斯洛夫教授于 1940 年给出了文克尔地基上梁温度应力的三种解法[1]，但没有给出抗力系数的计算方法，难以用于实际工程。我国水利、水电、航运等工程界主要采用笔者 1977 年提出的用切贝雪夫多项式求解的基础梁温度应力算法[2-4]，并已纳入有关设计规范，该法既可用于岩基，也可用于土基上梁的温度应力计算。

由于文献 [1] 国内很难找到，本文首先简要介绍马洛斯夫的计算方法，然后用弹性力学方法给出地基抗力系数的计算公式，有了这些公式，马氏方法就可以用于实际工程。笔者再根据梁与地基的相对刚度对地基梁温度应力进行分类，对土基上梁的温度应力给出了十分简捷而相当准确的算法，指出了目前国内工业与民用建筑中采用的地基梁温度应力计算方法的不足之处。

## 2　弹性地基梁的温度应力

下面简单介绍原苏联马斯洛夫教授 1940 年给出的文克尔弹性地基梁温度应力的解法[1]。从等厚度矩形板截取单位宽度长条，按等截面梁计算，梁高度为 $2h$，梁长度为 $2l$，宽度为 1，梁内温度为 $T(y)$，坐标原点在梁中心线上，如图 1。

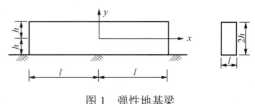

### 2.1　自生温度应力

图 1　弹性地基梁

设梁内温度只沿厚度方向（$y$）变化，把梁与地基沿接触面切开，解除地基对梁的约束作用。由于梁自身约束作用，梁内自生弹性温度应力为

$$\sigma_n = \frac{E\alpha}{1-\mu}\left(T_m + T_d \frac{y}{2h} - T\right) = \frac{E\alpha}{1-\mu} T_n \tag{1}$$

$$T_n = T_m + T_d \frac{y}{2h} - T \tag{2}$$

式中：$T_m$ 为平均温度；$T_d$ 为等效线性温差；$T_n$ 为非线性温差（图 2）。

$$T_m = \frac{1}{2h} \int_{-h}^{h} T\mathrm{d}y \tag{3}$$

$$T_d = \frac{3}{2h^2} \int_{-h}^{h} Ty\mathrm{d}y \tag{4}$$

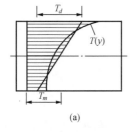 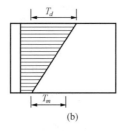 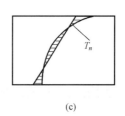

(a)　　　　　　　　　(b)　　　　　　　　　(c)

图 2　梁内温度的分解：$(a) = (b) + (c)$

（a）梁内实际温度分布；（b）线性化温度；（c）非线性温差

梁内真实应力是自生应力与地基约束应力之和，非线性温差不引起梁的位移。在计算地基约束应力时，只需考虑平均温度（$T_m$）和等效线性温差（$T_d$）。我们考虑的是从板内切出的单宽长条，应力和内力表达式如下

$$\left. \begin{array}{l} \sigma = \dfrac{E}{1-\mu^2}\left[\dfrac{\mathrm{d}u}{\mathrm{d}x} - (1+\mu)\alpha T\right] \\[3mm] N = \dfrac{2Eh}{1-\mu^2}\left[\dfrac{\mathrm{d}u}{\mathrm{d}x} - (1+\mu)\alpha T_m\right] \\[3mm] M = \dfrac{2Eh^3}{3(1-\mu^2)}\left[\dfrac{\mathrm{d}^2v}{\mathrm{d}x^2} - (1+\mu)\alpha\dfrac{T_d}{2h}\right] \end{array} \right\} \tag{5}$$

式中：$N$ 为轴力；$M$ 为弯矩；$\mu$ 为水平位移；$v$ 为铅直位移。

## 2.2 马氏地基约束应力第一种解法（纯拉）

忽略地基约束引起的梁内弯矩和梁截面转动，只考虑轴向位移 $u$；在梁与地基的接触面上，忽略正应力，只考虑剪应力，并假定接触面上的剪应力（$q$）与该点水平位移（$u$）符合下列线性关系

$$q = k_1 u \tag{6}$$

式中：$k_1$ 为地基的水平抗力系数。考虑长度为 $\mathrm{d}x$ 的梁微元体的平衡条件可得 $q = 2h\mathrm{d}\sigma/\mathrm{d}x$，把应力—应变关系式（5）及式（6）代入，得到梁的平衡方程如下

$$\frac{\mathrm{d}^2v}{\mathrm{d}x^2} - \lambda^2 u = 0 \tag{7}$$

式中

$$\lambda = \sqrt{\frac{k_1(1-\mu^2)}{2Eh}} \tag{8}$$

在梁的中点（$x=0$），$u=0$；在梁的两端，$\sigma=0$。由此得到问题的解如下

$$u = \frac{(1+\mu)\alpha T_m}{\lambda}\frac{\mathrm{sh}\lambda x}{\mathrm{ch}\lambda l} \tag{9}$$

梁内应力为

$$\sigma = \frac{E\alpha T_m}{1-\mu}\left(\frac{\mathrm{ch}\lambda x}{\mathrm{ch}\lambda l} - 1\right) \tag{10}$$

在梁的中点（$x=0$）应力最大

$$\sigma_m = -\frac{E\alpha T_m}{1-\mu}g(\lambda l) \tag{11}$$

式中

$$g(\lambda l) = 1 - \frac{1}{\mathrm{ch}\lambda l} \tag{12}$$

## 2.3 马氏地基约束应力第二种解法（纯弯梁）

忽略梁的轴向力和轴向变位，只考虑梁内弯矩和梁截面的转动；在梁与地基接触面上，忽略剪应力只考虑正应力（$p$），并假定 $p$ 与地基表面铅直位移（$v$）成正比如下

$$p = k_2 v \tag{13}$$

式中：$k_2$ 为地基的竖向抗力系数。取长度为 d$x$ 的梁微元体，得到平衡方程

$$\frac{\mathrm{d}^4 v}{\mathrm{d}\xi^4} + 4v = 0 \qquad (14)$$

式中

$$\xi = \frac{x}{\rho}, \quad \rho = \left[\frac{4EI}{(1-\mu^2)k_2}\right]^{1/4} = \left[\frac{8Eh^3}{3(1-\mu^2)k_2}\right]^{1/4} \qquad (15)$$

边界条件：当 $\xi=0, \mathrm{d}v/\mathrm{d}\xi = 0$，剪力为零；当 $\xi = l/\rho$，弯矩和剪力均为零。符合边界条件的解为

$$v = A_1 \mathrm{ch}\xi \cos\xi + A_2 \mathrm{sh}\xi \sin\xi \qquad (16)$$

式中

$$\left. \begin{aligned} A_1 &= \frac{4E\alpha T_d h^2}{3(1-\mu^2)k_2\rho^2} \cdot \frac{\mathrm{sh}\eta\cos\eta - \mathrm{ch}\eta\sin\eta}{\sin 2\eta + \mathrm{sh}2\eta} \\ A_2 &= \frac{4E\alpha T_d h^2}{3(1-\mu^2)k_2\rho^2} \cdot \frac{\mathrm{sh}\eta\cos\eta + \mathrm{ch}\eta\sin\eta}{\sin 2\eta + \mathrm{sh}2\eta} \\ \eta &= l/\rho \end{aligned} \right\} \qquad (17)$$

梁内应力为

$$\sigma = -\frac{2y}{\rho^2}(A_1\mathrm{sh}\xi\sin\xi - A_2\mathrm{ch}\xi\cos\xi) - \frac{E\alpha y T_d}{2h(1-\mu)} \qquad (18)$$

最大应力发生在梁中央断面上（$\xi=0$）：

$$\sigma_d = -\frac{E\alpha T_d y}{2(1-\mu)h} f(\eta) \qquad (19)$$

式中

$$f(\eta) = 1 - \frac{2(\mathrm{sh}\eta\cos\eta + \mathrm{ch}\eta\sin\eta)}{\sin 2\eta + \mathrm{sh}2\eta} \qquad (20)$$

梁中央截面的上、下表面（$y=\pm h$）应力为

$$\left. \begin{aligned} \sigma_{d0\perp} \\ \sigma_{d0\top} \end{aligned} \right\} = \mp \frac{E\alpha T_d}{2(1-\mu)h} f(\eta) \qquad (21)$$

$f(\eta)$ 及 $g(\lambda l)$ 值，见图3。

## 2.4 马氏地基约束应力第三种解法（拉弯梁）

在接触面上同时存在着剪应力（$q$）和正应力（$p$），假定

$$q = k_1 u, \quad p = k_2 v \qquad (22)$$

式中：$k_1$、$k_2$ 分别为水平及铅直抗力系数。计算中忽略梁截面转动对接触面上水平位移的影响，水平位移（$u$）仍按式（9）计算，可以证明，铅直位移（$v$）可表示

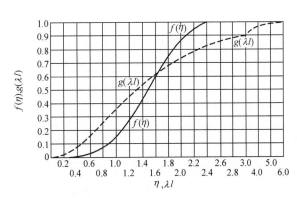

图3 $f(\eta)$ 及 $g(\lambda l)$ 值

如下：

$$v = c_1 \mathrm{ch}\frac{x}{\rho}\cos\frac{x}{\rho} + c_2 \mathrm{sh}\frac{x}{\rho}\sin\frac{x}{\rho} + \gamma \mathrm{ch}\lambda x \tag{23}$$

式中

$$\gamma = -\frac{3\lambda^2 \alpha T_m}{Eh\,\mathrm{ch}\lambda l[\lambda^4 + 3k_2/(2Eh^3)]} \tag{24}$$

在梁的两端（$x = \pm l$），弯矩（$M$）和剪力（$Q$）均等于零，由此得到

$$\left.
\begin{aligned}
&c_1 \mathrm{sh}\eta\sin\eta - c_2 \mathrm{ch}\eta\cos\eta = \frac{2h^2 E}{3(1-\mu)k_2\rho^2}(2\gamma h\mathrm{ch}\lambda l - \alpha T_d)\\
&c_1(\mathrm{sh}\eta\cos\eta + \mathrm{ch}\eta\sin\eta) - c_2(\mathrm{sh}\eta\cos\eta - \mathrm{ch}\eta\sin\mu)\\
&= \frac{4E\gamma h^3 \lambda^3}{3(1-\mu^2)k_2\rho}\mathrm{sh}\lambda l + \frac{2k_1 h\alpha T_m}{(1-\mu)k_2\lambda\rho}\tan h\lambda l
\end{aligned}
\right\} \tag{25}$$

由上式可解出 $c_1$ 和 $c_2$，文献［1］在上式中有两处印误，已予改正。

弯矩计算如下：

$$\begin{aligned}
M &= \frac{k_2\rho^2}{2}\left(c_1\mathrm{sh}\frac{x}{\rho}\sin\frac{x}{\rho} - c_2\mathrm{ch}\frac{x}{\rho}\cos\frac{x}{\rho}\right)\\
&\quad - \frac{2Eh^3\gamma\lambda^2}{3(1-\mu^2)}\mathrm{ch}\lambda x + \frac{E\alpha h^2 T_d}{3(1-\mu)}
\end{aligned} \tag{26}$$

在梁的中央剖面（$x=0$）上，弯矩为

$$M_0 = -\frac{c_2 k_2\rho^2}{2} - \frac{2Eh^3\gamma\lambda^2}{3(1-\mu^2)} + \frac{E\alpha h^2 T_d}{3(1-\mu)}$$

轴力

$$N_0 = k_1 u = \frac{(1+\mu)\alpha T_m}{\lambda}\tan h\lambda l$$

梁中央剖面应力最大，在上、下表面之间线性变化，其值如下

$$\sigma = -\frac{E\alpha T_m}{1-\mu}g(\lambda l) \mp \frac{3M_0 y}{2h^3} \tag{27}$$

# 3 地基抗力系数

虽然马斯洛夫教授早在 1940 年就给出了上述文克尔地基上梁的温度应力解，但由于缺乏地基抗力系数，上述解答未能应用于实际工程。下面给出笔者的抗力系数计算公式。文克勒假设在理论上是不严密的，其缺点是：地基位移只发生在地基的受力部分，而事实上，受力范围以外的地基表面也发生位移，因此，地基表面位移的大小不但与表面荷载的强度有关，而且与荷载分布状态及荷载范围大小有关。

为了克服文克勒假设的上述缺点，在确定地基抗力系数时，笔者不利用集中力作用于半平面的解答，而假定在地基表面上作用着与实际分布很接近的某种荷载，按照半平面位移公式求出表面位移，再按照式（6）、式（13）的定义求出地基抗力系数。如此求出的抗力系数便已反映了地基表面荷载范围的大小及荷载分布状态的影响。

将地基看成弹性半平面，在（$-l$, $+l$）区间内表面上受到正应力 $p(x)$ 和剪应力 $q(x)$ 的作用，按平面形变问题，地基表面位移为

$$\left.\begin{aligned}
u_0 &= \frac{(1+\mu_f)(1-2\mu_f)}{2E_f}\left[\int_{-l}^{x}p(\xi)\mathrm{d}\xi - \int_{x}^{l}p(\xi)\mathrm{d}\xi\right] \\
&\quad + \frac{2(1-\mu_f^2)}{\pi E_f}\int_{-l}^{l}q(\xi)\ln|x-\xi|\mathrm{d}\xi \\
v_0 &= \frac{2(1-\mu_f^2)}{\pi E_f}\int_{-l}^{l}p(\xi)\ln|x-\xi|\mathrm{d}\xi \\
&\quad - \frac{(1+\mu_f)(1-2\mu_f)}{2E_f}\left[\int_{-l}^{x}q(\xi)\mathrm{d}\xi - \int_{x}^{l}q(\xi)\mathrm{d}\xi\right]
\end{aligned}\right\} \tag{28}$$

首先假定在基础表面作用着切向荷载

$$q(x) = \begin{cases} x, & \text{当} -l \leqslant x \leqslant +l \\ 0, & \text{当} |x| > l \end{cases} \tag{29}$$

代入式（28），求得地基表面的切向位移为

$$u_0 = -\frac{(1-\mu_f^2)}{\pi E_f}\frac{l^2}{}\left[\left(1-\frac{x^2}{l^2}\right)\ln\frac{l+x}{l-x} + \frac{2x}{l}\right] \tag{30}$$

由式（30）算得 $u_0$ 如图 4 实线所示，作一条虚线，使得在 $0 \sim l$ 范围内虚线与实线底下的面积相等，由此得到地基的水平抗力系数

$$k_1 = \frac{\pi E_f}{3.16(1-\mu_f^2)\,l} = \frac{0.9942 E_f}{(1-\mu_f^2)l} \tag{31}$$

式中：$E_f$ 为地基弹性模量；$\mu_f$ 为地基泊松比。又设在地基表面作用着法向荷载如下：

$$p(x) = \begin{cases} \dfrac{l}{2} - |x|, & \text{当} |x| < l \\ 0, & \text{当} |x| > l \end{cases} \tag{32}$$

由式（28），得到地基表面竖向位移为

$$v_0 = \frac{(1-\mu_f^2)l^2}{\pi E_f}\left[\left(\frac{x}{l} - \frac{x^2}{l^2}\right)\ln\frac{x}{l-x} + \left(\frac{x}{l} + \frac{x^2}{l^2}\right)\ln\frac{l+x}{x} - 1\right] \tag{33}$$

由式（33）算得 $v_0$ 如图 5 中实线所示，作一虚线，使其坡度等于 $v_0$ 的平均坡度，得到地基表面竖向抗力系数如下：

$$k_2 = \frac{\pi E_f}{1.73(1-\mu_f^2)l} = \frac{1.816 E_f}{(1-\mu_f^2)l} \tag{34}$$

由图 4、图 5 可见，有限元计算结果与理论值完全吻合，图中有限元计算是刘毅、吴龙珅同志完成的。由式（31）、式（34）两式可知，地基抗力系数不但与地基弹性模量有关，还与表面受力范围有关。文献［5］曾根据地基表面单点受力时位移测量结果给出地基抗力系数，其数值与地基表面受力范围无关，而且数值明显偏大，似欠妥，下面说明其原因。

如图 6（a）所示，在 a 点 1m 范围内作用着表面均布荷载 p，在 a、b、c 三点产生竖向位移 $v_a$、$v_b=s_1v_a$、$v_c=s_2v_a$，如图 6（b）所示，在 a、b、c 三点 1m 范围内同时作用着均布荷载（p），则三点位移分别为 $v_a'=v_c'=(1+s_1+s_2)v_a>v_a$，$v_b'=(1+2s_1)v_a>v_a$；三点同时受力时的位移明显大于单点受力时。可见根据单点受力结果推算的地基抗力系数明显偏大，不宜采用。

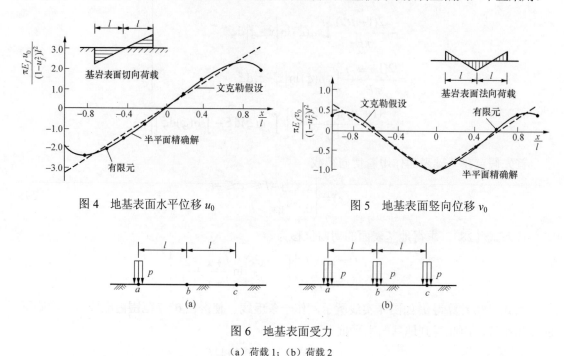

图 4　地基表面水平位移 $u_0$　　　　　　图 5　地基表面竖向位移 $v_0$

图 6　地基表面受力

（a）荷载 1；（b）荷载 2

土基变形模量约为 $E_f=10\sim50$MPa，取 $E_f=10$MPa 及 50MPa，$l=50$m，$\mu_f=0.25$，由式（31），水平抗力系数 $k_1=0.000212$ 及 0.00106N/mm³，而文献［5］给出的抗力系数为 $k_1=0.010\sim0.100$N/mm³，比前者偏大 $50\sim100$ 倍，另外，文献［5］作者可能没有看到过文献［1］，实际上他给出的解答（6～28）就是马斯洛夫第一解答。

## 4　地基约束作用分析及地基梁温度应力的分类

对于岩石地基上的梁，地基弹性模量较大，地基的水平和竖直约束作用都不能忽略，约束应力应按马斯洛夫第三解法计算，如式（25）。由于土基弹性模量很小，土基上梁的温度应力可以根据不同情况而进行简化，下面予以分析。

地基上梁的温度应力为约束应力与自生应力之和，即

$$\sigma = \sigma_m + \sigma_d + \sigma_n \tag{35}$$

式中：$\sigma_m$ 为平均温度（$T_m$）引起的应力；$\sigma_d$ 为等效线性温差（$T_d$）引起的应力；$\sigma_n$ 为非线性温差（$T_n$）引起的应力，见式（1）。对于土基上的梁，$\sigma_m$ 见式（11），$\sigma_d$ 见式（19）。将式（1）、式（11）、式（19）三式代入式（35），得到

$$\sigma = \frac{E\alpha}{1-\mu}\left\{[1-g(\lambda l)]T_m + [1-f(\eta)]\frac{T_d y}{2h} - T(y)\right\} \tag{36}$$

## 4.1 地基水平约束作用分析

梁的水平变形受到完全约束时，应力为 $\sigma_{m0} = -E\alpha T_m/(1-\mu)$，由式（11），实际约束应力（$\sigma_m$）与完全约束应力 $\sigma_{m0}$ 之比值为

$$\frac{\sigma_m}{\sigma_{m0}} = -\frac{\sigma_m(1-\mu)}{E\alpha T_m} = 1 - \frac{1}{\mathrm{ch}\lambda l} = g(\lambda l) \tag{37}$$

以 $k_1$ 表达式（31）代入式（8），得到

$$\lambda l = \sqrt{\frac{0.9942(1-\mu^2)}{2(1-\mu_f^2)}}\sqrt{\frac{E_f}{E} \cdot \frac{l}{h}} \tag{38}$$

通常泊松比变化范围不大，而且泊松比对 $\lambda l$ 的影响也很小，为简化计算，取混凝土泊松比 $\mu$=0.167、地基泊松比 $\mu_f$=0.25，则有

$$\lambda l = 0.718\sqrt{\omega} \tag{39}$$

式中

$$\omega = \frac{E_f}{E}\frac{l}{h} \tag{40}$$

由式（37）得

$$\lambda l = 0.718\sqrt{\omega} = \mathrm{arcch}\left(\frac{1}{1-g}\right) \tag{41}$$

取 $g$=0.05，由式（4）可知当 $\omega = (E_f/E)(l/h) \leqslant 0.202$，即 $l/h \leqslant l_1/h$ 时，忽略地基水平约束作用，误差不超过 5%，而

$$l_1/h = 0.202E/E_f \tag{42}$$

取混凝土 $E$=30000MPa，得到 $l_1/h$ 如表 1，当 $l/h < l_1/h$ 时，可忽略地基水平约束作用。由表 1 可见，在绝大多数情况下，对土基上的梁而言，可以忽略地基的水平约束作用。目前我国在工业与民用建筑设计中计算温度应力时只考虑地基水平约束作用似欠妥。

**表 1**            不同地基约束作用下梁的长高比（$E_0$=30000MPa）

| 地基弹性模量 $E_f$（MPa） | 可忽略水平约束的 $l_1/h$ | 弯曲变形完全约束的 $l_2/h$ | 可忽略弯曲约束的 $l_3/h$ |
|---|---|---|---|
| 10 | 606 | 44.1 | 11.0 |
| 20 | 303 | 35.0 | 8.7 |
| 30 | 202 | 30.6 | 7.6 |
| 40 | 152 | 27.8 | 6.9 |
| 50 | 121 | 25.8 | 6.4 |

## 4.2 地基对梁弯曲变形约束作用的分析

当梁的弯曲变形受到完全约束时，梁上、下缘应力为 $\sigma_{d0} = \mp E\alpha T_d/[2(1-\mu)h]$，当弯曲变形受到部分约束时，梁上、下缘应力 $\sigma_d$ 与完全约束时应力的比值为

$$\frac{\sigma_d}{\sigma_{d0}} = -\frac{2\sigma_d(1-\mu)h}{E\alpha T_d} = f(\eta) \tag{43}$$

当 $\eta$ = 2.21 时，$f(\eta)$ =0.950，当 $\eta$ = 0.748 时，$f(\eta)$ = 0.050。

$$\eta=\frac{l}{\rho}=0.908\left(\frac{1-\mu^2}{1-\mu_f^2}\right)^{0.25}\left(\frac{E_f}{E}\right)^{0.25}\left(\frac{l}{h}\right)^{0.75} \tag{44}$$

取$\mu=0.167$，$\mu_f=0.25$，得

$$\eta=0.9163\left(\frac{E_f}{E}\right)^{0.25}\left(\frac{l}{h}\right)^{0.75} \tag{45}$$

取$\eta=2.21$时，$f(\eta)=0.950$，由式（45）得到

$$\frac{l_2}{h}=3.06\left(\frac{E}{E_f}\right)^{1/3} \tag{46}$$

当$l/h\geqslant l_2/h$时，可近似地视梁的弯曲变形受到完全约束，$l_2/h$值见表1。

取$\eta=0.748$，$f(\eta)=0.050$，由式（44）得到

$$\frac{l_3}{h}=0.7629\left(\frac{E}{E_f}\right)^{1/3} \tag{47}$$

当$l/h\leqslant l_3/h$时，可忽略地基对梁变曲变形的约束。

由表1可见，$l_1/h>l_2/h>l_3/h$。不同长高比的梁受到的地基约束作用见表2。因此，土基上梁的温度应力可分类如下：

表2 不同长高比的梁所受到的地基约束作用

| $\dfrac{l}{h}$ | $\dfrac{l}{h}<\dfrac{l_3}{h}$ | $\dfrac{l_3}{h}\leqslant\dfrac{l}{h}<\dfrac{l_2}{h}$ | $\dfrac{l_2}{h}\leqslant\dfrac{l}{h}<\dfrac{l_1}{h}$ | $\dfrac{l}{h}\geqslant\dfrac{l_1}{h}$ |
|---|---|---|---|---|
| 水平约束 | 无 | 无 | 无 | 部分 |
| 弯曲约束 | 无 | 部分 | 完全 | 完全 |

（1）当$l/h\geqslant l_1/h$时，梁的水平变形受到部分约束，梁的弯曲变形受到完全约束，$f(\eta)=1$；梁内温度应力为

$$\sigma=\frac{E\alpha}{1-\mu}[(1-g)T_m-T(y)]=\frac{E\alpha}{1-\mu}\left[\frac{T_m}{\mathrm{ch}\lambda l}-T(y)\right] \tag{48}$$

（2）当$l_2/h\leqslant l/h<l_1/h$，此时地基水平约束可以忽略，$g(\lambda l)=0$，而梁的弯曲变形受到完全约束，$f(\eta)=1$，梁内温度应力为

$$\sigma=\frac{E\alpha}{1-\mu}[T_m-T(y)] \tag{49}$$

式中：$T_m$为平均温度。

（3）当$l_3/h\leqslant l/h<l_2/h$，此时梁的弯曲变形受到部分约束，而梁的水平变形不受约束，$g(\lambda l)=0$，梁内温度应力为

$$\sigma=\frac{E\alpha}{1-\mu}\left[T_m+\frac{(1-f)T_dy}{2h}-T(y)\right] \tag{50}$$

（4）当$l/h<l_3/h$，此时梁的水平变位和弯曲变位都不受约束，$f(\eta)=g(\lambda l)=0$，梁内应力即为非线性温差引起的应力$\sigma_n$，见式（1）。

一般情况下土基的 $l_1/h$、$l_2/h$、$l_3/h$ 见图7。由表1可知，土基上梁的长高比绝大部分在 $l_1/h$ 与 $l_2/h$ 之间，可按式（49）计算，十分简单。如长高比大于 $l_1/h$，可按式（48）计算，也较简单。

目前工业与民用建筑方面采用的地基梁温度应力计算方法存在以下不足之处：①只考虑了平均温度（$T_m$），忽略了非线性温差，实际上非线性温差是引起温度应力的最主要因素；②根据单点加荷试验结果确定地基抗力系数，其数值偏大 50～100 倍。

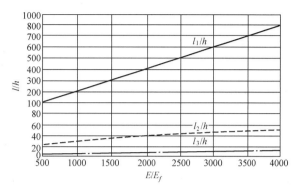

图 7 一般情况下的 $l_1/h$、$l_2/h$ 及 $l_3/h$

## 5 考虑混凝土时变弹性模量及徐变影响时地基上梁的温度应力

混凝土弹性模量随龄期而变化，可表示如下[4]

$$E(\tau) = E_0\left[1 - e^{-a\tau^b}\right] \tag{51}$$

或

$$E(\tau) = \frac{E_0\tau}{n+\tau} \tag{52}$$

式中：$E_0$ 为最终弹性模量；$\tau$ 为龄期；$a$、$b$、$n$ 为常数。

用增量法计算，如图8，在第 $i$ 时段 $\Delta\tau_i = \tau_i - \tau_{i-1}$ 内，温度增量为

$$\Delta T(y, \tau_i) = T(y, \tau_i) - T(y, \tau_{i-1}) \tag{53}$$

$\Delta\tau_i$ 内混凝土的平均弹性模量为

$$E(\tau_{i-0.5}) = \frac{E(\tau_i) + E(\tau_{i-1})}{2} \tag{54}$$

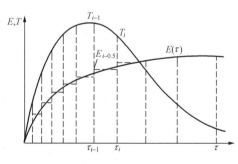

图 8 混凝土弹性模量和温度的变化

用温度增量 $\Delta T(y, \tau_i)$ 代替前面各节中的温度 $T(y)$，可以算得第 $i$ 时段的应力增量 $\Delta\sigma_i$。文献[3]中给出了考虑徐变影响的地基梁温度应力计算方法，但计算较费事，实用上可近似地用松弛系数法考虑徐变影响，得到在时刻 $t$ 的弹性徐变温度应力如下

$$\sigma(t) = \Sigma\Delta\sigma(\tau_i)K(t, \tau_i) \tag{55}$$

式中：$K(t, \tau_i)$ 为混凝土的松弛系数，重要工程应通过试验求出，初步计算中可采用笔者给出的下式[4]

$$\left.\begin{array}{l} K(t,\tau) = 1 - \varphi(\tau)\psi(t,\tau) \\ \varphi(\tau) = 0.40 + 0.60\exp(-0.62\tau^{0.17}) \\ \psi(t,\tau) = 1 - \exp[-(0.20 + 0.27\tau^{-0.23})(t-\tau)^{0.36}] \end{array}\right\} \tag{56}$$

温度场可用一维差分法计算，见文献[4]。

# 6 结束语

（1）利用笔者给出的地基水平及铅直抗力系数公式和马斯洛夫给出的温度应力解答，可以分析地基上梁的温度应力。

（2）对于岩基上梁的温度应力，以笔者在文献［2］中给出的计算方法为方便，对于土基上的梁，以马斯洛夫方法为方便，绝大多数情况下，可应用本文给出的式（49），其计算十分简便。

## 参 考 文 献

［1］Г. Н. МАСЛОВ. ЭЛЕМЕНТАРНЫЕ СТАТИЧЕСКИЕ РАЧЕТЫ СООРУЖЕНИИ НА ТЕМПЕРАТУРНЫЕ ИЗМЕНЕНИЯ ［J］. ИЗВЕСТИЯ НИИГ，ТОМ 26，1940.

［2］朱伯芳. 基础梁的温度应力［J］. 力学，1977，（3）：200-205.

［3］朱伯芳等. 水工混凝土结构的温度应力与温度控制［M］. 北京：水利电力出版社，1976.

［4］朱伯芳. 大体积混凝土温度应力与温度控制［M］. 北京：中国电力出版社，1999.

［5］王铁梦. 工程结构裂缝控制［M］. 北京：中国建筑工业出版社，2003.

# 水工钢筋混凝土结构的温度应力及其控制<sup>❶</sup>

**摘　要**：本文讨论了水工钢筋混凝土结构防裂与限裂设计原则，给出了软基和岩基上水工钢筋混凝土结构温度应力计算方法。阐述了各种水工钢筋混凝土结构温度应力特点及其控制措施。

**关键词**：软基；岩基；水工钢筋混凝土；温度应力；裂缝宽度限制

# Thermal Stresses in Hydraulic Reinforced Concrete Structures and the Control Measures

**Abstract:** Methods for computing the thermal stresses in the hydraulic reinforced concrete structures are given. The peculiarities of the thermal stresses of various hydraulic RC structures and the adequate control measures are discussed.

**Key words:** soft foundation, rock foundation, hydraulic RC structure, thermal stress, restraint of width of crack

## 1　前言

以混凝土坝为代表的素混凝土结构，内部没有钢筋，拉应力由混凝土承担，一旦出现大裂缝，结构整体性被破坏，结构安全度降低，甚至可能引起失事，因此，一般要求防止裂缝。钢筋混凝土结构内配有钢筋，在设计原理上，拉应力由钢筋承担。热轧 I～IV 级钢筋，屈服极限为 210～500MPa，设计应力约为 100～250MPa，相应的拉应变约为 $5\times10^{-4}$～$12\times10^{-4}$，而混凝土的极限拉伸应变只有 $0.8\times10^{-4}$～$1.0\times10^{-4}$，可见在钢筋承受正常工作应力时，混凝土必然开裂。除了预应力钢筋混凝土外，一般钢筋混凝土结构出现裂缝是正常现象，这一点与素混凝土结构不允许出现裂缝是不同的。

由于水工结构与水接触，且多为露天运用，裂缝对结构的耐久性影响较大，近年颇受人们重视。要防止裂缝，最根本的办法是采用预应力混凝土。对于一般的钢筋混凝土结构，应尽量限制裂缝宽度。笔者意见，应特别重视防止出现穿透性裂缝，即穿透结构剖面，形成漏水通道的裂缝。这种裂缝可引起溶蚀，对结构耐久性影响较大，而水工钢筋混凝土结构设计中，对于引起穿透性裂缝的温度应力一般都没有计算，因而也缺乏必要的措施。

从结构上来说，限制裂缝宽度最有效的办法是限制钢筋应力，因为不同等级钢筋的弹性模量相近，高等级钢材的屈服极限高、允许拉应力高、拉应变也大，其结果就是混凝土裂缝

---
❶　原载《水利水电技术》2008 年第 9 期。

较宽。为了限制裂缝宽度，应尽量不用高等级钢筋。

在一般的水工钢筋混凝土结构设计中，对温度应力的计算非常粗略，不能反映真实情况。但实践经验表明，温度应力对裂缝的形成和发展有重要影响，适当的控制温度有利于防止穿透性裂缝，有利于减小裂缝宽度，从而有利于减轻裂缝的危害性。本文对此进行探讨。

在材料方面，应优选混凝土原材料和配合比，掺用粉煤灰等混合料，采用减水剂和引气剂，以降低水化热温升；在施工上要控制混凝土质量，尽量不用泵送混凝土，以降低水泥用量，应做好混凝土养护，尽量缩小接缝间距。

下面比较详细地探讨，如何通过控制温度应力来减轻水工钢筋混凝土结果裂缝的危害性。

## 2 温度场与应力场分析方法

温度场计算采用热传导理论，热传导方程为

$$\frac{\partial T}{\partial t} = a\left(\frac{\partial^2 T}{\partial x^2} + \frac{\partial^2 T}{\partial y^2} + \frac{\partial^2 T}{\partial z^2}\right) + (T_0 - T_w)\frac{\partial \varphi}{\partial t} + \theta_0 \frac{\partial \psi}{\partial t} + \frac{\partial \eta}{\partial t} \tag{1}$$

式中：$T$ 为温度；$t$ 为时间；$a$ 为导温系数；$T_0$ 为初始温度；$T_w$ 为冷却水温；$\theta_0$ 为最终绝热温升；$\varphi$ 为考虑初始温差的水管冷却函数；$\psi$ 为考虑水化热温升的水管冷却函数；$\eta$ 为考气温变化影响的水管冷却函数，$\varphi$、$\psi$、$\eta$ 及边界条件见文献［1］。

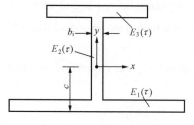

图 1 应力分析简图

比较细致的计算可采用有限元法[1, 4]，但在工程设计和施工中，需要一套实用计算方法，软基上的水闸、船坞、涵管及架空渡槽的温度徐变应力，实用上可采用增量法及平截面假定计算如下。如图 1，计算应力场时，可忽略软基影响，把 $y'$ 的原点放在底部边界上，以 $E$ 为权的剖面形心的高度可计算如下

$$c = \int Eby'\mathrm{d}y' / \int Eb\mathrm{d}y' \tag{2}$$

弹性模量（$E$）和剖面宽度（$b$）都是坐标（$y'$）的函数。

再把 $y$ 的原点放在加权形心上，以 $i$ 表示分区号，$j$ 表示时段号，第 $j$ 时段的应力增量计算如下

$$\Delta\sigma_j(y) = E(y,\tau_j)\alpha[\Delta T_{mj} + \psi_i y - \Delta t_j(x,y,z)] \tag{3}$$

$$\Delta T_{mj} = \iint E(y,\tau_j)\Delta T_j(x,y)\mathrm{d}x\mathrm{d}y / \int E(y,\tau_j)b(y)\mathrm{d}y \tag{4}$$

$$\psi_j = \iint E(y,\tau_j)\Delta T_j(x,y)y\mathrm{d}x\mathrm{d}y / \int E(y,\tau_j)b(y)y^2\mathrm{d}y \tag{5}$$

$$\sigma(y,t) = \sum \Delta\sigma_j(y)K(t,\tau_j) \tag{6}$$

式中：$K(t,\tau_j)$ 为松弛系数[1]。

工程计算中，温度场可用单向差分法计算[1]。腹板在 $x$ 方向差分，顶板和底板在 $y$ 方向差分，但底板温度计算应考虑地基，地基深度可取 10m。

如果顶板、腹板和底板都是等厚的，其宽度、高度、形心位置及弹性模量分别为 $b_i$、$h_i$、$y_i'$、$E_i$，则形心高度为

$$c = \Sigma E_i b_i \bar{y}_i h_i / \Sigma E_i b_i h_i \tag{7}$$

计算温度应力时，先分后合，先分别计算顶板、腹板、底板的自生应力

$$\Delta\sigma'_{ij} = E_i\alpha(\Delta T_{mij} - \Delta T_{ij}) \tag{8}$$

式中：$\Delta T_{mij}$ 是沿厚度平均温度，$i=1$、2、3 分别代表底板、腹板和顶板，$j$ 代表第 $j$ 时段。底板、腹板、顶板平均温度之差所引起的应力按下式计算

$$\Delta\sigma_{ij}(y) = E_{ij}\alpha(\Delta T_{mij} + \psi_j y - \Delta T_{ij}) \tag{9}$$

$$\Delta T_{mij} = \Sigma E_{ij}\Delta T_{mij}b_i h_i / \Sigma E_{ij}b_i h_i \tag{10}$$

$$\psi_i = \Sigma E_{ij}\Delta T_{mij}b_i h_i \bar{y}_i / \Sigma E_{ij}b_i h_i \bar{y}_i^2 \tag{11}$$

式中：$\bar{y}$ 为各部分形心的 $y$ 坐标，此时坐标原点放在 $y'=c$ 点

$$\Delta\sigma_j = \Delta\sigma'_j + \Delta\sigma''_j \tag{12}$$

累积应力（$\sigma$）由式（6）计算。

# 3 软基上水闸与船坞

水闸和船坞多建在软基上，混凝土弹性模量约为 30000MPa，而土基弹性模量只有 10~50MPa，软基的约束作用是很小的。但经验表明，闸墩和坞墙上往往有贯穿性裂缝出现。笔者 1974 年首先研究了这个问题，指出软基对结构温度变形的约束作用很小，所以底板一般不出现贯穿性裂缝。但浇筑坞墙和闸墩时，先行浇筑的底板已充分冷却，对坞墙和闸墩的温度变形已有较强约束作用，从而导致在坞墙和闸墩上产生贯穿性裂缝。笔者当时提出了一个级数解法和一个简化解法，在船坞设计中得到广泛应用[1, 2]。

在运行期，由于地基约束作用很小，气温年变化引起的应力不大，但由于闸墩两面暴露，底板一面暴露，闸墩与底板的温度变幅有一定差值，会产生一定的应力；至于寒潮，因影响深度较浅，闸墩和底板自身约束是主要的，在闸墩和底板都可能引起一定的拉应力。

图 2 表示了用三维有限元计算的水闸底板和闸墩分别在均匀温差作用下的温度应力约束系数；软基上水闸，底板的约束系数为零，闸墩的约束系数非零，它是由底板的制约而产生的。

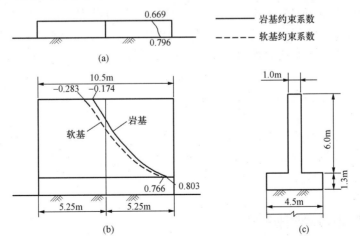

图 2　水闸的温度应力约束系数

（a）底板约束系数；（b）闸墩约束系数；（c）横剖面

控制裂缝的措施：①尽可能减小浇筑底板与闸墩的间歇时间，在底板尚未充分冷却前浇筑闸墩和坞墙，减小温差；②在闸墩和坞墙的下部埋设冷却水管，进行一期冷却，削减水化热温升，水管间距为 0.5～0.7m 左右；③尽可能缩小接缝间距，减小闸墩和坞墙的长度。

文献［5］建议部分墩墙与底板同时浇筑，这对于降低约束应力肯定是有效的，但施工较费事，在墩墙下部采用密集的冷却水管，施工上可能更方便一些，具体工程可进行对比分析后再选用。

# 4 岩基上的溢洪道、水闸和船坞

图 3 表示了岩基上的溢洪道和坝块，下面从温度应力的角度对这两种结构进行比较：①从温度场比较，混凝土坝经过接缝灌浆前的水管冷却，温度降至坝体稳定温度（$T_f$），以后

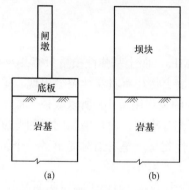

图 3　岩基上的溢洪道与坝块横剖面
(a) 溢洪道；(b) 坝块

坝体内部温度基本是恒定的，最低温度为 $T_f$；岩基上的溢洪道、闸墩和底板都是敞开的，冬季一般与冷空气接触，冬季遇到寒潮，闸墩和底板的温度都可以降至很低，远低于混凝土坝体的稳定温度场，从而形成较大的温差。②从约束条件分析，假定基岩与混凝土弹性模量相近，考虑顺水流方向的温度变形，坝体厚度与基岩相等，刚度相近（基岩略大）；溢洪道底板和闸墩都是薄板，断面面积远小于坝块，因而其纵向刚度远小于基岩，在单位温差作用下，溢洪道底板和闸墩受到的基岩约束作用远大于坝块。冬季遇到寒潮时产生的最低温度又低于坝体稳定温度，唯一有利之处是闸墩长度可能比坝块短一些。总的看来，在各种水工钢筋混凝土结构中，岩基上的溢洪道和船坞防裂难度最大。当然，在气候和地区，要防止裂缝还是可能的，但代价较大；在寒冷地区，要防止裂缝有较大难度。

假定岩基弹性模量与混凝土相同，用三维有限元计算了岩基上水闸的约束系数，见图 2。其中底板约束系数是未浇闸墩之前，在均匀温差作用下，受基岩制约而在底板内产生的应力系数；闸墩约束系数是闸墩内有均匀温度，受到底板与基岩的共同约束而在闸墩内产生的应力系数。

施工期和运用期温度应力，实用上可采用笔者提出的弹性地基梁法按弹性地基上 T 形梁计算，施工期应力需用增量法[1, 3]。

具体意见：①按限裂设计，配足钢筋，尤其是闸墩和坞墙要配足水平钢筋，以承受荷载、限制裂缝宽度并保证结构整体性；②尽可能在低温季节浇筑；③底板和闸墩施工时均应埋设冷却水管，降低混凝土最高温度。

# 5 土基内埋设的涵管隧洞

土基弹性模量很低，对结构温度变形的约束作用极小，施工过程中，先行浇筑的底板，因地基约束作用极小，一般板的厚度不大，内外温差引起的应力也不大，底板通常不会裂缝；

在浇筑立墙时，受到下部先浇并已冷却底板的约束，立墙有可能产生贯穿裂缝。顶板浇筑时，受到先浇墙体的约束，也可能产生贯穿性裂缝。解决的办法，在立墙内埋设水管，早期通冷水，降低混凝土最高温度。后期，在浇筑顶板之前，通热水（表面要保温）增高内部温度，减小与顶板的温差，顶板最好与立墙同时浇筑。此外，应尽可能减小每段涵管的长度。

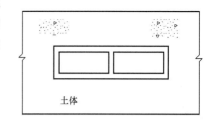

图 4　土基内埋设的涵管

竣工后，因埋在土体内，与外界气温隔断，外表面温度较稳定，内部水温和气温有一定变化，但变幅小于外界气温，由于充水，内部湿润，一些较细裂缝还可能闭合，在各种水工钢筋混凝土结构中，土基内埋藏的涵管隧洞是最有利于防裂的。

# 6　岩基内隧洞

岩基弹性模量大，隧洞衬砌一般较薄，因此，岩基的约束作用较大，岩基内隧洞经常可看到裂缝。岩基内圆形隧洞运行期温度应力可采用笔者在文献［1］提出的方法进行计算。下面给出施工期隧洞衬砌温度应力计算方法。假定衬砌整体浇筑，可按轴对称问题处理，用单向差分计算温度场，用增量法计算应力，第 $j$ 时段的切向应力增量为

$$\Delta\sigma_{\theta j} = \frac{E_i\alpha}{1-\mu}[(1-g_j)\Delta T_{mj} - \Delta T_j(r)] \qquad (13)$$

$$g_j = \frac{1}{1+\dfrac{(1+\mu_f)E_j h}{E_f r_0}} \qquad (14)$$

式中：$E_j$ 为第 $j$ 时段混凝土弹性模量；$\Delta T_{mj}$ 为第 $j$ 时段衬砌平均温度增量；$\Delta T_j(r)$ 为半径（$r$）处温度增量；$g_j$ 为考虑基岩约束作用的系数；$r_0$ 为衬砌外半径；$h$ 为衬砌厚度；$E_f$ 为基岩弹性模量；$\mu_f$ 为基岩泊松比。由式（14）可知，若 $E_f \to \infty$，则 $g=1.0$，代表完全约束。如 $E_j=E_f$，$h=0.50\text{m}$，$r_0=4.0\text{m}$，$\mu_f=0.25$，则 $g=0.864$，可知通常岩基的约束作用是比较大的。

累积后，得到时间（$t$）的切向应力如下

$$\sigma_0(t) = \Sigma\Delta\sigma_{\theta j}K(t,\tau_j) \qquad (15)$$

式中：$K(t,\tau_j)$ 为应力松弛系数，见文献［1］。

如果衬砌按底板、边墙、顶板顺序分片浇筑，可把衬砌摊平，近似地按笔者提出的弹性地基梁计算。

在运行期中，衬砌与外界气温已隔绝，洞内温度变幅较小，又较潮湿，只要适当控制裂缝开度，裂缝危害性一般不太严重。

# 7　渡槽

渡槽通常采用简支梁式结构，对运行期温度变形不存在外部约束，施工方法，有的搭脚

手架现浇，有的预制后再吊装，无论何种方式，施工期受到的外部约束也可以忽略不计。因此，渡槽的温度应力主要是自生应力，可用第 2 节方法进行计算。

施工期的问题，主要是边墙受到先行浇筑并已冷却的底板的约束而产生拉应力。解决的办法，可以在边墙（主要是下部）内埋设冷却水管进行一期冷却，尽量不用泵送混凝土，以减少水泥用量；尽量缩短底板与边墙的间歇时间，以减小温差。

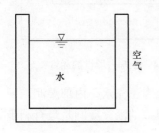

图 5　渡槽剖面

运行期的温度应力决定于温度场边界条件，气温、水温的变化及日照影响都需要考虑。在此，笔者特别强调一个控制工况：如图 5，冬季槽内有水，槽外遭遇特别低温，槽内的水是从上游流来的，即使气温在零度以下，水温仍在零度以上，外面气温可能达到 $-30 \sim -40℃$，甚至更低，这一温差可引起很大拉应力。解决办法，外边（底面和侧面）用外部涂有保护层的聚苯乙烯泡沫板进行永久保温[7]，寒冷地区渡槽顶部应加盖封闭。

渡槽外表面温度可估算如下

$$T_s = T_m - T_1 - T_2 \tag{16}$$

式中：$T_s$ 为混凝土表面温度；$T_m$ 为年平均气温；$T_1$ 为气温年变化引起的表面温度变化；$T_2$ 为寒潮引起的表面温度变化，计算如下

$$T_1 = A_1(1 + 2u + 2u^2)^{-0.50}, u = \frac{\lambda}{\beta}\sqrt{\frac{\pi}{aP}} \tag{17}$$

$$T_2 = A_2(1 + 1.85u + 1.12u^2)^{-0.50}, u = \frac{\lambda}{2\beta}\sqrt{\frac{\pi}{aQ}} \tag{18}$$

$$\beta = \left(\frac{1}{\beta_0} + \frac{h}{\lambda_s}\right)^{-1} \tag{19}$$

式中：$A_1$ 为气温年变幅；$A_2$ 为寒潮温度降幅；$P$ 为年周期；$Q$ 为寒潮降温历时；$h$ 为保温板厚度；$\lambda_s$ 为保温板导热系数；$\beta_0$ 为固体在大气中放热系数。

外表面温度应力可按平截面假设计算，如式（8）。也可按下式估算

$$\sigma = \frac{\rho_1 R_1 E\alpha(T_内 - T_m + T_1)}{1 - \mu} + \frac{\rho_2 R_2 E\alpha T_2}{1 - \mu} \tag{20}$$

式中：$\rho_1$ 为年温变化松弛系数；$R_1$ 为年温变化约束系数；$\rho_2$ 为寒潮松弛系数；$R_2$ 为寒潮约束系数；$T_内$ 为槽内水温。

**【算例】** 年平均温度 $T_m = 10℃$，年气温变幅 $A_1 = 16℃$，寒潮历时 5d，寒潮温降 20℃，$\rho_1 = 0.65$，$R_1 = 0.50$，$\rho_2 = 0.90$，$R_2 = 0.80$。

计算结果，无保温时，表面拉应力 6.17MPa；用 3cm 苯板保温后，拉应力降至 1.66MPa，可见保温效果显著。

# 8　结束语

（1）钢筋承受设计应力时，混凝土必然开裂，除了预应力钢筋混凝土外，一般的钢筋混凝土结构出现裂缝是正常现象。水工结构与水接触，多为露天运用，裂缝对结构耐久性影响

较大，应尽量限制裂缝宽度，特别要重视防止穿透性裂缝。

（2）实践经验表明，温度应力对裂缝的形成和发展有重要影响，目前水工钢筋混凝土结构设计中对温度应力的计算非常粗略，不能反映真实状态。重要的水工钢筋混凝土结构，建议采用本文提出的方法计算施工期和运用期的温度应力，以便采取必要的温控措施，减小裂缝宽度，并防止穿透性裂缝。

（3）软基上水闸和船坞，重点在防止闸墩和坞墙产生穿透性裂缝，必要时可在闸墩和坞墙下部埋设冷却水管。

（4）岩基上的溢洪道和船坞，因受到岩基约束，要防止裂缝，难度较大。一般按限裂计算，配足钢筋，计算中充分考虑温度作用，尽量安排在低温季节浇筑，并埋设冷却水管。

（5）土基内埋设的涵管隧洞，重点在解决施工期中先浇混凝土对后浇混凝土的约束，必要时可在后浇混凝土中埋设冷却水管。

（6）岩基内隧洞，受到岩基较强约束，温度应力较大，可按本文提出的方法进行计算，采取必要控制措施。

（7）渡槽施工期可在边墙内埋冷却水管，控制边墙温度应力。运行期槽内为水，外面为低温空气，可产生较大温度应力；外表面最好采用涂有保护层的聚苯乙烯长期保温板，寒冷地区，顶部应加盖封闭。

## 参 考 文 献

[1] 朱伯芳. 大体积混凝土温度应力与温度控制 [M]. 北京：中国电力出版社，2003.

[2] 朱伯芳. 软基上船坞与水闸的温度应力 [J]. 水利水运科技情报，1975，（2）. 又见水利学报，1980，（6）.

[3] 朱伯芳. 基础梁的温度应力 [J]. 力学，1977，（3）.

[4] 朱伯芳. 有限单元法原理与应用. 第二版 [M]. 北京：中国水利水电出版社，1998.

[5] 朱岳明，杨接平，吴健，闪黎. 淮河入海水道新建水闸混凝土温控防裂研究 [J]. 红水河，2005，（2）.

[6] 丁兵勇，朱岳明. 墩墙混凝土结构温控防裂研究 [J]. 三峡大学学报（自然科学报），2007，（10）.

[7] 朱伯芳，买淑芳. 混凝土坝的复合式永久保温防渗板 [J]. 水利水电技术，2006，（4）.

# 水闸温度应力[1]

**摘　要**：用三维有限元对水闸温度应力进行了系统的分析，包括施工期水化热引起的应力，气温年变化引起的应力及寒潮引起的应力，这三种温度应力单独作用都不会引起混凝土裂缝，但组合应力可能引起裂缝。文中进一步研究了防止裂缝的技术措施，计算结果表明，采取笔者建议的施工期表面加温方法，就可使裂缝概率显著减小。

**关键词**：温度应力；水闸

# Thermal Stresses in Sluices

**Abstract:** Thermal stresses in sluices are analysed systematically by 3D FEM, including the stresses due to heat hydration in construction period, the stresses due annual variation of air temperature; and the stresses due to cold wave. Each one of them will not induce cracking alone, but the comprehensive action of them will induce cracking in sluices. A measure to prevent cracking is proposed.

**Key words:** thermal stress, sluice

## 1　前言

水闸通常建造在软地基上，地基约束作用很小，实践经验表明，底板很少发生贯穿性裂缝，但闸墩上往往有贯穿性裂缝。笔者在文献［1］中首次对水闸和船坞的温度应力进行了研究，提出了一个级数解法和一个简化解法——T 形梁法。本文用三维有限元对水闸温度应力进行较系统的分析，包括施工期水化热引起的应力，气温年变化引起的应力，寒潮引起的应力，以及组合应力。

## 2　施工期水化热引起的应力

水闸尺寸见图 1，闸墩长×高×厚=10.5m×6.0m×1.0m，底板长×宽×厚=10.5m×9.0m×1.30m，由于对称，取 1/4 计算。

混凝土导温系数 $a = 0.10\text{m}^2/\text{d}$ ，绝热温升 $\theta(\tau) = 30\tau/(1.70+\tau)$℃ ，弹性模量 $E(\tau) = 35000\tau/(3.30+\tau)$MPa，泊松比 $\mu = 0.167$ ，徐变度 $C(t,\tau) = 6.50\times10^{-6}(1+9.20\tau^{-0.45})[1-\text{e}^{-0.30(t-\tau)}]+14.8\times10^{-6}(1+1.70\tau^{-0.45})[1-\text{e}^{-0.0050(t-\tau)}](1/\text{MPa})$ ，暴露表面 $\beta = 70\text{kJ}/(\text{m}^2 \cdot \text{h} \cdot ℃)$ ，带 1cm 木模板表面 $\beta = 38\text{kJ}/(\text{m}^2 \cdot \text{h} \cdot ℃)$ ，土基无水化热，无徐变，弹性模量 $E_f = 50\text{MPa}$ ， $\mu = 0.25$ 。

施工期间，取气温 $T_a = 0$℃ ，混凝土初温 $T_0 = 0$℃ ， $\theta(\tau)=30\tau/(1.7+\tau)$ ，先浇筑底板，间歇 14d 后再浇筑闸墩，计算结果见图 2～图 4。由图可见：①底板浇筑以后，内部温度迅速上

---

❶　原载《水利水电技术》2009 年第 1 期，由笔者与吴龙珅，李玥，张国新联名发表。

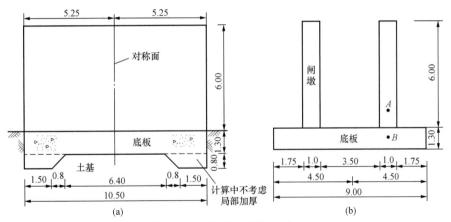

图 1　水闸尺寸（单位：m）

（a）纵剖面；（b）横剖面

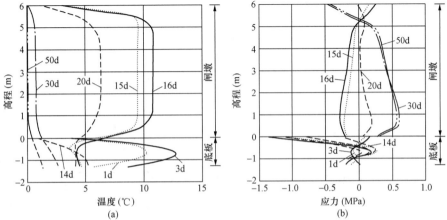

图 2　水闸顺河向施工期水化热引起的温度与应力

（a）中面中线温度分布；（b）中面中线 $\sigma_x$ 分布

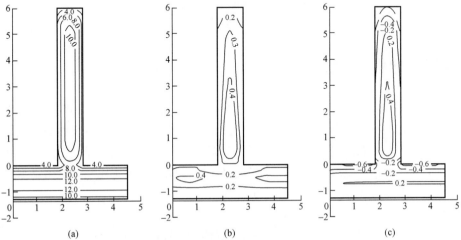

图 3　水闸横河向中面（对称面）施工期水化热引起的温度与应力

（a）温度包络图；（b）应力 $\sigma_x$ 包络图；（c）最终应力 $\sigma_x$ 等值线

升，最高达到 12.77℃，其后由于天然冷却而逐渐降温，到 $t=14d$ 时，内部温度只有 4.54℃。由于地基弹性模量很低，对底板变形基本没有约束作用，降温后只是由于内外温差而产生一些较小的应力。②闸墩浇筑后，由于水化热而升温，最高达 10.74℃，其后迅速降温，由于受到底板的约束，闸墩内部产生较大温度应力，最大拉应力达 0.53MPa，闸墩表面主要为压应力，底板内部主要为压应力。③总的来说，本算例因闸墩厚度只有 1.0m，水化热温升引起的拉应力不大。

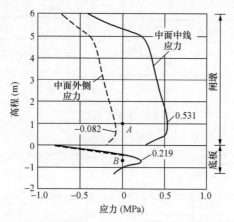

图 4　水化热引起的水闸中面中线及侧面最终水平应力 $\sigma_x$

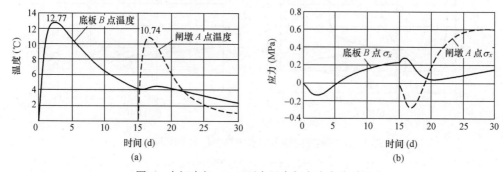

图 5　水闸内部 $A$、$B$ 两点温度与应力变化过程

（a）温度变化过程；（b）应力变化过程

## 3　气温年变化引起的应力

水闸尺寸单薄，内部温度受气温年变化的影响较大，由于边界条件不同，闸墩与底板温度变化的差别较大，闸墩较薄，两面暴露，内部温度近乎均匀，底板上表面与空气接触，下面与土基接触，上表面温度随着气温变化，内部温度变幅则随着气温而变化，且随着深度的增加而减小。土基对水闸温度变形的约束作用极小，因此，在年变化气温作用下水闸温度应力实际上是一 T 形梁在不均匀温度作用下的自生应力。

混凝土初温 $T_0=0℃$，气温变化如下

$$T_a = A_1 \sin\left[\frac{2\pi(\tau-\tau_0)}{P}\right] \quad (1)$$

式中：$A_1$ 为气温年变幅；$P=1$ 年，为温度变化周期；$\tau_0$ 为气温为零的时间，$\tau_0=3.5$ 月。

现取年变幅 $A_1$=15℃，计算得到冬季气温最低时水闸的温度和应力如图6，闸墩内温度近于均匀，底板上表面温度−14.2℃，底板下表面温度−8.9℃，温差 5.3℃，沿厚度方向近于线性变化。对于闸墩来说，底板温差的作用相当于一弯矩，另外，底板平均温度高于闸墩平均温度，这一平均温度之差，在闸墩内除了引起一拉应力外，也要引起一弯矩，因此闸墩下部受拉，而上部受压，最大拉应力，外表面为 0.515MPa，中线为 0.465MPa。

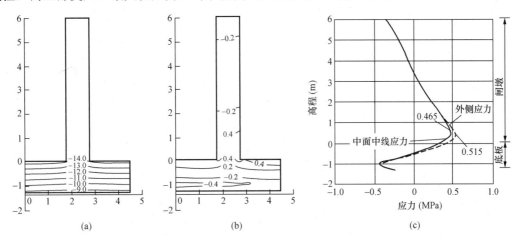

图6  气温年变化在水闸引起的温度与应力（1月中旬，横河向中面）

（a）温度等值线；（b）水平应力 $\sigma_x$ 等值线；（c）中面中线及侧面应力 $\sigma_x$

## 4  寒潮引起的应力

设在龄期 $\tau_1$，遇到寒潮，寒潮期间气温表示如下

$$T_a = -A_2 \sin\left[\frac{\pi(\tau-\tau_1)}{2Q}\right], \tau \geq \tau_1 \tag{2}$$

式中：$Q$ 为寒潮降温历时，多为 3～6d，d；$A_2$ 为寒潮期间气温降幅，多为 7～18℃。

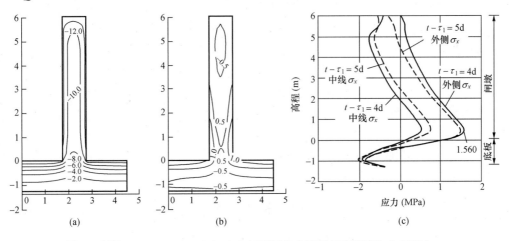

图7  寒潮（$Q$=5d，$A_2$=15℃）在水闸横河向中面引起的温度与水平应力 $\sigma_x$

（a）$t-\tau_1$=4d 时温度等值线；（b）$t-\tau_1$=4d 时应力 $\sigma_x$ 等值线；（c）中面外侧及中线应力 $\sigma_x$

现取 $\tau_1 = 360d$，$Q=5d$，$A_2 =15\,℃$，计算结果见图 7，在年变化温度场中，水闸很薄，内部温度下降很多，内外温差小；在寒潮中，由于温度变化时间很短，内部温度下降得少，内外温差大，内部对外部的约束作用大，因此寒潮在闸墩表面引起的拉应力达到 1.56MPa，大于气温年变化引起的最大拉应力 0.515MPa。

## 5 组合应力

实际应力是水化热、年变化和寒潮三种温度应力的组合，图 8 表示了水闸横河中面中线及侧面的组合应力。①水化热+年变化气温，侧面最大拉应力 0.43MPa，中线最大拉应力 0.97MPa。②水化热+年变化气温+寒潮，侧面最大拉应力 1.99MPa，中线最大拉应力 1.49MPa。③水化热+年变化气温+寒潮+底板（14～16d）表面吹热风加温，侧面最大拉应力 1.85MPa，中线最大拉应力 1.18MPa。

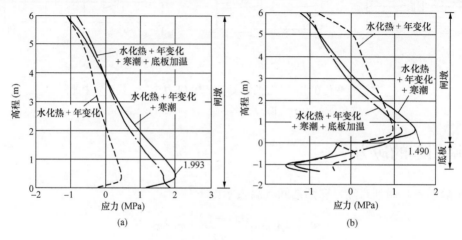

图 8　闸墩横河向中面中线及侧面的组合温度应力

（a）中面侧面组合应力；（b）中面中线组合应力

## 6 结束语

（1）对于本文计算的水闸，由于比较单薄，水化热加气温年变化还不至于引起裂缝，但如冬季再遇到大寒潮，就可能出现裂缝。由于水闸要过水，运行期表面保温层难以长期保留。

（2）施工期间，在底板表面吹热风加温或埋水管通热水加温，可降低拉应力，使裂缝几率减小。具体工程中，加温方案还可以优化。

参 考 文 献

[1] 朱伯芳. 软基础上船坞与水闸的温度应力 [J]. 水利水运科技情报，l975（2）. 又见水利学报，1980（6）：23-33.

［2］朱伯芳. 大体积混凝土温度应力与温度控制［M］. 北京：中国电力出版社，1999.

［3］朱伯芳，吴龙坤，李玥，张国新. 加热下部混凝土以防止混凝土结构裂缝的探索［J］. 水利水电技术，2008，（12）.

［4］张国新. 大体积混凝土结构施工期温度场、温度应力分析程序包 Saptis 编制说明及用户手册［D］. 中国水利水电科学研究院，1994—2008.

# 混凝土坝高块浇筑质疑[1]

**摘　要**：在没有水管冷却、预冷骨料等冷却措施的条件下进行高块浇筑，不能利用层面散热，对于混凝土坝防止裂缝是不利的。

**关键词**：混凝土坝；高块浇筑；裂缝可能性

# On High Block Construction of Mass Concrete

**Abstract:** High block construction of mass concrete without pipe cooling and precooling is unfaveourable for prevention of crack because no heat can be dissipatted through the lift surfaces.

**Key words:** concrete dam, high block construction, possibility of cracking

《水力发电》1956 年第 6 期发表了《上犹水电站水工结构物中大体积混凝土浇制的初步经验介绍》一文，对于浇制大体积高块混凝土的条件、措施及其优点，作了全面的介绍，并且把它作为发展方向而介绍出来，兹就大体积混凝土的散热问题提出一些意见，以就正于读者。

数十年来控制温度消灭裂缝一直是建筑混凝土坝的重大技术问题，温度变化所引起的裂缝主要可分为两类：

（1）表面裂缝。混凝土硬化初期，内部温度不断上升，因此，在中央部分形成压应力，在表面部分形成拉应力，由于初期混凝土具有较大塑性，这些应力是不大的，一般不致引起裂缝，但在建筑缝处理不善，气温骤降及养护不善等情况下，往往会导致表面裂缝，这种裂缝在任何方向均可发生，一般多在工作缝及断面突变处。

（2）基础约束所引起的裂缝。混凝土硬化初期，温度急剧上升，此时因具有较大塑性，虽受基础限制，只引起较低的压应力，而日后温度降低时，混凝土已充分硬化，体积的收缩受到基础约束，除抵消以前的些微压应力外，还会引起颇大的拉应力，以致产生裂缝，其方向与基础面正交，且往往贯穿整个断面，不限于表面，这种裂缝对坝体安全构成一定的威胁，但由于应力集中，表面裂缝往往是后者诱因。

基础约束应力（$\sigma$）可用下式计算

$$\sigma = RE\alpha(T_p + T_r - T_f) \leqslant f_t / K \tag{1}$$

式中：$\alpha$ 为膨胀系数；$T_p$ 为混凝土浇筑温度；$T_r$ 为因水泥水化热而产生的温度上升；$T_f$ 为坝内最终稳定温度；$f_t$ 为混凝土极限抗拉强度；$K$ 为安全系数；$E$ 为混凝土弹性模量，考虑徐变，可取试验数值的 50%；$R$ 为基础约束系数。

稳定温度（$T_f$）取决于当地气候条件，在无冷却措施时由于日照影响，浇筑温度（$T_p$）

---

[1]　原载《水力发电》1956 年第 12 期，原题为《上犹水电站水工结构物中大体积混凝土浇制的初步经验介绍读后》。

略高于日平均气温，水化热温升（$T_r$）主要受浇筑层厚度及间歇时间影响，笔者曾求得一个理论解。设混凝土绝热温升为

$$\theta(\tau) = \theta_0(1 - e^{-m\tau}) \tag{2}$$

如浇筑层厚度为 $L$，热传导方程为

$$\frac{\partial T}{\partial \tau} = a\frac{\partial^2 T}{\partial x^2} + \frac{\partial \theta}{\partial \tau} \tag{3}$$

边值条件

$$\left.\begin{array}{lll} \tau = 0 & T = 0 \\ \tau > 0, x = 0 & T = 0 \\ \tau > 0, x = L & \dfrac{\partial T}{\partial x} = 0 \end{array}\right\} \tag{4}$$

笔者用拉普拉斯变换方法求得上式的解答如下：

$$
\begin{aligned}
T(x,\tau) = {} & \theta_0\left[\frac{\cos(L-x)\sqrt{m/a}}{\cos L\sqrt{m/a}} - 1\right]e^{-m\tau} \\
& - \frac{4m\theta_0}{\pi}\sum_{n=1,3,5,\cdots}\frac{\sin(n\pi x/2L)}{n\left(\dfrac{an^2\pi^2}{4L^2} - m\right)}\exp\left(-\frac{an^2\pi^2\tau}{4L^2}\right)
\end{aligned} \tag{5}
$$

平均温度为

$$
\begin{aligned}
T_m = {} & \theta_0\left[\frac{\sin L\sqrt{m/a}}{L\sqrt{m/a}\cos L\sqrt{m/a}} - 1\right]e^{-m\tau} \\
& - \frac{8m\theta_0}{\pi}\sum_{n=1,3,5,\cdots}\frac{1}{n^2\left(\dfrac{an^2\pi^2}{4L^2} - m\right)}\exp\left(-\frac{an^2\pi^2\tau}{4L^2}\right)
\end{aligned} \tag{6}
$$

取 $m = 0.384$（1/d），计算结果见图1。

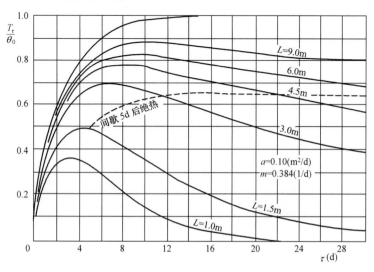

图1 混凝土平均水化热温升

原文认为在气温 4～25℃条件下，每次可浇高 6～10m，并认为继续增加浇筑量是"发展方向"。现在我们来讨论一下：

从图 1 可见，浇筑层厚度 6～10m，自然散热很少，在没有采取特殊措施的条件下，$T_p$ 接近于气温，据此从原文图 1 查得 $T_r \approx 30℃$。

当 $T_p=4℃$ 时 $T_p + T_r - T_f = 4+30-13=21℃$

当 $T_p=25℃$ 时 $T_p + T_r - T_f = 25+30-13=42℃$

可见该坝温差较大，可能发生裂缝，原文称"经过三两个月观察，结果情况良好，没有发生裂缝，证明了大体积浇制在技术上是可能的"。这个结论未免下得太早，从图 1 可以看出，当坝的厚度 $2L=2×9=18m$ 以上时，温度的降低是很慢的，2 个月仅是温度降低的开始，根据笔者计算，当气温不变（气温变化时也可计算，但稍复杂），为了散去 90% 的热量，所需要的时间如下：

坝厚 20m，一向散热，需 33.2 月；

坝厚 10m，一向散热，需 8.3 月；

20m×10m，两向散热，需 6.0 月。

由此可见，即使由于坝内厂房，内部挖空，其散热过程也决非两个月所能完成，很难保证该坝今后不将陆续出现裂缝，说明这不是"发展方向"。

应该指出，在使用低热水泥及采取强力预冷或水管冷却有效措施以保证不发生裂缝的条件下，加大浇筑高度是非常有利的，像上述那样的情况，如果事先经过一定的计算，就须采取下列措施：一种是降低浇筑速度充分利用层面散热；另一种是采取强力预冷等办法，两者必取其一。当然有时由于坝的高度不大，客观条件限制太严，不得已而"蛮干"也是情有可原的，但这种情况便不能当作先进经验和"发展方向"而加以推广。

# 混凝土坝施工中相邻坝块高差的合理控制[❶]

**摘　要**：混凝土坝施工中相邻坝块高差的控制，以前完全凭经验决定。本文提出了两个控制准则及相应的计算方法，使这个问题得到了比较妥善的解决。

**关键词**：相邻坝块；高差；合理控制；计算方法

# On the Control of the Difference of Height between Adjacent Blocks in the Construction of High Concrete Dams

**Abstract:** The control of the difference of height between adjacent blocks in the construction of high concrete dams is determined by experience formerly. Two design criterions and the corresponding methods of calculation are proposed in this paper.

**Key words:** adjacent blocks, height difference, control, computing method

## 一、问题的提出

在混凝土坝施工过程中，先浇坝块暴露时间较长、散热较久、温度较低，而后浇坝块温度较高，在两块之间形成了温差，从而引起不同的变形，在结构上可能带来一些不利影响。一般地说，有以下两方面的问题：①纵缝键槽被挤压，影响纵缝灌浆质量，严重的也许可能引起键槽的局部损坏，过大的剪切变形对于横缝内的止水设备也是不利的；②先浇坝块长期暴露在大气中，遭受气温陡降的影响，易于产生表面裂缝。因此施工中一般均限制相邻坝块的高差，使各坝块尽量均匀上升。目前工程上采用的允许高差见表1。

**表1**　　　　　　　　　　　　各国工程上允许或实际高差

| 单　位 | 允许或实际高差 |
|---|---|
| 美国垦务局 | （1）层厚 1.5m 时，允许高差≤7.5m；<br>（2）层厚 2.3m 时，允许高差≤9.2m |
| 美国军部工程师团 | 允许高差为浇筑层厚度的 3 倍，即 4.6～6.9m |
| 底屈洛坝（美国） | 允许高差7.6m，实际最大 12.2m，但有保温层 |
| 海瓦西坝（美国） | 早期较大，后期为 4.6～6.1m |
| 诺里斯坝（美国） | 可能条件下不超过 3 层，即 4.6m |

---

❶　原载《水利学报》1962 年第 5 期，由作者与王同生联名发表。

续表

| 单　　位 | 允许或实际高差 |
|---|---|
| 巴克拉坝（印度） | （1）顺水流方向允许高差 5.5m；<br>（2）坝轴方向允许高差 11.0m |
| 瑞罕坝（印度） | 允许高差 6.1m |
| 三门峡坝 | 允许高差 6～9m |
| 上椎叶拱坝（日本） | 实际高差最大 14m |
| 开普德朗拱坝（法国） | 允许高差 10m |

　　加强对混凝土的养护和保温，表面裂缝是可以防止的。但是如果接缝不能顺利灌浆，则会影响到坝的整体性，危害较大。因此，纵缝是否有足够的张开度以保证顺利灌浆，乃是高差控制问题的关键所在。这个问题不仅与施工过程中的温度变化有关，而且也与混凝土的许多基本性能有关，比较复杂。我们通过对一些实测资料的分析，提出了两个判断准则及计算方法，供有关方面参考和指正。

# 二、第一种临界高差

　　第一种临界高差是保证接缝顺利灌浆的高差。一般要求灌浆时接缝具有 0.50mm 以上的张开度。因高差引起的变形问题一般在离开基础一定高度后才有实际意义，故计算接缝张开度可忽略基础约束的影响。如图1，设两坝块之间有高差 $H$，第一块各区段的平均温度为 $T_1$ 及 $T_1'$，灌浆前必须达到的稳定温度为 $G_1$ 及 $G_1'$，混凝土自生体积变形为 $V_1$ 及 $V_1'$。第二块各区段的温度为 $T_2$、$T_2'$ 及 $T_2''$，稳定温度为 $G_2$、$G_2'$ 及 $G_2''$，自生体积变形为 $V_2$、$V_2'$ 及 $V_2''$。又设灌浆时两坝块的自重应力为 $\sigma_1$ 及 $\sigma_2$，两坝块的长度分别为 $l_1$ 和 $l_2$，则接缝的水平变形为[❶]

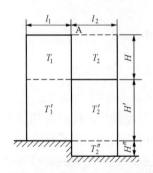

图 1　第一种临界高差计算简图

$$\Delta x = \frac{k_1 \alpha l_1}{2}(T_1 - G_1 - V_1 - W_1) + \frac{k_2 \alpha l_2}{2}(T_2 - G_2 - V_2 - W_2) \quad (1)$$

式中：$k_1$，$k_2$ 为考虑同一坝块上下层约束作用的系数，一般情况下，灌浆时灌浆层的上层及下层混凝土也已冷却，可取 $k_1=k_2=1.0$。

　　接缝的铅直变形是自基岩向上逐层累积的，在 A 点达到最大值

$$\Delta y = \alpha H(T_2 - G_2 - V_2 - T_1 + G_1 + V_1) +$$
$$\alpha H'(T_2' - G_2' - V_2' - T_1' + G_1' + V_1') + \alpha H''(T_2'' - G_2'' - V_2'') + u_1 + u_2 \quad (2)$$

式（1）、（2）中：$W_1 = \dfrac{\mu\sigma_1}{E\alpha}$，$W_2 = \dfrac{\mu\sigma_2}{E\alpha}$ 为自重横向变形（泊松比影响）的当量温度；$u_1$ 为自重变形；$u_2$ 为自重之差引起的地基变形 [可按伏格特（F. Vogt）公式近似地计算]；$\alpha$ 为混凝土膨胀系数；$E$ 为混凝土等效（考虑徐变）弹性模量。

　　由图 2，可见 $\Delta x$ 使接缝张开，$\Delta y$ 使 de 段张开而使 cd 段靠拢，因此高差使 de 段接缝张

---

　　❶　如坝块的温度为 $x$、$y$、$z$ 的函数，可引用广义的贝蒂—马克斯威尔互换定理计算接缝变形，参阅 В. М. Майзель 所著《弹性理论的温度问题》一书。

开度增加而 cd 段接缝张开度减小。为了保证接缝能顺利灌浆，cd 段张开度必须大于 $\delta_0$（按实践经验：$\delta_0=0.50$mm），即

$$\delta = \frac{\Delta x - m\Delta y}{\sqrt{1+m^2}} \geqslant \delta_0 \tag{3}$$

式中 $m$ 是 cd 段键槽坡度，如发生与图 1 相反的高差，则 $m$ 取 de 段坡度。由式（1）～式（3），得到

$$H \leqslant \frac{G}{F} \tag{4}$$

式中

$$F = m(T_2 - G_2 - V_2 - T_1 + G_1 + V_1) \tag{5}$$

$$G = \frac{l_1}{2}(T_1 - G_1 - V_1 - W_1) + \frac{l_2}{2}(T_2 - G_2 - V_2 - W_2) - \frac{\sqrt{1+m^2}}{\alpha}\delta_0$$
$$- mH'(T_2' - G_2' - V_2' - T_1' + G_1' + V_1') - mH''(T_2'' - G_2'' - V_2'') - \frac{u_1}{a} - \frac{u_2}{a} \tag{6}$$

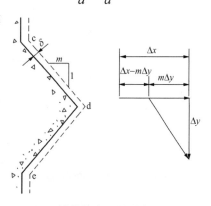

图 2 键槽坡度及接缝变形情况

在式（4）中取等号即得到临界高差，在临界高差以上接缝张开度小于 $\delta_0$；反之，在临界高差以下，接缝张开度大于 $\delta_0$。从式（4）可见临界高差与许多因素有关，主要的有以下几点：

（1）新老坝块之间混凝土温差 $T_2-T_1$ 及灌浆温度差 $G_1-G_2$ 越小越好，一般地说两块间歇时间越短，则 $T_2-T_1$ 越小，因而临界高差越大。反之，亦然。

（2）键槽坡度对临界高差影响很大，$m$ 越大对高差越不利。

（3）累积高度 $H'$ 及 $H''$，对临界高差有不利影响。

（4）纵缝间距越大，临界高差越大。

为了获得混凝土自生体积变形的数值，我们分析了我国某坝内几个应力计资料，成果如表 2。

表 2 　　　　　　　　　　　　　混凝土自生体积变形

| 仪器编号 | 自生体积变形 | | | |
|---|---|---|---|---|
| | 7d | 14d | 28d | 60d |
| E—014 | — | $4.1\times10^{-5}$ | $5.6\times10^{-5}$ | $5.8\times10^{-5}$ |
| E—015 | $3.6\times10^{-5}$ | $4.3\times10^{-5}$ | $4.6\times10^{-5}$ | $5.3\times10^{-5}$ |

由于自生体积变形及初期升温，接缝初期处于受压状态，待混凝土温度降低了 $\Delta T$ 以后，接缝才开始张开，如图 3。我们分析了某坝内几个测缝计资料，其由受压转变为受拉前混凝土的温降 $\Delta T$，见表 3。

表 3 　　　　　　　　　　测缝计开始受拉时混凝土的温降

| 仪器编号 | 温降 $\Delta T$（℃） |
|---|---|
| J—002 | 5.4 |
| J—008 | 4.5 |
| J—009 | 8.5 |

因此在计算接缝张开度时，应从混凝土最高温度减去 $V$，以综合考虑接缝早期受压及自生变形的影响。$V$ 与混凝土的性能有关，在我们分析的资料中，$V$ 约相当于 5.0℃温度上升。

## 三、第二种临界高差

第二种临界高差是坝块冷却过程中接缝键槽不被剪切的临界高差。这个问题是相当复杂的，下面进行一些简略的分析。假定冷却开始前接缝处于无应力状态，则冷却开始以后接缝的水平变形速度为（图4）

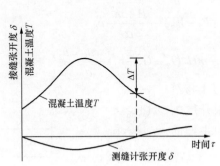

图 3　混凝土温度、接缝张开度过程线

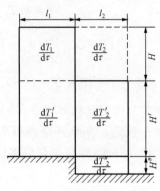

图 4　第二种临界高差计算简图

$$\frac{d(\Delta x)}{d\tau} = \frac{\alpha l_1}{2} \cdot \frac{dT_1}{d\tau} + \frac{\alpha l_2}{2} \cdot \frac{dT_2}{d\tau} \tag{7}$$

接缝的铅直变形速度为

$$\frac{d(\Delta y)}{d\tau} = \alpha H\left(\frac{dT_2}{d\tau} - \frac{dT_1}{d\tau}\right) + \alpha H'\left(\frac{dT_2'}{d\tau} - \frac{dT_1'}{d\tau}\right) + \alpha H''\frac{dT_2''}{d\tau} \tag{8}$$

式中：$\tau$ 为时间。

为了保证降温过程中键槽不被剪切，必须满足下列条件

$$\int_0^t \left[\frac{d(\Delta x)}{d\tau} - m\frac{d(\Delta y)}{d\tau}\right] d\tau \geqslant 0$$

为了便于计算高差，我们用下列更强的条件去代替上式

$$\frac{d(\Delta x)}{d\tau} - m\frac{d(\Delta y)}{d\tau} \geqslant 0 \tag{9}$$

从而得到第二种临界高差如下

$$H = \frac{\dfrac{l_1}{2}\dfrac{dT_1}{d\tau} + \dfrac{l_2}{2}\dfrac{dT_2}{d\tau} - mH'\left(\dfrac{dT_2'}{d\tau} - \dfrac{T_1'}{d\tau}\right) - mH''\dfrac{dT_2''}{d\tau}}{m\left(\dfrac{dT_2}{d\tau} - \dfrac{dT_1}{d\tau}\right)} \tag{10}$$

如新老坝块间歇时间不长，两块的降温速度十分接近，即 $\dfrac{dT_2}{d\tau} - \dfrac{dT_1}{d\tau} \approx 0$，则 $H \to \infty$。相反，如果老坝块浇筑已久，降温速度接近于零，则由式（10），$H = \dfrac{l_2}{2m}$。例如一般键槽坡度

$m=0.50$，则 $H=l_2$。

# 四、两个已建工程高差问题的调查研究

前面我们阐述了高差问题的性质，并从保证接缝顺利灌浆的条件出发提出了临界高差的概念及其计算方法，为了从实际资料中验证其可靠程度，对已建成的甲、乙两工程进行了调查研究，收集了实际发生的高差、温差、接缝张开度及接缝灌浆时耗灰量等资料，并进行了如下分析：

（1）接缝水平张开度计算与实测值比较——成果见表 4。可以看出实测的与计算的接缝张开度基本上是符合的。

表 4                     甲工程灌浆时接缝水平张开度

| 仪器编号 | 实测开度（mm） | 计算开度（mm） |
| --- | --- | --- |
| щ3301 | 3.00 | 2.70 |
| щ3302 | 2.16 | 1.80 |

（2）接缝耗灰量与温差及高差的关系——在分析资料时发现当高差一定时，温差越大耗灰量越小；而当温差一定时，高差越大耗灰量越小。这说明高差和温差是两个同时影响接缝灌浆的因素，因此我们绘制了耗灰量与高差和温差乘积的关系曲线，见图 5。可见高差和温差增大，则耗灰量减小。

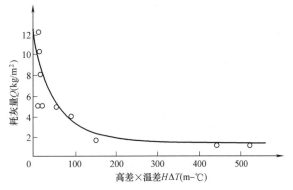

图 5　$H\Delta T$-$Q$ 关系曲线

（3）耗灰量与接缝张开度的关系——用本文所述方法计算了乙工程高差坝块接缝的张开度。耗灰量与计算张开度的关系见图 6。由图 6 可以看出：①计算张开度越大，耗灰量也越大；②计算张开度大于 0.50mm 时，所有接缝的耗灰量均大于 1.5kg/m²。

综上所述，可见本文所采用的计算方法已考虑了高差问题的主要因素，并且按接缝张开度不小于 0.5mm 来控制高差，接缝灌浆工作可以顺利进行。

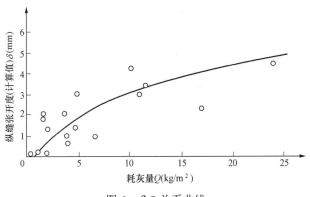

图 6　$\delta$-$Q$ 关系曲线

## 五、结束语

（1）相邻坝块过大的高差在结构上总是不利的，特别对浇筑间歇很长、温差很大的情况。一般情况下应尽量避免大高差，做到各坝块均匀上升。但实践经验说明要严格地均匀上升在施工上是不容易做到的。在这种情况下，一方面要加强先浇坝块的保温工作，防止裂缝；另一方面应将高差和温差控制在不影响接缝灌浆的范围以内。主要应按第一种临界高差控制，并留有余地（除以安全系数）。

（2）坝体灌浆温度对接缝能否顺利灌浆也有很大的影响。我国某宽缝重力坝因未做下游面板，上游面第一块灌浆温度为11℃，第二块突增至15℃；据核算，即使在没有高差的情况下，第一条纵缝大部分均不能张开，难以顺利灌浆。这个问题在设计上值得注意。

（3）目前纵缝出浆盒一般是埋在键槽 AB 边上。建议今后改埋在 CD 铅直边上，将有利于灌浆。坝块降温后铅直边总是张开的，如 AB 边压紧可向 BC 边灌浆，如 BC 边压紧，可向 DE 边灌浆，见图7。

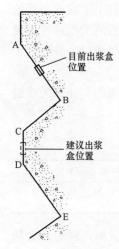

图7　建议出浆盒位置

# 数理统计理论在混凝土坝温差研究中的应用[❶]

　　**摘　要：** 混凝土坝产生裂缝的原因是十分复杂的。根据现场调查资料，在某些结构形式相同、温差相等的浇筑块中，有些产生了裂缝，而另外一些却没有裂缝；有些温差大的浇筑块没有裂缝，而另一些温差较小的浇筑块却出现了裂缝。看来混凝土的不均匀性是一个重要原因。本文试图应用数理统计理论进行分析，找出裂缝与温差、抗裂能力及混凝土不均匀性之间的关系。

　　**关键词：** 数理统计理论；温度控制；混凝土坝

# Application of the Theory of Mathematical Statistics to the Temperature Control of Concrete Dams

**Abstract:** It is well known that temperature difference is the principal cause of cracking of massive concrete blocks in concrete dams, but sometimes cracks appeared in some concrete blocks with low temperature difference while no crack appeared in some concrete blocks with high temperature difference. This fact shows that the nonhomogeneity of concrete is also a fact which influences the cracking of mass concrete. The theory of mathematical statistics is applied to find the relation among the probability of cracking, the temperature difference and the nonhomogeneity of concrete.

**Key words:** theory of mathematical statistics, temperature control, concrete dam

## 一、基本原理

　　首先我们分析下面的简单的例子。如图 1（a）所示的混凝土杆件，如果在 A 点的断面特别小，那么在外力 P 的作用下，必然先从 A 点断裂。图 1（b）示另一混凝土杆件，断面均匀，但在 B 处抗拉强度较低，若将杆拉长 $\Delta$，杆内应力大致为 $\sigma = \dfrac{E_m \Delta}{kl}$（式中：$l$ 为杆长度；$E_m$ 为加权平均的混凝土弹性模量；$k$ 为与徐变等有关的系数）。由于 B 点抗拉强度 $R_2$ 最小，当 $\sigma \geqslant R_2$ 时即断裂。因此强迫变形引起的应力，大体上与按长度加权平均的弹性模量成正比，而抗裂能力却决定于最薄弱处的抗拉强度。可以设想两根尺寸相同、平均弹性模量相等的杆件，在受到强迫变形后，具有薄弱断面的杆件必先断裂。

　　当混凝土浇筑块内的温度应力超过了它的抗拉强度时，即出现裂缝，可用下式表示

---

❶　原载《水利水电技术》1963 年第 1 期。

$$\sigma = \frac{E_m \alpha T}{k} \geqslant R \qquad (1)$$

式中：$E_m$ 为混凝土的平均弹性模量；$\alpha$ 为混凝土的线膨胀系数；$T$ 为温差；$R$ 为抗拉强度；$k$ 为常数，取决于约束条件、蠕变及塑性变形等。

今将式（1）改写成如下形式

$$T \geqslant k\frac{R}{E_m \alpha} = kS \qquad (2)$$

式中：$S = \frac{R}{E_m \alpha}$ 代表混凝土的抗裂能力，兹命名为"抗裂度"，其单位为℃，它的物理意义是

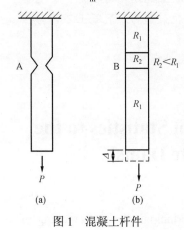

图1　混凝土杆件

在完全没有蠕变及塑性变形并受到绝对约束时，混凝土所能抵抗的温差；$k$ 是大于 1 的常数。

令

$$q = ks - T \qquad (3)$$

当 $q \leqslant 0$ 时，$ks \leqslant T$，将出现裂缝；反之，当 $q > 0$ 时不会出现裂缝。

混凝土的抗裂度是在大范围内变化的，原材料不均匀、配料不准确、运输过程中的分离、平仓不好及振捣不密实等都是引起抗裂度波动的原因。一般工地目前缺乏抗拉强度的检验资料，但我们从抗压强度的波动中可间接地看出抗拉强度的波动情况。表1是某工地1961年3月100号混凝土强度变化情况。由表1可看出最大与最小强度相差达五倍，非常不均匀。

表1　　　　　某工程 1961 年 3 月 100 号混凝土强度变化（0.1MPa）

| 龄剪　　强度 | 最大强度 | 最小强度 | 平均强度 |
|---|---|---|---|
| 7d | 48 | 8.8 | 22.7 |
| 28d | 156 | 34.4 | 66.4 |

如果进行了大量的抗裂度或强度试验，以抗裂度为横坐标，每种抗裂度出现的次数为纵坐标，可得图 2 所示曲线。这种曲线在统计理论中被称为概率密度曲线。概率密度曲线的特征取决于均值、均方差及离差系数等统计参数。

设共有 $n$ 个试件，其抗裂度（或强度）分别为 $x_i$, $i=1, 2, \cdots, n$，则

均值

$$\bar{x} = (\Sigma x_i)/n \qquad (4)$$

均方差

$$\sigma = \sqrt{[\Sigma(x_i - \bar{x})^2]/(n-1)} \qquad (5)$$

离差系数

$$G_C = \sigma/\bar{x} \qquad (6)$$

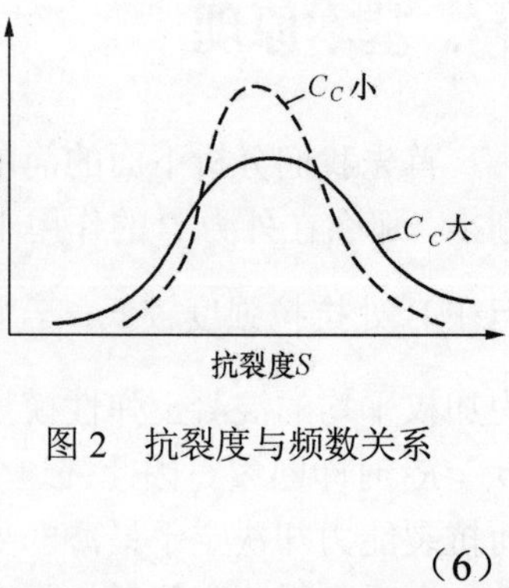

图2　抗裂度与频数关系

离差系数 $C_C$ 反映强度的均匀程度，$C_C$ 值小，说明混凝土强度比较均匀；$C_C$ 值大，则说明混凝土强度不均匀。因此 $C_C$ 值代表着混凝土施工控制的水平。美国《工地混凝土试验结果评定草案》中根据混凝土抗压强度的离差系数评定混凝土施工控制质量的标准如表2所列。

| 施工质量 | 优 | 良 | 中 | 劣 |
|---|---|---|---|---|
| 离差系数 $C_C$ | 0.10 以下 | 0.10～0.15 | 0.15～0.20 | 0.20 以上 |

**表 2**               美国混凝土施工控制标准

混凝土的温差受到水泥用量、入仓温度、寒潮变化及暴露时间等因素的影响，也有相当大的波动，有的浇筑块温差大些，有的浇筑块温差小些。虽然人工的温度控制措施可以使平均温差及温差变动幅度有所减小，但是由于某些人力控制所不及的因素的作用，温差仍将在一定范围内变动。和强度一样，温差也是随机变数。

我们回到式（3），当 $q \leq 0$ 时出现裂缝。说明一个浇筑块，如果温差大而抗裂度小便要出现裂缝；反之，温差虽大，如果抗裂度也大，却不一定出现裂缝。因温差 $T$ 和抗裂度 $S$ 是随机变量，从概率理论可知 $q$ 也是随机变量，其均值、均方差及离差系数分别为

$$\left.\begin{aligned} \overline{q} &= k\overline{S} - \overline{T} \\ \sigma_q &= \sqrt{k^2\sigma_S^2 + \sigma_T^2} \\ C_{Vq} &= \sigma_q / \overline{q} \end{aligned}\right\} \tag{7}$$

由上述统计参数可算出几率密度 $f(q)$，再按 $q \leq 0$ 时出现裂缝这一条件可算出裂缝频率如下

$$p = \int_{-\infty}^{0} f(q)\mathrm{d}q \tag{8}$$

根据概率分布的不同形式，$P$ 值计算如下：

1. 正态分布（见图 3）

$$p = \frac{1}{\sqrt{2\pi}\sigma_q} \int_{-\infty}^{0} \mathrm{e}^{-\frac{(q-\overline{q})^2}{2\sigma_q^2}} \mathrm{d}q \tag{9}$$

令 $t = \dfrac{q-\overline{q}}{\sigma_q}$，当 $q = -\infty$ 时 $t = -\infty$，$q = 0$ 时 $t = -\overline{q}/\sigma_q$，并由正态曲线的对称性得到

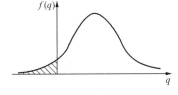

图 3    正态分布 $q$

$$p = \frac{1}{\sqrt{2\pi}} \int_{-\infty}^{-\omega} \mathrm{e}^{-t^2/2}\mathrm{d}t = \frac{1}{\sqrt{2\pi}} \int_{\omega}^{\infty} \mathrm{e}^{-t^2/2}\mathrm{d}t \tag{10}$$

式中

$$\omega = \overline{q}/\sigma_q = (k\overline{S} - \overline{T})/\sqrt{k^2\sigma_S^2 + \sigma_T^2} \tag{11}$$

2. 对数正态分布（见图 4）

极限状态可用 $q = \dfrac{k\overline{S}}{T} \leq 1$ 表示，裂缝频率为

$$P = \frac{1}{\sqrt{2\pi}} \int_{\omega'}^{\infty} \mathrm{e}^{-t^2/2}\mathrm{d}t \tag{12}$$

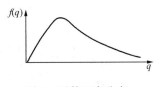

图 4    对数正态分布 $q$

式中

$$\omega' = \frac{\ln\left(\dfrac{k\overline{S}}{T}\sqrt{\dfrac{1+C_{VT}^2}{1+C_{VS}^2}}\right)}{\sqrt{\ln(1+C_{VS}^2) + \ln(1+C_{VT}^2)}} \tag{13}$$

以上各式中：$\bar{S}$、$\sigma_S$、$C_{VS}$ 分别为抗裂度的均值、均方差及离差系数；$\bar{T}$、$\sigma_T$、$C_{VT}$ 分别为温差的均值、均方差及离差系数；ln 为自然对数。

我们回到式（1），系数 $k$ 虽然在一定程度上受到材料性质、施工方法及气候条件的影响，但主要还是取决于结构形式，因此可按结构形式分类。根据同一类型浇筑块的裂缝调查资料（包括裂缝率、抗裂度及温差），由式（10）或式（12）可以算出系数 $k$ 来。这个系数是从实践经验中提炼出来的，比之单纯从理论分析中得到的数值可能更为可靠。

## 二、某工程坝体裂缝的统计分析

某工程在 1959～1961 年共浇筑约 100 万 $m^3$ 混凝土，施工过程中出现了一些裂缝。据当时统计贯穿性裂缝很少，资料不多，不足以进行统计分析。而表面裂缝资料较多，因此下面只对表面裂缝进行统计分析。这个工程共浇筑混凝土 731 块层，除去缺乏资料、形状特殊及在基础约束范围以内的浇筑块层以后，共有 564 块层，其中已发现裂缝者 111 块层，裂缝率为 19.7%，已裂缝及未裂缝的块层的内外温差见表 3，从表 3 算得温差的统计参数如下

$$\bar{T} = 21.53\ ℃,\quad C_{VT} = 0.229,\ \sigma_T = 4.92\ ℃$$

表 3　　　　　　　　　　　　　　某工程温差统计（℃）

| 温差 $T$ | 6～8 | 8～10 | 10～12 | 12～14 | 14～16 | 16～18 | 18～20 | 20～22 |
|---|---|---|---|---|---|---|---|---|
| 已裂块数 $f_1$ | 0 | 1 | 4 | 1 | 9 | 12 | 14 | 19 |
| 未裂块数 $f_2$ | 2 | 4 | 8 | 20 | 59 | 58 | 72 | 72 |
| $f_1+f_2$ | 2 | 5 | 12 | 21 | 68 | 70 | 86 | 91 |

| 温差 $T$ | 22～24 | 24～26 | 26～28 | 28～30 | 30～32 | 32～34 | 34～36 | Σ |
|---|---|---|---|---|---|---|---|---|
| 已裂块数 $f_1$ | 15 | 17 | 9 | 4 | 2 | 3 | 1 | 111 |
| 未裂块数 $f_2$ | 56 | 52 | 21 | 16 | 8 | 3 | 2 | 453 |
| $f_1+f_2$ | 71 | 69 | 30 | 20 | 10 | 6 | 3 | 564 |

根据大量现场抗压强度检验资料（包括一部分混凝土钻芯）及少量抗拉强度和弹性模量资料，在计算中初步采用抗裂度的统计参数如下

$$\bar{S} = 4.0,\ C_{VS} = 0.30,\ \sigma_S = 0.30 \times 4.0 = 1.20$$

根据上述温差、抗裂度及裂缝率资料，算得 $k$ 值如下：

（1）正态分布，由式（10）得 $k=7.60$。

（2）对数正态分布，由式（12）得 $k=7.50$。

两种公式算出 $k$ 值的结果相当接近，估计在 $p$ 值较小时，$k$ 值可能相差要大一些。但按正态分布计算比较简单，因此在下面的分析中取 $k=7.60$。

又因该工程是左右两岸分两期施工的，如果两岸分开统计计算，右岸部分闸门槽等引起应力集中的地方较多，混凝土养护不够，干缩也较大，因此 $k=7.0$；左岸应力集中地方较少，养护较好，$k=7.8$。将左右两岸混凝土浇筑块放在一起分析，因此在下面的分析中取 $k=7.6$。温差 $T$ 的离差系数在右岸为 0.22，左岸为 0.23。

设以保证率 90% 的温差作为控制标准，即 90% 的温差均在 $T_{90}$ 之下。按照 $k=7.6$ 及 $C_{VT} = 0.2$

作出图 5，它反映了混凝土平均抗裂度、离差系数与不裂缝保证率之间的关系。

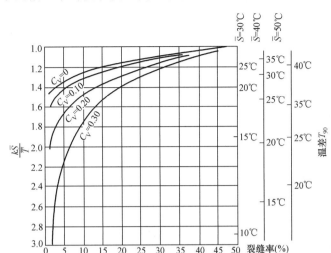

图 5　不裂缝保证率与混凝土的均匀性、平均抗裂度及温差的关系

从图 5 可以看出以下几点重要趋势：

（1）为了减少裂缝，可以从降低温差、降低 $C_V$ 及提高平均抗裂度等三方面着手。为了提高抗裂度必须提高抗拉强度，降低弹性模量和线膨胀系数。

（2）具有一定平均抗裂度的混凝土，$C_V$ 值愈小发生裂缝的概率越少。当 $C_V$ 值大于 0.30 时，降低温差对防止裂缝的效果是不大的。当 $C_V$ 值为 0.2～0.3，降低温差对防止裂缝的效果也是不显著的。因此提高混凝土均匀性降低离差系数对防止裂缝有重大意义。我们认为施工条件较好的工程都应力争 $C_V$ 值小于 0.10～0.15。

为了满足设计上所要求的强度，混凝土应达到一定的合格率。在规定混凝土的合格率时应考虑到结构性质、计算方法及安全系数。目前我国尚无统一规定，按照美、日等国标准，对于大体积混凝土的合格率要求达到 80%。根据统计理论，合格率、$C_V$ 和平均强度 $R_m$ 间存在下述关系（按正态分布）

$$R_m = \frac{混凝土设计标号}{1 - tC_V} \qquad (14)$$

式中：$t$ 为与合格率有关的常数，当合格率为 80% 时，$t=0.842$；当合格率为 90% 时，$t=1.282$；当合格率为 95% 时，$t=1.645$；当合格率为 99% 时，$t=2.326$。从上式可见合格率、$C_V$ 和平均强度三者之中只要确定二者，第三者便也被确定了。

有人认为只要提出合格率不必提出对均匀性的要求，我们认为这种提法是不全面的。

首先大体积混凝土有防裂要求，而混凝土的不均匀性对于防裂是不利的。如果只提出合格率而不提出均匀性的要求，那么在施工控制不严、混凝土的均匀性很差的情况下，只要提高混凝土平均强度就可以满足合格率的要求。可是混凝土的平均强度提高以后其弹性模量和温度应力也随之增高，这是和水压、自重等外荷重应力的根本区别。举一简单例子来说明，假如有一个浇筑块，混凝土标号为 100 号，平均抗拉强度为 1.1MPa，由于混凝土的不均匀性，其最低抗拉强度为 0.5×1.1=0.55（MPa）。当受到温度应力为 0.80MPa 时，将产生裂缝。如果改善均匀性使最低抗拉强度提高到 0.8×1.1=0.88（MPa），则可避免裂缝。相反，不改善均匀性，而提高混凝土标号至 200 号，平均抗拉强度为 1.75MPa，最低抗拉强度为 0.5×1.75=0.875（MPa）。但因弹性模量从 19000MPa 提高到 29000MPa，相应地温度应力增高到 $0.8×\dfrac{29000}{19000}=1.22$（MPa），仍然要产生裂缝。（关于混凝土标号、抗拉强度与弹性模量之间的关系，国外学者发表的资料很多，互不一致，我们在此处采用的是前苏联水工混凝土及钢筋混凝土设计规范 CH55—59 所列数据）

其次从强度来看，合格率相同的混凝土，如果均匀性好，那么不合格的部分比设计标号相差也不多。如果均匀性差，不合格的部分比设计标号就可能相差很大。例如从表 4 可看出合格率为 80%、$C_V$=0.10 的混凝土，它的 99%可超过 0.835$R$；而合格率为 80%、$C_V$=0.30 的混凝土，它的 99%只能超过 0.403$R$。$R$ 为设计标号。

表 4　　　　　　　　　　　合格率、$C_V$ 与强度关系

| 合格率 | $C_V$ | 99%的混凝土所超过的强度 |
|---|---|---|
| 80% | 0.10 | 0.835R |
| 80% | 0.15 | 0.746R |
| 80% | 0.20 | 0.642R |
| 80% | 0.30 | 0.403R |

第三，为了使均匀性差的混凝土达到规定的合格率，必须提高混凝土的平均强度，因而多用水泥并增高温度，对于节约水泥和控制温度都是不利的。

综上所述，我们认为大体积混凝土除了达到一定的合格率外，还必须具有较好的均匀性。为此一方面应改进施工工艺，加强原材料、配料、拌和、运输、平仓、振捣乃至养护等每一个环节的控制；另一方面应加强现场和试验室的检验工作，随时分析试件强度资料，建立质量控制表。

数理统计理论是一个有力的研究工具，它使得我们有可能从一大堆现场调查资料中整理出一些条理来，如图 5 所示的混凝土均匀性及平均抗裂度与不裂缝保证率之间的关系。但是必须指出统计分析并不能代替对事物的本质进行深入的分析，因此温度应力的理论研究及混凝土抗裂性能的试验研究等仍然是十分重要的。应用数理统计理论来研究混凝土坝裂缝问题是一个新的尝试，不周到和不妥当之处在所难免，有待于今后的进一步研究改进。

# 重力坝和混凝土浇筑块的温度应力[1]

**摘　要**：本文分析了实体重力坝与宽缝重力坝的无应力温度场，指出了它们之间的重大差别；建议了分期施工重力坝的温度应力的计算方法；分析了基岩弹性模量、人工冷却方式及浇筑块形状和长度等对浇筑块温度应力的影响，并分析了表面保温层对降低寒潮引起的温度应力的作用。

**关键词**：重力坝；混凝土浇筑块；温度应力；影响因素

# The Thermal Stresses in Gravity Dams and Massive Concrete Blocks

**Abstract:** This paper presents a series of analyses for the following several problems on thermal stresses in gravity dams and massive concrete blocks: ①The temperature field which will result in zero stress in a solid gravity dam or a gravity dam with wide transverse joints. ②The thermal stresses in a gravity dam constructed in two stages. ③The influence of the height-length ratio and Young's modulus of the foundation on the thermal stresses in a rectangular concrete block. ④The influence of the spacing of contraction joints and the distribution of temperature on the thermal stresses in a massive concrete block. ⑤The effect of surface insulation on the reduction of thermal stresses in a concrete plate due to sudden drop of temperature in the surrounding air.

**Key words:** gravity dam, concrete block, thermal stress

## 一、实体重力坝的无应力温度场

按照传统观点，对于按柱状块施工的重力坝，只要在坝体冷却到稳定温度后进行纵缝灌浆，则在灌浆以后坝内将不出现温度应力。现对此问题作进一步的探讨。设在纵缝灌浆时坝体温度为 $T_d$，地基温度为 $T_g$。蓄水以后又由于库水温度较低，经过长期的冷却，坝体和地基的温度均降至稳定温度 $T_f$。温差如图 1（d）所示，可以分为以下两部分：①坝体与地基的相对温差 $(T_d - T_g)$，这一温差在坝内是要引起应力的；②年平均地温与稳定温度之差 $(T_g - T_f)$，这一部分温差是不引起应力的。

---

❶　原载《水利学报》1964 年第 1 期，由作者与王同生、丁宝瑛联名发表，参加试验和计算工作的还有郭之章、傅新民、周乾父、陈莲芳、伍国梁、卢广明等。

由于建坝前的地壳是经过了长期冷却的，除了地表很薄一层（一般深度不到 5m）感受到外界温度变化的影响外，地温基本上是处于稳定状态的，在对坝体应力有影响的范围以内，地温实际上接近于常量。因而满足拉普拉斯方程

$$\frac{\partial^2 T_{\mathrm{g}}}{\partial x^2} + \frac{\partial^2 T_{\mathrm{g}}}{\partial y^2} = 0 \tag{1}$$

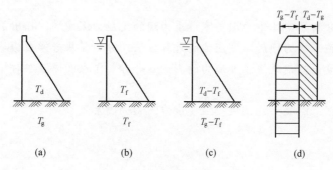

图 1　实体重力坝的温差

（a）灌浆时坝体及地基温度；（b）蓄水后稳定温度；（c）灌浆后的温差；（d）温差示意图

在水库蓄水以后，库水温度改变了坝体和地面的温度边界条件，使坝体和地基的温度逐渐降低，经过多年以后达到稳定温度 $T_{\mathrm{f}}$，这一稳定温度也满足拉普拉斯方程

$$\frac{\partial^2 T_{\mathrm{f}}}{\partial x^2} + \frac{\partial^2 T_{\mathrm{f}}}{\partial y^2} = 0 \tag{2}$$

由式（1）、式（2）知温差 $T_{\mathrm{g}} - T_{\mathrm{f}}$ 也满足拉普拉斯方程

$$\left(\frac{\partial^2}{\partial x^2} + \frac{\partial^2}{\partial y^2}\right)(T_{\mathrm{g}} - T_{\mathrm{f}}) = 0 \tag{3}$$

对于宽广河谷的实体重力坝，可近似地按平面形变问题分析，由弹性力学的基本理论可知，这种温差在平面内不引起应力（但在顺坝轴方向 $\sigma_z \neq 0$）。因此，如以年平均地温作为纵缝灌浆时坝体的温度，即令 $T_{\mathrm{d}} = T_{\mathrm{g}}$，则在坝体达到稳定温度以后，坝内不出现温度应力（不包括在纵缝灌浆前坝块内的温度应力）。但在蓄水初期坝体温度自 $T_{\mathrm{g}}$ 至 $T_{\mathrm{f}}$ 的冷却过程中在坝体上游面可能出现拉应力。在开始蓄水时这种拉应力数值较大，以后逐渐减小，到冷却结束时应力趋于零。为了避免在冷却过程中出现这种拉应力，实际工程中仍应在纵缝灌浆以前将坝体冷却到稳定温度。这样在灌浆以后坝体温度不变，但地基从年平均地温冷却到稳定温度，发生了温差 $T_{\mathrm{g}} - T_{\mathrm{f}}$。由于这一温差，将引起温度应力。在比较温暖的地区，$T_{\mathrm{g}} - T_{\mathrm{f}} > 0$，水平应力 $\sigma_{\mathrm{x}}$ 大致是在坝体内为压应力，在地基内为拉应力。在严寒地区，$T_{\mathrm{g}} - T_{\mathrm{f}} < 0$，$\sigma_{\mathrm{x}}$ 在坝体内为拉应力，在地基内为压应力。

以上的讨论仅限于实体重力坝，对于坝内具有大孔口的重力坝，无应力温度场除了满足二维拉普拉斯方程外，还需满足位移单值条件，即围绕坝内孔口的下述三个围线积分为零

$$\int_c \frac{\partial T}{\partial n}\mathrm{d}s = 0, \quad \int_c \left(y\frac{\partial T}{\partial n} - x\frac{\partial T}{\partial s}\right)\mathrm{d}s = 0$$

及
$$\int_c \left( y\frac{\partial T}{\partial n} + x\frac{\partial T}{\partial s} \right) \mathrm{d}s = 0$$

式中：$c$ 为环绕坝内孔口的一条围线；$n$ 为法线；$s$ 为弧长。

在上述分析中，我们假定混凝土与基岩的热胀系数是相同的。

## 二、宽缝重力坝的无应力温度场

我们用电拟试验求出了实体重力坝和宽缝重力坝的稳定温度场，这两种坝内的稳定温度场是不同的。实体重力坝的等温线分布比较均匀，自上游至下游温度接近于直线变化，因而不引起应力。宽缝重力坝的稳定温度场如图 2 所示，等温线在中央部分比较稀疏，在靠近上下游面处比较密集，这是由于宽缝内空气对流的结果。由于温度梯度在宽缝边缘处有突变，因而引起温度应力。

宽缝重力坝的稳定温度场是三向分布的，因而必须按三向问题来研究其温度应力。弹性力学空间问题需要满足六个应变协调条件，由此，三向温度场的无应力条件为[1, 2]

$$\left.\begin{array}{l} \dfrac{\partial T}{\partial x^2} + \dfrac{\partial T}{\partial y^2} = 0, \quad \dfrac{\partial T}{\partial y^2} + \dfrac{\partial T}{\partial z^2} = 0, \quad \dfrac{\partial T}{\partial z^2} + \dfrac{\partial T}{\partial x^2} = 0 \\[2mm] \dfrac{\partial T}{\partial x\partial y} = 0, \quad \dfrac{\partial T}{\partial y\partial z} = 0, \quad \dfrac{\partial T}{\partial z\partial x} = 0 \end{array}\right\} \tag{4}$$

这组方程有唯一解

$$T = a_0 + a_1 x + a_2 y + a_3 z \tag{5}$$

即温度是直线分布的。实际上宽缝重力坝内的稳定温度场是十分复杂的曲面，因而不满足无应力条件，在坝内将引起应力。这种三向温度应力的分析是比较困难的，但从图 2 可知，温度梯度的变化主要是在水平方向，因此实用上可按照平面截面假设进行近似计算。通过我国一宽缝重力坝的计算结果说明，在上游面可能出现 0.15～0.78MPa 的拉应力，应力分布如图 2 所示。当然，改变按纵缝灌浆时坝体的温度状态可以使坝内应力有所改变，但由于纵缝灌浆时各坝块温度不能相差过大[3]，要完全避免上游面的拉应力是有一定困难的。由上述分析，可以看出稳定温度场对实体重力坝和宽缝重力坝的影响有重大差别。

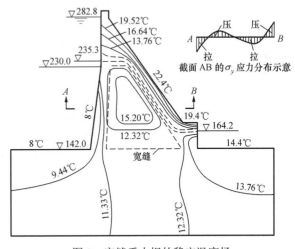

图 2  宽缝重力坝的稳定温度场

## 三、重力坝分期施工的温度应力

分期施工的重力坝，由于新浇混凝土的温度变形，将在坝内引起不利的应力状态，金克维茨（O.C.Zienkiewicz）[4]和阪口羲明[5]曾采用网格法（松弛法）进行过分析，计算甚为繁复。由于这种温度应力与新老坝块的相对尺寸及几何形状有关，我们建议以下一个简捷的计算方法，以便实际应用。

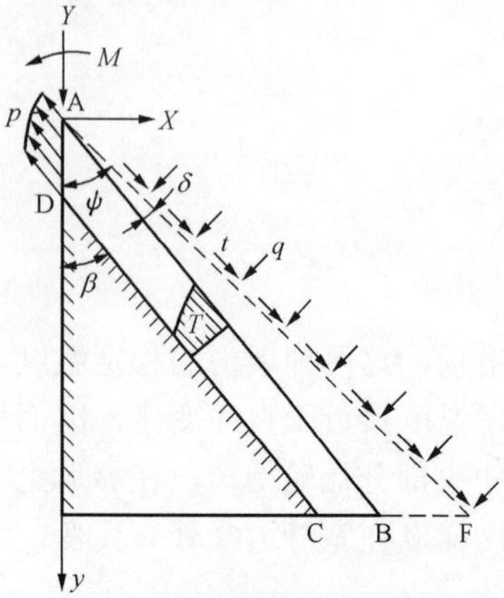

图3　分期施工的重力坝

首先研究加高前后下游坝坡互相平行的情况，如图3所示，设在新混凝土内温度下降为$T$，沿AB方向温度是常量，在垂直于AB方向温度可以是变化的。若在AB方向受到完全约束，但在与AB垂直方向可自由变形；则在新混凝土内有平行于AB方向的拉应力$\sigma_r = E\alpha T/(1-\mu)$，而$\sigma_\varphi = \tau_{r\varphi} = 0$，在老混凝土内所有应力均为零。为了消除上游面的边界力，在AD边上应施加压应力$p = -E\alpha T/(1-\mu)$。显然，用弹性力学的严格方法计算在压力$p$作用下的坝体应力是冗繁的。根据圣维南（Saint-Venant）原理，以作用于坝顶的等效集中力$X$、$Y$及力矩$M$去代替分布力$p$

$$\left. \begin{aligned} X = \sin^2\beta \int \frac{E\alpha T}{1-\mu}\mathrm{d}y, \quad Y = \sin\beta\cos\beta \int \frac{E\alpha T}{1-\mu}\mathrm{d}y \\ M = \sin^2\beta \int \frac{E\alpha T}{1-\mu}y\mathrm{d}y \end{aligned} \right\} \tag{6}$$

在这样一组力和力矩作用下，坝内应力为[6, 7]

$$\left. \begin{aligned} \sigma_y = -\frac{2Y}{my}F_1 + \frac{2X}{y}C_1 + \frac{2M}{y^2}D_1 \\ \sigma_x = -\frac{2Y}{my}F_2 + \frac{2X}{y}C_2 + \frac{2M}{y^2}D_2 \\ \tau_{xy} = -\frac{2Y}{my}F_3 + \frac{2X}{y}C_3 + \frac{2M}{y^2}D_3 \end{aligned} \right\} \tag{7}$$

式中

$$\left. \begin{aligned} F_1 &= \frac{\beta(1+m^2)-m-km^2}{[\beta^2(1+m^2)-m^2](1+k^2)^2}m \\ C_1 &= \frac{m^2-k[\beta(1+m^2)+m]}{[\beta^2(1+m^2)-m^2](1+k^2)^2} \\ D_1 &= \frac{(3k^2-1)m+2k(1-k^2)}{(m-\beta)(1+k^2)^3} \\ &\cdots \\ m &= \tan\beta \quad k = x/y \end{aligned} \right\} \tag{8}$$

系数$F_1$，$C_1$，$D_1$等从加列尔金（В.Г.Галеркин）院士选集[6]中可以查得。老混凝土内应力直接由式（7）计算，新混凝土内应力还要叠加$\sigma_r = \dfrac{E\alpha T}{1-\mu}$。图4是用几种不同方法计算的结果。

上游面的拉应力是工程上最感兴趣的，我们建议的方法与松弛法计算结果较为符合，只在下游面应力有一些出入。必须指出，按无限楔计算即是假定新混凝土也延伸至无穷远，但实际

上基础中并无温度变化。严格说来，在基础与新混凝土的接触面 BC 上也应沿 BA 方向施加

外力 $-E\alpha T/(1-\mu)$，但在这种外力作用下无限楔的应力计算比较困难。由于按无限楔计算的应力与网格法计算的应力总的说来符合得相当好，看来在初步计算中不必进行基础力的校正。

今设加高前后下游坝面并不平行，而具有夹角 $\delta$，温度沿 AB 方向是常量。将温度转换为边界力后，除了在坝顶将出现集中力 $X$、$Y$ 和力矩 $M$ 外，在下游面还须施加正应力 $q$ 和剪应力 $t$ 如下

$$\left.\begin{aligned} q &= -\frac{E\alpha T}{1-\mu}\cos^2\left(\frac{\pi}{2}+\delta\right) = -\frac{E\alpha T}{1-\mu}\sin^2\delta \\ t &= \frac{E\alpha T}{1-\mu}\sin\delta\cos\delta \end{aligned}\right\} \quad (9)$$

如温度是均匀的，则 $q$ 和 $t$ 也是均匀的，而在 $q$ 和 $t$ 作用下坝内应力为

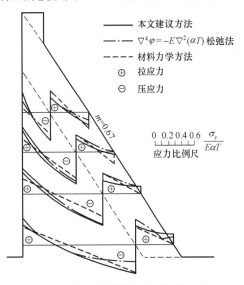

图 4 重力坝分期施工的温度应力

$$\left.\begin{aligned} \sigma_r &= \frac{q}{2}\frac{2\theta\cos\psi+\sin(2\theta-\psi)-\sin\psi}{\psi\cos\psi-\sin\psi} + \frac{t}{2}\frac{(2\theta+\sin2\theta)\sin^2\psi-(2\psi-\sin2\psi)\cos^2\theta}{(\psi\cos\psi-\sin\psi)\sin\psi} \\ \sigma_\theta &= \frac{q}{2}\frac{2\theta\cos\psi-\sin(2\theta-\psi)-\sin\psi}{\psi\cos\psi-\sin\psi} + \frac{t}{2}\frac{(2\theta+\sin2\theta)\sin^2\psi-(2\psi-\sin2\psi)\sin^2\theta}{(\psi\cos\psi-\sin\psi)\sin\psi} \\ \tau_{r\theta} &= -\frac{q}{2}\frac{\cos\psi-\cos(2\theta-\psi)}{\psi\cos\psi-\sin\psi} - \frac{t}{2}\frac{2\sin^2\psi\sin^2\theta-(2\psi-\sin2\psi)\sin\theta\cos\theta}{(\psi\cos\psi-\sin\psi)\sin\psi} \end{aligned}\right\} \quad (10)$$

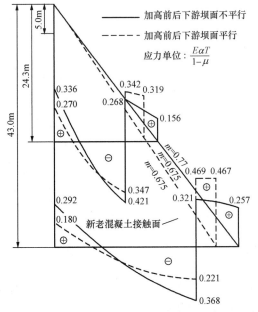

图 5 不同加高方式重力坝分期施工的温度应力

按式（9）及式（10）计算的应力与 $\sigma_{AB} = \dfrac{E\alpha T}{1-\mu}$ 叠加后，即得真实温度应力。如在垂直于 CD 方向的温度分布是不均匀的，则 $q$ 和 $t$ 也是不均匀的。但只要 $q$ 和 $t$ 可用 $r$ 的多项式表示，则在 $q$ 与 $t$ 作用下坝内应力存在封闭解[1]。

图 5 是用上述方法计算的结果，虚线表示加高前后下游坝坡平行的情况，实线表示不平行的情况（图中只画出 $\sigma_y$，但新混凝土中最大应力是 $\sigma_r$）。

由图 4、图 5 可以看出以下几点：①新混凝土的降温不但在新混凝土本身中引起拉应力，而且在旧混凝土的上游面也引起拉应力；②温度应力的大小和分布规律不但与温差有关，而且与新旧坝体的相对尺寸和几何形状有关。

# 四、均匀冷却时混凝土浇筑块的温度应力

根据温度变形转换为边界力的原理,我们利用偏光弹性实验研究了在均匀冷却时浇筑块形状对温度应力的影响[❶]。浇筑块与基础的弹性模数相同,实验成果见图 6。由图可见浇筑块形状对温度应力是有影响的, 在薄而长的浇筑块内温度应力较大, 且整个断面受到比较均匀的拉应力。

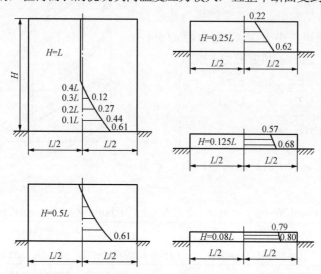

图 6　均匀冷却时浇筑块的温度应力（$E_c=E_R$，光弹性实验结果）

为了研究岩基弹性模量对浇筑块温度应力的影响,我们分析了 $E_c/E_R$=0.5、1.0、2.0 等三种情况, $E_c$ 为混凝土弹性模量, $E_R$ 为岩石弹性模量。浇筑块高度等于其长度。采用网格法,应变协调方程写成差分方程,用契贝雪夫多项式逼近,在计算机上求解（计算工作是由中国科学院计算技术研究所进行的）。三种情况应力分布是相似的,均以底部应力为最大,但数值不同,混凝土与岩石的弹性模数的比值越小,则应力越大,见图 7。

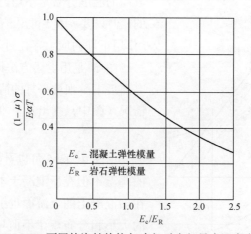

图 7　$E_c/E_R$ 不同的浇筑块均匀冷却时底部最大温度应力

---

❶ 偏光弹性实验是由傅新民工程师完成的。

## 五、非均匀冷却时浇筑块的温度应力

由于岩石的传热作用以及分层浇筑和分层冷却的影响，浇筑块内的温度分布在铅直方向往往是不均匀的。只要侧面没有过久的暴露，在水平方向的温度分布仍然可以认为是均匀的，侧面的短暂暴露对于温度的影响只限于很浅的表面部分。因此在分析内部温度应力时，可以假定温度在水平方向是均匀的，而在铅直方向是不均匀的。

若水平方向受到完全约束，而铅直方向可自由变形，如前所述，对于平面形变问题，浇筑块内任意点的应力为：$\sigma_x = E\alpha T/(1-\mu), \sigma_y = \tau_{xy} = 0$。为了使边界成为自由边，必须在两侧面施加反向等值压力 $-E\alpha T(y)/(1-\mu)$。今在 $y=\xi$ 处施加一对水平的单位力 $P=1$，求出任意点 $y$ 处的水平应力 $A_y(\xi)$。积分一次，得到在边界力 $-E\alpha T(y)/(1-\mu)$ 作用下的应力为 $-\dfrac{E\alpha}{1-\mu}\displaystyle\int_0^H T(\xi)A_y(\xi)\mathrm{d}\xi$，由叠加原理，得到浇筑块内真正温度应力为

$$\sigma_x(y) = \frac{E\alpha}{1-\mu}T(y) - \frac{E\alpha}{1-\mu}\int_0^H T(\xi)A_y(\xi)\mathrm{d}\xi \qquad (11)$$

式中：$A_y(\xi)$ 称为应力影响线。

我们通过模型试验求得了 $E_c/E_R=1$，$H/L=1$、0.8、0.6、0.4、0.2 及 $E_c/E_R=0.50$，$H/L=1$、0.6、0.2 等八种情况下在中央断面上的应力影响线，其中 $E_R=E_c$，$H=L$ 的情况见图8。图中纵坐标为无量纲数 $A'_y(\xi)=A_y(\xi)L$，其中 $L$ 为浇筑块的长度。为了达到较高的试验精度，模型是用钢板加工的，在油压机上加压，用电阻片测量应变。浇筑块与基础的不同弹性模量是用不同厚度比拟的。利用这些影响线，我们进行了大量的温度应力计算，取浇筑块长度 $L=15$、30、60、120m，每次浇筑的分层厚度 $\Delta H=1.5$、3.0、6.0 m，每层间歇 4 d，浇筑块高度 $H=\Sigma\Delta H=L$，$E_c/E_R=1.0$ 及 0.50。计算成果表明：①浇筑层厚度只影响到温升 $T_r$ 的绝对值，浇筑层越厚，温升 $T_r$ 越大。当每次间歇时间相同时，在不考虑混凝土老化过程的条件下，分层厚度对温度应力分布的图形影响不大。②浇筑块长度对温度应力分布的图形及最大值均有影响，浇筑块越长，温度应力越大，且应力最大点越低。图 9 是 $L=15$m 及 $L=30$m 时温度应力图形。图 10 是最大应力与浇筑块长度的关系。

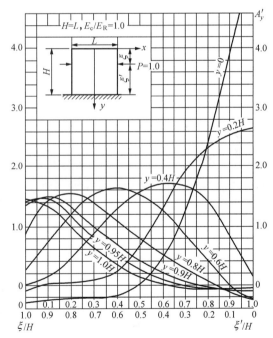

图8 浇筑块温度应力影响线

坝体纵缝灌浆前的人工冷却是由下向上逐层进行的，在进行第一层混凝土的人工冷却时，该层不但受到下面岩石的约束，而且受到上面未冷却的混凝土的约束，在这种情况下温度应力图形如图11，此结果也是用应力影响线计算的。

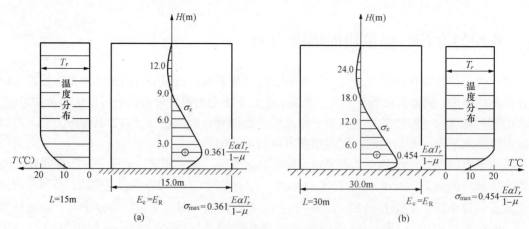

图9 岩石传热及浇筑块长度对温度及应力的影响

（a）$L=15\text{m}$；（b）$L=30\text{m}$

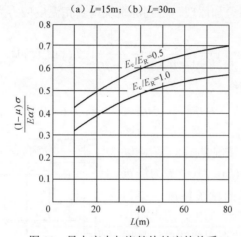

图10 最大应力与浇筑块长度的关系

在施工过程中，当天气逐渐转暖，混凝土的浇筑温度逐渐增高时，在浇筑块中可能形成自下向上逐渐增高的温差，我们分析了一个 30m 长和 30m 高的浇筑块在阶梯形温差作用下的温度应力，见图12，与图6所示均匀冷却时的温度应力在应力数值上和分布图形上均有显著不同。

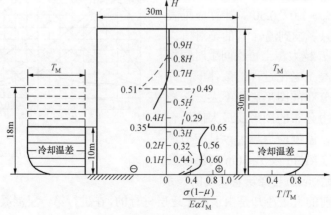

图11 底层强迫冷却时浇筑块的温度应力

（$H=L=30\text{m}$，$E_\text{c}=E_\text{R}$，冷却层高度 $h=10\text{m}$，18m）

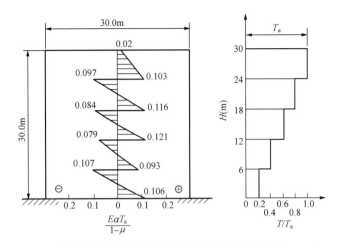

图 12　在阶梯形温差作用下浇筑块中的温度应力（$E_c = E_R$）

综上所述，可见温度分布图形对于浇筑块中的温度应力具有决定性的影响，利用我们提供的应力影响线可以解决这个相当复杂的问题。

# 六、寒潮在混凝土表面引起的应力

寒潮期间气温急剧降低，在混凝土表面引起巨大的温度梯度，实践经验说明这是引起混凝土裂缝的重要原因。由于气温在短暂时间内作急剧变化，混凝土内温度的变化只限于极表层部分，深度只有 20～30cm，因此温度变形受到完全约束，产生较大应力。下面将分析在混凝土表面设置各种不同效果的保温层以后在混凝土中所产生的温度应力。

寒潮期间气温的变化近似地表示如下

$$\left.\begin{array}{ll} 当\,0 \leqslant \tau \leqslant \tau_0 时 & T_a = k\tau \\ 当\,\tau_0 \leqslant \tau \leqslant 2\tau_0 时 & T_a = k\tau - 2k(\tau - \tau_0) \end{array}\right\} \tag{12}$$

气温在 $\tau = \tau_0$ 时最低，而混凝土温度在 $\tau_0 \leqslant \tau < 2\tau_0$ 时最低。

由于热传导方程是线性的，叠加原理适用[11]，因此只要算出在气温 $T_a = k\tau$ 作用下的混凝土温度 $f(\tau)$。当 $\tau > \tau_0$ 时，混凝土温度为 $f(\tau) - 2f(\tau - \tau_0)$。温度场的初始条件和边界条件如下

$$\left.\begin{array}{ll} 当\,\tau = 0, x \leqslant x \leqslant R\,时 & T = 0 \\ 当\,\tau > 0, x = 0\,时 & \dfrac{\partial T}{\partial x} = 0 \\ 当\,\tau > 0, x = R\,时 & \lambda\dfrac{\partial T}{\partial x} - \beta(k\tau - T) = 0 \end{array}\right\} \tag{13}$$

满足这些条件及热传导方程的解为[9]

$$T(x, \tau) = k\tau - \frac{k}{2a}\left[R^2\left(1 + \frac{2\lambda}{\beta R}\right) - x^2\right] + \frac{kR^2}{a} \times \sum_{n=1}^{\infty}\frac{A_n}{\mu_n^2}\cos\mu_n\frac{x}{R}\exp\left(-\mu_n^2\frac{a\tau}{R^2}\right) \tag{14}$$

在表面上温度最低，应力最大，在上式中令 $x = R$，得表面混凝土温度为

$$T(R,\tau) = k\tau - \frac{\lambda kR}{\beta_a} + \frac{kR^2}{\alpha} \times \sum_{n=1}^{\infty} \frac{A_n}{\mu_n} \cos\mu_n \exp\left(-\mu_n^2 \frac{a\tau}{R^2}\right) \tag{15}$$

以上式中：$A_n = \dfrac{2\sin\mu_n}{\mu_n + \sin\mu_n \cos\mu_n}$；$\lambda$ 为混凝土的导热系数；$a$ 为混凝土导温系数；$\mu_n$ 为特征方程 $\mathrm{ctg}\mu_n - (\lambda/\beta R)\mu_n = 0$ 的根；$\beta$ 为表面放热系数，可由下式确定

$$\beta = \frac{1}{\dfrac{1}{\beta'} + \sum \dfrac{h_i}{\lambda_i}} \tag{16}$$

式中：$\beta'$ 为无保温层时表面放热系数；$h_i$ 为保温层厚度；$\lambda_i$ 为保温层的导热系数。

由式（15）算得的温度如图 13、图 14 所示。由于温度变形受到完全约束，弹性温度应力为 $\sigma = E\alpha T(\tau)/(1-\mu)$，考虑混凝土蠕变后的应力 $\sigma^*(t)$ 可按下式计算（写成无量纲形式）

$$\frac{(1-\mu)\sigma^*(t)}{E\alpha T_0} = \frac{1}{T_0} \sum K_p(t-\tau)\Delta T(\tau) \tag{17}$$

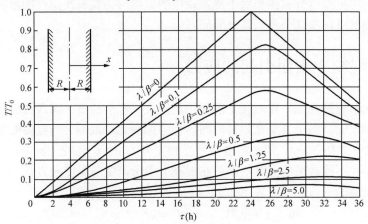

图 13 $\tau_0 = 1\mathrm{d}$ 的温度过程线

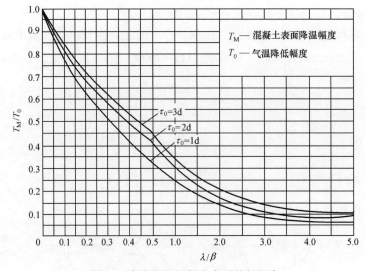

图 14 寒潮期间混凝土表面最低温度

式中：$K_p(t-\tau)$ 为混凝土的松弛系数。

混凝土坝块厚度一般为 5～15m，但在 5m 以上时，厚度对表面温度影响不大，因此我们计算了厚度 10m 的浇筑块。计算中取 $a$=0.0040（m²/h）。图 15 是表面最大应力。由图很易看出，随着保温能力的加强，即 $\lambda/\beta$ 的增加，表面温度应力急剧降低。

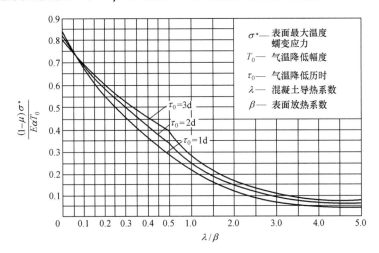

图 15　保温层对混凝土表面最大温度蠕变应力的影响

# 七、结束语

（1）了解坝体温度场的无应力条件对于正确地决定接缝灌浆时坝体的温度状态具有重要意义，根据本文第一、二两节的分析，实体重力坝与宽缝重力坝的稳定温度场及其对坝体应力的影响是有重大差别的。适当地调整接缝灌浆时的坝体温度可以使后期坝体应力有所改善。

（2）分期施工的重力坝不但在新混凝土中出现拉应力，在旧混凝土的上游面也出现拉应力。应力的大小和分布规律不但与温差有关，而且与新旧坝块的相对尺寸及几何形状有关。

（3）浇筑块的形状和大小，基岩弹性模量及冷却方式等对浇筑块的温度应力均有重要影响，而温度分布的图形对于浇筑块中的温度应力尤其具有决定性的影响，利用应力影响线，可以很方便地计算当温度沿高度任意变化时的温度应力。

（4）施工过程中气温的急剧降低（寒潮）是引起混凝土裂缝的重要原因，从第六节的分析中可见表面保温层对于降低这种温度应力具有显著效果。

## 参 考 文 献

[1] Timoshenko．S．and Goodier J N．Theory of Elasticity，Mc GrawHill，1951.

[2] 梅蓝，帕尔库斯．由于定常温度场而产生的热应力．何善靖译．北京：科学出版社，1955.

[3] 朱伯芳，王同生．混凝土坝施工中相邻坝块高差的合理控制．水利学报，1962，（5）.

[4] Zienkiewicz O C. The Computation of Shrinkage and Thermal Stresses in Massive Structures, Proc. Instn. Civ. Engrs. Part Ⅰ. Jan. 1955.

[5] 阪口羲明等．櫻山ダム嵩上げ工事の检讨．その二，发电水力，N. 55，1961.

［6］Галеркин Б.Г. К исследованию напряжений В плотинах и подпорных стенах трапецоидального профиля. Собрание сочинений, том 1, 1952.

［7］潘家铮. 重力坝的弹性理论计算. 北京：水利电力出版社，1958.

［8］ Smits.H G.Photo-Elastic Determination of Shrinkage Stresses.Trans.A.S. C.E.，1936.

［9］雷柯夫 А．В．热传导理论. 裘烈钧，丁履德译. 北京：高等教育出版社，1955.

# 基础梁的温度应力[1]

**摘　要**：本文提出基础梁温度应力的计算方法，接触面上的应力用切贝雪夫多项式表示，收敛极快，计算十分方便。

**关键词**：温度应力；基础梁；切贝雪夫多项式

## Thermal Stresses in Beams on Elastic Foundations

**Abstract:** In this paper, a method is proposed to compute the thermal stresses in beams on elastic foundations. The normal and shearing stresses on the contact surface of the beam and the foundation are expressed by Chebushev polynomials. This method is high in accuracy and quite simple in calculation.

**Key words:** thermal stress, beam on elastic foundation, chebusher polynomial

　　基础梁是工程上广泛采用的一种结构。在实际工程中，基础梁往往出现裂缝，表明基础梁的设计中有必要考虑温度应力，但目前还缺乏一个合适的计算方法。本文提出一个实用的计算方法。

　　在计算基础梁由外荷载引起的应力时，往往忽略接触面上的剪力，但对于温度应力来说，接触面上的剪力是一个重要因素，不能忽略。本文将同时考虑接触面上的剪应力和正应力。

　　基础梁的温度应力包括自生应力和约束应力两部分。自生应力是梁的内部互相制约所引起的应力；约束应力是梁的温度变形受到基础约束而产生的应力。自生应力和约束应力叠加后才得到梁的温度应力。

## 一、梁的自生应力

　　设有一多层梁如图 1，梁长度为 $2l$，梁内温度是沿着 $y$ 方向变化的。先由下式确定梁截面的加权形心的高度 $b$

$$\int E(y)\,y\mathrm{d}y = 0 \tag{1}$$

将坐标原点放在加权形心上。沿梁与基础的接触

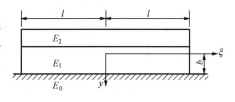

图 1　基础梁

❶　原载《力学》1977 年第 3 期及 Journal of Hydraulic Engineering No.1，1990。

面切开，使梁脱离基础约束，按平截面假定，梁内自生应力可按下式计算

$$\sigma_x = \frac{E(y)\alpha}{1-\mu}\Big[T_\mathrm{m} + \psi y - T(y)\Big] \tag{2}$$

$$T_\mathrm{m} = \frac{\int E(y)T(y)\mathrm{d}y}{\int E(y)\mathrm{d}y} \tag{3}$$

$$\psi = \frac{\int E(y)T(y)y\mathrm{d}y}{\int E(y)y^2\mathrm{d}y} \tag{4}$$

式中：$T_\mathrm{m}$ 是以 $E(y)$ 为权的平均温度；$\psi$ 是以 $E(y)$ 为权的温度梯度；$E(y)$ 是随着坐标 $y$ 而变化的弹性模量；$\alpha$ 是膨胀系数；$\mu$ 是泊松比。

由于不受基础约束，此时梁的轴向变位 $w_t$ 和中心轴的挠度 $y_t$ 分别为（按平面形变）

$$w_t = (1+\mu)\alpha T_\mathrm{m}\xi \tag{5}$$

$$y_t = -\frac{(1+\mu)\alpha\psi}{2}\xi^2 \tag{6}$$

式中：$\xi$ 为水平坐标，见图1。

## 二、弹性基础上梁的约束应力

令

$$D = \int \frac{E(y)y^2\mathrm{d}y}{1-\mu^2}, \quad F = \int \frac{E(y)\mathrm{d}y}{1-\mu^2} \tag{7}$$

式中：$D$ 为梁的抗弯刚度；$F$ 为梁的抗拉刚度。

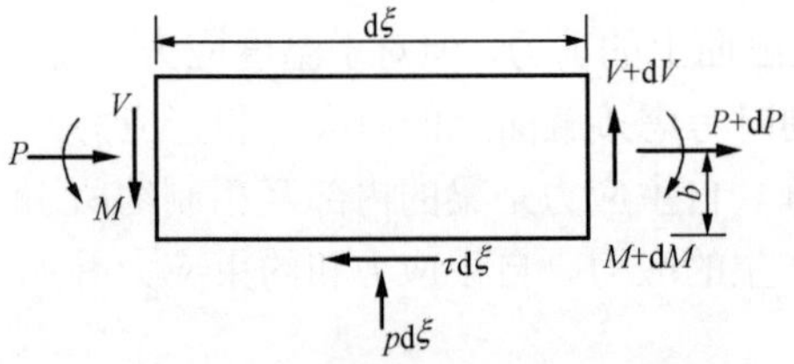

从梁上截取一微段，其长度为 $\mathrm{d}\xi$，作用于梁上的力如图2所示，由力的平衡条件，得到如下关系

图2　基础梁的一微段

$$\frac{\mathrm{d}M}{\mathrm{d}\xi} = V - b\tau \tag{8}$$

$$\frac{\mathrm{d}V}{\mathrm{d}\xi} = -p \tag{9}$$

$$\frac{\mathrm{d}P}{\mathrm{d}\xi} = \tau \tag{10}$$

式中：$M$ 为弯矩；$V$ 为切力；$P$ 为轴向力；$p$ 为基础表面正应力；$\tau$ 为基础表面切应力。

由应力—应变关系及平截面假定，有如下关系

$$M = D\frac{\mathrm{d}^2 y}{\mathrm{d}\xi^2} \tag{11}$$

$$P = F\frac{\mathrm{d}w}{\mathrm{d}\xi} \tag{12}$$

式中：$w$ 为梁的轴向变位；$y$ 为梁的挠度。

为使坐标 $\xi$ 化成无量纲量，令

$$x = \xi / l \tag{13}$$

代入式（8）～式（12），得到

$$M = \frac{D}{l^2}\frac{\mathrm{d}^2 y}{\mathrm{d}x^2} \tag{14}$$

$$V = \frac{D}{l^3}\frac{\mathrm{d}^3 y}{\mathrm{d}x^3} + b\tau \tag{15}$$

$$P = \frac{F}{l}\frac{\mathrm{d}w}{\mathrm{d}x} \tag{16}$$

$$\frac{D}{l^4}\frac{\mathrm{d}^4 y}{\mathrm{d}x^4} + p + \frac{b}{l}\frac{\mathrm{d}\tau}{\mathrm{d}x} = 0 \tag{17}$$

$$\frac{F}{l^2}\frac{\mathrm{d}^2 w}{\mathrm{d}x^2} - \tau = 0 \tag{18}$$

式（17）、式（18）构成平衡微分方程组。下面我们设法求出这个方程组的符合边界条件的解。

由于梁的对称性，基础反力 $p(x)$ 为 $x$ 的偶函数，$\tau(x)$ 为奇函数。今设

$$p(x) = \frac{A_0 H_0(x)}{\sqrt{1-x^2}} + \frac{A_2 H_2(x)}{\sqrt{1-x^2}} + \frac{A_4 H_4(x)}{\sqrt{1-x^2}} + \cdots \tag{19}$$

$$\tau(x) = \frac{B_1 H_1(x)}{\sqrt{1-x^2}} + \frac{B_3 H_3(x)}{\sqrt{1-x^2}} + \cdots \tag{20}$$

$$H_n(x) = \cos(n\cos^{-1} x) \tag{21}$$

$H_n(x)$ 为切贝雪夫多项式，可写成 $x$ 的显式如下

$$\left.\begin{array}{l} H_0(x) = 1, H_1(x) = x \\ H_2(x) = 2x^2 - 1 \\ H_3(x) = 4x^3 - 3x \\ H_4(x) = 8x^4 - 8x^2 + 1 \\ \cdots \end{array}\right\} \tag{22}$$

$H_n(x)$ 是以 $(1-x^2)^{-\frac{1}{2}}$ 为权的正交多项式，即

$$\int_{-1}^{+1} \frac{H_n(x)H_m(x)}{\sqrt{1-x^2}}\mathrm{d}x = \begin{cases} 0, & \text{当} n \neq m \\ \pi/2, & \text{当} n = m > 0 \\ \pi, & \text{当} n = m = 0 \end{cases} \tag{23}$$

今取 $m=0$，即取 $H_m(x) = H_0(x) = 1$，由式（19）、式（23）及梁上外荷载为零等条件，推知

$$A_0 = 0 \tag{24}$$

在式（19）、式（20）中的其他系数 $A_2$、$A_4$、$B_1$、$B_3$ … 应由梁与基础表面的变形连续条件决定。计算结果表明，由于切贝雪夫多项式所具有的特性，使得实际计算中只须在 $P(x)$ 和 $\tau(x)$ 中各取一项即可得到十分满意的结果。将 $p(x)$ 和 $\tau(x)$ 的表达式代入式（17），并令 $A_0 = 0$，积分后得到

$$\begin{aligned} y(x) = \frac{l^4}{D}\Bigg\{ &\frac{c_1 x^3}{6} + \frac{c_2 x^2}{2} + c_3 x + c_4 - \frac{A_2}{120}\Big[15x\arcsin x - (2x^4 - 9x^2 - 8)\times\sqrt{1-x^2}\Big] \\ &+ \frac{B_1 r}{6}\Big[(x^2 + 2)\times\sqrt{1-x^2} + 3x\arcsin x\Big] + \cdots \Bigg\} \end{aligned} \tag{25}$$

式中

$$r = b/l \tag{26}$$

对 $x$ 微分后得到

$$y'(x) = \frac{l^4}{D}\left\{\frac{c_1 x^2}{2} + c_2 x + c_3 - \frac{A_2}{24}\Big[(5 - 2x^2)x\sqrt{1-x^2} + 3\sin^{-1}x\Big]\right.$$
$$\left. + \frac{B_1 r}{2}(x\sqrt{1-x^2} + \arcsin x)\cdots\right\} \tag{27}$$

再由式（14）、式（15）得到

$$M = l^2\left[c_1 x + c_2 - \frac{A_2}{3}(1-x^2)\times\sqrt{1-x^2} + B_1 r\sqrt{1-x^2}\cdots\right] \tag{28}$$

$$V = l[c_1 + A_2 x\sqrt{1-x^2}\cdots] \tag{29}$$

梁的边界条件为

$$\left.\begin{array}{l}当 x=0 时，\quad y'(x)=0,\quad V(x)=0\\当 x=\pm 1 时，\quad M(x)=V(x)=0\end{array}\right\} \tag{30}$$

由上述条件得到

$$c_1 = c_2 = c_3 = 0$$

在式（30）中有一个条件与 $A_0=0$ 重复，故只决定了三个系数，还剩下一个系数 $c_4$。在式（25）中令 $x=0$，得

$$y(0) = \frac{l^4}{D}\left(c_4 - \frac{A_2}{15} + \frac{B_1 r}{3}\cdots\right) \tag{31}$$

为了消去 $c_4$，取相对位移 $y^0(x)=y(x)-y(0)$，即

$$y^0(x) = y(x) - y(0) = \frac{l^4}{D}\left\{-\frac{A_2}{120}\Big[15x\arcsin x - (2x^4 - 9x^2 - 8)\sqrt{1-x^2} - 8\Big]\right.$$
$$\left. + \frac{B_1 r}{6}[(x^2+2)\sqrt{1-x^2} + 3x\arcsin x - 2] + \cdots\right\} \approx \frac{l^4}{D}\left[x^2\left(-\frac{A_2}{6} + \frac{B_1 r}{2}\right) + \cdots\right] \tag{32}$$

轴向位移 $w(x)$ 必须满足下列边界条件

$$\left.\begin{array}{l}当 x=0 时, w=0\\当 x=\pm 1 时, P(x) = \dfrac{F}{l}\dfrac{\mathrm{d}w}{\mathrm{d}x} = 0\end{array}\right\} \tag{33}$$

将式（20）代入式（18），求得 $w(x)$ 的一般解，再利用边界条件式（33）确定其中系数，最后得 $w(x)$ 的解为

$$w(x) = -\frac{B_1 l^2}{F}\left(\frac{x}{2}\sqrt{1-x^2} + \frac{1}{2}\sin^{-1}x\right) + \cdots \approx -\frac{B_1 l^2 x}{F} + \cdots \tag{34}$$

设 $E_0$，$\mu_0$ 分别是基础的弹性模量和泊松比，由弹性力学平面应变问题方法，求得在表面力 $p(x)$ 和 $\tau(x)$ 作用下，基础表面位移为

$$u(x) = \frac{(1+\mu_0)(1-2\mu_0)lA_2}{E_0}x\sqrt{1-x^2} + \frac{2(1-\mu_0^2)lB_1}{E_0}x + \cdots \approx \frac{(1-\mu_0^2)lx}{E_0}(sA_2 + 2B_1) + \cdots \tag{35}$$

$$v(x) = \frac{(1-\mu_0^2)lA_2}{E_0}(2x^2 - 1) - \frac{(1+\mu_0)(1-2\mu_0)lB_1}{E_0}\sqrt{1-x^2} + \cdots,$$

$$v^0(x) = v(x) - v(0) = -\frac{2(1-\mu_0^2)lA_2}{E_0}x^2 + \frac{(1+\mu_0)(1-2\mu_0)lB_1}{E_0}(1-\sqrt{1-x^2}) + \cdots$$

$$\approx \frac{(1-\mu_0^2)l}{E_0} \times \left(2A_2 + \frac{s}{2}B_1\right)x^2 + \cdots \tag{36}$$

式中
$$s = \frac{1-2\mu_0}{1-\mu_0}$$

在接触面上，梁与地基的变形必须保持连续，即

$$\left.\begin{array}{c} w + w_t = u \\ y + y_t = v \end{array}\right\} \tag{37}$$

将 $w_t$，$y_t$，$w$，$y$，$u$，$v$ 的表达式代入上式，并比较两边系数，得到

$$B_1 = \frac{c_{32}\beta + c_{12}\lambda}{\Delta}, A_2 = \frac{-c_{31}\beta - c_{11}\lambda}{\Delta} \tag{38}$$

式中：
$$c_{11} = 15(kr - s), c_{12} = -5k - 60, c_{31} = -15i - 30, c_{32} = -15s, \Delta = c_{11}c_{32} - c_{12}c_{31},$$

$$s = \frac{1-2\mu_0}{1-\mu_0}, i = \frac{E_0 l}{F(1-\mu_0^2)}, k = \frac{E_0 l^3}{D(1-\mu_0^2)}, r = \frac{b}{l}, \beta = \frac{15(1+\mu)\alpha\psi E_0 l}{1-\mu_0^2}, \tag{39}$$

$$\lambda = \frac{15(1+\mu)\alpha T_m E_0}{1-\mu_0^2}$$

由式（14）、式（16），得

$$\left.\begin{array}{c} M(x) = l^2\left[B_1 r\sqrt{1-x^2} - \frac{A_2}{3}(1-x^2)\sqrt{1-x^2}\right] \\ p(x) = -B_1 l\sqrt{1-x^2} \end{array}\right\} \tag{40}$$

由上式可见拉应力的最大值出现在梁的中央断面上。在实际工程中，裂缝也往往出现在梁的中央部分，因此人们对梁中央断面上的应力最感兴趣。在上两式中令 $x=0$，得到中央断面上的弯矩 $M_0$ 和轴向力 $P_0$ 如下

$$M_0 = l^2\left(B_1 r - \frac{A_2}{3}\right), \quad P_0 = -B_1 l \tag{41}$$

求出 $M$、$P$ 后，由下式计算梁内应力

$$\sigma_x = \frac{E(y)}{1-\mu^2}\left(\frac{P}{E} - \frac{yM}{D}\right) \tag{42}$$

上式求出的是约束应力，与式（2）给出的自生应力叠加后，即得到梁内温度应力。

若梁是均质的（单层），厚度为 $2h$，长度为 $2l$，则 $b = h, F = \frac{2Eh}{1-\mu^2}, D = \frac{2Eh^3}{2(1-\mu^2)}, r = \frac{b}{l} = \frac{h}{l}$。

令 $\eta = E/E_0, \mu = \mu_0 = 1/6$ 代入以前各式，得到

$$T_m = \frac{1}{2h}\int_{-h}^{h}T\mathrm{d}y \tag{43}$$

$$\psi = \frac{3}{2h^3} \int_{-h}^{h} yT\mathrm{d}y \tag{44}$$

$$B_1 = \left(\frac{22.5}{\eta r^2} + 180\right) \frac{E\alpha T_\mathrm{m}}{(1-\mu)\Delta} + \frac{36E\alpha\psi h}{(1-\mu)r\Delta} \tag{45}$$

$$A_2 = \left(\frac{67.5}{\eta r^2} - 36\right) \frac{E\alpha T_\mathrm{m}}{(1-\mu)\Delta} - \left(\frac{22.5}{\eta r^2} + \frac{90}{r}\right) + \frac{E\alpha\psi h}{(1-\mu)\Delta} \tag{46}$$

$$\Delta = 331.2\eta + \frac{90}{r} + \frac{54}{r^2} + \frac{45}{r^3} + \frac{11.25}{\eta r^4} \tag{47}$$

$$P_0 = -lB_1, \quad M_0 = l^2\left(B_1 r - \frac{A_2}{3}\right) \tag{48}$$

$$\sigma_{\text{上缘}} = \frac{P_0}{2h} + \frac{3M_0}{2h^2}, \quad \sigma_{\text{下缘}} = \frac{P_0}{2h} - \frac{3M_0}{2h^2} \tag{49}$$

【算例1】 单层梁，$E=E_0$，即 $\eta=1.0$，$\mu=\mu_0=1/6$，受到均匀温度 $T$ 的作用，由上列各式计算的应力见表 1。为了比较，表中也给出了光弹性实验结果。由表可见，计算应力与实际结果是很接近的。其差别实际上在实验误差范围之内。

表 1　　　　　岩基上单层梁（$E=E_0$）在均匀温度作用下的弹性应力 $\sigma_x(1-\mu)/E\alpha T$

| $l/h$ | 计算应力 | | 实验应力 | |
|---|---|---|---|---|
| | 上缘 | 下缘 | 上缘 | 下缘 |
| 4 | −0.26 | −0.63 | −0.22 | −0.62 |
| 8 | −0.59 | −0.68 | −0.57 | −0.68 |
| 12.5 | −0.73 | −0.75 | −0.79 | −0.80 |

【算例2】 如图 3 所示，岩石基础上的两层浇筑块，厚度各为 2h，长度各为 $2l,h/l=1/8$，$E_0:E_1:E_2=3:2:1$，第一层受到均布温度 $T$ 的作用。用本文所述方法计算的应力见图 4，图中括号内数字是作者用弹性力学方法计算的结果，两者符合得很好。

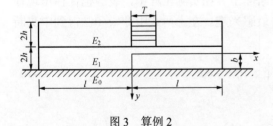

图 3　算例 2

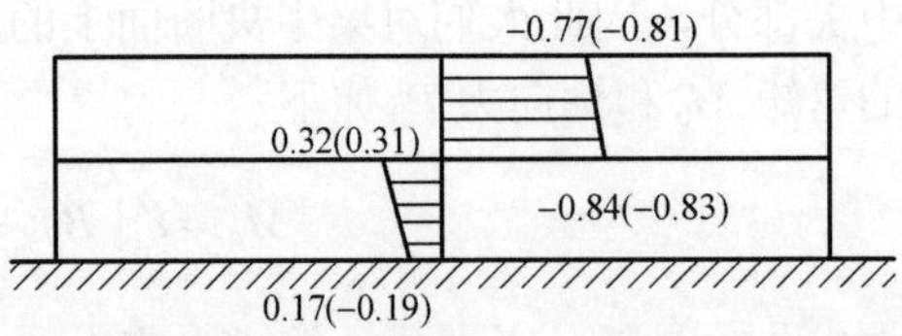

图 4　双层基础梁的弹性温度应力 $(1-\mu)\,\sigma_x/E\alpha T$

（括号内为弹性力学方法计算结果）

# 三、时变弹性模量的处理

混凝土的弹性模量是随着时间（龄期）而变化的。弹性模量的变化对温度应力有重要影响。为了考虑这个因素，可将时间划分为一系列时段，每一时段取一平均弹性模量

$$\overline{E}_i = \frac{E_{i-1} + E_i}{2}$$

该时段内产生的温度增量为

$$\Delta T_i = T_i - T_{i-1}$$

根据平均弹性模量 $\overline{E}_i$ 及温度增量 $\Delta T_i$，由前述方法可计算第 $i$ 时段内产生的弹性应力增量 $\Delta\sigma_i$，累积之，得到不同时间的温度应力如下

$$\sigma = \sum \Delta\sigma_i \qquad (50)$$

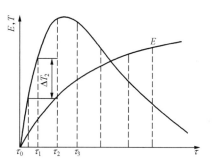

图 5　弹性模量 $E$ 与龄期关系

# 四、基础梁徐变应力分析的等效温度法

徐变对基础梁的应力状态有巨大影响，但要考虑混凝土的老化过程分析基础梁的徐变应力是一个很困难的问题。下面我们提出等效温度的方法来解决这个问题。

兹以单层梁为例，说明等效温度的概念。设在时间 $t=\tau_0$ 时发生温度变化 $T(y)$，用第二节方法求得基础反力系数 $A_2(\tau_0)$ 和 $B_1(\tau_0)$，此时基础反力为

$$p = \frac{A_2 H_2(x)}{\sqrt{1-x^2}}, \tau = \frac{B_1 H_1(x)}{\sqrt{1-x^2}}$$

今假定在比较短的时间 $\tau_1 - \tau_0$ 内，基础反力保持不变。设徐变变形的泊松比等于弹性变形的泊松比，根据线性徐变理论及第二节公式，梁的徐变变位为

$$y_c^0(x,t,\tau_0) \approx \frac{3(1-\mu^2)l^4}{2h^3} \times \left[-\frac{A_2(\tau_0)}{6} + \frac{B_1(\tau_0)}{2}\right]c(t,\tau_0)x^2 \qquad (51)$$

$$w_c(x,t,\tau_0) \approx \frac{(1-\mu^2)B_1(\tau_0)l^2}{2h}c(t,\tau_0)x \qquad (52)$$

式中 $c(t,\tau_0)$ 为混凝土的徐变度。

同理，基础的徐变变位为

$$u_c(x,t,\tau_0) = (1-\mu_0^2)lx[sA_2(\tau_0) + 2B_1(\tau_0)]c_0(t,\tau_0) \qquad (53)$$

$$v_c^0(x,t,\tau_0) = (1-\mu_0^2)lx^2 \times \left[2A_2(\tau_0) + \frac{s}{2}B_1(\tau_0)\right]c_0(t,\tau_0) \qquad (54)$$

式中 $c_0(t,\tau_0)$ 为基础的徐变度。

设 $\Omega(x,t,\tau_0)$ 和 $\rho(x,t,\tau_0)$ 为徐变引起的梁与基础的变位差，即

$$\Omega(x,t,\tau_0) = u_c(x,t,\tau_0) - w_c(x,t,\tau_0)$$
$$\rho(x,t,\tau_0) = v_c^0(x,t,\tau_0) - y_c^0(x,t,\tau_0) \qquad (55)$$

将式（51）～式（54）代入上式，得到

$$\Omega(x,t,\tau_0) \approx lx\left\{(1-\mu_0^2)[sA_2(\tau_0) + 2B_1(\tau_0)]c_0(t,\tau_0) + \frac{(1-\mu^2)lB_1(\tau_0)}{2}c(t,\tau_0)\right\} \qquad (56)$$

$$\rho(x,t,\tau_0) \approx lx^2\left\{(1-\mu_0^2)\left[2A_2(\tau_0) + \frac{s}{2}B_1(\tau_0)\right]c_0(t,\tau_0)\right.$$
$$\left. - \frac{3(1-\mu^2)l^3}{2h^3}\left[-\frac{A_2(\tau_0)}{6} + \frac{rB_1(\tau_0)}{2}\right]c(t,\tau_0)\right\} \qquad (57)$$

将以上两式与式（5）、式（6）比较，可见 $\Omega(x,t,\tau_0)$ 和 $\rho(x,t,\tau_0)$ 与 $w_t$ 和 $y_t$ 在式子的结构上是相似的。设 $T_m^c(t,\tau_0)$ 是与徐变变位等效的平均温度，$\psi^c(t,\tau_0)$ 是等效温度梯度，则徐变变位可表示为

$$\Omega(x,t,\tau_0)=(1+\mu)\alpha T_m^c(t,\tau_0)lx \tag{58}$$

$$\rho(x,t,\tau_0)=\frac{(1+\mu)\alpha}{2}\psi^c(t,\tau_0)l^2x^2 \tag{59}$$

式中

$$T_m^c(t,\tau_0)=\frac{1}{(1+\mu)\alpha}\left[(1-\mu_0^2)\times(sA_2+2B_1)c_0(t,\tau_0)+\frac{(1-\mu^2)B_1l}{2h}c(t,\tau_0)\right] \tag{60}$$

$$\psi^c(t,\tau_0)=\frac{-2}{(1+\mu)\alpha l}\left[(1-\mu_0^2)\times\left(2A_2+\frac{s}{2}B_1\right)c_0(t,\tau_0)-\frac{3(1-\mu^2)l^3}{2h^3}\left(-\frac{A_2}{6}+\frac{rB_1}{2}\right)c(t,\tau_0)\right] \tag{61}$$

在以上两式中令 $t=\tau_1$，得到在 $\tau_1-\tau_0$ 期间产生的 $T_m^c(\tau_1,\tau_0)$ 和 $\psi^c(\tau_1,\tau_0)$，把这些等效温度和梯度合并到在同一时间内发生的温差中去，用第二节所述方法，计算在 $t=\tau_1$ 时出现的新系数 $A_2(\tau_1)$ 和 $B_2(\tau_1)$，从而可计算 $\tau_1-\tau_0$ 时段内产生的应力增量。

在第二个时段 $\tau_2-\tau_1$ 内，再次假定基础反力不变，则徐变变位将来自两个方面，一方面是由 $\tau_1$ 时基础反力系数 $A_2(\tau_1)$ 和 $B_1(\tau_1)$ 引起的徐变，其等效平均温度和等效温度梯度为

$$T_m^c(t,\tau_1)=\frac{1}{(1+\mu)\alpha}\left\{(1-\mu_0^2)\left[sA_2(\tau_1)+2B_1(\tau_1)\right]c_0(t,\tau) \right.$$
$$\left. +\frac{(1-\mu^2)lB_1(\tau_1)}{2h}c(t,\tau_1)\right\} \tag{62}$$

$$\psi^c(t,\tau_1)=-\frac{2}{(1+\mu)\alpha l}\left\{(1-\mu_0^2)\left[2A_2(\tau_1)+\frac{s}{2}B_1(\tau_1)\right]c(t,\tau_1) \right.$$
$$\left. -\frac{3(1-\mu^2)l^3}{2h^3}\left[-\frac{A_2(\tau_1)}{6}+\frac{rB_1(\tau_1)}{2}\right]c(t,\tau_1)\right\} \tag{63}$$

另一方面是时间 $\tau_0$ 发生的基础反力系数 $A_2(\tau_0)$ 和 $B_2(\tau_0)$ 在本时段内继续引起的变位增量，其等效温度和等效温度梯度分别为

$$\Delta T_m^c(t,\tau_0)=T_m^c(t,\tau_0)-T_m^c(t_1,\tau_0) \tag{64}$$

$$\Delta\psi^c(t,\tau_0)=\psi^c(t,\tau_0)-\psi^c(t_1,\tau_0) \tag{65}$$

上二式右端各项式（60）、式（61）计算。

将式（62）、式（63）与式（64）、式（65）叠加，并令 $t=\tau_2$，即得到在第二时段 $\tau_2-\tau_1$ 内发生的徐变变位的等效温度和等效梯度，与该时段内发生的温差合并起来，再用第二节方法可算出第二时段的应力增量，如此逐步推算，可得到应力发展过程。

一般说来，在第 $j$ 时段，即在 $\tau_j-\tau_{j-1}$ 时间内，产生的等效温度和等效梯度分别为

$$T_{\mathrm{m}}^{\mathrm{c}}(\tau_j, \tau_{j-1}) = \sum_{k=0}^{j} \left[ T_{\mathrm{m}}^{\mathrm{c}}(\tau_j, \tau_k) - T_{\mathrm{m}}^{\mathrm{c}}(\tau_{j-1}, \tau_k) \right] \tag{66}$$

$$\psi^{\mathrm{c}}(\tau_j, \tau_{j-1}) = \sum_{k=0}^{j} \left[ \psi^{\mathrm{c}}(\tau_j, \tau_k) - \psi^{\mathrm{c}}(\tau_{j-1}, \tau_k) \right] \tag{67}$$

由于徐变变位的等效温度和等效梯度可以合并到温差中去，所以计算特别简单方便。我们在上面分析的是约束应力，至于徐变对自生温度应力的影响可用松弛系数法计算。

# 软基上船坞与水闸的温度应力[❶]

**摘　要：** 软基上的船坞和水闸不少在坞墙和闸墩上产生了贯穿性裂缝，说明这种结构也存在着比较大的温度应力问题。以前没有一个合适的计算方法。本文提出两个比较合理和实用的计算方法，以满足工程上的需要。一个是级数解法，另一个是简化解法。计算结果表明，当坞墙或闸墩与底板之间存在温差时，由于底板的约束作用，在坞墙或闸墩内将产生相当大的拉应力。如果这种拉应力超过了混凝土的抗裂能力，即将出现裂缝，因此，在船坞和水闸建设中，必须对混凝土的温度场进行一定的控制。

**关键词：** 软基；船坞；水闸；温度应力

## Thermal Stresses in Docks and Sluices on Soft Foundations

**Abstract:** Two methods are offered to compute the thermal stresses in docks and sluices on soft foundations. The first method is based on the theory of elasticity. The second method is a simplified one. The stresses computed by these methods are in agreement with the stresses measured in some docks during their construction.

**Key words:** soft foundation, dock, sluice, thermal stress

## 一、前言

实践经验表明，建筑在软基上的船坞和水闸，往往在坞墙和闸墩上产生贯穿性裂缝，如图 1 所示。软基对结构温度变形的约束作用是很小的，所以底板一般不出现贯穿裂缝。但当坞墙或闸墩与底板之间存在相对温差时，由于受到底板的约束，在坞墙或闸墩上将产生拉应力，从而导致了贯穿裂缝。

船坞和水闸的温度应力，严格说来，是一个三维应力问题，要求出精确解答是十分困难的。本文在充分研究这种结构特点的基础上，引进一些合理的假定，使问题得到适当的简化，从而得到一套能满足工程需要的实用的计算方法。这套方法是作者于 1974 年提出的，在内部刊物上发表后，在国内水电和交通部门得到了广泛采用。

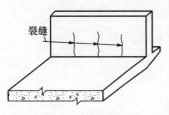

图 1　船坞裂缝

---

❶　原载《水利学报》1980 年第 6 期。

船坞和水闸的温度应力可分为自生应力和约束应力两部分。自生应力是坞墙或闸墩由于本身的内部制约而产生的应力。约束应力是由于底板的约束而产生的应力。这两部分应力叠加后得到船坞或水闸的真实应力。

# 二、自生应力

取坐标如图 2。假定温度只沿厚度方向变化，并对称于中面，即 $T(z)=T(-z)$。自生温度应力可按下式计算

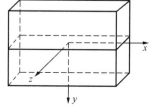

$$\sigma_x = \sigma_y = E_1\alpha(T_m - T) \qquad (1)$$

$$T_m = \frac{1}{t_1}\int T\mathrm{d}z \qquad (2)$$

式中：$T_m$ 是沿厚度方向的平均温度；$t_1$ 和 $E_1$ 分别是坞墙或闸墩的厚度和弹性模量。

自生应力与底板的约束作用无关。如果温度 $T$ 是均匀的，即 $T_m=T$，则自生应力为零。

图 2  坐标系

# 三、船坞坞墙的约束应力

对图 3 所示船坞，我们只考虑温度应力，因此所有外荷载都等于零，全部外表面都是自由面。如图 4 所示，在底面（自由面）上的 B 处，正应力和剪应力都等于零，即 $\sigma_y = \tau_{yz} = 0$。由于没有外荷载，在邻近的 A 处，正应力 $\sigma_y$ 沿厚度的合力必然是一个很小的量，即 $\int_{-t_1/2}^{t_1/2} \sigma_y \mathrm{d}z \approx 0$，作为近似措施，我们假定在接触面 A 上，沿厚度平均的正应力 $\sigma_y = 0$。相应地，可近似地假定与 $\sigma_y$ 保持平衡的 $\tau_{yz} = 0$。这些假定与工程力学中工字梁的计算理论是一致的。同理，在 $zx$ 平面内，可近似地假定在底板与坞墙接头 C 处 $\sigma_z = 0$。因此，在坞墙与底板的接头处，接触力只剩下 $\tau_{xy}$ 和 $\tau_{zx}$。

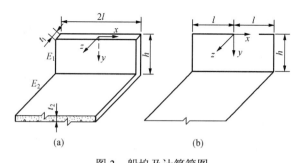

图 3  船坞及计算简图
（a）船坞；（b）计算简图

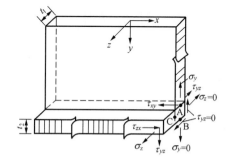

图 4  船坞应力

对于坞墙，取应力函数如下[1]

$$F = \sum_{i=1}^{\infty} \cos\lambda_i x \cdot \left[ A_i\mathrm{ch}\lambda_i y + B_i\mathrm{sh}\lambda_i y + C_i y\mathrm{ch}\lambda_i y + D_i y\mathrm{sh}\lambda_i y \right] \qquad (3)$$

坝墙的应力分量为

$$\sigma_x = \frac{\partial^2 F}{\partial y^2} = \sum_{i=1}^{\infty} \lambda_i \beta_i(y) \cos \lambda_i x$$

$$\sigma_y = \frac{\partial^2 F}{\partial x^2} = \sum_{i=1}^{\infty} \lambda_i^2 \phi_i(y) \cos \lambda_i x$$

$$\tau_{xy} = \frac{\partial^2 F}{\partial x \partial y} = \sum_{i=1}^{\infty} \lambda_i \psi_i(y) \sin \lambda_i x \tag{4}$$

坝墙的位移分量为

$$u = \frac{1}{E_1} \sum_{i=1}^{\infty} \left[ \beta_i(y) + \mu \phi_i(y) \right] \sin \lambda_i x$$

$$v = -\frac{1}{E_1} \sum_{i=1}^{\infty} [\eta_i(y) + \mu \psi_i(y)] \cos \lambda_i x \tag{5}$$

式中

$$\beta_i(y) = A_i \lambda_i \text{ch}\lambda_i y + B_i \lambda_i \text{sh}\lambda_i y + C_i(2\text{sh}\lambda_i y + \lambda_i y \text{ch}\lambda_i y) + D_i(2\text{ch}\lambda_i y + \lambda_i y \text{sh}\lambda_i y)$$

$$\phi_i(y) = A_i \text{ch}\lambda_i y + B_i \text{sh}\lambda_i y + C_i y \text{ch}\lambda_i y + D_i y \text{sh}\lambda_i y$$

$$\psi_i(y) = A_i \lambda_i \text{sh}\lambda_i y + B_i \lambda_i \text{ch}\lambda_i y + C_i(\text{ch}\lambda_i y + \lambda_i y \text{sh}\lambda_i y) + D_i(\text{sh}\lambda_i y + \lambda_i y \text{ch}\lambda_i y)$$

$$\eta_i(y) = A_i \lambda_i \text{sh}\lambda_i y + B_i \lambda_i \text{ch}\lambda_i y + C_i(\lambda_i y \text{sh}\lambda_i y - \text{ch}\lambda_i y) + D_i(\lambda_i y \text{ch}\lambda_i y - \text{sh}\lambda_i y) \tag{6}$$

在以上各式中，$A_i$、$B_i$、$C_i$、$D_i$ 是待定系数，$\lambda_i$ 是特征值，均决定于坝墙的边界条件。在坝墙的顶部，即当 $y=0$ 时

$$\sigma_y = 0 \tag{7}$$

$$\tau_{xy} = 0 \tag{8}$$

在坝墙的两端，即当 $x = \pm l$ 时

$$\sigma_x = 0 \tag{9}$$

$$\int_0^h \tau_{xy} \mathrm{d}y = 0 \tag{10}$$

在坝墙的底部，即当 $y=h$ 时

$$\sigma_y = 0 \tag{11}$$

$$t_1 \tau_{xy} = t_2 \bar{\tau}_{zx} \tag{12}$$

由式（7）

$$A_i = 0 \tag{13}$$

由式（8）

$$B_i = -C_1 / \lambda_i \tag{14}$$

由式（9）

$$\lambda_i = (2i-1)\pi / 2l \tag{15}$$

由式（10）

$$C_i = q_i D_i \tag{16}$$

式中

$$q_i = \lambda_i h \text{sh}\lambda_i h / (\text{sh}\lambda_i h - \lambda_i h \text{ch}\lambda_i h) \tag{17}$$

由平衡条件可知，式（10）与式（11）是等效的，故由式（11）得出的结果也是式（16）。将式（13）～式（16）代入式（4）、式（5），得到

$$\sigma_x = \Sigma \lambda_i D_i \cos \lambda_i x \cdot [q_i(\text{sh}\lambda_i y + \lambda_i y \text{ch}\lambda_i y) + 2\text{ch}\lambda_i y + \lambda_i y \text{sh}\lambda_i y]$$

$$\sigma_y = -\Sigma \lambda D_i \cos \lambda_i x \cdot [q_i(\lambda_i y \text{ch}\lambda_i y - \text{sh}\lambda_i y) + \lambda_i y \text{sh}\lambda_i y]$$

$$\tau_{xy} = \Sigma \lambda_i D_i \sin \lambda_i x \cdot \left[ q_i \lambda_i y \text{sh} \lambda_i y + \text{sh} \lambda_i y + \lambda_i y \text{ch} \lambda_i y \right] \tag{18}$$

$$u = \frac{1}{E_1} \Sigma D_i \sin \lambda_i x \cdot \left[ q_i (\text{sh} \lambda_i y + \lambda_i y \text{ch} \lambda_i y) + 2\text{ch} \lambda_i y + \lambda_i y \text{sh} \lambda_i y \right] \tag{19}$$

系数 $D_i$ 决定于坞墙与底板的接触条件。

假定底板是半无限长条，如图5，其余数据见图3（a）。其应力函数取为[1]

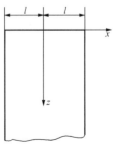

$$\overline{F} = \sum_{i=1}^{\infty} \cos \lambda_i x \times (\overline{C_i} + \overline{D_i} z) e^{-\lambda_i z} \tag{20}$$

则应力分量为

$$\overline{\sigma}_x = \sum \lambda_i \cos \lambda_i x \times (\lambda_i \overline{C_i} - 2\overline{D_i} + \overline{D_i} \lambda_i z) e^{-\lambda_i z}$$

$$\overline{\sigma}_z = -\sum \lambda_i^2 \cos \lambda_i x \cdot (\overline{C_i} + \overline{D_i} z) e^{-\lambda_i z}$$

$$\overline{\tau}_{zx} = -\sum \lambda_i \sin \lambda_i x \cdot (\lambda_i \overline{C_i} - \overline{D_i} + \lambda_i \overline{D_i} z) e^{-\lambda_i z} \tag{21}$$

图5　底板坐标系

位移分量为

$$\overline{u} = \frac{1}{E_2} \sum \sin \lambda_i x \cdot \left[ (1+\mu) \lambda_i (\overline{C_i} + \overline{D_i} z) - 2\overline{D_1} \right] e^{-\lambda_i z}$$

$$\overline{v} = \frac{-1}{E_2} \sum \cos \lambda_i x \cdot \left[ (1+\mu) \lambda_i (\overline{C_i} + \overline{D_i} z) + (1-\mu) \overline{D_i} \right] e^{-\lambda_i z} \tag{22}$$

船坞底板的边界条件为

当 $z=0$ 时 $\hspace{6cm} \sigma_z = 0 \tag{23}$

当 $x=\pm l$ 时 $\hspace{5.5cm} \sigma_x = 0 \tag{24}$

由式（23），得 $\hspace{5.5cm} \overline{C_i} = 0 \tag{25}$

以上式代入式（21）、式（22），得到

$$\overline{\tau}_{zx} = \sum \overline{D_i} \lambda_i \sin \lambda_i x \cdot (1 - \lambda_i z) e^{-\lambda_i z} \tag{26}$$

$$\overline{u} = (1/E_2) \sum \overline{D_i} \sin \lambda_i x \cdot \left[ (1+\mu) \lambda_i z - 2 \right] e^{-\lambda_i z} \tag{27}$$

在坞墙与底板的接头上，平衡条件要求：

当 $z=0$，$y=h$ 时 $\hspace{3cm} t_1 \tau_{xy} \Big|_{y=h} = t_2 \tau_{zx} \Big|_{z=0} \tag{28}$

位移连续条件要求

$$u \Big|_{y=h} + u_t = \overline{u} \Big|_{z=0} \tag{29}$$

式中：$u_t$ 为不受底板约束时坞墙的自由温度变位，$u_t = \alpha T_m x$，将上式展成富氏级数，得到

$$u_t = \sum_{i=1}^{\infty} \overline{u}_i \sin \lambda_i x \tag{30}$$

式中 $\hspace{2.5cm} \overline{u} = \frac{2}{l} \int_0^l \alpha T_m x \sin \lambda_i x \mathrm{d}x = \frac{4\alpha T_m (-1)^{i-1}}{(2i-1)\pi \lambda_i} \tag{31}$

将式（18）、式（26）代入式（28），得到

$$\overline{D_i} = \left[ q_i \lambda_i h \text{sh} \lambda_i h + \text{sh} \lambda_i h + \lambda_i h \text{ch} \lambda_i h \right] D_i t_1 / t_2 \tag{32}$$

将式（19）、式（27）、式（32）三式代入式（29），求得

$$\lambda_i D_i = 4E_1\alpha T_m(-1)^i/(2i-1)H_{1i}\pi \tag{33}$$

式中

$$H_{1i} = (q_i + \rho_1)(\mathrm{sh}\lambda_i h + \lambda_i h \mathrm{ch}\lambda_i h) + (1 + \rho_1 q_1)\lambda_i h \mathrm{sh}\lambda_i h + 2\mathrm{ch}\lambda_i h \tag{34}$$

$$\rho_1 = 2t_1 E_1/t_2 E_2 \tag{35}$$

当 $i \geqslant 2$ 时，因 $\mathrm{sh}\lambda h \simeq \mathrm{ch}\lambda h$，故有

$$q_i \simeq \lambda_i h/(1 - \lambda_i h) \tag{36}$$

$$H_{1i} \simeq \mathrm{sh}\lambda_i h \cdot [(q_i + \rho_1)(1 + \lambda_i h) + (1 + \rho_1 q_1)\lambda_i h + 2] \tag{37}$$

将 $\lambda_i D_i$ 代入式（18）即可求出坞墙的温度应力。在计算温度时我们假定底板温度为零，即 $T_m$ 是坞墙与底板的平均温度的差值。

【算例1】 船坞坞墙的高度 $h=8.00\text{m}$，宽度 $2l=16.00\text{m}$，厚度 $t_1=1.60\text{m}$，弹性模量为 $E_1$，均匀降温为 $-T$，线膨胀系数为 $\alpha$。底板厚度 $t_2=1.85\text{m}$，长度为半无限大，弹性模量 $E_2=E_1=E$。计算成果用无量纲数 $\sigma_x/E\alpha T$ 表示，见图6。图中虚线是按本文第六节提出的简化方法计算的应力。

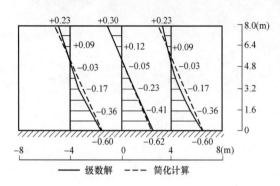

图6 船坞坞墙的温度应力 $\dfrac{\sigma_x}{E\alpha T}$

由图6可以看出，当坞墙均匀降温 $-T$ 时，墙下部约 2/3 高度范围内受拉，最大拉应力为 $\sigma_x=0.62E\alpha T$，最大压应力发生在顶部边缘，$\sigma_x=-0.30E\alpha T$。应力分布规律与岩石基础上混凝土浇筑块不同。对于高宽比等于 1/2 的浇筑块，在均匀温度作用下，整个断面几乎都受拉。在实际工程中，坞墙裂缝发生在下部约 2/3 高度范围内，与本文计算的受拉范围大体是吻合的。

## 四、水闸闸墩的约束应力

图7所示水闸，闸墩是一矩形板，其应力和位移表达式与坞墙相同，仍采用式（18）、式（19）两式。底板可以看成是两块半无限长条，它们在 $z=0$ 处连接起来，其应力与位移仍用式（21）、式（22）表示，但边界条件与船坞的底板不同。根据在 $z=0$ 处的连接件，水闸底板的边界条件如下：

当 $z=0$ 时， $\bar{v}=0$ （38）

当 $x=\pm l$ 时， $\bar{\sigma}_x=0$ （39）

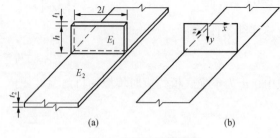

图7 水闸及计算简图

（a）水闸；（b）计算简图

由式（38）、式（22）两式求得 $\lambda_i \bar{C}_i = -(1-\mu)\overline{D}_i/(1+\mu)$，由式（39）得到 $\lambda_i l = (2i-1)\pi/2$，代入式（21）、式（22），得到水闸底板的剪应力和位移如下

$$\bar{\tau}_{zx} = -\sum \lambda_i \overline{D}_i \cdot \sin \lambda_i x \cdot [\lambda_i z - 2/(1+\mu)]\mathrm{e}^{-\lambda_i z}$$

$$\overline{u}_1 = \left[(1+\mu)/E_2\right]\sum \overline{D_i}\sin\lambda_1 x \cdot \left[\lambda_i z - (3-\mu)/(1+\mu)\right]e^{-\lambda_i z}$$

在以上两式中令 $z=0$，得到在接头处的剪应力和位移如下

$$\overline{\tau}_{zx}\big|_{z=0} = \left[2/(1+\mu)\right]\sum \lambda_i \overline{D}_i \sin\lambda_i x \tag{40}$$

$$\overline{u}\big|_{z=0} = -\left[(3-\mu)/E_2\right]\sum \overline{D}_i \sin\lambda_i x \tag{41}$$

在闸墩与底板的接头处，平衡条件要求

$$t_1\tau_{xy}\big|_{y=h} = 2t_2\overline{\tau}_{zx}\big|_{z=0} \tag{42}$$

位移连续条件要求

$$u\big|_{y=h} + u_i = \overline{u}\big|_{z=0} \tag{43}$$

将式（18）、式（40）代入式（42），得到

$$\overline{D}_i = (1+\mu)t_1 D_i(q_i\lambda_i h\mathrm{sh}\lambda_i h + \mathrm{sh}\lambda_i h + \lambda_i h\mathrm{ch}\lambda_i h)/4t_2$$

将式（19）、式（30）、式（41）三式代入式（43），得到

$$\lambda_i D_i = 4(-1)^i E_1\alpha T_m/(2i-1)\pi H_{2i} \tag{44}$$

$$H_{2i} = (q_1+\rho_2)(\mathrm{sh}\lambda_i h + \lambda_i h\mathrm{ch}\lambda_i h) + (1+\rho_2 q_i)\lambda_i h\mathrm{sh}\lambda_i h + 2\mathrm{ch}\lambda_i h \tag{45}$$

$$\rho_2 = (3-\mu)(1+\mu)t_1 E_1/4t_2 E_2 \tag{46}$$

式中 $q_i$ 见式（17）。由式（44）算出 $\lambda_i D_i$ 代入式（18）即可算出闸墩的约束应力。

当 $i \geqslant 2$ 时，因 $\mathrm{sh}\lambda_i h \approx \mathrm{ch}\lambda_i h$，式（45）可简化为

$$H_{2i} \simeq \mathrm{sh}\lambda_i h \cdot \left[(q_i+\rho_2)(1+\lambda_i h) + (1+\rho_2 q_i)\lambda_i h + 2\right] \tag{45a}$$

【算例 2】 水闸闸墩高度 $h=8\mathrm{m}$，宽度 $2l=16\mathrm{m}$，厚度 $t_1=1.5\mathrm{m}$，弹性模量为 $E_1$。水闸底板厚度 $t_2=1.5\mathrm{m}$，宽度 $2l=16\mathrm{m}$，弹性模量 $E_2=E_1=E$，泊松比 $\mu=0.16$。

用本节所述方法计算闸墩均匀降温 $-T_m$ 所引起的温度应力，计算结果用无量纲数 $\sigma_x/E\alpha T_m$ 表示，如图 8。由此图可见，应力分布规律与坞墙相似，但应力数值大一些，这是由于水闸底板是无限长条，其刚度大于船坞底板。

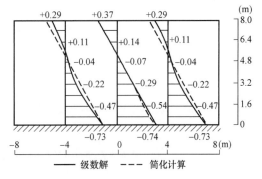

图 8  水闸闸墩温度应力 $\dfrac{\sigma_x}{E\alpha T_m}$

# 五、窄底板上坞墙和闸墩的约束应力

由以上两节可知，如果减小底板长度，从而降低底板的约束作用，必然可以减少坞墙和闸墩的约束应力。图 9 所示的窄底板上坞墙与闸墩，由于底板很窄，在计算约束应力时可假定底板中的应力只沿 $x$ 方向变化，而在 $z$ 方向应力不变。

设坞墙或闸墩作用于底板上的剪力为（图 10）

$$\overline{\tau} = \sum_{i=1}^{\infty} \lambda_i \overline{D}_i \sin\lambda_i x \tag{47}$$

积分后，得到底板所受轴向力为

$$N = -\sum_{i=1}^{\infty} \overline{D}_i \cos \lambda_i x \qquad (48)$$

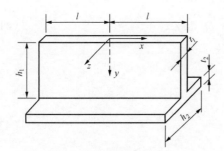

图 9 窄底板上的坞墙与闸墩

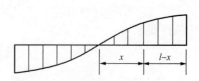

图 10 坞墙作用于底板上的剪力

由此得到底板中的拉应力为

$$\overline{\sigma}_x = \frac{N}{h_2 t_2} = -\frac{1}{h_2 t_2} \sum \overline{D}_i \cos \lambda_i x = E_2 \frac{\partial \overline{u}}{\partial x} \qquad (49)$$

由上式积分后得到底板的位移如下

$$\overline{u} = -\frac{1}{E_2 h_2 t_2} \sum \frac{\overline{D}_i}{\lambda_i} \sin \lambda_i x \qquad (50)$$

坞墙和闸墩的应力和位移仍由式（18）、式（19）两式表示。坞墙或闸墩与底板接头处的平衡条件为

$$t_1 \tau_{xy} \big|_{y=h} = \overline{\tau} \qquad (51)$$

接头处的位移连续条件为

$$u \big|_{y=h} + u_t = \overline{u} \qquad (52)$$

将式（18）、式（19）、式（30）、式（47）、式（50）诸式代入以上两式得到

$$\lambda_i D_i = 4E_1 \alpha T_m (-1)^i / (2i-1)\pi H_{3i} \qquad (53)$$

$$H_{3i} = (q_i + \rho_3)(\mathrm{sh}\lambda_i h + \lambda_i h \mathrm{ch}\lambda_i h) + (1 + \rho_3 q_i)\lambda_i h \mathrm{sh}\lambda_i h + 2\mathrm{ch}\lambda_i h \qquad (54)$$

$$\rho_3 = t_1 E_1 / t_2 E_2 \lambda_i h_2 \qquad (55)$$

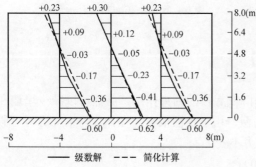

图 11 窄底板上坞墙或闸墩的温度应力 $\dfrac{\sigma_x}{E\alpha T}$

级数解 ——— 简化计算

将 $\lambda D_i$ 代入式（18）即可算出坞墙或闸墩的约束应力。

【算例 3】 坞墙均匀降温 $-T$ 度，坞墙高度 $h_1$=8m，厚度 $t_1$=1.60m，宽度 $2l$=16m，弹性模量为 $E_1$；底板厚度 $h_2$=1.60m，宽度 $2l$=16m，长度 $h_2$=2.50m，弹性模量 $E_2$=$E_1$=$E$，泊松比 $\mu$=0.16，底板温度为零。用本节方法算得温度应力如图 11 实线所示。

由图可见，窄底板上坞墙或闸墩的温度应力在数值上要小一些。

# 六、简化计算

对于窄底板上的坞墙与闸墩，下面试按 T 形梁进行计算。取坐标如图 12，原点放在以 $E$ 为权的断面形心上，即

$$\int Eby\,\mathrm{d}y = 0$$

加权形心的距离 $c$ 可按下式计算

$$c = \int Eby'\,\mathrm{d}y' / \int Eb\,\mathrm{d}y' \qquad (56)$$

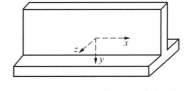

图 12　坐标系

式中：$y'=y+c$ 是自顶边算起的纵坐标；$E$ 和 $b$ 是坐标 $y$ 的函数。设断面沿高度方向共分为 $n$ 层，第 $i$ 层的弹性模量为 $E_i$，宽度为 $b_i$，高度为 $\Delta y_i'$，形心为 $y_i'$，则加权形心的距离 $c$ 可计算如下

$$c = \sum_{i=1}^{n} E_i b_i y_i' \Delta y_i' / \sum_{i=1}^{n} E_i b_i \Delta y_i' \qquad (57)$$

设温度是坐标 $y$ 和 $z$ 的函数，与 $x$ 无关，并对称于 $z$ 平面，即 $T(y, z) = T(y, -z)$，根据平面截面假设，温度应力可按下式计算

$$\sigma_x = E(y)\alpha\left[T_\mathrm{m} + \psi y - T(y,z)\right] \qquad (58)$$

$$T_\mathrm{m} = \iint E(y)T(y,z)\,\mathrm{d}y\,\mathrm{d}z / \int E(y)b(y)\,\mathrm{d}y \qquad (59)$$

$$\psi = \iint E(y)T(y,z)y\,\mathrm{d}y\,\mathrm{d}z / \int E(y)b(y)y^2\,\mathrm{d}y \qquad (60)$$

在物理概念上，$T_\mathrm{m}$ 是以 $E(y)$ 为权的平均温度，$\psi$ 是以 $E(y)$ 为权的等效温度梯度。注意此时坐标原点在断面的加权形心上。对于任意的温度场，可通过数值积分由以上两式求出 $T_\mathrm{m}$ 和 $\psi$。如果温度是分区均匀的，式（59）、式（60）两式经过积分可得到 $T_\mathrm{m}$ 和 $\psi$ 的显式。

必须指出，利用式（58），可以把自生应力与约束应力合并在一起计算。

**【算例 4】**　按本节所述简化方法计算例 3。计算结果见图 11 虚线所示。由图可见，在中央断面上（$x=0$），两种方法计算结果十分接近。在 $x=\pm l/2$ 断面上，两者相差略大一些，但仍可满足实用需要。在坞墙的两端，按级数解 $\sigma_x=0$，简化计算已不适用。由于实际工程中裂缝多出现在 $-l/2 \leqslant x \leqslant +l/2$ 范围内，所以简化计算方法已可满足实用需要。

下面我们设法简化无限长底板上坞墙与闸墩的温度应力计算。

## （一）船坞温度应力的简化计算

从第三节可知，坞墙温度应力决定于系数 $D_i$，而 $D_i$ 又决定于 $H_{1i}$，比较式（34）、式（54）两式，可见 $H_{1i}$ 与 $H_{3i}$ 的差别取决于 $\rho_1$ 与 $\rho_3$，如果我们选择一个等效的 $h_2$，使

$$\rho_1 = \rho_3 \qquad (61)$$

则可用底板宽度为 $h_2$ 的 T 形梁去代替原来的半无限长底板上的坞墙，而 T 形梁温度应力的计算可用简化公式（58）。

将式（35）、式（55）两式代入式（61），得到等效底板宽度如下（图 13）

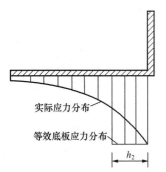

实际应力分布

等效底板应力分布

$h_2$

图 13　船坞底板的等效宽度 $h_2$

$$h_2 = 1/2\lambda = l/(2i-1)\pi \qquad (62)$$

由上式可知 $h_2$ 与 $i$ 有关，如按式（53）计算应力，则按式（62）计算 $h_2$。今按 T 形梁计算应力，可取 $i=1$，故

$$h_2 = l/\pi \qquad (63)$$

**【算例 5】** 基本数据同算例 1，由式（63）算得 $h_2=8/\pi=2.55$m，由式（58）算得温度应力如图 6 虚线所示。

（二）水闸温度应力的简化计算

由第四节可知，无限长底板上水闸温度应力与窄底板上闸墩温度应力的差别取决于 $\rho_2$ 和 $\rho_3$，今选择一个等效的底板宽度 $h_2$，使

$$\rho_2 = \rho_3 \qquad (64)$$

将式（46）、式（55）两式代入式（64），解得

$$h_2 = 4/(3-\mu)(1+\mu)\lambda = 8l/(3-\mu)(1+\mu)(2i-1)\pi \qquad (65)$$

在上式中取 $i=1$，$\mu=0.16$，得到

$$h_2 = 0.773l \qquad (66)$$

因此可用底板宽度为 $h_2$ 的 T 形梁去代替原来的水闸（参阅图 14），按简化公式（58）计算其温度应力。

**【算例 6】** 基本数据同算例 2，由式（66）算得 $h_2=0.773\times8=6.18$m，用式（58）算得温度应力如图 8 虚线所示。

从以上三个算例可知，用简化方法计算的应力在 $-l/2 \leqslant x \leqslant +l/2$ 范围内与级数解计算结果很接近，可满足实用需要。用简化方法计算时，自生应力与约束应力可合并计算，不必分开计算，而且坞墙和闸墩可以是变厚度的。

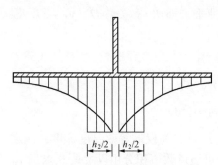

图 14　水闸底板的等效宽度 $h_2$

**【算例 7】** 如图 15 所示船坞，设坞墙均匀降温 $T℃$，用简化方法计算其温度应力。由式（63）算得 $h_2=9.00/\pi=2.87$m，如图 15（b）所示，底板总宽度为 2.87+2.15+2.35=7.37m，根据图中所示实际尺寸，按变厚度 T 形梁，用式（58）算得坞墙温度应力如图 15（a）所示，最大拉应力为 $\sigma_x=-0.66E\alpha T$。

在上述计算中，混凝土弹性模量 $E$ 取为常数。在计算早期混凝土温度应力时，为了提高计算精度，应考虑 $E$ 随混凝土龄期的变化。这时可将时间 $\tau$ 划分为若干时段 $\Delta\tau$，在第 $i$ 个时段 $\Delta\tau_i$，内，各层混凝土的弹性模量取时段内平均值 $E(\tau_i, y)$，又取该时段首末各点温度的差值作为温度场增量 $\Delta T(\tau_i, y, z)$，根据平截面假设，在 $\Delta\tau$，内产生的应力增量可

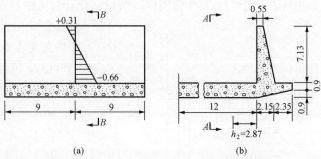

图 15　船坞的温度应力

(a) 纵剖面 $AA$ 及 $\dfrac{\sigma_x}{E\alpha T}$；(b) 横剖面 $BB$

按下式计算

$$\Delta\sigma_x(\tau_i) = E(\tau_i, y)\alpha[\Delta T_m(\tau_i) + \Delta\psi(\tau_i)y - \Delta T(\tau_i, y, z)] \tag{67}$$

在式（59）、式（60）两式中，用 $\Delta T(\tau_i, y, z)$ 代换 $T(y, z)$，即得到 $\Delta T_m(\tau_i)$ 和 $\Delta\psi(\tau_i)$ 的算式。将应力增量乘以相应龄期的混凝土松弛系数，然后累加之，得到考虑混凝土徐变的温度徐变应力如下

$$\sigma_x^*(t) = \sum K_p(t, \tau_i)\Delta\sigma_x(\tau_i) \tag{68}$$

式中：$K_p(t, \tau_i)$ 为混凝土松弛系数。

# 七、计算值与实测值的比较

自从作者在 1974 年提出上述计算方法以后，已先后应用于我国的山海关、红星、文冲等大型船坞工程中，在这些工程中还实测了船坞的温度应力。原南京水利科学研究所、交通部第一、四航务局科研所等单位对这些船坞工程温度应力的实测值和计算值进行了全面的分析研究。分析结果表明，两种方法的计算结果与实测值的变化规律相同，数值亦较吻合，一般相差都在 0.3MPa 以内。图 16 中表示了文冲Ⅱ号船坞 8 段 1.9m 高度中心点应力过程线❶。

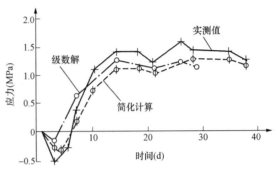

图 16　应力过程线

# 八、结束语

船坞和水闸的温度应力是十分复杂的三维应力问题。作者在充分研究这种结构的特点后，引进一些合理的假定，得到了两个实用的计算方法。从最近几年在我国几个大型船坞工程中应用的情况来看，计算结果反映了温度应力的变化规律，计算值与实测值较吻合。

参 考 文 献

[1] 朱伯芳. 软基上船坞与水闸的温度应力. 水利水运科技情报，1975，（2）.

---

❶ 见交通部第四航务局科研所、南京水利科学研究院，文冲Ⅱ号船坞坞墙温度应力研究报告，1977 年。

# 库 水 温 度 估 算[❶]

**摘　要：** 在水库工程设计中必须正确地估算库水温度，但由于影响因素较多，变化规律较复杂，要准确地推算颇不容易。本文根据国内外大量实测资料，提出一套比较简便的估算方法，供工程设计采用，即计算水深 $y$ 时间 $\tau$ 的水温公式（1），水深 $y$ 处年平均水温 $T_m(y)$ 的公式（7），水深 $y$ 处年水温变幅 $A(y)$ 的公式（11），以及水深 $y$ 处水温相位差 $\varepsilon$ 的公式（2）。这组公式的计算结果与实测资料符合得很好。

**关键词：** 库水温度；计算公式

# Prediction of Water Temperature in Reservoirs

**Abstract:** Formulae are given for the prediction of water temperature in reservoirs as follows:
The temperature of the water at depth y and time $\tau$

$$T(y,\tau) = T_m(y) + A(y)\ \cos\omega(\tau - \tau_0 - \varepsilon) \tag{1}$$

The yearly mean temperature at depth $y$

$$T_m(y) = c + (b - c)e^{-0.04y} \tag{7}$$

The amplitude of yearly variation of water temperature at depth $y$

$$A(y) = A_0 e^{-0.018y} \tag{11}$$

The phase difference of water temperature at depth $y$

$$\varepsilon = 2.15 - 1.30e^{-0.085y} \text{（month）} \tag{12}$$

Methods are given to determine the parameters involved in these formulas.
Results computed by these formulae agree well with those observed in reservoirs.

**Key words:** water temperature in reservoirs, computing formulas

## 一、前言

在水库工程设计中必须正确地估算库水温度，例如，在混凝土重力坝的设计中，为了确定坝体灌浆温度，必须知道年平均库水温度；在混凝土拱坝设计中，为了确定拱坝的温度荷载，必须知道库水温度的年变幅和相位差。但目前还缺乏一套比较实用的计算方法。

库水温度受到多种因素的影响，包括气候条件、来水来沙情况、水库库容和深度、水库运用方式等等。在大型工程的技术设计阶段，应研究分析条件相似的已成水库的实测资料，

---

[❶]　原载《水利学报》1985 年第 2 期。

并根据本工程的具体情况，加以推算。但由于影响因素较多、变化规律较复杂，这种推算是颇不容易的。除了大型工程外，对于一般的工程都要求进行这种推算是不易做到的。1980 年我国混凝土拱坝设计规范编制组委托作者研究拱坝温度荷载的计算方法，由于库水温度对拱坝温度荷载有重要影响，作者对库水温度进行了较系统的研究，于 1982 年提出了一套比较简便的计算方法[1]。这套计算方法已被我国混凝土拱坝设计规范所采用。限于篇幅，规范文本中只列出了计算公式。本文对这套计算方法进行较详细的阐述。

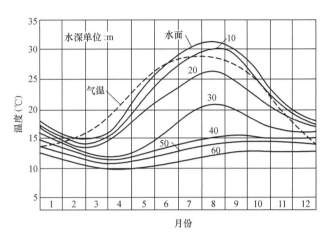

图 1  新丰江水库实测水温

## 二、库水温度的表达式

在图 1～图 5 中表示了几个已建成水库的实测水温变化情况[3~5]。由图可以看出：

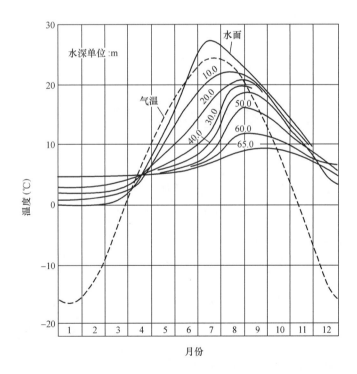

图 2  丰满水库实测水温

（1）水温以一年为周期，呈周期性变化，温度变幅以表面为最大，随着水深的增加，变幅逐渐减小，在深度 70m 以下，水温即很少变化，终年维持一个比较稳定的低温。这是由于水在 4℃时密度最大，沉在库底的接近 4℃ 的低温水具有较大的密度，不易排出，因而水库底部终年维持着较低的温度。当水库深度不到 50m 时，库底水温就有一定的变化。

（2）与气温变化比较，水温的变化有滞后现象，相位差随着深度的增加而有所改变。

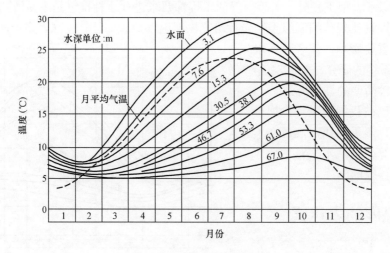

图 3　海瓦西水库实测水温

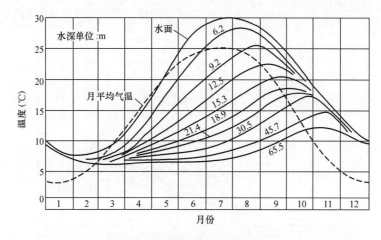

图 4　诺里斯水库实测水温

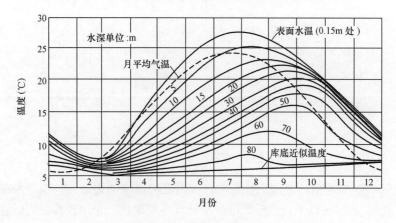

图 5　方坦那水库实测温度

（3）由于日照的影响，表面水温略高于气温。

根据实测资料，不同深度的库水温度变化可近似地用余弦函数表示如下

$$T(y,\tau) = T_m(y) + A(y)\cos\omega(\tau - \tau_0 - \varepsilon) \tag{1}$$

式中：$y$ 为水深，m；$\tau$ 为时间，月；$T(y,\tau)$ 为水深 $y$ 处在时间为 $\tau$ 时的温度，℃；$T_m(y)$ 为水深 $y$ 处的年平均温度，℃；$A(y)$ 为水深 $y$ 处的温度年变幅，℃；$\varepsilon$ 为水温与气温变化的相位差，月；$\omega = 2\pi/P$ 为温度变化的圆频率，$P$ 为温度变化的周期，12 个月。

$\tau_0$ 和 $\varepsilon$ 的物理意义可用图 6 说明。当 $\tau = \tau_0$ 时，气温最高。当 $\tau = \tau_0 + \varepsilon$ 时，水温达到最高值。通常气温以 7 月中旬为最高，故可取 $\tau_0 = 6.5$ 月。相位差 $\varepsilon$ 是随着水深而变化的。由以上所述可知，只要决定了年平均水温 $T_m(y)$，年变幅 $A(y)$ 和相位差 $\varepsilon$，则任意时间任意深度的温度都可以由式（1）算出。国内外一些已建成水库实测水温的资料见表 1。

**表 1**　　　　　　　　　　　　　　国内外一些库水温度的实测资料

| 水库 | 国别 | 坝高（m） | 空气温度（℃） | | | | | 库水温度（℃） | | | 说明 |
| | | | 年平均气温 | 修正年平均气温 | 最低三个月平均气温 | 气温年变幅 | 修正气温年变幅 | 表面年平均水温 | 库底年平均水温 | 表面水温年变幅 | |
| 丰满 | 中国 | 90.5 | 5.1 | 9.1 | −13.3 | 20.1 | 11.9 | 11.3 | 6.0 | 13.2 | |
| 云峰 | 中国、朝鲜 | 117.7 | 6.1 | | | | | 10.5 | 4.5 | 13.3 | |
| 刘家峡 | 中国 | 148.0 | 9.6 | | | | | 11.0 | 13.0 | | 水库有异重流 |
| 官厅 | 中国 | 45.0 | 9.9 | 11.3 | −2.5 | 15.2 | 12.0 | 12.2 | | 13.0 | |
| 佛子岭 | 中国 | 75.0 | 14.5 | | 5.2 | 13.7 | | 14.9 | 8.0 | 12.7 | |
| 新安江 | 中国 | 105.0 | 17.3 | | 8.1 | 11.3 | | 21.1 | 10.0 | 10.2 | |
| 枫树坝 | 中国 | 95.0 | 20.6 | | 15.0 | 7.6 | | 24.0 | 12.0 | 8.2 | |
| 新丰江 | 中国 | 105.0 | 21.7 | | 14.2 | 7.4 | | 21.4 | 12.0 | 7.9 | |
| 包尔德 | 美国 | 221.0 | 22.3 | | | 12.0 | | 19.5 | 12.8 | 7.3 | 水库有异重流 |
| 海瓦西 | 美国 | 94.0 | 14.2 | | 5.7 | 13.8 | | 19.2 | 6.5 | 10.9 | |
| 诺里斯 | 美国 | 81.0 | 14.0 | | 4.3 | 10.7 | | 18.2 | 7.9 | 11.2 | |
| 方坦那 | 美国 | 143.0 | 15.3 | | 6.8 | 9.4 | | 18.2 | 6.5 | 9.9 | |
| 布拉茨克 | 前苏联 | 125.0 | −2.6 | | | | | 4.5 | 3.5 | | |
| 乌斯季伊里姆斯克 | 前苏联 | 水深 65~87.0 | −3.9 | | | | | 冰封 6.5 月 | 2~3 | | |
| 克拉斯诺雅尔斯克 | 前苏联 | 水深 90~100.0 | 0 | | | | | 冰封 5 个月 | 3~5 | | |

# 三、年平均水温

年平均水温是随着水深而变化的。在水库表面，水温最高，随着水深的增加，温度逐渐降低。下面说明如何计算表面年平均水温、库底年平均水温及任意深度的年平均水温。

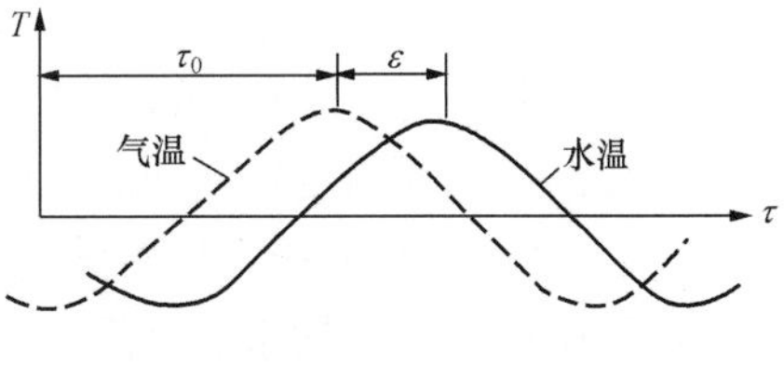

图 6　$\tau_0$ 和 $\varepsilon$

**（一）表面年平均水温 $T_s$**

根据冬季水库表面是否结冰，分别计算如下：

（1）一般地区（年平均气温 10~20℃）和炎热地区（年平均气温 20℃以上）的表面年平均水温。这些地区冬季水库表面不结冰，表面年平均水温可按下式计算

$$T_s = T_a + \Delta b \tag{2}$$

式中：$T_s$ 为表面年平均水温；$T_a$ 为当地年平均气温；$\Delta b$ 为温度增量，主要由于日照影响。从实测资料可知，在一般地区 $\Delta b = 2 \sim 4℃$，在炎热地区 $\Delta b = 0 \sim 2℃$。初步设计中一般地区可取 $\Delta b = 3℃$，炎热地区可取 $\Delta b = 1℃$。

（2）寒冷地区（年平均气温在 10℃ 以下）的表面年平均水温。在寒冷地区如仍按式（2）计算，$\Delta b$ 高达 $5 \sim 6℃$。在分析一批水库的实测资料后，作者发现，这主要是由于冬季水库表面结冰以后，冰盖把上面的冷空气与水体隔开了，尽管月平均气温可降至零下，表面水温仍维持零度左右，不与气温同步。因此在这种情况下，不宜再用式（2），建议采用下式计算

$$T_s = T_a' + \Delta b \tag{3}$$

$$T_a' = \frac{1}{12}\sum_{i=1}^{12} T_i \tag{4}$$

$$T_i = \begin{cases} T_{ai} & \text{若} T_{ai} \geqslant 0 \\ 0 & \text{若} T_{ai} < 0 \end{cases} \tag{5}$$

式中：$T_{ai}$ 为第 $i$ 月的平均气温；$T_a'$ 为修正年平均气温；$\Delta b$ 为主要由日照引起的温度增量，根据实测资料，可取 $\Delta b = 2℃$。

如丰满水库，$T_a' = 9.1℃$，取 $\Delta b = 2℃$，由上式 $T_s = 9.1 + 2.0 = 11.1℃$，与实测值 11.3℃ 相近。

（二）库底年平均水温 $T_b$

大量实测资料表明，在一般地区，库底年平均水温与最低 3 个月的平均气温相近，故可按下式估算

$$T_b \approx (T_{12} + T_1 + T_2)/3 \tag{6}$$

式中：$T_{12}$、$T_1$、$T_2$ 分别为 12 月、1 月、2 月的平均气温，其误差约为 $0 \sim 3℃$。

由于水在 4℃ 时密度最大，在寒冷地区，库底水温一般维持在 $4 \sim 6℃$。在西伯利亚那样的特殊寒冷地区，水库表面结冰时间往往长达半年以上，库底水温只有 $2 \sim 4℃$。

根据实测资料，在我国，对于深度在 50m 以上的水库，库底年平均水温可参照表 2 采用。

表 2          建议采用的库底年平均水温 $T_b$

| 气候条件 | 严寒（东北） | 寒冷（华北、西北） | 一般（华东、华中、西南） | 炎热（华南） |
|---|---|---|---|---|
| $T_b$（℃） | $4 \sim 6$ | $6 \sim 7$ | $7 \sim 10$ | $10 \sim 12$ |

在多泥沙河流上，如在水库中有可能形成直达坝前的异重流，夏季入库的高温浑水，沿库底流至坝前，赶走了库底的低温水（因浑水的容重大于低温清水的容重），库底年平均水温将显著提高，因而需进行专门的分析，初步计算中可取 $T_b = 11 \sim 13℃$。

（三）任意深度的年平均水温 $T_m(y)$

如前所述，年平均水温是随着水深而递减的。现在我们来分析年平均水温随深度而变化的规律。令

$$\Delta T(y) = T_m(y) - T_b$$

显然，在水库表面，$y=0$，有

$$\Delta T_0 = T_m(0) - T_b = T_s - T_b$$

比值 $\Delta T(y)/\Delta T_0$ 是随着水深而递减的，根据几个水库实测资料而整理的 $\Delta T(y)/\Delta T_0$ 与水

深 $y$ 的关系见表 3。从此表可知，其平均值可用函数 $e^{-0.04y}$ 逼近，因此可用下式计算任意深度的年平均水温

$$T_{m}(y) = c + (b-c)\ e^{-0.04y} \tag{7}$$

$$c = (T_{b} - bg)/(1-g) \quad g = e^{-0.04H} \tag{8}$$

式中：$H$ 为水库深度，m；$b = T_a$，见式（2）、式（3）。

**表 3** $\qquad\qquad\qquad$ $\Delta T(y)/\Delta T_0$ 与水深 $y$ 关系

| 水深 $y$（m） | 0 | 10 | 20 | 30 | 40 | 50 | 60 |
|---|---|---|---|---|---|---|---|
| 新安江 | 1.00 | 0.577 | 0.271 | 0.136 | 0.093 | 0.051 | 0.034 |
| 新丰江 | 1.00 | 0.644 | 0.385 | 0.221 | 0.134 | 0.067 | 0.019 |
| 丰满 | 1.00 | 0.768 | 0.571 | 0.446 | 0.357 | 0.268 | 0.143 |
| 佛子岭 | 1.00 | 0.703 | 0.481 | 0.333 | 0.185 | 0.086 | 0 |
| 海瓦西 | 1.00 | 0.716 | 0.569 | 0.502 | 0.416 | 0.306 | 0.160 |
| 诺里斯 | 1.00 | 0.565 | 0.303 | 0.131 | 0.071 | 0.020 | 0.010 |
| 平均 | 1.00 | 0.662 | 0.430 | 0.295 | 0.209 | 0.133 | 0.061 |
| $e^{-0.04y}$ | 1.00 | 0.670 | 0.449 | 0.301 | 0.202 | 0.135 | 0.091 |

# 四、水温年变幅

水温年变幅，在表面最大，随着深度的增加而逐渐减小。

## （一）表面水温年变幅 $A_0$

（1）一般地区表面水温年变幅。实测资料表明，在一般地区，水库表面水温年变幅 $A_0$ 与当地气温年变幅 $A_a$ 相近。在表 4 中列出了一些水库表面温度与当地气温的实测资料。从此表可以看出，最高月平均表面水温略高与最高月平均气温，但最低月平均表面水温也略高于最近月平均气温，表面水温年变幅与当地气温年变幅很接近。6 个水库平均，$A_0/A_a = 1.01$，实用上可取 $A_0 = A_a$。月平均气温通常以 7 月为最高，1 月为最低，因此在一般地区，水库表面温度年变幅 $A_0$ 建议计算如下

$$A_0 = (T_7 - T_1)/2 \tag{9}$$

式中：$T_7$、$T_1$ 分别为当地 7 月、1 月的平均气温。

**表 4** $\qquad\qquad\qquad$ 一般地区水库表面水温年变幅与气温年变幅关系

| 水库 | 月平均气温（℃） | | 月平均表面水温（℃） | | 表面水温年变幅 $A_0$ | 气温年变幅 $A_a$ | $A_0/A_a$ |
|---|---|---|---|---|---|---|---|
| | 最高 | 最低 | 最高 | 最低 | | | |
| 新丰江 | 28.8 | 14.0 | 31.0 | 15.2 | 7.9 | 7.4 | 1.07 |
| 新安江 | 30.1 | 7.4 | 31.9 | 11.9 | 10.0 | 11.35 | 0.88 |
| 古田一级 | 28.4 | 10.0 | 28.3 | 10.4 | 8.95 | 9.20 | 0.97 |
| 海瓦西 | 23.9 | 4.4 | 29.5 | 7.9 | 10.80 | 9.75 | 1.11 |
| 诺里斯 | 24.6 | 2.8 | 29.6 | 7.5 | 11.05 | 10.90 | 1.01 |
| 方坦那 | 24.1 | 4.9 | 27.2 | 7.6 | 9.8 | 9.6 | 1.02 |
| 平　　均 | | | | | | | 1.01 |

（2）寒冷地区表面水温年变幅。在寒冷地区，冬季月平均气温要降至零下。由于水库表面会结冰，表面水温不会降至零下，而维持零度。在这种情况下，表面水温年变幅不能再用式（9）计算。从实测资料来看，最高月平均表面水温为 $T_7 + \Delta T$，其中 $\Delta T$ 为日照影响。冬季由于水库结冰，最低月平均表面水温为零，故在寒冷地区，水库表面水温年变幅 $A_0$ 建议用下式计算

$$A_0 = \frac{1}{2}(T_7 + \Delta T) = \frac{1}{2}T_7 + \Delta a \tag{10}$$

式中：$\Delta a$ 是日照引起的温度增量，据实测资料，$\Delta a = 1 \sim 2℃$，一般可取平均值 $\Delta a = 1.5℃$。

以寒冷地区的两个水库为例：丰满水库，实测最高月平均表面水温为 26.8℃，最高月平均气温 $T_7 = 24.2℃$，差值 $\Delta T = 2.6℃$，故 $\Delta a = 1.3℃$。官厅水库，实测最高月平均表面水温为 28.1℃，最高月平均气温为 24.3℃，$\Delta T = 3.8℃$，$\Delta a = 1.9℃$。

（二）任意深度的水温年变幅 $A(y)$

水温年变幅 $A(y)$ 是随着水深 $y$ 而衰减的。表 5 中列出了国内外一些水库 $A(y)/A_0$ 的比值与水深 $y$ 的关系。从此表可见，$A(y)/A_0$ 可用水深的指数函数逼近，其平均值与 $e^{-0.018y}$ 很接近，因此任意深度的水温年变幅可用下式计算

$$A(y) = A_0 e^{-0.018y} \tag{11}$$

式中：$A(y)$ 为水深 $y$ 处的水温年变幅，℃。

**表 5**            $A(y)/A_0$ 与水深 $y$ 的关系

| 水深 $y$（m） | 0 | 10 | 20 | 30 | 40 | 50 | 60 |
|---|---|---|---|---|---|---|---|
| 丰满 | 1.00 | 0.75 | 0.62 | 0.61 | 0.56 | 0.46 | 0.28 |
| 古田一级 | 1.00 | 0.87 | 0.76 | 0.72 | 0.65 | — | — |
| 新丰江 | 1.00 | 0.89 | 0.79 | 0.53 | 0.23 | 0.21 | 0.18 |
| 包尔德 | 1.00 | 0.89 | 0.71 | 0.47 | 0.33 | 0.22 | 0.15 |
| 方坦那 | 1.00 | 0.84 | 0.75 | 0.66 | 0.60 | 0.54 | 0.46 |
| 诺里斯 | 1.00 | 0.75 | 0.51 | 0.46 | 0.40 | 0.34 | 0.28 |
| 海瓦西 | 1.00 | 0.82 | 0.74 | 0.68 | 0.64 | 0.53 | 0.36 |
| 平均 | 1.00 | 0.831 | 0.697 | 0.590 | 0.487 | 0.384 | 0.285 |
| $e^{-0.018y}$ | 1.00 | 0.835 | 0.697 | 0.583 | 0.487 | 0.406 | 0.339 |

# 五、水温变化的相位差

水温变化的相位差是随着深度而变化的。根据大量实测资料，作者建议按下式计算水温变化的相位差 $\varepsilon$

$$\varepsilon = 2.15 - 1.30 e^{-0.085y} \quad （月） \tag{12}$$

式中：$y$ 为水深，m。

在表 6 中列出了一些已成水库实测的水温相位差，其平均值与按上式计算的数值很接近。

**表 6**　　　　　　　　　　　　　　相 位 差 $\varepsilon$（月）

| 水深（m） | 0 | 5 | 10 | 20 | 30 | 40 | 50 | 60 |
|---|---|---|---|---|---|---|---|---|
| 新安江 | 1.10 | 1.70 | 2.00 | 2.30 | 2.40 | 2.40 | 2.40 | 2.40 |
| 古田一级 | 1.10 | 1.30 | 1.30 | 1.30 | 1.40 | 1.40 | — | — |
| 海瓦西 | 0.70 | 1.00 | 1.30 | 1.50 | 1.70 | 2.00 | 2.05 | — |
| 诺里斯 | 0.60 | 1.00 | 1.60 | 2.20 | 2.50 | 2.60 | 2.60 | 2.60 |
| 方坦那 | 0.85 | 1.10 | 1.60 | 2.00 | 2.15 | 2.15 | 2.15 | 2.15 |
| 平均值 | 0.87 | 1.22 | 1.56 | 1.86 | 2.03 | 2.11 | 2.30 | 2.38 |
| 式（12）计算值 | 0.85 | 1.30 | 1.59 | 1.91 | 2.05 | 2.11 | 2.13 | 2.14 |

# 六、算例

**【算例1】** 丰满水库，库深 $H=70\text{m}$，地处东北，当地气温资料如表7，按式（4）算得修正年平均水温 $T_a'=9.10℃$，取 $\Delta b=2℃$，由式（3）得到表面年平均水温 $T_s=11.10℃$。

由表2，取库底水温 $T_b=6℃$，由式（8）得 $g=0.0608$，$c=5.67$，$b-c=5.43$，由式（7），得到任意深度的年平均水温如下

$$T_m(y)=5.67+5.43e^{-0.04y} \tag{13}$$

**表 7**　　　　　　　　　　　　　　气 温 资 料

| 月　份 | 1 | 2 | 3 | 4 | 5 | 6 | 7 |
|---|---|---|---|---|---|---|---|
| 月平均气温（℃） | −16.4 | −11.5 | −4.0 | 5.8 | 14.4 | 20.4 | 23.8 |
| 修正月平均气温（℃） | 0 | 0 | 0 | 5.8 | 14.4 | 20.4 | 23.8 |

| 月　份 | 8 | 9 | 10 | 11 | 12 | 年平均 |
|---|---|---|---|---|---|---|
| 月平均气温（℃） | 22.0 | 15.8 | 7.0 | −3.0 | −13.5 | 5.1 |
| 修正月平均气温（℃） | 22.0 | 15.8 | 7.0 | 0 | 0 | 9.1 |

由表 7，得 $T_7=23.8℃$，取 $\Delta a=1.5℃$，由式（10），算得表面水温年变幅为 $A_0=13.4℃$，由式（11），得到任意深度水温年变幅为

$$A(y)=13.4e^{-0.018y} \tag{14}$$

水温相位差按式（12）计算。

**【算例2】** 新丰江水库，水库深度约 70m，处炎热地区，年平均气温 21.7℃，气温年变幅 7.4℃。取 $\Delta b=0$，由式（2）得表面年平均水温 $T_s=21.7℃$。由表2得 $T_b=12℃$。由式（8）得 $g=0.0608$，$c=11.37$，$b-c=10.33℃$。由式（7）得任意深度的年平均水温为

$$T_m(y)=11.37+10.33e^{-0.04y} \tag{15}$$

一般地区可取表面水温年变幅等于气温年变幅，即 $A_0=7.4℃$。由式（11），算得任意深度的水温年变幅为

$$A(y)=7.4e^{-0.018y} \tag{16}$$

在图 7 中表示了用上述方法计算的丰满水库和新丰江水库年平均水温与实测值的比较，由图可见，计算曲线与实测温度符合得很好。

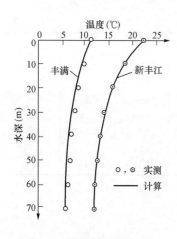

图 7　计算的年平均水温
与实测值比较

# 七、结束语

本文在分析国内外大量库水温度实测资料的基础上，提出了一套库水温度的估算方法，计算比较方便，也具有一定的精度。

本文给出了计算库水温度的如下几个基本公式：

（1）任意深度的水温变化

$$T(y, \tau) = T_m(y) + A(y)\cos\omega(\tau - \tau_0 - \varepsilon)$$

（2）任意深度的年平均水温

$$T_m(y) = c + (b - c)e^{-ay} \tag{7a}$$

（3）水温年变幅

$$A(y) = A_0 e^{-\beta y} \tag{11a}$$

（4）水温相位差

$$\varepsilon = d - f e^{-\gamma y} \tag{12a}$$

这些公式结构简洁，计算方便，而且反映了库水温度变化的主要规律，具有一定的精度。

在比较重要工程的设计中，可研究条件相似的已成水库的实测资料，并根据本工程的特点，确定上述各公式中的有关参数，在一般的工程设计中，根据作者的分析，可取 $\alpha = 0.040$，$\beta = 0.018$，$\gamma = 0.085$，$d = 2.15$，$f = 1.30$，即可直接应用（7）、（11）、（12）三式计算。

对于表面年平均水温、库底年平均水温、表面水温年变幅等参数，本文也提出了一套比较实用的计算方法。

本文方法于 1982 年初提出交流以后[1]，国内一些设计单位曾用本文方法对一些已建成水库的水温进行计算，发现计算结果与实测值符合得比较好，由于计算比较方便，计算精度可以满足一般设计上的要求，所以本文方法已为我国混凝土拱坝设计规范所采用。

当对一个特定水库的特定年份的水温资料进行拟合时，为了提高计算精度，也可以采用更复杂一些的公式。以水温年变幅为例，可取

$$A(y) = A_0 \sum_{i-1}^{n} \kappa_i e^{-\beta_i y} \tag{17}$$

或

$$A(y) = A_0 e^{-\beta y^s} \tag{18}$$

式中：$\kappa_i$、$\beta$、$\beta_i$、$s$ 等都是由实测资料决定的常数；$\Sigma\kappa_i = 1$。

对于一个特定的年份，采用上述比较复杂的公式，计算精度可以提高一些。例如，在式（17）中，如果参数 $\kappa_i$，$\beta_i$ 取得足够多的话，可以使实测点完全落在拟合的曲线上，看起来好像计算精度提高了很多，但实际上这是一种表面现象。因为我们提出这些公式的目的是根据已建成水库的实测资料去推算待建水库的水温，而影响库水温度的因素很多，水温变化的规律十分复杂，不仅不同水库的温度变化不可能完全一样，甚至同一水库不同年份的水温变化规律也不尽相同，这些水温的差异是引起误差的根本原因。计算公式搞得太复杂是没有什么实际意义的，徒然增加很多不必要的计算。以表 5 为例，水深 10m 处的 $A(y)/A_0$ 值最大为 0.89，最小为 0.75，与平均值 0.831 的差值分别为 0.059 和 0.081。按式（11）计算值为 0.835，

与平均值相差 0.004，可见式（11）已具有足够的精度。由于不同水库和不同年份的实际资料比较分散，采用更复杂的公式，意义不大。

对于特别重要的水库，可采用数值方法计算库水温度，见文献［3］，但由于计算比较复杂，计算中需要的原始数据很多，不易收集到。所以对于大多数水库工程来说，在设计阶段以采用本文建议的计算方法为方便，在初步设计阶段，可直接用式（7）、式（11）、式（12）等式计算，在技术设计阶段，可采用通用公式（7a）、（11a）、（12a），根据条件相近的已成水库的实测资料决定式中的系数。

## 参 考 文 献

［1］ T.V.A.，Measurements of the Structural Behavior at Fontana Dam，1953.

［2］ 丁宝瑛，王国秉，黄淑萍. 关于大型水库温度的调查. 水利水电科学研究院科学研究论文集，1982.

［3］ 朱伯芳. 水库温度的变化规律和计算方法. 砌石坝技术，1983，（3）.

# 大体积混凝土表面保温能力计算[❶]

**摘 要**：经验表明，气温变化是引起大体积混凝土裂缝的重要原因，而保温是防止表面裂缝的最有效措施，本文提出了关于大体积混凝土表面保温能力的一套比较完整的计算公式。利用这套公式，可以根据当时当地的具体条件，很快地求出为抗御气温日变化、寒潮及冬季低温所需的表面保温能力。

**关键词**：大体积混凝土；表面保温；计算方法

# Design of the Superficial Insulation of Mass Concrete

**Abstract:** A series of formulas are proposed for the design of superficial insulation of mass concrete subject to the daily variation of air temperature, the cold wave and the temperature drop in the winter. These formulas are simple, accurate and suitable for application in practical projects.

**Key words:** mass concrete, superficial insulation, computing method

## 一、前言

实际工程统计资料表面，大体积混凝土中所产生的裂缝，绝大多数都是气温变化引起的表面裂缝，其中多数对结构的危害性不大，但有一部分到后来会发展为贯穿性或深层裂缝，影响到结构的整体性和耐久性，危害很大。因此，在大体积混凝土的施工过程中，必须设法防止表面裂缝的产生，从已有的经验看来，保温是防止表面裂缝的最有效措施。但到目前为止，还缺乏一套比较合理的设计计算方法。

作者在文献[1]中曾提出一个寒潮引起的温度应力计算方法，用折线代表气温变化规律，已纳入我国重力坝和拱坝设计规范[2,3]。在文献[4]中，作者建议了一个新的寒潮应力计算方法，用正弦函数代表气温变化规律，计算更方便一些。本文将对混凝土表面保温问题进行比较全面的分析，给出在单向散热及双向散热条件下，气温的日变化、寒潮及冬季降温所引起的温度徐变应力的计算方法，并提出了根据允许应力决定混凝土所需表面保温能力和保温层厚度的一套计算方法和公式。这些计算公式应用很方便，并具有相当好的计算精度，因而便于在实际工程中应用。

---

❶ 原载《水利学报》1987 年第 2 期。

## 二、单向散热条件下的表面保温

混凝土坝体的顶面和侧面属于单向散热，下面给出在不同情况下其所需表面保温能力的计算公式。

（一）单向散热条件下对气温日变化的表面保温

气温的日变化可用正弦函数表示如下

$$T_a = A\sin\left(2\pi\tau/R\right) \tag{1}$$

式中：$T_a$ 为气温；$A$ 为气温日变幅；$\tau$ 为时间，d；$R$ 为气温变化周期（$R=1$d）。

气温日变化的影响深度不到 1m，而坝块厚度常在 10m 以上，所以可以按半无限体来分析混凝土的温度场。另外，由于气温变化是周期性的，只要计算准稳定温度场。混凝土的温度 $T$ 应满足下列方程：

热传导方程

$$\frac{\partial T}{\partial \tau} = a\frac{\partial^2 T}{\partial x^2} \tag{2}$$

边界条件：

$$\left.\begin{array}{l} \text{当}x=0，\ \tau>0\text{时，}\lambda\dfrac{\partial T}{\partial x}=\beta(T_a-T) \\[2mm] \text{当}x=\infty\text{时，}T=0 \end{array}\right\} \tag{3}$$

式中：$a$ 为导温系数；$\lambda$ 为导热系数；$\beta$ 为表面放热系数。

满足上述条件的准稳定温度场的解为[5]

$$T = fA\mathrm{e}^{-px}\sin\left[\frac{2\pi(\tau-m)}{R}-px\right] \tag{4}$$

式中

$$\left.\begin{array}{l} f=1/\sqrt{1+2u+2u^2}；\ u=\dfrac{\lambda}{\beta}\sqrt{\dfrac{\pi}{aR}} \\[3mm] m=\dfrac{R}{2\pi}\tan^{-1}\left(\dfrac{1}{1+1/u}\right)；\ p=\sqrt{\dfrac{\pi}{aR}} \end{array}\right\} \tag{5}$$

混凝土的温度变化以表面为最大。通常我们只对表面温度感兴趣，在式（4）中令 $x=0$，得混凝土表面温度如下

$$T = fA\sin\left[2\pi(\tau-m)/R\right] \tag{6}$$

由于温度变化局限于表面很浅部分，故可按弹性徐变半无限体分析其应力，混凝土表面的最大温度应力可按下式计算

$$\sigma = f\rho E(\tau)\ \alpha A/(1-\mu) \tag{7}$$

式中：$\rho$ 为应力松弛系数，对于日变化温度应力，可取 $\rho=0.95$；$\mu$ 为泊松比；$\alpha$ 为线膨胀系数；$E(\tau)$ 为龄期 $\tau$ 时的弹性模量，可按作者建议的下式计算[6]

$$E(\tau) = E_0(1-\mathrm{e}^{-0.4\tau^{0.34}}) \tag{8}$$

式中：$E_0$ 为最终弹性模量，$E_0=1.20E（90）$ 或 $E_0=1.05E（365）$，$E（90）$ 和 $E（365）$ 分别为 90d 和 365d 龄期的弹性模量。

在温度应力计算中以拉应力为正，因日变化气温有正有负，故应力也有拉有压，但压应力问题不大，故式（7）中只取正号。

设混凝土的允许拉应力为 $\sigma_\alpha$，由其他因素，如外荷载、水化热、初始温差等引起的应力（已知）为 $\sigma_0$。于是，由式（7）计算的表面最大温度应力 $\sigma$ 应满足下式

$$\sigma + \sigma_0 \leqslant \sigma_\alpha \tag{9}$$

在上式中取等号，并把式（7）代入，得到

$$\sigma = \sigma_\alpha - \sigma_0 = f \rho E(\tau) \alpha A / (1 - \mu) \tag{10}$$

再把式（5）中的 $f$ 代入上式，得到

$$1 + 2u + 2u^2 = d^2 \tag{11}$$

式中

$$d = \rho E(\tau) \alpha A / (1 - \mu)(\sigma_\alpha - \sigma_0) \tag{12}$$

由式（11）解得

$$u = (\sqrt{2d^2 - 1} - 1) / 2 \tag{13}$$

混凝土表面的保温能力可用放热系数 $\beta$ 表示。由上式求出 $u$ 后，由下式可求出为了保证应力不超过允许值所必需的表面保温能力

$$\beta = \frac{\lambda}{u} \sqrt{\frac{\pi}{aR}} \tag{14}$$

混凝土导温系数 $a$ 的变化范围不大，通常可取 $\alpha = 0.10 \text{m}^2 / \text{d}$，再取 $R=1\text{d}$，即得到

$$\beta = 5.605\lambda / u \tag{14a}$$

如果保温材料的品种已经选定，可以进一步决定保温的厚度。放热系数 $\beta$ 由下式计算[5]

$$\beta = 1 / (h / \lambda_s + 1 / \beta_0) \tag{15}$$

式中：$h$ 为保温层厚度；$\lambda_s$ 为保温材料的导热系数，可从文献 [5] 查得；$\beta_0$ 为保温层外表面与空气之间的放热系数，通常可取 $\beta_0 = 41.9 \sim 83.7 \text{kJ/} (\text{m}^2 \cdot \text{h} \cdot \text{℃})$。由式（15）可知，在已知 $\beta$ 时，可由下式计算保温层的厚度：

$$h = \lambda_s (1 / \beta - 1 / \beta_0) \tag{16}$$

如果算出的 $\beta \geqslant \beta_0$ 或 $h \leqslant 0$，则表示无需进行保温。

【**算例 1**】 气温日变幅 $A=8℃$，混凝土 90d 龄期弹性模量 $E(90) =24000\text{MPa}$，泊松比 $\mu =0.16$，$\alpha =1 \times 10^{-5}$（1/℃），$\lambda =9.2\text{kJ/} (\text{m} \cdot \text{h} \cdot ℃)$，$a =0.10\text{m}^2 / \text{d}$，$\beta_0 =83.7\text{kJ/} (\text{m}^2 \cdot \text{h} \cdot ℃)$。试计算 $\tau = 5\text{d}$ 时气温日变化引起的温度应力。又设 $\sigma_0 =0.2\text{MPa}$，允许应力 $\sigma_\alpha =1.0\text{MPa}$，试计算所需表面保温能力。

先假定不用人工保温，取 $\beta = \beta_0 =83.7\text{kJ/} (\text{m}^2 \cdot \text{h} \cdot ℃)$，由式（5）、式（8）、式（7）等，算得 $u=0.6165$，$f=0.5780$，$E=14374\text{MPa}$，$\sigma =0.7517\text{MPa}$，而 $\sigma + \sigma_0 =0.7517+0.20=0.9517\text{MPa}$，小于允许应力 1.0MPa，故不需人工保温。

（二）单向散热条件下寒潮期间的表面保温

设在龄期 $\tau_1$ 遇到寒潮，如图 1 所示，寒潮期间的气温表示如下

$$T_a = -A\sin\left[\pi(\tau - \tau_1) / 2Q\right], \quad \tau \geqslant \tau_1 \tag{17}$$

式中：$Q$ 为寒潮降温历时，d；$A$ 为气温降幅。

一般情况下，寒潮降温历时不过 3、5d，温度影响深度不过 1.5m 左右，而坝块厚度往往在 10m 以上，所以寒潮期间仍可按

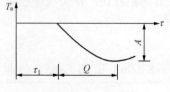

图 1　寒潮期间的气温

半无限体分析混凝土的温度场。准稳定的表面温度仍可用式（6）表示，只需取 $R=4Q$。但在目前情况下，温度场除了满足热传导方程式（2）和边界条件式（3）外，还应满足初始条件：当 $\tau=\tau_1$ 时，$T=0$。准稳定温度场不满足初始条件，所以直接用式（6）计算寒潮期间混凝土表面的温度，会带来一定的误差。初始影响具有随着时间而衰减的性质，所以这种忽略初始影响而带来的误差开始比较大，以后逐渐衰减。我们最感兴趣的是表面最低温度。计算结果表明，当 $\beta \geqslant 20.9$kJ/（$m^2 \cdot h \cdot$℃），直接用式（6）计算表面最低温度的计算误差不超过 5%。但当 $\beta$ 很小时，计算误差有可能达到百分之十几，而严格考虑初始影响，计算又十分复杂，不便应用。为了解决这个矛盾，建议用下列近似公式计算寒潮期间混凝土的表面温度

$$T = -f_1 A \sin\left[\pi(\tau-\tau_1-\Delta)/2P\right] \tag{18}$$

式中

$$\left.\begin{array}{l} f_1 = 1/\sqrt{1+1.85u+1.12u^2}; \quad \Delta = 0.4gQ \\[2mm] P = Q+\Delta; \quad g = \dfrac{2}{\pi}\arctan\left(\dfrac{1}{1+1/u}\right) \\[2mm] u = \dfrac{\lambda}{2\beta}\sqrt{\dfrac{\pi}{Qa}} = \dfrac{2.802\lambda}{\beta\sqrt{Q}}（当 a=0.10\text{m}^2/\text{d}） \end{array}\right\} \tag{19}$$

为了检验上述计算公式的精度，我们在电子计算机上用差分法计算了各种不同情况（不同 $Q$，不同 $\lambda/\beta$）下，寒潮期间混凝土的温度场，然后与式（18）计算结果对比，发现两者很接近，式（18）的计算精度完全可满足实用需要。图 2 中表示了 $Q=3$d，$\lambda/\beta=4.4$m，$A=1$℃ 的计算结果。在我们感兴趣的高应力（大温降）区间，两种计算结果符合得相当好（差分计算中的步距取为 $\Delta x=0.03$m）。

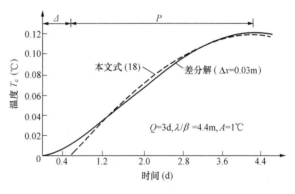

图 2　寒潮期间混凝土表面温度

根据弹性徐变理论，寒潮引起的混凝土表面最大温度应力可按下式计算

$$\sigma = f_1 \rho_1 E(\tau_m)\, \alpha A/(1-\mu) \tag{20}$$

式中：$\rho_1$ 为应力松弛系数，作者在文献 [4] 中曾给出其计算公式。利用这个算式和文献 [4] 中关于 $E(\tau)$，$C(t,\tau)$ 的式（34）、式（35）两式，作者对不同龄期和不同降温历时的松弛系数进行了计算，从而得到简化公式如下

$$\rho_1 = \frac{0.830+0.051\tau_m}{1.00+0.051\tau_m}\, e^{-0.095(P-1)^{0.60}}$$
$$P=1\text{--}8\text{d} \tag{21}$$

式中：$\tau_m$ 为混凝土的平均龄期

$$\tau_m = \tau_1 + \Delta + P/2 \tag{22}$$

根据与上节类似的推导，可知为了决定所需表面保温能力，应由下式计算 $u$

$$u = 0.9449\sqrt{d^2 - 0.2360} - 0.8259 \tag{23}$$

式中：
$$d = \rho_1 E(\tau_m) \alpha A / (1 - \mu)(\sigma_\alpha - \sigma_0) \tag{24}$$

混凝土为抵御寒潮所需的表面放热系数由下式计算

$$\beta = \frac{\lambda}{2u}\sqrt{\frac{\pi}{Q\alpha}} = \frac{2.802\lambda}{u\sqrt{Q}}（当 a = 0.10 m^2/d） \tag{25}$$

保温材料的品种选定后，由式（16）可计算保温材料的厚度。

**【算例 2】** 设在龄期 $\tau_1 = 5d$ 遇到寒潮，降温历时 $Q = 3d$，降幅 $A = 12.9℃$，$E(90) = 24000 MPa$，$\mu = 0.16$，$\alpha = 1 \times 10^{-5}$（$1/℃$），$\lambda = 9.2 kJ/(m \cdot h \cdot ℃)$，$a = 0.10 m^2/d$，$\beta_0 = 83.7 kJ/(m^2 \cdot h \cdot ℃)$，$\lambda_s = 0.13 kJ/(m \cdot h \cdot ℃)$，初应力 $\sigma_0 = 0.30 MPa$，允许应力 $\sigma_\alpha = 1.10 MPa$，试计算混凝土为抵御寒潮所需表面保温能力。

为了计算 $\Delta$，先假定 $\beta = 6.3 kJ/(m^2 \cdot h \cdot ℃)$，由式（19）算得 $u = 2.372$，$g = 0.3903$，$\Delta = 0.4684d$，$P = 3.4684d$，由式（22）、式（8）、式（21）三式算得 $\tau_m = 7.203d$，$E(\tau_m) = 15633 MPa$，$\rho_1 = 0.7437$，由式（24）、式（23）得，$d = 2.232$，$u = 1.2326$，由式（25），所需表面放热系数为 $\beta = 12.087 kJ/(m^2 \cdot h \cdot ℃)$。原来为了计算 $\Delta$，假定 $\beta = 6.3 kJ/(m^2 \cdot h \cdot ℃)$。现在根据求得的 $\beta = 12.087 kJ/(m^2 \cdot h \cdot ℃)$，重新计算一遍，得到 $\beta = 12.117 kJ/(m^2 \cdot h \cdot ℃)$。可见开始假定的 $\beta$ 值，对 $\Delta$ 有一定影响，但对最后求出的 $\beta$ 影响不大，因此一般的工程计算中，只要计算一遍就可以。

假定采用泡沫塑料板保温，$\lambda_s = 0.13 kJ/(m \cdot h \cdot ℃)$。由式（16）算出所需厚度为 $h = 0.886 cm$。

校核：以 $\beta = 12.117 kJ/(m^2 \cdot h \cdot ℃)$，代入式（25），得 $u = 1.2297$，由式（19），$f_1 = 0.44865$，由式（20），$\sigma = 0.80 MPa$，$\sigma + \sigma_0 = 0.80 + 0.30 = 1.10 MPa$。与预想结果一致。

**（三）单向散热条件下越冬期间的表面保温**

在严寒地区，冬季有时停止浇筑混凝土，这时对混凝土表面必须妥加保护，否则容易产生严重裂缝。下面给出相应的计算方法。

冬季月平均气温的变化仍可近似地用式（17）表示，在式中可取 $\tau_1 == 0$，取 $A$ 为混凝土浇筑以后至最低气温时（通常为 1 月中旬）的气温降幅，混凝土表面温度仍可按式（18）计算。图 3 中表示了用式（18）计算与用差分法在电子计算机上计算的结果，可见在大温降区，两种方法所得计算结果很接近。

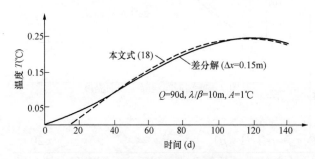

图 3 越冬期间混凝土表面温度

越冬期间混凝土表面最大温度应力可按下式计算

$$\sigma = f_1 \rho_2 E(\tau_m) \alpha A / (1 - \mu) \tag{26}$$

式中系数 $f_1$ 仍按式（19）计算。

采用作者在文献［4］中给出的式（16）、式（34）、式（35）三式，对于较长的降温历时和不同龄期进行松弛系数的计算，得到松弛系数 $\rho_2$ 的简化算式如下

$$\rho_2 = \frac{0.830 + 0.051\tau_m}{1.00 + 0.051\tau_m} e^{-0.104 P^{0.35}}, P \geq 20d \tag{27}$$

改用下式计算 $d$

$$d = \rho_2 E(\tau_m)\alpha A/(1-\mu)(\sigma_\alpha - \sigma_0) \tag{28}$$

于是式（23）、式（25）、式（16）三式仍可用于计算混凝土为抵抗冬季低温所需的表面保温能力和保温层厚度。

**【算例 3】** 设在 10 月中旬以后，停止混凝土浇筑。从 10 月中旬至次年 1 月中旬，降温历时 $Q$=90d，气温降幅 $A$=15℃。允许拉应力 $\sigma_\alpha$=1.4MPa，$\sigma_0$=0，其余资料同算例 2。试求所需表面保温能力。

为了计算 $\Delta$，先假定 $\beta$=2.51kJ/（$m^2\cdot h\cdot℃$）。由式（19）得，$u$=1.083，$g$=0.3052，$\Delta$=10.99d，$P$=100.99d，由式（22）、式（27）、式（8）、式（28）、式（23），依次求得，$\tau_m$=61.48d，$\rho_2$=0.5684，$E(\tau_m)$=23115MPa，$d$=1.6757，$u$=0.6895。由式（25）求得混凝土为抵抗越冬期低温所需表面保温能力为 $\beta$=3.946kJ/（$m^2\cdot h\cdot℃$）。采用泡沫塑料，由式（16）求得所需保温材料厚度为 $h$=3.03cm。

某些情况下，初始应力 $\sigma_0$ 可能与 $\beta$ 有关。这时可采用迭代法求解，即先假定一个 $\beta$，求出相应的 $\sigma_0$，由此求得所需 $\beta$，再根据新的 $\sigma_0$，修改 $\beta$ 值。

# 三、双向散热条件下混凝土的表面保温

实际经验表明，表面裂缝往往是从混凝土坝块的棱角开始的。这是由于坝块棱角可两面散热，在气温下降过程中，棱角处的温度下降最快，过去人们已经注意到这个问题，但因问题比较复杂，到目前为止还没有一个合适的计算方法。下面作者将提出一套计算方法。

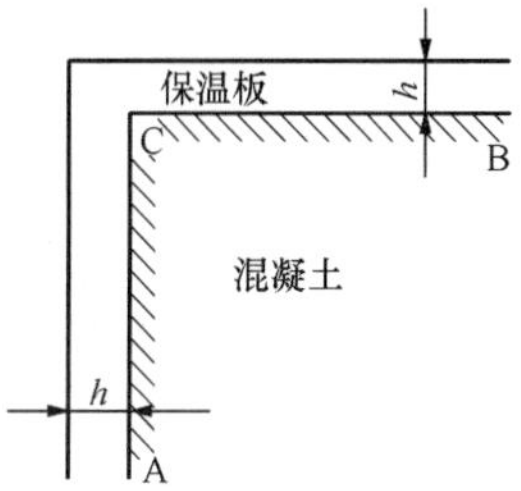

（一）双向散热条件下对气温日变化的表面保温

如图 4 所示，AC 和 BC 两面的保温层厚度为 $A$，两个表面的放热系数为 $\beta$。气温变化仍用式（1）表示。由于日温变化的影响深度不到 1m，在距棱角 C 1m 远处，其表面温度可按单向散热计算，如式（6）。由于双向散热，角点 C 温度下降最快，建议用下列近似公式计算

图 4  混凝土坝块的棱角

$$T_c = f_c A \sin\left[2\pi(\tau - m)/R\right] \tag{29}$$

参照热传导理论中的乘积定理[7]，系数 $f_c$ 建议用下式计算

$$f_c = 1 - (1-f)^2 \tag{30}$$

其中 $f$ 按式（5）计算。

按四分之一无限体分析，角点 C 的最大温度应力可按下式计算

$$\sigma_c = f_c \rho E(\tau)\alpha A \tag{31}$$

下面再研究如何决定棱角上的表面保温能力。设其他因素引起的应力为 $\sigma_0$，允许应力为 $\sigma_a$，于是有

$$\sigma_c + \sigma_0 \leqslant \sigma_\alpha \tag{32}$$

在上式中取等号，得到 $\sigma_c = \sigma_\alpha - \sigma_0$。再把式（31）代入，并取

$$d = 1/(1 - \sqrt{1-c}) \tag{33}$$

式中：

$$c = (\sigma_\alpha - \sigma_0)/\rho E(\tau)\alpha A \tag{34}$$

于是又得到式（11），可见只要用式（33）、式（34）两式计算 $c$ 和 $d$，则在双向散热条件下棱角两边所需表面保温能力可由式（13）、式（14）两式决定，保温层厚度可由式（16）决定。

式（34）中的应力松弛系数 $\rho$ 可取为 0.95。

**【算例4】** 基本资料同算例1。试求混凝土棱角上为抵抗日温变化所需表面保温能力。

由式（34）、式（33）、式（13）得，$c$=0.7323，$d$=2.072，$u$=0.8772，由式（14）求得棱角上所需表面放热系数为 $\beta$=58.866kJ/（$\text{m}^2 \cdot \text{h} \cdot \text{℃}$）

（二）双向散热条件下寒潮期间混凝土的表面保温

寒潮期间气温变化仍用式（17）表示。寒潮的影响深度只有 1.5m 左右，在距角点 C 1.5m 以远处，其表面温度仍可按单向散热计算，如式（18）。在双向散热条件下，角点 C 的温度下降最快，建议按下列近似公式计算

$$T_\text{c} = -f_{\text{c1}} A \sin\left[\pi(\tau - \tau_1 - \Delta)/2P\right] \tag{35}$$

式中：$\Delta$ 和 $P$ 见式（19）。参照热传导理论中的乘积定理，系数 $f_{\text{c1}}$ 建议按下式计算

$$f_{\text{c1}} = 1 - (1 - f_1)^2 \tag{36}$$

系数 $f_1$，见式（19）。

为了检验式（35）的计算精度，我们用有限元方法计算了一个 6×6m 的混凝土方块在寒潮影响下的温度场。计算中取 $A$=1℃，$Q$=3d，初温为零，气温按式（17）变化。划分为 722 个三角形单元，取 $\Delta\tau$=0.15d，$\lambda$=9.2kJ/（$\text{m} \cdot \text{h} \cdot \text{℃}$），分别计算了 $\lambda/\beta$=4.40，2.20，1.10，0.44，0.22m 等 5 种不同情况。用有限单元法计算的温度与用式（35）计算的温度都符合得很好。在图 5 中表示了 $\lambda/\beta$=4.40m 的计算结果[❶]。

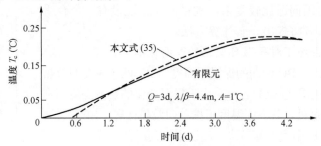

图 5　双向散热时坝块棱角上的温度

图 6 中表示了用有限元计算的沿 AC 和 BC 两边界的温度分布（$\tau$=4.2d）。可见在距角点 1.5m 远处，已接近于单向散热条件下的温度。即，当 $Q$=3d 时，双向散热的影响深度约为 1.5m。以式（4）为基础，建议用下列近似公式估算棱角两边上在 $\tau = \tau_1 + P + \Delta$ 时的温度

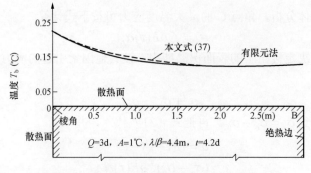

图 6　两面散热时坝块棱角附近的表面温度分布

---

❶　计算工作由董福品担任。

$$T_b = A\left[ f_1 + (f_{c1} - f_1)e^{-qx} \right], q = \sqrt{\pi/4Qa} \qquad (37)$$

式中：$x$ 为至角点 C 的距离。

按上式计算的温度用虚线表示于图 6 中，与有限元计算结果比较接近。利用上式可以估算降温历时不同时双向散热的影响深度。设控制 $(T_b - T_1)/T_1 = \varepsilon$，其中：$T_1$ 为单向散热的表面温度，由式（37）可知，双向散热影响深度为

$$x = \ln\left( \frac{f_{c1} - f_1}{\varepsilon f_1} \right) / q = \ln\left( \frac{f_{c1} - f_1}{\varepsilon f_1} \right) / \sqrt{\frac{\pi}{4Qa}} \qquad (38)$$

例如，当 $Q$=3d，$\lambda/\beta$=4.40m，$a$=0.10m$^2$/d 时，取 $\varepsilon$=0.10，由上式算得影响深度为 $x$=1.34m。

寒潮期间，坝块棱角 C 点的最大温度应力可按下式计算

$$\sigma_c = \rho_1 f_{c1} E(\tau_m)\alpha A \qquad (39)$$

其中 $\rho_1$ 为松弛系数，见式（21）。

由于棱角处于单向受力状态，所以上式中没有出现 $1-\mu$。按下式计算 $c$

$$c = (\sigma_\alpha - \sigma_0)/\rho_1 E(\tau_m)\alpha A \qquad (40)$$

然后即可利用式（33）计算 $d$，并利用式（23）、式（25）两式计算寒潮期间棱角部分所需的表面保温能力 $\beta$，再由式（16）可计算保温层厚度。

**【算例 5】** 基本资料与算例 2 相同。试计算两面散热条件下坝块棱角为抵抗寒潮所需表面保温能力。

先计算 $u$，$g$，$\Delta$，$P$，$\tau_m$，$E(\tau_m)$，$\rho_1$ 等，由式（40）、式（33）、式（23）得，$c$=0.5333，$d$=3.156，$u$=2.121。由式（25），棱角所需表面保温能力 $\beta$=7.023kJ（m$^2$·h·℃），设采用泡沫塑料保温，由式（16），所需厚度为 $h$=1.637cm。由算例 2 可知，单向散热条件下所需保温板厚度为 0.886cm。可见在坝块棱角上，由于双向散热，所需保温板厚度为单向散热时的 1.85 倍。综合算例 2 与例 5，可知在坝块棱角附近 1.5m 范围以内，所需保温板厚度为 1.637cm，在 1.5m 范围以外，为 0.886cm。

当坝面棱角两边的表面保温材料厚度不同时，两个表面将具有不同的放热系数 $\beta_1$ 和 $\beta_2$。按单向散热计算，由式（19）将得到不同的降温系数 $f_1$ 和 $f_2$。在这种情况下，建议用下式计算角点 C 的降温系数 $f_{c1}$

$$f_{c1} = 1 - (1 - f_1)(1 - f_2) \qquad (41)$$

为了检验上式的计算精度，用有限元方法对 6×6m 坝块，计算了 $\lambda/\beta_1$=1.10m，$\lambda/\beta_2$=4.40m，$Q$=3d 时的降温系数。计算结果如下：$f_1$=0.355，$f_2$=0.118，$f_{c1}$=0.425。用本文式（19）、式（41）二式计算结果是：$f_1$=0.357，$f_2$=0.119，$f_{c1}$=0.433。两种计算结果符合得比较好。

（三）双向散热条件下越冬期间的表面保温

越冬期间，混凝土坝块棱角上的温度仍可用式（35）计算，但应力按下式计算

$$\sigma_0 = \rho_2 f_{c1} E(\tau_m)\alpha A \qquad (42)$$

其中应力松弛系数 $\rho_2$ 见式（27）。按下式计算 $c$

$$c = (\sigma_\alpha - \sigma_0)/\rho_2 E(\tau_m)\alpha A \qquad (43)$$

再按式（33）计算 $d$，然后由式（23）、式（25）两式可计算所需放热系数 $\beta$，由式（16）可计算保温材料厚度。

**【算例 6】** 基本资料与算例 3 相同，试计算两面散热条件下坝块棱角为抵抗越冬期低温所需表面保温能力。

先计算 $u$，$g$，$\Delta$，$P$，$\tau_m$，$E_{(\tau_m)}$，$\rho_2$ 等。由式（43）、式（33）得，$c=0.7091$，$d=2.171$，由式（23）、式（25），$u=1.173$，所需 $\beta=2.319$kJ/（$m^2 \cdot h \cdot ℃$）。采用泡沫塑料，由式（16），所需厚度为 $h=5.27$cm，为单向散热所需厚度 3.03cm 的 1.74 倍。又取 $\varepsilon=0.10$，由式（38）得到双向散热的影响深度 $x=4.72$m。因此，为抵抗越冬期的低温，本例在棱角两边约 5m 范围以内，保温材料厚度应为 5.27cm，在 5m 以外，厚度为 3.03cm。

# 四、结束语

本文对混凝土的表面保温问题进行了较全面的分析，提出了在单向和双向散热条件下混凝土为抵抗气温日变化、寒潮和冬季低温所需表面保温能力的一套比较完整的计算公式。这套公式计算比较方便，易于在实际工程中应用。

## 参 考 文 献

[1] 朱伯芳，王同生，丁宝瑛. 重力坝和混凝土浇筑块的温度应力. 水利学报，1961，（1）.

[2] 水利电力部混凝土重力坝设计规范编制组. 混凝土重力坝设计规范. 北京：水利电力出版社，1979.

[3] 水利电力部混凝土拱坝设计规范编制组. 混凝土拱坝设计规范. 北京：水利电力出版社，1986.

[4] 朱伯芳. 寒潮引起的混凝土温度应力计算. 水力发电，1985，（3）.

[5] 朱伯芳，王同生，丁宝瑛，郭之章. 水工混凝土结构的温度应力与温度控制. 北京：水利电力出版社，1976.

[6] 朱伯芳. 混凝土的弹性模量、徐变度与应力松弛系数. 水利学报，1985，（9）.

[7] 雷柯夫. A. B. 热传导理论. 裘烈钧，等译. 北京：高等教育出版社，1955.

# 无限域内圆形孔口的简谐温度应力

**摘　要:** 实测资料表明,水温和气温的年变化在坝内孔口附近会引起巨大的应力,以前缺乏合适的计算方法。本文利用复变函数给出了在简谐温度场作用下无限域内圆形孔口附近弹性徐变应力的计算方法。

**关键词:** 无限域; 圆形孔口; 温度应力; 计算方法

# Simple Harmonic Thermal Stresses around a Circular Hole in an Infinite Domain

**Abstract:** It is indicated by the results observed in situ that remarkable stresses may be induced by the harmonic variation of the temperature of the water and air in the holes of a concrete dam. By means of the theory of complex variable, a method is given in this paper for the computation of the viscoelastic stresses around a circular hole in an infinite domain due to harmonic temperature variations.

**Key words:** infinite domain, circular hole, thermal stress, computing method

## 前言

实际工程的观测资料表明,水温和气温的年变化在坝内孔口附近会引起很大的应力,其数值往往超过了内水压力和混凝土自重所引起的应力。以往在计算孔口温度应力时,往往假定一个温度影响区,然后按厚壁圆管计算。计算过于粗略,不能很好地反映实际情况。由于水温和气温都呈周期性变化,可足够近似地用余弦函数表示。因此,本文假定孔口边缘温度按余弦函数变化,利用复变函数,给出无限域内圆形孔口弹性徐变应力的计算方法。计算模型反映了实际情况,计算也比较方便。

## 一、圆形孔口附近的简谐温度场

混凝土坝内的圆形孔口,可近似地看成是一个无限域内的圆形孔口。下面分析孔口周围的轴对称简谐温度场。

热传导方程为

$$\frac{\partial T}{\partial \tau} = a\left(\frac{\partial^2 T}{\partial r^2} + \frac{1}{r}\frac{\partial T}{\partial r}\right) \tag{1}$$

式中：$T$ 为温度；$\tau$ 为时间；$r$ 为半径；$a$ 为导温系数。

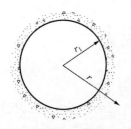

图 1　无限域内圆形孔口

设圆孔半径为 $r_1$，孔内缘温度（气温或水温）为时间的余弦函数，变幅为 $A$，于是温度场的边界条件为（图 1）

$$\left.\begin{array}{ll} 当 r = r_1 时, & T = A\cos\omega\tau \\ 当 r = \infty 时, & T = 0 \end{array}\right\} \tag{2}$$

式中：$\omega = 2\pi/P$；$P$ 为温度变化的周期，我们考虑晚期温度场，即初始影响已经消失的准稳定温度场。由于孔口边缘温度周而复始地作余弦变化，因此域内任一点的温度也以同一周期作余弦变化，但随着深度的增加，温度变幅逐渐减小，在时间上的相位差则逐渐增大。

令

$$T(r,t) = \mathrm{Re}\left[f(r)\mathrm{e}^{i\omega\tau}\right] \tag{3}$$

上述 Re 表示复函数的实部，$f(r)$ 为坐标 $r$ 的复函数

$$f(r) = f_1(r) + if_2(r) \tag{4}$$

上式 $f_1(r)$ 和 $f_2(r)$ 为实函数。把式（4）代入式（3），考虑到 $\mathrm{e}^{ix} = \cos x + i\sin x$，有

$$T(r,\tau) = f_1(r)\cos\omega\tau - f_2(r)\sin\omega\tau \tag{5}$$

把式（3）代入式（1），约去 $\mathrm{e}^{i\omega\tau}$ 后，得到

$$\frac{\mathrm{d}^2 f}{\mathrm{d}r^2} + \frac{1}{r}\frac{\mathrm{d}f}{\mathrm{d}r} - iq^2 f = 0 \tag{6}$$

式中

$$q = \sqrt{\frac{\omega}{a}} = \sqrt{\frac{2\pi}{aP}} \tag{7}$$

式（6）的通解为

$$f(r) = B_1 I_0(qr\sqrt{i}) + B_2 K_0(qr\sqrt{i}) \tag{8}$$

式中：$I_0$、$K_0$ 分别是第一、第二类变质贝塞尔函数；$B_1$、$B_2$ 为任意常数，决定于边界条件。当 $r\to\infty$ 时，$I_0(qr\sqrt{i})\to\infty, K_0(qr\times\sqrt{i})\to 0$，考虑到无限远处的边界条件，必须取 $B_1 = 0$，因此

$$f(r) = B_2 K_0(qr\sqrt{i}) \tag{9}$$

由边界条件式（2）及式（5），可知

当 $r = r_1$ 时，$f_1(r_1) = A, f_2(r_1) = 0, f(r_1) = A$

把上述数值代入式（9），求得 $B_2 = A / K_0(qr\sqrt{i})$ 故

$$f(r) = \frac{AK_0(qr\sqrt{i})}{K_0(qr_1\sqrt{i})} \tag{10}$$

由于

$$K_0(qr\sqrt{i}) = \mathrm{Ker}(qr) + i\mathrm{Kei}(qr) = N_0(qr)\mathrm{e}^{i\Phi_0(qr)} \tag{11}$$

代入式（10），有

$$f(r) = \frac{AN_0(qr)}{N_0(qr_1)}\mathrm{e}^{i[\Phi_0(qr)-\Phi_0(qr_1)]} \tag{12}$$

代入式（3），有

$$T(r,\tau) = \frac{AN_0(qr)}{N_0(qr_1)}\cos\left[\omega\tau + \Phi_0(qr) - \Phi_0(qr_1)\right] \tag{13}$$

$N_0(qr)$ 和 $\Phi_0(qr)$ 可从表 1 查得。

## 二、孔口附近的弹性温度应力

按平面应变问题分析，径向位移 $u$ 须满足下列平衡方程

$$\frac{\mathrm{d}^2 u}{\mathrm{d}r^2} + \frac{1}{r}\frac{\mathrm{d}u}{\mathrm{d}r} - \frac{u}{r^2} = \frac{(1+\mu)\alpha}{1-\mu}\frac{\mathrm{d}T}{\mathrm{d}r} \tag{14}$$

式中：$\alpha$ 为线胀系数；$\mu$ 为泊松比。

表 1                                   $N_0$、$N_1$、$\Phi_0$、$\Phi_1$ 值

| $qr$ | $N_0(qr)$ | $-\Phi_0(qr)$ (°) | $N_1(qr)$ | $-\Phi_1(qr)$ (°) |
|---|---|---|---|---|
| 0.0 | $\infty$ | 0.00 | $\infty$ | 135.00 |
| 0.1 | 2.5421 | 17.79 | 9.9620 | 135.84 |
| 0.2 | 1.8917 | 23.63 | 4.928 | 137.59 |
| 0.3 | 1.5250 | 28.73 | 3.2315 | 139.87 |
| 0.4 | 1.2746 | 33.51 | 2.3723 | 142.50 |
| 0.5 | 1.0879 | 38.12 | 1.8501 | 145.38 |
| 0.6 | 0.9417 | 42.60 | 1.4976 | 148.44 |
| 0.7 | 0.8233 | 47.01 | 1.2431 | 151.66 |
| 0.8 | 0.7252 | 51.35 | 1.0506 | 154.98 |
| 0.9 | 0.6425 | 55.65 | 0.8999 | 158.40 |
| 1.0 | 0.5720 | 59.92 | 0.7788 | 161.90 |
| 1.1 | 0.5112 | 64.16 | 0.6797 | 165.50 |
| 1.2 | 0.4584 | 68.37 | 0.5971 | 169.07 |
| 1.3 | 0.4122 | 72.57 | 0.5275 | 172.72 |
| 1.4 | 0.3716 | 76.76 | 0.4681 | 176.41 |
| 1.5 | 0.3356 | 80.93 | 0.4171 | 180.14 |
| 1.6 | 0.3037 | 85.08 | 0.3728 | 183.89 |
| 1.7 | 0.2752 | 89.23 | 0.3342 | 187.67 |
| 1.8 | 0.2498 | 93.37 | 0.3004 | 191.47 |
| 1.9 | 0.2271 | 97.50 | 0.2706 | 195.29 |
| 2.0 | 0.2066 | 101.63 | 0.2443 | 199.13 |
| 2.1 | 0.1882 | 105.75 | 0.2209 | 202.98 |
| 2.2 | 0.1716 | 109.87 | 0.2001 | 206.85 |
| 2.3 | 0.1566 | 113.98 | 0.1815 | 210.72 |
| 2.4 | 0.1431 | 118.09 | 0.1648 | 214.61 |
| 2.5 | 0.1308 | 122.19 | 0.1499 | 218.51 |
| 2.6 | 0.1197 | 126.29 | 0.1364 | 222.42 |
| 2.7 | 0.1095 | 130.39 | 0.1243 | 226.34 |
| 2.8 | 0.1003 | 134.48 | 0.1133 | 230.26 |
| 2.9 | 0.0919 | 138.58 | 0.1035 | 234.20 |
| 3.0 | 0.0843 | 142.67 | 0.0945 | 238.13 |
| 3.2 | 0.0710 | 150.84 | 0.0790 | 246.03 |
| 3.4 | 0.0599 | 159.01 | 0.0663 | 253.94 |

| $qr$ | $N_0 (qr)$ | $-\varPhi_0 (qr)$ (°) | $N_1 (qr)$ | $-\varPhi_1 (qr)$ (°) |
|------|------------|----------------------|------------|----------------------|
| 3.6 | 0.0506 | 167.17 | 0.0557 | 261.87 |
| 3.8 | 0.0428 | 175.33 | 0.0468 | 269.82 |
| 4.0 | 0.0362 | 183.48 | 0.0395 | 277.78 |
| 4.2 | 0.0307 | 191.62 | 0.0334 | 285.75 |
| 4.4 | 0.0261 | 199.77 | 0.0282 | 293.73 |
| 4.6 | 0.0222 | 207.91 | 0.0239 | 301.73 |
| 4.8 | 0.01886 | 216.05 | 0.0203 | 309.72 |
| 5.0 | 0.01605 | 224.18 | 0.01721 | 317.73 |
| 5.5 | 0.01076 | 244.51 | 0.01147 | 337.77 |
| 6.0 | 0.00725 | 264.83 | 0.00768 | 357.85 |
| 6.5 | 0.00489 | 285.14 | 0.00517 | 377.95 |
| 7.0 | 0.00331 | 305.44 | 0.00349 | 398.07 |
| 7.5 | 0.00225 | 325.74 | 0.00236 | 418.21 |
| 8.0 | 0.001531 | 346.03 | 0.001600 | 438.36 |
| 8.5 | 0.001043 | 366.32 | 0.001088 | 458.52 |
| 9.0 | 0.000713 | 386.61 | 0.000741 | 478.69 |
| 10.0 | 0.000334 | 427.17 | 0.000346 | 519.06 |

由上式可得位移和应力的解如下[1]

$$u = \frac{(1+\mu)a}{(1-\mu)r} \int_{r_1}^{r} Tr\mathrm{d}r + c_1 r + \frac{c_2}{r} \tag{a}$$

$$\sigma_{\mathrm{r}} = \frac{E\alpha}{1-\mu} \cdot \frac{1}{r^2} \int_{r_1}^{r} Tr\mathrm{d}r + \frac{E}{1+\mu}\left(\frac{c_1}{1-2\mu} - \frac{c_2}{r_2}\right) \tag{b}$$

$$\sigma_{\theta} = \frac{E\alpha}{1-\mu} \cdot \frac{1}{r^2} \int_{r_1}^{r} Tr\mathrm{d}r - \frac{E\alpha T}{1-\mu} + \frac{E}{1+\mu} \times \left(\frac{c_1}{1-2\mu} - \frac{c_2}{r_2}\right) \tag{c}$$

$$\sigma_{\mathrm{z}} = -\frac{E\alpha T}{1-\mu} + \frac{2\mu E c_1}{(1+\mu)(1-2\mu)} \tag{d}$$

当 $r \to \infty$ 时，$u \to 0$，由式（a）可知 $c_1 = 0$。又当 $r = r_1$ 时，$\sigma_{\mathrm{r}} = 0$，由式（b）可知 $c_2 = 0$，因此得到

$$u = \frac{(1+\mu)\alpha}{(1-\mu)r} \int_{r_1}^{r} Tr\mathrm{d}r \tag{15}$$

$$\left. \begin{array}{l} \sigma_{\mathrm{r}} = -\dfrac{E\alpha}{(1-\mu)r^2} \displaystyle\int_{r_1}^{r} Tr\mathrm{d}r \\[2mm] \sigma_{\theta} = \sigma_{\mathrm{z}} - \sigma_{\mathrm{r}} \\[2mm] \sigma_{\mathrm{z}} = -\dfrac{E\alpha T}{1-\mu} \end{array} \right\} \tag{16}$$

由式（3）、式（10）、式（11）三式，$T(r, \tau)$ 也可表示如下

$$T(r,\tau) = \frac{A}{N_0(qr_1)}\left\{ \ker(qr)\cos\left[\omega\tau - \varPhi_0(qr_1)\right] - \kei(qr)\sin\left[\omega\tau - \varPhi_0(qr_1)\right]\right\} \quad (17)$$

由于

$$\int r\ker(qr)\mathrm{d}r = \frac{r}{q}\kei'(qr) = \frac{r}{q}N_1(qr)\sin\left[\varPhi_1(qr) - \frac{\pi}{4}\right]$$

$$\int r\kei(qr)\mathrm{d}r = -\frac{r}{q}\ker'(qr) = -\frac{r}{q}N_1(qr)\cos\left[\varPhi_1(qr) - \frac{\pi}{4}\right]$$

所以

$$\int Tr\mathrm{d}r = \frac{ArN_1(qr)}{qN_0(qr_1)}\sin\left[\omega\tau + \varPhi_1(qr) - \varPhi_0(qr_1) - \frac{\pi}{4}\right]$$

代入式（16），得到

$$\left.\begin{array}{l} \sigma_\mathrm{r} = -\dfrac{E\alpha A}{(1-\mu)qr^2 N_0(qr_1)}\left\{ rN_1(qr)\sin\left[\omega\tau + \varPhi_1(qr) - \varPhi_0(qr_1) - \dfrac{\pi}{4}\right] - r_1 N_1(qr_1)\right. \\[4mm] \qquad \left. \times\sin\left[\omega\tau + \varPhi_1(qr_1) - \varPhi_0(qr_1) - \dfrac{\pi}{4}\right]\right\} \\[4mm] \sigma_\theta = \sigma_\mathrm{z} - \sigma_\mathrm{r} \\[2mm] \sigma_\mathrm{z} = -\dfrac{E\alpha A N_0(qr)}{(1-\mu)N_0(qr_1)}\cos\left[\omega\tau + \varPhi_0(qr) - \varPhi_0(qr_1)\right] \end{array}\right\} \quad (18)$$

## 三、孔口附近的弹性徐变应力

对于晚期混凝土，弹性模量 $E(\tau)$ 和徐变度 $C(t,\tau)$ 可分别取为

$$\left.\begin{array}{l} E(\tau) = E = 常数 \\[2mm] C(t,\tau) = \displaystyle\sum_{i=1}^{R} C_i\left[1 - \mathrm{e}^{-s_i(t-\tau)}\right] \end{array}\right\} \quad (19)$$

式中：$C_i$，$s_i$ 均为常数，决定于试验资料。一般情况下，可取 2～4 项。根据作者在文献 [2] 中提出的等效模量法，考虑混凝土徐变影响后，孔口附近的温度应力由下式计算

$$\left.\begin{array}{l} \sigma_\mathrm{r}^* = -\dfrac{\rho E\alpha A}{(1-\mu)qr^2 N_0(qr_1)}\left\{ rN_1(qr)\sin\left[\omega\tau + \varPhi_1(qr) - \varPhi_0(qr_1) - \dfrac{\pi}{4} + \xi\right] - r_1 N_1(qr_1)\right. \\[4mm] \qquad \left. \times\sin\left[\omega\tau + \varPhi_1(qr_1) - \varPhi_0(qr_1) - \dfrac{\pi}{4} + \xi\right]\right\} \\[4mm] \sigma_\mathrm{z}^* = -\dfrac{\rho E\alpha A N_0(qr)}{(1-\mu)N_0(qr_1)}\cos\left[\omega\tau + \varPhi_0(qr) - \varPhi_0(qr_1) + \xi\right] \\[4mm] \sigma_\theta^* = \sigma_\mathrm{z}^* - \sigma_\mathrm{r}^* \end{array}\right\} \quad (20)$$

式中

$$\left.\begin{array}{l}\rho = 1/\sqrt{a^2+b^2} \\ \xi = \arctan(b/a) \\ a = 1 + \sum_{i=1}^{R} \dfrac{EC_i s_i^2}{s_i^2+\omega^2} \\ b = \sum_{i=1}^{R} \dfrac{EC_i s_i \omega}{s_i^2+\omega^2}\end{array}\right\} \tag{21}$$

其中 $\sigma_r^*$、$\sigma_\theta^*$、$\sigma_z^*$ 表示弹性徐变应力。

【算例】圆形孔口半径 $r_1$=3.75m，混凝土弹性模量 $E$=3.00×10⁷kPa，线胀系数 $\alpha$=1.12×10⁻⁵（1/℃），泊松比 $\mu$=1/6，混凝土徐变度为

$$C(t,\tau) = \frac{0.01925}{E}[1-e^{-1.60(t-\tau)}] + \frac{0.0385}{E} \times [1-e^{-0.30(t-\tau)}]$$
$$+ \frac{0.308}{E}[1-e^{-0.021(t-\tau)}] + \frac{0.270}{E}[1-e^{-0.0030(t-\tau)}] \tag{22}$$

孔口内缘温度变幅 $A$=7.9℃，温度变化周期 $P$=1 年=365d，最低温度出现在 2 月 10 日，$a$=0.10m²/d。

$$\omega = 2\pi/P = 2\pi/365 = 0.0172142$$
$$q = \sqrt{\omega/a} = \sqrt{0.0172142/0.10} = 0.414900$$

由式（22），当 $i$=1~4 时

$$EC_i = 0.01925, 0.0385, 0.308, 0.270$$
$$s_i = 1.60, 0.300, 0.0210, 0.0030$$

由式（21），$a$=1.2498，$b$=0.19908，$\rho$=0.790，$\xi$=9.05°（9.18d）

温度场和弹性徐变应力计算结果见图 2 和图 3。

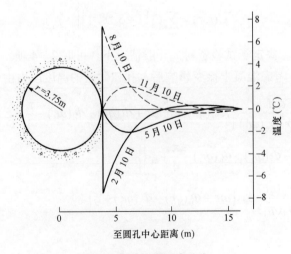

图2　圆孔周围温度分布

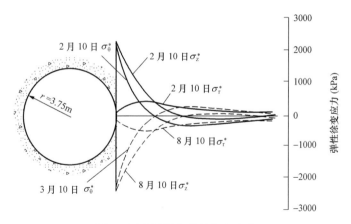

图 3　圆孔周围的弹性徐变应力

## 参 考 文 献

［1］ S. Timoshenko， J. N. Goodier. Theory of Elasticity. Mc Graw-Hill，1951.

［2］ 朱伯芳. 分析晚期混凝土及一般黏弹性体简谐温度徐变应力的等效模量法和等效温度法. 水利学报，1986，（8）.

# 混凝土浇筑块的临界表面放热系数[❶]

**摘　要**：混凝土坝施工中，表面裂缝可能出现在表面中央，也可能出现在棱角上。本文从温度应力出发，证明存在着一个临界表面放热系数 $\beta_{cr}$，当浇筑块的表面放热系数 $\beta < \beta_{cr}$ 时，易于在棱角上出现裂缝，而当 $\beta > \beta_{cr}$ 时，易于在表面的中央部位出现裂缝。

**关键词**：混凝土浇筑块；临界表面放热系数；计算方法

# The Critical Surface Conductance of Massive Concrete Blocks

**Abstract:** In the construction process of concrete dams, cracks may appear either at the edge or on the central part of surface of the block. It is pointed out in this paper that there is a critical surface conductance $\beta_{cr}$ for the massive concrete blocks in dam construction. When $\beta < \beta_{cr}$, cracks tend to appear at the edge of the block and when $\beta > \beta_{cr}$, cracks tend to appear on the central part of the surface, where $\beta$ is the surface conductance of concrete.

**Key words:** concrete block, critical surface conductance, compating method

## 一、混凝土浇筑块的裂缝类型

经验表明，大体积混凝土的裂缝绝大多数开始阶段都是表面裂缝，但其中一部分后来可能发展成深层或贯穿裂缝，从而危及结构的安全性与耐久性。所以，对于大体积混凝土来说，防止表面裂缝一直是一个重要课题。气温急剧变化是引起表面裂缝的重要原因。通常情况下，往往是在一次大的寒潮过后，混凝土浇筑块的表面出现一批裂缝。不同时期出现的裂缝大体上可分成三种类型，如图 1 所示。

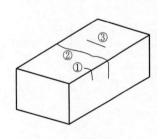

图 1　表面裂缝类型

寒潮期间，混凝土棱角由于两面散热而降温最快，因此图 1 所示的①类裂缝的出现是可以理解的。②类裂缝可以解释为先在棱角上裂开，然后向中央发展，从而成为贯穿整个平面的裂缝。至于③类裂缝的出现似乎不好理解，因为既然棱角上降温最多，为什么不在棱角上裂开，反而在中央部位裂开呢？本文从力学角度来阐明出现这类裂缝的原因。

---

❶　原载《水利水电技术》1990 年第 4 期。

## 二、寒潮期混凝土表面及棱角的应力分析

设在混凝土龄期 $\tau_1$ 时发生寒潮（见图2），寒潮期间气温 $T_a$ 的变化可近似地用下式表示

$$T_a = -A\sin[\pi(\tau - \tau_1)/2Q], (\tau \geq \tau_1) \qquad (1)$$

式中：$A$ 为气温下降幅度；$\tau$ 为时间；$Q$ 为降温历时。

经笔者研究，寒潮期间混凝土表面（顶面和侧面）最大的温度应力和表面降温系数为[1]

$$\sigma = f_1 P_1 E(\tau_m)\alpha A/(1-\mu) \qquad (2)$$

$$f_1 = 1/\sqrt{1 + 1.85u + 1.12u^2} \qquad (3)$$

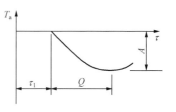

图2　寒潮期间的气温变化

式中：$\sigma$ 为表面最大的温度应力；$f_1$ 为表面降温系数；$P_1$ 为应力松弛系数；$E$ 为弹性模量；$\tau_m$ 为降温阶段混凝土的平均龄期；$\alpha$ 为线膨胀系数；$\mu$ 为泊松比；$u = \dfrac{\lambda}{2\beta}\sqrt{\dfrac{\pi}{Qa}}$，其中 $\lambda$ 是混凝土导热系数，$\beta$ 为表面放热系数，$a$ 为导温系数。

寒潮期间混凝土棱角上的最大温度应力 $\sigma_c$ 按下式计算[1]

$$\sigma_c = P_1 f_{c1} E(\tau_m)\alpha A \qquad (4)$$

式中：$f_{c1}$ 是棱角上的降温系数，由下式计算

$$f_{c1} = 1 - (1 - f_1)^2 \qquad (5)$$

在平面上，由于两个方向都有温度应力，所以在式（2）右端的分母中出现了泊松比。而在棱角上，只在平行于棱线的一个方向有应力，所以式（4）中未出现泊松比。

由于两面散热的影响，通常棱角上的降温系数大于表面的降温系数，即 $f_{c1} > f_1$，所以，在寒潮期间，棱角上的降温幅度肯定大于表面（顶面和侧面）。但由于棱角上温度应力没有泊松比的影响，而顶面和侧面的温度应力有泊松比影响，因此寒潮期间棱角上的温度应力不一定大于顶面和侧面。由式（2）、式（4）可知，应力比为

$$\sigma_c/\sigma = (1-\mu)(2-f_1) \qquad (6)$$

式中：表面降温系数 $f_1$ 的取值范围是 $0 \leq f_1 \leq 1$。

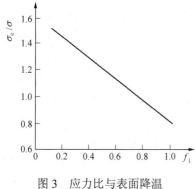

图3　应力比与表面降温系数的关系（$\mu$=0.2）

## 三、混凝土浇筑块临界表面放热系数

从式（6）及图3可知，应力比 $\sigma_c/\sigma$ 与 $f_1$ 的数值有关。又由式（3）可知，$f_1$ 与 $Q$ 和 $\beta$ 有关。所以应力比 $\sigma_c/\sigma$ 实际上与降温历时 $Q$ 和表面放热系数 $\beta$ 有关。

作为一个例子，取 $\lambda$=9.0kJ/（m·h·℃）；$Q$=3d，$a$=0.1m²/d，由式（3）计算 $u$ 及 $f_1$，再代入式（6），得到应力比 $\sigma_c/\sigma$ 与放热系数 $\beta$ 的关系，如图4所示。

由图4可知，存在着一个临界表面放热系数 $\beta_{cr}$ [对于上面的情况，$\beta_{cr}$=41.93kJ/（m²·h·℃）]。

$$当\beta < \beta_{cr}时,\qquad \sigma_c > \sigma \atop 当\beta > \beta_{cr}时,\qquad \sigma_c < \sigma \Bigg\} \qquad (7)$$

在式（6）中令 $\sigma_c/\sigma=1$，再把式（3）代入，经推导得到临界放热系数 $\beta_{cr}$ 的计算公式如下

$$\beta_{cr} = \frac{\lambda}{2u_{cr}}\sqrt{\frac{\pi}{Qa}} \qquad (8)$$

式中

$$u_{cr} = \sqrt{0.8928S - 0.2107} - 0.8259$$

$$S = \left[(1-\mu)/(1-2\mu)\right]^2$$

通常泊松比 $\mu$ 和导温系数 $a$ 的数值变化不大，若取 $\mu=0.2$，$a=0.1m^2/d$，则 $S=1.7777$，$u_{cr}=0.3474$，由式（8）可知

$$\beta_{cr} = 39.53\lambda/\sqrt{Q} \qquad (9)$$

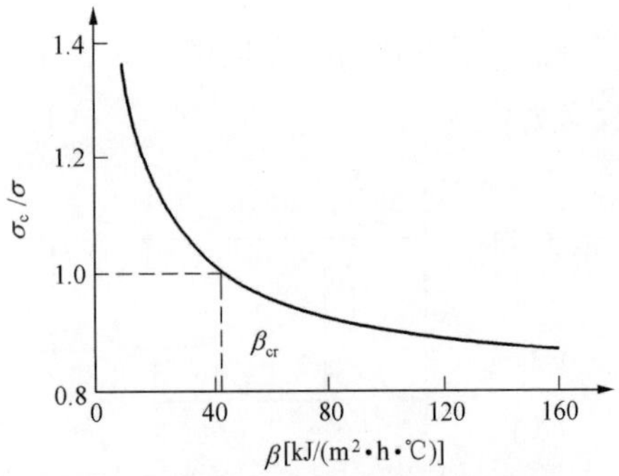

图 4　应力比与放热系数的关系

式中降温历时 $Q$ 以小时计，若再取导热系数 $\lambda=9.0kJ/（m\cdot h\cdot ℃）$，则

$$\beta_{cr} = 355.77/\sqrt{Q} \qquad (10)$$

对于不同的降温历时，$\beta_{cr}$ 的数值见表 1 所列。

裸露的混凝土表面的放热系数与风速有关，其值大致如表 2 所列。

**表 1**　　　　　　　　　　　　　　　临界表面放热系数 $\beta_{cr}$

| $Q$（d） | 1 | 2 | 3 | 4 |
|---|---|---|---|---|
| $\beta_{cr}$ [kJ/（$m^2\cdot h\cdot ℃$）] | 72.6 | 51.4 | 41.9 | 36.3 |

注　$\lambda=9.0kJ/（m\cdot h\cdot ℃）$，$a=0.1m^2/d$，$\mu=0.2$。

**表 2**　　　　　　　　　　　　　　　裸露混凝土表面的放热系数 $\beta$

| 风速（m/s） | 0 | 1.0 | 2.0 | 3.0 | 5.0 | 10.0 |
|---|---|---|---|---|---|---|
| $\beta$ [kJ/（$m^2\cdot h\cdot ℃$）] | 21.0 | 38.6 | 53.0 | 67.6 | 96.7 | 165.1 |

如果混凝土表面有保温层，则混凝土表面放热系数主要取决于保温层的厚度和材料品种。

从表 1、表 2 可见，当表面有保温层时，通常 $\beta<\beta_{cr}$，所以 $\sigma_c>\sigma$，即棱角上的温度应力大于顶面和侧面，裂缝将在棱角上产生，在裸露表面、风速大的情况下，$\beta>\beta_{cr}$，$\sigma>\sigma_c$，而风速小时，$\beta<\beta_{cr}$，$\sigma<\sigma_c$。例如，当 $Q=3d$，风速为 2m/s 时，$\beta_{cr}=41.9kJ/（m^2\cdot h\cdot ℃）$，$\beta=53.0kJ/（m^2\cdot h\cdot ℃）$，$\beta>\beta_{cr}$，$\sigma>\sigma_c$，这种情况下，表面（顶面和侧面）的温度应力大于棱角上的温度应力，所以可能在顶面上出现裂缝。如果风速较小，例如风速只有 0～1m/s，则 $\beta<\beta_{cr}$，$\sigma<\sigma_c$，棱角上的应力大于表面上的应力。

总之，混凝土浇筑块存在着一个临界表面放热系数 $\beta_{cr}$。寒潮期间，如有保温层，通常 $\beta<\beta_{cr}$，棱角上的温度应力较大，较易裂缝。如没有保温层，风速大时 $\beta>\beta_{cr}$，表面温度应力大于棱角温度应力，表面更易裂缝。风速小时，$\beta<\beta_{cr}$，棱角应力较大，较易裂缝。具体情况可根据本文提出的方法进行分析。

## 参 考 文 献

[1] 朱伯芳. 大体积混凝土表面保温能力计算. 见：水工结构与固体力学论文集. 北京：水利电力出版社，1988.

[2] 朱伯芳. 水工混凝土结构的温度应力与温度控制. 北京：水利电力出版社，1976.

# 碾压混凝土拱坝的温度控制与接缝设计[❶]

**摘　要**：碾压混凝土应用于重力坝已获成功，它能否成功地应用于拱坝，关键在于温度控制和接缝设计问题能否得到妥善解决。本文首先给出了碾压混凝土拱坝中温差的计算方法，然后提出碾压混凝土拱坝中控制温度应力的方法，布置坝体接缝的原则和接缝的构造。

**关键词**：碾压混凝土，拱坝，温度控制，接缝设计

# The Temperature Control and Design of Joints in Roller Compacted Concrete Arch Dams

**Abstract:** RCC (Roller Compacted Concrete) has been successfully applied to gravity dams but it is still a question whether it can be applied to arch dams. The key to the settlement of the question lies in the temperature control and the design of transverse joints in the dams. These problems are discussed in this paper and some suggestions are made.

**Key words:** roller compacted concrete, arch dam, temperature control, design of joints

## 一、温度控制和接缝设计是碾压混凝土拱坝设计中最重要的问题

目前碾压混凝土已开始应用于拱坝。南非的克纳普特重力拱坝（高 50m，坝顶长 200m，混凝土 59000m³）已于 1988 年建成[11]；南非的沃威登重力拱坝（高 70m，顶长 270m，混凝土 180000m³）正在施工；我国的普定拱坝（高 75m）已开始施工；砂牌拱坝（高 132m）正在设计中。

碾压混凝土拱坝和碾压混凝土重力坝在施工工艺上基本上是相同的，两种坝型的最主要区别是温度控制和坝体接缝设计。

由于重力坝可以单独承受水荷载，在坝内可以设置不灌浆的横缝，以解除在坝轴方向坝体温度变形所受到的约束。设置横缝以后，在水流方向，基础对坝体温度变形的强约束区的高度只有坝底宽度的 0.20 倍左右。因此，只要在低温季节浇筑完强约束区内的混凝土，其余部分的坝体混凝土温度控制的矛盾就不大了。

拱坝的情况有所不同，水荷载需依靠拱的作用传递到两岸基岩，坝内不能设置不灌浆的横缝。从基础到坝顶，在整个坝高范围内，坝体的温度变形都是受到两岸基础的约束的。如果在高温季节浇筑混凝土，在坝内将产生较大的温差和应力。所以温度控制是碾压混凝土拱坝与碾压混凝土重力坝最主要的区别所在。

---

❶　原载《水力发电》1992 年第 9 期。

当然，两种坝型在其他方面也还有一些差别，例如，拱坝的应力水平较高，混凝土的胶凝材料用量需适当提高。拱坝坝体较薄，在防渗方面需采取一定措施。这些问题的解决，目前已无特殊困难。本文将着重探讨碾压混凝土拱坝的温度控制和接缝设计问题（拱坝较薄，一般不考虑设置纵缝，这里的接缝是指横缝）。

## 二、无横缝的碾压混凝土拱坝

在我国南方，坝体稳定温度较高。对于比较小的拱坝，如果在几个低温月份可以浇筑完整个坝体，有可能不设置横缝，而坝体拉应力仍在允许范围以内。

在任意时刻，坝内温度都可以分解为三部分，即沿厚度的平均温度 $T_m$、等效温差 $T_d$ 和非线性温差 $T_n$，可分别计算如下[2, 3]

$$T_m = \frac{1}{L} \int_{-L/2}^{L/2} T(x)\mathrm{d}x \tag{1}$$

$$T_d = \frac{12}{L^2} \int_{-L/2}^{L/2} T(x)x\mathrm{d}x \tag{2}$$

$$T_n = T(x) - T_m - T_d x / L \tag{3}$$

式中：$L$ 为坝体厚度。

非线性温差 $T_n$ 是引起表面裂缝的重要原因，对于比较薄的坝，它对坝内应力的影响实际上涉及整个厚度。由于非线性温差不影响坝体的变位和内力，因此在拱坝设计规范中只考虑平均温度 $T_m$ 和等效温差 $T_d$。

对于无缝拱坝，温度荷载可按下式计算

$$\left. \begin{array}{l} T_m = T_{m1} - T_{m0} \pm T_{m2} \\ T_d = T_{d1} - T_{d0} \pm T_{d2} \end{array} \right\} \tag{4}$$

式中：$T_m$、$T_d$ 分别为拱坝应力计算中的平均温度和等效温差；$T_{m0}$、$T_{d0}$ 分别为施工过程中坝体最高平均温度和等效温差；$T_{m1}$、$T_{d1}$ 分别为运行期年平均温度场（$x$ 的函数）沿厚度的平均温度和等效温差；$T_{m2}$、$T_{d2}$ 分别为运行期外界温度变化引起的坝体平均温度和等效温差（夏季取正号，冬季取负号）。

下面说明如何计算这些温度。

（一）$T_{m1}$、$T_{d1}$ 的计算

拱坝上游面年平均温度等于年平均水温，可表示如下[4]

$$T_{mw} = c + (b-c)\mathrm{e}^{-0.04y} \tag{5}$$

其中

$$c = (T_b - bg)/(1-g)$$

$$g = \mathrm{e}^{-0.04H}$$

式中：$y$ 为水深，m；$H$ 为库水深度；$T_b$ 为库底水温；$b$ 为表面年平均水温；$T_{mw}$ 为任意深年平均水温。

拱坝下游面年平均温度计算如下

$$T_{ms} = T_{ma} + \Delta T \tag{6}$$

式中：$T_{ma}$ 为年平均气温；$\Delta T$ 为日照影响的温度增量，下游坝面水下部分的温度等于下游水温，可用与式（5）类似公式计算。

由于拱坝通常较薄，年平均温度沿厚度的分布基本上是线性的，所以运行期年平均温度

场的沿厚度平均温度 $T_{\mathrm{ml}}$ 和等效温差 $T_{\mathrm{dl}}$ 可计算如下

$$
\left.\begin{array}{l}
T_{\mathrm{m1}} = \dfrac{1}{2}\left(T_{\mathrm{ms}} + T_{\mathrm{mw}}\right) \\[2mm]
T_{\mathrm{d1}} = T_{\mathrm{ms}} - T_{\mathrm{mw}}
\end{array}\right\} \tag{7}
$$

（二）$T_{\mathrm{m0}}$、$T_{\mathrm{d1}}$ 的计算

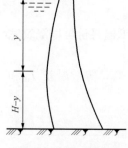

图 1　拱坝温度计算

如果没有采用什么特殊的措施，在施工过程中，沿厚度方向温度大体是对称分布的，所以等效温差

$$
T_{\mathrm{d0}} = 0 \tag{8}
$$

施工过程中的最高平均温度可计算如下

$$
T_{\mathrm{m0}} = T_{\mathrm{p}} + T_{\mathrm{r}} \tag{9}
$$

式中：$T_{\mathrm{p}}$ 为混凝土浇筑温度；$T_{\mathrm{r}}$ 为水化热引起的平均温升。

如无任何冷却措施，受日照影响，原材料温度将高于气温，加上浇筑仓面上日照的影响，浇筑温度 $T_{\mathrm{p}}$ 将高于当时的日平均气温，其值可达 $3\sim5\,^{\circ}\!\mathrm{C}$，甚至更高。如采取一些温度控制措施，如夜间浇筑混凝土等，可使 $T_{\mathrm{p}}$ 等于日平均气温。

碾压混凝土中含有大量粉煤灰，水化热的产生速度较低，加上浇筑层面间歇时间较短，所以通过水平浇筑层面散发的热量较少，而拱坝的厚度又较薄，施工过程中水化热主要是通过两侧面散失的。

设混凝土的绝热温升为

$$
\theta = \theta_0 (1 - \mathrm{e}^{-m\tau}) \tag{10}
$$

式中：$\tau$ 为时间，d；$m$ 为常数。

对于厚度为 $L$ 的碾压混凝土，同时考虑两侧面和水平层面的散热，建议用下式计算最高平均水化热温升

$$
T_{\mathrm{r}} = sN\theta_0 \tag{11}
$$

式中：$N$ 为水平方向散热的系数，取决于厚度 $L$ 和常数 $m$，文献［7］中提出的理论解见图 2（具体推导见文献［7］）；$s$ 为铅直方向通过浇筑层面的散热系数，由数值方法算得，见图 3，其值主要取决于混凝土上升的速度，与 $m$ 关系较弱。

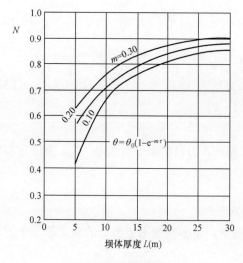

图 2　两侧面散热系数 $N$

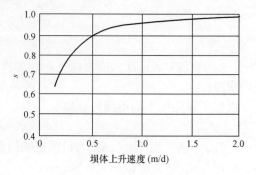

图 3　水平层面散热系数 $s$

【算例】 坝高 75m，顶部厚 6m，底部厚 30m，如图 4。混凝土绝热温升 $\theta_0=18℃$，水化热系数 $m=0.15$（1/d），混凝土浇筑上升速度为 0.50m/d，由图 3 知，$s=0.89$。由图 2 查得 $N$，由式（11）可计算出水化热温升 $T_r$，见表 1。

表 1　　　　　　　　　　　　碾压混凝土拱坝温度荷载算例

| 高程（m） | | 0 | 15 | 30 | 45 | 60 | 75 |
|---|---|---|---|---|---|---|---|
| 坝体厚度（m） | | 30.0 | 25.2 | 20.4 | 15.6 | 10.8 | 6.0 |
| 系数 $N$ | | 0.870 | 0.855 | 0.825 | 0.770 | 0.710 | 0.530 |
| 水化温升 $T_r$（℃） | | 13.94 | 13.70 | 13.21 | 12.33 | 11.37 | 8.49 |
| 浇筑月份 | | 12 | 12 | 1 | 1 | 2 | 3 |
| 浇筑温度 $T_p$ | | 6.7 | 6.7 | 5.0 | 5.0 | 6.7 | 11.6 |
| $T_{m0}=T_p+T_r$ | | 20.64 | 20.4 | 18.21 | 17.33 | 18.07 | 20.09 |
| $T_{d0}$ | | 0 | 0 | 0 | 0 | 0 | 0 |
| $T_{m1}$ | | 13.70 | 14.44 | 15.17 | 15.60 | 16.37 | 17.20 |
| $T_{d1}$ | | 2.47 | 4.52 | 5.06 | 4.21 | 2.67 | 1.00 |
| $T_{m2}$ | | 0.794 | 1.054 | 1.360 | 1.939 | 3.586 | 8.141 |
| $T_{d2}$ | | 1.962 | 3.855 | 4.205 | 4.160 | 2.346 | 0 |
| 冬季温度荷载（℃） | $T_m$ | −7.73 | −7.01 | −4.40 | −3.67 | −5.29 | −11.03 |
| | $T_d$ | 0.51 | 0.67 | 0.86 | 0.05 | 0.32 | 1.00 |
| 夏季温度荷载（℃） | $T_m$ | −6.15 | −4.91 | −1.68 | +0.21 | 1.89 | 5.25 |
| | $T_d$ | 4.43 | 8.38 | 9.27 | 8.37 | 5.02 | 1.00 |

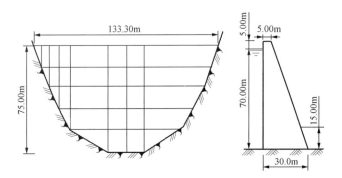

图 4　算例中的拱坝示意

当地年平均气温 14.7℃，考虑日照影响，增温 3℃，下游坝面在尾水以上的年平均温度为 $T_{ms}=17.7$ ℃。表面年平均水温为 16.7℃，由式（5），年平均水温为

$$T_{mw}=11.62+5.08e^{-0.04y} \tag{12}$$

由式（7）可计算运行期温度场的 $T_{m1}$ 和 $T_{d1}$，如果在当年 12 月至次年 3 月之间浇筑完全部混凝土，拱坝温差如表 1 所示。

其中水温年变幅按下式计算

$$A=9.55e^{-0.018y} \tag{13}$$

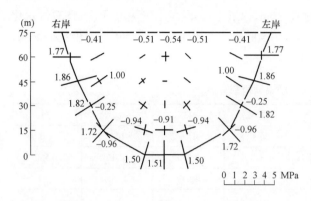

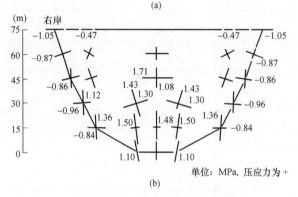

图 5　坝体主应力（水压+自重+冬季温度荷载）

（a）下游坝面主应力；（b）上游坝面主应力

用拱梁分载法计算的冬季坝体主应力（水压力+自重+冬季温度荷载）见图 5。根据拱坝设计规范，计算中没有考虑非线性温差。由于非线性温差引起的应力，浇筑后期在坝面为压应力，所以实际的最大拉应力可能要小一些。

由图 5 可见，最大拉应力为 1.05MPa。混凝土拱坝设计规范规定的允许拉应力为 1.20MPa。如用这个允许应力来衡量，拉应力是可以接受的。考虑到碾压混凝土拱坝的混凝土标号往往低于常规混凝土拱坝，为安全起见，可以在坝内设置一些诱导缝，以作为额外保险。参照南非经验，诱导缝的构造可如图 6 所示。

由于温差较小，温度应力不大，可望不出现裂缝，每隔 10m 左右设置一条诱导缝，是一额外保险。万一出现裂缝，将沿着诱导缝方向发生，并可进行灌浆。在施工过程中，必须进行表面保温和养护，以防止由干缩和寒潮引起的表面裂缝。

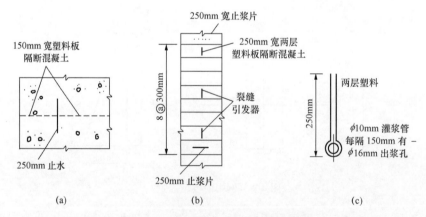

图 6　碾压混凝土拱坝的径向诱导缝

（a）坝体表面附近水平剖面；（b）沿坝轴方向铅直部面；（c）裂缝引发器

## 三、有横缝的碾压混凝土拱坝

如果不能在一个低温季节浇筑完全部混凝土，或者地处寒冷地区，坝体准稳定温度场很低，不设置横缝，在坝内就会出现很大的温差，从而产生很大的温度应力。在这种情况下，必须设置横缝。

**（一）碾压混凝土拱坝中设置横缝的原则**

首先，应尽量利用低温季节浇筑下部混凝土，最大限度地在无缝条件下浇筑混凝土，即尽量增加无缝的坝高 $H_1$（图 7）。$H_1$ 以上部分，由于温差较大，必须设置横缝。考虑到碾压混凝土中水泥用量较少，其温差小于常规混凝土，所以横缝间距可以比常规混凝土拱坝大一些，根据坝体长度的不同，可考虑设置 1～3 条横缝，如图 7。对于横缝缝端下部的混凝土则应布置一些钢筋，以防止坝体降温时被拉开。

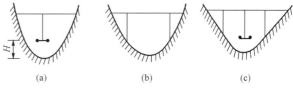

图 7　碾压混凝土拱坝的横缝

**（二）接缝封闭前的坝体冷却**

在接缝封闭以前，坝体必须冷却到规定的温度，例如，使封拱时坝体平均温度不高于运行期年平均温度。当坝体较薄时，可依靠天然冷却。否则，应进行水管冷却。

**1. 天然冷却**

混凝土平板厚度为 $L$，初温均匀分布，其值为 $T_H$，外面气温为常数 $T_a$，经时间 $\tau$ 的天然冷却后，其平均温度为

$$T_m = T_a + (1-F)(T_H - T_a) \tag{14}$$

式中：系数 $F$ 见文献［5］。

混凝土平板厚度为 $L$，初温为零，外界气温按余弦函数变化如下

$$T = -A_0 \cos\left[\left(\frac{2\pi}{p}\right)(\tau_0 + \tau)\right] \tag{15}$$

式中：$A_0$ 为气温年变幅；$p$ 为变化周期 12 月，通常一月中旬（$\tau=0.5$ 月）时气温最低，如图 8 所示，设 $\tau_1$ 是按日历年初计算的时间，则

$$\tau_0 = \tau_1 - 0.5 \text{（月）}$$

因此，在日历时间 $\tau_1$ 浇筑的混凝土，如初温为零，经过时间 $\tau$ 后，其平均温度为

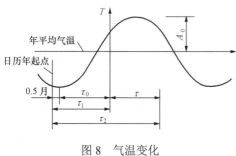

图 8　气温变化

$$T_m = A_0\left[-A'\cos\frac{2\pi}{p}(\tau_0+\tau) - B'\sin\frac{2\pi}{p}(\tau_0+\tau) \right.$$
$$\left. + C'\cos\frac{2\pi}{p}\tau_0 + D'\sin\frac{2\pi}{p}\tau_0\right] \tag{16}$$

式中的系数 $A'$、$B'$、$C'$、$D'$ 可从文献［5］查得。

根据叠加原理，厚度为 $L$ 的混凝土板，初温为 $T_H$，浇筑的日历时间为 $\tau_1$（月），年平均气温 $T_a$，气温年变幅为 $A_0$，经时间 $\tau$（月）以后，其平均温度可计算如下

$$T_m = T_a + (1-F)(T_H - T_a)$$
$$+ A_0\left[-A'\cos\frac{2\pi}{p}(\tau_0+\tau) - B'\sin\frac{2\pi}{p}(\tau_0+\tau) + C'\cos\frac{2\pi}{p}\tau_0 + D'\sin\frac{2\pi}{p}\tau_0\right] \tag{17}$$

例如，设在 7 月中旬（$\tau_1=6.5$ 月）浇筑混凝土，浇筑温度 $T_p=28℃$，$\theta_0=18℃$，$m=0.15（1/d）$，

混凝土上升速度为 0.50m/d，导温系数 $a=3.0\text{m}^2/\text{月}$，由式（11）可计算水化热温升 $T_r$，假设 $T_H = T_p + T_r$，当地年平均气温 $T_a=15℃$，气温年变幅 $A_0=13℃$，计算由于天然冷却，到次年 2 月底（$\tau_1=14$ 月）时混凝土的平均温度，厚度 $L$ 分别为 5、10、15、20m。计算结果见表 2。

表 2　　　　　　　　　　　降 温 速 度 算 例

| 厚度（m） | 浇筑温度（℃） | 水化温升（℃） | 最高温度（℃） | 次年 2 月底温度（℃） |
|---|---|---|---|---|
| 5 | 28 | 8.01 | 36.01 | 4.32 |
| 10 | 28 | 11.05 | 39.05 | 9.47 |
| 15 | 28 | 12.50 | 40.50 | 14.95 |
| 20 | 28 | 13.14 | 41.14 | 24.10 |

由表 2 可见，对于这个具体情况，当坝体厚度在 15m 以上时，依靠天然冷却是难以降低到坝体稳定温度场的。

2. 水管冷却

过去人们认为在碾压混凝土中不能埋设冷却水管，因此对碾压混凝土拱坝在接缝灌浆前的人工冷却感到缺乏办法。在我国水口电站施工中，首次在碾压混凝土中埋设冷却水管获得成功，这对于碾压混凝土拱坝的人工冷却具有重要意义[1]。

对于在碾压混凝土中埋设冷却水管，人们最担心的问题是在碾压过程中，由于水管变形过大，接头可能脱开，从而使水泥浆漏进管内，引起堵塞。水口电站的经验是，把冷却水管铺设在已经硬化的混凝土上面，以限制竖向变形；又把蛇形管焊成矩形网格，以限制水平方向的变形，采取这些措施后，在碾压混凝土中铺设的水管，都未发生堵塞现象。因此，对于设有横缝的碾压混凝土拱坝，可先用式（17）进行天然冷却计算，如计算结果表明单靠天然冷却不能达到规定的温度，在设计时则可考虑采用水管冷却。

（三）横缝构造

对于碾压混凝土拱坝的横缝，一般可采用以下两种结构（见图 9）。

1. 预制宽缝

如图 9（a）所示，用两个预制混凝土块形成一宽缝，净宽 80～120cm，宽缝内设 2～3 排止水，预制块与碾压混凝土接触面上也应设置键槽，并埋设锚固钢筋。在坝体冷却至设计规定温度后，用常规混凝土填满宽缝。

2. 预制灌浆缝

如图 9（b）所示，把一个灌浆区的全部灌浆设备都埋设在一个预制混凝土块内，其中包括止浆片、进浆管、回浆管、升浆管、出浆盒、

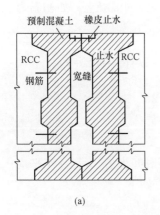
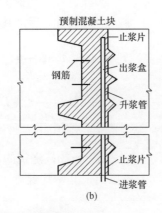

图 9　碾压混凝土拱坝的横缝构造

（a）预制宽缝的水平剖面；（b）预制灌浆缝

---

❶ 见陈纪伦等，碾压混凝土在水口工程混凝土坝中的应用，华东勘测设计院，1991 年。

排气槽、排气管等，所有干管都从下游坝面进出。为防止坝体收缩时，预制块与左侧坝体混凝土被拉开，应使一部分预制混凝土和钢筋伸入左侧碾压混凝土中。在施工中，与预制块接触处应有一定厚度的常态混凝土，并用振捣器捣实，以保证与预制混凝土之间的良好接触。

（四）横缝与诱导缝的区别

横缝完全切断了坝体混凝土，坝体降温后，缝一定会张开，缝的作用是明确的。缝内设置了键槽和灌浆设备，并且是在坝体冷却到规定温度后进行灌浆，这以后才允许蓄水，其结构是可靠的。缺点是减小了浇筑仓面，给施工带来一些不便。

诱导缝只切断了局部混凝土，拱坝应力状态较复杂，如果在其他方向的拉应力大得多，有可能诱导缝面不裂开而在其他方向裂开。另外，当坝体稍厚时，要在蓄水以后，坝体才冷却到最低温度。在水压力和温度的共同作用下，拱的轴向力通常是压力（坝顶部可能例外），所以不可能全断面拉开，一般是一面受拉，另一面受压。诱导缝的作用只是在拉开的部分进行灌浆，并不能像横缝那样把坝体的温度应力解除掉。所以，诱导缝不能充分发挥接缝的作用。它的优点是不减小浇筑仓面，施工时方便一些。

# 四、结束语

（1）从本文的分析结果可以看出，在比较温暖的地区，由于坝体稳定温度较高，如果在一个低温季节可以浇筑完整个坝体，那么有可能不设置横缝，而碾压混凝土拱坝的拉应力仍在允许范围以内。在这种情况下，可不设置横缝，但可设置诱导缝，以作为额外保险措施。

（2）如果不具备上述条件，则在坝内应设置横缝。其原则是：首先，尽量利用低温季节浇筑下部坝体，即最大限度地在无缝条件下浇筑下部混凝土；再往上，可根据不同情况，设置若干条横缝。

（3）坝体蓄水以前，横缝必须灌浆，而灌浆前坝体必须冷却到规定温度。可用式（17）进行计算。对于较薄的坝，无需人工冷却；对于较厚的坝，则需水管冷却。

（4）本文建议了两种横缝结构形式，虽然施工稍微麻烦一些，但在碾压混凝土拱坝中是可以实现的，而且其作用明确，结构可靠。

## 参 考 文 献

[1] Worth FH，Hooper DJ and Geringer JJ. Roller Compacted Concrete Arched Dams， Water Power and Dam Construction，November，1989.

[2] 朱伯芳. 论拱坝的温度荷载. 见：水工结构与固体力学论文集. 北京：水利电力出版社，1988.

[3] 混凝土拱坝设计规范. 北京：水利电力出版社，1985.

[4] 朱伯芳. 库水温度估算. 见：水工结构与固体力学论文集. 北京：水利电力出版社，1988.

[5] 朱伯芳，等. 水工混凝土结构的温度应力与温度控制. 北京：水利电力出版社，1976.

[6] 董福品，朱伯芳. 碾压混凝土坝温度徐变应力研究. 水利水电技术，1987，（10）.

[7] 朱伯芳. 混凝土坝的温度计算. 中国水利，1956，（11）、（12）.

# 碾压混凝土重力坝的温度应力与温度控制[❶]

**摘　要：** 本文系统地研究了碾压混凝土重力坝的温度应力与温度控制问题。碾压混凝土的抗裂能力低于常规混凝土。碾压混凝土重力坝内部降温很慢，其有利的一面是，内部降温结束时，坝体早已竣工，自重和水压力的作用可使坝体内部的拉应力显著降低；其不利的一面是，内外温差较大，冬季在坝体上下游表面会产生较大的拉应力，可能引起水平或铅直裂缝。由于通仓浇筑，上下层温差在碾压混凝土重力坝内可能引起较大的拉应力。冬季孔口内的水温或气温通常远低于实体重力坝的稳定温度，坝内孔口在坝体内部可能引起较大的拉应力。文中给出了三峡碾压混凝土重力坝的温度应力计算结果。

**关键词：** 碾压混凝土；重力坝；温度应力；温度控制

## Thermal Stresses in Roller Compacted Concrete Gravity Dams

**Abstract:** the problem of thermal stresses in a RCC (Roller Compacted Concrete) gravity dam is analysed. The crack resistance of RCC is lower than that of conventional concrete. When the temperature in the interior of a RCC gravity dam drops to the final stable temperature the dam is already completed, so the horizontal tensile thermal stresses in the dam body are partially compensated by the compressive stresses due to water load and weight of concrete. There are high tensile stresses on the upstream and downstream faces of the dam in the winter which may give rise to horizontal and vertical cracks. The horizontal dimension of a RCC gravity dam is large in comparison with the concrete blocks of the conventional concrete gravity dam with longitudinal joints, so the vertical temperature difference due to seasonal variation of temperature will lead to large thermal stresses. The thermal stresses in the Three Gorge RCC gravity dam are given in the paper.

**Key words:** roller compacted concrete, gravity dam, thermal stress, temperature control

## 一、前言

在碾压混凝土问世初期，由于水泥用量大大减少，人们曾一度认为碾压混凝土已不存在温度控制问题，后来经过研究，发现碾压混凝土虽具有水泥用量少、绝热温升较低的优点，但因大量掺用粉煤灰，水化热散发推迟，而碾压混凝土上升速度快，施工过程中层面散热不多。与

---

❶　原载 Dam Engineering, Vol. 6, Issue 3, Oct, 1995 及水利水电技术，1996 年第 4 期，由作者与许平联名发表。

常规混凝土相比，碾压混凝土的徐变较低，极限拉伸变形也略低，故抗裂能力较低。另外，除水化热外，季节温度的变化、寒潮等也是引起裂缝的重要原因，它们对碾压混凝土和常规混凝土的影响是基本相同的。总的看来，碾压混凝土仍然存在着温度控制问题[1]。在实际工程中，碾压混凝土也出现了裂缝，因此，对于碾压混凝土坝也应重视温度应力和温度控制问题。

受中国长江三峡开发总公司的委托，我们对碾压混凝土重力坝的温度应力和温度控制问题进行了系统的分析与研究，本文将阐述主要研究成果。

## 二、碾压混凝土重力坝温度应力与温度控制的特点

到目前为止，人们仍沿用研究常规混凝土坝温度应力的观点和方法来研究碾压混凝土坝的温度应力问题。实际上，与常规混凝土重力坝相比，碾压混凝土高重力坝，从材料特性到应力状态，都有它自己的一系列重要特点。只有根据这些特点来研究碾压混凝土坝的温度应力和温度控制问题，才能获得正确的结论。

（一）材料特性

碾压混凝土的弹性模量 $E$ 和线胀系数 $\alpha$ 值与常规混凝土相近，水化热绝热温升 $\theta$ 略低，但抗拉强度和极限拉伸值也略低，而徐变值比常规混凝土低得多。在徐变度 $C(t, \tau)$ 中令 $t \to \infty$，得到最终徐变度 $C(\infty, \tau) = C(\tau)$，于是

$$E(\tau)C(\tau) = C(\tau)/[1/E(\tau)] \qquad (1)$$

式中：$E(\tau)C(\tau)$ 代表在龄期 $\tau$ 加荷时，混凝土的最终徐变变形与瞬时弹性变形的比值，称徐变系数。碾压混凝土中水泥用量较小，徐变较小，碾压混凝土与常规混凝土的徐变系数 $E(\tau)C(\tau)$ 值见表1。可见碾压混凝土的 $E(\tau)C(\tau)$ 比常规混凝土小，其值只有常规混凝土的 1/3～2/3，这对于混凝土的抗裂是十分不利的。

表1　　　　　　　　　　混凝土 $E(\tau)C(\tau)$ 值

| 龄　　　期 | 7d | 28d | 90d |
|---|---|---|---|
| 三峡碾压混凝土 | 0.546 | 0.390 | 0.250 |
| 岩滩碾压混凝土 | 1.12 | 0.69 | 0.47 |
| 常规混凝土 | 1.36 | 1.08 | 0.77 |

（二）内外温差

对于通仓浇筑的碾压混凝土坝与柱状浇筑的常规混凝土坝，内外温差所引起的温度应力的发展规律是不同的，人们过去没有注意到这一重要差别，下面进行具体分析。

1. 柱状浇筑常规混凝土坝中内外温差的作用

在水化热作用下，混凝土内部温度上升，表面与空气接触，温度较低，形成内外温差，并在表面引起拉应力。由于天然冷却，特别是灌浆前的人工冷却，混凝土内部温度降低至坝体稳定温度，这一降温过程结束时在混凝土表面将产生压应力。以后由于气温的变化，表面应力会有所波动，但除寒冷地区外，一般为压应力。因此，对于柱状浇筑的常规混凝土坝，表面裂缝主要出现在早期，特别是早期遇到寒潮时。

2. 通仓浇筑的碾压混凝土坝中内外温差的作用

碾压混凝土重力坝一般是通仓浇筑的，不设置纵缝，不埋设冷却水管，坝体内部温度降

低很缓慢，高坝要经过几十年甚至更长时间才能降至稳定温度。在漫长的降温过程中，在冬季，表面会出现较大的拉应力如图 1 所示。由于水平施工缝的结合强度较低，容易产生水平裂缝。通仓浇筑的常规混凝土重力坝在上游面容易产生劈头裂缝，也是由于这个原因。

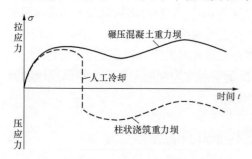

图 1　内外温差引起的表面应力示意

（三）基础温差与上下层温差

坝内温差实际上在铅直方向并不是均匀分布的，非均匀分布的温差所引起的应力即与坝块长度有关，坝块越长温度应力越大[5]。碾压混凝土重力坝内不设纵缝，通仓浇筑，坝块长度较大，所以温度应力较大。

上下层温差主要是由于混凝土浇筑温度的季节性变化和较长时间的停浇所引起，对于柱状浇筑块，当浇筑块长度不超过 25m 时，一般情况下，温度应力的数值不很大；对于碾压混凝土重力坝，由于通仓浇筑，坝块长度大。计算结果表明，上下层温差引起的拉应力往往很大，必须充分重视。

为了具体分析浇筑块长度与上下层温差应力的关系，我们特地进行了如下计算：混凝土高度 158m。按矩形浇筑块计算，浇筑块长度 L=20、40、80、120m，根据实际施工进度，求出混凝土温差，然后计算温度应力，计算结果见图 2。由图可见，上下层温差应力与浇筑块长度关系十分密切，浇筑块越长，温度应力越大。对于长 20m 的浇筑块，只在基础约束部分

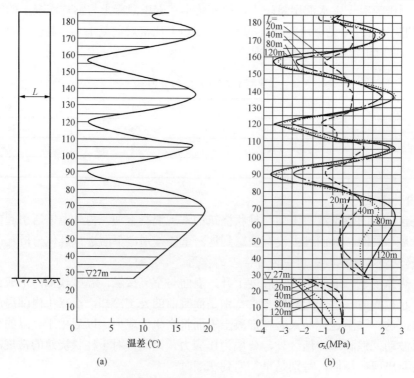

图 2　上下层温差引起的温度应力与浇筑块长度的关系

（a）浇筑块及温差；（b）温度应力

有较大温度应力，上下层温差引起的应力是很小的，但对于长浇筑块，上下层温差可能引起较大的拉应力。

（四）自重与水荷载

对于柱状浇筑的常规混凝土重力坝，进行接缝灌浆前的坝体人工冷却时，混凝土还不高，坝前也还没有水荷载，自重和水压力引起的应力可以忽略，因此通常只计算温度变形受基础约束而产生的拉应力。

对于碾压混凝土重力坝，情况完全不同，碾压混凝土重力坝不设纵缝，坝体一般不进行水管冷却，内部温度的降低要经历几十年的时间，当坝内温度降至稳定温度时，坝体早已竣工蓄水运行，所以温度、自重和水压力三种荷载应该叠加。

自重与水荷载对碾压混凝土重力坝拉应力的影响大致如下：

1. 对基础约束区内水平应力 $\sigma_x$ 的影响

自重和水压力在基础约束区内引起的水平应力 $\sigma_x$ 是压应力，可抵消一部分基础温差引起的拉应力，对于三峡重力坝，大概可减小拉应力 0.50MPa。

2. 对上游表面铅直应力 $\sigma_y$ 的影响

自重在上游面引起的 $\sigma_y$ 是压应力，水压力在上游面引起的 $\sigma_y$ 是拉应力，但自重与水压的作用叠加后，在上游面引起的 $\sigma_y$ 一般是压应力，可以抵消一部分温度产生的拉应力。

在水库蓄水以前，上游坝面与空气接触，冬季内外温差较大，$\sigma_y$ 是较大拉应力，此时自重的作用可使上游表面拉应力有较大的降低，蓄水以后，水压力在上游面引起拉应力，但此时上游坝面与库水接触，库水温度的年变幅小于气温变幅，所以总的看来，自重和库水的作用，使上游表面拉应力有所降低。

3. 对下游表面铅直应力 $\sigma_y$ 的影响

自重在下游表面引起的 $\sigma_y$ 是微小的压应力，水压在下游坝面引起较大的压应力。所以自重和水压的综合作用，可抵消一部分内外温差在下游面引起的拉应力。

为了具体分析自重和水压力对碾压混凝土重力坝应力状态的影响，我们进行了对比计算，考虑以下 7 种工况：

（1）单独温度荷载——坝体均匀温降 $\Delta T = -11℃$；

（2）单独自重作用；

（3）单独水荷载（低水头，高程 135m）；

（4）温度+自重；

（5）温度+自重+低水头（135m）；

（6）温度+自重+中水头（155m）；

（7）温度+自重+高水头（175m）。

计算结果见图 3。由图 3 可知，按低水头 135m 考虑，自重和水压力可使坝体内部水平拉应力减小 0.5MPa 以上，自重和水压力对坝体上下游表面铅直应力的影响尤为显著。

综上所述，自重和水压力对减小坝体内部和表面由于温度变化而产生的拉应力是有利的，因此在碾压混凝土重力坝的温度应力计算中，应模拟坝的施工过程，同时考虑温度、自重和水压力三种荷载。

（五）坝内孔口

在实体重力坝内部，引起温度应力的温差通常是最高温度与坝体稳定温度之差，但当坝

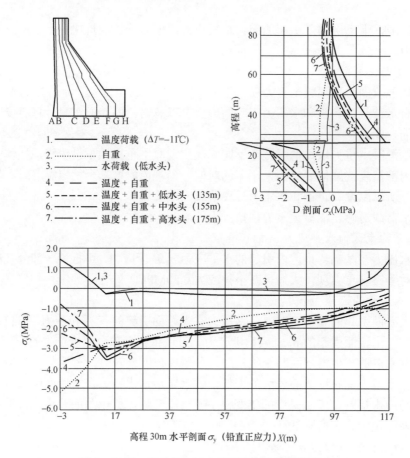

1. ——— 温度荷载（$\Delta T = -11℃$）
2. ·········· 自重
3. ——— 水荷载（低水头）
4. －－－ 温度＋自重
5. ----- 温度＋自重＋低水头（135m）
6. －·－· 温度＋自重＋中水头（155m）
7. —··— 温度＋自重＋高水头（175m）

高程 30m 水平剖面 $\sigma_y$（铅直正应力）$X$(m)

图 3 温度、自重与水压力共同作用下的坝体应力

内设有孔口时，情况就有所不同。孔口边缘是与空气或水接触的，在施工期或运行期的冬季，气温和水温一般都低于运行期的坝体稳定温度，因此在孔口附近可能产生较大的温度应力。对于柱状浇筑的混凝土坝，因浇筑块尺寸较小，孔口的影响较小，但从过去实践经验看来，在靠近基础的施工导流底孔，往往出现裂缝，对于通仓浇筑的重力坝，孔口的影响就较大；对于靠近基础的孔口，其影响更大；对于通仓浇筑的碾压混凝土坝，由于碾压混凝土的抗裂能力较低，孔口的影响可能比常规混凝土重力坝更大一些。

# 三、计算方法与允许应力

全部计算是采用我们自己研制的有限元方法和软件进行的，详见文献［5～10］。下面作一简述。

（一）温度场计算

1. 温度场的有限元离散

在空间域用有限元离散，在时间域用差分法离散，得到方程组如下

$$\left(s[H]+\frac{1}{\Delta t}[C]\right)\{T_{n+1}\}+\left\{(1-s)[H]-\frac{1}{\Delta t}[C]\right\}\{T_n\}-\{P\}=0 \qquad (2)$$

式中：$\{T_{n+1}\}$ 和 $\{T_n\}$ 分别代表在时间 $t_{n+1}$ 和 $t_n$ 的结点温度向量；$\Delta t = t_{n+1} - t_n$ 是时间步长；$[H]$ 和 $[C]$ 是有关矩阵；$s$ 是一系数，向前差分 $s=0$，中点差分 $s=0.5$，向后差分 $s=1$，我们在计算中采用向后差分；$\{P\}$ 是与边界条件及内热源等有关的一个向量。

2. 水管冷却效应

考虑水管冷却作用，采用我们提出的下列等效热传导方程[10]

$$\frac{\partial T}{\partial t} = a\left(\frac{\partial^2 T}{\partial x^2} + \frac{\partial^2 T}{\partial y^2} + \frac{\partial^2 T}{\partial z^2}\right) + (T_0 - T_w)\frac{\partial \Phi}{\partial t} + \theta_0 \frac{\partial \psi}{\partial t} \tag{3}$$

式中：$T_0$ 为混凝土初温；$T_w$ 为水管进口水温；$\theta_0$ 为混凝土最终绝热温升。

函数 $\Phi$ 和 $\psi$ 是与水管间距、长度及水化热绝热温升散发速度等有关的两个函数，计算方法见参考文献 [10]。

（二）弹性徐变温度应力计算

采用笔者提出的弹性徐变体有限元隐式解法，温度应力计算的基本方程为[7]

$$[K_n]\{\Delta\delta_n\} = \{\Delta P_n\} + \{\Delta P_n^c\} + \{\Delta P_n^T\} \tag{4}$$

式中：$[K_n]$ 为刚度矩阵；$\{\Delta\delta_n\}$ 为结点位移增量向量；$\{\Delta P_n\}$ 为外荷载增量；$\{\Delta P_n^c\}$ 为徐变引起的荷载增量；$\{\Delta P_n^T\}$ 为温度引起的荷载增量。

$$[K_n] = \int [B]^T \left[\overline{D}_n\right][B]\mathrm{d}V \tag{5}$$

$$\left[\overline{D}_n\right] = \overline{E}_n [Q]^{-1} \tag{6}$$

$$\overline{E}_n = \frac{E_n^*}{1 + q_n E_n^*} \tag{7}$$

$$E_n^* = E(t_{n-1} + 0.5\Delta t_n) \tag{8}$$

$[B]$ 为几何矩阵，应力增量按下式计算

$$\Delta\sigma_n = \left[\overline{D}_n\right]([B]\{\Delta\delta_n\} - \{\eta_n\} - \{\Delta\varepsilon_n^T\}) \tag{9}$$

荷载增量计算如下

$$\{\Delta P_n^c\} = \int [B]^T \left[\overline{D}_n\right]\{\eta_n\}\mathrm{d}V \tag{10}$$

$$\{\Delta P_n^T\} = \int [B]^T \left[\overline{D}_n\right]\{\Delta\varepsilon_n^T\}\mathrm{d}V \tag{11}$$

设徐变度表示如下

$$C(t,\tau) = \sum_s \Phi_s(\tau)\left[1 - \mathrm{e}^{-r_s(t-\tau)}\right] \tag{12}$$

则 $\{\eta_n\}$ 和 $q_n$ 计算如下

$$\{\eta_n\} = \sum_s (1 - \mathrm{e}^{-r_s\Delta t_n})\{\omega_{sn}\} \tag{13}$$

$$\{\omega_{sn}\} = \{\omega_{s,n-1}\}\mathrm{e}^{-r_s\Delta t_n} + [Q]\{\Delta\sigma_{n-1}\}\Phi_s(t_{n-2} + 0.5\Delta t_{n-1})\mathrm{e}^{-0.5r_s\Delta t_{n-1}} \tag{14}$$

$$\{\omega_{s1}\} = [Q]\{\Delta\sigma_0\}\Phi_s(t_0) \tag{15}$$

$$q_n = C(t_n, t_{n-1} + 0.5\Delta t_n) \tag{16}$$

对于平面应变问题

$$[Q]^{-1} = \frac{1-\mu}{(1+\mu)(1-2\mu)} \times \begin{bmatrix} 1 & \mu/(1-\mu) & 0 \\ \mu/(1-\mu) & 1 & 0 \\ 0 & 0 & (1-2\mu)/2(1-\mu) \end{bmatrix} \qquad (17)$$

$$\{\Delta\varepsilon_n^T\} = \begin{Bmatrix} (1+\mu)\alpha\Delta T_n \\ (1+\mu)\alpha\Delta T_n \\ 0 \end{Bmatrix} \qquad (18)$$

平面应力及空间问题的 $[Q]$ 和 $\{\Delta\varepsilon_n^T\}$ 见文献 [7]。

混凝土坝是分层浇筑的，各层弹性模量和徐变度都不同，计算施工过程中的应力时也必须分层计算，由于混凝土坝常有一两百层，计算量十分庞大，采用笔者提出的并层有限元法，可使层数减少到一二十层，计算工作得到很大的简化，而应力计算中已充分考虑了分层施工的影响[9]。

（三）允许拉应力

混凝土坝内经常出现两种裂缝，一种是由水平拉应力引起的铅直裂缝，另一种是由铅直拉应力引起的水平裂缝，主要是水平施工缝被拉开。

1. 允许水平拉应力

允许水平拉应力按下式计算

$$[\sigma] = E\varepsilon_t/k \qquad (19)$$

式中：$E$ 为混凝土弹性模量；$\varepsilon_t$ 为极限拉伸；$k$ 为安全系数。$E$ 和 $\varepsilon_t$ 都与混凝土龄期有关，对于三峡后期混凝土按 90d 龄期计算，取 $k=1.50$，得到混凝土允许拉应力如表 2。

表 2 混凝土后期允许拉应力

| 混凝土标号 | | 水平拉应力（MPa） | 铅直拉应力（MPa） |
|---|---|---|---|
| 碾压混凝土 | 150# | 1.18 | 0.61 |
| | 200# | 1.38 | 0.66 |
| 常规混凝土 | 150# | 1.26 | 0.65 |
| | 200# | 1.70 | 0.90 |

2. 允许铅直拉应力

由于水平施工缝的强度较低，在铅直拉应力的作用下，在达到极限拉伸变形前，混凝土即被拉开，因此允许拉应力不能再用式（19）计算，建议用下式计算

$$[\sigma'] = rR_t/k \qquad (20)$$

式中：$R_t$ 为混凝土的抗拉强度；$r$ 为水平施工缝的抗拉强度折减系数，通常认为 $r=0.5\sim0.7$；$k$ 为安全系数。若取 $r=0.6$，$k=1.5$，得到允许铅直拉应力如表 2。

# 四、温度控制措施

高温下浇筑碾压混凝土高坝需要采取一定的技术措施，我们研究了以下几种温度控制措施。

1. 混凝土预冷及水平层面保冷

三峡大坝，由于仓面大，层厚薄，层间间歇时间长，采用预冷方案时，施工过程中的冷量损失是一个重要问题。为了减少这种冷量损失，除了降低从机口到仓面运输途中的冷量损失外，最重要的是减少混凝土浇筑碾压过程中通过层面的冷量损失。我们曾经探讨过以下几种措施：增加层厚、减少层间间歇时间及在碾压完毕后盖上泡沫塑料（高压聚乙烯）软板保冷。综合分析结果，以保温板效果为最好，建议的做法是，混凝土层厚 30cm、层间间歇时间 6～8h，其中铺筑和碾压共需 2h，2h 后即铺上泡沫塑料软板，进行保冷。经计算，无保温板时，冷量损失为 35%，采用 1cm 或 2cm 厚保温板，冷量损失为 18% 和 16%，保冷效果显著。

2. 坝体上下游表面保温

碾压混凝土大坝，内部降温非常缓慢，需要经历几十年时间，而上下游表面的温度随着气温和水温而变化，在冬季可产生很大的竖向拉应力，有可能拉开水平施工缝，甚至可能引起铅直（劈头）裂缝。为了防止这种裂缝，我们对现有各种保温材料和方法进行分析比较后，得出结论，最有效的措施是在上、下游表面采用硬泡沫塑料板（聚苯乙烯）保温。我国响水拱坝建于内蒙古北部寒冷地区，建成后出现了严重裂缝，经我们研究，建议在暴露的混凝土表面外粘贴聚苯乙烯泡沫塑料板保温，实施后，运行多年，效果很好[12]，使我国首次获得持续多年的有效而经济的混凝土坝表面保温措施。三峡大坝施工周期较长，采用这种保温措施是合适的。我国观音阁碾压混凝土坝在施工中也是采用这种材料保温，具体做法是：混凝土模板做成复合板，外面为钢板，用以承受荷载，内面贴合聚苯乙烯板，拆除模板后，苯板自动附着在混凝土表面，长期不掉下，起到保温作用。

根据我们研究的结果，对于高温下浇筑的混凝土，在水平表面和侧面都要铺设泡沫塑料保温板，顺便也就解决了寒潮的保护和防止上游面劈头裂缝问题。

3. 水管冷却

水管冷却是常规混凝土坝内通用的一种冷却方法，碾压混凝土坝内过去很少采用，我国水口工程在碾压混凝土中采用了冷却水管并获得成功。

在三峡的现有工程条件下，建议水管在水平层面顺水流方向铺设，水管间距由计算决定，输水干管铺设在下游坝面，即冷却水管进水口和出水口都在下游坝面处，在铺砌 30cm 混凝土后进行碾压。

# 五、碾压混凝土重力坝温度应力计算实例

受中国长江三峡开发总公司的委托，我们对三峡大坝碾压混凝土方案的温度徐变应力进行了系统仿真计算。模拟分层浇筑的实际施工过程，从浇筑第一方混凝土开始，经过混凝土浇筑、围堰发电、初期运行到正常运行，共计算了 326 年。厂房坝段共计算了 6 个温度控制方案的应力历史，泄洪坝段共计算了 3 个温度控制方案的应力历史。为节省篇幅，本文只列出厂房坝段一种温控方案的温度与应力计算结果，以说明碾压混凝土重力坝的温度与应力变化的基本规律。

当地年平均气温 17.3℃，最高月平均（7 月）气温 28.7℃，最低月平均（1 月）气温 6.0℃，碾压混凝土导温系数为 0.0035m²/h，线膨胀系数为 $0.85 \times 10^{-5}$（1/℃），90d 200 号碾压混凝土的绝热温升为 $\theta = 18.41\tau/(3.627 + \tau)$（℃），弹性模量为 $E(\tau) = 37900\tau/(25.63 + \tau)$（MPa），$\tau$ 均

以天计，徐变度为

$$C(t,\tau) = (2.63 + 330\tau^{-0.99})[1 - e^{-0.25(t-\tau)}] + (0.870 + 110\tau^{-0.99})[1 - e^{-0.030(t-\tau)}](10^{-6}/\text{MPa})$$

基岩弹性模量为 $E_r$=45000MPa，混凝土与空气接触时，表面放热系数 $\beta$=62.8kJ/$(\text{m}^2 \cdot \text{h} \cdot \text{℃})$，泡沫塑料保温板的导温系数为 $\lambda$=0.126kJ/$(\text{m} \cdot \text{h} \cdot \text{℃})$。

坝底高程 27.0m，坝顶高程 185.0m。高程 27.0～28.5m 为垫层，用常规混凝土 200#，高程 28.5～48.0m 为 RCC200#，高程 48.0～90.0m 为 RCC150#，高程 90.0～185.0m 为常规混凝土 150#。采用"金包银"方式，即在上下游表面，碾压混凝土外面包一层 3.0～5.0m 厚的常规混凝土 200#。坝体剖面及有限元网格见图 4。

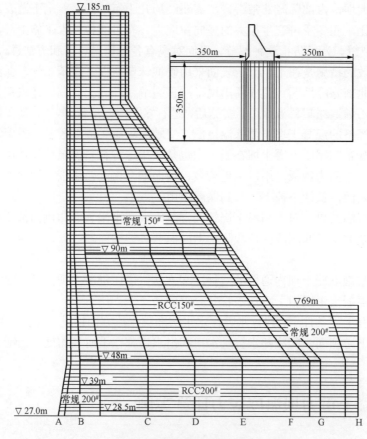

图 4　坝体剖面及有限元网格

按照设计中拟订的施工进度，模拟分层施工的实际情况，计算过程如下：

（1）1990 年 1 月 1 日，开工。

（2）2002 年 11 月 20 日，厂房坝段浇筑完毕。

（3）2003 年 6 月 1 日，开始蓄水，围堰发电。

（4）2007 年 1 月 1 日，初期运行。

（5）2016 年 1 月 1 日，正常运行。

（6）2325 年 4 月 30 日，计算结束。共计算了 326 年又 120 天。

　　为了控制温度应力，在我国中南部地区，碾压混凝土坝夏季是停浇的。对于三峡大坝来说，夏季停工对进度影响太大，为了三峡大坝在夏季能浇筑碾压混凝土，我们对温度控制措施进行了详细的研究和多方案比较，最后建议，每年 4～10 月进行混凝土预冷，碾压混凝土层厚 30cm，铺筑与碾压时间共 8h，2h 后在水平层面上铺 1cm 厚聚乙烯泡沫塑料板保冷，施工的前两年 5～9 月浇筑的混凝土进行水管冷却，水平间距 2m，铅直间距 1.5m，通水 15d，坝体上下游表面均用聚苯乙烯泡沫塑料板保温，保温板厚 5cm，局部应力集中部位用 10cm。

　　图 5 表示了坝体内部 D 剖面不同时间的温度分布，由于前两年夏季采用了水管冷却，温度高峰显著降低。图 6 表示了坝体 D 剖面不同时间的水平应力 $\sigma_x$，为了捕捉最大应力，每条应力曲线都画上了，因此应力曲线非常密集，但最大应力的分布是很清楚的，最大拉应力不到 1.2MPa。图 7 表示了坝体上游面的铅直 $\sigma_y$，由于保温，最大拉应力只有 0.77MPa。坝踵局部应力较大是由于应力集中。由于采取了严格的温度控制措施，各项应力均在允许范围之内。

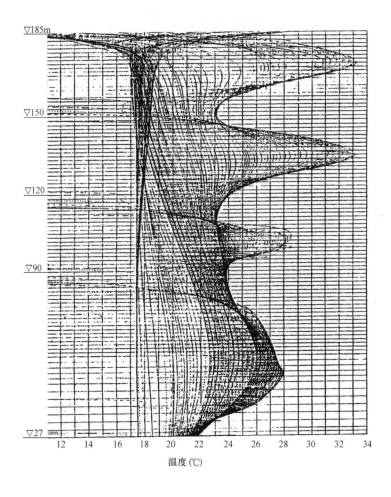

图 5　坝体内部 D 剖面不同时间的温度分布

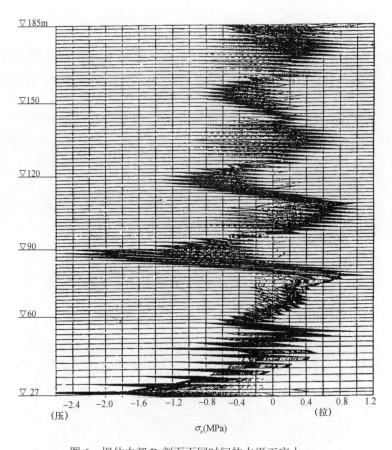

图 6　坝体内部 D 剖面不同时间的水平正应力 $\sigma_x$

# 六、结束语

（1）碾压混凝土由于水泥用量较少。混凝土徐变较小，根据试验结果，后期碾压混凝土的徐变只有常规混凝土的 1/2～1/4，这就大大削弱了碾压混凝土的变形能力。

（2）碾压混凝土重力坝内部降温很慢，其有利的一面是，内部降温结束时，坝体早已竣工蓄水，对于三峡大坝，自重和水压力（最低水位）的作用，大致可使坝体内部最大水平拉应力降低 0.50MPa，其不利的一面是内外温差较大，冬季在上下游表面产生较大的拉应力，可能产生裂缝，需要采取保温措施。由于常规混凝土的抗裂能力较大，从防止上下游面裂缝考虑，"金包银"方式可能较为有利。

（3）在柱状浇筑的常规混凝土重力坝内，上下层温差引起的应力一般不大，在碾压混凝土重力坝内，由于通仓浇筑，上下层温差可能引起较大的拉应力。

（4）冬季孔口内的水温或气温通常远低于实体重力坝的稳定温度，因此坝内孔口在碾压混凝土坝内可能引起较大的拉应力。

（5）在高温下浇筑碾压混凝土时，水管冷却是有效的降低温度应力的措施。

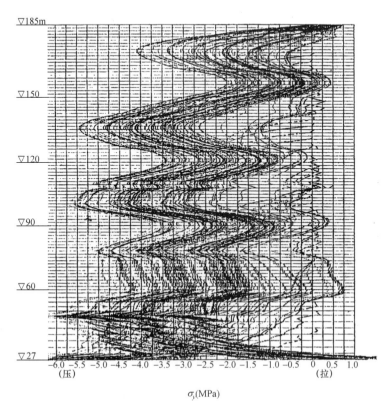

图 7　坝体上游面铅直应力 $\sigma_y$

## 参 考 文 献

[1] 董福品，朱伯芳. 混凝土温度应力分析的样条函数法与破开算子法及碾压混凝土坝温度徐变应力研究，水电科学院博士论文，1987 年 10 月（部分内容发表于水利水电技术，1987 年 10 月，题为碾压混凝土坝温度徐变应力的研究）.

[2] 朱伯芳. 混凝土的弹性模量、徐变度与应力松弛系数. 见：水工结构与固体力学论文集. 北京：水利电力出版社，1988.

[3] 朱伯芳. 再论混凝土弹性模量的表达式. 计算技术与计算机应用，1995，（1）.

[4] 朱伯芳. 库水温度估算. 水利学报，1985，（2）.

[5] 朱伯芳，等. 水工混凝土结构的温度应力与温度控制. 北京：水利电力出版社，1976.

[6] 朱伯芳. 有限单元法原理与应用. 北京：水利电力出版社，1979.

[7] 朱伯芳. 混凝土结构徐变应力分析的隐式解法. 水利学报，1983，（5）.

[8] 朱伯芳. 混凝土徐变方程参数拟合的约束极值法. 水利学报，1992，（7）.

［9］朱伯芳．多层混凝土结构仿真应力分析的并层算法．水力发电学报，1994，（3）．

［10］朱伯芳．考虑水管冷却效果的混凝土等效热传导方程．水利学报，1991，（3）．

［11］崔淑君，谢霄易．碾压混凝土筑坝技术在水口工程中的应用．混凝土坝技术，1994，（4）．

［12］厉易生，朱伯芳，林乐佳．寒冷地区拱坝永久保温层及其计算方法．混凝土坝技术，1989，（1）．

# 建筑物温度应力试验的相似律❶

**摘　要**：温度应力在建筑物，特别是大型混凝土建筑物中，相当重要。但其计算比较困难，因之重要工程在可能条件下应进行模型试验。本文从固体导热方程和热弹性理论的位移方程以及它们的单值条件出发，研究模型与原体之间的相似律，作为设计模型及分析试验成果的理论根据。

**关键词**：建筑物；温度应力；模型试验；相似律

## Similarity Law for Model Tests of Temperature Stresses in Structures

**Abstract:** In this paper the author offers the similarity law for model tests of temperature stresses in structures. These formulae are obtained by means of analysing the differential equations of conduction of heat in solids，the displacement equations of theory of thermo-elasticity and their initial and boundary conditions.

**Key words:** structures, thermal stress, model test, similarity law

## 一、引言

外界因素如气温的变化，内在因素如水泥的水化热及混凝土的收缩等，均在建筑物内引起一定的应力。对于某些大型混凝土建筑物如拱坝、拱桥、重力坝等，温度收缩应力，常常等于甚至超过正常荷重的应力，而成为建筑物破裂缝及损坏的主要诱因之一，但温度应力的计算是比较困难的，目前一般均用极为粗略的方法估算，要精确计算尚存在不少困难。因此某些较重要的工程曾进行过模型试验[1, 2]，可是当时对模型相似律没有进行研究，因而模型中的应力场与原体是不相似的，笔者为了淮河响洪甸水库拱坝的模型试验，在这方面做了一些探讨。本文即从固体导热方程和热弹性理论的位移方程，以及它们的单值条件出发，研究模型与原体之间的相似关系，作为设计模型及分析试验成果的理论根据。讨论对象限于弹性物体，至于弹性-塑性物体及弹性-蠕变物体将在另一篇文章里讨论。文稿承中国科学院水工研究室朱可善先生审阅一遍，深表谢忱。

## 二、无热源温度场

温度应力问题实质上是两个问题，即温度场及在已给温度场的影响下所产生的应力场。

---

❶　原载《土木工程学报》1958 年第 4 期。

它们遵循着不同的规律。温度场的规律由固体导热方程表征[8]；应力场由热弹性理论的位移方程表征[4, 5]。因之模型与原体均应同时满足这两个微分方程，即

$$\left.\begin{array}{l} \dfrac{\partial T}{\partial \tau} = a\Delta T \\[2mm] \Delta u_i + \dfrac{1}{1-2v}\dfrac{\partial \varepsilon}{\partial i} - \dfrac{2(1+v)}{1-2v}\alpha\dfrac{\partial T}{\partial i} = 0(i = x,\ y,\ z) \end{array}\right\} \tag{1}$$

式中　$\Delta = \dfrac{\partial^2}{\partial x^2} + \dfrac{\partial^2}{\partial y^2} + \dfrac{\partial^2}{\partial z^2}$（拉普拉斯算子）；

$\varepsilon = \varepsilon_{xx} + \varepsilon_{yy} + \varepsilon_{zz}$ ＝三向应变和（体积膨胀）；

$T$＝温度，$\tau$＝时间，$a$＝导温系数（$m^2/h$）；

$v$＝泊松比，$\alpha$＝热膨胀系数；

$u$＝变位，$i = x_1 y_1 z$（坐标）。

今模型的量用（'）表示，如 $T'$，$u'$，$\varepsilon'$，…，

原体的量用（"）表示，如 $T''$，$u''$，$\varepsilon''$，…。

则模型应满足下述方程组

$$\left.\begin{array}{l} \dfrac{\partial T'}{\partial \tau'} = a'\Delta T' \\[2mm] \Delta u_i' + \dfrac{1'}{1-2u'}\dfrac{\partial \varepsilon'}{\partial i'} - \dfrac{2(1+u')}{1-2u'} \cdot \alpha'\dfrac{\partial T'}{\partial i'} = 0 \end{array}\right\} \tag{2}$$

原体应满足

$$\left.\begin{array}{l} \dfrac{\partial T''}{\partial \tau''} = a''\Delta T'' \\[2mm] \Delta u_i'' + \dfrac{1}{1-2u''}\dfrac{\partial \varepsilon''}{\partial i''} - \dfrac{2(1+u'')}{1-2u''} \cdot a''\dfrac{\partial T''}{\partial i''} = 0 \end{array}\right\} \tag{3}$$

令　　　　　$T''=C_T T'$，$u''=C_u u'$，$a''=C_a a'$

　　　　　$x''=C_l x'$，$y''=C_l y'$，$z''=C_l z'\cdots$

其中 $C_T$ 为温度相似常数，$C_u$ 为变位相似常数，$C_a$ 为导温系数的相似常数，$C_l$ 为几何相似常数。

代入式（3），得

$$\left.\begin{array}{l} \dfrac{C_T}{C_\tau}\dfrac{\partial T'}{\partial \tau'} = \dfrac{C_a C_T}{C_l^2} \cdot a'\Delta T' \\[2mm] \dfrac{C_u}{C_l^2}\Delta u_i' + \dfrac{C_\varepsilon}{C_l} \cdot \dfrac{1}{1-2C_v u'}\dfrac{\partial \varepsilon'}{\partial i'} - \dfrac{C_a C_T}{C_l} \cdot \dfrac{2(1+C_u u')}{1-2C_u u'} \cdot a'\dfrac{\partial T'}{\partial i'} = 0 \end{array}\right\} \tag{4}$$

式中已利用关系　　　　　$\Delta(C_u u') = \dfrac{C_u}{C_l^2}\Delta u'$

若模型与原体相似，则式（4）与式（2）应一致，即必须可共存，因之必然有下述关系存在

$$\left.\begin{array}{l} \dfrac{C_T}{C_\tau} = \dfrac{C_a C_T}{C_l^2} \\[2mm] \dfrac{C_u}{C_l^2} = \dfrac{C_\varepsilon}{C_l} = \dfrac{C_a C_T}{C_l}, C_v=1 \end{array}\right\} \tag{5}$$

整理之，得模型与原体之间的相似关系如下

$$\left.\begin{array}{l} \dfrac{C_a C_v}{C_l^2}=1, C_v=1 \\[3mm] \dfrac{C_u}{C_l^2 C_\varepsilon}=1, \dfrac{C_\alpha C_T}{C_\varepsilon}=1 \end{array}\right\} \qquad (6)$$

上式中泊松比相似常数 $C_v=1$ 是固定的，另外 7 个相似常数只要满足三个关系式，因而有四个相似常数是可以根据试验室条件任意选定的。

如为稳定温度场，时间相似常数 $C_\tau$ 不必考虑，只需满足下列三个关系

$$C_v=1, \frac{C_v}{C_l C_\varepsilon}=1, \frac{C_\alpha C_T}{C_\varepsilon}=1 \qquad (7)$$

应变确定后，原体及模型的应力均由下式计算

$$\sigma_{ik}=\frac{E}{1+r}\left(\varepsilon_{ik}+\frac{v}{1-2v}\varepsilon \cdot \delta_{ik}-\frac{1+v}{1-2v}\cdot \alpha T \cdot \delta_{ik}\right) \quad (i,\ k=x,\ y,\ z) \qquad (8)$$

式中 $\qquad\qquad\qquad \delta_{ik}=0$，当 $i \neq k$（剪应力）；

$\qquad\qquad\qquad\qquad \delta_{ik}=1$，当 $i=k$（正应力）。

# 三、有热源温度场

由于内部热源的出现，固体导热方程变为下列形式

$$\frac{\partial T}{\partial \tau}=a\Delta T+\frac{\partial \theta}{\alpha \tau} \qquad (9)$$

式中　$\theta$=绝热条件下由于内部热源的温度上升。

热弹性理论的位移方程仍同式（1）。

在水泥水化热作用下混凝土温度的绝热上升通常可用下式表示

$$\theta=\theta_0\left(1-e^{-\beta\tau}\right) \qquad (10)$$

其中 $\theta_0$ 和 $\beta$ 均为常数，代入式（9），得

$$\frac{\partial T}{\partial \tau}=a\Delta T+\beta\theta_0 e^{-\beta\tau} \qquad (11)$$

令 $\qquad\qquad\qquad \beta''=C_\beta\beta'$，$\theta_0''=C_\theta\theta_0'$，由上式

$$\frac{C_T}{C_\tau}\frac{\partial T'}{\partial \tau'}=\frac{C_a C_T}{C_l^2}\Delta T'+C_\beta C_A \beta'\theta_0' e^{-C_\beta C_\tau \beta'\tau'}$$

若模型与原体相似则

$$\frac{C_T}{C_\tau}=\frac{C_a C_T}{C_l^2}=C_\beta C_\theta, C_\beta C_\tau=1$$

即 $\qquad\qquad \dfrac{C_a C_\tau}{C_l^2}=1, \ C_\beta C_\tau=1, C_\theta=C_T\left(\text{或}\dfrac{C_\beta C_l^2}{C_\alpha}=1\right) \qquad (12)$

比较式（12）与式（6）两式，可知在引进与内部热源有关的两个常数 $\theta_0$ 及 $\beta$ 后，除式（6）外还增加了两个必须满足的关系

$$C_\beta C_\tau = 1, C_\theta = C_T \tag{13}$$

我们应注意到关系式（13）可能给试验带来很大的困难，假如模型所用材料与原体相同，则 $C_\beta = 1, C_\alpha = 1$；由式（13）得 $C_\tau = 1$，再由式（6）得 $C_l = 1$，即必须采取与原体同样大小的模型（1比1）进行试验才能满足相似条件。

## 四、单值条件

一个微分方程可以有无限多个解，只有当单值条件完全确定时，微分方程的解才能确定。因之，只有单值条件相似时，模型与原体之间的相似性才有充分的保证。

单值条件包括：①几何特征；②有关物理常数；③初始条件；④边界条件。进行试验时以上条件均须相似，其中边界条件较为复杂，应按温度场及应力场分别讨论。

首先研究温度场的边界条件。

（1）第一类边界条件。表面温度为时间的已知函数

$$T_n = f(\tau) \tag{14}$$

其中 $T_n$ 为表面温度。暴露在大气中的建筑物通常近似地看到属于此类边界条件（严格地说，属于第三类边界条件）。

1）设

$$T_n = K = 常数 \tag{15}$$

令

$$T_n'' = C_T T', \quad K'' = C_K K'$$

则由式（15）

$$C_T T_n' = C_K K'$$

故

$$C_T = C_K \tag{16}$$

2）设

$$T_n = A \sin \frac{2\pi}{\gamma} \tau \tag{17}$$

其中 $\gamma$ 为周期，$A$ 为变幅。

令 $T_n'' = C_T T'$，$A'' = C_A A'$，$\gamma' = C_\gamma \gamma'$，$\tau'' = C_\tau \tau'$，则由式（17）

$$C_T T'' = C_A A' \sin \frac{C_\tau}{C_\gamma} \frac{2\pi}{\gamma'} \tau'$$

故

$$\frac{C_T}{C_A} = 1, \frac{C_\tau}{C_\gamma} = 1 \tag{18}$$

（2）第二类边界条件。表面热流密度为时间的已知函数

$$\gamma \left( \frac{\partial T}{\partial n} \right)_n = f(\tau) \tag{19}$$

其中 $\lambda$ 为导热系数 [cal/（m·h·℃）]，$\left( \dfrac{\partial T}{\partial n} \right)_n$ 为表面在法线方向的温度梯度，高温炉内的加热即属此类边界条件。

1）设

$$\gamma \left( \frac{\partial T}{\partial n} \right)_n = K = 常数 \tag{20}$$

则

$$\frac{C_\lambda C_T}{C_l} \cdot \lambda'\left(\frac{\partial T'}{\partial n'}\right)_n = C_K K'$$

故

$$\frac{C_\lambda C_T}{C_l C_K} = 1 \tag{21}$$

2）设

$$\lambda\left(\frac{\partial T}{\partial n}\right)_n = Q(1 - e^{-s\tau}) \tag{22}$$

式中 $Q$ 和 $s$ 均为常数。

则

$$\frac{C_\lambda C_T}{C_l}\left(\frac{\partial T'}{\partial n'}\right)_n = C_Q Q'(1 - e^{-C_s C_r S'\tau'})$$

故

$$\frac{C_\lambda C_T}{C_l C_Q} = 1, \quad C_s C_r = 1 \tag{23}$$

（3）第三类边界条件。表面热交换满足牛顿定律，即

$$\lambda\left(\frac{\partial T}{\partial n}\right)_n + k(T_n - T_c) = 0 \tag{24}$$

式中：$k$ 为热交换系数；$T_n$ 为物体表面温度；$T_C$ 为周围介质的温度，如气温。这是最为普遍的温度场边界条件，一般建筑物与大气的接触即属此类。

1）设

$$T_C = K = 常数 \tag{25}$$

则

$$\frac{C_\lambda C_T}{C_l}\left(\frac{\partial T'}{\partial n'}\right)_n + C_k k'(C_T T' - C_k K') = 0$$

故

$$\frac{C_\lambda}{C_l C_k} = 1, \frac{C_T}{C_K} = 1 \tag{26}$$

2）设

$$T_C = A\sin\frac{2\pi}{\gamma}\tau$$

则

$$\frac{C_\lambda C_T}{C_l}\left(\frac{\partial T'}{\partial n'}\right)_n + C_k k'\left(C_T T' - C_A A'\sin\frac{C\tau}{C_r}\frac{2\pi}{\gamma'}\tau'\right) = 0 \tag{27}$$

故

$$\frac{C_\lambda}{C_l C_k} = 1, \frac{C_T}{C_A} = 1, \frac{C_\tau}{C_r} = 1 \tag{28}$$

（4）第四类边界条件。物体与周围介质间按热传导规律进行热的交换，即

$$\lambda\left(\frac{\partial T}{\partial n}\right)_n = \lambda_C\left(\frac{\partial T_C}{\partial n}\right)_n \tag{29}$$

其中脚注"$C$"表示周围介质，命 $\lambda'' = C_\lambda \lambda'$，$\lambda_C'' = C_{\lambda C}\lambda_C'$，由式（29）

$$\frac{C_\lambda C_T}{C_l}\lambda'\left(\frac{\partial T'}{\partial n'}\right)_n = \frac{C_{\lambda C} C_T}{C_l}\lambda_C'\left(\frac{\partial T_C'}{\partial n'}\right)_n$$

故

$$C_\lambda = C_{\lambda C} \tag{30}$$

建筑物与基础的接触即属此类边界条件。

下面我们研究应力场的边界条件。

一般我们只单独试验温度应力，然后与其他外力所引起的应力叠加，因此在温度应力试验过程中表面不受外力，应力场的边界条件如下：

$$\frac{2(1+v)}{1-2v}\alpha Tm_l=\frac{2v}{1-2v}\cdot\varepsilon\cdot m_i+\sum_{k=x,y,z}\frac{\partial u_i}{\partial k}m_k+\sum_{k=x,y,z}\frac{\partial u_k}{\partial i}m_k\ (i=x,y,z) \tag{31}$$

式中：$m_k$，$m_i$ 为表面法线的方向余弦，将有关的相似常数代入式（31），得

$$C_\alpha C_T\cdot\frac{2(1+C_v v')}{1-2C_v v'}\alpha'T'm_i'=C_\varepsilon C_v\cdot\frac{2v'}{1-2C_v v'}\varepsilon'm_i'$$

$$+\frac{C_u}{C_l}\sum_{k'=x',y',z'}\frac{\partial u_i'}{\partial k'}m_k'+\frac{C_u}{C_l}\sum_{k'=x',y',z'}\frac{\partial u_k'}{\partial i'}m_k'\ (i=x',y',z')$$

由此得
$$C_\alpha C_T=C_\varepsilon C_v=\frac{C_u}{C_l},\ C_v=1$$

即
$$\frac{C_u}{C_l C_\varepsilon}=1,\frac{C_\alpha C_T}{C_\varepsilon}=1,\ C_v=1 \tag{32}$$

式（32）中各条件已全部包括在式（6）中，可见在不受外力的情况下应力场的边界条件不增加新的相似关系。

假如同时受到外力的作用，则边界条件变为下式

$$\frac{2(1+v)}{E}X_i+\frac{2(1+v)}{1-2v}\alpha T=\frac{2v}{1-2v}\varepsilon m_i+\sum_{k=x,y,z}\frac{\partial u_i}{\partial k}m_k+\sum_{k=x,y,z}\frac{\partial u_k}{\partial i}m_k \tag{33}$$

式中：$X_i$ 为边界上在 $i$ 方向的表面力。

令 $C_X$ 为表面力的相似常数，由式（33）可得相似条件为

$$\frac{C_X}{C_E}=C_\alpha C_T=C_\varepsilon C_v=\frac{C_u}{C_l},\ C_v=1$$

整理得

$$\frac{C_X}{C_\alpha C_E C_T}=1,\frac{C_X}{C_E C_\varepsilon}=1,\frac{C_X C_l}{C_E C_u}=1,\ C_v=1 \tag{34}$$

若表面力为液体压力，如水或水银（用于模型中），设 $C_\omega$ 为液体比重的相似常数，则 $C_X=C_\omega C_l$，因而式（34）变为

$$\frac{C_\omega C_l}{C_\alpha C_E C_T}=1,\frac{C_\omega C_l}{C_E C_\varepsilon}=1,\frac{C_\omega C_l^2}{C_E C_u}=1,\ C_v=1 \tag{35}$$

若与单值条件有关的各相似关系已经满足了，[包括式（13），因它与常数 $\beta$ 有关]，则模型与原体之间的相似性已建立起来，其他相似关系会自动建立起来，在数学意义上，即当单值条件确定后，微分方程的解被唯一地确定。

# 五、示例

设某试验中，波桑比相似常数 $C_v=1$，几何相似常数 $C_l=100$，热膨胀系数的相似常数 $C_\alpha=1.10$，导温系数的相似常数 $C_a=1.20$，（$C_\alpha$ 与 $C_a$ 均取决于材料），温度场属第一类边界条件，原体中边界条件为

$$T_n''=15\sin\frac{2\pi}{8760}\tau\qquad(℃)$$

$\tau$ 以小时计，周期 $\gamma''=8760=1$ 年。

模型中表面温度变幅为 $A=10℃$，即 $C_A=\dfrac{15}{10}=1.5$，试计算其他相似常数。由式（18），温度相似常数

$$C_\gamma=C_A=1.5$$

由式（6）

时间相似常数
$$C_\tau=\frac{C_l^2}{C_\alpha}=\frac{100^2}{1.20}=8330$$

应变相似常数
$$C_\varepsilon=C_\alpha C_T=1.1\times1.5=1.65$$

变位相似常数
$$C_u=C_l C_\varepsilon=100\times1.65=165$$

再由式（18）：周期相似常数 $C_\delta=C_\tau=8330$

因此
$$\gamma'=\frac{\gamma''}{C_\gamma}=\frac{8760}{8330}=1.05(\text{h})=63(\text{min})$$

故原体表面以一年为周期的温度变化在模型表面必须以 63min 为周期模拟。

模型中测出的应变乘以 $C_\varepsilon$ 即为原体应变，测出的温度乘以 $C_T$ 即为原体的温度，再由式（8）即可算出应力。

## 参 考 文 献

［1］U.S.Bureau of Reclamation．Model Tests of Boulder Dam．1939.

［2］Arch Dam Investigations．Vol，I—IV，1928.

［3］JlblkoB．热传导理论．裘烈钧，丁履德，译．1955.

［4］Timoshenko and Goodier．Theory of Elasticity．1951.

［5］Melan und Parkus．何善堉，译．由于定常温度场而产生的热应力．1955.

# 混凝土温度场及温度徐变应力的
# 有限单元分析[❶]

**摘　要:** 本文首次把有限单元法引入混凝土温度场和混凝土温度徐变应力的计算,给出了一整套计算公式,使混凝土温度场和温度徐变应力计算进入"有限元时代",计算功能大幅度提高,由过去的影响线计算发展为仿真计算,计算面貌完全改观。可根据实际气候条件、实际施工进度、实际温控方法、实际材料性质,计算混凝土结构温度场和应力场的演变过程、从而实现对混凝土坝温度场和应力场的有效控制,为防止混凝土裂缝、保证混凝土坝质量发挥了重要作用。

**关键词:** 有限单元法; 混凝土温度场; 混凝土温度徐变应力场; 仿真计算; 防止大坝裂缝; 保证大坝质量

# Finite Element Method for Computing Temperature Field
# and Thermal Stress Field of Mass Concrete

**Abstract:** Finite element method was first used to compute the temperature field and thermal stress field of mass concrete. The computation of thermal stress of mass concrete comes into "the era of finite element". The influence of the actual climate condition, the actual process of construction, the actual methods of temperature control, the actual properties of material may be considered in the computation which is favourable for the effective control of thermal stresses and may lead to prevent the cracking of concrete dam and promote the satety of the dam.

**Key words:** finite element method, temperature field, stress field, emulating computation, prevention of crack, raise the satety of concrete dam

## 一、前言

在大体积混凝土结构中,温度应力具有重要意义。如某坝原型观测资料表明,大坝底孔周围的应力状态实际上受温度应力控制,温度应力在数值上超过了自重和水压力引起的应力。在混凝土坝施工中,温度应力的合理解决关系到能否多快好省地建设一座混凝土高坝。因此,在大体积混凝土结构设计中,正确地计算温度场和温度应力具有重要意义。

---

❶ 原载《水利水电工程应用电子计算机资料选编》,水利电力出版社,1977。

由于温度应力随着时间而急剧地变化，而且混凝土的水化热、弹性模量、徐变度等基本参数都随混凝土龄期而变化，人工计算温度应力，工作量十分庞大，实际上很难进行精确计算。工程界习惯于进行一些近似计算，并且简单地用基础温差和内外温差去判断温度应力的大小，从而决定相应的技术措施。经验表明，这样做是不够的。例如往往内外温差大的坝块未裂缝，内外温差小的坝块反而裂缝了。事实上，在整个施工过程中，混凝土温度应力并不是静止的，而是不断变化的，其变化过程及影响因素是相当复杂的，只有正确地分析温度应力的变化过程，掌握其发展规律，然后才可能决定合理而有效的技术措施。

我们建立了在电子计算机上利用有限单元法计算二维稳定温度场、不稳定温度场及温度徐变应力的通用程序，不但可以分别计算各种混凝土结构的温度场和应力场，而且可以由几个程序联合运算，一次算出不同时间的温度场和温度徐变应力，从而大大加快了计算速度。

除了加快计算速度外，计算精度也大为提高。以往在工程设计中，对温度应力只能进行近似计算，计算条件与实际情况相差较远。利用有限单元法，在电子计算机上可以按照工程中分层浇筑的实际情况进行计算，计算条件比较接近实际，温度和应力在时间和空间上的变化一目了然，使我们对温度应力的认识有所深化。

由于温度应力对水工混凝土结构具有重要影响，正确地分析温度应力，有利于多快好省地完成水电建设任务。例如，在某工程中正是由于掌握了温度应力的变化规律，利用了温度应力的有利因素，节约了投资，加快了工程进度。

## 二、温度场计算

如图1所示，设混凝土坝构成区域 $R$，在区域 $R$ 内温度 $T$ 必须满足下列热传导方程

$$\frac{\partial^2 T}{\partial x^2}+\frac{\partial^2 T}{\partial y^2}+\frac{1}{a}\left(\frac{\partial \theta}{\partial \tau}-\frac{\partial T}{\partial \tau}\right)=0 \tag{1}$$

式中：$a$ 为导温系数；$\theta$ 为绝热温升。

在初始瞬时，温度 $T$ 必须满足初始条件：

当 $\tau=0$ 时　　　　　　　　$T=T_0(x,y)$ 　　　　　（2）

在边界 $\Gamma_1$ 上，混凝土与水接触，混凝土温度等于已知的水温；在 $\Gamma_1$ 上

$$T=T_b \tag{3}$$

在边界 $\Gamma_2$ 上，混凝土与空气接触，应满足下列边界条件

在 $\Gamma_2$ 上　　　　$\lambda\frac{\partial T}{\partial n}+\beta(T-Ta)=0$ 　　（4）

式中：$\lambda$ 为导热系数；$\beta$ 为表面放热系数；$Ta$ 为空气温度；$n$ 为边界的法线。

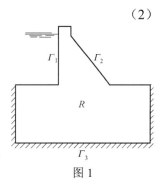

图1

当基础边界 $\Gamma_3$ 取得足够大时，可采用如下的边界条件：

在 $\Gamma_3$ 上　　　　　　　　$\frac{\partial T}{\partial n}=0$ 　　　　　（5）

式（5）可以看成是式（4）的特殊情况，即 $\beta=0$。

今取泛函数如下：

$$I = \iint\limits_{R}\left\{\frac{1}{2}-\left[\left(\frac{\partial T}{\partial x}\right)^2+\left(\frac{\partial T}{\partial y}\right)^2\right]+\frac{1}{a}-\left(\frac{\partial T}{\partial \tau}-\frac{\partial \theta}{\partial \tau}\right)T\right\}\mathrm{d}x\mathrm{d}y$$

$$+\int\limits_{\Gamma_2}\overline{\beta}\left(\frac{T}{2}-T_a\right)T\mathrm{d}\Gamma \tag{6}$$

式中：$\overline{\beta}=\beta/\lambda$，并要求 $T$ 满足下列条件：

在边界 $\Gamma_1$ 上 $\qquad\qquad\qquad\qquad T=T_b \tag{7}$

当 $\tau=0$ 时 $\qquad\qquad\qquad\qquad T=T_0\ (x,\ y) \tag{8}$

根据变分原理，当泛函数 $I$ 取极小值时，温度 $T$ 必然满足热传导方程（1）并在边界 $\Gamma_2$ 上满足式（4），即 $T$ 是我们所求的温度场。因此，利用变分原理，求解不稳定温度场的问题转变成求泛函数（6）的极小值问题。

将区域 $R$ 划分为 $n$ 个三角形单元，设单元 $e$ 占据的子域为 $\Delta R$，并占据边界 $\Gamma_2$ 的一部分 $\Delta \Gamma_2$，由式（6），相应的积分为

$$I^\theta = \iint\limits_{\Delta R}\left\{\frac{1}{2}-\left[\left(\frac{\partial T}{\partial x}\right)^2+\left(\frac{\partial T}{\partial y}\right)^2\right]+\frac{1}{\alpha}-\left(\frac{\partial T}{\partial \tau}-\frac{\partial \theta}{\partial \tau}\right)T\right\}\mathrm{d}x\mathrm{d}y$$

$$+\int\limits_{\Delta \Gamma_2}\overline{\beta}\left(\frac{T}{2}-T_a\right)T\mathrm{d}\Gamma \tag{9}$$

如果单元 $e$ 不与边界 $\Gamma_2$ 接触，上式中即不包括第二项线积分。将各单元的积分值 $I^e$ 累加起来，得到泛函数 $I$，即

$$I = \sum I^e \tag{10}$$

如图 2 所示，设单元 $e$ 的结点为 $i$，$j$，$m$，结点温度为 $T_i$，$T_j$，$T_m$，在单元划分得足够小时，单元内任一点的温度可用结点温度表示如下

$$T = N_i T_i + N_j T_j + N_m T_m \tag{11}$$

式中 $\qquad\qquad N_k = \frac{1}{2\Delta}(a_k+b_k x+c_k y)\qquad(k=i,\ j,\ m) \tag{12}$

$$a_i = x_j y_m - x_m y_j,\quad b_i = y_j - y_m,\quad c_i = x_m - x_j \tag{13}$$

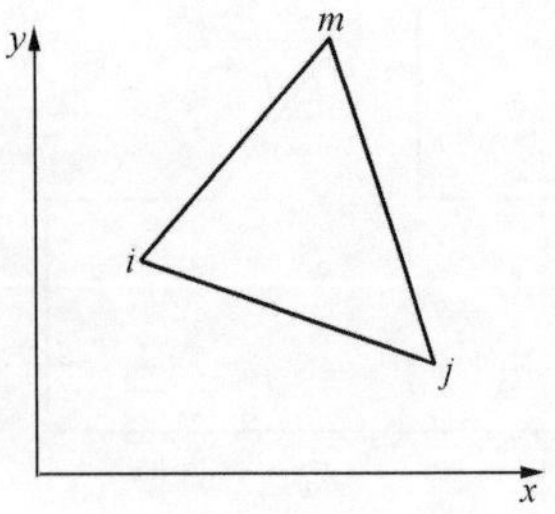

图 2 单元 $e$

依 $i$，$j$，$m$ 次序置换，可得到 $a_j$，$b_j$，$c_j$ 及 $a_m$，$b_m$，$c_m$，$\Delta$ 为单元 $e$ 的面积。将式（11）代入式（9）可求出 $I^e$，再由式（10）可求出 $I$，因此泛函 $I$ 的数值决定于结点温度 $T_i$ 等。由泛函取极小值的条件可知：

$$\frac{\partial I}{\partial T_i} = \sum\frac{\partial I^e}{\partial T_i} = 0\quad(i=1,2,\cdots,\ n) \tag{14}$$

由此得到 $n$ 个线性方程，解之可求出结点温度。

（1）温度场显式计算。式（9）可改写如下

$$I^e = I_1^e + I_2^e \tag{15}$$

$$I_1^e = \iint\limits_{\Delta R}\left\{\frac{1}{2}-\left[\left(\frac{\partial T}{\partial x}\right)^2+\left(\frac{\partial T}{\partial y}\right)^2\right]+\frac{1}{\alpha}-\left(\frac{\partial T}{\partial \tau}-\frac{\partial \theta}{\partial \tau}\right)T\right\}\mathrm{d}x\mathrm{d}y \tag{16}$$

$$I_2^e = \int_{\Delta \varGamma_2} \overline{\beta} \left( \frac{T}{2} - T_a \right) T \mathrm{d}\varGamma \tag{17}$$

式中 $I_2^e$ 只在 $\varGamma_2$ 上取值，对于内点来说，只须考虑 $I_1^e$。利用在积分号内求微商可得

$$\frac{\partial I_1^e}{\partial T_i} = \iint_{\Delta R} \left\{ \frac{\partial T}{\partial x} - \frac{\partial}{\partial T_i}\left(\frac{\partial T}{\partial x}\right) + \frac{\partial T}{\partial y}\frac{\partial}{\partial T_i}\left(\frac{\partial T}{\partial y}\right) + \frac{1}{a} - \left(\frac{\partial T}{\partial x} - \frac{\partial \theta}{\partial \tau}\right)\frac{\partial T}{\partial T_i} \right\} \mathrm{d}x\mathrm{d}y \tag{18}$$

由式（11）、式（12）可得

$$\left. \begin{aligned} &\frac{\partial T}{\partial x} = \frac{1}{2\Delta}(b_i T_i + b_j T_j + b_m T_m), \frac{\partial}{\partial T_i}\left(\frac{\partial T}{\partial x}\right) = \frac{b_i}{2\Delta} \\ &\frac{\partial T}{\partial y} = \frac{1}{2\Delta}(c_i T_i + c_j T_j + c_m T_m), \frac{\partial}{\partial T_i}\left(\frac{\partial T}{\partial y}\right) = \frac{c_i}{2\Delta} \\ &\frac{\partial T}{\partial T_i} = N_i \end{aligned} \right\} \tag{19}$$

又取

$$\frac{\partial \theta}{\partial \tau} = \frac{\Delta \theta}{\Delta \tau}, \frac{\partial T}{\partial \tau} = \frac{T_{i,\ \tau+\Delta\tau} - T_{i,\tau}}{\Delta \tau} \tag{20}$$

式中 $\Delta \tau$ 为时间步长，将以上各式代入式（18），再代入式（14），得到内点温度算式如下

$$T_{i,\ \tau+\Delta\tau} = \frac{1}{\Omega}\sum \frac{\Delta}{\alpha}(T_{i,\ \tau} + \Delta\theta) - \frac{3\Delta\tau}{4\Omega}\sum(f_i T_{i,\ \tau} + f_i T_{i,\ \tau} + f_m T_{m,\ \tau}) \tag{21}$$

式中

$$\left. \begin{aligned} &\Omega = \sum\frac{\Delta}{\alpha}, \ f_i = (b_i^2 + c_i^2)/\Delta \\ &f_i = (b_i b_j + c_i c_j)/\Delta, \ f_m = (b_i b_m + c_i c_m)/\Delta \end{aligned} \right\} \tag{22}$$

式（21）右端各项都是已知的，因此，可直接算出下一步的温度，不必求解联立方程。

下面考虑图 3 所示单元 $isk$，其中 $is$ 是在边界 $\varGamma_2$ 上，其长度为 $L_1$，当单元充分小时，可近似假定靠近 $i$ 点一半边界，即 $\Delta\varGamma_2 = L_1/2$ 范围内温度为常数，即

$$T = T_i$$

由式（17）可得

$$\frac{\partial I_2^e}{\partial T_i} = \overline{\beta}_1 L_1 (T_i - T_\alpha)/2$$

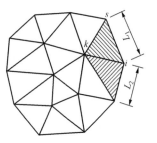

图 3 边界 $\varGamma_2$ 上结点

由式（14）和式（15）可得边界 $\varGamma_2$ 上结点温度算式如下

$$T_{i,\ \tau+\Delta\tau} = \frac{1}{\Omega_1}\sum\frac{\Delta}{\alpha}(T_{i,\ \tau} + \Delta\theta) + \frac{3B_i\Delta\tau}{\Omega_1}T_a - \frac{3\Delta\tau}{4\Omega_1} - \sum(f_i T_{i,\ \tau} + f_i T_{i,\ \tau} + f_m T_{m,\ \tau}) \tag{23}$$

式中

$$\Omega_1 = \sum\frac{\Delta}{\alpha} + 3B_i\Delta\tau, \ B_i = \frac{\overline{\beta}_1 L_1 + \overline{\beta}_2 L_2}{2} \tag{24}$$

按照式（21）、式（23）二式计算温度场时，时间步长 $\Delta\tau$ 不能任意选取，必须受下式限制：

$$\Delta\tau \leqslant \frac{4\Omega}{3\sum f_i} \tag{25}$$

否则，计算结果将是不稳定的。由式（25）求出的$\Delta\tau$大体与单元面积成正比，计算前必须根据网格最密处的单元尺寸，由式（25）计算$\Delta\tau$上限，然后采用一个小于此值的时间步长，以保证计算的稳定性。

（2）温度场隐式计算。在式（18）中假定$\partial T/\partial\tau$是均匀的，从而得到了简单的显式。为了提高计算精度，今取

$$\frac{\partial T}{\partial\tau} = N_i\frac{\partial T_i}{\partial\tau} + N_j\frac{\partial T_j}{\partial\tau} + N_m\frac{\partial T_m}{\partial\tau} \tag{26}$$

代入式（18）得到

$$\frac{\partial I_1^e}{\partial T_i} = \iint\limits_{\Delta R}\left\{\begin{matrix}\dfrac{\partial T}{\partial x}\dfrac{\partial}{\partial T_i}\left(\dfrac{\partial T}{\partial x}\right) + \dfrac{\partial T}{\partial y}\dfrac{\partial}{\partial T_i}\left(\dfrac{\partial T}{\partial y}\right) \\ +\dfrac{1}{a}-\left(N_i\dfrac{\partial T_i}{\partial\tau} + N_j\dfrac{\partial T_j}{\partial\tau} + N_m\dfrac{\partial T_m}{\partial\tau} - \dfrac{\partial\theta}{\partial\tau}\right)N_i\end{matrix}\right\}\mathrm{d}x\mathrm{d}y \tag{27}$$

根据形函数$N_i$的特点，存在下列关系

$$\left.\begin{matrix}\displaystyle\iint\limits_{\Delta R}N_i\mathrm{d}x\mathrm{d}y = \dfrac{\Delta}{3} \\ \displaystyle\iint\limits_{\Delta R}N_iN_j\mathrm{d}x\mathrm{d}y = \begin{cases}\dfrac{\Delta}{6}, & \text{当}i=j \\ \dfrac{\Delta}{12}, & \text{当}i\neq j\end{cases}\end{matrix}\right\} \tag{28}$$

将式（19）、式（28）代入式（27），得到

$$\frac{\partial I_1^e}{\partial T_i} = \left[h_{ii}, h_{ij}, h_{im}\right]\begin{Bmatrix}T_i \\ T_j \\ T_m\end{Bmatrix} + \left[r_{ii}, r_{ij}, r_{im}\right]\frac{\partial}{\partial\tau}\begin{Bmatrix}T_i \\ T_j \\ T_m\end{Bmatrix} + f_i\frac{\partial\theta}{\partial\tau} \tag{29}$$

式中

$$\left.\begin{matrix}h_{ii} = \dfrac{b_i^2+c_i^2}{4\Delta}, \quad h_{ij} = \dfrac{b_ib_j+c_ic_j}{4\Delta}, \quad h_{im} = \dfrac{b_ib_m+c_ic_m}{4\Delta} \\ r_{ii} = \dfrac{\Delta}{6a}, \quad r_{ij} = r_{im} = \dfrac{\Delta}{12a}, \quad f_i = -\dfrac{\Delta}{3a}\end{matrix}\right\} \tag{30}$$

如果结点$i$落在边界$\Gamma_2$上，还须计算下列线积分

$$\begin{aligned}g_i = \frac{\partial I_2^e}{\partial T_i} &= \int\limits_{\Delta\Gamma 2}\bar{\beta}(T-T_\alpha)\frac{\partial T}{\partial T_i}\mathrm{d}\Gamma \\ &= \int\limits_{\Delta\Gamma 2}\bar{\beta}(N_iT_i + N_jT_j + N_mT_m - T_\alpha)N_i\mathrm{d}\Gamma\end{aligned} \tag{31}$$

$$\int\limits_{\Delta\Gamma 2}N_iN_j\mathrm{d}\Gamma = \begin{cases}\dfrac{L}{3}, & \text{当}i=j \\ \dfrac{L}{6}, & \text{当}i\neq j\end{cases} \tag{32}$$

代入式（31）可得

$$g_i = \begin{cases} \bar{\beta}L_1(2T_i+T_j-3T_\alpha)/6, & \text{当}ij\text{边在}\Gamma_2\text{上} \\ \bar{\beta}L_2(2T_i+T_m-3T_\alpha)/6, & \text{当}im\text{边在}\Gamma_2\text{上} \end{cases} \tag{33}$$

式中：$L_1$、$L_2$ 分别为 $ij$，$im$ 边的长度，因此，对于在 $\Gamma_2$ 上的结点 $i$，有

$$\frac{\partial I_1^e}{\partial T_i} + \frac{\partial I_2^e}{\partial T_i} = \begin{bmatrix} h_{ii}, & h_{ij}, & h_{im} \end{bmatrix} \begin{Bmatrix} T_i \\ T_j \\ T_m \end{Bmatrix} + \begin{bmatrix} r_{ii}, & r_{ij}, & r_{im} \end{bmatrix} \frac{\partial}{\partial \tau} \begin{Bmatrix} T_i \\ T_j \\ T_m \end{Bmatrix} + f_t\frac{\partial \theta}{\partial \tau} + g_i \tag{34}$$

将有关单元加以集合后，得到关于结点 $i$ 的方程，如式（14），对于全部结点，得到方程组如下

$$[H]\{T\} + [R]\left\{\frac{\partial T}{\partial \tau}\right\} + \{F\} = 0 \tag{35}$$

式中

$$H_{ij} = \sum h_{ij}, R_{ij} = \sum r_{ij}, F_i = \sum f_i\frac{\partial \theta}{\partial \tau} + \sum g_i \tag{36}$$

对于边界 $\Gamma_1$ 上的结点，因温度已给出，不必列出方程。对于靠近 $\Gamma_1$ 的结点 $i$，如图 4 所示，可列出方程如下

$$\begin{aligned} &(H_{ii}T_i + H_{i1}T_1 + H_{i2}T_2 + H_{i3}T_3) + \left(R_{ii}\frac{\partial T_i}{\partial \tau} + R_{i1}\frac{\partial T_1}{\partial \tau} + R_{i2}\frac{\partial T_2}{\partial \tau} + R_{i3}\frac{\partial T_3}{\partial \tau}\right) \\ &+ \left(F_i + H_{i4}T_4 + H_{i5}T_5 + H_{i6}T_6 + R_{i4}\frac{\partial T_4}{\partial \tau} + R_{i5}\frac{\partial T_5}{\partial \tau} + R_{i6}\frac{\partial T_6}{\partial \tau}\right) = 0 \end{aligned} \tag{37}$$

式中 $F_i = -\sum\dfrac{\Delta}{3a}\dfrac{\partial \theta}{\partial \tau}$，由于 4，5，6 三点都在 $\Gamma_1$ 上，其温度已知，$H_{i4}T_4$ 和 $R_{i4}\dfrac{\partial T_4}{\partial \tau}$ 等项都是已知的，所以归并到已知的自由项中。

参照文献［1］，假定 $\partial T/\partial \tau$ 随时间 $\tau$ 而线性变化，取

$$\left\{\frac{\partial T}{\partial \tau}\right\}_\tau = -\left\{\frac{\partial T}{\partial \tau}\right\}_{\tau-\Delta\tau} + \frac{2}{\Delta\tau}(\{T\}_\tau - \{T\}_{\tau-\Delta\tau}) \tag{38}$$

代入式（35）得到

$$\left[H + \frac{2}{\Delta\tau}R\right]\{T\}_\tau - [R]\left[\frac{\partial T}{\partial \tau}\right]_{\tau-\Delta\tau} - \frac{2}{\Delta\tau}[R]\{T\}_{\tau-\Delta\tau} + \{F\}_\tau = 0 \tag{39}$$

但由式（35）可知

$$-[R]\left\{\frac{\partial T}{\partial \tau}\right\}_{\tau-\Delta\tau} = [H]\{T\}_{\tau-\Delta\tau} + \{F\}_{\tau-\Delta\tau}$$

代入式（39），最后得到

$$\left[H + \frac{2}{\Delta\tau}R\right]\{T\}_\tau + \left[H - \frac{2}{\Delta\tau}R\right]\{T\}_{\tau-\Delta\tau} + \{F\}_{\tau-\Delta\tau} + \{F\}_\tau = 0 \tag{40}$$

用直接解法，例如修正乔列斯基础法，由上列方程组可解出结点温度。时间步长不受稳定条件的限制，但在选取 $\Delta\tau$ 时应考虑到混凝土水化温升 $\partial\theta/\partial\tau$ 及边界水温和气温的变化速率，当 $\partial\theta/\partial\tau$ 及水温和气温变化较快时，应采用较小的时间步长，反之，可采用较大的时间

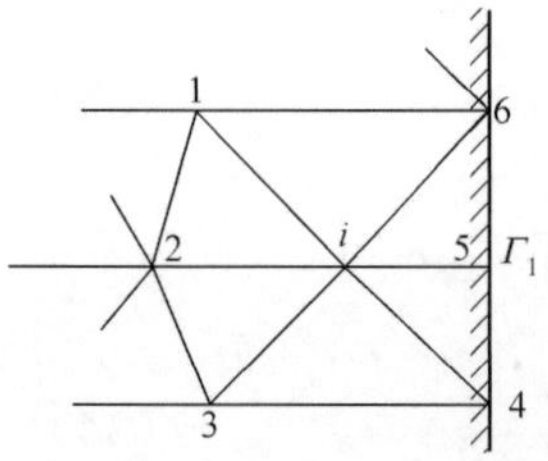

步长。

（3）显式与隐式的比较。显式计算具有程序简单、占内存少等优点，但时间步长受稳定条件的限制。隐式计算占内存较多、程序较复杂，但时间步长不受稳定条件的限制。实际经验表明，两种方法都能给出满意的计算结果。究竟采用显式还是隐式，应结合应力和徐变计算，根据机器内存容量，加以统一考虑。如果机器内存容量足够大，在满足应力和徐变计算对内存的需要后，还有充分的内存能把分解后的 $\left[ H + \dfrac{2}{\Delta\tau} R \right]$ 矩阵全部存下，那么采用隐式较好，因为每步计算温度场时只须进行简单的回代。反之，则采用显式将得到较快的计算速度。

图4　边界 $\Gamma_1$ 附近的结点

## 三、应力计算

在温度场算出以后，即可用有限单元法计算应力。根据混凝土变形特性，可分为以下两种情况。

（1）晚期混凝土温度应力。晚期混凝土的弹性模量可视为常量。用有限单元法离散后，按位移求解的基本方程如下：

$$[K]\{\delta\} = \{P\} - \{F_t\} - \{F_{\varepsilon 0}\} \tag{41}$$

式中：$[K]$ 为刚度矩阵；$\{\delta\}$ 为结点位移向量；$\{P\}$ 为结点上作用的外力；$\{F_t\}$ 为温度变化引起的结点荷载；$\{F_{\varepsilon 0}\}$ 为初应变引起的结点荷载。求出位移及相应的应变后，可按下式计算应力

$$\{\sigma\} = [D](\{\varepsilon\} - \{\varepsilon_t\} - \{\varepsilon_0\}) \tag{42}$$

式中：$[D]$ 为弹性矩阵；$\{\varepsilon\}$ 为应变；$\{\varepsilon_t\}$ 为温度变形；$\{\varepsilon_0\}$ 为初应变。

（2）早期混凝土温度应力。如图5所示，早期混凝土的弹性模量 $E(\tau)$ 随着龄期 $\tau$ 而急剧变化。弹性模量的变化对温度应力有很大影响。为了考虑这一因素，可将龄期分为若干时段，每一时段取一平均弹性模量

$$E_i = \frac{E(\tau_{i-1}) + E(\tau_i)}{2} \tag{43}$$

该时段内产生的温度增量为

$$\Delta T_i = T(\tau_i) - T(\tau_{i-1}) \tag{44}$$

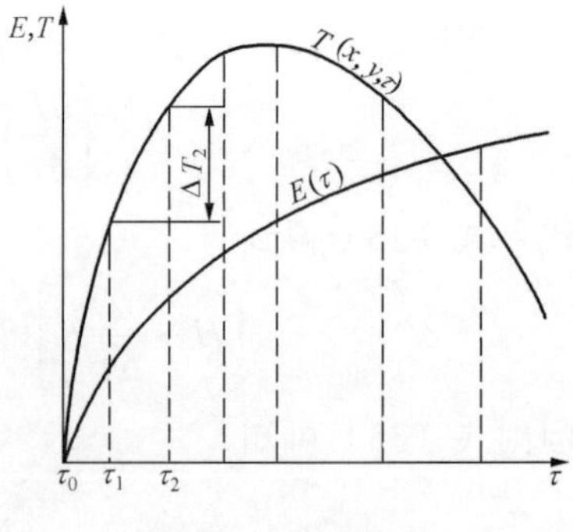

然后由下式计算第 $i$ 时段内产生的位移增量 $\{\Delta\delta_i\}$

$$[K_i]\{\Delta\delta_i\} = \{\Delta P_i\} - \{\Delta F_t\}_i - \{\Delta F_{\varepsilon 0}\}_i \tag{45}$$

图5　温度增量 $\Delta T$

式中 $[K_i]$ 为依 $E_i$ 计算的刚度矩阵，$\{\Delta F_t\}_i$ 为依 $\Delta T_i$ 计算有温度荷载。第 $i$ 时段内产生的应力增量由下式计算：

$$\{\Delta\sigma_i\} = [D_i](\{\Delta\varepsilon_i\} - \{\Delta\varepsilon_t\}_i - \{\Delta\varepsilon_0\}_i) \tag{46}$$

将应力增量加以累计，得到应力如下

$$\{\sigma\} = \sum\{\Delta\sigma_i\} \tag{47}$$

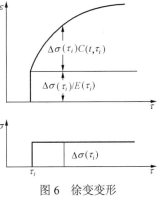

图 6　徐变变形

## 四、徐变效应

混凝土温度应力属于缓慢加荷，在温度应力作用下，混凝土将产生显著的徐变变形。在计算混凝土温度应力时必须考虑徐变效应。

（1）徐变变形计算。实验资料表明[7]，混凝土徐变变形的泊松比可视为常量。如图 6 所示，设在龄期 $\tau=\tau_i$ 时受到应力增量 $\Delta\sigma_x(\tau_i)$，$\Delta\sigma_y(\tau_i)$，　$\Delta\sigma_z(\tau_i)$ 及 $\Delta\sigma_{xy}(\tau_i)$ 的作用，根据线性徐变理论，混凝土产生的徐变变形为

$$\left.\begin{aligned}
\Delta\varepsilon_x^c(t,\tau_i) &= \Delta\bar\sigma_x(\tau_i)C(t,\tau_i) \\
\Delta\varepsilon_y^c(t,\tau_i) &= \Delta\bar\sigma_y(\tau_i)C(t,\tau_i) \\
\Delta\varepsilon_z^c(t,\tau_i) &= \Delta\bar\sigma_z(\tau_i)C(t,\tau_i) \\
\Delta\gamma_{xy}^c(t,\tau_i) &= \Delta\bar\tau_{xy}(\tau_i)C(t,\tau_i)
\end{aligned}\right\} \tag{48}$$

$$\left.\begin{aligned}
\Delta\bar\sigma_x(\tau_i) &= \Delta\sigma_x(\tau_i) - \mu\Delta\sigma_y(\tau_i) - \mu\Delta\sigma_z(\tau_i) \\
\Delta\bar\sigma_y(\tau_i) &= \Delta\sigma_y(\tau_i) - \mu\Delta\sigma_z(\tau_i) - \mu\Delta\sigma_x(\tau_i) \\
\Delta\bar\sigma_z(\tau_i) &= \Delta\sigma_z(\tau_i) - \mu\Delta\sigma_x(\tau_i) - \mu\Delta\sigma_y(\tau_i) \\
\Delta\bar\sigma_{xy}(\tau_i) &= 2(1+\mu)\Delta\tau_{xy}(\tau_i)
\end{aligned}\right\} \tag{49}$$

式中：$\mu$ 为泊松比；$C(t,\tau)$ 为徐变度。

（2）初应变的计算。平面应力问题，初应变按下式计算

$$\{\Delta\varepsilon_0\} = \begin{Bmatrix} \Delta\varepsilon_{x0} \\ \Delta\varepsilon_{y0} \\ \Delta\gamma_{xy0} \end{Bmatrix} = \begin{Bmatrix} \Delta\varepsilon_x^c \\ \Delta\varepsilon_y^c \\ \Delta\gamma_{xy}^c \end{Bmatrix} \tag{50}$$

其中 $\Delta\varepsilon_x^c$，$\Delta\varepsilon_y^c$，$\Delta\gamma_{xy}^c$ 是按式（48）计算的徐变变形。

平面应变问题，根据平面应变条件，推知初应变应按下式计算

$$\{\Delta\varepsilon_0\} = \begin{Bmatrix} \Delta\varepsilon_{x0} \\ \Delta\varepsilon_{y0} \\ \Delta\gamma_{xy0} \end{Bmatrix} = \begin{Bmatrix} \Delta\varepsilon_x^c + \mu\varepsilon_z^c \\ \Delta\varepsilon_y^c + \mu\Delta\varepsilon_z^c \\ \Delta\gamma_{xy}^c \end{Bmatrix} \tag{51}$$

（3）存贮量的压缩。徐变变形不但与当时的应力状态有关，而且与应力历史有关，为了计算徐变变形，必须记录整个应力变化过程，这在理论上虽无困难，但却要占机器的大量内存，即使是大型机器，利用内存也难以记录整个应力变化过程。如果利用外存，则会因反复取数而影响运算速度。因此在计算徐变变形时，如何压缩存贮量是关键所在。

文献 [3] 曾建议用一组串联的开尔文模型描述徐变，可压缩存贮量。但我们发现这一方法只适用于变形特性（参数）与龄期无关的材料，混凝土徐变特性与龄期密切相关，不能采用这一方法。

文献［4］曾建议采用等步长$\Delta\tau$，利用指数函数的特点，压缩存贮量，徐变参数可随龄期而变化。由于刚浇筑的混凝土温度上升很快，弹性模量变化也很快，据我们的经验，第一个时段以不超过 0.3 天为宜，如采用等步长，计算三个月的温度徐变应力需要计算 300 步，将耗费太长的机器时间。我们改进了这个方法，使之适用于变步长的情况。由于混凝土变形参数的变化随着龄期的增长而很快趋于平缓，采用变步长$\Delta\tau$，一般不超过 20 步即可计算三个月的温度徐变应力。

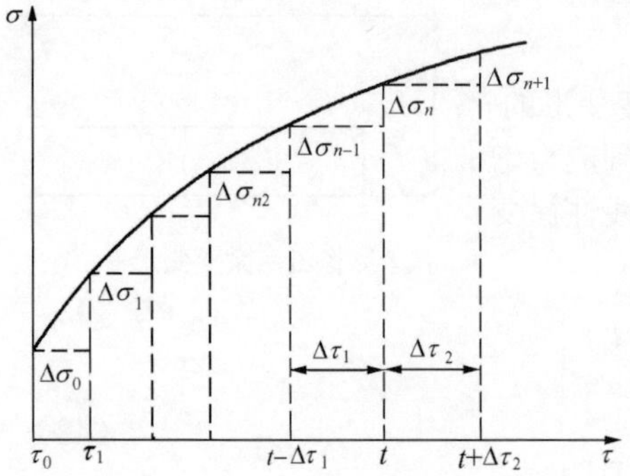


图 7

设混凝土的徐变度为

$$C(t,\ \tau)=C(\tau)\left[1-e^{-p(t-\tau)}\right] \tag{52}$$

记
$$C(i)=C(\tau_i) \tag{53}$$

令
$$\eta=t-\tau \tag{54}$$

如图 7 所示，考虑三个相邻时间 $t-\Delta\tau_1$，$t$，$t+\Delta\tau_2$，根据线性徐变理论，三个相邻时间的徐变变形分别为

$$\varepsilon^c_{t-\Delta\tau1}=\Delta\sigma_0 C_0[1-e^{-p(\eta_0-\Delta\tau_1)}]+\Delta\sigma_1 C_1[1-e^{-p(\eta_1-\Delta\tau_1)}]+\cdots\cdots\Delta\sigma_{n-2}C_{n-2}[1-e^{-p(\eta_{n-2}-\Delta\tau_1)}] \tag{a}$$

$$\begin{aligned}\varepsilon^c_t&=\Delta\sigma_0 C_0[1-e^{-p\eta_0}]+\Delta\sigma_1 C_1[1-e^{-p\eta_1}]+\cdots\cdots\\&+\Delta\sigma_{n-2}C_{n-2}[1-e^{-p\eta_{n-2}}]+\Delta\sigma_{n-1}C_{n-1}[1-e^{-p\Delta\tau_1}]\end{aligned} \tag{b}$$

$$\begin{aligned}\varepsilon^c_{t+\Delta\tau2}&=\Delta\sigma_0 C_0[1-e^{-p(\eta_0+\Delta\tau_2)}]+\Delta\sigma_1 C_1[1-e^{-p(\eta_1+\Delta\tau_2)}]+\cdots\cdots\\&+\Delta\sigma_{n-2}C_{n-2}[1-e^{-p(\eta_{n-2}+\Delta\tau_2)}]\\&+\Delta\sigma_{n-1}C_{n-1}\left[1-e^{-p(\Delta\tau+\Delta\tau_2)}\right]+\Delta\sigma_n C_n\left[1-e^{-p\Delta\tau_2}\right]\end{aligned} \tag{c}$$

由式（c）减去式（b），整理后得到

$$\Delta\varepsilon^c_{n+1}=\varepsilon^c_{t+\Delta\tau_2}-\varepsilon^c_t=\omega_{n+1}(1-e^{-p\Delta\tau_2}) \tag{55}$$

$$\begin{aligned}\omega_{n+1}&=\Delta\sigma_0 C_0 e^{-p\eta_0}+\Delta\sigma_1 C_1 e^{-p\eta_1}+\cdots\cdots+\Delta\sigma_{n-2}C_{n-2}e^{-p\eta_{n-2}}\\&+\Delta\sigma_{n-1}C_{n-1}e^{-p\Delta\tau_1}+\Delta\sigma_n C_n\end{aligned} \tag{56}$$

再由式（b）减去式（a），整理后得到

$$\Delta\varepsilon^c_n=\varepsilon^c_t-\varepsilon^c_{t-\Delta\tau_1}=\omega_n(1-e^{-p\Delta\tau_1}) \tag{57}$$

$$\begin{aligned}\omega_n&=\Delta\sigma_0 C_0 e^{-p(\eta_0-\Delta\tau_1)}+\Delta\sigma_1 C_1 e^{-p(\eta_1-\Delta\tau_1)}+\cdots\cdots\\&+\Delta\sigma_{n-2}C_{n-2}e^{-p(\eta_{n-2}-\Delta\tau_1)}+\Delta\sigma_{n-1}C_{n-1}\end{aligned} \tag{58}$$

比较式（56）、式（58）二式，可知

$$\omega_{n+1}=\omega_n e^{-p\Delta\tau_1}+\Delta\sigma_n C_n \tag{59}$$

由递推关系得到

$$\omega_1=\Delta\sigma_0 C_0 \tag{60}$$

因此在计算徐变变形时，不必记录整个应力历史，只要记录$\omega_n$，根据递推关系式（59），可计算下一步的$\omega_{n+1}$，从而可以节省大量内存，$\omega_n$与应力增量有关，因而它是向量。对于平面应变问题，须引进四个向量$\omega^x_n$，$\omega^y_n$，$\omega^z_n$，$\omega^{xy}_n$，分别与$\sigma_w$，$\sigma_y$，$\sigma_z$，$\sigma_{wy}$相对应。

为了更好地符合试验曲线，徐变度 $C$（$t$，$\tau$）的表达式可采用组合的指数函数，一般采

用两项已足够，即

$$C(t, \tau) = C(\tau)\left[1 - e^{-p(t-\tau)}\right] + D(\tau)\left[1 - e^{-q(t-\tau)}\right] \qquad (61)$$

记

$$C(i) = C(\tau_i), \quad D(i) = D(\tau_i) \qquad (62)$$

于是徐变变形可计算如下：

$$\left\{\Delta\varepsilon_{n+1}^c\right\} = \left\{\omega_{n+1}\right\}(1 - e^{-p\Delta\tau_{n+1}}) + \left\{\rho_{n+1}\right\}(1 - e^{-q\Delta\tau_{n+1}}) \qquad (63)$$

$$\left. \begin{array}{l} \left\{\Delta\omega_{n+1}\right\} = \left\{\omega_n\right\}e^{-p\Delta\tau_n} + \left\{\Delta\bar\sigma_n\right\}C_n \\ \left\{\rho_{n+1}\right\} = \left\{\rho_n\right\}e^{-q\Delta\tau_n} + \left\{\Delta\bar\sigma_n\right\}D_n \end{array} \right\} \qquad (64)$$

$$\left\{\omega_1\right\} = \left\{\Delta\bar\sigma_0\right\}C_0, \left\{\rho_1\right\} = \left\{\Delta\bar\sigma_0\right\}D_0 \qquad (65)$$

式中

$$\left\{\Delta\varepsilon_{n+1}^c\right\}^T = \left[\Delta\varepsilon_{n,n+1}^c, \Delta\varepsilon_{y,n+1}^c, \Delta\gamma_{xy,n+1}^c, \Delta\varepsilon_{z,n+1}^c\right]$$

$$\left\{\omega_n\right\}^T = \left[\omega_n^x, \quad \omega_n^y, \quad \omega_n^{xy}, \quad \omega_n^z\right]$$

$$\left\{\rho_n\right\}^T = \left[\rho_n^x, \quad \rho_n^y, \quad \rho_n^{xy}, \quad \rho_n^z\right]$$

$$\left\{\Delta\bar\sigma_n\right\}^T = \left[\Delta\bar\sigma_{x,n}, \quad \Delta\bar\sigma_{y,n}, \quad \Delta\bar\tau_{xy,n}, \quad \Delta\bar\sigma_{z,n}\right]$$

$\Delta\bar\sigma_x$ 等见式（49）。

（4）松弛系数方法。对于均质混凝土结构，可采用松弛系数方法考虑徐变效应。将每步所算得的弹性应力增量 $\Delta\sigma(\tau)$ 乘以相应的松弛系数 $R(t, \tau)$，然后叠加，即得到徐变应力

$$\sigma^*(t) = \sum \Delta\sigma(\tau)R(t,\tau) \qquad (66)$$

式中：$\tau$ 为加荷龄期；$t$ 为计算应力的时间；$R(t, \tau)$ 为松弛系数。由于人们通常只对少数单元的应力感兴趣，采用此法时只要记录这些少数单元的应力历史，因此占用内存不多。

对于非均质结构，只有当材料变形参数符合文献 [5] 提出的比例变形条件时，才能采用此法。多层混凝土结构，严格说来并不符合比例变形条件，但实际经验表明，对于早期温度应力，采用此法的误差还不太大。

# 五、单层混凝土浇筑块的温度应力

水闸和船坞底板，溢洪道护坦等均属于单层混凝土浇筑块。混凝土坝施工中，在岩石基础上浇筑一层混凝土后由于某种原因而长期停歇，也形成单层浇筑块。

图 9 表示一单层混凝土浇筑块的计算网格。浇筑块长 20m，高 1.5m。由于对称，计算时只须取出一半。基岩弹性模量 $30 \times 10^4$kg/cm²。混凝土的绝热温升及弹性模量均随龄期而变化，变化规律见图 8。

浇筑后第二天的等温线见图 10。中央断面上的温度分布见图 11（a），由图可见，在 $\tau$=2d 内都达到最高温度，以后温度即逐步降

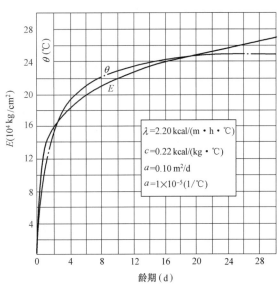

图 8　混凝土的弹性模量及绝热温升

低。中央断面上的温度徐变应力见图 11（b），在 $\tau=2d$ 以前，整个断面都受压；两天以后，表面开始转变为受拉，拉应力范围由表面逐步向内部扩展，到 $\tau=12d$ 以后，全断面受拉。图中以拉应力为正，压应力为负。

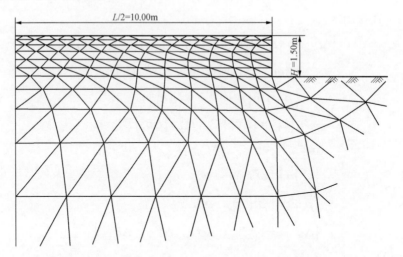

图 9　单层浇筑块温度应力计算网格（基础网格只表示了一部分）

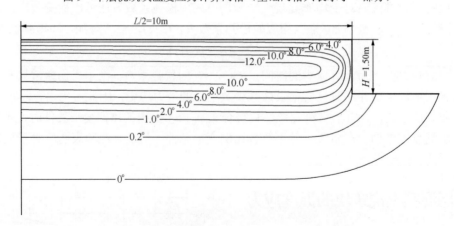

图 10　单层浇筑块第二天温度分布（$\beta=20cal/m^2$ 时）

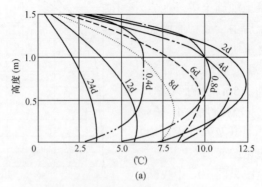

图 11　单层浇筑块中央断面温度及徐变应力（$\beta=20$ 时）（一）

（a）浇筑块中央断面温度分布

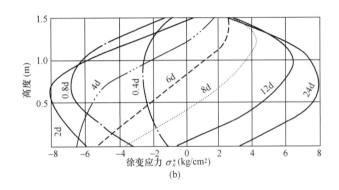

图 11　单层浇筑块中央断面温度及徐变应力（$\beta=20$ 时）（二）

（b）浇筑块中央断面徐变应力 $\sigma_x^*$

　　沿着浇筑块项面，温度徐变应力在水平方向的分布见图 12。由图可见，中间和两端的表面应力发展规律是不一致的。在 $\tau=2\mathrm{d}$ 以前，中间部分表面应力是压应力，但在两端，表面应力是拉应力。在 $\tau=2\sim6\mathrm{d}$ 期间，浇筑块两端表面拉应力大于中央断面。到了后期，中间部分拉应力达到最大值，而两端已转变为受压。

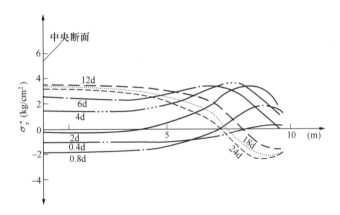

图 12　单层浇筑块顶面水化热应力曲线（$\beta=20$ 时）

　　图 13 表示表面及中心 $A$，$B$，$C$ 三点的应力变化的过程。由图可见，中央断面上 $A$，$B$ 两点都是先受压后受拉，其应力变化过程类似于嵌固板的温度徐变应力。端部表面 $C$ 点是先受拉后受压，其应力变化过程类似于自由板的温度徐变应力。这主要是由于中央断面受到基础的强烈约束作用，受力条件类似于嵌固板。在端部 $C$ 点，基础约束作用不大，受力条件类似于自由板。

　　由此可见，对于这种尺寸的单层浇筑块，在 $\tau=4\mathrm{d}$ 以前，两端易于出现表面裂缝，但此处后期受压，这种表面裂缝后来可能自行闭合。在 $\tau=4\mathrm{d}$ 以后，中央部位易于产生表面裂缝，而且因为后期此处全断面受拉，表面裂缝可能发展为贯穿裂缝。

　　显然，单层浇筑块的温度徐变应力与浇筑块的具体尺寸有密切关系。在图 14 中表示了三种不同高度的单层浇筑块中心点的应力变化过程。可见浇筑块尺寸对应力的大小及变化过程都有影响。

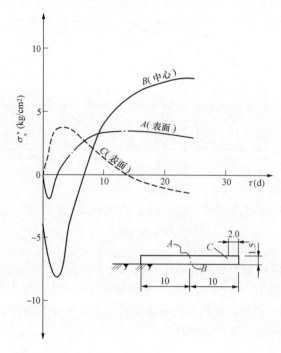

图 13　单层浇筑块中央断面表面中心应力变化过程线（$\beta=20$ 时）

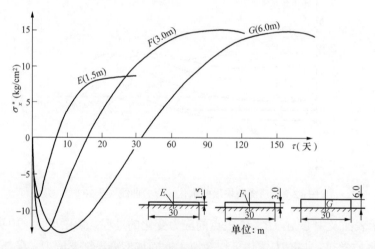

图 14　不同高度单层浇筑块中心点应力变化过程线

# 六、多层混凝土浇筑块的温度应力

在正常情况下，大坝浇筑块是以一定的间歇期逐层向上浇筑的。今用有限单元法分析图 15 所示岩石基础上的多层混凝土浇筑块。浇筑块长度 $L=30$m，自基础向上，第一、二层的厚度为 1.5m，第三层以上每层厚度为 3.0m。每层间歇时间为 6 天。

浇筑四层以后的温度和应力见图 16。由此图可以看出多层块内温度和应力的变化过程。值得注意的是，在浇筑层面上温度应力是不连续的。这是由于新老混凝土弹性模量和徐变度不同，另外，在浇筑新混凝土前，下层老混凝土中已存在着初始应力。

在大体积混凝土中产生的裂缝绝大多数是表面裂缝，因此表面温度应力的大小和变化规律对防止裂缝具有重要意义。

多层浇筑块中央断面的表面应力变化过程见图17。由图可见，第一、二两层的表面在 $\tau=3d$ 前是压应力，$\tau=3d$ 以后才转变为拉应力，到覆盖新混凝土（$\tau=6d$）前最大拉应力为 2kg/cm$^2$。第三、四层混凝土，在 $\tau=1d$ 前为压应力，$\tau=1d$ 后即开始受拉，在 $\tau=6d$ 时最大拉应力为 5.5kg/cm$^2$。与第一、二层比较，拉应力出现时间提前了，拉应力数值也加大了，这是由于浇筑层厚度由 1.5m 增加到 3m，离基岩表面的高度也增加，受基岩的约束作用减小了。

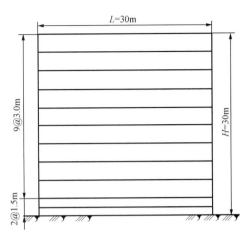

图 15　多层混凝土浇筑块尺寸

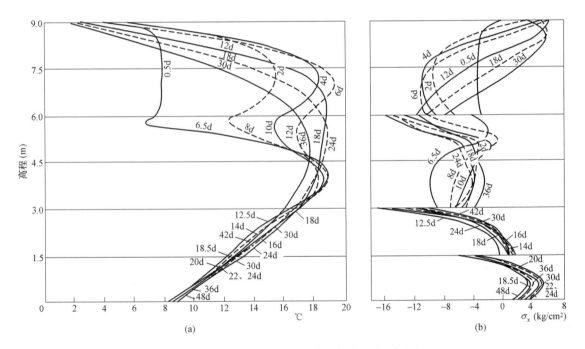

(a)

(b)

图 16　四层浇筑块中央断面温度与徐变应力 $\sigma_x^*$ 分布

（a）四层块中央断面上不同时间的温度分布；（b）四层块中央断面上不同时间的 $\sigma_x^*$ 分布

如果层面不能及时用新混凝土覆盖，而持续暴露于空气中，表面拉应力将有所增加。

从分析结果看来，如果保持 6d 间歇期，均匀上升，单独由于水化热不致产生表面裂缝，但如遭遇寒潮，就可能出现表面裂缝。

在上面浇筑新混凝土以后，表面应力立即由拉应力转变为压应力。

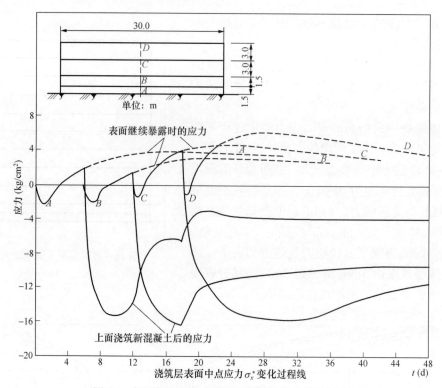

图 17  多层浇筑块中央断面表面温度应力变化过程

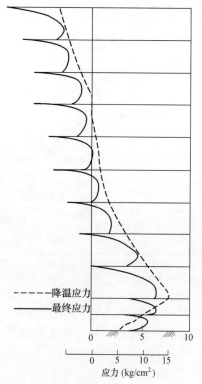

图 18  30m×30m 多层浇筑块中央
断面的最终应力曲线图

在水化热完全散发以后，在多层浇筑块中所产生的最终温度应力是决定基础允许温差的重要依据，下面对这个问题进行分析。

中央断面上的最终应力分布见图 18，其中虚线为后期降温（相当于二期冷却）所产生的温度应力，最大拉应力为 15.4kg/cm²，发生在离基础表面 3.2m 处。图中实线为叠加早期温度应力后的最终温度应力，最大拉应力为 12.8kg/cm²，发生在离基础 2.0m 处。由于早期温度应力在层面上是不连续的，所以最终温度应力在层面上也是不连续的，并呈锯齿状。

目前工程界广泛采用文献［6］提供的影响线计算浇筑块温度应力，这个方法应用简便，并可考虑沿高度方向温度不均匀分布的影响，因而具有一定的实用价值，其缺点是没有考虑基础温度变形的影响，文献［7］提出了一个考虑基础温度变形的方法，可以克服这一缺点。

为了校核用影响线计算温度应力的精度，我们用文献［6］、［7］提供的方法也进行了计算。假定温度分布在浇筑块长度 30m 范围内的水平方向上是常数，在铅直方向是变化的，并等于用有限单元法计算的中央断面一次降温的温度。混凝土弹性模量为 $15×10^4 kg/cm^2$，岩石弹性模量为 $30×10^4 kg/cm^2$，计算结果见图 19。曲线 1 为不考虑基础温度变形用影响线计算的温度应力，最大拉应力为 $17.5kg/cm^2$，发生在离基础 3.0m 处。曲线 2 为考虑基础温度变形后再用影响线计算的温度应力；最大拉应力为 $15.5kg/cm^2$，发生在离基础 3.0m 处。用有限单元法计算的降温应力见曲线 3，最大拉应力为 $15.4kg/cm^2$，发生在离基础 3.2m 处。由此可见，考虑基础温度变形后用影响线计算的应力与用有限单元法计算的应力是十分接近的。但是用影响线不能计算多层浇筑块早期温度应力。由于浇筑块早期升温过程中产生的压应力可以部分抵消后期降温过程中产生的拉应力，用有限单元法考虑施工过程算得的最终拉应力，如图 18 所示，其最大值为 $12.8kg/cm^2$，与目前通用方法算得的 $17.5kg/cm^2$ 相比较，减少了三分之一左右。

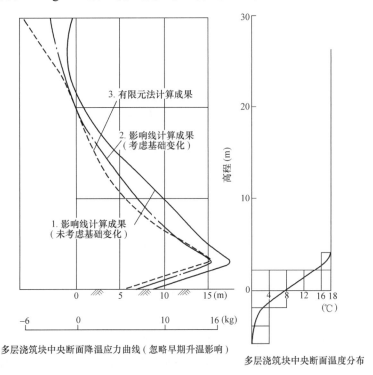

多层浇筑块中央断面降温应力曲线（忽略早期升温影响）　　　多层浇筑块中央断面温度分布

图 19　用有限单元法计算结果与影响线计算结果的比较

# 七、气温急剧变化引起的表面温度徐变应力

经验表明，在大体积混凝土工程中，不少裂缝是由于气温的急剧变化而引起的表面裂缝，有的表面裂缝可能在后期由于继续受拉而发展为深层裂缝甚至发展为贯穿裂缝，因此对气温急剧变化引起的表面温度应力应进行分析。

气温急剧变化包括日温变化及寒潮，其影响深度都很浅，因此不必用多层浇筑块的计算网格，只须取出一层进行计算。最大应力往往不是中央断面上的 $\sigma_x$，而是浇筑块棱角上的 $\sigma_z$，因为棱角附近两面暴露，混凝土温度变化较快。

图 20 表示了日气温变化在浇筑块表面引起的温度与应力 $\sigma_x$ 变化过程线。在数日内日

平均气温降低幅度超过 5℃以上即可视为寒潮。寒潮是引起混凝土表面裂缝的重要原因。图 21 表示了一次寒潮在混凝土表面引起的温度和徐变应力。从 $\tau$=0 开始在三日内，日平均气温连续降低了 12.9℃，混凝土表面温度降低了 11.1℃，表面徐变应力最大达到 12.2kg/cm²。换言之，当$\beta$=20cal/（m²·h·℃），日平均气温降低 1℃在混凝土表面引起的应力约为 1kg/cm²。

如果在混凝土表面覆盖草袋、刨花板等保温材料，只要改用相应的放热系数 $\beta$ 就可以计算其保温效果，为确定工程措施提供依据。

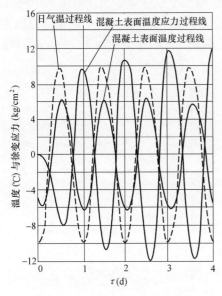

图 20　日气温变化引起的混凝土
表面温度及温度应力过程线

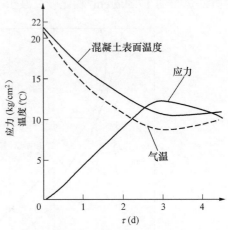

图 21　寒潮引起的混凝土
表面温度应力过程线（$\beta$=20）

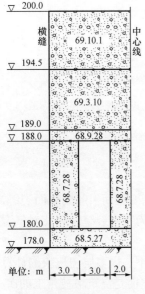

图 22　泄水底孔尺寸及
浇筑混凝土日期

# 八、坝体孔口周围的温度应力

在混凝土坝内一般都设有孔口，以供导流、泄水或排砂之用。实际观测资料表明，坝体孔口附近的应力状态主要决定于温度应力，温度应力在数值上超过了自重和水压力产生的应力。

孔口周围的温度应力不但与孔内水温、气温的变化有关，而且与施工过程有关，比较复杂。我们用有限单元法对某溢流重力坝底孔的温度应力进行了分析。

该坝坝段宽 16m，每坝段设有两个 3×8m 的矩形泄水孔，孔底以下 2m 为基岩。孔口布置及计算断面的施工过程见图 22。基岩弹性模量为 20×10⁴kg/cm²。混凝土为 B₈200 号，不同龄期的混凝土弹性模量、绝热温升及热学性质均采用该工程的试验资料。混凝土徐变借用了另一类似工程的试验资料。气温和水温采用当地实测资料。

底孔温度应力大致可分为早期温度应力和晚期温度应力两部分。早期温度应力是混凝土充分硬化前由于水化热及外界气温、水温的变化而产生的。晚期温度应力是由于水温和气温在年平均温度的上下变动而产生的。为了和晚期温度应力衔接，早期温度应力是从浇筑混凝土开始，经过接缝灌浆，计算到温度达到年平均温度 15℃ 时为止。

（1）早期温度应力。为了较清楚地说明问题，根据图 22 所示施工日期，分别计算了水化热和气温变化所产生的应力。浇筑底板时基岩初始温度是考虑地基温度的年变化而计算的。计算水化热应力时取相对气温为零。计算气温变化引起的应力时，采用实际的日平均气温。气温变化不但影响到混凝土的浇筑温度，也影响到温度的边界条件。计算应力时；坝块中心线由于对称，水平位移等于零。在接缝灌浆前，假定横缝是脱开的，可自由变位。在灌浆后，计算了横缝密合和横缝脱开两种情况。

早期的温度和应力都是随着时间而不断变化的，为了节省篇幅，我们只在图 23 中列出了最终的应力状态。由于分层浇筑混凝土，温度应力在层面上是不连续的。

如图 23（a）所示，水化热引起的早期应力，在底板为拉应力，在边墙和中墩，表面受压而内部受拉，在顶板，拉压交替，随高程而变。

气温引起的早期温度应力见图 23（b）。显然，气温引起的早期应力与浇筑日期有密切关系。如图所示，该坝底板是在夏天浇筑的，所以早期应力为拉应力。如果改为冬季浇筑底板，因浇筑温度低于年平均温度，早期应力将为压应力。

计算结果表明，早期温度应力达到了相当大的数值。

（2）晚期温度应力。在经过充分冷却后，混凝土到达稳定温度，其后坝体内部温度不再变化，应力也不再变化，但在孔口周围，由于孔内水温和气温不断变化，附近混凝土温度和应力也随之而不断变化，其影响深度约为 10m。

据实测资料，孔内水温和气温的变化以一年为周期，可足够近似地用正弦函数表示，其变幅为 14.5℃，即

$$T_b = 14.5 \sin\left(\frac{2\pi\tau}{p}\right)$$

其中 $p$ 为变化周期，即 365d。计算温度场时，孔内边界上水温、气温按上式计算，其余边界均按绝热边界处理，即温度的法向导数为零。初始温度本为年平均温度 15℃，由于我们只要计算相对温度，因此计算中初始温度取为零度。计算几个周期后，初始影响已趋消失，各点温度场呈现周期性。于是可计算不同月份的应力。计算应力时的边界条件如下：①坝块中心线上，由于对称，水平位移 $u=0$，剪应力 $\tau_{wy}=0$；②横缝在 183m 高程以下，因长期浸水膨胀，并考虑到各坝块的对称，取 $u=0$，$\tau_{wy}=0$；183m 高程以上，假定横缝脱开，即 $\sigma_x=\tau_{wy}=0$。几个典型月份的温度场和应力状态见图 24。

由于水温和气温的年变化，在底孔周围产生了一个周期性变化的温度场。温度应力的变化也是周期性的，以底孔顶部中点应力为例，在冬季为拉应力，在夏季为压应力，应力变化幅度达 $\pm 34.2 \text{kg/cm}^2$。

（3）湿胀应力。底孔在 183m 高程以下经常处于水下，由于长期浸水，混凝土产生膨胀变形，从而引起应力。

实验资料表明[8]，混凝土内湿度变化规律和温度一样，服从扩散方程

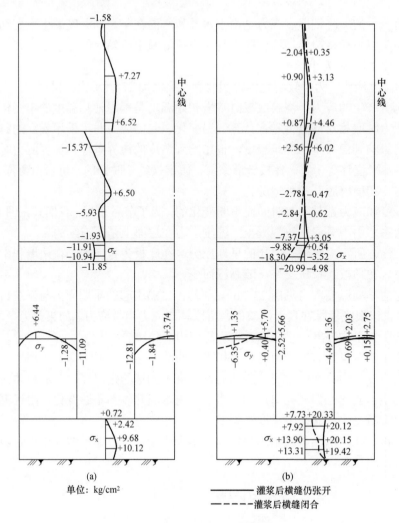

图 23　早期温度应力（最终值）

（a）水化热引起的早期应力；（b）气温变化引起的早期应力

$$\frac{\partial U}{\partial \tau} = K\left(\frac{\partial^2 U}{\partial x^2} + \frac{\partial^2 U}{\partial y^2}\right)$$

其中 $U$ 为湿度（kg/kg），即单位重量的混凝土所含有的水重。$K$ 为水分扩散系数。在达到稳定状态后，$U$ 满足拉普拉斯方程

$$\frac{\partial^2 U}{\partial x^2} + \frac{\partial^2 U}{\partial y^2} = 0$$

混凝土中湿度 $U$ 改变后，将产生体积变形

$$\Delta \varepsilon = \beta \Delta U$$

其中 $\beta$ 为湿度膨胀系数。

由此可见，湿度变化规律与温度变化规律是十分相似的，所不同的是，水分扩散系数 $K$ 数值很小，约为导温系数 $\alpha$ 的二千分之一。因此湿度变化速率约为温度变化速率的二千分之一。

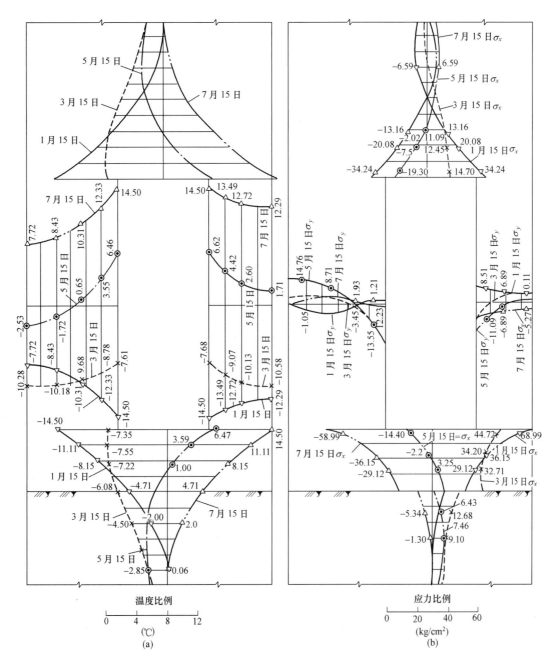

图 24 泄水底孔晚期年变化温度场和温度应力

（a）温度场；（b）温度应力

根据实验资料[9]，混凝土由于长期浸水而膨胀，其数值约为（100～150）×10⁻⁶，即相当于 10～15℃温度变形。

我们计算了稳定状态下湿度变形引起的底孔应力。湿度分布用稳定场程序计算。在底孔内部边缘，与水接触的边界上极限湿度变形为 112×10⁻⁶，在坝块中心线及横缝上由于对称，湿度的水平梯度 $\partial U/\partial x=0$。考虑到岩石裂隙是渗水的，混凝土与岩石接触面上也取极限湿度。

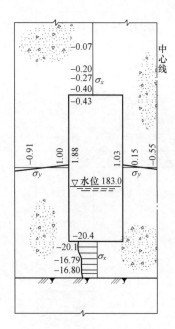

图 25　湿胀应力（kg/cm²）

假定岩石始终是水饱和的，无湿度改变。用有限单元法计算的断面应力见图 25。在底板中产生了近 20kg/cm² 的压应力（已考虑徐变影响）。这对于底板显然是有利的。

从以上计算结果可知，底孔周围的温度应力是很大的，实际上超过了外荷载产生的应力。以底孔顶部中点边缘应力为例，几种外荷载产生的应力分别为：内水 12.32kg/cm²，自重 8.10kg/cm²，外水 -1.46kg/cm²。依照应力大小排列，各种荷载次序是温度—内水—自重—外水。在该项工程中，温度应力在夏天为巨大的压应力，抵消内水和自重产生的拉应力而有余。由于利用了这个有利因素，节约了投资，加快了工程进度。

（4）计算值与观测值的比较。在泄水底孔的顶部和底部中点都埋设了混凝土应变计，进行晚期温度应力的观测。在图 26 中表示了计算值与原型观测值的比较。由图可见，无论顶板或底板，计算值与实测值基本吻合。由于仪器埋设深度只有 10cm，除了温度的年变化外，还反映了温度中间变化（10～30d）的影响，而晚期温度应力计算中为了利用周期性，只考虑了年变化，所以实测应变在计算应变的上下有一些小的波动。

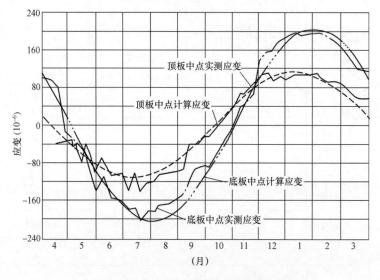

图 26　某坝泄水底孔计算应变与实测应变值比较

# 九、结束语

（1）温度应力在水工混凝土结构中占有较大比重，以往在工程设计中对温度应力只能进行较粗糙的近似计算，不能反映实际情况。利用有限单元法在电子计算机上可以按照工程中分层浇筑的实际情况进行计算，可以较充分地反映实际情况，温度和应力在时间和空间上的变化一目了然，使我们对温度应力的认识有所深化，有利于多快好省地完成水利水电建设任务。

（2）温度场、弹性应力和徐变效应可以纳入一个统一的计算程序，一次上机即可算出不同时间的温度和应力。

（3）实际经验表明，温度计算的显式和隐式都能给出满意的计算结果。应结合应力和徐变计算，根据机器内存容量，统一考虑后，从中选定一种方法。本文给出了有关计算公式及稳定条件。

（4）混凝土弹性模量随着龄期而急剧变化，对温度应力具有重要影响。为了考虑这个因素，早期温度应力计算必须采用增量法。

（5）混凝土温度应力计算中必须考虑徐变效应。当计算机具有足够内存时，宜采用本文所建议的变步长方法计算初应变。当内存容量不够时，也可采用松弛系数方法。

（6）单层浇筑块的温度应力，在浇筑块中心，早期受压，后期转变为受拉。在浇筑块的表面，中部和两端的应力是不同的，中部先压后拉，两端先拉后压。

（7）多层浇筑块中部的表面温度应力，开始为压，不久转变为拉，在上面覆盖新混凝土后，由于温度回升，又转变为压应力。表明及时浇筑上层新混凝土，有利于防止表面裂缝。多层浇筑块的最终温度应力在层面上是不连续的。由于早期升温过程中所残留的压应力，用有限单元法计算的最大拉应力为 $12.8\text{kg/cm}^2$，如按目前通用的影响线计算，最大拉应力为 $17.5\text{kg/cm}^2$。对基础温差来说，早期残留压应力是一个有利因素。

（8）气温急剧变化在混凝土表面会引起相当大的温度应力。为防止表面裂缝，应对水化热引起的表面应力和气温急剧变化引起的应力进行综合考虑。

（9）水化热、气温变化及湿度变化在坝内孔口周围会引起巨大的应力。对我们所计算的实例，依照应力大小排列，各种荷载次序是温度—内水—自重—外水。温度应力居首位。

# 不稳定温度场数值分析的时间
# 域分区异步长解法❶

**摘　要**：本文提出分区异步长解法以求解不稳定温度场，即在温度变化剧烈的区域采用较小的时间步长，而在温度变化速率很小的区域，采用较大的时间步长，从而可大大提高计算效率。

**关键词**：不同时间步长；不同区域；不稳定温度场；数值计算

# A Method Using Different Time Increments in Different Regions for Solving Unsteady Temperature Field by Numerical Method

**Abstract:** A method using different time increments in different regions is proposed in this paper to solve the unsteady temperature field by numerical methods. In the regions where the temperature varies rapidly with time, the small time increments are used, while in the regions where the temperature varies slowly with time, a comparative big time increments are used, Thus the efficiency of computation has been improved.

**Key words:** different time increment, different region, unsteady temperature field, mumerical analysis

## 一、前言

对于比较复杂的不稳定温度场，有限元是常用的求解方法，在空间域用有限单元离散，在时间域用差分法离散[1~3]。目前常采用隐式解法，时间步长的选取虽不受稳定条件的限制（无条件稳定），但与温度的变化速率有关。温度变化速率越快，时间步长应越小，反之，亦然。在实际工程中，由于材料特性、边界条件及初始温度等因素的影响，求解区域内不同部位的温度变化速率往往相差很大，目前的算法是在整个求解区域内采用统一的时间步长，为了保证计算精度，必须根据全域最大的温度变化速率来决定统一的时间步长。实际工程中，往往只在很小的局部范围内温度变化速率很大，而在其余的广大范围内，温度变化速率不大。在这种情况下，采用统一的时间步长显然是不经济的。混凝土坝施工期的温度场就属于这种情况，在新浇混凝土层附近，温度场变化速率很大，而在其余广大范围内，温度场的变化速

❶　原载《水利学报》1995 年第 8 期，系国家自然科学基金委员会、中国长江三峡开发总公司和国家攀登计划联合资助。

率很小。为了保证计算精度，只能根据新浇混凝土的温度变化速率来决定统一的时间步长。对于广大的温度变化速率不大的区域来说，这实际上是浪费。

基于上述考虑，本文提出分区异步长算法，在温度变化剧烈的区域，采用较小的时间步长，而在其余广大区域，采用较大的时间步长，从而可提高计算效率。

## 二、计算方法

如图 1 所示，温度变化剧烈区域为 $R_1$，过渡区域为 $R_2$，其余的温度变化平缓区域为 $R_3$。

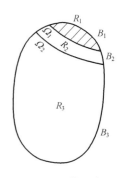

图 1  计算区域

周围介质温度也相应地划分为 3 种：在边界 $B_1$ 上介质温度为 $T_{c1}+f(t)$，其中 $T_{c1}$ 为变化平缓的温度（如年变化）或常数，$f(t)$ 为急剧变化的温度，如日变化或寒潮；在边界 $B_2$ 上介质温度为 $T_{c2}$，在边界 $B_3$ 上介质温度为 $T_{c3}$。以混凝土坝为例，$R_1$ 是新浇筑的混凝土，需要考虑预冷骨料产生的初始温差、急剧变化的绝热温升和寒潮及气温日变化。$R_2$ 是较老的混凝土，$R_3$ 是老混凝土。在 $R_2+R_3$ 中，绝热温升的变化和初始温度的分布已很平缓，寒潮和气温日变化不必考虑，只需考虑介质温度的年变化。

求解的问题为

$$
\left.
\begin{aligned}
&\text{在域}R_1\text{内} && \frac{\partial T}{\partial \tau}=a\nabla^2 T+\frac{\partial \theta_1}{\partial t}\\
&\text{初始条件} && \text{当}t=0,\ T(0)=T_1(0)\\
&\text{边界条件} && \text{在}B_1\text{上},\ -\lambda\frac{\partial T}{\partial n}=\beta_2\left[T-T_{c1}-f(t)\right]\\
&\text{在接触面}\Omega_1\text{上},\ T_1=T_2,\ \frac{\partial T_1}{\partial n}=\frac{\partial T_2}{\partial \dot{n}}
\end{aligned}
\right\}
\tag{1a}
$$

$$
\left.
\begin{aligned}
&\text{在域}R_2\text{内} && \frac{\partial T}{\partial \tau}=a\nabla^2 T+\frac{\partial \theta_2}{\partial t}\\
&\text{初始条件} && \text{当}t=0,\ T(0)=T_2(0)\\
&\text{边界条件} && \text{在}B_2\text{上},\ -\lambda\frac{\partial T}{\partial n}=\beta_2(T-T_{c2})\\
&\text{在接触面}\Omega_2\text{上},\ T_2=T_3,\ \frac{\partial T_2}{\partial n}=\frac{\partial T_3}{\partial n}
\end{aligned}
\right\}
\tag{1b}
$$

$$
\left.
\begin{aligned}
&\text{在区域}R_3\text{内} && \frac{\partial T}{\partial \tau}=a\nabla^2 T+\frac{\partial \theta_3}{\partial t}\\
&\text{初始条件} && \text{当}t=0,\ T(0)=T_3(0)\\
&\text{边界条件} && \text{在}B_3\text{上},\ -\lambda\frac{\partial T}{\partial n}=\beta_3(T-T_{c3})
\end{aligned}
\right\}
\tag{1c}
$$

式中：$\nabla^2=\dfrac{\partial^2}{\partial x^2}+\dfrac{\partial^2}{\partial y^2}+\dfrac{\partial^2}{\partial z^2}$；$a$ 为导温系数；$\lambda$ 为导热系数；$\beta_1$、$\beta_2$、$\beta_3$ 为表面放热系数；$\theta_1$、$\theta_2$、$\theta_3$ 为绝热温升；$n$ 为法线；$t$ 为时间；$T$ 为温度。

由于问题是线性的，可进行分解，令

$$T=U+V \tag{2}$$

其中 $U$ 满足下列条件：

在域 $R_1$ 内 　　　 $\dfrac{\partial U}{\partial t} = a\nabla^2 U + \dfrac{\partial \theta_1}{\partial t}$

初始条件 　　　 当 $t=0$，$U(0) = T_1(0)$

边界条件 　　　 在 $B_1$ 上，$-\lambda\dfrac{\partial T}{\partial n} = \beta_1[U - f(t)]$

在接触面 $\Omega_1$ 上，$U_1 = U_2$，$\dfrac{\partial U_1}{\partial n} = \dfrac{\partial U_2}{\partial n}$ 　　　 (3a)

在域 $R_2$ 内 　　　 $\dfrac{\partial U}{\partial t} = a\nabla^2 U$

初始条件 　　　 当 $t=0$，$U(0) = 0$

边界条件 　　　 在 $B_2$ 上，$-\lambda\dfrac{\partial U}{\partial n} = \beta_2 U$

在接触面 $\Omega_2$ 上，$U_2 = U_3$，$\dfrac{\partial U_2}{\partial n} = \dfrac{\partial U_3}{\partial n}$ 　　　 (3b)

在域 $R_3$ 内 　　　 $\dfrac{\partial U}{\partial t} = a\nabla^2 U$

初始条件 　　　 当 $t=0$，$U(0) = 0$

边界条件 　　　 在 $B_3$ 上，$-\lambda\dfrac{\partial U}{\partial n} = \beta_3 U$ 　　　 (3c)

$V$ 满足下列条件：

在域 $R_1$ 内 　　　 $\dfrac{\partial V}{\partial t} = a\nabla^2 V$

初始条件 　　　 当 $t=0$，$V(0) = 0$

边界条件 　　　 在 $B_1$ 上，$-\lambda\dfrac{\partial V}{\partial n} = \beta_1(V - T_{c1})$

在接触面 $\Omega_1$ 上，$V_1 = V_2$，$\dfrac{\partial V_1}{\partial n} = \dfrac{\partial V_2}{\partial n}$ 　　　 (4a)

在域 $R_2$ 中 　　　 $\dfrac{\partial V}{\partial t} = a\nabla^2 V + \dfrac{\partial \theta_2}{\partial t}$

初始条件 　　　 当 $t=0$，$V_0 = T_2(0)$

边界条件 　　　 在 $B_2$ 上，$-\lambda\dfrac{\partial V}{\partial n} = \beta_2(V - T_{c2})$

在接触面 $\Omega_2$ 上，$V_2 = V_3$，$\dfrac{\partial V_2}{\partial n} = \dfrac{\partial V_3}{\partial n}$ 　　　 (4b)

在域 $R_3$ 内 　　　 $\dfrac{\partial V}{\partial t} = a\nabla^2 V + \dfrac{\partial \theta_3}{\partial t}$

初始条件 　　　 当 $t=0$，$V_0 = T_3(0)$

边界条件 　　　 在 $B_3$ 上，$-\lambda\dfrac{\partial V}{\partial n} = \beta_3(V - T_{c3})$ 　　　 (4c)

在 3 个区域中，绝热温升、初始温度及边界条件的分解见表 1。表中 $\theta_1$、$\theta_2$、$\theta_3$、$T_1(0)$、$T_2(0)$、$T_3(0)$、$T_{c1}$、$T_{c2}$、$T_{c3}$、$f(t)$ 等都是坐标 $(x, y, z, t)$ 的已知函数。由于问题是线性的，上述分解都是严格的。

**表 1** 问 题 的 分 解

| 项目 | 区域 | 原问题 | 分解后问题 | |
|---|---|---|---|---|
| | | $T$ | $U$ | $V$ |
| 绝热温升（$\theta$） | $R_1$ | $\dot{\theta_1}$ | $\theta_1$ | 0 |
| | $R_2$ | $\theta_2$ | 0 | $\theta_2$ |
| | $R_3$ | $\theta_3$ | 0 | $\theta_3$ |
| 初始温度 $T(0)$ | $R_1$ | $T_1(0)$ | $T_1(0)$ | 0 |
| | $R_2$ | $T_2(0)$ | 0 | $T_2(0)$ |
| | $R_3$ | $T_3(0)$ | 0 | $T_3(0)$ |
| 边界气温 $T_c$ | $B_1$ | $T_{c1}+f(t)$ | $f(t)$ | $T_{c1}$ |
| | $B_2$ | $T_{c2}$ | 0 | $T_{c2}$ |
| | $B_3$ | $T_{c3}$ | 0 | $T_{c3}$ |

再以混凝土坝为例，在区域 $R_1$ 内，引起温度场的剧烈变化的原因是：①新浇混凝土的绝热温升 $\theta_1$ 随着时间而急剧变化。②新浇混凝土的初始温度 $T_1(0)$ 与老混凝土的温度或周围介质温度（水温或气温）有较大差别。③在新混凝土表面需要考虑气温日变化或寒潮的影响，即 $f(t)$ 的影响。由表 1 可见，这 3 个因素全部放在域 $R_1$ 的 $U$ 场中，因此。温度场的剧烈变化主要局限于域 $R_1$ 中，也可能波及 $R_2$ 的靠近 $R_1$ 的部分，到了 $R_2$ 与 $R_3$ 交界面上，其影响已趋于零，即在 $\Omega_2$ 上，$U=0$。从式（3c）可知，域 $R_3$ 中 $U$ 满足下列条件：

$$\left.\begin{array}{lll} \text{在域} R_3 \text{内} & \dfrac{\partial U}{\partial t} = a\nabla^2 U \\ \text{初始条件} & \text{当} t=0, \quad U(0)=0 \\ \text{边界条件} & \text{在} B_3 \text{上}, \quad \lambda\dfrac{\partial U}{\partial n} = \beta_3 U \\ & \text{在} \Omega_2 \text{上}, \quad U=0 \end{array}\right\} \tag{5}$$

显然，满足上述条件的解为
在域 $R_3$ 中，$U=0$ \hfill （6）

因此，$U$ 场只需在域 $R_1+R_2$ 中求解。由于 $U$ 场随着时间而急剧变化，计算中要采用较小的时间步长 $\Delta t_1$。$V$ 场在全区域 $R_1+R_2+R_3$ 内求解，因其变化平缓，计算中可采用较大的时间步长 $\Delta t_2$。根据实际经验，计算区域 $R_1$、$R_2$、$R_3$ 的划分和时间步长 $\Delta t_1$、$\Delta t_2$ 的选取都是比较容易的。

# 三、算例

通仓浇筑的混凝土重力坝，坝高 150m，分层浇筑，每层厚度 1.5m，共 100 层，每层间歇时间 5d，绝热温升为

$$\theta = \frac{25\tau}{0.86 + \tau} \,℃ \tag{7}$$

式中：$\tau$ 为混凝土龄期。以各层混凝土龄期代入上式，即可求出相应的绝热温升。设

$$\tau = t_0 + t \tag{8}$$

由上式计算 $\tau$，代入式（7）即得到各层混凝土的 $\theta$。因间歇时间为 5d，自上而下，各层混凝土的 $t_0$ 见表 2。

表 2 各层的水化热温升和 $t_0$

| 区域 | $R_1$ | | | $R_2$ | $R_3$ | |
|---|---|---|---|---|---|---|
| 层次 | 1 | 2 | 3 | 4 | 5 | 6 |
| $\theta$ | $\theta_{11}$ | $\theta_{12}$ | $\theta_{13}$ | $\theta_{21}$ | $\theta_{31}$ | $\theta_{32}$ |
| $t_0$ | 0 | 5 | 10 | 15 | 20 | 25 |

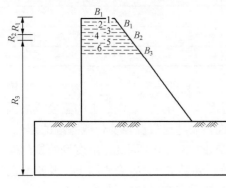

图 2 混凝土重力坝

据已有经验，计算区域的划分如图 2 所示，自上而下，第 1 至 3 层为 $R_1$，第 4 层为 $R_2$，第 5 层以下（包括基础）为 $R_3$。由于全坝最多有 100 层，而 $R_1+R_2$ 只包括 4 层，可见 $R_1+R_2$ 只占计算区域的很小一部分。

第 1 层的初始温度是新浇混凝土的入仓温度，由于预冷骨料，其值为 10℃。其他各层的初始温度等于上一时段末的计算温度。

求解 $U$ 场时，求解域为 $R_1+R_2$，时间步长为

$$\Delta t_1 = 0.2，0.3，0.5，0.5，0.5，1.0，1.0，1.0\text{d} \tag{9}$$

求解 $V$ 场时，求解域为 $R_1+R_2+R_3$，时间步长为

$$\Delta t_2 = 5.0\text{d}$$

当时的 5 日平均气温为 25℃，在边界 $B_1+B_2+B_3$ 上的气温均为

$$T_{c1} = T_{c2} = T_{c3} = 25℃$$

在新浇筑层的顶面，要考虑气温日变化及太阳辐射热的影响，设气温日变幅为 $A$，气温可表示为

$$T_c = 25 + A\sin\omega(t - t_0) \tag{10}$$

式中：$\omega = 2\pi/P$，$P = 1$（d）为温度变化周期，当 $t = t_0$ 时，$T_c = 25℃$。

设太阳辐射来的热量为 $S$，混凝土表面吸收的热量为

$$R = \alpha_S S$$

式中：$\alpha_S$ 为吸收系数，在晴天，一天之中，混凝土表面吸收的太阳辐射热可近似地表示如下

$$R = \begin{cases} R_0 \sin\omega(t - t_1)，\text{当} t_1 \leqslant t \leqslant t_2 \\ 0 \qquad\qquad，\text{当} t \leqslant t_1 \text{或} t > t_2 \end{cases} \tag{11}$$

新混凝土表面的边界条件可表示如下

$$-\lambda\frac{\partial T}{\partial n} = \beta[T - (25 + f(t))] \tag{12}$$

其中
$$f(t) = A\sin\omega(t - t_0) + R/\beta \tag{13}$$

原问题及分解后的绝热温升、初始温度及边界条件等见表 3。

**表 3** 分解后的绝热温升、初始温度及边界条件

| | 区域 | 层次 | | 原问题 | 分解后问题 | |
|---|---|---|---|---|---|---|
| | | | | $T$ | $U$ | $V$ |
| 绝热温升 $\theta$ | $R_1$ | 1 | | $\theta_{11}$ | $\theta_{11}$ | 0 |
| | | 2 | | $\theta_{12}$ | $\theta_{12}$ | 0 |
| | | 3 | | $\theta_{13}$ | $\theta_{13}$ | 0 |
| | $R_2$ | 4 | | $\theta_2$ | 0 | $\theta_2$ |
| | $R_3$ | 5 以上 | | $\theta_3$ | 0 | $\theta_3$ |
| 初始温度 $T(0)$ | $R_1$ | 1 | | 10℃ | −15℃ | 25℃ |
| | | 2 | | $T_1(0)$ | 0 | $T_1(0)$ |
| | | 3 | | $T_1(0)$ | 0 | $T_1(0)$ |
| | $R_2$ | 4 | | $T_2(0)$ | 0 | $T_2(0)$ |
| | $R_3$ | 5 以上 | | $T_3(0)$ | 0 | $T_3(0)$ |
| 边界气温 $T_c$ | $R_1$ | 1 | 顶面 | 25+$f(t)$ | $f(t)$ | 25℃ |
| | | | 侧面 | 25℃ | 0 | 25℃ |
| | | 2 | | 25℃ | 0 | 25℃ |
| | | 3 | | 25℃ | 0 | 25℃ |
| | $R_2$ | 4 | | 25℃ | 0 | 25℃ |
| | $R_3$ | 5 以上 | | 25℃ | 0 | 25℃ |

本坝共分为 100 层，采用本文所提的分区异步长算法，只有上面 4 层采用式（9）所示 $\Delta t_1$ 计算，整个区域可用 $\Delta t_2$ 计算，计算效率的提高是显而易见的。

# 四、结束语

在混凝土坝等实际工程中，往往只在小范围内温度变化剧烈，而在其余广大范围内，温度变化很慢，采用本文提出的分区异步长算法。只需在温度急剧变化的小范围内采用较小的时间步长，而在整个求解区域内可采用较大的时间步长，从而提高了计算效率。

## 参 考 文 献

[1] 朱伯芳. 有限单元法原理与应用. 北京：水利电力出版社，1979.

[2] 朱伯芳，等. 水工混凝土结构的温度应力与温度控制. 北京：水利电力出版社，1976.

[3] 朱伯芳. 水工结构与固体力学论文集. 见：（朱伯芳论文选集）. 北京：水利电力出版社，1988.

# 寒潮引起的混凝土温度应力计算

**摘　要：** 寒潮是引起混凝土坝裂缝的重要原因，以前缺乏合适的计算方法，本文提出一套合理的计算方法，可用以决定坝体表面保温层的材料和厚度。

**关键词：** 寒潮；温度应力；计算方法

# Computation of Thermal Stress of Mass Concrete Caused by Cold Wave

**Abstract:** Cold wave is an important cause of cracking of mass concrete, but there is no appropriate computing method. A rational computing method is proposed in this paper which can be used to determine the material and thickness of superficial thermal insulation of mass concrete.

**Key words:** cold wave, thermal stress, computing method

## 一、前言

经验表明，大量的混凝土坝裂缝都是在施工过程中由寒潮而引起的。在开始阶段，它们都是表面裂缝，通常其深度不超过 30cm，但到了后期，其中一部分可能发展为深层裂缝或贯穿性裂缝，危害很大。因此，在混凝土坝施工中，如何防止表面裂缝是一个十分重要的课题。根据国内外实际经验，防止表面裂缝最有效的办法就是进行表面保温，减小寒潮期间混凝土表面温度和应力的变化幅度，使之不致发生裂缝。

作者在文献 [1] 中曾提出一个寒潮期间表面温度的应力计算方法，在实际工程中已应用多年。根据实际应用的经验，本文给出一套新的计算方法。与原有方法相比，本文方法具有下列特点：①寒潮期间气温的变化规律，原方法是用一条折线代表的，新方法改用一条正弦曲线代表，与实际情况更接近一些。原方法计算温度时用一个无穷级数解，计算比较费事，新方法计算温度时利用一个理论公式，计算比较简便。②原方法计算徐变影响时，用数值方法，计算冗繁，为简化计算，实际计算时只得忽略加荷龄期的影响，本文给出了两个理论计算公式，比原方法计算方便，计算中可考虑加荷龄期的影响，精度有所提高。

## 二、寒潮期间混凝土表面温度计算

在寒潮期间，日平均气温往往在几天之内连续下降，其变化规律可用正弦函数表示如下（图 1）：

$$T_a = -A\sin\omega(\tau-\tau_1), \tau \geqslant \tau_1 \qquad (1)$$

式中：$\omega=\pi/2Q$；$T_a$ 为气温；$A$ 为寒潮中气温降低的幅度；$Q$ 为寒潮中降温历时；$\tau$ 为时间。

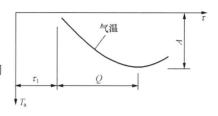

图 1 寒潮期间的气温

一般情况下，寒潮中降温历时不过 3～5d，温度影响深度不超过 1m，而坝块厚度常在 10m 上，所以可按半无限体来计算温度场。最大应力发生在表面，混凝土表面温度可按下式计算[2]

$$T = -fA\sin\omega(\tau-\tau_1-m) \qquad (2)$$

式中

$$\left. \begin{aligned} f &= 1/\sqrt{1+2u+2u^2} \\ m &= gQ \\ g &= \frac{2}{\pi}\arctan\left(\frac{1}{1+(1/u)}\right) \\ u &= \frac{\lambda}{\beta}\sqrt{\frac{\omega}{2\alpha}} = \frac{1}{2}\cdot\frac{\lambda}{\beta} \end{aligned} \right\} \qquad (3)$$

$$\sqrt{\frac{\pi}{Qa}}$$

式中：$\lambda$ 为混凝土导热系数；$a$ 为混凝土导温系数；$\beta$ 为表面放热系数。式（2）是准稳定温度解答，也就是说，计算中忽略了初始温度影响。实际计算结果表明，这样处理误差不大，而计算简化了很多。

表面保温层的保温能力是用放热系数 $\beta$ 表示的。$\beta$ 可按下式计算

$$\beta = 1/(h/\lambda_s + 1/\beta_0) \qquad (4)$$

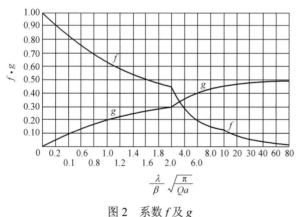

图 2 系数 $f$ 及 $g$

式中：$h$ 为保温层的厚度（m）；$\lambda_s$ 为保温层的导热系数［cal/（m·h·℃）］；$\beta_0$ 为保温层外表面与空气间的放热系数，通常可取 $\beta_0$=10～20cal/（m²·h·℃）。各种保温材料的导热系数见文献［2］的第 33 页。

由式（2）可知，混凝土表面最大温度变幅为 $fA$。根据保温层的导热系数和厚度，由式（4）计算放热系数 $\beta$，再由式（3）计算 $f$，即可得到混凝土表面最大温度变幅 $fA$。系数 $f$ 也可由图 2 查得。

【算例 1】 根据实测资料，在一次寒潮中，在 3 天之内，日平均气温连续下降了 12.9℃，气温过程线如图 3 实线所示。混凝土导热系数 $\lambda$=2.20cal/（m·h·℃），导温系数 $a$=0.10m²/d，表面放热系数 $\beta$=20cal/（m²·h·℃）。按第三类边界条件，用有限单元法在电子计算机上计算了温度场，表面温度如图 3 中虚线所示，表面温度下降 $\Delta T_1$=11.1℃。现在用式（3）来计算混凝土表面温度下降幅度。$Q$=3d，$\dfrac{\lambda}{\beta}\sqrt{\dfrac{\pi}{Qa}} = \dfrac{2.20\times24}{20.0\times24}\sqrt{\dfrac{\pi}{3\times0.10}} = 0.356$。

由图 2 查得 $f$=0.840，故混凝土表面温度下降幅度为

$$\Delta T_2 = fA = 0.840 \times 12.9 = 10.84 \ (\text{℃})$$

为了进行比较，下面再按折线法计算，根据 $\lambda/\beta$=0.11，$Q=\tau_0$=3d，由文献［1］算得混凝土表面温度下降为

$$\Delta T_3 = 10.77\text{℃}$$

在用有限元法计算时，考虑了初始影响并完全按照气温的实际过程线计算，所以不妨认为它所算出的温降 $\Delta T_1$=11.1℃是准确值，与此值相比，按折线法算出的温降 $\Delta T_3$=10.77℃的误差为 2.97%，按本文方法计算的温降 $\Delta T_2$=10.84℃的误差为 2.34%，可见按本文方法计算，不但简便，精度也较好。

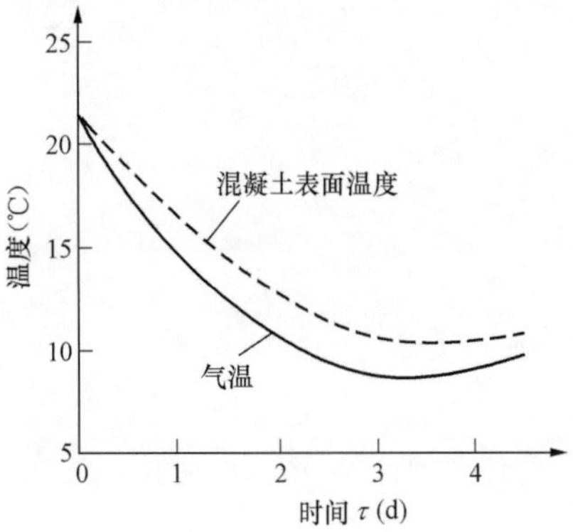

图 3

## 三、寒潮期间混凝土温度应力计算

如前所述，寒潮对混凝土温度的影响只限于表面部分，深度不及 1m，混凝土内部广大范围内，温度并不受其影响。因此，如不考虑徐变的影响，弹性温度应力可直接按下式计算

$$\sigma = -\frac{EaT}{1-\mu} \tag{5}$$

式中：$\sigma$ 为弹性温度应力；$E$、$\mu$、$\alpha$ 分别为混凝土的弹性模量、泊松比及线胀系数。把式（2）代入上式，可知寒潮期间混凝土表面的弹性温度应力为

$$\sigma = \sigma_0 \sin\omega(\tau - \tau_1 - m) \tag{6}$$

$$\sigma_0 = fE\alpha A/(1-\mu) \tag{7}$$

式中：$\sigma_0$ 代表弹性温度应力的变幅。

混凝土徐变对温度应力有重要影响，但计算比较费事。下面作者将提出计算徐变影响的两个比较方便的方法。

（一）等效模量法

根据弹性徐变理论，考虑徐变影响后，混凝土的应变由下式决定[2]

$$\varepsilon(t) = \frac{\sigma^*(t)}{E(t)} - \int_{\tau_0}^{t} \sigma^*(\tau)\frac{\partial}{\partial\tau}\left[\frac{1}{E(\tau)} + C(t, \tau)\right]\mathrm{d}\tau \tag{8}$$

式中：$\varepsilon(t)$ 为应变；$\sigma^*(t)$ 为弹性徐变应力；$C(t, \tau)$ 为徐变度；$\tau_0$ 为开始受力的龄期；$t$ 为时间。由于寒潮历时不长，为简化计算，假定在寒潮期间

$$\left.\begin{array}{l} E(t) = E = 常数 \\ C(t, \tau) = \sum_{i-1}^{n} c_i\left[1 - \mathrm{e}^{-s_i(t-\tau)}\right] \end{array}\right\} \tag{9}$$

当然，$E$ 和 $c_i$ 都与加荷龄期有一定关系，实际计算时可取加荷龄期为寒潮期间的平均龄期，即取

$$\tau_m = \tau_1 + (1+g)Q/2 \tag{10}$$

也就是说，式（8）中的 $E$ 和 $c_i$ 都取平均龄期 $\tau_m$ 时的数值。

把式（8）代入式（7），得到

$$\varepsilon(t) = \frac{\sigma^*(t)}{E} + \sum_{i-1}^{n} c_i s_i \int_{\tau_0}^{t} \sigma^*(\tau) e^{-s_i(t-\tau)} d\tau \tag{11}$$

再令

$$\sigma^*(t) = \sigma_0^* \sin \omega(t - \tau_0) \tag{12}$$

式中：$\sigma_0^*$ 为弹性徐变应力变幅，把上式代入式（11），经过一系列运算和整理后，得到

$$\varepsilon(t) = -\frac{\sigma_0^*}{E} \left[ \xi \sin \omega(t - \tau_0 - \eta) + D \right] \tag{13}$$

式中：

$$\left. \begin{aligned} \xi &= \sqrt{a^2 + b^2} \\ \eta &= \tan^{-1}(b/a) \\ a &= 1 + \sum_{i-1}^{n} \frac{Ec_i s_i^2}{s_i^2 + \omega^2} \\ b &= \sum_{i-1}^{n} \frac{Ec_i s_i \omega}{s_i^2 + \omega^2} \\ D &= \sum_{i-1}^{n} \frac{Ec_i s_i \omega}{s_i^2 + \omega^2} e^{-s_i(t-\tau_0)} \end{aligned} \right\} \tag{14}$$

当 $t - \tau_0 = Q + \eta$ 时，$t - \tau_0 - \eta = Q$，因而 $\omega(t - \tau_0 - \eta) = \frac{\pi}{2Q}(t - \tau_0 - \eta) = \frac{\pi}{2}$

此时 $\sin \omega(t - \tau_0 - \eta)$ 达到极大值 1.00，其时

$$\varepsilon(t) = \varepsilon_0 = \sigma_0^* / \rho E \tag{15}$$

式中

$$\left. \begin{aligned} \rho &= \frac{1}{\xi + D_0} = \frac{1}{\sqrt{a^2 + b^2 + D_0}} \\ D_0 &= \sum_{i-1}^{n} \frac{Ec_i \omega}{s_1^2 + \omega^2} e^{-s_i(Q+\eta)} \end{aligned} \right\} \tag{16}$$

当应变达到极大值时，在式（16）中，$D$ 所占比重已比较小，所以实际上，$\varepsilon_0$ 相当于最大应变。

如果不考虑徐变响应，在弹性应力 $\sigma_0 \sin \omega(t - \tau_0)$ 作用下，应变为 $\varepsilon(t) = \sigma_0 \sin \omega(t - \tau_0)/E$，最大应变为

$$\varepsilon_0' = \sigma_0 / E \tag{17}$$

其中 $\sigma_0$ 为弹性应力变幅。根据弹性徐变理论，对于单纯的温度应力来说（没有外荷载），徐变只影响应力而不影响应变[2]，因此

$$\varepsilon_0' = \varepsilon_0 \tag{18}$$

把式（16）、式（17）两式代入上式，可知

$$\sigma_0^* = \rho \sigma_0 \tag{19}$$

因此，把弹性应力变幅 $\sigma_0$ 乘以系数 $\rho$ 后，就得到弹性徐变应力变幅 $\sigma_0^*$。

下面再从另一途径考虑。把式（15）与式（17）对比，两式结构相似，可知为了考虑徐

变响应，只要把弹性模量 $E$ 换成

$$E^* = \rho E \tag{20}$$

就可以了，$E^*$ 可称为等效模量，变换模量以后，可以按弹性体方法计算其应力。

把式（7）代入式（19），可知寒潮期间混凝土表面最大温度徐变应力为

$$\sigma^* = f \rho E \alpha A / (1 - \mu) \tag{21}$$

其中系数 $f$ 由式（3）计算或由图 2 查得，系数 $\rho$ 由式（16）计算或由后面的图 4 查得。$A$ 为气温变幅。

[算例 2] 设在龄期 2d 时遇到寒潮，降温历时 $Q$=2d，寒潮期间混凝土的平均龄期为 $\tau_m$=3 天，根据试验资料，加荷龄期 3d 的混凝土弹性模量 $E$ 和徐变度 $C(t, \tau)$ 分别为

$$E = 17.3 \times 10^4 \text{kg/cm}^2$$

$$C(t, \tau) = 0.603 \times 10^{-6}[1 - e^{-1.50(t-\tau)}] + 3.23 \times 10^{-6}[1 - e^{-0.30(t-\tau)}] + 2.44$$
$$\times 10^{-6}[1 - e^{-0.020(t-\tau)}] + 1.12 \times 10^{-6}[1 - e^{-0.0030(t-\tau)}]$$

（二）衰减系数法

根据弹性徐变理论，徐变对温度应力的影响也可以用下式计算

$$\sigma^*(t) = \sigma(\tau_0)R(t,\tau_0) + \int_\tau^t R(t,\tau)\frac{\partial \sigma}{\partial \tau}d\tau \tag{22}$$

式中：$R(t, \tau)$ 为松弛系数；$\sigma(\tau)$ 为弹性应力；$\sigma^*(\tau)$ 为弹性徐应变力。

对式（22）进行分部积分，并考虑到 $R(t, \tau)$=1，得到

$$\sigma^*(t) = \sigma(t) - \int_\tau^t \sigma(\tau)\frac{\partial R(t,\tau)}{\partial \tau}d\tau \tag{23}$$

今设

$$R(t,\tau) = 1 - \sum_{i-1}^n k_i\left[1 - e^{-r_i(t-\tau)}\right] = \left(1 - \sum_{i-1}^n k_i\right) + \sum_{i-1}^n k_i e^{-r_i(t-\tau)} \tag{24}$$

当然，严格说来，上式中的系数 $k_i$ 与龄期有关，考虑到寒潮历时较短，为简化计算，假定系数 $k_i$ 为常数。今设弹性应力为

$$\sigma(t) = \sigma_0 \sin \omega(t - \tau_0), t \geq \tau_0 \tag{25}$$

其中 $\sigma_0$ 为弹性应力变幅，把式（24）、式（25）两式代入式（23），经过整理，得到

$$\sigma^*(t) = \sigma_0\left[\xi_1 \sin \omega(t - \tau_0 + \eta_1) - F\right] \tag{26}$$

式中：

$$\left.\begin{array}{l}\xi_1 = \sqrt{a_1^2 + b_1^2} \\ a_1 = 1 - \sum_{i-1}^n \dfrac{k_i r_i^2}{r_i^2 + \omega^2} \\ b_1 = \sum_{i-1}^n \dfrac{k_i r_i \omega}{r_i^2 + \omega^2} \\ \eta_1 = \tan^{-1}(b_1/a_1) \\ F = \sum_{i-1}^n \dfrac{k_i r_i \omega}{r_i^2 + \omega^2} e^{-r_i(t-\tau_0)}\end{array}\right\} \tag{27}$$

当 $t-\tau_0=Q-\eta_1$ 时，$\omega(t-\tau_0+\eta_1)=\pi(t-\tau_0+\eta_1)/2Q=\pi/2$

此时 $\sin\omega(t-\tau_0+\eta_1)$ 达到最大值 1.00，而

$$\sigma*(t)=\sigma_0^*=\rho\sigma_0 \tag{28}$$

其中

$$\rho=\xi_1-F_0=\sqrt{a_1^2+b_1^2}-F_0 \tag{29}$$

而

$$F_0=\sum_{i-1}^{n}\frac{k_ir_i\omega}{r_1^2+\omega^2}e^{-r_i(Q-\eta_1)} \tag{30}$$

系数 $\rho$ 可称为衰减系数，把式（7）代入式（28），再次得到式（21）。

[算例 3]　情况同算例 2，现在用衰减系数法计算徐变对寒潮应力影响。寒潮期间平均龄期为 $\tau_m=3$ 天，根据试验资料，混凝土弹性模量为 $E=17.3\times10^4 \text{kg/cm}^2$，松弛系数为

$$R(t,3)=1-0.064\left[1-e^{-1.63(t-\tau)}\right]-0.220\left[1-e^{-0.95(t-\tau)}\right]$$
$$-0.20\left[1-e^{-0.123(t-\tau)}\right]-0.18\left[1-e^{-0.031(t-\tau)}\right]-0.068\left[1-e^{-0.0045(t-\tau)}\right]$$

由式（27）、式（30）两式，算得 $a_1=0.812$，$b_1=0.171$，$\xi_1=0.830$，$F_0=0.054$，由式（29）得到

$$\rho=0.830-0.054=0.776$$

与算例 2 中计算的 $\rho=0.777$ 相比，结果一致。

（三）龄期影响

如上所述，用等效模量法和衰减系数法计算的结果是一致的。下面我们用等效模量法来考虑加荷龄期的影响。

据作者研究，混凝土的弹性模量和徐变度与加荷龄期的关系可表示如下

$$E(\tau)=E_0\psi(\tau),\quad \psi(\tau)=1-e^{-p\tau^q} \tag{31}$$

$$C(t,\tau)=\sum_{i-1}^{n}\delta_i\Phi_i(\tau)\left[1-e^{-\delta_i(t-\tau)}\right] \tag{32}$$

$$\Phi_i(\tau)=1+g_i\tau^{-h_i} \tag{33}$$

式中：$E_0$、$p$、$q$、$\delta_i$、$g_i$、$h_i$ 等都是系数，决定于试验资料。

混凝土徐变试验历时很久，通常需要两年以上时间。一般在初步设计中都来不及做徐变试验。为了满足初步设计的需要，作者整理了一批国内外试验资料，对于水工混凝土、得到了下列公式

$$E(\tau)=E_0(1-e^{-0.140\tau^{0.34}})=E_0\psi(\tau) \tag{34}$$

$$C(t,\tau)=\frac{0.01925}{E_0}(1+95.2\tau^{-0.29})\times[1-e^{-1.60(t-\tau)}]+\frac{0.0385}{E_0}(1+52.5\tau^{-0.47})[1-e^{-0.30(t-\tau)}]$$
$$+\frac{0.308}{E_0}(1+2.76\tau^{-0.27})[1-e^{-0.021(t-\tau)}]+\frac{0.270}{E_0}(1+0.928\tau^{-0.40})[1-e^{-0.0030(t-\tau)}] \tag{35}$$

式中：$E_0$ 为最终弹性模量（$\tau=\infty$ 时的弹性模量），可按下式计算

$$E_0=E(\tau_2)/\psi(\tau_2) \tag{36}$$

其中 $\tau_2$ 为设计龄期，$\psi(\tau_2)$ 可从图 4 查得，$E(\tau_2)$ 可由混凝土的设计标号决定。当混凝土标号为 100、150、200、250、300 号时，弹性模量依次为 19、24、28、31、33 万 $\text{kg/cm}^2$。因

此，180 天龄期 150 号混凝土，$E(180)=24\times10^4\text{kg/cm}^2$，$\psi(180)=0.903$，由上式，$E_0=24\times10^4/0.903=26.6\times10^4\text{kg/cm}^2$。

把式（34）、式（35）二式与式（31）、式（32）二式加以对比，不难发现，我们已取

$$\psi(\tau)=1-e^{-0.40\tau^{0.34}}; \quad \varphi_1(\tau)=1+95.2\tau^{-0.29}, \cdots \tag{37}$$

及

$$\delta_i = d_i / E_0 \tag{38}$$

式中：$d_1=0.01925$；$d_2=0.0385$；$d_3=0.308$；$d_4=0.270$。

考虑加荷龄期的影响后，式（14）中的 $Ec_i$ 可计算如下

$$Ec_i = d_i\psi(\tau_m)\Phi_i(\tau_m) \tag{39}$$

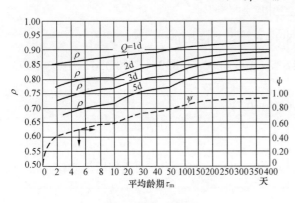

图 4　系数 $\rho$ 和 $\psi$

其中 $\tau_m$ 为寒潮的平均龄期，由式（10）计算，把上式计算的 $Ec_i$ 代入式（14）、式（16）二式，得到系数 $\rho$ 如图 4。在图 4 中也表示了式（37）中的 $\psi(\tau)$。由此可计算不同龄期的弹性模量 $E=E_0\psi(\tau)$。

**［算例 4］** 设在龄期 $\tau_1=5$ 天时遇到如图 3 所示寒潮，即 $Q=3\text{d}$，$A=12.9℃$，混凝土的特性为 $E(90)=240000\text{kg/cm}^2$。$\mu=0.16$，$\alpha=1\times10^{-5}(1/℃)$，$\lambda=2.20\text{cal}/(\text{m}\cdot\text{h}\cdot℃)$，$a=0.10\text{m}^2/\text{d}$。考虑三种表面状态：（1）表面裸露，$\beta=20\text{cal}/(\text{m}^2\cdot\text{h}\cdot℃)$；（2）表面覆盖稻草席，厚度 2.5cm，导热系数 $\lambda_s=0.12\text{cal}/(\text{m}\cdot\text{h}\cdot℃)$，$\beta_0=20\text{cal}/(\text{m}^2\cdot\text{h}\cdot℃)$；（3）表面覆盖泡沫塑料板，厚度 2.5cm，$\lambda_s=0.03\text{cal}/(\text{m}\cdot\text{h}\cdot℃)$，$\beta_0=20\text{cal}/(\text{m}^2\cdot\text{h}\cdot℃)$；试分别计算三种情况下寒潮引起的温度应力。

首先计算表面裸露时的温度应力

$$\frac{\lambda}{\beta}\sqrt{\frac{\pi}{Qa}} = \frac{2.20}{20}\sqrt{\frac{\pi}{3\times0.10}} = 0.356$$

由图 2 查得 $f=0.840$，$g=0.0950$。由式（10），寒潮期间的平均龄期为

$$\tau_m=5.0+（1+0.095）\times3.0/2=6.64（\text{d}）$$

由式（36）计算 $E_0$ 如下

$$E_0=E(90)/\psi(90)=24\times10^6/0.842=28.5\times10^4（\text{kg/cm}^2）$$

根据 $\tau_m=6.64\text{d}$ 及 $Q=3.0\text{d}$，由图 4 查得 $\rho=0.759$，$\psi(6.64)=0.533$，由式（34）得到

$$E=E_0\psi(\tau_m)=28.5\times10^4\times0.533=15.17\times10^4（\text{kg/cm}^2）$$

由式（21），寒潮引起的温度徐变应力为 $\sigma^*=f\rho E_{\alpha A}/(1-\mu)=0.840\times0.759\times15.17\times10^4\times10^{-5}\times12.9/(1-0.16)=14.85（\text{kg/cm}^2）$。

对于第二种表面状态，由式（4）计算表面放热系数

$$\beta=1/（0.025/0.12+1/20）=3.87[\text{cal}/(\text{m}^2\cdot\text{h}\cdot℃)]$$

**表1**                      表面保温对温度应力的影响

| 表面保温材料 | 厚度（cm） | $\beta$ [cal/（$m^2 \cdot h \cdot ℃$）] | 温度徐变应力（$kg/cm^2$） |
|---|---|---|---|
| 无 | 0 | 20.8 | 14.85 |
| 稻草席 | 2.5 | 3.87 | 8.38 |
| 泡沫塑料板 | 2.5 | 1.13 | 3.43 |

其余计算与第一种情况相似。第三种情况的计算与第二种情况类似，计算过程从略，计算结果见表1。从此表可以看出，表面保温的效果是十分明显的。

# 四、结束语

（1）寒潮是引起混凝土裂缝的重要原因。从计算结果可以看出，寒潮引起的拉应力的确很大。在采取表面保温措施以后，拉应力可以大幅度降低，为了防止裂缝，应十分重视表面保温措施。

（2）用本文方法计算寒潮引起的温度徐变应力是十分方便的。

参 考 文 献

［1］朱伯芳，王同生，丁宝瑛. 重力坝和混凝土浇筑块的温度应力. 水利学报，1964，（1）.

［2］朱伯芳，王同生，丁宝瑛，郭之章. 水工混凝土结构的温度应力与温度控制. 北京：水电出版社，1976.

# 再谈寒潮引起的混凝土温度应力计算
## ——答梁润同志

**摘　要**：理论分析表明，混凝土表面的平均温度应等于气温的平均温度。在实测资料中，混凝土表面平均温度可能高于气温平均值，则是水化热、初始温差及太阳辐射热等其他因素引起的。关于混凝土表面放热系数 $\beta$，原文建议根据表面保温材料的厚度用式（4）计算是正确的，讨论文提出"作者把混凝土无表面保护和有表面保护的混凝土放热系数混为一谈"是错误的。讨论文提出"混凝土表面温度应力，似应在寒潮影响下，统一以内表温差分析为宜"，这个提法是不合理的。引起表面温度应力的因素，除了寒潮外，还有水化热、初始温差等，不同因素引起的温度应力的发展规律是不同的。

**关键词**：寒潮；温度应力；计算方法

# Discussion Again on the Computation of Thermal Stresses Caused by Cold Wave——Reply to Mr. Liang Run

**Abstract:** By theoretical analysis, it is clear that the mean temperature of concrete surface is equal to the mean temperature of air. The actual temperature of concrete surface may be higher than that of air, it is due to sun shine, etc. The auther suggests to compute the surface diffusivity $\beta$ by formula (11) with which the thermal stress due to cold wave may be computed.

**Key words:** cold wave, thermal stress, computing method

《水力发电》1987 年第 1 期发表了梁润同志的"对'寒潮引起的混凝土温度应力计算'一文的商榷"（下简称讨论文）。下面就该文提出的一些问题予以答复。

## 一、寒潮期间气温的表示方式问题

设新浇混凝土在龄期 $\tau=\tau_1$ 时遇到寒潮，此后气温 $T_a$ 变化如下

$$T_a = -f(\tau)，\text{当} \tau \geqslant \tau_1 \tag{1}$$

在计算温度场时，必须知道函数 $f(\tau)$ 的具体数值。笔者认为，函数 $f(\tau)$ 可有以下几种表示方式：如假定气温骤降或假定气温折线变化，以及假定寒潮期间气温按半波正弦函数变化，后者就是笔者在文献［3］中提出的计算方法。这套算法的优点是计算方便，还可以考虑棱角

上的两面散热，并可以直接求出给定条件下所需要的表面保温能力。文献［3］建议混凝土表面温度用下式计算：

$$T = -fA\sin\omega(\tau - \tau_1 - m) \tag{2}$$

式中
$$f = 1/\sqrt{1 + 2u + 2u^2}$$
$$u = \frac{\lambda}{\beta}\sqrt{\frac{\omega}{2a}} \tag{3}$$

以上两式即文献［3］中的式（2）、式（3）两式。文献［3］已指出"式（2）是准稳定温度解答，也就是说，计算中忽略了初始温度影响"。忽略初始温度影响，是为了简化计算，它当然要带来一定误差。计算结果表明，当$\beta \geqslant 5$cal/（$m^2 \cdot h \cdot ℃$），误差不超过 5%，可以满足实用需要。当$\beta$很小时，误差可能达到百分之十几，考虑到寒潮计算中许多参数的确定都比较粗略，这种计算精度也大体可用。为了进一步提高计算精度，笔者在文献［4，5］中提出了两个方法：

第一个方法是折算表面放热系数法，即在式（3）中把$\beta$取为如下的折算表面放热系数：
$$\beta = k\beta' \tag{4}$$

式中：$\beta$为折算的表面放热系数；$\beta'$为实际的表面放热系数；$k$为折算系数，可取 $k = 1.25$。采用这种方法，对于各种大小不同的$\beta$，忽略初始影响所带来的误差都不到 3%。

第二个方法是用下式计算混凝土表面温度：

$$T = -f_1 A\sin\left[\frac{\pi(\tau - \tau_1 - \Delta)}{2P}\right] \tag{5}$$

$$f_1 = 1\sqrt{1 + 1.85u + 1.12u^2}$$

$$\left.\begin{array}{l} P = Q + \Delta \\ \Delta = 0.4gQ \\ g = \dfrac{2}{\pi}\arctan\left(\dfrac{1}{1 + 1/u}\right) \\ u = \dfrac{\lambda}{2\beta}\sqrt{\dfrac{\pi}{Qa}} \end{array}\right\} \tag{6}$$

式中

为了检验上述公式的精度，我们在电子计算机上用差分法计算了各种不同情况（不同$Q$、不同$\lambda/\beta$）下，寒潮期间混凝土的温度场，然后与式（5）计算结果对比，发现两者很接近，式（5）的计算精度完全可以满足实用需要。图 1 表示了$Q=3d$、$\lambda/\beta=4.40$m、$A=1℃$的计算结果。在我们感兴趣的高应力（大温降）区，两种计算结果符合得相当好（差分法步距$\Delta t=0.03$m）。

当然，还可以直接采用实测气温进行数值计算。但这样做不仅计算很费事。而且今后的寒潮也不会是过去的寒潮的简单重复。

总之，笔者建议，在今后一般的工程设计中，可采用半正弦函数的方法．对于重要工程，可在采用这种方法确定表面保温能力后，再选

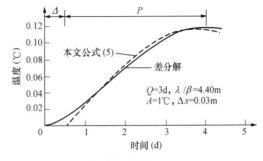

图 1　寒潮期间混凝土表面温度

定少数几个典型的特大寒潮，用数值法进行校核。

## 二、气温简谐变化时混凝土表面的平均温度问题

讨论文提出："较标准的简谐周期气温变化（如天气晴朗的日周期气温变化），在混凝土具有表面保护的情况下，……混凝土表层温度的日周期变化过程线，其平均温度高于日周期气温变化过程线的平均温度，一般约高出 2～3℃"。笔者认为讨论文的分析是错误的。

以平均气温作为温度计算起点，设气温按正弦函数变化：$T = A\sin\omega\tau$，$\omega = 2\pi/P$，$P$ 为周期。混凝土表面附近温度场可求解如下：

热传导方程

$$\frac{\partial T}{\partial \tau} = a\frac{\partial^2 T}{\partial x^2} \tag{7}$$

边界条件：当 $x=0$ 时

$$\left. \begin{array}{l} \lambda\dfrac{\partial T}{\partial \tau} = \beta(T - A\sin\omega\tau) \\[2mm] \text{当}x = \infty\text{时}, \quad T = 0 \end{array} \right\} \tag{8}$$

温度场的解答是

$$T = fA\mathrm{e}^{-\eta x}\sin(\omega\tau - \eta x - m) \tag{9}$$

式中，$\eta = \sqrt{\omega/2a}$，这个解答是严格的，由上式在 0～$P$ 范围内对时间 $\tau$ 积分，得到任一点的平均温度如下

$$T_m = \int_0^P fA\mathrm{e}^{-\eta x}\sin(\omega\tau - \eta x - m)\mathrm{d}\tau = 0 \tag{10}$$

可见在气温简谐变化的条件下，作为准稳定温度场，混凝土表面附近任一点的平均温度应等于气温的平均温度（此处已取平均气温为零）。讨论文提出混凝土表层日平均温度应高于日平均气温的论断是错误的。在实测资料中，混凝土平均温度可能高于气温平均值，则是其他因素引起的。因为实际温度变化是众多因素引起的，除了气温变化外，还有水化热、初始温差及太阳辐射等。

## 三、混凝土表面放热系数问题

笔者原文的目的是提出一套新的寒潮引起的温度应力的计算方法，并不是讨论表面放热系数。但讨论文对这方面提出了一些论点，笔者愿意讨论如下。

关于混凝土的表面放热系数 $\beta$，笔者在文献 [3] 中提出："$\beta$ 可按下式计算

$$\beta = 1/(h/\lambda_s + 1/\beta_0) \ [\mathrm{cal}/(\mathrm{m}^2 \cdot \mathrm{h} \cdot ℃)] \tag{11}[原文式（4）]$$

式中：$h$ 为保温材料的厚度（m）；$\lambda_s$ 为保温层的导热系数 [cal/（m·h·℃）]；$\beta_0$ 为保温层外表面与空气间的放热系数，通常可取 $\beta_0 = 10～20\mathrm{cal}/（\mathrm{m}^2 \cdot \mathrm{h} \cdot ℃）$。"这里十分清楚地说明：在有保温材料的情况下，混凝土表面放热系数为 $\beta$，保温层外表面的放热系数为 $\beta_0$，讨论文提出："作者把混凝土无表面保护和有表面保护的混凝土放热系数混为一谈"，这可能是由于没

有看清原文。

关于放热系数如何取值，在实际工程中当然是应该慎重从事的。正因为如此，所以笔者在拙著文献［1］中用了 8 页的篇幅进行详细讨论。笔者文献［3］的目的不是讨论放热系数的取值问题，只是顺便提了一句"通常可取 $\beta_0=10\sim20\text{cal}/(\text{m}^2\cdot\text{h}\cdot\text{℃})$，"这里只是指出通常的取值范围，供读者参考，丝毫没有让读者任意假定的意思。另外，据笔者所知，国内绝大多数实际工程设计中，$\beta_0$ 的取值都在 $10\sim20\text{cal}/(\text{m}^2\cdot\text{h}\cdot\text{℃})$，原文提到的通常取值范围并没有什么错。

关于 $\beta_0$ 的影响，讨论文是过于夸大了。由原式式（4）可知

$$1/\beta=h/\lambda_s+1/\beta_0 \tag{12}$$

因为通常 $1/\beta_0=0.05\sim0.10\text{m}^2\cdot\text{h}\cdot\text{℃/cal}$，由上式可知，当 $h/\lambda_s\geqslant0.30\text{m}^2\cdot\text{h}\cdot\text{℃/cal}$ 时，$\beta_0$ 取值如何对 $\beta$ 值的影响并不太大，具体数值见表 1。由表 1 可知，当 $h/\lambda_s=0.30\text{m}^2\cdot\text{h}\cdot\text{℃/cal}$ 时，$\beta_0$ 由 10 增大到 20，$\beta$ 则由 2.500 增加到 2.857，加大 14.2%。当 $h/\lambda_s=2.00$ 时，$\beta_0$ 由 10 增大到 20，$\beta$ 则由 0.4762 增加到 0.4878，加大 2.4%。因此，在表 1 范围内 $\beta_0$ 增加 1 倍，$\beta$ 值只增加 2.4% 到 14.2%。

表 1                  $\beta_0$ 对 $\beta$ 值的影响

| $h/\lambda_s$ $(\text{m}^2\cdot\text{h}\cdot\text{℃/cal})$ | $\beta\ [\text{cal}/(\text{m}^2\cdot\text{h}\cdot\text{℃})]$ | | |
|---|---|---|---|
| | $\beta_0=10$ | $\beta_0=20$ | $\beta_0=40$ |
| 0.30 | 2.500 | 2.857 | 3.077 |
| 0.50 | 1.667 | 1.818 | 1.905 |
| 1.00 | 0.9091 | 0.9524 | 0.9756 |
| 2.00 | 0.4762 | 0.4878 | 0.4938 |

美国德沃夏克重力坝施工中，春秋两季要求 $\beta\leqslant2.42$，冬季要求 $\beta\leqslant1.21$。利贝重力坝施工中，春夏秋三季要求 $\beta\leqslant3.63$，冬季要求 $\beta\leqslant0.48$ ［单位均为 $\text{cal}/(\text{m}^2\cdot\text{h}\cdot\text{℃})$］，大体上都在表 1 范围内。由此可见，在通常范围内，$\beta_0$ 对 $\beta$ 的影响并不是特别大的。讨论文说什么"如果 $\beta_0$ 选定得不准，则至关重要的 $\beta$ 值计算，将失去实际意义"，显然是过于夸大了。

讨论文提出："$\beta$ 值如按上述公式决定，关键问题是取决于保温材料放热系数 $\beta_0$ 的选定。"这个提法也是不正确的。因为从上述分析可知，在实际范围内，$\beta_0$ 的取值并不太重要，而更重要的是保温材料导热系数 $\lambda_s$ 的选定。

现场实测 $\beta$ 值是有意义的，但必须指出，$\beta$ 值的影响因素较多，测试比较费事，很难测得准确，在取用实测值时也应持慎重态度。

# 四、关于内表温差问题

笔者文献［3］的目的是讨论寒潮引起的温度应力计算方法，并不是讨论如何防止混凝土表面裂缝这样一个范围更大的问题。但讨论文既然提出一些不合理的观点，下面只好给以答复。

讨论文提出："至于混凝土的表面温度应力，似应在寒潮影响下，统一以内表温差分析为宜。"这个提法是不合理的。引起混凝土表面温度应力的因素，除了寒潮外，还有水化热、初始温差，等等。不同因素引起的温度应力的发展规律是不同的，图 2 示出了自由板在水化热

作用下中心温度 $T$ 与表面应力 $\sigma$ 的变化过程，可见表面应力在早期是拉应力，后期却转变为压应力。在龄期 13d 以后，尽管内表温差仍是正的，但表面应力却已经是压应力了。这与寒潮引起的温度应力的变化规律显然不同。在整个降温过程中，寒潮引起的表面应力都是拉应力。因此，在龄期 13d 以后，同样 1℃内表温差，寒潮引起的是拉应力，水化热引起的是压应力，它们怎么能简单地叠加起来呢？其次，即使在早期，对于不同的因素来说，单位温差所引起的拉应力的数值也是不同的，一般说来，寒潮的单位温差引起的拉应力较大，而水化热和初始温差的单位温差引起的拉应力较小，且两者的数值往往相差很远。如按讨论文提出的，统一用内表温差分析，实际上就把寒潮与水化热、初始温差等同等对待，认为它们的单位温差引起的应力相等。这显然是不恰当的。

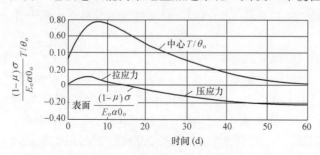

图 2　水化热作用下 4m 厚自由板的
中心温度和表面应力变化过程

比较合理的做法是，在各种因素共同作用下，要求混凝土总的拉应力不超过允许应力。为此，笔者在文献［5］中建议根据下式决定混凝土表面保温能力

$$\sigma_0 + \sigma_1 = \sigma_s \tag{13}$$

式中：$\sigma_s$ 为允许拉应力；$\sigma_1$ 为寒潮引起的拉应力；$\sigma_0$ 为寒潮以外其他因素引起的拉应力。

关于混凝土徐变问题，讨论文提出："很难设想影响因素复杂的混凝土徐变度和弹模等各自的变化关系能够用一些固定系数去概括一般，与其如此，还不如简单明了地提出可供参考的松弛系数"。讨论文似乎把混凝土的徐变度与应力松弛系数看成是互相独立的，实际上徐变度与松弛系数是互相联系的 [6、7]，给出了徐变度，就可以从徐变度直接计算出松弛系数来。给出徐变度与给出松弛系数，本质上是一回事，并没有什么原则上的差别。

另外，讨论文还把应力松弛系数与原文的应力衰减系数混为一谈，似乎只要给出松弛系数，一切问题就解决了。这也是一种误解。根据定义，松弛系数是在应变保持为常数的条件下的应力比。寒潮期间混凝土的应变是不断变化的，并非常数。因此，有了松弛系数资料后，还要通过一套计算才能得到寒潮中的应力衰减系数 $\rho$，其数值不但与混凝土徐变特性有关，还与龄期及寒潮参数如降温历时等有关。同样，有了徐变资料，也要通过计算才能得到衰减系数，计算是比较复杂的。原文第三节主要内容就是提出两个计算方法，已知徐变度时，用原文式（16）计算，已知松弛系数时，用式（29）计算。但混凝土徐变试验很费事，一般中小工程很少做徐变试验，即使是大型工程，在初步设计阶段通常也来不及做徐变试验。因此笔者整理了一批国内外徐变试验资料，得到了原文式（34）、式（35），据此计算了不同条件下寒潮的应力衰减系数，从而绘制了原文图 4，供初步设计采用，这才是实际工作中所需要的系数。至于混凝土徐变和松弛系数的整理方法，详见文献［8］，此处从略。

## 参 考 文 献

［1］朱伯芳，等. 水工混凝土结构的温度应力与温度控制. 北京：水利电力出版社，1976.

［2］朱伯芳，等. 重力坝和混凝土浇筑块的温度应力. 水利学报，1964，（1）.

［3］朱伯芳. 寒潮引起的混凝土温度应力计算. 水力发电，1985，（3）.

［4］朱伯芳. 寒潮期间大体积混凝土两面散热与棱角保温. 水力发电，1986，（8）.

［5］朱伯芳. 大体积混凝土表面保温能力计算. 水利水电科学研究院研究报告，1986 年 3 月；又见水利学报，1987，（2）.

［6］阿鲁久涅扬. 蠕变理论中的若干问题. 北京：科学出版社，1962.

［7］W．Flugge．Viscoelastcity．1975.

［8］朱伯芳. 混凝土的弹性模量、徐变度与应力松弛系数. 水利学报，1985，（9）.

# 智能优化辅助设计系统简介❶

**摘　要：** 本文以结构设计为例，论述了把专家系统、优化方法和 CAD 技术三者熔为一炉，形成的一个集成系统——智能优化辅助设计系统（IOCAD，Intelligent Optimal CAD）。在这个系统中，充分发挥了专家系统、优化方法和 CAD 三者各自的优势，可大大改进设计工作的效率和质量，使设计工作达到一个新的更高的水平。在整个设计过程中，绝大部分工作都由计算机自动完成，在关键部位保留了人机对话功能，使设计者拥有做出主要决策的能力，控制设计工作的进展，以利于充分发挥人的创造能力，但人机对话的频率已减至最低限度，从而有利于提高系统的效率，并便于设计人员掌握基本系统的使用。

**关键词：** 计算机辅助设计；优化方法；专家系统

## Introduction to Intelligent Optimal Computer Aided Design System

**Abstract:** The auther explained how to combine the expert system, the optimization method and CAD technique into a new system——Intelligent optimal CAD System in which the merits of the expert system, the optimization method and CAD technique are all brought into play. By means of this system, the efficiency and quality of design are improved a great deal.

**Key words:** computer aided design, optimization method, expert system

## 1　从人工设计到计算机化设计

30 年来，设计方法从人工设计朝着计算机化设计的方向逐步演变，设计效率和水平得到了极大的提高，但到目前为止，仍未完全实现计算机化设计。

传统的设计方法是人工设计，采用的设计工具是纸、笔、丁字尺、曲线板和计算尺等。设计过程大体是：设计者对设计任务进行分析后，根据已有的工作经验，提出一个或几个初步设计方案，然后对它们进行应力、变位、稳定和造价等方面的分析计算。依据计算结果，对设计方案不断进行修改，直到满意为止，然后进行结构的细部设计、绘制必需的图纸并编写设计报告。在设计过程中，需要完成大量烦琐的绘图、计算等手工劳动，设计效率低，周期长，设计质量主要取决于设计者的经验和是否有充裕的设计时间和人力。

计算机出现以后，由于它具有极高的运算速度，在设计工作中，人们首先利用它进行分

---

❶　原载《水利水电技术》1993 年第 2 期。

析计算工作，然后又利用计算机绘图，从而出现了 CAD。在设计工作中采用 CAD 以后，绘图、计算、制表等大部分烦琐的手工劳动都由计算机代替了，设计工作的面貌有了很大的改变，工作效率大大提高了。

目前的 CAD 系统是以交互式图形为核心的，虽然比之传统的人工设计，其工作效率有了很大的提高，但仍存在一些值得改进的地方：①设计类型、布局和初始方案的拟定，对工程设计的质量具有重要影响，在目前的 CAD 系统中，它们由设计者根据自身的经验提出，这部分工作需要广泛吸收已有的工程经验，因此，如引入专家系统，对设计者提供咨询和辅助，是有很大好处的；②结构体型和断面的设计对工程造价影响很大，但工作量庞大，在现有 CAD 系统中主要依靠重复修改来求得一个可行的结构体型和断面，不但效率低，而且实际上难以求出给定条件下的最佳方案，在这部分中如引入优化方法，工作效率和质量都可以有显著的提高，可在较短的时间内自动求出给定条件下的最优方案；③现有 CAD 系统只输出图纸和数据，设计报告由人工编写，实际上同一类型的工程设计报告，其格局基本相似，完全可以用专家系统进行编写。

因此，把专家系统、优化方法和 CAD 技术三者结合起来，建立一个集成系统——智能优化辅助设计系统（IOCAD），就有可能实现计算机化的自动化设计，在设计过程中，除了设计者的创造性劳动外，其他工作都由计算机完成。

## 2 智能优化辅助设计系统

以结构设计为例，在一项设计中，设计者需要完成如下工作：①结构类型、材料、布局和拓扑的选择和规划；②结构几何形状的设计；③结构截面尺寸的设计；④结构的细部设计；⑤结构材料和造价的计算；⑥设计报告的编写。把专家系统、优化方法和 CAD 技术结合起来所建立的智能优化辅助设计系统，可以较好地完成上述工作。

智能优化辅助设计系统的工作流程见图 1。

智能优化辅助设计系统具有如下特点：①关于结构的类型、材料、布局和拓扑的初始方案是由设计者给出的，在结构设计中，这是设计者最能发挥其创造能力的地方，同时，这一部分工作需要广泛吸取已有的工作经验，因此，由专家系统提供辅助是有利的；②对于大型复杂结构，其几何形状和截面尺寸的设计，不但工作量极大，而且人工设计很难求出较满意的结果，在这里，优化方法正好可以发挥作用；③由于实际工程的复杂性，用优化方法求出的最优设计方案可能需要进行一些修改，对设计方案的评价、修改和最终选择，是在专家系统的辅助下，由设计者进行，

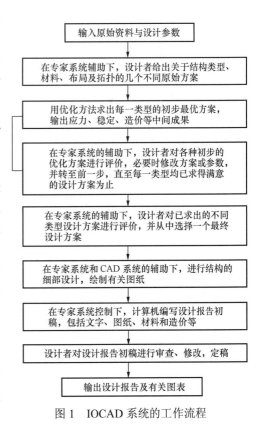

图 1 IOCAD 系统的工作流程

因此，设计者拥有主要的决策能力；④结构细部设计主要是大量的绘图工作，但也需要考虑已有的工程经验，所以这一部分工作是在专家系统的控制下，由 CAD 系统完成的；⑤系统中保留必要的人机对话功能，是为了设计者可以控制设计过程的进展，拥有主要的决策能力，以利于发挥人的创造性优势，但如人机对话太多，则要耗费大量时间，降低系统的效率，而且不利于设计人员熟悉和掌握本系统，所以在 IOCAD 系统中，人机对话的频率减少到了最低程度；⑥常规工程结构的设计报告是定型的，尽管具体内容随工程而异，但报告的格局基本相似，所以在专家系统的控制下，可以由计算机编写设计报告初稿，最后由设计者进行审定、修改，与人工编写设计报告相比，审查和修改的工作量毕竟要小得多，一般只限于一些文字上的修改，所以工作效率可以大大提高。

智能优化辅助设计系统结构见图 2。

在本文作者主持下，水利水电科学研究院和能源部中南勘测设计院等单位合作，正在研制一个拱坝体型设计的智能优化辅助设计系统，它把拱坝专家系统、拱坝优化和拱坝 CAD 三者熔为一炉，充分发挥各自的优势。在广泛总结国内外拱坝经验的基础上，建立拱坝知识库与数据库。该系统既包含了拱坝设计经验与资料，又包含了拱坝应力和稳定分析系统和拱坝优化系统；既具有图形显示及计算机图形功能，又具有专家系统推理功能；既具有拱坝优化功能，又具有人机对话功能。在输入设计资料后，该系统可以选择拱坝坝型和拱坝设计体形，可自动输出设计图纸、数据和设计报告，它将把我国拱坝设计提高到一个新的水平。

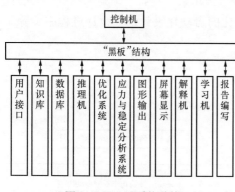

图 2    IOCAD 系统结构

把专家系统、优化方法和 CAD 技术结合起来，建立智能优化辅助设计系统，可以充分发挥专家系统、优化方法和 CAD 的优势，在关键部位保留了人机对话功能，设计者可充分发挥自己的创造才能，控制设计过程的进展。这是一个高效率的系统。在设计工作中，除设计者的创造性劳动外，其他工作都由计算机高速完成。

### 参 考 文 献

[1] 朱伯芳. 土木工程计算机应用的现状与展望. 计算技术与计算机应用，1992，（1）.

[2] 朱伯芳. 计算机辅助编写科技报告. 计算技术与计算机应用，1992，（2）.

# 国外混凝土坝分缝分块及温度
# 控制的情况与趋势[1]

**摘　要**：混凝土坝体积巨大，施工中必须用铅直和水平接缝将坝体分块分层并进行温度控制以防止裂缝。本文系统地总结了国外混凝土坝分缝分块和温度控制的经验与教训，以供我国混凝土坝设计和施工参考。

**关键词**：混凝土坝；分缝分块；温度控制

# Circumstance and Trend of Division of Concrete Dam into Blocks and Layers and Temperature Control

**Abstract:** The volume of concrete dam is extremely big, it must be divided in blocks and layers by horizontal and vertical joints. In order to avoid cracking, its temperature must be controlled. The circumstance and experiences of division of concrete dam by joints and temperature control are described in this paper.

**Key words:** arch dam, division by joints into blocks and layers，temperature control

数十年来，防止混凝土坝裂缝一直是筑坝技术中的一个重大问题。裂缝的原因是多方面的，包括温差、干缩、基础不均匀沉陷、模板走样、结构形式、施工程序、施工质量、混凝土凝结过程中的沉陷以及骨料碱性反应等。但常见的大多是温度干缩裂缝。

温度干缩裂缝的出现，主要决定于以下几方面的因素：

（1）温差和干缩的大小、分布梯度及变化速度；

（2）分缝分块型式、结构形状及约束条件；

（3）混凝土抗裂性能及不均匀性；

（4）施工方式、养护及保温条件。

最危险的是平行于坝轴的垂直贯穿性裂缝，它可能破坏坝的整体性，威胁坝的安全。上游面顺水流方向的深层裂缝可能引起渗水和溶蚀，也是十分有害的。至于表面裂缝，由于深度很浅，危害性一般比较小。但在一定的约束条件下，如在基础或老混凝土约束范围以内，初期的表面裂缝在后期的降温过程中可能发展为贯穿裂缝，因此对于防止表面裂缝，也应该给以足够的重视。

---

❶　原载《水利水电技术》1962 年 3 期。

防止裂缝的措施也是多方面的，如控制温度湿度，合理地分缝分块，改进结构形式，改善混凝土性能，以及合理地安排施工程序等。本文仅介绍国外有关坝的分缝分块和温度控制方面的情况和趋势，供有关同志参考。

# 一、坝的分缝分块

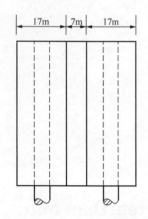

图 1　Orlik 坝的分段示意图

用纵横接缝合理地将坝体划分成一系列的区段，是防止混凝土裂缝的重要措施之一。在建造大型混凝土坝的初期，即约在 1930 年以前，横缝的间距一般为 25～40m 或更大一些。但后来经验证明，分缝间距过大，坝内往往出现大量裂缝，有的甚至在一年或两年以后还有裂缝出现。因此，在 1930 年以后，才将横缝的间距减小到 15～18m 左右。一直到目前，情况基本仍然是这样。横缝间距一般为 15～18m，在电厂坝段为 18～25m。有的工程在两机组之间设置两个坝段，一大一小，钢管通过大的坝段。如捷克的 Orlik 坝的分段即是如此，如图 1 所示。

全苏水工研究所建议按照年气温变化引起的拉应力不超过允许应力来选择横缝问题，即

$$k_p\sigma \leqslant \frac{E\varepsilon}{K}$$

式中：温度应力 $\sigma$ 由图 2 决定；松弛系数 $k_p \cong 0.65$；$\varepsilon$ 为混凝土的极限拉伸，由材料试验决定；$K$ 为安全系数，可取 1.2。

有的工程除了主要的横缝外，在暴露的混凝土表面还设置凹槽。实践证明，当横缝的间距大于 20m 时，在凹槽的延续部分可能产生深的裂缝。

关于横缝的灌浆问题，拱坝和重力拱坝一般均要在混凝土冷却到稳定温度以后进行灌浆。法国则广泛地采用了重复灌浆设备。美国大多数重力坝的横缝也进行灌浆，但有的只在近基础部分才进行灌浆。

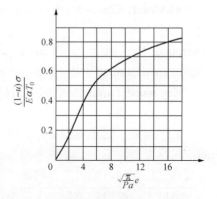

图 2　横缝间距与温度应力的关系

纵缝是平行于坝轴方向的接缝，由于它影响到坝的整体性和分期施工，因而一般都给以更多的注意。纵缝一般有错缝、直缝（柱状块）和通仓（无纵缝）等三种主要形式。

采用错缝的坝，在降温过程中容易沿着缝的顶端被拉开。例如苏联近年建造的古马基坝（见图 3），完工后从廊道钻孔摄影检查，即发现错缝被拉开，缝宽达 1.5～2.0mm。廊道内还发现块体之间有水平滑动。瑞士的英登希拉根坝也是采用错缝的，完工后在坝的中央部分发现宽度 2/3mm 的裂缝。

直缝（柱状）是比较广泛采用的形式，在 20 世纪 30 年代其间距一般为 15m 左右，以鲍尔德、大古里等坝为典型。第二次世界大战以后，由于温度控制及混凝土施工方法的进步，直缝间距有加大到 25～30m 的趋势，如方坦那（25.3m）、小河内（30m），巴克拉（30m）

等坝即是。

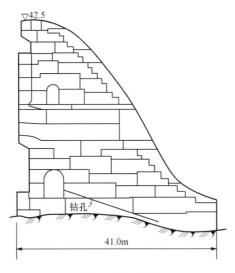

图 3　古马基坝

直缝应设置水平键槽以传递剪力。一般多要求在冷却到坝体稳定温度以后进行灌浆，以保证坝的整体性。有些坝是按年平均气温灌浆的。日本有的坝没有进行纵缝灌浆，观测资料说明投入运转的初期坝内铅直应力 $\sigma_y$ 没有不连续现象，但当坝体充分冷却以后，应力是否会恶化，尚待进一步的观测。世界各国混凝土坝分缝分块及接缝情况见表 1。

在第二次大战前，有的坝如诺里斯、海瓦西等，采用了无纵缝通仓浇筑。但当时由于温度控制措施尚不够有效，曾出现过一些裂缝，其中以诺里斯坝比较突出。第二次大战以后，由于水泥用量的进一步降低和预冷骨料的实现，温度控制设备也大有改进，因而成功地建造了更多的通仓浇筑的坝，如底屈洛坝、约翰克尔坝等。

美国过去曾采用薄浇筑层作为散热措施，浇筑块的高度一般为 1.5m，有的基岩面上有数层 0.75m 薄层。

但采用预冷骨料后，薄层浇筑已失去其意义。当气温高于混凝土温度时，热量反而倒灌入混凝土中，故近年来一般加大到 2.3m。法、日等国以 1.5m 左右为多，意大利有的坝每层浇筑厚度只有 0.50m，瑞士的大狄克桑斯、莫瓦桑等坝一般采甩 3.0m。经验证明，建筑缝往往形成坝内的弱点，是渗水和溶蚀的途径。加拿大的工程师们断然反对薄层浇筑，认为必须尽可能地减少建筑缝。加拿大自 1930 年建造 Chats Falls 坝以来，一直采用通仓高块浇筑，筑块高度一般为 12～15m，最高曾达 23.2m，利用贝利式桁架立模。对于高度为 20m 左右的较低的坝，往往自基础一次浇筑到坝顶。经过检查，除了一些表面裂缝以外，没有发现危害性的裂缝。

在施工过程中，对相邻坝块的高差一般都加以适当的限制，以避免先浇块长期暴露在大气中，减少表面裂缝的机会，并防止因相邻坝块过大的温度变形之差而引起接缝键槽被挤压，影响接缝灌浆。关于高差控制的一些实例见表 2。

表1　各国混凝土坝分缝分块情况及接缝灌浆温度

| 坝名 | 国家 | 坝型 | 坝高（m） | 混凝土量（万 m³） | 建造年代 | 分缝形式 | 纵缝间距（m） | 横缝间距（m） | 筑块高度（m） | 年平均气温（℃） | 灌浆温度（℃） | 主要冷却方法 | 制冷容量（万 cal/h） | 水管总长度（km） |
|---|---|---|---|---|---|---|---|---|---|---|---|---|---|---|
| 包尔德（Boulder） | 美国 | 重力拱坝 | 221 | 250 | 1933~1936 | 柱状法 | 9.2~15.2 | 0.1~20 | 1.5 | 22℃ | 稳定温度 | 冷却水管 | 250 | 952 |
| 大古里（GrandGoulee） | 美国 | 重力坝 | 167 | 748 | 1933~1941 | 柱状法 | 15.2 | 15 | 1.5 | 7.8 | 稳定温度 | 冷却水管 | | 3240 |
| 方坦那（Fontana） | 美国 | 重力坝 | 143 | 214 | 1942~1944 | 柱状法 | 25.3 | 15.2 | 0.75~1.5 | 13.9 | 稳定温度 | 冷却水管 | 75 | |
| 海瓦西（Hiwassee） | 美国 | 重力坝 | 93 | 61.7 | 1938~1940 | 通仓 | ~ | 15.2 | 0.75~1.5 | 15 | 无纵缝 | 低温水拌和 | | |
| 诺里斯（Norris） | 美国 | 重力坝 | 81 | 91.5 | 1933~1936 | 通仓 | ~ | 17 | 0.75~1.5 | | 无纵缝 | 无专门冷却措施 | | |
| 底屈洛（Detrois） | 美国 | 重力坝 | 141 | 114.7 | 1949~1953 | 通仓 | ~ | 15 | 0.75~1.5 | 9.5 | 无纵缝 | 预冷骨料 | 210 | |
| 松原（Pine Flat） | 美国 | 重力坝 | 134 | 183 | 1947~1951 | 通仓 | ~ | 15 | 0.75~1.5 | 17 | 无纵缝 | 预冷骨料 | 198 | |
| 饿马（Hungry Hores） | 美国 | 重力拱坝 | 170 | 222 | 1952 | 柱状法 | 55（最大） | 24 | 1.5 | | 稳定温度 | 水管冷却 | | 1600 |
| 布尔绍尔斯（Bull Shoals） | 美国 | 重力坝 | 87 | 160 | 1952 | 通仓 | | 15 | | 15 | | 预冷骨料水管冷却 | | |
| 史迪瓦特维利（Stewartville） | 加拿大 | 重力坝 | 65 | 18 | 1948 | 通仓高块 | | | 一般12~15 最大17.7 | | | 无人工冷却 | | |
| 拉纳（Rayner） | 加拿大 | 重力坝 | 72 | 36 | 1950 | 通仓高块 | | | 19.5 | | | 无人工冷却 | | |
| 德约清斯（Des Joachims） | 加拿大 | 重力坝 | 58 | 36 | 1950 | 通仓高块 | | | 20.4 | | | 无人工冷却 | | |
| 奥托荷登（Otto Holden） | 加拿大 | 重力坝 | 43 | | 1952 | 通仓高块 | | | 16.1 | | | 无人工冷却 | | |
| 桑德斯（R.H.Saunders） | 加拿大 | 重力坝 | 48 | | 1958 | 通仓高块 | | | 13.1 | | | 无人工冷却 | | |
| 小河内 | 日本 | 重力坝 | 149 | 168 | 1957 | 柱状法 | 30 | 15 | 1.5 | 12.2 | 4~12 | 气冷骨料拌和加冷水管冷却 | 670冷冻吨 | |
| 上椎叶 | 日本 | 拱坝 | 110 | 39 | 1954~56 | ~ | — | 20 | 2.0 | 15.6 | 15.6 | 拌和加冰水管冷却 | 299 | |
| 羽布 | 日本 | 重力坝 | 64 | 27 | 1961 | 柱状法 | 15 | 15 | | 15.0 | 15.0 | | | |

续表

| 坝名 | 国家 | 坝型 | 坝高(m) | 混凝土量(万m³) | 建造年代 | 分缝形式 | 纵缝间距(m) | 横缝间距(m) | 筑块高度(m) | 年平均气温(℃) | 灌浆温度(℃) | 主要冷却方法 | 制冷容量(万cal/h) | 水管总长度(km) |
|---|---|---|---|---|---|---|---|---|---|---|---|---|---|---|
| 丸山 | 日本 | 重力坝 | 88 | 50 | 1951~1954 | 斜缝 | 28 | 14 | 1.5 | 13.9 | 未灌浆 | 气冷骨料冷水拌和 | 102 | |
| 须田贝 | 日本 | 重力坝 | 88 | 21 | 1953~1955 | 状注法 | 25 | 15 | 1.5 | | 未灌浆 | 无人工冷却冬季停工 | | |
| 巴克拉 | 印度 | 重力坝 | 226 | 360 | 1955 | 状注法 | 30 | 15.2~18.3 | 1.83 | 22.7 | 稳定温度 | 预冷骨料冷水拌和和水管冷却 | 403 | 1590 |
| 瑞罕（Rihand） | 印度 | 重力坝 | 90 | 172 | 1952~1961 | 通仓 | — | | 1.5 | 25.2 | — | 预冷骨料 | 302 | — |
| 大狄克桑斯（Grand Dixence） | 瑞士 | 重力坝 | 284 | 580 | 1951~1967 | 状注法 | 12~40 | 15.5 | 3.0 | | 年平均温度 | 水管冷却冬季停工 | | |
| 热尼西亚（Genissiat） | 法国 | 重力坝 | 105 | 67 | 1942~1948 | 状注法 | 15 | | 2.0 | | | 无人工冷却 | | |
| 波赫（Bort） | 法国 | 重力拱坝 | 120 | 70 | 1949~1952 | 状注法 | | 15~18 | 1.5 | | 20℃重复灌浆 | 水管冷却 | | |
| 夏斯坦（Chastang） | 法国 | 重力拱坝 | 85 | 29 | 1948~1951 | 状注法 | | 15 | 1.5 | | 重复灌浆实际灌一次 | 无人工冷却 | | |
| 底矗（Tigne） | 法国 | 拱坝 | 160 | 63 | 1950~1952 | 状注法 | 22 | 12.8~18.5 | 1.5 | | | 无人工冷却冬季停工 | | |
| 布拉茨克（Bpatck） | 苏联 | 宽缝重力坝 | 126 | | 1957~1961 | 错缝 | 13.8 | 22 | 1.5~2.0 | -2.7 | 原为+2℃后改为10℃ | 水管冷却 | | |
| 古马基一级（Tymati-Ⅰ） | 苏联 | 重力坝 | 55 | | | 错缝 | | 17.5~27.0 | 3.0 | 14.4 | | 无人工冷却 | | |
| 马麻康（Mamakanck） | 苏联 | 宽缝重力坝 | 55 | | | 状注法 | 15 | 12 | 4.0 | -4.8 | | 无人工冷却 | | |
| 布赫塔明（Byxtapmhhck） | 苏联 | 宽缝重力坝 | 90 | | | 错缝试用通仓 | | 13,15,18,20 | 71.25 | 3.0 | | 无人工冷却 | | |

表2 相邻坝块的允许高差

| 单　位 | 允　许　高　差 |
|---|---|
| 美国垦务局 | 浇筑层厚 1.5m 时，高差≤7.5m<br>浇筑层厚 2.3m 时，高差≤9.2m |
| 美国军部工程师团 | 不超过浇筑层厚度的 3 倍，即 4.6～6.9m |
| 诺里斯坝（美国） | 未严格限制，可能条件下不超过 3 层，即 4.6m |
| 海瓦西坝（美国） | 未严格限制，早期高差很大，后期在 4.6～6.1m |
| 开普德朗坝（法国）（拱坝） | 允许高差 10m |
| 上推叶拱坝（时） | 实际高差 14m |
| 巴克拉坝（印度） | 顺水流方向允许高差 5.5m<br>顺坝轴方向允许高差 11.0m |
| 瑞罕坝（印度） | 允许 6.1m |
| 底屈洛坝（美国） | 允许 7.6m，实际最大 12.2m，但有保温层 |

# 二、允许温差及温度控制方法

允许温差及其控制方法与坝的规模、施工方法、气候条件等因素有关，并在一定程度上受到传统经验的影响。因此不同的国家、甚至同一国内的不同单位，都有着不同的特色。兹就一些主要国家的情况分述如下。

（一）苏联

苏联近年在西伯利亚地区修建了一系列的高坝，由于气候严寒，在温度控制方面碰到了以下的新问题：①冬季气候长期有负温，最低可达-40～-50℃，而为了防止早期受冻，混凝土浇筑温度必须在+5℃上，因此形成了非常大的内外温差，在防止裂缝方面造成很大的困难；②年平均气温往往低至-2～-3℃，坝体稳定温度接近于零度，因而对混凝土最高温度的限制更为严格；③灌浆温度要求很低，不易做到。这些情况与我国东北地区有类似之处。

布拉茨克坝采用柱状施工，浇筑块面积为 $13.8×16m^2$ 及 $13.8×22m^2$ 两种，每层厚 3.0m。年平均气温-2.7℃。混凝土浇筑温度要求不低于+5℃，水泥用量为 $200～270kg/m^3$。冬季施工采用绝热模板（$β$=1.50，二层 2.7～3.0cm 木板，中间填 5cm 刨花），并进行了电热。部分地区采用了预制混凝土模板。实测内部混凝土最高温度冬季为 31.5～38.0℃，夏季为 40～45℃。超出稳定温度 40℃以上。混凝土内部与表面实测温差为 24.4～33.0℃。混凝土内温与最低日平均气温之差达 46.2～76.5℃。经过检查发现在 12 万 $m^3$ 混凝土中有 7 万 $m^3$ 出现了裂缝。裂缝大多是在冬天产生的，当时混凝土内部温度很高而气温很低。也有的发生在夏天浇筑经过长期暴露的混凝土上。在与基岩接触部分，下述因素也促成了裂缝的出现：混凝土浇筑温度高（15～25℃）；水泥水化热高；因骨料性能不好而增加了水泥用量；浇筑块保温不好；混凝土抗拉强度太低（90d 抗压强度 $298kg/cm^2$，而 180d 抗拉强度只有 $18kg/m^2$）。布拉茨克水电站于 1959 年秋季曾进行过长浇筑块的试验，筑块尺寸为 $55×15×1.5m^3$，采用干硬性混凝土，300 号矽酸土水泥，$160～170kg/m^3$，间歇时间不少于 6d，经过 3 个月的观测，内部最高温度在 22℃以内，内部与表面温差不超过 24℃（未拆模）。由于混凝土是在气温最有利的 10 月份浇筑的，当时室外气温接近 0℃，尚未到最冷季节，因此混凝土的温度状态比严冬浇筑的混凝土要好些，经检查80%表面未裂缝。

布赫塔明坝施工中，浇筑混凝土时采用了活动帐篷创造人工气候，几乎全部注块在整个冬季都保留了保温模板，所有空腔都用绝热材料封闭了，并采用了较干硬的混凝土，水泥用量 180～230kg/m³，混凝土裂缝比较少些。

马麻康坝（宽缝重力式）的经验说明采用普通模板保温的浇筑块在严寒时，仍然冻得很深。该坝裂缝较多，在头部及坝体均有裂缝，不少大头被贯穿裂缝分成两块。裂缝的主要原因是设计上对大头的应力集中考虑不够，冬季对混凝土的保温不够，水泥用量较高，以及骨料粒径不够大，而且没有可靠的筛分。

布拉茨克坝，原计划一期冷却用+15℃冷水，二期冷却用-5℃盐水，坝体降温至+2℃进行接缝灌浆。施工过程中发现上述要求难以实现，以在水压力及温度应力的共同作用下纵缝上不产生拉应力为原则，将灌浆温度提高到+10℃，并在近基础10m范围内准备进行二次灌浆。

苏联对混凝土坝防止裂缝问题十分重视，于1960年8月和1961年3月分别召开了关于防止裂缝的现场会和科学讨论会。在科学讨论会上通过了一个防止裂缝的基本建议。对允许温差、灌浆温度及水泥用量等，作了一系列的规定。这方面已由"水利水电技术"在本期另文专门介绍，这里不多作论述。

（二）美国

美国有三个比较著名的修建坝的单位，即垦务局、军部工程师团和田纳西流域工程局（即TVA）。他们所采用的允许温差及控制方法如下：

1. 垦务局

垦务局在30年代以前修建的奥瓦希（Owyhee）等坝，曾经产生过较多的裂缝。当建造包尔德坝时，进行了大量的研究工作，采用了中热和低热水泥，并就水管冷却、宽缝低温空气冷却、装配式预制块及预冷骨料等方法进行了比较研究，选定了柱状分块水管冷却的控制方式。继包尔德坝之后，采用这种方式建造的大古里（高167m）、夏斯太（高180m）、饿马（高170m）等一系列高坝。柱状分块的基本出发点是用规则的、有键槽的人工接缝，去代替杂乱无章的天然裂缝；依靠冷却水管强迫降温到稳定温度以后进行接缝灌浆，以恢复坝的整体性。

垦务局的工程师们认为允许温差与浇筑块的尺寸大小有关。浇筑块越长，温度应力越大，遇到基础起伏和应力集中以及出现冷缝的机会也越多，暴露时间也可能要长些。因此浇筑块越大，温度控制的要求应越严格。从这个观点出发，他们提出了如表3所列的数据作为决定基础允许温差的参考。

表3　　　　　　　　　　　　　　　美国垦务局允许基础温差

| 长度 L（m） ＼ 高度 h 温差 | 0～0.2L | 0.2～0.5L | ＞0.5L |
|---|---|---|---|
| 55～73 | 16.7℃ | 19.5℃ | 22.2℃ |
| 37～55 | 19.5 | 22.2 | 25.0 |
| 27～37 | 22.2 | 25.0 | 不限制 |
| 18～27 | 25.0 | 不限制 | 不限制 |
| ＜18 | 27.8 | 不限制 | 不限制 |

当浇筑块长度 $L>73\text{m}$ 时采用纵缝，最大间距一般不超过 55m。

为了控制温度，一般采用中热水泥（Ⅱ型），个别情况如长浇筑块的底部采用低热水泥（Ⅳ型）。一边浇筑混凝土，一边在水管内通水进行一期冷却，时间一般不超过 14d。在早春及晚秋时节，薄构件中冷却 4～5d 后即停止。为了避免降温太快引起裂缝，一期冷却中控制降温速度不超过 0.55℃/d。据他们的经验，二期冷却很少引起裂缝，实际经历过的温差为 11～33℃。以盐水作冷却剂，混凝土温度曾降低至 1.7℃。在饿马坝，用 0～1.1℃ 河水冷却，使坝体降至灌浆温度 3.3℃。

当基础由于破碎带开挖而出现不规则形状时，先回填混凝土强迫冷却以后再浇筑上层混凝土。在岩石坡度突变处也以同样方法处理。

为了防止过陡的表面温度梯度，往往延长拆模时间，或采用保温模板。对长期暴露的混凝土顶面用砂或锯末保温。坝内廊道及孔口尽量布置在低应力区或裂缝影响不大的区域。周围根据应力及温度变化布置钢筋，进口设置门户予以封闭，防止外面空气内流引起干缩及温度骤降。

采用上述允许温差及控制方法可以做到坝内不裂缝或基本不裂缝。1955～1957 年修建的蒙蒂塞洛（Monticello）拱坝就是其例。该坝高 93m，长 306m，浇筑最大尺寸为 24.3m×16.7m，允许基础温差 25℃，采用水管冷却。在坝的上、下游面及廊道内均没有裂缝，只在坝顶路面混凝土板上有三条小裂缝；廊道及下游坝面均无渗水及湿斑。

目前正在修建中的格仑峡（Glen Ganyon）坝，高 216m，长 457m，最大浇筑块的尺寸达 64m×21.3m。降温措施除了冷却水管外，还采用了预冷措施，使混凝土浇筑温度不超过 10℃，最高温度与稳定温度之差不超过 19.5℃。

2. 军部工程师团

军部工程师团在 1940 年以前只建造过一些较小的坝，高度一般不到 70m，采用中热水泥，浇筑层厚 1.5m，间歇 3～5d 以上，内部混凝土水泥用量为 195kg/m³ 左右。这些坝都产生过一些裂缝。在二次世界大战以后，该团开始修建一系列的高坝，积累了一套特殊的控制混凝土温度的方法，主要是：

（1）坝内不设纵缝，进行通仓长块浇筑。筑块厚度 1.5～2.3m，限制最大允许间歇时间为 12～15d，相邻块高差在可能条件下不超过三层（4.6～6.9m）。

（2）对骨料进行预冷，以降低混凝土浇筑温度。在初期因预冷技术不够成熟，混凝土浇筑温度为 17～18℃（约翰·克尔坝），从这以后均控制在 10℃ 以内。

（3）采用中热水泥，掺用混合材，并依靠掺加气剂，改善细骨料级配及使用大功率振动器等措施，使水泥用量降低了 25%。内部混凝土水泥用量降为 140kg/m³。

（4）冬季混凝土表面暴露时间较长时（一般 15d 或更长），用 2.5cm 塑料板或硬纸板加以保护，防止表面裂缝。

据称依靠这一套控制方法，基本上消灭了裂缝，或只有一些很小的裂缝。

根据战后筑坝技术的发展，该团在 1953 年新制订的施工规范中，将温度控制方法分为基本控制、A 级控制和 B 级控制。

所谓基本控制，包括：（a）使用中热水泥；（b）满足工程要求的最低水泥用量；（c）筑块厚度 1.5m；（d）温度骤降超过 14℃ 时，对混凝土表面进行保护。15m 以下的重力坝要求满足基本控制。

A 级控制，除基本控制外，还包括：（a）热天禁止白天浇筑混凝土；（b）基岩面上或 15d

以上老混凝土面上要求浇筑四层 0.75m 薄层，间歇时间不少于 3d，1.5m 浇筑层间歇时间不少于 5d；（c）相邻坝块高差不大于 4.6m；（d）在每年 9 月至次年 4 月，当浇筑块顶面及侧面暴露时间超过 30d 时，必须进行保护，以防止急剧的极端的温度变化。15～46m 的重力坝需要采用 A 级控制的一部分或全部。

B 级控制，除基本及 A 级控制外，还包括：（a）限制浇筑温度一般为 10℃；（b）热天考虑使用低热水泥；（c）局部使用冷却水管降低水化温升。46m 以上的重力坝需要采用上述措施之一部或全部。在限制了浇筑温度以后，有些前述规定即可改变，例如允许白天浇筑混凝土。薄层浇筑及规定最少间歇时间在热天反而不利，混凝土不是向大气散热，反而吸热，在这种情况下不浇筑薄层，并限制最长间歇时间。冬季的人工保温效果如图 4 所示。

**3. 田纳西河流域工程局（TVA）**

TVA 于 1933 年建造其第一个坝——诺里斯坝（Norris），进行了通仓浇筑，浇筑块最大面积达到 17.1m×61m，层厚 1.5m，间歇 3d。使用中热水泥，内部混凝土水泥用量为 201kg/m³，上游面为 245kg/m³，下游面为 268kg/m³。冬季混凝土表面用油毛毡防冻。虽然进行了通仓浇筑，但并没有采取更严格

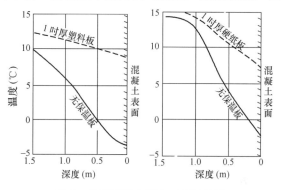

图 4　冬季混凝土面人工保温效果

的温度控制措施，以致产生了较多的裂缝，一半以上浇筑块在中部有垂直裂缝并在水平工作缝上拉开（内部温降为 25～33℃）。

自诺里斯坝以后，TVA 在混凝土温度控制方面提出了较为严格的要求。根据拉应力不超过 14～21kg/cm²，要求有效温差不超过 11～17℃，即

$$RT=R\left(T_p+T_r-T_f\right)\leqslant 11\sim 17℃$$

式中　$T_p$——浇筑温度；

$\qquad T_r$——水化热温升；

$\qquad T_f$——稳定温度；

$\qquad R$——基础约束系数，随着离开基础的高度而变：

| 高度 | 0 | 0.15L | 0.50L |
|---|---|---|---|
| R | 1.00 | 0.50 | 0 |

L 为浇筑块的长度。

为了满足上述要求，采取了一系列措施：使用中热水泥和混合材料；降低水泥用量；限制浇筑厚度及间歇时间；进行水管冷却，降低混凝土浇筑温度，并保护新浇混凝土表面不受温度冲击。

采用上述措施后修建的几个坝裂缝很少。如最高的方坦那坝（Fontana，高 143m），设置三条纵缝，浇筑块长度 31.4m，基础部分的混凝土是在热天浇筑的，采取了减薄层厚、加密水管等措施，实际产生的基础部分最大内部温降为 25℃。这个坝在施工过程中和完工后，很少发生裂缝。坝内埋设了大量应变计，其读数无不连续现象，说明这些地方无裂缝。这个坝温度分布如图 5 所示。

美国 1930 年以后的一些混凝土坝的温度控制情况见表 4。

**表4**　美国近30年来混凝土坝温度控制情况

| 坝名 | 年代 | 建造单位 | 分缝形式 | 筑块长度(m) | 允许温差 | | 实际温差 | | | 裂缝情况 | | 浇筑层厚度(m) | 允许间歇时间天 | | 表面保温 | 水泥用量 | | 混合材 | 主要冷却方式 |
|---|---|---|---|---|---|---|---|---|---|---|---|---|---|---|---|---|---|---|---|
| | | | | | 基础温差 | 浇筑温度 | 基础温差 | 坝体降温 | 浇筑温度 | 表面裂缝 | 结构裂缝 | | 最少 | 最多 | | 内部 | 外部 | | |
| 包尔德(Boulder) | 1933~1935 | 垦务局 | 柱状 | 15~20 | | | 27.2℃ | | | 廊道内有裂缝 | | 1.5 | | | | | | | 水管冷却 |
| 诺里斯(Norris) | 1934~1936 | TVA | 通仓 | 63.4 | | | 30.6℃ | 33.3℃ | | 较多 | 有 | 1.5 | | | | 201 中热 | 245~268 | — | — |
| 海瓦西(Hiwassee) | 1938~1940 | TVA | 通仓 | 58.0 | | | 16.7℃ | 30.6℃ | | 较少 | 较少 | 0.75~1.5 | | | | 178 低热 | 250 | | 拌和加水 |
| 方坦那(Fantana) | 1943~1944 | TVA | 柱状 | 31.4 | 有效温差11℃ | | 25℃ | 33℃ | 27.2℃ | 很少 | 无 | 0.75~1.5 | ~3 | | | 178 中热 | 279 | | 水管冷却 |
| 约翰·克尔(John Kerr) | 1948~1949 | 军部 | 通仓 | | 16.7℃ | | 有效温差11℃ | | 15.6℃ | 无 | 无 | 0.75~1.5 | 5 | | — | 189 中热 | | 25%天然水泥 | 预冷骨料 |
| 布尼(Boone) | 1950~1952 | TVA | 通仓 | 45.7 | 有效温差11℃ | | 9.5℃ | 21.7℃ | 13.3℃ | 极少（只5条细表面缝） | 无 | 0.75~1.5 | 3 | | — | 154~178 中热 | 256 | | — |
| 底屈洛(Detroit) | 1950~1953 | 军部 | 通仓 | 10 | 10.0℃ | | 19.5℃ | | | 很少 | 无 | 1.3 | 5 | | — | 180 中、低热 | | — | 预冷骨料 |
| 松原(Pine Flat) | 1950~1954 | 军部 | 通仓 | | 10.0℃ | | | | 11.1℃ | 在经过一个异常寒冷时期后（未保温）发生了一些表面发丝缝 | 无 | 1.5 | 5 | | — | 110~125 中 | | — | 预冷骨料 |

续表

| 坝名 | 年代 | 建造单位 | 分缝形式 | 筑块长度（m） | 允许温差 | | 实际温差 | | | 裂缝情况 | | 浇筑层厚度（m） | 允许间歇时间 天 | | 表面保温 | 水泥用量 | | 混合材 | 主要冷却方式 |
|---|---|---|---|---|---|---|---|---|---|---|---|---|---|---|---|---|---|---|---|
| | | | | | 基础温差 | 浇筑温度 | 基础温差 | 坝体降温 | 浇筑温度 | 表面裂缝 | 结构裂缝 | | 最少 | 最多 | | 内部 | 外部 | | |
| 大约瑟夫（Chief Joseph） | 1951 | 军部 | 通仓 | | | 10.0℃ | | | 13.3℃ | 较多，27个坝段中有20坝段有水平及垂直裂缝 | 无危害性结构裂缝 | 1.5 | 3 | — | 1时塑料 2时砂 | 125中 | | — | 预冷骨料 |
| 饿马（Hungry Horse） | 1949～1952 | 垦务局 | 柱状 | 56.6 | | | 26.1℃ | | 18.3℃ | 小的表面裂缝较多发生在上下游面、廊道、坝顶及长期暴露的筑块顶面 | 只有一条结构裂缝发生在经过一个冬天暴露的基础筑块的顶面上，离基础6.1m | 2.3 | | | | | | | 水管冷却 |
| 平顶岩（Table Rock） | 1955～1957 | 军部 | 通仓 | | | 10.0℃ | 18.3℃ | | 10℃ | | | 1.5 | ～ | 12 | 1时塑料 2时砂 | 125～139中 | | 25%天然水泥 | 预冷骨料 |
| 蒙蒂塞洛（Monticello） | 1955～1957 | 垦务局 | | 24.4 | 25℃ | 18.3℃ | | | | 极少（只在坝顶路面板上有三条小裂缝） | 无 | | | | | | | | 水管冷却 |
| 格仑峡（Glen Canyon） | 1961～ | 垦务局 | | 64.0 | 19.5℃ | 10.0℃ | | | | 施工中 | | | | | | | | | 水管及预冷 |

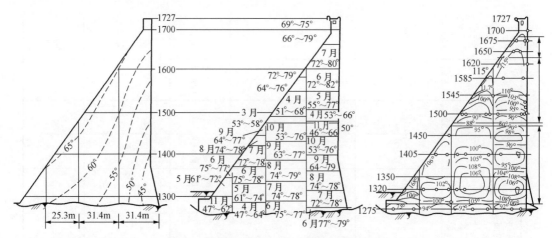

图 5　方坦那坝温度分布（温度以华氏计）

根据上述美国近 30 年来在控制温度防止裂缝方面的经验可概括为以下几点：

1）垦务局主要发展了柱状分块水管冷却的方法，军部工程师团主要发展了通仓浇筑预冷骨料的方法，他们采取方法虽然不同，但都达到了防止裂缝，保证结构整体性的目的。通仓浇筑时要求混凝土浇筑温度不超过 10℃，允许基础有效温差为 11～17℃。柱状分块时允许基础温差为 17～28℃，随浇筑块长度而变。近年有的工程兼用了水管冷却和预冷骨料两种方法。

2）一般采用中热水泥（水化热 7 天 70cal/g，28 天 80cal/g），并掺混合材料。依靠掺加气剂，改善砂子级配及使用大型振捣器等措施，水泥用量比战前降低了 25%。目前内部混凝土水泥用量为 125～140kg/m³。

3）强调表面保温。当冬季混凝土表面暴露时间超过 12～15d，或表面温度骤降超过 14℃时，即采取保温措施。一般用一吋厚塑料或硬纸板，或二吋厚砂子。

4）浇筑块厚度一般为 1.5m，基础或者老混凝土面上为 0.75m，过去限制间歇时间最少 3～5d。近年来总结了表面裂缝的经验，限制最长间歇时间不超过 12～15d。在进行预冷的工程中，浇筑块厚度加大到 2.3m。

（三）加拿大

加拿大 1930 年在恰特福尔斯坝的施工中，第一次采用高块浇筑方法，每个坝段均自基础一次浇筑到坝顶（坝高 18.4m）。他们认为高块浇筑可以使水平暴露面积大为减少，因而减少了裂缝的机会。该坝完成后没有发现任何内部裂缝的迹象，运行情况良好。因此继续采用高块浇筑方法修建了一系列的混凝土坝。

在 30 年来加拿大修建的混凝土坝，由于模板拉条比较密集，不便于使用吊罐，一般均采用溜管或泻槽输送混凝土入仓。混凝土最大骨料粒径一般为 51～76mm，坍落度 10cm，每立方米混凝土水泥用量外部为 273～310kg，内部为 196～227kg。混凝土抗压强度分别为 210 和 140kg/cm²。没有采取特殊的温度控制措施，不限制浇筑温度，不用冷却水管，也未用掺合料，只在夏天气温很高时采用冷水拌和混凝土。内部水化热温升一般在 33～39℃。夏季平均浇筑温度一般不超过 15.6℃，特殊情况下达到 24℃。

近年来，在高块浇筑施工方法上有进一步的发展，采用高强度钢拉条固定模板，拉条间距放大了，允许使用吊罐浇筑混凝土。在圣劳伦斯船闸施工中，使用了金属活动模板，浇筑块高度为 11.3～15.2m。

由于当地气候严寒（一、二月平均气温-17.8℃），因而对冬季施工给予了较多的注意。模板和岩基均预热到 2～4℃。采取措施使新浇混凝土在 72h 以内保持温度不低于 10℃，7 天以内不低于零度。在 7d 以后，如果一天内表面温度降落不超过 11℃才允许拆除模板。否则须等待到天气转暖以后。

为了采用高块浇筑，曾进行了大量的理论分析、试验研究和野外观测工作。计算结果说明，离开基础一定距离以后，高块浇筑和低块浇筑之内部温度应力相差很小。也说明表面拉应力主要决定于混凝土与空气之间的温差，而与混凝土最高温度和稳定温度之差关系不大。根据这些研究成果决定了表面保温的方法。

在坝内埋设了许多温度计，应变计和测缝计，以测量温度和应变，并探测裂缝。也进行过钻孔压水试验和超声波检测。图 6 为史迪瓦特维利（Stewartville）坝基础部分实测温度，最高 48℃，经过三年降低到 15℃，温差 33℃。经过探测未发现内部裂缝。

圣劳伦斯航道上有 7 个船闸，其中 2 个在美国，由军部工程师团施工；5 个在加拿大，由圣劳伦斯航道工程局施工。美国采用薄层浇筑方法，每层厚 1.5m，间歇 5d，养护 14d，骨料最大粒径 15cm，水泥用量

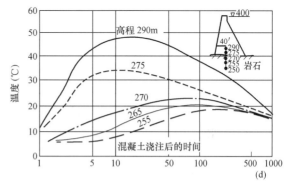

图 6　史迪瓦特维利坝实测温度

152～212kg/m³，浇筑温度不得高于 15.5℃和低于 4.5℃。在 9～4 月间如间歇时间超过 30d，混凝土顶面和侧面必须用木板、麦杆或 3cm 厚泡沫塑料板保温。而加拿大采用高块浇筑方法，每次浇筑高度 11～15m，不限制间歇时间，最大骨料粒径 76mm，水泥用量 233～310kg/m³，养护 7d，冬季施工中混凝土模板及岩石表面加热到 33℃。浇筑后 7d 如表面温度降落不超过 11℃/d，才允许拆除模板。美国和加拿大两国工程师合著的论文 [35] 中，指出这两种施工方法各有优缺点，可能要在 50 年后才能作出最后的结论。

表 5　　　　　　　加拿大 Ontario 水电公司修建的主要水电站

| 坝　名 | 投入运转年份 | 坝高（m） | 最大浇筑块高度（m） | 浇筑块休积（m³） |
|---|---|---|---|---|
| 恰特瀑布（Chats Falls） | 1931 | 18.3 | 18.3 | 840 |
| 坝高克（Ogoki Dinelsion） | 1942 | 17.1 | 15.5 | 980 |
| 巴雷印特（Barroft Chute） | 1942 | 29.6 | 23.2 | 1090 |
| 史迪华维利（Stewartville） | 1948 | 65.5 | 17.7 | 9020 |
| 阿高砂蓬（Aguasabon） | 1948 | 36.6 | 14.6 | 2900 |
| 派因波特基（Pine Portage） | 1950 | 42.7 | 15.2 | 4010 |
| 拉纳（George W·Rayaer） | 1950 | 71.6 | 19.6 | 9460 |
| 德·约清斯主坝（Des Joachims） | 1950 | 57.9 | 20.4 | 2680 |
| 德·约清斯付坝（Des Joaehims） | 1950 | 39.6 | 16.8 | 4940 |
| 钱诺（Ghenauj） | 1951 | 22.9 | 16.5 | 1270 |

续表

| 坝 名 | 投入运转年份 | 坝高（m） | 最大浇筑块高度（m） | 浇筑块休积（m³） |
|---|---|---|---|---|
| 奥托尚登（Otto Holden） | 1952 | 42.6 | 16.1 | 2970 |
| 马尼登瀑布（Maniton Falls） | 1958 | 24.4 | 10.1 | 510 |
| 白犬瀑布（White dog Falls） | 1958 | 22.9 | 10.4 | 1230 |
| 桑德斯（Robert Sannders） | 1958 | 47.5 | 13.1 | 2980 |
| 克里卜瀑布（Garibou Falls） | 1958 | 22.9 | 15.6 | 1320 |

### （四）日本

战前日本混凝土坝施工的惯例是采用 15m×15m 的柱状浇筑块，他们认为这样的小浇筑块不会有危害性的裂缝，因此在人工冷却，接缝灌浆及水泥品种用量等方面都没有给以充分的注意。战后浇筑块的尺寸加大到 15m×30m，从而在温度控制方面提出了较高的要求。

小河内坝（1948～1957 年）是近年来日本建造的最大的坝，坝高 149m。该坝在战前即已开始施工，当时采用 15m×15m 浇筑块方案，因战事停工。在 1948 年复工时，对于分块方案进行了研究，考虑到即使在灌浆以后，接缝对于坝的整体性也是不利的，从结构上看最好取消纵缝，但在施工上有一定困难，最后决定采用 15m×30m 浇筑块。当地年平均气温 12.2℃，坝体稳定温度 4～12℃。8 月平均气温 24.4℃，如不预冷骨料，虽然使用中热水泥和水管冷却，估计混凝土的最高温度仍将达到 40℃，超出稳定温度甚多，因此除采用中热水泥和冷却水管外，还对骨料进行预冷，规定浇筑温度不得超过 15℃。一般情况下每次浇筑 1.5m。在岩石或者混凝土上面，当浇筑温度超过 10℃时，浇筑 2～4 次 0.75m 层；当浇筑温度不到 10℃时，浇筑 1.5m 层。制冷厂设有 1020hp 的气压机，制冷能力 670 冷冻吨。水管间距分 0.75、1.0、1.30、1.72m 四种，根据基础约束大小及浇筑条件决定。一次冷却主要用河水，夏季以 1～3℃冷水与河水混合使用，流速 0.6m/s，流量 15L/min。实测浇筑温度为 8～14℃。当层厚 1.5m，水管水平间距 1.72m，中热水泥 180kg/m³ 时，实测初期温升在夏季为 17℃，冬季为 10℃。夏季温升比冬季高 7℃是由于水化热放出速度和表面散热效果不同。夏季混凝土最高温度约 30℃。在坝体冷却到稳定温度以后进行接缝灌浆。灌浆前的压水试验中使用 1.4～2.1kg/m² 的着色水。该坝的实测温度见图 7。

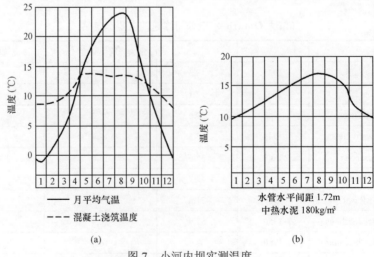

(a)            (b)

图 7　小河内坝实测温度
（a）各月混凝土浇筑温度；（b）各月混凝土初期温升

佐久闻坝也是日本战后建造的较高的坝，高度155m，水泥用量160～220kg/m³。兼用了预冷骨料和水管冷却，混凝土出机温度为 5～13℃，浇筑混凝土后用河水冷却两周，使混凝土最高温度维持在 15～35℃范围内。依靠二期冷却，使坝体上游部分降温至 6℃，中部降至11℃，下游部分降至16℃，以后，进行接缝灌浆。水管间距为 0.8～1.5m。

日本在混凝土坝的允许温差方面没有明确的规定，各电力公司依照各自的观点进行设计施工。在丸山坝和田子仓坝的设计中，根据过去的经验认为当坝块的尺寸为 15m×15m 时从未发生过裂缝，据推算温差可达到 42℃。当浇筑块尺寸超过 15m 时，温差必须与浇筑块长度成反比，因而在浇筑块长度 28m 时，温差为 22.7℃。

在上推叶坝的温度控制设计中，采用下式计算温度应力

$$\sigma = \frac{RE\alpha(T_p + T_r - T_c)}{1 + 0.4\dfrac{E}{E_0}}$$

式中：$E_0$ 为岩石的弹性模量，该坝设计中采用 $R=1.00$，$\dfrac{E}{E_0}=3$，混凝土抗拉强度为 25kg/cm²，最大温差为 26.9℃。

（五）其他国家

法国修建了不少拱坝，一般每隔 12～15m 设一横缝，浇筑层厚 1.5m，最少间歇 3d，高山区气候严寒冬季不浇筑混凝土。一般都没有特殊的冷却措施，只有波赫（Bort）坝曾采用过冷却水管。接缝上一般有重复灌浆设备，但有的坝实际上只进行了一次灌浆，如夏斯坦坝（Chastang）。在重力坝和重力拱坝施工中采用重力式预制混凝土模板。波赫坝所用预制混凝土模板长 2.15m，高 1.50m，体积 1.30m³，在不良气候条件下可保护混凝土不致裂缝。

意大利采用干硬性混凝土以减少水泥用量（火山灰水泥，内部混凝土约用 200kg/m³，外部约 280～300kg/m³）。浇筑块尺寸以摩洛坝为例，在坝的底部为 20m×57m，每层厚度 0.60～1.00m。

奥地利在混凝土坝施工中，浇筑块水平尺寸一般为 10～15m，个别情况下曾到达过 30m。每层厚度 3m，坝体上升过程中相邻两块之间留一宽缝，以通风冷却，到第二年再填混凝土。只在每年的热天浇筑混凝土，冬季停工，混凝土浇筑温度不允许超过 35℃。在高坝施工中广泛地采用钢模板，可避免拆模时表面温度骤降，有利于减少表面裂缝。

# 三、结束语

从国外工程实践中，可以看出以下几点：

（1）横缝的间距一般为 15～18m，在电厂坝段为 18～25m，有的工程在两机组之间设置两个坝段，一大一小，引水钢管通过大的坝段。大多数高坝均采用铅直纵缝柱状法，由于温度控制及施工方法的进步，直缝的间距有从 30 年代的 15m 加大到 25～30m 的趋势。

由于水泥用量的进一步降低和预冷骨料的实现，在二次大战以后出现了较多的通仓浇筑的坝，由于取消纵缝而简化了施工。在坝体降温过程中，错缝可能被拉开，高坝中一般有不采用错缝的趋势。

浇筑块的高度一般为 1.5m 左右，有的在接近基岩面时还浇筑数层 0.75m 的薄层，以利于

散热。瑞士一般为 3.0m。加拿大自 1930 年以来一直采用通仓高块浇筑，每次浇筑高度为 12～15m，最大达 23.2m，较低的坝往往自基础一次浇筑到顶。

（2）大多数坝均要求在坝体冷却到稳定温度以后进行纵缝灌浆，有的工程要求在年平均气温灌浆，法国广泛地采用了重复灌浆设备。为了避免侧面过久的暴露和防止接缝键槽被挤压，相邻坝块的高差应加以适当地控制，尽量使各坝块均匀上升。

（3）采用柱状分块水管冷却的方法和通仓浇筑预冷骨料的方法，通过不同的途径大体上都达到了防止结构裂缝保证坝体整体性的目的。近年来有的工程采用了水管冷却和预冷骨料两种方法。总的看来，目前高坝仍以柱状分块的为多，但随着各国工业水平和施工机械化水平的提高，预冷骨料通仓浇筑的坝今后可能会逐渐增多。工程规模不同，在温度控制的要求上一般也有所不同。高坝应力大，工程也较重要，在温度控制上比低坝严格一些是合理的。

（4）近十几年来由于采用混合材料和外加剂，改善砂子级配，使用大功率振捣器和低流态混凝土，水泥用量已有显著降低。美国内部混凝土水泥用量已从战前的 180～200kg/m$^3$ 降低到目前的 125～140kg/m$^3$，从而显著地降低了水化热。

水泥品种方面，一般多用中热水泥。低热水泥成本较高，而且早期强度太低，不利于冬季施工，使用不多，只有少数工程在夏季施工中采用低热水泥。

（5）施工过程中出现的裂缝绝大多数是表面裂缝，在一定约束条件下，表面裂缝可能发展为贯穿缝，因此近年来对于如何防止表面裂缝给予了更多的注意。防止表面裂缝是颇不容易的，甚至比防止内部裂缝更为麻烦。从已有的经验看来，应该加强养护和表面保温，并尽可能均匀上升，避免混凝土表面暴露时间过长，坝内廊道、管道等在低温季节应予以封闭，以防止外面冷空气内流。

（6）从苏联经验看来，在严寒地区建造混凝土高坝，在温度控制方面会遇到更大的困难。一方面是由于冬季气温极低，在混凝土中造成了很大的内外温差，易于引起裂缝；另一方面是由于年平均气温低，因而要求更低的灌浆温度，对于混凝土内部最高温度的限制也更为严格。

# 混凝土坝的温度计算❶

**摘　要：** 混凝土坝温度场的变化对坝体应力有巨大影响，坝体裂缝主要由温度变化而引起。本文首次计算了混凝土坝从开工到运行全过程温度场的变化，从文中可以看出对坝体温度场产生影响的重要因素，如当地气候条件、施工方法、水化热温升、水管冷却、预冷、浇筑层厚度及间歇时间等，从而为控制温度防止裂缝指明了方向。

**关键词：** 混凝土坝；温度控制；稳定温度场；坝址气候条件；浇筑层厚度；间歇时间；水管冷却

## Computation of Temperature Field of Concrete Dam

**Abstract:** In order to prevent cracks which appeared in almost all concrete clams, it is necessary to control the variation of temperatures. In this paper, the variations of temperature field in the whole course of construction and operation of concrete dam are computed The important factors which have great influence on the variation of temperature fields are analysed, i.e., the climatic condition of damsite, methods of construction, hydration heat of cement, pipe cooling, precooling, the thickness of lift and time of interval between lifts. The direction of temperature control to prevent cracking are given.

**Key words:** Concrete dam, temperature control, steady temperature field, climatic condition of damsite, thickness of lift and time interval between two lifts, pipe cooling.

## 1　引言

众所周知，混凝土坝内裂缝至为普遍，数十年来消灭裂缝一直是筑坝技术中的重大课题，混凝土坝内裂缝由荷重所引起者极少，绝大部分是由体积变化所引起，据实测资料在大体积混凝土内水分的变化仅限于表面 0.5m 以内，故混凝土体积变化主要是由于温度变化，消灭裂缝必须从控制温度着手。

温度变化引起的裂缝大致可以分为以下两类：①表面裂缝。混凝土凝结期间，内部温度不断上升，因此在中央形成压应力，在表面形成拉应力，如图 1（b）所示。由于初期混凝土具有较大塑性，这些应力是不大的，一般不致引起裂缝，但在建筑缝处理不善、气温骤降及养护不妥等原因的促成下，往往会导致表面裂缝，这种裂缝在任何方向均可发生，一般多在建筑缝及断面突变处。②基础限制所引起的裂缝。混凝土凝结初期，温度急剧上升，但此时

---

❶　原载《中国水利》1956 年第 11 期（8-20）及第 12 期（48-60）。

具有较大塑性，虽受基础限制，引起的压应力是很低的，而日后温度降低时，混凝土已充分硬化，体积的收缩受到基础限制，除抵消以前的压应力外，还会引起颇大的拉应力，如图 1（a）所示，以致产生裂缝，其方向与基础面正交，且往往贯穿整个断面，不限于表面。

基础限制所引起的拉应力可按下式计算

$$\sigma = \alpha E R \left(t_p + t_r - t_f\right) = \frac{\sigma_p}{k} \qquad (1)$$

式中　　$t_p$——浇筑温度；

　　　　$t_r$——水泥水化热引起的温度上升；

　　　　$t_f$——坝内最终稳定温度；

　　　　$\alpha$——混凝土膨胀系数，取 0.00001；

　　　　$E$——混凝土弹性模量，考虑到塑流的影响及初期温度上升所引起的些微压应力，可取 28d 试验成果的 50%；

　　　　$R$——基础限制系数，方泰纳坝的设计中采用下述数值 [17]：

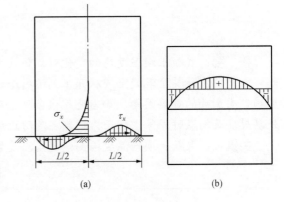

图 1　混凝土温度应力
（a）基础限制所引起的应力；（b）表面应力

| 离基础高度 | $R$ |
| --- | --- |
| 0 | 1.00 |
| 0.15$L$ | 0.50 |
| 0.50$L$ | 0 |

$L$ 为混凝土浇筑块沿基础的长度，我们计算的成果见图 1（a）；

　　　　$\sigma_p$——混凝土极限抗拉强度；

　　　　$k$——安全系数。

例如，取 $k=1$，170 级混凝土，$\sigma_p = 15.5\,\mathrm{kg/cm}^2$，$E = 260000\,\mathrm{kg/cm}^2$，取其 50% 即为 130000kg/cm² 代入式（1）得

$$R(t_p + t_r - t_f) \leqslant 12$$

在坝的设计及施工过程中必须控制温度使上式得到满足，设某坝 $t_f = 10℃$，每次浇筑高度 1.5m，间歇 5d，$t_r = 16℃$，冬季 $t_p = 5℃$，则（$t_p + t_r - t_f$）=11℃，因此即使在 $R=1.00$ 处也不致裂缝。夏季 $t_p = 20 \sim 25℃$，（$t_p + t_r - t_f$）=25～30℃，在 $R > 0.40 \sim 0.50$ 时即有裂缝危险，故必须采取有效措施降低 $t_p$ 及 $t_r$，并尽可能避免在岩石上或停歇已久（半月以上）的老混凝土上浇筑。设置纵横收缩缝可使受基础限制的高度降低，例如 $L=100$m，$R > 0.50$ 的达 15m，如每隔 15m 设一收缩缝则 $R > 0.50$ 的高度只有 2.25m。

控制温度的严格与否，应根据坝内设计应力的大小而灵活掌握，如中等高度以下的实体重力坝，内部应力一般较低，少量裂缝不致威胁坝的安全，控制温度的要求即可略低；高坝内部应力较高，则必须严格控制温度以防止裂缝。

拱坝的工作条件和重力坝大不相同，坝内应力对温度变化至为敏感，如我们所设计的一个拱坝，根据试荷重法分析温度降低一度即可在坝内引起 $1 \sim 1.5$kg/cm² 拉应力，5～10℃温度差会使全坝应力大为改观，因此建造拱坝应特别严格地控制温度，除了满足式（1）以外，还必须在进行收缩缝灌浆前，使坝内温度降低到 $t_f$，最好更低些。

新近我们所设计的响洪甸坝系大体积混凝土重力拱坝，温度控制至为重要，在开始设计时，我们曾搜集了一些参考资料，但这些资料只能解决个别问题，不能满足设计需要进行系统的计算，后来我们在热传导基本理论的基础上进行摸索，经过一段时间，已得出一套比较完整的计算公式和曲线，依靠这些可以在很短时间内完成一套较完整的计算。

今将所采用的计算方法加以扼要的全面介绍，这些计算方法，在理论上都是比较严格的，如果混凝土的热学性质试验准确，则计算成果和实际情况当可基本上吻合。

# 2 基本假定及原始资料

## 2.1 基本假定及热传导方程

基本假定：坝体是均匀的各向同性的物体，热流密度和温度梯度成正比，即

$$q = -\lambda \frac{\partial t}{\partial \tau} \tag{2}$$

式中  $q$ ——热流密度；

$\lambda$ ——传热系数；

$t$ ——温度；

$\dfrac{\partial}{\partial \tau}$ ——沿等温面向外法线的微高。

据此，得坝内热传导微分方程

$$\frac{\partial t}{\partial \tau} = \left( a \frac{\partial^2 t}{\partial x^2} + \frac{\partial^2 t}{\partial y^2} + \frac{\partial^2 t}{\partial z^2} \right) + \frac{\partial \theta}{\partial \tau} \tag{3}$$

式中：$\tau$ ——时间；

$a = \dfrac{\lambda}{c\rho}$ ——扩散系数；

$\theta$ ——水化热温升，可表示如下

$$\theta(\tau) = \theta_0(1 - e^{-\beta\tau}) \tag{4}$$

$\theta_0$ 和 $\beta$ 为由实验求得的常数。

## 2.2 混凝土的导热常数

混凝土的导热常数 $\lambda, c, \rho, a$ 等应由试验决定，试验方法可参阅文献 [6]，主要影响因素是粗骨料的岩石成分，表 1 是一些实际资料 [7] 可供参考。

表 1　　　　　　　　　　　　10℃，21℃及32℃时混凝土之热学性质

| 混凝土内粗骨料的岩石成分 | 导热系数 $\lambda$ （cal/m·h·℃） | | | 比热 $C$ （cal/kg·℃） | | | 密度（饱和） $\rho$ （kg/m³） | | | 扩散系数 $a = \dfrac{\lambda}{c\rho}$ （m²/h） | | |
|---|---|---|---|---|---|---|---|---|---|---|---|---|
| | 10℃ | 21℃ | 32℃ | 10° | 21° | 32° | 10° | 21° | 32° | 10° | 21° | 32° |
| 石英岩 | 3.16 | 3.13 | 3.10 | 0.211 | 0.217 | 0.225 | — | 2420 | — | 0.0062 | 0.0059 | 0.0057 |
| 石灰岩 | 2.81 | 2.75 | 2.70 | 0.222 | 0.224 | 0.230 | — | 2440 | — | 0.0052 | 0.0050 | 0.0048 |
| 白云岩 | 2.90 | 2.86 | 2.83 | 0.228 | 0.231 | 0.238 | — | 2500 | — | 0.0051 | 0.0050 | 0.0048 |

续表

| 混凝土内粗骨料的岩石成分 | 导热系数 $\lambda$ （cal/m·h·℃） | | | 比热 $C$ （cal/kg·℃） | | | 密度（饱和） $\rho$ （kg/m³） | | | 扩散系数 $a = \dfrac{\lambda}{c\rho}$ （m²/h） | | |
|---|---|---|---|---|---|---|---|---|---|---|---|---|
| | 10℃ | 21℃ | 32℃ | 10° | 21° | 32° | 10° | 21° | 32° | 10° | 21° | 32° |
| 花岗岩 | 2.24 | 2.21 | 2.19 | 0.216 | 0.219 | 0.226 | — | 2410 | — | 0.0043 | 0.0042 | 0.0040 |
| 粗面岩 | 1.783 | 1.790 | 1.80 | 0.220 | 0.225 | 0.233 | — | 2340 | — | 0.0034 | 0.0034 | 0.0033 |
| 玄武岩 | 1.780 | 1.785 | 1.790 | 0.225 | 0.225 | 0.251 | — | 2510 | — | 0.0032 | 0.0032 | 0.0031 |

混凝土的内部热源由水泥性质（化学成分、细度等）及水泥用量决定，水泥的水化热应由试验求得，以下是一些供参考的资料[10]。

**表2**  水泥的水化热（cal/g）

| 种类 | 表面率 （cm²/g） | $c_3s$% | 水化热（cal/g） | | |
|---|---|---|---|---|---|
| | | | 3d | 7d | 28d |
| 早强水泥 | 2030 | 56 | 102 | 108 | 114 |
| 普通水泥 | 1770 | 43 | 79 | 86 | 91 |
| 中热水泥 | 1930 | 42 | 63 | 74 | 82 |
| 低热水泥 | 1930 | 20 | 44 | 52 | 65 |

### 2.3 气温及水温资料

坝体热传导的边界条件，决定于气温及水温，因此必须取得当地的这些资料。

## 3 稳定温度场

稳定温度场不随时间而变化，在两向问题中，其微分方程为二元拉普拉斯方程

$$\Delta^2 t = \frac{\partial^2 t}{\partial x^2} + \frac{\partial^2 t}{\partial y^2} = 0 \tag{5}$$

分析稳定温度场的目的是预测初始影响消失后坝内的年平均温度，据此可以提出施工过程中对混凝土降温的要求。

式（5）和流体力学中不可压缩的无涡流方程相同，因此可以采取后面所述的几种方法予以解决[13, 14]，过去在讨论坝的稳定温度时，均假设在上下游面之间按直线变化，这在实用上误差也许还是可以容忍的，但在概念上是极模糊的，某些场合会引起较大错误。

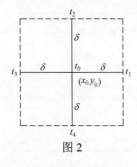

图2

### 3.1 迭代法

微分方程（5）可用定差写成差分方程，再以迭代法解之。

将坝的断面分成许多小格，假定每一小格的边长 $\delta$ 如此小，以致 $t$ 值沿 $x$ 的变化是直线关系。

即

$$\left.\frac{\partial t}{\partial x}\right|_{x_0 + \frac{\delta}{2}} = \frac{t_1 - t_0}{\delta}$$

$$\left.\frac{\partial t}{\partial x}\right|_{x_0-\frac{\delta}{2}} = \frac{t_0 - t_3}{\delta}$$

因此
$$\frac{\partial^2 t}{\partial x^2} = \frac{1}{\delta}\left[\left.\frac{\partial t}{\partial x}\right|_{x_0+\frac{\delta}{2}} - \left.\frac{\partial t}{\partial x}\right|_{x_0-\frac{\delta}{2}}\right] = \frac{1}{\delta^2}(t_1 + t_3 - 2t_0)$$

同样
$$\frac{\partial^2 t}{\partial y^2} = \frac{1}{\delta^2}(t_2 + t_4 - 2t_0)$$

故
$$\Delta^2 t = (t_1 + t_2 + t_3 + t_4 - 4t_0)/\delta^2 = 0 \tag{6}$$

由此可知
$$t_0 = (t_1 + t_2 + t_3 + t_4)/4 \tag{7}$$

上式表明，网格中点的温度等于周围 4 点温度的平均值，计算开始时，先根据边界条件给出边界上各点温度，再给出内部各点的近似温度。这些温度一般当然不会满足式（6），于是用式（7）重新计算内部各结点温度，完成一次迭代，反复迭代，直至前后两次计算结果充分接近为止，此时内部各点温度即可满足式（6）。

在边界处常不能适合正方格，当四边分别为 $\lambda_1\delta$，$\lambda_2\delta$，$\lambda_3\delta$ 及 $\lambda_4\delta$ 时，控制方程为

$$\Delta^2 t = \frac{2}{\delta^2}\left[\frac{1}{\lambda_1+\lambda_3}\left(\frac{t_1}{\lambda_1}+\frac{t_3}{\lambda_3}\right) + \frac{1}{\lambda_2+\lambda_4}\left(\frac{t_2}{\lambda_2}+\frac{t_4}{\lambda_4}\right) - t_0\left(\frac{1}{\lambda_1\lambda_3}+\frac{1}{\lambda_2\lambda_4}\right)\right] \tag{8}$$

若为拱坝，沿两个同心平面所取坝段的厚度是变化的，调整方程须酌加修改。热传导微分方程为

$$\Delta^2 t = \frac{\partial^2 t}{\partial r^2} + \frac{1}{r}\frac{\partial t}{\partial r} + \frac{\partial^2 t}{\partial y^2} = 0 \tag{9}$$

即
$$\Delta^2 t = \left[t_1 + t_2 + t_3 + t_4 - 4t_0 + \frac{1}{2n}(t_3 - t_1)\right] = t_1\left(1-\frac{1}{2n}\right) + t_2 + t_3\left(1+\frac{1}{2n}\right) + t_4 - 4t_0\right]\frac{1}{\delta^2} \tag{10}$$

如图 3 所示边界附近的不规则网格 ($\lambda_3 = \lambda_4 = 1$)

$$\Delta^2 \tau = \frac{2}{\delta^2}\left[\frac{1}{\lambda_1+1}\left(\frac{t_1}{\lambda_1}+t_3\right) + \frac{1}{\lambda_2+1}\left(\frac{t_2}{\lambda_2}+t_4\right) - t_0\left(\frac{1}{\lambda_1}+\frac{1}{\lambda_2}\right) + \frac{t_3-t_1}{2n(1+\lambda_1)}\right] \tag{11}$$

迭代法之优点，为在复杂边界的条件下，可以求得相当精确之结果，其严重缺点是太费时间。

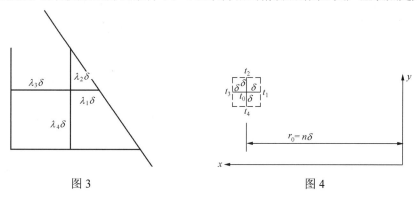

图 3                                              图 4

## 3.2 电拟法

稳定电流的电势也应满足拉普拉斯方程（5）及式（9），因此我们可以用电拟法来解决稳

定温度场，电场中的等势线即温度场中的等温线，和一般水工电拟试验的不同之处只是在上游边界上须用变化的电势代表变化的水温，可考虑用阶梯形变化的电势来代替连续变化的电势。

## 3.3 手描（流网）法

连结温度场内具有相同温度的各点可得一族等温线，和它们正交的是另一族热流线，这两族正交曲线构成一群正方形网格，因此我们可以描绘热流网，需要满足的条件是（i）网格越方越好，即越能满足拉普拉斯方程；（ii）符合边界条件，并注意下游面在尾水以下不是等温线，手描法至为简捷，唯精度稍差。

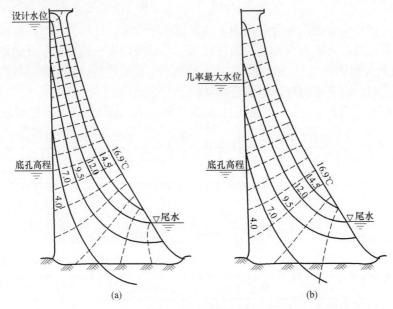

图 5　坝内稳定温度

以上各法中以手描法最为实用，因坝前水位变化无常，水温随深度而变化之规律又难以捉摸，故对内部温度之确定似不必过于精密。

[例] 根据当地温度资料，年平均气温为 15.3℃，年平均水温为 115℃坝面朝南，求稳定温度。

下游坝面受阳光照射，年平均温度比气温高 1.6℃，即 15.3＋1.6＝16.9℃。水面年平均水温为 11.5℃。在最低泄水孔以下水温约为 4℃。

坝内实际稳定温度如图 5（b）所示，上游面水位在几率最大水位上下波动，但提降温要求，应按图 5（a），否则应力分析中的温度变幅应考虑水位波动的影响，但这是很复杂的。

（如引水管通过坝体，则其附近温度将显著改变）。

# 4　不稳定温度场

不稳定温度场内的温度随时间和空间而变化，其微分方程为式（3）。

兹就在混凝土坝设计中所必须解决的几个问题分别论述如下：

## 4.1 坝体表面温度——气温为时间的谐函数

计算初始影响消失后的表面温度时，可假定坝体为无热源的半无限大体，表面温度等于气温并为时间的谐函数。

热传导方程

$$\frac{\partial t}{\partial \tau} = a\frac{\partial^2 t}{\partial x^2}$$

（12）

边界条件

$$\left.\begin{array}{l} x=0, t=T_1\sin\omega\tau \\ x\to\infty, t=0 \end{array}\right\}$$

（13）

解之，得 [2]

$$t = T_1 e^{-x\sqrt{\omega/2a}}\sin\left(\omega\tau - x\sqrt{\frac{\omega}{2a}}\right)$$

（14）

$$\omega = \frac{2\pi}{F}, P \quad \text{一周期}$$

当 $\omega\tau = \dfrac{\pi}{2}$ 时，$t_{x=0}=T_1$，这时表面温度为极大，内部温度分布为

$$t = T_1 e^{-x\sqrt{\omega/2a}}\cos\left(x\sqrt{\frac{\omega}{2a}}\right)$$

（15）

若 $a=0.10\text{m}^2/\text{d}$，周期为一年，半月，一天，计算结果见图 6。

当 $\sin\left(\omega\tau - x\sqrt{\dfrac{\omega}{2a}}\right)=1$ 时，在任意点 $x$ 处的温度达到极大值：

$$t_{max} = T_1 e^{-x\sqrt{\frac{\omega}{2a}}}$$

（16）

若 $a=0.10\text{m}^2/\text{d}$，$t_{max}/T_1=0.10$ 及 0.01 的深度见表 3。

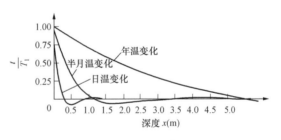

图 6  坝体表面温度分布

表 3                     周期性表面温度变化的影响深度

| 周期（d） | $t_{max}=0.10T_1$ 的深度（m） | $t_{max}=0.01T_1$ 的深度（m） |
| --- | --- | --- |
| 1 | 0.41 | 0.82 |
| 15 | 1.59 | 3.19 |
| 365 | 7.85 | 15.75 |

可见日温变化的影响，限于表面 0.4m 左右，半月温度变化的影响，限于表面 1.6m 左右。年变化影响深度约 8m。

## 4.2 坝体表面温度——坝面受阳光照射

当坝面受阳光照射时，表面温度将显著地超过气温，不能再假定表面温度等于气温，这时我们假定坝体表面接受太阳辐射能 $R_1$ 并向温度为零的介质放热。

热传导方程

$$\frac{\partial t}{\partial \tau} = a\frac{\partial^2 t}{\partial x^2}$$

边值条件

$$\left.\begin{array}{l}\tau=0,t=0\\\tau>0,x=0,\lambda\dfrac{\partial t}{\partial x}-\alpha t+R=0\\\tau>0,x\to\infty,t=0\end{array}\right\}\tag{17}$$

式中 $\alpha$——热交换系数。

解之，得 [5]

$$t=\frac{R}{\alpha}\left[1-P\left(\frac{x}{\sqrt{4a\tau}}\right)\right]-\frac{R}{\alpha}e^{(\omega\alpha x+\lambda x)/\lambda^2}\times\left[1-P\left(\frac{2a\tau\alpha+\lambda x}{\lambda\sqrt{4a\tau}}\right)\right]\tag{18}$$

式中 $P$——或然率积分（误差函数）。

上式可简化为近似式

$$t=\frac{R}{\alpha}\left(1-\sqrt{\frac{\lambda^2}{\alpha^2 a\tau}}\right)\tag{19}$$

若 $\sqrt{\alpha^2 a\tau/\lambda^2}\geqslant 3.0$，误差不大于 1%。

[例]坝的下游面朝南（见图 7），混凝土热学性质为 $a=0.0035\mathrm{m^2/h}$，$c=0.22$，$\rho=2.400\mathrm{kg/m}$，$\lambda=1.85\mathrm{cal/（m\cdot h\cdot ℃）}$。$\alpha=35\mathrm{cal/（m^2\cdot h\cdot ℃）}$。求阳光照射对下游面年平均温度的影响。

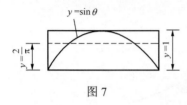

图 7

太阳辐射能在大气层外为 $1140\mathrm{cal/（m^2\cdot h）}$，经过大气层的吸收后在地面最大为 $870\mathrm{cal/（m^2\cdot h）}$，[9] 坝的纬度为 31.2°，今在计算中采用 $750\mathrm{cal/（m^2\cdot h）}$，下游坝面阳光入射角平均为 35°，混凝土面辐射能吸收率为 0.65 [9]。故

$$R=750\times\cos 35°\times 0.65=400[\mathrm{cal/（m^2\cdot h）}]$$

早晚辐射能量之平均值为

$$\overline{R}=\frac{2}{\pi}\times 400=255[\mathrm{cal/（m^2\cdot h）}]$$

$\tau=12$ 时（北半球实际上略小，但影响不大）

所以

$$t=\frac{255}{35}\left(1-\sqrt{\frac{1.85^2}{35^2\times 0.0035\times 12}}\right)=5.41(℃)$$

设全年晴天占 60%，则下游坝面年平均温度超过气温 $0.60\times\dfrac{5.41}{2}=1.62(℃)$。

## 4.3 浇筑过程中温度变化——差分法

热量散发速度与断面尺度的平方成反比，因此大体积混凝土坝在浇筑过程中，从侧面散热要比从浇筑面散热困难得多，散热问题可简化为一向热传导问题。

热传导方程

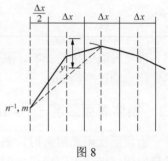

图 8

$$\frac{\partial t}{\partial \tau}=a\frac{\partial^2 t}{\partial x^2}+\frac{\partial \theta}{\partial \tau}\tag{20}$$

水工文献中研究这个问题的很多[4, 8, 11]，但不能给出施工过程中变化着的温度场，今采取比这些文献更为简化且更有效的差分法处理之。

从图 8：将浇筑块分成等厚 $\Delta x$ 薄层，则

$$\left.\frac{\Delta t}{\Delta x}\right|_{n+\frac{\Delta x}{2}} = \frac{t_{n+1,m} - t_{n,m}}{\Delta x}$$

$$\left.\frac{\Delta t}{\Delta x}\right|_{n-\frac{\Delta x}{2}} = \frac{t_{n,m} - t_{n-1,m}}{\Delta x}$$

所以

$$\frac{\partial^2 t}{\partial x^2} \approx \frac{1}{\Delta x}\left[\left(\frac{\Delta t}{\Delta C}\right)_{n+\frac{\Delta x}{2}} - \left(\frac{\Delta t}{\Delta x}\right)_{n-\frac{\Delta x}{2}}\right]$$

$$= \frac{t_{n+1,m} + t_{n-1,m} - 2t_{n,m}}{\Delta x^2} \tag{21}$$

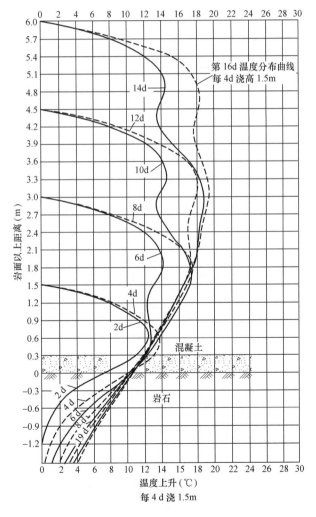

图 9

又
$$\frac{\partial t}{\partial \tau}=\frac{t_{n,m+1}-t_{n,m}}{\Delta \tau} \tag{22}$$

故微分方程（20）可写成差分方程

$$t_{n,m+1}=\frac{a\Delta \tau}{\Delta x^2}\left(t_{n+1,m}+t_{n-1,m}\right)+\left(1-\frac{2a\Delta \tau}{\Delta x^2}\right)t_{n,m}+\Delta \theta \tag{23}$$

据此式可逐步推算各点温度。

[例] 每 4d 浇筑一层，每层厚 3.0m，$a$ =0.10m$^2$/d，绝热状态下混凝土温度上升为

$$\theta=27.3(1-e^{-0.384\tau})$$

$\tau$ 以天计，求浇筑过程中之温度。

取 $\Delta x$=0.50m，$\Delta \tau$=1d

所以
$$\frac{a\Delta \tau}{\Delta x^2}=\frac{0.10\times 1.0}{0.50^2}=0.40$$

所以
$$t_{n,m}=0.40(t_{nt1,m}+t_{n-1m})+0.20t_{n,m}+\Delta \theta$$

计算成果见图 10。

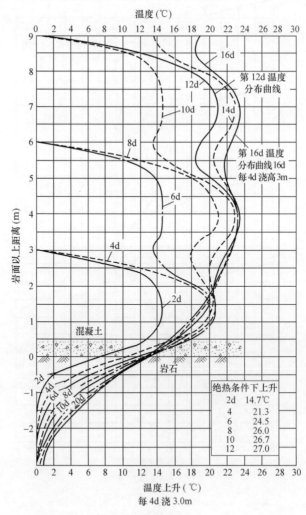

图 10

某些场合，我们可以凑合 $\dfrac{a\Delta\tau}{\Delta x^2}=\dfrac{1}{4}$，则式（23）成为

$$t_{n,m+1}=\frac{1}{2}\left[\left(\frac{t_{n+1,m}+t_{n-1,m}}{2}\right)+t_{n,m}\right]+\Delta\theta \tag{24}$$

图 8 中，连接 $t_{n+1,m}$ 和 $t_{n-1,m}$，截（$n$、$m$）于 $z$ 点，取 $z$ 和 $t_{n,m}$ 之中点 $y$，则

$$y=\frac{1}{2}\left[\left(\frac{t_{nt+1,m}+t_{n-1,m}}{2}\right)+t_{n,m}\right]$$

从 $y$ 点加上 $\Delta\theta$ 即得 $t_{n,m+1}$。

以上步骤全部可由图解法完成，故分析速度得以加快。文献［1］建议令 $\dfrac{a\Delta\tau}{\Delta x^2}=\dfrac{1}{2}$，作图更简单，但因 $t_{n,m}$ 之影响消失，据我们经验，在计算中会引起显著错误。

图解法之缺点在于有时很难凑合 $\dfrac{a\Delta\tau}{\Delta x^2}=\dfrac{1}{4}$。

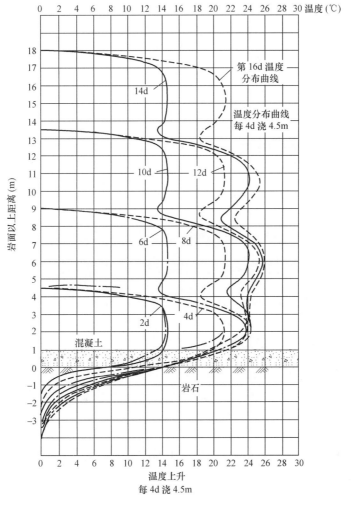

图 11

735

［例］每 4d 浇筑一层，每层厚 3.0m，$a=0.00375^2 m^2/h$，绝热状态下混凝土温度上升为

$$\theta = 27.3(1-e^{-0.016\tau})$$

$\tau$ 以小时计，求浇筑过程中之温度。

取 $\Delta x=0.60m$

$$\frac{a\Delta\tau}{\Delta x^2} = \frac{0.00375\Delta\tau}{0.60^2} = \frac{1}{4}$$

则

$$\Delta\tau = 24h$$

分析成果见图 12（为清晰起见，图中省去了奇数天的温度），对混凝土成分进行预冷场合，可同样地分析。

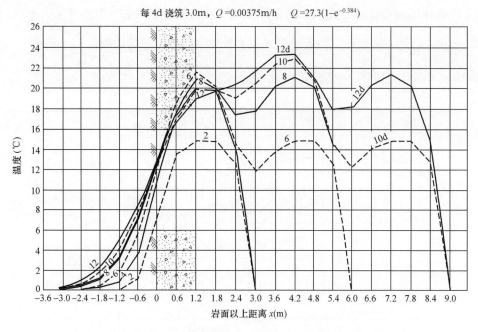

每 4d 浇筑 3.0m，$Q=0.00375m/h$　　$Q=27.3(1-e^{-0.384})$

图 12　浇筑过程中之温度——图解法

在以上分析中，假定岩石的热学性质与混凝土相同，以简化计算（并非绝对必要），岩石无热源，故在岩石与混凝土接触面之绝热上升取 $\dfrac{\Delta\theta}{2}$，在新旧混凝土接缝取 $\dfrac{1}{2}$（$\Delta\theta_{new}+\Delta\theta_{old}$）。

## 4.4　浇筑面热量散发——近似法

在逐层向上浇筑过程中第 $n$ 层混凝土向第 $n-1$ 层散发的热量，将来又会得自第 $n+1$ 层，故可近似地假定每混凝土层之底部为绝热面，如此即可得出简单的数学解答，经验证明，在离基础稍远处，所得结果是相当接近的。

从浇筑面散发的热量包括下列几项：

（a）水泥水化热的散失。绝热条件下混凝土温度按下式上升

$$0 = \theta_0(1-e^{-\beta\tau}) \tag{25}$$

热传导方程

$$\frac{\partial t}{\partial \tau} = a\frac{\partial^2 t}{\partial x^2} + \theta_0 \beta e^{-\beta\tau} \qquad (20)$$

边值条件

$$\left.\begin{array}{ll} \tau = 0, & t = 0 \\ \tau > 0, & x = 0, \quad t = 0 \\ \tau > 0, & x = 1, \quad \dfrac{\partial t}{\partial x} = 0 \end{array}\right\} \qquad (26)$$

采用运算分析解之，得

$$t = \theta_0 \left( \frac{\cos(1-x)\sqrt{\beta/a}}{\cos l\sqrt{\beta/a}} - 1 \right) e^{-\beta\tau} - \frac{40_0 \beta}{\pi} \sum_{n=1,3,5\cdots} \frac{e^{-an^2\pi^2\tau/4l^2}}{n\left(\dfrac{an^2\pi^2}{4l^2} - \beta\right)} \sin\frac{n\pi x}{2l} \qquad (27)$$

平均温度为

$$t_m = \theta_0 \left( \frac{\sin\sqrt{\beta/a}}{l\sqrt{\beta/a}\cos l\sqrt{\beta/a}} - 1 \right) e^{-\beta\tau} - \frac{80_1 \beta}{\pi^2} \sum_{n=1,3,5\cdots} \frac{e^{-an^2\pi^2\tau/4l^2}}{n^2\left(\dfrac{an^2\pi^2}{4l^2} - \beta\right)} \qquad (28)$$

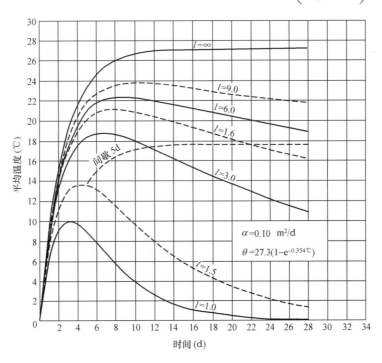

图 13　浇筑过程中的温度

文献 [12] 及文献 [2] 均有本题解答，但前者是错误的，不能满足热传导方程，后者遗漏一项。

[例]　$a = 0.10\,\mathrm{m^2/d}$，$\beta = 0.384\,\mathrm{1/d}$，$\theta_0 = 27.3\,℃$，浇筑层厚度 $l = 3.0\mathrm{m}$。

求浇筑过程中热量散发后的平均温度

$$l\sqrt{\beta/a} = 3.0\sqrt{0.384/0.10} = 5.83$$

$$t_m = 27.3\left(\frac{\sin 5.88}{5.88\cos 5.88} - 1\right)e^{-0.384\tau} - \frac{8 \times 27.3 \times 0.384}{\pi^2}$$

$$\sum_{n=1,3,5\cdots} \frac{e^{-0.10\pi^2\tau n^2/4\times 3.0^2}}{n^2\left(\dfrac{0.10\pi^2 n^2}{4\times 3.0^2} - 0.384\right)} = -29.3e^{-0.384\tau} + 8.48\sum_{n=1,3,5\cdots}\frac{e^{-0.0275n^2}}{n^2(0.384 - 0.0275n^2)}$$

计算成果见图 13～图 15。

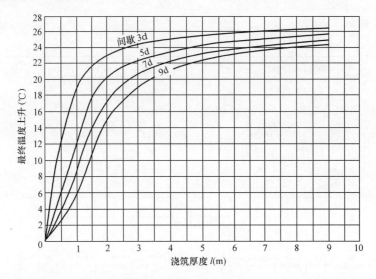

图 14 浇筑层中最终温度上升

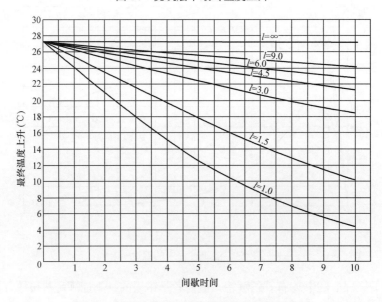

图 15 最终温升与浇筑层厚度及间歇时间关系

从图 13～图 15 可得以下结论：

（i）在通常间歇 3～5d 情况下，当浇筑层厚度在 5m 以上时，热量基本上不能散发，浇筑厚度相差几米影响不大，3m 以下影响较大。

（ii）有的施工规范规定浇筑块的侧面必须间歇 7d，这是没有实际意义的，因为通常侧向厚度 $2l = 15\,\text{m}$，间歇时间相差三四天没有什么影响。

（b）由于入仓温度与气温之差（如预冷）而散发或吸收之热量。热传导方程

$$\frac{\partial t}{\partial \tau} = a\frac{\partial t^2}{\partial x^2} \tag{12}$$

边值条件

$$\left.\begin{array}{l} \tau = 0, \quad t = T_0 \\ \tau > 0, \quad x = 0, \quad t = 0 \\ \tau > 0, \quad x = L, \quad \dfrac{\partial t}{\partial x} = 0 \end{array}\right\} \tag{29}$$

解之，得

$$t = \frac{4T_0}{\pi}\sum_{n=1,3,5\ldots}\frac{1}{n}\mathrm{e}^{-a\pi^2 n^2\tau/4l^2}\times\sin\frac{n\pi x}{2l} \tag{30}$$

$$t_m = \frac{8T_0}{\pi^2}\sum_{n=1,3,5\ldots}\frac{1}{n^2}\mathrm{e}^{-an^2\pi^2\tau/4l^2} = HT_0 \tag{31}$$

$H$ 值可从图 18 中查得，只须命 $L = 2l$。

从图 18 可见 $l$ 越大越能保留预冷的温度，因此如对混凝土成分进行预冷，则应尽量加大浇筑厚度以达到最大的冷却效果，顺便还可减少建筑缝的数目，改善坝的构造。

[例] 每 4d 浇一层，厚 3.00m，$a = 0.00375\,\text{m}^2/\text{h}$，预冷至入仓温度低于气温 20℃，求表面吸热后坝内实际保存的温度。

$$L = 2l = 6.00\text{m}, \frac{a\tau}{L^2} = \frac{0.00375\times 4\times 24}{6^2} = 0.0100$$

从图 18，$H = 0.775$

$$t_m = -20\times 0.775 = -15.5\text{℃}$$

## 4.5 坝的天然冷却，混凝土初始温度为 $T_0$、边界温度为 0℃

将坝分成许多水平的平板，假定板与板之间没有热流，热量全部经由上下游面散发，天然冷却过程一般要持续很久。水化热放出时间仅一月左右，在冷却过程中可从略，只在初始温度中酌加一数值以考虑之。因此我们要解决的是无热源平板的热传导问题。

区间 $0 < x < L$，两端温度分别为 $t = 0$，初始温度为 $T_0$，热传导方程为

$$\frac{\partial t}{\partial \tau} = a\frac{\partial^2 t}{\partial x^2}, 0 < x < L \tag{12}$$

边值条件

$$\left.\begin{array}{l} \tau = 0, \quad t = T_0 \\ \tau > 0, \quad x = 0, \quad t = 0 \\ \tau > 0, \quad x = L, \quad t = 0 \end{array}\right\} \tag{32}$$

上式的解为

$$t = \frac{4T_0}{\pi} \sum_{n=0}^{\infty} \frac{1}{(2n+1)} \cdot \mathrm{e}^{-a(2n+1)^2 \pi^2 \tau / l^2} \cdot \sin \frac{(2n+1)\pi x}{L} \qquad (33)$$

其结果见图 17（此图取自 [1]）。

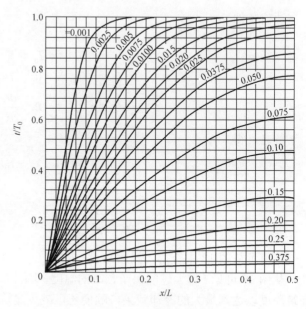

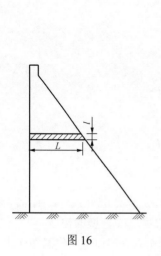

图 16

图 17　坝的天然冷却

平均温度为

$$t_m = \frac{8T_0}{\pi^2} \sum_{n=0}^{\infty} \frac{1}{(2n+1)^2} \cdot \mathrm{e}^{-a(2n+1)^2 \pi^2 \tau / l^2} = HT_0 \qquad (34)$$

$H$ 值见图 18。

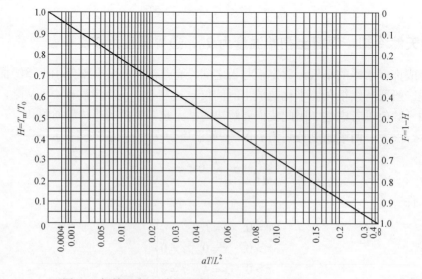

图 18　初始温度 $T_0$ 边界温度 0℃、平板的平均温度 $T_m = HT_0$

## 4.6　混凝土初温为零、外温按余弦函数变化、平板的温度场

大体积混凝土结构往往处于空气和水中。空气和水的温度通常可近似地用正弦或余弦函数表示。下面分析，初温为零、外温按余弦函数变化，厚度为 $L$ 的混凝土平板的温度场。

热传导方程 $\qquad \dfrac{\partial t}{\partial \tau} = a\dfrac{\partial^2 t}{\partial x^2}$ （12）

初始条件 $\qquad \tau = 0, t(x,0) = 0$

边界条件 $x>0$ 及 $x=L, t = -A_0 \cos\dfrac{2\pi}{P}(\tau_0 + \tau)$

（35）

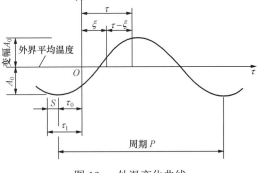

图 19　外温变化曲线

式中：$A_0$——外界温度变化幅度；

$\quad P$ ——外界温度变化周期；

$\quad \tau_0$ ——从外温最低点到浇筑混凝土板的

　　　时间，如图 19 所示。

所求点温度为

$$t(x,\tau) = -A_0 \cos\frac{2\pi}{P}(\tau_0 + \tau) + \frac{4A_0}{\pi}\cos\frac{2\pi\tau_0}{P}\sum_{n=1}^{\infty}\frac{e^{-(2n-1)^2\pi^2 a\tau/L^2}}{2n-1}\sin\frac{(2n-1)\pi x}{L}$$

$$-\frac{8A_0}{P}\int_0^\tau \sin\frac{2\pi}{P}(\tau_0 + \xi)\sum_{n=1}^{\infty}\frac{e^{-(2n-1)^2\pi^2 a(\tau-\xi)/L^2}}{2n-1}\sin\frac{(2n-1)\pi x}{L}\mathrm{d}\xi \qquad (36)$$

令 $\qquad\qquad L_c = \dfrac{L}{\sqrt{aP}}, F_0 = \dfrac{a\tau}{L^2}$ （37）

得到平均温度：

$$t_m = -A'A_0 \cos\frac{2\pi}{P}(\tau_0+\tau) - B'A_0\sin\frac{2\pi}{P}(\tau_0+\tau) + C'A_0\cos\frac{2\pi}{P}\tau_0 + D'A_0\sin\frac{2\pi}{P}\tau_0 \qquad (38)$$

或 $\qquad t_m = -\rho A_0 \cos\dfrac{2\pi}{P}(\tau_0+\tau-\gamma) + C'A_0\cos\dfrac{2\pi}{P}\tau_0 + D'A_0\sin\dfrac{2\pi}{P}\tau_0$ （38a）

式中 $\qquad A' = 1 - \dfrac{32}{\pi^4}L_c^4\sum_{n=1}^{\infty}\dfrac{1}{(2n-1)^2\left[(2n-1)^4 + 4L_c^4/\pi^2\right]}$

$$B' = \frac{16}{\pi^3}L_c^2\sum_{n=1}^{\infty}\frac{1}{(2n-1)^4 + 4L_c^4/\pi^2}$$

$$C' = \frac{8}{\pi^2}\sum_{n=1}^{\infty}\frac{(2n-1)^2}{(2n-1)^4 + 4L_c^4/\pi^2}e^{-(2n-1)^2\pi^2 F_0}$$

$$D' = \frac{16}{\pi^3}L_c^2\sum_{n=1}^{\infty}\frac{1}{(2n-1)^4 + 4L_c^4/\pi^2}e^{-(2n-1)^2\pi^2/F_0}$$

$$\gamma = \frac{P}{2\pi}\mathrm{acrtan}\left(\frac{B'}{A'}\right)$$

$$\rho = \sqrt{A'^2 + B'^2}$$

（39）

由上式可知，$C'$ 和 $D'$ 是随着时间而衰减的，当 $\tau \to \infty$ 时，$C' = D' = 0$，$C'$ 和 $D'$ 代表初始影响。$A'$ 和 $B'$ 不随时间而衰减，由式（38a）可知，该式右边第一项代表随着时间 $\tau$ 而作周期变化的温度——准稳定温度。令 $C' = D' = 0$，得到准稳定平均温度如下

$$t'_m = -\rho A_0 \cos \frac{2\pi}{P}(\tau_0 + \tau - \gamma) \tag{40}$$

由上式可知，准稳定平均温度的变幅为 $\rho A_0$，而准稳定平均温度达到极大值的时间比外界温度达到极大值的时间要滞后 $\gamma$。

在图 20~图 23 中给出了系数 $A'$、$B'$、$C'$、$D'$、$\rho$ 及 $\gamma$ 的数值。

从图 23 可以看出，当 $L/\sqrt{aP} \geqslant 1.6$ 时，板内平均温度比外温的滞后约为

$$\gamma = \frac{1}{8}P$$

若取 $a = 3.0\text{m}^2/\text{月}$，对于年变化，$\sqrt{aP} = \sqrt{3 \times 12} = 6$，故当 $L \geqslant 10\text{m}$ 时，$L/\sqrt{aP} > 1.66$，板内平均温度的滞后为 $\gamma = \frac{1}{8} \times 12 = 1.5(\text{月})$。

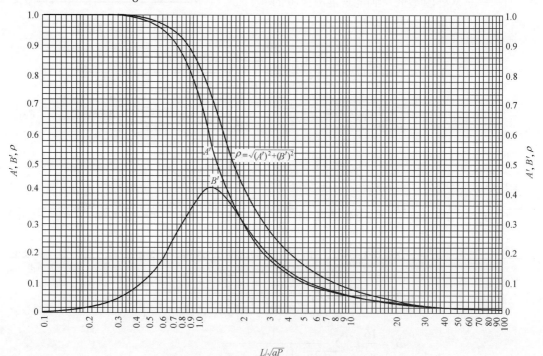

图 20  系数 $A'$、$B'$、$\rho$

对于半月变化，$\sqrt{aP} = \sqrt{0.10 \times 15} = 1.22\text{m}$，$L \geqslant 2\text{m}$ 时，板内平均温度滞后 $15/8 = 1.9\text{d}$。对于日变化，$\sqrt{aP} = \sqrt{0.1 \times 1} = 0.316$，$L \geqslant 0.5\text{m}$ 时，板平均温度滞后 $3\text{h}$。

## 4.7  混凝土初温为 $T_0$、外温按余弦函数变化、第一类边界条件下平板的温度场

设混凝土初温均匀分布，其值为 $T_0$，外界温度按下式变化

$$T_a = T_{am} - A_0 \cos \frac{2\pi}{P}(\tau_0 + \tau) \tag{41}$$

设 $\tau_1$ 为日历时间，$\tau_1 = s$ 为外温最低的日历时间。通常一月中旬的气温最低，故可取 $s$=0.5 月，由图 19 可知

$$\tau_0 = \tau_1 - s \tag{42}$$

本问题的边值条件为

$$\left.\begin{array}{l} \tau = 0, \quad T(x,0) = T_0 \\ \tau > 0, \quad x = 0 \text{及} x = L, T(0,\tau) = T(L,\tau) = T_{\text{am}} - A_0 \cos\dfrac{2\pi}{P}(\tau_0 + \tau) \end{array}\right\} \tag{A}$$

把式（34）和式（38）两式叠加，得到本问题的平均温度如下

$$T_{\text{m}} = T_{\text{am}} + (T_0 - T_{\text{am}})H + A_0 \left[ -A'\cos\omega(\tau_0 + \tau) - B'\sin\omega(\tau_0 + \tau) + C'\cos\omega\tau_0 + D'\sin\omega\tau_0 \right] \tag{43}$$

$$\omega = 2\pi / P$$

混凝土坝在施工过程中往往设置了许多接缝，要求在坝体温度降低到某规定温度时（通常为坝体稳定温度）进行接缝灌浆。利用式（43）可以计算，依靠天然冷却，坝体冷却到规定的灌浆温度所需的时间。

**【算例】** 混凝土板，厚度 $L$=30m，$a = 0.0035\text{m}^2/\text{h} = 2.56\text{m}^2/\text{月}$，混凝土在 5 月中旬（日历时间 $\tau_1 = 4.5$ 月）浇筑，浇筑温度为 20℃，水化热温升为 18℃。当地年平均气温 $T_{\text{am}} = 12$℃，气温年变幅 $A_0 = 13$℃。1 月中旬气温最低（$s$=0.5 月），设计要求次年 3 月中旬（日历时间 14.5 月）进行接缝灌浆，灌浆时要求混凝土平均温度为 12℃，计算依靠天然冷却能否满足要求。

由式（42）得

$$\tau_0 = \tau_1 - s = 4.5 - 0.5 = 4.0 \quad (\text{月})$$

又冷却时间为

$$\tau = 14.5 - 4.5 = 10.0 \quad (\text{月})$$

为简化计算，假定混凝土初始温度为均匀分布

$$T_0 = 20 + 18 = 38 \quad (℃)$$

年温度化周期 $P$=12 月

$$L / \sqrt{aP} = 30 / \sqrt{2.56 \times 12} = 5.41$$
$$a\tau / L^2 = 2.56 \times 10 / 30^2 = 0.02844$$

自图 20、图 21、图 22 及图 18 查得

$$A' = 0.100, B' = 0.105, C' = 0.005, D' = 0.035, \ H = 0.615$$

由式（43），可知次年 3 月中旬混凝土的平均温度为

$$T_{\text{m}} = 12.0 + 0.615(38 - 12) - 0.100 \times 13 \cos\frac{2\pi}{12}(4.0 + 10.0)$$

$$-0.105 \times 13 \times \sin\frac{2\pi}{12}(4.0 + 10.0) + 0.005 \times 13 \times \cos\frac{2\pi}{12} \times 4.0 + 0.035 \times 13 \times \sin\frac{2\pi}{12} \times 4.0$$

$$= 12.0 + 16.0 - 0.65 - 1.18 - 0.03 + 0.39 = 26.5 > 12 \quad (℃)$$

计算结果表明，单纯依靠天然冷却，次年 3 月中旬混凝土平均温度为 26.5℃，高于所要求的 12℃。

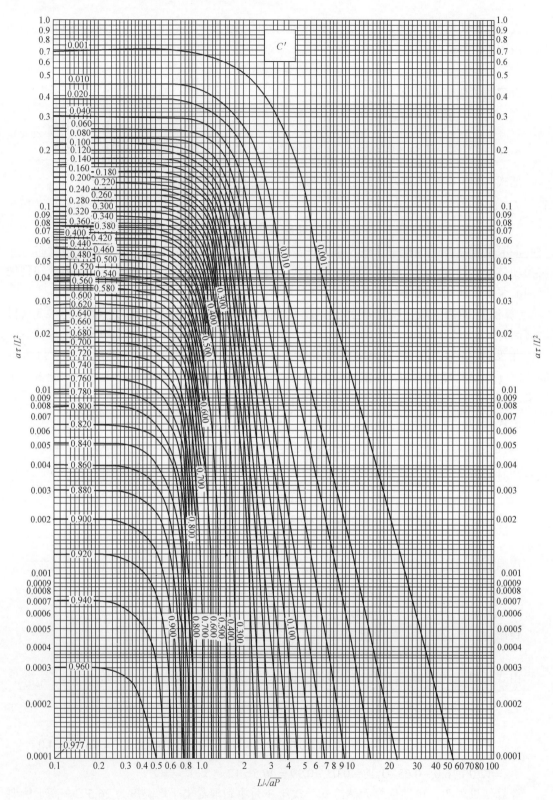

图 21 系数 C'

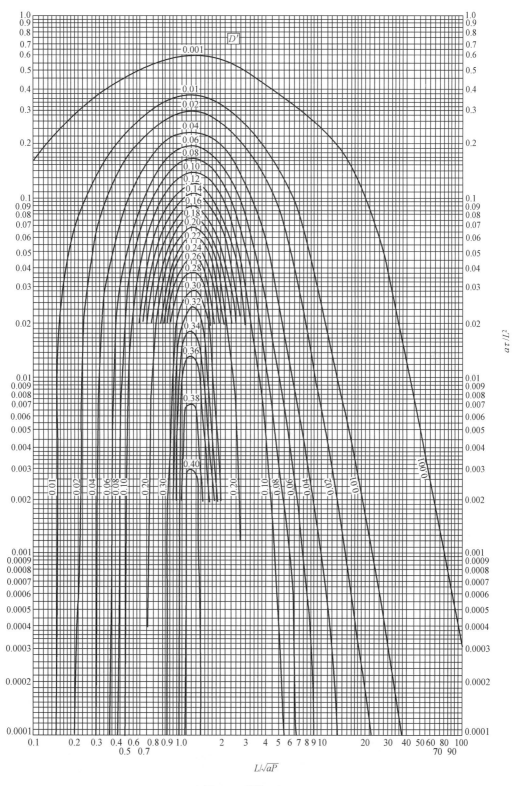

图 22 系数 $D'$

# 5　坝体水管冷却——无热源

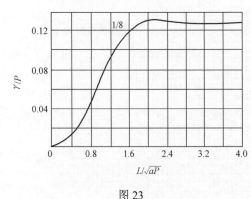

图 23

由于高坝体积的加大及浇筑速度的提高，在天然条件下坝内巨大热量无法散发，因而需要人工冷却。波尔德坝设计中曾对多种方案进行比较，结果以埋设冷却水管内供冷却水为最有效且经济的措施。自该坝采用冷却水管后，在欧美各国颇为流行。一般是在 $1.5 \times 1.5 \, \text{m}^2$ 面积内，埋直径 25cm 的水管一根。冷却方式有两种，一种是一期冷却，在混凝土浇筑时或刚浇完即供以河水，待混凝土温度已接近河水温度时，再换以低温人工水，使混凝土温度降至符合设计要求，然后进行收缩缝灌浆。另一种是两期冷却，在混凝土浇筑时或刚浇完供以河水，经过 16～20d 排去水化热之大部后即停止，到冬季河水温度降至 4℃左右再供水在约 40d 内使混凝土温度降至设计要求。

人工冷却的计算过去曾有人研究过[5, 10]，但只解决了无热源的水管冷却问题，笔者采用运算分析已予以全部解决，本节先讨论无热源的人工冷却问题。

将每根水管所负担的冷却部分视为空心混凝土圆柱，外半径 $b$，内半径 $c$（水管外径）。混凝土初温为 $t_0$，温度计算以水温为起点，即水温为零。

热传导方程
$$\frac{\partial t}{\partial \tau} = a\left(\frac{\partial^2 t}{\partial r^2} + \frac{1}{r}\frac{\partial t}{\partial r}\right) \tag{44}$$

边值条件
$$\left.\begin{array}{l} \tau = 0, t = T_0 \\ \tau > 0, r = c, t = 0 \\ \tau > 0, r = b, \dfrac{\partial t}{\partial r} = 0 \end{array}\right\} \tag{45}$$

笔者采用拉普拉斯变换，得到问题的解如下：

$$t = T_0 \sum_{n=1}^{\infty} \frac{2\mathrm{e}^{-a\alpha_n^2 \tau}}{\alpha^n} \cdot \frac{J_1(\alpha_n b)Y_0(\alpha_n \gamma) - Y_1(\alpha_n b)J_0(\alpha_n \gamma)}{c[J_1(\alpha_n b)Y_1(\alpha_n c) - J_1(\alpha_n c)Y_1(\alpha_n b)] + b[J_0(\alpha_n c)Y_0(\alpha_n b) - J_0(\alpha_n b)Y_0(\alpha_n c)]} \tag{46}$$

平均温度为
$$t_m = \frac{4bc}{b^2 - c^2} \sum_{n=1}^{\infty} \frac{\mathrm{e}^{-a\alpha_n^2 b^2 \tau / b^2}}{a_n^2 b^2} \cdot$$

$$\frac{Y_1(\alpha_n b)J_1(\alpha_n c) - Y_1(\alpha_n c)J_1(\alpha_n b)}{\dfrac{c}{b}[J_1(\alpha_n b)Y_1(\alpha_n c) - J_1(\alpha_n c)Y_1(\alpha_n b)] + [J_0(\alpha_n c)Y_0(\alpha_n b) - J_0(\alpha_n b)Y_0(\alpha_n c)]} = Ht_0 \cdots \tag{47}$$

上式右边的级数收敛极快，实际计算中只须取第一项，当 $c = 0.01b$ 时，$\alpha_1 b = 0.7167$。

$$t_m = \frac{4T_0}{b^2 - c^2} \cdot \frac{\mathrm{e}^{-(0.7167)^2 a\tau / b^2}}{(0.7167)^2}$$

$$\frac{Y_1(0.7167)J_1(0.007167) - Y_1(0.007167)J_1(0.7167)}{0.01[J_1(0.7167)Y_1(0.007167) - J_1(0.007167)Y_1(0.7167)] +} = 0.988t_0 \mathrm{e}^{-0.514a\tau / b^2} \tag{48}$$
$$[J_0(0.007167)Y_0(0.7167) - J_0(0.7167)Y_0(0.007167)]$$

混凝土柱所放出热量为

$$Q = \pi(b^2 - c^2)c_\rho \int_0^L \frac{\mathrm{d}t_m}{\mathrm{d}\tau}\mathrm{d}L \tag{49}$$

水所吸收热量为

$$Q = C_w \rho_w q_w t_m \tag{50}$$

式中： $C_w$ ——水比热；

$\quad\quad \rho_w$ ——水密度；

$\quad\quad q_w$ ——流量，一般为 15L/min；

$\quad\quad t_m$ ——水温。

根据热量平衡可计算水管长度对混凝土温度的影响。

令
$$X = \frac{（长度L混凝土圆柱内平均温度）-（水初温）}{（混凝土初温）-（水初温）} \tag{51}$$

$X$ 见图 24，此图是按 $\dfrac{b}{c}=100$ 计算的，若 $10 < \dfrac{b}{c} < 100$ ，可按下式化算 $a_f$

$$a_f = a\frac{\log 100}{\log\left(\dfrac{b}{c}\right)} \tag{52}$$

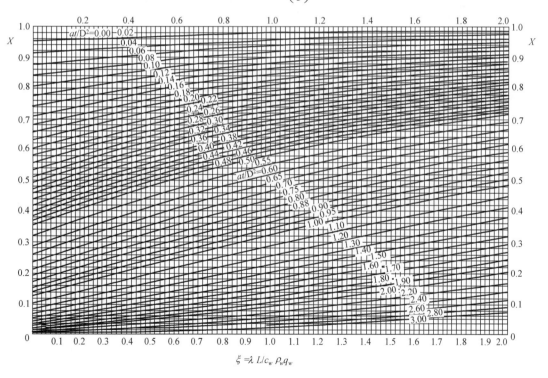

图 24　二期水管冷却 $X$ 值（$b/c=100$）

[例] 混凝土初温 $t_0 = 20^\circ\text{C}$ ，水初温 $=4^\circ\text{C}$ ， $\lambda = 1.85\ \text{cal}/（\text{m}\cdot\text{h}\cdot^\circ\text{C}）$ ， $a = 0.0085\ \text{m}^2/\text{h}$ ， $c = 0.22$ ， $\rho = 2400\ \text{kg/m}^3$ ， $D = 2b = 1.69\ \text{m}$ ， $C_w = 1.00$ ， $\rho_w = 1000\ \text{kg/m}^3$ ， $q_w = 15\text{L}/\min = 0.90\text{m}^3/\text{h}$ ， $b/c = 66.5$ ，水管长度 $L=200\text{m}$ ，求冷却 40d 后混凝土的平均温度 $t_m$ 。

$$\frac{hL}{c_w q_w \rho_w} = \frac{1.85 \times 200}{1 \times 1000 \times 0.900} = 0.411$$

$$a_f = 0.0035 \times \frac{\log 100}{\log 66.5} = 0.00384 \quad (\text{m}^2/\text{h})$$

$$\frac{a_f \tau}{D^2} = \frac{0.00384 \times 40 \times 24}{1.692} = 1.29$$

从图 24 查得 $X=0.133$。

故混凝土的平均温度为 $4 + 0.133(20-4) = 6.14$ （℃）。

# 6 坝体水管冷却——有热源

在初期水管冷却中，除了初始温差 $T_0 - T_\omega$ 外，还需要考虑混凝土绝热温升 $\theta(\tau)$，初始温差一般远小于绝热温升，甚至可能等于零，因此改用下式表示管长 $L$ 处的水温

$$T_{wL} = T_w + U(t,L) \tag{53}$$

单位时间内冷却水吸收的热量为

$$Q_3 = c_w \rho_w q_w U(t,L) \tag{54}$$

在单位时间、单位长度内从混凝土流入水中的热量为

$$\frac{\partial Q_1}{\partial L} = \lambda (T_0 - T_w) R(t) + \lambda \int_0^t R(t-\tau) \frac{\partial \theta}{\partial \tau} \mathrm{d}\tau \tag{55}$$

在时间 $\tau \sim \tau + d\tau$ 内，水温升高 $(\partial U/\partial \tau)\mathrm{d}\tau$，到时间 $t$，在单位时间、单位长度内，它引起的由水流向混凝土柱体倒灌的热量为

$$\frac{\partial Q_2}{\partial L} = \lambda R(t-\tau) \frac{\partial U}{\partial \tau} \mathrm{d}\tau \tag{56}$$

由热量平衡可得

$$c_w \rho_w q_w U(t,L) = \lambda (T_0 - T_w) L R(t) + \lambda \int_0^t \int_0^L R(t-\tau) \frac{\partial \theta}{\partial \tau} \mathrm{d}\tau \mathrm{d}L - \lambda \int_0^t \int_0^L R(t-\tau) \frac{\partial U}{\partial \tau} \mathrm{d}\tau \mathrm{d}L \tag{57}$$

改写成累积定差形式并取 $\eta = c_w \rho_w / \lambda$，得到

$$\eta q_w U(t,L) = L R(t) + \sum_i \sum_j R(t-t_{i-0.5}) \Delta\theta(t_{i-0.5}, L_{j-0.5}) \Delta L_j$$

$$- \sum_i \sum_j R(t-t_{i-0.5}) \Delta U(t_{i-0.5}, L_{j-0.5}) \Delta L_j \tag{58}$$

解上式，得到水温，然后可求出混凝土的温度。混凝土的平均温度为

$$t_m = X' \theta \tag{59}$$

对于 $b/c = 100$，$b\sqrt{m/a} = 1.5$ 及 $b\sqrt{m/a} = 2.0$，笔者已求出了一套曲线，见图 25。

# 7 几点体会

关于混凝土坝的温度控制这个向来争论很多的问题，我们初步构成了这样一个概念，兹提出如下：

（1）对于薄壁坝，包括连拱坝、平板坝、厚垛（大头）坝等，因坝的厚度很薄，温度控制问题基本不存在，浇筑高度可结合施工条件尽可能加大。过去有些人（如美国垦务局"手册"）认为薄壁坝也要考虑部分采用冷却水管，这种说法是没有充分论据的，但对基础扩大部分的温度控制及收缩缝的设计则仍必须适当注意。

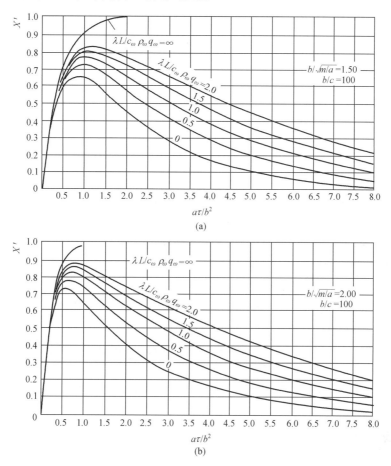

图 25　初期水管冷却的平均温度 $T_m = X' \theta_0$

（a）$b\sqrt{m/a} = 1.50$；（b）$b\sqrt{m/a} = 2.00$

（2）对于较低（如 30m 以下）实体重力坝，应主要依靠限制浇筑高度（1.5m 以下）和间歇时间（4d 以上），结合浇筑气温的限制及简单的冷却措施，如骨料洒水、拌和水加水等办法控制温度。这样不必投入大量冷却设备。

（3）对较高实体重力坝，应主要依靠强烈预冷，降低混凝土入仓温度 0～30℃，使坝内 $R(t_p + t_r - t_f) \leqslant 10\sim15$℃以防止裂缝，尽可能加大浇筑高度以保存预冷效果，并顺便减少建筑缝。考虑到混凝土的徐变，10～15℃的温度差据国外经验是允许的。

但上犹水电站大坝[18]在没有强烈预冷，气温在 4～25℃的条件下每次浇筑高度达 6～13m，并根据浇筑后仅仅两月内没有出现裂缝就断定这是"发展的方向"，应该说这是缺乏充分的说服力的。从本文引言中我们知道混凝土裂缝多发生在晚期温度降低过程中。按该坝分块尺寸依本文图 13～图 15 判断可知该坝热量绝大部分未散发。因此很难肯定今后数年内该坝是否将会陆续出现裂缝。

（4）对于拱坝，鉴于坝身应力对温度变化的高度敏感，控制温度应特别严格。厚拱坝应主要依靠冷却水管进行人工冷却，设备供应特别困难场合，可考虑采用明缝。薄拱坝则视具体情况而定。

（5）任何场合均应力求降低水泥用量及其水化热，加强养护，提高混凝土抗拉强度。

（6）收缩缝的形式和间距对热量的散发有显著影响。

当然以上所提仅是一个概念，具体设计应进行详细的计算比较加以论证选择。

注：文内部分曲线（19，22，23，26，27）系取自文献［5］。

## 参 考 文 献

［1］A.B. JIblKOB. 裴烈钧、丁履德译. 热传导原理. 北京：高教出版社，1955.

［2］H.S. Carslaw and J. G. Jaeger，Conduction of Heat in Solids，1950.

［3］R.E. Glover. Flow of Heat in Dams. Journal American concrete institute，1934.

［4］R.E. Glover. Calculation of Temperature Distribution in a Succession of Lifts Due to Release oi Chemical Heat，Journal A. C. I.，1934.

［5］U.S. Bureau of Reclamation, Cooling of Concrete Dam. 1949.

［6］U.S. Bureau of Reclamation. Thermal Properties of Concrete. 1940.

［7］U.S. Bureau of Reclamation. Dams and Control Works. 1938.

［8］R.W. Carson，a Simple Method for Computing Temperatures in Conerece Structures. Journal A.C. I. 1934.

［9］N.S. Billington. Thermal Properties of Buildings. 1952.

［10］J.L. Savage. Special Cements for Mass Concrete, Second Congress on large Dams. 1936.

［11］日本电源开发社. 佐久间坝施工温度计算并冷却计划. 1954.

［12］藤田博爱. 堰堤混凝土的自然热散放及人工冷却. 日本土木学会志，昭和 25 年 6 月（1950）.

［13］钱家欢. 流网的新解法. 工程建设，1950，（11）.

［14］毛昶熙. 研究水工问题的电拟试验. 工程建设，1953，（1）.

［15］L.A. Pipes. 曹鹤荪、张理京译订. 工程数学，1951.

［16］E.Jabnke and F.Emde. Table of Functions. 1945.

［17］Davis. Hand book of Applied Hydraulics. 1952.

［18］马锺珩. 上犹水电站水工结构物中大体积混凝土浇制的初步经验介绍. 水力发电，1956，（6）.

# 基础温度变形及其对上部结构温度应力的影响[❶]

**摘　要**：本文利用富里哀变换给出了半平面内部受到集中力和线力作用的精确解，据此给出了基础温度变形的计算方法，并研究了基础温度变形对上部结构温度应力的影响。

**关键词**：基础；温度变形；上部结构；温度应力

## Temperature Deformations of the Foundation and Their Influence on the Stresses in the Superstructures

Abstract: In this paper, a method is offered to compute the temperature deformations of the foundation and to analyze its influence on the stresses in the superstructures. Graphs are given to facilitate the calculation.

**Key words:** foundation, temperature deformation, superstructure, stress

## 前言

温度应力包括自生应力和约束应力两部分。自生应力是由于结构本身各部位的互相制约而产生的，约束应力则是结构的温度变形受到基础的约束而产生的。以往在研究温度应力时对结构本身的温度状态比较注意，对基础的温度状态往往注意不够。实际上约束应力的大小决定于结构与基础的相对位移，因此基础的温度变形对结构的温度应力有直接影响。

以图 1 所示实体重力坝为例，设坝体温度为 $T_d$，基础温度为 $T_g$，深层基础温度为 $T_{g0}$，蓄水后的稳定温度为 $T_f$。温差可分为 $A$、$B$、$C$ 三部分，温差 $A$ 是不引起应力的，因为它满足下列无应力条件[1]

$$\left(\frac{\partial^2}{\partial x^2}+\frac{\partial^2}{\partial y^2}\right)(T_{g0}-T_f)=0$$

温差 $C$ 显然是要引起应力的，其计算方法现有文献中已有充分讨论。至于温差 $B$ 引起的应力如何计算，目前研究得还不够充分。实际工作中，有的同志曾取基础一定深度范围内的平均地温 $T_m$ 作为温差计算的起点，即认为图 1（c）所示温度不引起应力。事实上，图 1（c）所示温度并不满足无应力条件 $\nabla^2 T=0$。所以在计算混凝土基础温差时不能简单地扣去基础表层平均温度 $T_m$。本文将提出一个合理而实用的计算方法。

---

❶　原载《水利学报》1986 年第 3 期。

沿着结构与基础的接触面切开，让结构与基础各自独立变形，在接触面上产生了位移差，在算出位移差后，约束应力就不难计算了。

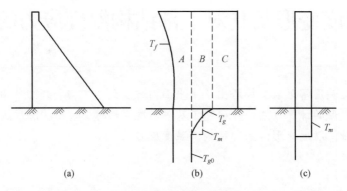

图1 坝体与基础中的温差

# 一、基础的温度变形

在开挖以前，由于覆盖层和河水的保温作用，水坝基础内部的温度基本上是稳定的。在开挖以后，基础表面直接暴露在空气中，随着气温的年变化，基础表面部分的温度也有变化，影响深度约为 $5\sim7\mathrm{m}$。基础表面暴露长度通常有几十米至几百米，远远超过影响深度，所以

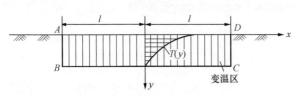

图2 基础温度变化

在暴露面以下的大部分，等温线是水平的。在暴露面的边缘部分，等温线是倾斜的。为了简化计算，如图2所示，假定在暴露面以下，基础等温线是水平的；在未暴露部分，基础温度变化为零。即只在图2所示 ABCD 阴影部分，基础温度上升了 $T(y)$；在其余部分，基础温度无变化。

下面把基础看成半无限平面，计算其温度变形。首先假定基础内任一点的变形都受到完全约束，即

$$u=0, v=0$$

此时需要施加一组约束力。为了使基础的受力条件恢复自然状态，必须施加反约束力，与前述约束力大小相等而方向相反，如图3所示。

（一）在变温区两端 AB、CD 上施加线力

$$\sigma_x = \frac{E_0\alpha_0 T(y)}{1-2\mu_0} \tag{1}$$

（二）在变温区表面 AD 上施加线力

$$\sigma_y = \frac{E_0\alpha_0 T_0}{1-2\mu_0} \tag{2}$$

（三）在变温区 ABCD 内部施加面力

$$Y = \frac{E_0\alpha_0}{1-2\mu_0}\frac{\partial T}{\partial y} \tag{3}$$

式中：$E_0$、$\mu_0$、$\alpha_0$ 分别为基础的弹性模量、泊松比和线胀系数。这些反约束力所引起的变形即为基础的温度变形。

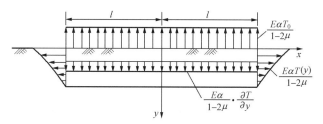

图 3  基础温度变形的反约束力

变温区两端 $AB$、$CD$ 上的线力，可以用一系列集中力 $Q_i$ 去代替（图 4）

$$Q_i = \frac{E_0 \alpha_0 T(y_i)}{1-2\mu_0} \Delta y \tag{4}$$

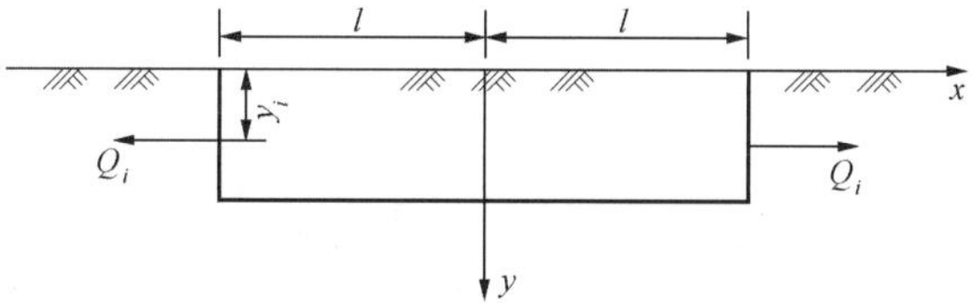

图 4  一对水平集中力 $Q_i$ 作用于半平面内部

变温区内部的面力 $Y$ 可以用一系列线力 $q_i$ 去代替（图 5）

$$q_i = \frac{E_0 \alpha_0}{1-2\mu_0} \frac{\partial T}{\partial y} \Delta y \tag{5}$$

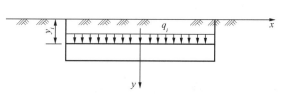

因此，只要分别求出半平面内一对水平集中力 $Q_i$ 及线力 $q_i$ 作用下的位移，再通过数值积分，即可求出基础位移。研究结果表明，基础表面（$y=0$）的水平位移 $u_0$ 和竖向位移 $v_0$ 可近似地表示如下

图 5  线力 $q_i$ 作用于半平面内部

$$u_0 = k_1 x,\, v_0 = k_2 x^2,\, -l \leqslant x \leqslant l \tag{6}$$

式中系数 $k_1$、$k_2$ 按下式计算

$$\left.\begin{array}{l} k_1 = \dfrac{\alpha_0}{1-2\mu_0}\left[\dfrac{1}{l}\displaystyle\int f_1(y)T(y)\mathrm{d}y \right. \\[2mm] \qquad \left. + \displaystyle\int f_3(y)\dfrac{\partial T}{\partial x}\mathrm{d}y + 0.720T_0 \right. \\[4mm] k_2 = \dfrac{\alpha_0}{1-2\mu_0}\left[\dfrac{1}{l^2}\displaystyle\int f_2(y)T(y)\mathrm{d}y \right. \\[2mm] \qquad \left. + \dfrac{1}{l}\displaystyle\int f_4(y)\dfrac{\partial T}{\partial y}\mathrm{d}y + \dfrac{0.707T_0}{l} \right. \end{array}\right\} \tag{7}$$

其中 $T_0$ 是基础表面 $y=0$ 处的温度。系数 $f_1(y) \sim f_4(y)$ 的计算原理留到本文后面阐述，其数值可自图 6 查得，$f_3(0) = 0.720$，$f_4(0) = 0.707$。

实际计算时，可将式（7）中的积分写成累积定差的形式：

$$k_1 = \frac{\alpha_0}{1-2\mu_0} \times \left[\frac{1}{l}\sum f_1(y)T(y)\Delta y + \sum f_3(y)\Delta T(y) + 0.720T_0\right]$$

$$k_2 = \frac{\alpha_0}{(1-2\mu_0)l} \times \left[\frac{1}{l}\sum f_2(y)T(y)\Delta y + \sum f_4(y)\Delta T(y) + 0.707T_0\right]$$

（8）

计算时应注意 $\Delta T(y)$ 的符号，当温度随着 $y$ 的增加而增加时为正，反之为负。

下面分析基础温度变形对混凝土浇筑块温度应力的影响。如图 7 所示，在混凝土和岩石内的温度为 $T(y)$，沿接触面切开，令混凝土与岩石各自独立变形。这时，基础表面的温度变形 $u_0$、$v_0$ 由式（6）计算。我们不妨把混凝土的温度场分成两部分，第一部分如图 7 阴影部分所示，它引起的温度变形正好等于基础表面的温度变形 $u_0$、$v_0$，因此这一部分温度在浇筑块内不引起应力，可称为无应力温度场；第二部分是剩余的温度，即 $T(y)$ 与无应力温度之差，它在浇筑块内会引起约束应力。

无应力温度，在接触面上为 $T_1$，在浇筑块顶面上为 $T_2$，中间呈线性变化。在这种温度场作用下，浇筑块底面的温度变形（平面形变）为

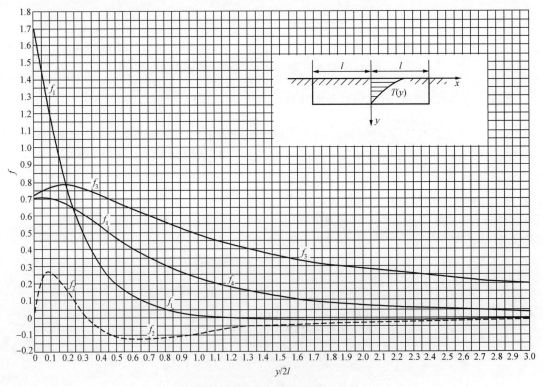

图 6　基础温度变形影响系数 $f_1 \sim f_4$

$$u_1 = (1+\mu)\alpha T_1 x$$

$$v_1 = \frac{(1+\mu)\alpha(T_2 - T_1)x^2}{2H}$$

（9）

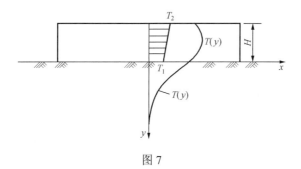

图 7

式中：$\mu$ 为混凝土的泊松比；$\alpha$ 为线胀系数；$H$ 为混凝土块高度。

令

$$\left.\begin{array}{l} u_1 = u_0 = k_1 x \\ v_1 = v_0 = k_2 x^2 \end{array}\right\} \tag{10}$$

从而得到

$$T_1 = \frac{k_1}{(1+\mu)\alpha}, T_2 - T_1 = \Delta T = \frac{2Hk_2}{(1+\mu)\alpha} \tag{11}$$

从浇筑块的温度曲线 $T(y)$ 中减去无应力温度，即得到在浇筑块中引起应力的温度差如下

$$\Delta T(y) = T(y) - T_1 - \frac{(T_1 - T_2)y}{H} \tag{12}$$

从图 6 可见，影响系数 $f_1 \sim f_4$ 与基础变温区的长度 $2l$ 有关，所以无应力温度也与 $2l$ 有关。

## 二、浇筑季节对基础温差的影响

如前所述，水坝基础开挖后，基础表层的温度随年气温而变化。气温的年变化用正弦函数表示如下

$$T = A \sin \omega\tau$$

式中：$\omega = 2\pi/P$（$P$ 为气温变化周期），忽略初始影响，在暴露范围以内，基础表面以下深度为 $y$ 处的温度可计算如下[1]

$$T(y, \tau) = A e^{-\eta y} \sin(\omega\tau - \eta y)$$

式中：$\eta = \sqrt{\omega/2a}$；$a$ 为基础的导温系数。

当 $\omega\tau = \pi/2$ 时（相当于每年的 7 月），表面温度达到最大值。暴露范围内的基础温度为

$$T(y, 7) = A e^{-\eta y} \sin\left(\frac{\pi}{2} - \eta y\right)$$

暴露范围外的基础温度为零。根据上述温度，由式（7）计算 $k_1$，由式（11）计算 $T_1$，得到

$$T_a = \beta_1 A \tag{13}$$

$T_2$ 的影响较小，一般可以忽略。系数 $\beta_1$ 见图 8。由图可见，暴露长度 $2l$ 的数值对 $\beta_1$ 影响很大。从理论上还可以推断：

当 $2l \to \infty$ 时，$\beta_1 \to 0$。

$T_a$ 是浇筑季节引起的基础变形的等效温度，对于 7 月份浇筑的混凝土，可从基础温差中扣去 $T_a$。反之，对于 1 月份浇筑的混凝土，在计算基础温差时应加上 $T_a$。

【算例】 设气温年变幅 $A=15℃$，基础暴露长度 $2l$ 分别为 20、40、100、200m，利用图8，算得 $T_a$ 如下：

| $2l$（m） | 20 | 40 | 100 | 200 |
|---|---|---|---|---|
| $\beta_1$ | 0.295 | 0.162 | 0.068 | 0.034 |
| $T_a$（℃） | 4.43 | 2.43 | 1.02 | 0.051 |

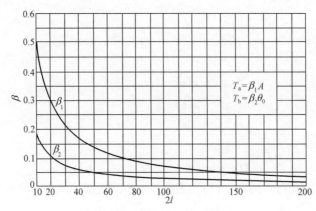

图 8　系数 $\beta_1$ 和 $\beta_2$

从上述计算结果可以看出，当基础暴露长度超过 200m 时，浇筑季节引起的基础温度变形已很小，实际计算中可以忽略。

# 三、混凝土水化热温升引起的基础温度变形

混凝土浇筑以后，由于水化热作用，内部温度不断上升，受其影响，基础表层温度也会有所上升。经过 15～20d 后，温升达到高峰。图 9 表示岩基上多层浇筑块，层厚 3.0m，每层间歇 4d，在第 16d 的温度分布（相当于温度高峰），计算中采用的混凝土绝热温升为

$$\theta = \theta_0(1 - e^{-0.384\tau})$$

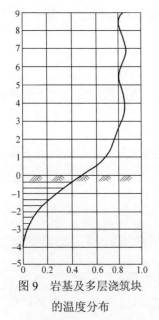

图 9　岩基及多层浇筑块的温度分布

假定混凝土下面的基岩内发生图 9 阴影部分所示的温度变化，没有被混凝土覆盖的基岩内不发生温度变化，利用本文第二节方法，可算得基岩变形的等效温度如下（只计算 $T_1$，忽略 $T_2$）

$$T_b = \beta_2\theta_0 \tag{14}$$

系数 $\beta_2$ 见图 8，$\theta_0$ 为混凝土的最终绝热温升。从图 8 可见，系数 $\beta_2$ 也与混凝土覆盖长度 $2l$ 有关，当有并列多个浇筑块时，应按总长度计算。在计算基础温差时，可扣除 $T_b$。

【算例】 混凝土最终绝热温升 $\theta_0 = 25℃$，混凝土块长度 $2l = 10、20、40、100、200m$，由图 7 及式（14）算得基岩变形的等效温度如下表。

从该表可见，当混凝土块体长度超过 100m 时，水化热温升引起的基岩变形等效温度已

很小，可以忽略。

# 四、影响系数 $f_1(y)$、$f_2(y)$、$f_3(y)$、$f_4(y)$

如前所述，在 $-l \leqslant x \leqslant l$ 范围内，基础表面的位移可近似地用式（6）表示。基础表面的真实位移为 $u_{y=0}$ 和 $v_{y=0}$，与上述表达式相当接近，但不完全重合，按照位移曲线面积相等原则，有

$$\int_0^l u_{y=0} \mathrm{d}x = \int_0^l k_1 x \mathrm{d}x = \frac{k_1 l^2}{2}$$

| $2l$（m） | 10 | 20 | 40 | 100 | 200 |
|---|---|---|---|---|---|
| $\beta_2$ | 0.1753 | 0.1015 | 0.0569 | 0.0261 | 0.0142 |
| $T_b$（℃） | 4.38 | 2.54 | 1.42 | 0.65 | 0.36 |

$$\int_0^l v_{y=0} \mathrm{d}x = \int_0^l k_2 x^2 \mathrm{d}x = \frac{k_2 l^3}{3}$$

故 $k_1$、$k_2$ 决定于下式

$$k_1 = \frac{2}{l^2} \int_0^l u_{y=0} \mathrm{d}x, \quad k_2 = \frac{3}{l^3} \int_0^l v_{y=0} \mathrm{d}x \tag{15}$$

今设一对水平集中力 $Q(y)$ 作用于半平面内部深度 $y$ 处引起的表面位移为（图4）

$$\left. \begin{array}{l} u_0 = k_1' x, \quad k_1' = \dfrac{Q}{E_0 l} f_1(y) \\[2mm] v_0 = k_2' x^2, \quad k_2' = \dfrac{Q}{E_0 l^2} f_2(y) \end{array} \right\} \tag{16}$$

又设在半平面内部深度为 $y$ 处的线力 $q(y)$ 所引起的表面位移为（图5）

$$\left. \begin{array}{l} u_0 = k_1'' x, \quad k_1'' = \dfrac{q}{E_0 l} f_3(y) \\[2mm] v_0 = k_2'' x^2, \quad k_2'' = \dfrac{q}{E_0 l} f_4(y) \end{array} \right\} \tag{17}$$

则在图3所示反约束力作用下，基础表面位移可用式（6）、式（7）两式计算。而由式（15）～式（17），影响系数 $f_1(y)$、$f_2(y)$、$f_3(y)$、$f_4(y)$ 可根据图4及图5所示力系，计算如下

$$\left. \begin{array}{l} f_1(y) = \dfrac{2E_0}{Ql} \int_0^l u_{y-0} \mathrm{d}x \\[2mm] f_2(y) = \dfrac{3E_0}{Ql} \int_0^l v_{y-0} \mathrm{d}x \\[2mm] f_3(y) = \dfrac{2E_0}{ql^2} \int_0^l u_{y-0} \mathrm{d}x \\[2mm] f_4(y) = \dfrac{3E_0}{ql^2} \int_0^l v_{y-0} \mathrm{d}x \end{array} \right\} \tag{18}$$

下面分别计算：

（一）影响系数 $f_1(y)$ 和 $f_2(y)$

如图4所示，在半平面内部，深度为 $y_i$，相距水平距离 $2l$ 处作用一对水平集中力 $Q$，利用富里哀变换[2]，求得表面 $y=0$ 的位移如下

$$u_{y=0} = \frac{(1+\mu_0)Q}{\pi E_0}\left\{(1-\mu)\ln[\frac{y_i^2+(x+l)^2}{y_i^2+(x-l)^2}]+\frac{y_i^2}{y_i^2+(x+l)^2}-\frac{y_i^2}{y_i^2+(x-l)^2}\right\} \quad (19)$$

$$v_{y=0} = \frac{(1+\mu_0)Q}{\pi E}\left\{(1-2\mu_0)\left[\arctan\left(\frac{x-l}{y_i}\right)-\arctan\left(\frac{x+l}{y_i}\right)+2\arctan\left(\frac{l}{y_i}\right)\right]\right.$$

$$\left.+\frac{y_i(x+l)}{y_i^2+(x+l)^2}-\frac{y_i(x-l)}{y_i^2+(x-l)^2}-\frac{2y_il}{y_i^2+l^2}\right\} \quad (20)$$

代入式（18），得到

$$f_1(y) = \frac{4(1-\mu_0^2)}{\pi}\left\{\ln\left(\frac{4l^2+y^2}{l^2+y^2}\right)+\frac{(3-2\mu_0)y}{(1-\mu_0)l}\times\left[\frac{1}{2}\arctan\left(\frac{2l}{y}\right)-\arctan\left(\frac{l}{y}\right)\right]\right\} \quad (21)$$

$$f_2(y) = \frac{6(1+\mu_0)}{\pi}\left\{\frac{(1-\mu_0)y}{2l}\ln\left(\frac{y^2+4l^2}{y^2}\right)-(1-2\mu_0)\left[\arctan\left(\frac{2l}{y}\right)-\arctan\left(\frac{l}{y}\right)\right]-\frac{yl}{y^2+l^2}\right\} \quad (22)$$

现在利用弹性力学中熟知的公式来校核上述公式。在半平面表面上（$y=0$）相距 $2l$ 处各作用一水平集中力 $Q$，在 $-l \leqslant x \leqslant l$ 范围内表面应力为[3]

$$\sigma_x = \frac{2Q}{\pi}\left(\frac{1}{l+x}+\frac{1}{l-x}\right), \sigma_y = 0$$

由 $u = \frac{1-u_0^2}{E}\int\sigma_x dx$ 及式（15）求出的 $K_1$ 与式（21）给出的 $f_1(0)$ 完全一致。

（二）影响系数 $f_3(y)$ 和 $f_4(y)$

如图5所示，在线力 $q$ 作用下，半平面表面 $y=0$ 上的位移为

$$u_{y=0} = \frac{(1+\mu_0)q}{\pi E_0}\left\{(1-2\mu_0)\left[(l+x)\arctan\left(\frac{l+x}{y_i}\right)-(l-x)\arctan\left(\frac{l-x}{y_i}\right)\right]\right.$$

$$\left.-\mu_0 y_i\ln\left[\frac{y_i^2+(l-x)^2}{y_i^2+(l+x)^2}\right]\right\} \quad (23)$$

$$v_{y=0} = \frac{(1+\mu_0)q}{\pi E_0}\left\{(1-\mu_0)\left[(1+x)\ln(y_i^2+(l+x)^2)+(l-x)\ln(y_i^2\right.\right.$$

$$+(l-x)^2)-2l\cdot\ln(y_i^2+l^2)\right]+(1-2\mu_0)y_i\left[\arctan\left(\frac{l+x}{y_i}\right)\right.$$

$$\left.\left.+\arctan\left(\frac{l-x}{y_i}\right)-2\arctan\left(\frac{l}{y_i}\right)\right]\right\} \quad (24)$$

代入式（18），得到

$$f_3(y) = \frac{2(1+\mu_0)}{\pi}\left\{(1-2\mu_0)\left[\left(\frac{4l^2+y^2}{2l^2}\right)\arctan\left(\frac{2l}{y}\right) - \left(1+\frac{y^2}{l^2}\right)\arctan\left(\frac{l}{y}\right) + \frac{2\mu_0 y}{l}\right.\right.$$

$$\left.\left.\ln\left(\frac{y^2+4l^2}{y^2+l^2}\right) + \frac{4\mu_0 y^2}{l^2}\left[\frac{1}{2}\arctan\left(\frac{2l}{y}\right) - \arctan\left(\frac{l}{y}\right)\right]\right]\right\} \tag{25}$$

$$f_4(y) = \frac{6(1+\mu_0)}{\pi}\left\{\frac{(1-2\mu_0)y}{l}\left[\arctan\left(\frac{2l}{y}\right) - \arctan\left(\frac{l}{y}\right)\right]\right.$$

$$\left. + (1-\mu_0)\left[\ln\left(\frac{y^2+4l^2}{y^2+l^2}\right) - 1\right] + \frac{\mu_0 y^2}{4l^2} - \ln\left(\frac{y^2+4l^2}{y^2}\right)\right\} \tag{26}$$

利用线力作用于半平面表面（$y=0$）的已知解，对上述公式进行了校核，证明结果无误。图 6 中的曲线系根据基础泊松比 $\mu_0 = 0.20$ 计算的。

# 五、结束语

基础温度变形对上部结构的温度应力是有影响的。但这种影响并不能用从基础温差中扣除基础表面温度或扣除基础表层一定范围内的平均温度的办法来解决，本文提供了一个合理而简便的方法，可以计算基础温度变形对上部结构温度应力的影响。

参 考 文 献

［1］朱伯芳，等. 水工混凝土结构的温度应力与温度控制. 北京：水利电力出版社，1976.

［2］I.N. Sneddon. Fourier Transforms，1951.

［3］S. Timoshenko and J.N. Goodier，Theory of Elasticity，1951.

# 大体积混凝土施工过程中受到的日照影响[1]

**摘　要：** 目前在确定坝体稳定温度场边界条件时已考虑日照影响，在计算混凝土施工过程中的温度场时，尚未考虑日照影响，实际上这种影响是很大的。本文给出其计算方法。

**关键词：** 大体积混凝土；浇筑仓面；日照影响

# Influence of Solar Radiation on Temperature of Mass Concrete in the Process of Construction

**Abstract:** At present, the influence of solar radiation has been considered in determining the boundary condition of the final steady temperature field of concrete dams but has not been considered in computing the temperature variations of mass concrete in the process of construction. Practically, this influence is very remarkable. The method of computation is given in this paper.

**Key words:** Mass concrete, Lift surface, Solar radiation

## 一、前言

日照对混凝土温度场的影响是很大的。据笔者所知，目前在确定坝体稳定温度场边界条件时已考虑日照影响，在计算施工过程中的温度场时，尚未考虑日照影响。实际上，这种影响是很大的，本文给出它的计算方法。

到达地面的太阳辐射能与日照角度及天空云量有关。日照角度越小（如早晨及傍晚），则在大气中经过的路程越长，被吸收的能量也越多。云量越大，被吸收的能量也越多。投射到物体表面的能量还与入射角（入射线与表面法线的夹角）有关。辐射能到达物体表面以后，一部分被反射，一部分被吸收。吸收系数与表面粗糙度有关，混凝土表面的吸收系数约为0.65。

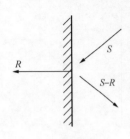

图 1　混凝土表面

对于受日照的表面，在计算温度场时必须考虑太阳辐射热的影响。设在单位时间内在单位面积上，太阳辐射来的热量为 $S$，其中被混凝土吸收的部分为 $R$，剩余的被反射的部分为 $S-R$（图1），则有

$$R=\alpha_s S \tag{1}$$

式中：$\alpha_s$ 为吸收系数，或称黑度系数，对于混凝土表面，$\alpha_s \cong 0.65$

---

[1]　原载《水力发电学报》1999 年第 3 期。

考虑太阳辐射热以后，温度场的边界条件为[1]

$$-\lambda\frac{\partial T}{\partial n}=\beta(T-T_a)-R \tag{2}$$

或

$$-\lambda\frac{\partial T}{\partial n}=\beta\left[T-\left(T_a+\frac{R}{\beta}\right)\right] \tag{3}$$

式中：$\lambda$ 为混凝土的导热系数；$n$ 为表面外法线；$\beta$ 为混凝土表面放热系数；$T_a$ 为空气温度；$R$ 为混凝土表面吸收的太阳辐射热。

比较式（2）、式（3）两式，可见太阳辐射热的影响相当于气温增高如下

$$\Delta T_a=\frac{R}{\beta} \tag{4}$$

混凝土表面放热系数 $\beta$ 与风速有关，可表示如下

$$\beta=23.9+4.50v, \text{ kJ/（m}^2\cdot\text{h}\cdot\text{℃）} \tag{5}$$

式中：$v$ 为风速（m/s）。风速 $v$ 与风力等级 $F$ 的关系笔者建议表示如下：

$$v=0.925F+0.1804F^2, \text{ m/s} \tag{6}$$

例如对于二级风，以 $F=2$ 代入上式，得到 $v=2.57$m/s，由式（5），$\beta=61.1$kJ/（m$^2\cdot$h$\cdot$℃）。

太阳辐射热是随着时间而变化的，变化规律如下：

（1）年平均辐射热：它是全年平均值，当混凝土表面接受的年平均辐射热为 $R$ 时，其影响相当于年平均气温增高了 $R/\beta$ 度。

（2）年变化辐射热：在一般地区变化周期为一年（在赤道地区变化周期为半年），若辐射热的年变幅为 $A_s$，其影响相当于气温变幅增加了 $A_s/\beta$ 度。

（3）日变化辐射热：它接近于一个半波正弦函数。

## 二、平均太阳辐射热

大体积混凝土浇筑仓面很大，通常在 300m$^2$ 以上，而层厚只有 1.5～3.0m，所以日照影响主要反映在浇筑层水平顶面上。

表 1 给出了晴天太阳辐射热的各月平均值 $S_0$，阴天的太阳辐射热 $S$ 由下式给出：

$$S=S_0(1-kn) \tag{7}$$

式中：$S$ 为阴天太阳辐射热；$S_0$ 为晴天太阳辐射热；$n$ 为云量；$k$ 为系数，见表 2。

算例：当地纬度 30°，平均云量 $n=0.20$，表面放热系数 $\beta=80$kJ/（m$^2\cdot$h$\cdot$℃），由表 1，年平均 $S_0=1066.8$kJ/（m$^2\cdot$h），由表 2，$k=0.68$，由式（5）

$$S=1066.8（1-0.68\times0.20）=921.7 \text{ [kJ/（m}^2\cdot\text{h）]}$$

设吸收系数为 0.65，则

$$R/\beta=0.65\times921.7/80=7.49（℃）$$

即日照的影响相当于年平均气温增高 7.49℃。

12 月日照最弱            $S_0=641.5$kJ/（m$^2\cdot$h）

$$R/\beta=4.50℃$$

6 月日照最强            $S_0=1366.5$kJ/（m$^2\cdot$h）

$$R/\beta=9.59℃$$

年变幅：$A = (9.59-4.50)/2 = 2.55℃$

因此，日照影响相当于年平均气温增加 $7.49℃$，气温年变幅增加 $2.55℃$。

如果云量按月变化，也可以按月分别计算。

**表 1** 晴天太阳辐射热 $S_0$ 的月平均值 [kJ/（m² · h）]

| 纬度＼月份 | 1 | 2 | 3 | 4 | 5 | 6 | 7 | 8 | 9 | 10 | 11 | 12 | 全年平均 |
|---|---|---|---|---|---|---|---|---|---|---|---|---|---|
| 80 | 0 | 0 | 140.0 | 558.2 | 1007.3 | 1180.4 | 1063.6 | 607.8 | 209.3 | 22.5 | 0 | 0 | 401.5 |
| 75 | 5.6 | 37.4 | 225.1 | 651.3 | 1052.3 | 1215.3 | 1108.6 | 692.2 | 308.2 | 95.7 | 11.6 | 0 | 453.1 |
| 70 | 11.3 | 87.2 | 326.4 | 738.5 | 1091.7 | 1244.4 | 1142.4 | 771.0 | 407.1 | 168.8 | 11.6 | 0 | 504.7 |
| 65 | 45.0 | 155.8 | 427.7 | 819.9 | 1131.1 | 1273.5 | 1181.8 | 849.7 | 511.7 | 253.2 | 87.2 | 22.5 | 567.8 |
| 60 | 95.7 | 243.0 | 540.2 | 895.5 | 1170.5 | 1296.7 | 1215.0 | 922.9 | 610.6 | 343.3 | 151.2 | 67.5 | 630.9 |
| 55 | 168.8 | 348.9 | 647.2 | 965.3 | 1209.9 | 1320.0 | 1243.7 | 999.6 | 715.2 | 433.3 | 238.4 | 129.4 | 705.4 |
| 50 | 264.5 | 467.3 | 759.7 | 1035.1 | 1243.7 | 1337.5 | 1266.2 | 1058.0 | 825.7 | 540.2 | 337.3 | 213.8 | 780.0 |
| 45 | 371.4 | 585.6 | 866.6 | 1104.9 | 1271.8 | 1354.9 | 1288.7 | 1131.1 | 930.4 | 652.8 | 447.8 | 320.8 | 860.3 |
| 40 | 489.6 | 716.5 | 956.7 | 1163.0 | 1288.7 | 1366.5 | 1305.6 | 1187.4 | 1023.4 | 754.1 | 564.1 | 433.3 | 940.6 |
| 35 | 607.7 | 847.3 | 1041.1 | 1221.2 | 1294.3 | 1366.5 | 1311.2 | 1226.8 | 1093.2 | 849.7 | 686.2 | 540.2 | 1009.4 |
| 30 | 714.6 | 947.0 | 1097.3 | 1256.0 | 1294.3 | 1366.5 | 1311.2 | 1249.3 | 1151.4 | 928.5 | 790.8 | 641.5 | 1066.8 |
| 25 | 804.7 | 1028.0 | 1142.4 | 1267.7 | 1288.7 | 1360.7 | 1299.9 | 1254.9 | 1192.1 | 990.4 | 872.3 | 737.2 | 1106.9 |
| 20 | 872.2 | 1090.3 | 1170.5 | 1267.7 | 1271.8 | 1331.4 | 1277.4 | 1136.7 | 1221.2 | 1041.1 | 947.8 | 816.0 | 1129.8 |
| 15 | 934.1 | 1140.1 | 1181.8 | 1256.0 | 1238.0 | 1290.9 | 1243.7 | 1226.8 | 1227.0 | 1080.5 | 1006.0 | 883.5 | 1141.3 |
| 10 | 979.2 | 1183.8 | 1181.8 | 1238.6 | 1193.0 | 1232.8 | 1193.0 | 1193.0 | 1277.0 | 1103.0 | 1046.7 | 934.1 | 1141.3 |
| 5 | 1012.9 | 1214.9 | 1170.5 | 1209.2 | 1148.0 | 1151.4 | 1131.1 | 1153.6 | 1209.5 | 1119.9 | 1081.6 | 973.5 | 1129.9 |
| 0 | 1041.1 | 1233.6 | 1147.9 | 1174.6 | 1080.5 | 1046.7 | 1052.3 | 1103.0 | 1186.3 | 1125.5 | 1104.9 | 1012.9 | 1106.9 |

**表 2** 系 数 $k$

| 纬度 | 75 | 70 | 65 | 60 | 55 | 50 | 45 | 40 | 35 | 30 | 25 | 20 | 15 | 10 | 5 | 0 |
|---|---|---|---|---|---|---|---|---|---|---|---|---|---|---|---|---|
| $k$ | 0.45 | 0.50 | 0.55 | 0.60 | 0.62 | 0.64 | 0.66 | 0.67 | 0.68 | 0.68 | 0.68 | 0.67 | 0.67 | 0.66 | 0.66 | 0.65 |

# 三、混凝土浇筑仓面上太阳辐射热影响计算

大体积混凝土通常是露天浇筑的，混凝土浇筑温度受日照影响相当于气温增高了 $R/\beta$，在已知 $R$ 时，其影响不难计算，困难在于不易取得 $R$ 的实测资料。下面笔者提出一个方法，利用表 1 和表 2 来进行计算。为此，我们需要假定太阳辐射热在一天之内的分布规律。

## 1 余弦分布

如图 2（a）所示

$$\left. \begin{array}{l} 当 -P_s/2 \leqslant \tau \leqslant P_s/2 时，S = A_s \cos\left(\dfrac{\pi\tau}{P_s}\right) \\ 当 \tau > P_s/2 时，S = 0 \end{array} \right\} \tag{8}$$

式中：$P_s$ 为日照时间。

积分后可知

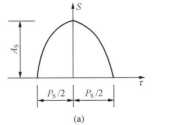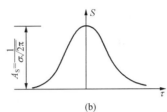

图 2　太阳辐射热的昼夜分布

（a）余弦分布；（b）正态分布

$$A_s/S_0 = 12\pi/P_s \tag{9}$$

若 $P_s=12\text{h}$，则 $A_s/S_0=\pi$，若 $P_s=14\text{h}$，则 $A_s/S_0=12\pi/14=2.69$。

日照时间 $P_s$ 与季节及纬度有关，见表 3[2]。除了春分、秋分、冬至、夏至 4 个特定时间外，对于其他时间的日照时间，笔者建议按下式计算

$$P_s = 12.0 + \frac{1}{2}\Delta P \sin\left[\frac{\pi}{6}(t-2.72)\right] \quad (\text{h}) \tag{10}$$

表 3　　　　　　　　　　　　　　日照时间 $P_s$（h）

| 纬度（北） | 春分、秋分 | 冬至 | 夏至 | $\Delta P$ |
|---|---|---|---|---|
| 30° | 12.0 | 10.0 | 14.0 | 4.0 |
| 40° | 12.0 | 9.0 | 15.0 | 6.0 |
| 50° | 12.0 | 8.0 | 16.0 | 8.0 |

式（10）中 $t$ 为日历时间（月），例如，6 月 20 日，$t=5+20/30=5.67$（月），$\Delta P$ 根据纬度由表 3 插值，例如，三峡工程位于北纬 30.8°，由表 3，$\Delta P=4.0+(6.0-4.0)\times(30.8-30.0)/(40.0-30.0)=4.16$（h），由式（10）得到三峡在 6 月 20 日的 $P_s=14.08\text{h}$。

考虑云层的吸收及表面的反射后，混凝土表面吸收的太阳辐射热可表示为

$$\left.\begin{array}{l}\text{当} -P/2 \leqslant \tau \leqslant P_s/2 \text{时},\ R = \alpha_s(1-kn)A_s\cos\left(\dfrac{\pi\tau}{P_s}\right)\\[2mm]\text{当} \tau > P_s/2 \text{时},\qquad R = 0\end{array}\right\} \tag{11}$$

## 2　正态分布

如图 2（b），一天之内，太阳辐射与时间 $\tau$ 的关系如下

$$S = A_s e^{-\tau^2/2\sigma^2} \tag{12}$$

作变换 $\tau = \sqrt{2}\sigma t$，则

$$\begin{aligned}\int_{-\infty}^{+\infty} S\,\mathrm{d}\tau &= A_s\int_{-\infty}^{\infty} e^{-\tau^2/2\sigma^2}\,\mathrm{d}\tau = A_s\sqrt{2}\sigma\int_{-\infty}^{\infty} e^{-t^2}\,\mathrm{d}t\\ &= A_s\sqrt{2}\sigma\sqrt{\pi} = A_s\sqrt{2\pi}\sigma\end{aligned}$$

由此，日平均辐射热 $S_0$ 为

$$S_0 = A_s \sqrt{2\pi}\sigma / 24$$

从而

$$A_s / S_0 = 24/(\sqrt{2\pi}\sigma) = 9.575/\sigma$$

在晴天，日出之前及日落之后，地面上已能接受到一些太阳散射热，设

$$b = \frac{日出前及日落后太阳散射热}{全天太阳辐射热} = 1 - \frac{A_s}{24S_0}\int_{-P_s/2}^{P_s/2} e^{-\tau^2/2\sigma^2}\,d\tau$$

令 $\tau = \sqrt{2}\sigma t$，代入上式，得到

$$b = 1 - \frac{1}{\sqrt{\pi}}\int_0^x e^{-t^2}\,dt = 1 - erf(x)$$

其中 $x = P_s/(2\sqrt{2}\sigma)$，在概率积分表中可查出 $b = 1 - erf(x)$ 值如下：当 $b$ 依次为 0.03、0.01、0.005 时，$x$ 依次为 1.536、1.882、1.986，根据 $x$ 和 $P_s$，可计算 $\sigma$ 如下

$$\sigma = P_s/(2\sqrt{2}x) \tag{13}$$

混凝土表面吸收的太阳辐射热为

$$R = \alpha_s(1 - kn)A_s e^{-\tau^2/2\sigma^2} \tag{14}$$

在晴天，云量 $n=0$，由式（11）、式（14）计算的 $R$ 对称于中午 $\tau=0$；在多云及阴天，若云量随时间而变化，$R$ 不再是对称的。

# 四、算例

下面给出两个算例。

【**算例 1**】 三峡工程，北纬 30.8°，6 月 20 日（$t=5.67$ 月），晴天，风力二级（$F=2$），求太阳辐射热 $S$ 及 $\Delta T_a=R/\beta$。以 $t=5.67$ 月代入式（10），得日照时间 $P_s$ 如下

$$P_s = 12.0 + 2.08\sin\left[\frac{\pi}{6}(5.67 - 2.72)\right] = 14.08(\text{h}) \tag{15}$$

由表 1 查得平均太阳辐射热 $S_0=1362\text{kJ}/(\text{m}^2 \cdot \text{h})$，式（9）

$$A_s = \frac{12\pi S_0}{P_s} = \frac{12\pi \times 1362}{14.08} = 3467 \ [\text{kJ}/(\text{m}^2 \cdot \text{h})]$$

云量 $n=0$，由式（11），混凝土表面吸收的太阳辐射热，在中午的峰值为

$$R_s = \alpha_s(1 - kn)A_s = 0.65 \times (1 - 0.68 \times 0) \times 3647 = 2371 \ [\text{kJ}/(\text{m}^2 \cdot \text{h})]$$

按余弦分布计算，把时间坐标原点移至午夜，由式（11），混凝土表面吸收的太阳辐射热如下

$$R = \begin{cases} 2371\cos\left[\dfrac{\pi(\tau - 12.0)}{14.08}\right] & 当 4.96\text{h} \leqslant \tau \leqslant 19.04\text{h}时 \\ 0 & 当 \tau < 4.96\text{h} 或 \pi > 19.40\text{h}时 \end{cases} \tag{16}$$

风力二级，由式（6），风速 $V=2.57\text{m/s}$，代入式（5），表面放热系数 $\beta=61.1\text{kJ}/(\text{m}^2 \cdot \text{h} \cdot \text{℃})$。由式（4）、式（16）二式，得到太阳辐射热引起的等效气温增量 $\Delta T_a$ 如下

$$\Delta T_a = \frac{R}{\beta} = \begin{cases} 38.8\cos\left[\dfrac{\pi(\tau - 12.0)}{14.08}\right] & 当 4.96 \leqslant \tau \leqslant 19.04\text{h}时 \\ 0 & 当 \tau < 4.96\text{h} 或 \tau > 19.40\text{h}时 \end{cases} \tag{17}$$

式中 $\tau$ 为时间（h），由上式可见，日照的影响相当于中午气温增加了 38.8℃，其影响是显著的，$R$ 的分布见图 3。

【算例 2】 三峡工程，北纬 30.8°，12 月 30 日，晴天风力二级，以 $t=11+20/31=11.65$（月）代入式（10），得 $P_s=9.92$h，由表 1 查得，$S_0=636$kJ/（$m^2 \cdot$ h），由式（9），$A_s=2417$kJ/（$m^2 \cdot$ h），由式（11）$R_s=1571$kJ/（$m^2 \cdot$ h），当天混凝土表面吸收的太阳辐射热如下

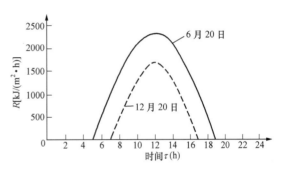

图 3　晴天混凝土表面吸收的太阳辐射 $R$（算例）

$$R = \begin{cases} 1571\cos\left[\dfrac{\pi(\tau-12.0)}{9.92}\right] & \text{当}7.04 \leqslant \tau \leqslant 16.96\text{h} \\ 0 & \text{当}\tau < 7.04\text{h}\text{或}\tau > 16.96\text{h} \end{cases} \quad (18)$$

$R$ 的变化见图 3。

太阳辐射热引起的等效气温增量为

$$\Delta T_a = \frac{R}{\beta} = \begin{cases} 25.7\cos\left[\dfrac{\pi(\tau-12.0)}{9.92}\right] & \text{当}7.04 \leqslant \tau \leqslant 16.96\text{h} \\ 0 & \text{当}\tau < 7.04\text{h}\text{或}\tau > 16.96\text{h} \end{cases} \quad (19)$$

# 五、结束语

在计算混凝土入仓后的温度变化时，为了考虑太阳辐射热的影响，在边界条件中应以 $T_a+\Delta T_a$ 代替气温 $T_a$。从算例可知，夏天中午，日照引起的等效气温增量 $\Delta T_a$ 可达 40℃，足见其影响之大。

**参　考　文　献**

[1] 朱伯芳. 大体积混凝土温度应力与温度控制. 北京：中国电力出版社，1999.
[2] 李申生. 太阳能热利用导论. 北京：高等教育出版社，1989.

# 考虑温度影响的混凝土绝热温升表达式[❶]

**摘　要：** 混凝土绝热温升不但与混凝土龄期有关，还与混凝土的温度有关，目前缺乏较好的表达式，本文提出新的较完善的表达式，可以同时反映龄期、温度和水泥水化完成程度的影响，计算比较方便。文中并提出了根据工程实测温度反演混凝土绝热温升的方法。

**关键词：** 水工材料；绝热温升；试验统计；混凝土；温度影响；龄期

# A Method for Computing the Adiabatic Temperature Rise of Concrete Considering the Effect of the Temperature of Concrete

**Abstract:** The adiabatic temperature rise of concrete depends on the temperature as well as the age of concrete. A method is given for computing the adiabatic temperature rise of concrete taking into account the effect of temperature and age of concrete.

**Key words:** materials for hydraulic engineering, adiabatic temperature rise, experimental statistics, concrete, effect of temperature, age of concrete

混凝土绝热温升是大体积混凝土温度控制的一个重要因素，目前采用的绝热温升表达式有以下几种[1]：$\theta(\tau)=\theta_0(1-e^{-m\tau})$，$\theta(\tau)=\theta_0\tau/(n+\tau)$，$\theta(\tau)=\theta_0[1-\exp(1-a\tau^b)]$，其中 $\tau$ 为龄期，$\theta_0$ 为最终绝热温升，$m$、$n$、$a$、$b$ 等为常数。这些表达式只反映了龄期的影响，没有反映温度的影响，事实上温度对水泥水化反应的速率有重要影响，温度越高，水化反应越快。目前还缺乏比较实用的计算达式。本文提出一套精度较好又比较实用的计算达式。

## 1　全量型表达式

笔者建议用下式表示混凝土绝热温升

$$\theta(\tau,T)=\sum_{i=1}^{n}\theta_{i0}\left[1-\exp\left(-a_iT^{b_i}\tau^{c_i}\right)\right] \tag{1}$$

$$\sum_{i=1}^{n}\theta_{i0}=\theta_0 \tag{2}$$

式中：$\theta(\tau,T)$ 为混凝土绝热温升；$T$ 为混凝土温度；$\tau$ 为混凝土龄期；$\theta_0$ 为混凝土最终绝

---

❶　原载《水力发电学报》2003 年第 2 期。

热温升；$a_i$、$b_i$、$c_i$ 为常数，取决于试验资料。

通常混凝土绝热温升试验是以不同初始温度在绝热条件下进行的，故有

$$T = T_0 + \theta \tag{3}$$

其中：$T_0$ 为初始温度；$\theta$ 为绝热温升。由上式可知

$$\frac{\partial T}{\partial \tau} = \frac{\partial \theta}{\partial \tau} \tag{4}$$

由式（1）、式（4）两式可知，对于绝热温升试验曲线而言，有

$$\frac{\mathrm{d}\theta}{\mathrm{d}\tau} = \sum_{i=1}^{n} k_i \theta_{i0} a_i c_i T^{b_i} \tau^{c_i-1} \exp(-a_i T^{b_i} \tau^{c_i}) \tag{5}$$

$$k_i = [1 - \theta_{i0} a_i b_i T^{b_i-1} \tau^{c_i} \exp(-a T^{b_i} \tau^{c_i})]^{-1} \tag{6}$$

经验表明，式（1）右边只需取一项，与试验资料已经符合得相当好，即

$$\theta(\tau, T) = \theta_0 [1 - \exp(-a T^b \tau^c)] \tag{7}$$

对式（7）取两次自然对数，得到

$$\ln a + c \ln \tau + b \ln T = \ln[-\ln(1 - \theta/\theta_0)] \tag{8}$$

以 $\ln T$ 为横坐标，$\ln[-\ln(1-\theta/\theta_0)]$ 为纵坐标，取 $\tau=\tau_1$ 及 $\tau=\tau_2$，把试验点子画在图上，过试验点子作两条平行直线，由直线斜率可求出 $b$，由两直线在纵坐标上的截距可求出 $a$ 和 $c$。

**【算例1】** 图 1 是通过试验求出的不同初始养护温度下的混凝土绝热温升试验结果[1]，图中 $T=T_0+\theta$，$T$ 为初始养护温度，$\theta$ 为绝热温升，最终绝热温升 $\theta_0=30℃$。

以 $\ln T$ 为横坐标，$\ln[-\ln(1-\theta/\theta_0)]$ 为纵坐标，作图如图 2。考虑到 $\tau=3$d 的试验成果较重要，通过 $\tau=3$d 的试验点子作一直线，如图 2 中实线所示。在此直线上取出 $\ln T=3.0$ 和 $\ln T=4.0$ 两点，得到

$$\tau = 3\mathrm{d}, \quad \ln T = 3.0: \qquad \ln a + c \ln \tau + 3.0 b = -0.460$$

$$\tau = 3\mathrm{d}, \quad \ln T = 4.0: \qquad \ln a + c \ln \tau + 4.0 b = 0.312$$

两式相减，得到 $b=0.772$。

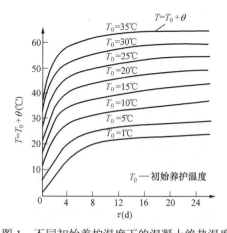

图 1 不同初始养护温度下的混凝土绝热温度

Fig.1 The adiabatic temperature rise of concrete for
different initial temperature

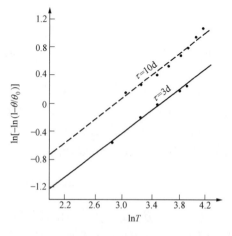

图 2 算例 1

Fig.2 The first example of computation

为了求 $c$ 和 $a$，过 $\tau=10d$ 的点做一直线平行于 $\tau=3d$ 的直线，如图中虚线所示，在两条直线上取出以下两点

$$\ln T = 3.0, \quad \tau = 10d: \quad \ln a + c \times \ln 10 + 3 \times 0.772 = 0.040$$

$$\ln T = 3.0, \quad \tau = 3d: \quad \ln a + c \times \ln 3 + 3 \times 0.772 = -0.460$$

两式相减，得到 $c=0.415$，把 $b$ 和 $c$ 代入上式，得到 $a=0.0395$，由此得到

$$\theta(\tau,T) = 30[1 - \exp(-0.0395T^{0.772}\tau^{0.415})] \tag{9}$$

$$T = T_0 + \theta(\tau, T)$$

计算结果见表1，表中括号内为试验值，由表可见，计算值与试验值符合得相当好。

表 1　　　　　　　　　　　　计算温度与实验温度比较

Table 1　　　　　　　　　　Example of computation：$T = T_0 + \theta(\tau, T)$

| $\tau$ (d) | | 3 | 6 | 10 | 20 |
|---|---|---|---|---|---|
| $T_0$（℃） | 1 | 10.6（10.7） | 17.1（17.8） | 20.9（21.4） | 25.5（26.2） |
| | 5 | 18.1（17.8） | 23.5（23.8） | 26.7（26.6） | 30.1（28.4） |
| | 10 | 26.3（26.6） | 30.6（30.6） | 33.5（33.0） | 36.5（35.8） |
| | 15 | 33.3（33.5） | 37.2（37.1） | 39.7（39.2） | 42.5（42.6） |
| | 20 | 39.7（39.6） | 43.4（43.0） | 45.8（45.7） | 48.1（49.0） |
| | 25 | 45.8（45.4） | 49.4（49.2） | 51.5（51.4） | 53.5（55.0） |
| | 30 | 51.8（51.3） | 55.1（54.6） | 57.1（57.5） | 58.8（60.0） |
| | 35 | 57.8（57.7） | 60.9（61.2） | 62.6（63.4） | 64.0（65.0） |

## 2　增量型表达式

大体积混凝土仿真计算中所需要的是绝热温升增量 $\Delta\theta_n$ 如下

$$\Delta\theta_n = \left(\frac{d\theta}{d\tau}\right)_n \Delta\tau_n \tag{10}$$

而

$$\theta = \sum \left(\frac{d\theta}{d\tau}\right)_n \Delta\tau_n \tag{11}$$

式（5）所给出的 $d\theta/d\tau$ 只适用于在绝热条件下进行的混凝土绝热温升试验资料，实际工程中混凝土温度 $T$ 往往急剧变化，$d\theta/d\tau$ 计算公式应进行适当改变。

影响 $d\theta/d\tau$ 的因素包括：1）混凝土当时温度 $T$；2）混凝土龄期 $\tau$；3）混凝土水化反应累积完成程度，可用 $\theta(\tau)/\theta_0$ 表示。因此，建议用下式表示绝热温升变化速率 $d\theta/d\tau$

$$d\theta/d\tau = \sum_{i=1}^{n} \theta_{i0} m_i T^{\beta_i} \tau^{-s_i} [1 - \theta_i(\tau)/\theta_{i0}]^{\gamma_i} \tag{12}$$

式中 $\theta_{i0}$、$m_i$、$\beta_i$、$s_i$、$\gamma_i$ 等为由试验资料决定的参数。其中 $T^{\beta_i}$ 反映当时温度的影响，$\tau^{-s_i}$ 反映龄期影响，$1 - \theta_i(\tau)/\theta_{i0}$ 反映水泥水化反应累积完成程度的影响。

参数计算方法有以下三种：

## 2.1　用优化方法从绝热温升试验资料计算参数

令：$x_1 = \theta_{10}$, $x_2 = m_1$, $x_3 = \beta_1$, $x_4 = s_1$, $x_5 = \gamma_1$, …

设 $d\theta/d\tau$ 为由式（12）计算的绝热温升变化速率，$d\theta^*/d\tau$ 为由试验曲线通过数值微分求得的绝热温升变化速率，$W$ 为误差平方和，于是可计算参数如下：

求 $x = [\,x_1\ \ x_2\ \ x_3\ \cdots\,]^T$，使

$$\left.\begin{array}{c} W = \sum\left(\dfrac{\mathrm{d}\theta}{\mathrm{d}\tau} - \dfrac{\mathrm{d}\theta^*}{\mathrm{d}\tau}\right)^2 = 极小 \\[2mm] 满足约束：\underline{x}_j \leq x_j \leq \overline{x}_j, j = 1, 2, \cdots \end{array}\right\} \tag{13}$$

式中：$\overline{x}_j$、$\underline{x}_j$ 是 $x_j$ 的上、下限。

## 2.2　从工程实测资料用优化方法反演计算参数

设 $T$ 为根据式（12）给出的 $d\theta/d\tau$ 用有限元法计算的温度，而 $T^*$ 为实测温度，用优化方法可计算参数如下：

求 $x = [\,x_1\ \ x_2\ \ x_3\ \cdots\,]^T$，使

$$\left.\begin{array}{c} W = \sum(T - T^*)^2 = 极小 \\[2mm] 满足约束：\underline{x}_j \leq x_j \leq \overline{x}_j \end{array}\right\} \tag{14}$$

## 2.3　从式（1）决定参数

式（12）是适用于普遍情况的公式，当然也适用于绝热温升试验的特殊情况，由式（1）有

$$\theta_i(\tau) = \theta_{i0}[1 - \exp(-a_i T^{b_i}\tau^{c_i})] \tag{15}$$

$$1 - \frac{\theta_i(\tau)}{\theta_{i0}} = \exp(-a_i T^{b_i}\tau^{c_i}) \tag{16}$$

代入式（5）、式（6），得到

$$\frac{\mathrm{d}\theta}{\mathrm{d}\tau} = \sum_{i=1}^{N} k_i\,\theta_{i0}a_i c_i T^{b_i}\tau^{c_i-1}[1 - \theta_i(\tau)/\theta_{i0}] \tag{17}$$

$$k_i = \{1 - \theta_{i0}a_i b_i T^{b_i-1}\tau^{c_i}[1 - \theta_i(\tau)/\theta_{i0}]\}^{-1} \tag{18}$$

对比式（12）、式（17）两式，可知

$$m_i = k_i a_i c_i, \quad \beta_i = b_i, \quad s_i = 1 - c_i, \quad \gamma_i = 1 \tag{19}$$

为提高计算精度，可采用中点法，即在式（17）、式（18）中采用中点龄期 $\tau_{n+0.5} = \tau_n + 0.5\Delta\tau_n$，中点温度 $T_{n+0.5} = T_n + 0.5(\mathrm{d}T/\mathrm{d}\tau)_n$ 和中点绝热温升 $\theta_{i,n+0.5}(\tau) = \theta_{i,n} + 0.5(\mathrm{d}\theta/\mathrm{d}\tau)_n\Delta\tau_n$。这时每一时段计算分为两步：第一步，以 $T_n$、$\tau_{n+0.5}$ 和 $\theta_{i,n}$ 计算 $(\mathrm{d}\theta/\mathrm{d}\tau)_n$；第二步，以 $T_{n+0.5}$、$\tau_{n+0.5}$ 和 $\theta_{i,n+0.5}$ 计算 $(\mathrm{d}\theta/\mathrm{d}\tau)_{n+0.5}$。

如果用式（7）表示混凝土绝热温升，则

$$\frac{\mathrm{d}\theta}{\mathrm{d}\tau} = \theta_0 kac T^b\tau^{c-1}(1 - \theta/\theta_0) \tag{20}$$

$$k = [1 - \theta_0 ab T^{b-1} \tau^c (1 - \theta / \theta_0)]^{-1} \qquad (21)$$

**【算例 2】** 对图 1 所示试验资料，整理得绝热温升表达式（9），$\theta_0 = 30\ ℃$，$a$=0.0395，$b$=0.772，$c$=0.415，代入式（20）、式（21）两式，得绝热温升变化速率如下

$$\frac{\mathrm{d}\theta}{\mathrm{d}\tau} = 0.4918 k T^{0.772} \tau^{-0.585} [1 - \theta(\tau)/\theta_0] \qquad (22)$$

$$k = [1 - 0.9148 T^{-0.228} \tau^{0.415} (1 - \theta / \theta_0)]^{-1} \qquad (23)$$

设初始温度 $T_0$=15℃，在绝热条件下养护 6d，在第 6d 温度骤降至 25℃，然后继续绝热养护，由式（22）、式（23）两式用中点法算得混凝土温度如图 3。由图可见，计算温度与实验温度很接近。

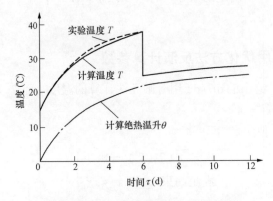

图 3　算例 2　计算的温度与绝热温升

Fig.3　The second example of computation, the computed concrete

temperature and adiabatic temperature rise

# 3　结束语

（1）本文给出的式（7），结构紧凑，又与试验符合得相当好；

（2）实际工程中，由于混凝土温度急剧变化，宜采用增量型计算公式（11）和式（12）；

（3）式（12）中的参数计算方法：（a）从绝热温升试验资料计算，（b）从工程实测温度反演和（c）利用式（7）决定，得到式（17）；

（4）计算成果表明，利用本文方法计算结果与试验资料符合得比较好，计算结果合理，反映了混凝土龄期、混凝土温度和水化反应累积完成程度的影响。

**参 考 文 献**

[1] 朱伯芳. 大体积混凝土温度应力与温度控制 [M]. 北京：中国电力出版社，1999.

# 关于小湾拱坝温度控制的几点意见<sup>❶</sup>

**摘　要**：建议增加中期冷却，共进行三次冷却。接缝灌浆前坝体冷却期高度$\Delta H$应不小于底宽$L$的$0.35\sim0.4$倍，即$\Delta H/L\geqslant0.35\sim0.4$。为了减小运行期拱坝拉应力，建议调整等效温度，在上下游方向形成不大于$3℃$的封拱温度差。实施方法是固定通水方向或者上下游方向布置$2\sim3$根水管，并采用同时开始冷却先后停水方式。

**关键词**：三次冷却；冷却高度控制：封拱时上下游温差控制

# Suggestions for Temperature Control of Xiaowan Arch Dam

**Abstract:** It is suggested to take three stages of pipe cooling and $\Delta H/L\geqslant0.35\sim0.4$, where $\Delta H$ is the height of pipe cooling before joint grouting and $L$ is the width of dam block. In order to reduce the tensile stress of the dam in the period of operation, it is suggested to make the temperature at the upstream surface be lower than that at the downstream surface by $3℃$. This temperature difference may be achieved by fixing the direction of cooling water or 2 or 3 cooling pipes are arranged in the same lift of concrete which are cooled at the same time but ended at different time.

**Key words:** pipe cooling of three stages, control of height of cooling, temperature difference between upstream and downstream surface

## （一）关于抗裂安全系数

混凝土坝抗压安全系数$\kappa=4.0$，数值较大，所以实际工程中没有出现过被压坏的坝。如果抗拉安全系数$\kappa$也取$4.0$，混凝土坝就不会出现裂缝了。但因抗拉强度只有抗压强度的$0.08\sim0.10$倍，取安全系数$4.0$，允许温差非常小，实际上很难做到，因此工程采用的安全系数比$4.0$要低得多，这是混凝土坝出现大量裂缝的根本原因。

SDJ 21—1978《混凝土重力坝设计规范》采用抗裂安全系数$\kappa=1.3\sim1.8$，这个数值是我提出的（规范的这一部分由我编写），当时（20世纪70年代）我国温度控制水平较低，如预冷骨料很少采用，表面保温主要靠草袋，效果很差，当时做过大量试算和国内工程及国外文献的调研，但由于客观条件的制约，安全系数是偏低的。温控计算中极限拉伸和抗拉强度是

---

❶ 本文于2005年4月寄给昆明水电设计院邹丽春副院长。

室内 10cm×10cm 断面小试件并剔除了大于 3cm 骨料的试验结果。大量试验资料表明，大试件全级配混凝土的极限拉伸和抗拉强度只有室内试验成果的 0.6 倍左右，所以 1.3～1.8 的安全系数，换算为原型的安全系数，只有 0.78～1.08，数值明显偏小。当今我国温度控制水平已显著提高，预冷骨料已趋成熟，表面保温普遍采用泡沫塑料，效果好，价值低，而且坝越来越高，目前有条件也有必要适当提高混凝土抗裂的安全系数，这一点目前已成为我国多数温控专家的共识，并准备今后新规范中采用较大的安全系数。在拱坝规范修改之前，同意小湾拱坝目前温控计算中采用 $\kappa=1.80$，但要认识到这一安全系数实际上是较低的，在温控措施上要尽可能做好一些。

（二）关于基础温差

同意昆明院提出的河床坝段和岸坡坝段的允许基础温差表 5-1 及表 5-4。

（三）关于表面保护

同意昆明院提出的坝体上下游面及孔洞部位全年粘贴 30～50mm 厚聚苯乙烯泡沫塑料板保温，这一点在施工过程中应切实做到。

（四）关于水管冷却

小湾拱坝浇筑块长度近 70m，允许基础温差 14℃，为满足温差要求，昆明院建议一期水管冷却时间 30d，由于早期混凝土强度较低，国外一般限制一期水管冷却时间不超过 21d，根据水科院计算结果，如果一期冷却 20d，在接缝灌浆前增加一次中期冷却，即共进行三次冷却，对降低温度应力较为有利，我个人意见，采用三次冷却方法，对抗裂更为有利，费用并不增加，国内以前不少工程也用过三次冷却的方法，如中期冷却用河水，还可节省投资。

混凝土徐变可使温度应力减小，但徐变的产生需要一定的时间，正是由于这个原因，对于同一温差 $\Delta T$，分成多次冷却：$\Delta T = \Delta T_1 + \Delta T_2 + \cdots + \Delta T_n$，冷却次数 $n$ 越多，最大温度应力越小。因此，三次冷却的最大应力比二次冷却为小。除徐变影响外，两次冷却的间隙中，冷却区与未冷却区的热传导，也使最大拉应力有所减小。

（五）关于接缝灌浆前的坝体冷却

（1）在基础约束区，或停歇较久的老混凝土约束区，接缝灌浆前坝体冷却区高度 $\Delta H$ 不能太小，否则由于上下同时约束，将产生过大应力，应按下式控制

$$\Delta H / L \geqslant 0.35 \sim 0.40 \tag{1}$$

式中：$\Delta H$ 为冷却区高度；$L$ 为坝块长度。

（2）在进行接缝灌浆时，上一层的混凝土也应冷却到预定灌浆温度，否则由于上层混凝土的约束，灌缝层的横缝不能充分张开。

（3）关于坝体灌浆温度 $T_{m0}$ 和 $T_{d0}$。平均温度 $T_{m0}$ 适当超冷，有利于减少坝体拉应力，同意目前安排。适当调整等效温度 $T_{d0}$，也可以改善坝体应力，虽然这个概念我在 20 年前（《水力发电》1984，2）就提出来了，但由于过去坝不太高，实际工程中一直未能实现，其实调整 $T_{d0}$ 并不困难，第一种办法是固定冷却水流动方向，300m 长水管，进出口温差有 4～6℃；第二种办法，同一冷却层，用 2～3 根水管，各管采用不同冷却时间，即可控制不同温度；第三种办法是把前两种办法结合起来，效果更好。控制 $T_{d0}$，不增加投资就可改善坝体应力，希望尽可能实现。

（六）其他

昆明院报告中 P40 图 6-1，计算剖面，地基深度取 10m 及向外延拓 10m，似都偏小，应不小于基础浇筑块长度 $L$ 的两倍，即 $2L$。

后记：该坝在施工中曾产生少量裂缝，据分析，主要原因是冷却高度 $\Delta H$ 太小，$\Delta H / L$ 不满足式（1）的要求。

# 第 5 篇

# 混凝土坝数字监控
# Part 5　Numerical Monitoring
# of Concrete Dams

# 大坝数字监控的作用和设想[❶]

**摘　要：** 建议把数字仿真与仪器观测联合起来，以创建安全监控新平台—混凝土坝数字监控。传统的大坝安全监控依靠人工巡视和仪器观测，但混凝土坝应力场十分复杂，仪器观测实际不能给出混凝土的应力场和安全系数。在人工巡视和仪器监控之外，增加数字监控，利用反分析和全坝全过程仿真分析，施工期可给出当时温度场和应力场，并可预报以后的温度场和应力场，如发现问题可及时采取对策，运行期可充分反映施工过程及运行中各项因素的影响，对大坝进行比较符合实际的安全评估，通过反分析，仪器观测资料在数字监控中也得到了充分利用。在目前的条件下，利用一台微机每周上机一次即可完成全部计算，运用方便，所费不多，效益显著。

**关键词：** 数字仿真；仪器观测；反分析；决策支持；混凝土坝；安全监控

# Dam Monitoring by Combination of Numerical Simulation and Instrumental Observation

**Abstract:** At present, the concrete dams are monitored by instruments. The results of instrumental observations are important for monitoring of concrete dams but they can not give the stress field and coefficients of dam safety. Besides the instrumental monitoring, it is suggested to conduct the numerical monitoring of concrete dams. The whole dam and whole course 3D finite element simulation computations are carried out from the beginning of construction to dam operation. During construction，the temperature field and stress field of the dam can be given at any time and the stress field of the dam in operation period may be forecasted. If there is any problem, measures can be taken to avoid accident. The results of instrumental observations are utilized by back analysis. In operation, the numerical monitoring can give the stress field and coefficients of dam safety in which the influences of all the factors in construction and operation are considered.

**Key words:** numerical simulation, instrumental observation, back analysis, decision support, concrete dams, safety control

## 0　前言

随着大坝高度的增加，其应力水平越来越高，安全问题越来越重要。目前，主要依靠

---

❶　原载《大坝与安全》2009 年第 6 期。

仪器观测对大坝进行监控，但它们难以给出大坝的应力场和安全系数，施工阶段难以及时发现问题，运行阶段安全评估时也难以充分反映众多因素的影响。笔者从 2004 年开始，致力于把数字仿真与仪器观测结合起来，对混凝土坝施工期与运行期进行安全预测与评估，2004～2007 年，建成了第一个混凝土高坝施工期温度与应力控制决策支持系统[1]。2006～2007 年首次利用反分析及全坝全过程仿真分析完成了对已建的一座拱坝和一座重力坝的安全评估[2]，获得了良好结果，并首次提出了混凝土坝数字监控的新理念——数字仿真与仪器观测联合创建大坝安全监控的新平台[3, 4]。本文进一步系统阐述混凝土坝数字监控这一新理念。

在混凝土坝的设计、施工和运行管理中，数字仿真和仪器观测是两个强有力的工具，但过去是由不同人在不同的时间分别进行的。它们各具优缺点，因此，它们所发挥的作用受到了很大限制。混凝土坝的数字监控从工程开工、施工到运行期，同时进行数字仿真和仪器监测，使两者优势互补，发挥 1+1>2 的作用。笔者深信，经过不断努力，数字监控将使大坝安全监控的面貌发生深刻变化。

# 1 仪器监测的优势与不足

## 1.1 仪器监测的优势

通过仪器监测，可以了解大坝的实际工作状态，可以求得大坝变位、应力、温度、扬压力、接缝开度等，为人们判断大坝工作状态是否正常提供了依据。

## 1.2 仪器观测的不足

由于投资、埋设、观测、资料整理等诸多因素的制约，很难在每个坝段都埋设大量应变计。实际工程中，绝大多数坝段内是没有应变计的，即使在埋设了应变计的观测坝段，由于测点太少，实际上也不可能求得应力场的全貌。

# 2 数字仿真的优势与不足

## 2.1 数字仿真的优势

数字仿真的优势在于：①可以完全模拟大坝实际施工过程和运行条件，计算大坝实际三维温度场、应力场、渗流场的空间分布及时间变化过程；②可以预报今后的温度场、应力场；③可以进行三维非线性分析，对大坝安全度进行评估；④可以对多个设计方案、施工方案和运行方案进行计算分析。

## 2.2 数字仿真的不足

计算需要一定的概化和假定，计算所用参数与实际可能有一定出入，这些都对计算结果带来一定影响。

# 3 数字监控的重要作用

## 3.1 施工期的作用

大坝施工期长达数年，目前，对大坝施工期中的温度场和应力场实际是不了解的。有些问题本来施工期已经出现，但当时不了解，竣工蓄水后发现问题，已陷于被动之中。有了数字监控，施工过程中可及时了解大坝的温度场和应力场，并可根据当时实际状态及预定的施工计划，预报后续施工期和运行期大坝的温度场、应力场和安全系数，如有问题，可及时发现、及时采取对策予以解决，以预防事故的出现[5, 6]。

奥地利柯茵布兰拱坝坝度 200m，建成蓄水后坝踵产生了第一条严重裂缝，被迫放空水库，采取坝体环氧灌浆、地基内设冰冻帷幕、上游库底建造混凝土防渗护坦等一系列加固措施，再次蓄水后又产生了第二条大裂缝，最后只好在下游修建一座重力拱坝对大坝予以支撑。据龙巴迪的分析，该坝产生裂缝的主要原因是坝踵向上游倒悬过多、施工期自重作用下在下游产生拉应力，引起下游水平裂缝，断面被削减约一半，蓄水后在上游有效断面内产生过大剪应力，在倾斜方向产生了过大的主拉应力，导致坝踵陡倾角大裂缝。如果在施工期进行了数字监控，就可能在施工中发现问题，及时采取措施，预报裂缝的出现，避免后来那种被动局面和极大的损失。

在目前科学技术条件下，实现混凝土坝全坝全过程仿真分析是完全可能的。图 1、图 2 是完全按照施工实况计算的某拱坝施工过程中的温度和应力图[1]。

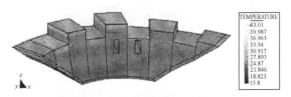

图 1 某拱坝 2004 年 7 月 15 日的温度云图（℃）

Fig.1 Temperature cloud picture of an arch dam on July 15th，2004

图 2 某拱坝 2005 年 1 月 15 日大坝整体第一主应力云图（$10^{-2}$MPa）

Fig.2 Cloud picture of integral first principal stress of an arch dam on January 15th，2005

## 3.2 运行期的作用

瑞士车伊齐尔拱坝坝高 156m，正常运行 21 年之后，因在距坝址 1.4km 坝下 400m 深处开挖公路隧洞，引起坝基大范围脱水，导致大坝严重裂缝，被迫放空水库，用 6 年时间进行大规模修补。如果建立了大坝数字监控系统，在开挖公路隧洞之前，进行一次预报计算，就可以避免事故的发生。

目前，运行期仪器观测提供的资料是变位、温度和扬压力，不能提供大坝的实际应力场，因而无法计算大坝安全系数。工程投入运行以后，每隔一定时间需要对坝的安全性进行一次评估，由于仪器观测资料不能给出坝的安全系数，目前实际还是依靠坝工设计规范中的计算方法计算坝的安全系数，但是这些计算方法存在着严重缺点：忽略了施工期温度应力及施工过程对坝体应力影响，只考虑了作用于坝面的水压力而忽略了地基中渗流场的改变地应力、基础处理等对坝体应力的影响；在抗滑稳定分析中只考虑了力的平衡条件，没有考虑应力状态、渗流场及坝体与地基的相互影响，忽略了坝体裂缝及接缝的影响等，因此，计算的安全系数并不能反映坝的真实状态，以致有的工程，虽然施工质量很差、裂缝严重、问题很多，但用传统方法计算出来的安全系数却很高，完全脱离实际。有了大坝数字监控系统以后，大坝施工期和运行期所积累的丰富实际资料都能得到充分反映，在运行期给出的安全评估结果可以充分反映坝的实际历史和现状，比较切合实际，有利于对大坝安全做出符合实际的评估，并从而采取合理的对策。

## 4 数字监控——数字仿真与仪器观测组合的安全监控新平台

鉴于数字仿真与仪器观测各有优势与不足，2006 年，笔者首次提出数字仿真与仪器观测强强联合，创建大坝安全监控的新平台。从大坝开工到运行，在进行仪器观测的同时，不断进行反分析、仿真分析、安全评估和预报，其内容如下[2~4]：

（1）仪器观测：包括温度、变位、应变、扬压力等观测。

（2）材料变形：包括弹性变形、徐变和非线性变形，屈服准则混凝土采用 Willam-Warnke 五参数准则，基岩采用带最大拉应力的 Drucker-Prager 准则，节理和裂缝采用 Mohr-Coulomb 准则，坝体接缝采用有键槽的接缝单元及 Mohr-Coulomb 准则。

（3）全坝全过程仿真计算：从基础开挖开始，完全按照实际施工状态模拟全部坝段、全部施工过程进行三维有限元仿真计算，考虑气候条件、温度控制、接缝开合和灌浆、施工质量、地基开挖和处理、地应力等各项因素的影响。

（4）荷载：包括温度、自重、水压力、渗流场及地应力等。

（5）反分析：由实测资料反算材料实际热学和力学参数。

（6）预报功能：在施工阶段，可根据当时实际状态及预定的施工计划和施工措施，预报后续施工期及运行期的温度场、应力场和安全系数。

（7）决策支持：根据计算结果，对工程决策提供支持。

系统结构见图 3。

## 5 结语

（1）目前混凝土坝监控主要依靠仪器观测，可以提供大坝的变位和扬压力，但不能给出坝体的应力场和安全系数，混凝土坝的安全评估主要依靠坝工设计规范中的传统方法，如用材料力学法计算重力坝应力、多拱梁法计算拱坝应力、刚体极限平衡法计算抗滑稳定，忽略了施工期温度应力、地基渗流场改变、施工过程等许多重要因素的影响，评估结果难以符合实际。

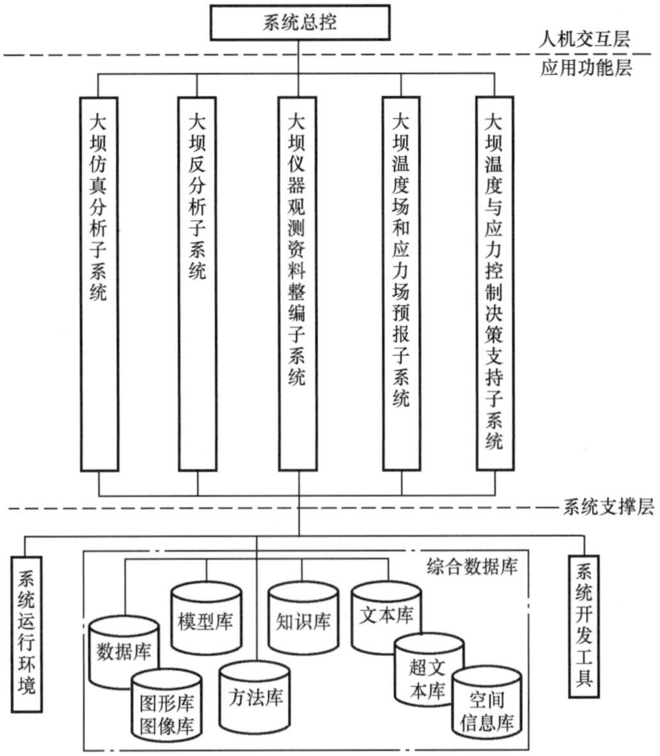

图 3　混凝土坝数字监控系统结构与功能示意图

Fig.3　Structure and functions of numerical monitoring system for concrete dams

（2）鉴于数十年来计算技术和固体力学的巨大进步，建议把数字仿真与仪器观测结合起来，形成混凝土坝安全监控的新平台——数字监控，从工程开工到投入运行，进行仪器观测的同时进行全坝全过程的有限元仿真计算，在施工期即可了解当时各坝块的温度场和应力场，并可根据当时实际状态和施工计划预报后续时间及运行期坝体的应力场和安全系数，如发现问题，可及时采取对策。在运行期，可充分考虑坝体施工过程及各种因素的影响，给出坝体的应力场和安全系数，对坝体给出比较切合实际的安全评估。

（3）通过反分析，仪器观测资料在数字监控中也可得到充分利用。

（4）在目前条件下，利用一台高档微型计算机，每周上机一次即可完成全部计算，实现对混凝土坝的数字监控，运用方便，所费不多，收效显著。

（5）可以预计，数字监控的实现和不断完善，将使混凝土坝安全监控的面貌发生深刻的变化。

## 参 考 文 献

[1] 朱伯芳，张国新，许平，等. 混凝土高坝施工期温度与应力控制决策支持系统 [J]. 水利学报，2008，（1）.

[2] 朱伯芳，张国新，郑璀莹，等. 混凝土坝运行期安全评估与全坝全过程有限元仿真分析 [J]. 大坝与安

全，2007，（6）.

［3］朱伯芳. 混凝土坝的数字监控［J］. 水利水电技术，2008，（2）.

［4］朱伯芳，张国新，贾金生，等. 提高混凝土坝安全监控水平的新途径——数字监控［J］. 水力发电学报，2009，（1）.

［5］朱伯芳. 混凝土坝计算技术与安全评估展望［J］. 水利水电技术，2006，（10）：24-28.

［6］朱伯芳. 混凝土坝安全评估的有限元全程仿真与强度递减法［J］. 水利水电技术，2007，（1）：1-6.

［7］朱伯芳. 混凝土坝理论与技术新进展［M］. 北京：中国水利水电出版社，2009.

# 提高大坝监控水平的新途径
## ——混凝土坝的数字监控[❶]

摘　要：传统的大坝安全监控依靠人工巡视和仪器观测，仪器观测是重要的，但混凝土坝应力场十分复杂，仪器观测实际上不能给出混凝土坝的应力场和安全系数。作者在人工巡视和仪器监控之外，增加数字监控，利用反分析和全坝全过程仿真分析，在施工期可给出当时温度场和应力场，并可预报以后的温度场和应力场，如发现问题可及时采取对策；在运行期，可充分反映施工过程及运行中各项因素的影响，对大坝进行比较符合实际的安全评估，通过反分析，仪器观测资料 在数字监控中也得到了充分利用。在目前的条件下，利用一台微机每周上机一次即可完成全部计算，运用方便，费用不多，效益显著。

关键词：水工结构；数字监控；仿真分析；混凝土坝；反分析；应力场；安全系数

# Numerical Monitoring of Concrete Dams——A New Way for Improving the Safety Control of Concrete Dams

**Abstract**: At present the concrete dams are monitored by instruments. The results of instrumental observations are important for the monitoring of concrete dams, but they can not give the stress field and coefficent of safety of the dam. Besides the instrumental monitoring，it is suggested to conduct the numerical monitoring of concrete dams. The whole dam and whole course of 3D finite element simulation computations are carried out from the starting of construction to the operation period of the dam. At the time of construction, the temperature field and stress field of the dam are given at any time and the stress field of the dam during the operation period can be predicted. If there is any problem, the measures can be taken to avoid any accident. The results of instrumental observations are fully utilized by back analysis. During the operation period, the numerical monitoring can give the stress field and coefficient of safety of the dam in which the influences of all factors during the construction and operation period are considered. Three examples of application are given in this paper.

**Key words**: hydraulic structure, numerical monitoring, simulation computation, concrete dam, back analysis, stress field, coefficient of safety

---

❶　原载《水力发电学报》2009 年 1 期，由作者与张国新，贾金生，许平，郑璀莹联名发表。

目前主要依靠仪器观测对混凝土坝进行监控，仪器观测是重要的，但混凝土坝应力场十分复杂，仪器观测因测点太少实际上难以给出大坝的应力场和安全系数，在施工阶段难以及时发现问题，运行阶段进行安全评估也难以反映众多因素的影响。作者提出在仪器监控之外，增加数字监控，在反分析的基础上，进行全坝全过程有限元仿真分析。在施工阶段，可给出当时的应力场，并可根据当时的大坝实际状态及预定的施工计划预报后期的应力场和安全系数，可及时发现问题，及时采取对策，避免事故。在运行阶段，可充分反映施工过程及运行条件的影响并充分利用观测资料，对大坝作出比较符合实际的安全评估[1~5]。经验表明，数字监控可使大坝安全监控水平有本质上的提高。

# 1 仪器监控难以给出坝体应力场和安全系数

仪器监测是重要的，利用仪器观测资料可以判断大坝工作是否正常，但混凝土坝温度场和应力场十分复杂并依赖于大坝施工和运行的历史，仪器观测只能给出少数测点的值，很难给出大坝温度场和应力场的全貌及发展过程，实际上无法给出大坝安全系数。

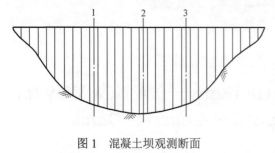

图 1 混凝土坝观测断面

## 1.1 仪器观测断面太少

由于投资、埋设、观测、资料整理等诸多因素的制约，很难在每个坝段都埋设大量应变观测计，如图 1 所示大坝，全部 33 坝段，一般选择 3 个左右观测断面，其他 30 个坝段都设有应变计，也就是说，无论是重力坝或拱坝，实际上，90% 坝段内是没有应变计的。

## 1.2 观测断面内也很难给出温度场和应力场全貌

混凝土坝是分块分层进行浇筑的，由于水泥水化热的作用，混凝土浇筑层内温度变化很剧烈，内部温度高，表面温度低，并随着时间而不断变化，混凝土弹性模量和徐变度也随着时间而变化，而施工期通常长达数年，气温也不断变化，各浇筑层的间歇时间也不断变化，加上人工冷却、表面保温等因素的影响，混凝土坝各浇筑层内温度场和应力场的变化是十分复杂的，在浇筑层面上水平应力还是不连续的，如图 2 所示。大坝接缝的开合与灌浆、自重的施加过程、地应力、基础弹模、基础开挖及处理等对坝体应力也有影响。大坝竣工蓄水时的初始应力场很复杂；蓄水后外界气温和水温的变化及基础变形、渗流场改变等对大坝应力也有较大影响。因此，混凝土坝内的应力场是十分复杂的，应力梯度比较大，要利用应变计观测坝体应力场，每个浇筑层内部都必须布置至少 3 层仪器，如果一个坝段含 100 个浇筑层，必须布置 300 层仪器，实际上目前一般一个坝段只布置 3~4 层仪器，因此，即使在观测剖面内，也无法给出应力场的全貌。

图 3 表示某重力坝三维仿真计算的一个顺河向剖面中第一主应力包络图，由图可见，坝内应力变化是比较复杂的。通常重力坝应变观测仪器布置为[6]：在全部坝段中选择少数几个坝段作为观测坝段，在观测坝段中一般选取一个铅直观测剖面，在其中选取 2~3 个不同高程水平观测截面，每个水平截面设置 2~4 个测点，每一测点设置一组三向、五向或七向应变计。

从图 3 可见，重力坝内实际应力状态十分复杂，这样少的观测仪器不可能掌握坝内应力分布的真实状态，何况 90%坝段内还设有应变观测仪器。

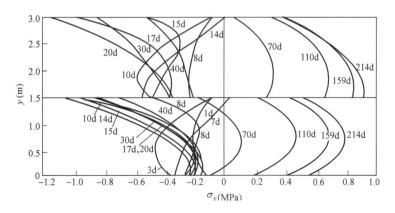

图 2　岩基上 2 层混凝土浇筑块中央断面水平应力 $\sigma_x$ 分布

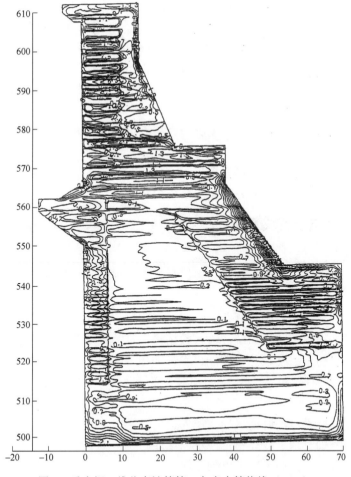

图 3　重力坝三维仿真计算第一主应力等值线（MPa）

综上所述，大坝绝大部分坝段内没有应变计，只有少数几个观测截面埋设应变计，但通常测点太少，而由于分层施工，坝内应力十分复杂，即使在观测断面内，也很难给出坝体应力场和温度场全貌。由于仪器埋设、基准值选取、仪器维护、自生体积变形等一系列原因，到了运行期，应变计可用率较低，不少应变计观测资料难以利用。运行期实际能利用的只有后期变位、扬压力等观测资料，这些资料并不能给出坝的应力场和安全系数。

# 2　数字监控

## 2.1　数字监控内涵

如上所述，仪器观测并不能给出坝的应力场和安全系数，笔者提出，在仪器监控之外，增加大坝的数字监控，内容如下[1~5, 7, 8]：

（1）全坝全过程仿真计算：从基础开挖开始，完全按照实际施工状态，模拟全部坝段、全部施工过程进行三维有限元仿真计算，考虑气候条件、温度控制，施工质量、地基开挖和处理、地应力等各项因素的影响。仿真计算与坝的施工和运行同步进行。

（2）材料变形：包括弹性变形、徐变和非线性变形，屈服准则混凝土采用 Willam-Warnke 五参数准则，基岩采用带最大拉应力的 Drucker-Prager 准则，节理和裂缝采用 Mohr-Coulomb 准则，坝体接缝采用有键槽的接缝单元及 Mohr-Coulomb 准则。

（3）非线性仿真：除了材料非线性变形，还考虑结构非线性变形，如接缝及键槽的开合、超载或降强的破坏等。

（4）荷载：包括温度荷载、自重、水压力、渗流场及地应力等。

（5）反分析：由实测资料反算材料实际的热学和力学参数。

（6）预报功能：在施工阶段，可根据当时实际状态及预定的施工计划和施工措施，预报后续施工期及运行期的温度场、应力场和安全系数。

## 2.2　数字监控的准点及解决方法

数字监控的难点：

（1）计算量大，由于是全坝全过程仿真，包括全部坝段而且是逐层上升，因此计算量特别大。

（2）输入数据数量巨大、关系复杂。常规有限元只需输入单元和结点信息，数据较少，且关系简单。混凝土坝数字监控系统，输入数据量大且关系复杂，包括：坝段、浇筑仓、浇筑层、单元、结点、初始温度、热学性能、水管冷却（间距、管径、水温、流量、始冷、终冷）、立模、拆模、表面保温、风速、太阳辐射、接缝灌浆等，施工过程中，这些条件都在不断地不规则地变化着。

（3）需要特别友好界面，以便现场技术人员可以操作。

（4）由于计算特别复杂，计算稳定性难以保证。

为了克服上述难点，我们采取了下列方法：

（1）建立了高效方程组解法；

（2）建立了适于现场仿真的全新的数据结构；

（3）建立了特别友好的用户界面及丰富的画图功能。

（4）建立了完备的错误检查、错误信息显示功能及强大的容错功能，保证系统能安全、稳定地运行。

## 2.3 更新周期及系统可行性

大坝施工期长达数年，数字监控并不需要每天不停地计算。更新周期 $\tau_0$ 是更新计算数据的周期，$\tau_0$=3～7d，例如，$\tau_0$=7d，新周期开始时，输入前 7d 的气象、浇筑仓号、层号、材料号、初温、拆模、水管冷却、保温等所有资料，程序即自动计算前 7d 内各坝块的温度场和应力场，计算步长 $\Delta\tau$ 以小时计。一个人用一台高档微机一周上机一次即可完成全部计算。

## 2.4 系统的服务对象

混凝土坝数字监控系统，对于混凝土坝的施工单位、运行单位和设计单位都可提供服务。

# 3 数字监控系统在大坝施工期的作用

有的大型混凝土坝工程，虽然施工中采用了预冷骨料、水管冷却、表面保温等各种温控措施，还是出现了不少裂缝，其根本原因就是施工中对大坝的温度场和应力场实际是不了解的，温控措施实施不得法。如果有了数字监控系统，在浇筑混凝土前进行仿真计算，就可以及时发现问题，及时调整温控措施，防止裂缝。

奥地利的柯茵布兰拱坝，高 200m，因坝体向上游倾斜较多，在自重及温度应力作用下，施工期在下游产生了水平裂缝，断面被削减近一半。蓄水后，剪应力集中在未开裂的上游部分并引起较大的主拉应力，坝踵产生两条陡倾角大裂缝，被迫在下游建一拱坝予以支撑，修补费用超过了建坝费用。如果在施工期进行了数字监控，就可能在施工中发现问题，及时采取措施，预防裂缝的出现，避免损失。

某双曲拱坝，高 126m，按照现场施工状态进行了从浇筑第一方混凝土开始至坝体竣工投入运行的全过程温度场和应力场的仿真计算。图 4（a）为 2004 年 7 月的温度云图，（b）为 2005 年 1 月全坝第一主应力云图；图 5 为计算温度与实测温度的比较，两者符合较好。本工程只在施工初期出现很少几条表面裂缝，其后未出现裂缝。

# 4 数字监控在运行期的作用

工程竣工并投入运行后，地质条件、材料特性、受力条件等设计阶段的假定可能有所变化，随着运用时间的延长，材料的老化、裂缝的发展等因素对坝的安全度也可能有一定影响，因此在运行期每隔一定时间需要对坝的安全性进行一次评估。由于坝体观测资料并不能给出坝的应力场和安全系数，实际上还是依靠计算方法求坝的安全系数，目前主要是采用坝工设计规范中的计算方法，例如用材料力学方法计算重力坝的应力，用拱梁分载法计算拱坝应力，用刚体极限平衡法计算坝的抗滑稳定性。这些老方法虽然具有长达七八十年的应用经验，但存在着如下不足之处：

（1）没有考虑施工期温度应力及施工过程对坝体应力的影响；

（2）只考虑了作用于坝面的水压力，没有考虑作用于地基的水荷载及地应力、基础开挖和处理对坝体应力及变形的影响；

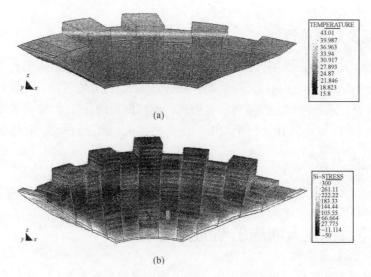

图4 某拱坝施工期仿真计算结果

（a）2004 年 7 月 15 日的温度云图（℃）；（b）2005 年 1 月 15 日大坝整体第一主应力云图（$10^{-2}$MPa）

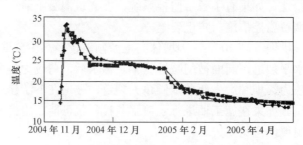

图5 计算温度与实测温度过程线对比

（3）在抗滑稳定分析中采用刚体极限平衡法，只考虑力的平衡条件，没有考虑应力状态及坝体与基础的相互影响；

（4）拱梁分载法采用 Vogt 系数计算基础变位，过于粗略，不能考虑基础渗流场、地应力、断层、节理等多种因素的影响；

（5）忽略了运行期非线性温差的影响；

（6）不能考虑非线性变形及坝体裂缝和接缝的影响。

在坝的施工期和运行期中本来积累了非常丰富的实际资料，但在传统的安全评估方法中都难以利用，使得安全评估的结果不能反映坝的真实状态，以致有的工程虽然施工质量很差、问题很多，但用传统方法计算出来的安全系数却很高，完全脱离实际。

利用混凝土坝数字监控系统，可以克服上述缺点，进行全坝全过程非线性仿真，然后用超载法或降强法求出比较符合实际的坝体安全系数。

某重力拱坝最大坝高 76.3m，坝顶弧长 419m，分为 28 个坝段，工程于 1958 年开工，1962年停工缓建，1968 年复工，1972 年大坝完工，1978 年坝顶加高 1.3m。施工中缺乏温度控制，坝体未充分冷却就进行横缝灌浆，混凝土质量较差，裂缝严重；下游面高程 105m 出现水平裂缝，长超过 300m，深度超过 5m；下游面高程 111.5m 近水平裂缝，长超过 200m，深 10m 以上；坝顶纵向裂缝，深度超过 8m；基础条件复杂，有 4 条大断层。受业主委托，我们对该坝进行了全坝全过程非线性有限元仿真计算，模拟了基础主要断层、坝体全部横缝和主要裂缝，如图 6 所示；先对材料参数进行反分析，然后完全按照实际施工过程进行非线性有限元仿真计算，仿真计算的变位与实测变位的比较见图 7，可见非线性仿真计算的变位与实测变位符合得相当好。该坝也用多拱梁法计算了坝体变位，与实测变位相差较远。根据全坝全过程非线性有限元仿真计算结果，用超载法计算了坝体安全系数。图 8 为超载时破坏分布图。计算结果：考虑应力历史，冬季超载时安全系数 1.80，夏季超载时安全系数 1.91；如不考虑应力历史，超载安全系数为 2.17。该坝按常规拱梁分载法计算的抗压安全系数高达 12.34，与仿真计算冬季超载安全系数 1.80 相比，相差甚远。

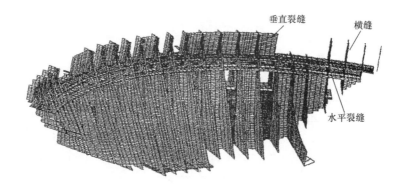

图 6　某重力拱坝仿真计算模型中的横缝和裂缝单元

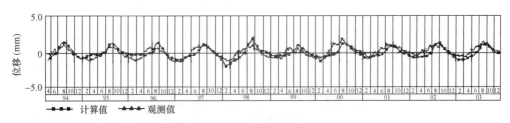

图 7　某重力拱坝有限元仿真计算变位与实测变位比较

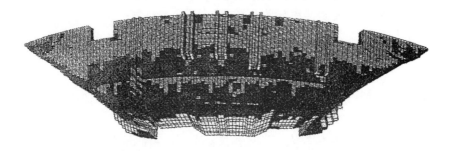

图 8　某重力拱坝超载时坝面破坏图

　　某重力坝 1937 年开工，至 1945 年浇筑 89%混凝土，1948 年复建，1953 年竣工，最大坝高 90.5m（加高后 91.7m），坝体分 3 条纵缝，施工中无冷却措施，纵缝上部无键槽，下部虽有键槽，但未灌浆，混凝土施工质量低，裂缝多。受业主委托，我们对该坝进行分析，首先对弹性模量、导温系数、线胀系数等材料参数进行了反分析，然后模拟大坝实际施工过程做全过程仿真分析，最后做非线性超载分析。计算结果：考虑应力历史及纵缝影响，超载系数为 1.11（冬季）和 1.14（夏季），不考虑应力历史及纵缝影响，超载系数为 1.67，如按现有设计水平、施工水平所建相同断面质量良好的重力坝，超载系数为 3.26，考虑实际情况，在现有断面下游加厚 4m，超载系数为 2.33。

重力坝设计规范规定：按材料力学方法计算时坝踵无拉应力，用有限元计算时上游面拉应力深度与坝底宽度之比不宜超过 0.07，抗滑稳定系数不小于 3.0。在不考虑应力历史及纵缝影响条件下，该坝用材料力学方法计算无拉应力，用常规有限元计算的拉应力深度与坝底宽度之比为 0.02，满足规范要求。抗滑稳定系数 $K'$ 为 2.82，虽略小于 3.0，但相差并不多。总之，该重力坝虽然质量问题较严重，但用现行重力坝设计规范复核，坝体似乎问题不大，显然与实际不符。

# 5 结束语

（1）目前混凝土坝监控主要依靠仪器观测，可以提供大坝的变位和扬压力，但不能给出坝体的应力场和安全系数，混凝土坝的安全评估主要依靠坝工设计规范中的传统方法，如用材料力学法计算重力坝应力、多拱梁法计算拱坝应力、刚体极限平衡法计算抗滑稳定，忽略了施工期温度应力、地基渗流场改变、施工过程等许多重要因素的影响，评估结果难以符合实际。

（2）在仪器监控之外，增加混凝土坝的数字监控，从工程开工到投入运行，进行全坝全过程的有限元仿真计算，在施工期即可了解当时各坝块的温度场和应力场，并可根据当时实际状态和施工计划预报后续时间及运行期坝体的应力场和安全系数，如发现问题，可及时采取对策。在运行期，可充分考虑坝体施工过程及各种因素的影响，给出坝体的应力场和安全系数，对坝体给出比较切合实际的安全评估。

（3）通过反分析，仪器观测资料在数字监控中也可得到充分利用。

（4）在大坝施工过程中，对坝体温度场和应力场有影响的数据，如浇筑仓部位、温度和时间、材料特性、气象、保温、拆模、水管冷却、接缝灌浆等，其数量异常庞大而且杂乱无章，实际经验表明，事后收集整理很困难，缺失的资料也很难补全。混凝土坝的数字监控是与大坝施工同步进行的，这些数据在施工过程中都已收集、整理好并存在计算机内，对于后期的大坝安全评估很有价值。这是混凝土坝数字监控顺便带来的重要好处。

（5）在目前条件下，利用一台高档微型计算机，每周上机一次，即可完成全部计算，实现对混凝土坝的数字监控，运用方便，费用不多，收效显著。

（6）传统的大坝安全监控依靠人工巡视和仪器观测，它们是重要的，但它们不能给出当时的大坝温度场、应力场和安全系数，更不能预报后期的大坝温度场、应力场和安全系数，增加数字监控以后，就可以克服这些缺点，使大坝安全监控水平上一个新台阶。

梁建文、张翼、吕振江、周剑峰等同志也参加了本项工作。

# 参 考 文 献

［1］朱伯芳. 混凝土坝的数字监控［J］. 水利水电技术，2008，（2）：15-18.

ZHU Bofang. Numerical monitoring of concrete dams［J］. Water Resource and Hydropower Engineering，2008，（2）：15-18.（in Chinese）

［2］朱伯芳，张国新，郑璀莹，等. 混凝土坝运行期安全评估与全坝全过程有限元仿真分析［J］. 大坝与安全，2007，（6）：9-12.

ZHU Bofang，ZHANG Guoxin，ZHENG Cuiying，et al. Whole dam and whole course finite element simulation method for safety appraisal of concrete dams in operation period［J］. Dam & Safety，2007，（6）：9-12.（in Chinese）

［3］朱伯芳，张国新，许平，等. 混凝土高坝施工期温度与应力控制决策支持系统［J］. 水利学报，2008，（1）：1-6.

ZHU Bofang，ZHANG Guoxin，XU Ping，et al. The temperature and stress simulation and decision support system for temperature and stress control of high concrete dams ［J］. Journal of Hydraulic Engineering，2008，（1）：1-6.（in Chinese）

［4］朱伯芳. 混凝土坝计算技术与安全评估展望［J］. 水利水电技术，2006，（10）：24-28.

ZHU Bofang. The prospects of computing techniques and safety appraisal of concrete dams［J］. Water Resources and Hydropower Engineering，2006，（10）：24-28.（in Chinese）

［5］朱伯芳. 混凝土坝安全评估的有限元全程仿真与强度递减法［J］. 水利水电技术，2007，（1）：1-6.

ZHU Bofang. Finite element whole course simulation and sequential strength reduction method for safety appraisal of concrete dams［J］. Water Resources and Hydropower Engineering，2007，（1）：1-6.（in Chinese）

［6］DL/T 5178—2003《混凝土坝安全监测技术规范》［S］. 北京：中国电力出版社，2003.

DL/T 5178—2003《Technical specification for concrete dam safety monitoring》［S］. Beijing：China Electric Power Press，2003.（in Chinese）

［7］朱伯芳. 大体积混凝土温度应力与温度控制［M］. 北京：中国电力出版社，1999.

ZHU Bofang. Thermal stresses and temperature control of mass concrete ［M］. Beijing：China Electric Power Press，1999.（in Chinese）

［8］朱伯芳. 有限单元法原理与应用［M］. 2版. 北京：中国水利水电出版社，2004.

ZHU Bofang. The finite element method theory and applications ［M］. Beijing：China Water Power Press，2004.（in Chinese）

# 混凝土坝的数字监控[❶]

**摘　要：** 本文提出一个新的理念：混凝土坝的数字监控。目前大坝监控依靠仪器，仪器观测资料对于监控大坝工作状态是重要的，但它们不能给出大坝的应力场和安全系数，因此，笔者建议在仪器监控之外，增加数字监控，利用全坝全过程仿真分析，在施工期即可给出当时温度场和应力场，并可预报运行期的温度场、应力场及安全系数，如发现问题可及时采取对策；在运行期可以充分反映施工中各项因素的影响，对大坝做出比较符合实际的安全评估。通过反分析，仪器观测资料在数字监控中也得到利用。在数字监控的基础上，适当扩充，可以建立数字大坝，有利于大坝的管理。在目前条件下，利用一台微机每周上机一次，即可完成全部计算，运用方便，所费不多，收效显著。

**关键词：** 混凝土坝；数字监控；大坝安全

## Numerical Monitoring of Concrete Dams

**Abstract:** At present the concrete dams are monitored by instruments. The results of instrumental observations are important for the monitoring of concrete dams but they can not give the stress field and coefficient of safety of the dam. Besides the instrumental monitoring, it is suggested to conduct the numerical monitoring of concrete dams. The whole dam and whole course 3D finite element simulation computations are carried out from the starting of construction to the operation period of the dam. At the time of construction, the temperature field and stress field of the dam are given at any time and the stress fied of the dam at the operation period may be forecasted. If there is any problem measures may be taken to avoid any accident. The results of instrumental observations are utilized by back analysis. In the operation period, the numerical monitoring can give the stress field and coefficient of safety of the dam in which the influences of all the facters in the construction and operation period are considered.

**Key words:** concrete dam, numerical monitoring, safety of dam

## 1　前言

随着大坝高度的增加，其应力水平越来越高，安全问题越来越重要，目前主要依靠仪器观测对大坝进行监控，仪器观测资料对监控大坝工作状态是重要的，但它们难以给出大坝的

---

❶　原载《水利水电技术》2008 年第 2 期。

应力场和安全系数，在施工阶段难以及时发现问题，运行阶段进行安全评估时也难以充分反映众多因素的影响。笔者建议在仪器监控外，增加大坝数字监控，在反分析的基础上，进行全坝全过程有限元仿真分析。在施工期间，可给出当时的温度场和应力场，并可根据当时大坝实际状态及预定的施工计划预报运行期的应力场和安全系数[1, 2]，如发现问题可及时采取对策，避免出现事故。在运行期，可以充分反映施工过程各项因素的影响及仪器观测资料，对大坝作出比较切合实际的安全评估。利用数字监控，适当扩充，还可以建立数字大坝，有利于大坝的管理。在目前条件下，用一台微机，每周上机一次，即可完成全部计算，运用方便，所费不多，收效显著。

# 2 仪器监测的不足

目前大坝监控主要依靠仪器观测，仪器观测是重要的，利用其观测资料可以判断大坝工作是否正常，但仪器监测也存在着不足，它很难给出大坝的温度场、应力场和安全系数。

## 2.1 仪器观测断面太少

由于投资、埋设、观测、资料整理等诸多因素的制约，很难在每个坝段都埋设大量应变观测计，如图 1 所示大坝，全部 30 坝段，一般选择 3 个左右观测断面，其他 27 个坝段都设有应变计，也就是说，无论是重力坝或拱坝，实际上，绝大部分坝段内是没有应变计的。

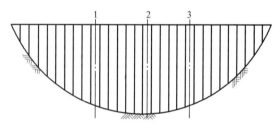

图 1 混凝土坝观测断面

## 2.2 观测断面内也很难给出温度场和应力场全貌

混凝土坝是分块分层进行浇筑的，由于水泥水化热的作用，混凝土浇筑层内温度变化很剧烈，内部温度高，表面温度低，并随着时间而不断变化，混凝土弹性模量和徐变度也随着时间而变化，而施工期通常长达数年，气温也不断变化，各浇筑层的间歇时间也不断变化，加上人工冷却、表面保温等因素的影响，混凝土坝各浇筑层内温度场和应力场的变化是十分复杂的。大坝接缝的开合与灌浆、自重的施加过程、地应力、基础弹模、基础开挖及处理等对坝体应力也有影响。大坝竣工蓄水时的初始应力场很复杂，蓄水后外界气温和水温的变化及基础变形、渗流场改变等对大坝应力也有较大影响。因此，混凝土坝内的应力场是十分复杂的，应力梯度比较大，要利用应变计观测坝体应力场，每个浇筑层内部都必须布置相当数量的仪器，测点必须十分密集，目前工程中在每个观测断面内布置的测点数量太少，即使在观测断面内也远远满足不了观测应力场的需要。

图 2 表示岩基上的 3 层混凝土浇筑块，长 25m，3 层厚度各为 1.50m，层面间歇 7d，浇筑后停歇 200d。用有限元法计算温度和应力，图 3、图 4 分别表示中央断面上的温度和水平应力（$\sigma_x$）分布。由图 3、图 4 可见，各浇筑层内沿厚度方向温度和应力的梯度都比较大，而且由于有初始应力及新老混凝土弹性模量和徐变度的不同，在浇筑层面上，水平应力（$\sigma_x$）是不连续的。为了观测各层的应力场，每个浇筑层应布置 3 排应变计，一个 150m 高的混凝

土坝，如有 100 个浇筑层，一个观测剖面就需布置 300 个水平观测截面，实际上，目前一般只布置了 3 个水平观测截面，只有需要量的 1/100 左右。换句话说，如果观测大坝温度场和应力场，每个观测剖面的仪器需要增加 100 倍左右，实际的可能性极小。

综上所述，可见大坝绝大部分坝段内没有应变计，只有少数几个观测截面埋设应变计，但通常测点太少，而由于分层施工，坝内应力十分复杂，即使在观测断面内，也很难给出坝体应力场全貌。

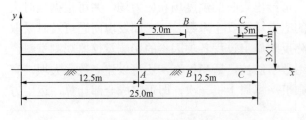

图 2　岩基上 3 层混凝土浇筑块（间歇 7d，层厚 1.5m）

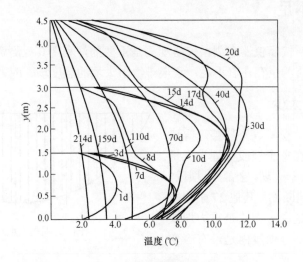

图 3　岩基上 3 层混凝土浇筑块中央断面温度分布

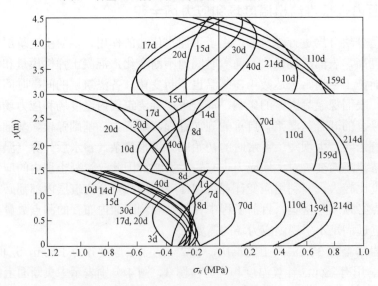

图 4　岩基上 3 层混凝土浇筑块中央断面水平应力（$\sigma_x$）分布

由于仪器埋设、基准值选取、仪器维护、自生体积变形等一系列原因，到了运行期，应变计可用率较低，不少应变计观测资料难以利用。每个测点有 6 个应力分量，需要由 6 个应变测值反算而得到，一个七向应变计组如果有 2 支应变计坏了，该点即无法求出 6 个应力分量。

# 3  数字监控

由上述分析可知，通过仪器观测很难给出大坝的应力场，通常只能给出变位场，但变位场不能给出坝的安全系数。因此，笔者建议：在仪器监控之外，增加大坝的数字监控，其内容如下：

（1）材料变形。包括弹性变形、徐变和非线性变形，屈服准则混凝土采用威兰-沃恩克（Willam-Warnke）五参数准则，基岩采用带最大拉应力的德鲁克-普拉格（Drucker-Prager）准则，节理和裂缝采用摩尔-库仑（Mohr-Coulomb）准则，坝体接缝采用有键槽的接缝单元及摩尔-库仑（Mohr-Coulomb）准则。

（2）全坝全过程仿真计算。从地基开挖开始，完全按照实际施工状态，模拟全部坝段、全部施工过程进行三维有限元仿真计算，考虑气候条件、温度控制、接缝开合和灌浆、施工质量、地基开挖和处理、地应力等各项因素的影响。

（3）荷载。包括温度、自重、水压力、渗流场及地应力等。

（4）反分析。由实测资料反算材料实际热学和力学参数。

（5）预报功能。在施工阶段，可根据当时实际状态及预定的施工计划和施工措施，预报后续施工期及运行期的温度场、应力场和安全系数。

# 4  数字监控的重要作用

## 4.1  施工期的作用

大坝施工期长达数年，目前施工期中，我们对大坝的温度场和应力场实际是不了解的。有些问题本来施工期已经出现，但当时不了解，等到竣工蓄水后，发现问题，已经陷于被动之中。有了数字监控以后，施工过程中可及时了解大坝的温度场和应力场，并可根据当时实际状态及预定的施工计划，预报后续施工期和运行期大坝的温度场、应力场和安全系数。如有问题，可及时发现，及时采取对策予以解决，以预防事故的出现。

如图 5 所示，奥地利的柯茵布兰拱坝，高 200m，建成蓄水后坝踵产生了第一条严重裂缝 1，被迫放空水库，采取坝体环氧灌浆、地基内设冰冻帷幕、上游库底建造混凝土防渗护坦等一系列加固措施，再次蓄水后又产生了第二条大裂缝 2，最后只好在下游修建一座重力拱坝对大坝予以支撑。据龙巴迪的分析，该坝产生裂缝的主要原因是坝踵向上游倒悬过多、施工期自重作用下在下游产生拉应力，引起下游水平裂缝，断面被削减约一半，蓄水后在上游有效断面内产生过大剪应力，在倾斜方向产生了过大的主拉应力，导致坝踵陡倾角大裂缝。如果在施工期进行了数字监控，就可能在施工中发现问题，及时采取措施，预报裂缝的出现，避免后来那种被动局面和极大的损失。

## 4.2  运行期的作用

瑞士泽乌齐尔拱坝，高 156m，正常运行 21 年之后，因在距坝址 1.4km 坝下 400m 深处开挖公路隧洞，引起坝基大范围脱水，导致大坝严重裂缝，被迫放空水库用 6 年时间进行大规模修补，如果建立了大坝数字监控系统，在开挖公路隧洞之前，进行一次预报计算，就可以避免事故的发生。

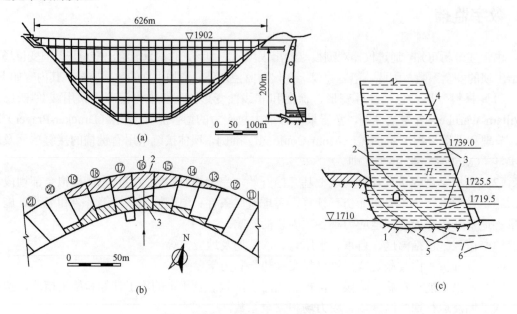

图 5　柯茵布兰拱坝裂缝（高程：m）

（a）纵横剖面；（b）11～21 坝段水平断面（阴影部分为开裂区）；（c）中央坝段断面

1—1978 年裂缝；2—1983 年裂缝；3—下游裂缝；4—水平施工缝；5—龙巴迪推测的开裂线；6—基岩内裂隙；$H$—水平剪力

目前运行期仪器观测提供的资料是变位、温度和扬压力，不能提供大坝的实际应力场，因而无法计算大坝安全系数。但工程投入运行以后，每隔一定时间需要对坝的安全性进行一次评估，因为仪器观测资料不能给出坝的安全系数。目前实际上还是依靠坝工设计规范中的计算方法计算坝的安全系数，但是这些计算方法存在着严重缺点：忽略了施工期温度应力及施工过程对坝体应力影响，只考虑了作用于坝面的水压力而忽略了地基中渗流场的改变、地应力、地基处理等对坝体应力的影响，在抗滑稳定分析中只考虑了力的平衡条件，没有考虑应力状态、渗流场及坝体与地基的相互影响，忽略了坝体裂缝及接缝的影响等。因此，计算的安全系数并不能反映坝的真实状态，以致有的工程，虽然施工质量很差、裂缝严重、问题很多，但用传统方法计算出来的安全系数却很高，完全脱离实际。有了大坝的数字监控系统以后，在大坝施工期和运行期所积累的丰富实际资料都能得到充分反映，在运行期给出的安全评估结果可以充分反映坝的实际历史和现状，比较切合实际，有利于对大坝安全作出符合实际的评估，并从而采取合理的对策。

## 4.3　有利于建立数字大坝

从科技发展趋势看来，笔者认为，今后应着手建立"数字大坝"，用先进的计算机技术、多媒体技术、海量存储技术、网络技术、虚拟现实技术，对一座大坝的各种信息进行高度信息化管理、存储、传输和应用，实现大坝设计、科研、建设、管理的智能化、可视化和网络化。从施工期到运行期的任一时刻，数字大坝系统可以提供历史的、现在的和未来预测的数据。例如，施工期的某一天，可以提供当时的工程形象图、显示当时基础开挖、混凝土浇筑、设备安装等的部位和状态，已浇筑坝块的温度场、应力场、变形场以及一定时间后的预测图。

为了建立数字大坝，需要对水文、地质、施工等等资料进行处理，但最重要最核心的部分是施工过程中各坝块温度场应力场的仿真计算，因此，建立了混凝土坝的数字监控系统，就为建立数字大坝奠定了良好的基础。

# 5  数字监控的可行性

50 年前笔者从事坝工设计时，用拱冠梁法计算拱坝应力，利用手摇机械式计算机要计算好几天，现在用多拱梁法在电子计算机上只需几秒钟即可完成，可见 50 年来计算技术进步之大。

本文所述混凝土坝数字监控，乍听起来似乎很难实现，实际上在当前计算机条件下完全可能实现。利用水科院开发的三维有限元仿真程序[5]，在一台高档微机上即可完成全部计算，所费人力也不多，从实用角度看，大坝施工期长达数年，并不需要每天计算，可以隔几天，例如一个星期计算一次，每周一把上周气象、混凝土浇筑及温控等资料输入计算机，即可自动计算上周内全坝温度场和应力场的变化，因此，占用人力也很少。

# 6  结束语

（1）目前混凝土坝监控主要依靠仪器观测，可以提供大坝的变位和扬压力，但不能给出坝体的应力场和安全系数，混凝土坝的安全评估主要依靠坝工设计规范中的传统方法，如用材料力学法计算重力坝应力、多拱梁法计算拱坝应力、刚体极限平衡法计算抗滑稳定，忽略了施工期温度应力、地基渗流场改变、施工过程等许多重要因素的影响，评估结果难以符合实际。

（2）鉴于数十年来计算技术和固体力学的巨大进步，建议在仪器监控之外，增加混凝土坝的数字监控，从工程开工到投入运行，进行全坝全过程的有限元仿真计算，在施工期即可了解当时各坝块的温度场和应力场，并可根据当时实际状态和施工计划预报后续时间及运行期坝体的应力场和安全系数，如发现问题，可及时采取对策。在运行期，可充分考虑坝体施工过程及各种因素的影响，给出坝体的应力场和安全系数，对坝体给出比较切合实际的安全评估。

（3）通过反分析，仪器观测资料在数字监控中也可得到充分利用。

（4）在目前条件下，利用一台高档微型计算机，每周上机一次，即可完成全部计算，实现对混凝土坝的数字监控，运用方便，所费不多，收效显著。

## 参 考 文 献

[1] 朱伯芳. 混凝土坝计算技术与安全评估展望 [J]. 水利水电技术，2006，（10）：24-28.

[2] 朱伯芳. 混凝土坝安全评估的有限元全程仿真与强度递减法 [J]. 水利水电技术，2007，（1）：1-6.

[3] 朱伯芳. 大体积混凝土温度应力与温度控制 [M]. 北京：中国电力出版社，1999.

[4] 中华人民共和国国家经济贸易委员会. DL/T 5178—2003 混凝土坝安全监测技术规范 [S]. 北京：中国电力出版社，2003.

[5] 朱伯芳，张国新，许平，吕振江. 混凝土高坝施工期温度与应力控制决策支持系统 [J]. 水利学报，2008，（1）.

# 混凝土高坝施工期温度与应力
# 控制决策支持系统●

**摘　要：** 在混凝土坝施工过程中，实际条件与设计假定相比难免有所改变，设计中拟定的温控措施的实际效果，也难免与当初的设想有一定的出入，过去在混凝土坝施工中没有对这些因素的变化进行细致的分析和监控并及时采取相应的措施，这正是实际工程出现裂缝或事故的重要原因。作者建立了混凝土高坝施工期仿真及温度与应力控制决策支持系统，在大坝施工过程中，首先进行反分析，求出混凝土实际热学性能，然后根据实际施工条件和温控措施，对全坝各坝块进行全过程仿真分析，可及时了解大坝各坝块的温度与应力状态以及各种温控措施的实际效果，并可预报竣工后运用期的温度和应力状态，如施工期或运行期有问题，可及时发现并采取措施予以补救，使混凝土坝建设达到更高水平。搜集整理了国内外专家及实际工程的经验，研制了决策支持子系统，为工程决策提供支持。

**关键词：** 混凝土高坝；施工期；温度与应力控制；仿真分析；决策支持系统

# The Temperature and Stress Simulation and Decision Support System for Temperature and Stress Control of High Concrete Dams

**Abstract:** In the construction period of concrete dams, the practical conditions and the actual effects of the measures being taken for temperature control may be different from those assumed in the design. These differences are generally ignored in the past and sometimes lead to cracking or damage in the dams. A temperature and stress simulation computation and decision support system for temperature and stress control of high concrete dams has been established. The practical thermal properties of concrete and the actual effect of temperature control measures are given by back analysis. Then the whole course and whole dam simulation computation of the dam is conducted continuously to give the temperature field and stress field in the period of construction and some calculation in advance will give the temperature and stress field in the operation period. If there are problems they will be discovered at an early date and the remedial measures may be taken as soon as possible with the help of the decision support system to

---

●　原载《水利学报》2007 年第 12 期，由作者与张国新、许平、吕振江联名发表。

prevent cracking or damage of the dam. The system has been applied successfully in the construction of Zhougongzhai arch dam.

**Key words:** high concrete dam, construction period, temperature and stress control, simulation computation, decision support system

# 1 研究背景

在混凝土坝施工过程中，原来设计中假定的条件与实际情况相比难免有些改变；设计中所预定的温控措施的实际效果，也难免与当初的设想有一定出入。过去在混凝土坝施工中对这些因素的变化并没有进行细致的分析与监控并及时采取相应的对策，这正是实际工程中出现事故或裂缝的重要原因。对于混凝土高坝，在施工过程中加强混凝土温度和应力的实时监控和科学管理是十分必要的[1, 2]。

对混凝土高坝而言，影响高坝温度和应力的因素较多，包括：①温度控制措施（混凝土预冷、水管冷却、表面保温、层面冷却等）；②施工时的气候条件；③地质条件；④混凝土质量；⑤混凝土施工进度；⑥混凝土的热学和力学特性；⑦坝体接缝灌浆温度等。由于在实际施工时，有的条件与设计中的预计值相比，往往有所变化，例如，混凝土浇筑进度提前或拖后，水泥或掺合料的特性有一定变化，气候条件发生变化，地质条件的改变等等，这些条件的改变对大坝温度和应力的影响是至关重要的。过去在混凝土坝施工的过程中，往往没有对这些条件的变化进行监测和分析，由于计算技术水平的提高，目前已有可能改变过去的局面，变被动为主动。其办法之一就是建立一个基于混凝土坝温度和应力仿真的施工监控管理决策支持系统，在大坝施工过程中，对大坝的温度及应力状态不断地进行动态仿真和实时监控，根据工地不断变化的实际条件，适时调整工程措施，以防止大坝事故和严重裂缝、及时进行接缝灌浆前的坝体冷却、确保大坝工程进度。

过去在混凝土坝的施工过程中，实际条件有所改变时，其影响如何，事先难以预测，当实际施工结果达不到设计要求时，已铸成事实难以改变。作者针对我国混凝土高坝建设的需要，开发出本文软件系统，从浇筑第一方混凝土开始，在整个施工过程中，根据实际的大坝施工状态、气候条件和温控措施，对全坝各坝块进行仿真分析和实时监控，可及时了解大坝各坝块温度及应力状态及温控措施的实际效果，并可预报大坝竣工后在长期运行期中的温度和应力状态，如施工期或运行期坝体的温度和应力状态有问题，可及时发现并当机立断，采取适当措施予以补救，避免出现事故。本系统的运用，将使混凝土坝建设水平上一个新台阶。

本项目原计划为混凝土高坝施工温度控制决策支持系统，研制过程中增加了系统功能，扩充为混凝土高坝施工及运行期温度与应力控制决策支持系统。

# 2 系统研制的基本思路

本系统的研制按下述基本思路进行：

（1）广泛调研实际工程的具体需求，最大限度地满足实际工程的需要。

（2）面向用户，采用对用户友好的界面，不惜花费大量人力和时间研制较完善的前处理和后处理程序，用户只要填写少量数据，就可由计算机自动生成计算网格及计算所需数据文件，经过计算后，自动输出各种温度和应力的图表曲线，如图1及图2所示。

（3）按软件工程原理进行研制，先进行需求分析和系统的总体设计，然后进行各子系统的设计和调试。

（4）贯彻理论联系实际的原则，系统研制后期，在周公宅拱坝工程中具体应用。

（5）最大限度地方便系统的运行，在正常运行中，每周只需上机一次，将上周气候条件、各新浇筑块的有关数据填入，计算机就可自动运算。

（6）通过联网，当地及外地工程各有关单位均可及时了解本工程混凝土浇筑、混凝土温度场和应力场的有关情况。

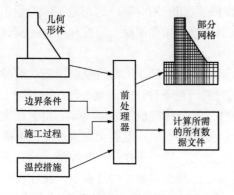
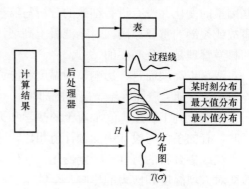

图1　本系统前处理计算流程图　　　　图2　本系统后处理计算流程图

## 3　计算原理

### 3.1　温度场计算

热传导方程为[3]

$$\frac{\partial T}{\partial \tau} = a\left(\frac{\partial^2 T}{\partial x^2} + \frac{\partial^2 T}{\partial y^2} + \frac{\partial^2 T}{\partial z^2}\right) + \frac{\partial \theta}{\partial \tau} \tag{1}$$

式中：$T$ 为温度；$\tau$ 为时间；$\theta$ 为绝热温升；$a$ 为导温系数。

在空间域用等参数有限元离散，得到基本方程如下

$$[H]\{T\} + [R]\left\{\frac{\partial T}{\partial \tau}\right\} + \{F\} = 0 \tag{2}$$

式中：矩阵 $[H]$、$[R]$、$[F]$ 的元素如下

$$\left.\begin{array}{l} H_{ij} = \sum_e (h_{ij}^e + g_{ij}^e) \\[2mm] R_{ij} = \sum_e r_{ij}^e \\[2mm] F_i = \sum_e \left(-f_i \dfrac{\partial \theta}{\partial \tau} - p_i^e T_a\right) \end{array}\right\} \tag{3}$$

其中：$\sum\limits_e$ 表示对与结点 $i$ 有关的单元求和。

$$h_{ij}^e = \iiint\limits_{\Delta R}\left(\frac{\partial N_i}{\partial x}\frac{\partial N_j}{\partial x} + \frac{\partial N_i}{\partial y}\frac{\partial N_j}{\partial y} + \frac{\partial N_i}{\partial z}\frac{\partial N_j}{\partial z}\right)\mathrm{d}x\mathrm{d}y\mathrm{d}z$$

$$r_{ij}^e = \frac{1}{a}\iiint\limits_{\Delta R}N_iN_j\,\mathrm{d}x\mathrm{d}y\mathrm{d}z$$

$$f_i^e = \frac{1}{a}\iiint\limits N_iN_j\,\mathrm{d}x\mathrm{d}y\mathrm{d}z \tag{4}$$

$$g_{ij}^e = \frac{\lambda}{\beta}\iint\limits_{\Delta C}N_iN_j\mathrm{d}s$$

$$p_i^e = \frac{\lambda}{\beta}\iint\limits_{\Delta C}N_i\mathrm{d}s$$

式中：$N_i$、$N_j$ 为形函数；$\Delta R$ 为单元积分子域；$\Delta C$ 为第三类边界上积分子域。

再在时间域采用差分法离散，得到

$$\left([H] + \frac{1}{s\Delta\tau_n}[R]\right)\{T_{n+1}\} + \left(\frac{1-s}{s}[H] - \frac{1}{s\Delta\tau_n}[R]\right)\{T_n\} + \frac{1-s}{s}\{F_n\} + \{F_{n+1}\} = 0 \tag{5}$$

式中：$\{T_{n+1}\}$ 为 $\tau=\tau_{n+1}$ 时的结点温度列阵；$s=0$ 为向前差分，$s=1$ 为向后差分，$s=1/2$ 为中点差分，本系统采用向后差分。

计算中可考虑实际气候条件的变化及各种温控措施，如混凝土预冷、水管冷却、表面保温、拆模、仓面喷雾、层面流水等。

## 3.2　应力场计算

采用三维有限元增量法计算施工过程中的应力，基本方程为[4]

$$[K]\{\Delta\delta_n\} = \{\Delta P_n^L\} + \{\Delta P_n^C\} + \{\Delta P_n^T\} + \{\Delta P_n^O\} \tag{6}$$

$$\{\Delta P_n^C\} = \iiint[B^T][\overline{D}_n]\{\eta_n\}\,\mathrm{d}x\mathrm{d}y\mathrm{d}z \tag{7}$$

$$\{\Delta P_n^T\} = \iiint[B^T][\overline{D}_n]\{\Delta\varepsilon_n^T\}\,\mathrm{d}x\mathrm{d}y\mathrm{d}z \tag{8}$$

$$\{\Delta P_n^O\} = \iiint[B^T][\overline{D}_n]\{\Delta\varepsilon_n^O\}\,\mathrm{d}x\mathrm{d}y\mathrm{d}z \tag{9}$$

式中：$[K]$ 为刚度矩阵；$\{\Delta\delta_n\}$ 为结点位移增量列阵，下标 $n$ 代表第 $n$ 个时段；$\{\Delta P_n^L\}$ 为外荷载引起的结点荷载增量；$\{\Delta P_n^C\}$ 为徐变引起的结点荷载增量；$\{\Delta P_n^T\}$ 为温度变化引起的荷载增量；$\{\Delta P_n^O\}$ 为自生体积变形引起的荷载增量；$[B]$ 为几何矩阵；$[\overline{D}_n]$ 为弹性矩阵；$\{\Delta\varepsilon_n^T\}$ 为温度变形增量；$\{\Delta\varepsilon_n^O\}$ 为自生体积变形增量。

坝体纵横接缝用节理单元模拟，破坏准则为带最大拉应力的摩尔-库仑准则。岩体采用带最大拉应力的德鲁克—普拉格（Drucker-Prager）准则，混凝土采用威兰—沃恩克（Willam-Warnke）五参数准则。混凝土与岩体被拉开，用分布裂缝模拟，混凝土被压碎，则令相应的单元弹性模量取零值。

# 4　系统的主要功能

本系统具有如下功能（见图 3）[5, 6, 7]：

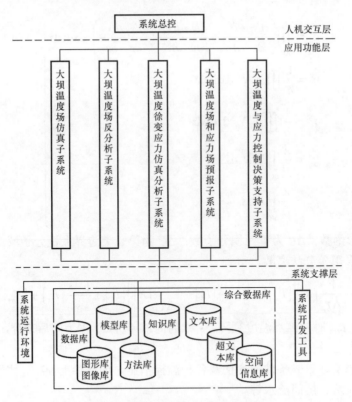

图 3　系统结构与功能示意图

（1）大坝温度场和应力场全过程仿真功能。从浇筑大坝第一方混凝土开始，直到大坝竣工投入运行，完全按照各坝段、各浇筑层的实际浇筑时间、实际材料参数、实际气候条件、实际温控措施和接缝灌浆进度进行三维有限元温度场和应力场仿真计算。

本系统输出成果包括：任意时间大坝已浇筑的实际体形、任意时间的温度状态和应力状态、任意点的温度和应力变化过程线。

（2）大坝温度场反分析功能。在施工过程中，对混凝土热学性能、表面保温效果等进行反分析，求出混凝土实际的热学性能及表面保温实际效果。

（3）大坝温度及应力预报功能。如施工中发现问题，需要改变施工进度和工程措施，可拟定几个不同方案，以当时大坝已浇筑好的混凝土的实际温度场和应力场为起点，根据预定的施工进度及工程措施，进行仿真计算，可预报各坝块以后从施工期到运行期任意时间的温度场和应力场，从而考查预定的工程措施的效果。

（4）大坝温度与应力控制决策支持功能。搜集整理了国内外专家的设计施工和温控经验、规程规范、设计施工准则及工程实例，分类整理，可在计算机上检索，根据仿真分析结果，提供工程咨询服务；实际工程中施工条件、施工进度及温控措施与设计中假定的情况难免有所变化，本系统可考虑施工条件的变化（如施工进度的改变、气候条件及材料特性的改变等），根据拟定的几种不同的温度控制及工程措施（包括混凝土浇筑层厚、间歇时间、混凝土预冷、表面保温、水管冷却、层面散热、混凝土热学与力学特性的改变、坝体孔口、混凝土自重、上下游面水压力及坝体断面等），用三维有限元完全模拟大坝施工过程对施工期和运行期进行仿真计算，分析大坝温度和应力的变化并进行显示和绘图，参照决策支持系统提供的资料，为根据工地实际条件修改大坝施工及温度控制措施及坝体断面和制定大坝灌缝进度作出合理决定。

（5）建立运行平台和综合数据库，对如上图子系统和各种数据进行综合管理。

# 5 在周公宅拱坝工程中的应用

周公宅水库位于浙江宁波鄞县大皎溪干流上，库容 1.12 亿 $m^3$，以供水防洪为主，兼有发电效益。挡水坝为双曲拱坝，最大坝高 126.5m，顶拱弧长 447.1m，是华东地区第一高坝。大坝混凝土总量约 60 万 $m^3$，全坝分为 23 个坝段，混凝土浇筑从 2003 年 12 月开始，2006 年 4 月底结束，2007 年 2 月底坝体接缝灌浆结束。

混凝土高坝施工温度控制决策支持系统应用于周公宅拱坝获得成功[8]，完全按照实际施工状态进行了从浇筑第一方混凝土开始至坝体竣工投入运行的全过程温度场和应力场的仿真计算，图 4 为 2004 年 7 月的温度云图，图 5 为 2005 年 1 月全坝第一主应力云图，图 6 为 2005 年 1 月各坝段顺河向应力云图（原图均为彩色图）。本工程只在施工初期出现很少几条表面裂缝，其后未出现裂缝。

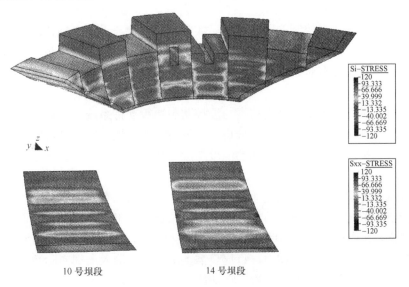

10 号坝段　　　　　　14 号坝段

图 4　周公宅拱坝 2004 年 7 月 15 日的温度云图（℃）

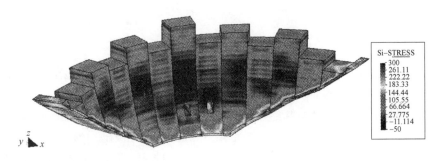

图 5　周公宅拱坝 2005 年 1 月 15 日大坝整体第一主应力云图（$10^{-2}$MPa）

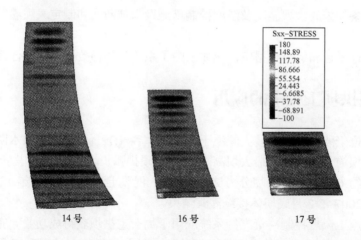

图6　周公宅拱坝 2005 年 1 月 15 日各坝段顺河向应力云图（$10^{-2}$MPa）

## 6　结束语

（1）影响混凝土坝温度控制的因素较多，实际施工时，与设计中预计的条件相比，有些条件难免有所改变；另外，设计中拟定的温控措施的实际效果，也难免与当初的设想有一定的出入，过去在施工中没有对这些条件的变化进行分析并及时采取措施，这正是实际工程中出现事故或裂缝的重要原因。

（2）笔者建立了混凝土高坝施工仿真与温控防裂决策支持系统，根据实际施工条件和工程措施，对全坝各坝块进行全过程仿真分析，可及时了解各坝块的温度与应力状态以及各种工程措施的实际效果，并可预报运行期的温度与应力状态，如施工期或运行期有问题，可及时发现。

（3）本系统具有强大的预报功能，在发现温度或应力状态有问题后，可以现有的温度场和应力场为起点，拟定几种不同的补救方案，按照预定的施工进度和施工条件，预报后来的温度和应力状态，在咨询系统的帮助下，及时选定较好的技术措施，把问题消灭于萌芽状态。

（4）正常情况下，大坝施工期中，每周只需上机一次，输入上周实际数据，计算机即可自动运行。运行期中一般每月上机一次，特殊情况下，可随时上机。

致谢：参加研制工作的还有杨波、梁建文、张翼、周剑峰、魏群、吴龙珅、李玥、郭之章等同志。

## 参 考 文 献

[1] 朱伯芳. 混凝土坝温度控制与防止裂缝的现状与展望 [J]. 水利学报，2006（12）：1424-1432.

[2] 朱伯芳. 建设高质量永不裂缝拱坝的可行性及实现策略 [J]. 水利学报，2006（10）：1155-1162.

[3] 朱伯芳. 大体积混凝土温度应力与温度控制 [M]. 北京：中国电力出版社，1999.

[4] 朱伯芳. 有限单元法原理与应用 [M] 2 版. 北京：中国水利水电出版社，1998.

[5] 朱伯芳、张国新、许平、梁建文、杨波. 混凝土高坝施工温度控制决策支持系统 Simu Dam 2006 开发总结报告 [R]. 中国水利水电科学研究院，2006.

［6］朱伯芳，许平，张国新．混凝土高坝施工温度控制决策支持系统 Simu Dam 2006 使用手册［R］．中国水利水电科学研究院，2006．

［7］张翼，许平．混凝土高坝施工温度控制决策支持系统 Simu Dam 2006 软件测试报告［R］．中国水利水电科学研究院，2006．

［8］张国新，梁建文，吕振江．混凝土高坝施工温度控制决策支持系统 Simu Dam 2006 系统应用范例—周公宅拱坝仿真分析［R］．中国水利水电科学研究院，2006．

[1] ... Spring[M]. 2008.

[2] ... Springer, 2004.

[3] ...

# 第 6 篇

## 混凝土坝仿真分析
## Part 6　Simulating Analysis of Concrete Dams

# 混凝土坝运行期安全评估与全坝全过程有限元仿真分析[❶]

**摘　要**：混凝土坝仪器观测提供的变位、温度、扬压力等资料，对于监控大坝工作状态是有用的，但它们不能给出大坝安全系数。混凝土坝实际应力场十分复杂，应变计测点太少，即使应变观测资料全部有效，也不能给出坝体应力场全貌和安全系数，何况由于种种原因，应变计观测资料实际可利用率不高。在运行期每隔一定时间对坝体需进行一次安全评估，目前主要采用设计规范中规定的计算方法求安全系数，如材料力学方法、拱梁分载法、刚体极限平衡法等，这些都是七八十年以前的老方法，施工期和运行期所积累的丰富资料在计算中难以反映，建议采用全坝全过程有限元仿真方法计算运行期坝体安全系数，可以较好地反映混凝土坝实际安全状态。

**关键词**：混凝土坝；运行期；安全评估；全坝全过程仿真分析；有限元法

## Whole Dam and Whole Course Finite Element Simulation Method for Safety Appraisal of Concrete Dams in Operation Period

**Abstract:** The stress state of concrete dam in the operation period is very complicated while the points of stress-strain observation are very few, thus the safety factor of the dam can not be obtained from the results of observation of strain meters. Practically the safety factors of concrete dam in the operation period are given by computation method stipulated in the design specifications which were developed before 1930. The abundant data accumulated in the period of construction and operation can not be reflected in the computation by these old methods. It is suggested to use the whole dam and whole course simulation finite element method to compute the safety factors in the safety appraisal of concrete dams in the operation period.

**Key words:** concrete dam, operation period, safety appraisal, whole dam and whole course simulation analysis, finite element method

## 1　前言

我国已建混凝土坝的数量早已居世界首位，在建的混凝土坝的高度和数量在全世界更

---

❶　原载《大坝与安全》2007 年第 6 期，由作者与张国新、郑璀莹、贾金生联名发表。

是空前的。但在混凝土坝设计、施工和运行阶段采用的安全评估方法，如重力坝应力分析的材料力学方法、拱坝应力分析的拱梁分载法、抗滑稳定分析的刚体极限平衡法，基本上还是七八十年以前的老方法。空前的建坝规模与陈旧的分析方法之间，存在着巨大的落差。从好的方面来说，这些老方法已运用多年，积累了较多的应用经验，但从本质上来说，这些老方法具有较大缺陷，不能反映大坝实际的应力状态和安全度。因此，我们当前面临的一个重大任务就是如何运用近代计算技术和固体力学的巨大进步，使混凝土坝设计、施工和运行阶段安全评估方法现代化。在文献［1，2，3］中，笔者建议混凝土坝安全评估中采用有限元全程仿真和强度递减法，本文着重讨论在混凝土坝运行期中安全评估方法如何现代化。

## 2 仪器观测成果难以给出大坝安全系数

### 2.1 仪器观测点太少不能给出应力场全貌和安全系数

混凝土坝是分块分层浇筑的，施工过程要经历几个寒暑，由于气温、水化热、温度控制等因素的影响，温度场的变化十分复杂，大坝接缝的开合与灌浆、自重的施加过程、地应力、基础开挖及处理等对坝体应力也有影响，大坝竣工蓄水时的初始应力场很复杂；蓄水后外界水温和气温的变化及基础变形、渗流场等对坝体应力也有较大影响，因此，混凝土坝内的应力场是十分复杂的，应力梯度比较大，要利用仪器观测坝的应力场，测点必需十分密集，目前工程中布置的测点数量太少，远远满足不了观测应力场的需要。

图 1 表示景洪重力坝三维仿真计算的一个顺河向剖面中第一主应力包络图[4]，由图可见，坝内应力变化是比较复杂的。通常重力坝应变观测仪器布置为[5]：在全部坝段中选择少数几个坝段作为观测坝段，在观测坝段中一般选取一个铅直观测剖面，在其中选择 2～3 个不同高程水平观测截面，每个水平截面设置 2～4 个测点，每一测点设置一组三向、五向或七向应变计。从图 1 可见，重力坝内实际应力状态十分复杂，这样少的观测仪器不可能掌握坝内应力分布的真实状态，何况多数坝段内还设有应变观测仪器。

图 2 表示了三维仿真计算的某重力拱坝 18# 坝段中剖面第一主应力包络图[5]，由图可见坝内应力场是十分复杂的。在拱坝应变观测中，通常在拱冠、1/4 拱弧处选择 1～3 个铅直监测断面，在不同高程上选择 3～5 个水平监测截面，其中在厚度方向布置 2～3 个测点[5]。与图 2 所示拱坝应力状态相比，可知依靠这么少的测点要掌握拱坝的应力场实际是不可能的。

按照材料力学方法和拱梁分载法计算的坝体应力状态是比较简单的，但计算中忽略了实际存在的许多重要因素，因此，计算结果与实际情况相去甚远，如图 1、2 所示，实际的应力状态是十分复杂的。

### 2.2 应变计观测资料利用率较低

由于仪器埋设、基准值选取、仪器维护等一系列原因，到了运行期，应变计利用率较低，不少应变观测资料难以利用。每个测点有 6 个应力分量，需要由 6 个应变计测值反算而得到，一个七向应变计组中如有 2 支应变计坏了，该点即无法求出 6 个应力分量。

综上所述，由于坝体应力场十分复杂，观测点太少，即使应变计全部有效，也不可能掌握坝体应力场的变化规律，何况到了运行期仪器测值还有相当部分难以利用。当然只要应变计测值可信，对坝体的监控和计算应力的校核是可以发挥作用的，但依靠应变计求出坝的安全系数是困难的。

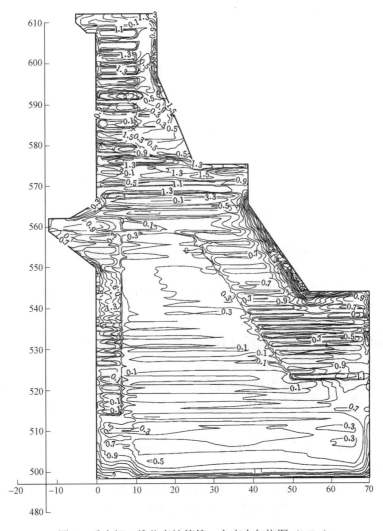

图 1　重力坝三维仿真计算第一主应力包络图（MPa）

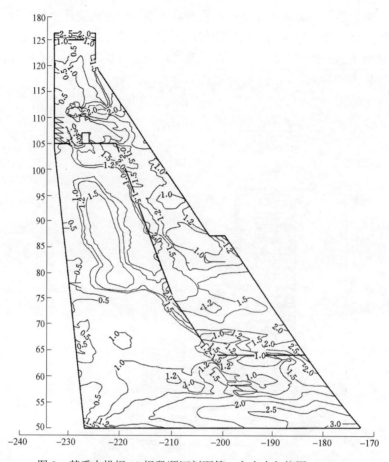

图 2　某重力拱坝 18 坝段顺河剖面第一主应力包络图（MPa）

# 3　现行混凝土坝安全评估方法的不足

　　如上所述，运行期中的混凝土坝，由于测点太少，而坝内应力分布又十分复杂，即使应变观测资料全部有效，也难以给出坝体实际应力状态，实际工程中，由于种种原因，在运行期能够利用的应变观测资料并不多。在运行期可以利用的主要是坝体变位、温度、扬压力等观测资料，这些资料是十分宝贵的，利用它们可以判断坝体工作是否正常，但它们并不能给出坝体安全系数。

　　工程竣工并投入运行后，地质条件、材料特性、受力条件等设计阶段的假定可能有所变化，随着运用时间的延长，材料的老化、裂缝的发展等等因素对坝的安全度也可能有一定影响，因此，在运行期每隔一定时间需要对坝的安全性进行一次评估。由于坝体观测资料并不能给出安全系数，实际上还是依靠计算方法求坝的安全系数，目前主要是采用坝工设计规范中的计算方法，例如，用材料力学方法计算重力坝的应力，用拱梁分载法计算拱坝应力，用刚体极限平衡法计算坝的抗滑稳定性。这些基本上都是七八十年前的老方法，它们虽然具有较长时间的应用经验，但存在着如下不足之处：

　　（1）没有考虑施工期温度应力及施工过程对坝体应力的影响。

（2）只考虑了作用于坝面的水压力，没有考虑作用于地基的水荷载及地应力、地基开挖和处理对坝体应力及变形的影响。

（3）在抗滑稳定分析中采用刚体极限平衡法，只考虑了力的平衡条件，没有考虑应力状态及坝体与基础的相互影响。

（4）拱梁分载法采用 Vogt 系数计算基础变位，过于粗略，不能考虑基础渗流场、地应力、断层、节理等多种因素的影响。

（5）忽略了运行期非线性温差的影响。

（6）不能考虑非线性变形及坝体裂缝和接缝的影响。

在坝的施工期和运行期中本来积累了非常丰富的实际资料，但在传统的安全评估方法中都难以利用，使得安全评估的结果不能反映坝的真实状态，以致有的工程，虽然施工质量很差、问题很多，但用传统方法计算出来的安全系数却很高，完全脱离实际。

## 4 基于全坝全过程有限元仿真计算的安全评估方法

为了全面地反映混凝土坝的真实应力状态，应采用基于全坝全过程有限元仿真计算的安全评估方法如下：

（1）材料力学特性：材料变形包括弹性变形、徐变和非线性变形，屈服准则混凝土采用威兰—沃恩克（Willam-Warnke）五参数准则，基岩采用带最大拉应力的德鲁克—普拉格（Drucker-Prager）准则，节理采用带最大拉应力的摩尔—库仑（Mohr-Coulomb）准则。

（2）全坝全过程仿真计算：完全按照施工纪录、模拟全部坝段（重力坝可以是单个坝段）、全部施工过程进行仿真计算，考虑气候条件、温度控制、接缝开合和灌浆、施工质量、地基开挖、地应力等各项因素的影响。

（3）荷载包括自重、温度、水压力、荷载、渗流场及地应力等。

（4）通过反分析，求出材料实际热学和力学参数。

（5）安全评估：重要工程尽量采用强度递减法统一计算应力和稳定安全系数，一般工程也可采用超载法计算。次要工程，拱坝和重力坝均可采用有限元等效应力法计算应力安全系数，抗滑稳定可利用点、线、面上的作用力计算抗滑安全系数。

## 5 工程实例

### 5.1 某重力拱坝

某重力拱坝最大坝高 76.3m，坝顶弧长 419m，分为 28 个坝段，工程于 1958 年开工，1962年停工缓建，1968 年复工，1972 年大坝完工，1978 年坝顶加高 1.3m。施工中缺乏温度控制，坝体未充分冷却就进行横缝灌浆，混凝土质量较差，裂缝严重；下游面高程 105m 水平裂缝，长 300 余 m，深度超过 5m；下游面高程 111.5m 近水平裂缝，长 200 余 m，深 10m 以上；坝顶纵向裂缝，深度超过 8m；基础条件复杂，有 4 条大断层。受该坝所属水电厂委托，水科院对该坝进行了全坝全过程非线性有限元仿真计算，模拟了地基主要断层、坝体全部横缝和主要裂缝，如图 3；先对材料参数进行反分析，然后，完全按照实际施工过程进行非线性有限元仿真计算，并用超载法计算了坝体安全系数。计算结果：考虑应力历史及纵缝、横缝、裂缝等缺陷，冬季超载时安全系数 1.80，夏季超载时安全系数 1.91；如不考虑应力历史，只考虑横缝、纵缝及裂缝，超载安全系数为 2.17。如不考虑应力历史，也不考虑横缝、纵缝、裂缝等缺陷、超载安全系数为 4.0[6]。该坝按常规拱梁分载法计算的抗压安全系数高达 12.34，与仿真计算冬季超载安全系数 1.80 相比，相差甚远。

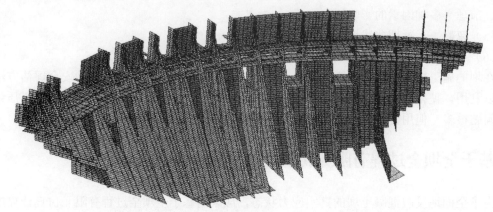

图 3　某重力拱坝仿真计算模型中的横缝和裂缝单元

## 5.2　某重力坝

某重力坝 1937 年开工，至 1945 年浇筑 89% 混凝土，1948 年复建，1953 年竣工，最大坝高 90.5m（加高后 91.7m），全长 1080m，坝顶高程 267.7m，坝体分 3 条纵缝，施工中无冷却措施，纵缝在 220m 高程以上无键槽，以下虽有键槽，但未灌浆，混凝土施工质量低，裂缝多。受该坝所属水电厂委托，水科院结构所对该坝进行了分析，首先对弹性模量、导温系数、线胀系数等材料参数进行了反分析，然后模拟大坝实际施工过程进行了全过程仿真分析，最后进行非线性超载分析，计算结果：考虑应力历史及纵缝影响，超载系数为 1.11（冬季）和 1.14（夏季），不考虑应力历史及纵缝影响，超载系数为 1.67，如按现有设计水平、施工水平所建相同断面质量良好的重力坝，超载系数为 3.26，考虑实际情况，在现有断面下游加厚 4m，超载系数为 2.33[7]。

DL 5108—1999《混凝土重力坝设计规范》规定：按材料力学方法计算时坝踵无拉应力，用有限元计算时上游面拉应力深度与坝底宽度之比不宜超过 0.07。在不考虑应力历史及纵缝影响条件下，该坝用材料力学方法计算无拉应力，用常规有限元计算的拉应力深度与坝底宽度之比为 0.02，满足规范要求。SL 319—2005《混凝土重力坝设计规范》要求基本荷载组合抗滑稳定系数 $K'$ 不小于 3.0，该坝为 2.82，虽略小于 3.0，但相差并不多。

总之，该重力坝虽然质量问题较严重，但用现行重力坝设计规范复核，坝体应力满足要求，抗滑稳定略嫌不足，相差也不大；但用全过程有限元仿真计算方法复核，坝的安全余度明显偏低，应该说，全过程有限元仿真计算结果更好地反映了坝的实际安全状态。

# 6　结束语

（1）混凝土坝运行期应力场十分复杂，实际工程中布置的应变测点很少，即使应变计观测资料全部有效，也不能给出坝体应力场全貌和坝体安全系数，何况由于种种原因，应变计观测资料实际可用率并不高。

（2）混凝土坝运行期安全评估中，目前主要采用坝工设计规范中规定的方法计算坝体安全系数，这些计算方法不能充分反映施工期和运行期坝体实际状态，计算结果与实际情况相差较远，基本上脱离实际。

（3）采用全坝全过程有限元仿真方法，在反分析基础上，完全模拟坝的施工和运行过程，计算坝的应力状态和安全系数，计算结果能较好地反映坝的实际状态。

（4）与水利水电枢纽巨大的投资和经济效益相比，所需计算费用甚微。

## 参 考 文 献

［1］朱伯芳. 混凝土坝安全评估的有限元全程仿真与强度递减法 ［J］. 水利水电技术，2007，（1）：1-6.

［2］朱伯芳. 混凝土坝计算技术与安全评估展望 ［J］. 水利水电技术，2006，（10）：24-28.

［3］朱伯芳. 建设高质量永不裂缝拱坝的可行性及实现策略 ［J］. 水利学报，2006，（10）：1-8.

［4］景洪水电站大坝混凝土施工期全过程温控防裂研究 ［R］. 中国水利水电科学研究院，2005，（4）.

［5］DL/T 5178—2003 混凝土坝安全监测技术规范 ［S］. 北京：中国电力出版社，2003.

［6］某拱坝安全度计算分析 ［R］. 中国水利水电科学研究院，2006.

［7］某大坝全面治理方案可行性研究分报告 ［R］. 中国水利水电科学研究院，2007.

# 混凝土高坝仿真分析的混合算法[1]

**摘 要：** 我国混凝土坝最大高度已达 300m，由于应力水平高，高坝应力比较重要，需进行仿真分析，笔者提出的分区异步长算法。可使仿真计算的时间减少，计算效率提高，本文提出混凝土高坝仿真分析的混合算法，即在仿真分析中，温度场采用常规有限元算法，应力场采用分区异步长算法。由于温度场计算本来就比较快，而且计算条件较复杂，采用常规算法，程序较简单，费时也不多。应力场计算量大，采用分区异步长算法，可有效节省计算时间，本文提出的混合算法兼顾了计算精度与计算效率两方面的要求。

**关键词：** 混凝土坝；温度场；应力场；分区异步长算法；混合算法

## Mixed Method for Computing the Visco−elastic Thermal Stresses in Mass Concrete

Abstract: In low concrete dams, the stresses are so small that the safety of the dam is primarily dependent on the sliding stability. In high concrete dam, the stresses are large, so the safety of dam is dependent not only on the sliding stability but also on the stresses of the dam. For a concrete dam with 300 m of height, the duration of construction may be 2～3 years. Due to variations of ambient temperature of air and water，the process of construction has important influence on the stress state，thus it is necessary to conduct simulating computation of the stress field of the dam which is constructed layer by layer with thickness of 1.5～3.0m. For a high concrete dam，the time of computing is rather long. By the method of different time increments in different regions [1, 2], the computing time is reduced but the program is somewhat complicated. For the node $i$, there is only one variable $T_i$ in the temperature field，but there are three variable $u_i$、$v_i$、$w_i$ in the displacement field, so the most part of computing time is used for computimg of stresses and only a little part of computing time is used for computing of temperatures. Due to this fact, the mixed method is proposed in this paper. The temperature field is computed by the common finite elelment method with good precision and the stress field is computed by the method of different time increments in different regions with high efficiency of computing. Thus, the mixed method has good precision as well as high efficiency of computing.

**Key words:** concrete dam, temperature field, stress field, method of different time increment in different region; mixed method

---

❶ 原载《水利水电技术》2013 年第 9 期，由作者与侯文倩、李玥联名发表。

# 1 引言

我国混凝土坝数量居世界第一，最大坝高也居世界首位，世界最高的三座混凝土坝均属于我国（锦屏 305m、小湾 294.5m、溪洛渡 288m），我国已是混凝土高坝的大国。

对于混凝土低坝，大坝安全主要取决于坝体稳定，而坝体应力问题不大，对于混凝高坝，情况有所不同，坝体应力和坝体稳定都很重要。

混凝土坝是分层浇筑，逐步上升的，如果每次浇筑层厚度为 $h$，间歇时间为 $s$，坝高 $H$，则一个坝段浇筑时间为

$$t = \frac{H}{h}s \qquad (1)$$

例如，$H$=300m，$h$=3.0m，$s$=10d，由上式 $t$=1000d；如加快速度，间歇时间 $s$=8d，由上式，$t$=800d，即一个 300m 高的坝段，实际浇筑时间约需 2～3 年。每年的气温都有春夏秋冬四季的变化，在混凝土坝施工过程中，由于边界温度条件的不断变化、水泥水化热的不断释放和混凝土弹性模量与徐变的不断变化，混凝土的温度场和应力场都随着时间而不断变化，对于混凝土坝，特别是混凝土高坝，温度场和温度应力是十分重要的，而且温度应力的计算和控制比水压力和自重更加复杂多变。笔者 1955 年从事响洪甸拱坝设计时，首次对混凝土坝的温度应力和温度控制进行了一些调研，那时对于岩基上的混凝土坝和混凝土浇筑块温度应力和温度控制的研究全世界基本上是一片空白，当时已发表的文献只有：①前苏联别洛夫教授自由墙温度应力计算、马斯洛夫教授刚性地基上浇筑块均匀温差弹性温度应力计算及阿鲁久仰教授混凝土徐变理论；②美国垦务局 1949 年出版的"混凝土坝冷却"一书，因当时中美处于战争状态，并未及时传到中国。1956 年笔者到北京出差时，在刚从美国回来的陶光允先生处看到此书的原版，当时还没有复印技术，从陶先生手中借出来到照相馆拍了几张计算图的照片，此书到 1958 年末才影印出版。此书的优点是把数学物理方程中一维温度场的理论解做成几套曲线，让坝工技术人员对混凝土温度场的变化有所了解，此书的缺点是完全没有谈到温度应力，除了水管冷却外，也没有谈到预冷骨料、表面保护等其他温控方法。当时笔者认为混凝土坝温度应力和温度控制是比较重要的问题，已有的研究工作很少，而自己对数学力学问题又比较有兴趣，对混凝土坝的设计和施工也比较熟悉，因此决定对这个问题进行计较系统的研究，经过几年的努力，终于在世界上首次建立了一套比较完整比较有用的大体积混凝土温度应力和温度控制的理论体系和控制方法[1~3]，先后于 1982 年获国家自然科学三等奖、1988 年获国家科技进步二等奖。

用有限元方法计算混凝土温度场和应力场最终都归结于求解线性方程组。设有两个线性方程组，阶次分别为 $n_1$ 和 $n_2$，求解的时间分别为 $t_1$ 和 $t_2$，存在下列经验关系

$$\frac{t_1}{t_2} = \left(\frac{n_1}{n_2}\right)^{\beta} \qquad (2)$$

式中：$\beta$ 为经验系数。

中国水利水电科学研究院杨萍教授等曾计算了一个 21 层的混凝土坝段，总结点数 53669，计算 444 步，单独计算温度场的时间为 $t_2$=306s，计算温度场加弹性徐变温度应力场的时间为 $t_1+t_2$=6089s，$t_1$=6089−306=5783s，$t_1/t_2$=18.90 计算温度场时间只占总计算时间的 5.02%。

$n_1/n_2 = 3$，由式（2）反演，$\beta = 2.675$。（对于平面问题，$n_1/n_2 = 2$，由式（2），$t_1/t_2 = 2^{2.67} = 6.364$，计算温度场时间占总时间的 13.5%）

用三维有限元方法可以对混凝土坝进行全过程的仿真计算，但对于 200m 以上的高坝来说，计算时间很长，在文献 [1、2] 中，笔者提出了分区异步长算法，可以对坝体温度场和应力场的变化过程进行计算，但分区计算也会带来一定的误差，本文提出一个新的计算方法如下：

第一，基岩约束区用小步长进行弹性徐变温度应力仿真计算。

第二，非基岩约束区采用混合算法，如图 1 所示，计算内容如下：①温度场全域用小步长进行仿真计算；②应力场采用以下两种方法之一计算，即①分区异步长算法；②扩网同步长算法。下文分别予以说明。

## 2 温度场计算

用有限元法求解不稳定温度场，设单元内任一点（$x, y, z, \tau$）的温度变化速率为

$$\frac{\partial T(x,y,z,\tau)}{\partial \tau} = N_i(x,y,z)\frac{\partial T_i}{\partial \tau} + N_j(x,y,z)\frac{\partial T_j}{\partial \tau} + \cdots \tag{3}$$

式中：$N_i(x,y,z)$、$N_j(x,y,z)$ 均为形函数；$T_i$、$T_j$ 分别为结点 $i$、$j$ 的温度。

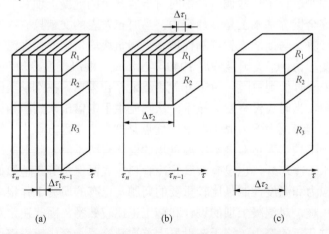

图 1　非基岩约束区混凝土温度应力混合算法示意

（a）温度场计算（计算域 $R_1+R_2+R_3$，步长 $\Delta\tau_1$）；（b）上部应力场计算（计算域 $R_1+R_2$，步长 $\Delta\tau_1$）；

（c）全域应力场计算（计算域 $R_1+R_2+R_3$，步长 $\Delta\tau_2 = \Sigma\Delta\tau_1$）

求解不稳定温度场的基本方程为

$$([H]+[R])\{T_{n+1}\} - \frac{1}{\Delta\tau_n}[R]\{T_n\} + \{F_{n+1}\} = 0 \tag{4}$$

式中：$\{T_{n+1}\}$ 和 $\{T_n\}$ 分别为 $\tau = \tau_{n+1}$ 和 $\tau = \tau_n$ 时的结点温度；$[H]$、$[R]$、$[F_{n+1}]$ 意义见文献 [3]。

式（4）是一个 $n$ 阶线性方程组，求逆即得结点温度 $\{T_{n+1}\}$。

用有限元法计算温度场，每个结点只有一个变量，计算速度很快，因此可以完全模拟大坝施工过程，对温度场进行全过程仿真计算如图 1（a）所示。

## 3 弹性徐变温度应力的计算

设混凝土的应力应变关系为

$$\varepsilon(t) = \alpha\Delta T + \sigma(\tau_0)J(t,\tau_0) + \int_{\tau_0}^{t} J(t,\tau)\frac{\mathrm{d}\sigma}{\mathrm{d}\tau}\mathrm{d}\tau \tag{5}$$

其中 $J(t,\tau_0)$ 为混凝土的徐变柔量如下

$$J(t,\tau) = \frac{l}{E(\tau)} + C(t,\tau) \tag{6}$$

式中：$E(\tau)$ 为弹性模量；$C(t,\tau)$ 为徐变度；$\tau$ 为龄期。

用有限元增量法求解，基本方程为

$$[K_n]\{\Delta\delta_n\} = \{\Delta P_n\} + \{\Delta P_n^c\} + \{\Delta P_n^T\} \tag{7}$$

式中：$[K_n]$ 为刚度矩阵；$\{\Delta P_n\}$、$\{\Delta P_n^c\}$、$\{\Delta P_n^T\}$ 分别为外荷载、徐变和温度变化引起的结点荷载；$\{\Delta\delta_n\}$ 为位移增量。

对应力场的计算，提出分区异步长解法和扩网同步长算法。

### 3.1 应力场分区异步长解法

第一，上部混凝土应力计算。用小步长 $\Delta\tau_1$，参阅图 1（b）求解域为 $R_1 + R_2$，假定 $R_2$ 与 $R_3$ 的边界为固定边界，用小步长 $\Delta\tau_1$ 计算应力及固定边界上的反力 $F$。

第二，全部混凝土应力计算。用大步长 $\Delta\tau_2$，参阅图 1（c）求解域为 $R_1 + R_2 + R_3$，用大步长 $\Delta\tau_2$ 计算，温差为

$$\{\Delta T\} = \{T_{n+1}\} - \{T_n\} \tag{8}$$

第三，$R_2$ 与 $R_3$ 共同边界上反力引起的应力 $\sigma_F$。$R_2$ 与 $R_3$ 共同边界上的反力所引起的应力需单独计算，由于刚度矩阵 $[K]$ 已经分解，单独计算一种荷载引起的应力并不太费事。在 $\tau_{n+1} - \tau_n$ 时段内，采用的应力增量如下，上部 $R_1 + R_2$ 内，取用小步长 $\Delta\tau_1$ 计算的应力减去 $\sigma_F$；下部 $R_3$ 内，取用大步长 $\Delta\tau_2$ 计算的应力减去 $\sigma_F$。当 $R_1 + R_2$ 充分大时，固定边界反力引起的应力 $\sigma_F$ 就比较小，乃至可以忽略，但因采用小步长，计算时间就较长，由于 $\sigma_F$ 的计算很快，实际上采用较小的 $R_1 + R_2$ 可能较有利。

### 3.2 应力场扩网同步长算法

如图 1 所示，域 $R_1$ 用小网络，域 $R_2$ 用中网络，域 $R_3$ 用大网络，扩网后总结点数大幅减少，不必分区用异步长，而是全域用同步长计算，但上部浇有新混凝土时用小步长，其余时间用大步长。

## 4 结语

用有限元法分析大体积混凝土温度徐变应力计算温度场时，每个结点只有一个变量，$n$ 个结点共有 $n$ 个变量；计算应力场时，每个结点有三个变量，$n$ 个结点共有 $3n$ 个变量。应力

分析，方程组的个数和带宽都是温度计算的 3 倍。因此计算应力场的时间远远超过计算温度场的时间。但由于外界水温和气温的复杂多变，在程序中温度场边界条件的处理远比应力场为复杂。因此，本文提出的混合法兼顾了边界条件处理和计算时间节省两个方面，实际上是兼顾了计算的精度和效率。

## 参 考 文 献

［1］朱伯芳．不稳定温度场时间域分区异步长解法［J］．水利学报，1995，（8）：46-52.

［2］朱伯芳．弹性徐变体时间域分区异步长解法［J］．水利学报，1995，（7）：24-27.

［3］朱伯芳．大体积混凝土温度应力与温度控制［M］．北京：中国电力出版社，2012.

# 混凝土高坝全过程仿真分析❶

**摘　要**：施工过程对混凝土坝的温度场和应力场有重要影响，但混凝土高坝分层很多，施工期长达数年，要模拟施工全过程进行大坝仿真应力分析难度很大。经过多年的研究，笔者提出了混凝土高坝仿真计算的一整套计算方法，并编制了程序，较好地解决了这个难题。

**关键词**：混凝土高坝；施工全过程；仿真分析；新方法

## Methods for Stress Analysis Simulating the Construction Process of High Concrete Dams

**Abstract:** Because the concrete dams are divided into blocks and constructed layer by layer, a lot of computing time and huge memory capacity are needed for stress analysis by FEM simulating the construction process of a high concrete dam. New methods—the compound layer method, the method of different time steps in different regions, and the equivalent equation of heat conduction in mass concrete considering the effect of pipe cooling are proposed in this paper, by which the process of simulating computation is simplified greatly.

**Key words:** high concrete dam, whole construction process, simulating computation, new methods

## 1　引言

混凝土坝是分层浇筑的，而且浇筑过程要经历几个寒暑期，施工过程对坝体温度场和应力场有重要影响。因此，为了正确地掌握混凝土坝的温度场和应力场，必须模拟大坝施工过程，进行仿真计算。

1973 年应用文献［1］中混凝土温度徐变应力有限元程序，对三门峡重力坝底孔的温度应力进行了分析，计算中完全模拟了大坝实际施工过程，这是全世界第一次进行大体积混凝土坝仿真分析。

最近十几年，由于我国兴建的混凝土坝高度越来越高，坝体应力水平越来越高，混凝土坝的仿真分析也越来越受到重视。但在混凝土高坝仿真计算中遇到了以下几个难题。

（1）浇筑层太多。例如一座 300m 高的常态混凝土坝，如浇筑层厚 1.5m，就有 200 层。早期混凝土浇筑层沿厚度方向的应力梯度和温度梯度都很大，一个浇筑层内一般还应划分 5

---

❶　原载《水利水电技术》2002 年第 12 期，由笔者与许平联名发表。

层有限元，每个坝段就有 1000 层单元；如每层在平面上划分 10×10=1000 个结点，仅一个坝段的坝体部分就有 10 万个结点，加上基础部分，结点就更多。碾压混凝土坝，由于浇筑层厚度只有 0.30m，要严格模拟施工过程，就需要更多的单元和结点。

（2）时间步长小。早龄期混凝土，由于弹性模量、徐变度、绝热温升都随着龄期而急剧变化，需采用较短的时间步长，以保证必需的计算精度。例如，取时间步长 $\Delta \tau$ =0.5d，一年就有 730 步，如工期为 3 年，共有 2190 步。如果要考虑日照及日气温变化的影响，时间步长应减小到 1～2h，工期 3 年就有 1.3 万～2.6 万步。每一步都需求解两次（温度场和应力场）特大型线性方程组。

（3）冷却水管计算的困难。冷却水管的半径只有 1～2cm，在水管周围必须采取密集计算网格，单元尺寸必须是厘米级的，虽可向外逐步放大单元尺寸，但单元总数还是很多的。例如，水管间距 1.5m×1.5m，采用线性单元，在 1.5m×1.5m 范围内就需要约 90 个结点；如浇筑层尺寸为 18m×1.5m×30m，在长度方向取间距 3.0m，一个浇筑层就有约 1.2 万个结点，设坝高 300m，一个坝块就有约 240 万个结点，就目前计算机硬件水平来说，实际上无法计算。

经过几年的努力，笔者提出了一系列新的解法，较好地克服了上述困难，并已大量应用于实际工程。

# 2　并层算法

有限元网格划分的基本原则是，单元尺寸的大小必须与温度梯度和应力梯度的变化相适应。例如，采用线性单元，单元内温度和应力都是线性变化的，在划分计算网格时，必须充分考虑这一特性。

如图 1 所示，以某一坝段为例，当坝体逐步升高时，将坝体从上到下划分为 4 个区域：①在上面新浇筑的区域 $F_1$ 中，沿浇筑层厚度方向的温度变化和应力变化都比较快，每个浇筑层都应划分为 $n$ 层有限元，例如 $n$=4～5 层；②在其下面的区域 $F_2$ 中，每个浇筑层在厚度方向的温度增量和应变增量已是线性分布的，可把原来每个浇筑层中的 $n$ 层单元合并为一层单元，即一个浇筑层为一层有限元；③在次下面的区域 $F_3$ 中，沿铅直方向的温度增量和应变增量的变化进一步平缓，可把若干个浇筑层合并为一个复合并层单元，复合单元内各浇筑层保留各自的力学特性和热学特性（见图 2）；④在再下面的区域 $F_4$ 中，已到晚龄期，可把几个浇筑层合并为均质并层单元，此时单元内各浇筑层的力学特性和热学特性已充分接近，可取其平均值（见图 3）。

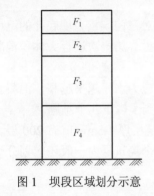

图 1　坝段区域划分示意

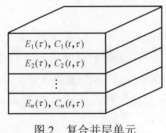

图 2　复合并层单元

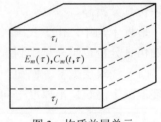

图 3　均质并层单元

## 2.1 复合并层单元

并层后，单元内各浇筑层仍保持原来的弹性模量 $E(\tau)$、徐变度 $C(t, \tau)$ 和绝热温升 $\theta(\tau)$，按下列各式计算第 $n$ 时段的单元刚度矩阵 $K_n$、徐变引起的结点荷载增量 $\Delta P_n^c$ 和应力增量 $\Delta\sigma_n$ [2, 3, 4]

$$K_n = \iiint \boldsymbol{B}^{\mathrm{T}} \overline{\boldsymbol{D}}_n B \mathrm{d}x\mathrm{d}y\mathrm{d}z \tag{1}$$

$$\Delta P_n^c = \iiint \boldsymbol{B}^{\mathrm{T}} \overline{\boldsymbol{D}}_n \eta_n \mathrm{d}x\mathrm{d}y\mathrm{d}z \tag{2}$$

$$\Delta\sigma_n = \overline{D}_n(\Delta\varepsilon_n - \eta_n - \Delta\varepsilon_n^T - \Delta\varepsilon_n^o) \tag{3}$$

式中：$\boldsymbol{B}$ 为几何矩阵；$\overline{\boldsymbol{D}}_n$ 为等效弹性矩阵；$\eta_n$ 为与徐变有关的向量；$\Delta\varepsilon_n^T$ 为温度应变增量；$\Delta\varepsilon_n^o$ 为自生体积应变增量。

由于单元内各浇筑层具有不同的力学特性，所以要进行分区数值积分。

## 2.2 均质并层单元

在晚期，当 $\tau_i \leqslant \tau \leqslant \tau_j$ 各层合并后，由于单元内各层力学特性和热学特性已充分接近，可采用平均弹性模量和平均徐变度，得到一均质单元如图 3 [5] 所示。

并层以后，单元数量大大减少。例如，对于常态混凝土坝，浇筑层厚 1.5m，原先每个浇筑层内分为 5 层有限单元，并层以后，把 4 个浇筑层合并为一层有限单元，一个并层单元就包含了原来的 20 层有限单元。又如，对碾压混凝土坝，浇筑层厚 0.30m，分为 4 层有限单元，并层后单元高度为 6.0m，一个并层单元包含了原来的 80 层有限单元，因此，计算得到极大的简化。

# 3 应力场的分区异步长算法 [6]

对于早龄期混凝土，由于弹性模量和徐变度随着龄期而急剧变化，需采用很短的时间步长（$\Delta\tau=0.2\sim1.0$d），如果希望考虑日照和昼夜温差的影响，则应取 $\Delta\tau=1\sim2$h，保证必要的计算精度；对于晚龄期混凝土，因弹性模量和徐变度的变化时率已经很平缓，可以采用较大时间步长（$\Delta\tau=10\sim30$d）。但在施工时期，坝块上部不断浇筑新混凝土，因此，在整个施工期，都要采用较小的时间步长。我们提出分区异步长算法，对早龄期混凝土，采用小时间步长；而对老混凝土采用大时间步长，可节省大量计算机时。

如图 4 所示，坝块划分为 $a$ 和 $b$ 两个区域，$cc$ 是分界面。从时间 $t_n \sim t_m$，区域 $a$ 采用一个大时间步长 $\Delta\tau_{nm}=t_m-t_n$；而在区域 $b$ 采用 $m$ 个小时间步长，即 $\Delta\tau_{n+1}$, $\Delta\tau_{n+2}$, $\cdots$, $\Delta\tau_{n+m}$。为便于 $t=t_m$ 时上下层在时间上可互相衔接，令

$$\Delta t_{nm} = \sum_{i=1}^{m} \Delta t_{n+i} \tag{4}$$

弹性徐变应力计算步骤如下：

第 1 步，固定接触面 $cc$，以小时间步长，利用弹性徐变理论计算区域 $b$ 中的应力增量

$\Delta\sigma_{n+i}$及接触面 $cc$ 上的反力$\Delta F_{n+1}$，到时间 $t_m$，区域 $b$ 中的应力增量和接触面 $cc$ 上的反力分别为

图 4　混凝土坝块

$$\Delta\sigma_b' = \sum_{i+1}^{m}\Delta\sigma_{n+1}\text{，}\quad F_{nm}^{b} = \sum_{i+1}^{m}\Delta F_{n+i} \tag{5}$$

第 2 步，固定接触面 $cc$，以一个大时间步长，利用弹性徐变理论计算区域 $a$ 中的应力增量$\Delta\sigma_a'$和接触面 $cc$ 上的反力$\Delta F_{mn}^{a}$。

第 3 步，释放接触面上的反力 $F_{mn}=F_{mn}^{a}+F_{mn}^{b}$，得到应力增量$\Delta\sigma_a''$和$\Delta\sigma_b''$。综合以上三步，最后得到应力增量如下

$$\begin{cases}\Delta\sigma_a = \Delta\sigma_a' + \Delta\sigma_a'' \\ \Delta\sigma_b = \Delta\sigma_b' + \Delta\sigma_b''\end{cases} \tag{6}$$

## 4　温度场的分区异步长算法[7]

把计算域划分为 3 个子域，如图 5 所示，$R_1$是温度变化剧烈区，$R_2$是过渡区，$R_3$是温度变化平缓区，$\Omega_1$和$\Omega_2$是分界面，$B_1$、$B_2$、$B_3$是相应的表面。

周围介质温度也相应地划分为 3 种：①在边界 $B_1$ 上介质温度为 $T_{c1}+f(t)$，其中 $T_{c1}$ 为变化平缓的温度（如年变化）或常数，$f(t)$ 为急剧变化的温度，如日变化或寒潮；②在边界 $B_2$ 上介质温度为 $T_{c2}$；③在边界 $B_3$ 上介质温度为 $T_{c3}$。

以混凝土坝为例，$R_1$为新浇筑的混凝土，需要考虑预冷集料产生的初始温差、急剧变化的绝热温升和寒潮及气温日变化。$R_2$为较老的混凝土，$R_3$为老混凝土，在 $R_2+R_3$ 中，绝热温升的变化和初始温度的分布已很平缓，寒潮和气温日变化已不必考虑，只需考虑介质温度的年变化。

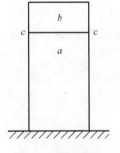

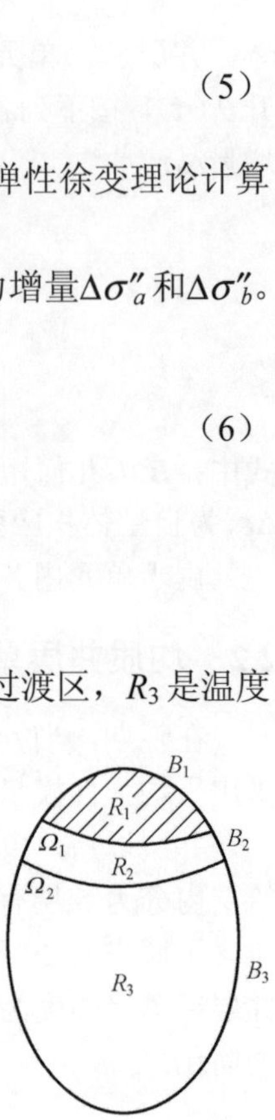

图 5　温度场的分区

求解的问题如下：

$$\left.\begin{array}{ll}\text{在域}R_1\text{内} & \dfrac{\partial T}{\partial t} = a\nabla^2 T + \dfrac{\partial\theta_1}{\partial t} \\ \text{初始条件:当}t=0 & T(0)=T_1(0) \\ \text{边界条件:在}B_1\text{上} & -\lambda\dfrac{\partial T}{\partial n} = \beta_1[T-T_{c1}-f(t)] \\ \text{在接触面}\Omega_1\text{上} & T_1=T_2,\quad \dfrac{\partial T_1}{\partial n}=\dfrac{\partial T_2}{\partial n}\end{array}\right\} \tag{7}$$

$$\left.\begin{array}{ll}\text{在域}R_2\text{内} & \dfrac{\partial T}{\partial t} = a\nabla^2 T + \dfrac{\partial\theta_2}{\partial t} \\ \text{初始条件:当}t=0 & T(0)=T_2(0) \\ \text{边界条件:在}B_2\text{上} & -\lambda\dfrac{\partial T}{\partial n} = \beta_2(T-T_{c2}) \\ \text{在接触面}\Omega_2\text{上} & T_2=T_3,\quad \dfrac{\partial T_2}{\partial n}=\dfrac{\partial T_3}{\partial n}\end{array}\right\} \tag{8}$$

在域 $R_3$ 内 $\qquad \dfrac{\partial T}{\partial t} = a\nabla^2 T + \dfrac{\partial \theta_3}{\partial t}$

初始条件：当 $t=0$ $\qquad T(0) = T_3(0)$ $\qquad\qquad\qquad\qquad$ （9）

边界条件：在 $B_2$ 上 $\quad -\lambda\dfrac{\partial T}{\partial n} = \beta_3(T - T_{c3})$

其中 $\qquad\qquad\qquad\qquad \nabla^2 = \dfrac{\partial^2}{\partial x^2} + \dfrac{\partial^2}{\partial y^2} + \dfrac{\partial^2}{\partial z^2}$

式中：$a$ 为导温系数；$\lambda$ 为导热系数；$\beta_1$，$\beta_2$，$\beta_3$ 为表面放热系数；$\theta_1$，$\theta_2$，$\theta_3$ 为绝热温升；$n$ 为法线；$t$ 为时间；$T$ 为温度。

由于问题是线性的，可进行分解，令

$$T = U + V \qquad\qquad\qquad （10）$$

在 3 个区域中，绝热温升 $\theta$、初始温度及边界条件的分解见表 1，表 1 中 $\theta_1$，$\theta_2$，$\theta_3$，$T_1(0)$，$T_2(0)$，$T_3(0)$，$T_{c1}$，$T_{c2}$，$T_{c3}$，$f(t)$ 等都是坐标 $(x，y，z，t)$ 的已知函数。由于问题是线性的，上述分解是严格的。引起温度急剧变化的因素，如 $\theta_1$（早期水化热）、$f(t)$（气温急剧变化）、$T_1(0)$（与周围温度不同的初始温度）都放在子域 $R_1$ 中，因此，温度的急剧变化局限在 $R_1$ 中，可能波及过渡区 $R_2$，到了 $R_2$ 与 $R_3$ 接触面 $\Omega_2$ 上，其变化已趋于零。即 $t<t_s$（$t_s$ 可由经验估计或由试算决定）时，$\Omega_2$ 上 $U=0$。因此，$U$ 满足下列条件

在域 $R_3$ 内 $\qquad \dfrac{\partial U}{\partial t} = a\nabla^2 U$

初始条件：当 $t=0$ $\qquad U(0) = (0)$

边界条件：在 $B_3$ 上 $\quad -\lambda\dfrac{\partial U}{\partial n} = \beta_3 U$ $\qquad\qquad\qquad$ （11）

在 $\Omega_2$ 上 $\qquad\qquad U = 0$

式（11）的解在 $R_3$ 中为 $U=0$，因此，$U$ 场只需在 $R_1 + R_2$ 中求解，由于 $U$ 变化剧烈，要采用小时间步长。$V$ 场则需在全域 $R_1 + R_2 + R_3$ 求解，但因 $V$ 变化平缓，可采用大时间步长。通常 $R_1 + R_2$ 远小于 $R_3$，因而可省大量计算时间。

表 1 $\qquad\qquad\qquad$ 问 题 的 分 解

| 项目 | 区域 | 原问题 | 分解后问题 | |
|---|---|---|---|---|
| | | $T$ | $U$ | $V$ |
| 绝热温升 | $R_1$ | $\theta_1$ | $\theta_1$ | 0 |
| | $R_2$ | $\theta_2$ | 0 | $\theta_2$ |
| | $R_3$ | $\theta_3$ | 0 | $\theta_3$ |
| 初始温度 | $R_1$ | $T_1(0)$ | $T_1(0)$ | 0 |
| | $R_2$ | $T_2(0)$ | 0 | $T_2(0)$ |
| | $R_3$ | $T_3(0)$ | 0 | $T_3(0)$ |
| 边界气温 | $B_1$ | $T_{c1}+f(t)$ | $f(t)$ | $T_{c1}$ |
| | $B_2$ | $T_{c2}$ | 0 | $T_{c2}$ |
| | $B_3$ | $T_{c3}$ | 0 | $T_{c3}$ |

# 5 水管冷却的等效热传导方程

笔者在文献［8，9］中提出了用有限元计算冷却水管的方法，由于冷却水管的半径只有 1cm 左右，在水管附近必须采用非常密集的网格，因而很难用于混凝土高坝的仿真计算，为了克服这个困难，笔者提出了如下的等效热传导方程[10]

$$\frac{\partial T}{\partial t} = a\left(\frac{\partial^2 T}{\partial x^2} + \frac{\partial^2 T}{\partial y^2} + \frac{\partial^2 T}{\partial z^2}\right) + (T_0 - T_w)\frac{\partial \varphi}{\partial t} + \theta_0 \frac{\partial \psi}{\partial t} \tag{12}$$

$$\phi = \mathrm{e}^{-pt}$$

$$p = ka/D^2$$

$$k = 2.09 - 1.35\xi + 0.320\xi^2$$

$$\xi = \lambda L / c_w \rho_w q_w$$

式中：$D$ 为冷却圆柱体的直径，$D = 1.167\sqrt{S_1 S_2}$，其中 $S_1$、$S_2$ 分别是水管在水平和铅直方向的间距；$L$ 为冷却水管长度；$c_w$，$\rho_w$，$q_w$ 为冷却水的比热、容重和流量。

如混凝土绝热温升表示为

$$\theta(\tau) = \theta_0(1 - \mathrm{e}^{-m\tau}) \tag{13}$$

则

$$\psi(t) = \frac{m}{m-p}(\mathrm{e}^{-pt} - \mathrm{e}^{-mt}) \tag{14}$$

如混凝土绝热温升用任意函数 $f(t)$ 表示如下

$$\theta(\tau) = \theta_0 f(\tau) \tag{15}$$

则

$$\psi(t) = \Sigma \mathrm{e}^{-p(t-\tau-0.5\Delta\tau)}[f(\tau+\Delta\tau) - f(\tau)] \tag{16}$$

在这里，用函数 $\varphi(t)$ 和 $\psi(t)$ 考虑冷却水管的作用，包括水管半径、间距、长度、流量等因素的影响，在划分有限元网格时就不必采用密集的网格了。

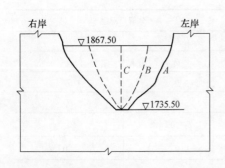

图 6　某碾压混凝土拱坝下游立视示意图

**【算例】** 基于上述算法，我们编制了计算程序 Simu Dam，可在微机上进行混凝土高坝的仿真计算，先后为三峡、龙滩、东风、小湾、沙牌等一系列重力坝和拱坝进行了仿真计算，取得了良好的计算效果，图 6～图 8 为一个碾压混凝土拱坝的计算结果。

采用我们提出的这一套新的计算方法，对于新混凝土，采用密集的计算网格和很小的时间步长，因而大大提高了计算精度。对于老混凝土，采用并层单元和较大时间步长，大大提高了计算效率，因此，我们提出的这一套计算方法，既提高了计算精度，又提高了计算效率，为混凝土高坝仿真计算开辟了一条崭新的道路。

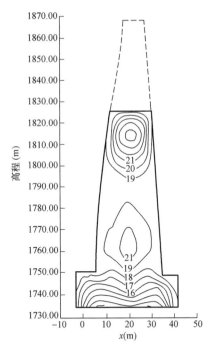

图 7　拱坝剖面 C 第 352d 温度场

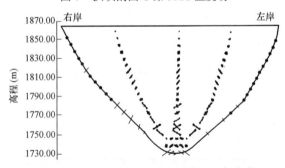

图 8　拱坝上游面第 450d（已竣工）主应力

<h2 style="text-align:center">参 考 文 献</h2>

[1] 朱伯芳，宋敬廷. 混凝土温度场及温度徐变应力的有限元分析 [A]. 水利水电工程应用电子计算机资料
　　选编 [C]. 北京：水利电力出版社，1977.

[2] 朱伯芳. 大体积混凝土温度应力与温度控制 [M]. 北京：中国电力出版社，1999.

[3] 朱伯芳，许平. 混凝土坝仿真应力分析 [J]. 混凝土坝技术，1999，（2）：11-17.

[4] Zhu Bofang, Xu Ping. Methods for stress analysis simulating the construction process of high concrete dam
　　[J]. Dam Engineering, 2001, XI（4）: 243-260.

[5] 朱伯芳. 混凝土坝仿真应力分析的并层算法 [J]. 水力发电学报，1994，（3）：21-29.

[6] 朱伯芳. 弹性徐变体有限元时间域分区异步长解法 [J]. 水利学报，1995，（7）：24-27.

[7] 朱伯芳. 不稳定温度场时间域分区异步长解法 [J]. 水利学报，1995，（8）：46-52.

[8] 朱伯芳，等. 水工混凝土结构的温度应力与温度控制 [M]. 北京：水利电力出版社，1976.

[9] 朱伯芳，蔡建波. 混凝土坝水管冷却效果的有限元分析 [J]. 水利学报，1985，（4）：27-36.

[10] 朱伯芳. 考虑水管冷却效果的混凝土等效热传导方程 [J]. 水利学报，1991，（3）：28-34.

# 多层混凝土结构仿真应力分析的并层算法❶

**摘　要：** 混凝土坝等常分层施工，各层的弹性模量、徐变度和温度都不同，仿真应力分析必须分层进行计算，但混凝土坝常包含几十层甚至一二百层，使分层计算非常困难。本文提出并层算法，根据混凝土变形特性与龄期的关系，把混凝土坝分成几个区域。上部几层是分层计算的，下部根据混凝土龄期的不同而逐步把几个浇筑层合并起来，使原来的一二百层，减少到十层左右，计算工作得到极大的简化，但每一个浇筑层都经过了从单层计算到并层计算的全过程，计算中已充分考虑了分层施工的实际影响。本文所提方法，使得按混凝土高坝分层施工实际情况用有限元法进行仿真应力分析成为实际可行的，因而具有较大实用价值。本文给出了并层后的应力计算方法。

**关键词：** 多层混凝土结构；仿真应力分析；并层算法

## Compound–layer Method for Stress Analysis Simulating the Construction Process of Multilayered High Concrete Structures

**Abstract:** The mass concrete structures, such as concrete dams, are constructed layer by layer. The modulus of elasticity, the unit creep and the adiabatic temperature rise are different for each layer.In order to simulate the construction process of the structure, the structure must be analyzd layer by layer to compute the construction stresses in it. As there are 50～200 layers or more in a high concrete dam, it is really very difficult to compute the stresses in there structures by the finite element method. The mixed layer method is proposed in this paper. According to the relation between the deformation and the age of concrete, the structure is divided into several regions. The 2～3 layers in the upper part of the structure are computed layer by layer. In the lower part, according to the age of concrete, several layers are combined together, the original structure of 50～200 layers are transformed to a structure of about 10 layers. Thus the computation is simplified remarkably. Each layer has undergone the whole process from a single layer to the mixed layer, the effect of construction by layers are fully considered in the stress analysis. Due to this method, it is possible to compute the stresses in a high concrete structure by simulating the layer by layer construction process. An example is given in this paper for computing the stresses in the structures after combining of layers.

---

❶　原载 Dam Engineering, Vol. 6, Issue 2, 1995 及《水力发电学报》1994 年第 3 期，系国家"八五"科技攻关项目和国家自然科学基金重大项目联合资助项目。

**Key words:** multilayered concrete structure, simulating stress analysis, compound-layer method

# 一、前言

施工过程和温度变化对混凝土坝的应力状态有重要影响，对高坝的影响尤为显著，因此人们希望模拟实际施工过程，用有限元方法进行仿真应力分析。混凝土坝通常是分层浇筑的，由于混凝土龄期的不同，每个浇筑层的弹性模量和徐变度都不同，必须对每个浇筑层分别划分计算网格，而且由于每个浇筑层内，沿厚度方向（铅直方向）的温度梯度和应力梯度都比较大，为了保证必要的计算精度，每层都必须采取比较密集的计算网格。当层数不多时，问题是不大的，但层数较多时，因结点太多，方程阶次太高，所需计算机容量太大，计算时间太长，要实现分层计算就有困难了。对于常规混凝土坝，如每层厚 1.50m，150m 高的坝就有 100 层，像 240m 高的二滩拱坝，有 160 层。至于碾压混凝土坝，层厚只有 0.30～0.70m，如取层厚为 0.50m，100m 高的坝，就有 200 层。要用有限元方法逐层计算几十层甚至一二百层的混凝土坝的施工和温度徐变应力，目前实际上是很困难的。笔者以前提出过一些计算方法[1]，把每层的内部结点消去，可节省相当多的计算时间，但要计算几十层甚至一二百层的混凝土坝，仍然很困难。即使对重力坝，各坝段可单独按平面问题计算，也是很困难的。至于拱坝，必须用三维有限元按整体计算，困难就更大了。

本文提出并层算法，根据混凝土变形特性与龄期的关系，沿高度方向从上到下把混凝土坝分成四个区间。第 1 区间是上部混凝土，每层都采用密集的计算网格。第 2 区间仍然分层计算，但每层的内部采用扩大的计算网格。第 3 区间，根据混凝土龄期的不同，把几个相邻的浇筑层加以合并。第 4 区间是最下部混凝土，把全部标号相同的混凝土合并为一层，按均质体计算。这样一来，尽管真实结构分成几十层，甚至一二百层，但随着坝体的逐渐升高，下面的各层逐渐合并，实际计算的层数并不多。但每一个浇筑层都经过了分层计算到并层计算的全过程，分层的影响已在计算中充分考虑，因此，这是一个合理而实用的计算方法，使混凝土坝的仿真计算成为实际可行的。

# 二、上部分层计算

混凝土坝浇筑块的特点是，水平尺寸比较大，块的长度和宽度通常在 15～60m，有时甚至更大，但层厚较薄，常规混凝土的层厚为 1.5～2.0m，碾压混凝土坝的层厚为 0.3～0.7m，浇筑层的顶面向空气散热，底面向基岩传热，不同浇筑层之间因龄期和标号的不同又具有不同的水化热，由于这些原因，每个浇筑层内在铅直方向的温度梯度和应力梯度都比较大，因此，在早期必须采用密集的计算网格，以保证必要的计算精度。

图 1 表示了混凝土浇筑块在铅直方向由水化热引起的温度变化，每层厚 1.50m，间歇时间 4d。从上往下看，第 1 层内温度梯度的变化是很大的，这是由于内部混凝土通过浇筑层表面向空气散热的结果。第 2 层内温度梯度的变化也比较大，这是由于第 2 层表面部分的混凝土温度本来较低，在浇筑新混凝土后，温度急剧升高。第 3 层以下，虽然本层早期温度梯度较大，但当上面浇筑了两层混凝土以后，其温度梯度的变化就比较小了。基于这一事实，上部几个浇筑层可采用如下计算方法：

（1）顶上两层，因温度梯度和应力梯度较大，每层都采用密集的计算网格。

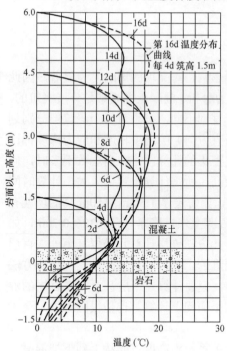

图1 混凝土浇筑块内的温度变化

（2）从第3层开始，层内网格扩大，一般每个浇筑层采用一层单元就可以了，但由于混凝土龄期较短，各层弹性模量和徐变度不同，各层仍须分别计算。

## 三、下部并层计算

在浇筑块的上部，由于混凝土龄期的差别，不同浇筑层的弹性模量和徐变度都不同，必须分层计算。到了下部，不同浇筑层的弹性模量和徐变度已较接近，温度和应力梯度的变化也不大，于是可以把几个相邻的浇筑层加以合并，以便进一步扩大计算网格，简化计算。

设 $\tau_i$、$\tau_j$ 分别为第 $i$、$j$ 层混凝土的龄期，假设

$$\frac{E(\tau_j) - E(\tau_i)}{E(\tau_i)} \leqslant \varepsilon_1 \qquad (1)$$

式中：$\varepsilon_1$ 为允许误差；$E(\tau)$ 为弹性模量。如果把第 $i$ 至第 $j$ 层合并为一层，并采用平均弹性模量，那么并层以后，各层弹性模量的实际误差将不大于 $\varepsilon_1/2$。

由式（1）可得

$$E(\tau_j) \leqslant (1+\varepsilon_1)E(\tau_i) \qquad (2)$$

根据混凝土弹性模量 $E(\tau)$ 的试验曲线和实际浇筑计划，可以把弹性模量处于 $E(\tau_i)$ 与 $E(\tau_j)$ 之间的各浇筑合并为一层。

混凝土弹性模量 $E(\tau)$ 可表示如下

$$E(\tau) = E_0 f(\tau) \qquad (3)$$

其中 $E_0$ 为最终弹性模量，代入式（2），得到

$$f(\tau_j) \leqslant (1+\varepsilon_1)f(\tau_i) \qquad (4)$$

由文献 [3]，可取

$$f(\tau) = 1 - e^{-a\tau^b} \qquad (5)$$

其中 $a$、$b$ 为常数，由试验资料决定，对于水工混凝土，通常可取 $a=0.40, b=0.34$。把式（5）代入式（4），可推得

$$\tau_j = \left\{ -\frac{1}{a}\ln\left[(1+\varepsilon_1)e^{-a\tau_i^b} - \varepsilon_1\right] \right\}^{1/b} \qquad (6)$$

由式（6）可直接算出 $\tau_j$，从而把龄期在 $\tau_i$ 与 $\tau_j$ 之间的各层混凝土合并为一层。

到了后期，混凝土弹性模量的变化已很小，如果从龄期 $\tau^*$ 以后，混凝土弹性模量的变化的相对差值已小于 $\varepsilon_1$，就可以把 $\tau > \tau^*$ 的各浇筑层全部合并为一层，按均质体计算。

把式（5）代入式（4），取 $\tau_j = \infty$，得

$$\tau^* = \left[ -\frac{1}{a}\ln\left(\frac{\varepsilon_1}{1+\varepsilon_1}\right) \right]^{1/b} \tag{7}$$

$\tau^*$ 是晚期混凝土的开始龄期，所有龄期 $\tau > \tau^*$ 的浇筑层都可合并为一层。

# 四、考虑徐变影响后并层龄期的确定

混凝土徐变度可用下式表示

$$C(t,\tau) = \Sigma\phi_s\left[1 - e^{-r_s(t-\tau)}\right] \tag{8}$$

式中：$t$ 为时间；$\tau$ 为龄期。

例如，笔者在文献[3]中建议在初步计算中取

$$C(t,\tau) = \frac{0.230}{E_0}(1 + 9.20\tau^{-0.45})[1 - e^{-0.30(t-\tau)}] + \frac{0.520}{E_0}(1 + 1.70\tau^{-0.45})[1 - e^{-0.0050(t-\tau)}] \tag{9}$$

式中：$E_0$ 为最终弹性模量

在式（8）中令 $t \to \infty$，得到龄期 $\tau$ 以后的总徐变度为

$$C(\tau) = C(\infty,\tau) = g(\tau)/E_0 \tag{10}$$

式中：$g(\tau) = \Sigma\phi_s(\tau)$。

由式（9），$g(\tau)$ 可表示如下

$$g(\tau) = m + p\tau^{-\beta} \tag{11}$$

式中：$m$、$p$、$\beta$ 为三个常数，在初步计算中可取 $m = 0.750$，$p = 3.00$，$\beta = 0.450$。

今从第 $i$ 层到第 $j$ 层合并为一层，上下层龄期分别为 $\tau_i$ 和 $\tau_j$，设

$$\frac{C(\tau_i) - C(\tau_j)}{C(\tau_i)} = \frac{g_i - g_j}{g_i} = 1 - g_j/g_i \leqslant \varepsilon_2 \tag{12}$$

以式（11）代入上式，得到

$$\tau_j \leqslant \left[ \frac{p}{(1-\varepsilon_2)g_i - m} \right]^{1/\beta} \tag{13}$$

上式表示，第 $i$ 层到第 $j$ 层混凝土合并后，徐变度的差别不超过 $\varepsilon_2$。

如果在式（12）中令 $\tau_j \to \infty$，则得到

$$\tau^* \geqslant \left[ \frac{p(1-\varepsilon_2)}{m\varepsilon_2} \right]^{1/\beta} \tag{14}$$

上式表明，把 $\tau > \tau^*$ 的各层全部合并为一层，并按 $\tau = \tau^*$ 计算各层徐变度、误差不超过 $\varepsilon_2$。

例如，设 $\tau_i = 155d$，$m = 0.750$，$p = 3.00$，$\beta = 0.450$，取 $\varepsilon_2 = 0.090$，由式（13）、式（14）得到 $\tau_j = 351d$，$\tau^* = 3722d$，这表明，把 $\tau=155d$ 至 $\tau=351d$ 中间各层混凝土加以合并，或把 $\tau=3722d$ 以后的各层全部合并，则顶部与底部徐变量最大差值不超过 0.090。

# 五、考虑水化热影响后并层龄期的确定

混凝土水化热温升与龄期关系可用两种公式表示，下面分别分析。

1. 指数型公式

混凝土的绝热温升用下式表示

$$\theta(\tau) = \theta_0(1 - e^{-a\tau})$$

式中：$\theta_0$ 为最终绝热温升；$a$ 为常数，通常 $a = 0.30 \sim 0.40(1/\text{d})$。

设并层后，绝热温升误差为 $\varepsilon_2'$，即

$$\frac{\theta(\tau_j) - \theta(\tau_i)}{\theta(\tau_i)} \leqslant \varepsilon_2'$$

由此得并层龄期 $\tau_j$ 如下

$$\tau_j \leqslant -\frac{1}{a}\ln[(1 + \varepsilon_2')e^{-a\tau_i} - \varepsilon_2'] \tag{15}$$

如令 $\tau_j \to \infty$，则有

$$\tau^* \geqslant -\frac{1}{a}\ln\left(\frac{\varepsilon_2'}{1 + \varepsilon_2'}\right) \tag{16}$$

2. 双曲线型公式

$$\theta(\tau) = \frac{\theta_0 \tau}{n + \tau}$$

由上式得到

$$\tau_j = \frac{nh}{1 - h} \tag{17}$$

式中 
$$h = (1 + \varepsilon_2')\tau_i / (n + \tau_i)$$
$$\tau_i^* = n / \varepsilon_2' \tag{18}$$

把 $\tau_i \leqslant \tau \leqslant \tau_j$ 或 $\tau \geqslant \tau_i^*$ 的各层混凝土合并，绝热温升误差不大于 $\varepsilon_2'$。例如，当 $n = 0.86\text{d}$，$\varepsilon_2' = 0.08$ 时，$\tau_i^* = 10.75\text{d}$，即 $\tau > 10.75\text{d}$ 的各层可以全部合并，混凝土绝热温升发展较快，对并层龄期一般不起控制作用。

# 六、并层以后的计算龄期

第 $i$ 层到第 $j$ 层合并以后，需要一个统一的龄期计算混凝土的弹性模量和徐变度。如果并层以后，按平均龄期 $\tau_\text{m}$ 计算

$$\tau_\text{m} = (\tau_i + \tau_j)/2 \tag{19}$$

对第 $i$ 层，弹性模量本来用 $\tau_i$ 计算，今改为用 $\tau_\text{m}$ 计算，误差为

$$\varepsilon_3 = \frac{E_\text{m} - E_i}{E_\text{m}} = 1 - \frac{E_i}{E_\text{m}} = 1 - \frac{f_i}{f_\text{m}}$$

式中 
$$f_i = f(\tau_i) = 1 - e^{-a\tau_i^b} = 1 - \exp(-a\tau_i^b)$$

对第 $j$ 层，弹性模量的误差为

$$\varepsilon_4 = \frac{E_\text{m} - E_j}{E_\text{m}} = 1 - \frac{f_j}{f_\text{m}}$$

如果 $E(\tau)$ 为 $\tau$ 的线性函数，$\varepsilon_3$ 和 $\varepsilon_4$ 绝对值应相等，实际上，$E(\tau)$ 不是线性函数，所以 $\varepsilon_3$ 和 $\varepsilon_4$ 的绝对值不相等。今改用 $\tau_s$ 为并层后的计算龄期，要求 $\varepsilon_3$ 与 $\varepsilon_4$ 的绝对值相等，即要求

$$E(\tau_s) = \frac{1}{2}[E(\tau_i) + E(\tau_j)] \tag{20}$$

或

$$f_s = \frac{1}{2}(f_i + f_j) \tag{21}$$

把式（5）代入上式，得到计算龄期 $\tau_s$ 如下

$$\tau_s = \left[-\frac{1}{a}\ln\left(1 - \frac{f_i + f_j}{2}\right)\right]^{1/b} \tag{22}$$

例如，$\tau_i = 155\text{d}$，$\tau_j = 350\text{d}$，$a = 0.40$，$b = 0.34$，如以 $\tau_m = 252.5\text{d}$ 为计算龄期，则 $\varepsilon_3 = +0.03860$，$\varepsilon_4 = -0.02075$，$\varepsilon_3$ 与 $\varepsilon_4$ 的绝对值相差近一倍。由式（22），$\tau_s = 223\text{d}$，以 $\tau_s$ 为计算龄期，得到 $\varepsilon_3 = +0.02991$，$\varepsilon_4 = -0.02997$。$\varepsilon_3$ 与 $\varepsilon_4$ 的绝对值已很接近。

下面再分析徐变度的误差，对第 $i$ 层和第 $j$ 层，以 $\tau_m$ 为计算龄期，徐变度误差分别为

$$\varepsilon_5 = 1 - \frac{C_i}{C_m} = 1 - g_i / g_m \tag{23}$$

$$\varepsilon_6 = 1 - \frac{C_j}{C_m} = 1 - g_j / g_m \tag{24}$$

为了使 $\varepsilon_5$ 和 $\varepsilon_6$ 的绝对值相等，应使 $g(\tau_s') = \frac{1}{2}(g_i + g_j)$，得到计算龄期 $\tau_s'$ 如下

$$\tau_s' = \left(\frac{2p}{g_i + g_j - 2m}\right)^{1/p} \tag{25}$$

式中 $g_i = g(\tau_i)$。例如，$\tau_i = 155\text{d}$，$\tau_j = 350\text{d}$，$\tau_m = 252.5\text{d}$，$m = 0.750$，$p = 3.00$，$\beta = 0.450$，由式（23）、式（24）两式，$\varepsilon_5 = -0.06119$，$\varepsilon_6 = +0.03405$。由式（25），$\tau_s' = 225\text{d}$，以 $\tau_s'$ 为计算龄期，则 $\varepsilon_5 = -0.04729$，$\varepsilon_6 = +0.04671$。改用 $\tau_s'$ 后，最大误差由 0.06119 减少为 0.04729，而且 $\varepsilon_5$ 与 $\varepsilon_6$ 基本相等。

# 七、并层扩网后的应力分析

扩网后，所有计算都按扩大后的新网格进行计算。温度场是直接按结点温度计算的，扩网前后在计算上没有什么差别。应力计算则需进行适当处理。

把混凝土看成弹性徐变体，用有限元增量法进行分析，在第 $n$ 个时段 $\Delta t_n$ 的基本方程为 [2, 4]

$$[K_n]\{\Delta\delta_n\} = \{\Delta P_n\} + \{\Delta P_n^c\} + \{\Delta P_n^I\} \tag{26}$$

式中

$$[K_n] = \int [B]^T [\overline{D}_n][B]\mathrm{d}V \tag{27}$$

$$\{\Delta P_n^c\} = \int [B]^T [\overline{D}_n]\{\eta_n\}\mathrm{d}V \tag{28}$$

$$[\overline{D}_n] = \frac{1}{1 + q_n E(\tau_{n-0.5})}[D_n] \qquad (29)$$

式中：$[K_n]$ 为刚度矩阵；$\{\Delta\delta_n\}$ 为结点位移增量；$\{\Delta P_n\}$ 为外荷载引起得结点荷载；$\{\Delta P_n^I\}$ 为温度引起的约束点荷载；$\{\Delta P_n^c\}$ 为徐变引起的结点荷载；$[D_n]$ 为弹性矩阵；$\Delta t = t_n - t_{n-1}$，$E(\tau_{n-0.5})$ 为时段 $\Delta t_n$ 内中点龄期 $t_n - 0.5\Delta t_n$ 混凝土的弹性模量。

应力按下式计算

$$\{\sigma_n'\} = \Sigma\{\Delta\sigma_n\} \qquad (30)$$

而

$$\{\Delta\sigma_n\} = [D_n](\,[B]\{\Delta\delta_n\} - \{\Delta\varepsilon_n^c\} - \{\Delta\varepsilon_n^I\}\,) \qquad (31)$$

在时段 $\Delta t_n = t_n - t_{n-1}$ 内的徐变应变增量为

$$\{\Delta\varepsilon_n^c\} = \{\varepsilon^c(t_n)\} - \{\varepsilon^c(t_{n-1})\} = \{\eta_n\} + q_n[Q]\{\Delta\sigma_n\} \qquad (32)$$

$$q_n = C(t_n, \tau_{n-0.5}) \qquad (33)$$

式中：$C(t,\tau)$ 为混凝土的徐变度。

混凝土的弹性模量 $E(\tau)$ 和徐变度 $C(t,\tau)$ 与龄期 $\tau$ 有关，并层以前各层具有不同的 $E(\tau)$ 和 $C(t,\tau)$，并层以后要采用统一的 $E(\tau)$ 和 $C(t,\tau)$。从以上各式可以看出，并层以后需要处理的是 $E(\tau)$，$q_n$，$\{\eta_n\}$ 即 $E(\tau_{n-0.5})$，$C(t,\tau_{n-0.5})$，$\{\eta_n\}$。

设在 $t = t_{n-1}$ 时起第 $i$ 层至第 $j$ 层合并，由于

$$\tau_{n-0.5} = \tau_n - 0.5\Delta t_n = \tau_{n-1} + 0.5\Delta t_n$$

并层以前，各层的 $\tau_{n-0.5}$ 是不同的，并层以后统一采用计算龄期 $\tau_s$ 或 $\tau_s'$，如式（22）、式（25）。

$\{\eta_n\}$ 是各高斯积分点上的向量，从式（28）可知，$\{\eta_n\}$ 对位移增量 $\{\Delta\delta_n\}$ 是通过其体积分而产生影响的，但从式（31）可见，$\{\eta_n\}$ 对应力增量是直接产生影响的，因此在计算并网后的 $\{\eta_n\}$ 时，需要考虑其空间分布规律，比较合理的办法是，根据并层前各老积分点的 $\{\eta_n\}$ 值，通过插值，得到并层后各新积分点上的 $\{\eta_n\}$ 值。

应力是由式（30）计算的，但因并层扩网前后积分点的位置不同，也需要进行处理。可按下式计算

$$\sigma = \sigma' + \sigma'' \qquad (34)$$

式中：$\sigma'$ 为扩网前的应力；$\sigma''$ 为扩网后的应力增量。扩网前后高斯积分点的位置不同，不同点的应力是不能相加的，只有同一点的应力才能相加，可分别按以下三种情况进行处理：

（1）如感兴趣的是扩网后积分点 $i$ 的应力，$\sigma''$ 可直接用积分点 $i$ 算出的应力增量之和，$\sigma'$ 可由扩网前的应力插值而得到。

（2）如感兴趣的是扩网前积分点 $j$ 的应力，$\sigma'$ 可直接由扩网前的结果，$\sigma''$ 则由扩网后的应力增量通过插值而得到。

（3）如感兴趣的点 $i$，既不是扩网前的积分点，也不是扩网后的积分点，那么 $\sigma'$ 和 $\sigma''$ 都应通过插值而得到。

应力 $\{\sigma\}$ 和 $\{\eta_n\}$ 都不能按体积加权平均计算，否则，他们的峰值被磨平了，计算结果将偏于不安全。

## 八、算例

下面举一个算例。混凝土浇筑的间歇时间为 5d，弹性模量用式（3）、式（5）两式表示，$a=0.40$，$b=0.34$，总徐变度用式（11）、式（13）两式表示，$m=0.750$，$p=3.00$，$\beta=0.450$，取 $\varepsilon_1=0.08$，$\varepsilon_2=0.09$，顶上两层分层采用密集网格计算，只须研究第 3 层以下的并层问题，取 $\tau_i=10d$，由式（6）和式（13），得到 $\tau_j=14d$，$\tau_i'=14.5d$，而第 4 层的龄期是 15d，所以 3、4 两层不能合并，但从第 3 层开始，层内可以扩网，再取 $\tau_i=15d$，得到 $\tau_j=22.5d$，$\tau_j'=22.5d$，第 5 层的龄期为 20d，所以 4、5 两层可以合并，下面再取 $\tau_i=25d$，得到 $\tau_j=40d$，$\tau_j'=40d$，故 6～9 层可以合并，下面再取 $\tau_i=45d$，得到 $\tau_j=78d$，$\tau_j'=77d$，故 10～16 层可以合并，再取 $\tau_i=80d$，得到 $\tau_j=165d$，$\tau_j'=150d$，故 17～31 层可以合并，依此类推，从上到下，各层计算结果见表 1。在本例中，当 $\tau_i \leqslant 40d$ 时，并层龄期由弹性模量控制。当 $\tau_i>40d$ 时，并层龄期由徐变度控制。上面 3 层是分层计算的，其余均为并层计算。

本算例，并层以后从上到下共 11 层。因第 10 层 $\tau_j=9930d=27.2$ 年，实际上已相当于无限远，所以实际上只有 10 层，计算龄期 $\tau_s$ 和 $\tau_s'$ 多数很接近，实际可采用 $\tau_s'$ 作为并层后的计算龄期，因为前期两者很接近，而后期弹性变形的误差已很小。龄期区间见图 2。

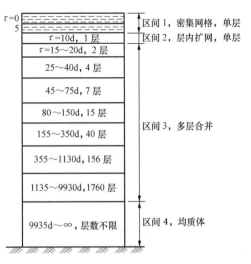

区间 1，密集网格，单层
区间 2，层内扩网，单层
$\tau=10d$，1 层
$\tau=15～20d$，2 层
25～40d，4 层
45～75d，7 层
80～150d，15 层
155～350d，40 层
355～1130d，156 层
1135～9930d，1760 层
9935d～∞，层数不限
区间 3，多层合并
区间 4，均质体

图 2　算例，并层的龄期区间

表 1　　　　　　　　　　　各 层 计 算 结 果

| $\tau_i(d)$ | $\tau_j(d)$ | 弹性变形 | | | 徐变度 | | | 采用的 $\tau_s(d)$ |
|---|---|---|---|---|---|---|---|---|
| | | $\tau_s(d)$ | $\varepsilon_3$ | $\varepsilon_4$ | $\tau_s'(d)$ | $\varepsilon_5$ | $\varepsilon_6$ | |
| 15 | 20 | 17.3 | +0.0273 | −0.0277 | 17.3 | −0.0348 | +0.0332 | 17 |
| 25 | 40 | 31.5 | +0.0388 | −0.0392 | 31.0 | −0.0467 | +0.0498 | 31 |
| 45 | 75 | 57.6 | +0.0350 | −0.0355 | 57.2 | −0.0448 | +0.0451 | 57 |
| 80 | 150 | 107.8 | +0.0340 | −0.0339 | 107.0 | −0.0459 | +0.0462 | 107 |
| 155 | 350 | 223 | +0.0301 | −0.0298 | 225 | −0.0473 | +0.0467 | 225 |
| 355 | 1130 | 553 | +0.0207 | −0.0205 | 585 | −0.0467 | +0.0475 | 585 |
| 1135 | 9930 | 1742 | 0.0063 | −0.0063 | 2602 | −0.0471 | +0.0471 | 2600 |
| 9935 | ∞ | 12230 | 0.0000 | −0.0001 | 46360 | −0.0308 | +0.0308 | 46360 |

## 九、结束语

分层施工对混凝土坝的应力状态有重要影响，但由于层数很多，有时可达到一二百层，按照实际的分层对混凝土坝进行仿真应力分析实际是困难的。本文提出的并层算法，计算中已充分考虑了分层影响，但层数已可减少到 10 层左右，计算上已经没有什么困难，是切实可行的，因而具有较大实用的价值。

## 参 考 文 献

[1] 朱伯芳. 异质弹性徐变体应力分析的广义子结构法. 水利学报，1984，（2）.

[2] 朱伯芳. 混凝土结构徐变应力分析的隐式解法. 水利学报，1983，（5）.

[3] 朱伯芳. 混凝土的弹性模量、徐变度与应力松弛系数. 水利学报，1985，（9）.

[4] 朱伯芳. 有限元法原理与应用. 北京：水利电力出版社，1979.

# 混凝土高坝仿真计算的并层坝块接缝单元❶

**摘　要：** 混凝土高坝往往有一二百层，仿真应力分析的计算量十分庞大。笔者提出的并层算法使计算得到极大简化，但当坝内纵横接缝较多时，并层的效果有所降低。本文提出一种特殊的接缝单元，使各坝块可独立进行并层，互不影响，有效地解决了设有纵横接缝的混凝土高坝的仿真应力分析问题。

**关键词：** 混凝土坝；并层算法；接缝单元

# Joint Elements in Mixed–Layer Method for Stress Analysis Simulating Construction Process of High Concrete Dams

**Abstract:** As there are 100-200 layers in a high concrete dam, it is difficult to compute the stresses in the dam simulating the process of construction. The computation is simplified remarkably by the writer's mixed-layer method in ref [1]. But the degree of simplification is reduced when there are many longitudinal and transverse joints in the dam. Special 2D and 3D joint elements for stress field and temperature field are proposed in this paper. After introduction of these joint elements, the layers of construction may be combined independently in each block of the dam. Thus the computation of stresses and temperatures simulating construction process in high concrete dams with longitudinal and transverse joints is simplified a great deal.

**Key words:** concrete dam, mixed-layer method, special joint elements

## 一、前言

混凝土坝通常是分层浇筑的，在施工期中，每个浇筑层内的温度梯度和应力梯度比较大，为了保证必要的计算精度，必须在层内采用密集的有限元网络。但混凝土高坝的浇筑层数量很大，往往达到一二百层，而施工过程又长达数年甚至十几年，因此，要模拟施工全过程，计算一二百层的混凝土坝在施工期中的温度除变应力，实际上是非常困难的。笔者提出的并层算法[1]，使单个坝块的计算层数可从一二百层减少到十层左右，计算量得到极大的简化。并层算法应用于通仓浇筑的重力坝或碾压混凝土坝，其效果无疑是十分显著的。但常规的混

---

❶ 原载《水力发电学报》1995 年第 3 期。本文得到国家自然科学基金委员会、长江三峡建设总公司和国家攀登计划的资助。

凝土坝内常设有许多纵横接缝，把坝体分成许多柱状块体，如图 1 所示的 A、B、C 三块，进

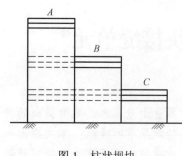

图 1　柱状坝块

行仿真应力分析时，各块上部要采用密集网格，下部可并层。但如采用常规的有限元方法计算 A、B、C 三块的相互影响，三块的分层高度在同一高程通常最好保持一致，这就限制了并层的效果。例如，A 块的下部，本来可合并为很大的单元，为了配合 B、C 两坝块的分层高度，必须相应地划分为许多较小的单元。对于重力拱坝，在顺河和跨河两个方向都要考虑相邻坝块的配合，其影响就更大。当然，也可以在接缝附近采用过渡单元，但计算量仍然比较大，而且网格较复杂，不利于前后处理。本文提出一种

特殊的接缝单元，使得 A、B、C 各坝块可单独并层，互不影响，有效地解决了设有纵横接缝的混凝土高坝的仿真应力分析问题。

# 二、应力场分析

## （一）平面接缝单元的刚度矩阵

在 A、B 两坝块之间设置薄层接缝单元，如图 2 阴影部分所示 abcd，右边 cd 与较薄的单元相接，结点布置与 B 块保持一致（也可不一致），左边 ab 与已经并层的大单元相接，边界上的结点采用大单元原来结点 4、5、6。

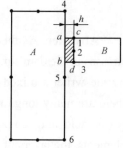

图 2　平面接缝单元

单元右边 cd 上的水平位移表示如下

$$u_{\text{right}} = \sum_{i=1}^{3} \bar{N}_i u_i \tag{1}$$

其中 $\bar{N}_i$ 为一维形函数，$\bar{N}_1 = (1+\zeta)\zeta/2$，$\bar{N}_2 = 1-\zeta^2$，$\bar{N}_3 = -(1-\zeta)\zeta/2$，$\zeta$ 为自然坐标，结点 1、2、3 的自然坐标依次为 $\zeta = 1$，0，-1。

单元左边 ab 上的水平位移用旁边大单元的结点 4、5、6 的位移表示如下

$$u_{\text{left}} = \sum_{i=4}^{6} N_i u_i \tag{2}$$

形函数为 $N_4 = (1+r)r/2, N_5 = 1-r^2, N_6 = -(1-r)r/2$，$r$ 为大单元的自然坐标，结点 4、5、6 的自然坐标依次为 $r = 1$，0，-1。显然，接缝单元左边端点 $a$ 和 $b$ 的自然坐标 $r_a$、$r_b$ 一般不取 1，0，-1 等值。

接缝单元 abcd 的水平位移差为

$$\Delta u = u_{\text{right}} - u_{\text{left}} = \sum_{i=1}^{3} \bar{N}_i u_i - \sum_{i=4}^{6} N_i u_i \tag{3}$$

如果结点 1~6 的位移取相同值，由上式 $\Delta u = 0$，可见上式满足单元的刚体位移条件。

定义单元左右两边的位移差如下

$$\{f\} = \begin{Bmatrix} \Delta u \\ \Delta v \end{Bmatrix} = [M]\{\delta^e\} \tag{4}$$

式中

$$[M] = \begin{bmatrix} \bar{N}_1 & 0 & \bar{N}_2 & 0 & \bar{N}_3 & 0 & -N_4 & 0 & -N_5 & 0 & -N_6 & 0 \\ 0 & \bar{N}_1 & 0 & \bar{N}_2 & 0 & \bar{N}_3 & 0 & -N_4 & 0 & -N_5 & 0 & -N_6 \end{bmatrix} \tag{5}$$

$$\{\delta^e\} = [u_1 v_1 u_2 v_2 \cdots u_6 v_6]^{\mathrm{T}} \tag{6}$$

接缝单元的厚度 $h$ 可取得充分小，以便单元内应变在厚度方向可视为常值。单元应变为

$$\{\varepsilon\} = \begin{Bmatrix} \varepsilon_x \\ \gamma_{xy} \end{Bmatrix} = \frac{1}{h} \begin{Bmatrix} \Delta u \\ \Delta v \end{Bmatrix} = [B]\{\delta^e\} \tag{7}$$

式中：$h$ 为单元厚度，而

$$[B] = \frac{1}{h}[M] \tag{8}$$

单元内的应力为

$$\{\sigma\} = \begin{Bmatrix} \sigma_x \\ \tau_{xy} \end{Bmatrix} = [D]\{\varepsilon\} = [D][B]\{\delta^e\} \tag{9}$$

式中

$$[D] = E \begin{bmatrix} 1 & 0 \\ 0 & 1/2(1+\mu) \end{bmatrix} \tag{10}$$

与 Goodman 节理单元一样，忽略 $\sigma_y$ 和 $\varepsilon_y$（$y$ 轴平行于接缝），由于单元很薄，其影响很小[2]。

设虚位移为 $\{\delta^{*e}\}$，则虚应变为 $\{\varepsilon^*\} = (1/h)[M]\{\delta^{*e}\}$。设垂直于纸面方向的单元厚度为 $L$，则在 $y$ 方向单元长度上应力所做虚功为

$$Lh\{\varepsilon^*\}^{\mathrm{T}}\{\sigma\} = \frac{L}{h}\{\delta^{*e}\}^{\mathrm{T}}[M]^{\mathrm{T}}[D][M]\{\delta^e\}$$

由虚功原理，沿 $y$ 方向积分，得到

$$\{\delta^{*e}\}^{\mathrm{T}}\{F^e\} = \{\delta^{*e}\}^{\mathrm{T}}\left(\frac{L}{h}\int_{y_b}^{y_a}[M]^{\mathrm{T}}[D][M]\mathrm{d}y\right)\{\delta^e\}$$

由此得到单元结点力如下

$$\{F^e\} = [k]\{\delta^e\} \tag{11}$$

单元刚度矩阵为

$$[k] = \frac{L}{h}\int_{y_b}^{y_a}[M]^T[D][M]\mathrm{d}y \tag{12}$$

单元结点力为

$$\{F^e\} = [U_1 V_1 U_2 V_2 \cdots U_6 V_6]^{\mathrm{T}} \tag{13}$$

（二）空间接缝单元的刚度矩阵

空间接缝单元如图 3 所示，单元厚度为 $h$，右表面的位移用右边相邻单元 $B$ 结点 1~8 的位移表示如下

$$u_{右} = \sum_{i=1}^{8} \bar{N}_i u_i, \quad v_{右} = \sum_{i=1}^{8} \bar{N}_i v_i, \quad w_{右} = \sum_{i=1}^{8} \bar{N}_i w_i$$

左表面的位移用左面相邻单元 $A$ 结点 9~16 的位移

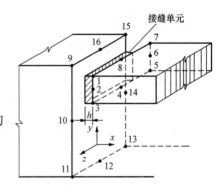

图 3　空间接缝单元

表示如下

$$u_{\text{left}} = \sum_{i=9}^{16} N_i u_i , \quad v_{\text{left}} = \sum_{i=9}^{16} N_i v_i , \quad w_{\text{left}} = \sum_{i=9}^{16} N_i w_i$$

单元内任一点的位移差为

$$\{f\} = \begin{Bmatrix} \Delta u \\ \Delta v \\ \Delta w \end{Bmatrix} = [M]\{\delta^e\} \tag{14}$$

式中 $\{\delta^e\} = \{u_1 v_1 w_1 u_2 v_2 w_2 \cdots\}^{\text{T}}$，而

$$[M] = \begin{bmatrix} \bar{N}_1 & 0 & 0 & \bar{N}_2 & 0 & 0 & \cdots & -N_{16} & 0 & 0 \\ 0 & \bar{N}_1 & 0 & 0 & \bar{N}_2 & 0 & \cdots & 0 & -N_{16} & 0 \\ 0 & 0 & \bar{N}_1 & 0 & 0 & \bar{N}_2 & \cdots & 0 & 0 & -N_{16} \end{bmatrix} \tag{15}$$

这里用的是二次形函数，当然也可采用其他阶次的形函数。

单元内任一点的应变为

$$\{\varepsilon\} = \begin{Bmatrix} \varepsilon_x \\ \gamma_{xy} \\ \gamma_{xz} \end{Bmatrix} = \frac{1}{h} \begin{Bmatrix} \Delta u \\ \Delta v \\ \Delta w \end{Bmatrix} = \frac{1}{h} [M]\{\delta^e\} = [B]\{\delta^e\} \tag{16}$$

由虚功原理得到空间接缝单元刚度矩阵如下

$$[k] = \frac{1}{h} \int_{\Gamma} [M]^{\text{T}} [D] [M] \mathrm{d}A \tag{17}$$

式中 $\Gamma$ 为单元的左侧或右侧表面，而

$$[D] = E \begin{bmatrix} 1 & 0 & 0 \\ 0 & 1/2(1+\mu) & 0 \\ 0 & 0 & 1/2(1+\mu) \end{bmatrix} \tag{18}$$

（三）弹性徐变应力分析

假定混凝土为弹性徐变体，徐变柔量为

$$J(t,\tau) = \frac{1}{E(\tau)} + C(t,\tau) \tag{19}$$

式中：$t$ 为时间；$\tau$ 为混凝土龄期；$E(\tau)$ 为混凝土的瞬时弹性模量；$C(t,\tau)$ 为混凝土的徐变度。混凝土徐变变形的泊松比可视为常数，并等于其弹性变形的泊松比[3]。据笔者研究，混凝土的弹性模量和徐变度可表示如下[4]

$$E(\tau) = E_0(1 - \mathrm{e}^{-a\tau^b}) \tag{20}$$

$$C(t,\tau) = \sum_{j=1}^{m} \phi_j(\tau)[1 - \mathrm{e}^{-r_j(t-\tau)}] \tag{21}$$

式中：$E_0$、$a$、$b$、$r_j$ 等为材料常数。用增量法进行分析，在时段 $\Delta t_n = t_n - t_{n-1}$ 内，应变增量为

$$\{\Delta\varepsilon_n\} = \{\Delta\varepsilon_n^e\} + \{\Delta\varepsilon_n^c\} + \{\Delta\varepsilon_n^T\} \tag{22}$$

式中：$\{\Delta\varepsilon_n^e\}$ 为弹性应变增量；$\{\Delta\varepsilon_n^c\}$ 为徐变应变增量；$\{\Delta\varepsilon_n^T\}$ 为自由温度应变增量。

采用弹性徐变体稳式解法[5][6]，弹性应变增量可计算如下

$$\{\Delta\varepsilon_n^e\} = \frac{1}{E_n^*}[Q]\{\Delta\sigma_n\} \tag{23}$$

式中

$$E_n^* = E(t_{n-0.5}) \tag{24}$$

$$t_{n-0.5} = t_n - 0.5\Delta t_n = t_{n-1} + 0.5\Delta t_n$$

徐变应变增量计算如下

$$\{\Delta\varepsilon_n^c\} = \{\eta_n\} + q_n[Q]\{\sigma_n\} \tag{25}$$

$$\{\eta_n\} = \sum_{j=1}^{m}(1 - e^{-r_j\Delta t_n})\{\omega_{jn}\} \tag{26}$$

$$\{\omega_{jn}\} = \{\omega_{jn-1}\}e^{-r_j\Delta t_{n-1}} + [Q]\{\Delta\sigma_{n-1}\}\phi_j(t_{n-1-0.5})e^{-0.5r_j\Delta t_{n-1}} \tag{27}$$

$$\{\omega_{j1}\} = [Q]\{\Delta\sigma_0\}\phi_j(t_0) \tag{28}$$

$$q_n = C(t_n, t_{n-0.5}) \tag{29}$$

矩阵 $[Q]$ 见后面的式（36）～式（38）。$\Delta t_n$ 内的应力增量为

$$\{\Delta\sigma_n\} = [\overline{D}_n]([B]\{\Delta\delta_n\} - \{\eta_n\} - \{\Delta\varepsilon_n^T\}) \tag{30}$$

式中

$$[\overline{D}_n] = \frac{1}{1 + E_n^*q_n}[D_n] = \frac{E_n^*}{1 + E_n^*q_n}[Q]^{-1} \tag{31}$$

平衡方程为

$$[K]\{\Delta\delta_n\} = \{\Delta P_n\} + \{\Delta P_n^c\} + \{\Delta P_n^T\} \tag{32}$$

式中：$[K]$ 为整体刚度矩阵；$\{\Delta P_n\}$ 为外荷载产生的结点荷载增量；$\{\Delta P_n^c\}$ 为徐变变形引起的结点荷载增量；$\{\Delta P_n^T\}$ 为温度变形引起的结点荷载增量

$$\{P_n^c\} = \int[B]^T[\overline{D}_n]\{\eta_n\}d(v_{01}) \tag{33}$$

$$\{\Delta P_n^T\} = \int[B]^T[\overline{D}_n]\{\Delta\varepsilon_n^T\}d(v_{01}) \tag{34}$$

$$\{K\} = \int[B]^T[\overline{D}][B]d(v_{01}) \tag{35}$$

对于接缝单元，$[B] = [M]/h$；平面接缝单元，$d(v_{01}) = Lhdy$；空间接缝单元，$d(v_{01}) = hdA$。

$[Q]$ 和 $[\Delta\varepsilon^T]$ 如下：

1. 平面应力问题

$$[Q] = \begin{bmatrix} 1, & 0 \\ 0, & 2(1+\mu) \end{bmatrix}, \quad [Q]^{-1} = \begin{bmatrix} 1, & 0 \\ 0, & 1/2(1+\mu) \end{bmatrix}, \quad \{\Delta\varepsilon_n^T\} = \begin{Bmatrix} a\Delta T_n \\ 0 \end{Bmatrix} \tag{36}$$

2. 平面应变问题

$$[Q] = \begin{bmatrix} 1-\mu^2, & 0 \\ 0, & 2(1+\mu) \end{bmatrix}, \quad [Q]^{-1} = \begin{bmatrix} 1/(1-\mu^2), & 0 \\ 0, & 1/2(1+\mu) \end{bmatrix} \tag{37}$$

$$\Delta\varepsilon_n^T = \begin{Bmatrix} (1+\mu)a\Delta T_n \\ 0 \end{Bmatrix}$$

3. 空间问题

$$Q = \begin{bmatrix} 1, & 0, & 0 \\ 0, & 2(1+\mu), & 0 \\ 0, & 0, & 2(1+\mu) \end{bmatrix}, \quad [Q]^{-1} = \begin{bmatrix} 1, & 0, & 0, \\ 0, & 1/2(1+\mu), & 0 \\ 0, & 0, & 1/2(1+\mu) \end{bmatrix}, \quad \{\Delta\varepsilon_n^T\} = \begin{Bmatrix} \alpha\Delta T \\ 0 \\ 0 \end{Bmatrix} \quad (38)$$

# 三、温度场分析

温度场接缝单元在有限元方法中目前尚未见有报导，如图 4 阴影部分所示，单元厚度为 $h$，其值可以取得充分小，因此在计算中可以把接缝单元看成是左右两单元的第三类边界条件。

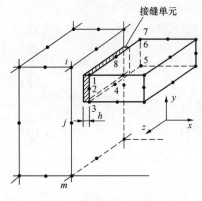

接缝单元

图 4　温度场接缝单元

对于左边的大单元，在与接缝单元接触的表面 $abcd$ 上，边界条件如下

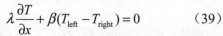

$$\lambda\frac{\partial T}{\partial x} + \beta(T_{\text{left}} - T_{\text{right}}) = 0 \quad (39)$$

其中 $\lambda$ 为导热系数，$\beta$ 为等效表面放热系数，根据热传导原理，可取

$$\beta = \lambda/h \quad (40)$$

根据变分原理，不稳定温度场的求解，相当于求下列泛函的极值[2]

$$I = I_1 + I_2$$

$$I_1 = \int_{\Omega}\left\{\frac{1}{2}\left[\left(\frac{\partial T}{\partial x}\right)^2 + \left(\frac{\partial T}{\partial y}\right)^2 + \left(\frac{\partial T}{\partial z}\right)^2\right] + \frac{1}{a}\left(\frac{\partial T}{\partial \tau} - \frac{\partial \theta}{\partial \tau}\right)T\right\}\mathrm{d}(v_{01}) \quad (42)$$

$$I_2 = \int_{\Gamma}\left[\frac{1}{2}\bar{\beta}T_{\text{left}}^2 - \bar{\beta}T_{\text{left}}T_{\text{right}}\right]\mathrm{d}A \quad (43)$$

其中 $\Omega$ 是求解域，$\Gamma$ 是接触单元表面，而

$$\bar{\beta} = \beta/\lambda = 1/h \quad (44)$$

用有限元离散后，泛函数取极值条件成为

$$\frac{\partial I}{\partial T_i} = \sum_e \frac{\partial I_1^e}{\partial T_i} + \sum_e \frac{\partial I_2^e}{\partial T_i} = 0 \quad (45)$$

在求解域内，取 $T = N_iT_i + N_jT_j + N_mT_m + \cdots$，有

$$\frac{\partial I_1^e}{\partial T_i} = \left[h_{ii}h_{ij}h_{im}\right]\begin{Bmatrix} T_i \\ T_j \\ T_m \\ \vdots \end{Bmatrix} + \left[r_{ii}r_{ij}r_{im}\cdots\right]\frac{\partial}{\partial t}\begin{Bmatrix} T_i \\ T_j \\ T_m \\ \vdots \end{Bmatrix} - f_i\frac{\partial \theta}{\partial t} \quad (46)$$

式中

$$h_{ij} = \int_{\Delta\Omega}\left(\frac{\partial N_i}{\partial x}\frac{\partial N_j}{\partial x} + \frac{\partial N_i}{\partial y}\frac{\partial N_j}{\partial y} + \frac{\partial N_i}{\partial z}\frac{\partial N_j}{\partial z}\right)\mathrm{d}(v_{01})$$

$$r_{ij} = \frac{1}{a} \int_{\Delta\Omega} N_i N_j \mathrm{d}(v_{01}) , \quad f_i = \int_{\Delta\Omega} N_i \mathrm{d}(v_{01}) \tag{47}$$

令接缝单元右表面的温度为

$$T_{\text{right}} = \sum_{i1}^{8} \overline{N_i} T_{\text{right}i} \tag{48}$$

由式（43）可知

$$\frac{\partial T_2^e}{\partial T_i} = \left\{ g_{ii} g_{ij} g_{im} \cdots \right\} \begin{Bmatrix} T_i \\ T_j \\ T_m \\ \vdots \end{Bmatrix} - \left[ s_{i1} s_{i2} s_{i3} \cdots \right] \begin{Bmatrix} T_{\text{right}1} \\ T_{\text{right}2} \\ T_{\text{right}3} \\ \vdots \end{Bmatrix} \tag{49}$$

式中

$$g_{ij} = \int_{\Delta\varGamma} \overline{\beta} N_i N_j \mathrm{d}A , \quad S_{ij} = \int_{\Delta\rho} \overline{\beta} N_i \overline{N_j} \mathrm{d}A \tag{50}$$

接缝左面各单元集合后，得到

$$[H_1]\{T\} + \{R_1\} \frac{\partial}{\partial t}\{T\} + [G_1]\{T_{\text{left}}\} - [S_1]\{T_{\text{right}}\} - \{P_1\} = 0 \tag{51}$$

同理，接缝右面各单元集合后，得到

$$[H_2]\{T\} + \{R_2\} \frac{\partial}{\partial t}\{T\} + [G_2]\{T_{\text{right}}\} - [S_2]\{T_{\text{left}}\} - \{P_2\} = 0 \tag{52}$$

把式（51）、式（52）两式合并，得到

$$[K]\{T\} + [R] \frac{\partial}{\partial t}\{T\} - \{P\} = 0 \tag{53}$$

其中 $[K] = [H] + [G] - [S]$。对上式，在时间域用差分法离散，得到

$$\left( s[K] + \frac{1}{\Delta t}[R] \right)\{T_{n+1}\} + \left( (1-s)[K] - \frac{1}{\Delta t}[R] \right)\{T_n\} - \{\overline{P}\} = 0 \tag{54}$$

其中 $\{T_{n+1}\}$ 和 $\{T_n\}$ 分别为时刻 $t_{n+1}$ 和时刻 $t_n$ 的结点温度列阵，$\{\overline{P}\}$ 包括内热源及边界条件等已知因素的影响。对于向前差分，$s=0$；中间差分，$s=0.50$；向后差分，$s=1$。据已有经验，向后差分的计算效果较好。

## 四、结语

采用本文提出的仿真并层计算的接缝单元，使各坝块可独立进行并层，互不影响，在对混凝土高坝进行仿真应力分析时，每个坝块的计算层数，可从一二百层，减少到十层左右，计算量得到极大的简化。

## 参 考 文 献

［1］朱伯芳. 多层混凝土结构仿真应力分析的并层算法. 水力发电学报，1994，（3）.

［2］朱伯芳. 有限单元法原理与应用. 北京：水利电力出版社，1979.

［3］朱伯芳，等. 水工混凝土结构的温度应力与温度控制. 北京：水利电力出版社，1976.

［4］朱伯芳. 混凝土的弹性模量、徐变度与应力松弛系数. 水利学报，1985，（9）. 又见朱伯芳. 水工结构与固体力学论文集. 北京：水利电力出版社，1988，161-172.

［5］朱伯芳. 混凝土结构徐变应力分析的隐式解法，水利学报，1983，（5）.

［6］朱伯芳. 水工结构与固体力学论文集. 北京：水利电力出版社，1988，182-192.

# 有限厚度带键槽接缝单元及接缝对
# 混凝土坝应力的影响❶

**摘　要：** 本文给出了有限厚度的带键槽三维实体接缝单元，它可以较好地反映接缝附近的应力和接触条件。文中分析了接缝的初始间隙问题，分析结果表明，经过灌浆以后，由于浆体收缩而产生的初始间隙是很小的，一般可以忽略。文中还分析了灌浆质量对坝体应力的影响，分析结果表明，只要浆体灌进了接缝，虽然浆体质量差一些，带有键槽的接缝对坝体应力和变形的影响是很小的。本文最后分析了横缝不抗拉对拱坝应力的影响，分析结果表明，这个问题与横缝受拉深度 $a$ 和横缝间距 $L$ 的比值 $a/L$ 有关，比值 $a/L$ 越大，横缝不抗拉对坝体应力的影响越大，此外，还与坝体厚度及气候条件有关。

**关键词：** 混凝土坝；接缝单元；键槽；初始间隙；灌浆质量；横缝不抗拉

# Joint Element of Finite Thickness with Key and
# Influence of Joint on Stresses in Concrete Dams

**Abstract:** A joint element of finite thickness with key are proposed and the influence of joint on the stresses in concrete dams are analysed. After joint grounting, the clearance due to shrinkage of grout is small and its influence may be neglected. For joint with key, the influence of quality of grout on the stresses of dam is also small, but the grouting of joints is necessary. Actually the transverse joints cannot resist tensile stress, the influence of which on the stress state of dam dependes on the ratio $A/L$, where $A$ is the depth of tensile stress and $L$ is the spacing between joints. The bigger the ratio $A/L$, the larger the influence of $A/L$ on the stresses in the dam.

**Key words:** concrete dam, joint element, key, initial clearance, quality of grout, influence of depth of tensile stress of dam

# 1　前言

　　在混凝土坝施工中，经常用带键槽的纵横接缝把坝体分割成柱状浇筑块，当坝体冷却到规定的温度后，进行接缝灌浆，使大坝形成整体。这种施工方法对坝体应力的影响如何，是一个重要而又比较复杂的问题，牵涉到的因素比较多，本文首先给出了有限厚度带键槽的三

---

❶　原载《水利学报》2001 年第 2 期。

维实体接缝单元，它可以较好地反映接缝附近的应力和接触条件，从而有利于用有限单元法进行仿真分析，然后对人们所关心的接缝初始间隙、接缝灌浆质量及横缝不抗拉等因素的影响进行分析，得出了相应的结论。

## 2 有限厚度带键槽的三维接缝单元

为了分析纵横接缝对混凝土坝应力和变形的影响，有限单元法显然是最好的方法。文献[1]曾给出厚度为零的带键槽的节理单元。本文给出有限厚度的带键槽的三维等参接缝单元，它可以更好地反映接缝附近的应力和接触条件。

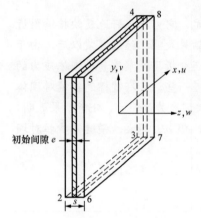

图1 有限厚度三维接缝单元

如图1所示，接缝单元取为厚度为 $S$ 的三维实体等参单元，结点数可为 8~20，坐标 $z$ 与缝面正交，坐标 $x$、$y$ 在缝面内，单元含有初始间隙 $e$。对于图1所示8结点单元，单元左、右两侧面的位移为

$$\left.\begin{array}{l} u_{\text{left}} = N_1u_1 + N_2u_2 + N_3u_3 + N_4u_4 \\ u_{\text{right}} = N_1u_5 + N_2u_6 + N_3u_7 + N_4u_8 \\ \cdots \end{array}\right\} \tag{1}$$

其中：$N_1$、$N_2$、$N_3$、$N_4$ 为形函数；$u_1$、$u_2\cdots$ 为结点位移。

结点内任一点的位移差为

$$\Delta u = N_1(u_5 - u_1) + N_2(u_6 - u_2) + N_3(u_7 - u_3) + N_4(u_8 - u_4)$$
$$\cdots$$

因此得到

$$\left\{\begin{array}{l} \Delta u \\ \Delta v \\ \Delta w \end{array}\right\} = [N]\{\delta^e\} \tag{2}$$

$$[N] = \begin{bmatrix} -N_1 & 0 & 0 & -N_2 & 0 & 0 & \cdots & N_4 & 0 & 0 \\ 0 & -N_1 & 0 & 0 & -N_2 & 0 & \cdots & 0 & N_4 & 0 \\ 0 & 0 & -N_1 & 0 & 0 & -N_2 & \cdots & 0 & 0 & N_4 \end{bmatrix} \tag{3}$$

$$\{\delta^e\} = \begin{bmatrix} u_1 & v_1 & w_1 & u_2 & v_2 & w_2 & \cdots & u_8 & v_8 & w_8 \end{bmatrix} \tag{4}$$

单元内任一点应变为

$$\{\varepsilon\} = \left\{\begin{array}{l} \gamma_{zx} \\ \gamma_{zy} \\ \varepsilon_z \end{array}\right\} = \frac{1}{S}\left\{\begin{array}{l} \Delta u \\ \Delta v \\ \Delta w \end{array}\right\} = [B]\{\delta^e\} \tag{5}$$

$$[B] = \frac{1}{S}[N] \tag{6}$$

单元内任一点应力为

$$\{\sigma\} = \left\{\begin{array}{l} \tau_{zx} \\ \tau_{zy} \\ \sigma_z \end{array}\right\} = [D](\{\varepsilon\} - \{\varepsilon_0\}) = \frac{1}{S}[D]\left(\left\{\begin{array}{l} \Delta u \\ \Delta v \\ \Delta w \end{array}\right\} - \left\{\begin{array}{l} \Delta u_0 \\ \Delta v_0 \\ \Delta w_0 \end{array}\right\}\right) \tag{7}$$

式中：$S$ 为单元厚度；$\Delta u_0$、$\Delta v_0$、$\Delta w_0$ 为初始位移差。

弹性矩阵为

$$[D]=\begin{bmatrix} G_x & 0 & 0 \\ 0 & G_y & 0 \\ 0 & 0 & E_z \end{bmatrix} \qquad (8)$$

单元刚度矩阵为

$$[K^e]=\frac{1}{S}\iint[N]^{\mathrm{T}}[D][N]\mathrm{d}x\mathrm{d}y \qquad (9)$$

如图 2 所示，考虑两种键槽形式，即单向键槽和双向键槽。

如图 3 所示，当坝体尚未承受荷载时，接缝面正交方向的初始间隙为 $e$，键槽面在平行于缝面方向的初始间隙为

$$d=e\cdot\cot\beta \qquad (10)$$

式中：$\beta$ 为键槽面与接缝面的夹角，在坝体承受荷载以后，垂直于缝面方向的位移差为 $\Delta w$，平行于缝面方向的位移差为 $\Delta u$ 和 $\Delta v$。

下面分析单元内应力与变形关系。

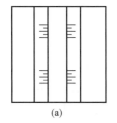
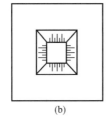

图 2　键槽形式

（a）单向键槽；（b）双向键槽

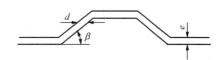

图 3　接缝间隙

在 $z$ 方向，即缝面正交方向，拿出结点 1 和结点 5 来分析，设接缝初始间隙为 $e$，有以下三种情况：

（1）当 $w_1-w_5=e$，即 $w_5-w_1+e=\Delta w+e=0$ 时，缝面正好密合，$\sigma_z=0$；

（2）当 $w_1-w_5>e$，即 $w_5-w_1+e=\Delta w+e<0$ 时，缝面受压，压缩变形为 $\Delta w+e$；

（3）当 $w_1-w_5<e$，即 $w_5-w_1+e>0$ 时，缝面脱开，$\sigma_z=0$。

因此，在 $z$ 方向的应力—变形关系为

$$\sigma_z=\frac{E_z}{S}(\Delta w+e), \qquad E_z=\begin{cases} E,当\Delta w+e\leqslant 0 \\ 0,当\Delta w+e>0 \end{cases} \qquad (11)$$

对于初始温升 $T_0$，初应变为 $\varepsilon_0=\alpha T_0$，今接缝间隙 $e$ 相当于收缩变形，所以初始位移差 $\Delta w_0=-e$。

由于 $\Delta u$ 可能向右，也可能向左，只有当

$$|\Delta u|-(\Delta w+e)\cot\beta_x<0$$

时，键槽左右两边都脱开，$\tau_{zx}=0$，因此应力—变形关系为

$$\tau_{zx}=\frac{G_x}{S}[|\Delta u|-(\Delta w+e)\cot\beta_x]\mathrm{sign}\Delta u, \qquad G_x=\begin{cases} G,当|\Delta u|-(\Delta w+e)\cot\beta_x\geqslant 0 \\ 0,当|\Delta u|-(\Delta w+e)\cot\beta_x<0 \end{cases} \qquad (12)$$

同理

$$\tau_{zy}=\frac{G_y}{S}[|\Delta v|-(\Delta w+e)\cot\beta_y]\mathrm{sign}\Delta v,\quad G_y=\begin{cases}G,\text{当}|\Delta v|-(\Delta w+e)\cot\beta_y\leqslant\cot\beta_y\geqslant0\\0,\text{当}|\Delta v|-(\Delta w+e)\cot\beta_y<0\end{cases}\quad(13)$$

式中：
$$\mathrm{sign}\,x=\begin{cases}+,\text{当}x>0\\-,\text{当}x<0\end{cases}$$

$E$ 为混凝土弹性模量，$G=E/2(1+\mu)$ 为混凝土剪切模量。

缝面除了张开外，还可能产生剪切破坏，因此

当 $\tau\geqslant f|\sigma_z|+c$ 时，$\qquad\qquad G_x=G_y=0$ $\qquad\qquad(14)$

式中：$\tau=\sqrt{\tau_{zx}^2+\tau_{zy}^2}$ 为缝面内最大剪应力；$c$ 为如下等效黏着力

$$c=c_0\left(1-\frac{A_S}{A}\right)+\frac{r\tau_0 A_S}{A}\qquad(15)$$

式中：$A$ 为接缝面积；$A_S$ 为键槽面积；$c_0$ 为灌浆缝面黏着力；$\tau_0$ 为混凝土剪切破坏黏着力；$r$ 为有效系数。

# 3 关于混凝土坝接缝初始间隙的分析

从式（11）～式（13）可知，接缝初始间隙对坝体应力是有影响的，但初始间隙到底有多大，过去人们似乎没有进行过认真的分析，往往在计算中随意假定一个数值，例如 $e=0.5\sim1.0$mm，计算结果，初始间隙对坝体应力有相当大的影响。问题在于实际上是否有这么大的间隙。下面根据混凝土坝的特点，对初始间隙的大小进行分析。

设接缝间距为 $L$，灌浆前人工冷却降温为 $\Delta T$，线胀系数为 $\alpha$，于是灌浆前接缝张开度为

$$b=\alpha L\Delta T\qquad(16)$$

设灌浆后，水泥浆体的收缩为 $\varepsilon_0$，于是由于浆体收缩而产生的接缝初始间隙为

$$e=b\varepsilon_0\qquad(17)$$

下面给出一个算例。设横缝间距 $L=15$m，灌浆前人工冷却降温通常为 $10\sim30$℃，今取上限 $\Delta T=30$℃，取线胀系数 $\alpha=10^{-5}$（1/℃），由式（16），灌浆前接缝张开度为

$$b=\alpha L\Delta T=10^{-5}\times30\times15\times1000=4.5\text{（mm）}$$

大体积混凝土中无应力计实测的混凝土自生体积收缩约为 $40\sim50\times10^{-6}$，因无骨料，水泥净浆的收缩要大一些，今设接缝灌浆后浆体收缩为 $200\times10^{-6}$，于是灌浆后接缝因浆体收缩而产生的间隙为

$$e=b\varepsilon_0=4.5\text{mm}\times200\times10^{-6}=0.0009\text{mm}$$

把这点间隙分摊到整个坝块，等效温差为

$$\Delta T=\frac{e}{\alpha L}=\frac{0.0009}{10^{-5}\times15\times1000}=0.006\text{（℃）}$$

可见，当坝体冷却到规定的灌浆温度后进行接缝灌浆，其后由于水泥浆体的收缩而产生的接缝间隙是很小的，实际上，在计算横缝对坝体应力的影响时，可以忽略初始间隙。这一结论是重要的，因为：①如果考虑初始间隙进行计算，就必须采用混合法，即先将荷载分为若干增量，在每一增量步中还要进行非线性迭代计算，计算量很大，如果初始间隙为零，计

算可大为简化；②如果初始间隙较大，对坝体应力可产生较大影响。

在规定坝体灌浆温度时，需要考虑当地气温、水温和混凝土自生体积变形。灌浆温度的确定可能有误差，实际施工的灌浆温度与规定的灌浆温度也可能有出入。这些坝体温度的差值可以并入坝体温度荷载进行计算，不必按接缝间隙计算。

# 4 关于灌浆质量对坝体应力影响的分析

一般认为，当接缝开度大于 0.5mm 时，进行水泥灌浆是没有问题的，事实上，如果采用超细水泥，更小一些的缝也可以灌进去。当横缝间距为 15m 时，只要有 3.3℃温降，就可产生 0.5mm 的接缝开度。因此在一般情况下，水泥浆体灌入接缝是没有问题的。所谓灌浆质量，主要是指浆体水灰比可能较大。下面对这个问题进行分析，如图 4 所示，设横缝间距为 $L$，灌浆前接缝开度为 $b$，在应力 $\sigma$ 的作用下，变位为

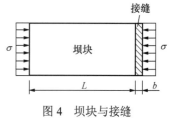

图 4 坝块与接缝

$$w = \frac{\sigma L}{E} + \frac{\sigma b}{E_j} = \frac{\sigma L}{E}(1+r) \tag{18}$$

$$r = \frac{bE}{LE_j} \tag{19}$$

式中：$L$ 为横缝间距；$b$ 为接缝开度；$E$ 为坝体混凝土弹性模量；$E_j$ 为缝内浆体弹性模量。式（18）中的 $r$ 就反映了缝内浆体对坝体变形的影响，设横缝间距 $L$=15m，灌浆前接缝开度 $b$=4.5mm，考虑到浆体水灰比可能较大，取浆体弹性模量 $E_j$=0.10$E$，由式（19）可知

$$r = \frac{bE}{LE_j} = \frac{4.5\text{mm}E}{15000\text{mm}E_j} = 0.0003\frac{E}{E_j} = 0.003$$

可见，假定浆体弹性模量为混凝土弹性模量的十分之一，变形也只增加 0.3%。

由上述分析可得到下述结论：接缝不灌浆是不行的，只要浆体灌进了接缝，由于接缝开度与接缝间距的比值 $b/L$ 很小，即使浆体质量差一些，对坝体应力和变位的影响也是很小的。

# 5 横缝不抗拉对拱坝应力的影响

一般认为横缝抗拉能力是很弱的，横缝不抗拉，对拱坝应力的影响如何是人们所关心的问题，下面对这个问题的影响因素进行分析。

## 5.1 受拉深度

如果横缝抗拉如图 5（a）所示，设拱坝厚度为 $t$，按弹性体计算，受拉深度为 $a$，边缘最大拉应力为 $\sigma_t$，

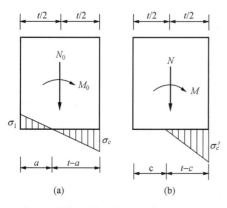

图 5 缝面上应力分布

（a）横缝抗拉；（b）横缝不抗拉

边缘最大压应力为 $\sigma_c$（均取绝对值）。断面上承受的轴向力为 $N_0$，弯矩为 $M_0$。根据平截面假

定，可知

$$
\left.\begin{aligned}
N_0 &= \frac{(\sigma_c - \sigma_t)t}{2} \\
M_0 &= \frac{(\sigma_c + \sigma_t)t^2}{12} \\
\frac{a}{t} &= \frac{\sigma_t}{\sigma_c + \sigma_t} = \frac{\rho}{1+\rho}
\end{aligned}\right\}
\tag{20}
$$

式中：$\rho = \sigma_t/\sigma_c = (a/t)/(1-a/t)$。

如果横缝不抗拉，如图 5（b）所示，设开裂深度为 $c$，轴向力为 $N$，弯矩为 $M$，边缘最大压应力为 $\sigma_c'$，假定压应力为直线分布，可知

$$
\left.\begin{aligned}
N &= \frac{\sigma_c'(t-c)}{2} \\
M &= \frac{\sigma_c'(t-c)(t+2c)}{12}
\end{aligned}\right\}
\tag{21}
$$

由于拱坝是超静定结构，考虑横缝不抗拉后，内力将有所调整。今设

$$
N = nN_0, \qquad M = mM_0
\tag{22}
$$

把式（20）、式（21）两式代入上式，有

$$
\frac{c}{t} = \frac{1}{2}\left[\frac{m(1+\rho)}{n(1-\rho)} - 1\right]
\tag{23}
$$

$$
\frac{\sigma_c'}{\sigma_c} = \frac{2n^2(1-\rho)^2}{3n(1-\rho) - m(1+\rho)}
\tag{24}
$$

设 $n=1$，$m=1$，则

$$
\frac{c}{t} = \frac{\rho}{1-\rho} = \frac{\eta}{1-2\eta}
\tag{25}
$$

$$
\frac{\sigma_c'}{\sigma_c} = \frac{(1-\rho)^2}{1-2\rho} = \frac{(1-2\eta)^2}{(1-\eta)(1-3\eta)}
\tag{26}
$$

式中：$\rho = \sigma_t/\sigma_c$ 为拉应力与压应力比值；$\eta = a/t$ 为横缝抗拉时受拉深度 $a$ 与厚度 $t$ 的比值。

如图 6 所示，随着受拉深度比值 $a/t$ 的增加，横缝不抗拉时，断面开裂深度比值 $c/t$ 和开裂前后表面压应力比值 $\sigma_c'/\sigma_c$ 都将急剧增加，当然，由于拱坝是超静定结构，断面开裂以后，内力会有所调整，$c/t$ 和 $\sigma_c'/\sigma_c$ 的增幅会有所减小，但如横缝不抗拉，随着受拉深度的增加，断面开裂深度和应力变化幅度都将呈非线性增长这一趋势是不变的。

## 5.2 受拉深度与横缝间距比值

如横缝可以抗拉，断面上应力分布如图 7（a）实线所示，如横缝不能抗拉，断面上的应力分布如图 7（a）虚线所示，如果忽略压应力区的应力变化，横缝不抗拉的主要影响相当于在原来受拉区叠加一三角形分布的绝对值相等的压应力，使受拉区应力变为零，如图 7（b）所示。

对于 $L=t$ 的坝块，当两侧横缝面上受到三角形分布的压应力时，在坝块中央剖面上的正应力 $\sigma_x$ 的分布见图 8（a）。当 $a/t=0.20$ 时，最大水平应力 $\sigma_x=-0.49p$，当 $a/t=0.40$ 时，最大水平应力 $\sigma_x=-0.78p$，应力范围也扩大了，坝块上游面的水平应力分布见图 8（b），图 8 反映了受拉深度的影响（图 8 和图 9 是杨波博士协助用有限元计算的）。

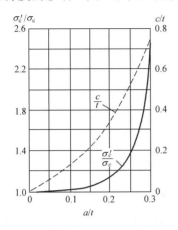

图 6  应力变化比 $\sigma'_c/\sigma_c$、开裂深度比 $c/t$
与受拉深度比 $a/t$ 关系

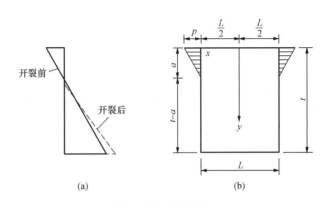

图 7  缝面受力情况

（a）横缝面应力分布；（b）横缝面调整应力

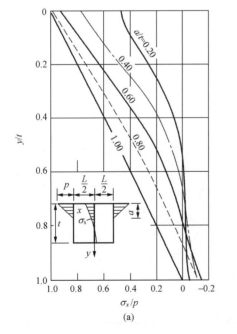

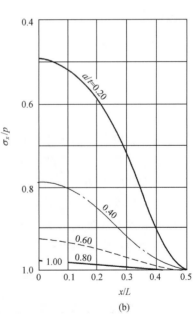

图 8  缝面应力调整在方形坝块（$L=t$）中引起的应力分布

（a）坝块对称面上（$x=0$）的水平应力；（b）坝块上游面（$y=0$）上的水平应力

在图 9 中表示了受拉深度 $a$ 与横缝间距 $L$ 的比值 $a/L$ 的影响，由图可见，$\sigma_{x0}/p$ 与 $a/L$ 有密切关系，$a/L$ 越大，$\sigma_{x0}/p$ 越大。由此可见，在用有限元法计算含缝拱坝的应力时，至少在拱向受拉区内必须如实模拟横缝的间距，在两条横缝之间，在拱向至少应有 2～3 层单元，过

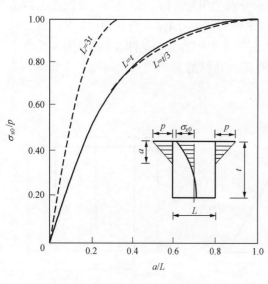

图 9 $\sigma_{x0}/p$ 与 $a/L$ 关系

去不少人在分析含缝拱坝时，为了减少单元数量，计算模型中设置横缝很少，实际相当于加大了 $L$，减小了 $a/L$，因而减小了横缝不抗拉对坝体应力的影响。

### 5.3 气候条件

气候条件对拱坝拉应力影响较大，我国不同地区气候条件相差较大，气温年变幅东北地区约 20℃，华中地区约 12℃，华南地区约 8℃，云南部分地区只有 5℃，气温变化大的地区，拱坝拉应力数值和拉应力范围都可能较大，横缝不抗拉对坝体应力的影响较大。

### 5.4 坝体厚度

外界温度变化对拱坝坝体温度和应力的影响，除了与外温变幅有关外，还与坝体厚度有密切关系，坝体越薄，对外界温度变化就越敏感。在寒冷地区修建的薄拱坝，在冬季坝体上部往往全断面受拉，显然，在这种情况下，横缝不抗拉对坝体应力的影响是十分显著的，反之，在温和地区修建的厚拱坝，受拉范围较小，横缝不抗拉对拱坝应力的影响就较小。

## 6 结语

（1）本文提出的有限厚度带键槽三维实体接缝单元，可以较好地反映接缝附近的应力和接触条件。

（2）经过接缝灌浆以后，由于浆体收缩而产生的接缝间隙是很小的，一般可以忽略。

（3）接缝必须进行灌浆，不灌浆是不行的，只要进行了接缝灌浆，即使浆体质量差一些，带有键槽的接缝对坝体应力和变形的影响是不大的。

（4）横缝不抗拉对拱坝应力的影响与受拉深度 $a$、受拉深度与横缝间距比值 $a/L$、当地气候条件及坝体厚度 $t$ 等因素有关，受拉深度 $a$ 越大，受拉深度与横缝间距比值 $a/L$ 越大、气温变幅越大、坝体越薄，则横缝不抗拉对拱坝应力的影响越大，反之亦然。

参 考 文 献

[1] 傅作新，张燎军. 考虑有键槽的施工缝时大体积混凝土结构的应力分析 [J]. 土木工程学报，1994，（4）：63-69.

[2] 朱伯芳. 有限单元法原理与应用 [M]. 2 版. 北京：中国水利水电出版社，1998.

# 弹性徐变体有限元分区异步长算法❶

**摘　要:** 本文提出在弹性徐变体有限元分析中采用分区异步长算法，即在局部范围内采用小步长，而在其余广大范围内，采用大步长，从而使计算得到简化。

**关键词:** 弹性徐变体；有限元；分区异步长。

## A Numerical Method Using Different Time Increments in Different Regions for Analysing Stresses in Elasto–creeping Solids

**Abstract:** In this paper, a method using different time increments in different regions is proposed to analyse the stresses in an elasto-creeping solid. Thus the efficiency of computation is improved.

**Key words:** stress analysis, elasto-creeping solid, different time increments in different regions

## 一、前言

弹性徐变体有限元分析的时间步长与材料特性有关，当物体各区域的材料特性不同时，对时间步长的要求也不同，目前采用统一的时间步长计算，为了保证计算精度，只能采用最小的步长，以混凝土坝为例，混凝土的弹性模量、徐变度、水化热温升等都与混凝土龄期有密切关系，在早龄期，这些材料特性变化剧烈[1, 2]，因此在用有限元法进行混凝土坝应力分析时在早期必须采取很小的时间步长，以保证必要的计算精度对于常态大体积混凝土，从 $\tau=0$ 开始，时间步长通常取$\Delta\tau=0.2, 0.3, 0.5, 0.5, 0.5, 1.0, 1.0, 1.5, 1.5, 2.0, 2.0$d，一个月后可取 $\Delta\tau=10$d，两个月后可取$\Delta\tau=30$d。混凝土坝是分层施工的，坝块上部不断有新浇筑的混凝土，全坝的时间步长受新混凝土控制，从开工到竣工，一直要采用很小的时间步长，因此计算很费机时，根据本文提出的分区异步长算法，在新浇筑的混凝土内，采用小步长，而在老混凝土内，采用大步长，可使计算工作得到很大的简化。

---

❶　原载《水利学报》1995 年第 7 期。

## 二、计算方法

以大体积混凝土结构为例，根据混凝土龄期的不同，把计算域划分成几个区域。例如在图 1 中分为 $a$、$b$ 两个区域，$cc$ 为分界面，从时刻 $t_n$ 到时刻 $t_m$，在区域 $a$ 内用一个大时段 $\Delta t_{nm}=t_m-t_n$ 计算，而在区域 $b$ 内，用 $m$ 个小时段计算：$\Delta t_{n+1}$，$\Delta t_{n+2}$，…，$\Delta t_{n+m}$，并要求

$$\Delta t_{nm} = \sum_{i=1}^{m} \Delta t_{n+i}$$

以便在 $t_m$ 时刻，两个区域在时间上能互相衔接。

（一）计算方法与步骤

第 1 步：区域 $b$ 计算 $m$ 个小时段，固定分界面 $cc$，在 $cc$ 上，令 $u=v=w=0$，按弹性徐变理论，对于时段 $\Delta t_{n+i}$，有 [3]

平衡方程
$$[K_{n+i}]\{\Delta\delta_{n+i}\} = \{\Delta P_{n+i}^b\} \tag{1}$$

应力增量
$$\{\Delta\sigma_{n+i}\} = [\bar{D}_{n+i}]\left([B]\{\Delta\delta_{n+i}\} - \{\eta_{n+i}\} - \{\Delta\varepsilon_{n+i}^T\}\right) \tag{2}$$

式中
$$[K_{n+i}] = \int[B]^T[\bar{D}_{n+i}][B]\mathrm{d}V \tag{3}$$

$$\{\Delta P_{n+i}^b\} = \{\Delta P_{n+i}^s\} + \{\Delta P_{n+i}^c\} + \{\Delta P_{n+i}^T\} \tag{4}$$

$$\{\Delta P_{n+i}^c\} = \int[B]^T[\bar{D}_{n+i}]\{\eta_{n+i}\}\mathrm{d}V \tag{5}$$

$$\{\Delta P_{n+i}^T\} = \int[B]^T[\bar{D}_{n+i}]\{\Delta\varepsilon_{n+i}^T\}\mathrm{d}V \tag{6}$$

$$[\bar{D}_{n+i}] = \frac{1}{1+q_{n+i}E_{n+i}}[D] \tag{7}$$

式中：$\{\Delta P_{n+i}^s\}$ ——外荷载产生的结点荷载增量；

$\{\Delta P_{n+i}^c\}$ ——徐变变形引起的结点荷载增量；

$\{\Delta P_{n+i}^T\}$ ——温度变形引起的结点荷载增量；

$E_{n+i}$ ——时段 $\Delta T_{n+i}$ 内平均弹性模量；

$q_{n+i}$ 和 $\{\eta_{n+i}\}$ ——与徐变变形有关的量，见文献 [3]。

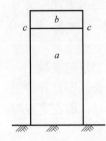

图 1　混凝土浇筑块

由以上各式可算出 $\Delta t_{n+i}$ 内的应力增量 $\{\Delta\sigma_{n+i}\}$ 及分界面 $cc$ 上的反力增量 $\{\Delta F_{n+i}\}$，从 $t_n$ 到 $t_m$，区域 $b$ 内的应力增量为

$$\{\Delta\sigma_b\} = \sum_{i=1}^{m}\{\Delta\sigma_{n+i}\} \tag{8}$$

分界面 $cc$ 上的反力为

$$\{F_{nm}^b\} = \sum_{i=1}^{m}\{\Delta F_{n+i}\} \tag{9}$$

第 2 步：区域 $a$ 计算　一个大时段，时间步长 $\Delta t_{nm} = t_m - t_n$，基本方程如下，

平衡方程
$$[K_{nm}]\{\Delta\delta_{nm}\} = \{\Delta P_{nm}\} = \{\Delta P_{nm}^s\} + \{\Delta P_{nm}^c\} + \{\Delta P_{nm}^T\} \tag{10}$$

应力增量 $\quad\quad \{\Delta\sigma_{nm}\}=\left[\bar{D}_{nm}\right]\left([B]\{\Delta\delta_{nm}\}-\{\eta_{nm}\}-\{\Delta\varepsilon_{nm}^T\}\right)$ （11）

式中 $\quad\quad\quad\quad [K_{nm}]=\int[B]^{\mathrm{T}}\left[\bar{D}_{nm}\right][B]\mathrm{d}V$ （12）

式（10）右边 3 项依次为 $\Delta t_{nm}$ 内由外荷载、徐变及温度引起的结点荷载，计算中假定分界面 $cc$ 固定，由以上各式算得区域 $a$ 内的应力增量为 $\{\Delta\sigma'_a\}$，$cc$ 面上的反力为 $\left\{F_{nm}^a\right\}$。

第 3 步：释放分界面上反力在整个结构内引起的应力增量 在以上两步计算中，由于人为地固定了分界面 $cc$，在 $t=t_m$ 时，在 $cc$ 面上的反力为

$$\{F_{nm}\}=\left\{F_{nm}^a\right\}+\left\{F_{nm}^b\right\}$$ （13）

上述反力实际上是不存在的，今在 $t=t_m$ 时予以释放，并按弹性体计算它在整个结构内产生的应力增量，基本方程为

平衡方程 $\quad\quad\quad\quad \left[K_m^e\right]\{\Delta\delta_m\}=\{\Delta P_m\}$ （14）

应力增量 $\quad\quad\quad\quad \{\Delta\sigma\}=[D][B]\{\Delta\delta_m\}$ （15）

其中： $\quad\quad\quad\quad \left[K_m^e\right]=\int[B]^{\mathrm{T}}[D][B]\mathrm{d}V$ （16）

式（14）右边的结点荷载增量如下：

在分界面 $cc$ 上 $\quad\quad\quad\quad \{\Delta P_m\}=-\{F_{nm}\}$ （17）

在区域 $a$、$b$ 内 $\quad\quad\quad\quad [\Delta P_m]=\{0\}$ （18）

由以上各式算得区域 $a$ 和 $b$ 内的应力增量分别为 $\{\Delta\sigma''_a\}$ 和 $\{\Delta\sigma''_b\}$

把以上 3 步计算出的应力增量叠加，得到区域 $a$ 和 $b$ 内的应力增量分别为

$$\{\Delta\sigma_a\}=\{\Delta\sigma'_a\}+\{\Delta\sigma''_a\}，\quad \{\Delta\sigma_b\}=\{\Delta\sigma'_b\}+\{\Delta\sigma''_b\}$$

在弹性徐变理论中叠加原理适用，所以上述算法是严格的，方法的核心是固定分界面 $cc$，使小步长计算局限于区域 $b$，从而简化了计算。

下面简述如何计算分界面上的反力，以第 1 步计算为例，如图 1 所示，区域 $b$ 的平衡方程可写成

$$\begin{bmatrix} K_{bb} & K_{cb}^T \\ K_{cb} & K_{cc} \end{bmatrix}\begin{Bmatrix} \Delta\delta_b \\ \Delta\delta_c \end{Bmatrix}=\begin{Bmatrix} \Delta P_b \\ \Delta P_c \end{Bmatrix}$$ （19）

式中：$\{\Delta\delta_b\}$ 和 $\{\Delta\delta_c\}$ 分别为区域 $b$ 和分界面 $cc$ 的位移增量。由于固定了 $cc$ 边界，$\{\Delta\delta_c\}=\{0\}$，由上式展开得

$$[K_{bb}]\{\Delta\delta_b\}=\{\Delta P_b\}$$ （20）

$$[K_{cb}]\{\Delta\delta_b\}=\{\Delta P_c\}=\{\Delta F\}$$ （21）

由式（20）求出 $\{\Delta\delta_b\}$ 代入式（21），即得到反力 $\{\Delta F\}$。

（二）第 2、3 两步合并计算

为了简化计算，把上述第 2、3 两步合并为一步，计算区域为整个结构，分界面 $cc$ 不再固定，并作用着第 1 步计算的反力的负值即 $-\left\{\Delta F_{nm}^b\right\}$，区域 $b$ 内结点荷载增量为零，区域 $a$ 内作用着实际的结点荷载增量，基本方程为

平衡方程 $\quad\quad\quad\quad [K_{nm}]\{\Delta\delta_{nm}\}=\{\Delta P_{nm}\}$ （22）

应力增量 $\quad\quad \{\Delta\sigma_{nm}\}=\left[\bar{D}_{nm}\right]\left([B]\{\Delta\delta_{nm}\}-\{\eta_{nm}\}-\{\Delta\varepsilon_{nm}^T\}\right)$ （23）

其中： $$[K_{nm}] = \iint [B]^{\mathrm{T}} \left[\bar{D}_{nm}\right][B]\mathrm{d}V \tag{24}$$

式（22）右边的结点荷载增量如下：

区域 $b$ 内 $$\{\Delta P_{nm}\} = \{0\} \tag{25}$$

区域 $a$ 内 $$\{\Delta P_{nm}\} = \{\Delta P_{nm}^a\} = \{\Delta P_{nm}^s\} + \{\Delta P_{nm}^c\} + \{\Delta P_{nm}^T\} \tag{26}$$

分界面 $cc$ 上 $$\{\Delta P_{nm}\} = -\{F_{nm}^b\} \tag{27}$$

式（26）右边 3 项依次是区域 $a$ 中由外荷载、徐变及温度引起的结点荷载增量，在上述计算中同时考虑了区域 $a$ 的荷载和分界面上释放反力 $-\{F_{nm}^b\}$ 的影响，由此算得的应力增量与第 1 步计算的应力增量叠加，即为 $\Delta t_{nm}$ 内的应力增量。

分 3 步计算是严格的，现在把第 2、3 两步合并为一步，计算是近似的，例如，原第 3 步中求释放边界 $cc$ 上反力 $\{F_{nm}^b\}$ 引起的应力增量时，是按弹性体计算的，当第 2、3 步合并为一步计算时，$-\{F_{nm}^b\}$ 引起的应力增量是按弹性徐变体计算的，这虽会引起一些误差，但误差不会太大。下面单独拿出反力 $\{F_{nm}^b\}$ 来，在第 3 步中本来是按下式计算的

$$[K_m^e]\{\Delta\delta_m\} = \iint\{B\}^{\mathrm{T}}[D][B]\mathrm{d}V \cdot \{\Delta\delta_m\} = -\{F_{nm}^b\} \tag{28}$$

$$\{\Delta\delta\} = [D][B]\{\Delta\delta_m\} \tag{29}$$

第 2、3 两步合并后，这一部分是这样计算的

$$[K_m]\{\Delta\delta_m\} = \iint\{B\}^{\mathrm{T}}[\bar{D}][B]\mathrm{d}V \cdot \{\Delta\delta_m'\} = -\{F_{nm}^b\} \tag{30}$$

$$\{\Delta\delta'\} = [D][B]\{\Delta\delta_m\} \tag{31}$$

根据文献［3］由式（28）、式（30）可知

$$[K_m^e] = \beta[K_m] \tag{32}$$

式中： $$\beta = [D]/[\bar{D}] = 1 + q_n E_n^* \tag{33}$$

因此 $$\{\Delta\delta_m'\} = \beta\{\Delta\delta_m\}$$

代入式（31），得到

$$\{\Delta\sigma'\} = [\bar{D}][B]\beta\{\Delta\delta\} = [D][B]\{\Delta\delta_m\} = \{\Delta\sigma\} \tag{34}$$

由上式，$\{\Delta\sigma'\} = \{\Delta\sigma\}$。当然，由于每个单元的 $\beta$ 并不完全相同，实际上把两步合并为一步计算，还是会引进一些误差的，但由上述分析可知，误差不会太大，另外，当区域 $b$ 取得比较合适时，区域 $b$ 内的力系可以是基本上自平衡的，在这种情况下，反力 $\{F_{nm}^b\}$ 本身就不大，由两步合并为一步而带来的误差当然就更小了。在混凝土坝仿真应力计算中，应力变化主要是由于温度梯度的变化，浇筑块上面部分的温度梯度的变化较大，下面部分变化较小，因此只要把温度梯度变化较大的部分划入区域 $b$，分界面 $cc$ 上的反力就比较小。

（三）算例

【例1】 混凝土浇筑块如图 2 所示；每 10d 浇 1 层，每层厚 1.5m，取上面 3 层老混凝土加 1 层新混凝土共 4 层作为一个区域，用小步长计算，时间步长取为

$$\Delta t = 0.2,\ 0.3,\ 0.5,\ 0.5,\ 0.5,\ 1.0,\ 1.0,\ 1.5,\ 1.5,\ 1.5,\ 1.5\mathrm{d} \tag{35}$$

共 11 步，总计 10d。分界面 cc 以下，包括基础，为一个区域，用大步长计算，$\Delta t$=10d，分界面是浮动的，每当上面新浇 1 层混凝土时，cc 面即上升 1.5m，上面的小步长计算区域始终保持 4 层。

**【例 2】** 混凝土浇筑块，如图 3，每 10d 浇筑一层，每层厚 1.5m 取上面 6 层老混凝土加 3 层新混凝土共 9 层，作为一个区域，用小步长计算，这个区域的上界面是变化的，总层数依次为 7 层（6 层老混凝土加 1 层新混凝土）、8 层和 9 层，计算时间共 30d，分为 3 段，每段各 10d 以便配合浇筑 3 层混凝土，10d 分为 11 步，如式（35）。

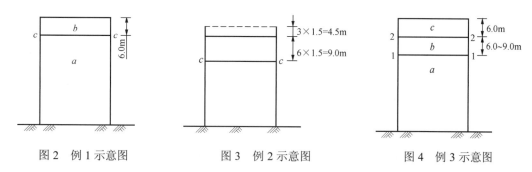

图 2　例 1 示意图　　　　图 3　例 2 示意图　　　　图 4　例 3 示意图

分界面 cc 以下，包括基础，作为一个区域，用大步长计算，$\Delta t$=30d。每经过 30d 分界面 cc 上升一次，升高 4.5m。

**【例 3】** 混凝土浇筑块，每 10d 浇 1 层，每层厚 1.5m 如图 4 所示，分为 3 个区域，最上面的区域 c 为 3 层老混凝土加 1 层新混凝土共 4 层，用最小步长计算，共 11 步，总计 10d，如式（35）。中间区域 b 为 4~6 层老混凝土，用 $\Delta t$=10d 计算，最下面区域 a，为老混凝土和基础，用大步长计算，$\Delta t$=30d。分界面 22 每 10d 上升一次，分界面 33 每 30d 上升一次。因此区域 b 的高度是变化的。

由于混凝土坝高度常在 100m 以上，即区域 a 的高度在 100m 左右，而 b+c 的高度≤15m，所以采用分区异步长算法，计算量的节省是显著的。另外，各层混凝土的间歇时间不必是常数，可以是变化的。

## 三、结语

对于非均质弹性徐变体，各区域的材料特性不同。对时间步长要求也不同。目前采用统一的步长，只能用最小步长。采用本文提出的分区异步长算法，在局部范围内采用小步长，而在其余区域，采用大步长，可使计算得到简化。

### 参 考 文 献

[1] 朱伯芳. 混凝土的弹性模量、徐变度与松弛系数. 水利学报，1985，（9）；又见朱伯芳. 水工结构与固体力学论文集. 水利电力出版社，1988：161-172.

[2] 朱伯芳，等. 水工混凝土结构的温度应力与温度控制. 北京：水利电力出版社，1976.

[3] 朱伯芳. 混凝土结构徐变应力分析的隐式解法. 水利学报，1983，（5）；又见朱伯芳. 水工结构与固体力学论文集. 水利电力出版社，1988：182-192.

# 复杂基础上混凝土坝的非线性有限单元分析[1]

**摘 要：** 在混凝土坝的岩石基础中，往往存在着软弱夹层。它们对坝体应力和稳定具有重要影响。本文用有限单元法进行非线性分析。

对于岩体中的软弱夹层，采用四结点夹层单元，夹层劲度系数用三种方式表示。第一种是简化表达式，在单元未滑动前，劲度系数为常数；滑动后，劲度系数为零。第二种是塑性破坏的夹层单元，剪应力与剪应变关系用双曲线表示。第三种是脆性破坏的夹层单元，剪应力与剪应变关系用样条函数表示。

对于一般的岩体和坝体，采用三角形单元。除了各向同性和各向异性的线性单元外，还设计了一种非线性单元。

渗流对应力和稳定有重要影响。对渗流也采用两种相应的单元（三角形单元和夹层单元）进行计算。

岩体自重是在建坝前早已存在的力系。因此，岩体自重应力按起始应力处理。为了模拟大坝建造过程，先逐步施加坝体自重，然后逐步施加水压力和渗透压力。

**关键词：** 非线性分析；混凝土坝；复杂基础

# Nonlinear Finite Element Analysis of Concrete Dam on Complicated Foundation

**Abstract:** Rectangular elements are used for the soft layer in the foundation and triangular elements are used for the dam and rock. Three kinds of elements are used for the soft layer, for the first kind, the stiffness coefficient is constant before sliding and zero after sliding, the second kind is plastic element, the stress-strain relation is expressed by a hyperbola, the third kind is brittle rupture element, the stress-strain relation is expressed by spline function. The triangular element and layer element are used to analysis the seepage fields.

The weight of rock is considered as initial stress. The weight of concrete and water pressure are applied step by step to simulate the process of construction.

**Key words:** nonlinear analysis, concrete dam, complicated foundation

---

❶ 原载《水利水电工程应用电子计算机资料选编》，北京水利电力出版社，1977。由作者与宋敬廷、陈辉成联名发表。

## 一、概述

据不完全统计，在我国新建的混凝土坝中，约有 70% 在基础中存在着软弱夹层。由于其劲度和抗剪强度远比周围岩石为小，软弱夹层对坝体和岩体的应力和稳定都有重要影响。在基础受力过程中，软弱夹层往往发生局部破坏，随着荷载的增加，破坏范围逐步扩大。因此，当基础中存在着软弱夹层时，坝体应力和稳定的分析是一个非线性力学问题。有限单元法是解决这类问题的有力工具。

对于坝体和一般的岩体，采用三角形单元；对于软弱夹层，采用四结点夹层单元，在这两种单元的公共边界上，位移必须协调，因此，两种单元都采用线性位移函数。

软弱夹层是基础的薄弱环节。经验表明，当基础中存在着软弱夹层时，基础的破坏往往是沿着软弱夹层发生的。夹层的变形和破坏，对于岩体和坝体的应力和稳定，具有决定性的影响。因此，我们着重研究了软弱夹层的非线性应力—应变关系。

## 二、非线性夹层单元

Goodman 曾提出厚度为零的四结点节理单元[1]，在岩石力学中得到了广泛应用。为了把这些单元应用于岩体中的软弱夹层，我们作了两点改进。第一，单元厚度改为有限值。第二，给出了能够反映夹层真实应力—应变关系的单元劲度系数，使计算结果能较好地符合实际情况。

采用的夹层单元如图 1 所示，单元长度为 $l$，厚度为 $e$，宽度（垂直于纸面方向）为 $t$，共有四个结点 $i$, $j$, $m$, $r$。

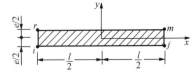

图 1　夹层单元

假定沿单元边界，位移是线性分布的，即沿着上边界 $rm$，水平位移是

$$u' = N_1 u_r + N_2 u_m$$

式中

$$N_1 = \frac{1}{2}\left(1 - \frac{2x}{l}\right), \quad N_2 = \frac{1}{2}\left(1 + \frac{2x}{l}\right) \tag{1}$$

其中 $u_r$、$u_m$ 是结点 $r$ 的水平位移。沿着单元下边界 $ij$，水平位移是

$$u'' = N_1 u_i + N_2 u_j$$

上下边界的水平位移差是

$$\Delta u = u' - u'' = N_1(u_r - u_i) + N_2(u_m - u_j)$$

同理，上下边界的垂直位移差是

$$\Delta v = N_1(v_r - v_i) + N_2(v_m - v_j)$$

因此，单元位移差为

$$\{W\} = \begin{Bmatrix} \Delta u \\ \Delta v \end{Bmatrix} = [M]\{\delta\}^e \tag{2}$$

式中
$$[M] = \begin{bmatrix} -N_1 & 0 & -N_2 & 0 & N_2 & 0 & N_1 & 0 \\ 0 & -N_1 & 0 & -N_2 & 0 & N_2 & 0 & N_1 \end{bmatrix}$$

$$\{\delta\}^e = \begin{bmatrix} u_i\ v_i\ u_j\ v_j\ u_m\ v_m\ u_r\ v_r \end{bmatrix}^T$$

通常夹层单元的厚度是很薄的，$e=1\sim5$cm，故单元应变可按下式计算

$$\{\varepsilon\} = \begin{Bmatrix} \gamma \\ \varepsilon \end{Bmatrix} = \begin{Bmatrix} \Delta u/e \\ \Delta v/e \end{Bmatrix} = [B]\{\delta\}^e \tag{3}$$

式中
$$[B] = \frac{1}{e}[M]$$

单元应力可按下式计算

$$\{\sigma\} = \begin{Bmatrix} \tau \\ \sigma \end{Bmatrix} = [D]\{\varepsilon\} + \{\sigma_0\} \tag{4}$$

式中
$$[D] = \begin{bmatrix} G & 0 \\ 0 & E \end{bmatrix}$$

$$\{\sigma_n\} = \begin{Bmatrix} \tau_0 \\ \sigma_0 \end{Bmatrix}$$

$[D]$ 是弹性矩阵，$\{\sigma_0\}$ 是初应力。根据虚功原理，单元刚度矩阵可计算如下

$$[k] = \frac{t}{e}\int_{-1/2}^{1/2} [M]^T [D][M] \mathrm{d}x \tag{5}$$

初应力引起的结点荷载可按下式计算

$$\{P\}_{\sigma_0} = -t\int_{-1/2}^{1/2} [M]^T \{\sigma_0\} \mathrm{d}x \tag{6}$$

以上计算是在单元局部坐标系中进行的，当夹层单元的中线与整体坐标系的 $x$ 轴有一夹角时，单元刚度矩阵和结点荷载应按通常方法进行坐标变换。

由式（4）可知，夹层中的剪应力和正应力分别为

$$\tau = G\frac{\Delta u}{e} + \tau_0$$

$$\sigma = E\frac{\Delta v}{e} + \sigma_0$$

如令

$$\lambda_s = \frac{G}{e}, \lambda_n = \frac{E}{e} \tag{7}$$

则夹层的应力～应变关系可写成

$$\tau = \lambda_s \Delta u + \tau_0$$

$$\sigma = \lambda_n \Delta v + \sigma_0$$

$\lambda_s$ 可称为夹层的切向劲度系数，$\lambda_n$ 可称为夹层的法向劲度系数。

为了使计算符合实际情况，重要的是，夹层的劲度系数，即其弹性矩阵，必须反映软弱夹层的真实应力—应变关系。为此，应尽量在现场进行夹层的加荷试验。

下面说明，如何根据现场试验资料计算夹层的劲度系数。

岩体中的软弱夹层一般是不能抗拉的，当夹层受拉时，应令 $E=0$。从已有的现场试验资料来看，当夹层受压时，应力—应变关系基本上是线性的，即具有常量 $E$。因此，在正应力 $\sigma$ 作用下夹层单元的弹性模量可采用如下数值：

$$\left.\begin{array}{l}\text{当}\sigma>0\text{时，}E=0\\\text{当}\sigma\leqslant0\text{时，}E=\text{常数}\end{array}\right\} \tag{8}$$

本文采用弹性力学符号，以拉应力为正，压应力为负。上式所代表的应力～应变关系是一条折线。实际计算时，为避免计算机运算溢出，应以一个很小的数，如 $E=10^{-4}$ 代替 $E=0$。

受拉时，夹层被拉开，剪应力为零，所以剪切模量 $G$ 也取为零。受压时，从实际试验资料来看，夹层的剪应力—剪应变关系一般表现出强烈的非线性。剪切模量是正应力 $\sigma$ 和剪应力 $\tau$ 的函数。在计算中，采用如下剪切模量：

$$\left.\begin{array}{l}\text{当}\sigma>0\text{时，}G=0\\\text{当}\sigma\leqslant0\text{时，}G=G(\sigma,\tau)\end{array}\right\} \tag{9}$$

剪切模量 $G(\sigma,\tau)$ 应根据现场试验资料来确定。

按照不同情况，我们采用以下三种方法计算夹层剪切模量。

1. 简化表达式

当夹层受压，$\sigma\leqslant0$ 时，假定夹层单元的 $\tau$ — $\gamma$ 关系是一簇折线，如图 2 所示。当剪应力不超过摩阻力时，剪应力与剪应变保持线性关系，剪切模量保持常数。当剪应力超过摩阻力时，单元发生滑动，剪切模量为零，而剪应力等于摩阻力，即

$$\left.\begin{array}{l}\text{当}|\tau|<c-f\sigma\text{时，}G(\sigma,\tau)=G=\text{常数}\\\text{当}|\tau|\geqslant c-f\sigma\text{时，}G(\sigma,\tau)=0,|\tau|=-f\sigma\end{array}\right\} \tag{10}$$

其中 $f=\tan\phi$ 为摩擦系数；$\phi$ 为内摩擦角；$c$ 为黏着力。

2. 塑性破坏的夹层单元

现场试验资料表明，当夹层中填充物质已经泥化时，在剪切荷载作用下，夹层会出现塑性破坏。移植土力学中的处理方法，我们把这种夹层的剪应力—剪应变关系用双曲线表示如下

$$\tau=\frac{\gamma}{a+b\gamma} \tag{11}$$

式中：$\tau$ 为剪应力；$\gamma$ 为剪应变；$a$、$b$ 为常数，其数值由试验资料决定。

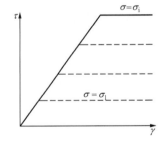

图 2　夹层单元简化 $\tau$—$\gamma$ 关系

$a$ 和 $b$ 都有明显的物理意义。如图 3 所示，$a$ 是初始剪切模量 $G_0$ 的倒数，$b$ 是抗剪强度 $\tau_m$ 的倒数，即

$$\frac{1}{a}=G_0,\quad\frac{1}{b}=\tau_m$$

如果把坐标加以变换，以纵坐标表示 $\gamma/\tau$，式（11）可改写成

$$\frac{\gamma}{\tau}=a+b\gamma \tag{12}$$

如图 3（b）所示，上式将是一条直线，$a$ 和 $b$ 分别是直线的截距和斜率。这样表示，易于从实测资料确定系数 $a$ 和 $b$。

图 4 是用上述方法整理的一个水电站坝基软弱夹层现场试验资料。图中的实测点子基本上都落在直线上，表明式（11）可以很好地描述岩体软弱夹层的剪应力—剪应变关系。

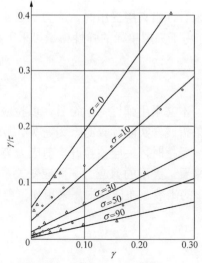

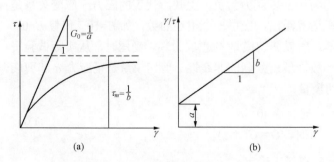

图 3　用双曲线表示的塑性夹层单元 $\tau$—$\gamma$ 关系

图 4　基础软弱夹层 $\tau$—$\gamma$ 关系

由图 4 可知，对应于每一个正应力 $\sigma$，有一条 $\tau$—$\gamma$ 曲线。因此，系数 $a$ 和 $b$ 都是夹层所受正应力 $\sigma$ 的函数。为了求得在不同正应力作用下 $\tau$—$\gamma$ 关系的统一公式，必须找到 $a$ 和 $b$ 与 $\sigma$ 的函数关系。由式（12），$b=1/\tau_m$，$\tau_m$ 是夹层的抗剪强度，它与正应力 $\sigma$ 的关系可用库仑公式表示如下

$$\tau_m = \frac{1}{b} = c - f\sigma \tag{13}$$

由图 4 求出的 $\tau_m$ 表示在图 5 中，由图可见，用上式表示的 $\tau_m$ 和 $\sigma$ 的关系还是比较满意的。软弱夹层的初始剪切模量 $G_0$ 与正应力 $\sigma$ 的关系，建议表示如下

$$G_0 = \frac{1}{a} = F(s-\sigma)^n \tag{14}$$

适当地选择常数 $s$，将 $G_0$ 和 $s$—$\sigma$ 面在双对数纸上，如图 6，可求得常数 $F$ 和 $n$。对于图 6 所示资料，$F=0.859$，$n=1.758$，$s=20\text{t/m}^2$。为了把 $F$ 和 $n$ 化成无量纲数，也可把上式改成

$$G_0 = \frac{1}{a} = F\left(\frac{s-\sigma}{p_a}\right)^n \tag{14a}$$

式中：$p_a$ 为大气压力。

由式（11）对 $\gamma$ 求导数，得到夹层的剪切模量

$$G = \frac{\partial \tau}{\partial \gamma} = \frac{a}{(a+b\gamma)^2} \tag{a}$$

由式（11）可知

$$\gamma = \frac{a\tau}{1-b\tau}$$

将上式代入式（a），简化后得到

$$G = \frac{(1-b\tau)^2}{a} \tag{b}$$

把式（13）、式（14）两式代入上式，最后得到受压时$(\sigma \leqslant 0)$夹层剪切模量的计算公式如下

$$当 \sigma \leqslant 0 时，\quad G(\sigma,\tau) = F(s-\sigma)^n \left(1-\frac{\tau}{c-f\sigma}\right)^2 \tag{15}$$

把式（13）、式（14）两式代入式（11），可得到夹层受压时的$\tau$—$\gamma$关系如下

$$\tau = \frac{1}{F^{-1}(s-\sigma)^{-n} + \gamma(c-f\sigma)^{-1}} \tag{16}$$

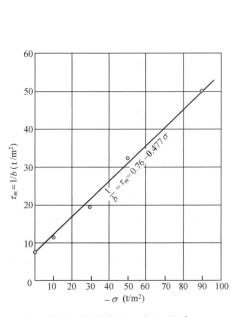

图 5　软弱夹层 $\tau_m$ 与 $\sigma$ 关系

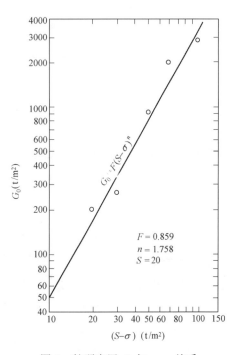

图 6　软弱夹层 $G_0$ 与 $s$—$\sigma$ 关系

根据上式计算的$\tau$—$\gamma$曲线与实测值的比较见图7。由此图可见，计算曲线与实测值是比较吻合的。用一个单一的公式去代表分布在平面上的一簇实测曲线是困难的。考虑到这一点，应该说，用建议的式（15）计算塑性破坏软弱夹层的剪切模量是比较满意的。

3. 脆性破坏的夹层单元

实测资料表明，有的软弱夹层在剪切荷载作用下发生脆性破坏，其$\tau$—$\gamma$关系如图8所示。剪应力越过峰值后即明显下降，最后趋于一个稳定值。鉴于这种曲线很难用一般函数表示，建议用样条函数表达，即把剪应变$\gamma$分割为几个子区间，在每个子区间内，用一个三次多项式表示$\tau$—$\gamma$关系，并要求在分割点上具有二阶连续导数，如图8所示。在子区间$[\gamma_j, \gamma_{j+1}]$上，

构造三次样条函数，即当 $\gamma_j \leqslant \gamma \leqslant \gamma_{j+1}$ 时，

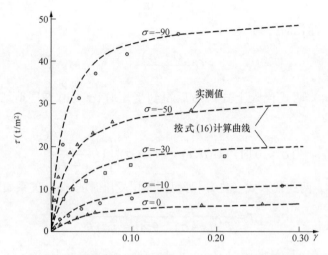

图 7　软弱夹层 $\tau - \gamma$ 关系，计算曲线与实测值比较

$$\tau(\gamma) = G_j \frac{(\gamma_{j+1} - \gamma)^2 (\gamma - \gamma_j)}{h_j^2} - G_{j+1} \frac{(\gamma - \gamma_j)^2 (\gamma_{j+1} - \gamma)}{h_j^2}$$
$$+ \tau_j \frac{(\gamma_{j+1} - \gamma)^2 [2(\gamma - \gamma_j) + h_j]}{h_j^3} + \tau_{j-1} \frac{(\gamma - \gamma_j)^2 [2(\gamma_{j+1} - \gamma) + h_j]}{h_j^3}$$
$$\tag{17}$$

式中　$h_j = \gamma_{j+1} - \gamma_j$，$G_j$ 是在 $\gamma = \gamma_j$ 处的一阶导数，即 $j$ 点的剪切模量。上式显然满足下列条件：

$$\tau(\gamma_j) = \tau_j，\quad \tau(\gamma_{j+1}) = \tau_{j+1}$$

$$\tau'(\gamma_j) = G_j，\quad \tau'(\gamma_{j+1}) = G_{j+1}$$

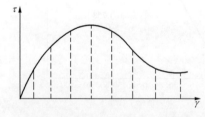

图 8　脆性夹层单元的 $\tau - \gamma$ 关系

根据实测资料，我们事先已知道 $\tau_j$ 的数值，但不知道一阶导数 $G_j$ 的数值。利用函数 $\tau(\gamma)$ 在分割点 $\gamma_j$ 上具有连续的二阶导数的条件，可以算出 $G_j$。

由式（17）对 $\gamma$ 微分一次，可得到对应于任意 $\gamma$ 的切线模量。但对于图 8 所示的脆性破坏夹层，在越过峰值后，切线剪切模量将是负值。在有限单元计算中，这是不允许的。因此，在这种情况下，必须采用割线剪切模量

$$G = \frac{\tau}{\gamma}$$

在求解区域中，只要有一种介质采用割线模量，所有介质都必须采用割线模量。

# 三、非线性三角形单元

对于一般的岩体和坝体，采用三角形单元。除了各向同性和各向异性的线性单元外，我们还设计了一种非线性单元。岩石本身的强度是很高的，在坝的基础中，岩体的破坏实际上也

往往是发生在岩体中的薄弱面上。如图 9 所示，假定岩体在 $x'$ 方向具有薄弱面，在薄弱面上的抗拉强度为 $a$，黏着力为 $c$，摩擦系数为 $f$。首先计算局部坐标系 $(x', y')$ 中的应力

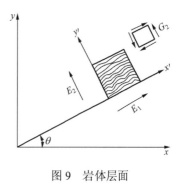

图 9 岩体层面

$$\{\sigma'_y\} = [T]\{\sigma\} \tag{18}$$

式中

$$[T] = \begin{bmatrix} \cos\theta & \sin\theta & 2\sin\theta\cos\theta \\ \sin\theta & \cos\theta & -2\sin\theta\cos\theta \\ -\sin\theta\cos\theta & \sin\theta\cos\theta & \cos^2\theta - \sin^2\theta \end{bmatrix}$$

然后进行判断如下：

（1）若 $\sigma_{y'} \geqslant a$，表明介质被拉开，在下一步计算中令

$$E_2 = G_2 = \mu = 0 \tag{19}$$

拉开以后，必须保持 $\sigma_{y'} = \tau_{x'y'} = 0$，原已存在的 $\sigma_{y'}$ 和 $\tau_{x'y'}$ 应予以消除，因此在开裂单元中施加初应力

$$\{\sigma'_0\} = -\begin{Bmatrix} 0 \\ \sigma_{y'} \\ \tau_{x'y'} \end{Bmatrix} \tag{20}$$

（2）若 $0 \leqslant \sigma_{y'} < a$，且 $|\tau_{x'y'}| \geqslant c - f\sigma_{y'}$

这时在薄弱面上发生剪切破坏，剪切后薄弱面被拉开，在下一步计算中与第（1）步同样处理，即令 $E_2 = G_2 = \mu = 0, \{\sigma'_0\} = -[0\ \sigma_{y'}\ \tau_{x'y'}]^T$。

（3）若 $0 \leqslant \sigma_{y'} < a$，且 $|\tau_{x'y'}| < c - f\sigma_{y'}$

这时不发生破坏，不必作非线性处理。

（4）若 $\sigma_{y'} < 0$，且 $|\tau_{x'y'}| \geqslant c - f\sigma_{y'}$

此时薄弱面受压且被剪坏，下一步计算中令

$$G_2 = 0 \tag{21}$$

为了消除多余剪应力，取初应力为

$$\{\sigma'_0\} = -\begin{Bmatrix} 0 \\ 0 \\ \tau_{x'y'} - s|f\sigma_{y'}| \end{Bmatrix} \tag{22}$$

当 $\tau_{x'y'} > 0$ 时，取 $s=+1$；当 $\tau_{x'y'} < 0$ 时，取 $s=-1$。

（5）若 $\sigma_{y'} < 0$，且 $|\tau_{x'y'}| < c - f\sigma_{y'}$

此时单元不发生破坏，不必进行非线性处理。

把库仑公式延长到受拉区，可得到抗拉强度 $a = 2c\tan\left(\dfrac{\pi}{4} - \dfrac{\phi}{2}\right), \phi = \text{acrtan}f$。当然，$a$ 最好还是采用实验资料，在给出的基础数据中，应保持 $a<c/f$。

## 四、渗流计算

渗流对应力和稳定具有重要影响。在计算坝体应力前，先用同样的单元（三角形单元和夹层单元）计算渗流场及相应的荷载。

取水头函数为

$$\phi = y + \frac{p}{\gamma} \tag{23}$$

式中：$p$ 为水压力；$\gamma$ 为水容重。$\phi$ 必须满足连续方程

$$\frac{\partial}{\partial x}\left(k_x \frac{\partial \phi}{\partial x}\right) + \frac{\partial}{\partial y}\left(k_y \frac{\partial \phi}{\partial y}\right) = 0$$

式中：$k_x$、$k_y$ 分别为 $x$、$y$ 方向的渗透系数。上式等价于下列泛函取极小值

$$I(\phi) = \iint \frac{1}{2}\left[k_x\left(\frac{\partial \phi}{\partial x}\right)^2 + k_y\left(\frac{\partial \phi}{\partial y}\right)^2\right]\mathrm{d}x\mathrm{d}y \rightarrow \min$$

用有限单元法离散化以后，将有

$$\frac{\partial I}{\partial \{\phi^e\}} = [h]^e\{\phi\}^e \tag{24}$$

对于图 1 所示的夹层单元，取

$$\phi = N_i\phi_i + N_j\phi_j + N_m\phi_m + N_r\phi_r \tag{25}$$

式中

$$\left.\begin{aligned}
N_i &= \frac{1}{4}\left(1 - \frac{2x}{l}\right)\left(1 - \frac{2y}{e}\right) \\
N_j &= \frac{1}{4}\left(1 + \frac{2x}{l}\right)\left(1 - \frac{2y}{e}\right) \\
N_m &= \frac{1}{4}\left(1 + \frac{2x}{l}\right)\left(1 + \frac{2y}{e}\right) \\
N_r &= \frac{1}{4}\left(1 - \frac{2x}{l}\right)\left(1 + \frac{2y}{e}\right)
\end{aligned}\right\} \tag{26}$$

由此得到

$$[h]^e = \frac{k_x te}{6l}\begin{pmatrix} 2 & -2 & -1 & 1 \\ -2 & 2 & 1 & -1 \\ -1 & 1 & 2 & -2 \\ 1 & -1 & -2 & 2 \end{pmatrix} + \frac{k_y tl}{6e}\begin{pmatrix} 2 & 1 & -1 & -2 \\ 1 & 2 & -2 & -1 \\ -1 & -2 & 2 & 1 \\ -2 & -1 & 1 & 2 \end{pmatrix} \tag{27}$$

至于三角形单元的矩阵 $[h]^e$，文献 [3] 已给出。

渗透压力引起的体积力按下式计算

$$X = -\frac{\partial p}{\partial x}, Y = -\frac{\partial p}{\partial y}$$

以 $p=\gamma(\phi-y)$ 代入上式，得到

$$X = -\gamma\frac{\partial\phi}{\partial x}, Y = -\gamma\frac{\partial\phi}{\partial y} + y \tag{28}$$

由此可计算渗透压力产生的结点荷载。不难证明，这样算出的应力是有效应力。有的文献建议按 $X = -\frac{\partial\phi}{\partial x}, Y = -\frac{\partial\phi}{\partial y}$ 计算体积力，是不合适的。

# 五、起始应力

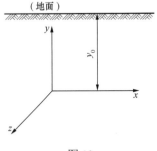

图 10

建坝前，岩体自重早已存在，所以岩体自重应力按起始应力处理，并由下式计算（图 10）

$$\left.\begin{array}{l}\sigma_y = -\gamma_1(y_0 - y) \\ \sigma_x \doteq \sigma_z = -K\gamma_1(y_0 - y)\end{array}\right\} \tag{29}$$

式中：$\gamma_1$ 为岩体容重；$K$ 为侧压力系数，$K=0.5\sim1.0$；$y_0$ 为地面的纵坐标。

# 六、求解方法

在一般情况下，我们采用增量法求解。把荷载和位移都分割成一系列增量之和（图 11）：

$$P = \Sigma\Delta P_i$$
$$\delta = \Sigma\Delta\delta_i$$

具体说来，有以下三种计算方法：

1. 始点刚度法

在第 $i$ 步计算中，采用该步始点 $i-1$ 的切线模量 $E_{i-1}$ 和 $G_{i-1}$ 计算刚度 $K_{i-1}$，然后由下列方程组求解位移增量 $\{\Delta\delta_i\}$

$$[K_{i-1}]\{\Delta\delta_i\} = \{\Delta P_i\} \tag{30}$$

这种算法，计算是简便的，但在施加荷载增量 $\Delta P_i$ 后，各单元的刚度改变了，破坏范围也改变了，这些改变在计算 $\Delta\delta_i$ 时是没有考虑的，所以计算精度较差。

2. 中点刚度法

在第 $i$ 步计算中，先施加荷载增量的一半即 $\Delta P_i/2$，以始点刚度 $K_{i-1}$ 进行试算：

$$[K_{i-1}]\left\{\Delta\delta_{i-\frac{1}{2}}\right\} = \frac{1}{2}\{\Delta P_i\} \tag{31}$$

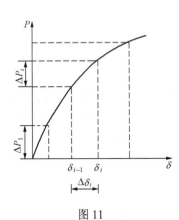

图 11

求出 $\Delta\delta_{i-\frac{1}{2}}$ 后，可计算中点位移 $\delta_{i-\frac{1}{2}}$ 和中点应力 $\sigma_{i-\frac{1}{2}}$，从而可求出中点模量 $E_{i-\frac{1}{2}}$ 和 $G_{i-\frac{1}{2}}$。由此计算中点刚度 $K_{i-\frac{1}{2}}$。然后施加增量荷载 $\Delta P_i$，由下式计算位移增量 $\Delta\delta_i$

$$[K_{i-\frac{1}{2}}]\{\Delta\delta_i\} = \{\Delta P_i\} \tag{32}$$

中点刚度相当于第 $i$ 步的平均刚度。

3. 末点刚度法

在第 $i$ 步计算中，先施加增量荷载 $\Delta P_i$，以始点刚度 $K_{i-1}$ 进行试算

$$[K_{i-1}]\{\Delta\delta_i^*\} = \{\Delta P_i\} \tag{33}$$

由上式求出估算的 $\Delta\delta_i^*$ 后，即可估算末点应力和位移，从而可估算末点刚度 $K_i$ 和破坏范围，由下式正式计算第 $i$ 步的位移增量

$$[K_i]\{\Delta\delta_i\} = \{\Delta P_i\} \tag{34}$$

影响计算精度的因素主要有两个，一个是刚度的变化，另一个是破坏范围的改变。中点刚度法在考虑刚度变化方面比较合适，而末点刚度法在考虑破坏范围的改变方面比较好些。经验表明，只要荷载增量划分得足够小，以上几种求解方法都能得到满意的计算精度。为了模拟大坝建造过程，先逐步施加坝体自重，然后逐步施加渗透压力（包括坝体承受的水压力）。

一般情况下，采用切线模量计算。当基础中出现了图 8 所示的脆性破坏软弱夹层时，越过峰值后，切线模量是负值，即必须改用割线模量，而且所有介质都必须改用割线模量。在每一步计算中，荷载和位移都采用累积值，例如，第 $i$ 步计算的基本方程是

$$[K_{s,i}]\{\delta_i\} = \{P_i\} \tag{35}$$

式中：$K_{s,i}$ 是第 $i$ 步的割线模量。

采用割线模量求解时，单元产生滑动后，割线模量并不等于零，而应按公式 $G = \tau/\gamma = -f\sigma/\gamma$ 计算，并须经过多次试算，逐步逼近，所以计算速度比切线刚度法要慢得多。

# 七、算例

我们用上述方法分析了一个双支墩大头坝。坝高 58.8m，基础中有五条水平缓倾角软弱夹层和三条垂直断层，互相切割，条件比较复杂。为了增加坝的稳定性，对坝基进行了预应力锚固。

图 12 表示了基础破坏范围。由此图可见，三条垂直断层中，在坝体下面的两条发生了破坏，远离坝体的一条没有破坏。在五条水平软弱夹层中，$f_5$ 夹层因埋藏较深，未发生破坏；其余四条夹层在两个局部区域发生了破坏，一个是坝踵区，另一个是坝趾区。在这两个区域中，正应力较小，而剪应力相当大，所以发生了破坏。

图 13 表示了沿坝基的线性与非线性应力分布。在坝踵区，线性分析结果 $\sigma_y = -3.59\,\text{kg}/\text{cm}^2$（压应力）；非线性分析结果，$\sigma_y = +1.45\,\text{kg}/\text{cm}^2$（拉应力）。这表明局部区域的破坏使坝踵应力有所恶化。在坝趾区，在断层 $F_{73}$ 附近，应力的改变也比较大。在上述两个区域，因为发生了局部破坏，所以应力的改变比较大，在其他区域，应力改变比较小。图 14 表示了沿夹层 $f_3$ 的线性和非线性应力分布，也是在破坏区域应力改变比较大，在非破坏区，应力虽有改变，但变化幅度较小。图 15 表示了非线性分析的主应力。图 16 表示了基础的渗流场。

实际计算表明，非线性有限单元法是计算具有软弱夹层的复杂基础上混凝土坝的有效方

法，它可以在计算中反映十分复杂的岩体构造和力学特性，并可以在较短时间内进行大量比较方案的计算，为工程设计提供必要的依据。

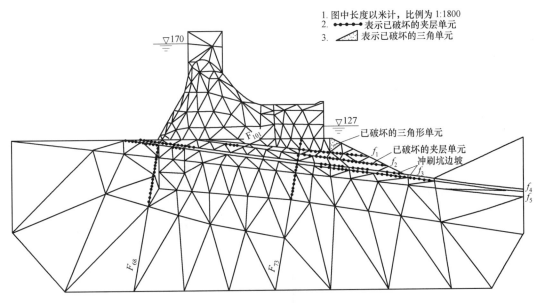

图 12　坝基破坏区域图

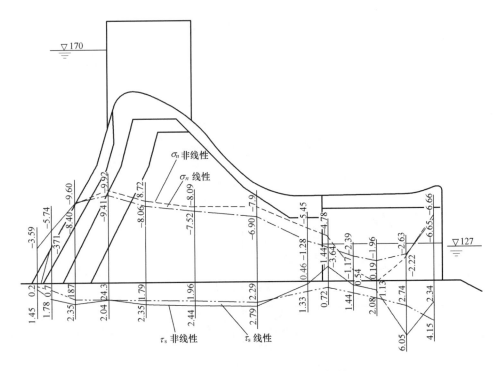

图 13　线性及非线性应力比较（沿坝基）

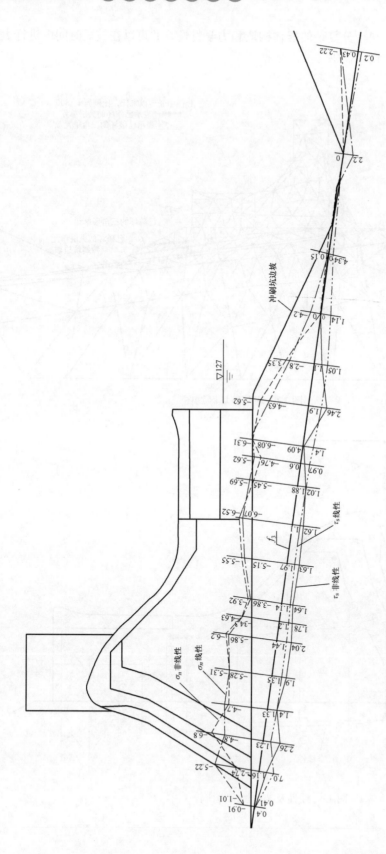

图 14　线性及非线性应力比较（沿夹层 $f_3$）

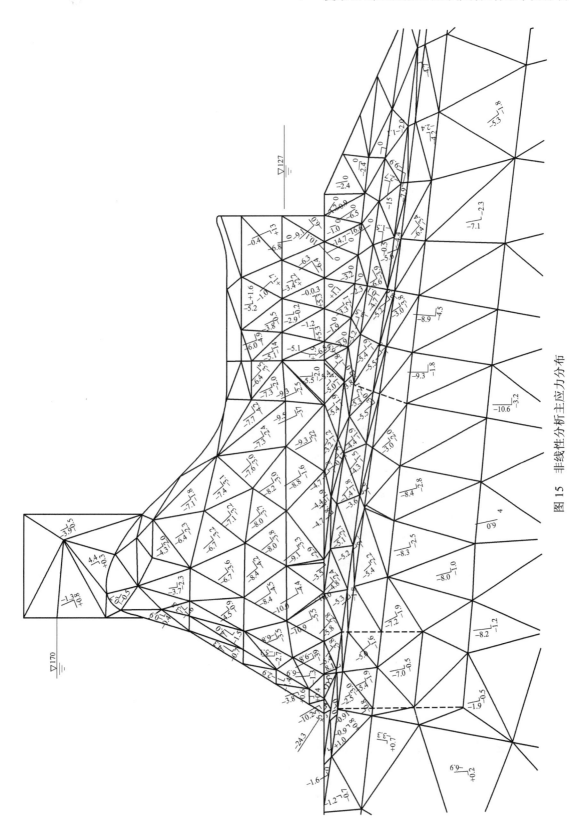

图 15 非线性分析主应力分布

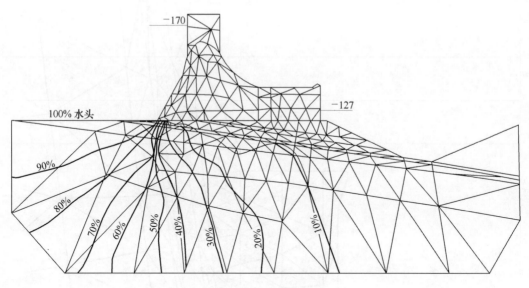

图 16　坝基渗流场

## 参 考 文 献

［1］R. E. Goodman, R. L. Taylor, T. L. Brekke. A Model for the Mechanics of Jointed Rock, Journal of the Soil Mechanics and Foundation Div., ASCE, Vol. 94, SM3, 1968.

［2］J. M. Duncan, C. Y. Chang, Nonlinear Analysis of Stress and Strain in Soils, Journal of the Soil Mechanics and Foundation Div.,Voi. 96，SM5,1970.

［3］O. C. Zienkiewicz, The Finite Element Method in Engineering Science, Mc Graw—Hill, 1971.

［4］水电部十一局设计研究院，湖南省水电设计院，具有软弱夹层的复杂基础上混凝土坝的有限单元分析，1977.

# 第 7 篇

## 混凝土坝反分析与反馈设计
## Part 7　Back Analysis and Feedback Design of Concrete Dam

# 混凝土坝温度场反分析❶

**摘　要**：本文给出混凝土温度场反分析方法，通过对现场实测温度的反分析，求出混凝土的导温系数 $\alpha$、表面放热系数 $\beta$、绝热温升 $\theta(\tau)$ 及太阳辐射热 $R$。

**关键词**：反分析；温度场；混凝土坝

# Back Analysis of Temperature Field of Mass Concrete

**Abstract**：The methods for back analysis of temperature field of mass concrete ara given in this paper.From the observed temperatures in the mass concrete, we can compute the concrete diffusivity a the surface conductance $\beta$ the adiabatic temperature rise $\theta$ due to hydration of cement and the radiation heat R from the sunshine .

**Key words**：back analysis, temperature field, mass concrete

## 一、前言

正常情况下，我们先通过室内试验求出混凝土的热学性能，然后根据给定的初始条件和边界条件，计算混凝土的温度场。由于室内试验的局限性，通过室内试验求得的混凝土热学性能，与真实情况难免有一定的出入；当在混凝土坝的施工期和运行期中取得了温度场的一些实测值时，通过反分析，可以推算混凝土的热学性能，其数值更接近于真实值，有的物理量如太阳辐射热，室内试验难以求出，只有通过反分析才能求出。本文给出混凝土温度场反分析方法。

## 二、导温系数 $\alpha$ 的反分析

考虑半无限大物体，表面与空气接触，气温按正弦函数变化：$T_\alpha = A\sin(2\pi\tau/P)$，其中 $A$ 为气温变幅，$P$ 为温度变化周期，按第三类边界条件求解，在初始影响消失后的准稳定温度场为[1]

$$T(x,\tau) = A_0 \mathrm{e}^{-x\sqrt{\omega/2a}} \sin\left[\omega\tau - \left(x\sqrt{\frac{\omega}{2a}} + M\right)\right]$$

$$A_0 = A\left(1 + \frac{2\lambda}{\beta}\sqrt{\frac{\omega}{2a}} + \frac{\omega\lambda^2}{a\beta^2}\right)^{-1/2} \tag{1}$$

---

❶ 原载《计算技术与计算机应用》1992 年第 1 期，由笔者与傅华联名发表。

$$M = \arctan\left(\cfrac{1}{1 + \cfrac{\beta}{\lambda}\sqrt{\cfrac{2a}{\omega}}}\right)$$

式中：$A$ 为气温变幅；$A_0$ 为混凝土表面温度变幅；$\omega = 2\pi/P$ 为气温变化圆频率；$P$ 为气温变化周期；$M$ 为混凝土表面温度变化的相位差（比气温滞后时间）。

在深度为 $x$ 处的混凝土温度变幅为

$$\Delta T(x) = A_0 e^{-x\sqrt{\omega/2a}} \qquad (2)$$

今设在混凝土表面附近埋设了两支温度计，其深度分别为 $x_1$ 及 $x_2$，实测温度变幅分别为 $\Delta T(x_1)$ 和 $\Delta T(x_2)$，由式（2）可知

$$\Delta T(x_1) = A_0 e^{-x_1\sqrt{\pi/aP}}$$

$$\Delta T(x_2) = A_0 e^{-x_2\sqrt{\pi/aP}}$$

由以上两式相除，得到

$$\frac{\Delta T(x_2)}{\Delta T(x_1)} = e^{(x_1 - x_2)\sqrt{\pi/aP}}$$

由上式取自然数，得到混凝土导温系数如下：

$$a = \frac{\pi}{P}\left\{\frac{x_1 - x_2}{\ln\left[\Delta T(x_2)/\Delta T(x_1)\right]}\right\}^2 \qquad (3)$$

把实测的温度变幅 $\Delta T(x_2)$、$\Delta T(x_1)$ 及温度计深度 $x_1$、$x_2$，变化周期 $P$ 等代入上式，即可求得混凝土的导温系数 $a$。

# 三、表面放热系数 $\beta$ 的反分析

考虑半无限体表面如图 1，设埋设了 3 支电阻温度计 a、b、c，在某一瞬时实测温度分别为 $T_a$、$T_b$、$T_c$，当时混凝土表面温度为 $T_s$，气温为 $T_{ao}$。把坐标原点放在温度计 a 上，设 $x$ 点温度表示为：$T = T(x)$，则表面温度为 $T_s = T(-a)$。

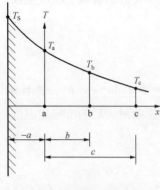

图 1　混凝土表面

下面用两种方法推算表面放热系数 $\beta$。

1. 线性插值法

设表面附近温度表示如下

$$T(x) = k_1 + k_2 x$$

当 $x = 0$ 时，$T(x) = T_a = k_1$

当 $x = b$ 时，$T(x) = T_b = k_1 + k_2 b$

由以上二式得到

$$k_1 = T_a, \quad k_2 = (T_a - T_b)/b$$

故

$$T(x) = T_a + (T_b - T_a)\frac{x}{b} \qquad (4)$$

由上式对 $x$ 求微商，得到

$$\frac{\partial T}{\partial x} = (T_b - T_a)/b$$

混凝土表面的边界条件为

$$\lambda \frac{\partial T}{\partial x} = \beta(T_s - T_{ao}) \qquad (5)$$

令 $x = -a$，得到混凝土表面温度

$$T_s = T(-a) = T_a - (T_b - T_a)a/b \qquad (6)$$

把 $\partial T/\partial x$、$T_8$ 代入（5）式，得到

$$\beta = \frac{\lambda(T_a - T_b)}{b(T_{ao} - T_a) - a(T_a - T_b)} \qquad (7)$$

把同一时间的气温 $T_{ao}$ 及混凝土温度 $T_a$、$T_b$ 代入上式，即可求出表面放热系数 $\beta$。利用上式也可求出表面保温材料的保温效果，即等效表面放热系数。

2. 二次插值法

设表面附近温度表示如下

$$T = T(x) = k_1 + k_2 x + k_3 x^2 \qquad (8)$$

当 $x = 0$，$T = T_a = k_1$

当 $x = b$，$T = T_b = k_1 + k_2 b + k_3 b^2$

当 $x = c$，$T = T_c = k_1 + k_2 c + k_3 c^2$

由以上三式求得

$$k_1 = T_a, \quad k_2 = \frac{c^2 T_b - b^2 T_c - (c^2 - b^2)T_a}{bc(c - b)}, \quad k_3 = \frac{bT_c - cTb + (c - b)T_a}{bc(c - b)} \qquad (9)$$

由式（8）

$$\frac{\partial T}{\partial x} = k_2 + 2k_3 x \qquad (10)$$

在混凝土表面，$x = -a$

$$T_s = k_1 - k_2 a + k_3 a^2 \qquad (11)$$

$$\left(\frac{\partial T}{\partial x}\right)_s = k_2 - 2ak_3 \qquad (12)$$

由式（5），表面放热系数 $\beta$ 由下式计算

$$\beta = \frac{\lambda\left(\dfrac{\partial T}{\partial x}\right)_s}{T_s - T_{ao}} \qquad (13)$$

二次插值法的计算精度优于线性插值法，但它需要在表面附近有 3 支电阻温度计。

# 四、太阳辐射热 $R$ 的反分析

由第三类边界条件，太阳辐射热 $R$ 可由下式计算

$$R = \beta(T_s - T_{ao}) - \lambda\left(\frac{\partial T}{\partial x}\right)_s \tag{14}$$

先在无日照条件下，根据实测温度，求出表面放热系数 $\beta$，并建立 $\beta$ 与风速 $V_a$ 的关系如下

$$\beta = c_1 + c_2 V_a \tag{15}$$

其中 $c_1$、$c_2$ 为根据实测资料求出的常数，然后在有日照条件下，根据实测温度求出 $T_s$ 及 $(\partial T/\partial x)_s$ 根据实测风速，由式（15）求出表面放热系数 $\beta$，再代入式（14），即可求出太阳辐射热 $R$。当然，如果在同一时间，用不受阳光照射的混凝土表面附近的实测温度反算表面放热系数 $\beta$，代替由式（15）计算的 $\beta$，则效果更好。但应注意两处具有相同的风速。

## 五、混凝土绝热温升 $\theta(\tau)$ 的反分析

首先选定绝热温升表达式，例如

双曲线式 $$\theta(\tau) = \theta_0 \tau/(n + \tau) \tag{16}$$

复合指数式 $$\theta(\tau) = \theta_0\left[1 - \exp(-a\tau^b)\right] \tag{17}$$

然后利用实测资料，决定表达式中的参数，计算方法如下：

1. 试算法

例如，设已选定双曲线表达式（1），先采用室内试验求得的 $\theta_0$ 和 $n$ 值，或假定一组值，用差分法或有限元方法，模拟施工过程，计算出温度场，与实测值相比，再进行调整，如果实测温度普遍小于计算值，则减小 $\theta_0$；如果实测最高温度的出现早于计算温度，则减小 $n$ 值，然后重新计算。重复修改，直至计算温度与实测温度符合得比较满意为止。

2. 优化方法

令 $x_1=\theta_0$，$x_2=n$，绝热温升可表示为

$$\theta(\tau) = x_1\tau/(x_2 + \tau) \tag{18}$$

用上述绝热温升，模拟实施施工情况，计算得到的温度为 $T_i'$，$i=1\sim n$；实测温度为 $T_i$，$i=1\sim n$，误差平方和为

$$W = \sum_{i=1}^{n}(T_i - T_i')^2$$

选择 $x_1$ 和 $x_2$，使

$$\left.\begin{array}{l} W = \sum_{i=1}^{n}(T_i - T_i')^2 \to 极小 \\ 满足约束条件：\underline{x}_j \leqslant x_j \leqslant \bar{x}_j, j=1,2 \end{array}\right\} \tag{19}$$

式中 $\underline{x}_j$、$\bar{x}_j$ 分别为 $x_j$ 的上下限，用优化方法由上式可以求出 $x_j$，代入式（18），即得到绝热温升。

### 参 考 文 献

[1] 朱伯芳，等. 水工混凝土结构的温度应力与温度控制. 北京：水利电力出版社，1976.

# 渗流场反分析的一种新的数学解法❶

**摘 要：** 本文提出了渗流场反分析的新解法。建议把水头函数展为台劳级数。并略去高阶项，每次迭代中，只需求解传导矩阵 1 次，其余都是简单的回代计算。这样计算效率有很大提高。同时还建议利用子结构法，能进一步提高计算效率。

**关键词：** 渗流场；反分析；新方法

# A New Method for the Back Analysis of Seepage Problem

**Abstract：** A new method is proposed for the back analysis of seepage problem.The head function $\Phi$ is expanded into Taylor's series and the terms with order higher than second is neglected. Since only one matrix must be solved in each step of iteration the computation speed is accelerated. Meanwhile the utilization of substructure method is suggested to further promote the computation efficiency.

**Key words：** seepage field, back analysis, new method

## 一、前言

水利水电工程的勘探阶段，通常都有一定数量的钻孔。利用钻孔压水试验，可求出钻孔附近的岩体渗透系数，但这是钻孔附近小范围内的渗透系数，工程设计中为了了解建坝前后岩体大范围的渗流场的变化，还需要知道大范围内的岩体渗透系数，利用钻孔中观测到的长期地下水位值，通过渗流场反分析，可推算大范围内的岩体渗透系数[1]。

设水头函数为

$$\Phi = z + p / \gamma \tag{1}$$

式中：$p$ 为地下水压力；$\gamma$ 为水的容重；$z$ 为自某基准算起的高度，$z$ 轴是铅直向上的。用有限元离散后，稳定渗流的基本方程为

$$[H]\{\Phi\} = \{F\} \tag{2}$$

式中：$[H]$ 为整体传导矩阵；$\{F\}$ 为右端项，详见文献 [2]。

根据实际的水文地质条件，可将岩体划分为几个区域。在区域 $j$ 内如果渗流是各向同性的，有 1 个渗透系数 $k_j$，如果是各向异性的，将有 1 个以上的渗透系数。为了减少未知量的数目，在条件许可时，应设法根据岩性条件假定不同方向渗透系数的固定比值，在一个区域只保留 1、2 个渗透系数作为变量，其余按比值计算。

---

❶ 原载《水利学报》1994 年第 9 期。

设待求的渗透系数共有 $m$ 个，令

$$x_j = k_j, \qquad j = 1, \cdots, m \tag{3}$$

根据岩性条件，还可给出 $x_j$ 的上、下限。给出 $\{x\} = \{x_1, x_2, \cdots, x_m\}^T$ 由式（2）可解出 $\{\Phi\}$。我们希望解出的 $\Phi$ 与实测的 $\Phi$ 值很接近。设共有 $n$ 个测点，我们希望加权误差平方和取极小值。

渗流场反分析问题归结为：求 $\{x\}^T = [x_1, x_2, \cdots, x_m]$，使加权误差平方和

$$S = \sum_{i=1}^{n} \omega_i (\Phi_i - \Phi_i^*)^2 \to 极小 \tag{4a}$$

并满足：

$$\underline{x}_j \leqslant x_j \leqslant \bar{x}_j \qquad j = 1 - m \tag{4b}$$

式中：$\omega_i$ 为权系数；$\underline{x}_j$ 为 $x_j$ 的下限；$\bar{x}_j$ 为 $x_j$ 的上限；$\Phi_i$ 为水头函数计算值；$\Phi_i^*$ 为水头函数实测值；$i$ 为测点号。

这是一个非线性规划问题[3]。$\{\Phi\}$ 与 $\{x\}$ 之间不是简单的函数关系，对于每个 $\{x\}$，都要建立矩阵 $[H]$ 和列阵 $\{F\}$，然后求解 $[H]\{\Phi\} = \{F\}$，才能得到 $\{\Phi\}$。每个 $\{x\}$，相当于 $m$ 维设计空间中的 1 个点。用非线性规划求解式（4），据已有经验，大概要试算数百个点甚至上千个点，才能得到 1 个较满意的解。也就是说，要建立并求解方程 $[H]\{\Phi\} = \{F\}$ 几百次甚至上千次，计算量是十分庞大的。这就是渗流场反分析的难点所在。

## 二、建议的解法

为了简化计算，我们设法用 $\{x\}$ 表示 $\{\Phi\}$。

根据岩性条件和压水试验结果，给定初始值 $\{x^0\}$，在 $\{x^0\}$ 的领域把 $\Phi_i$ 展成台劳级数，并略去高阶项，得到

$$\Phi_i = \Phi_i^0 + \sum_{j=1}^{m} \left( \frac{\partial \Phi_i}{\partial x_j} \right)_0 (x_j - x_j^0) = C_{i0} + \sum_{j=1}^{m} C_{ij} x_j \tag{5}$$

式中

$$C_{io} = \Phi_i^0 - \sum_{j=1}^{m} C_{ij} x_j^0$$

$$C_{ij} = \left( \frac{\partial \Phi_i}{\partial x_j} \right)_0 = \left. \frac{\partial \Phi_i}{\partial x_j} \right|_{x_j = x_j^0} \tag{6}$$

其中 $\Phi_i^0$ 是根据 $\{x^0\}$ 由式（2）求出的 $\Phi_i$ 值。

把式（5）代入式（4a），得到

$$S = \sum_{i=1}^{N} \omega_i \left( C_{i0} + \sum_{j=1}^{m} C_{ij} x_j - \Phi_i^* \right)^2 \to 极小 \tag{7}$$

由 $S$ 取极小值条件

$$\frac{\partial S}{\partial x_r} = \alpha \sum_{i=1}^{n} \omega_i C_{ir} \left( C_{i0} + \sum_{j=1}^{m} C_{ij} x_j - \Phi_i^* \right) = 0 \quad r = 1 - m \tag{8}$$

得到 $m$ 阶线性方程组

$$[a]\{x\}=\{b\} \tag{9}$$

式中矩阵 $[a]$ 与列阵 $\{b\}$ 的元素可计算如下

$$\left.\begin{aligned} a_{rj} &= \sum_{i=1}^{n}\omega_i C_{ir}C_{ij} \\ b_j &= -\sum_{i=1}^{n}\omega_i C_{ij}(C_{i0}-\Phi_i^*) \end{aligned}\right\} \tag{10}$$

由式（9）求逆，得到

$$\{x\}=[a]^{-1}\{b\} \tag{11}$$

再考虑式（4b）

$$\left.\begin{aligned} &\text{当}x_j>\bar{x}_j\text{时，取}x_j=\bar{x}_j \\ &\text{当}x_j<\underline{x}_j\text{时，取}x_j=\underline{x}_j \end{aligned}\right\} \tag{12}$$

然后迭代计算，得到第一近似值 $\{x^1\}$。因在台劳展开中忽略了高阶项，所以这个解是近似的，然后用 $\{x^1\}$ 代替 $\{x^0\}$，再在 $\{x^1\}$ 领域对 $\Phi_i$ 作台劳展开，重复上述计算。直至前后两次得到的 $\{x^{n-1}\}$ 和 $\{x^n\}$ 充分接近为止。通常迭代 10 次左右。

## 三、水头函数敏度 $\partial\Phi/\partial x_j$ 计算

最简单的方法是用差分法计算如下

$$\frac{\partial\Phi_i}{\partial x_j}=\frac{\Phi_i(x_j+\Delta x_j)-\Phi_i(x_j)}{\Delta x_j} \quad j=1-m \tag{13}$$

为了求出式（5）中的全部系数，需求解式（2）$m+1$ 次。

下面给出更有效的算法。由式（2）两边对 $x_j$ 求偏导数，整理后得到

$$\frac{\partial\{\Phi\}}{\partial x_j}=[H]^{-1}\left(\frac{\partial\{F\}}{\partial x_j}-\frac{\partial[H]}{\partial x_j}\{\Phi\}\right) \tag{14}$$

用差分法计算 $\partial\{F\}/\partial x_j$ 及 $\partial[H]/\partial x_j$ 如下

$$\left.\begin{aligned} \frac{\partial\{F\}}{\partial x_j} &= \frac{1}{\Delta x_j}(\{F(x_j+\Delta x_j\}-\{F(x_j)\}) \\ \frac{\partial[H]}{\partial x_j} &= \frac{1}{\Delta x_j}([H(x_j+\Delta x_j]-[H(x_j)]) \end{aligned}\right\} \tag{15}$$

式（15）代入式（14）即可求出 $\partial\{\Phi\}/\partial x_j$。由于 $[H]$ 已经分解好了，只要进行简单的回代即可求出 $\partial\{\Phi\}/\partial x_j$。这样，对于每次迭代只需求解式（2）1 次。

## 四、子结构法的应用

采用子结构法，可进一步简化计算。当渗透系数变化时，地下水位会有波动，但因 $n$ 个实测点的地下水位是已知的，波动的范围不会太大。估计出地下水位波动的下限，以此作为

每种岩体划分子结构的上界。在这个界限以下的各子结构内部的结点自由度可全部凝聚掉。从而可大大降低求解方程组的阶数。

把渗透系数相同的区域作为一个子结构，在第 $j$ 个子结构内，基本方程为

$$x_i \begin{bmatrix} \lambda_{jj} & \lambda_{jb} \\ \lambda_{bj} & \lambda_{bb} \end{bmatrix} \begin{bmatrix} \Phi_j \\ \Phi_b \end{bmatrix} = \begin{bmatrix} F_j \\ F_b \end{bmatrix} \tag{16}$$

式中：$\{\Phi_j\}$ 为子结构内部结点自由度；$\{\Phi_b\}$ 为子结构边界上的结点自由度。由式（16）的第 1 式，得到

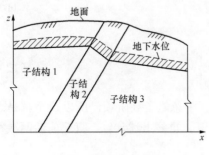

图 1　子结构法的应用

$$\{\Phi_j\} = \frac{1}{x_j} [\lambda_{jj}]^{-1} [F_j] - [\lambda_{jj}]^{-1} [\lambda_{jb}] \{\Phi_b\} \tag{17}$$

把上式代入式（13）中的第 2 式，得到

$$x_j [\lambda_b^*] \{\Phi_b\} = \{F_b^*\} \tag{18}$$

式中

$$\left. \begin{matrix} [\lambda_b^*] = [\lambda_{bb}] - [\lambda_{bj}][\lambda_{jj}]^{-1}[\lambda_{jb}] \\ [F_b^*] = [F_b] - [\lambda_{bj}][\lambda_{jj}]^{-1}[F_j] \end{matrix} \right\} \tag{19}$$

把各个子结构的贡献加以集合，得到

$$\begin{bmatrix} H_{bb} & H_{ba} \\ H_{ab}^T & H_{aa} \end{bmatrix} \begin{bmatrix} \Phi_b \\ \Phi_a \end{bmatrix} = \begin{bmatrix} F_b \\ F_a \end{bmatrix} \tag{20}$$

其中

$$\begin{matrix} [H_{bb}] = \sum x_j [\lambda_b^*], [H_{ba}] = x_a [\lambda_{ba}] \\ [H_{aa}] = x_a [\lambda_{aa}], \{F_b\} = \sum \{F_b^*\} \end{matrix} \tag{21}$$

$\{\Phi_b\}$ 是子结构边界上的结点自由度，$\{\Phi_a\}$ 是图 1 中阴影部分的结点自由度，即子结构边界以上的结点自由度。在式（21）中，$[\lambda_b^*]$、$[\lambda_{aa}]$ 和 $[\lambda_{ba}]$ 等都与渗透系数无关，第 1 次迭代时算好后各次迭代中可重复利用。从式（20）可见，子结构内部结点自由度已全部凝聚掉了。

根据地下水位等值线，只能确定各区域渗透系数的相对值。为了确定渗透系数的绝对值还需要补充 1 个条件。一个办法是在钻孔压水试验资料较完整的区域，利用压水试验资料确定该区域渗透系数的绝对值。另一办法是利用地下水出露点泉水的实测流量来补充 1 个流量条件。

# 五、结束语

如果用简单差分公式（13）计算水头敏度，利用本文方法进行渗流场反分析，求解式（2）的次数为 $R=(m+1)I$，其中 $I$ 为迭代次数。如 $m=5$，$I=10$，则 $R=60$。即不必求解式（2）几百次上千次，而只需求解 60 次左右。由于全部计算是自动化的，在目前的计算条件下，虽然计算时间较长，但还是可行的。

如果利用式（14）计算水头敏度，则有 $R=I$，如 $I=10$，在整个反分析中，只需求解式（2）

10 次。在目前的计算条件下，计算速度已无问题。如采用子结构法，计算速度还可以进一步加快。

总之，采用本文建议的方法，渗流场的反分析已是切实可行的。

## 参 考 文 献

[1] 杜延龄，许国安，韩连兵. 复杂岩基三维渗流分析方法及其工程应用研究. 水利水电技术，1991，（1）.

[2] 朱伯芳. 有限单元法原理与应用. 北京：水利电力出版社，1979.

[3] 朱伯芳，黎展眉，张壁城. 结构优化设计原理及应用. 北京：水利电力出版社，1984.

# 岩体初始地应力反分析[●]

**摘　要**：本文给出了岩体初始地应力反分析的两种方法，第 1 种方法是利用地下工程掘进过程中实测位移值反演小范围内的岩体初始地应力。第 2 种方法是利用现场的初始地应力的一些实测值，反演大范围内的岩体初始地应力场，采用本文方法可减少回归变量，提高回归精度，故有较大实用价值。

**关键词**：岩体；初始地应力；反分析

# Back Analysis of Initial Stresses in Rock Masses

**Abstract:** Two methods are given for the back analysis of the inital stresses in rock masses. By the first method，the initial stresses in rock masses in a small district are determined from the displacements observed during the process of tunnelling. By the second method，the initial stress field in the rock masses in a large district is determined from the observed stresses at some points in situ. The number of variables of regression is reduced and the accuracy of computation is improved due to the use of these methods.

**Key words:** rock mass, initial stress, back analysis

## 一、前言

岩体初始地应力是地下工程设计中的重要参数，需要根据现场一些实测反应值，通过反分析而推算出来。可分为两种情况。第 1 种情况是利用地下工程掘进过程中的实测位移值，反演小范围的岩体初始地应力；第 2 种情况是在现场根据应力释放原理得到了某些测点的地应力值，通过反分析，求出大范围内的地应力场。对于第 1 种情况，文献 [1] 曾经提出了图解法和图谱法。本文再给出几种情况下的解法。对于第 2 种情况，文献 [2] 曾提出一种解法，把岩体看成弹性体，分别算出它的自重应力和构造应力，然后用回归分析方法进行反分析。考虑到岩体容重可以较精确地测定，用有限元法算出的自重应力可以满足设计阶段对计算精度的要求，可视为已知值。因而只需要反演构造应力，它是同时受到边界条件和弹性模量的影响的。本文假定岩体是比例变形弹性体。从而把边界条件和弹性模量合并为 1 个未知参数，利用实测值进行反演。

---

❶ 原载《水利学报》1994 年第 10 期。

## 二、小范围岩体初始地应力的反分析

在地下工程的设计中，人们感兴趣的有时是小范围的初始应力，如图1所示，一个是地应力的铅直分量 $q$，另一个是垂直于洞壁的地应力水平分量 $p$。在开挖过程中，在工作面附近设置一些测点，利用开挖 $\Delta L$ 前后的位移差值，反演 $p$、$q$ 和岩体弹性模量 $E$。

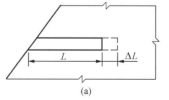

用有限元方法可以算出测点 $i$ 的位移差如下

$$\delta_i = \frac{a_i p}{E} + \frac{b_i q}{E} \tag{1}$$

其中系数 $a_i$、$b_i$ 是用有限元法计算出的已知值。在开挖以前，开挖表面处于受力状态，应

图1 小范围内初始地应力的反分析

力的垂直分量为 $q$，水平分量为 $p$。开挖以后表面变成自由面。因此，开挖的作用，相当于在 $\Delta L$ 范围内在开挖表面给以应力干扰：$\sigma_x = -p, \sigma_y = -q$。在三维有限元模型中，在 $\Delta L$ 范围内，在开挖表面依次给以表面荷载 $\sigma_y = -1$ 及 $\sigma_x = -1$，即可得到式（1）中的系数 $a_i$ 和 $b_i$。

下面分为 3 种不同情况进行反分析。

1. 已知 $E$，反演 $q$ 和 $p$

令
$$x_1 = p, \quad x_2 = q \tag{2}$$

由式（1）可知

$$\delta_i = c_{i1} x_1 + c_{i2} x_2 \tag{3}$$

式中 $c_{i1} = a_i / E, c_{i2} = b_i / E$。

加权误差平方和为

$$S = \sum_{i=1}^{n} \omega_i (\delta_i - \delta_i^*)^2 = \sum_{i=1}^{n} \omega_i (c_{i1} x_1 + c_{i2} x_2 - \delta_i^*)^2 \tag{4}$$

式中：$\omega_i$ 为权系数；$\delta_i^*$ 为测点 $i$ 的实测位移；$n$ 为测点数目。

选择 $x_1$ 和 $x_2$，使 $S$ 取极小值，由

$$\left. \begin{array}{l} \dfrac{\partial S}{\partial x_1} = a \sum_{i=1}^{n} \omega_i c_{i1} (c_{i1} x_1 + c_{i2} x_2 - \delta_i^*) = 0 \\[4mm] \dfrac{\partial S}{\partial x_2} = a \sum_{i=1}^{n} \omega_i c_{i2} (c_{i1} x_1 + c_{i2} x_2 - \delta_i^*) = 0 \end{array} \right\}$$

得到线性方程组

$$[a]\{x\} = \{b\} \tag{5}$$

式中 $\{x\}^{\mathrm{T}} = [x_1 x_2]$，矩阵 $[a]$ 和列阵 $\{b\}$ 的元素计算如下

$$a_{11} = \sum_{i=1}^{n} \omega_i c_{i1}^2, a_{12} = a_{21} = \sum_{i=1}^{n} \omega_i c_{i1} c_{i2}$$

$$a_{22} = \sum_{i=1}^{n} \omega_i c_{i2}^2, b_1 = \sum_{i=1}^{n} \omega_i c_{i1} \delta_i^*, b_2 = \sum_{i=1}^{n} \omega_i c_{i2} \delta_i^* \tag{6}$$

由式（5）求逆，得到

$$\{x\} = [a]^{-1}\{b\} \tag{7}$$

**2. 已知 $q$，反演 $p$ 和 $E$**

地应力铅直分量 $q$，往往可以根据岩体深度 $H$ 和岩体容重 $\gamma$ 计算出来，即 $q = \gamma H$。当地表面比较平坦时，计算值与实际情况通常是很接近的。把 $q$ 作为已知值，由式（1）可反演 $p$ 和 $E$。

令

$$x_1 = p, x_2 = 1/E \tag{8}$$

由式（1）可知

$$\delta_i = a_i x_1 x_2 + b_i q x_2 \tag{9}$$

按回归分析中常用方法，作变换如下

$$y_1 = x_1 x_2, y_2 = x_2 \tag{10}$$

得到

$$\delta_i = c_{i1} y_1 + c_{i2} y_2 \tag{11}$$

式中 $c_{i1} = a_i, c_{i2} = b_i q$。式（11）与式（3）相同，由最小二乘法可求出 $y_1$ 和 $y_2$，代入式（10），即得到 $x_1 = p$ 和 $x_2 = 1/E$。

**3. 同时反演 $E$、$p$、$q$**

令

$$x_1 = p, x_2 = q, x_3 = 1/E \tag{12}$$

由式（1）可知

$$\delta_i = a_i x_1 x_3 + b_i x_2 x_3 \tag{13}$$

问题归结为求 $x_1$、$x_2$、$x_3$，使

$$S = \sum_{i=1}^{n} \omega_i (a_i x_1 x_3 + b_i x_2 x_3 - \delta_i^*)^2 = 极小 \tag{14}$$

这是一个无约束极值问题。必要时，可加一些约束条件，例如：$p \geq 0, q \geq 0, E \geq \varepsilon$（$\varepsilon$ 为一小数），即

$$x_1 \geq 0, x_2 \geq 0, x_3 \leq 1/\varepsilon \tag{15}$$

在满足约束条件式（15）的前提下，使 $S$ 取极小值，这是一个约束极值问题，可用非线性规划方法求解[3]。由于变量不多，计算量是不大的。

也可采用如下算法，取初值 $\{x^0\}^T = \begin{bmatrix} x_1^0 & x_2^0 & x_3^0 \end{bmatrix}$，在 $\{x^0\}$ 的邻域将 $\delta_i$ 展成台劳级数，并略去高阶项，得到

$$\delta_i = \delta_i^0 + \sum_{j=1}^{3} \left(\frac{\partial \delta_i}{\partial x_j}\right)_0 (x_j - x_j^0)$$
$$= c_{i0} + c_{i1} x_1 + c_{i2} x_2 + c_{i3} x_3 \tag{16}$$

式中 $c_{i0} = \delta_i^0 - \sum_{j=1}^{3} c_{i1} x_j^0$，$c_{i1} = \left(\frac{\partial \delta_i}{\partial x_1}\right)_0 = a_i x_3^0$

$$c_{j2} = \left(\frac{\partial \delta_i}{\partial x_2}\right)_0 = b_i x_3^0, c_{i3} = \left(\frac{\partial \delta_i}{\partial x_3}\right)_0 = a_i x_1^0 + b_i x_2^0 \tag{17}$$

把式（16）代入式（14）得到

$$S = \sum_{i=1}^{n} \omega_i (c_{i0} + c_{i1} x_1 + c_{i2} x_2 + c_{i3} x_3 - \delta_i^*)^2 = 极小 \tag{18}$$

由极值条件 $\partial S / \partial x_j = 0$，$j = 1 \sim 3$，得到方程组

$$[a]\{x\} = \{b\} \tag{19}$$

式中：$[a]$ 为 3×3 矩阵；$\{b\}$ 为 3×1 列阵，其元素计算如下

$$a_{rj} = \sum_{i=1}^{n} \omega_i c_{ir} c_{ij}, \quad b_j = \sum_{i=1}^{n} \omega_i c_{ij} (\delta_i^* - c_{i0}) \tag{20}$$

由式（19）求逆，得到 $\{x^1\} = [a]^{-1}\{b\}$。再考虑约束条件式（15）

若 $x_1^1 \leqslant 0$，取 $x_1^1 = 0$。若 $x_2^1 \leqslant 0$，取 $x_2^1 = 0$，若 $x_3^1 > 1/\varepsilon$，取 $x_3^1 = 1/\varepsilon$。

于是得到第一近似解 $\{x^1\} = \begin{bmatrix} x_1^1 x_2^1 x_3^1 \end{bmatrix}^{\mathrm{T}}$。由于在台劳展开中忽略了高阶项，所以 $\{x^1\}$ 是近似解，以 $\{x^1\}$ 代替 $\{x^0\}$，再在 $\{x^1\}$ 的邻域作台劳展开，重复上述计算，得到第二近似解，如此迭代计算，直至前后两次迭代结果充分接近时为止。

# 三、大范围内岩体初始地应力的反分析

利用应力释放原理，可在现场测量初始地应力，但费用昂贵，很难布置大量测点。在修建大型地下工程时，往往需要了解较大范围的初始地应力场，郭怀志教授等人[2]提出，岩体初应力是自重应力和构造应力的线性组合

$$\sigma_i = b_1 \sigma_{i1} + b_2 \sigma_{i2} \tag{21}$$

式中：$\sigma_i$ 为第 $i$ 点地应力；$\sigma_{i1}$ 为第 $i$ 点自重应力；$\sigma_{i2}$ 为第 $i$ 点构造应力；$b_1$、$b_2$ 为待定系数，根据 $n$ 个测点的实测地应力，用回归分析方法，决定系数 $b_1$ 和 $b_2$。在岩体初始地应力研究中，该文开拓了把现场实测值与有限元计算相结合以反演岩体地应力的一个新途径，是重要创新，发表以后，受到工程界的普遍重视。

本文拟在郭文[2]的基础上作一些改进。自重应力和构造应力的计算精度是完全不同的。岩体的容重可以比较精确地确定，它的变化范围也不大。经验表明，按公式 $q = \gamma H$ 计算的地应力铅直分量通常与实测值相当接近。根据实际的地形地质条件，用有限元方法计算的自重应力当然更加精确。因此，用有限元方法计算的自重应力在精度上是可以满足工程设计要求的，在设计阶段不必对它进行反演，可视为已知值。

构造应力的情况就有所不同。首先，构造应力与边界位移是成正比的，但边界位移的数值是完全未知的。其次，构造应力受弹性模量的影响也比较大。根据应力释放原理实测地应力时利用的是室内试验得到的岩块弹性模量，而计算构造应力场时用的是岩体弹性模量，它反映了岩体中节理、裂隙的影响。这两种弹性模量的数值是不同的。

根据上面的分析，用有限元法计算的自重应力的精度已可满足工程设计的要求，视为已知值，在地应力反分析中，只反演构造应力。

对于平面问题，如图 2 所示，在计算构造应力时，假定一侧固定，另一侧有均布水平位移 $u = u_0$。

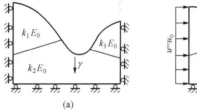
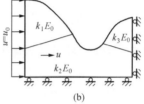

(a)　　　　　　　　　　　　(b)

图 2　大范围初始地应力反分析

（a）自重应力场；（b）构造应力场

假定岩体是均质弹性体，弹性模量为 $E_0$，或非均质弹性体，分区弹性模量为 $E_i = k_i E_0$。只要保持比例系数 $k_i$ 不变，自重应力是与弹性模量绝对值无关的，而构造应力则与弹性模量的绝对值成正比。

根据实际岩性条件，给定系数 $k_i$ 和 $E_0$，用有限元法分别计算自重应力 $\sigma_{i1}$ 和构造应力 $\sigma_{i2}$。保持 $k_i$ 不变，当弹性模量由 $E_0$ 变为 $E$，边界位移由 $u_0$ 变为 $u'$ 时，地应力可如下计算

$$\sigma_i = \sigma_{i1} + \frac{Eu'}{E_0 u_0}\sigma_{i2} \tag{22}$$

式中：$\sigma_i$ 为 $i$ 点地应力；$\sigma_{i1}$ 为自重应力；$\sigma_{i2}$ 为相应于弹性模量 $E_0$ 和边界位移 $u_0$ 的构造应力（均指某一应力分量）。

令

$$x = \frac{Eu'}{E_0 u_0} \tag{23}$$

得到

$$\sigma_i = \sigma_{i1} + x\sigma_{i2} \tag{24}$$

设实测地应力为 $\sigma_i^*$，加权误差平方和为

$$S = \sum_{i=1}^{n} \omega_i (\sigma_{i1} + x\sigma_{i2} - \sigma_i^*)^2 \tag{25}$$

由 $\partial S / \partial x = 0$，得到

$$x = \frac{\sum \omega_i \sigma_{i2}(\sigma_i^* - \sigma_{i1})}{\sum \omega_i \sigma_{i2}^2} \tag{26}$$

式中：$\omega_i$ 为权系数，把 $x$ 代入式（24）即得到地应力场。

对于空间问题，可切取水平面为矩形的柱体作为分析对象，计算构造应力时，假定在 $x=0$，平面上 $u = u_0$，在 $y=0$ 平面上 $\upsilon = \upsilon_0$，相对的另外两平面上，$u=0$ 及 $\upsilon = 0$，于是地应力可计算如下

$$\sigma_i = \sigma_{i1} + x\sigma_{i2} + y\sigma_{i3} \tag{27}$$

式中：$\sigma_{i1}$ 为自重应力；$\sigma_{i2}$ 为 $u = u_0$ 引起的构造应力；$\sigma_{i3}$ 为 $\upsilon = \upsilon_0$ 引起的构造应力，$x = Eu'/E_0 u_0$，$y = E\upsilon/E_0 \upsilon_0$，用最小二乘法求出 $x$ 和 $y$。

# 四、结束语

本文给出的几种岩体初始地应力反分析方法，力学概念较合理，计算也较简单，可用以确定小范围和大范围内的岩体初始地应力。采用本文方法，可减少回归变量，提高回归精度，因而有较大实用价值。

## 参 考 文 献

[1] 杨志法. 位移反分析及其应用. 见：中国岩石力学与工程学会编. 岩石力学新进展. 沈阳：东北工学院出版社，1989.

[2] 郭怀志等. 岩体初始应力场的分析方法. 岩土工程学报，1983，（3）.

[3] 朱伯芳等. 结构优化设计原理与应用. 北京：水利电力出版社，1984.

# 水工建筑物的施工期反馈设计❶

**摘　要**：水工建筑物的特点是工程规模大，施工周期长，受自然条件的制约大。设计阶段对这些自然条件（如地基情况）的了解往往是不够的，本文提出水工建筑物的施工期反馈设计，利用水工建筑物施工周期较长这一特点，在施工过程中，尽可能进一步采集有关资料，并利用现代化方法进行反分析，然后把采集到的新资料和反分析结果反馈到设计中来，对建筑物的结构设计和施工设计进行修改，使之更好地适应实际情况，取得较大的经济效益和社会效益。

**关键词**：反馈设计；水工建筑物；施工期

# Feedback Design of Hydraulic Structure in Construction Stage

**Abstract:** Generally, there are three characteristics of hydraulic structures: the scale of the structure is large, the period of construction is long and the safety and economy of the structure are highly dependent on the complicated natural conditions. In the time of design, the knowledge of the engineers about the relevant natural conditions, such as the geological condition, is limited. The concept of feedback design of hydraulic structures is proposed in this paper. Taking advantage of the long period of construction, further observations and measurements, back analysis should be made in the process of construction as far as possible, then the new data are fed back, and the structure design and the construction techniques and procedures are modified to fit the natural conditions better. By this technique, the hydraulic structures may be designed more rationally and great economical and social benefits may be produced.

**Key words:** feedback design, hydraulic structure, construction stage

## 一、前言

30 年来，在隧道工程中，由于推行奥地利学者 L.V.Rabcewicz 教授提出的新奥法（New Austrian Tunnelling Method，NATM）而取得了显著的经济效益[1]。新奥法的实质就是在隧道开挖过程中，通过对围岩和支护的观察和量测，信息反馈，修改施工和设计方案，使之更好地适应实际情况。

---

❶ 原载《水力发电学报》1995 年第 2 期。

现在我们来分析一下水工建筑物的情况。水工建筑物的特点是：第一，工程规模大，一个水利工程的投资，动辄几亿元、几十亿元甚至几百亿元；第二，施工周期长，一般都要几年乃至十几年时间；第三，受自然条件的制约大，而且在设计阶段对这些自然条件和地基等的了解总是有限的，随着施工的进展，隐蔽在地下的情况逐渐暴露，人们对它的了解才逐渐加深；第四，某些水工建筑物，如堆石坝，其本身材料特性比较复杂，设计阶段仅仅依靠室内试验进行测定，由于大石料被剔除和其他试验条件的限制，室内试验结果往往与实际情况有较大出入；第五，建筑物本身的工作状态受施工方式和施工过程的影响比较大，而实际的施工过程与设计阶段所预计的施工过程往往有较大差别，因而对建筑物的变形、应力、性态和安全常常有相当大的影响。

到目前为止，国内外对水工建筑物的研究主要是为设计服务的，即根据设计阶段所取得的资料对建筑物完工后的种种性态进行预估。对施工阶段的研究工作做得比较少，而且已有少量的关于施工阶段的科研工作还主要是针对施工方法和施工组织措施的，至于如何利用施工过程中所取得的资料反馈到设计中来，对建筑物的设计进行适当的修改以便更好地适应当地实际情况，过去开展得很少。这主要是因为过去水工建筑物的设计周期比较长，而且设计的审批手续比较冗繁，在施工过程中尽管实际情况有所改变，一般也很难修改建筑物的设计。现在情况有所不同了，由于计算机辅助设计、优化设计和人工智能等新技术的应用，水工建筑物的设计周期已可大大缩短。例如拱坝的体形设计，过去通常需要 1 年以上的时间，现在已可缩短到在几天内完成。当施工过程中发现地基等自然条件与设计中所预计的有所不同时，现在已有可能修改建筑物的设计，使之更好地适应实际情况，取得较大的经济效益和社会效益。

根据水工建筑物的上述特点，本文提出水工建筑物的施工期反馈设计，利用施工周期较长这一特点，在施工期中尽可能多地采集有关数据，并利用现代化方法进行反分析，然后把反分析结果反馈到设计中来，对建筑物的结构设计和施工设计进行修改，使之更好地适应实际情况。

由于水工建筑物投资集中，对国民经济的影响大，因此，水工建筑物的施工期反馈设计可以产生较大的经济效益和社会效益。例如，法国设计的摩洛哥阿特肖里堆石坝，把施工阶段反分析的结果反馈到设计中，修改了坝体剖面，节省了大量土石方[2]。又如英国的 Carsington 土石坝失事原因是坝基软岩和心墙底部黏土的应变软化，失事后的反分析表明，如施工期结合孔隙水压力和变形的实测资料进行反分析并对设计进行适当的修改，事故是可能避免的[3]。

多数水工建筑物，如水坝、地下水电站厂房等等，在结构上比隧洞要复杂得多，因此，水工建筑物的施工期反馈设计也更为困难。

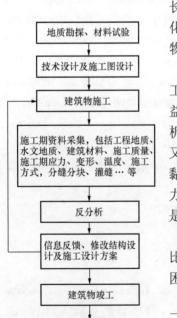

图 1 水工建筑物施工期反馈
设计流程

## 二、水工建筑物施工期反馈设计的流程

在采用施工期反馈设计方法以后，水工建筑物的设计流程如图 1 所示。

## 三、施工期中资料采集

水工建筑物是否成功取决于三个因素：①基本资料是否符合实际；②结构设计和施工设计方案是否合理；③施工质量是否合格。

由于设计阶段进行地质勘探和材料试验所取得的资料具有一定的局限性，在施工期中，应继续结合施工采集下列资料：

（1）地质资料的采集。尽管设计阶段进行了地质勘探，但在开工以前，设计者对地基的了解总是有限的，历史上不少事故的发生就是由于地基中的隐患未能查清所致。随着施工过程的进展，隐蔽在地下的情况逐渐暴露出来，对新暴露岩面的构造和裂隙产状应进行仔细的观察，结合过去的勘探资料进行认真的分析，以加深对地质构造的认识。另外，结合工程施工和基础处理，还应布置一些测试工作，如对基础变形、地应力、地下水位、渗漏量等的测试，以进一步查清地基情况。

（2）建筑材料参数的采集。工程施工中实际使用的建筑材料，与设计阶段预定的材料不一定完全相同，施工中一定要对建筑材料不断取样进行试验，测定主要参数。

（3）施工过程中建筑物和基础的变形、应力、温度等的观测。

（4）施工方式的监控和分析。施工方式，如混凝土坝的分缝、分块、温度控制和接缝灌浆等，对建筑物的应力状态是有影响的，在施工过程中对这些应进行监控，当实际的施工方式与设计方案有所不同时，应进行必要的分析。

（5）施工质量的监控。在施工中应进行施工质量的监控，以便严格控制施工质量，当发现施工质量有问题时，应进行危害性分析，以便必要时采取适当的补救措施。

应充分利用现代电子技术和计算机技术，使资料的采集尽量自动化，并利用计算机对采集到的资料进行科学的管理。

## 四、反分析

施工中所采集到的资料，只有一部分，如材料的强度、容重等，可以直接用于设计。大量的资料，如施工中结构和地基的变位、应力等，都要进行反分析，才能提供设计中有用的成果，因为施工期中结构只承受了局部荷载，其变位和应力都远不是最大值。根据施工期实测资料，经过反分析，得到结构和地基的基本参数，然后用以计算在设计荷载作用下的变位和应力，它们才是设计中的控制值。

1. 水工建筑物反分析内容

水工建筑物的反分析包括以下内容：

（1）渗流场反分析。利用钻孔中实测的地下水位，通过反分析，推算岩体的渗透系数[4]。

（2）岩体初始地应力反分析。一种情况是小范围地应力反分析，在地下工程开挖过程中，在工作面附近设置一些测点，测量开挖进展 $\Delta L$ 前后的位移差，从而反演岩体中的初始地应力和岩体弹性模量[5]。另一种情况是大范围岩体初始地应力反分析。利用应力释放原理，施工过程中在现场实际测量一些点的岩体初应力，根据这些实测值，反演大范围内的岩体初应力[5, 6]。

（3）温度场反分析。在大体积混凝土结构施工过程中，测量实际的温度和应变，用以反演材料的热学参数的自生体积变形。

（4）位移和应力的反分析。在施工过程中，在基础和建筑物内，布置一系列测点，量测施工过程中的位移和应力，然后反演地基和建筑物的材料参数。

**2. 反分析问题的提法**

以位移和应力的反分析为例，来说明反分析问题的提法。为了考虑施工过程，应力分析采用有限元增量法，基本方程为

$$[K]\{\Delta\delta\}=\{\Delta P\} \tag{1}$$

式中：$[K]$ 为刚度矩阵；$\{\Delta\delta\}$ 为位移增量列阵；$\{\Delta P\}$ 为荷载增量列阵。

对于正分析来说，刚度矩阵和荷载增量列阵是已知的，通过式（1）求逆，即可求得位移增量列阵，问题比较简单。对于反分析来说，求解的未知量是材料参数，如弹性模量，泊松比等，它们是包含在刚度矩阵的内部，因此问题的求解比正分析要困难得多。

对于线弹性体，每种材料有两个参数，即弹性模量和泊松比，对于非线性弹性体，例如土体，如采用 Duncan 模型，每种材料有 8 个参数，水工建筑物通常是由多种材料组成的，如果建筑物共包含 $m$ 种线弹性材料和 $n$ 种土体，那么共有 $2m+8n$ 个材料参数。未知量为 $\{X\}=[X_1\cdots X_s]^T$，其中 $S=2m+8n$。

由于未知量包含在刚度矩阵之中，使问题的求解很困难。目前的解法如下：假定一组 $\{X\}$ 值，由式（1）求出位移和应力，再把它们与实测值比较。不断调整 $\{X\}$ 值。使误差平方和趋于极小如下

$$S=\sum_{i=1}^{r_1} w_1\left(\frac{u_i}{u_i^*}-1\right)^2+\sum_{i=1}^{r_2} w_i\left(\frac{\sigma_i}{\sigma_i^*}-1\right)^2 \to 极小 \tag{2}$$

式中：$U_i^*$ 为位移实测值；$\sigma_i^*$ 为应力实测值；$r_1$ 为位移实测值个数；$r_2$ 为应力测值个数。

反演变量为 $X_j$，根据实际情况，可给出 $X_j$ 的上限 $\overline{X_j}$ 和下限 $\underline{X_j}$，于是有

$$\underline{X_j} \leqslant X_j \leqslant \overline{X_j} \qquad j=1-s \tag{3}$$

式（2）、式（3）两式构成一个约束极值，可用非线性规划方法求解。

**3. 反分析问题的求解方法**

用非线性规划法求解式（2）、式（3）两式，据已有的经验，需要迭代几十次甚至上千次，每次迭代，都要由式（1）计算一次变位和应力，计算量十分庞大，这就是反分析的难点所在。据笔者经验及国内外文献，可采用以下方法以提高计算效率。

（1）差状态分析。一个水工建筑物，从开工、施工到竣工，其应力和位移的变化是十分复杂的，为了简化问题，可能条件下，最好对差状态进行分析，如图 2，取出水位急剧变化的两状态之差进行分析：（c）=（b）−（a）。这样一来，施工初期的比较复杂的非线性初始应力和变位可以抵消掉。

（2）位移台劳展开。取初始值 $\{x^0\}$，在 $\{x^0\}$ 的邻域把位移作台劳展开，并忽略高阶项，得到

$$\delta_i = \delta^0{}_i+\sum_{j=1}^{m}\left(\frac{\partial\delta_i}{\partial x_j}\right)_0 (x_j-x^0{}_j) \tag{4}$$

对于线弹性体，由 $[K]\{\delta\}=\{P\}$ 的两边对 $x_j$ 求偏导数，整理后得到

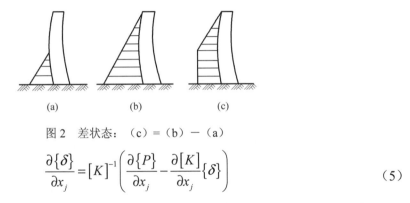

图 2　差状态：（c）＝（b）－（a）

$$\frac{\partial\{\delta\}}{\partial x_j}=[K]^{-1}\left(\frac{\partial\{P\}}{\partial x_j}-\frac{\partial[K]}{\partial x_j}\{\delta\}\right)\tag{5}$$

由上式即可求出 $\partial\{\delta\}/\partial x_j$，代入式（4），即得到 $\delta_i$ 的近似式，把式（4）代入式（2），由 $\partial S/\partial x_j=0$，可求出近似值 $\{x^1\}$，然后再在 $\{x^1\}$ 邻域作台劳（Taylor）展开，重复上述计算，直到 $\{x^{n+1}\}$ 与 $\{x^n\}$ 充分接近时为止。对于非线性问题，可用差分法计算 $\partial\delta_i/\partial x_j$ 如下

$$\frac{\partial\delta_i}{\partial x_j}=\frac{\delta_i(x_j+\Delta x_j)-\delta_i(x_j)}{\Delta x_j}\tag{6}$$

（3）倒反演变量。由于 $\{\delta\}=[K]^{-1}\{P\}$，在位移反分析中，为了提高 Taylor 展开式（4）的精度，采用弹性模量的倒数作为反演变量比较有利，即取

$$x_j=1/E_j\tag{7}$$

（4）子结构法的应用。采用子结构法，可减少每次应力分析的结点自由度的数目。对于线性结构，可把子结构内部结点自由度全部凝聚掉，只剩下子结构公共边界上的结点自由度；对于非线性结构，可预先估计非线性区范围，把线性区作为一个或几个子结构（非均质），子结构内部结点自由度可全部凝聚掉。

（5）抓住主要因素，忽略次要因素。例如，泊松比对位移的影响不大，其数值变化范围也不大，因此，在位移反分析中，通常泊松比可取已知值，不必列为反演变量；又如，物体容量可较准确地测定，变化范围也不大，在反分析中，自重一般也可取已知值，不作为反演变量。

# 五、反馈设计

反馈设计的任务是把施工中采集到的新资料和反分析的结果反馈到设计中来，对建筑物的结构设计和施工设计进行修改，以便更好地适应实际情况。

水工建筑物反馈设计的特点是：第一，设计中需要考虑的因素多而且复杂，包括工程地质条件、水文地质条件、建筑材料特性、施工方式等；第二，当结构设计方案的修改比较大时，还要考虑到泄流条件和整个枢纽工程的合理布局；第三是时间紧迫，因为是在施工中途修改设计，必须在短期内拿出修改后的设计方案和图纸。但是，由于最近几十年科学技术的长足进步，现在已有条件搞好水工建筑物的施工期反馈设计。笔者建议，把计算机辅助技术、优化方法、人工智能和反分析方法融为一体，形成一个智能优化反馈辅助设计系统（Intelligent Optimal Feedback Computer Aided Design，IOFCAD），系统的结构见图 3。利用 IOFCAD 系统，完全可以实现水工建筑物的施工反馈设计。

施工反馈设计的具体步骤如下：

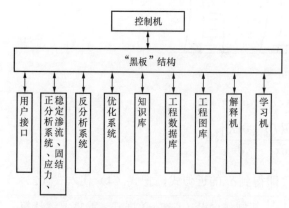

图 3　智能优化反馈辅助设计系统的结构

第 1 步：输入施工中采集到的新资料和反分析结果，对原有设计方案进行正分析。

第 2 步：根据正分析结果，设计者判断原有设计方案是否需要修改。在这里，国外已有的工程经验是十分重要的，因此，应在系统地总结国内外工程经验的基础上，建立专家系统，以便对设计者提供咨询和辅助。

第 3 步：如果需要修改设计方案，在专家系统的辅助下，由设计者提出一种或几种不同类型的可能修改方案。

第 4 步：利用优化方法，对每种类型的修改方案进行优化，得到既满足设计要求又满足施工要求的优化方案。

第 5 步：在专家系统的辅助下，设计者对经过优化的几种不同的修改方案进行评价和筛选。必要时，再进行一些修改，并转至第 4 步进行进一步的优化，直到得到一个满意的修改方案为止。

第 6 步：利用专家系统和 CAD 系统，进行修改方案的细部设计，绘制必需的图纸。

# 六、工程应用前景

水工建筑物种类较多，规模大小不一，有的水工建筑物，结构较简单，施工期较短，就不一定要进行施工期反馈设计，但不少水工建筑物，工程规模大，结构复杂，受自然条件的制约大，施工周期也较长，对这些水工建筑物，开展施工期反馈设计，就很有必要，下面列举一些例子。

1. 地下水电站厂房的施工反馈设计

地下水电站厂房，从结构形式、结构尺寸到施工方式，都与地质条件有密切关系。在设计阶段尽管要做一定的勘探工作，但因地质构造隐蔽在地下，设计者对地质情况的了解总是有限的，随着施工的进展，隐蔽在地下的情况不断暴露出来，加上有意识地结合施工而进行的观测工作，设计者对地质情况的了解不断深化。把施工中采集到得新资料和反分析结果，反馈到设计中来，就可能对结构尺寸、施工方式甚至结构形式作出改变。例如，当实际地质情况比原来估计的好得多时，就可能减薄衬砌甚至取消衬砌，反之，如实际情况比原来估计的要坏，就可能要加厚衬砌或改变施工方式，甚至改变结构形式。

2. 土石坝的施工反馈设计

在技术设计阶段，主要依靠室内试验确定土石坝断面设计的参数。但室内试验成果与实际情况往往有相当的出入，特别是堆石坝，由于试样尺寸的限制，室内试验不得不剔除大粒径石料，加上试验条件与实际受力条件的不同，室内试验结果与实际情况可能有较大的差别。在土石坝施工中，进行坝体变形、孔隙水压力等观测，并进行反分析，可以得到比较符合实际的参数，及时反馈到设计中来，在坝体断面设计上和施工方法上进行必要的修改，可以更好地适应实际情况。

### 3. 混凝土坝的施工反馈设计

混凝土坝对基础的要求较高，在坝体设计阶段根据勘探资料所作的基础处理设计，到了施工阶段，由于地质情况与当初的估计有所不同，可能要进行修改。修改不大时，只是基础措施的改变，修改较大时，还可能影响到坝体断面的设计。

水工建筑物的设计，不但包括建筑物断面的设计，也包括施工方式的设计。混凝土坝，特别是高坝，坝体应力受施工方式，如分缝、分块、灌缝、温度控制等的影响较大。实际的施工方式与设计规定的施工方式往往有较大的差异，这些情况也应反馈到设计中来，必要时应对坝体施工方式，甚至对坝体断面设计进行一定的修改，以适应实际施工条件。

### 4. 高边坡开挖设计

原设计的开挖方案是根据当时的勘探资料和地表情况而决定的，随着施工的进展和新的测试资料，对地质情况有了新的认识，对原设计的开挖方案就需要进行修改。

## 七、结束语

多数水工建筑物工程规模大，施工周期长，受自然条件的制约也很大。过去在实际工程的施工中，由于发现实际条件与当初设计中设想的有较大出入，不得已而修改设计的情况是有过的，由于事先缺乏思想准备，通常多少有点被动。本文提出的施工期反馈设计，是利用水工建筑物条件复杂和施工周期长这两个特点，在施工过程中主动地进一步采集有关资料并进行反分析，然后把新的资料和反分析成果反馈到设计中来，对水工建筑物的结构和施工方法主动进行修改，以便更好地适应实际情况。

从文中分析可知，充分利用现代科学技术，对水工建筑物进行施工期反馈设计，目前已是完全可行的。

由于反馈设计本身所需经费不多，而水工建筑物的规模较大，可以预期，水工建筑物的施工期反馈设计所取得的经济效益和社会效益将是巨大的。

### 参 考 文 献

［1］朱伯芳，等. 结构优化设计原理与应用. 北京：水利电力出版社，1984.

［2］D.M.Himmelblau. Applied Nonlinear Programming. Mc Graw-Hill,1972.

［3］张兴武. 坝基分区弹模的敏度反分析方法. 计算技术与计算机应用，1991，（1）.

［4］G.Gioda and G.Maier.Direct Search Solution of an Inverse Problem in Elastoplasticity Identification of Cohesion.Friction Angle and in Insitu Stress By Pressure Tunnel Test,Int.J.Num.Methods Eng.,V.15,1980.

［5］Liu Hanlong.Back Analysis and Its Application in Tiesan Earth Dam.Proc.Int.Symp.on Appl.Computer Methods in Rock Mechanics and Eng.,Xi'an,China,1993.

［6］J.M.Duncan and L.Y.Chang.Nonlinear Analysis of Stress and Strain in Soils.Proc.ASCE,SM5,1970.

［7］朱伯芳. 有限单元法原理与应用. 北京：水利电力出版社，1979.

［8］朱伯芳. 混凝土的弹性模量、徐变度与应力松弛系数. 水利学报，1985，（9）.

［9］G.Gioda and S.Sakurai.Back Analysis Procedures for the Interpretation of Field Measurements in Geomechanics.Int.J.Num.Anal.Methods in Geomechanics,V.11.555-583,1987.

# 工 程 反 分 析[❶]

**摘　要**：工程反分析是当前国内外比较活跃的一个新领域，本文综述了工程反分析的提法和解法，并提出了一些新的求解方法。

**关键词**：工程；反分析；综述；求解方法

# Back Analysis in Engineering

**Abstract:** Engineering back analysis is a new research region which is very active in recent years. A comprehensive review is given to this problem and some new solution method are proposed in this paper.

**Key words:** engineering, back analysis, comprehensive review, solution method

## 一、前言

通常的工程分析是正分析，即给定材料参数和荷载，通过计算求出结构的反应量，如变位、应力、温度、水头等，然后与设计允许值进行比较，以判断结构是否安全。显然，料材参数与荷载的取值是否正确对算出的结构反应量与安全系数是有影响的。在设计阶段，材料参数主要是通过室内试验求出的。由于室内试验条件与实际情况的差异，例如混凝土和堆石坝材料中大粒径石料的被剔除等等，室内试验求得的材料参数与实际值是有出入的。某些荷载，如岩基中的初始地应力，地下结构的山岩压力等，室内试验也无法求出。因此，反分析近年来受到人们重视。所谓反分析，是根据建筑物施工期和运行期实测的变位、应力、温度、渗水压力等，反过来推算材料参数和荷载。

在实际工程中，反分析问题的提出大致有三种情况：第一种是在工程设计阶段提出的反分析问题。例如，由于情况比较复杂，天然岩体的变形模量、渗透系数、初始地应力等，很难通过室内试验求出，一般是在野外进行试验，取得一些反应量，然后通过反分析求出这些数值。第二种是在施工过程中提出的反分析问题，例如在隧洞或地下厂房的开挖过程中，不断地取得岩体位移或应力释放的实测资料，通过反分析，推算岩体的变形模量和初始地应力。在土石坝施工中，根据实测的坝体位移和孔隙压力等资料，推算土石体的材料参数。第三种是建筑物竣工后提出的反分析问题，如根据竣工后混凝土的实测位移，推算岩基和坝体的变形模量，等等。

---

❶ 原载《计算技术与计算机应用》1992 年第 1 期。

一般说来，反分析问题比正分析问题要困难得多。本文对工程反分析问题的提法和求解方法进行综述，并提出了一些新的解法。

## 二、工程反分析的一般原则

工程反分析有两个特点：其一，已知的实测反应量是各种因素的综合反映；其二，反分析的计算量通常很大。因此，在进行工程反分析时，应注意以下几个原则：

1. 抓住主要因素，尽可能忽略次要因素

例如，在位移反分析中，物体的泊松比$\mu$对应力场和位移场的影响一般不大，它的数值变化范围也很小，所以通常不必对泊松比进行反分析。又如物体的自重，可以较准确地测定，通常变化范围也不大，所以一般也不必对物体的自重进行反分析。在进行反分析时，应抓住主要矛盾。例如，在地下工程中，岩体的变形模量和初始地应力是主要因素，应列入反分析对象，而岩体自重、泊松比等次要因素，可按已知值计算。

2. 尽可能把众多因素分割开来进行反分析

例如，混凝土坝的位移受到水位、温度、时间效应的综合影响，应尽可能利用水位急剧变化而温度场十分接近的两个时刻的位移差值进行反分析，以减少未知量的数量。

3. 细致分析具体条件，尽量减少反分析的未知量

例如，当地层较深时，地应力的垂直分量一般可按与深度成正比的规律来计算，不必列入反分析的对象。又如，当一条深度很大的冲沟在地下洞室的附近切过时，可以判断来自该冲沟一侧的地应力水平分量不会太大，不必列入反分析对象。

对于一条很长的隧洞，利用开挖过程中工作面附近的实测值进行反分析时，如果这些实测值主要来自开挖前后的局部反应，而该区段的岩体又比较单一，则可按均质体进行反分析。

在黏弹性体反分析中，有时在实测值中可以把瞬时弹性反应与时间效应分开，在这种情况下就应该先进行瞬时弹性位移的反分析，以求出瞬时弹性模量及初始地应力等，然后把这些量作为已知道，再进行时间效应的反分析，这样反分析的计算量可减少很多。

4. 慎重选择本构模型

在反分析中，本构模型采用是否得当至关重要。虽然原始数据取自实际观测资料，如果所用本构模型不合适，反分析的结果并不能反映真实情况，从而失去实用价值。本构模型一方面要基本上符合实际情况，另一方面又要便于计算。

## 三、渗流场反分析

在水电工程的勘探阶段，通常都有一定数量的钻孔、利用钻孔的压力试验，可求出钻孔附近的岩体渗透系数，但这是钻孔附近小范围的渗透系数。利用钻孔中观测到的地下水位值，通过渗流场反分析，可推算大范围内的岩体渗透系数。

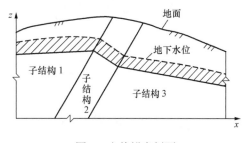

图 1　山体铅直剖面

1. 优化方法

设水头函数为

$$\phi = z + \frac{p}{\gamma} \tag{1}$$

式中：$p$ 为地下水压力；$\gamma$ 为水的容量；$z$ 为自某基准面算起的高度，$z$ 轴是铅直向上的。用有限元离散后，稳定渗流的基本方程为

$$[H]\{\phi\} = \{F\} \tag{2}$$

式中：$[H]$ 为渗透矩阵；$\{F\}$ 为右端项，详见文献 [22]。

根据实际的水文地质情况，可将岩体划分为几个区域。在区域 $j$，如果渗流是各向同性的，有一个渗透系数 $k_j$；如果是各向异性的，将有一个以上的渗透系数。为了减少未知量的数目，条件许可时，应设法假定该区内不同方向渗透系数的固定比值，只保留一、两个渗透系数作为变量。设待求的渗透系数共有 $m$ 个，令

$$x_j = k_j, j = 1, 2, \cdots, m \tag{3}$$

我们的任务归结为求

$$\{x\}^T = [x_1 \quad x_2 \quad \cdots x_m]，使加权误差平方和 s = \sum_{i=1}^n \omega_i (\phi - \phi_i^*)^2 \to 极小 \tag{4}$$

式中：$\omega_i$ 为权系数；$\phi_i$、$\phi_i^*$ 分别为 $i$ 点水头函数的计算值和实测值。根据实际的水文地质条件，可给出渗透系数的取值范围，从而得到一组约束条件：

$$\underline{x}_j \leqslant x_j \leqslant \bar{x}_j \tag{5}$$

式（4）、式（5）两式构成一个约束极值问题，可用数学规划法求解[7, 15]。以 $x_j$ 作为坐标轴，$j = 1 \sim m$，构成一 $m$ 维空间，$\{x\}$ 是这个 $m$ 维空间的一个点。据已有的经验，用非线性规划方法求解式（4）、式（5）两式，需要迭代几十次甚至几百次。如果对每一 $\{x\}$，都建立矩阵 $[H]$ 和 $\{F\}$，并由式（2）求解 $\{\phi\}$，计算量是十分庞大的，这就是渗流场反分析的难点所在。

2. 近似重分析

为了简化计算，笔者建议，先给定初始值 $\{x^0\}$，然后在 $\{x^0\}$ 的邻域把 $\phi_i$ 展成台劳级数，并忽略高阶项，得到[9]

$$\phi = \phi_i^0 + \sum_{j=i} \left( \frac{\partial \phi_i}{\partial x_j} \right)_0 (x_j - x_j^n) = C_{i0} + \sum_{j=1} C_{ij} x_j \tag{6}$$

式中：$c_{i0} = \phi_i^n - \sum_{f=1}^n c_{ij} x_j^n$；$c_{ij} = \left( \frac{\partial \phi_i}{\partial x} \right)_0 = \frac{\partial \phi_i}{\partial x_j} \Big|_{a_j^0} - a_j^0$。 $\tag{7}$

把式（6）代入式（4），得到

$$S = \sum_{i=1} \omega_i \left( c_{i0} + \sum_{j=1}^m c_{ij} x_f - \phi_i^* \right)^2 = 极小 \tag{8}$$

由 $S$ 取极小值条件 $\frac{\partial S}{\partial x_j} = 2 \sum_{i=1}^n \omega_i c_{ij} \left( c_{i0} + \sum_{j=1}^m c_{ij} x_j - \phi_i^* \right) = 0 \quad j = 1, 2, \cdots, m$

得到 $m$ 阶线性方程组如下

$$[a]\{x\} = \{b\} \tag{9}$$

式中矩阵 $[a]$ 和列阵 $\{b\}$ 的元素可计算如下

$$a_{rj} = \sum_{i=1}^{n} \omega_i c_{ir} c_{ij}, b_j = \sum_{i=1}^{n} \omega_i c_{ij} x(c_{i0} - \phi_i^*) \tag{10}$$

由式（9）求逆，得到

$$\{x\} = [a]^{-1} \{b\} \tag{11}$$

再考虑约束条件式（5）

$$\left.\begin{array}{l} 当 x_j > \overline{x_j} 时，取 x_j = \overline{x_j} \\ 当 x_j < \underline{x_j} 时，取 x_j = \underline{x_j} \end{array}\right\} \tag{12}$$

于是得到第一近似值 $\{x^1\}$，因在台劳展开式中忽略了高阶项，所以这个解是近似的。下一步用 $\{x^1\}$ 代替 $\{x^0\}$，再在 $\{x^1\}$ 邻域对 $\phi_i$ 作台劳展开，重复上述计算，直至前后两次求得的 $\{x^n\}$ 和 $\{x^{n+1}\}$ 充分接近时为止，通常重迭代十次左右。

下面计算敏度 $\partial \phi_i / \partial x_j$。最简单的方法是用差分法计算如下

$$\frac{\partial \phi_i}{\partial x_j} = \frac{\phi_i(x_j + \Delta x_j) - \phi_i(x_j)}{\Delta x_j} \tag{13}$$

下面给出更有效的算法。由式（2）两边对 $x_j$ 求偏导数，整理后得到

$$\frac{\partial \phi_i}{\partial x_j} = [H]^{-1} \left( \frac{\partial \{F\}}{\partial x_j} - \frac{\partial [H]}{\partial x_j} \{\phi\} \right) \tag{14}$$

用差分法计算 $\partial \{F\} / \partial x_j$ 及 $\partial [H] / \partial x_j$ 如下

$$\frac{\partial \{F\}}{\partial x_j} = \frac{1}{\Delta x_j} (F(x_i + \Delta x_j) - \{F(x_f)\})$$

$$\frac{\partial [H]}{\partial x_j} = \frac{1}{\Delta x_j} ([H(x_j + \Delta x_j)] - [H(x_j)]) \tag{15}$$

把上式代入式（14），即可求出 $\partial \phi_i / \partial x_j$，由于 $[H]$ 已分解好了，只需要进行简单的回代计算。这样，对于每次迭代，只需求解式（2）一次。

3. 子结构法的应用

采用子结构法，可进一步简化计算。

当渗透系数变化时，地下水位会有所波动，估计一个波动的大致范围，根据已知的 $n$ 个点的实测地下水位，可定出地下水位波动的下限，以此作为每种岩体划分子结构的上限。在这个界限以下的各子结构内部的结点自由度可全部凝聚掉，如图1所示。

把渗透系数相同的区域作为一个子结构，在第 $j$ 个子结构内，基本方程为

$$x_j \begin{bmatrix} \lambda_{ij} & \lambda_{jb} \\ \lambda_{bj} & \lambda_{bb} \end{bmatrix} \begin{Bmatrix} \phi_i \\ \phi_b \end{Bmatrix} = \begin{Bmatrix} F_i \\ F_b \end{Bmatrix} \tag{16}$$

式中：$\phi_j$ 为子结构内部结点自由度；$\{\phi_b\}$ 为子结构边界上的结点自由度。由式（16）的第一

式，得到

$$\{\phi_J\} = \frac{1}{x_j}\left[\lambda_{jj}\right]^{-1}\{F_J\} - \left[\lambda_{jj}\right]^{-1} \times \left[\lambda_{jb}\right]\{\phi_b\}$$

把上式代入式（16）的第二式，得到

$$x_j\left[\lambda_b^*\right]\{\phi_b\} = \{F_b^*\} \tag{17}$$

式中

$$\left[\lambda_b^*\right] = \left[\lambda_{bb}\right] - \left[\lambda_{jj}\right]\left[\lambda_{ij}\right]^{-1}\left[\lambda_{jb}\right] \tag{18}$$
$$\{F_b^*\} = \{F_b\} - \left[\lambda_{bj}\right]\left[\lambda_{jj}\right]^{-1}\{F_j\}$$

把各子结构的贡献加以集合，得到

$$\begin{bmatrix} H_{bb} & H_{ba} \\ H_{ab}^T & H_{aa} \end{bmatrix}\begin{Bmatrix} \phi_b \\ \phi_a \end{Bmatrix} = \begin{Bmatrix} F_b \\ F_a \end{Bmatrix} \tag{19}$$

其中

$$\left[H_{bb}\right] = \sum x_j\left[\lambda_b^*\right], \left[H_{ba}\right] = x_a\left[\lambda_{ba}\right]$$
$$\left[H_{aa}\right] = x_a\left[\lambda_{aa}\right], \left[F_b\right] = \sum\{F_b^*\} \tag{20}$$

$\{\phi_b\}$ 是子结构公共边界上的结点自由度，$\{\phi_a\}$ 是图 1 中阴影部分的结点自由度，即子结构边界以上的结点自由度。$\left[\lambda_b^*\right]$、$\left[\lambda_{ba}\right]$、$\left[\lambda_{aa}\right]$、等都与渗透系数无关，第一次迭代时算好后，以后可重复利用。由式（20）可见，子结构内部的结点自由度已全部凝聚掉了。

根据地下水位等值线，只能确定各区域渗透系数的相对值，为了确定渗透系数的绝对值，还要补充一个条件。一个办法是在钻孔压水试验资料较完整的区域，利用压水试验资料，确定一个区域的渗透系数的绝对值；另一办法是利用地下水出露点泉水的实测流量来补充一个流量条件。

## 四、均质体和比例变形非均质体的弹性位移反分析

把地基和建筑物看成弹性体，根据施工过程中或竣工后的一组实测位移进行反分析，推算基础和建筑物的弹性模量或初始地应力。

在这一节，我们考虑两种情况，一种是均质弹性体，其弹性模量为 $E$，如图 2（a）；另一种是比例变形非均质弹性体，它分为若干个区域，各具有不同的弹性模量，而且各弹性模量之间保持已知的固定的比例关系，例如，在图 2（b）中。

$$E_1 = k_1E, E_2 = k_2E, E_3 = k_3E \tag{a}$$

其中系数 $k_1$、$k_2$、$k_3$ 是已知的，需要推算的也只有一个未知弹性模量 $E$。至于同时反演几个不同弹性模量的方法，将在下一节说明。由于比例变形非均质弹性体的反分析远比不保持比例关系的一般非均质弹性体为简单。因此，只要能大体上确定比

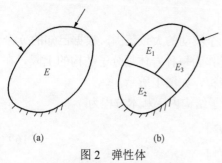

图 2　弹性体
(a) 均质；(b) 非均质

例系数 $k_i$，就可以采用本节方法，先按大致的 $k_i$ 值计算，求出 $E$ 值后，再适当地调整 $k_i$ 值，使误差进一步减少。

1. 反演弹性模量

先假定一个初始弹性模量 $E_0$，用有限元法计算在已知荷载作用下各测点的位移

$$\delta_{i0} = c_i, \quad i = 1, 2, \cdots, n$$

设物体实际的弹性模量为

$$E = E_0 / \eta \tag{21}$$

于是各测点的位移为

$$\delta_i = c_i \eta, \quad i = 1, 2, \cdots, n$$

设各测点的实测位移为 $\delta_i^*$，误差平方和为

$$S = \sum_{i=1}^{n} (\delta_i - \delta_i^*)^2 = \sum_{i=1}^{n} (c_{i\eta} - \delta_i^*)^2 \tag{b}$$

选择 $\eta$ 值，使 $S$ 取最小值。由

$$\frac{\partial S}{\partial \eta} = 2 \sum_{i=1}^{n} (c_i \eta = \delta_i^*) c_i = 0$$

得到

$$\eta = \frac{\sum c_i \delta_i^*}{\sum c_i^2} \tag{22}$$

2. 反演小范围的初始地应力

在地下工程的设计中，人们感兴趣的有时是小范围的初始地应力，如图 3 所示，一个是地应力的铅直分量 $q$，另一个是垂直于洞壁的地应力水平分量 $p$。在工作面附近设置一些测点，利用开挖 $\Delta L$ 前后的位移差值，可以反演 $p$、$q$ 和岩体弹性衡量 E。

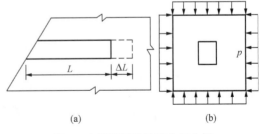

图 3　小范围初始地应力反分析

用有限方元法可以算出测点 $i$ 的位移差如下

$$\delta_i = \frac{a_i p}{E} + \frac{b_i q}{E} \tag{23}$$

其中系数 $a_i$、$b_i$ 是在 $\Delta L$ 在范围内在洞壁上分别让 $\sigma_a = -1$ 和 $\sigma_y = -1$ 用有限元法算出的已知值。下面分为三种不同情况进行反分析。

1）已知 $E$，反演 $q$ 和 $p$，令

$$x_1 = p, \quad x_2 = q$$

由式（23），可知

$$\delta_i = a_i x_1 + \beta_i x_2 \tag{c}$$

式中：$a_i = a_i / E, \beta_i = b_i / E$。

误差平方和为

$$S = \sum_{i=1}^{n}(\delta_i - \delta_i^*)^2 = \sum_{i=1}^{n}(a_i x_1 + \beta_i x_2 - \delta_i^*)^2 \qquad (d)$$

选择 $x_1$ 和 $x_2$，使 $S$ 取最小值。由

$$\left.\begin{array}{l} \dfrac{\partial S}{\partial x_1} = 2\sum(a_i x_1 + \beta_i x_2 - \delta_i^*)a_i = 0 \\[3mm] \dfrac{\partial S}{\partial x_2} = 2\sum(a_i x_1 + \beta_i x_2 - \delta_i^*)\beta_i = 0 \end{array}\right\} \qquad (e)$$

得到

$$\left.\begin{array}{l} Q_{11}x_1 + Q_{12}x_2 = P_1 \\ Q_{21}x_1 + Q_{22}x_2 = P_2 \end{array}\right\} \qquad (24)$$

式中：$Q_{11} = \sum a_i^2$；$Q_{12} = Q_{21} = \sum a_i\beta_i$；$Q_{22} = \sum \beta_i^2$；$P_1 = \sum a_i\delta_i^*$；$P_2 = \beta_i\delta_i^*$

由式（24）解出 $x_1$、$x_2$，即得到 $p$、$q$。

2）已知 $q$、反演 $p$ 和 $E$。地应力铅直分量 $q$，往往可以根据岩体深度和岩体容重计算出来，这时如反演 $p$ 和 $E$，令

$$x_1 = p, x_2 = 1/E$$

由于（23）可知

$$\delta_i = a_i x_1 x_2 + b_i q x_2 \qquad (f)$$

按回归分析中常用方法，作变换如下：

$$y_1 = x_1 x_2, y_2 = x_2 \qquad (g)$$

得到

$$\delta_i = a_i y_1 + \beta_i y_2 \qquad (h)$$

式中　$a_i = a_1, \beta_i = b_i q$，式（h）与式（c）形式相同，由最小二乘法求出 $y_1 y_2$，代入式（g）可求出 $x_1 = p$ 和 $x_2 = 1/E$。

3）同时反演 $E$、$p$、$q$，令

$$x_1 = p, x_2 = q, x_3 = 1/E \qquad (i)$$

由式（23）可知

$$\delta_i = a_i x_1 x_3 + b_i x_2 x_3 \qquad (25)$$

这时，问题归结为求 $x_1$、$x_2$、$x_3$，使

$$S = \sum_i (a_i x_1 x_3 + b_i x_2 x_3 - \delta_i^*)^2 = 极小 \qquad (26)$$

这是一个无约束极值问题，可用非线性规划法求解，详见文献［7］。由于变量不多，可用 Powel 法或单形法求解，通常计算量不大。

也可采用如下算法，取初值 $\{x^0\}^T = \{x_1^0 x_2^0 x_3^0\}$，在 $\{x^0\}$ 的领域将 $\delta_i$ 展成泰勒级数，并略去高阶项，得到

$$\delta_i = \delta_i^0 + \sum_{j=1}^{3}\left(\frac{\partial \delta_i}{\partial x_i}\right)_0 (x_j - x_j^0) = C_{i0} + C_{i1}x_1 + C_{i2}x_2 + C_{i3}x_3 \qquad (27)$$

式中 $C_{i0} = \delta_i^0 - \sum_{j=1}^{3} C_{ij} x_j^0$，$C_{i1} = (\partial \delta_i / \partial x_1)_0 = a_i x_3^0$，$C_{i2} = (\partial \delta_i / \partial x_2)_0 = b_i x_3^0$，$C_{i3} = (\partial \delta_i / \partial x_3)_0 = a_i x_1^0 + b_i x_2^0$

把式（27）代入式（26），得到

$$S = \sum_{j=1}^{m} (C_{j0} + C_{i1} x_1 + C_{i2} x_2 + C_{i3} x_3 - \delta_i^1)^2 \to \text{极小} \qquad (28)$$

由 $S$ 取拟值条件

$$\frac{\partial S}{\partial x_1} = 0, \frac{\partial s}{\partial x_2} = 0, \frac{\partial S}{\partial x_3} = 0 \qquad (29)$$

得到线性方程组，解之，得到第一近似值 $\{x^1\} = \begin{bmatrix} x_1^1 & x_2^1 & x_3^1 \end{bmatrix}$，再在 $\{x^1\}$ 邻域作泰勒展开，重复上述计算，得第二近似值 $\{x^2\}$。如此迭代计算，直至前后两次计算结果充分接近为止。

3. 大范围初始地应力的反分析

利用应力释放原理，可在现场测量初始地应力，但费用昂贵，很难布置大量测点。在修建大型地下工程时，往往需要了解较大范围的初始地应力场，这时可采用实测与计算结合的方法，即布置一些测点实测地应力，然后进行反分析，推算大范围的地应力场，国内在这方面曾做过不少有益的工作，下面介绍两种方法，这两种方法既可用于平面问题，也可用于空间问题。

（1）第一种方法。这是郭怀志教授等人提出的方法[1]。图 4 表示了一个平面问题。

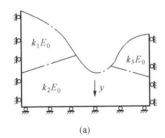 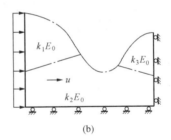

(a) (b)

图 4　大范围初始地应力场反演

（a）自重应力场；（b）构造应力场

计算剖面的铅直边界取在河谷或山脊分水岭的对称部位，可令边界上剪应力为零，以简化边界条件。先假定计算域的弹性模量，用有限元法分别计算自重应力场和构造应力场。在计算构造应力场时，假定一侧固定，另一侧有均布水平位移

$$u = u_a \qquad (j)$$

然后假定实际应力是两种应力场的线性组合

$$\sigma_i = b_1 \sigma_{i1} + b_2 \sigma_{i2} \qquad (30)$$

式中：$\sigma_i$ 为第 $i$ 点地应力；$\sigma_{i1}$ 为第 $i$ 点自重应力；$\sigma_{i2}$ 为第 $i$ 点构造应力；$b_1$、$b_2$ 为待定系数。

设第 $i$ 点实测地应力分量为 $\sigma_i^*$，误差平方和为

$$S = \sum_{i=1}^{n} (b_1 \sigma_{i1} + b_2 \sigma_{i2} - \sigma_2^*)^2 \qquad (31)$$

由 $S$ 取极小值条件 $\partial S / \partial b_1 = 0$ 及 $\partial S / \partial b_2 = 0$，可求得系数 $b_1$ 和 $b_2$，代入式（30）可得到任一点的地应力。

（2）第二种方法。这是笔者提出的计算方法。

自重应力和构造应力的计算精度是完全不同的。岩体的容量可以比较精确地测定，其变化范围也不大，如果岩体是均质的，自重应力是不受弹性模量的影响的，对于比例变形非均质弹性体，只要比值 $k_i$ 不变，$E_0$ 对自重应力也是没有影响的。当然，严格说来，弹性模量比值 $k_i$ 的变化对自重应力的分布是有一定影响的，但其影响比 $k_i$ 对构造应力的影响要小的多，只要 $k_i$ 变化范围不大，对自重应力的影响也是不大的，经验表明，按下列公式

$$q = \gamma H$$

计算的地应力铅直分量与实测值相当接近。根据实际地形地质条件，用有限元方法计算的自重应力，当然比用上述简单公式计算的结果要精确得多。因此，可以认为，用有限元方法计算的自重应力的精度是可以满足工程设计要求的，在设计阶段不必对它进行反演。

构造应力的情况就有所不同，首先，式（j）中边界位移 $u_0$ 的数值多大是完全未知的，构成应力受弹性模量的影响也比较大。根据应力释放原理实测地应力时利用的是室内试验得到的岩块弹性模量，而求解构造应力场时用的是岩体弹性模量，它反映了岩体中节理、裂隙的影响，这两种弹性模量的数值是不同的。对于均质弹性体和比例变形非均质弹性体，$u_0$ 和 $E_0$ 对构造应力的影响是以乘积 $E_0 u_0$ 出现的。

根据上面的分析，由于用有限元方法计算的自重应力场的精度远高于构造应力场，把它们放在同一水平上进行回归分析似不够"公平"。地应力反分析的主要矛盾是构造应力的反演。用有限元法计算的自重应力场的精度基本上可以满足工程设计的要求，因此不妨把它看成是已知的。

对于平面问题，如图4所示，假定岩体是均质弹性体或比例变形非均质弹性体，根据实际岩性条件，给定系数 $k_i$ 和弹性模量 $E_0$，用有限元法分别计算自重应力 $\sigma_{i1}$ 和构造应力 $\sigma_{i2}$。保持 $k_i$ 不变，当弹性模量由 $E_0$ 变为 $E$，自重应力不变，当边界位移由 $u_0$ 变为 $u'$ 时，地应力可如下计算：

$$\sigma_i = \sigma_{i1} + \frac{E u'}{E_0 u_0} \sigma_{i2}$$

式中：$\sigma_i$ 为地应力；$\sigma_{i1}$ 为自重应力；$\sigma_{i2}$ 为相应于弹性模性量 $E_0$、边界位移 $u_0$ 的构造应力（均指某一应力分量）。

令

$$x = \frac{E u'}{E_0 u_0} \tag{32}$$

得到

$$\sigma_i = \sigma_{i1} + x \sigma_{i2} \tag{33}$$

上式右边第一项为自重应力，第二项为构造应力。设实测地应力为 $\sigma_i^*$，误差平方和为

$$S = \sum_{i=1}^{n} (\sigma_{i1} + x \sigma_{i2} - \sigma_i^*)^2 \tag{34}$$

由 $\partial s / \partial x = 0$，得到

$$x = \frac{\sum \sigma_{i2}(\sigma_i^* - \sigma_{i1})}{\sum \sigma_{i2}^2} \tag{35}$$

把 $x$ 代入式（33），即得到所求的地应力场。

对于空间问题,可切取水平面为矩形的柱体作为分析对象。计算构造应力时,假定在 $x=0$ 平面上 $u=u_0$,在 $y=0$ 平面上 $v=v_0$,相对的另外两平面, $u=0$ 及 $v=0$,于是地应力可计算如下

$$\sigma_i = \sigma_{i1} + x\sigma_{i2} + y\sigma_{i3} \tag{36}$$

式中: $\sigma_{i1}$ 为自重应力; $\sigma_{i2}$ 为 $u=u_0$ 引起的构造应力; $\sigma_{i3}$ 为 $v=v_0$ 引起的构造应力; $x = Eu'/E_0u_0$; $y = Ev'/E_0v_0$。用最小二乘法可求出 $x$ 和 $y$。

## 五、非均质弹性体材料参数的反分析

本节阐明如何进行非均质弹性体材料参数的反分析。

1. 差状态及其反分析

一个建筑物,从开工,施工、竣工到投入运行,其应力和位移的变化过程是十分复杂的。为了简化问题,最好对差状态进行分析。以水坝的反分析为例,如图 5 所示,最好取出水位急剧变化的两状态之差进行分析: $(c)=(b)-(a)$。这时,外荷载为水压力之差 $\Delta p = p_2 - p_1$,温度场为两温度场之差 $\Delta T(x,y,z) = T_2(x,y,z) - T_1(x,y,z)$,第 $i$ 点的位移差为 $\delta_i = \delta_{i2} - \delta_{i1}$。

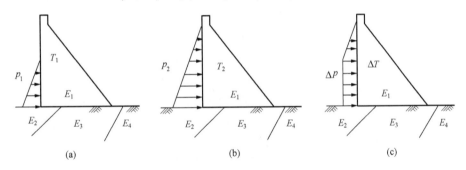

图 5  差状态:(c)=(b)—(a)

取差状进行反分析的好处是:其一,施工过程中及运行初期的比较复杂的非线性初始位移可以去掉;其二,自重影响可以去掉;其三,可以选择水位急剧变化而温度场变化不大的两状态之差,即 $\Delta p$ 较大而 $\Delta T$ 较小,以突出 $\Delta p$ 的影响。一般说来,为了得到较大的 $\Delta p$,时间差不会很小,计算中最好不要令 $\Delta T = 0$。由于温度场的计算比较容易而且精度较高,可根据实际情况计算得出 $\Delta T$。

对差状态进行正分析的基本方程为

$$[K]\{\delta\} = \{P\} \tag{37}$$

其中荷载列阵为

$$\{P\} = \{P_1\} + \{P_2\} = \iint_s [N]^{\mathrm{T}}\{\Delta p\}\mathrm{d}s + \iiint_v [B]^{\mathrm{T}}[D]\{\varepsilon^I\}\mathrm{d}V \tag{38}$$

式中: $\{P_1\}$ 为外荷载引起的结点荷载; $\{P_2\}$ 为温度变化引起的结点荷载; $\{\varepsilon^I\}$ 为自由温度变形。

2. 刚度矩阵分解法

设 $b$ 为体积变形模量, $G$ 为剪切变形模量,它们与 $E$、$\mu$ 的关系如下:

$$E = \frac{9bG}{3b+G}, \quad \mu = \frac{3b-2G}{6b+2G} \tag{39}$$

弹性矩阵可写成如下

$$[D] = b[d_1] + G[d_2] \tag{40}$$

例如，对于平面应变问题，有

$$[d_1] = \begin{Bmatrix} 1 & 1 & 0 \\ 1 & 1 & 0 \\ 0 & 0 & 0 \end{Bmatrix}, \quad [d_2] = \begin{Bmatrix} \frac{4}{3} & -\frac{2}{3} & 0 \\ -\frac{2}{3} & \frac{4}{3} & 0 \\ 0 & 0 & 1 \end{Bmatrix} \tag{a}$$

因此，单元刚度矩阵可写成

$$[K^e] = b[K_1^e] + G[K_2^e] \tag{41}$$

式中：$[K_i^e] = \int [B]^T [d_i][B]\mathrm{d}V$，$i = 1,2$。

设共有 $m$ 种材料，作为各向同性体（每种材料有两个未知量 $E_j$、$\mu_j$，共有 $2m$ 个未知量）

令

$$\{x\}^T = [x_1 x_2 \cdots x_{2m}] = [E_1, \mu_1, E_2, \mu_2, \cdots] \tag{b}$$

整体刚度矩阵为

$$[K] = \sum_{f=1}^{2m} x_j [K_j] \tag{42}$$

设共有 $n$ 个位移分量的观测值，测点与有限元网格结点重合，整体平衡方程可分块如下

$$\begin{bmatrix} K_{11} & K_{12} \\ K_{21} & K_{22} \end{bmatrix} \begin{Bmatrix} \delta_1^* \\ \delta_2 \end{Bmatrix} = \begin{Bmatrix} P_1 \\ P_2 \end{Bmatrix} \tag{43}$$

式中：$\{\delta_1^*\}$ 为已知位移观测值。由上式的第二式解出 $\{\delta_2\}$，再代入第一式，得到

$$([K_{11}] - [Q][K_{21}])\{\delta_1^*\} = \{P_1\} - [Q]\{P_2\} \tag{44}$$

式中：

$$[Q] = [K_{12}][K_{22}^{-1}] \tag{c}$$

考虑到式（42），式（44）可改写为

$$\sum_{j=1}^{2m} x_j [c_j] = \{P_1\} - [Q]\{P_2\} \tag{d}$$

式中：

$$[c_j] = [K_{11,j}] - [Q][K_{21,j}] \tag{e}$$

式（d）可改写为

$$[c]\{x\} = \{P_1\} - [Q]\{P_i\} \tag{45}$$

式中：

$$[c] = [c_1 c_2 \cdots c_{2m}]$$

设观测值数目超过未知量数目，用最小二乘法求解，误差平方和为

$$S = ([c]\{x\} - \{P_1\} + [Q]\{P_2\})^T \\ \times ([c]\{x\} - \{P_1\} + [Q]\{P_2\}) \tag{f}$$

由极值条件 $\partial S/\partial\{x\}=0$，得到

$$[c]^{\mathrm{T}}[c]\{x\}=[c]^{\mathrm{T}}(\{P_1\}-[Q]\{P_2\}) \tag{46}$$

由式（c）（e）可知，$[Q]$ 和 $[c]$ 中都包含有 $\{x\}$，所以上式实质上是一个非线性方程的迭代公式，应写成如下形式

$$\left[c^k\right]^{\mathrm{T}}\left[c^k\right]\left\{x^{k+1}\right\}=\left[c^k\right]^{\mathrm{T}}\left(\{P_1\}-\left[Q^k\right]\{P_2\}\right) \tag{47}$$

式中：$k$ 为迭代次数，即根据 $\{x^k\}$，计算 $\left[Q^k\right]$ 和 $\left[c^k\right]$，再由上式计算 $\{x^{k+1}\}$。

3. 优化方法

给定材料参数 $\{x\}$ 如式(b)，可建立整体刚度矩阵 $[K]$，由式（37）求逆得到 $\{\delta\}$，从而可计算与实测值的误差平方和 $S$，根据实际情况，可给出 $x_j$ 的上限 $\overline{x_j}$ 和下限 $\underline{x_j}$，于是问题归结如下：

求 $\{x\}$，使误差平方和

$$S=\sum_{i=1}^{n}(\delta_i-\delta_2^*)^2=\text{极小} \tag{48}$$

满足约束条件

$$\underline{x_j}\leqslant x_j\leqslant\overline{x_j} \tag{49}$$

这是一个约束极值问题，可用线性规划法求解。变量不多时，可用复合形法求解，程序比较简单[7]。如不考虑约束条件式（49），可用单纯形法求解。

文献[12]用上述两种方法计算了一个例题。有限元网格见图 6（a），计算结果见图 6（b）。由于每个单纯形中还可能要迭代几次，所以总的迭代次数可能超过单纯形的数目。

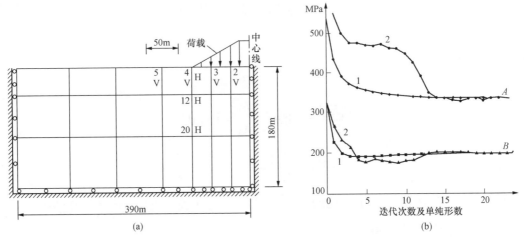

图 6　基岩体变模量和剪切模量的反分析

（a）计算网络；（b）计算结果

1—刚度矩阵分解法；2—优化（单纯形）法

$A$—体变模量；$B$—剪切模量

4. 改进的优化方法

把 $\delta_i$ 在 $\{x^0\}$ 的邻域作台劳展开，并忽略高阶项[8]，得到

$$\delta_i = \delta_i^0 + \sum_{j=1}^{2m}\left(\frac{\partial \delta_i}{\partial x_j}\right)_0 (x_j - x_j^0) = c_{i0} + \sum_{j=1}^{2m} c_{ij} x_j \tag{50}$$

式中：$c_{i0} = \delta_i^0 - \sum\limits_{j=1}^{2m} c_{ij} x_j^0; c_{ij} = \left(\dfrac{\partial \delta_i}{\partial x_j}\right)_0 = \dfrac{\partial \delta_i}{\partial x_j}\bigg|_{0j=x_j^0}$

把式（50）代入式（48），得到式（9）求逆即得到 $\{x\}$ 如式（11），再考虑约束条件如式（12），即得到第一近似解 $\{x^1\}$。如此逐步迭代，直至前后两次计算结果充分接近时为止。

由于 $\{\delta\} = [K]^{-1}\{P\}$，为了提高台劳展开式（50）的精度，以加快收敛速度，应取弹性模量的倒数作为反演变量，即代替式（b），取

$$\{x\}^{\mathrm{T}} = [x_1 x_2 \ldots x_{2m}] = \left[\frac{1}{E_1}, \mu_1, \frac{1}{E_2}, \mu_2, \ldots\right] \tag{g}$$

下面说明如何计算位移敏度 $\partial \delta_i / \partial x_j$。最简的办法是差分法。与式（13）类似。更有效的办法是由式（37）两边对 $x_j$ 求偏导数，得到

$$\frac{\partial \{\delta\}}{\partial x_j} = [K]^{-1}\left(\frac{\partial \{P\}}{\partial x_j} - \frac{\partial [K]}{\partial x_j}\{\delta\}\right) \tag{51}$$

弹性矩阵可以写成 $[D] = E[A]^{-1}$

故单元刚度矩阵为

$$
\begin{aligned}
[k^e] &= \int [B]^{\mathrm{T}}[D][B]\mathrm{d}V \\
&= E\int [B]^{\mathrm{T}}[A]^{-1}[B]\mathrm{d}V \\
&= E[\lambda^e]
\end{aligned}
\tag{h}
$$

式中：$[A]^{-1}$ 是与 $\mu$ 有关的矩阵[22]。

当 $x_j = \mu_j$ 时

$$\frac{\partial [K^e]}{\partial x_j} = E\int [B]^{\mathrm{T}}\frac{\Delta [A]^{-1}}{\Delta x_j}[B]\mathrm{d}V \tag{i}$$

当 $x_j = \dfrac{1}{E_j}$ 时，$\dfrac{\partial [k^e]}{\partial x_j} = -\dfrac{1}{x^2}[\lambda^e] = -\dfrac{1}{x_j}[k^e]$ （j）

下面再计算 $\partial \{P\}/\partial x_j$，由式（38）可知 $\{P_1\}$ 与 $E$、$\mu$ 无关，故只须计算 $\partial \{P_2\}/\partial x_j$，以 $[D] = E[A]^{-1}$ 代入，得

$$\{P_2^e\} = E\int [B]^{\mathrm{T}}[A]^{-1}\{\varepsilon^I\}\mathrm{d}V \tag{k}$$

式中：$[A]$ 为与 $\mu$ 有关的矩阵。由此可知：

当 $x_j = \mu_j$ 时

$$\frac{\partial \{P_2^e\}}{\partial x_j} = E\int \{B\}^{\mathrm{T}}\frac{[A(x_j + \Delta x_j)]^{-1} - [A(x_j)]^{-1}}{\Delta x_j} \times \{\varepsilon^I\}\mathrm{d}V \tag{l}$$

当 $x_j = \dfrac{1}{E_j}$ 时

$$\frac{\partial\{P_2^e\}}{\partial x_j} = -\frac{1}{x_j^2}\int[B]^{\mathrm{T}}[A]^{-1}[B]\mathrm{d}V = -\frac{1}{x_j}\{P_2^e\} \qquad (\text{m})$$

把式（i）、式（j）、式（h）、式（k）四式代入式（51），即得到 $\partial\delta_i/\partial x_j$。

为进一步提高计算效率，可采用子结构法。通过静力凝聚，各子结构内部结点自由度可全部消掉，只剩下公共边界上的结点自由度。

文献[8]用改进的优化方法对白山拱坝的弹性模量进行了反分析。反演对象为坝体、右岸、河床及左岸四种不同弹性模量，应力分析用三维等参元，共 732 个结点，经过 12 次迭代得到较满意的结果。

# 六、弹性结构与周围介质相互作用的反分析

如图 7 所示的隧洞衬砌和钢板桩，已经有一组结构变形的实测资料，要求反演结构与周围介质之间的相互作用力。

## 1. 位移法[12]

把结构划分为若干个单元。在结点 $i$，在结构与周围介质接触面上，在法线和切线方向单位面积的作用力分别为 $q_{ni}$ 和 $q_{ti}$，令

$$\{q_i\} = \begin{Bmatrix} q_{ni} \\ q_{ti} \end{Bmatrix} \qquad (\text{a})$$

接触面上任意一点在法线和切线方向的单位面积上相互作用力可表示为

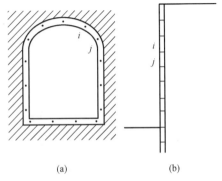

(a)　　　　(b)

图 7　结构与周围介质相互作用

(a) 隧洞衬砌；(b) 钢板桩

$$\{\overline{p}\} = \begin{Bmatrix} \overline{p_n} \\ \overline{p_t} \end{Bmatrix} = [\overline{N}]\{q^e\} \qquad (\text{b})$$

式中：$[\overline{N}]$ 为形函数；$\{q^e\} = [q_i q_j q_m \cdots]^{\mathrm{T}}$，$i$、$j$、$m$ 为单元结点号。

在整体坐标系 $xy$ 内，相互作用力为

$$\{p\} = \begin{Bmatrix} p_x \\ p_y \end{Bmatrix} = [T]\{\overline{p}\} = [T][\overline{N}]\{q^e\} \qquad (\text{c})$$

其中，$[T]$ 为坐标转换矩阵。

对于衬砌或板桩来说，相互作用力 $\{P\}$ 是外荷载，$\{P\}$ 所引起的单元结点荷载为

$$\{P^e\} = \int[N]^{\mathrm{T}}\{P\}\mathrm{d}s = [a^e]\{q^e\} \qquad (52)$$

式中

$$[a^e] = \int[N]^{\mathrm{T}}[T][\overline{N}]\mathrm{d}s \qquad (\text{d})$$

将各单元的刚度矩阵和结点荷载加以集合，得到结构的整体平衡方程如下

$$\begin{bmatrix} K_{11} & K_{12} & K_{13} \\ K_{21} & K_{22} & K_{23} \\ K_{31} & K_{32} & K_{33} \end{bmatrix} \begin{Bmatrix} \delta_1^0 \\ \delta_2^* \\ \delta_3 \end{Bmatrix} = \begin{bmatrix} a_1 \\ a_2 \\ a_3 \end{bmatrix} \{q\} \tag{53}$$

式中：$\{\delta_1^0\}$ 为防止结构刚体移动的已知约束位移，不失一般性，可取 $\{\delta_1^0\}=0$；$\{\delta_2^*\}$ 为已知的实测位移；$\{\delta_3\}$ 为其他结点位移。把上式展开，得到

$$[K_{11}]\{\delta_1^0\} + [K_{12}]\{\delta_2^*\} + [K_{13}]\{\delta_3\} = [a_1]\{q\} \tag{e}$$

$$[K_{21}]\{\delta_1^0\} + [K_{22}]\{\delta_2^*\} + [K_{23}]\{\delta_3\} = [a_2]\{q\} \tag{f}$$

$$[K_{31}]\{\delta_1^0\} + [K_{32}]\{\delta_2^*\} + [K_{33}]\{\delta_3\} = [a_3]\{q\} \tag{g}$$

令 $\{\delta_1^0\}=0$，由式（g）得到

$$\{\delta_3\} = [K_{33}]^{-1}([a_3]\{q\} - [K_{32}]\{\delta_2^*\}) \tag{h}$$

把上式代入式（f），得到

$$[C]\{q\} = \{\delta_2^*\} \tag{54}$$

式中

$$[C] = ([K_{22}] - [K_{23}][K_{33}]^{-1}[K_{23}]^{-1}) \times ([a_2] - [K_{23}][K_{33}]^{-1}[a_3]) \tag{i}$$

再把式（h）代入式（e），得到

$$[R]\{q\} = \{0\} \tag{55}$$

式中

$$[R] = [K_{12}][C] - [K_{13}][K_{33}]^{-1} \times ([a_3] - [K_{22}][C]) - [a_1]$$

如果除了一组实测位移 $\{\delta_2^*\}$ 外，还利用压力盒观测到一组接触面上的接触应力 $\{\overline{p^*}\}$，由式（b），可得

$$[L]\{q\} = \{\overline{p^*}\} \tag{56}$$

如果实测值个数加上结构刚体位移约束条件数正好等于未知量数目，由式（54）、式（55）、式（56）三式可解出 $\{q\}$。通常，实测值数目超过未知量数目，故需用最小二乘法求解。加权误差平方和为

$$S = ([c]\{q\} - \{\delta_2^*\})^{\mathrm{T}}([c]\{q\} - \{\delta_2^*\}) + \omega_1([L]\{q\} - \{\overline{p^*}\})^{\mathrm{T}}$$

$$([L]\{q\} - \{\overline{p^*}\} + \omega_2([R]\{q\})^{\mathrm{T}}([R]\{q\})$$

因变位和应力的量纲不同，引入权系数 $\omega_1$ 和 $\omega_2$ 是必要的，由 $\partial S/\partial\{q\}=\{0\}$，得到

$$[c]^{\mathrm{T}}([c]\{q\}-\{\delta_2^*\})+\omega_1[L]^{\mathrm{T}}([L]\{q\}-\{\overline{p^*}\})+\omega_2[R]^{\mathrm{T}}[R]\{q\}=0$$

由此得到所求未知量如下

$$\{q\}=([c]^{\mathrm{T}}[c]+\omega_1[L]^{\mathrm{T}}[L]+\omega_2[R]^{\mathrm{T}}[R])^{-1}([c]^{\mathrm{T}}\{\delta_2^*\}+\omega_1[L]^{\mathrm{T}}\{\overline{p^*}\}) \tag{57}$$

文献［12］中给出了由实测变形反演钢板桩所受土压力的算例。钢板桩高 28m，有 3 个锚杆支撑，实测钢板桩变位和锚杆中拉力见图 8（a），假设土压力分为 4 个区间，分界面高程与锚杆相同，只考虑水平土压力，做了两个反分析。一个假定土压力为分区线性分布的，一个假定在各区间内土压力是抛物线分布的，反分析结果见图 8（b）。

在现场量测中，有时得到的是相对位移，而反分析中用的是绝对位移，因此需要进行一次变换，如图 9 所示。

$$\{\Delta\delta'\}=\begin{Bmatrix}u_j'-u_i'\\v_j'-v_i'\end{Bmatrix}=\begin{bmatrix}-\cos\theta&-\sin\theta&\cos\theta&\sin\theta\\\sin\theta&-\cos\theta&-\sin\theta&\cos\theta\end{bmatrix}\begin{Bmatrix}u_i\\v_i\\u_j\\v_j\end{Bmatrix}$$

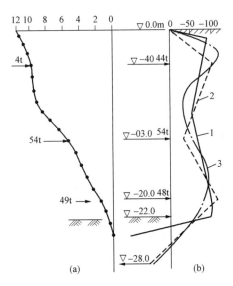

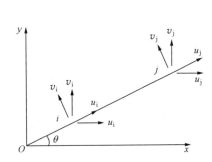

图 8　土压力反分析　　　　　　　图 9　相对位移与绝对位移的转换

（a）实测的钢板桩变位（圆点）和锚杆拉力；

（b）反分析的土压力分布

1—理论解；2—四段线性分布；3—四段抛物线分布

由此得到

$$\{\Delta\delta'\}=[T]\{\delta\} \tag{j}$$

其中 $[T]$ 为转换矩阵。

考虑上述关系，式（54）应改写如下

$$[C']\{q\}=[T][C]\{q\}=[T]\{\delta_2^*\}=\{\Delta\delta_2'^*\} \tag{k}$$

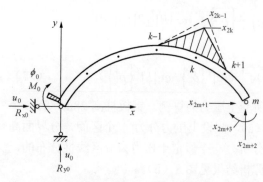

图 10  结构与周围介质相互作用反分析的混合法

2. 混合法

由式（53）和式（i）可知，用上述位移法进行结构与周围介质相互作用的反分析时，需进行矩阵分解、求逆等一系列复杂的矩阵运算，程序比较复杂。下面介绍笔者提出的混合法[14]，其计算程序要简单得多。

图 10 表示一地下厂房的衬砌，沿轴线方向取 $m$ 个结点，假设结构与周围介质之间的正应力和剪应力，在各结点之间是线性分布的[●]。在结点 $k$，正应力为 $\sigma_n = x_{2k}$，剪应力为 $\sigma_t = x_{2k-1}$，他们都是待求的未知量，共 $2m$ 个。

令

$$x_{j-1} = x_{2k-1}, x_j = x_{2k},$$
$$j = 1 \sim 2m$$

此外还有 6 个未知量，即衬砌左端的水平位移 $u_0$、铅直位移 $v_0$ 和转角 $\phi_0$，衬砌右端的三个反力：水平反力 $x_{2m+1}$、铅直反力 $x_{2m+2}$、弯矩 $x_{2m+3}$。

衬砌在点 $i$ 的水平位移 $u_i$ 和铅直位移 $v_i$ 可计算如下

$$\left.\begin{array}{l} u_i = \displaystyle\sum_{j-1}^{2m+3} c_{ij}x_j + u_0 + \phi_0 y_i + u_{ip} \\[3mm] u_i = \displaystyle\sum_{j-1}^{2m+3} d_{ij}x_j + v_0 - \phi_0 x_i + v_{ip} \end{array}\right\} \tag{58}$$

式中：$c_{ij}$ 和 $d_{ij}$ 是衬砌按悬臂结构计算的，当 $x_j = 1$ 时的变形系数，$x_i$ 和 $y_i$ 是点 $i$ 的坐标，$u_{ip}$ 和 $v_{ip}$ 是由于其他已知静定荷载（包括温度变化）引起的水平和铅直变位。

设有 $n_1$ 个水平位移观测值 $u_i^*$ 和 $n_2$ 个铅直位移观测值 $v_i^*$，加权误差平方和为

$$S = \sum_{i=1}^{n_1} \omega_i (u_i - u_i^*)^2 + \sum_{i=1}^{n_2} \omega_i (v_i - v_i^*)^2 = 极小 \tag{59}$$

由极值条件，得到

$$\frac{\partial S}{\partial x_j} = 0, j = 0, 2, \cdots, 2m \tag{60}$$

平衡条件为

$$\sum X = 0, \sum Y = 0, \sum M = 0 \tag{61}$$

在衬砌右端还有 3 个变形连续条件，假设衬砌为弹性支承于左端的悬臂结构，由式（58）可算出右端水平位移 $u_m$ 和铅直位移 $v_m$，而右端转角为

$$\phi_m = \sum_{j=1}^{2n+3} e_{ij}x_j + \phi_0 + \phi_{ip}$$

$u_m$、$v_m$、$\phi_m$ 必须等于右端的支座变位，即

$$u_m = x_{2m+1}/k_\omega', \quad v_m = x_{2m+2}/k_y', \quad \phi_m = x_{2m+3}/k_\phi' \tag{62}$$

---

[●] 为提高计算精度，也可假定在各结点之间按样条函数插值。

其中 $k'_\omega$、$k'_y$、$k'_\phi$ 是右端支座变形系数。式（60）、式（61）、式（62）三式共 $2m+6$ 个条件，正好可解出 $2m+6$ 个未知量。左端支座变形与反力的关系为

$$R_{\omega 0} = k_\omega u_0, \quad R_{y0} = k_y v_0, \quad M_0 = k_\phi \phi_0$$

这些支座反力应计入平衡条件式（61）中，$k_y$、$k_\phi$ 等为左端变形系数。两端变形系数 $k_\omega$、$k'_\omega$ 等可用有限元法计算。

# 七、非线性固体的反分析

很多工程材料的应力应变关系是非线性的，与线弹性材料相比，反分析的难度要大多了。主要的困难在于应力分析的计算量太大。

1. 求解方法

非线性固体的反分析，一般以采用优化方法为宜。设已取得 $n_1$ 个位移实测值和 $n_2$ 个应力（或土体孔隙水压力）实测值，反分析问题可归结如下：

求 $\{x\}^\tau = [x_1 x_2 \cdots x_m]$，使加权误差平方和

$$S = \sum_{i=1}^{n_1} \omega_i \left(\frac{\delta_i}{\delta_i^*} - 1\right)^2 + \sum_{i=1}^{n_2} w_i \left(\frac{\sigma_i}{\sigma_i^*} - 1\right)^2 = 极小 \tag{63}$$

并满足约束条件

$$\underline{x}_j \leqslant x_j \leqslant \bar{x}_j \tag{64}$$

式中：$\delta_i^*$ 为实测位移分量值；$\sigma_i^*$ 为实测应力分量值；$\underline{x}_j$ 为 $x_j$ 的下限；$\bar{x}_j$ 为 $x_j$ 的上限；$\omega_i$ 为权系数。

反演变量 $x_j$，可以是应力应变关系中的材料参数，也可以是其他量，如岩体初始地应力等。

应力分析通常采用增量法，基本方程为

$$\left. \begin{array}{l} [K]\{\Delta\delta\} = \{\Delta P\} \\ \delta = \Sigma\Delta\delta, \sigma = \Sigma\Delta\sigma \end{array} \right\} \tag{65}$$

求解方法有以下三种。

（1）直接搜索法。不必计算 $\delta$ 和 $\sigma$ 的敏度，给一组 $\{x\}$，由式（65）求出 $\delta$ 和 $\sigma$，代入式（63），即得到 $S$。当变量不多时，可采用较简单的复合形法；变量较多时（超过 10 个），复合形法效率较低，可改用罚函数法或二次规划法[7, 15, 17, 18]。

（2）一阶台劳展开。在 $\{x^0\}$ 的邻域作一阶台劳展开，$\delta_i$ 的展开式见式（50），相应地，应力按下式计算

$$\sigma_i = \sigma_i^0 + \sum_{j=1}^{m} \left(\frac{\partial \sigma_i}{\partial x_j}\right)_0 (\sigma_j - \sigma_j^0) \tag{66}$$

变位和应力的敏度一般只能用差分法计算

$$\frac{\partial \delta_i}{\partial x_j} = \frac{\delta_i(x_j + \Delta x_j) - \delta_i(x_j)}{\Delta x_j}, \quad \frac{\partial \sigma_i}{\partial x_j} = \frac{\sigma_i(x_j + \Delta x_j) - \sigma_i(x_j)}{\Delta x_j} \tag{67}$$

作一次展开，需要进行 $m+1$ 次应力分析。

把变位和应力的一阶台劳展开式代入式（63），由极值条件 $\partial S/\partial x_j = 0$，可得线性方程组（9），求逆并考虑式（64），即得近似解 $\{x^1\}$。重复上述计算，直至前后两次迭代结果充分接近为止。

（3）二阶台劳展开。用无交叉项的二阶台劳展开式逼近 $\delta_i$ 和 $\sigma_i$。$\delta_i$ 的算式为（$\sigma_i$ 算式类似下式）

$$\delta_i(x) = \delta_i(x_j^0) + \sum_{j=1}^{m} b_j(x_j - x_j^0) + \sum_{j=1}^{m} c_j(x_j - x_j^0)^2 \tag{68}$$

式中

$$\left. \begin{aligned} b_j &= \frac{\delta_i(x_j^0 + \Delta x_j) - \delta_i(x_j^0 - \Delta x_j)}{2\Delta x_j}, \\ c_j &= \frac{\delta_i(x_i^0 + \Delta x_j) + \delta_i(x_j^0 - \Delta x_j) - 2\delta_i^0(x_j^0)}{\Delta x_j^2} \end{aligned} \right\} \tag{69}$$

作一次二阶展开，需进行 $2m+1$ 次应力分析。这时可用罚函数法、梯度投影法、二次规划法或简约梯度法[7, 15, 17, 18]求解。

2. 本构模型

在反分析中，如何选择本构模型是十分重要的。如果本构模型选择不当，计算结果虽然出来了，但它们并不反映真实情况，实际上是毫无价值的。

例如，文献［6］是在反分析中得到广泛引用的一篇论文，但笔者认为，该文采用的本构模型是错误的。该文分析的对象是一个深埋圆形隧洞在轴对称内水压力作用下的试验结果。论文作者假定它是一个各向同性的轴对称问题，初始地应力为均布静水压力，假定材料的本构模型为理想弹塑性摩尔-库伦准则。根据实测的岩体位移，反演岩体的凝聚力、内摩擦角和初始地应力。问题在于既然是轴对称问题，各点剪应力均为零，岩体的破坏是环向拉应力引起的，应该采用最大拉应力准则，反演对象应该是岩体抗拉强度和初始地应力。众所周知，用摩尔-库伦理论推算出来的岩体抗拉强度是不真实的，所以文献［6］反演出来的岩体凝聚力和内摩擦角也是不真实的。

这个例子告诉我们，尽管反分析中采用的原始数据是现场实际观测成果，如果本构模型不合适，反分析的结果也是没有意义的。因此在反分析中，应该十分慎重地选择材料的本构模型。

选择本构模型时应考虑以下各因素：①材料特性；②物体受力状态；③应力和应变的大致范围；④建筑物和基础的结构特点；⑤室内试验结果；⑥类似工程的已有经验。

除线弹性模型外，常用的本构模型有以下几种：

（1）非线性弹性模型。比较著名的是 Duncan 模型，计算切线弹性模量共需 5 个参数，计算切线泊松比共需 3 个参数。如果把这 8 个参数都作为反演对象，则共有 8 个反演变量。如果泊松比采用室内试验结果，则可减少 3 个变量。

对于岩体中的节理单元，可采用笔者给出的双曲线公式，见文献[23]第 280 页，其中包含 5 个参数，如令抗拉强度为零，则只有 4 个参数。

（2）弹塑性模型。对于金属，可用米塞斯屈服准则；对于混凝土，可用五参数屈服准则[2]；对于岩体，可用带最大拉应力的摩尔-库伦准则；对于土体和堆石体，可用沈珠江的双屈服面弹塑性模型[23]，其中也包含 8 个参数。

（3）黏弹性及黏弹塑性模型。对于黏弹性体，通常可采用图 11 所示的所谓三元件标准黏弹性模型，共包含 3 个参数。如果体积变形和剪切变形用不同的模型表示，则共有 6 个参数。如果体积变形是弹性的，用体积变模量 $K$ 表示，剪切变形用三元件黏弹性模型表示，则共有 4 个参数。如果泊松比 $\mu$ 为常数（表示体积变形与剪切变形成比例），轴向变形用三元件黏弹性模型，也有 4 个参数。

对于黏弹塑性体，可用图 12 所示五元件模型表示，由于塑性元件的屈服函数中可能包含一个以上的参数，所以这种模型的材料参数可能有 5 个以上。另外，体积变形与剪切变形可能需用不同的模型。

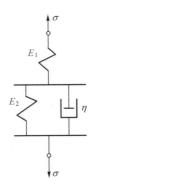 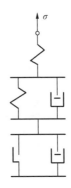

图 11　黏弹塑性体　　　　图 12　组合黏弹塑性体

在最一般的情况下，可采用图 12 所示的组合黏弹塑性模型。

（4）分区复合模型。实际工程结构多由不同材料组合而成，对于不同材料，应分别采用不同的本构模型。例如，对于图 13（a）所示混凝土重力坝，坝体和岩石，因应力水平不高，可分别采用线弹性模型，节理采用双曲线模型；对图 13（b）所示面板堆石坝，混凝土面板可用线弹性模型，通常可采用室内试验求出的弹性模量和泊松比，不必作为反演对象，堆石坝部分可采用沈珠江双屈服面弹塑性模型。

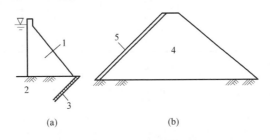

(a)　　　　　　　　　　　(b)

图 13　分区复合模型

（a）混凝土重力坝；（b）混凝土面板堆石坝

1—混凝土；2—岩石；3—节理；4—堆石体；5—混凝土面板

下面列举一个算例。文献[11]对图 14 所示土坝进行了反分析，坝体包括碎石护坡、黏土心墙和砂质壤土坝壳，三种材料的本构关系都采用 Duncan—Chang 模型。计算切线弹性模量和切线泊松比共需 8 个参数，即 $c$、$\phi$、$R$、$k$、$n$、$g$、$h$、$m$。考虑到 $c$、$\phi$ 比较重要，为了减少计算量，只对 $c$、$\phi$ 进行反分析，三种材料，共有 6 个反分析的变量，其余参数都采用经验值。

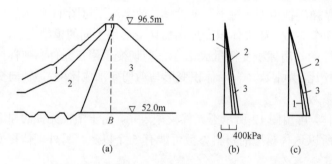

图 14　土坝反分析

（a）坝体剖面；（b）$\sigma_{\omega}$ 比较；（c）$o_y$ 比较

1—碎石；2—黏土；3—砂质壤土

采用 Biot 固结理论和有限元法[23]，可计算坝内位移、应力和孔隙水压力、误差平方和

$$S = \sum_{i=1}^{L}\left[ \sum_{j=1}^{N}\left( \frac{u_j}{u_j^*} - 1 \right)^2 + \sum_{k=1}^{N_2}\left( \frac{p_k}{p_k^*} - 1 \right)^2 \right] = \text{极小} \tag{70}$$

式中：$L$ 为施工分期数；$N_1$ 为位移观测点数；$N_2$ 为孔隙压力观测点数；$u_j$、$p_k$ 分别为计算的位移和孔隙压力；$u_j^*$、$p_k^*$ 为位移和孔隙压力观测值。

在反分析过程中，对各种材料的 $c$ 和 $\phi$ 都根据经验，给以如下限制

$$0 < c < a, 0 < \phi < b \tag{a}$$

在满足约束条件（a）的前提下，使 $S$ 取极小值，这是一个约束极值问题。文献[11]用单形法求解。表 1 中列出了反分析结果与室内试验值的比较。

**表 1**　　　　　　　　　　　室内试验值与反分析值的比较

| 材料 | 砂　壤　土 | | 黏　土 | | 碎　石 | |
|---|---|---|---|---|---|---|
| 参数 | 试验值 | 反分析 | 试验值 | 反分析 | 试验值 | 反分析 |
| $c$（kPa） | 15.3 | 16.8 | 42.9 | 45.4 | 10.2 | 11.1 |
| $\phi$（°） | 35.5 | 36.1 | 29.5 | 28.9 | 35.3 | 34.8 |

在图 14（b）和（c）中表示了实测应力与计算应力的比较。曲线①是实测值，曲线②是根据室内试验参数计算的应力，曲线③是根据反分析得到的参数计算的应力。②与①偏差约 10%，而③与①的偏差约 3%～5%。

由表 1 与图 14，总的看来，对本算例来说，室内试验参数与反分析结果还是比较接近的。

## 参　考　文　献

[1] 郭怀志，等. 岩体初始应力场的分析方法. 岩土工程学报，1983，（3）.

[2] 孙钧，林韵梅. 岩石力学新进展. 沈阳：东北工学院出版社，1989.

[3] 中国科学院数学研究所数理统计. 回归分析方法. 北京：科学出版社，1975.

［4］陈久宇，林见. 观测数据的处理方法. 上海：上海交通大学出版社，1987.

［5］K .T .Kavanagh and R .W .Clough. Finite element application in the characterization of elastic solids, Int. J.Solids Struct，7，11-23，1971.

［6］G .Gioda and G.Maien. Direct soarch selution of an inverse problem in elastoplasticity identification of cohesion，friction angle and in situstress by pressure tunnel test. Int. J. Num. Methods Eng.，15，1823-1848，1980.

［7］朱伯芳，黎展眉，张壁城. 结构优化设计原理与应用. 北京：水利电力出版社，1984.

［8］张兴武. 坝基分区弹模的敏度反分析方法. 计算技术与计算机应用，1991，（1）：32-37.

［9］朱伯芳. 渗流场反分析. 水利水电科学研究院，1993，5.

［10］朱伯芳. 岩体初始地应力反分析. 水利水电科学研究院，1993，5.

［11］Lin Hanlong，Back analysis and its application in Tiesan earth dam，Proc. Int. Symp.on Appl. Computer Methods in Rock Muechaics and Eng.，Xian，China，1993，

［12］G .Gioda and L .Jurjna，Numerical identification of soil-structure interaction pressures，Int. J. Num. Anal. Methods in Gaomechanic，V 5，33-56，1981.

［13］G.Gioda and S.Sakura，Back analysis Procedures for the interpretation of field measurements in geomechanics. Int .J .Num . Anal .Methads in Geomechanics，1987，11：555-583.

［14］朱伯芳. 结构与周围介质相互作用反分析的混合法. 水利水电科学研究院，1993.

［15］D .M .Himmelblau，Applied Nonlinear Programming，Mc Graw-Hill，1972.

［16］郑璐石，高效伟，郑颖人，张德. 位移反分析的弹性矩阵分解法及其在岩土工程中的应用. 第三届全国岩土力学数值分析与解析方法讨论会论文集，1988.

［17］席少霖，赵风治. 最优化计算方法. 上海：上海科学技术出版社，1983.

［18］赵风治，尉继英. 约束最优化计算方法. 北京：科学出版社，1991.

［19］朱伯芳. 水工建筑物的施工反馈设计. 计算技术与计算机应用，1994，（1）.

［20］史维祥，尤昌德. 系统辨识基础. 上海：上海科学技术出版社，1988.

［21］W .F .Chen，Plasticity in Reinforced Concrete，Mc Graw-Hill，1982.

［22］朱伯芳. 有限单元法原理与应用. 北京：水利电力出版社，1979.

［23］沈珠江. 土体应力应变分析的一种新模型. 南京：南京水利科学研究院，1987.